国家出版基金项目
NATIONAL PUBLICATION FOUNDATION

中国矿产地质志

河南卷

能源矿产

沈建海　楼士毅　彭　翼　唐　泉　李保林
高廷臣　张　宇　黄　斐　赵荣军　木宗勇
何春芬　钟江文　姬清海　张　冠　许国丽
罗　雪　马雪琴　冀书叶
编著

地质出版社
·北　京·

内 容 提 要

《中国矿产地质志·河南卷·能源矿产》是第一部对河南省的能源矿产进行全面论述和系统总结的科学专著。本志书以河南省矿产资源潜力评价成果资料为基础，以成矿系列理论为指导，概述了河南省区域地质特征，按矿种分别综述了河南省煤、石煤、泥炭、石油、天然气、页岩气、煤层气、油页岩、铀9种矿产的基本特征、用途、矿床类型、时空分布、资源储量以及勘查与开发程度，总结了各单矿种的成矿（藏）地质条件与成矿（藏）规律。

本志书收录了河南省已发现的除地热外的全部能源矿产地341处，基本反映了河南省能源矿产全貌，是河南省能源矿产地质和开发利用方面的工具书，其内容丰富，资料翔实，可供从事自然资源及矿产地质工作的科研、生产、管理和教学人员参考使用。

图书在版编目（CIP）数据

中国矿产地质志·河南卷·能源矿产／沈建海等编著.—北京：地质出版社，2024.5

ISBN 978-7-116-14158-2

Ⅰ.①中… Ⅱ.①沈… Ⅲ.①矿产地质—概况—中国②能源-矿产-概况-河南 Ⅳ.①P62

中国国家版本馆CIP数据核字（2024）第106944号

ZHONGGUO KUANGCHAN DIZHIZHI · HENAN JUAN · NENGYUAN KUANGCHAN

责任编辑：刘秉翔　肖竣文　贺　文
责任校对：关风云
出版发行：地质出版社
社址邮编：北京市海淀区学院路31号，100083
电　　话：（010）66554528（邮购部）；（010）66554429（编辑室）
网　　址：https://www.gph.clmpg.com
传　　真：（010）66554686
印　　刷：北京地大彩印有限公司
开　　本：889 mm×1194 mm　1/16
印　　张：44.25　　**插页：**1张
字　　数：1380千字
版　　次：2024年5月北京第1版
印　　次：2024年5月北京第1次印刷
审 图 号：豫S〔2023年〕015号
定　　价：480.00元
书　　号：ISBN 978-7-116-14158-2

《中国矿产地质志》编委会

（第一届）

胡瑞忠　侯增谦　施中爽　姜树叶　袁忠信　莫宣学
钱大都　倪　斌　徐水师　徐志刚　陶维屏　黄香定
黄崇轲　黄懋鸿　梅友松　盛继福　章少华　阎凤增
琚宜太　韩振新　裴荣富　潘行适

三、《中国矿产地质志》

总主编：陈毓川　王登红

四、承担单位

中国地质科学院矿产资源研究所

五、项目办公室

主　任：邢树文
副主任：李　剑　龙宝林　傅旭杰
成　员：朱明玉　黄　凡

《中国矿产地质志》

总责任编辑：白　铁
副总责任编辑：韩　博　吕　静
责任编辑组：刘云龙　肖竣文　孙彦琪　刘秉翔　贺　文　闻　竹　谢玉淳
李　佳　吴宁魁　袁亚琴　宋永存　张琦玲　潘　懋　代世锋
邢瑞玲　郝梓国　章雨旭　沈　镭　佘宏全　于春林　李进文
戚学祥　李　华

《中国矿产地质志》编委会

（第二届）

黄香定　卢欣祥　艾宪森　李宏骥　周特先　杨明桂
陆　彦　任丰寿　张永山　石礼炎　陆瑞宝　韩振新
施中爽　王增护　陈一笠

三、《中国矿产地质志》

总主编：陈毓川　王登红

四、承担单位

中国地质科学院矿产资源研究所

五、项目办公室

主　任：邢树文　中国地质调查局资源评价部副主任
副主任：黄　凡　中国地质科学院矿产资源研究所
王　岩　中国地质科学院矿产资源研究所
成　员：蔺志永　中国地质调查局资源评价部矿产地质处处长
朱明玉　中国地质科学院
王成辉　中国地质科学院矿产资源研究所
孙　艳　中国地质科学院矿产资源研究所稀有稀土贵金属研究室副主任
曹瑞欣　中国地质科学院矿产资源研究所办公室副主任

《中国矿产地质志》

总责任编辑：白　铁
副总责任编辑：韩　博　吕　静
责任编辑组：刘云龙　肖竣文　孙彦琪　刘秉翔　贺　文　闻　竹　谢玉淳
李　佳　吴宁魁　袁亚琴　宋永存　张琦玲　潘　懋　代世锋
邢瑞玲　郝梓国　章雨旭　沈　镭　佘宏全　于春林　李进文
戚学祥　李　华

《中国矿产地质志》编委会

（第三届）

《中国矿产地质志》编委会

（第四届）

四、《中国矿产地质志》

五、承担单位

中国地质科学院矿产资源研究所

《中国矿产地质志》

河南省矿产地质志研编领导小组

（第一届）

一、领导小组

组　长：张兴辽　河南省国土资源厅副厅长

副组长：李兴国　河南省地质矿产勘查开发局副局长

　　　　罗小南　河南省有色金属地质矿产局副局长

　　　　宋佩德　河南省煤田地质局总工程师

　　　　何发岐　中石化华北油气分公司副总经理

　　　　张洪安　中石化中原油田分公司副总经理

　　　　王　敏　中石化河南油田分公司副总经理

成　员：张平和　河南省国土资源厅地质勘查处处长

　　　　李　浩　河南省国土资源厅矿产开发管理处处长

　　　　冯进城　河南省国土资源厅矿产资源储量处处长

　　　　庞震雷　河南省国土资源厅地质环境处处长

　　　　豆效广　河南省国土资源厅科技处处长

　　　　张　良　河南省地质矿产勘查开发局总工程师

　　　　郭保健　河南省有色金属地质矿产局总工程师

　　　　李宏伟　河南省煤田地质局地质处处长

　　　　蒲含勇　河南省地质博物馆馆长

　　　　宋　锋　河南省国土资源科学研究院院长

　　　　张古彬　河南省地质调查院院长

二、项目办公室

主　任：张平和　河南省国土资源厅地质勘查处处长

副主任：徐东明　河南省国土资源厅地质勘查处调研员

　　　　李　艳　河南省国土资源厅地质勘查处副处长

徐　莉　河南省地质博物馆副馆长
尉向东　河南省国土资源科学研究院副院长
成　员： 李允巍　河南省国土资源厅地质勘查处副主任科员
马德蕻　河南省地质博物馆资料部主任
赵荣军　河南省地勘项目管理办公室教授级高工
刘东华　河南省地勘项目管理办公室高级工程师
彭　翼　河南省地质调查院副总工程师

河南省矿产地质志研编领导小组

（第二届）

一、领导小组

组　长：刘金山　河南省自然资源厅党组书记

　　　　张兴辽　河南省自然资源厅厅长

副组长：吴孔军　河南省自然资源厅党组成员

　　　　李兴国　河南省地质矿产勘查开发局副局长

　　　　祝英普　河南省有色金属地质矿产局副局长

　　　　宋佩德　河南省煤田地质局总工程师

成　员：张平和　河南省自然资源厅地质勘查管理处处长

　　　　李　浩　河南省自然资源厅矿业权管理处处长

　　　　宋　锋　河南省自然资源厅矿产资源保护监督处处长

　　　　陈新中　河南省自然资源厅科技与对外合作处处长

　　　　张　良　河南省地质矿产勘查开发局副巡视员、总工程师

　　　　郭保健　河南省有色金属地质矿产局总工程师

　　　　李宏伟　河南省煤田地质局地质处处长

　　　　徐　莉　河南省地质博物馆馆长

　　　　秦　正　河南省国土资源科学研究院院长

　　　　张古彬　河南省地质调查院院长

二、项目办公室

主　任：张平和　河南省自然资源厅地质勘查管理处处长

副主任：徐东明　河南省自然资源厅地质勘查管理处调研员

　　　　李中明　河南省地质调查院副院长、总工程师

　　　　高殿松　河南省地质博物馆副馆长

　　　　尉向东　河南省国土资源科学研究院副院长

成　员： 李允巍　河南省自然资源厅地质勘查管理处主任科员
赵晓龙　河南省自然资源厅地质勘查管理处科员
马德蕻　河南省地质博物馆资料部主任
赵荣军　河南省地勘项目管理办公室教授级高工
饶　欢　河南省地勘项目管理办公室高级工程师
张宏伟　河南省国土资源科学研究院总工程师
彭　翼　河南省地质调查院首席专家

总　　序

矿产资源是国家经济社会发展的物质基础，我国处于工业化中后期发展阶段，矿产资源需求量处于增长时期，需求量大、矿种多。掌握全国的所有矿产的家底，是国家与人民十分需要的大事。新中国成立以来的60多年的历程中，地质工作者已为国家发现了172种矿产，其中159种矿产已获得资源储量，矿床、矿点等各类矿产地已达20多万处，积累了丰富的矿产地质资料，广大的矿产地质工作者为国家所需，迫切真诚地期望早日进行覆盖全国全部矿产信息的汇总，研编《中国矿产地质志》，今日终于得到国家的支持，得以实施，并且经过江西省的试点，在该省以杨明桂先生为首的研编组的共同努力下，《中国矿产地质志》省级第一卷《中国矿产地质志·江西卷》率先正式出版，供全国使用，这是《中国矿产地质志》研编工作史上的新起点。

新中国第一部《中国矿产地质志》，将汇总广大地质矿产工作者为国为民找矿的成果，汇集全国查获的全部矿产资源及其开采利用的状况，分析资源前景，并对找矿过程中获得的丰富的找矿经验和成矿规律认识进行阶段性的总结。这将是我国迄今为止矿产资源文集大全，将为全国及各省、自治区、直辖市政府矿产资源规划、部署、决策提供重要依据，为全国人民提供祖国矿产资源的现有家底及开发前景，为矿产资源勘查、开发、科学研究及地矿教育提供丰富的资料。

一百多年前，光绪年间，顾琅、周树人（鲁迅）先生合著《中国矿产志》于1906年出版，附《中国矿产一览表》《地质时代一览表》和《中国矿产全图》。清政府甚为重视，列为国民必读。这是我国第一本《中国矿产志》，由于历史条件所限，该书共列出10个金属矿产（金、银、铜、铁、锡、铅、水银、辰砂、锑、锰矿）和20个非金属矿产，全国共列出1203个矿产地。当时著名的地理学家马良先生为之作序，序言中说："顾、周两君学矿多年，颇有心得。慨祖国地大物博之无稽，爰著《中国矿产志》一册，罗列全国之所在，注之以图，陈之以说，使我国民深悉国产之所自有，以为后日开采之计，致富之源，强国之本，不致家藏货宝为他人所攘夺。"当时编写该志书是为国民知道国家的矿产，去开采致富，达到强国的目的。弹指一挥间，一百多年过去，天翻地覆，时代变了，祖国的盛世来临，现代化、和平民主的强大祖国就在面前。新中国第一部《中国矿产地质志》亦将面目一新，它与顾琅、周树人研编的目标是一致的，都是为民、为国，为民所知，为民致富，为国所知，为国强大。我们将继承前人事业，继续往前走！

本次研编处于天时、地利、人和的大好时机，国家经济社会发展与日俱增，欣欣向荣，需要矿产资源，需要摸清全国矿产资源家底。新中国成立60多年来矿产勘查与开发得到大发展，取得了丰硕的找矿成果和海量的矿产地质勘查、开发和科研资料。国土资源部近8年来组织完成了三大全国性矿情调查工作：矿业权核实、28个矿种资源现状利用调查和25个矿种资源潜力评价。开展中国矿产地质与区域成矿规律综合研究、研编《中国矿产地质志》得到了国土资源部、财政部、中国地质调查局等领导部门、各省（自治区、直辖市）政府部门及矿产地质领域专家、学者们的大力支持。社会需要，政府重视，研编条件具备，是本项工作得以进行的必要前提与重要保证。

研编工作的策划，充分吸取历来志书编纂的精髓，广泛听取并吸纳矿产资源领域各部门专家、领导的意见，并进行重要研编内容的工作试点，确定本矿产地质专业性志书采用“以述为主，述论结合”的原则，实现叙实性与学术性结合，矿产叙述必实，规律论述有据，做到资料真实、全面、最新、可查，文字论述简练易懂、图文并茂，研编技术统一要求，研编工作统一部署，研编组织有编纂专家队伍，亦广邀各方专家共同参与、集思广益。论述部分广纳有据论点，广迎百花，力争创新亮点，并为后人创新搭建平台。通过共同努力，使研编工作有序进行。

本次研编内容由3部分组成：各省（自治区、直辖市）矿产地质志、全国矿产总志、全国区域成矿规律研究。每一部分都有书、图、数据库及普及本。各省（自治区、直辖市）矿产地质志包含本地区所有矿产资源。全国矿产总志包含各主要矿产的矿产志及全国矿产汇总。全国区域成矿规律研究包含各主要成矿区带成矿规律研究及全国区域成矿规律研究汇总。整个研编工作自2014年开始至2020年完成。研编期间，研编成果实施边完成、边出版、边使用，使研编成果及时向社会提供，逐步积累，最终完成。

本项研编工作意义重大，任务繁重，涉及矿产资源勘查、开发、科研、教育领域各个部门各方专家。我们认为，只有共同参与、同心合作、政府支持才能胜利完成此项工作。我们衷心希望并坚信，参与工作的全体同仁为实现此国家重大目标，在政府与矿产资源工作有关部门与广大同仁专家的支持下，一定会坚定信心，同舟共济，共同奋斗，在2020年提交一份世纪性的矿产志书大成果。

2014年11月5日

前　言

《中国矿产地质志·河南卷·能源矿产》是“河南省矿产资源调查成果综合集成与服务产品开发（中国矿产地质志·河南卷）”的系列成果之一，隶属于中国地质科学院矿产资源研究所实施的“中国矿产地质志”项目。总体目标是：全面总结河南省矿产全貌及重要成矿规律，提升矿产地质研究的科学水平，为新时期找矿工作提供科学理论支撑，为政府部门提供矿产资源领域决策的参考资料，为地质工作者提供工具书，为国民提供权威性的普及读物。

《中国矿产地质志·河南卷·能源矿产》收录了煤、石煤、泥炭、石油、天然气、页岩气、煤层气、油页岩、铀9种矿产，按照《中国矿产地质志·省级矿产地质志研编技术要求》（中国矿产地质志项目办公室，2016）共划分了341处矿产地，考虑到相关矿产之间的联系，地热列入“水气矿产”中记述，非金属矿产“泥炭”在本志书中记述。本志书系统总结了河南省能源矿产特征、时空分布、资源潜力、成矿（藏）规律、勘查与开发现状，基本反映了河南省能源矿产全貌，是河南省第一部全面总结能源矿产及其成矿（藏）规律的专业志书，为全面了解河南省能源矿产资源状况提供了翔实的资料。

《中国矿产地质志·河南卷·能源矿产》中使用的坐标系统为1954年北京坐标系，1956年黄海高程基准。研编资料来源于中华人民共和国成立以来不同行业和单位的大量地质矿产调查和矿产勘查报告，以及有关研究报告、数据库和文献。同时，对重要成矿问题和疑问开展了野外求证。石油和天然气矿产地范围按盆地采用传统边界，矿产资料和数据的截止时间为2017年12月31日。煤矿产地范围采用河南省矿产资源利用现状调查划分的核查区及2009年之后提交成果报告的煤矿勘查区边界，其他矿种的矿产地边界采用成果报告范围，矿产资料和数据的截止时间为2018年12月31日。鉴于河南省第二代区域地质志的研编工作尚未结束，某些地层的时代、大地构造相、大地构造单元划分等基础地质问题，在省内还未形成统一的认识。因此，关于有些方面的认识，除部分说明了依据外，其余均为本志书的观点。

《中国矿产地质志·河南卷·能源矿产》按照《中国矿产地质志·省级矿产地质志研编技术要求》（中国矿产地质志项目办公室，2016），由河南省地质调查院组织编写。本志书共分九章，沈建海执笔了大部分内容并编纂了全书图文，彭翼执笔了第一章大部分内容和第八章，楼士毅、唐泉、李保林执笔了第六章和第七章，高廷臣执笔了第九章，张宇执笔了第一章部分内容，黄斐、赵荣军、木宗勇、何春芬、钟江文、姬清海、张冠、许国丽、罗雪、马雪琴、冀书叶等参与了研编工作。研编工作得到河南省自然资源厅和河南省地质矿产勘查开发局的大力支持，河南省国土资源研究院等单位提供了资料和数据。在研编过程中，得到《中国矿产地质志》编委会陈毓川、王登红、卢欣祥等专家委员的指导，得到很多同仁的支持和帮助。评审专家王瑞江、乔德武、郑大瑜、刘玉强、张良、陈召佑、杨根生、李靖辉、卢欣祥、牛昆山、石彪、王海泉、郭双庆、邱荣华、严永新、罗家群、王生朗、程秀申、王运所、陈化凯、刘保平等对书稿提出了宝贵的修改意见。在此谨向他们表示衷心的感谢。

由于时间紧，资料搜集的局限性和作者水平所限，书中不足和不妥之处在所难免，敬请批评指正。

沈建海

2020 年 5 月 29 日

目　　录

第一章 河南省能源矿产地质概况

第一节 河南省大地构造单元划分与地层区划

一、构造单元划分

河南省位于华北板块与扬子板块的结合部位，二级构造单元横跨华北陆块区和扬子陆块区北侧多岛弧盆系（秦岭造山带）。中国大陆铅同位素填图确定扬子与华北地球化学块体的地球化学急变带处在栾川-固始断裂带，南北两侧岩石地层单位分别具有小于2.0 Ga和大于2.5 Ga的Nd模式年龄（朱炳泉等，1998）。该断裂即两大板块的界线，碰撞发生在华北陆块被动大陆边缘与秦岭弧盆系之间的残余盆地，为不含蛇绿岩的地壳对接消减带（刘训等，2015；邓晋福等，2016）。

在三级构造单元中，华北陆块区划分为华北陆块（Ar_3—T_2）和华北陆块被动大陆边缘（Pt_1—O）。而不同构造期陆块内部与边缘盆地之间的边界是移动的，分区界线大致在三门峡-鲁山断裂带两侧摆动。秦岭造山带以商丹断裂带（西关庄-镇平-松扒、龟山-梅山断裂带）、木家垭-桐柏-商城断裂带和淅川断裂带为分划界线，划分为4个三级构造单元，自北向南依次为北秦岭新元古代—古生代弧盆系、南秦岭北部晚古生代残余盆地-裂谷盆地、南秦岭中部新元古代—古生代裂谷、南秦岭南部震旦纪—石炭纪被动陆缘（图1-1），其中，秦岭造山带的南界为湖北省境内的勉略构造带（襄广断裂带）。张国伟等（2001，2003，2004）研究认为勉略构造带是中-晚泥盆世打开的东古特提斯洋北缘的分支洋盆，乐平世开始俯冲、中-晚三叠世陆-陆碰撞造山的古板块缝合带。任纪舜等（2019）则认为勉略构造带为印支期区域性大断裂带，其中的蛇绿岩时代为新元古代，断裂带北侧为通过逆冲-叠覆造山作用卷入秦岭造山带的扬子被动大陆边缘。

二、地层区划

以上二级、三级构造单元内群级、组级地层分别连续或可以对比，可对应二级、三级构造单元划分为地层区、地层分区，河南省相应有华北地层区、秦岭地层区。华北地层区分为华北南部地层分区和华北南缘地层分区。秦岭地层区分为北秦岭地层分区及南秦岭北部、中部和南部地层分区（图1-1）。

第二节 河南省主要岩石地层单位及岩浆岩

一、主要岩石地层单位

河南省在不同时期累计使用过525个地层单位，大多地层单位现已废弃，目前仍在使用的主要年代地层和岩石地层单位如图1-2。近年来，关于河南省岩石地层的研究取得了很大的进展，图1-2为《中国矿产地质志·河南卷》基于多方面最新的同位素年代学等相关研究成果梳理的结果，并根据大地构造相的鉴别标志（潘桂棠等，2008；张克信等，2014）厘定了主要岩石地层形成的大地构造相。

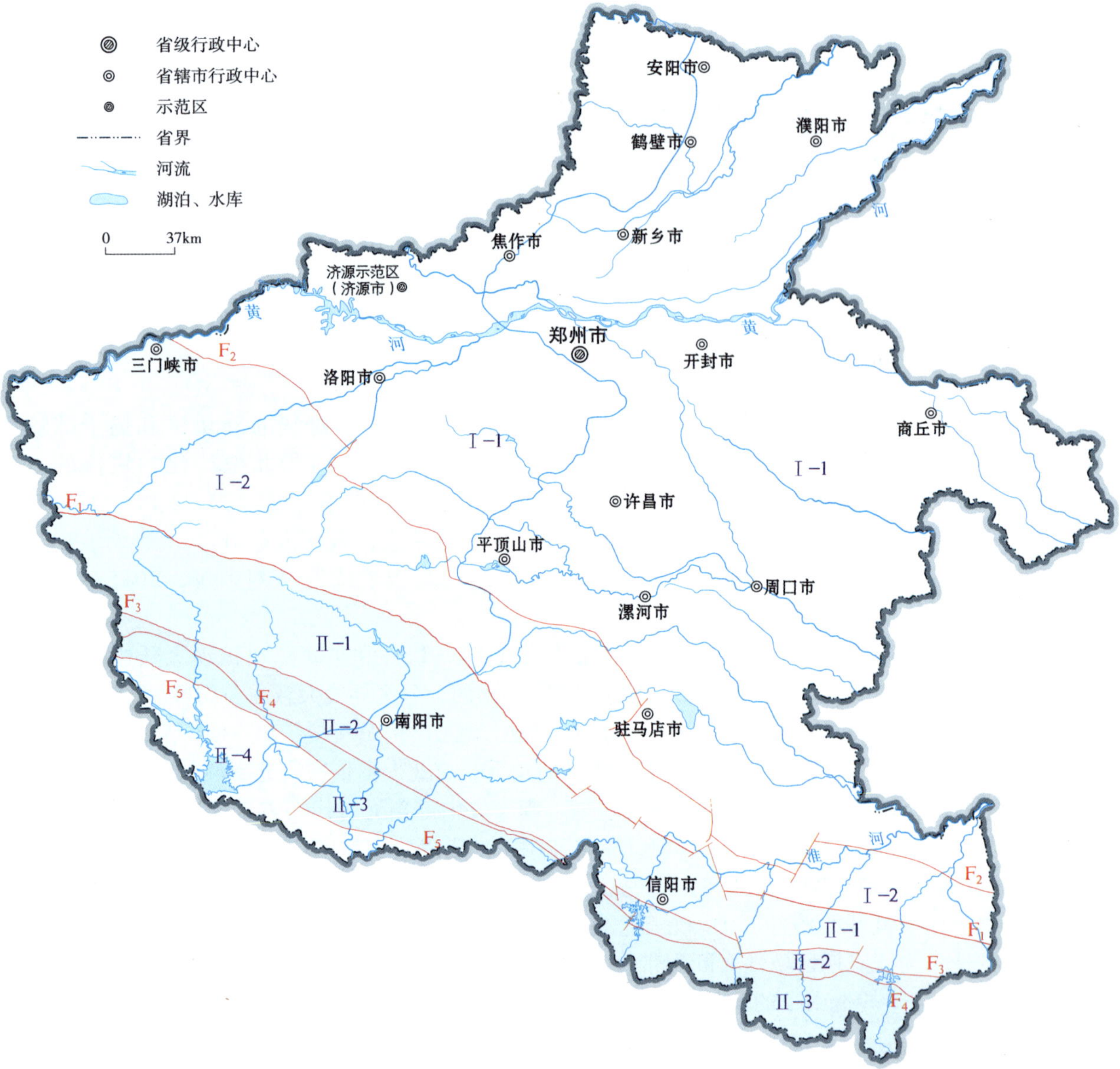

图 1-1　河南省大地构造单元划分及地层区划图

Ⅰ-1—Ⅰ-2—柴达木-华北板块（华北地层区）；Ⅰ-1—华北陆块（华北南部地层分区）；Ⅰ-2—华北陆块被动大陆边缘（华北南缘地层分区）。Ⅱ-1—Ⅱ-4—秦岭多岛弧盆系（秦岭地层区）；Ⅱ-1—北秦岭新元古代—古生代弧盆系（北秦岭地层分区）；Ⅱ-2—南秦岭北部晚古生代残余-裂谷盆地（南秦岭北部地层分区）；Ⅱ-3—南秦岭中部新元古代—古生代裂谷（南秦岭中部地层分区）；Ⅱ-4—南秦岭南部震旦纪—石炭纪被动陆缘（南秦岭南部地层分区）。F_1—栾川-固始断裂带；F_2—三门峡-鲁山断裂带；F_3—商丹断裂带；F_4—木家垭-桐柏-商城断裂带；F_5—淅川断裂带

二、主要岩浆岩

河南省侵入岩在基岩出露区占总面积约 23.5%，按时代（构造阶段）划分为太古宙、古元古代、长城纪、蓟县纪晚期、青白口纪早期、青白口纪晚期—南华纪、奥陶纪—早泥盆世、晚三叠世、晚侏罗世—早白垩世、新生代。根据十余年来有关同位素年代学和岩石地球化学的研究成果，划分出的河南省主要岩浆岩如表 1-1。

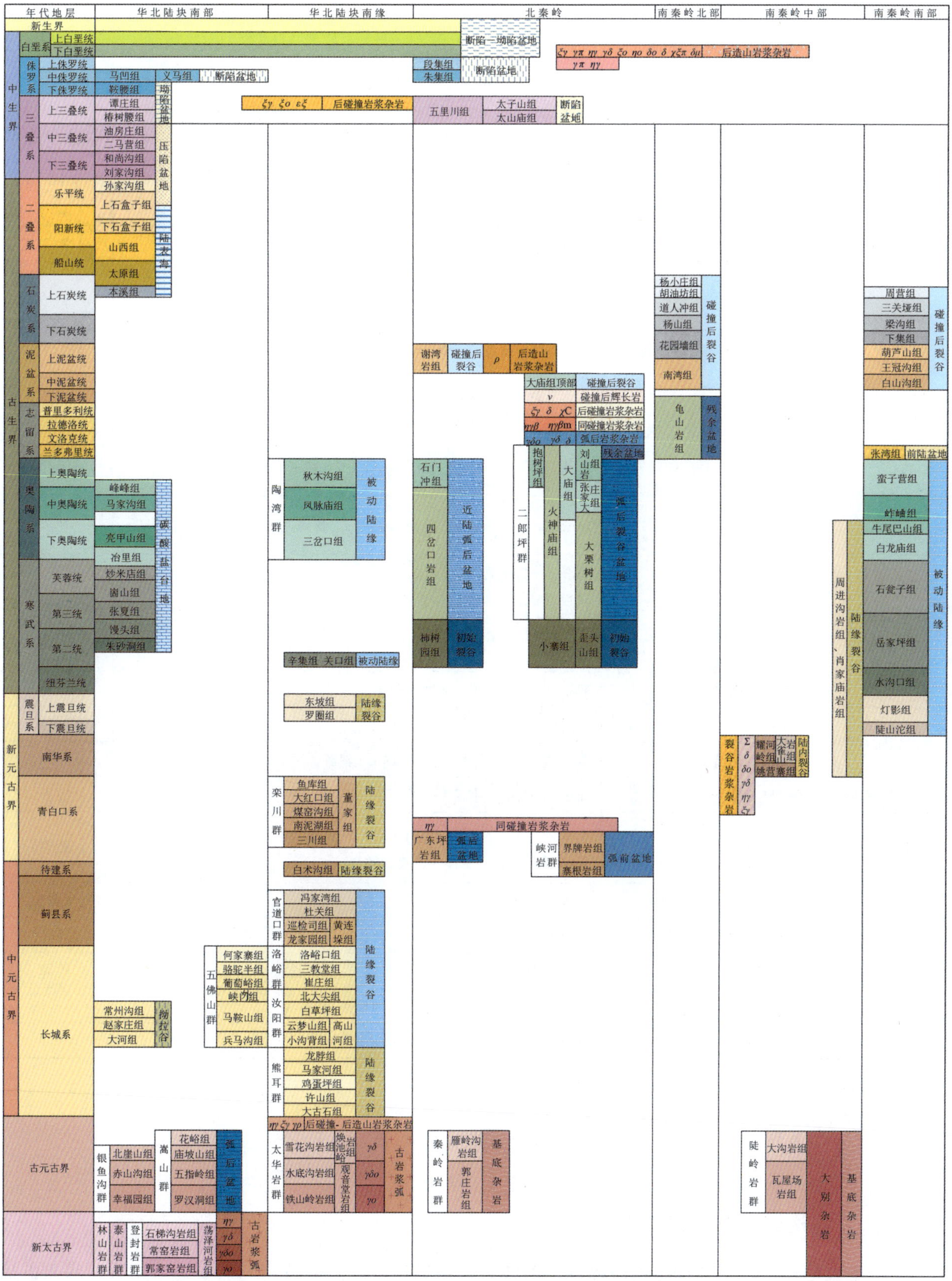

图 1-2　河南省主要岩石地层、岩浆岩时空结构图

表 1-1　河南省侵入岩一览表

地质年代	所在构造单元	岩石组合	构造环境
新生代	汤阴地堑、华北陆块南缘	金伯利岩-苦橄玢岩-橄榄玄武岩，超基性角砾岩	陆内
晚侏罗世—早白垩世	小秦岭-伏牛山、陡岭-桐柏-大别、太行山、豫东侵入岩带	二长花岗岩-花岗斑岩（爆破角砾岩）-石英闪长岩-（角闪）石英二长岩，花岗斑岩-石英二长斑岩-石英正长斑岩、石英闪长岩-正长闪长岩-闪长玢岩-角闪闪长岩-辉石闪长岩-辉长岩-超基性岩，正长斑岩-霓霞正长斑岩-霓辉正长岩，煌斑岩-辉绿岩脉	后造山/陆内
中-晚三叠世	华北陆块南缘	辉绿岩-（霓辉）正长花岗岩（脉），石英方解石碳酸岩脉	后碰撞/后造山
寒武纪第三世—早泥盆世	二郎坪弧后盆地/弧陆碰撞带	辉长岩，石英碳酸岩脉，伟晶岩脉	后造山
		石英闪长岩-花岗岩闪长岩-二长花岗岩类-正长花岗岩	同碰撞/后碰撞
		二长花岗岩-花岗闪长岩-石英闪长岩-闪长岩-英云闪长岩-奥长花岗岩，辉长岩-斜长花岗岩，霓辉正长岩	弧后
	朱阳关-大河-信阳蛇绿岩带	纯橄岩-斜方辉橄岩-橄辉岩-辉石岩-辉石角闪岩	俯冲
	北秦岭	辉长岩-英云闪长岩-花岗闪长岩-二长花岗岩，二云母花岗岩	岛弧
青白口纪晚期—南华纪	南秦岭	辉长岩-辉橄岩-超基性岩 碱性花岗岩-含榴花岗岩-辉长岩 碱长花岗岩-二长花岗岩-花岗闪长岩-石英闪长岩-闪长岩-辉长岩	裂谷
	华北陆块南缘	辉长岩-正长斑岩-碱性正长岩	裂谷
青白口纪早期	北秦岭	片麻状二长花岗岩	同碰撞
	商丹蛇绿构造混杂岩带	糜棱岩化纯橄榄岩-透辉橄榄岩-斜辉橄榄岩	洋中脊
蓟县纪晚期	豫陕陆缘裂谷	正长岩-霞石正长岩脉	裂谷
长城纪	豫陕（熊耳）裂谷	石英闪长岩-闪长岩-花岗斑岩，碱长花岗岩-碱性花岗岩，辉长岩-辉绿岩脉，白云石碳酸岩脉	裂谷
古元古代	太华、陡岭古岩浆弧	花岗伟晶岩脉	后造山
		片麻状花岗岩-二长花岗岩-钾长花岗岩	后碰撞
		片麻状英云闪长岩-奥长花岗岩-花岗闪长岩	俯冲
新太古代	林山、登封、荡泽河、大别古岩浆弧	片麻状花岗岩-二长花岗岩-钾长花岗岩	后碰撞
		片麻状英云闪长岩-奥长花岗岩-花岗闪长岩	俯冲

第三节　河南省能源矿产成矿构造环境

一、大地构造相与能源矿产

在特定大地构造环境和特定构造部位，形成一套包括矿产在内的特定的岩石构造组合。特定的成矿类型反映了大地构造相环境的时空专属性（表 1-2）。在陆块区相系中，能源矿产形成于陆缘-陆表海大相和盆山大相。其中，海陆交替的碎屑岩陆表海于海退期间广泛形成生物沉积型煤的原始层，以及煤层气和潜在的页（砂）岩气等气源岩和储层。陆缘裂谷和被动陆缘相分布碳硅泥建造中的铀矿及石煤。陆块之间的碰撞聚合产生新的大陆，新大陆壳-幔之间的均衡调整又导致地壳伸展裂解和盆-山响应，盆与山均孕育了重要的能源矿产。与隆起相伴的断陷-坳陷盆地，孕育了陆相烃源岩生油母岩和油气田，泥沼环境生成的劣质煤、油页岩和泥炭，以及盆地边缘的砂岩型铀矿。隆起区陆内岩浆杂岩相形成花岗岩型铀矿，隆起与坳陷过渡地带形成火山岩型铀矿。在多岛弧盆相系中，分别有碰撞后裂谷相中的劣质煤田，以及卷入造山带的地块大相（陆缘裂谷相）之中的碳硅泥岩型铀矿、生物沉积型石煤。

表 1-2　大地构造相与能源矿床类型一览表

大相	相	岩石构造组合	矿床类型	实例
陆缘-陆表海大相	陆缘裂谷相	碳质板岩-石煤	碳硅泥岩型铀矿，生物沉积型石煤	姑姑潭铀矿点，煤窑沟组石煤
	被动陆缘相	砂岩-碳质页岩	碳硅泥岩型铀矿	鲁山县岳村铀矿、遂平 781 铀矿
	陆表海盆地相	石灰岩-砂岩-泥岩-煤	生物沉积型煤、煤层气、页岩气	焦作煤田、平顶山煤田，中牟页岩气藏
盆山大相	陆内岩浆杂岩相	花岗岩-辉绿岩，安山质-流纹质火山岩	花岗岩型铀矿，火山岩型铀矿	红崖铀矿点、柳林铀矿，冯楼铀矿点
	坳陷盆地相	砾岩-砂岩，碳质泥岩-油页岩	陆相烃源岩石油、天然气，砂岩型铀矿	中原油气区，河南油气区，吴城油页岩，上陶峪铀矿点
弧盆系大相	碰撞后裂谷相	砂岩-泥岩-煤	生物沉积型煤	商固煤田
地块大相	陆缘裂谷相	硅质岩-页岩-石灰岩	碳硅泥岩型铀矿，生物沉积型石煤	范沟铀矿点，水沟口组、三关垭组石煤

二、大地构造演化与能源矿产

大地构造的演化具有阶段性。我国根据不同时期造山带的发育情况，通常将中国大地构造演化划分为 9 个造山旋回。潘桂棠等（2009，2016）通过全国矿产资源潜力评价成矿地质背景的研究，将中国大地构造划分为三大阶段，共 10 个构造期。构造演化在空间上具有一定穿时性，本志书结合河南省地质构造实际和郑和荣等（2010）的研究，将涉及古生代的构造期划分为寒武纪—奥陶纪、志留纪—早泥盆世、中泥盆世—阳新世，其他沿用潘桂棠等（2016）的划分（表 1-3）。在各个演化阶段及其特定的大地构造环境中形成不同类型的沉积盆地及其综合产物。沉积盆地集有机和无机、金属与非金属矿产于一盆，构成了相对独立的矿产赋存单元和成藏（矿）大环境，刘池洋等（2007）称之为沉积盆地成藏（矿）系统。全球绝大部分的能源矿产，如煤、石煤、石油、油页岩、天然气、煤层气、页岩气、沉积岩型铀矿等，是沉积盆地内沉积成矿作用的结果。河南省能源矿产主要形成于中元古代及其之后，其中，寒武纪—奥陶纪、中泥盆世—二叠纪阳新世、中侏罗世—白垩纪及新生代分别为形成石煤和铀、煤、铀及油气等能源矿产的四大重要构造阶段。

（一）太古宙—古元古代

华北与扬子陆块基底分别形成于泛大洋中相距遥远的两隅，两者在前寒武纪始终未相互产生构造响应。古元古代，华北陆块区西南缘增生，自西南向北东依次为太华古岩浆弧（岛弧、陆缘弧）、嵩山弧后盆地及晋豫鲁古陆。扬子陆块北缘卷入秦岭造山带复杂的构造演化，残留的新太古代、古元古代杂岩反映陆块南部为新太古代岩浆弧（岛弧），北侧先后经历古元古代岛弧、岩浆弧及稳定大陆边缘环境。

表 1-3　河南大地构造阶段划分表

地质年代				年龄/Ma	超大陆旋回	造山旋回	构造期	主要构造事件	主要成矿事件
显生宙	新生代	第四纪	全新世	0.0177	阿尔卑斯	喜马拉雅	Cz	大陆继续裂解，伸展断陷	陆相烃源岩型油气、油页岩，蒸发沉积型盐岩、天然碱、石膏
			更新世	2.588					
		新近纪	上新世	5.3					
			中新世	23.03					
		古近纪	渐新世	33.80					
			始新斯	55.8					
			古新世	65.5					
	中生代	白垩纪	晚白垩世	99.6		燕山	J_2—K	造山带去根、岩石圈拆沉，伸展形成后造山岩浆杂岩带、火山岩带和盆山构造	陆相型煤矿，斑岩-矽卡岩型钼钨、铜钼、银铅锌、铁矿，岩浆热液型金、银、铅锌、萤石、重晶石
			早白垩世	145					
		侏罗纪	晚侏罗世	163.5					
			中侏罗世	174.1					
			早侏罗世	199.6			T_3—J_1	高压超高压变质带折返，两侧发育前陆盆地	热液脉型、碳酸岩型钼矿，退变质型金红石矿
		三叠纪	晚三叠世	235					
			中三叠世	247.2		印支	P_3—T_2	扬子向北俯冲，华北发育坳陷盆地	
			早三叠世	252.17					
	古生代	二叠纪	乐平世	260.4					
			阳新世	279.3	潘吉亚	华力西	D_2—P_2	华北间歇接受古亚洲洋海侵，勉略洋打开，发育华北陆表海盆地、秦岭陆缘裂谷盆地和扬子北缘被动陆缘盆地	海陆交互型、海湾型煤矿，海相沉积-风化型铝土矿，变质型金红石矿
			船山世	299					
		石炭纪	晚石炭世	318.1					
			早石炭世	359.58					
		泥盆纪	晚泥盆世	385.3					
			中泥盆世	397.5		加里东	S—D_1	华北与扬子拼合为古中国大陆，发育同碰撞、后碰撞深成岩浆杂岩	岩浆热液型银铅锌、金矿，稀土矿
			早泥盆世	416.0					
		志留纪	普里多利世	418.7					
			拉德洛世	422.9					
			文洛克世	428.2					
			兰多弗里世	443.8					
		奥陶纪	晚奥陶世	458.4			Є—O	华北、扬子陆块分别发育被动陆缘及碳酸盐台地，北秦岭再度裂解为弧盆系，南秦岭陆缘裂谷逐步闭合	海相沉积-交代型碳酸盐，碳硅泥岩型钒矿、石煤、磷块岩、铀矿，蒸发沉积型石膏，海相火山岩型铁、铜锌、银铅锌矿
			中奥陶世	470.0					
			早奥陶世	485.4					
		寒武纪	芙蓉世	497					
			第三世	509					
			第二世	521					
			纽芬兰世	541					
元古宙	新元古代	震旦纪	晚震旦世	580	冈瓦纳	扬子	Nh—Z	华北陆块南缘被动陆缘沉积，扬子北缘裂解形成南秦岭陆缘裂谷	岩浆型镍矿，海相沉积型虢州石
			早震旦世	635					
		南华纪	晚南华世	660					
			中南华世	725					
			早南华世	780					
		青白口纪		1000	罗迪尼亚	晋宁	Pt_2—Qb	华北发育陆缘裂谷、坳拉谷及被动陆缘盆地，扬子北缘裂离形成北秦岭弧盆系并碰撞闭合	陆相火山岩型铁矿，碱性岩型铌矿，海相沉积型石煤、石英砂岩、赤铁矿
	中元古代	待建纪		1400					
		蓟县纪		1600					
		长城纪		1800					
	古元古代	滹沱纪		2500	哥伦比亚	吕梁	Ar—Pt_1	华北陆块南缘太华古弧盆系形成-消亡，扬子陆块北缘增生	变质海相火山岩型铁矿，沉积变质型石英岩、石墨
太古宙	新太古代				凯诺兰	阜平		华北、扬子陆块形成	变质海相火山岩型铁、铜矿

（二）中元古代—青白口纪

中元古界长城系熊耳群角度不整合于古元古界太华岩群结晶基底之上，熊耳群双峰式火山岩系形成于大陆边缘的陆内裂谷环境（夏林圻等，1991）。随着熊耳-中条三叉裂谷的发育，华北陆块南缘遭受了较强的海侵作用，豫陕交界的王屋山地区熊耳群上部的马家河组火山岩中夹有正常沉积碎屑岩，偶见铁泥质鲕状灰岩（席文祥等，1997），徐勇航等（2010）在晋南垣曲地区的马家河组最顶部灰色砂岩中发现了高成熟原生海绿石，证明熊耳群晚期豫陕交界地带已是浅海环境。长城纪裂谷夭折之后发育被动陆缘盆地，华北陆块南缘开始进入稳定的中、新元古代沉积盖层发育阶段，在熊耳群之上形成了一套典型的被动大陆边缘陆源碎屑岩、碳酸盐岩建造（周洪瑞等，1999），标志着华北陆块南缘真正意义上的裂解（卢欣祥等，2004）。有关的能源矿产有卢氏-栾川一带的中元古界白术沟组内的碳硅泥岩型铀矿点和新元古界栾川群煤窑沟组中的海湾型石煤。

（三）南华纪—震旦纪

华北陆块在南华纪整体隆升为古陆，晚震旦世发育陆缘裂谷及山岳冰川。南秦岭裂谷于南华纪—震旦纪继续裂解，呈现扬子陆块外侧被动陆缘盆地、陆缘（南秦岭）裂谷和北秦岭古陆的构造格局。

（四）寒武纪—奥陶纪

扬子陆块与华北陆块在寒武纪初漂移至邻近位置，两者之间开始产生构造响应，其间的泛大洋被围限并逐渐萎缩。扬子陆块北侧的被动陆缘盆地发育寒武系纽芬兰统水沟口组下部碳硅泥建造及其以上碳酸盐岩建造，内乡-淅川一带石煤与钒矿、磷矿及铀矿点即赋存于水沟口组碳硅泥建造中。华北陆块自寒武纪第二世大规模海侵开始，在发育辛集组浅水陆棚和滨岸潮坪沉积之后，逐渐演化为广阔的陆表海，寒武纪末—中奥陶世早期的海退后，海侵由寒武纪的来自南方改为来自北方，沉积了陆表海盆地的寒武系陆源碎屑-碳酸盐岩建造和奥陶系碳酸盐岩，晚奥陶世时碳酸盐台地退至豫北地区。寒武系第二统辛集组是河南省碳硅泥岩型铀矿勘查的主要目的层。扬子陆块与华北陆块间的秦岭弧盆系沉积类型多样。

（五）志留纪—早泥盆世

扬子陆块于志留纪向北运动，与华北陆块之间的秦岭弧盆系褶皱造山，华北陆块隆起为陆。南、北秦岭结合部位在志留纪—早泥盆世早期为残余海槽，形成龟山岩组浊积岩系；于早泥盆世晚期闭合，联通南、北成为古中国大陆。秦岭与华北的碰撞在北秦岭形成山根，发育同碰撞、后碰撞、后造山岩浆杂岩带和低-中压变质带。

（六）中泥盆世—二叠纪阳新世

华北陆块经过志留纪—早石炭世的长期风化剥蚀和夷平作用，秦岭造山带之东趋于准平原化的低地迎来了晚石炭世来自北东方向的海侵，发育一套陆表海盆地沉积岩组合，为河南省重要的聚煤期和非常规天然气烃源岩的沉积期。上石炭统本溪组近岸潟湖（局部出现障壁岛和局限台地及潮坪）相含铁铝碎屑岩系呈东厚西薄的楔状体超覆于寒武系—奥陶系不同层位之上，自下而上赋存有山西式铁矿、铝（粘）土矿和无工业价值的薄煤层。晚石炭世末期海退、暴露风化，船山世紫松期（P_1^1）来自东南方向的特大快速海侵，形成了太原组底部海进过程中的$一_1$煤层，其后，陆表海盆地经历了频繁的海水进退，沉积了太原组—上石盒子组海陆交互相含煤地层，其中海退过程中形成的山西组$二_1$煤层为河南省最重要的可采煤层。华北陆块南部晚古生代沉积是在陆表海环境向大陆环境演化的背景下形成的，聚煤古地理环境由晚石炭世—二叠纪船山世的浅海过渡到阳新世—乐平世早期的滨海平原，至二叠纪乐平世晚期演化为无煤的陆内盆地，相关的能源矿产有石炭纪—二叠纪煤与煤层气、致密砂岩气、页岩气（图1-3；表1-4）。

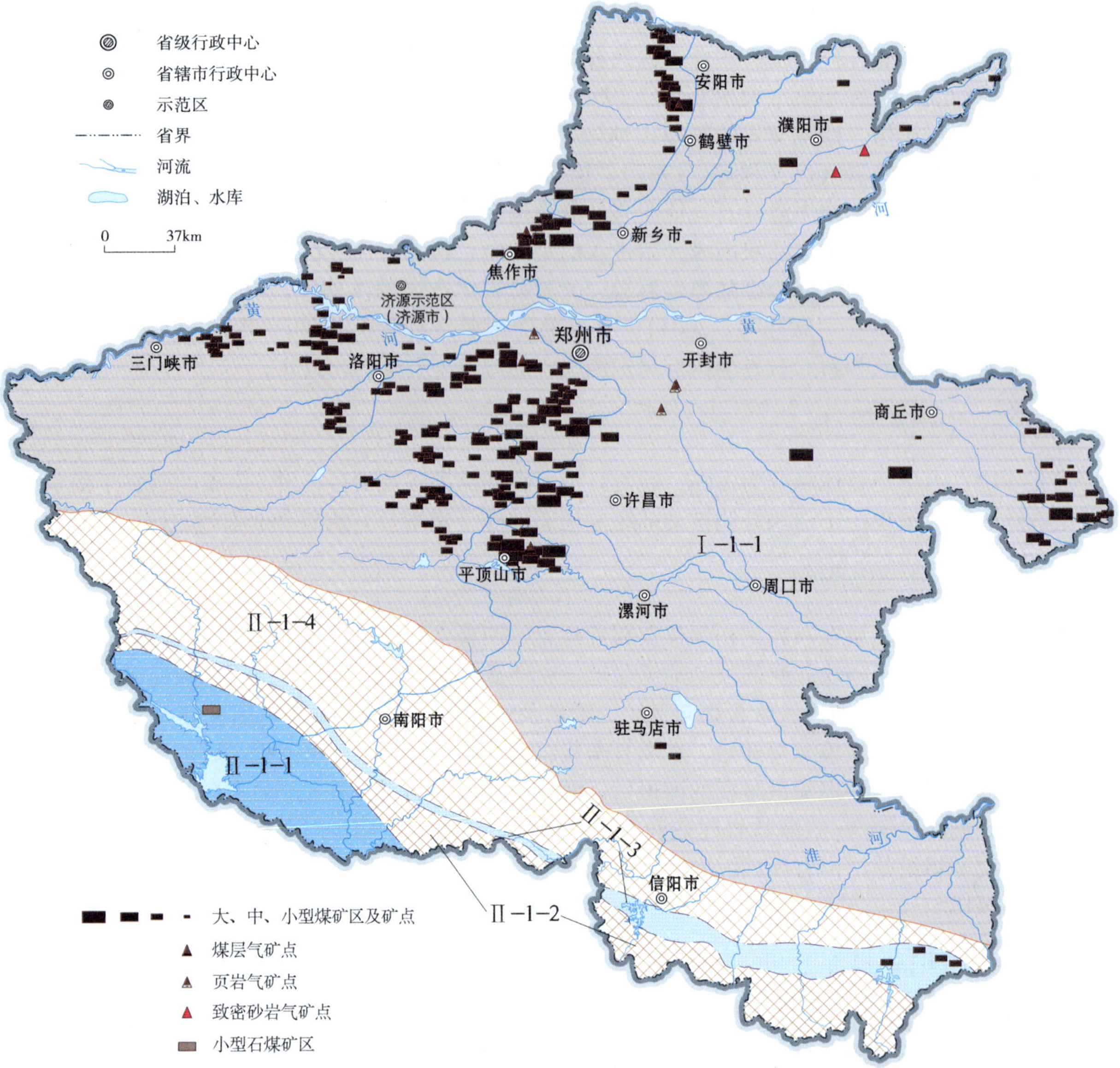

图 1-3 中泥盆世—二叠纪阳新世大地构造单元划分及能源矿产分布图
（大地构造编号同表 1-4）

表 1-4 中泥盆世—二叠纪阳新世大地构造单元划分表

一级	二级	三级	相关地质体	代表能源矿产
Ⅰ华北陆块区	Ⅰ-1 华北陆块	Ⅰ-1-1 华北陆表海盆地（C_2—P_2）	本溪组—上石盒子组下段	平顶山滨海平原型煤田，中牟页岩气藏，东濮凹陷致密砂岩气藏
Ⅱ秦祁昆造山系	Ⅱ-1 秦岭造山带	Ⅱ-1-4 北秦岭隆起		
		Ⅱ-1-3 南湾-杨山碰撞后裂谷（D_2—C_2）	南湾组—杨小庄组，周进沟岩组中压变质带	石炭纪商固海湾型煤田
		Ⅱ-1-2 南秦岭隆起		
		Ⅱ-1-1 淅川碰撞后裂谷（D_2—C_2）	白山沟组—周营组	上石炭统三关垭组、周营组石煤

秦岭造山带南秦岭古陆两侧裂解出南湾-杨山及淅川碰撞后裂谷。南湾-杨山碰撞后裂谷自下而上发育被动陆缘盆地沉积的泥盆系南湾组陆棚复理石建造及花园墙组—杨小庄组海陆交互相碎屑岩建造，形成石炭纪商固海湾生物沉积型煤田。淅川碰撞后裂谷发育被动陆缘盆地沉积的白山沟组—周营组一套河流-滨海相碎屑岩和碳酸盐岩，其中分布有上石炭统三关垭组和周营组石煤层。

（七）二叠纪乐平世—中三叠世

西伯利亚板块、古特提斯板块和古太平洋板块三面汇聚造成中国东部的大幅隆升。华北陆块南缘挤压隆升，北侧陆表海盆地转换为陆内盆地，自上石盒子组平顶山海陆过渡泛河流相砂岩沉积开始，石炭纪—二叠纪聚煤作用结束，盆地内连续沉积了下三叠统刘家沟组、和尚沟组和中三叠统二马营组、油房庄组等不含能源矿产的红色碎屑岩。秦岭造山带发生南秦岭向北秦岭的陆内俯冲，形成淅川-桐柏-大别高压-超高压变质带，其南、北两侧分别为淅川推覆岩片及北秦岭挤压构造带。

（八）晚三叠世—早侏罗世

中国东部碰撞后初步伸展裂解为中国东部大陆伸展裂陷区，华北伸展区东、西相对升降为华北东部隆起与鄂尔多斯坳陷盆地，南侧为华北南缘伸展构造带。在鄂尔多斯坳陷盆地东缘、南缘连续沉积了上三叠统椿树腰组、谭庄组含煤线和油页岩的碎屑岩，上三叠统也是洛阳-济源凹陷（或盆地）油气藏的主要烃源岩（图1-4），华北南缘伸展构造带发育后碰撞岩浆岩。秦岭伸展区中部淅川-桐柏-大别高压-超高压变质带折返，北侧北秦岭伸展构造带发育的五里川、南召断陷盆地内形成三叠纪煤田，南侧为秦岭南缘伸展构造带。

（九）中侏罗世—白垩纪

中国东部大陆继续伸展裂陷，地壳产生北西、北东走向交织的地垒-地堑式盆山构造（图1-5；表1-5）。侏罗纪以来的沉积局限在一定的坳陷或断陷盆地中，与下伏地层呈不整合接触。华北盆山区的义马凹陷沉积了义马组（$J_{1-2}y$）含煤碎屑岩和东孟村组（K_2d）碎屑岩，形成了侏罗纪义马煤

表1-5　中侏罗世—白垩纪大地构造单元划分表

一级	二级	三级	相关地质体	代表能源矿产
Ⅰ中国东部大陆伸展裂陷区	Ⅰ-1 华北盆山区	Ⅰ-1-8 芒砀山-四十里长山隆起（K_1 岩浆杂岩带）	花岗斑岩、花岗闪长岩	永夏煤田天然焦
		Ⅰ-1-7 登封-通许隆起		
		Ⅰ-1-6 濮阳隆起		
		Ⅰ-1-5 济源-黄口断陷盆地（J_2—K_2）	义马组、马凹组	义马内陆盆地型煤田
		Ⅰ-1-4 汤阴断陷盆地（J_2—K_2）		
		Ⅰ-1-3 太行山隆起（K_1 岩浆杂岩带）	闪长岩、霓辉正长岩	
		Ⅰ-1-2 豫南断陷（火山岩）盆地（J_2—K_2）	朱集组、陈棚组	砂岩型、火山岩型铀矿点
		Ⅰ-1-1 华北南缘伸展构造带（J_3—K_1 岩浆杂岩带）	二长花岗岩、辉绿岩	黄水庵 K_1 花岗岩型铀矿点
	Ⅰ-2 秦岭盆山区	Ⅰ-2-3 秦岭南缘伸展构造带		
		Ⅰ-2-2 南秦岭伸展构造带（J_3—K_1 岩浆杂岩带）	二长花岗岩、辉绿岩	柳林 K_1 花岗岩型铀矿
		Ⅰ-2-1 北秦岭伸展构造带（J_3—K_1 岩浆杂岩带）	二长花岗岩、辉绿岩	红崖 J_3 花岗岩型铀矿点

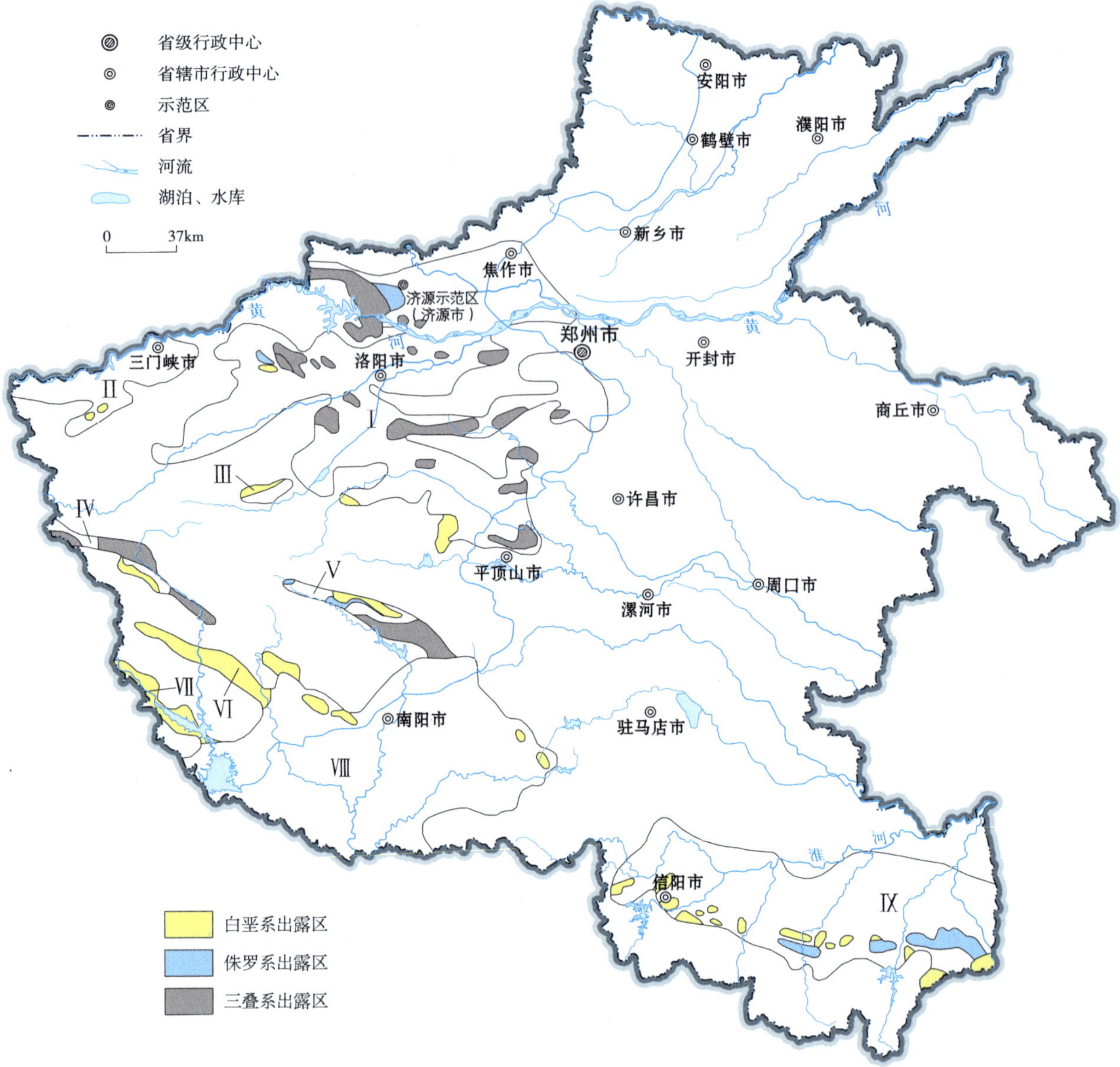

图 1-4　河南省基岩出露区中生代盆地分布图

（据席文祥等，1997，有修改）

Ⅰ—洛阳-济源盆地；Ⅱ—三门峡盆地；Ⅲ—潭头盆地；Ⅳ—五里川盆地；Ⅴ—南召盆地；

Ⅵ—西峡盆地；Ⅶ—淅川盆地；Ⅷ—南阳盆地；Ⅸ—大别山北麓盆地

田；华北南缘伸展构造带赋存有花岗岩型铀矿点，豫南断陷（火山岩）盆地中赋存有砂岩型和火山岩型铀矿点。秦岭盆山区发育早白垩世或晚白垩世山间断陷盆地，岩浆杂岩带赋存有花岗岩型铀矿床及多个铀矿点。

（十）新生代

继承中生代盆岭构造伸展裂陷，形成平原盆地及山间盆地（图 1-6；表 1-6），发育河湖相沉积和古近纪油页岩、全新世泥炭（或有机黑土）。在华北盆山区，沉积盆地内沉积有古近纪—新近纪劣质褐煤，赋存有中新世砂岩型铀矿点。华北沉积盆地的东濮断陷（石油系统称为东濮凹陷）内新近系深埋条件下形成以古近系沙河街组烃源为主，包括深部中生界烃源和上古生界煤系二次生烃气源在内的中原油气区。在秦岭盆山区，规模较大的古近纪南襄山间沉积盆地深凹地带形成了以古近系核桃园组为烃源岩的河南油气区，规模较小和埋藏较浅的桐柏（吴城）盆地共生油页岩、天然碱和岩盐矿产。

图 1-5 中侏罗世—白垩纪大地构造单元划分及能源矿产分布图

大地构造编号同表 1-5；K—白垩纪山间盆地；

K_1—早白垩世山间盆地；K_2—晚白垩世山间盆地

表 1-6 新生代大地构造单元划分表

一级	二级	三级（沉积盆地/盆岭区）	代表能源矿产
Ⅰ中国东部大陆伸展裂陷区	Ⅰ-1 华北盆山区	Ⅰ-1-1 太行山盆岭区	大柳滩、卓水泥炭矿点
		Ⅰ-1-2 华北沉积盆地	中原油气区
		Ⅰ-1-3 南华北沉积盆地	双楼田油藏
		Ⅰ-1-4 豫西盆岭区	潭头油页岩，上陶峪砂岩型铀矿点
	Ⅰ-2 秦岭盆山区	Ⅰ-2-1 东秦岭盆岭区	
		Ⅰ-2-2 南襄沉积盆地	河南油气区
		Ⅰ-2-3 桐柏-大别盆岭区	吴城油页岩

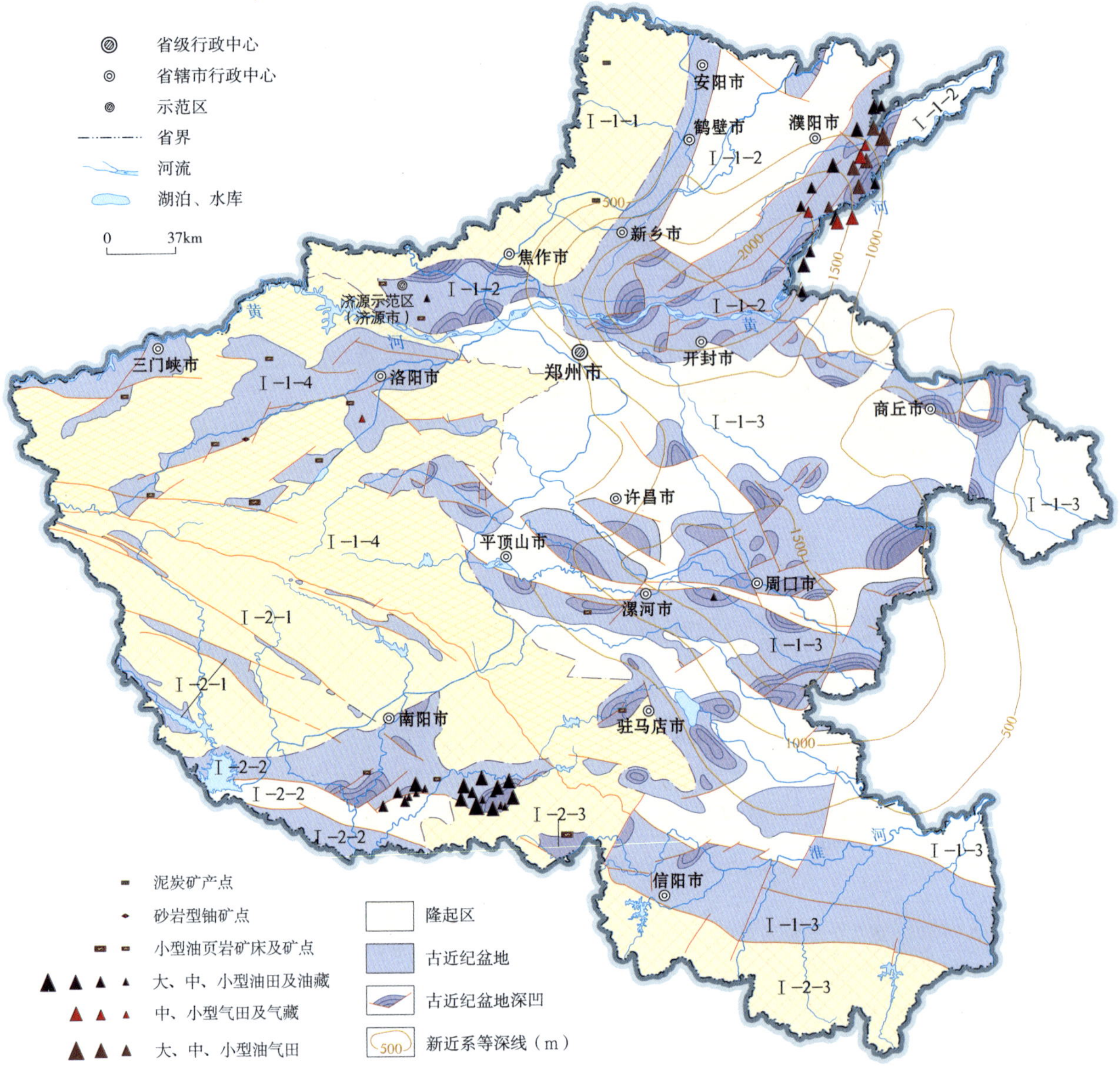

图 1-6　新生代大地构造单元划分及能源矿产分布图

大地构造编号同表 1-6

第四节　河南省能源矿产资源

一、能源矿产的种类

河南省能源矿产包括石油、天然气、页岩气、油页岩、煤、煤层气、石煤、泥炭、铀矿和地热。其中，泥炭以非能源用途为主，矿产资源分类细目归属于非金属矿产，地热兼有水气矿产属性。考虑相关矿产之间的联系，将泥炭列入本志书中，地热列入《中国矿产地质志·河南卷·水气矿产》中记述。

油页岩亦具有双重属性，狭义的油页岩指未成熟的高灰分（50%～70%）腐泥煤，通过直接开采利用或电热法地下干馏提取页岩油，要求油页岩的埋藏深度不超过 800 m。深埋藏的高成熟度“油页岩”为生油母岩，已属于页岩油矿产。当深埋藏的生油母岩抬升于地壳浅部，又成为可直接开采利用的高成熟度的油页岩。总之，当前对油页岩的定义要求是一般埋深不超过 600 m，最大埋深不超过 800 m。

河南省页岩气、致密砂岩气和煤层气开采的经济技术尚处在攻关之中，因为特定的资源禀赋条件，属于潜在能源资源，暂视为矿点。

除地热之外，河南省能源矿产地的种类、规模和数量见表1-7。共发现9种能源矿产，已大规模开发利用的优势矿产为石油、天然气和煤。

表1-7　河南省能源矿产地数量一览表

矿种及规模单元	大型/处	中型/处	小型/处	矿点/处	合计/处
油田	1	11	6	9	27
油气田	1	4	1	0	6
气田	0	1	2	1	4
致密砂岩气	0	0	0	2	2
小计	2	16	9	12	39
页岩气	0	0	0	3	3
油页岩	0	0	2	12	14
煤矿区	12	57	173	12	254
煤层气	0	0	0	4	4
石煤	0	0	2	0	2
泥炭	0	0	0	2	2
铀	0	0	3	20	23
合计	14	73	189	65	341

注：文明寨油田和卫城油气田位于河南省与山东省接壤地带，按河南省境内油气矿产地统计。三春集油田（小型）仅零星南延至河南省开封市兰考县境内，按山东省矿产地统计。山东一侧另有中型油田2处、小型油田3处、中型气田2处。

二、能源矿产资源分布

河南省能源矿产遍及各地级市（图1-7）。已发现的油气矿产集中分布于濮阳市东部的中原油气区和南阳市东南部的河南油气区。截至2017年底，中原和河南油气区累计探明地质储量：石油 88387.96×10^4 t，凝析油 851.84×10^4 t，溶解气 743.38×10^8 m^3，气层气 863.92×10^8 m^3。其中，河南境内的地质储量（含文明寨油田和卫城油气田）：石油 82535.85×10^4 t，凝析油 300.00×10^4 t，溶解气 672.55×10^8 m^3，气层气 643.63×10^8 m^3，累计查明地质储量位于全国第11位。

煤矿主要分布于河南中北部和中东部，含煤区总面积约41476 km^2，占河南省总面积（16.7×10^4 km^2）的24.8%。其中，已勘查煤矿面积15943.77 km^2，累计查明煤资源储量 429.36×10^8 t。保有煤炭资源储量 386.87×10^8 t，位居全国第6位（自然资源部，2018）。

第五节　河南省能源矿产勘查与开发简史

本志书收录了煤、煤层气、石煤、泥炭、石油、天然气、页岩气、油页岩、铀矿9种矿产。其中，煤是河南省优势矿产之一，石油、天然气是河南省重要的能源矿产。除煤、石油和天然气外，其他矿种尚无可供开发的矿产地。

一、勘查简史

河南省为开展地质工作较早的省份之一，1949年10月前发展缓慢。德国人李希霍芬（1868~1872）、意大利人罗莎第（1896）、瑞典人新常富（1915~1917）和安特生（1918）、法国人德日进和英国人巴尔博（1930~1934）、日本人等及国内学者梁津（1918）、李四光（1920~1922）、赵亚曾和田奇㑺（1924）、王竹泉（1925）、谭锡畴（1925~1926）、侯德封（1930）、孙健初（1933）等曾来河南开展过以煤为主的无一定计划的短期矿产调查（河南省地质矿产厅地质矿产志编辑委员会，1992）。1931 年，河南地质调查所重新恢复（1923 年 10 月成立于开封），河南省地质调查工作初上轨道。截至 1949 年 9 月底，以煤矿和砂金为主，初步调查了 20 个矿种，提交各类地质报告 78 份，对河南省的煤炭资源分布有了大致了解，但没有一个煤田经过正规勘查。

中华人民共和国成立后，国民经济建设对矿产资源的迫切需求促进了地质事业的蓬勃发展，地质工作全面展开。1950 年，冯景兰、张伯声两位教授开启了著名的豫西之行，高度评价了平顶山煤田远景，发现了巩县（今巩义市）小关铝土矿，冯景兰等著的《豫西地质矿产调查报告》是中华人民共和国成立后河南省第一份地质调查报告。1953 年 9 月，中南地质局四〇一队进入平顶山煤田勘查，开启了河南省煤矿勘查的热潮，禹县（今禹州市）、焦作、宜洛和鹤壁等煤田相继展开煤矿勘查。为寻找铁矿和石油，1955 年，地质部一〇一航磁队和华北石油普查队（二二六队）对豫北地区实施了航空磁测、地面重力和磁力测量。1956 年，中南地质局秦岭区域地质测量大队成立，从此拉开了河南省 1∶20 万区域地质调查的序幕。1957 年，河南省地质局成立。截至 1958 年 6 月底，煤、铝、铁、型砂、耐火粘土、熔剂用灰岩、水泥用灰岩、黄土、玻璃用砂 9 个矿种求得了工业储量，其中，共提交煤工业储量近 20×10^8 t。随后受“大跃进”和三年经济困难时期的影响，河南省地质工作遇到了极大的困难与挫折，共提交以铁、煤为中心的 23 个矿种共计 99 份地质报告（含泥炭和石煤），但是许多报告不合格，储量增长不大，煤仅获工业储量 2.72×10^8 t。石油普查以开封、南阳和济源等盆地为重点，1958 年下半年石油工业部华北石油勘探处在开封县神岗集施钻的华 2 井成为河南省境内的第一口探油深井（井深 2108.44 m）。1960 年，河南省地质局石油队在南阳盆地边缘施工了 24 口浅钻，1961 年，在济源盆地完钻的沁 3 井成为河南乃至华北平原发现含油显示的第一口井，之后的近十年再无重大发现。

1964～1966 年，河南省地质工作成效显著，发现了灵宝小秦岭金矿并开展了金矿会战，遂平县 781 铀矿提交了开采设计，蓝石棉、油石和钼矿储量分居全国第 1 位、第 2 位和第 3 位，批准煤工业储量约 31×10^8 t。1966～1976 年，地质工作环境艰难，地质、煤炭、冶金部门的地质队伍合合分分（1970～1973 年），累计提交煤工业储量约 38×10^8 t。石油普查经十几年的努力，终获突破，1971 年 8 月，新野县南 5 井首获工业油流，豫西的河南油田诞生，结束了河南省没有石油的历史。1975 年，濮参 1 井强烈井喷，豫鲁交界地带的中原油田诞生。1978 年 12 月以来，改革开放的春风给地质工作带来了中华人民共和国成立以来的最好势头，硕果累累。

峥嵘岁月，地质工作虽经起伏，但吃苦耐劳的河南地质人通过不懈努力，基本查明了河南省矿产资源分布格局，为河南省矿山建设提供了翔实的资源基础。截至 1985 年底，河南省发现 96 种矿产，探明 66 种矿产，有 32 种矿产位居全国前 10 名；其中，天然气居全国第 3 位，石油居全国第 6 位，累计探明含油面积 285.48 km^2，含气面积 49.3 km^2，累计探明石油地质储量 6×10^8 t 以上。河南省除濮阳煤田和通柘煤田外的 18 个煤田累计探明煤炭储量 205×10^8 t，居全国第 8 位；油页岩居全国第 9 位。

1986～1990 年，随着经济体制改革全面展开，国家计划内勘查任务和经费锐减，地质工作全面萎缩，地勘单位的生存和发展面临严重困难，其间累计查明煤资源储量不足 20×10^8 t。河南省油气勘查在 1986 年发现了一批油气田后，石油勘探在低谷中徘徊，而且新发现的储量品质明显变差。1990 年，“华北煤层气勘探开发试验”项目实施，开启了河南省专门的煤层气勘查序幕。

进入 21 世纪以来，矿业市场呈现复苏态势，经济和社会的持续发展对地质工作提出了新的需求和挑战，矿产资源供应的日渐枯竭加剧了其与急剧增长的矿产需求之间的矛盾，地质工作得到了各级政府和社会各界的广泛重视，矿产勘查投资呈现增长态势。2003 年开始，随着财政投入和社会投入的加大，掀起了新一轮地质找矿的热潮，地质工作开始了长达 10 年的“黄金期”，取得了一系列重大找矿成果，新发现矿产地和新增资源量同步快速增长。2006 年 1 月，《国务院关于加强地质工作的决定》（国发〔2006〕4 号）发布，河南省开展了轰轰烈烈的战略找矿行动。2009 年，河南省地质矿产勘查开发局试点的“嵩县金钼多金属整合勘查”被国土资源部文件明确为“嵩县模式”推广全国。2010 年 5 月，河南省在全国率先制定发布了《河南省“6139”地质找矿行动计划（2010—2015）》，并创新性地启动了“河南省商丘地区胡襄煤普查”和“河南省睢县西部煤普查”整装勘查。《河南省找矿突破战略行动三年成果汇总报告（2011—2013）》（河南省国土资源厅，2014）将通许找煤区和东濮找煤区明确为“通柘煤田”和“濮阳煤田”。2013 年，河南省启动了上古生界海陆交互相页岩气的勘查。河南省查明煤炭资源储量由 2013 年底的 317.83×10^8 t 延续增长至 2015 底的 374.64×10^8 t。

随着《中共中央国务院关于分类推进事业单位改革的指导意见》（中发〔2011〕5 号）的实施，进入 2014 年，矿产品市场低迷，财政资金投入减少，国家对生态环境的保护越来越重视，行业发展正处于挑战和机遇并存的历史时期，固体矿产勘查步入低潮。经过近 70 年的煤矿勘查，河南省 20 个煤田均已全面开展了工作，全省 1500 m 以浅范围内的煤炭资源概况基本掌握。

二、开发简史

河南省煤炭资源开采历史悠久，《史记》记载“宜阳有煤”，《汉书》记载“林县有炭”，新密煤田发现唐代采煤遗址，安鹤煤田发现北宋晚期采煤遗址。《明一统志》记载河南已有 14 个县产煤。中华人民共和国成立前，豫北和豫西地区采煤已盛，大多为土法开采。焦作煤矿是中国最早认识、开发和利用煤炭资源的地区之一，在中国煤炭工业发展史上具有重要的地位，于 1898 年开办的英国福公司已开始机械化采煤，中华人民共和国成立时已形成了较为完整的煤炭工业体系。

中华人民共和国成立后，国家经济建设对矿产资源的紧迫需求推动了矿产资源的规模开发，河南省煤炭工业发展迅速，至 1958 年，相继成立了平顶山、鹤壁、义马和新密等矿务局。平顶山煤矿是我国自行勘探、设计、建设的第一个特大型煤炭基地，1985 年开采量 1245.9×10^4 t，居全国第 1 位。1967 年，遂平县 781 铀矿建厂投产（1992 年闭坑）。20 世纪 80 年代，在“大矿大开、小矿放开，有水快流”形势下，采煤业遍地开花。1985 年河南已有 33 个县产煤，年产原煤 7557×10^4 t，居全国第 2 位（河南省地质矿产厅地质矿产志编辑委员会，1992）。

1991 年以来，河南省煤炭行业虽然经历了“八五”期间的年年亏损、“九五”后期的亚洲金融危机影响，但煤矿建设的步伐仍在快速推进（表 1-8），永夏煤田进入大规模开发期，平顶山、郑州、焦作等地一批大、中型接续矿井陆续建成，新矿井的不断建成投产和老矿井改扩建的完成，使河南省煤炭产量大幅上升，至 2015 年，新增年产能达到 5200×10^4 t 以上，以平煤、义煤、郑煤、焦煤、鹤煤、永煤 6 家国有重点煤炭企业为首的河南煤炭企业连续突破 1×10^8 t 和 2×10^8 t 大关。1991～2015 年，随着机械化水平的显著提高，煤矿数量从 2126 处减少到 470 处，单井年生产能力从 4×10^4 t 升至 45×10^4 t，采煤机械化从 43%提升到 78%，累计生产原煤 32.5×10^8 t。河南大型煤炭基地已纳入国家煤炭开发发展战略布局，所产原煤除满足本省需要外，还大量调出省外。

表 1-8　河南省“八五”以来各时期煤矿建设情况汇总表　　规模单位：10^4 t/a

时间	“八五”期间		“九五”期间		“十五”期间		“十一五”期间		“十二五”期间	
	个数	规模	个数	规模	个数	规模	个数	规模	个数	规模
合计	27	1606	24	1729	46	3760	49	4044	37	2487
在建	6	405	11	601	3	126	6	435	13	1026
投产	7	330	6	621	15	988	26	2337	9	621
新开工	14	862	7	507	28	2646	17	1272	15	840

（据《河南煤炭工业志》编纂委员会，2017）

河南油田于 1977 年 5 月开始产能建设，1978 年全面投入开发，1989 年原油年产量达到历史最高峰的 257.74×10^4 t；进入“七五”时期，产量开始下滑，1995 年原油年产降至 191.6×10^4 t；从“九五”开始，进入高含水、特高含水开发阶段，处于艰难稳产时期，原油年产量一直保持在 180×10^4 t 左右的“硬稳定”状态。中原油田于 1979 年 7 月投入开发，1988 年原油年产量达历史峰值的 722.052×10^4 t，随后递减，2005 年原油年产量降至 320.00×10^4 t。

第二章　煤

第一节　概　述

煤是化石燃料的一种，又称“煤炭”，是在特定的地史时期内，沼泽、湖泊中堆积的植物（有时也有少许浮游生物）遗体在古地理、古气候和地壳运动的耦合作用下，埋藏后经历自然界漫长而极其复杂的以生物化学作用和物理化学作用为主的地质作用，转变而成的沉积型层状固体可燃有机矿产。按原始物质的不同，煤可分为腐殖煤、腐泥煤及二者的过渡类型——腐殖-腐泥煤（“殖”通“植”）。煤的矿床成因类型为生物化学沉积型矿床。

古植物是成煤的主要原始物质，从植物遗体堆积、掩埋到转变为煤的一系列演变过程称为成煤作用。成煤作用分为两个阶段：第一阶段为泥炭化阶段或腐泥化阶段，在地表条件下，植物遗体堆积在沼泽、湖泊中，在微生物参与下进行生物化学作用，植物遗体不断发生分解、化合，使高等植物形成泥炭，低等植物形成腐泥。第二阶段为煤化阶段，泥炭或腐泥被沉积物掩埋后，在温度、压力、时间等因素的综合作用下发生一系列物理化学变化，早期的成岩作用使泥炭转变为褐煤，腐泥转变为腐泥褐煤；后期的变质作用使褐煤转变为烟煤、无烟煤，使腐泥褐煤转变为腐泥烟煤、腐泥无烟煤。岩浆侵位可使煤变质程度进一步提高，甚至变质为天然焦（TR），个别情况下无烟煤可进一步转化为石墨。高变质的腐泥煤叫石煤，但石煤与煤有着明显的区别，其灰分很高，固定碳很少，发热量低，石煤作为能源矿产的独立矿种，单列成章论述。泥炭在矿产资源分类细目归属于非金属矿产，单列成章论述。

煤是有机质高度富集的烃源岩，生烃产生大量的非常规天然气（又称煤成气）。煤成气大部分逸散到空气或围岩中；少部分残存于煤层之中，以吸附在煤基质颗粒表面为主并部分游离于煤孔隙中，或溶解于煤层水中的烃类气体成为可开发利用的煤层气；少量储集在围岩的砂岩或石灰岩中，称为聚煤气。煤层气和瓦斯是由地质和采矿两个学科分别提出的术语，但其所指基本上是一个意思，主要成分都是甲烷（CH_4）。瓦斯是指煤矿生产过程中，由煤层及其围岩释放出来的一种多成分的混合气体。煤层是煤层气生、储合一的场所，因煤层气的主要成分为甲烷，又称甲烷气体，是一种新型高效、安全、洁净的气体能源矿产，因其易燃易爆性，严重危及煤矿安全生产，被称为煤矿安全生产的“第一杀手”，应在采煤前对其预抽并加以利用。

一、煤的性质和用途

（一）煤的性质

随着煤化作用的不断进行，煤体内部不断地发生着物理、化学变化，从而形成不同的煤类，其物理和化学性质、煤岩特征、工艺性能也相应地呈规律性变化。褐煤、烟煤、无烟煤分别呈褐色、黑色、钢灰色，其光泽由弱变强，镜质体（或镜质组）最大反射率（R^{o}_{max}）由小于0.5%逐步增加到2.5%以上，碳含量增加，氢含量减少，密度、硬度逐渐增大。煤的化学组成十分复杂，有机质是煤的主体。煤中有机质是多种高分子有机化合物的集合体，有机化合物的元素组成以碳为主，氢、氧、氮、硫等次之。煤中无机组分主要有水、粘土矿物、硫铁矿、方解石、石英等，其含量多少对煤的质量有重要影响。有些煤层中镓、锗、铟、钒、铀、钍等稀有分散元素含量可达综合利用指标。硫是煤的主要有害元素，此外，还有极少量的磷、氟、砷、氯、汞、镉、铅等有害元素。除一般的物理化学性质外，煤还有适应不同加工利用途经的工艺性能，如煤的黏结性、结焦性、可选性、气化性、液化性、燃烧性等。

（二）煤的用途

我国是产煤和用煤大国，煤炭在国民经济中具有举足轻重的地位，在我国的能源结构中所占的比例极高。据《矿产资源工业要求手册》（《矿产资源工业要求手册》编委会，2014），煤被称为“工业的粮食”，不仅是极其重要的能源，还是冶金、化工、医药等极其重要的工业原料。冶金工业用作炼焦和生产耐火材料的窑炉燃料，以及从煤（煤灰）中提取锗、镓、铟、钒等微量元素。煤炭是火力发电、蒸汽机以及各种工业窑炉的燃料，化学工业方面，煤经低温干馏或气化、液化制成气和液体燃料及化工原料，如柴油、汽油、煤气、煤焦油、化肥以及染料、芳香族原料、涂料、塑料、合成纤维、碳素纤维、合成橡胶、炸药、药品、糖精、香料、石墨、活性炭、碳化钙、碳化硅、炭黑和感光材料等上百种产品；民用方面主要是日常生活用燃料和冬季取暖等。此外，煤矸石、灰渣等可用作水泥、建筑用砖的原料或配料。综上所述，煤的用途很多。煤的综合加工和综合利用是充分发挥不同煤质特征的煤的经济价值的重要途径，同时随着近代科学技术的高速发展，新工艺、新方法的广泛应用，煤的综合利用将会进入一个崭新的阶段。

二、煤岩特征及煤类

（一）宏观煤岩特征

煤在化学成分和内部结构上经常是不均一的，腐殖煤的宏观煤岩组分按肉眼可鉴别的不同条带划分为镜煤、亮煤、暗煤和丝炭 4 种组分，镜煤光泽最强，暗煤光泽暗淡，亮煤光泽介于二者之间，丝炭具纤维状结构。由于煤中的镜煤和丝炭一般只是很薄的凸镜体或以不规则的薄夹层存在，亮煤和暗煤虽然分层较厚，但也仅仅只有两种类型，且它们之间常有互相过渡的现象，分层界线往往不明显，所以，在实际工作中通常根据煤的平均光泽强度、宏观煤岩成分的数量比例和组合情况，划分为光亮型煤、半亮型煤、半暗型煤和暗淡型煤 4 种宏观煤岩类型，通常也称为“煤的光泽岩石类型”。

（二）微观煤岩特征

煤的显微组分是指在显微镜下可以区别和辨认的煤的基本组成成分，按煤的成分和性质分为有机显微组分和无机显微组分两大类。植物的有机残体构成煤的主要组成部分，但从植物的生命开始到泥炭化和煤化的全部过程都有无机矿物质成分参加作用，并对有机物质的转化过程发生影响，无机成分也是构成煤的重要组成部分（杨起等，1979）。

有机显微组分指显微镜下观察到的煤中由植物残体转变而成的显微组分，根据颜色、反射率、形态以及突起等特征，划分为镜质组（或凝胶化组）、惰质组（或惰性组、丝质组、丝炭化组）和壳质组（或稳定组）。镜质组是成煤植物木质纤维组织经凝胶化作用的产物，是煤中最常见、最重要的显微组分。惰质组也是煤中比较常见的显微组分，是由成煤植物经强烈氧化（炭化或丝炭化）作用而形成的，丝炭化过程不仅可以直接作用于未经变化的植物遗体，也可以作用于不同凝胶化阶段的产物。壳质组包括树脂、花粉、孢子体、角质体、木栓体和不稳定形体等，是成煤植物中化学性质较稳定的部分，在泥炭化和成岩阶段几乎没有发生质的变化。

（三）煤的分类

按照成煤物质，分为腐殖煤、残殖煤、腐殖-腐泥煤、腐泥煤。按照煤的工业用途，分为炼焦用煤、低温干馏用煤、气化用煤、加氢液化用煤、燃烧用煤和其他化工用煤。按煤化程度和工艺性能，《中国煤炭分类国家标准》（GB/T 5751—2009）将煤分为褐煤、烟煤和无烟煤三大类，烟煤又以表征烟煤黏结性的参数划分为 12 个类别（表 2-1）。另外，我国煤炭分类中除所划分的煤炭种类以外，不少煤田中还实际存在着天然焦资源。天然焦是在岩浆侵入影响下，深埋地下的煤在受热干馏的自然条件下焦化而成的产物，或煤在地下深处自燃而成的产物。

表 2-1 中国煤炭分类国家标准（GB/T 5751—2009）

<table>
<tr><th colspan="2" rowspan="2">类别</th><th rowspan="2">符号</th><th rowspan="2">数码</th><th colspan="7">分类指标</th></tr>
<tr><th>（浮选精煤）V_{daf}/%</th><th>$G_{R.I}$</th><th>Y/mm</th><th>b/%</th><th>P_M/%</th><th>H_{daf}/%</th><th>$Q_{gr,maf}$/(MJ·kg^{-1})</th></tr>
<tr><td rowspan="3">无烟煤</td><td>一号</td><td>WY1</td><td>01</td><td>≤3.5</td><td rowspan="3"></td><td rowspan="3"></td><td rowspan="3"></td><td rowspan="3"></td><td>≤2</td><td rowspan="3"></td></tr>
<tr><td>二号</td><td>WY2</td><td>02</td><td>3.5~6.5</td><td>2~3</td></tr>
<tr><td>三号</td><td>WY3</td><td>03</td><td>6.5~10.0</td><td>>3</td></tr>
<tr><td rowspan="24">烟煤</td><td>贫煤</td><td>PM</td><td>11</td><td>10.0~20.0</td><td>≤5</td><td></td><td></td><td></td><td></td><td></td></tr>
<tr><td>贫瘦煤</td><td>PS</td><td>12</td><td>10.0~20.0</td><td>5~20</td><td></td><td></td><td></td><td></td><td></td></tr>
<tr><td rowspan="2">瘦煤</td><td rowspan="2">SM</td><td>13</td><td rowspan="2">10.0~20.0</td><td>20~50</td><td></td><td></td><td></td><td></td><td></td></tr>
<tr><td>14</td><td>50~65</td><td></td><td></td><td></td><td></td><td></td></tr>
<tr><td rowspan="3">焦煤</td><td rowspan="3">JM</td><td>15</td><td>10.0~20.0</td><td>>65</td><td>≤25.0</td><td>≤150</td><td></td><td></td><td></td></tr>
<tr><td>24</td><td rowspan="2">20.0~28.0</td><td>50~65</td><td></td><td></td><td></td><td></td><td></td></tr>
<tr><td>25</td><td>65</td><td>≤25.0</td><td>≤150</td><td></td><td></td><td></td></tr>
<tr><td>1/3 焦煤</td><td>1/3JM</td><td>35</td><td>28.0~37.0</td><td>>65</td><td>≤25.0</td><td>≤220</td><td></td><td></td><td></td></tr>
<tr><td rowspan="3">肥煤</td><td rowspan="3">FM</td><td>16</td><td>10.0~20.0</td><td rowspan="3">>85</td><td>>25.0</td><td>>150</td><td></td><td></td><td></td></tr>
<tr><td>26</td><td>20.0~28.0</td><td rowspan="3">>25.0</td><td>>150</td><td></td><td></td><td></td></tr>
<tr><td>36</td><td>28.0~37.0</td><td>>220</td><td></td><td></td><td></td></tr>
<tr><td>气肥煤</td><td>QF</td><td>46</td><td>>37.0</td><td>>85</td><td>>220</td><td></td><td></td><td></td></tr>
<tr><td rowspan="4">气煤</td><td rowspan="4">QM</td><td>34</td><td>28.0~37.0</td><td>50~65</td><td rowspan="4">≤25.0</td><td rowspan="4">≤220</td><td></td><td></td><td></td></tr>
<tr><td>43</td><td rowspan="3">>37.0</td><td>35~50</td><td></td><td></td><td></td></tr>
<tr><td>44</td><td>50~65</td><td></td><td></td><td></td></tr>
<tr><td>45</td><td>>65</td><td></td><td></td><td></td></tr>
<tr><td rowspan="2">1/2 中粘煤</td><td rowspan="2">1/2ZN</td><td>23</td><td>20.0~28.0</td><td rowspan="2">30~50</td><td></td><td></td><td></td><td></td><td></td></tr>
<tr><td>33</td><td>28.0~37.0</td><td></td><td></td><td></td><td></td><td></td></tr>
<tr><td rowspan="2">弱粘煤</td><td rowspan="2">RN</td><td>22</td><td>20.0~28.0</td><td rowspan="2">5~30</td><td></td><td></td><td></td><td></td><td></td></tr>
<tr><td>32</td><td>28.0~37.0</td><td></td><td></td><td></td><td></td><td></td></tr>
<tr><td rowspan="2">不粘煤</td><td rowspan="2">BN</td><td>21</td><td>20.0~28.0</td><td rowspan="2">≤5</td><td></td><td></td><td></td><td></td><td></td></tr>
<tr><td>31</td><td>28.0~37.0</td><td></td><td></td><td></td><td></td><td></td></tr>
<tr><td rowspan="2">长焰煤</td><td rowspan="2">CY</td><td>41</td><td rowspan="2">>37.0</td><td>≤5</td><td></td><td></td><td rowspan="2">>50</td><td></td><td></td></tr>
<tr><td>42</td><td>5~35</td><td></td><td></td><td></td><td></td></tr>
<tr><td rowspan="2">褐煤</td><td>一号</td><td>HM1</td><td>51</td><td rowspan="2">>37.0</td><td></td><td></td><td></td><td>≤30</td><td></td><td rowspan="2">≤24.0</td></tr>
<tr><td>二号</td><td>HM2</td><td>52</td><td></td><td></td><td></td><td>30~50</td><td></td></tr>
</table>

注：①在黏结指数（$G_{R.I}$）>85 的情况下，用胶质层最大厚度（Y）值或奥-阿膨胀度（b）值来区分肥煤、气肥煤与其他煤类；当 Y>25.0 mm 时，根据干燥无灰基挥发分产率（V_{daf}）的大小可划分为肥煤或气肥煤；当 Y≤25.0 mm 时，则根据 V_{daf} 的大小可划分为焦煤、1/3 焦煤或气煤。按 b 值划分类别时，当 V_{daf}≤28.0%时，b>150%的为肥煤；当 V_{daf}>28.0%时，b>220%的为肥煤或气肥煤；如按 b 值和 Y 值划分的类别有矛盾时，以 Y 值划分的类别为准。②对 V_{daf}>37.0%，$G_{R.I}$≤5 的煤，再以透光率（P_M）来区分其为长焰煤或褐煤；如 P_M>30%~50%的煤，再测 $Q_{gr,maf}$，如其值大于 24 MJ/kg，应划分为长焰煤，否则为褐煤。

河南省不但煤炭资源丰富，而且煤类齐全。少量褐煤产于古近系和新近系，长焰煤产于侏罗纪义马煤田内，三叠纪南召煤田主要为贫瘦煤，石炭纪商固煤田为无烟煤；石炭纪—二叠纪煤田以肥煤、1/3 焦煤、焦煤、瘦煤、贫瘦煤、贫煤和无烟煤为主，有少量气煤和弱粘煤。

河南省不同地区、不同煤层的煤类与煤质特征存在着一定的差异。二叠系石盒子组煤的煤化程度较低，多属炼焦煤类（气煤-焦煤），硫分含量低，但灰分产率高且可选性差，炼出的焦炭虽抗碎强度和耐磨性尚好，硫磷含量也较低，但因灰分高而难以作冶金焦炭，故主要作动力用煤。二叠系山西组煤的煤化程度相对较高，以无烟煤、贫煤、瘦煤为主，次为焦煤，灰分、硫分都较低，煤质优良，其中焦煤、瘦煤可作炼焦用煤，贫煤、无烟煤一般做动力用煤。上石炭统—二叠系船山统太原组煤多为低灰高硫煤，因硫分过高，尚未被普遍开采。河南省无烟煤和贫煤的资源储量最多，是气化用煤的主要煤类。义马煤田的长焰煤活性高（93.5%），不黏结，煤气产率高，虽块煤较易风化，煤灰熔点偏低，但仍是气化用煤的良好原料。河南省的肥煤、1/3 焦煤和焦煤在低温干馏试验中有一定的焦油产出，石盒子组煤的焦油产率相对较高，而山西组和太原组煤多属含油煤。

三、河南省煤炭资源分布及资源储量

（一）河南省煤炭资源分布

煤在地壳中从无到有，而后是强弱交替，出现了一系列的聚煤期；在各个聚煤期内，聚煤作用的地理分布是不均匀的，但聚煤期在时间和空间分布的不均匀性是有规律的（杨起等，1979），是受古植物演化、古气候条件、古地理环境和大地构造演化、发展变化所控制的。河南省地处中原，地跨华北陆块和秦岭造山带，含煤地层（其同义词或近义词有含煤沉积、含煤岩系、含煤建造及煤系等）发育较全，既有华北型，又有华南型和过渡型。晚古生代以前，植物的演化处于低级阶段，一般仅能形成高灰分、低热值的海相石煤。泥盆纪开始，我国有了真正的腐殖煤形成，重要的聚煤期出现在泥盆纪之后，石炭纪是地史上第一次出现的重要聚煤期（杨起等，1979），也是河南省境内的首个聚煤期。

石炭纪—二叠纪是河南省境内聚煤作用最强且最重要的聚煤期，华北板块在陆表海常有大面积海水进退的巨型波状聚煤坳陷内沉积了一套稳定的海陆交替型煤系，晚石炭世—二叠纪煤系呈西部收敛、东部撒开的喇叭状，展布于崤山、熊耳山、外方山、伏牛山一线以北，太行山以东及以南的广大地区。石炭纪商固煤田因构造活动强烈，煤炭资源规模较小，可采煤层分布零星且可采面积很小。

晚古生代晚期，随着扬子板块向华北板块的陆内俯冲，地球动力学大调整与构造体制转换，古地理面貌大为改观，至三叠纪，陆相盆地沉积占主导地位，造煤植物由晚古生代的蕨类植物占优势发展为裸子植物占优势。河南省境内经历了晚三叠世规模较小的聚煤期，由于沉积盆地有限且气候干燥，聚煤作用较弱。分布于济源、渑池、义马、宜阳、登封一带的延长群椿树腰组（T_3c）和谭庄组（T_3t）发育油页岩和多层偶可采薄煤层或煤线，尚未发现具经济价值的可采煤层；在渑池和义马，谭庄组含煤最多达 20 余层，但仅有 1 层局部可采，称为“四尺煤”，最厚 1.63 m，极不稳定。北秦岭造山带内的卢氏五里川盆地的五里川组和南召至方城一带的南召盆地内的太山庙组含煤，煤质差，可采煤层少而薄，且不稳定。侏罗纪开始，河南境内逐渐分异了较多的内陆断或坳陷盆地，除豫西的义马凹陷下-中侏罗统义马组有可采煤层外，其他地区则因气候干燥堆积了红层，早-中侏罗世为河南省境内位次第二的重要聚煤期。中侏罗世—白垩纪，河南境内进入强烈的陆内盆岭构造演化阶段，形成隆起区或岩浆弧夹持断陷盆地的条、块状构造格局，局限盆地内沉积了干旱-半干旱气候环境下的红色碎屑岩。

新生代继承中生代盆岭构造伸展裂陷，盆岭构造更为明晰，发育河湖相沉积，形成平原盆地和山间盆地，本期河南省境内聚煤作用微弱。三门峡市境内的灵宝盆地内古近系始新统项城组和洛阳市境内的潭头盆地内古近系始新统潭头组中有多层偶可采薄层褐煤，豫东平原区的古近系渐新统东营组和新近系中新统馆陶组有薄而不稳定的劣质褐煤，但工作程度皆偏低，资源赋存情况不明。在太行山山前平原地带的第四纪全新世沉积物中有成煤作用初级产物——泥炭赋存。

煤田是指同一地质时期形成并大致连续发育的含煤地层分布区，或同一地史发展过程中形成的含煤地层经后期大地构造变动和剥蚀作用而分隔开的比较连续、稳定分布的地区。由于聚煤期后的多期次构造运动对含煤地层的不断改造，造成河南省已发现的煤炭资源在地理分布上很不均衡。根据煤炭资源分布和含煤地质特征，河南省可采煤层分布区共划分为 20 个煤田（表 2-2；图 2-1）。

表 2-2 河南省煤田一览表

序号	煤田名称	煤田位置	聚煤期	面积/km^2 矿产地汇总/煤田面积	煤田规模	原煤资源储量/10^4 t 保有量/查明量	原煤资源储量/10^4 t 潜在资源量	天然焦资源量/10^4 t 保有量/查明量	天然焦资源量/10^4 t 潜在资源量	矿产地数量/处 规模 大型	中型	小型	矿点	合计	利用情况 开采	未开采	停采	煤层可采性 全区	大部分	局部	零星	煤类
1	义马煤田	渑池县、义马市	J_{1-2}	126.89/162	中型	60251.6/101537.6	324.0	0	0	0	3	4	0	7	5	1	1	2-3	2-1	1-1、1-2、2-2		CY
2	南召煤田	南召县、方城县	T_3	6.56/325	小型	279.9/279.9	0	0	0	0	0	1	0	1	0	1	0			二煤 四煤		PS
3	安鹤煤田	安阳市、鹤壁市	C_2P	615.82/1081	中型	310367.6/367246.6	207220.8	8324.7/8409.6	1235.0	1	6	13	0	20	11	4	5	$二_1$	$一_1$ $一_2$	$一_4$ $一_6$	$二_3$	以 SM、PS、PM 为主，其次为 WY，有少量 JM
4	濮阳煤田	安阳市、鹤壁市、新乡市、濮阳市	C_2P	2788.52/8285	小型	69002.0/69002.0	695752.0	0	0	0	1	4	3	8	0	8	0	$二_1$	$一_1$ $一_2$	$一_3$ $一_4$	$二_2$ $一_5$ $一_6$	以 FM 为主,次为 JM、1/3JM 和 PM，局部有 QM 和 TR
5	焦作煤田	焦作市、新乡市	C_2P	1119.02/1996	大型	493700.0/522126.8	313862.7	0	0	2	6	13	0	21	6	7	8	$二_1$	$一_1$	$一_5$	$一_3$、$一_4$ $一_6$、$一_7$	WY

续表

序号	煤田名称	煤田位置	聚煤期	面积/km^2 矿产地汇总/煤田面积	煤田规模	原煤资源储量/10^4 t 保有量/查明量	原煤资源储量/10^4 t 潜在资源量	天然焦资源量/10^4 t 保有量/查明量	天然焦资源量/10^4 t 潜在资源量	矿产地数量/处 规模 大型	中型	小型	矿点	合计	利用情况 开采	未开采	停采	煤层可采性 全区	大部分	局部	零星	煤类
6	济源煤田	济源市、焦作市	C_2P	316.12/1192	小型	19141.1/30388.7	87469.5	0	0	0	0	6	2	8	2	4	2		$一_1$ $二_1$	$二_4$ $七_2$	$一_2$ $二_3$	北部以 WY 为主；西部和南部则主要为 PM 和 PS，局部见有 JM
7	陕渑煤田	三门峡市、新安县	C_2P	385.56/810	小型	59886.3/73249.5	35371.3	0	0	0	0	15	2	17	11	4	2	$二_1$		$一_1$ $一_3$	$一_6$	以 JM 为主，次为 SM，局部有 PS、FM，偶有 WY
8	新安煤田	洛阳市新安县、孟津区	C_2P	560.76/840	中型	192778.6/199835.8	36929.0	0	0	0	5	6	0	11	6	4	1	$二_1$		$二_2$	$七_2$、$二_3$、$一_3$、$一_4$、$一_7$	以 PM 为主，少量 PS，深部有 WY；$七_2$ 煤以 PS，局部 JM
9	宜洛煤田	宜阳县、伊川县	C_2P	179.56/390	小型	41831.7/49423.9	29669.8	0	0	0	1	6	0	7	5	2	0	$二_1$		$一_3$、$一_7$、$一_8$、$四_2$、$四_3$、$五_1$	$一_5$、$四_1$、$五_2$、$五_3$	以 JM 为主，局部有 SM，西部$二_1$ 煤有少量 TR

续表

序号	煤田名称	煤田位置	聚煤期	面积/km² 矿产地汇总/煤田面积	煤田规模	原煤资源储量/10^4 t 保有量/查明量	原煤资源储量/10^4 t 潜在资源量	天然焦资源量/10^4 t 保有量/查明量	天然焦资源量/10^4 t 潜在资源量	矿产地数量/处 规模 大型	中型	小型	矿点	合计	利用情况 开采	未开采	停采	煤层可采性 全区	大部分	局部	零星	煤类
10	偃龙煤田	洛阳市、巩义市	C_2P	658.48/1660	中型	166454.3/172661.9	67365.0	0	0	0	4	9	1	14	6	6	2	二$_1$		一$_1$ 二$_2$	一$_3$	WY
11	荥巩煤田	郑州市	C_2P	612.81/1075	中型	171766.5/180646.3	88327.0	0	0	0	4	6	0	10	5	5	0	二$_1$	一$_1$	一$_3$		WY
12	登封煤田	伊川县、汝州市、登封市、新密市	C_2P	494.42/1124	中型	177543.5/212128.6	42157.3	0	0	0	3	11	0	14	10	4	0	二$_1$	五$_3$	一$_1$、一$_3$、一$_7$、四$_3$、七$_2$	一$_5$ 二$_2$	一、二煤段主要为PM，四、五、七煤段为JM，煤田东北部的二$_1$煤有WY
13	新密煤田	郑州市、尉氏县、长葛市	C_2P	646.41/2240	中型	305457.6/339562.7	46793.1	0	0	2	3	14	0	19	10	9	0	二$_1$	一$_1$	七$_4$	二$_3$ 七$_2$ 七$_3$	一、二煤段主要为PM、WY，局部SM、PS；七煤段FM-SM，煤田北部WY
14	汝州煤田	汝州市、汝阳县	C_2P	211.01/1740	中型	113437.1/126414.8	2818.8	0	0	0	1	21	0	22	16	5	1	二$_1$	一$_8$	二$_2$ 四$_2$、四$_3$ 五$_2$、五$_3$	四$_1$、四$_5$ 五$_1$、七$_2$	一、二煤段主要为1/3JM-PM，四、五煤段主要为FM-JM，七$_2$煤为QM

续表

序号	煤田名称	煤田位置	聚煤期	面积/km^2 矿产地汇总/煤田面积	煤田规模	原煤资源储量/10^4 t 保有量/查明量	原煤资源储量/10^4 t 潜在资源量	天然焦资源量/10^4 t 保有量/查明量	天然焦资源量/10^4 t 潜在资源量	矿产地数量/处 规模 大型	矿产地数量/处 规模 中型	矿产地数量/处 规模 小型	矿产地数量/处 规模 矿点	矿产地数量/处 规模 合计	矿产地数量/处 利用情况 开采	矿产地数量/处 利用情况 未开采	矿产地数量/处 利用情况 停采	煤层可采性 全区	煤层可采性 大部分	煤层可采性 局部	煤层可采性 零星	煤类
15	平顶山煤田	平顶山市、许昌市、襄城县	C_2P	744.21/1250	大型	533553.0/649623.9	174024.7	0	0	3	7	12	0	22	14	7	1	二$_1$	四$_2$ 四$_3$ 五$_2$	一$_4$ 一$_5$ 一$_6$ 二$_2$ 六$_2$	一$_1$ 一$_2$ 一$_3$ 二$_3$ 四$_1$ 五$_1$ 五$_3$ 七$_2$	煤类复杂，主要为 QM、FM、JM、SM 和 PS。一煤段以 FM 为主，次为 QM、1/3JM 和 JM；二煤段以 JM、1/3JM 为主，次为 SM 和 PS，少量 FM，段店煤矿区有少量 WY；四、五煤段主要为 FM-JM（局部 QM）；六$_2$ 煤为 QM（局部 FM-JM）；七$_2$ 煤为 FM
16	禹州煤田	郏县、禹州市、许昌市、登封市	C_2P	1130.66/2990	大型	569499.2/599176.5	176713.5	0	0	1	9	13	0	23	14	9	0	二$_1$	四$_2$	一$_4$、二$_2$ 四$_3$、五$_2$ 六$_2$、七$_2$ 七$_4$	一$_1$、一$_3$ 二$_3$、四$_1$ 四$_5$、五$_3$ 五$_4$、八$_3$ 八$_5$	一煤段为 PM（局部 SM），二煤段为 SM-PM（局部 JM），四、五、六煤段为 JM，七煤段为 JM（局部 FM）。八煤段为劣质 FM-SM

续表

序号	煤田名称	煤田位置	聚煤期	面积/km²	煤田规模	原煤资源储量/10^4 t		天然焦资源量/10^4 t		矿产地数量/处								煤层可采性				煤类
										规模					利用情况							
				矿产地汇总/煤田面积		保有量/查明量	潜在资源量	保有量/查明量	潜在资源量	大型	中型	小型	矿点	合计	开采	未开采	停采	全区	大部分	局部	零星	
17	通柘煤田	开封市、周口市、商丘市	C_2P	3794.89/10606	中型	225723.0/225723.0	1766920.0	4503.0/4503.0	15556.0	2	0	0	1	3	0	3	0	二$_1$				睢县西部煤矿区为WY；胡襄煤矿区以PM为主，次为SM和TR，少量JM
18	永夏煤田	永城市及夏邑县	C_2P	1497.69/3020	中型	337875.9/353654.7	168776.8	94663.6/94663.6	93209.0	1	4	13	3	21	9	12	0	二$_1$	三$_2$ 三$_4$	三$_1$、三$_3$	二$_3$、三$_4$ 六$_2$	以WY为主，其次为PM，少量PS，局部变质为TR
19	确山煤田	驻马店市驿城区、确山县	C_2P	40.66/230	小型	19733.6/19982.0	0	771.6/771.6	0	0	0	2	0	2	1	1	0	二$_1$	三$_2$ 四$_1$	三$_1$、三$_3$、三$_4$、四$_2$、四$_3$、四$_5$、四$_7$、四$_8$、五$_3$、五$_4$、五$_5$、六$_1$	三$_5$	二$_1$煤主要为无烟煤、贫煤、瘦煤等。下石盒子组各煤层以焦煤、贫煤为主，次为气煤
20	商固煤田	商城县和固始县	C	13.72/460	小型	391.2/927.4	0	0	0	0	0	4	0	4	1	0	3	杨山组的五、九、十三、十六、二十一煤，杨小庄组青山含煤段的A_5、A_8、A_{10-11}、A_{13}煤和马鞍山含煤段的6、7、8、9、11-13、16-17、23煤均局部可采				WY
总计				15943.77/41476		3868673.7/4293592.6	3940495.3	108262.9/108347.8	110000.0	12	57	173	12	254	132	96	26					

注：查明和保有资源储量均不包含潜在资源量，下同。TR为天然焦，PS为贫瘦煤，WY为无烟煤，SM为瘦煤，1/3 JM为1/3焦煤，QM为气煤，PM为贫煤，JM为焦煤，FM为肥煤，CY为长焰煤，下同。

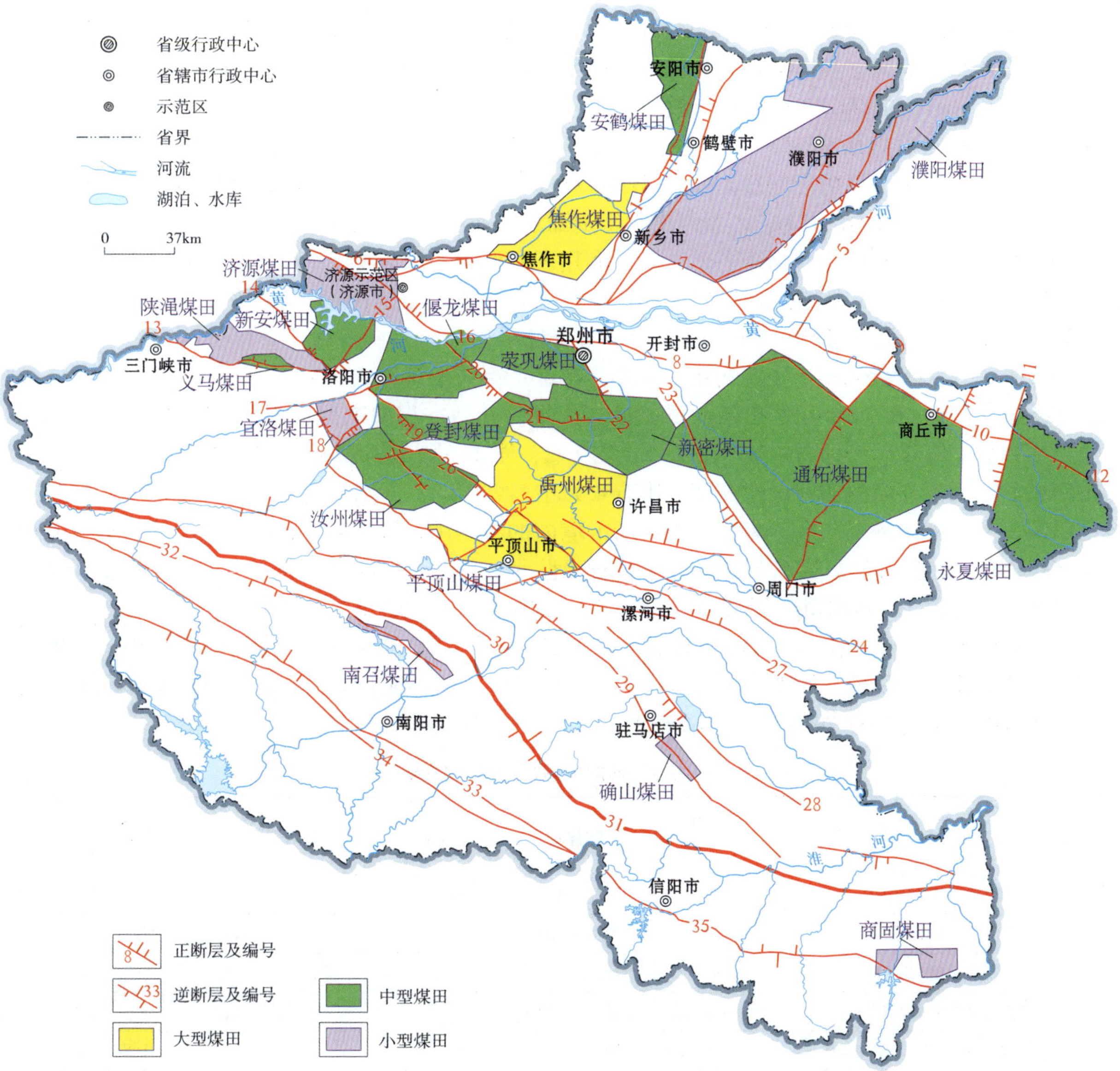

图 2-1　河南省煤田分布图

1—青羊口断层；2—汤东断层；3—长垣断层；4—黄河断层；5—聊兰断层；6—盘古寺断层；7—太行南－丰沛断裂；8—中牟－民权断层；9—睢县断层；10—商丘断层；11—于贤集－桑堌－济阳断层；12—八里庄断层；13—硖石－义马断层；14—岸上－龙潭沟断层；15—常袋断层；16—西承留断层；17—锦屏山断层；18—陈宅沟－吕沟断层；19—吕店断层；20—五指岭断层；21—超化－大隗断层；22—薛店断层；23—尉氏－扶沟断层；24—商水－沈丘断层；25—宝丰－郏县断层；26—黄庄－西黄道断层；27—襄城－老城断裂；28—三桥断层；29—陆浑－鲁山－正阳断层；30—潘河－马超营断裂；31—栾川－固始断裂；32—瓦穴子－乔端断裂；33—朱阳关－夏管断裂；34—商丹断裂；35—龟梅断裂

煤田划分大部分采用传统边界，仅局部做了微调，原属新安煤田的郁蕨山、普士山和江村 3 个煤矿区归置到陕渑煤田，原属新密煤田的米村和王庄煤矿区归置于登封煤田。原通许找煤区和东濮找煤区，自 2005 年以来，河南省地质勘查基金（2010 年前为探矿权采矿权使用费和价款）项目的实施，其构造轮廓已大致了解，晚石炭世—二叠纪煤系分布范围已大致掌握，可采煤层的分布及埋深已大致了解，2014 年河南省国土资源厅编制的《河南省找矿突破战略行动三年成果汇总报告（2011—2013）》将其明确为“通柘煤田”和“濮阳煤田”。值得指出的是，濮阳煤田自西向东为由内黄断隆、东濮断陷、菏泽断隆的构成的“两隆夹一坳”格局，聊兰深大断裂东侧的菏泽断隆的河南部分（即濮阳市的台前-范县地区）为突出部，未再单独划分煤田。据此，河南省内大型煤田（查明资源储量≥50×10^8 t）3 个，中型煤田 10 个，小型煤田（查明资源储量<10×10^8 t）7 个；除石炭纪商固煤田、晚三叠世内陆型南召煤田和早-中侏罗世义马煤田外，其他均处于晚石炭世—二叠纪含煤区。煤田主要集中在豫西地区，其次是豫北和豫东，豫南地区很少，含煤总面积约 41476 km^2，占全省总面积（16.7×10^4 km^2）的 24.8%。其中，晚石炭世—二叠纪煤田总面积约 40529 km^2，占河南省总面积的 24.3%。煤矿产地总面积 15943.77 km^2，占全省总面积的 9.5%，占全省含煤面积的 38.4%；其中，晚石炭世—二叠纪煤矿产地总面积为 15796.60 km^2，占全省煤矿产地总面积的 99.1%。通柘煤田的煤矿产地总面积为 3794.89 km^2，为河南省煤资源勘查面积最大的煤田。

煤矿产地范围划分依据《河南省矿产资源利用现状调查实施方案》（豫国土资发〔2008〕95 号）以上表矿区为基础、按矿体自然边界划分的核实矿区及 2009 年之后提交成果报告的煤矿勘查区，本志书编研资料主要来源于 2010~2011 年以矿区为统计单位、以采矿权为核查单位开展的矿区资源储量核查成果——“河南省矿产资源利用现状调查矿区资源储量核查成果数据库”（河南省国土资源科学研究院，2012a）和 2009 年之后新的煤矿勘查成果，其勘查程度取区内最高勘查阶段。截至 2018 年底，河南省共有煤矿产地 254 处（表 2-3；图 2-2，图 2-3），总赋煤面积 15943.77 km^2，其中，信阳市商城县和固始县境内的石炭纪商固煤田有 4 处小型煤矿区，南阳市南召县和方城县境内的晚三叠世南召煤田有 1 处小型煤矿区，渑池县和义马市境内的早-中侏罗世义马煤田有 3 处中型煤矿区和 4 处小型煤矿区，其余 242 处煤矿产地均处于晚石炭世—二叠纪含煤区内。晚石炭世—二叠纪含煤区分布于安阳市、鹤壁市、濮阳市、新乡市、焦作市、济源市、三门峡市东北部、洛阳市东北部、平顶山市、许昌市西部、开封市南部、周口市北部、商丘市、驻马店市中部 14 个地级市及郑州市境内。按煤矿区查明资源储量规模：大型（查明资源储量≥5×10^8 t）煤矿产地 12 处、中型煤矿产地 57 处、小型（查明资源储量小于 2×10^8 t）煤矿产地 173 处、矿点 12 处。

表 2-3　河南省煤矿产地一览表

序号	煤田	煤矿产地名称	面积/km^2	赋煤地层	聚煤期	可采煤层	规模	工作程度	利用情况
1	安鹤煤田	安阳县主焦煤矿区	18.91	太原组、山西组	C_2P	一$_1$、一$_2$、一$_4$、二$_1$	小型	详查	开采
2		安阳县红岭煤矿区	22.55	太原组、山西组	C_2P	一$_1$、一$_2$、一$_4$、一$_8$、二$_1$	小型	详查	开采
3		安阳县伦掌煤矿区	34.78	太原组、山西组	C_2P	一$_1$、二$_1$	中型	勘探	未采
4		安阳县铜冶煤矿区	48.29	太原组、山西组	C_2P	一$_1$、一$_2$、一$_4$、二$_1$	中型	详查	开采
5		安阳市彰武-伦掌南煤矿区	40.12	太原组、山西组	C_2P	一$_1$、二$_1$	中型	勘探	未采
6		安阳县龙山煤矿区	46.31	太原组、山西组	C_2P	一$_1$、一$_2$、二$_1$	小型	详查	开采
7		安阳市王家岭煤矿区	10.67	太原组、山西组	C_2P	一$_1$、一$_2$、二$_1$	小型	勘探	开采
8		鹤壁市九矿煤矿区	14.34	太原组、山西组	C_2P	一$_1$、一$_2$、二$_1$	小型	勘探	开采
9		鹤壁市四矿煤矿区	23.97	太原组、山西组	C_2P	一$_1$、一$_2$、二$_1$	中型	勘探	开采
10		安阳县贺驼煤矿区	3.80	太原组、山西组	C_2P	一$_1$、一$_2$、二$_1$	小型	勘探	停产
11		鹤壁市小寺湾煤矿区	9.16	太原组、山西组	C_2P	一$_1$、一$_2$、一$_6$、二$_1$	小型	详查	关闭
12		鹤壁市二矿煤矿区	13.88	太原组、山西组	C_2P	一$_1$、一$_2$、一$_6$、二$_1$	小型	勘探	停产
13		安阳市安鹤煤田北段深部煤矿区	176.67	太原组、山西组	C_2P	一$_1$、一$_2$、二$_1$、二$_3$	中型	详查	未采
14		鹤壁市三矿煤矿区	18.31	太原组、山西组	C_2P	一$_1$、二$_1$	小型	详查	开采
15		鹤壁市五矿煤矿区	5.40	太原组、山西组	C_2P	一$_1$、二$_1$	小型	详查	停产
16		鹤壁市六矿煤矿区	23.19	太原组、山西组	C_2P	一$_1$、二$_1$	中型	详查	开采
17		鹤壁市八矿煤矿区	14.92	太原组、山西组	C_2P	一$_1$、二$_1$	小型	详查	开采
18		鹤壁市十矿煤矿区	10.97	太原组、山西组	C_2P	一$_1$、二$_1$	小型	详查	开采
19		鹤壁市石林煤矿区	75.36	太原组、山西组	C_2P	一$_1$、二$_1$	大型	详查	未采
20		淇县庙口煤矿区	4.22	山西组	P	二$_1$	小型	详查	关停

续表

序号	煤田	煤矿产地名称	面积/km^2	赋煤地层	聚煤期	可采煤层	规模	工作程度	利用情况
21	濮阳煤田	安阳-濮阳市内黄断隆北部煤矿区	1143.24	太原组、山西组	C_2P	二$_1$、一$_6$、一$_4$、一$_1^1$	小型	普查	未采
22		滑县王三寨煤矿区	252.00	太原组、山西组	C_2P	一$_1$、一$_2$、一$_4$、一$_5$、二$_1$	中型	普查	未采
23		濮阳市马庄桥煤矿区	104.50	太原组、山西组	C_2P	一$_1$、一$_4$、二$_1$	小型	普查	未采
24		滑县上官镇煤矿点	211.40	山西组	P	二$_1$	矿点	预查	未采
25		浚县新镇煤矿点	775.0	山西组	P	二$_1$	矿点	预查	未采
26		范县白衣阁煤矿区	135.40	太原组、山西组	C_2P	一$_1$、一$_2$、一$_3$、一$_6$、二$_1$	小型	普查	未采
27		台前县侯庙-陈楼煤矿点	143.63	太原组、山西组	C_2P	一$_1$、一$_2$、一$_3$、一$_8$、一$_9$、二$_1$	矿点	预查	未采
28		台前县吴坝煤矿区	23.35	山西组	P	二$_1$	小型	普查	未采
29	焦作煤田	焦作市朱村煤矿区	8.15	太原组、山西组	C_2P	一$_1$、一$_5$、二$_1$	小型	详查	关闭
30		焦作市恩村-墙南煤矿区	127.16	太原组、山西组	C_2P	一$_5$、二$_1$	大型	勘探	未采
31		焦作市小马煤矿区	13.37	太原组、山西组	C_2P	一$_1$、一$_5$、二$_1$	小型	详查	关闭
32		焦作市中马村煤矿区	16.95	太原组、山西组	C_2P	一$_1$、一$_5$、二$_1$	小型	勘探	开采
33		焦作市韩王煤矿区	5.99	太原组、山西组	C_2P	一$_1$、一$_5$、二$_1$	小型	详查	关闭
34		焦作市冯营煤矿区	19.94	太原组、山西组	C_2P	一$_1$、一$_5$、二$_1$	小型	详查	关闭
35		焦作市九里山煤矿区	18.51	太原组、山西组	C_2P	一$_1$、二$_1$	小型	勘探	开采
36		焦作市演马庄煤矿区	14.89	太原组、山西组	C_2P	一$_1$、二$_1$	小型	勘探	关闭
37		修武县新河煤矿区	7.95	山西组	P	二$_1$	小型	勘探	未采
38		修武县方庄煤矿区	10.93	山西组	P	二$_1$	小型	勘探	关闭
39		焦作市方庄深部煤矿区	25.21	太原组、山西组	C_2P	一$_1$、二$_1$	小型	普查	未采
40		焦作市白庄-吴村煤矿区	9.20	太原组、山西组	C_2P	一$_1$、二$_1$	小型	勘探	关闭
41		焦作市古汉山煤矿区	25.89	太原组、山西组	C_2P	一$_1$、二$_1$	中型	勘探	开采
42		焦作市五里源煤矿区	61.76	太原组、山西组	C_2P	一$_1$、二$_1$	中型	详查	未采
43		获嘉县马厂煤矿区	344.27	太原组、山西组	C_2P	一$_5$、二$_1$	大型	详查	未采
44		辉县市薄壁煤矿区	121.68	太原组、山西组	C_2P	一$_1$、二$_1$	中型	详查	未采
45		辉县市赵固一井煤矿区	115.45	太原组、山西组	C_2P	一$_1$、二$_1$	中型	勘探	开采
46		辉县市赵固二井煤矿区	69.09	太原组、山西组	C_2P	一$_1$、二$_1$	中型	勘探	开采
47		新乡市块村营煤矿区	71.59	太原组、山西组	C_2P	一$_1$、二$_1$	中型	详查	未采
48		辉县市张村煤矿区	11.78	太原组、山西组	C_2P	一$_1$、一$_3$、一$_4$、二$_1$	小型	详查	关闭
49		卫辉市陈召煤矿区	19.26	太原组、山西组	C_2P	一$_1$、一$_4$、一$_5$、一$_6$、一$_7$、二$_1$	小型	勘探	开采

续表

序号	煤田	煤矿产地名称	面积/km^2	赋煤地层	聚煤期	可采煤层	规模	工作程度	利用情况
50	济源煤田	济源市姜疙瘩煤矿区	10.77	太原组、山西组、上石盒子组	C_2P	一$_1$、二$_4$、七$_2$	小型	普查	停采
51		济源市王屋山煤矿区	1.68	太原组、山西组	C_2P	二$_1$	小型	普查	关停
52		济源市郭沟煤矿区	15.32	太原组、山西组	C_2P	二$_1$	小型	勘探	未采
53		济源市青铜沟煤矿区	12.11	山西组	P	二$_1$	小型	详查	未采
54		济源市梁庄煤矿点	162.29	山西组	P	二$_1$	矿点	预查	未采
55		济源市南吴煤矿点	21.80	太原组	C_2P	一$_1$	矿点	预查	未采
56		济源市下冶煤矿区	56.43	太原组、山西组、上石盒子组	C_2P	一$_1$、一$_2$、二$_1$、二$_3$、二$_4$、七$_2$	小型	普查	开采
57		济源市克井煤矿区	35.72	太原组、山西组	C_2P	一$_1$、二$_1$	小型	勘探	开采
58	陕渑煤田	三门峡市侯村段煤矿区	5.22	太原组、山西组	C_2P	一$_1$、一$_3$、一$_6$、二$_1$	小型	勘探	停采
59		三门峡市陕州区曲里煤矿点	7.29	太原组、山西组	C_2P	一$_1$、二$_1$	矿点	预查	未采
60		三门峡市陕州区支建煤矿区	38.45	太原组、山西组	C_2P	一$_1$、二$_1$	小型	普查	开采
61		三门峡市陕州区柴洼煤矿区	15.06	太原组、山西组	C_2P	一$_1$、二$_1$	小型	详查	开采
62		渑池县扣门山煤矿区	12.94	山西组	P	二$_1$	小型	勘探	开采
63		三门峡市陕州区寺后煤矿区	0.26	山西组	P	二$_1$	小型	普查	停采
64		三门峡市陕州区观音堂煤矿区	14.87	太原组、山西组	C_2P	一$_3$、二$_1$	小型	勘探	开采
65		三门峡市石壕煤矿区	10.45	太原组、山西组	C_2P	一$_3$、二$_1$	小型	勘探	开采
66		渑池县龙王庄煤矿区	29.31	太原组、山西组	C_2P	一$_3$、二$_1$	小型	详查	开采
67		渑池县曹窑煤矿区	24.48	山西组	P	二$_1$	小型	勘探	开采
68		渑池县陕渑煤田深部煤矿区	30.89	山西组	P	二$_1$	小型	普查	未采
69		渑池县天坛-仁村煤矿区	66.36	山西组	P	二$_1$	小型	勘探	开采
70		渑池县杜家-张沟煤矿点	70.18	山西组	P	二$_1$	矿点	预查	未采
71		渑池-新安县仁村东部煤矿区	32.73	山西组	P	二$_1$	小型	普查	未采
72		新安县郁蕨山煤矿区	14.90	山西组	P	二$_1$	小型	普查	开采
73		新安县普士山煤矿区	10.46	山西组	P	二$_1$	小型	详查	开采
74		新安县江村煤矿区	1.71	山西组	P	二$_1$	小型	详查	开采
75	义马煤田	渑池县杨村煤矿区	5.64	义马组	J_{1-2}	1-1、1-2、2-1、2-3	小型	勘探	开采
76		渑池县耿村煤矿区	15.09	义马组	J_{1-2}	1-1、1-2、2-1、2-2、2-3	中型	勘探	开采
77		义马市千秋煤矿区	20.79	义马组	J_{1-2}	2-1、2-3	中型	勘探	开采
78		义马市北露天煤矿区	2.65	义马组	J_{1-2}	2-1、2-3	小型	勘探	闭坑
79		义马市跃进煤矿区	22.44	义马组	J_{1-2}	2-1、2-3	小型	勘探	开采
80		义马市常村煤矿区	15.81	义马组	J_{1-2}	2-1、2-3	中型	勘探	开采
81		三门峡市义马煤田深部煤矿区	44.47	义马组	J_{1-2}	2-3	小型	详查	未采

续表

序号	煤田	煤矿产地名称	面积/km^2	赋煤地层	聚煤期	可采煤层	规模	工作程度	利用情况
82	新安煤田	新安县石井煤矿区	1.85	山西组	P	二$_1$	小型	普查	停采
83		新安县狂口煤矿区	37.92	太原组、山西组	C_2P	一$_7$、二$_1$	小型	普查	开采
84		新安县石寺-北冶煤矿区	40.51	太原组、山西组	C_2P	一$_3$、一$_4$、二$_1$、二$_2$	小型	勘探	开采
85		新安县新安煤矿区	50.28	山西组、上石盒子组	P	二$_1$、二$_2$、七$_2$	中型	勘探	开采
86		新安县渠里煤矿区	11.88	山西组	P	二$_1$	小型	勘探	开采
87		新安县新义煤矿区	49.87	山西组	P	二$_1$	中型	勘探	开采
88		新安县正村煤矿区	33.96	山西组、上石盒子组	P	二$_1$、二$_2$、七$_2$	中型	勘探	开采
89		洛阳市孟津煤矿区	62.33	山西组	P	二$_1$、二$_2$	小型	勘探	未采
90		新安县新义二井深部煤矿区	120.95	山西组	P	二$_1$、二$_2$	中型	详查	未采
91		新安县新义煤矿深部煤矿区	82.23	山西组	P	二$_1$、二$_3$	中型	详查	未采
92		洛阳市孟津区王良煤矿区	68.98	山西组	P	二$_1$、二$_3$	小型	普查	未采
93	宜洛煤田	宜阳县李沟-沈村煤矿区	15.05	太原组—下石盒子组	C_2P	一$_3$、一$_8$、二$_1$、四$_1$、四$_2$、五$_1$、五$_2$	小型	详查	开采
94		宜阳县沙坡-康坪煤矿区	7.22	太原组、山西组	C_2P	一$_5$、一$_7$、二$_1$	小型	勘探	开采
95		宜阳县李沟-樊村煤矿区	66.25	太原组—下石盒子组	C_2P	一$_8$、二$_1$、四$_2$、四$_3$、五$_1$	中型	详查	开采
96		宜阳县白杨-伊川县高山煤矿区	17.35	山西组	P	二$_1$	小型	普查	未采
97		宜阳县西马村煤矿区	2.87	山西组	P	二$_1$	小型	详查	开采
98		伊川县高山煤矿区	12.75	太原组—下石盒子组	C_2P	一$_7$、二$_1$、四$_2$、四$_3$	小型	详查	开采
99		伊川县高山深部煤矿区	58.07	太原组—下石盒子组	C_2P	一$_7$、二$_1$、四$_3$、五$_3$	小型	普查	未采
100	偃龙煤田	洛阳市孟津区-偃师区大石桥煤矿区	81.14	山西组	P	二$_2$	小型	普查	未采
101		偃师市邙岭煤矿点	26.80	太原组	C_2P	一$_1$	矿点	预查	未采
102		巩义市巩义煤矿区	149.20	山西组	P	二$_1$	小型	普查	未采
103		洛阳市李村煤矿区	52.64	山西组	P	二$_1$	小型	详查	未采
104		洛阳市龙门西煤矿区	10.35	山西组	P	二$_1$	小型	详查	开采
105		洛阳市龙门煤矿区	6.19	山西组	P	二$_1$	小型	勘探	开采
106		洛阳市偃师区常村煤矿区	26.90	太原组、山西组	C_2P	一$_1$、二$_1$、二$_2$	小型	勘探	开采
107		洛阳市偃师区府店煤矿区	67.61	山西组	P	二$_1$	中型	详查	未采
108		洛阳市偃师区焦村煤矿区	59.20	山西组	P	二$_1$	中型	普查	开采
109		巩义市西村煤矿区	99.09	山西组	P	二$_1$、二$_2$	中型	详查	未采
110		巩义市瑶岭煤矿区	35.51	太原组、山西组	C_2P	一$_1$、一$_3$、二$_1$	小型	详查	开采
111		巩义市上庄煤矿区	43.30	太原组、山西组	C_2P	一$_1$、二$_1$、二$_2$	中型	详查	开采
112		巩义市山川煤矿区	0.49	山西组	P	二$_1$	小型	普查	停采
113		巩义市南官庄煤矿区	0.06	山西组	P	二$_1$	小型	普查	停采

续表

序号	煤田	煤矿产地名称	面积/km^2	赋煤地层	聚煤期	可采煤层	规模	工作程度	利用情况
114	荥巩煤田	郑州市上街-竹川煤矿区	132.00	山西组	P	$二_1$	小型	普查	未采
115		巩义市大峪沟煤矿区	53.58	太原组、山西组	C_2P	$一_1$、$二_1$	中型	勘探	开采
116		郑州市小里河煤矿区	46.03	山西组	P	$二_1$	中型	勘探	未采
117		巩义市米河煤矿区	88.14	太原组、山西组	C_2P	$一_1$、$一_7$、$二_1$	中型	勘探	开采
118		荥阳市丁店煤矿区	46.19	山西组、上石盒子组	P	$二_1$、$七_2$	小型	普查	未采
119		荥阳市崔庙煤矿区	44.00	太原组、山西组	C_2P	$一_1$、$一_3$、$二_1$	中型	勘探	开采
120		郑州市三李深部煤矿区	91.24	太原组、山西组	C_2P	$一_1$、$二_1$	小型	普查	未采
121		郑州市三李煤矿区	44.96	太原组、山西组	C_2P	$一_1$、$一_3$、$二_1$	小型	勘探	开采
122		郑州市三李东煤矿区	33.94	太原组、山西组	C_2P	$一_1$、$二_1$	小型	勘探	开采
123		新郑市侯庄煤矿区	32.73	山西组	P	$二_1$	小型	普查	未采
124	登封煤田	伊川县柳庄煤矿区	29.09	山西组、下石盒子组	P	$二_1$、$四_3$、$五_3$	小型	详查	未采
125		伊川县暴雨山煤矿区	25.15	太原组—下石盒子组	C_2P	$一_7$、$二_1$、$四_3$、$五_3$	小型	详查	开采
126		汝州市长虹煤矿区	8.53	太原组—下石盒子组	C_2P	$一_7$、$二_1$、$四_3$、$五_3$	小型	详查	开采
127		登封市马岭山煤矿区	37.86	太原组—上石盒子组	C_2P	$一_7$、$二_1$、$四_3$、$五_3$、$七_2$	中型	详查	开采
128		登封市庞窑煤矿区	24.08	山西组、下石盒子组	P	$二_1$、$五_3$	小型	详查	未采
129		登封市老庄沟煤矿区	5.31	山西组、下石盒子组	P	$二_1$、$五_3$	小型	勘探	未采
130		登封市郭沟-新新深部煤矿区	41.60	山西组	P	$二_1$	小型	普查	未采
131		登封市郭沟煤矿区	20.26	太原组—上石盒子组	C_2P	$一_3$、$二_1$、$四_3$、$五_3$、$七_2$	小型	勘探	开采
132		登封市白坪煤矿区	58.48	太原组—上石盒子组	C_2P	$一_3$、$一_5$、$二_1$、$二_2$、$五_3$、$七_2$	中型	勘探	开采
133		登封市箕山煤矿区	30.00	太原组、山西组	C_2P	$一_3$、$二_1$	小型	勘探	开采
134		登封市部城煤矿区	41.00	山西组	P	$二_1$	小型	详查	开采
135		登封市芦店煤矿区	139.94	太原组、山西组、上石盒子组	C_2P	$一_1$、$二_1$、$七_2$	中型	勘探	开采
136		新密市王庄煤矿区	15.00	太原组、山西组	C_2P	$一_1$、$二_1$	小型	勘探	开采
137		新密市米村煤矿区	18.12	太原组、山西组	C_2P	$一_1$、$二_1$	小型	勘探	开采

续表

序号	煤田	煤矿产地名称	面积/km²	赋煤地层	聚煤期	可采煤层	规模	工作程度	利用情况
138	新密煤田	新密市王寨河煤矿区	16.37	太原组、山西组	C_2P	$一_1$、$二_1$	小型	详查	开采
139		新密市翟沟煤矿区	12.42	山西组	P	$二_1$	小型	勘探	未采
140		新密市芦沟煤矿区	21.83	太原组、山西组、上石盒子组	C_2P	$一_1$、$二_1$、$七_3$	小型	详查	开采
141		新密市白石沟煤矿区	14.20	太原组、山西组、上石盒子组	C_2P	$一_1$、$二_1$、$七_4$	小型	勘探	开采
142		新密市窦沟煤矿区	13.14	山西组	P	$二_1$	小型	勘探	未采
143		新密市任岗煤矿区	15.21	太原组、山西组	C_2P	$一_1$、$二_1$	小型	普查	开采
144		新密市李岗煤矿区	22.52	山西组	P	$二_1$	小型	勘探	未采
145		新密市梁沟煤矿区	12.40	山西组	P	$二_1$	小型	详查	开采
146		新密市裴沟煤矿区	92.33	太原组、山西组、上石盒子组	C_2P	$一_1$、$二_1$、$七_4$	大型	勘探	开采
147		新密市大隗煤矿区	91.89	山西组、上石盒子组	P	$二_1$、$七_4$	小型	详查	未采
148		新密市平陌煤矿区	20.23	太原组、山西组	C_2P	$一_1$、$二_1$	小型	详查	开采
149		新密市超化煤矿区	23.07	太原组、山西组	C_2P	$一_1$、$二_1$	中型	勘探	开采
150		新密市超化外围煤矿区	14.94	山西组、上石盒子组	P	$二_1$、$七_2$	小型	详查	未采
151		新密市关口煤矿区	19.33	太原组、山西组、上石盒子组	C_2P	$一_1$、$二_1$、$二_3$、$七_4$	小型	勘探	开采
152		新密市关口深部煤矿区	27.45	山西组、上石盒子组	P	$二_1$、$二_3$、$七_4$	小型	详查	未采
153		新郑市赵家寨煤矿区	49.47	太原组、山西组、上石盒子组	C_2P	$一_1$、$二_1$、$二_3$、$七_4$	中型	勘探	未采
154		新郑市贾梁煤矿区	15.43	山西组	P	$二_1$	小型	普查	未采
155		新郑市王行庄煤矿区	76.84	太原组、山西组、上石盒子组	C_2P	$一_1$、$二_1$、$二_3$、$七_4$	大型	勘探	开采
156		新郑市李梁店煤矿区	87.34	山西组	P	$二_1$	中型	勘探	未采

续表

序号	煤田	煤矿产地名称	面积/km^2	赋煤地层	聚煤期	可采煤层	规模	工作程度	利用情况
157		汝阳县寺湾煤矿区	17.41	太原组、山西组	C_2P	一$_8$、二$_1$	小型	勘探	未采
158		汝阳县城东煤矿区	2.10	太原组、山西组	C_2P	一$_8$、二$_1$	小型	详查	开采
159		汝州市夏店煤矿区	30.54	太原组—下石盒子组	C_2P	一$_8$、二$_1$、四$_3$、五$_3$	小型	勘探	未采
160		汝州市窑院煤矿区	3.59	太原组、山西组	C_2P	一$_8$、二$_1$	小型	普查	开采
161		汝州市庇山二井煤矿区	12.19	太原组—下石盒子组	C_2P	一$_8$、二$_1$、二$_2$、四$_3$、五$_3$	小型	详查	开采
162		汝州市前户煤矿区	11.00	山西组、下石盒子组	P	二$_1$、四$_3$、五$_3$	小型	详查	未采
163		汝州市庇山一井煤矿区	9.40	太原组—下石盒子组	C_2P	一$_8$、二$_1$、二$_2$、四$_3$、五$_3$	小型	详查	开采
164		汝州市梁庄煤矿区	1.14	山西组	P	二$_1$	小型	普查	未采
165		汝州市创业煤矿区	0.48	山西组	P	二$_1$	小型	普查	停采
166		汝州市东升煤矿区	1.81	山西组	P	二$_1$	小型	普查	开采
167		汝州市复生煤矿区	0.10	山西组	P	二$_1$	小型	普查	开采
168		汝州市纸坊-程湾煤矿区	2.84	太原组、山西组	C_2P	一$_8$、二$_1$、二$_2$	小型	普查	开采
169	汝州煤田	汝州市梨园煤矿区	18.22	太原组—上石盒子组	C_2P	一$_8$、二$_1$、二$_2$、四$_1$、四$_2$、五$_1$、五$_2$、七$_2$、	小型	普查	开采
170		汝州市鑫源煤矿区	1.86	太原组、山西组	C_2P	一$_8$、二$_1$、二$_2$	小型	普查	开采
171		汝州市福鑫煤矿区	0.49	太原组、山西组	C_2P	一$_8$、二$_1$	小型	详查	开采
172		汝州市任村煤矿区	8.03	太原组—下石盒子组	C_2P	一$_8$、二$_1$、四$_2$、五$_1$、五$_2$	小型	详查	开采
173		汝州市宏达煤矿区	0.29	山西组、下石盒子组	P	二$_1$、四$_2$	小型	普查	开采
174		汝州市黄庄煤矿区	49.07	太原组—下石盒子组	C_2P	一$_8$、二$_1$、四$_3$、五$_2$	中型	详查	未采
175		汝州市黑龙庙煤矿区	3.74	山西组、下石盒子组	P	二$_1$、四$_3$、四$_5$、五$_2$	小型	普查	开采
176		汝州市张村煤矿区	13.65	太原组—下石盒子组	C_2P	一$_8$、二$_1$、四$_2$、四$_3$、五$_2$、五$_3$	小型	详查	开采
177		汝州市蜈绍窝煤矿区	6.40	太原组—下石盒子组	C_2P	一$_8$、二$_1$、四$_3$	小型	普查	开采
178		汝州市三里寨煤矿区	16.66	太原组—下石盒子组	C_2P	一$_8$、二$_1$、四$_2$、四$_3$、五$_2$、五$_3$	小型	勘探	开采

续表

序号	煤田	煤矿产地名称	面积/km^2	赋煤地层	聚煤期	可采煤层	规模	工作程度	利用情况
179	平顶山煤田	鲁山县高家庄煤矿区	4.73	太原组	C_2P	一$_1$	小型	详查	关闭
180		平顶山市高庄煤矿区	21.01	太原组—下石盒子组	C_2P	一$_4$、一$_6$、二$_1$、四$_2$、四$_3$、五$_2$、五$_3$	小型	详查	开采
181		平顶山市军营沟煤矿区	13.17	太原组—下石盒子组	C_2P	一$_3$、一$_4$、一$_6$、二$_1$、四$_2$、四$_3$、五$_2$、五$_3$	小型	详查	开采
182		鲁山县段店煤矿区	3.04	太原组—下石盒子组	C_2P	一$_4$、二$_1$、四$_2$	小型	详查	开采
183		平顶山市许坊煤矿区	17.49	太原组—下石盒子组	C_2P	一$_4$、一$_6$、二$_1$、四$_2$、四$_3$	小型	详查	开采
184		宝丰县苗李煤矿区	12.42	太原组、山西组	C_2P	一$_4$、一$_6$、二$_1$	小型	详查	开采
185		郏县王集煤矿区	41.29	山西组—上石盒子组	P	二$_1$、二$_2$、四$_2$、五$_2$、七$_2$	小型	勘探	未采
186		郏县兴国寺煤矿区	11.00	山西组、下石盒子组	P	二$_1$、四$_2$	小型	详查	未采
187		宝丰县闹店-凤凰山煤矿区	28.13	山西组、下石盒子组	P	二$_1$、四$_2$、五$_2$、六$_2$	小型	详查	未采
188		郏县姚庄煤矿区	24.12	山西组、下石盒子组	P	二$_1$、二$_3$、四$_2$	小型	普查	未采
189		平顶山市十一矿煤矿区	21.23	太原组—下石盒子组	C_2P	一$_2$、一$_3$、一$_4$、二$_1$、二$_2$、四$_2$、四$_3$、五$_2$、六$_2$	中型	勘探	开采
190		平顶山市五矿煤矿区	30.40	太原组—下石盒子组	C_2P	一$_5$、二$_1$、二$_2$、四$_2$、四$_3$、五$_2$、六$_2$	中型	勘探	开采
191		平顶山市六矿煤矿区	25.47	太原组—下石盒子组	C_2P	同五矿	中型	勘探	开采
192		平顶山市七矿煤矿区	9.60	太原组—下石盒子组	C_2P	一$_4$、一$_5$、二$_1$、二$_2$、四$_2$、四$_3$、五$_2$	小型	详查	开采
193		平顶山市一、二矿煤矿区	35.00	太原组—下石盒子组	C_2P	一$_5$、二$_1$、二$_2$、四$_3$、五$_2$、六$_2$	大型	勘探	开采
194		宝丰县贾寨-郏县唐街煤矿区	117.26	山西组、下石盒子组	P	二$_1$、二$_2$、四$_2$、四$_3$、五$_2$、六$_2$	大型	详查	未采
195		平顶山市十三矿煤矿区	63.40	太原组—上石盒子组	C_2P	一$_4$、二$_1$、四$_2$、四$_3$、六$_2$、七$_2$	中型	勘探	开采
196		平顶山市十、十二矿煤矿区	35.25	太原组—下石盒子组	C_2P	一$_1$、一$_5$、二$_1$、二$_2$、四$_1$、四$_2$、四$_3$、五$_1$、五$_2$	中型	勘探	开采
197		襄城县首山一井煤矿区	29.98	山西组、下石盒子组	P	二$_1$、四$_2$、四$_3$、五$_1$、五$_2$	中型	详查	开采
198		平顶山市八矿煤矿区	47.87	山西组、下石盒子组	P	二$_1$、二$_2$、四$_2$、四$_3$、五$_2$	中型	勘探	开采
199		叶县李村煤矿区	3.75	山西组、下石盒子组	P	二$_1$、四$_2$、四$_3$、五$_2$	小型	勘探	未采
200		平顶山市平顶山煤田东段深部煤矿区	148.60	山西组、下石盒子组	P	二$_1$、四$_2$、五$_2$	大型	普查	未采

续表

序号	煤田	煤矿产地名称	面积/km^2	赋煤地层	聚煤期	可采煤层	规模	工作程度	利用情况
201	禹州煤田	登封市徐庄-宣化煤矿区	57.04	太原组、山西组、上石盒子组	C_2P	一$_1$、二$_1$、七$_2$	中型	勘探	开采
202		禹州市方山-白沙煤矿区	60.61	太原组—上石盒子组	C_2P	一$_4$、二$_1$、四$_2$、五$_2$、六$_2$、七$_4$	中型	详查	开采
203		禹州市方山-白沙深部煤矿区	64.24	山西组、上石盒子组	P	二$_1$、七$_2$	中型	详查	未采
204		禹州市葡萄寺煤矿区	37.07	山西组、上石盒子组	P	二$_1$、七$_2$	中型	详查	未采
205		禹州市白沙-浅井煤矿区	70.04	山西组、上石盒子组	P	二$_1$、七$_4$	中型	详查	开采
206		禹州市磨街煤矿区	6.52	太原组、山西组	C_2P	一$_3$、一$_4$、二$_1$	小型	详查	开采
207		禹州市云盖山煤矿区	46.95	太原组—上石盒子组	C_2P	一$_3$、一$_4$、二$_1$、四$_2$、六$_2$、七$_4$、八$_5$	中型	详查	开采
208		禹州市洛王煤矿区	7.08	山西组、下石盒子组	P	二$_1$、四$_2$	小型	详查	开采
209		禹州市新峰一矿煤矿区	19.53	山西组、上石盒子组	P	二$_1$、二$_2$、七$_4$	小型	勘探	开采
210		禹州市王庄煤矿区	33.87	山西组、下石盒子组	P	二$_1$、二$_2$、四$_3$	小型	勘探	未采
211		禹州市新峰一矿深部煤矿区	105.73	山西组	P	二$_1$	小型	详查	未采
212		郏县西黄道煤矿区	4.00	山西组、下石盒子组	P	二$_1$、四$_2$	小型	勘探	开采
213		郏县景家洼煤矿区	14.60	山西组—上石盒子组	P	二$_1$、四$_2$、五$_2$、六$_2$、七$_2$、八$_3$	小型	详查	开采
214		郏县王英沟煤矿区	5.67	山西组—上石盒子组	P	二$_1$、四$_2$、六$_2$、七$_2$、八$_3$	小型	详查	开采
215		郏县白庙煤矿区	29.81	山西组、下石盒子组	P	二$_1$、四$_2$	小型	普查	未采
216		禹州市新峰六矿煤矿区	19.47	太原组—上石盒子组	C_2P	一$_4$、二$_1$、二$_3$、四$_2$、五$_2$、五$_3$、六$_2$、七$_4$、八$_5$	小型	详查	开采
217		禹州市三峰山-米拖寺煤矿区	65.37	太原组—上石盒子组	C_2P	一$_4$、二$_1$、五$_2$、五$_3$、六$_2$、七$_2$、七$_4$	小型	详查	开采
218		郏县安良煤矿区	38.95	山西组—上石盒子组	P	二$_1$、四$_1$、五$_4$、六$_2$、七$_4$	中型	详查	未采
219		郏县狮王寺煤矿区	23.33	山西组—上石盒子组	P	二$_1$、四$_2$、六$_2$、七$_4$	小型	勘探	未采
220		禹州市梁北一井煤矿区	67.24	山西组—上石盒子组	P	二$_1$、二$_2$、四$_3$、五$_2$、七$_4$	中型	勘探	开采
221		禹州市梁北二井煤矿区	25.76	山西组—上石盒子组	P	二$_1$、二$_2$、四$_3$、七$_2$	中型	勘探	未采
222		许昌市泉店煤矿区	18.07	山西组、下石盒子组	P	二$_1$、二$_3$、四$_3$	小型	勘探	开采
223		禹州市张得煤矿区	309.71	山西组—上石盒子组	P	二$_1$、二$_3$、四$_5^1$、四$_5^2$、五$_4$、七$_4$	大型	详查	未采

续表

序号	煤田	煤矿产地名称	面积/km^2	赋煤地层	聚煤期	可采煤层	规模	工作程度	利用情况
224	通柘煤田	开封-周口市睢县西部煤矿区	2369.33	山西组	P	二$_1$	大型	普查	未采
225		周口-商丘市胡襄煤矿区	1305.10	山西组	P	二$_1$	大型	普查	未采
226		商丘市睢阳区路河煤矿点	120.46	山西组	P	二$_1$	矿点	预查	未采
227	永夏煤田	夏邑县杨集煤矿点	37.70	山西组	P	二$_1$	矿点	预查	未采
228		夏邑县骆集西煤矿区	64.41	太原组、山西组	C_2P	一$_1$、二$_1$	小型	普查	未采
229		夏邑县骆集煤矿区	17.18	山西组	P	二$_1$、二$_3$	小型	详查	未采
230		夏邑县韩口煤矿点	148.87	山西组、下石盒子组	P	二$_1$、三$_2$	矿点	预查	未采
231		永城市薛湖西煤矿区	67.00	山西组	P	二$_1$	小型	普查	未采
232		夏邑县火店南煤矿点	27.72	山西组、下石盒子组	P	二$_1$、三$_2$、三$_3$	矿点	预查	未采
233		永城市薛湖煤矿区	109.86	山西组、下石盒子组	P	二$_1$、三$_2$、三$_3$	小型	勘探	开采
234		永城市顺河西煤矿区	166.46	山西组、下石盒子组	P	二$_1$、三$_2$、三$_4$	中型	详查	未采
235		永城市郑双庙煤矿区	24.44	山西组、下石盒子组	P	二$_1$、三$_2$	小型	普查	未采
236		永城市李大庄煤矿区	56.30	山西组、下石盒子组	P	二$_1$、三$_1$、三$_2$、三$_4$	小型	普查	未采
237		永城市顺河煤矿区	34.32	山西组、下石盒子组	P	二$_1$、三$_2$、三$_4$	小型	勘探	开采
238		永城市陈四楼煤矿区	75.55	山西组、下石盒子组	P	二$_1$、三$_1$、三$_2$、三$_4$	中型	详查	开采
239		永城市城郊煤矿区	99.77	山西组、下石盒子组	P	二$_1$、三$_1$、三$_2$、三$_4$	大型	勘探	开采
240		永城市马桥北马庄煤矿区	211.52	山西组、下石盒子组	P	二$_1$、三$_2$、三$_3$、三$_4$、六$_2$	中型	详查	未采
241		永城市新桥煤矿区	57.18	山西组、下石盒子组	P	二$_1$、三$_2$、三$_3$	小型	勘探	开采
242		永城市茴村煤矿区	88.54	山西组、下石盒子组	P	二$_1$、三$_2$、三$_3$	小型	勘探	开采
243		永城市茴村深部煤矿区	58.08	山西组、下石盒子组	P	二$_1$、三$_2$	小型	普查	未采
244		永城市车集煤矿区	72.61	山西组、下石盒子组	P	二$_1$、三$_2$、三$_3$、三$_4$	中型	详查	开采
245		永城市车集东煤矿区	31.36	山西组、下石盒子组	P	二$_1$、三$_2$、三$_3$、三$_4$	小型	详查	未采
246		永城市葛店煤矿区	25.88	山西组、下石盒子组	P	二$_1$、三$_2$、三$_3$、三$_4$	小型	勘探	开采
247		永城市新庄煤矿区	22.94	山西组、下石盒子组	P	二$_1$、三$_2$、三$_3$、三$_5$	小型	勘探	开采
248	南召煤田	南召县龙潭沟煤矿区	6.56	太山庙组	T_3	二煤	小型	勘探	未采

续表

序号	煤田	煤矿产地名称	面积/km^2	赋煤地层	聚煤期	可采煤层	规模	工作程度	利用情况
249	确山煤田	确山县吴桂桥煤矿区	15.42	山西组—上石盒子组	P	二$_1$、三$_2$、四$_1$、四$_3$、四$_5$、四$_7$、四$_8$、五$_3$、五$_5$、六$_1$	小型	勘探	开采
250	确山煤田	确山县安里煤矿区	25.24	山西组、下石盒子组	P	二$_1$、三$_1$、三$_2$、三$_3$、三$_4$、三$_5$、四$_1$、四$_2$	小型	勘探	未采
251	商固煤田	商城县马鞍山煤矿区	8.75	杨小庄组马鞍山煤段	C_2	6、7-8、9、11-13、16-17、23	小型	普查	停采
252	商固煤田	商城县青山煤矿区	0.65	杨小庄组青山煤段	C_2	A_5、A_8、A_{10-11}、A_{13}	小型	普查	停采
253	商固煤田	固始县杨山煤矿区	3.12	杨山组	C_1	五、九、十三、十六、二十一	小型	勘探	开采
254	商固煤田	固始县皮冲煤矿区	1.20	杨山组	C_1	五、九、十三、十六、二十一	小型	普查	停采

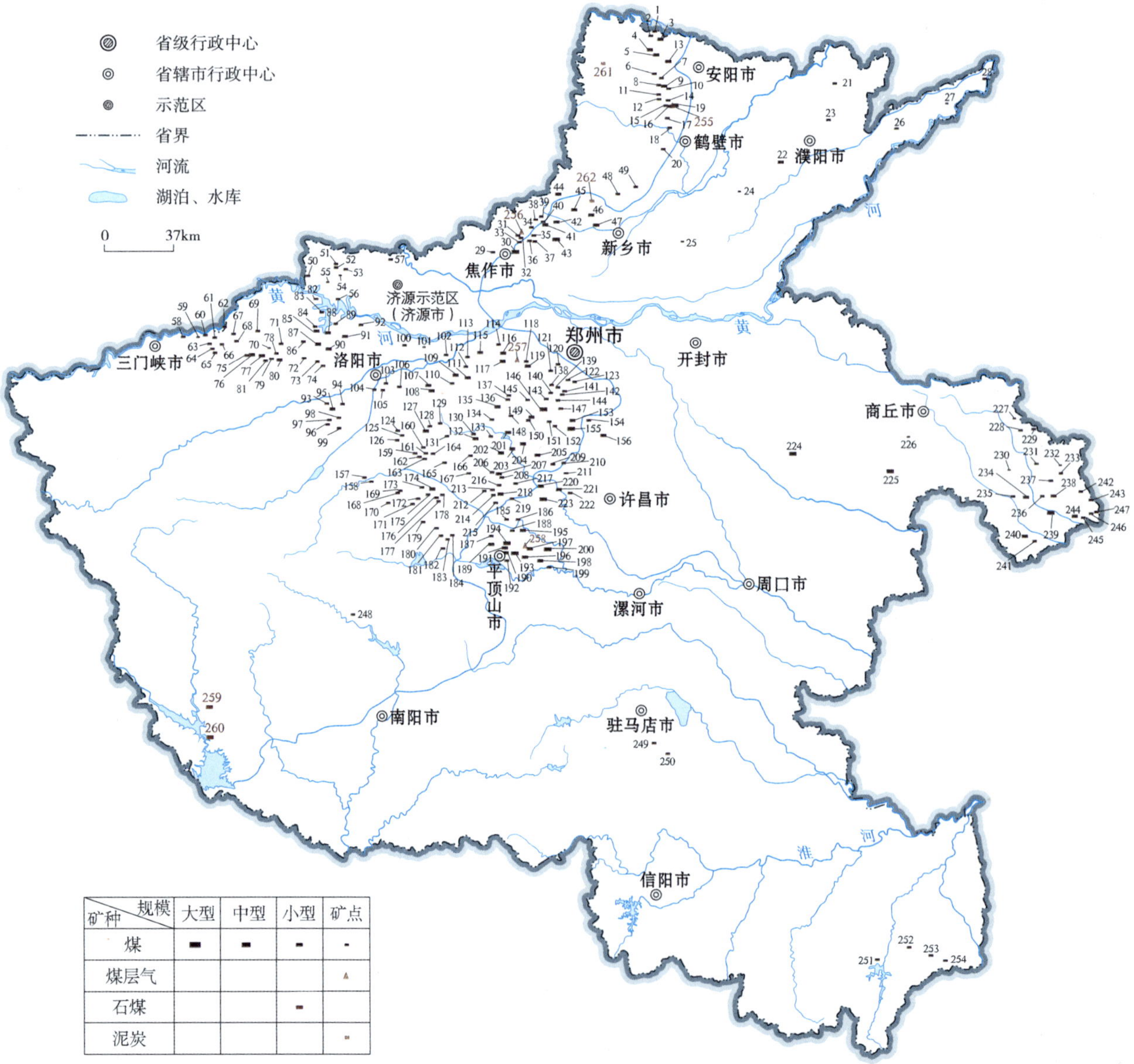

图 2-2 河南省煤、煤层气、石煤、泥炭矿产地分布图

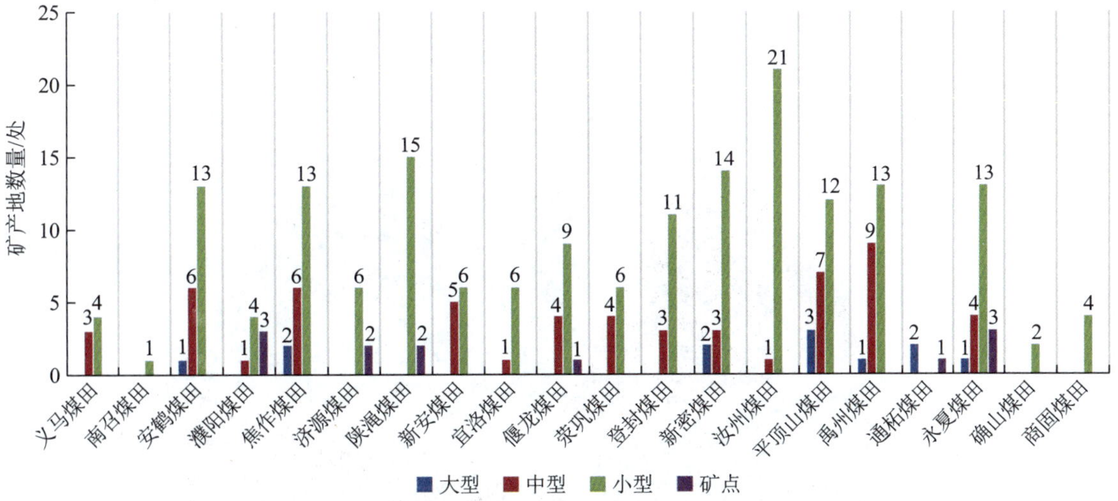

图 2-3　河南省煤矿产地构成图

（二）河南省煤炭资源储量

河南省累计查明煤资源储量 4293592. 6×10^4 t，其中，晚石炭世—二叠纪煤田有 4190847. 7×10^4 t，占全省查明总量的 97. 6%；保有煤资源储量 3868673. 7×10^4 t，其中，晚石炭世—二叠纪煤田保有煤资源储量 3807751. 0×10^4 t，占总量的 98. 4%。二叠纪山西组的二$_1$ 煤占晚石炭世—二叠纪煤资源储量的 90%以上，其次是侏罗纪煤。查明天然焦（TR）资源储量 108347. 8×10^4 t，保有天然焦资源储量 108262. 9×10^4 t，均位于晚石炭世—二叠纪含煤区内。查明和保有煤资源储量及潜在煤资源在各煤田中的分配情况见图 2-4、图 2-5。平顶山煤田查明资源储量 649623. 9×10^4 t，为河南省之最。禹州煤田保有煤资源储量 569499. 2×10^4 t，为河南省之最。另外，全省尚有潜在的煤资源 3940495. 3×10^4 t。

四、河南省煤炭资源勘查与开发

（一）煤炭资源勘查

河南省煤炭资源调查历史悠久。1868~1872 年，德国人李希霍芬考察我国地质，编有河南地质略图。1896 年，意大利人罗莎第调查豫北煤炭资源，返国后同英国商人组建福公司开采焦作煤矿。1913 年丁文江编写的安阳《六河沟煤田地质报告》是河南省地质矿产普查工作的先声。1915~1917 年，瑞典人新常富著有《修武及沁阳煤田》《河南武安、涉县、林县、淇县、辉县、汲县煤田报告》《河南济源县铜矿报告》。1918 年，梁津著有《河南修武、沁阳、太行山麓附近煤铁地质调查纪略》。1923 年 10 月，河南地质调查所在开封成立，河南省从此开始了以煤矿和豫西砂金为主的矿产初步调查工作。1930~1934 年，法国人德日进和英国人巴尔博等对豫西 20 个县进行过地质矿产调查，1936 年 1 月，首次用沙利文手摇钻机钻探禹县煤田，1947 年，首次使用柴油钻机钻探平顶山煤田，1948 年编印了《河南省煤矿志》。中华人民共和国成立前的煤矿调查涉及安阳、鹤壁、焦作、济源、南召、卢氏、陕县（今三门峡市陕州区）、渑池、义马、宜阳、偃师、临汝（今汝州市）、密县（今新密市）、禹县（今禹州市）、平顶山、商城、固始等地，对河南省的煤炭资源分布有了初步了解，但所有煤田都没有经过正规勘查。现代地质科学指导下的煤矿地质勘查始于中华人民共和国成立之后，煤矿地质勘查工作大致分为 4 个阶段。

1950~1985 年，大规模煤田地质工作全面展开。为适应国家建设的需要，开始了现代地质科学指导下的系统的煤矿地质勘查。1950 年 5~7 月，河南省人民政府特邀地质学家冯景兰、张伯声两位教

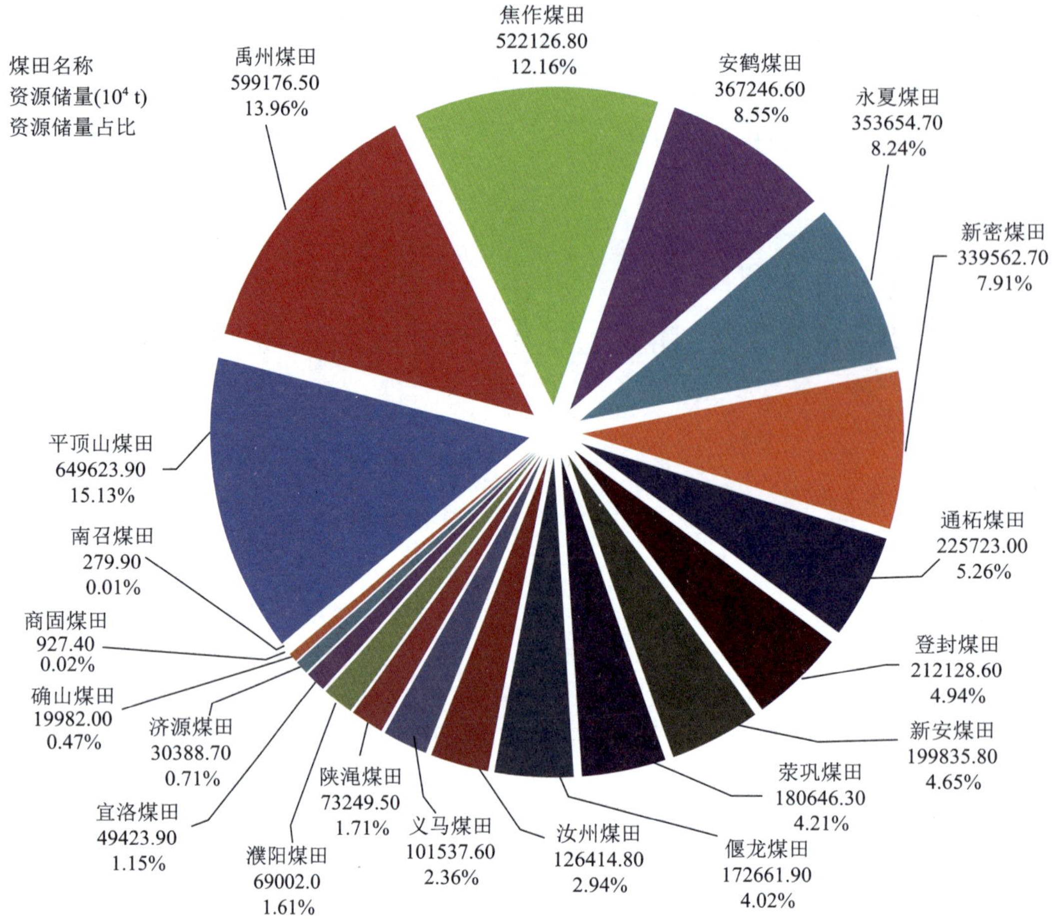

图 2-4　河南省查明煤资源储量构成图

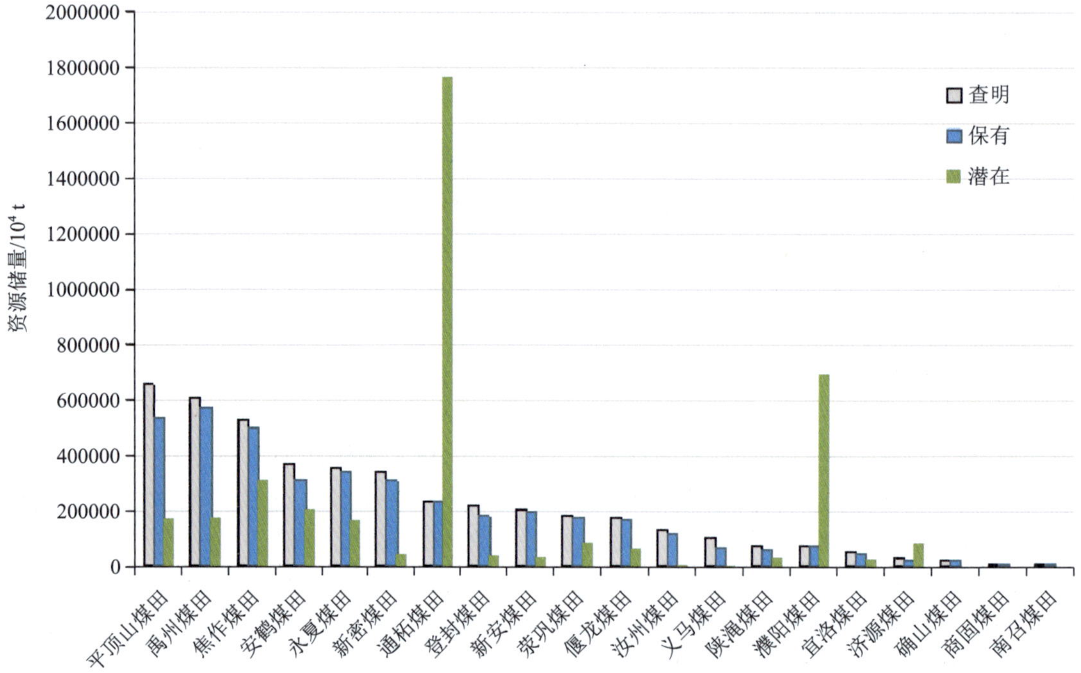

图 2-5　河南省各煤田查明、保有和潜在煤资源储量对比图

授来豫西调查地质矿产，冯景兰执笔的《河南宝、叶、襄、郏、平顶山区煤田》认为，平顶山煤田“可能证明为河南省最大煤田，并可能发展成黄河以南数一、数二的大煤矿”；张伯声执笔的《巩县小关涉村煤田及铁铝矿》认为，“华北各地凡在奥陶系石灰岩以上、煤系以下都可见到铝铁层，它的厚度自几十厘米至十余米不等”；此外还调查了陕县观音堂、渑池英豪、宝丰梁洼、临汝朝川、禹县三峰山及登封、宜阳等地煤矿。随着 1953 年 9 月中南地质局四〇一队在平顶山煤田正规地质勘查的开始，掀起了河南省煤矿地质勘查的热潮。1953 年 12 月，中南地质局四〇三队对禹县煤田进行了普查，1954 年 8 月成立于武汉的中南煤田地质勘探局（1958 年迁往郑州后更名为河南省煤田地质局，1962 年更名为中南煤田地质局）一二五队、一二六队和一二七队分别对焦作、宜洛和鹤壁等煤田开展了勘查。1955 年 6 月，中南地质局四〇一队提交的《宝、叶、襄、郏煤田平顶山矿区地质勘探报告书》是河南省第一个经过正规勘探、资料齐全的煤矿地质报告。截至 1958 年 6 月底，河南省共提交煤工业储量近 20×10^8 t。1958 年下半年开始，受“大跃进”及三年经济困难时期的影响，煤仅获工业储量 2.72×10^8 t。1964~1966 年，河南省煤矿地质工作成效显著，共提交报告 42 份，批准煤工业储量约 31×10^8 t。1966~1976 年期间仅有 44 份煤矿报告，年提交煤工业储量 $1.3\times10^8\sim5.6\times10^8$ t，累计提交工业储量约 38×10^8 t。1978 年 12 月改革开放后，煤矿勘查工作迎来了中华人民共和国成立以来的最好势头，缺煤的豫东地区，在永城一带也求得工业煤储量 20×10^8 t 以上。截至 1985 年底，已对除濮阳煤田和通柘煤田外的 18 个煤田开展了勘查工作，河南省累计查明煤炭储量 205×10^8 t，居全国第 8 位；其中平顶山含煤区（原平顶山煤田）累计提交 C+D 级煤储量 227747.0×10^4 t，位居全国第 4 位。

1986~2003 年，地质工作调整期。随着经济体制改革全面展开，国家计划内勘查任务和经费锐减，地质工作全面萎缩，地勘单位的生存和发展面临严重困难，但找矿工作仍未停止。1991~1995 年，共提交煤矿勘查报告 5 份，累计查明煤资源储量 50353×10^4 t；1996~2000 年，随着国家银根紧缩，煤炭行业陷入极度困难时期，共提交煤矿勘查报告 5 份，累计查明煤资源储量 92066×10^4 t（《河南煤炭工业志》编纂委员会，2017）。2000 年开始，煤炭形势开始复苏，各大煤业集团和地方煤矿急需大量探明储量以供建井利用，煤矿勘查工作环境逐渐好转，受工作周期的制约，成果报告多在 2003 年及以后提交。

2004~2013 年，煤田地质工作进入繁荣期。2003 年地质工作形势好转，财政投入和社会投入加大，煤矿地质勘查及投资渠道形成了多元化局面，地质工作焕发出新的活力，煤矿勘查活动空前活跃。通柘煤田创新性实施的“河南省商丘地区胡襄煤普查”和“河南省睢县西部煤普查”整装勘查项目，成为迄今为止河南省境内新发现的勘查区面积最大煤田。长达 10 年的“黄金期”，河南省煤矿勘查取得了一系列重大找矿成果，河南省查明煤炭资源储量由 2009 年底的 284.54×10^8 t 增长到 2013 年底的 317.83×10^8 t，并延续增长至 2015 年底的 374.64×10^8 t。社会自筹资金查明的煤资源储量多已利用或近期利用；但财政项目查明的煤资源量大多埋藏较深，仅有少数探矿权成功转让。

2014 年始，地勘单位改革进入深水区。随着财政资金投入的减少和矿产品市场低迷，矿产勘查工作渐入低潮，煤矿勘查的主要任务是对前期已实施的项目进行收尾。

经过近 70 年的勘查和开发，河南省煤炭地质工作程度整体较高。目前，河南省埋深 1000 m 以浅的煤炭资源赋存情况已基本查明，埋深 1000~1200 m 的区域基本达到普查，部分达到详查，1200~1500 m 的区域基本达到预查，全省 1500 m 以浅范围内的煤炭资源概况基本掌握。另外，在河南省东部新生界覆盖区，煤层埋深 2000 m 以浅的隐伏区全部开展了二维地震概查。

（二）煤炭资源开发

河南省位于中国腹地，素有“中原”之称，煤炭资源开采历史悠久。西汉著名史学家司马迁撰写的《史记》记载：“宜阳有煤”。巩义市夹津口镇铁生沟汉代冶铁遗址中发现炼铁的燃料是“木炭、白煤和煤饼”，东汉史学家班固编撰的《汉书》记载：“林县有炭”，新密市莱园村有唐代采煤遗址，鹤壁市有北宋晚期采煤遗址，《明一统志》记载河南已有 14 个县产煤（河南省地质矿产厅地质矿产志编辑委员会，1992）。

1949 年 10 月以前，煤炭开采涉及的有安鹤、焦作、济源、陕渑、新安、宜洛、偃龙、平顶山、禹州、义马、商固等煤田，多为土法开采。其中，焦作煤矿在中国煤炭工业发展史上具有重要的地位，几经沉浮，堪称中国煤炭工业的缩影，采煤历史可追溯到宋代。1904 年，英商福公司正式采煤，是河南省最先用机械化采煤的煤矿，当时驰名全国，1949 年 9 月成立焦作矿务局时已形成了较为完整的煤炭工业体系。1919 年开办的渑池县豫庆煤矿公司于 1951 年被渑池县人民政府接收，1952 年改称为地方国营义马煤矿。

河南是全国重要的产煤大省和国家规划的 14 个大型煤炭基地之一。河南省煤炭资源规模化、正规化开采始于 20 世纪 50 年代的国民经济恢复和发展时期，1951 年新密煤矿公司成立，1953 年焦作煤矿全面恢复，1955 年平顶山煤矿建矿，1957 年鹤壁矿务局成立，1958 年义马矿务局成立。平顶山煤矿是我国自行勘探、设计、建设的第一个特大型煤炭基地，到 1958 年底已有 11 对矿井动工建设，1985 年开采量 1245.9×10^4 t，为河南省唯一产量超过千万吨的煤田，年产量全国第一。

20 世纪 80 年代，民间资本进入煤炭工业，大、中、小煤矿一起搞，国家、集体、个体煤矿一起上，从而使地方、乡镇及个体煤矿迅速发展。1985 年，河南已有 33 个县产煤，查明的 232 处煤矿产地中已有 153 处被利用，安鹤、焦作、济源、陕渑、新安、宜洛、偃龙、荥巩、登封、新密、汝州、平顶山、禹州、义马、商固 15 个煤田当年合计采出原煤 7557×10^4 t，居全国第 2 位。20 世纪 90 年代，河南省煤炭开采进入快速发展时期，但受技术条件限制，开采深度、施工技术、生产规模和建井周期等尚未得到较大突破。20 世纪 90 年代中后期，河南省煤矿基本建设开始进入较快发展阶段。1998 年以来，河南省持续不断地开展了以淘汰煤矿落后产能为主的关井压产、资源整合和兼并重组专项行动。

“十一五”（2006~2010 年）期间，深化实施省煤炭企业兼并重组，生产结构进一步优化；大力开展煤炭资源整合，累计关闭小煤矿 1027 处，淘汰落后产能 8000×10^4 t，产业集中度得到较大提升。2008 年，河南煤炭行业启动实施大集团战略，积极培育发展大企业、大集团，并积极实施和推进跨区域整合和兼并重组地方煤矿。“十二五”（2011~2015 年）期间，河南省已完成以大型企业集团建设大型煤炭基地的建设，形成了以平顶山、义马、郑州、焦作、鹤壁、永夏六个大区开发为重点，国有重点煤炭企业为主体，地方国有煤矿、小煤矿（集体和个体）共同发展的煤炭生产开发布局，煤矿安全生产形势稳定好转。从 2012 年开始，煤炭行业告别了 10 年发展旺盛期，进入了萧条时代，2015 年进入了“寒冷的冬季”。

1991~2015 年，河南煤炭企业不断加大煤矿建设的力度，特别是随着冷冻技术的出现和运用，使复杂地质条件的地区建井成为可能，老井改扩建和新井建设步伐加快，新增年产能达到 5200×10^4 t 以上，许多新井设计年能力达 120×10^4 ~ 400×10^4 t，这 25 年间河南省累计生产原煤 32.5×10^8 t。截至 2015 年底，河南省煤炭企业已拥有河南能源化工集团有限公司、中国平煤神马能源化工集团有限责任公司、郑州煤炭工业（集团）有限责任公司、河南省煤层气开发利用有限公司和河南神火集团有限公司 5 家省骨干煤炭企业和 21 家地方煤炭企业。河南省煤炭工业建成了集煤炭生产、矿井建设、地质勘探、科研教育、煤矿设计、矿山机械制造、洗选加工和煤化工、煤层气开发等较为完整的煤炭工业体系。

河南省煤炭开发主要集中在安阳、鹤壁、焦作、济源、三门峡、洛阳、平顶山、郑州、许昌、商丘等市，主要开采晚石炭世—二叠纪煤层，山西组二$_1$ 煤层（大煤）为主采煤层，其次是义马煤田下-中侏罗统义马组煤层，除义马煤田为低变质长焰煤外，其他为煤化程度较高的烟煤或无烟煤。通柘煤田和濮阳煤田为 21 世纪新勘查发现的深埋赋煤区，尚未开发利用。三叠纪南召煤田曾有民采，石炭纪商固煤田下石炭统杨山组煤层有小规模开采。

21 世纪，由于河南省加大了找矿力度，成果十分突出，河南省保有煤炭资源储量由 2009 年底的 243.97×10^8 t 增长到 2013 年底的 272.80×10^8 t，并延续增长至 2015 年底的 329.55×10^8 t。作为河南省的优势矿种，煤炭资源优势明显，但这种被自然赋予的优势却也受到来自自然条件的约束。河南省254处煤矿产地中，停采26处，正在开采132处，未开采96处（表2-3；图2-6）。经过几十年的强力开采，浅部煤炭资源逐渐枯竭。浅埋赋煤区内尚未利用的煤资源储量中控制程度较高部分，或由于面积小、分布零星的“边角”资源无法大规模开发利用；或由于构造复杂，煤层不稳定，水文、瓦斯、地温等开发技术条件复杂而尚难开发利用；或由于灰分、硫分等有害成分过高、开发利用会对环境造成破坏而未开发利用；或由于重要工程（如南水北调、小浪底水库等）或地面建筑（如城市、高速公路、高速铁路等）压占而不能开发。

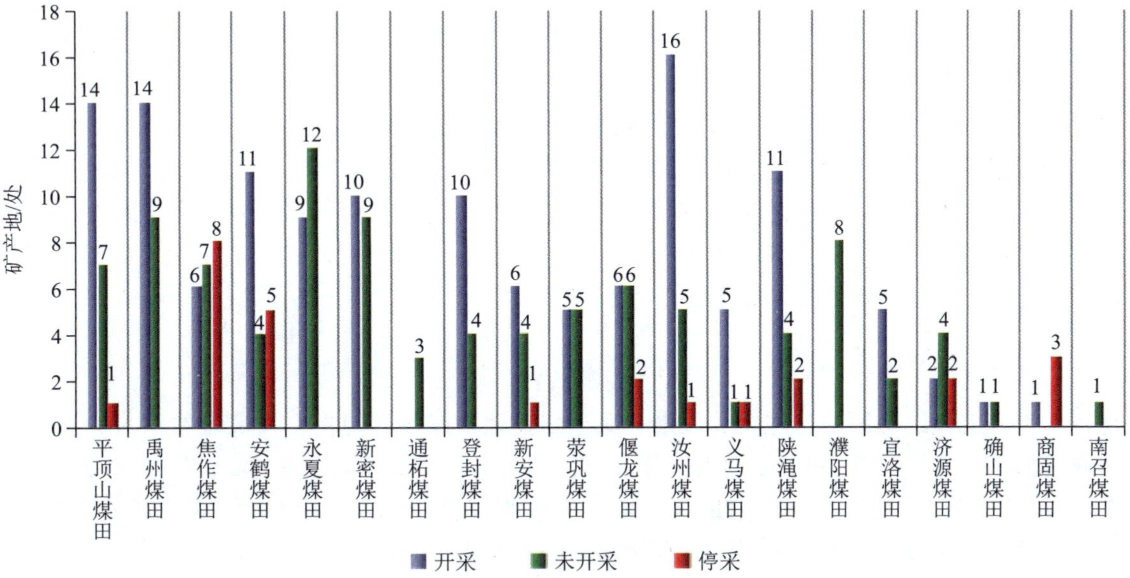

图2-6 河南省煤矿产地利用情况构成图

在未开采的矿产地中，除濮阳（8处）、通柘（3处）和南召（1处）3个煤田的12处煤矿产地外，余下的84处煤矿产地中，达预查、普查、详查和勘探的矿产地分别为8处、23处、32处和21处。煤炭企业投资勘查的煤矿产地，或作为后备资源，或处于建井规划期，或正在建井，或已完井。河南省地质勘查基金（两权价款）勘查的煤矿产地，$二_1$煤层埋深多大于1000 m，受生产条件和开采成本所限，目前尚未开发利用。

2009年之后，河南省煤炭原煤产量呈下降态势，从居全国前4位逐渐退居至第7、第8位（表2-4）。但随着深部采掘技术水平的提高，深层煤炭资源必将为人们所利用。长远看来，河南省煤炭资源还是有一定保障的。由于本省煤的类别多，煤质特征差异较大，目前加工利用方面还存在入洗煤量少、燃料煤的比例大，尤其是焦煤也作燃料煤，因此，煤炭资源的综合、高效、合理利用研究尤为重要。在经济发展需要与资源消耗的不可再生之间，矛盾与挑战并存。

表2-4 河南省2003~2018年度煤炭产量一览表

年度	2003	2004	2005	2006	2007	2008	2009	2010
原煤产量/10^8 t	1.26	1.54	1.50	1.83	1.89	2.05	1.96	1.82
全国排位	第4	第3	第4	第3	第3	第3	第4	第4
年度	2011	2012	2013	2014	2015	2016	2017	2018
原煤产量/10^8 t	1.87	1.52	1.53	1.35	1.28	1.19	1.17	1.14
全国排位	第4	第5	第6	第7	第8	第8	第7	第8

第二节 晚石炭世—二叠纪含煤区地质特征

一、地层

河南省晚石炭世—二叠纪含煤区处于华北晚古生代巨型坳陷盆地的南带，地层区划隶属于华北地层区之华北南部地层分区。华北陆块的古生界呈西部收敛、东部撒开的喇叭状，展布于崤山、熊耳山、外方山、伏牛山一线以北、太行山以东及以南地区。

（一）煤系基底

煤系直接基底为寒武系—奥陶系台地型碎屑岩和碳酸盐岩建造，寒武系与其上覆的奥陶系总体呈平行不整合接触。大致以三门峡、宜阳、洛阳及偃师区李村、登封市大金店、禹州市方山、禹州、许昌、确山一线为界，该线之北、之东的本溪组超覆于中奥陶统马家沟组石灰岩之上，该线西南的本溪组则超覆于寒武系第三统—芙蓉统崮山组白云岩或芙蓉统炒米店组泥质白云岩之上，鹤壁-濮阳以北的本溪组则超覆于中-上奥陶统峰峰组石灰岩之上。

（二）煤系及含煤性

晚石炭世—二叠纪是河南省主要成煤期，其聚煤盆地是南华北晚古生代聚煤盆地的一部分，分布于三门峡-渑池县天池-宜阳县白杨-汝阳-鲁山-确山-固始一线以北、新安县峪里-济源市邵原-焦作市薄壁-辉县市-林州一线以东及以南地区，含煤区呈西部收敛、东部撒开的箕状展布，该线只是晚古生代盆地的保存边界，而不是当时的沉积边界。晚石炭世—二叠纪煤系自下而上由上石炭统本溪组（C_2b）、上石炭统—二叠系船山统（即下二叠统）太原组（C_2P_1t）、二叠系船山统—阳新统山西组（$P_{1-2}sh$）、二叠系阳新统（即中二叠统）下石盒子组（P_2x）和阳新统—乐平统（即上二叠统）上石盒子组（$P_{2-3}sh$）构成（据中国地层委员会，2014），不整合于奥陶系或寒武系之上，各组间均为整合接触，煤系平均总厚度 564. 88~1114. 61 m（表 2-5），广泛出露于豫西及济源下冶一带的中山区和低山-丘陵区，焦作、鹤壁及安阳一带仅有零星出露，京广铁路以东的广阔黄土平原区则为新生界所掩覆。

表 2-5 河南省各煤田本溪组—上石盒子组厚度统计一览表

煤田	钻孔穿见地层厚度/m，两极值/平均值					
	本溪组	太原组	山西组	下石盒子组	上石盒子组	平均总厚
安鹤煤田	2. 22~47. 92 21. 36	75. 36~162. 06 117. 70	52. 77~148. 35 93. 54	214. 00~380. 50 288. 77	284. 68~443. 11 375. 17	896. 54
濮阳煤田	9. 22~22. 22 16. 81	117. 36~200. 00 142. 04	最厚 140. 58 85. 41	揭露最厚 291. 00	揭露最厚 270. 46	保留不全
焦作煤田	1. 80~45. 60 13. 10	51. 90~117. 71 86. 92	49. 24~121. 54 87. 48	最厚 364. 26 272. 19	最厚 365. 75 167. 38	627. 07
济源煤田	2. 50~33. 40 6. 54	18. 85~99. 87 53. 24	52. 28~114. 90 71. 70	最厚 279. 79 194. 92	最厚 293. 61 238. 48	564. 88
陕渑煤田	1. 00~31. 15 9. 34	6. 22~69. 61 34. 04	36. 00~137. 50 73. 54	208. 22~346. 23 265. 06	207. 47~352. 37 246. 37	628. 35
新安煤田	2. 99~43. 61 13. 05	29. 12~66. 41 46. 10	40. 35~135. 11 83. 72	202. 65~347. 75 274. 73	209. 00~343. 75 256. 92	674. 52

续表

煤田	钻孔穿见地层厚度/m，两极值/平均值					
	本溪组	太原组	山西组	下石盒子组	上石盒子组	平均总厚
宜洛煤田	0.70~28.50 6.27	7.26~43.66 19.57	34.86~124.15 76.13	213.37~356.03 258.69	170.50~296.80 246.51	607.17
偃龙煤田	0.31~46.45 7.71	23.15~106.01 46.88	40.79~135.20 84.22	121.47~380.00 289.63	209.11~342.30 278.05	706.49
荥巩煤田	3.20~33.69 8.83	21.36~108.11 56.36	51.59~133.95 77.37	207.81~337.55 263.60	236.55~344.37 306.28	712.44
登封煤田	1.76~31.38 8.54	28.07~94.52 48.94	40.96~104.38 75.24	271.98~366.12 298.54	223.76~382.00 292.59	656.16
新密煤田	1.50~35.99 9.67	25.96~145.72 71.54	最厚 140.44 76.11	215.50~374.65 291.60	233.82~393.51 323.84	772.76
汝州煤田	0.61~30.26 6.89	7.77~78.90 31.21	最厚 129.31 73.11	224.54~358.63 282.00	190.93~311.63 277.55	670.76
平顶山煤田	0.40~18.68 6.77	24.00~102.02 55.07	34.50~131.00 87.00	183.00~426.00 324.73	284.00~459.00 389.48	868.49
禹州煤田	1.74~29.70 9.42	20.23~144.38 62.08	40.00~115.50 75.87	236.00~416.50 306.89	233.68~441.06 325.52	779.78
通柘煤田	4.36~27.53 19.23	88.35~147.58 108.56	67.00~128.34 97.10	282.60~512.85 395.97	揭露最厚 231.25	保留不全
永夏煤田	2.00~40.04 12.32	90.53~168.17 134.23	66.60~166.50 102.75	250.98~592.09 405.56	334.19~551.60 459.75	1114.61
确山煤田	2.22~10.08 7.26	27.17~62.56 46.12	47.06~75.33 56.98	最厚 291.17	剥蚀	保留不全
全省	0.31~47.92 10.77	6.22~200.00 68.27	34.50~166.50 81.02	121.47~592.09 307.55	170.50~459.50 285.17	752.78

1. 煤段划分及赋煤规律

上石炭统本溪组称零煤段，不含可采煤层。太原组至上石盒子组按岩性标志自下而上划分为 9 个煤段（图 2-7，图 2-8），即太原组为一煤段，山西组为二煤段，下石盒子组自下而上划分为三、四、五、六煤段，上石盒子组自下而上划分为七、八、九煤段，各煤段厚度随地域而各地不同，除永夏地区外以 80 m 左右者居多。总观各煤段特征，一煤段为海陆交互相，二煤段以上各煤段均为过渡相，并在七、八煤段之间有过数次短暂海侵影响。太原组和山西组含有主要可采煤层，与整个华北煤系特征相同。在济源-郑州-商丘一线以南，下石盒子组和上石盒子组也含有可采煤层，是有别于华北其他地区的显著特征，与南方二叠纪含煤地层相似，故有“北型南相”之称（河南煤田地质公司，1991）。本区聚煤作用延续时代长，含煤层数多，沉积岩系厚度大，较细的碎屑岩出现频次多，海相和过渡相层位也多，这些特征都与华北盆地的北带和中带有明显差异。

因不同地区聚煤环境差异，各煤段含煤性随之不尽相同，总体有自北西向南东煤层层数增多、聚煤层层位逐渐升高的变化趋势。一至九煤段共含煤 12～74 层，最多达 80 余层，煤层总厚度大于 60 m。总观本省各煤层发育情况，一、二煤段含煤性较佳，可采煤层多，且煤层总厚度大且可采区普遍发育。上、下石盒子组在济源-郑州-商丘一线以北不含可采煤层，此线以南，越往南东含煤性越

时代	地层 组	地层 段	厚度/m 两极/平均	柱状图	标志层名称(代号)	含煤层数 两极/一般	煤层编号	主要可采煤层	主要煤层可采性
乐平世(P_3)	孙家沟组		0～195.39 245.32	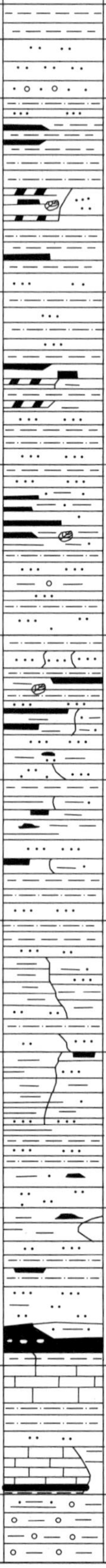					
	上石盒子组	平顶山段	20.65～183.14 77.42		平顶山砂岩 (Sp)				
		九煤段	0～157.30 86.90		大风口砂岩	0～13 0～1	九$_3$、九$_2$、九$_1$		
阳新世(P_2)		八煤段	17.00～229.17 85.14		八煤底砂岩	0～9 1～2	八$_9$、八$_7$、八$_6$、八$_5$、八$_4$、八$_3$、八$_2$、八$_1$	八$_5$、八$_3$	局部可采
		七煤段	45.65～240.29 102.64		硅质海绵岩 七$_4$ 七$_2$ 田家沟砂岩	0～9 2～3	七$_4$、七$_3$、七$_2$、七$_1$	七$_4$、七$_2$	局部可采
	下石盒子组	六煤段	21.70～264.52 83.89		六$_2$ 六$_1$ 红砂炭砂岩	0～5 1～2	六$_5$、六$_4$、六$_3$、六$_2$、六$_1$	六$_2$、六$_1$	局部可采
		五煤段	37.35～282.85 89.98		五$_3$ 五$_2$ 五煤底砂岩	0～10 4～5	五$_5$、五$_4$、五$_3$、五$_2$、五$_1$	五$_3$、五$_2$	局部可采
		四煤段	25.80～233.69 77.33		四$_3$ 四煤底砂岩	0～11 3～5	四$_8$、四$_7$、四$_6$、四$_5$、四$_4$、四$_3$、四$_2$、四$_1$	四$_3$、四$_2$	局部可采
		三煤段	26.80～169.31 73.90		三$_2$ 大紫泥岩(Md) 砂锅窑砂岩(Ss)	0～8 1～4	三$_5$、三$_4$、三$_3$、三$_2$、三$_1$	三$_2$	局部可采
	山西组	二煤段	12.77～166.50 81.02		小紫泥岩(Mx) 香炭砂岩(Sx) 大占砂岩(Sd) 二$_1$煤层	2～8 3～5	二$_7$、二$_6$、二$_5$、二$_4$、二$_3$、二$_2$、二$_1$	二$_1$	普遍可采
船山世(P_1) 晚石炭世(C_2)	太原组	一煤段	6.22～200.00 68.27		L$_7$或L$_8$石灰岩 一$_3$煤层 L$_1$或L$_{1+2}$石灰岩 一$_1$煤层	4～12 2～9	一$_9$、一$_8$、一$_7$、一$_6$、一$_5$、一$_4$、一$_3$、一$_2$、一$_1$	一$_8$、一$_5$、一$_3$ 一$_1$	局部可采 大面积可采
	本溪组	零煤段	0.31～47.92 10.77		铝土质泥岩	0～2			

图 2-7　河南省晚石炭世—二叠纪煤系柱状示意图

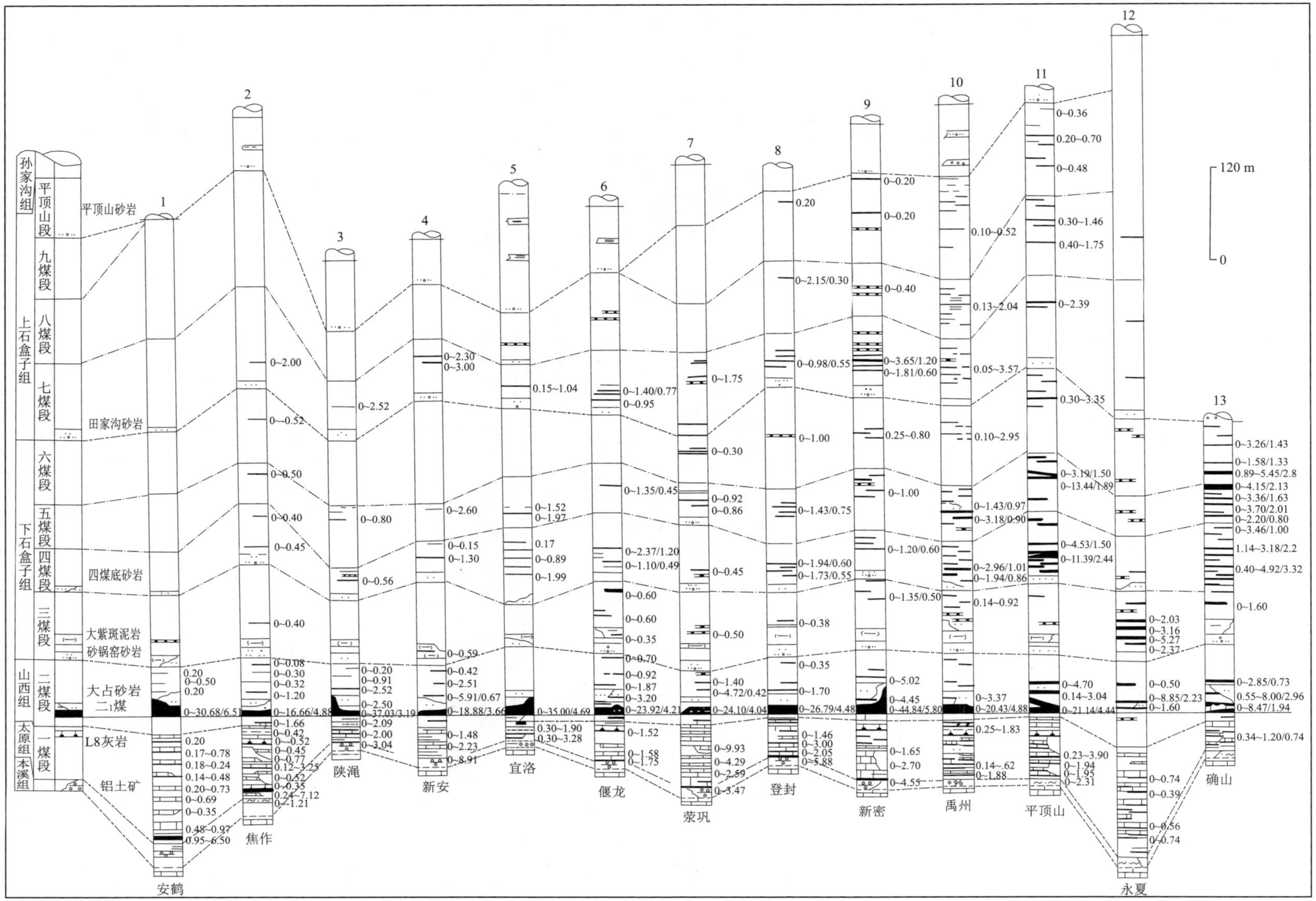

图2-8　河南省晚石炭世—二叠纪煤岩层对比图

(据河南煤田地质公司，1991，有修改)

图中数字代表厚度数值，单位：m

好，含煤层数越多，单层厚度也越大，煤层稳定性也越好。

山西组大占砂岩之下的二$_1$煤（大煤）为河南省普遍可采煤层，除个别地段缺失外，均发育良好。二$_1$煤层形成于河南省最强的一次聚煤作用，富煤带呈北东向分布于嵩箕地区诸煤田和黄河以北地区，二煤段其他可采煤层仅局部可采且主要分布于黄河之南。太原组底部第一层石灰岩之下的一$_1$煤层，为河南省分布面积第二大的重要煤层，虽薄但较稳定，三门峡-孟津-洛阳-登封-新郑-开封一线之北大面积可采，该线以南普遍不可采；一煤段其他可采煤层仅局部可采。下石盒子组为河南省另一重要含煤层层位，黄河以北基本不含煤，三门峡-偃师-登封-开封以南仅局部地区有可采煤层；三煤段仅确山和永夏地区发育可采煤层；四、五煤段的四$_2$、四$_3$、五$_2$、五$_3$煤层为分布面积较大的段内主要可采煤层，其他可采煤层则分布局限；六煤段含煤性较差，仅平顶山-禹州和确山、永夏有局部可采煤层。上石盒子组在河南省境内含煤性最差，仅七煤段含煤性相对较好，七$_2$煤为黄河之南分布面积较大的局部可采煤层，八煤段仅郏县与禹州交界地带有可采煤层，九煤段不含有工业价值的煤层。各主要煤层发育情况见表2-6。

河南省太原组可采煤层主要发育在北部，而山西组可采煤层（除二$_1$煤）则南迁至黄河以南，石盒子组可采煤层则南迁至宜阳、汝州、平顶山、禹州、确山一带，这可能由于随着沉降中心的南移，聚煤作用亦随之南迁并逐渐升高的总体古地理格局所控制。因此，太原组的富煤带展布于豫北地区，山西组的富煤带向南扩展至平顶山-禹州地区，石盒子组的富煤带则位于黄河之南的宜阳-确山一带。

2. 煤系的含煤性

（1）本溪组

本溪组以顶部出现稳定石灰岩（及其下的砂岩或煤层）与太原组分界，以含铝土矿为特征，由滨海潟湖相铁铝粘土岩和泥岩、滨岸碎屑岩及局限台地相石灰岩组成，潮坪相泥炭坪亚相仅见于豫北、豫西和豫东的局部地点。粘土岩、碳质泥岩和铝土质岩（矿）石的沉积物形成于陆表海，但经历了淡水沼泽及暴露的植物生长环境。岩性在不同地区差别较大，含0~2层不可采煤层，总体自下而上划分为下部铁质粘土岩、中部铝铁质岩和上部粘土岩3个岩性段。下部普遍为紫红色、杂色铝质粘土岩，底部含山西式铁矿，铁矿层在豫北局部可采，豫中、豫西因层薄或品位低而不具可采性。中部在济源、沁阳、渑池、新安、登封、巩义和禹州一带为普遍可采的灰色铝土矿（俗称“G层铝土矿”）和耐火粘土，在豫北博爱-焦作一带为质地优良的粘土矿，在鹤壁、永城一带为铝质泥岩且局部含煤1层（俗称“古占煤”）。上部在鹤壁、安阳、永城一带为泥岩，夹煤线（俗称“尽头煤”）并含1~3层石灰岩凸镜体。地层厚度受底部岩溶古地形影响变化较大，由于层序自北东向南西超覆，总体南西薄、北东厚，地层厚度0.31~47.92 m，一般厚度10~30 m，平均厚度10.77 m，已知最大厚度于巩义市涉村岩溶漏斗部位达92.36 m。

（2）太原组

太原组是一个穿时的岩石地层单位，与下伏本溪组和上覆山西组均呈整合接触，为一套开阔陆表海环境下形成的浅海碳酸盐岩与由障壁岛相、潟湖相、潮坪相构成的堡岛体系碎屑岩交互沉积的复合沉积体系，主要由厚层状生物碎屑石灰岩、砂岩、深灰色泥岩、碳质泥岩及煤层组成，地层厚度6.22~200.00 m，平均68.27 m，总体特征是地层厚度、石灰岩厚度和层数具东、北厚（多）而西、南薄（少）的变化趋势，豫北安鹤和濮阳、豫东通柘和永夏一带厚度较大，西部相对于东部碎屑岩增多而石灰岩层数减少。本组含煤4~12层，一般2~9层，煤层层位稳定，便于对比，皆以薄煤层为主，仅局部地区达可采厚度。太原组三分性明显，依据岩性组合特征自下而上可划分为下部石灰岩段（L_1—L_4）、中部碎屑岩段、上部石灰岩段（L_7—L_9）3段，下段和上段厚度比较稳定，而中段厚度变化较大，多旋回韵律、多冲刷间断是本组的沉积特点，存在着多期次的浅海相石灰岩大面积直接覆盖在煤层之上，且两者之间有明显的相序缺失现象，反映了太原组沉积时期地壳震荡频繁、海水不时进退的信息。太原组下部和上部石灰岩厚且稳定，常含动物化石、燧石结核或团块，是下部和上部煤层对比的良好标志层。含煤性以下部为最好，中部次之，上部最差，横向上北部好于南部。各煤层（线）为陆表海滨岸带泥炭坪环境成煤，煤层薄而层数多。上、下段多层石灰岩和煤层组合形成自下

表 2-6　河南省晚石炭世—二叠纪煤系主要可采煤层发育情况一览表

单位：m

煤层	安鹤煤田	濮阳煤田	焦作煤田	济源煤田	陕渑煤田	新安煤田	宜洛煤田	偃龙煤田	荥巩煤田	登封煤田	新密煤田	汝州煤田	平顶山煤田	禹州煤田	永夏煤田	通柘煤田	确山煤田
七$_4$	—	—	—	0~0.61	0~1.33 / 0.45	0~0.93 / 0.31	—	0~0.95 / 0.38	0~1.75 / 0.37	0~0.39 / 0.30	0~4.27① / 1.21	0~0.84	—	0~3.48① / 0.98	—	—	—
七$_2$	—	—	—	0~1.50①	—	0~1.70① / 0.88	0~1.06① / 0.36	—	—	0~3.43① / 0.68	0~4.01① / 1.18	0~0.97① / 0.82	0~2.71① / 1.31	0~2.48① / 0.96	—	—	—
六$_2$	—	—	0~0.60 / 0.36	0~0.32	—	—	—	—	—	—	0~0.80	0~0.52 / 0.40	0~2.67① / 1.05	0~2.56① / 1.13	0~1.95① / 0.79	—	—
五$_3$	—	—	0~0.60 / 0.33	0~0.88	0~0.60 / 0.28	—	0~1.97① / 0.44	0~1.36	0~0.86 / 0.30	0~3.60① / 1.01	0~1.00	0~3.64① / 0.98	0~3.19① / 1.50	0~1.43① / 0.97	0~1.67	—	0~3.70① / 2.13
五$_2$	—	—	—	—	—	—	0~1.41① / 0.28	—	—	—	—	0~4.35① / 1.33	0~13.44① / 1.89	0~3.18① / 0.90	—	—	—
四$_3$	—	—	—	—	—	—	0~4.99① / 0.68	—	—	0~3.06① / 0.69	—	0~6.78① / 1.60	0~6.56① / 1.44	0~2.96① / 1.01	—	—	0~4.92① / 3.23
四$_2$	—	—	0~0.30	—	0~1.04 / 0.25	—	0~3.30① / 1.23	0~0.48	—	0~1.91 / 0.34	0~1.20 / 0.50	0~3.55① / 1.42	0~11.39① / 2.44	0~1.94① / 0.86	0~0.71	0~0.65	0~19.31① / 9.14
三$_4$	—	—	—	—	—	—	—	—	—	—	—	—	—	—	0~5.12① / 0.94	0~1.75	0~2.07① / 1.01
三$_2$	—	—	—	—	—	—	—	—		—	—	—	—	—	0~7.20① / 1.52	0~1.75 / 0.67	0~2.40① / 1.07
二$_3$	0~0.88 / 0.20	—	0~0.71 / 0.50	0~1.45① / 0.18	0~1.55 / 0.40	0~4.33①	—	—	0~1.40 / 0.42	—	0~6.98① / 1.37	—	0~2.03① / 1.41	0~3.02① / 1.31	0~3.74① / 1.79	0~0.78	—

续表

煤层	安鹤煤田	濮阳煤田	焦作煤田	济源煤田	陕渑煤田	新安煤田	宜洛煤田	偃龙煤田	荥巩煤田	登封煤田	新密煤田	汝州煤田	平顶山煤田	禹州煤田	永夏煤田	通柘煤田	确山煤田
二$_2$	0~3.07 / 0.18	—	0~0.95 / 0.55	0~0.29	0~1.97 / 0.57	0~4.23① / 0.49	—	0~3.90① / 0.87	0~0.75 / 0.52	0~3.08① / 0.61	—	0~3.80① / 2.76	0~11.30① / 1.70	0~4.86① / 1.35	0~0.40	—	—
二$_1$	0~30.68① / 6.51	0~8.59① / 4.63	0~16.66① / 4.88	0~15.17① / 4.18	0~37.03① / 3.19	0~18.88① / 3.66	0~35.00① / 4.69	0~23.92① / 4.21	0~24.10① / 4.04	0~26.79① / 4.48	0~44.84① / 5.80	0~22.17① / 3.44	0~21.14① / 4.44	0~20.43① / 4.88	0~8.85① / 2.23	0~12.40① / 4.52	0~8.47① / 1.94
一$_8$	0~1.91 / 0.28	—	0~1.00 / 0.29	0~1.00 / 0.15	—	—	0~2.91① / 0.84	0~1.62 / 0.29	0~4.13 / 0.41	0~1.58 / 0.16	0~0.25	0~3.52① / 0.85	—	—	—	—	—
一$_6$	0~1.50① / 0.38	0~2.60① / 1.11	0~3.03① / 1.49	—	0~0.94①	—	—	—	—	—	—	—	0~1.52① / 0.95	—	—	0~0.55	—
一$_5$	0~1.08 / 0.31	0~2.40① / 1.48	0~4.90① / 1.17	0~2.00 / 0.27	—	0~0.48 / 0.18	0~1.75① / 0.56	0~1.16 / 0.42	0~3.30 / 0.30	0~1.20① / 0.82	0~1.65 / 0.40	—	0~4.55① / 1.31	—	—	0~0.86	—
一$_4$	0~1.66① / 0.42	0~1.83① / 1.16	0~4.56① / 1.32	—	—	0~2.50① / 0.26	—	—	—	—	—	—	0~3.98① / 0.81	0~1.05① / 0.64	—	0~0.72	—
一$_3$	0~0.71	0~1.37① / 0.85	0~2.00① / 1.32	—	0~5.09① / 0.95	0~1.42① / 0.27	0~3.28① / 0.37	0~1.15① / 0.78	0~3.36① / 1.06	0~2.99① / 0.94	—	—	0~1.72① / 0.81	0~1.50① / 0.93	—	0~0.50	—
一$_2$	0~1.89① / 0.86	0~2.47① / 1.14	—	0~0.97①	—	—	—	—	—	—	—	—	0~1.42①	—	—	—	—
一$_1$	0~6.50① / 1.92	0~4.31① / 1.50	0~7.12① / 2.20	0~1.88① / 0.88	0~3.04① / 0.84	—	0~3.28 / 0.37	0~1.75① / 0.54	0~3.47① / 0.99	0~5.88① / 1.17	0~4.55① / 1.16	—	0~2.31① / 0.92	0~1.18① / 0.89	—	0~0.59	—

注：分子为煤厚两极值，分母为煤厚平均值；下同。①为各煤田内可采煤层。

而上一般为石灰岩-泥岩-煤层-石灰岩频繁交替的沉积旋回，两层石灰岩之间的间距小，只有薄层泥岩和煤层，石灰岩多为煤层的直接顶板（或老顶），其下伏煤层编号与石灰岩编号相同，如 L_1 石灰岩之下为一$_1$ 煤层，余此类推。豫西的陕州、渑池、宜阳、汝州寄料和朝川、济源市下冶等地石灰岩层数少、煤段厚度薄、碎屑岩比例增高而与其他地区不同，常缺失下部石灰岩段，而由石英砂岩或砂砾岩所代替，甚至全部由碎屑岩组成而使太原组三分性变得不明显，沉积旋回为砂（砾）岩-泥岩-煤层-石灰岩，石灰岩不甚发育，仅在中、上部出现厚度不大的石灰岩层。在豫东永城，中部碎屑岩段不发育，三分性不明显，太原组厚度大，沉积旋回表现为石灰岩-砂岩-泥岩-煤层-石灰岩，石灰岩之间所夹的碎屑岩增多，间距增大。豫南确山地区三分性亦不明显，太原组厚度仅 27.17～62.56 m，沉积旋回为石灰岩-泥岩-（煤层）-石灰岩，石灰岩单层厚度大，其间以泥岩为主，煤层很薄或缺失，石灰岩之间的间距小，缺乏较粗的碎屑岩，说明该区受陆源碎屑物质的影响小，海水淹没时间较长。由此显示了豫南确山以至淮南一带为本区海水进退的主要通道，本期海水来自南东方向。

下部石灰岩段自一$_1$ 煤层根土岩之底至 L_4 石灰岩顶界面，本段以浅海碳酸盐岩沉积为主，次为滨海潮坪及沼泽沉积，由 4 层石灰岩（L_1—L_4）及 4 层煤（一$_1$— 一$_4$）相间组成，偶夹薄层泥岩，厚度 5～23 m。本段 4 层石灰岩相对稳定，其中 L_1、L_2 石灰岩发育较好；郑州市三李 L_3 石灰岩之下有较厚的粗砂岩，三门峡市陕州区北部的太原组底部发育有少量的曲流河相晋祠砂岩。石灰岩层数自西向东增多，西部新安、渑池、济源一带 1～2 层，局部缺失 L_1、L_3 石灰岩；东部永城一带可达 5 层。一$_1$ 煤层发育最好，位于最下部石灰岩之下，为本组主要可采煤层。一$_1$ 煤层与其顶部的石灰岩呈明显的突变接触关系，有时可见数毫米的泥岩伪顶，代表了快速海侵掩埋泥炭层的特征；煤层底板为铝质泥岩或泥岩，紧邻煤层为薄层根土岩，代表由潟湖向泥炭坪演化的过程。一$_1$ 煤层层位稳定，具有北厚南薄的变化趋势；在黄河以北多分岔为一$_1^1$、一$_1^2$ 煤分层，总厚度 3～5 m，普遍可采；而黄河以南煤层变薄，嵩箕地区仅 1 m 左右，且局部可采；三门峡-孟津-洛阳-登封-新郑-开封以南地区普遍不可采。一$_1$ 煤层夹矸层数自北向南趋于减少、煤层结构由较复杂变为较简单，如安阳、鹤壁一带含夹矸 2～3 层，反映了成煤泥炭沼泽稳定性较差的特征；到荥巩地区夹矸减至 0～1 层，局部向北分岔为 2 层，夹矸岩性主要为泥岩，亦有粉、细砂岩者。一$_2$ 煤层仅济源下冶、安鹤、濮阳等地局部可采，一$_3$ 煤层可采区在黄河以南的陕渑、新安、宜洛、荥巩、登封、禹州等地呈北西西—南东东向带状分布，一$_4$ 煤层在豫北、新安石寺-北冶、平顶山、禹州市磨街-角子山一带局部可采。

中部碎屑岩段又称胡石砂岩段，以障壁岛（沙滩、砂坝）与潟湖相及滨海潮坪相陆源碎屑岩沉积为主，次为浅海相碳酸盐岩沉积，并广泛发育由潮汐作用形成的潮道砂体或海滩席状砂体；由灰白色、灰色细-中粒长石石英砂岩（俗称"胡石砂岩"）、泥岩夹薄煤及 1～3 层石灰岩（L_5—L_6）凸镜体组成。一$_5$ 煤层在濮阳、焦作、宜洛、登封、平顶山等地局部可采，煤层结构较简单。一$_6$ 煤层在黄河以北和平顶山韩梁地区局部可采。

上部石灰岩段下自 L_7 石灰岩底部或一$_7$ 煤层底部，上以最上层石灰岩结束或黑色海相硅质（泥）岩顶部与山西组二$_1$ 煤层底板砂岩分界，本段以浅海碳酸盐岩沉积为主，次为滨海潮坪及沼泽沉积，顶部常发育硅质泥岩。由 2～3 层灰色中厚层状燧石灰岩（L_7—L_9）、泥岩和煤组成，其中 L_8（嵩箕 L_7）石灰岩发育较好，局部石灰岩达 4～5 层，含煤 4～5 层。陕渑、济源一带往往缺失石灰岩，而为泥岩或泥质灰岩代替。一$_7$ 煤在卫辉市陈召煤矿区、新安石井、宜洛煤田、登封煤田西南部的暴雨山-马岭山一带局部可采。一$_8$ 煤在宜洛和汝州煤田局部可采。

（3）山西组

山西组整合于太原组顶部石灰岩或含腕足类黑色海相泥岩之上，其顶以砂锅窑砂岩之底为界，为一套潮坪、潟湖、泥炭沼泽及三角洲沉积组合，含煤 2～8 层。据其岩性组合和含煤特征自下而上划分为二$_1$ 煤段、大占砂岩段、香炭砂岩段和小紫泥岩段，地层厚度 12.77～166.50 m，平均 81.02 m，豫北、平顶山和豫东一带较厚。山西组是在大规模海退过程中形成的以陆源碎屑物质为主的海退型沉积组合，聚煤作用随着海岸线向南东退缩而迁移，含煤层层位也随之向南东方向逐渐抬高。山西组沉积初期，在海退过程中随着陆表海海域的逐步缩小，沉积了以障壁岛（滩）相、潮坪相、潟湖相为主的堡岛体系和以沙坝、天然堤、分流河道、泥炭沼泽等为主的三角洲体系复合沉积的二$_1$煤底碎屑岩，二$_1$煤层形成于废弃碎屑体系演化而来的泥炭沼泽环境，大占砂岩段及其上的层段主要形成于浅水河流三角洲沉积体系，二$_2$煤及其之上诸煤层的沉积环境则主要为三角洲平原分流河道间平原沼泽环境。

二$_1$煤段自二$_1$煤底砂岩（嵩箕地区称老君堂砂岩，安鹤地区称北岔沟砂岩，永夏地区俗称叶片状砂岩）至大占砂岩底。下部为深灰色、黑色含菱铁矿结核泥岩及条带状砂岩组成，在济源、新安、渑池、荥巩、新郑及鹤壁、永城一带普遍相变为中砂岩，厚度10~40 m，偶夹薄煤层（二$_0$煤），向上过渡为黑色泥岩和二$_1$煤层。二$_1$煤层全省普遍可采，层位稳定，但煤厚变化较大，不同地区煤厚变化幅度不同，煤层厚度0~44.84 m，平均煤层厚度1.94~6.51 m，除济源下冶-偃师邙岭一带煤层发育较差外，全区多属中厚-厚煤层，且以厚煤层为主（>3.50 m），豫北及豫东永夏地区煤厚变化幅度较小，豫西地区二$_1$煤厚变化虽大，但多在可采范围。二$_1$煤厚有北厚南薄、由西向东为薄-厚-薄的展布规律（表2-6），即北部安鹤煤田平均煤层厚度达6.51 m，豫西的陕渑、新安、汝州和豫南的确山及豫东通柘、永夏等煤田的煤层相对较薄，而嵩箕地区的偃龙、荥巩、登封、新密、禹州和周边的宜洛、平顶山等煤田的煤层较厚。这是由于总体上由北西向南东海退的过程中，中部富煤带陆源碎屑供应微弱且聚煤作用延续时间长，煤层厚度多在5 m左右，新密一带可达6 m以上；西部受秦岭古陆活动碎屑影响，东部海退相对较晚且聚煤作用也晚，故煤层较薄。

豫西中西部地区二$_1$煤层有突然增厚变薄的特点，不可采范围多且小，厚煤带与薄煤带延展范围都不大，其长轴方向与煤层走向大体一致。二$_1$煤层在一定范围内，如一个井田或矿区的平均厚度变化不大，可采指数较高。二$_1$煤层底板以泥岩为主，紧邻煤层往往有1层富含植物根印模的泥岩（根土岩），也有碳质泥岩底板，表现出泥炭沼泽的逐渐发育过程；煤层顶板，泥岩和砂岩均有分布，局部地区亦有碳质泥岩伪顶，砂岩为顶板时可见对煤层的冲刷作用，显然，二$_1$煤泥炭层形成后的掩埋环境具多样性。二$_1$煤层结构一般属简单类型，但不同地区夹矸发育情况不同，局部地区还存在煤层分岔现象。豫北地区含薄层夹矸1~2层，其中1层相对稳定，局部地段可相变为高灰分煤，岩性以泥岩、碳质泥岩为主，局部为粉砂岩；豫西中部含矸较少，偶见1~2层，分布范围局限，岩性多为泥岩或碳质泥岩。二$_1$煤分岔多见于禹州、平顶山等地，汝州、荥巩、登封等煤田亦可见局部分岔为两个分煤层；煤层分岔范围有自北向南增大的趋势，如豫北地区极少见煤层分岔，豫西中部如荥巩煤田局部地段可见分岔现象，但多不连续成片，200~400 m内即见合并，到了禹州、平顶山一带则出现较大范围的煤层分岔；煤层分岔形态多样，有呈条带状的，有呈不规则大片状的，如登封煤田西南部的暴雨山-马岭山一带煤层分岔范围可达数平方千米。造成煤层分岔或夹矸，必然是泥炭沼泽发育期间成煤植物补偿不足，泥炭堆积的一度中断，其原因主要受局部沉积环境变化的影响，是与成煤时期的地壳运动、地理环境、植物遗体堆积情况以及沉积后构造运动的影响等有关。如成煤盆地的差异沉降，引起某些地段沉降速度一度超过植物遗体堆积速度，泥炭沼泽发育期间成煤植物补偿不足引起的泥炭堆积的一度中断；或聚煤期泥炭层形成过程中和形成之后，泥炭沼泽内的局部小型河流冲刷；或沉积基底较低造成局部覆水较深，补偿性沉积作用较强，植物不易繁衍，构成泥炭沼泽相沉积时环境变化的小循环；或带来的细碎屑物质与泥炭混合再堆积，成为碳质泥岩，造成煤层的局部分岔。

大占砂岩段自大占砂岩底至香炭砂岩底。下部为灰白色含碳屑、云母碎片及岩屑的细-中粒砂岩（俗称“大占砂岩”），以宜洛煤田的大占煤而得名，为二$_1$煤层的直接或间接顶板，局部相变为泥岩。三门峡、渑池、宜洛、新密、禹州一带尤为发育，厚度14~30 m，宜洛最厚近40 m，而在豫北地区及汝州、平顶山一带厚度仅4~7 m，是对比、预测二$_1$煤层的良好标志层。向上过渡为黑色砂质泥岩夹薄煤1~2层。大占砂岩有时分岔为两层，二$_2$煤层夹于大占砂岩上、下分层之间，或位于大占砂岩之上（一般砂岩薄时）。二$_2$煤层在新安、偃龙、汝州、平顶山、禹州等煤田为局部可采煤层。大占砂岩之上的二$_3$煤层在安鹤煤田深部、新安、济源下冶、新密煤田的苟堂和新郑城关镇、禹州煤田南部的神垕和泉店、永夏煤田的洛集一带局部可采。

香炭砂岩段自香炭砂岩底界至二$_4$煤层顶板砂岩（三门峡地区称瑶岭砂岩）底界。下部为浅灰色细-中粒砂岩（俗称“香炭砂岩”），以层面含少量小片白云母、长石和碳屑含量高、菱铁矿常顺层面富集而易与大占砂岩区别，常分岔为2~3层。上部为灰色、深灰色泥岩，含菱铁质假鲕，偶夹煤层或煤线（二$_4$煤）。二$_4$煤层仅济源下冶局部可采。香炭砂岩较为稳定，是煤层对比的辅助标志层之一。

小紫泥岩段自二$_4$煤层顶板砂岩底至砂锅窑砂岩底，下部为浅灰色、灰绿色细-中粒砂岩（安鹤地区称冯家沟砂岩），有时相变为深灰色泥岩、粗砂岩；上部为灰色、灰绿色、深灰色紫斑泥岩，局部紫斑特征不明显，含铝质及菱铁质假鲕（俗称“小紫泥岩”），偶夹不可采不稳定薄煤1~2层（二$_5$、二$_6$煤）。小紫泥岩也是煤层对比的辅助标志层之一。

（4）下石盒子组

下石盒子组自砂锅窑砂岩底至田家沟砂岩底，厚度121.47~592.09 m，平均307.55 m，自西向东、由北而南厚度增大，永夏一带厚度最大。本组岩性主要为砂岩、粉砂岩、泥岩和煤层。下石盒子组沉积早期，基本上继承了山西组晚期的古地貌特征，主要发育近海三角洲平原相沉积环境，由于分流河道改道，形成多次三角洲体系旋回，对应形成了三、四、五、六煤段。各段底部均发育一层岩性特征各具特色的作为相邻煤段分界的厚层砂岩，依次为砂锅窑砂岩、四煤段与三煤段分界砂岩、五煤段与四煤段分界砂岩、六煤底砂岩（俗称红砂炭砂岩）。岩性特征表现为：岩石色调较浅，以灰黄色为主；沉积韵律清楚，以灰黄色、灰绿色或灰白色长石石英砂岩或石英杂砂岩、长石砂岩为旋回的开始，继之为泥岩，最终以碳质泥岩、煤线或铝质泥岩为旋回的终止。煤层的发育程度与三角洲体系的发育、演化密切相关。由于三角洲平原分流河道的多次改道不利于植物生长，分流间湾中湖泊沼泽不甚发育，故只形成了一些不稳定的薄煤层，黄河以北基本不含煤，三门峡-偃师-登封-开封之南煤层开始发育，但仅局部地区有可采煤层。下石盒子组煤层在各煤段发育不同，煤层具有南厚北薄、南部煤层数增多的变化趋势。

三煤段底部为浅灰色、灰白色含砾中-粗粒长石石英砂岩，局部夹细砾岩，俗称“砂锅窑砂岩”，是划分山西组与下石盒子组的良好标志层，也是对比、预测二$_1$煤层的良好标志层，但砂锅窑砂岩在永夏煤田中不发育。其上为灰紫色铝质泥岩或灰白色粘土岩，具豆状、鲕状结构，俗称“大紫泥岩”或“米村泥岩”，为普遍发育的良好标志层。本段厚度26.80~169.31 m，平均73.90 m。聚煤作用主要发生在焦作-开封-商丘一线以南地区，焦作、济源、陕渑、汝州、新密等煤田含有煤线，新安、偃龙、荥巩、登封、禹州、平顶山等煤田含有不可采薄煤层，通柘煤田有多层不可采薄煤，确山、永夏等煤田发育有大部分可采三$_2$煤层和多层局部可采煤层。

四煤段：在豫西一带称“连五煤段”，厚度25.80~233.69 m，平均77.33 m。四煤段是下石盒子组含煤性最好的煤段，越往南聚煤作用越强，含煤0~11层，一般3~5层，在黄河以南的宜洛、登封、汝州、平顶山、禹州、确山等煤田局部可采，其他地区不可采或偶可采。四煤段底部在嵩箕地区发育1层厚度2~10 m的灰绿色、灰白色细-中粒长石石英砂岩，俗称“老君庙砂岩”。四$_1$煤层在宜洛的李沟-沈村、郏县安良、确山局部可采；四$_2$煤层在宜洛、汝州、平顶山、禹州、确山等煤田局部可采，煤层结构较为复杂，夹矸薄而层数多，反映出成煤泥炭沼泽稳定性较差的特征；四$_3$煤层在宜洛、伊川暴雨山-登封郭沟、汝州、平顶山、确山吴桂桥、禹州与许昌交界地带局部可采；四$_5$煤层仅确山吴桂桥、汝州黑龙庙、禹州张得地区局部可采；四$_7$、四$_8$煤层仅确山吴桂桥局部可采。

五煤段厚度37.35~282.85 m，平均89.98 m，含煤0~10层，一般4~5层，发育于黄河以南诸煤田，聚煤作用具有自北而南变好的趋势，不仅表现在向南煤层层数增多，同时表现在煤层的可采性、稳定性向南也都变好，宜洛、登封、汝州、平顶山、确山及永夏等煤田可采，其他地区偶可采或不可采。五$_1$煤层仅宜洛煤田局部可采，五$_2$煤层在宜洛、汝州、平顶山、禹州等煤田局部可采，五$_3$煤层在宜洛、汝州、确山、伊川暴雨山-登封白坪、禹州煤田西南部新峰六矿-米拖寺等地局部可采，五$_4$煤层在确山吴桂桥等地局部可采，五$_5$煤层仅确山煤田局部可采。

六煤段厚度21.70~264.52 m，平均83.89 m，底部普遍发育1层灰色、灰黄色含铁质和暗色矿物的细-中粒长石石英砂岩，俗称“红砂炭砂岩”。六煤段一般含煤性差，在荥巩、登封、新密、禹州、平顶山、确山、永夏一带可见 0~5 层偶尔可采的薄煤，一般含煤 1~2 层，仅确山县吴桂桥煤矿的$六_1$煤层和平顶山煤田东部、禹州煤田西部、永城市马桥北马庄等地的$六_2$煤层局部可采。

（5）上石盒子组

自田家沟砂岩底至平顶山砂岩顶，为一套碎屑岩沉积建造，与下伏下石盒子组和上覆孙家沟组均呈连续沉积，据岩性组合和含煤性等特征自下而上可划分为七、八、九煤段及平顶山砂岩段，本组地层厚度 170. 50~459. 50 m，平均 285. 17 m，由于沉积后的构造运动引发的不均衡沉降和聚煤期后断裂构造破坏，使得本组地层保留厚度存在着较大差异。上石盒子组继承了下石盒子组的沉积环境，古地理面貌为豫西、豫西南高，豫东、豫北低，造成豫西沉降幅度小而沉积厚度相对较薄，而安鹤、平顶山、禹州和永夏一带沉降幅度大且沉积物堆积厚。同时，因晚古生代构造运动使华北盆地构造分异明显加剧，西部隆起较东部快，从而使部分地层遭受剥蚀，致使西部上石盒子组地层保留不全。豫西陕渑一带的平顶山砂岩直接覆于八煤段的下部层位之上，八煤段上部和九煤段地层缺失，而向东到永城一带，八煤段逐渐增厚，且九煤段地层保存完整，说明海湾是向南东张开的。3 个煤段的沉积环境主要为三角洲平原相和三角洲前缘相，少部分为前三角洲相，由于受活动的陆源碎屑影响较大，沉积环境不稳定，河流横向迁移频繁，影响了泥炭沼泽的稳定发育，也不利于泥炭层的形成和保存。同时，由于气候变得干燥，泥炭沼泽供水困难，不利于植物生长，泥炭易氧化且堆积厚度有限，分布不连续，煤层极不发育，仅局部发育薄煤层及碳质泥岩薄层。本组在晚石炭世—二叠纪煤系中含煤性最差，济源-郑州-商丘一线以北基本无煤，七煤段煤层主要形成于三角洲平原或潮坪上发育的泥炭沼泽或泥炭坪环境，八、九煤段主要由三角洲平原相分流河道、泛滥盆地沉积组成，八煤段在部分地区含薄煤层及煤线，九煤段基本不含煤，平顶山砂岩段不含煤。

七煤段厚度 45. 65~240. 29 m，平均 102. 64 m，含煤 0~9 层，一般 2~3 层。底部为浅灰色、灰白色细-中粒砂岩，局部相变为含砾粗砂岩，常含砾石及海绿石，具正反复合粒序结构，厚度 0~31. 43 m，平均厚度 8. 31 m，俗称“田家沟砂岩”，北厚南薄，全区发育，层位稳定，是上、下石盒子组分界的良好标志层。下部为灰色泥岩及青灰色砂岩互层。中部以灰色砂质泥岩及细砂岩为主，含煤 2~7 层。上部为灰色、灰绿色泥岩、粉砂岩夹紫斑泥岩。中、上部含 3~5 层单层厚度 0. 10~0. 30 m 的呈灰褐色、灰黄色代表海侵环境的硅质海绵岩，致密坚硬，垂直节理发育，就每个单层而言，其岩性、厚度均有变化，但这个“层段”普遍发育且相当稳定，含丰富的海绵骨针，为区域对比的良好标志层。七煤在济源-郑州-商丘一线以南，层位较稳定，煤层厚度 0. 10~1. 50 m，一般厚度 0. 35~0. 50 m，大部分为不可采煤层，仅局部达可采厚度，煤层结构复杂，泥质夹层和混入物较多，煤质差，多为高灰高硫煤，具有滨岸地带成煤的特点，该线以北偶见煤线。$七_2$煤层层位稳定，但含煤性及可采性不尽相同，如宜阳含煤 3~5 层（俗称“柳叶煤”），新安、济源一带含煤 2~4 层（俗称“烟炭煤”），禹州和平顶山一带含煤多达 6 层（原称“$六_4$煤”），于新安、宜洛、登封、新密、汝州、平顶山、禹州等煤田和济源下冶地区局部可采，其他地区不可采；$七_2$煤层顶、底板含半咸水动物化石舌形贝，顶板个体较大，而底板个体较小；在禹州一带$七_2$煤层顶板则含有海相双壳类化石。$七_3$煤仅新密煤田卢沟煤矿区局部可采。$七_4$煤仅新密裴沟-新郑城关镇、禹州市古城-褚河以西局部可采。

八煤段厚度 17. 00~229. 17 m，平均 85. 14 m，底部为灰白色细-粗粒岩屑石英砂岩，含海绿石，厚度 0~14. 18 m，平均 8. 93 m，局部相变为砂质泥岩。中下部含灰褐色、灰黄色硅质海绵岩 3~7 层，单层厚度 0. 10~0. 50 m，亦是煤段对比的良好标志。中部以深灰色泥岩及青灰色细砂岩为主，夹薄层碳质泥岩或薄煤 2 层，局部可采。上部为灰色、灰绿色及青灰色砂质泥岩与细砂岩互层，顶部常含铝质、具紫斑。本段仅平顶山、禹州等煤田含煤 0~9 层（$八_1$—$八_9$），禹州煤田西南部景家洼向斜转折端一带的$八_3$、$八_5$煤层局部可采。

九煤段厚度 0~157. 30 m，平均 86. 90 m，豫北及豫西西部地区缺失九煤段，九煤段主要发育于汝州-登封-新密-郑州一线以南、以东地区，含煤线及碳质泥岩 0~13 层，一般 0~1 层。底部为灰白色中-粗粒长石砂岩（俗称“大风口砂岩”）；下部以泥岩为主，夹粉、细砂岩，产大量植物化石；上部为灰色泥岩及粉、细砂岩互层，局部为灰绿色及暗紫色泥岩夹中砂岩，含煤线及碳质泥岩，泥岩中局部仍含少量海绵骨针。九煤段不含具工业价值煤层。

平顶山砂岩段，相当于河南省煤田系统的石千峰组下部平顶山段，不含煤，厚度 20.65～183.14 m，平均 77.42 m，自南向北明显变薄，为冲积河道和陆源近海湖滩环境的沉积物，岩性主要为灰白色、浅黄色厚层至巨厚层状中-粗粒砂岩（豫西俗称“马头山砂岩”），局部间夹 1～5 层灰绿色、紫红色薄层泥岩、粉砂岩。砂岩底部常含砾，硅质胶结，分选中等，具大型平缓斜层理。全省普遍发育，岩性稳定，但厚度变化较大，豫西地表露头常形成陡坎或单面山，是河南省晚石炭世—二叠纪煤系的诸煤段区域对比的重要标志层。平顶山砂岩段大致于洛阳以西平行或微角度不整合于八、九煤段不同层位之上，以东则由冲刷接触逐渐过渡到整合接触。自本段沉积开始，河南省境内晚石炭世—二叠纪聚煤作用终止，此后进入了内陆河流-湖泊相红色碎屑岩沉积体系。

（三）煤系盖层

煤系盖层在不同区域有所差异。普遍发育有上石盒子组之上的二叠系乐平统孙家沟组（P_3s，相当于河南省煤田系统的石千峰组上部土门段）陆源近海湖相沉积，厚度 0～495.39 m，平均 245.32 m，永城一带较厚，豫西较薄，豫北常被剥蚀，总的趋势是东厚西薄、南厚北薄。三叠系盖层出露于河南省中西部断陷盆地的边缘或保存于中北部的断陷盆地中。下三叠统刘家沟组紫红色细-中砂岩夹薄层紫红色泥岩与和尚沟组紫红色泥岩夹薄层细砂岩及薄层同生砾屑石灰岩、中三叠统二马营组内陆河湖相杂色砂岩-泥岩组合分布广泛。中-上三叠统延长群油坊庄组、椿树腰组和谭庄组等内陆河流-沼泽-湖泊相碎屑沉积分布于豫西北地区的济源、义马、新安、宜阳、伊川和登封一带；油房庄组以米黄色、杏黄色、黄绿色色调为突出特征，椿树腰组、谭庄组以暗色、杂色含煤、油页岩为其特征（席文祥等，1997）；谭庄组在宜阳、义马和济源等地含薄煤和煤线 10～20 层，仅宜阳地区曾有老窑开采，煤层厚度 0.5～0.8 m。义马盆地有下-中侏罗统义马组内陆河湖-沼泽盆地相含煤碎屑岩沉积和上白垩统东孟村组河流-湖泊相碎屑岩沉积，济源盆地有下侏罗统鞍腰组和中侏罗统马凹组河流-湖泊相碎屑岩建造，平顶山煤田韩梁含煤区和汝州煤田西北部分别分布有下白垩统大营组和九店组火山岩盖层。新生界盖层广泛发育于山间盆地、山前丘陵、河谷和东部平原地带。

二、构造

河南省横跨华北和扬子两大板块，主体地处华北板块南部和秦岭造山带。途经卢氏县黑沟-栾川-方城县维摩寺-泌阳县羊册-信阳市明港-固始一线的北西向栾川-固始断裂分划华北板块和秦岭造山带，晚石炭世—二叠纪煤系广泛分布于栾川-固始断裂以北的豫北、豫西和豫东地区，发育着一套连续完整的地台型海陆交互相含煤沉积序列。由于板缘构造运动使河南省晚古生代煤系沉积、古生物面貌、构造形变及煤变质作用等颇具特色，素有“北型南相”和“南华北”之称。

河南省境内的华北板块盖层的变形较简单，以脆性断裂构造为主，褶皱呈现为宽缓褶皱、断块隆起及断（坳）陷盆地。盖层构造的基本特征可概括为“三区”（构造分区）、“三线”（构造分划线）、“三向”（构造走向）（河南煤田地质公司，1991）（表 2-7；图 2-9），基本格架表现为不同方向、不同规模和不同性质的断裂控制的断块构造组合，在挤压机制中形成的逆冲推覆构造和在伸展机制中形成的重力滑动构造是盖层构造格局的一个鲜明特点（李万程等，1996）。

表 2-7　河南省煤田区域构造特征简表

构造分区	太行构造区	嵩箕构造区	崤熊构造区
界线	太行南-丰沛断裂之北	北：太行南-丰沛断裂 南：岸上-襄城-老城断裂	北：岸上-襄城-老城断裂 南：栾川-固始断裂

续表

构造分区	太行构造区	嵩箕构造区	崤熊构造区
主体构造线走向	北东向	近东西向	北西向
地层倾角/(°)	0~10	10~35	大于35（局部直立、倒转）
变形机制	伸展裂陷型	剪切、伸展、重力滑动型	挤压缩短、褶皱逆冲型
构造形式	高角度正断层为主，组合成地堑、地垒、掀斜断块、裂陷盆地	宽缓隆坳、走滑平移断层、掀斜断块、浅层重力滑动构造	褶皱、逆冲断裂、陡立地层带、弧形构造、前陆盆地
岩浆活动	中生代中酸性侵入体、新生代基性-超基性喷发岩及脉岩	古元古代酸性侵入体、永夏煤田中生代中酸性侵入体	中生代大规模酸性侵入体、新生代中-基性喷出岩
新构造运动	强烈	微弱	中等

（据河南煤田地质公司，1991，有修改）

图 2-9 河南省构造分区图

（据河南煤田地质公司，1991，有修改）

太行构造区位于太行南-丰沛断裂带之北。太行南-丰沛断裂带西起济源西北，南倾，向东经焦作、武陟、封丘、兰考、民权北延入山东境内，自西向东分段称作太行南断层、朱村断层、武陟断层、陡门断层、封丘断层、仪封断层、丰沛断层和户北断层。太行构造区主导构造线方向呈北东—北北东向，盖层的主导变形体制为伸展裂陷变形，多以高角度正断层为主，褶皱仅出现于断裂旁侧且规模通常较小。北北东向的耿黄-青羊口、汤东、长垣和聊兰 4 条断裂，把太行构造区分割成“三隆夹两坳”的 5 个呈北北东向展布的掀斜断块，自西向东分别为太行断隆、汤阴断陷、内黄断隆、东濮断陷、菏泽断隆。焦作煤田、安鹤煤田分布在太行断隆东部边缘斜坡带，济源煤田含煤地层位于太行断隆南部和狂口断隆东部边缘斜坡带，新安煤田分布在狂口断隆东部边缘斜坡带，濮阳煤田的含煤地层位于内黄断隆和菏泽断隆的边缘斜坡带或断隆区的次级坳陷中。

嵩箕构造区位于太行南-丰沛断裂与岸上-襄城-老城（又称岸上-襄郏）断裂间。岸上-襄城-老城断裂途经新安县岸上、汝州市黄庄、郏县黄道、襄城、安徽省界首一线。嵩箕构造区依据变形特征可分为济源-开封坳陷、洛阳断陷、嵩箕断隆、太康断隆、颜集断陷、永夏断隆、周口坳陷，占主导地位的构造线方向为近东西向，该区是地质历史时期构造活动比较复杂和多种变形体制作用的叠加地区。偃龙、荥巩、登封、新密、禹州等煤田环绕嵩箕隆起区周边分布，通柘煤田含煤地层位于太康断隆的西、南部边缘斜坡带，位于永夏断隆内的永夏煤田因岩浆活动强烈而出现大量天然焦并使煤层结构复杂化。

崤熊构造区位于岸上-襄城-老城断裂与栾川-固始断裂间，主体构造线方向为北西向，局部为东西向，占主导地位的变形体制是压缩性构造，变形以强烈的褶皱和逆冲推覆构造样式为特征，依据构造变形特征可分为崤熊断隆、三门峡-平顶山断陷、舞阳断陷、上蔡-平舆断隆和汝南断陷等次级呈北西向展布的块体。南倾的三门峡-驻马店逆冲断裂带是华北陆块南部北西向延展的巨型逆冲断裂构造，途经三门峡市硖石-义马、宜阳县陈宅沟-吕沟、嵩县陆浑-将军山、鲁山县青草岭和驻马店一线，是豫西晚古生代赋煤区的西南边界，构成确山煤田吴桂桥和安里煤矿赋煤区的东部边界。在岸上-襄城-老城平移断层以南、三门峡-驻马店逆断层以北宽 20~40 km 的狭长地带内，赋存着陕渑、义马、宜洛、汝州、平顶山等煤田。驻马店-正阳-息县逆断层呈北西—南东向斜切确山煤田。

三、岩浆岩

晚石炭世—二叠纪含煤区的岩浆活动相对较弱，中、新生代岩浆活动主要发育于西部的崤山-熊耳山-伏牛山区、豫北的太行山区和豫东的夏邑-永城地区。

受崤熊构造区内崤山-熊耳山-伏牛山岩浆岩带的影响，陕渑、宜洛、汝州、平顶山和确山等煤田均不同程度地存在着岩浆侵位或火山喷发，使接触带及附近的煤变质程度提高，甚至变质为天然焦。陕渑煤田以焦煤为主，西部的早白垩世花岗斑岩、石英闪长岩等侵入造成侯村段煤矿区的煤变质为无烟煤。宜洛煤田的李沟向斜轴部附近的早白垩世黑云母煌斑岩侵位使七$_2$煤层局部变为天然焦。汝州煤田北部发育有新近纪基性-超基性火山岩。平顶山煤田的韩梁向斜轴部被大面积下白垩统大营组火山岩覆盖，橄榄玄武岩侵位于煤层之中，使接触带附近煤层变质为天然焦；平顶山煤田的一矿、二矿和十三矿见有橄榄玄武岩侵位于二、四、五煤段中，对周围煤质影响不显著，其影响范围亦较小。确山煤田内，白垩纪细粒闪长（玢）岩、正长斑岩及钠长斑岩常见沿二$_1$、五$_3$和五$_4$等煤层及其上或下侵入，使煤层结构复杂化，煤变质程度局部加深，甚至出现天然焦。

太行构造区的岩浆岩主要发育于新乡以北太行山区，区内岩浆活动有早白垩世和新生代两期。早白垩世岩浆岩分布于安鹤煤田的北部和南端的安鹤煤田与焦作煤田接壤地带，主要为闪长岩和正长岩，常侵位于煤层顶、底板附近及煤层之中，引起煤层变薄或被吞噬，形成围绕岩体呈环带状分布的天然焦和无烟煤高变质煤带。新生代的金伯利岩分布于安鹤煤田的潭浴-龙宫地区的北北东向构造带和西南部山区，橄榄玄武岩主要分布于庞村、黑山一带，对煤层未产生大的影响。

嵩箕构造区的岩浆岩主要发育于永夏地区，通柘煤田北部的宁陵-虞城一带也有少量分布。侵位时代主要为中生代，岩浆岩的种类较多，有辉长岩、闪长岩、闪长玢岩、煌斑岩、花岗（斑）岩等，常沿煤层顶、底板、煤中或煤层上、下的松软岩层侵位，对煤层的破坏和煤的变质作用影响较大，常使煤层变薄、分岔或吞蚀、接触带附近出现天然焦。

受岩浆活动的波及，安鹤、通柘、永夏和确山等煤田发育有天然焦，尤以永夏地区最为典型，天然焦资源量可达十多亿吨。

四、煤质特征

煤作为可燃有机岩石，在岩石组成上常具明显的不均一性。一方面表现在煤是有机物质和无机物质混合组成的复合体，另一方面还在于组成煤的主体部分——植物有机残体所具有的复杂性和多样性（杨起等，1979）。由于河南省境内各地段成煤期的地理环境差异，其含煤层层位、含煤性及煤质不尽一致。

（一）煤岩特征

1. 宏观煤岩特征

河南省境内太原组和山西组的煤相似，以半亮型煤为主，其次为半暗型煤和光亮型煤；而石盒子组煤则以暗淡型煤和半暗型煤为主，次为半亮型煤。宏观煤岩组分总体以亮煤为主，暗煤次之，夹丝炭和镜煤凸镜体或线理状镜煤。煤中常见细、中、宽条带状结构和透镜状、块状构造。

2. 显微煤岩特征

河南省晚古生代煤田的各煤层有机组分均以镜质组为主，其次为惰质组，壳质组分相对较少；其中，二$_1$煤层镜质组分59.29%～90.00%，平均77.12%；惰质组分1.30%～29.13%，平均13.45%；壳质组分0.90%～13.60%，平均5.29%。平顶山等地的低变质烟煤中壳质组分含量最大可达16%以上。下部煤层的镜质组含量总体高于上部煤层，而惰质组、壳质组含量则低于上部煤层。

无机显微组分指显微镜下观察到的煤中矿物质。综观河南省各个煤矿产地，无机组分以粘土类为主，常呈团块状、层状、浸染状分布于有机组分间或充填于胞腔之中，各煤层中太原组、山西组中粘土类含量低于石盒子组；其次为碳酸盐类，主要矿物为方解石，偶见菱铁矿。河南省煤中多数为后生方解石，呈脉状。硫化物类主要是黄铁矿，呈脉状分布，太原组煤层中含量最高。其他矿物如石英及氧化物或氢氧化物等矿物少见。

另外，在新密、荥巩、偃龙、济源、焦作等煤田的煤层中，均发现有各向异性体和镶嵌结构体，它们具有强烈的各向异性和镶嵌结构，裂隙发育，在反射单偏光下多色性明显，插入石膏板出现红、黄、蓝3种干涉色的特征。在禹州二$_1$煤中还发现有充填在均质镜质体内生裂隙之中的渗出沥青体，单偏光下没有显示，正交偏光下可见到一条褐色的脉状物质，无荧光。

显微煤岩类型，石盒子组煤层是以微三合煤（每个显微有机组分的含量均在5%以上）为主；山西组和太原组主要为微镜惰煤（壳质组含量小于5%）和微镜煤（镜质组含量大于95%），在煤变质程度较低的平顶山、台前、陕渑、汝州等煤田以微镜惰煤为主，而在煤变质程度较高的新密、荥巩、偃龙、济源等煤田则以微镜煤为主。

3. 构造煤

构造煤是指煤层受到构造应力作用而遭受不同程度的破坏而失去原来条带结构的煤，按煤的破碎程度可分为碎裂煤、碎粒煤和糜棱煤（或粉粒煤）3种类型，揉皱、擦光面发育，按构造标志又可分为揉皱煤、鳞片煤和镜面构造。煤层是有机质和矿物质组成的复合体，是煤系的软弱层，在构造运动中反应最为灵敏。因河南省不同地区的构造活动强弱不同，致使煤层所遭受的破坏程度也有差异。山西组二$_1$煤层厚度大，有机组分含量高，顶、底板为易于形变的（砂质）泥岩，故构造煤最发育。太原组和石盒子组煤的构造破碎和形变程度相对较弱，前者可能因煤层较薄、顶板为刚性石灰岩而不易形变，后者则因煤层薄、煤中矿物质含量较高的原因所致。从二$_1$煤自然粒级中的大块和粉粒煤所占比例及其地区变化特征就可见一斑（表2-8），除焦作煤田外，各煤田的二$_1$煤的粒度以细粒级所占比例较大。豫北及豫东地区二$_1$煤的粒度较大，大块煤占15%以上，而煤粉（<0.5 mm）一般小于15%；豫西诸煤田小粒级所占比例较大，煤粉一般为20%~30%，小于6 mm级可达60%~80%，而大块煤均不超过10%；平顶山地区则居于二者之间。垂向上，石盒子组煤层的块度率高于山西组和太原组，而太原组煤层的块度率又高于山西组。豫西二$_1$煤为强变形的"三软"构造煤（软底板、软顶板、软煤层），常见粉粒煤、鳞片煤和揉皱煤，偶见碎粒煤。构造煤宏观鉴定特征见表2-9。

表2-8 山西组二$_1$煤自然粒级组成变化一览表 单位:%

粒级/mm	安鹤	焦作	陕渑	新安	宜洛	平顶山	禹州	荥巩	登封	新密	永夏
>50	17.65	23.80	3.87	2.89	3.83	7.37	3.87	6.68	5.19	5.27	15.52
6~0.5	46.02	22.61	42.91	60.22	52.65	46.66	52.33	49.96	44.33	42.60	28.83
<0.5	11.49	6.39	25.26	20.00	23.65	17.34	29.47	18.60	24.86	29.78	11.50

（据河南煤田地质公司，1991）

表2-9 河南省构造煤宏观特征表

分类名称	组成单位	基本粒度/mm	特征描述
碎粒煤	煤粒	1~2	宏观煤岩成分勉强可辨，极松散，偶见原生结构煤碎块
粉粒煤	粉粒	<1	宏观煤岩成分不可辨认，多经压固成块，呈土状断口，光泽暗淡
鳞片煤	鳞片体	约1	宏观煤岩成分不可辨认，煤粒定向排列成片理，断面呈凸透镜状，周缘呈刃，如鳞片，表面光滑，镜面发育，有的压固成块，有的十分松散
揉皱煤	煤粒或鳞片体	<1	宏观煤岩成分不可辨认，具强烈塑性流变，挤压揉皱镜面十分发育

（据河南煤田地质公司，1991）

（二）煤的化学特征

1. 煤的工业分析

煤是由有机质、水分和矿物质组成的，煤的工业分析从实用角度将煤划分为水分、灰分、挥发分和由计算而求得的固定碳4个部分（杨起等，1979；杨孟达等，2000）。灰分指煤中矿物质在一定温度下产生一系列分解、化合等复杂的反应之后所剩的残渣，称灰分产率更为确切，是煤中的有害杂质，对煤的工业利用影响较大。煤灰成分较为复杂，而且变动范围也很大，主要是铝硅酸盐，化学成分主要有SiO_2、Al_2O_3，次有TiO_2、Fe_2O_3、CaO、MgO、SO_3、K_2O、Na_2O、P_2O_5等，铝硅酸盐含量越高则灰熔点也越高。挥发分不是煤中固有物质，而是煤在特定温度条件下的热分解产物，所以叫"挥发分产率"而不是"挥发分含量"。由于煤的水分含量、灰分产率（简称灰分，下同）和挥发分产率（简称挥发分，下同）与成煤条件、煤化程度密切相关，因此根据工业分析结果可以大致了解煤的质量，有助于粗略认识煤的某些工艺性质，初步判断煤的工业用途。

（1）水分（M_{ad}）和挥发分（V_{daf}）

所有的煤都含有水分，它以各种结合形式存在，并与外界条件和内部结构有关。水分的变化趋势自气煤开始随煤化程度的增高而降低，到焦、瘦煤达到最低值，之后又趋于上升，这与煤的孔隙度随煤化程度增高由大变小又增大的变化是一致的。河南省晚古生代煤系的二$_1$煤层原煤水分介于0.25%~8.43%之间，平均为1.19%。

挥发分是煤类和煤级划分的重要指标，河南省晚古生代煤系的各煤层的挥发分值变化多在2.38%~42.87%之间，以平顶山、禹州、濮阳等地的气煤最高，中部焦作、偃龙、荥巩等地的无烟煤最低。各煤层自上而下，挥发分呈逐渐降低之趋势。

（2）灰分（A_d）

灰分指煤中矿物质在一定温度下产生一系列分解、化合等复杂的反应之后所剩的残渣，是煤中的有害杂质，对煤的工业利用影响较大。其分级标准见表2-10。河南省晚古生代煤系的各煤层原煤的灰分产率垂向上呈下低上高的变化趋势，太原组一$_1$煤层多属低灰煤，局部为中灰煤，山西组二$_1$煤层低灰煤和中灰煤均有分布，石盒子组煤层多属中高灰煤。二$_1$煤层以低灰煤为主，灰分产率低于10%或高于30%的区域较少，中灰煤沿陕渑、新安、宜洛、汝州和确山等地呈北西—南东向带状分布，中灰煤带的分布可能与聚煤期（又称成煤时代或成煤期）相对临近秦岭古陆而导致的陆源碎屑供给较强有关。各煤层的煤灰成分均以SiO_2和Al_2O_3为主，一般为65%~80%，总的变化趋势为自下而上增高；其中SiO_2含量一、二煤低，而上部煤层高；Al_2O_3则与其相反；Fe_2O_3的变化为上低下高，以太原组煤层最高。本区煤层多为高熔灰分煤（ST>1250℃），仅太原组煤层在局部地区因Fe_2O_3含量高而属低熔灰分煤。

表2-10　煤炭资源评价灰分和硫分分级

序号	级别名称	代号	灰分（A_d）范围/%	级别名称	代号	硫分（$S_{t,d}$）范围/%
1	特低灰煤	SLA	≤10.00	特低硫煤	SLS	≤0.50
2	低灰煤	LA	10.01~20.00	低硫煤	LS	0.51~1.00
3	中灰煤	MA	20.01~30.00	中硫煤	MS	1.01~2.00
4	中高灰煤	MHA	30.01~40.00	中高硫煤	MHS	2.01~3.00
5	高灰煤	HA	40.01~50.00	高硫煤	HS	>3.00
标准	GB/T15224.1—2010			GB/T15224.2—2010		

2. 煤中有害元素

（1）硫（$S_{t,d}$）

硫是煤中的有害元素之一，对煤的加工利用有较大危害，且污染环境。炼焦时，煤中硫大部分转入焦炭，在冶炼时影响生铁和钢的质量。煤中的硫通常分为无机硫和有机硫两部分，有时也有微量的元素硫。无机硫为存在于矿物质中的硫，又可分为硫化物硫（亦称黄铁矿硫或硫铁矿硫）和硫酸盐硫两种，煤中的无机硫主要以黄铁矿硫为主，其他硫化物硫含量都较低，煤中无机硫分离的难易程度与矿物质颗粒的大小及其分布状态有关。有机硫是成煤植物本身含有的硫，以及在成煤过程中转化到有机质中的硫，在煤中分布较为均匀，难以分离。煤中硫含量变化很大，往往与成煤的沉积环境密切相关。

河南省晚古生代煤系的各煤层中硫含量有上低下高的变化趋势。煤中各形态硫的含量变化亦有一定规律，中、高硫煤中硫铁矿硫和有机硫含量均高，其中有机硫含量相对稳定，而硫铁矿硫含量有一定波动；低硫煤中则以有机硫为主，硫铁矿硫含量较低。各煤层中硫酸盐硫的含量均较低，多小于0.1%或微量。太原组煤层多属中高-高硫煤，本组煤层以其含硫高而与其他煤段的煤层明显区别。山西组煤层除陕渑、新安、宜洛、汝州和确山等地呈北西—南东向分布的中-中高硫煤带外，多属特低-低硫煤。富硫煤带含硫量一般在2%以上，高的可达3%~5%，宜洛煤田的高山深部最高达16.14%，向北东方向逐渐过渡为中、低、特低硫煤层，展示出西部硫高、东部硫低的变化规律；高硫煤的成因可能是由于秦岭古陆的存在，形成了半咸水的泥炭沼泽环境，不仅易于黄铁矿的形成，而且植物中的硫含量也较高。下石盒子煤层含硫量一般较低，在汝州-禹州以北地区全硫含量低于0.5%（仅宜洛煤田局部有中硫煤），但往南硫分增高，平顶山地区一般为0.5%~1.5%，南部确山一带一般为2%~3%，说明越往南受海水影响越大。上石盒子组七煤以低硫煤为主，仅豫西新安、汝州出现中高硫煤，郏县与禹州交界地带局部可采的八煤为中高-高硫煤。

（2）磷

煤中的磷大部分存在于无机矿物质中，只有微量的有机磷。虽然磷在煤中的含量极低，但其危害却很大，炼焦时磷几乎都转入焦炭中，从而使钢材具有冷脆性而影响其品质。河南省晚古生代煤系的各煤层中磷的含量一般小于 0.050×10^{-6}，多为特低-低磷煤。

（3）砷、汞、氯、镉、锗

河南省晚古生代煤系的各煤层中砷的赋存状态具有多样性，砷含量一般为 1×10^{-6}～5×10^{-6}，以一级含砷煤为主，少量二级含砷煤。煤中汞具有多种赋存状态，且不同煤中变化很大，汞含量一般为 0.076×10^{-6}～0.378×10^{-6}，平顶山和禹州煤田的二$_1$ 煤层存在高汞点。各煤层中氯含量 0.018%～0.086%，属特低-低氯煤。各煤层中镉平均含量一般为 0.5×10^{-6}～1.0×10^{-6}，属低-中镉煤。煤中锗含量均较低，锗含量一般为 0～3×10^{-6}。

（三）煤的发热量及黏结性

1. 煤的发热量

河南省晚古生代煤系的山西组和太原组煤层因灰分低而发热量较高，恒容干燥基高位发热量（$Q_{gr.v.daf}$，以下简称高位发热量）一般在 30 MJ/kg 左右，以高-特高发热量（又称热值）煤为主（表 2-11），上部煤层则变化在 20.41～26.74 MJ/kg 之间。对于同一煤层的相同煤类的煤来说，原煤发热量与灰分产率呈负相关关系。浮煤的干燥无灰基发热量与煤化程度的关系非常密切，有随着煤化程度的增高，发热量值增大，到瘦煤达到最大值；随着煤化程度的继续增高，发热量略有下降。

表 2-11　煤炭发热量分级标准（GB/T15224.3—2010）

序号	级别名称	代号	发热量（$Q_{gr,d}$）范围/（MJ·kg^{-1}）
1	特高发热量煤	SHQ	>30.90
2	高发热量煤	HQ	27.21～30.90
3	中高发热量煤	MHQ	24.31～27.20
4	中发热量煤	MQ	21.31～24.30
5	中低发热量煤	MLQ	16.71～21.30
6	低发热量煤	LQ	≤16.70

2. 煤的黏结性

评价煤的黏结性主要采用黏结指数（$C_{R.I}$）、胶质层最大厚度（Y）和奥-阿膨胀度（b）等指标，故煤的工业分类将其作为重要指标。河南省晚古生代煤系的各煤层中，除贫煤、无烟煤外，胶质层最大厚度 Y 值变化在 0～45.5 mm 之间；$G_{R.I}$ 在 5～105 之间；b 在 1/3 焦煤、肥煤和焦煤中变化为 60%～240%，以焦煤最小。

（四）煤类分布

河南晚古生代煤层具有煤类多、分带性明显的特点，主要煤类为无烟煤、贫煤、贫瘦煤、瘦煤、焦煤、1/3 焦煤、肥煤和少量的气煤、弱粘煤。但各煤层具有不同的煤质特征，且不同地区也存在一定差异，以山西组煤层的煤类最多，太原组煤层的煤类与二$_1$ 煤类似，石盒子组煤层的煤类以气煤-焦煤为主。垂向上，各煤层有自下而上煤化程度相对降低的变化趋势。太原组煤层的煤化程度相对较高，但太原组一$_1$ 煤层一般比山西组二$_1$ 煤的煤类相差一个类别，或同属一个煤类而挥发分值相对较低；石盒子组煤层的煤化程度低，比二$_1$ 煤可相差 1～2 个煤类；至于局部地区由于异常原因（接触变质或动力变质）引起的垂向煤类分布的反常现象则另当别论（河南煤田地质公司，1991）。平面上，山西组二$_1$ 煤层的无烟煤带呈北西西—南东东向展布于中部的济源煤田东部、新安煤田深部、焦作煤田、安鹤煤田西部、偃龙煤田、荥巩煤田、新密煤田北部、通柘煤田西部和永夏煤田，呈西宽东窄的喇叭状（图 2-10），向南、北两侧依次出现贫煤、贫瘦煤、瘦煤和焦煤带，1/3 焦煤带主要展布于西南边部，肥煤、气煤主要赋存于东北部的濮阳煤田中，三门峡市石壕和平顶山南部有少量肥煤。山西组贫煤、无烟煤的资源量大，其他煤类资源量占比相对较少。太原组及石盒子组煤层的煤类展布与二$_1$煤具相似的分带性，即由本区中部向南北煤化程度相对降低。

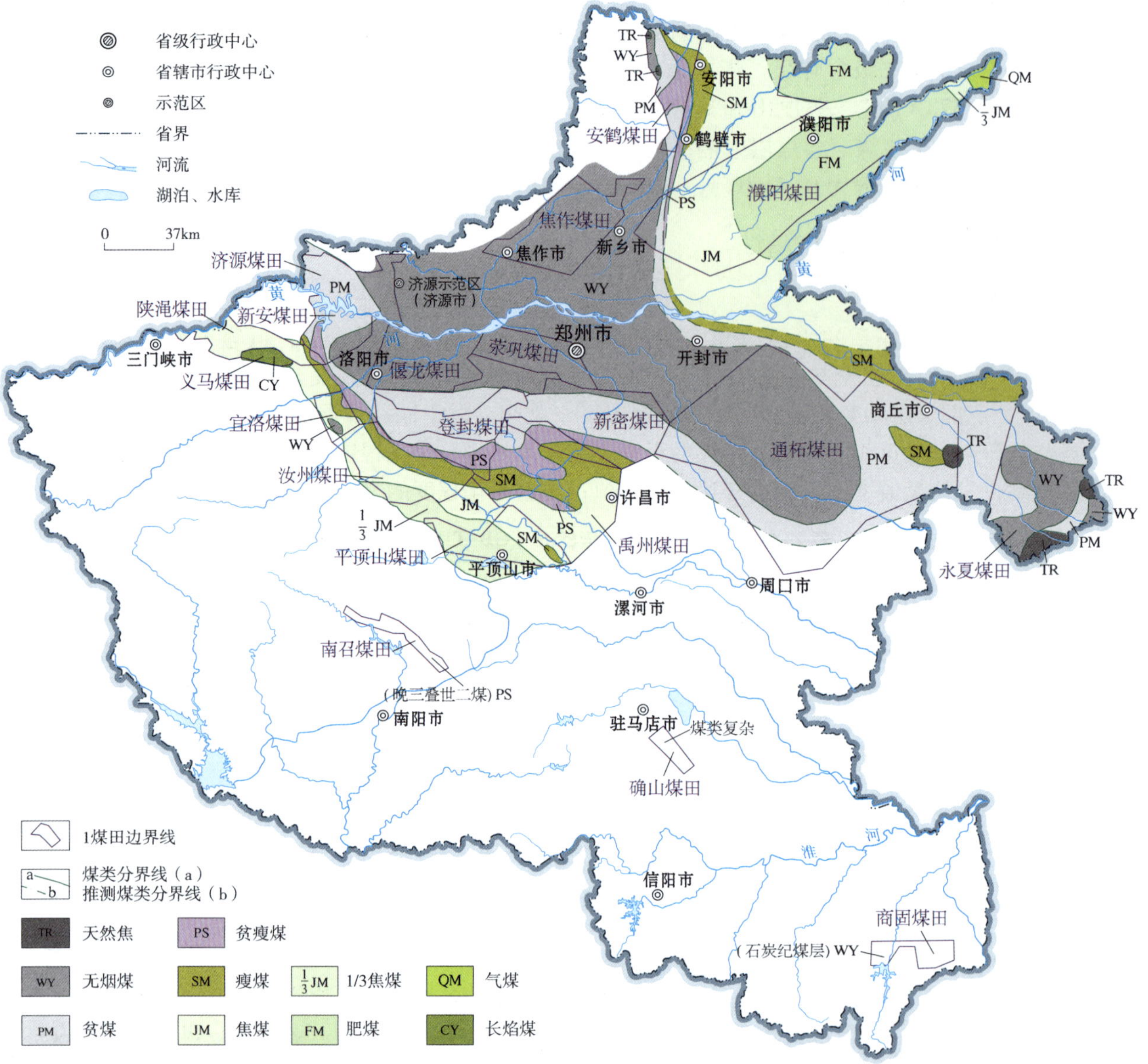

图 2-10　河南省二$_1$煤层煤类分布示意

天然焦在河南晚古生代煤田中占有一定的资源量，天然焦已不属于煤的范畴，但也是一种资源，其形成与聚煤期后岩浆活动相关，与岩浆侵入煤系、煤层的范围大致一致，安鹤、陕渑、宜洛、汝州、平顶山韩梁、永夏、确山等地均有分布，尤以永夏地区最为典型，天然焦资源量可达十多亿吨。从分布层位看，太原组一$_1$煤至石盒子组之间的诸多煤层中均有天然焦赋存。天然焦的赋存状态与岩浆侵位关系密切，一般在紧邻岩浆岩的部位或地段出现天然焦、天然半焦、煤的接触变质系列。天然焦与同层煤相比，表现出灰分产率增高，挥发分产率降低，发热量也明显降低，元素组成中碳高而氢降低。

（五）煤的可选性

根据《河南煤炭工业志》编纂委员会（2017），各煤层煤的可选性在垂向上有下易上难的变化趋势，即以浮煤灰分产率 10%左右的产品，按分选密度±0.1 含量划分的煤的可选性自下而上增大。山西组的二$_1$煤的灰分产率一般为10%~30%，多属易选-中等可选煤，安鹤、焦作、平顶山、汝州煤田的二$_1$煤可选性较好，多属易选煤，而豫西的陕渑、宜洛、新安等煤田的二$_1$煤多为中等可选。太原组煤层若从降低灰分产率来衡量，与山西组煤相近，但硫分的脱除效果差。石盒子组煤层的±0.1含量高达53.68%~82.01%，一般为60%~70%，属极难选煤。

（六）二$_1$煤的特殊和稀缺煤类

1. 稀缺煤类

稀缺煤是指具有十分重要的工业用途，其利用途径具有一定的产业规模，并有一定的不可替代性，对国民经济具有重要经济价值，需求量大，但资源储量相对较少的煤炭资源。河南省内稀缺煤类有稀缺炼焦用煤和稀缺高炉喷吹用煤两种。稀缺炼焦用煤的煤类为肥煤、焦煤（1/3焦煤）、瘦煤，稀缺高炉喷吹用煤的煤类为贫瘦煤、贫煤和无烟煤。

安鹤（肥煤、焦煤、瘦煤）、濮阳（肥煤-焦煤）、汝州（1/3焦煤、焦煤）、平顶山（肥煤-瘦煤）、禹州（焦煤、瘦煤）5个煤田的二$_1$煤的煤质指标均符合稀缺炼焦用煤对浮煤灰分（≤12.0%）、全硫（≤1.10%）、磷含量（<0.15%）、黏结指数（>20）等指标要求，《河南省特殊和稀缺煤类现状调查报告》（河南省煤炭地质勘察研究总院，2019）估算垂深1500 m以浅的保有炼焦用煤资源量（含预测的）104.13×10^8 t；其中，肥煤22.03×10^8 t，1/3焦煤9.45×10^8 t，焦煤30.09×10^8 t，瘦煤42.56×10^8 t。陕渑煤田的二$_1$煤层虽为焦煤、瘦煤，但因全硫超标，不适合用于炼焦。

安鹤煤田的贫瘦煤、贫煤、无烟煤，焦作煤田中部峪河与凤凰岭正断层间的无烟煤、新安煤田北部和深部的贫煤和无烟煤、偃龙煤田和荥巩煤田的无烟煤、登封煤田的贫煤和无烟煤、新密煤田的贫煤和无烟煤、汝州煤田庇山含煤区的贫瘦煤、平顶山煤田首山一井及东段深部的贫瘦煤、禹州煤田的贫瘦煤和贫煤、通柘煤田和永夏煤田的贫煤和无烟煤均符合稀缺高炉喷吹用煤指标要求，可作为高炉喷吹用煤（高炉喷吹用煤指标：浮煤灰分：无烟煤≤14.0%，贫煤、贫瘦煤≤13.50%；全硫≤1.0%；磷含量小于0.05%；可磨性指数：无烟煤>40，贫煤、贫瘦煤>50）。河南省内共估算垂深1500 m以浅的保有高炉喷吹用煤资源储量（含预测的）253.35×10^8 t，其中，贫瘦煤23.70×10^8 t，贫煤105.87×10^8 t，无烟煤123.78×10^8 t。

目前，河南省部分生产企业受下游供需关系、洗选技术和成本影响，经洗选后可以成为稀缺煤类的煤炭资源未洗选，被用作动力煤出售，优质资源尚未发挥应有的效能。

2. 特殊煤类

特殊煤是指煤中一种或多种元素富集的煤类，具有某些独特的物理化学性质，是一种宝贵的煤炭资源，不应该仅仅作为一次性能源被浪费，可充分利用其特殊性质进行有针对性的加工利用，最大限度地发挥其特殊性质的优势。根据煤中元素属性分为高有益元素和高有害元素两种。当前技术条件下，煤中高有益元素的赋存尚未引起重视，尚未提取利用。二$_1$煤层为河南省的主采煤层，结合省内二$_1$煤层中元素含量特征，高有益元素煤有高镓煤、高锂煤和高硒煤，高有害元素煤有高硫煤、高铬煤和高氟煤。

煤中普遍含稀散元素镓（Ga），各煤田的二$_1$煤层中镓平均含量6×10^{-6}~17×10^{-6}，其中，濮阳、荥巩、登封、新密、汝州、禹州等煤田存在着高镓煤（镓含量大于30×10^{-6}）孤值点。焦作煤田的块村营煤矿区中部，高镓煤呈北西—南东向片状分布，富镓煤面积16.53 km^2，富镓煤资源储量约6322.0×10^4 t。

稀有金属锂（Li）主要赋存于煤中无机物中，含量一般为13×10^{-6}~75×10^{-6}，低于高锂煤边界品位80×10^{-6}，仅在安鹤、陕渑、新安、宜洛、新密、平顶山、禹州等煤田存在着锂含量80×10^{-6}~118×10^{-6}之间的孤立高值点。

稀散元素硒（Se）在煤中的赋存状态多样，硒含量一般为1×10^{-6}~6×10^{-6}，属特低-中硒煤，在焦作、汝州和平顶山等煤田有硒含量大于10×10^{-6}（高硒煤下限值）的孤立高值点。

二$_1$煤层除陕渑、新安、宜洛、汝州和确山等地呈北西—南东向分布的中-中高硫煤带外，多属特低-低硫煤；富硫煤带含硫量一般在2%以上，高的可达3%~5%，宜洛煤田的高山深部最高达16.14%。高硫煤（硫含量大于3.00%）集中分布于豫西的新安煤田、宜洛煤田及陕渑煤田西部的石壕-曹窑和东部的郁蕨山-江村等地，垂向上呈凸镜状或局部分层产出，平面上呈小片状或带状产出。

煤中铬含量一般为0~18×10^{-6}，属低-中铬煤，永夏煤田存在着孤立高铬点。焦作煤田的赵固二矿西南部和块村营煤矿区中部有高铬煤呈北西—南东向带状分布，高铬煤（铬含量大于25×10^{-6}）范围囊括高镓煤。

高氟煤指氟（F）含量大于200×10^{-6}的煤。河南晚古生代煤田的煤中氟含量一般为79×10^{-6}~210×10^{-6}，除荥巩和濮阳煤田属高氟煤外，其余各煤田以低-中氟煤为主，在陕渑、新安、宜洛、偃龙、登封、新密、禹州、永夏等煤田均存在有高氟煤样点，但所占比例较小。

五、开采技术条件

晚石炭世—二叠纪煤系中，山西组二$_1$煤层（大煤）为主采煤层，豫西部分矿井开采有下石盒子组三、四、五煤段煤层，太原组煤层因水文地质条件复杂、含硫量较高尚未被普遍开采，七煤因煤质差、难选，仅有少数矿井开采。

（一）水文地质

河南省位于黄河中下游，中国地势第二阶梯和第三阶梯的过渡地带。地形总体特征是西高东低，高差悬殊，地貌类型复杂多样。北、西、南三面由太行山、伏牛山、桐柏山和大别山环抱，山间有丘陵和陷落盆地，中部和东部为豫东平原，西南部为南阳盆地。晚石炭世—二叠纪煤田位于太行山与崤山-熊耳山-伏牛山环抱的西窄东宽的喇叭状区域，地貌类型主要为低山、丘陵和平原，黄河以北的河流分属于海河与黄河水系，黄河之南的河流分属于黄河与淮河水系。

河南省晚古生代各煤田水文地质条件差别很大。豫北的安鹤、焦作、济源等煤田，由于受太行山脉奥陶系和太原组强含水层的岩溶水补给，水文地质条件复杂或极复杂，突水多从煤层底板构造涌入矿坑，焦作煤田成为全国著名的大水区之一，矿井涌水、突水频发。嵩箕地区的偃龙、荥巩、登封、新密和禹州等煤田，嵩山、箕山山脉的碳酸盐岩裸露区是降水的主要补给渗透区，泉群较多，奥陶系和太原组石灰岩裸露区面积相对较小，补给量一般较小，径流和排泄条件均较好，含水层富水程度较弱，除个别井田水文地质条件较复杂外，一般属简单至中等类型；矿坑涌水水源主要为奥陶系碳酸盐岩岩溶水，总水量以静储量为主，动储量较小，一旦突水，来势很猛，但易于疏排。

豫西的渑池、新安、宜洛、汝州、平顶山等煤田，接受大气降水补给的裸露石灰岩面积较小，由于受地表水和第四系松散岩类孔隙水的影响及断裂构造的导通，含水层的富水性强弱不均，除平顶山煤田东部为中等-较复杂外，水文地质条件一般为简单至中等类型；小浪底水库对新安煤田的煤矿开采影响重大，伊河水和洛河水对宜洛煤田的煤矿开采有一定影响。

豫东的通柘和永夏煤田位于豫东平原，新生界松散沉积物较厚，地表水和松散岩类孔隙水对煤矿开采一般不构成威胁，矿井主要充水水源是奥陶系碳酸盐岩岩溶水，水文地质条件为简单至中等类型。本区普遍发育的断裂构造可能连通上、下含水层而造成涌、突水。

豫南的确山煤田，位于伏牛山脉之大乐山东延余脉的山前平原地带，是一个掩盖式煤田，西部、南部贯山、金牛山等山脉的丘陵基岩裸露区接受大气降水补给，补给量有限。煤田位于自流斜地的边缘地带，因远离补给区，地下水径流缓慢。煤田构造以宽缓的褶皱和菱形断块为特征，断层的发育使煤田的水文地质条件变得复杂。新生界松散沉积物孔隙水和底砾层水对建井危害较大。由于水文地质条件复杂，制约了本区的煤矿开采。

（二）煤层顶板和底板

黄河以北地区的安鹤、濮阳、焦作和济源4个煤田，一$_1$煤层普遍可采，多分岔为一$_1^1$、一$_1^2$煤分层，一$_1$煤层直接顶板多为石灰岩，局部相变为砂岩（济源），石灰岩、砂岩顶板致密坚固，力学强度高，稳定性较好，工程地质条件优良，局部伪顶随采随落；一$_1$煤层直接底板为铝质泥岩或泥岩，遇水易膨胀、易底鼓，力学强度较低，工程地质条件较差。普遍可采的二$_1$煤层直接顶板以中等稳定的砂质泥岩为主，基本顶以砂岩为主，来压明显级居多；底板以泥岩或碳质泥岩为主，是河南煤矿顶、底板条件较好的区域。

嵩箕地区，包括偃龙、荥巩、登封、新密4个煤田，一$_1$煤层局部可采。基本特点是滑动构造发育，低缓角度的断层大多沿二$_1$煤层顶板滑移，为“三软”构造煤（软底板、软顶板、软煤层）发育区，煤壁松散易片帮，伪顶时厚时薄，时有时无；二$_1$煤层顶板裂隙发育，局部煤层顶板为滑动破碎带；底板大多随煤层厚薄而起伏，遇水有底鼓或变软，是河南省“三软”不稳定厚煤层发育区。

豫西地区，一煤段煤层不发育，仅宜洛和汝州煤田发育局部可采的一$_8$煤层，一$_8$煤层顶板多为石灰岩，底板为力学强度较低的泥岩。该区二$_1$煤层顶、底板类型大致可分为北区、南区两个区域。北区，包括陕渑、新安和宜洛3个煤田，基本共性是二$_1$煤层直接顶板与基本顶多为大占砂岩，煤层厚度变化比较大，常有不可采区段出现；煤层底板软、硬皆有，既有砂岩底板，也有泥岩底板。局部煤层倾角较大，基本顶来压不明显，直接顶板以不稳定-中等稳定类为主，底板多属较硬类别。南区，包括汝州、平顶山、禹州3个煤田，二$_1$煤层总体来说，仍属“三软”煤层；下石盒子组和上石盒子组煤层发育较好，但由于沉积条件不稳定，沉积环境变化大，造成这些煤层的直接顶板相变迅速，出现多种类别。

豫东地区，包括通柘和永夏2个煤田，二$_1$煤层基本顶为豆腐渣砂岩或厚层（砂质）泥岩，一般较稳固，岩石完整性较好；底板多为泥岩，未发现底鼓现象，局部为条带状细-中粒砂岩（俗称叶片状砂岩）。永夏煤田的三煤段发育多层可采煤层，可采煤层顶、底板以泥岩为主，次为细-中粒砂岩。受岩浆侵位的影响，局部煤层的直接顶板或底板为岩浆岩。

豫南地区，仅有确山煤田，二$_1$煤的煤类复杂，煤层顶、底板多为泥岩，局部顶板为大占砂岩。下石盒子组煤层发育较好，煤层顶、底板类型同豫西的南区。

（三）瓦斯地质特征

河南省煤矿开采，除义马煤田开采的是下-中侏罗统义马组煤层外，其余矿井全部开采的是石炭系—二叠系煤层；其中晚石炭世—二叠纪含煤区总面积约40529 km^2，煤矿产地总面积为15796.60 km^2，占煤矿产地总面积的99.1%。

瓦斯是地质作用的产物，煤层是瓦斯生、储合一的场所，也是瓦斯涌出和突出的物质基础。瓦斯的生成、保存（赋存和富集）、释放（运移）以及在煤层中的含量和赋存状态的影响因素极为复杂，因地质条件的差异，煤中生成的瓦斯量与储存的瓦斯量差别很大，造成河南省境内不同地区的瓦斯地质特征存在较大的差异。三叠纪南召煤田煤类以贫瘦煤为主，石炭纪商固煤田煤类为无烟煤，但由于煤层埋藏浅，瓦斯保存条件较差，总体处于瓦斯风化带范围，为低瓦斯区。河南省晚古生代含煤区自晚石炭世始至三叠纪，总体为连续沉积，至三叠纪末，煤层埋深达到最大值，生烃达到高峰，生烃产生大量煤层气；随后的多期、多次构造运动造成区内地质构造复杂，大部分煤田构造煤发育，瓦斯地质条件极为复杂，使得不同区域瓦斯成分和含量存在较大差异。晚石炭世—二叠纪含煤区的不同煤田、同一煤田的不同煤矿区或井田、同一井田的不同采区、同一煤矿区的不同煤层，甚至同一煤层的不同部位，其瓦斯成分和含量皆有明显差别，即使是同一钻孔内的同一煤层的不同取样部位由于煤层上、下物化特征的不同而瓦斯含量也不尽相同。瓦斯成分和含量不仅与煤层的生成环境及生成物质有关，还与煤层的结构与构造、煤厚及变化、煤变质程度、煤田暴露程度、煤层埋藏深度、地质构造、水文地质、围岩性质、岩浆活动等都有着密切的关系，其叠加效应增加了瓦斯赋存的复杂性和不均衡性，而瓦斯的逸散、富集、运移与成煤后的构造改造和破坏密切相关。原生气藏受成煤作用的控制和制约，现今气藏的分布状态是受成藏后的多旋回地质构造控制的（沈建海，2014）。不同地区瓦斯风化带的深度差别很大，影响瓦斯风化带深度的主要因素有水的循环、煤层的暴露程度、地质构造以及煤层顶板。在瓦斯风化带以下，煤的瓦斯含量、瓦斯压力和瓦斯涌出量都随着煤层埋藏深度的增加而有规律地增大，通常呈正相关关系，但由于聚煤期后构造改造和瓦斯赋存的极不均衡性，它们并非是煤层埋深的线性相关关系，煤田内瓦斯含量等值线并非沿煤层底板等高线走向延展，而是呈现形态各异的波状曲线或出现高低值的封闭圈。

《河南省瓦斯地质规律研究及煤矿瓦斯地质图编制》（河南省煤炭工业管理局等，2010）根据河南省区域构造、瓦斯分布特征和瓦斯赋存构造控制特征，将河南省晚石炭世—二叠纪含煤区（含侏罗纪义马组含煤区）划分为秦岭造山带北缘逆冲推覆构造系高突瓦斯带、豫西强变形“三软”煤层高突瓦斯带、太行山东缘高突瓦斯带和鲁西南豫东断隆低瓦斯带（图 2-11）。

秦岭造山带北缘逆冲推覆构造系高突瓦斯带包括平顶山、宜洛、汝州、确山等煤田，中生代以来受秦岭造山带北缘逆冲推覆构造系的控制和改造，地质构造比较复杂，造成煤层破坏严重，构造煤发育，降低了煤层透气性，影响煤层气开发。平顶山煤田属于煤层群发育的地区，含煤及层位多达 60 余层，可采煤层可达 17 层，瓦斯地质条件复杂，为严重的煤与瓦斯突出煤田。

豫西强变形“三软”煤层高突瓦斯带包括济源、陕渑、新安、偃龙、荥巩、登封、新密、禹州等煤田，中生代以来较长时期受到秦岭造山带隆起由南向北对华北板块南缘的推挤作用，使煤层强烈变形，煤厚度短距离内变化大，造成二$_1$ 煤层“三软”构造煤全层发育，为“三软”煤层（软顶板、软煤层、软底板）发育区，煤层透气性低，不利于煤层气开发，除陕渑和义马煤田外均具有低瓦斯低临界指标突出危险性。陕渑煤田因煤层埋藏较浅，瓦斯风化带较深，各生产矿井瓦斯鉴定均较低，总体为低瓦斯区，目前还未发生过煤与瓦斯突出。义马煤田赋存的义马组煤层属低变质长焰煤，瓦斯含量低，为低瓦斯区，含气性差。

太行山东缘高突瓦斯带主要为安鹤和焦作煤田，均为高瓦斯与瓦斯突出区，煤层气含量高，煤层气资源丰富，资源丰度高，构造煤不太发育，有利于地面煤层气开发，其中焦作煤田适合地面煤层气开发，安鹤煤田具有一定地面煤层气开发条件。

鲁西南豫东断隆低瓦斯带主要有永夏煤田，位于鲁西断隆的西南部，主要受鲁西断隆和白垩纪北北东向构造的控制，瓦斯保存条件较差，瓦斯风化带垂深大于 800 m，目前开采范围主要处于瓦斯风化带，普遍为瓦斯矿井，还未发生过煤与瓦斯突出。但区内岩浆侵入煤层较为普遍，局部具有煤与瓦斯突出危险性。该区总体为低瓦斯区，浅部不利于煤层气开采，深部有待评价。

根据《河南省瓦斯地质规律研究及煤矿瓦斯地质图编制》（河南省煤炭工业管理局等，2010），截至 2008 年底，河南省 144 对国有重点矿井中，高瓦斯和煤与瓦斯突出矿井 66 对，占矿井总数的 46%，其中煤与瓦斯突出矿井 50 对，占矿井总数的 35%；截至 2007 年底共发生煤与瓦斯突出 904 次，最大突出强度 2397 t/次（焦作九里山煤矿），最大突出瓦斯量 44×10^4 m^3（焦作演马庄煤矿），最小始突深度 120 m（荥阳市崔庙煤矿区的徐庄井）（表 2-12）。

（四）煤尘与煤层自燃

根据河南省各矿区现有矿井资料与地质勘查测试成果，当前，各煤田所开采的二$_1$ 煤层的煤尘爆炸危险性和煤层自燃倾向性分为 3 个类型。“双无”区，即煤尘无爆炸、煤不自燃的煤田，该类型煤田有焦作、济源、偃龙、荥巩等煤田；“一有一无”区，即煤尘具有爆炸性危险、煤为不自燃-不易自燃的煤田，该类型煤田有安鹤、新密、禹州、永夏等煤田；“双有”区，即煤尘具有爆炸性、煤易自燃的煤田，该类型煤田有濮阳、陕渑、新安、宜洛、登封（除一$_3$ 煤外）、汝州、平顶山、通柘、确山等煤田。

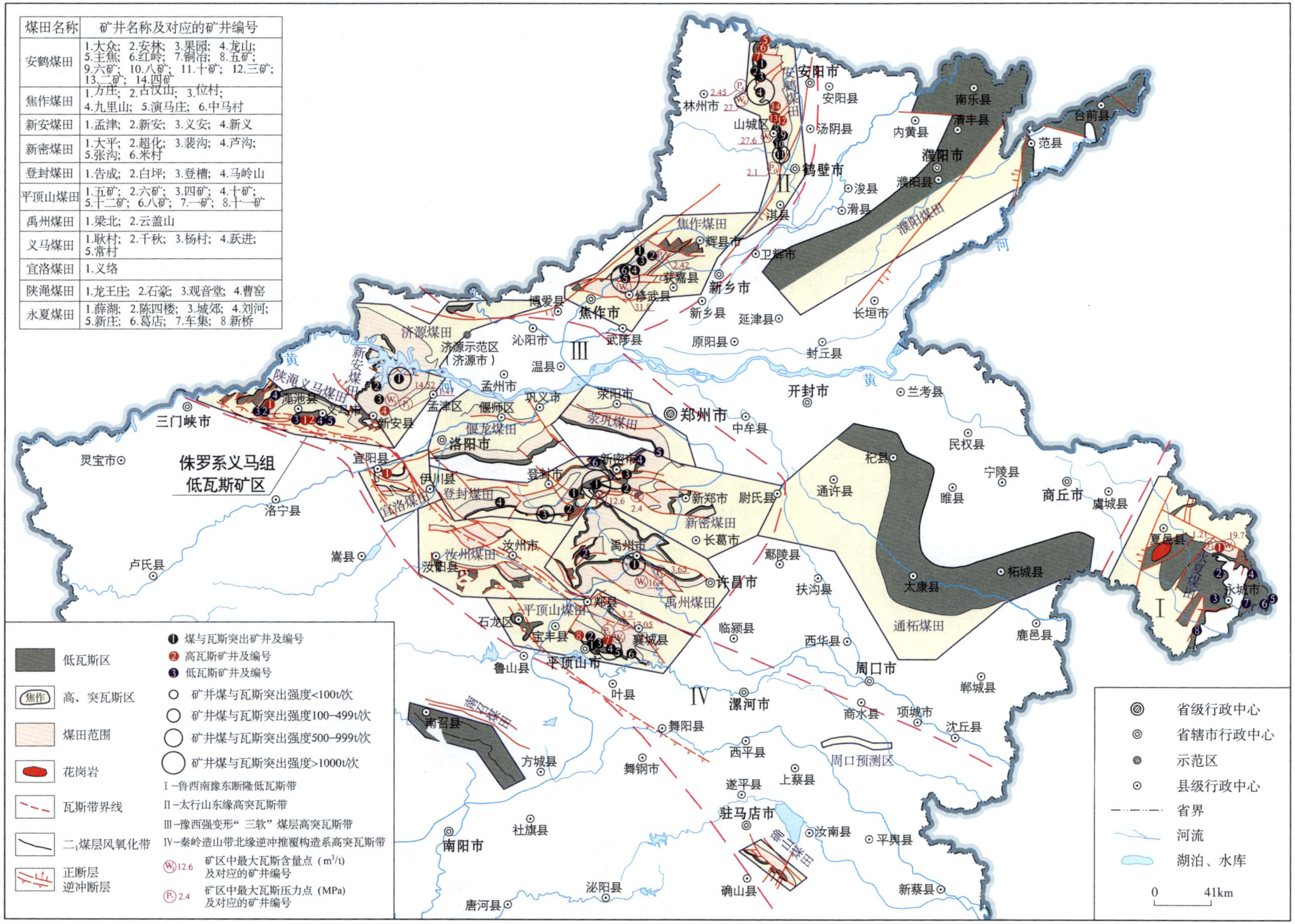

煤田名称	矿井名称及对应的矿井编号
安鹤煤田	1.大众；2.安林；3.果园；4.龙山；5.主焦；6.红岭；7.铜冶；8.五矿；9.六矿；10.八矿；11.十矿；12.三矿；13.二矿；14.四矿
焦作煤田	1.方庄；2.古汉山；3.位村；4.九里山；5.演马庄；6.中马村
新安煤田	1.孟津；2.新安；3.义安；4.新义
新密煤田	1.大平；2.超化；3.裴沟；4.芦沟；5.张沟；6.米村
登封煤田	1.告成；2.白坪；3.登槽；4.马岭山
平顶山煤田	1.五矿；2.六矿；3.四矿；4.十矿；5.十二矿；6.八矿；7.一矿；8.十一矿
禹州煤田	1.梁北；2.云盖山
义马煤田	1.耿村；2.千秋；3.杨村；4.跃进；5.常村
宜洛煤田	1.义络
陕渑煤田	1.龙王庄；2.石豪；3.观音堂；4.曹窑
永夏煤田	1.薛湖；2.陈四楼；3.城郊；4.刘河；5.新庄；6.葛店；7.车集；8.新桥

图2-11　河南省煤矿瓦斯地质图
（据河南省煤炭工业管理局等，2010，有修改）

表 2-12　河南省部分煤田瓦斯地质汇总表

煤田＼项目	主采煤层	矿井对数（突出/高瓦斯/瓦斯）	矿井瓦斯突出总数/次	始突深度/m	最大瓦斯突出强度：煤量（t/次）/瓦斯量（m^3/次）	瓦斯压力最大值/MPa	瓦斯含量最大值/($m^3 \cdot t^{-1}$)	生产矿井瓦斯涌出量		$二_1$煤层含气量/($m^3 \cdot t^{-1}$)		
								绝对值/($m^3 \cdot min^{-1}$)	相对值/($m^3 \cdot t^{-1}$)	CH_4	CO_2	N_2
安鹤煤田	$二_1$	11/8/37	275	155（龙山煤矿）	1070/167435（龙山煤矿）	3.53（铜冶煤矿）	27.66（六矿）	$\frac{0.52\sim45.44}{18.65}$	$\frac{2.70\sim36.11}{16.31}$	$\frac{0.94\sim33.21}{16.16}$	$\frac{0.05\sim1.95}{0.61}$	$\frac{0.08\sim4.87}{1.03}$
焦作煤田	$二_1$	15/0/3	338	150（韩王煤矿）	2397/232500（九里山煤矿）	2.42（古汉山煤矿）	42.79（恩村煤矿）	$\frac{1.10\sim42.77}{16.10}$	$\frac{2.46\sim37.32}{12.67}$	$\frac{0\sim29.73}{14.39}$	$\frac{0.08\sim2.07}{0.47}$	$\frac{0.19\sim4.40}{1.13}$
陕渑煤田	$二_1$	0/1/50	0	—	—	0.45（龙王庄矿）	—	$\frac{0.93\sim5.85}{2.65}$	$\frac{1.01\sim6.30}{3.64}$	$\frac{0\sim5.65}{0.86}$	$\frac{0.02\sim7.11}{0.89}$	$\frac{0.16\sim7.11}{3.04}$
义马煤田	义马组煤					—	3.00（跃进矿）	—	—	—	—	—
新安煤田	$二_1$	4/0/19	15	559（新安煤矿）	828/86906（孟津煤矿）	1.51（正村煤矿区义安东井）	14.52（义安东井）	—	$\frac{0.66\sim62.29}{13.49}$	$\frac{0.11\sim25.85}{6.19}$	$\frac{0.04\sim17.04}{1.24}$	$\frac{0\sim4.13}{0.68}$
宜洛煤田	$二_1$	1/1/58	1	（李沟矿井）	129/11484（李沟矿井）	0.50（沈村矿井）	—	$\frac{0.03\sim19.71}{3.87}$	$\frac{0.16\sim24.83}{7.29}$	$\frac{0.01\sim3.46}{0.79}$	$\frac{0.07\sim3.06}{0.61}$	$\frac{0.02\sim1.56}{0.75}$
偃龙煤田	$二_1$	0/1/8		—	—	—	—	$\frac{0.30\sim28.30}{6.45}$	$\frac{1.20\sim16.10}{5.56}$	$\frac{0\sim17.23}{2.89}$	$\frac{0.04\sim8.28}{1.72}$	$\frac{0\sim2.21}{0.79}$
荥巩煤田	$二_1$	3/2/42	78	120（崔庙煤矿区徐庄三井）	908/10800（崔庙煤矿区东升矿）	3.00（崔庙煤矿区计河矿）	36.42（计河矿）	—	—	$\frac{1.49\sim35.41}{14.89}$	$\frac{0.06\sim2.48}{0.84}$	$\frac{0.02\sim17.85}{0.92}$

续表

项目 煤田	主采煤层	矿井对数（突出/高瓦斯/瓦斯）	矿井瓦斯突出总数/次	始突深度/m	最大瓦斯突出强度：煤量（t/次）/瓦斯量（m^3/次）	瓦斯压力最大值/MPa	瓦斯含量最大值/($m^3\cdot t^{-1}$)	生产矿井瓦斯涌出量		二$_1$煤层含气量/($m^3\cdot t^{-1}$)		
								绝对值/($m^3\cdot min^{-1}$)	相对值/($m^3\cdot t^{-1}$)	CH_4	CO_2	N_2
登封煤田	二$_1$	8/4/74	4	353（新丰矿）	180/4000（白坪煤矿区新丰矿）	1.50（新丰矿）	16.98（新丰矿）	—	—	$\frac{0\sim27.22}{5.44}$	$\frac{0\sim4.11}{0.41}$	$\frac{0.04\sim15.95}{0.93}$
新密煤田	二$_1$	5/0/105	41	250（大平矿）	1894/250000（平陌煤矿区大平矿）	2.60（超化矿）	16.77（大平矿）	—	—	—	—	—
汝州煤田	二$_1$	—	—	—	—	—	—	$\frac{0.14\sim3.00}{1.14}$	$\frac{1.40\sim10.00}{5.27}$	—	—	—
平顶山煤田	二煤、四煤	10/1/202	150	340（五矿）	2243/47509（十矿）	3.45（十三矿）	25.60（十二矿）	$\frac{0.23\sim130.20}{32.89}$	$\frac{0.73\sim33.48}{9.02}$	$\frac{0\sim39.00}{6.48}$	$\frac{0.01\sim5.49}{0.61}$	$\frac{0\sim26.19}{1.31}$
禹州煤田	二$_1$	3/0/92	2	690（梁北矿）	600/5000（梁北矿）	2.75（梁北矿）	13.60（梁北矿）	$\frac{0.65\sim10.17}{4.36}$	$\frac{2.25\sim17.77}{6.58}$	$\frac{0\sim55.10}{5.67}$	$\frac{0\sim7.83}{0.52}$	$\frac{0.\sim9.47}{1.56}$
永夏煤田	二$_1$、三$_2$	0/1/7	0	—	—	1.24 薛湖矿	19.71 薛湖矿	$\frac{10.88\sim13.89}{12.56}$	$\frac{2.84\sim6.84}{4.28}$	$\frac{0\sim12.08}{2.46}$	$\frac{0.01\sim1.26}{0.30}$	—
资料来源		《河南省瓦斯地质规律研究及煤矿瓦斯地质图编制》，河南省煤炭工业管理局等，2010						《河南省煤层气资源潜力评价报告》，河南省煤炭地质勘察研究总院，2011				

注：括弧内为生产矿区或矿井名称。

（五）煤田地温与热害

平顶山煤田东部是河南迄今发现的规模最大的地温正异常区，煤田呈现地区性地温偏高和地温梯度值偏大，开采二$_1$煤层的矿井普遍存在热害问题。新密煤田东南部的新郑赵家寨和王行庄煤矿区的平均地温梯度在3℃/hm以上，为地温异常区。禹州煤田梁北一井的地温梯度2.35~3.15℃/hm，一级热害线大致沿二$_1$煤层底板-430 m标高分布，二级热害线大致沿二$_1$煤层底板-500~-700 m标高分布，西部较深，东部稍浅。其他煤田的平均地温梯度一般低于3℃/hm，属于地温正常区，偃龙、荥巩、通柘等煤田局部区段存在着地温异常。随着煤矿开采深度的增加，应引起对热害的重视。

第三节　晚石炭世—二叠纪煤田地质特征

一、安鹤煤田

安鹤煤田（由原安阳煤田和鹤壁煤田构成）位于河南省北部太行山东麓山地前缘地带的太行山赋煤带内，纵横安阳市区、安阳县、汤阴县、鹤壁市区、淇县等市县，为半掩盖式煤田。西起煤层露头，东大致以京广铁路为界，北以漳河、岳城水库和省界为界，与河北省峰峰矿区相邻，南抵淇县庙口乡，大致呈北宽南窄的倒三角形分布，南北长约70 km，北部宽约29 km，面积约1081 km^2。地理坐标为东经114°03′10″~114°22′00″，北纬35°41′30″~36°18′33″。该区为太行山东麓余脉向华北平原过渡地带，地势西高东低，呈阶梯状，海拔75~300 m。西部为寒武系—奥陶系石灰岩构成的低山区，中部为侵蚀型石炭系—二叠系和新近系组成的丘陵区，东部为冲洪积平原区。海河流域卫河水系的安阳河和淇河向东注入卫河，卫河由南向北流经煤田东部，继而向北流入海河后入渤海。

安鹤煤田开发历史可追溯到北宋晚期。1959年9月，在鹤壁市发现北宋晚期采煤遗址，1口圆形竖井井深46 m，4条古巷道全长约500 m。煤矿普查始于1913年丁文江的安阳六河沟一带煤矿调查和1916年瑞典人新常富的豫北矿产调查。1927年，王竹泉发表了《河南武安、涉县、林县、安阳一带地质矿产报告》。1937年，曹世禄、孟昭彝至豫北调查，《河南地质调查所汇刊》第五期对该区地层、构造叙述颇详，记述有：1925年开办的汤阴固城煤矿于1936年产煤19440 t，1926年开办的汤阴九华煤矿公司于1936年产煤25200 t，1936年原生煤矿公司产煤72000 t，采煤方式全为土法开采。系统的煤田地质勘查始于1954年，中南煤田地质局一二七队进驻鹤壁一带，于1955~1957年间先后提交了杨家庄井田、鹤壁一、二号井田、教场井田、梁峪井田、罗村井田等地质报告，截至1958年底，累计探明工业储量约4.3×10^8 t，为1957年3月汤阴县地置鹤壁市（后经历了多次搬迁和变革）打下了坚实的煤炭资源基础。1957年6月3日，鹤壁矿务局成立。目前，浅部煤炭资源已全被占用，二$_1$煤层埋深1500 m以浅区域已基本查明。据2010年河南省煤田地质局三队编制的安鹤煤田相关矿区资源储量核实报告和《河南省安鹤煤田北段深部煤详查报告》（2017）及河南省煤炭地质勘察研究总院编制的《河南省鹤壁市石林煤详查报告》（2014），区内累计查明煤资源储量367246.6×10^4 t，保有煤资源储量310367.6×10^4 t，另有1500 m以浅的（334）？类煤资源量64904.8×10^4 t，1500 m以深的潜在煤资源142316.0×10^4 t；查明二$_1$煤层天然焦资源量8409.6×10^4 t，保有天然焦资源量8324.7×10^4 t，另有天然焦潜在资源量1235.0×10^4 t。估算二$_1$煤的煤层气资源量553.53×10^8 m^3。安鹤煤田共划分出20个煤矿区，总面积615.82 km^2，以安阳市安鹤煤田北段深部煤矿区和鹤壁市石林煤矿区作为代表性矿区进行阐述，其余则简述之。

（一）煤田地质特征

安鹤煤田位于太行构造区的太行山隆起带与华北沉降带之间的过渡带，处于太行断隆东侧的斜坡带，东以呈北北东向展布于新乡市凤泉区耿黄、卫辉市芳兰、淇县青羊口、鹤壁市庞村镇西、安阳市区一线的耿黄-青羊口大断裂邻汤阴断陷。本溪组—上石盒子组零星出露于煤田西部的太行山东麓的低山-丘陵地带，平均总厚度 896.54 m，煤系基底为中-上奥陶统峰峰组，盖层由二叠系乐平统孙家沟组、下三叠统刘家沟组和尚沟组、新近系中新统鹤壁组和上新统河湖相沉积及第四系等组成。区内构造主要以伸展体制的高角度正断层为主，伴有小型褶曲，局部发育陷落柱，主导构造线多呈北东—北北东向展布，次为近东西向展布。晚古生代地层受北北东向构造控制，总体呈地层走向近南北、倾向东、倾角 2°~48°的缓波状起伏单斜构造（图 2-12），北东—北北东和近东西向断裂交织成的断裂网络将煤田含煤地层分割为大小不等的断块。区内岩浆活动有早白垩世和新生代两期，主要位于安鹤煤田西侧。早白垩世岩浆岩分布于煤田的北部和南端，主要为闪长岩和正长岩，常侵位于煤层顶、底板附近及煤层之中，引起煤层变薄或被吞噬，形成围绕岩体呈环带状分布的天然焦和无烟煤高变质煤带。新生代的金伯利岩分布于潭浴-龙宫地区的北北东向构造带和西南部山区，橄榄玄武岩主要分布于庞村、黑山一带，对煤层未产生大的影响。

（二）煤层与煤质

安鹤煤田含煤 12~29 层，煤层平均总厚度 14.39 m，含煤系数 1.61%，仅一、二煤段含可采煤层（表 2-13），$二_1$ 煤为主采煤层。

安鹤煤田的$二_1$ 煤多呈粉状，粒状、鳞片状次之，块状少许。煤的视密度一般为 1.40 ~ 1.45 t/m^3。煤岩以亮煤为主，次为镜煤和暗煤，夹丝炭薄层及凸镜体，属半亮-光亮型煤。$二_1$ 煤属低灰、特低硫、低磷、高发热量煤，对 CO_2 反应性弱，高热稳定性，易磨，中等-较高软化温度灰，可选性为易选-中等可选；煤类以瘦煤、贫瘦煤、贫煤为主，煤田西北部的铜冶、水冶至善应一带有无烟煤，少量焦煤位于煤田北东部的岳城水库一带（图 2-12），天然焦主要位于王家岭东北部及煤田北段深部，铜冶煤矿也有少许天然焦。形态硫以有机硫为主，次为硫铁矿硫，硫酸盐硫甚微。烟煤、无烟煤的镜质体最大反射率分别为 1.37%~2.72%和 1.47%~3.22%。天然焦为钢灰色，光泽暗淡，具热爆性，燃时噼啪作响。

表 2-13 安鹤煤田煤层发育情况一览表

含煤地层	穿见地层厚度/m	煤段名称	煤层编号	两极煤厚/平均煤厚/m	可采性	稳定程度	夹矸	
							层数	厚度/m
上石盒子组	284.68~443.11/375.17	八煤段						
		七煤段						
下石盒子组	214.00~380.50/288.77	六煤段						
		五煤段						
		四煤段	四	—/0.11	不可采	极不稳定		
		三煤段	三	0~0.42/0.01	不可采	极不稳定		
山西组	52.77~148.35/93.54	二煤段	$二_6$	0~0.20/0.01	不可采	极不稳定		
			$二_5$	0~0.28/0.07	不可采	极不稳定		
			$二_4^2$	0~1.82/0.01	偶可采	极不稳定		
			$二_4^1$	0~1.59/0.11	偶可采	极不稳定		
			$二_3$	0~0.88/0.20	零星可采	极不稳定		
			$二_2$	0~3.07/0.18	偶可采	极不稳定		
			$二_1$	0~30.68/6.51	主采	稳定	0~3	0.02~0.90
			$二_0$	0~1.90/0.20	偶可采	极不稳定		

续表

含煤地层	穿见地层厚度/m	煤段名称	煤层编号	两极煤厚/平均煤厚/m	可采性	稳定程度	夹矸	
							层数	厚度/m
太原组	$\frac{75.36\sim162.06}{117.70}$	一煤段	$一_9^2$	0~0.81/0.25	偶可采	极不稳定		
			$一_9^1$	0~1.47/0.31	偶可采	极不稳定		
			$一_8^2$	0~2.15/0.22	偶可采	极不稳定		
			$一_8^1$	0~1.91/0.28	偶可采	极不稳定		
			$一_7^3$	0~0.35/0.07	不可采	极不稳定		
			$一_7^2$	0~1.90/0.14	偶可采	极不稳定		
			$一_7^1$	0~0.98/0.19	偶可采	极不稳定		
			$一_6$	0~1.50/0.38	局部可采	极不稳定	0	
			$一_5^3$	0~0.35/0.07	不可采	极不稳定		
			$一_5^2$	0~1.08/0.31	偶可采	极不稳定		
			$一_5^1$	0~0.39/0.17	不可采	极不稳定		
			$一_4$	0~1.66/0.42	局部可采	不稳定	0~2	0.07~0.62
			$一_3$	0~0.71/0.01	不可采	极不稳定		
			$一_2^2$	0~1.06/0.12	偶可采	不稳定		
			$一_2^1$	0~1.89/0.86	大部分可采	不稳定	0~1	0.02~0.29
			$一_1^2$	0~1.74/0.76	局部可采	不稳定		
			$一_1^1$	0~6.50/1.92	大部分可采	较稳定	1~4	0.02~1.20
本溪组	$\frac{2.22\sim47.92}{21.36}$	零煤段	$零_2$	0~0.59/0.23	不可采	极不稳定		
			$零_1$	0~0.40/0.27	不可采	极不稳定		

安鹤煤田的一煤段各可采煤的煤类与$二_1$煤类似，煤岩以镜煤、亮煤为主，次为暗煤；煤岩类型以半亮型煤为主，次为光亮型煤。$一_1$煤多呈块状，具硫臭味，煤的视密度1.33~1.55 t/m^3，为低-中灰、中高-高硫、低磷、较高软化温度灰、中高-高发热量煤；形态硫以硫铁矿硫为主，次为有机硫，硫酸盐硫甚微；烟煤和无烟煤的镜质体最大反射率分别为1.66%~2.39%和2.64%~2.77%。$一_2$煤多呈块状及碎粒状，煤的视密度1.35~1.50 t/m^3，为低灰、中高硫、低磷、较低软化温度灰、高-特高发热量煤；形态硫以有机硫为主，次为硫铁矿硫和少量硫酸盐硫；烟煤和无烟煤的镜质体最大反射率分别为2.31%和2.53%。

（三）开采技术条件

安鹤煤田的一煤段可采煤层顶板多为石灰岩，较为稳固。$二_1$煤层顶、底板多为薄层泥岩，老顶为大占砂岩。区内水文地质条件中等-复杂。地表水体发育，虽被厚度50~400 m的新生界所覆盖，对煤矿开采影响不大，但需十分注意。本区是以底板进水为主的岩溶充水矿床，断层裂隙水和来自煤层底板的奥陶系—石炭系石灰岩岩溶水将对矿井安全构成严重的威胁。

瓦斯为本区井下生产的首要灾害，安鹤煤田为高瓦斯与瓦斯突出区，煤层气含量高，煤层气资源丰富，仅浅部有少数瓦斯矿井，最大瓦斯含量27.66 m^3/t（鹤壁六矿），始突深度155 m（龙山煤矿

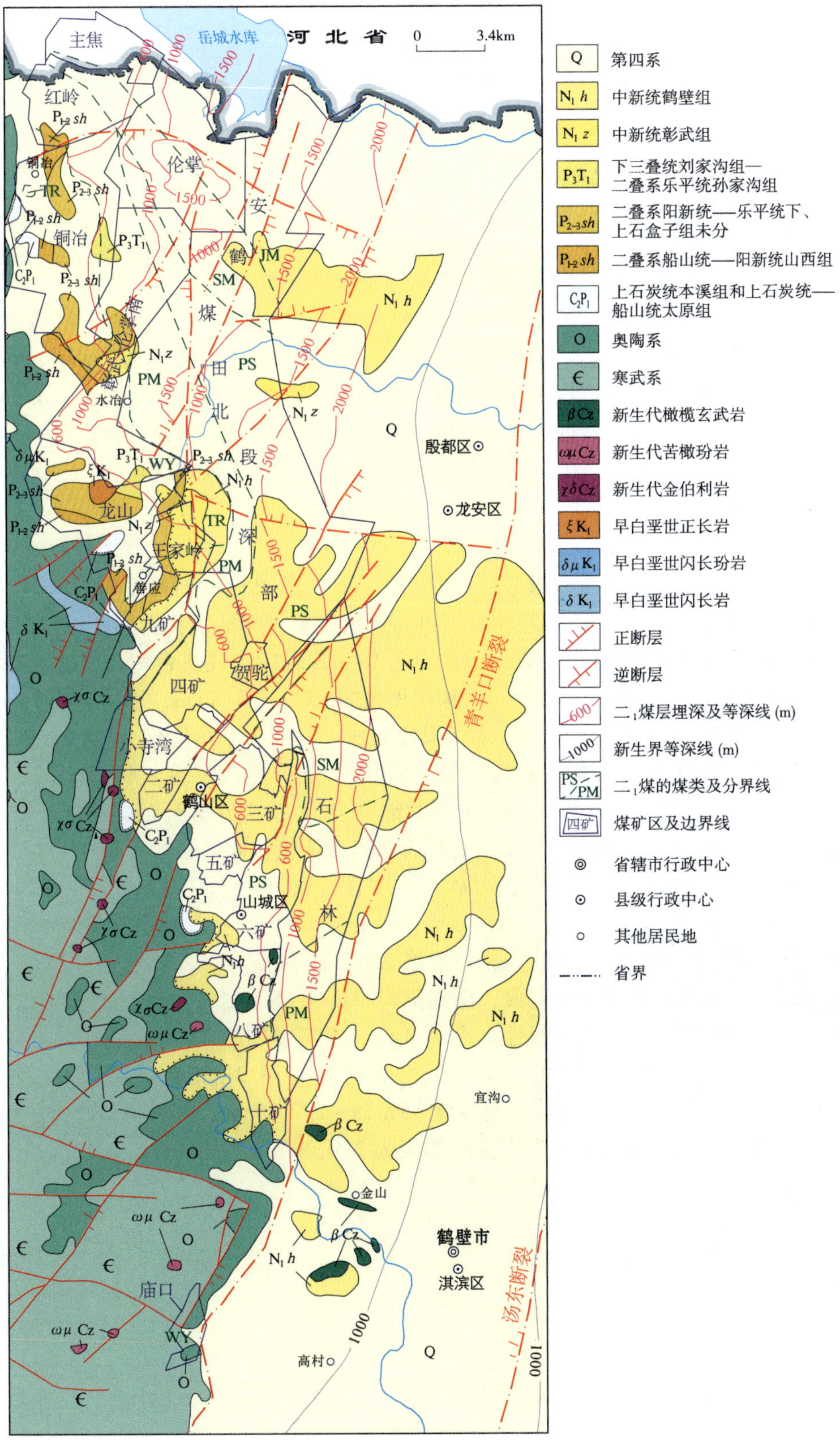

图 2-12　安鹤煤田地质略图

区+15 m 标高)，突出最大强度 1070 t/次（龙山煤矿区），工作面绝对瓦斯涌出量最大值 27.32 m^3/min（四矿），随开采深度的增加，瓦斯含量相应增高。煤尘具有爆炸危险性，煤层属不易自燃煤层，部分煤层有自燃发火趋势。本区地温梯度为 0.25~2.68℃/hm，随着开采深度的增加应引起对热害的重视。

（四）安阳市安鹤煤田北段深部煤矿区

安鹤煤田北段深部煤矿区位于安阳县和安阳市龙安区、殷都区境内，南北长约 29.50 km，东西宽约 12.60 km，面积约 176.67 km^2，地理坐标为东经 114°07′36″～114°16′00″，北纬 36°00′02″～36°16′00″。总体地势西高东低、南北高中部低，地面标高 78.30～240.70 m，北部和南部以地形高差不大的黄土丘陵为主，中部为较为平坦的安阳河（洹河）冲洪积平原，区内渠网与河流交织。该区整合了自 2006 年以来的曲河煤预查、当中岗煤详查、龙泉煤详查、水冶镇东煤普查和天助区煤普查 5 个煤勘查项目，由河南省煤田地质局三队整装勘查，2017 年提交了《河南省安鹤煤田北段深部煤详查报告》，累计查明/保有二$_2$、二$_1$、一$_2$ 和一$_1^1$ 煤层 1500 m 以浅煤资源量 43950.0×10^4 t，另有 1500 m 以浅（334）？类潜在煤资源 26011.0×10^4 t，估算 1500 m 以深煤资源量 102136.0×10^4 t；估算 1500 m 以浅二$_1$ 煤层天然焦查明资源量 6742.0×10^4 t，（334）？类资源量 885.0×10^4 t，另有 1500 m 以深（334）？类天然焦 350.0×10^4 t；估算二$_1$ 煤的煤层气资源量 246.53×10^8 m^3。

1. 矿区地质

（1）地层

安鹤煤田北段深部煤矿区内大面积被第四系覆盖，仅矿区南部偶有新近系砾岩出露，新生界厚度 52.25～419.30 m，平均 165.44 m。煤系基底峰峰组为灰色含角石类动物化石的中厚-厚层状石灰岩夹白云岩。含煤地层本溪组厚度 0.96～30.83 m，平均 7.48 m，岩性为浅灰色薄层状鲕状铝质泥岩及深灰-黑色泥岩，夹灰色细砂岩、粉砂岩薄层；太原组厚度 80.55～123.86 m，平均 105.80 m，由灰色细砂岩、泥岩、9 层石灰岩（L$_1$—L$_9$）及 14 层煤或煤线组成，其中，平均厚度为 3.73 m 的 L$_8$ 石灰岩普遍发育，测井物性特征表现为高阻、高密度（低 GGFR）、低天然放射性（图 2-13）；山西组厚度 65.11～120.99 m，平均 90.85 m，含煤 5 层，下部的细-中粒北岔沟砂岩夹泥质条带，中部的细-中粒大占砂岩厚度 0.98～26.57 m，平均 11.92 m，上部的含铝质及菱铁质鲕粒的小紫泥岩略具紫斑，小紫泥岩底部发育有不稳定的细砂岩（冯家沟砂岩）；下石盒子组厚度 221.74～322.93 m，平均 270.76 m，偶含不可采三$_1$ 煤，底部的中-粗粒砂锅窑砂岩厚度 0.69～17.88 m，平均 4.79 m，砂锅窑砂岩之上的大紫泥岩具紫斑和暗斑；上石盒子组厚度 298.12～443.11 m，平均 396.23 m，按岩性组合特征可分为七煤段、八煤段和平顶山砂岩段，底部平均厚度 9.68 m 的中-粗粒田家沟砂岩测井物性特征表现为中高阻、密度中高、低天然放射性（图 2-14），顶部平均厚度 77.14 m 的细-粗粒平顶山砂岩测井物性特征表现为中高阻、高密度，中低天然放射性（图 2-15）。煤系盖层孙家沟组厚度 238.16～306.39 m，平均 271.13 m；刘家沟组厚度 359.28～465.65 m，平均 395.92 m；和尚沟组钻孔最大揭露厚度 471.81 m；二马营组钻孔最大揭露厚度为 219.80 m。

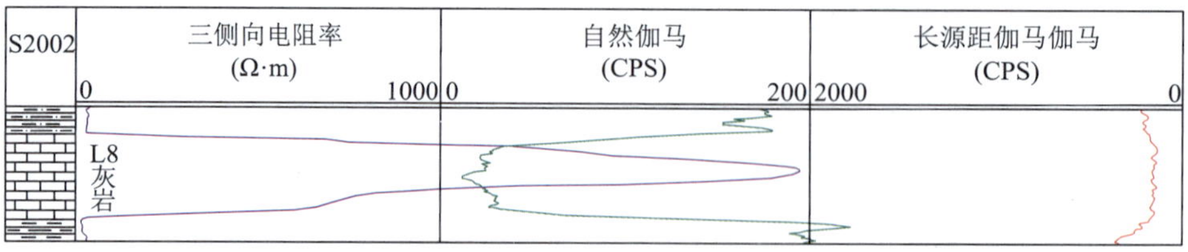

图 2-13　安阳市安鹤煤田北段深部 L$_8$ 石灰岩测井曲线物性特征

（据河南省煤田地质局三队，2017a）

（2）构造

安鹤煤田北段深部煤矿区总体构造形态为单斜，地层走向近南北，倾向东，倾角 7°～24°。局部发育小型褶曲。北东—北北东向高角度正断层发育，共发育正断层 49 条，在大断层两侧分布有较多的旁侧小断层，其中落差大于 1000 m 的断层 4 条，落差 500～1000 m 的断层 10 条，落差 100～500 m

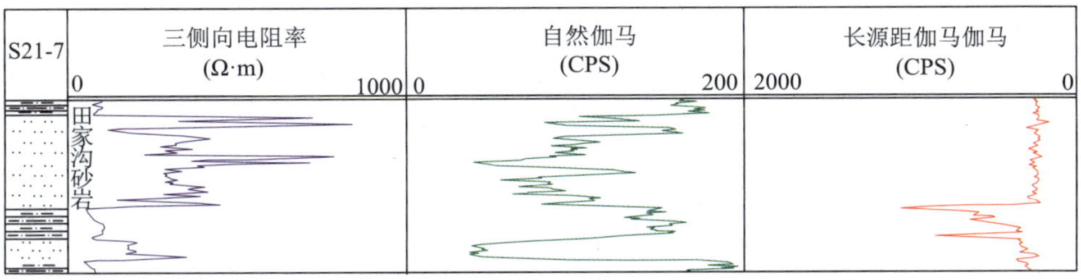

图 2-14 安阳市安鹤煤田北段深部田家沟砂岩测井曲线物性特征

（据河南省煤田地质局三队，2017a）

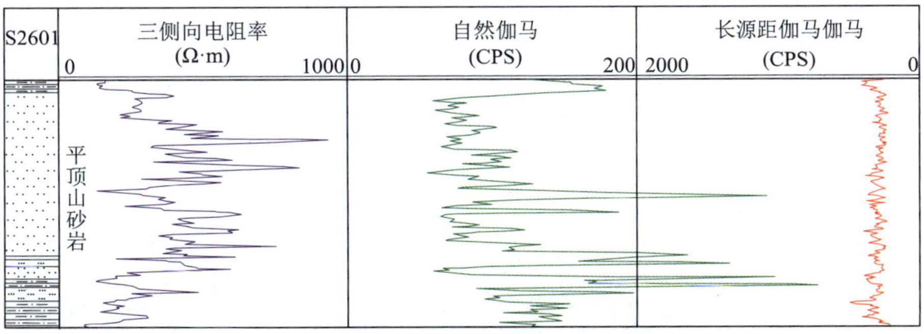

图 2-15 安阳市安鹤煤田北段深部平顶山砂岩测井曲线物性特征

（据河南省煤田地质局三队，2017a）

的断层 22 条，落差小于 100 m 的断层 13 条。构造复杂程度中等（图 2-16）。

（3）岩浆岩

安鹤煤田北段深部煤矿区的岩浆岩分布于西南部，区内有 4 个钻孔和区外 2 个钻孔穿见了岩浆岩，岩浆侵位于二$_1$ 煤层及其底板，单层厚度 0. 10~11. 11 m（表 2-14）。岩浆岩沿二$_1$ 煤层侵入，一方面使煤层部分被吞噬变薄，另一方面可造成煤层分岔，使煤层结构趋于复杂，多形成 2~3 层煤分层。岩浆岩的侵入使二$_1$ 煤层发生接触变质作用而形成天然焦，同时煤变质程度升高，在西南部圈定了约 9. 44 km^2 的天然焦，围绕天然焦形成了贫煤→贫瘦煤→瘦煤→焦煤的环带。

表 2-14 安阳市安鹤煤田北段深部岩浆侵入煤层情况统计表

孔号	煤层止深/m	钻孔穿过的煤层及岩浆岩	岩浆岩总厚度/m	备注
Q0803	1296. 35	1. 72 m		天然焦
		二$_1$ 煤层底板有 2 层岩浆岩，上层厚度 11. 11 m，下层厚度 4. 63 m	15. 74	上层为闪长玢岩，为煤层直接底板，下层为绿泥石化闪长玢岩
L0101	901. 63	10. 18 = 6. 94（2. 72）0. 52①	7. 94	夹矸为闪斜煌斑岩，煤层为天然焦
		二$_1$ 煤层底板有 2 层岩浆岩，上层厚度 1. 39 m，下层厚度 3. 83 m		上层为闪斜煌斑岩，下层为闪长玢岩
L0601	1145. 96	10. 09 = 2. 04（1. 62）2. 76（0. 24）3. 43	1. 86	夹矸均为闪长玢岩，煤层为天然焦
L0701	1239. 43	9. 08 = 0. 19（2. 19）0. 29（1. 06）5. 35	3. 25	
0201	862. 40	5. 94 = 1. 13（0. 15）0. 81（1. 35）2. 50	1. 50	
0503	1003. 71	6. 95 = 5. 40（0. 10）0. 53（0. 19）0. 73	0. 29	

注：①等号右侧为煤层结构，括号内数字为夹矸厚度（m），余为煤层厚度（m），下同。

（据河南省煤田地质局三队，2017a）

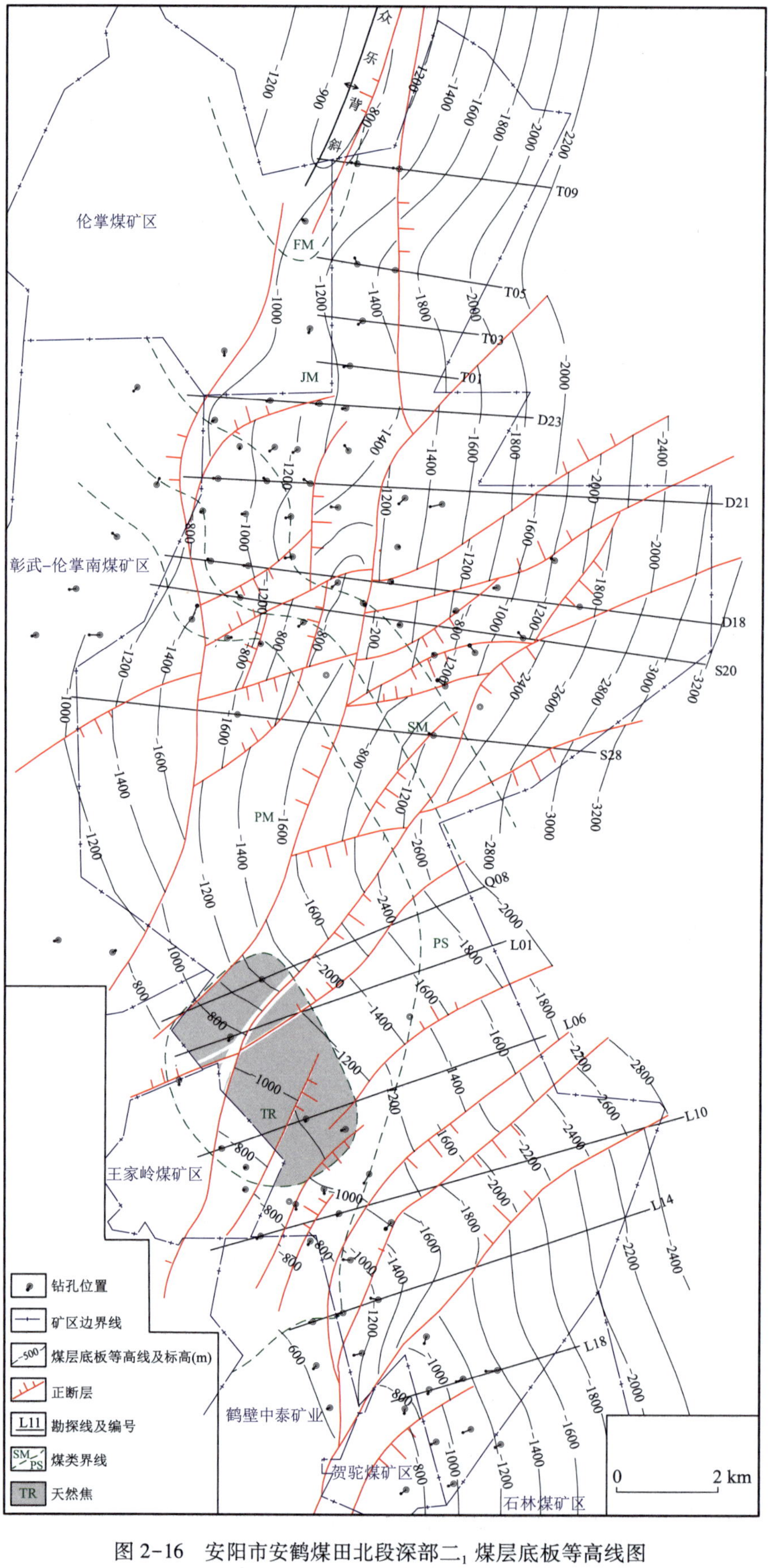

图 2-16　安阳市安鹤煤田北段深部二$_1$煤层底板等高线图

（据河南省煤田地质局三队，2017a，有修改）

2. 煤层与煤质

（1）煤层

安鹤煤田北段深部煤矿区的本溪组—上石盒子组平均总厚度871.12 m，共含煤20层（表2-15），煤层总厚度10.54 m。可采煤层二$_3$、二$_1$、一$_2$、一$_1^1$平均总厚度8.40 m，可采煤层含煤系数0.96%。各标志层、主要可采煤层间距见表2-16。

表2-15　安阳市安鹤煤田北段深部煤层特征统计表

地层	煤组	煤层	见煤情况（孔数）						煤厚/m			煤层结构			煤层发育情况	煤层稳定程度
			穿见	见煤	可采	不可采	零点	断失	未达	两极值	平均值	夹矸		夹矸两极厚/m		
												点数	层数			
下石盒子组	三煤组	三$_1$	63	1	0	1	54	8	7	0~0.37	0.01	—	—	—	偶见	不稳定
山西组	二煤组	二$_3^3$	63	1	0	1	55	7	7	0~0.32	0.01	—	—	—	偶见	不稳定
		二$_3^2$	63	3	0	3	55	5	7	0~0.55	0.02	—	—	—	偶见	不稳定
		二$_3$	63	15	4	11	43	5	7	0~1.09	0.13	—	—	—	局部	不稳定
		二$_1$	63	58	58	0	0	5	7	1.15~9.61	5.46	17	17	0.05~0.65	全区	较稳定
		二$_1^0$	58	3	0	3	49	6	12	0~0.52	0.02	—	—	—	偶见	不稳定
太原组	一煤组	一$_9^2$	34	5	0	5	24	5	36	0~0.35	0.05	—	—	—	偶见	不稳定
		一$_9^1$	34	15	0	15	15	4	36	0~0.65	0.20	—	—	—	局部	不稳定
		一$_8^2$	24	5	0	5	13	6	46	0~0.35	0.07	—	—	—	偶见	不稳定
		一$_8^1$	24	9	0	9	9	6	46	0~0.63	0.18	—	—	—	局部	不稳定
		一$_7^2$	18	5	0	5	5	8	52	0~0.96	0.21	1	1	0.28	偶见	不稳定
		一$_7^1$	18	5	0	5	5	8	52	0~0.41	0.16	—	—	—	偶见	不稳定
		一$_6^2$	17	2	0	2	7	8	53	0~1.23	0.18	1	1	0.36	偶见	不稳定
		一$_6^1$	17	3	0	3	6	8	53	0~0.34	0.10	—	—	—	偶见	不稳定
		一$_5$	17	2	0	2	8	7	53	0~0.47	0.07	—	—	—	偶见	不稳定
		一$_4^2$	17	10	4	6	2	5	53	0~1.29	0.67	6	6	0.25~0.36	局部	不稳定
		一$_4^1$	17	1	0	1	11	5	53	0~0.25	0.02	—	—	—	偶见	不稳定
		一$_2$	17	11	5	6	1	5	53	0~1.04	0.70	—	—	—	局部	不稳定
		一$_1^2$	17	4	1	3	9	4	53	0~0.96	0.17	—	—	—	偶见	不稳定
		一$_1^1$	17	13	13	0	0	4	53	1.51~2.93	2.11	11	16	0.12~0.76	全区	较稳定

（据河南省煤田地质局三队，2017a）

表2-16　安阳市安鹤煤田北段深部各煤层、标志层间距一览表　　单位：m

名称	平顶山砂岩	田家沟砂岩	砂锅窑砂岩	小紫泥岩	大占砂岩	二$_1$煤层	L_8石灰岩	L_2石灰岩	一$_1^1$煤层	本溪组
田家沟砂岩	319.09									
砂锅窑砂岩	585.06	265.97								
小紫泥岩	589.85	270.76	0							
大占砂岩	626.37	307.28	36.52	17.86						
二$_1$煤层	649.02	331.00	59.49	42.81	3.53					
L_8石灰岩	687.90	369.88	98.37	81.69	42.41	38.88				

续表

名称	平顶山砂岩	田家沟砂岩	砂锅窑砂岩	小紫泥岩	大占砂岩	二$_1$煤层	L_8石灰岩	L_2石灰岩	一$_1^1$煤层	本溪组
L_2 石灰岩	770.10	451.01	180.25	161.59	122.89	113.90	71.29			
一$_1^1$ 煤层	783.89	465.87	194.36	185.35	138.40	129.41	90.53	9.56		
本溪组	786.00	467.98	196.47	187.46	140.51	131.52	92.64	11.67	0	
峰峰组石灰岩	793.48	475.46	203.95	194.94	147.99	139.00	100.12	19.15	7.48	0

（据河南省煤田地质局三队，2017a）

安鹤煤田北段深部煤矿区的二$_3$ 煤层为局部可采的不稳定煤层，下距二$_1$ 煤层平均 14.77 m，煤层厚度 0~1.09 m，平均 0.13 m，可采范围内煤厚度一般为 0.90 m，无矸，直接顶板为深灰色、灰黑色泥岩，老顶为香炭砂岩，底板多为灰黑色泥岩。二$_1$ 煤层为全区可采的较稳定煤层，埋深 420~3300 m，煤底标高-320~-3200 m，其中埋深 1200 m 以浅的赋煤面积 35.26 km^2，1200~1500 m 的约 39.97 km^2；煤层厚度 1.15~9.61 m，平均 5.46 m，煤厚变化较大，局部含 1 层厚度 0.05~0.65 m 的碳质泥岩、泥岩夹矸；西南部有 4 个钻孔因受岩浆侵入影响形成天然焦，并将煤层或天然焦分为 2~3 个分层；二$_1$ 煤层测井曲线表现为三侧向电阻率（GR01）、长源距伽马伽马（GGFR）曲线上均为高异常反映，自然伽马（NG01）测井曲线上为低异常反映（图 2-17）。一$_2$ 煤层为 L_2、L_1 石灰岩之间局部可采的不稳定煤层，下距一$_1^1$ 煤层 8.80 m，煤层厚度 0~1.04 m，平均 0.70 m，无矸，可采范围位于矿区北部，有黑色泥岩伪底。一$_1^1$ 煤层为全区可采的较稳定煤层，埋深 550~3430 m，煤底标高-450~-3330 m，煤厚 1.51~2.93 m，平均 2.11 m，一般含 1 层厚度 0.12~0.76 m 的黑色泥岩、碳质泥岩夹矸，有灰黑色泥岩伪顶，底板为深灰色泥岩及灰白色铝质泥岩。

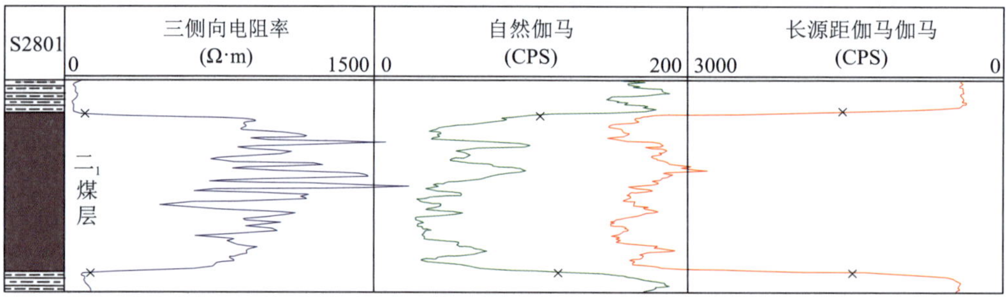

图 2-17　安阳市安鹤煤田北段深部 S2801 孔二$_1$ 煤层测井曲线特征图

（据河南省煤田地质局三队，2017a）

（2）煤质

a. 煤岩特征

安鹤煤田北段深部煤矿区的二$_3$ 煤为黑色，以粉粒状为主，夹少量鳞片状及块状，粉状煤污手、质软、易碎；块状煤为油脂光泽，参差状断口。宏观煤岩特征以亮煤为主，夹暗煤和丝炭薄层，局部夹镜煤条带，宏观煤岩类型为光亮型煤。

安鹤煤田北段深部煤矿区的二$_1$ 煤为灰黑色-黑色，以粉状为主，次为鳞片状、粒状，少许块煤。块状煤内生裂隙发育，局部可见镜煤条带，摩氏硬度 2~3；粉、粒状煤污手、质软、疏松、易碎。宏观煤岩组分以亮煤为主，次为暗煤，夹丝炭凸镜体，局部夹镜煤条带，宏观煤岩类型为半亮型煤。显微煤岩组分以镜质组和惰质组为主（表 2-17），显微煤岩属微镜惰煤和微复矿质煤。镜质组以基质镜质体为主，次为结构镜质体，含少量均质镜质体、碎屑镜质体、团块镜质体，镜质体最大反射率（R^o_{max}）为 1.32%~2.09%。惰质组以碎屑惰质体、丝质体、半丝质体为主，含少量粗粒体、微粒体、氧化丝质体，少见菌类体。无机组分以粘土矿物和氧化物类为主，碳酸盐类方解石次之，硫化物类黄铁矿少量。天然焦呈灰黑色，暗淡无光泽，块状构造，土状断口，外观似焦炭，圆形、椭圆形气孔发育，大小不一，孔边缘圆滑，少数气孔形状不规则、或破碎、或连在一起，少数可见充填粘土或碳酸盐。

表 2-17　安阳市安鹤煤田北段深部各煤层显微煤岩组分一览表

煤层	煤类	有机组分/%			无机组分/%				镜质体最大反射率/%
		镜质组	惰质组	壳质组	粘土类	硫化物类	碳酸盐类	氧化物类	
二$_1$	JM	55.1~85.5 / 68.6（11）	9.3~38.9 / 21.7（11）	0~3.1 / 1.4（4）	1.9~14.9 / 6.0（11）	微~1.6 / 0.34（9）	0.4~1.8 / 0.8（8）	0.7~2.9 / 1.7（9）	1.32~2.09 / 1.50（11）
	SM	45~82.8 / 69.2（3）	10.5~44.8 / 18.4（3）	0.6（1）	4.3~8.1 / 6.1（3）	—	0.6~1.3 / 1.0（2）	1.8（1）	1.58~1.74 / 1.65（3）
	PS	60.1~67.7 / 63.6（3）	26.7~38 / 30.5（3）	—	2.3~7.1 / 4.2（3）	0.12~0.50 / 0.26（3）	0.6~1.8 / 1.2（3）	1.7~2.6 / 2.2（2）	1.73~1.83 / 1.79（3）
	PM	56.8~73 / 65.3（4）	20.9~36.9 / 28.1（4）	—	2.1~7.5 / 4.3（4）	微~0.4 / 0.20（2）	0.4~0.8 / 0.6（4）	0.8~3.7 / 2.6（3）	1.79~2.03 / 1.94（3）
一$_2$	PS	72.6（1）	22.5（1）	—	1.3（1）	2.7（1）	0.5（1）	0.4（1）	1.59（1）
	PM	71.6（1）	25.4（1）	—	—	2.4（1）	0.6（1）	—	1.78（1）
一$_1^1$	SM	81.53（1）	11.73（1）	—	5.82（1）	0.92（1）	—	—	1.66（1）
	PS	64.6~75.3 / 74.9（2）	3.3~16.3 / 9.8（2）	—	9~15.7 / 12.35（2）	1.4~1.7 / 1.55（2）	0.4~1.7 / 1.05（2）	0.7（1）	1.64~1.67 / 1.66（2）

注：分子为两极值，分母为平均值，括弧内数值为样品点数，下同。　　（据河南省煤田地质局三队，2017a）

安鹤煤田北段深部煤矿区的一$_1^1$、一$_2$煤为黑色，块状、粉片状，条带状结构，层状构造，显微煤岩组分以镜质组和惰质组为主，显微煤岩属微镜惰煤。一$_2$煤层以亮煤为主，次为暗煤，含少量丝炭，宏观煤岩类型为半亮型煤。一$_1^1$煤层以暗煤为主，次为亮煤，宏观煤岩类型为半暗型煤，块状煤内生裂隙发育，含黄铁矿薄膜和黄铁矿结核。

b. 煤的工艺性质及煤类

安鹤煤田北段深部煤矿区的二$_3$煤属低灰、中等挥发分、低磷、特低氯、一级含砷、低氟、低铅、高-特高热值焦煤（表 2-18），煤灰为高软化、高流动温度（表 2-19）。二$_1$煤为低灰、低磷、特低-低氯、一级含砷、特低-低氟、低铅、弱结渣性、高-特高热值肥煤-贫煤，煤灰为较高-高软化、中等-较高流动温度；热稳定性（TS_{+6}）为 99.0%~99.3%，平均 99.2%，为高热稳定性煤；可磨性指数（*HGI*）为 61.00~153.50，平均 139.69，属极易磨-中等可磨煤；西南部有天然焦，围绕岩浆岩体由近及远煤层变质程度也逐渐降低，形成了天然焦→贫煤→贫瘦煤→瘦煤→焦煤的环带；天然焦为中灰、特低挥发分、特低硫、中高发热量。二$_3$、二$_1$煤为特低硫煤，硫分组成以有机硫为主，少量硫酸盐硫、硫铁矿硫，洗选后，全硫含量变化不大（表 2-20）。

安鹤煤田北段深部煤矿区的一$_2$煤为低灰、中高硫、特高热值贫瘦煤和贫煤，煤灰为较低软化、较低流动温度。一$_1^1$煤为低-中灰、中-中高硫、中高-高热值瘦煤-贫煤，煤灰为较高-高软化、较高-高流动温度。硫以硫铁矿硫为主，次为有机硫，少量硫酸盐硫，洗选后，全硫含量明显下降，脱硫率达 45%左右。一$_2$煤和一$_1^1$煤可磨性指数分别为 193 和 127，属极易磨煤。

安鹤煤田北段深部煤矿区的肥煤、焦煤可作为炼焦用煤，瘦煤、贫瘦煤可作为炼焦配煤，贫煤可作动力用煤和民用燃料，天然焦在当地可作烧石灰、砖瓦等的燃料。一$_2$煤、一$_1^1$煤虽经洗选后可降为中硫煤，但在利用时，应考虑环境保护问题。

表 2-18　安阳市安鹤煤田北段深部各煤层煤质特征一览表

煤层	煤类		水分（M_{ad}）/%	灰分（A_d）/%	挥发分（V_{daf}）/%	干燥基高位发热量（$Q_{gr,d}$）/（MJ·kg^{-1}）	黏结指数（$G_{R.I}$）	胶质层最大厚度（Y）/mm
二$_3$	JM	原煤	0.62~0.84 0.73（4）	8.27~25.90 14.16（4）	20.89~27.48 24.15（4）	26.30~33.07 30.90（4）	—	—
		浮煤	0.50~0.72 0.61（2）	7.70~8.94 8.32（2）	23.20~26.25 24.73（4）	33.71（1）	89~95 91（3）	14.5~23.0 18.6（4）
二$_1$	FM	原煤	0.70（1）	9.58~14.29 11.94（2）	23.41~24.25 23.83（2）	30.95~32.80 31.88（2）	—	—
		浮煤	—	7.64（1）	23.20（1）	33.75（1）	93~94 93.5（2）	25.6（1）
	JM	原煤	0.42~1.51 0.81（22）	8.68~20.14 15.00（22）	16.90~25.60 20.59（22）	28.34~33.31 30.50（22）	—	—
		浮煤	0.43~1.38 0.83（21）	5.27~11.87 7.71（21）	17.09~25.93 20.04（21）	32.21~34.79 33.78（15）	64~93 76（24）	3.60~20.20 12.87（22）
	SM	原煤	0.63~2.09 1.04（10）	12.97~23.05 17.18（10）	14.79~20.40 18.32（10）	27.19~30.92 29.41（10）	—	—
		浮煤	0.46~1.73 1.05（10）	6.84~9.80 7.57（10）	16.03~18.19 17.40（10）	32.39~33.88 33.30（6）	24.87~58.04 47.74（10）	3.65~8.34 6.36（9）
	PS	原煤	0.46~1.99 0.91（14）	10.04~29.83 16.59（14）	12.27~21.12 16.61（14）	24.51~32.78 29.73（14）	—	—
		浮煤	0.45~1.68 0.85（14）	4.90~13.41 6.91（14）	13.59~17.64 15.30（14）	31.15~34.78 33.73（10）	7.50~23.3 14.61（13）	0~5.25 2.72（9）
	PM	原煤	0.37~1.94 0.78（6）	11.65~25.18 17.97（6）	11.00~17.92 15.18（6）	26.87~32.02 29.40（6）	—	—
		浮煤	0.43~1.83 0.93（4）	5.28~8.75 6.82（4）	12.45~16.09 14.25（6）	32.84~34.20 33.75（4）	0~4 1.4（5）	0（5）
	TR	原煤	0.78~1.58 1.16（4）	12.97~26.98 20.77（4）	5.98~8.30 6.39（4）	23.18~28.08 25.43（4）	—	—
		浮煤	0.7（1）	7.39（1）	4.39（1）	30.71（1）	0（1）	—
一$_2$	PS	原煤	0.89~1.31 1.08（4）	8.41~14.23 11.01（4）	15.26~17.93 16.82（4）	30.77~32.75 31.97（4）	—	—
		浮煤	0.80~1.20 1.05（3）	3.43~6.55 4.53（3）	15.56~16.64 16.05（3）	34.01~35.08 34.70（3）	10~11 10.67（3）	0~6.0 3.0（2）
	PM	原煤	0.56~3.15 1.48（4）	8.17~16.15 11.81（4）	12.92~25.48 16.74（4）	29.01~33.18 31.47（4）	—	—
		浮煤	0.52~3.20 1.51（3）	3.13~7.55 5.50（3）	13.32~17.21 14.57（3）	32.16~35.37 33.89（3）	0（4）	0（4）

续表

煤层	煤类		水分（M_{ad}）/%	灰分（A_d）/%	挥发分（V_{daf}）/%	干燥基高位发热量（$Q_{gr,d}$）/（$MJ \cdot kg^{-1}$）	黏结指数（$G_{R.I}$）	胶质层最大厚度（Y）/mm
一$_1^1$	SM	原煤	0.41~0.92 0.68（3）	17.98~21.87 19.96（3）	18.16~22.01 20.08（3）	27.23~29.22 28.15（3）	—	—
		浮煤	0.40~0.64 0.49（3）	8.73~10.72 9.96（3）	16.45~18.52 17.60（3）	32.27（2）	22.7~66 46.4（3）	5.81~8.0 6.91（2）
	PS	原煤	0.70~1.16 0.91（4）	16.07~32.95 24.76（4）	17.24~21.82 19.84（4）	22.46~29.81 26.16（4）	—	—
		浮煤	0.89~1.37 1.17（4）	5.58~7.74 6.72（4）	15.43~17.38 16.17（4）	33.51~34.42 33.86（4）	8~18 12.59（4）	0~6.0 3.0（2）
	PM	原煤	0.54~1.36 1.03（6）	8.35~25.19 17.14（6）	13.78~18.35 15.36（6）	25.92~33.21 29.34（6）	—	—
		浮煤	0.62~1.67 1.03（6）	3.87~9.45 6.60（6）	12.10~17.05 13.64（6）	32.97~34.91 33.92（5）	0~3.0 0.6（5）	0（3）

注：资料来源于《河南省安鹤煤田北段深部煤详查报告》，河南省煤田地质局三队，2017a。

3. 开采技术条件

（1）水文地质条件

安鹤煤田北段深部煤矿区的矿床水文地质勘查类型为第三类第二亚类第二型，即以底板岩溶水充水为主的水文地质条件中等的煤矿床。

（2）工程地质

安鹤煤田北段深部煤矿区仅有4孔穿见二$_1$煤层伪顶，岩性为碳质泥岩或薄层泥岩，厚度0.14~0.82 m，平均0.44 m。二$_1$煤层直接顶板以深灰色泥岩为主，次为粉砂岩，仅2孔（T0301、L0601）为大占砂岩；老顶为大占砂岩，局部裂隙发育；泥岩在自然含水状态下抗压强度、抗拉强度、抗剪强度明显弱于砂岩，在饱和含水状态下，抗压强度明显下降，生产时极易发生顶板形变导致支护深陷。

安鹤煤田北段深部煤矿区仅有4孔穿见二$_1$煤层伪底，岩性均为碳质泥岩，厚度0.10~1.79 m，平均0.90 m。二$_1$煤层直接底多为深灰色泥岩，次为粉砂岩，厚度0.52~12.08 m，平均3.41 m，裂隙不发育；老底以灰色细砂岩为主，厚度1.37~20.22 m，平均7.14 m，中厚-厚层状，局部裂隙发育；底板泥岩在饱和含水状态下，力学性能会出现大幅下降，甚至发生破碎现象，若长期浸水，将无法支撑支护体的压力，导致支护下陷，增加维护难度，且底板岩层主要承受来自太原组上段石灰岩含水层的水压，因此生产过程中应预防底板突水。

安鹤煤田北段深部煤矿区的二$_1$煤层直接顶、底板为半坚硬岩层，老顶及老底为坚硬岩层，属易管理的顶、底板；但在直接顶较薄或直接顶内有薄夹层地段及断层发育地段，易发生冒顶及片帮，将来采掘生产中应加以注意。根据《煤矿床水文地质、工程地质及环境地质勘查评价标准》（MT/T1091—2008）评定，本区工程地质勘查类型为第三类中等型。

（3）瓦斯

安鹤煤田北段深部煤矿区的二$_1$煤层埋深737.70~1595.58 m取样范围内，煤层气中甲烷成分占82.11%~99.03%，N_2和CO_2分别占0~10.69%和0.13%~8.00%，含少量重烃，均位于甲烷带。二$_1$煤的瓦斯含量6.35~49.89 m^3/t，平均21.11 m^3/t。一般情况下，二$_1$煤层瓦斯含量随煤层埋深的增加而增高，在埋深1200 m附近稍有降低，随后再次缓慢升高。本区较多的断层成为影响煤层瓦斯赋存的主要因素。高角度正断层作为瓦斯逸散的通道，导致断层附近煤层瓦斯含量明显降低或无，而在向斜轴部附近煤层瓦斯有富集现象。

表 2-19 安阳市安鹤煤田北段深部各煤层煤灰成分及灰熔点测试结果表

煤层	煤类	煤灰成分/%									灰熔点/℃	
		SiO_2	Al_2O_3	Fe_2O_3	CaO	MgO	SO_3	TiO_2	K_2O	Na_2O	软化温度	流动温度
二$_2$	JM	44.67~55.01 / 49.84（2）	33.18~36.33 / 34.76（2）	4.25~6.42 / 5.34（2）	1.44~3.30 / 2.37（2）	0.88~1.00 / 0.94（2）	1.19~2.46 / 1.83（2）	1.72~1.90 / 1.81（2）	0.40~0.78 / 0.59（2）	0.90~2.34 / 1.62（2）	>1500 （2）℃	>1500 （2）
二$_1$	FM	33.54（1）	25.08（1）	7.44（1）	14.35（1）	5.13（1）	2.16（1）	1.24（1）	0.37（1）	2.28（1）	>1500（1）	>1500（1）
	JM	35.66~55.52 / 45.28（14）	20.54~34.45 / 30.55（14）	4.47~7.39 / 5.68（14）	1.63~16.15 / 7.21（14）	0.91~2.50 / 1.36（14）	0.97~10.81 / 4.08（14）	1.11~1.80 / 1.45（14）	0.39~1.46 / 0.77（14）	0.89~2.72 / 1.64（14）	1302~>1482 / >1389（12）	1347~>1485 / >1424（12）
	SM	39.28~53.79 / 45.29（5）	27.49~32.05 / 30.41（5）	4.03~6.15 / 5.41（5）	3.01~11.11 / 7.53（5）	0.83~1.83 / 1.31（5）	1.96~4.49 / 3.77（5）	1.00~2.04 / 1.42（5）	0.28~1.29 / 0.76（5）	0.93~2.00 / 1.51（5）	1333~>1474 / >1404（5）	1385~>1491 / >1445（5）
	PS	35.22~54.19 / 45.34（11）	21.17~32.83 / 29.48（11）	3.23~6.25 / 4.90（11）	2.01~17.29 / 8.18（11）	0.91~2.11 / 1.43（11）	1.25~7.77 / 4.09（11）	0.90~1.82 / 1.28（11）	0.28~1.53 / 0.94（9）	0.85~2.90 / 1.69（9）	1288~>1500 / >1371（10）	1311~>1500 / >1394（10）
	PM	45.13~51.95 / 47.78（3）	27.78~30.91 / 29.58（3）	5.61~6.97 / 6.42（3）	4.73~6.17 / 5.36（3）	1.08~1.45 / 1.23（3）	2.47~4.34 / 3.46（3）	1.08~1.53 / 1.36（3）	0.98~1.40 / 1.19（2）	1.46~2.31 / 1.89（2）	1337~>1461 / 1386（3）	1379~>1487 / 1418（3）
一$_2$	PS	38.56~49.56 / 43.25（3）	18.89~21.36 / 19.99（3）	0~24.12 / 13.29（3）	4.73~14.29 / 9.71（3）	0.63~1.76 / 1.12（3）	5.27~10.93 / 8.73（3）	0.82~1.29 / 1.01（3）	0.42~0.96 / 0.77（3）	0.42~1.10 / 0.66（3）	1140~1200 / 1170（2）	1180~1220 / 1200（2）
	PM	44.89（1）	24.67（1）	13.36（1）	5.19（1）	1.40（1）	4.32（1）	0.55（1）	1.21（1）	1.22（1）	1250（1）	1280（1）
一$_1^1$	SM	36.23~37.80 / 37.02（2）	28.39~31.60 / 30.00（2）	7.72~10.01 / 8.87（2）	9.20~12.99 / 11.10（2）	0.24~0.50 / 0.37（2）	8.70~10.96 / 9.83（2）	0.39~0.60 / 0.50（2）	0.30~0.30 / 0.30（2）	0.26~0.29 / 0.28（2）	1365~>1462 / >1414（2）	1406~>1475 / >1441（2）
	PS	27.44~51.42 / 40.04（4）	20.48~36.64 / 28.29（4）	5.05~32.15 / 15.81（4）	3.55~8.91 / 6.28（4）	0.47~2.58 / 1.04（4）	2.97~7.58 / 4.43（4）	0.75~1.00 / 0.85（4）	0.19~0.62 / 0.33（4）	0.13~0.68 / 0.45（4）	1121~>1500 / >1393（4）	1167~>1500 / >1414（4）
	PM	38.88~53.35 / 46.00（3）	34.70~36.26 / 34.70（3）	3.05~14.40 / 7.43（3）	1.80~4.93 / 3.86（3）	0.40~1.25 / 0.71（3）	1.90~3.46 / 2.77（3）	0.68~1.22 / 1.02（3）	0.17~1.55 / 0.69（3）	0.23~0.83 / 0.57（3）	>1500（1）	>1500（1）

（据河南省煤田地质局三队，2017a）

表 2-20 安阳市安鹤煤田北段深部各煤层硫分组成一览表

煤层	煤类	原煤/%				浮煤/%			
		$S_{t,d}$	$S_{p,d}$	$S_{s,d}$	$S_{o,d}$	$S_{t,d}$	$S_{p,d}$	$S_{s,d}$	$S_{o,d}$
二$_3$	JM	0.27~0.39 0.34（4）	0.02~0.03 0.03（2）	0~0.01 0.01（2）	0.28~0.36 0.32（2）	0.40（1）	0.02（1）	0（1）	0.38（1）
二$_1$	FM	0.25~0.31 0.28（2）	—	—	—	0.08（1）	—	—	—
	JM	0.24~0.70 0.38（24）	0.005~0.28 0.09（15）	0~0.06 0.01（14）	0.06~0.39 0.26（15）	0.30~0.51 0.37（23）	0.01~0.33 0.07（13）	0~0.03 0.01（11）	0.03~0.35 0.26（13）
	SM	0.20~0.42 0.27（10）	0~0.17 0.04（7）	0~0.07 0.02（6）	0.17~0.28 0.23（7）	0.25~0.39 0.29（10）	0~0.18 0.05（7）	0（7）	0.10~0.29 0.24（7）
	PS	0.19~0.40 0.27（13）	0.02~0.33 0.09（7）	0~0.02 0.01（7）	0.03~0.25 0.18（7）	0.20~0.38 0.28（13）	0~0.35 0.08（6）	0~0.02 0.01（6）	0.02~0.26 0.20（6）
	PM	0.21~0.35 0.26（6）	0.02~0.04 0.03（3）	0.01~0.02 0.01（3）	0.16~0.23 0.19（3）	0.18~0.35 0.25（6）	0.02~0.02 0.02（2）	0.01~0.02 0.02（2）	0.22~0.23 0.23（2）
	TR	0.06~0.34 0.18（4）	—	—	—	0.06（1）	—	—	—
一$_2$	PS	1.76~3.24 2.34（4）	0.39~1.35 0.79（3）	0.04~0.07 0.05（3）	1.00~1.53 1.20（3）	1.40~1.97 1.64（3）	0.22~0.30 0.26（2）	0.01~0.02 0.02（2）	1.16~1.25 1.21（2）
	PM	1.63~4.18 2.76（4）	0.60~2.76 1.68（4）	0.02~0.04 0.03（4）	0.22~1.63 1.05（4）	0.93~1.69 1.42（3）	0.19~0.79 0.56（3）	0.01~0.03 0.02（3）	0.23~1.43 0.85（3）
一$_1^1$	SM	1.53~2.04 1.84（3）	0.81~1.41 1.18（3）	0.00~0.01 0.00（3）	0.61~0.72 0.65（3）	1.15~1.82 1.47（3）	0.31~1.06 0.69（3）	0（3）	0.72~0.84 0.78（3）
	PS	1.41~4.73 2.81（4）	0.35~3.84 2.04（4）	0~0.17 0.06（4）	0.41~1.06 0.71（4）	0.97~2.62 1.44（4）	0.04~1.88 0.68（4）	0~0.04 0.02（4）	0.56~0.76 0.67（4）
	PM	1.02~3.07 2.39（5）	0.47~2.71 1.83（5）	0.01~0.03 0.02（5）	0.15~1.05 0.54（5）	0.75~2.05 1.59（4）	0.49~1.65 1.10（3）	0.01~0.03 0.02（3）	0.12~0.88 0.41（3）

（据河南省煤田地质局三队，2017a）

（4）煤尘爆炸性及煤层自燃倾向

安鹤煤田北段深部煤矿区的二$_1$煤层煤尘火焰长度为20~50 mm，火焰长度超过3 mm；抑制煤尘爆炸最低岩粉量20%~45%，煤尘具有爆炸性危险。周边生产矿井的二$_1$煤的ΔT（还原样-氧化样）为6~19℃，小于25℃；矿区取样，二$_1$煤的吸氧量为0.52~0.96 cm^3/g，属不易自燃-自燃煤。

（5）地温

安鹤煤田北段深部煤矿区的地温梯度为1.04~2.77℃/hm，平均1.70℃/hm，属地温正常区，但因煤层埋藏较深，大部分处于二级热害区内，中部、西部煤层埋藏较浅地区为一级热害区。

（五）鹤壁市石林煤矿区

石林煤矿区主体位于鹤壁市东部石林乡，跨汤阴县西部及安阳县南部，南北长约19 km，东西宽约4 km，面积约75.36 km^2。为太行山东麓低山-丘陵区向平原过渡地带，地势总体西北高、东南低，海拔115~232 m。地理坐标为东经114°10′33″~114°15′27″，北纬35°48′11″~36°02′20″。2006~2010

年，河南省煤炭地质勘察研究总院同期开展了石林南部和北部煤预查、普查，随后整装合并为河南省鹤壁市石林煤详查项目，2014 年提交了《河南省鹤壁市石林煤详查报告》，累计查明/保有二$_1$ 煤层 1500 m 以浅煤资源量 50496.0×10^4 t，另估算 1500 m 以深潜在煤资源 40180.0×10^4 t，估算二$_1$ 煤的煤层气资源量 105.53×10^8 m^3。

1. 矿区地质

（1）地层

石林煤矿区的煤系基底为峰峰组深灰色石灰岩。煤系盖层孙家沟组厚度 246.96～327.82 m，平均 285.99 m；刘家沟组厚度 91.28～147.92 m，平均 130.07 m；和尚沟组揭露最厚度 462.27 m；中新统鹤壁组厚度 145.05～391.40 m，平均 268.57 m；第四系厚度 0～26.00 m，平均 7.16 m。含煤地层本溪组厚度 11.95～44.77 m，平均 24.74 m，主要岩性为浅灰色铝质泥岩，中部有细砂岩，偶夹透镜状薄层石灰岩，物性特征表现为低阻、低-中密度、特高放射性；太原组厚度 114.17～131.73 m，平均 124.86 m，由 L_1—L_{10} 石灰岩、泥岩、细-中粒砂岩及煤层（线）9 层（一$_1^1$、一$_1^2$、一$_1^3$、一$_2$、一$_4$、一$_5$、一$_6$、一$_8$、一$_9$）组成，全区稳定发育的平均厚度为 4.72 m 的 L_8 石灰岩，物性表现为高阻、高密度、低天然放射性，顶部的 L_9、L_{10} 常相变为黑色、致密坚硬的薄层硅质泥岩；山西组厚度 71.72～121.81 m，平均 99.24 m，含煤（线）4 层（二$_0$、二$_1$、二$_2$、二$_3$），下部为厚度 1.79～14.92 m 的灰色、灰白色细-中粒岩屑石英砂岩（北岔沟砂岩）局部相变为粉砂岩；下石盒子组厚度 243.16～336.26 m，平均 295.88 m，底部的细-中粒砂锅窑砂岩厚度 0.56～21.65 m，平均 4.08 m，砂锅窑砂岩之上常发育 1～3 层厚度一般大于 10 m 的具豆状、鲕状结构的紫斑铝质泥岩；上石盒子组厚度 322.22～411.94 m，平均 374.08 m，底部的细-中粒田家沟砂岩厚度 0.97～18.23 m，平均 5.21 m，上部的中-粗粒平顶山砂岩厚度 48.37～108.79 m，平均 81.19 m。

（2）构造与岩浆岩

石林煤矿区总体构造形态为呈波状起伏的单斜构造（图 2-18），地层倾向东，倾角平均 18°。北东向、北北东向高角度正断层发育，共发育 31 条高角度正断层，其中落差大于 100 m 的有 15 条，发育有次级淇洪村向斜、中山背斜及赖家河向斜。区内未发现岩浆岩。

2. 煤层与煤质

（1）煤层

石林煤矿区本溪组—上石盒子组平均总厚度为 918.80 m，仅二$_1$ 煤层全区可采，一$_1^2$、一$_1^1$ 煤层局部可采，其他煤层皆不可采。

石林煤矿区的二$_1$ 煤层上距砂锅窑砂岩约 72.00 m，下距北岔沟砂岩约 6.58 m，层位稳定，埋深 850～2250 m，煤底标高-700～-2100 m，煤层厚度 3.47～30.68 m（3401 孔），平均 8.50 m，局部含 1～2 层厚度为 0.03～0.67 m 的黑色泥岩、碳质泥岩夹矸。煤层直接顶板一般为泥岩，个别为细砂岩，厚度 1.50～16.62 m；间接顶板为大占砂岩，个别地段相变为粉砂岩或砂质泥岩；局部有厚度不大于 0.50 m 的碳质泥岩、泥岩伪顶，含较多植物叶部化石。直接底板一般为泥岩，厚度 0.96～10.08 m；间接底板为北岔沟砂岩，平均厚度 6.90 m，全区发育，横向上基本稳定。二$_1$ 煤层物性表现为高阻、低密度、特低自然伽马。

石林煤矿区的一$_1^2$ 煤层赋存于太原组底部 L_1 石灰岩之下，6 孔穿见，2 孔可采，煤层厚度 0.36～1.03 m，平均 0.60 m，无矸。一$_1^1$ 煤层赋存于一$_1^2$ 煤层之下，本溪组铝土岩之上，6 孔揭露，5 孔穿见，2 孔可采，煤层最厚 3.02 m，平均厚度 1.17 m，3 孔含矸 1 层。

（2）煤质

石林煤矿区的二$_1$ 煤呈黑色，粒状，少量碎块状，偶见鳞片状。可磨性指数为 114～149，属极易磨煤。宏观煤岩组分以亮煤为主，镜煤及暗煤次之，夹丝炭薄层凸镜体，宏观煤岩类型以光亮-半亮型煤为主。原煤磷含量 0.005%～0.060%，平均 0.027%；氯含量 0.018%～0.084%，平均 0.037%；砷含量 0～3.00×10^{-6}；氟含量 27×10^{-6}～312×10^{-6}。二$_1$ 煤为贫煤、贫瘦煤和瘦煤（表 2-21），以低灰、特低硫、高热值煤为主。形态硫以有机硫为主，次为硫铁矿硫，硫酸盐硫甚微。二$_1$ 煤由南向北

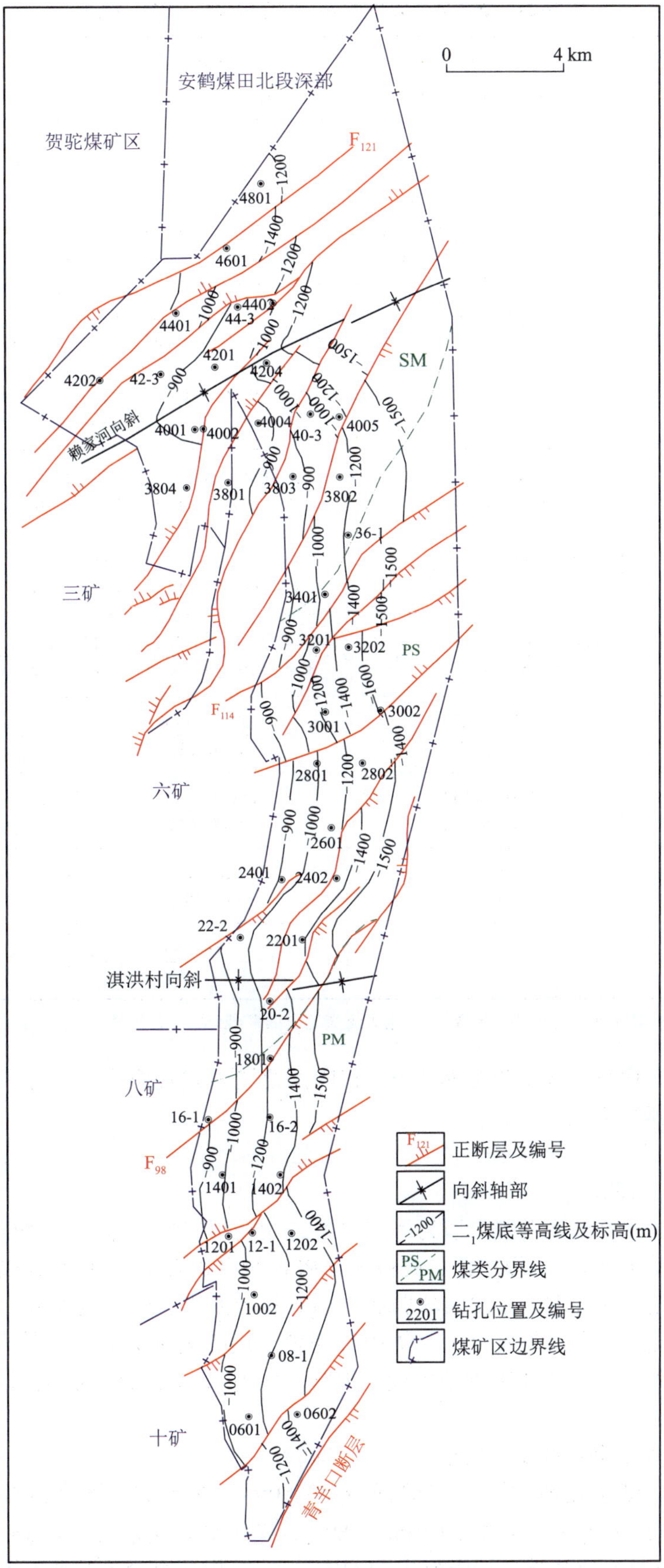

图 2-18 鹤壁市石林煤矿区二$_1$煤层底板等高线图

（据河南省煤炭地质勘察研究总院，2014，有修改）

表 2-21　鹤壁市石林煤矿区二$_1$ 煤层煤质特征一览表

煤层	贫煤		贫瘦煤		瘦煤	
	原煤	浮煤	原煤	浮煤	原煤	浮煤
视密度/(t·m^{-3})	1.32~1.47 1.43	—	1.36~1.52 1.41	—	1.36~1.45 1.39	—
水分/%	0.61~0.88 0.76 (6)	0.53~0.77 0.69 (6)	0.41~1.27 0.73 (19)	0.26~1.43 0.78 (19)	0.40~0.90 0.62 (10)	0.50~0.99 0.74 (10)
灰分/%	13.67~23.65 17.29 (6)	7.43~17.50 10.20 (6)	12.66~30.15 20.28 (19)	5.57~13.68 8.37 (19)	13.67~20.64 16.18 (10)	6.26~10.37 8.19 (10)
挥发分/%	14.25~18.08 15.99 (6)	13.06~16.36 14.73 (6)	15.02~19.90 17.40 (19)	13.10~17.10 15.23 (19)	16.80~18.82 17.62 (10)	15.12~17.32 15.92 (10)
全硫/%	0.20~0.42 0.36 (6)	0.24~0.44 0.36 (6)	0.22~0.61 0.33 (19)	0.20~0.39 0.31 (19)	0.23~0.30 0.26 (10)	0.20~0.32 0.27 (10)
CO_2, ad/%	0.41~2.06 1.35 (3)	0.35	0.73~2.42 1.49 (12)	0.35~1.11 0.63 (11)	1.32~1.99 1.63 (7)	0.32~1.11 0.67 (4)
高位发热量/(MJ·kg^{-1})	26.65~30.87 29.28 (6)	32.71	24.14~31.61 28.40 (19)	32.23~34.35 33.55 (8)	28.22~30.97 29.95 (10)	33.10~34.44 33.60 (8)
煤灰软化温度/℃	1280~1374 1314 (2)		1320~>1400 >1400 (12)		1265~>1400 >1400 (7)	
煤灰流动温度/℃	1326~>1387 >1356 (2)		1320~>1400 >1400 (12)		1360~>1400 >1400 (7)	
黏结指数	0~4 2 (6)		5~17 11 (19)		22~50 35 (10)	
R^{o}_{max}/%	—		1.72~1.97 1.81 (7)		1.42~1.81 1.67 (3)	

注：资料来源于《河南省鹤壁市石林煤详查报告》，河南省煤炭地质勘察研究总院，2014。

依次为贫煤、贫瘦煤、瘦煤；贫煤带分布于 F_{98} 正断层之南，贫瘦煤带分布于 F_{98} 与 F_{114} 正断层间，瘦煤带分布于 F_{114} 正断层之北。

3. 开采技术条件

（1）水文地质、工程地质

石林煤矿区的矿床水文地质勘查类型为第三类第二亚类第二型，即以二$_1$ 煤层底板岩溶水充水为主的水文地质条件中等类型。二$_1$ 煤层顶、底板为碎屑岩的层状岩类，由于层状岩层的各向异性，强度变化较大。岩体稳定性主要取决于层间软弱面、相对软弱泥岩、构造破碎情况。由于区内二$_1$ 煤层顶、底板地层岩性较复杂，断层较发育，岩体中等完整，局部岩体破碎，岩体质量等级总体上一般（或Ⅲ级），局部地段易发生矿山工程地质问题，因此，区内二$_1$ 煤层顶、底板属层状岩类，工程地质勘查类型为中等。

（2）煤层瓦斯、煤尘爆炸性及煤层自燃倾向、地温

石林煤矿区的二$_1$ 煤层瓦斯成分中甲烷成分 80.80%~98.89%，属甲烷带；甲烷含量 6.49~38.58 m^3/t。煤层瓦斯压力为 6.30~11.70 MPa。3804 孔煤的坚固性系数为 0.36，瓦斯吸附容量 a 值为 21.33 m^3/t，表征瓦斯解吸快慢的 b 值为 0.34 MPa^{-1}。二$_1$ 煤层煤尘火焰长度为 10~50 mm，火焰长度超过 3 mm；抑制煤尘爆炸最低岩粉量 35%~65%，煤尘具有爆炸性危险。二$_1$ 煤的吸氧量为 0.73~1.42 cm^3/g，属不易自燃-容易自燃煤层。本区地温梯度为 1.20~1.68℃/hm，二$_1$ 煤层埋深多在 1000 m

以深，地温高。

（六）安阳县主焦煤矿区

主焦煤矿区位于安鹤煤田北部的豫冀两省交界处的安阳县伦掌乡和河北省磁县观台镇境内，为丘陵地貌，南邻红岭煤矿区，北接河北观台井田，西为一$_1$煤层隐伏露头，东以二$_1$煤底-600 m水平接伦掌煤矿区，东西长6.51 km，南北宽4.98 km，面积约18.91 km^2。矿区地理坐标为东经114°04′19″~114°08′37″，北纬36°15′53″~36°18′33″，勘查程度达详查。查明煤资源储量15057.2×10^4 t，已建井开采，仅开采二$_1$煤层，保有煤资源储量12827.2×10^4 t，另有潜在煤资源992.0×10^4 t。东部未采动区估算二$_1$煤的煤层气资源量7.42×10^8 m^3。主焦煤矿为高瓦斯矿井。446.07~649.60 m采样深度，二$_1$煤层的甲烷成分为72.43%~97.43%，甲烷含量3.79~9.16 mL/g。772.00 m采样深度，一$_1$煤层的甲烷成分为73.63%，甲烷含量4.55 mL/g。地温梯度0.249~0.952℃/hm。

主焦煤矿区的第四系厚度3.23~213.24 m。钻孔揭露本溪组厚度8.03~22.75 m，平均厚度13.91 m；太原组厚度106.05~135.12 m，平均厚度122.17 m，含煤8层（14个分层），L_8、L_2石灰岩全区发育；山西组厚度82.39~110.14 m，平均厚度93.61 m，含煤2~5层（即二$_1$、二$_2$、二$_3$、二$_4$、二$_6$）；下石盒子组厚度214.00~380.50 m，平均厚度298.86 m；上石盒子组厚度348.07~398.80 m，平均厚度381.15 m。矿区总体构造形态为地层走向近南北、倾向东、倾角10°~20°的单斜构造，局部有宽缓褶曲，北北东向高角度正断层发育。

主焦煤矿区的本溪组—上石盒子组平均总厚度909.70 m，煤层总厚度12.28 m，含煤系数1.35%。石盒子组仅含煤线，二$_1$、一$_1$煤层全区可采，一$_2$、一$_4$煤层大部分可采，可采煤层总厚度8.65 m，含煤系数为0.95%。二$_1$煤层埋深59~994 m，煤底标高+220~-810 m，煤层厚度2.17~7.20 m，平均5.10 m，多含1层厚度0.02~0.36 m的夹矸，局部分岔为二$_1^1$煤和二$_1^2$煤分层，上分层煤可采。一$_4$煤层厚度0.36~1.66 m，平均1.08 m，多含1层厚度0.07~0.62 m的夹矸。一$_2$煤层厚度0.63~1.89 m，平均0.89 m，偶含矸1层。一$_1$煤层厚度0.58~3.16 m，平均厚度1.82 m，局部含1层厚度0.26~0.55 m的夹矸。

主焦煤矿区的二$_1$煤的原煤灰分9.85%~22.34%，平均16.62%；全硫0.20%~0.70%，平均0.34%；高位发热量29.79 MJ/kg。二$_1$煤的浮煤挥发分18.66%~23.97%，平均21.32%；胶质层最大厚度11.00~27.0 mm，平均17.5 mm。一$_4$煤的原煤灰分13.30%~29.46%，平均21.40%；全硫0.27%~3.11%，平均1.20%；高位发热量28.21 MJ/kg。一$_4$煤的浮煤挥发分16.11%~17.06%，平均16.59%；胶质层最大厚度0~17.0 mm，平均9.0 mm。一$_2$煤的原煤灰分9.75%~12.43%，平均11.06%；全硫1.78%~2.92%，平均2.20%；高位发热量31.93 MJ/kg。一$_2$煤的浮煤挥发分17.03%~19.55%，平均17.94%；胶质层最大厚度0~16.0 mm，平均9.0 mm。一$_1$煤的原煤灰分12.17%~22.13%，平均17.63%；全硫2.45%~3.34%，平均3.01%；高位发热量29.97 MJ/kg。一$_1$煤的浮煤挥发分15.64%~19.24%，平均17.47%；胶质层最大厚度0~16.0 mm，平均11.0 mm。二$_1$煤以低灰、特低硫、高热值焦煤为主，仅中南部有小面积瘦煤。一$_4$、一$_2$、一$_1$煤均为焦煤，南临红岭煤矿分布有小面积贫煤，硫分分属于中硫、中高硫和高硫，除一$_4$煤为中灰外，余为低灰，除一$_2$煤为特高热值煤外，均以高热值煤为主。

（七）安阳县红岭煤矿区

红岭煤矿区位于安阳县铜冶镇境内，为丘陵地貌，西为一$_1$煤层露头线，东以二$_1$煤底-600~-800 m水平接伦掌煤矿区，北接主焦煤矿区，南至铜冶正断层，南北长0.6~5.5 km，东西宽1.45~7 km，面积约22.55 km^2。矿区地理坐标为东经114°03′24″~114°07′58″，北纬36°13′39″~36°16′40″，勘查程度达详查。累计查明煤资源储量16175.8×10^4 t，已建井开采，保有煤资源储量10772.1×10^4 t，另有潜在煤资源518.1×10^4 t。估算二$_1$煤的煤层气资源量7.42×10^8 m^3。本区地温梯度0.26~1.87℃/hm，800 m深处最高地温21.18℃。红岭煤矿为高瓦斯矿井。

红岭煤矿区内大面积被黄土掩盖，第四系厚度0~66.47 m，仅南部有零星基岩露头。据钻孔资料，本溪组厚度8.03~22.75 m，平均20.29 m，仅含煤线；太原组厚度106.05~135.12 m，平均122.17 m；山西组厚度90.95~104.36 m，平均92.56 m，含煤4层（$二_0$、$二_1$、$二_2$、$二_3$）；下石盒子组厚度264.97~300.35 m，平均285.10 m；上石盒子组厚度370.33~402.09 m，平均389.30 m。本区总体构造形态为单斜构造，地层倾向东，倾角12°~28°，局部有宽缓褶曲，北北东向高角度正断层较为发育。铜冶正断层走向北东，倾向南东，倾角为60°~80°，落差20~200 m。早白垩世闪长玢岩主要呈岩床顺层侵入，局部呈岩墙、岩脉、岩株侵位，造成接触带附近$二_1$煤层变薄或分岔和变质程度增高。

红岭煤矿区的本溪组—上石盒子组平均总厚度909.42 m，含煤14层，煤层平均总厚度11.24 m，含煤系数为1.24%。石盒子组仅含煤线，太原组和山西组含煤性较好，$二_1$、$一_1$煤层全区可采，$一_2$、$一_4$煤层大部分可采，$一_8$煤层局部可采。$二_1$煤层埋深10~995 m，煤底标高+240~−800 m，煤层厚度0.32~7.49 m，平均4.76 m，含厚度0.05~0.40 m的夹矸1~5层。$一_8$煤层厚度0.50~1.00 m，平均0.89 m，普遍含1层厚度0.20~0.30 m的泥岩夹矸，局部分岔为2层，造成上、下分层均不可采。$一_4$煤层厚度0.39~1.53 m，平均1.16 m，局部含厚度0.18~0.47 m的夹矸1~2层。$一_2$煤层厚度0.33~1.56 m，平均0.89 m，偶含矸1层。$一_1$煤层厚度0.42~2.84 m，平均1.82 m，局部含厚度0.26~0.55 m的夹矸1层。

红岭煤矿区的$二_1$煤原煤灰分12.59%~24.51%；全硫0.20%~0.53%，平均0.31%；高位发热量34.64~36.39 MJ/kg，平均35.68 MJ/kg；磷含量平均为0.096%；浮煤挥发分7.15%~21.73%；胶质层最大厚度5.10~18.00 mm，平均15.82 mm，瘦煤和焦煤的黏结指数60.20~91.01。$一_8$煤的原煤灰分16.78%~20.78%，平均18.78%；全硫1.42%；高位发热量27.62 MJ/kg。$一_4$煤的原煤灰分16.81%，全硫1.21%，高位发热量25.40 MJ/kg。$一_2$煤的原煤灰分平均15.85%；全硫1.23%~1.75%，平均为1.43%；高位发热量23.98~26.50 MJ/kg，平均25.24 MJ/kg。$一_1$煤的原煤灰分平均11.38%；全硫1.23~2.71%，平均1.86%；高位发热量22.53~31.03 MJ/kg。$二_1$煤主要为低灰、特低硫贫煤、瘦煤和焦煤，有少量无烟煤；$一_8$煤为低灰、中硫瘦煤，$一_4$、$一_2$煤为低灰、中硫贫煤和瘦煤，$一_1$煤为低灰、中硫贫煤、瘦煤和焦煤。煤不易自燃，除$二_1$煤外，煤尘无爆炸危险性。

（八）安阳县伦掌煤矿区

伦掌煤矿区位于安鹤煤田北部的安阳县伦掌乡，西与主焦、红岭和铜冶煤矿区相邻，南部与彰武-伦掌南部煤矿区相邻，北至省界，东于众乐、当中岗一线接安鹤煤田北段深部煤详查区，南北长8.16 km，东西宽6.85 km，面积约34.78 km^2。地面高程143.3~257.0 m。矿区地理坐标为东经114°06′26″~114°11′00″，北纬36°12′00″~36°16′25″。2004~2006年，河南省煤田地质局三队开展了本区详查和勘探，2007年提交的《河南省安鹤煤田伦掌井田勘探报告》累计查明/保有煤资源量26583.0×10^4 t，另有$一_1^1$煤层（334）？类煤资源量7451.0×10^4 t。估算$二_1$煤的煤层气资源量48.00×10^8 m^3。

1. 矿区地质

伦掌煤矿区的新生界厚度93.72~244.45 m，平均192.08 m。本溪组厚度12.85~24.93 m，平均18.89 m；太原组厚度110.44~117.11 m，平均115.83 m；山西组厚度66.86~115.66 m，平均89.24 m；下石盒子组厚度243.38~343.21 m，平均293.46 m；上石盒子组厚度294.14~418.15 m，平均350.73 m；孙家沟组厚度233.90~410.33 m，平均272.02 m；刘家沟组与和尚沟组总厚度大于554.66 m。区内构造形态为背、向斜构造，地层倾角为6°~17°。由北向南背、向斜呈相间排列，西部依次为向南东东或北东倾伏的北孟村背、向斜、东柏涧背斜、伦掌向斜及红旗村背斜，东部则依次为北东东倾伏的中清流向斜和短轴状孙家岗背、向斜。区内共发现50条高角度正断层，其中落差大于50 m的断层有8条，断层走向以北北东—北东向为主。矿区中部的铜冶断层将本区分为南北两大断块。

2. 煤层与煤质

伦掌煤矿区的本溪组—上石盒子组平均总厚度 868.15 m，含煤 13 层，煤层平均总厚度 10.29 m，含煤系数为 1.19%，其中二$_1$煤层和一$_1^1$煤层为全区可采煤层，可采煤层平均总厚度 7.37 m，可采煤层含煤系数为 0.85%。二$_1$煤底标高-460～-1550 m，埋深 665～1760 m；煤层厚度 2.78～8.40 m，平均 5.75 m，局部含厚度 0.06～0.90 m 的泥岩夹矸 1～2 层。一$_1^1$煤底标高-580～-1670 m，埋深 785～1880 m，上距二$_1$煤层平均 123.25 m，煤层厚度 1.34～1.89 m，平均 1.62 m，局部含 1 层厚度 0.29 m 的泥岩夹矸；煤层底板为本溪组灰色铝质泥岩，顶板为太原组 L_1 石灰岩。

伦掌煤矿区的二$_1$煤的原煤水分 0.14%～2.29%，平均 0.76%；灰分 11.14%～22.87%，平均 16.28%；全硫 0.24～1.23%，平均 0.34%；高位发热量 27.29～31.52 MJ/kg，平均 29.96 MJ/kg；浮煤挥发分 14.32%～22.07%；浮煤黏结指数 1～90，胶质层最大厚度 0～12.5 mm。二$_1$煤的煤类有焦煤、瘦煤及少量的贫煤、贫瘦煤，以低灰、特低硫、高热值煤为主。一$_1^1$煤的原煤水分 0.46%～0.73%，平均 0.60%；灰分 7.60%～21.20%，平均 14.40%；全硫 1.85%～1.99%，平均 1.92%；高位发热量 28.06～33.48 MJ/kg，平均 30.77 MJ/kg；浮煤挥发分平均 17.99%，浮煤黏结指数平均 76。一$_1^1$煤为低灰、中硫、高热值焦煤。

3. 开采技术条件

（1）水文地质

伦掌煤矿区为太行山隆起带和华北平原沉降带过渡地段的第四系全掩盖区，处于区域地下水的径流区，主要含水层为新生界冲洪积层孔隙含水层（组）、二$_1$煤层顶板碎屑岩类砂岩裂隙含水层、太原组上段和下段及奥陶系石灰岩岩溶裂隙含水层，地下水主要接受西部太行山区基岩露头的大气降水补给，煤层底板石灰岩将是二$_1$煤层底板充水的主要水源。区内高角度正断层可能使各含水层之间发生水力联系，一旦补给水源大量涌入矿井，将造成突水事故。

（2）二$_1$煤层顶、底板

伦掌煤矿区的二$_1$煤层直接顶板多为泥岩，局部偶见粉砂岩及细-中粒砂岩，直接顶厚度 0.56～9.78 m，平均 3.53 m。区内钻孔尚未发现伪顶。老顶为细-中粒长石石英砂岩，局部为粉砂岩，厚度 2.00～17.70 m，平均厚度 8.75 m。二$_1$煤层顶板以上 30 m 范围内的岩芯 RQD 统计，一般为 35%～87%，平均 59%，顶板岩石较完整，抗压强度较高，属易管理型顶板。二$_1$煤层直接底板多为泥岩，个别钻孔为砂质泥岩，局部有碳质泥岩或泥岩伪底。底板为不易变形的中硬度底板，属易管理型底板。

（3）瓦斯

伦掌煤矿区的二$_1$煤层瓦斯成分中甲烷占 89.00%～99.16%，属沼气带范围；甲烷含量为 6.53～27.36 mL/g，平均 18.19 mL/g，瓦斯含量高。二$_1$煤层埋深由 710 m 增加到 1068.85 m，其瓦斯压力从 0.98 MPa 增大到 2.16 MPa；铜冶断层以北，瓦斯压力梯度为 0.11 MPa/hm；铜冶断层以南，瓦斯压力梯度为 0.70 MPa/hm。二$_1$煤的坚固性系数在 0.26 左右；瓦斯放散初速度在 3.2～11.17 mmHg 之间，一般在 6.5 mmHg 左右。据表 2-22，本区应按煤与瓦斯突出矿井管理。

表 2-22 判定煤层瓦斯突出危险性单项临界指标值

煤层突出危险性	煤的破坏类型	瓦斯放散初速度（ΔP）/mmHg	坚固性系数（f）	煤层瓦斯压力（P）/MPa	工作面突出危险性预测综合指标（D）	工作面突出危险性预测综合指标（K）
临界值	Ⅲ、Ⅳ、Ⅴ	≥10	≤0.5	≥0.74	≥0.25	无烟煤≥20， 其他煤类≥15

注：①只有全部指标达到或超过其临界值时方可划分为突出煤层。②$D=(0.0075H/f-3)(P-0.74)$，$K=\Delta P/f$；H—煤层埋藏深度（m）；P—煤层瓦斯压力，取各个测压钻孔实测瓦斯压力的最大值。③标准来源于《煤矿瓦斯等级鉴定暂行办法》（安监总煤装〔2011〕162 号）和《防治煤（岩）与瓦斯突出规定》（国家安全生产监督管理总局令第 19 号（2009））。

（4）煤尘爆炸性与煤层自燃倾向、地温

伦掌煤矿区的二$_1$煤不易自燃，煤尘有爆炸性危险。测温深度 830～1562 m 范围内地温梯度为

0.51~2.44℃，低于3℃/hm，属地温正常区。二$_1$煤层底板温度为21.57~44.00℃，浅部大部分钻孔温度在21~30℃之间，局部小范围存在一级高温区；东部多为一、二级高温区。

（九）安阳县铜冶煤矿区

铜冶煤矿区位于安鹤煤田北部的安阳县铜冶镇、水冶镇、磊口乡、蒋村乡境内，为丘陵地貌，西为二$_1$煤层露头线，东以二$_1$煤底-800 m水平接伦掌和彰武-伦掌南部煤矿区，北以铜冶正断层邻红岭煤矿区，南接龙山煤矿区，南北长12.63 km，东西宽5.70 km，面积约48.29 km^2。矿区地理坐标为东经114°03′16″~114°07′13″，北纬36°08′02″~36°14′51″，勘查程度达详查。据资源储量核实报告（河南省国土资源科学研究院，2012a），累计查明煤资源储量32614.0×10^4 t，查明二$_1$煤天然焦资源储量178.4×10^4 t；保有煤资源储量25828.9×10^4 t，保有天然焦资源储量93.5×10^4 t，另有潜在煤资源3629.4×10^4 t。另估算二$_1$煤的煤层气资源量26.52×10^8 m^3，一般含气量为12.70 mL/g。本区地温梯度为0.014~2.68℃/hm。区内生产矿井为高瓦斯或煤与瓦斯突出矿井。除大众矿井外，其他矿井的二$_1$煤均不易自燃。

铜冶煤矿区总体构造形态为单斜构造，地层倾向东—北东，倾角4°~31°。北部有轴向近东西、向东倾伏的铜冶次级背、向斜。北东—北北东向高角度正断层发育。早白垩世闪长玢岩侵位使二$_1$煤层分岔变薄、焦化直至被熔蚀。二$_1$、一$_1$煤层全区可采，一$_2$、一$_4$煤层局部可采。二$_1$煤层埋深0~900 m，煤底标高+170~-800 m，煤层厚度0.56~7.97 m，平均4.29 m，多含矸1层。一$_4$煤层厚度0~1.46 m，平均0.84 m。一$_2$煤层厚度0~1.03 m，平均0.80 m。一$_1$煤底标高+150~-920 m，煤层厚度0.49~1.99 m，平均1.14 m，含厚度0.09~0.31 m的夹矸1~4层。

铜冶煤矿区的二$_1$煤的原煤水分0.45%~2.99%，平均1.64%；灰分12.24%~23.93%，平均15.89%；全硫0.23%~0.41%，平均0.36%；高位发热量26.64~35.48 MJ/kg，平均29.65 MJ/kg；浮煤挥发分4.39%~12.12%，平均8.80%。二$_1$煤以粉状无烟煤为主，次为贫煤、天然焦，以低灰、特低硫、高热值煤为主。一$_4$煤的原煤水分0.91%，灰分18.14%，全硫1.66%，高位发热量29.36 MJ/kg；浮煤挥发分7.95%；煤类为低灰、中硫、高热值无烟煤。一$_2$煤的原煤水分0.92%，灰分20.44%，全硫2.24%，高位发热量29.23 MJ/kg；浮煤挥发分7.76%；煤类为中灰、中高硫、高热值无烟煤。一$_1$煤的原煤全硫4.78%，煤类以无烟煤为主，次为贫煤、贫瘦煤、瘦煤和焦煤。

（十）安阳市彰武-伦掌南煤矿区

彰武-伦掌南煤矿区位于安鹤煤田北部的安阳县伦掌乡、蒋村乡、水冶镇和徐家沟乡，北邻伦掌煤矿区，西部邻铜冶和龙山煤矿区，南以彰武水库邻龙山煤矿区，东以二$_1$煤底-1100~-1300 m毗邻安鹤煤田北段深部煤详查区，南北长约13.75 km，东西宽1.00~4.00 km，面积约40.12 km^2。地面高程114.9~237.7 m。矿区地理坐标东经114°05′57″~114°09′16″，北纬36°08′45″~36°11′58″。2005年，河南省煤炭地质勘察研究院提交了《河南省安鹤煤田彰武-伦掌南部区勘探报告》，累计查明/保有煤资源量25100.0×10^4 t，另估算潜在煤资源9813.0×10^4 t。2012年6月先后对主、副、风井井筒开始地面预注浆，2013年开始主、副井筒施工，后因资金紧张，2014年决定暂缓项目建设。

1. 矿区地质

彰武-伦掌南煤矿区的基岩零星出露于西部，新生界厚度1.20~105.54 m，平均31.15 m。据钻孔资料，本溪组厚度2.22~18.57 m，平均8.40 m；太原组厚度86.72~115.93 m，平均113.19 m；山西组厚度63.91~102.20 m，平均83.32 m；下石盒子组厚度244.74~326.09 m，平均288.00 m；上石盒子组厚度284.68~427.35 m，平均360.84 m；孙家沟组厚度245.52~286.67 m，平均279.21 m；刘家沟组厚度128.73~150.61 m，平均131.21 m；和尚沟组最大揭露厚度113.04 m。区内总体构造形态为地层东倾、倾角3°~34°的单斜基础上发育多个次级背、向斜，北北东—北东向高角度正断层发育，29勘探线以北发育陷落柱，南部有岩浆岩侵位。

2. 煤层与煤质

彰武-伦掌南煤矿区的本溪组—上石盒子组总厚度853.75 m，共含煤15层，煤层总厚度9.48 m，含煤系数1.11%。上石盒子组偶含七$_2$煤，山西组含二$_3$、二$_1$、二$_0$煤3层，太原组含一$_1^1$、一$_1^2$、一$_2$、一$_4$、一$_6$、一$_7$、一$_8^1$、一$_8^2$、一$_9^1$、一$_9^2$等煤11层，其中二$_1$煤层全区可采，一$_1^1$煤层局部可采，可采煤层总厚度7.93 m，可采煤层含煤系数为0.93%。

彰武-伦掌南煤矿区的二$_1$煤层北段埋深525~1400 m，煤底标高为-370~-1175 m；南段埋深25~1482 m，煤底标高为+150~-1348 m；煤层厚度2.83~8.66 m，平均6.48 m，多含厚度0.05~0.55 m碳质泥岩、泥岩夹矸1~2层；直接顶板厚度2~10 m，以砂质泥岩（包括粉砂岩）、泥岩为主，局部为砂岩。局部有伪顶，老顶大占砂岩厚度0.78~28.30 m，平均9.10 m，*RQD*值75%~90%；直接底板厚度0.70~10.62 m，主要为泥岩，砂质泥岩和粉砂岩较少，*RQD*值50%~70%；伪底零星分布。一$_1^1$煤层北段埋深650~1525 m，煤底标高为-495~-1300 m；南段埋深150~1610 m，煤底标高为-25~-1780 m；煤层厚度0.45~2.31 m，平均1.45 m，局部含矸1层。

彰武-伦掌南煤矿区的二$_1$煤的原煤水分0.32%~2.86%；灰分12.78%~27.31%，平均17.61%；全硫0.23%~1.10%，平均0.31%；高位发热量24.59~30.71 MJ/kg，平均28.35 MJ/kg。二$_1$煤的浮煤黏结指数0~28，胶质层最大厚度0~6 mm；挥发分：无烟煤5.71%~8.37%，贫-瘦煤10.68%~16.75%。一$_1^1$煤的原煤水分0.44%~0.46%；灰分14.54%~22.71%，平均18.63%；全硫2.88%~3.23%，平均3.06%；高位发热量25.98~29.27 MJ/kg，平均27.63 MJ/kg；浮煤挥发分10.18%~10.99%，平均10.59%；黏结指数0，煤类为低灰、高硫、高热值贫煤。

3. 开采技术条件

彰武-伦掌南煤矿区为以底板进水为主的岩溶充水矿床，水文地质条件中等。二$_1$煤层埋深664.13~1201.19 m范围内甲烷成分平均为94.75%，CO_2平均为2.30%，N_2平均为2.85%，为沼气带；甲烷含量平均21.68 mL/g，CO_2平均为0.49 mL/g，N_2平均为0.58 mL/g，还含有0.08~1.21 mL/g的重烃（C_2H_6、C_3H_8、C_4H_{10}等）。二$_1$煤层和一$_1^1$煤层具自燃倾向和煤尘爆炸危险性。二$_1$煤层底板埋深525~1400 m范围内底板温度17~34℃，平均地温梯度0.403~2.319℃/hm，属地温正常区。东北部3105孔、中东部2501孔附近二$_1$煤层底板温度较高，在其附近可能存在一级高温区。

（十一）安阳县龙山煤矿区

龙山煤矿区位于安阳市区和安阳县水冶-善应镇境内，北邻铜冶煤矿区，北东邻彰武-伦掌南煤矿区，西为一$_1$煤层露头，东部至二$_1$煤底-1000 m邻安鹤煤田北段深部煤详查区，东南邻王家岭煤矿区，南部以F_{155}正断层邻鹤壁市九矿，南北长约13.70 km，东西宽0.70~10.40 km，面积约46.31 km^2。地面高程127.7~242.2 m。矿区地理坐标为东经114°03′36″~114°09′50″，北纬36°01′31″~36°08′52″。勘查程度达详查，全区累计查明煤资源储量15986.2×10^4 t，已建井开采，保有煤资源储量12355.2×10^4 t，另有潜在煤资源10759.4×10^4 t；估算二$_1$煤的煤层气资源量15.15×10^8 m^3。二$_1$煤层瓦斯成分：甲烷为94.46%~98.86%，N_2为0.52%~3.37%，CO_2为0.62%~2.46%，重烃2%~3%；甲烷含量为21.23~33.21 mL/g，随煤层埋深增加而有增高的趋势。本区处于沼气带内，生产矿井属高瓦斯或煤与瓦斯突出矿井，始突深度为+130 m标高。二$_1$煤层自燃倾向等级均为Ⅲ类，属不易自燃煤层，煤尘无爆炸性危险。本区地温梯度为0.25~0.95℃/hm。

1. 矿区地质

龙山煤矿区内大部被新生界掩盖，新近系厚度0~200 m，第四系厚度0~42.07 m。据钻孔资料，本溪组厚度2.22~34.80 m，平均21.00 m；太原组厚度84.15~162.06 m，平均127.83 m；山西组厚度74.33~127.03 m，平均91.96 m；下石盒子组平均厚度300.00 m；上石盒子组厚度313.41~416.44 m，平均361.29 m；孙家沟组平均厚度292.36 m；刘家沟组平均厚度303.98 m。本区褶曲、断层均较发育，总体构造格架由一系列向北东—北北东向倾伏的褶曲组成，并被北东—北北东向的高角度正断层切割改造，地层倾角 4°~44°，一般小于 25°。F_{155} 正断层走向北东，倾向北西，倾角约 70°，落差 30~100 m。区内发育有 2 个小型陷落柱。岩浆岩在本区西部侵入$一_1$煤层，而在东部侵入$二_1$煤层，使煤层发生分岔和变薄，局部出现不可采。此外，受岩浆岩的影响，煤层的灰分、硫含量均有增高现象，254 钻孔中$一_1$煤层变质为天然半焦，而 0101、0102 和 0201 钻孔中$二_1$煤层均为天然焦。

2. 煤层与煤质

龙山煤矿区共含煤 19 层，煤层总厚度 10.71 m，$一_1^1$、$二_1$煤层全区可采，$一_2$煤层可采范围仅位于南部 F_{159} 断层以南，可采煤层平均总厚度 8.87 m。$二_1$煤层埋深 30~730 m，煤底标高+210~-550 m，煤层厚度 0.08~9.98 m，平均 5.58 m，局部含矸 4~6 层，夹矸厚度大处将$二_1$煤层分为均可采的上、下两个独立煤分层；煤层的直接顶板主要为泥岩，老顶为细-中粒砂岩；煤层直接底板多为泥岩，局部可见薄层碳质泥岩伪底，老底一般为灰色的砂质泥岩或粉砂岩。$一_2$煤层厚度 0.35~1.49 m，平均 0.89 m，无矸。$一_1^1$煤层厚度 0.18~4.85 m，平均 2.40 m，普遍含厚度 0.02~1.20 m 的夹矸 1~7 层；煤层直接顶板为 L_1 石灰岩，直接底板多为黑色泥岩。

龙山煤矿区的$二_1$煤的原煤水分 0.43%~6.19%，平均 1.74%；灰分 6.61%~29.90%，平均 14.68%；全硫 0.27%~0.40%，平均 0.31%；高位发热量 19.26~31.79 MJ/kg，平均 28.64 MJ/kg；浮煤挥发分平均为 7.16%；煤类为低灰、特低硫、高热值无烟煤。$一_2$煤的原煤水分 0.78%~1.81%，平均 1.34%；灰分 7.59%~16.85%，平均 10.34%；全硫 1.63%~2.69%，平均 2.07%；高位发热量 28.93~33.20 MJ/kg，平均 31.99 MJ/kg；浮煤挥发分 7.57%~9.53%，平均为 8.24%；煤类为低灰、中高硫、特高热值无烟煤。$一_1^1$煤的原煤水分 0.23%~1.98%，平均 0.94%；灰分 16.80%~27.48%，平均 21.47%；全硫 1.67%~6.36%，平均 3.29%；高位发热量 22.03~28.98 MJ/kg，平均 25.96 MJ/kg；浮煤挥发分 3.13%~8.61%，平均为 6.33%；煤类为中灰、高硫、中高热值无烟煤。

（十二）安阳市王家岭煤矿区

王家岭煤矿区位于安阳市与鹤壁市交界处的安阳市龙安区西部的龙泉镇境内，西为$二_1$煤层露头线，北西以 F_{159} 正断层邻龙山煤矿区，南西邻鹤壁市九矿，南东邻鹤壁市四矿，东邻安鹤煤田北段深部，南北长 2.60~3.40 km，东西宽 1.80~3.60 km，面积约 10.67 km^2。海拔 127.6~208.4 m。矿区地理坐标为东经 114°07′24″~114°10′19″，北纬 36°02′30″~36°04′46″。勘查程度达勘探，累计查明煤资源储量 7878.2×10^4 t，保有煤资源储量 6040.0×10^4 t，另有潜在煤资源 1938.3×10^4 t；另查明/保有$二_1$煤天然焦资源量 1489.2×10^4 t。$二_1$煤甲烷成分 88.72%~97.22%，属沼气带范围；甲烷含量 11.10~21.15 mL/g，相对涌出量为 15.67 m^3/t，属高瓦斯矿井。$二_1$煤的破坏类型为Ⅲ类，煤的坚固性系数 0.30~0.33，瓦斯放散初速度 ΔP 值为 4.0~6.2 mmHg，煤层瓦斯压力为 0.79 MPa，煤的突出危险性综合指标 K 值为 13~19，本区煤层处在突出威胁区内。煤尘无爆炸性。本区地温梯度为 0.46~1.39℃/hm。

王家岭煤矿区内大面积被新生界覆盖，新生界厚度 0~181.50 m，平均 90.54 m。本溪组厚度 25.03~43.17 m，平均 28.05 m。太原组厚度 128.49~147.50 m，平均 130.64 m，含石灰岩 7~9 层，含煤 2~11 层。山西组厚度 79.37~104.12 m，平均 99.94 m。下石盒子组厚度 267.64~309.95 m，平均 284.51 m。上石盒子组厚度 379.71~442.01 m，平均 414.40 m。孙家沟组揭露最大厚度为 105.66 m。总体构造形态为向北北东倾伏的九堰向、背斜，地层倾角 7°~20°，北北东—北东向高角度正断层发育，次为北西向正断层。F_{159} 正断层走向 60°~67°，倾向北西，倾角 80°，落差 265~500 m。区内有 3 处小型陷落柱。岩浆岩侵位对煤层煤质的影响较大，造成$二_1$煤层的减薄或吞蚀，接触带附近变为天然焦。

王家岭煤矿区的本溪组—上石盒子组平均总厚度 957.54 m，含煤 17 层，煤层平均总厚度 11.47 m，含煤系数 1.20%。$一_1^1$、$二_1$煤层全区可采，$一_2$煤层局部可采，可采煤层平均总厚度

8.65 m，含煤系数0.90%。二$_1$煤层埋深85~1090 m，煤底标高+50~-895 m，煤厚3.27~7.70 m，平均4.98 m，局部含厚度0.04~0.31 m泥岩夹矸1~3层。一$_2$煤层厚度0.35~1.49 m，平均0.83 m，无矸。一$_1^1$煤层埋深220~1230 m，煤底标高+80~-1070 m，可采区煤厚1.20~4.26 m，平均2.84 m，局部含厚度0.05~1.00 m泥岩夹矸1~2层。

王家岭煤矿区的二$_1$煤的原煤水分0.56%~2.45%，平均1.22%；灰分12.87%~20.08%，平均15.75%；全硫0.24%~0.38%，平均0.29%；高位发热量27.45~30.85 MJ/kg，平均29.68 MJ/kg；浮煤挥发分：无烟煤7.85%~9.24%，贫煤10.11%~12.85%。二$_1$煤从北到南煤类依次为天然焦、无烟煤和贫煤。一$_2$煤的原煤水分0.78%~1.81%，平均1.34%；灰分7.59%~16.85%，平均10.34%；全硫1.63%~2.69%，平均2.07%；浮煤挥发分7.50%~12.88%，平均9.94%。一$_1^1$煤的原煤水分0.59%~2.30%，平均1.31%；灰分14.73%~35.15%，平均21.21%；全硫平均2.61%；高位发热量24.46~29.53 MJ/kg，平均27.50 MJ/kg；浮煤挥发分7.48%~9.94%，平均8.31%。一$_1$、一$_2$煤为无烟煤。

（十三）鹤壁市九矿煤矿区

九矿位于鹤壁市北郊鹤壁集乡境内，北邻王家岭煤矿区，南邻小寺湾煤矿区，西起煤层隐伏露头，东以F_7正断层和走向北北东、西倾的F_1正断层邻鹤壁市四矿，南北长约6.40 km，东西宽0.70~4.35 km，面积约14.34 km^2。海拔141.2~292.2 m。地理坐标为东经114°06′56″~114°09′50″，北纬35°59′27″~36°02′54″。勘查程度达勘探，累计查明煤资源储量13115.5×10^4 t，保有煤资源储量11562.4×10^4 t，估算二$_1$煤的煤层气资源量23.61×10^8 m^3。矿井自投产以来，共发生突水百余次。335.72~858.72 m采样深度，二$_1$煤的甲烷成分大于80%；甲烷含量为9.72~31.08 mL/g，平均20.35 mL/g。二$_1$煤层瓦斯主要来自回采工作面及掘进工作面，采掘过程中局部地段发生过瓦斯的集中涌出，瓦斯浓度有随风流降低而增高的现象。一$_2$、一$_1$煤层无煤尘爆炸危险性。二$_1$煤层自燃倾向性等级Ⅲ级，为不易自燃煤层，自燃发火期146~219天，有煤尘爆炸危险性。本区平均地温梯度0.64℃/hm。

九矿为新生界大面积覆盖，新生界厚度0~300.75 m。矿区总体构造形态为地层倾向东、斜角5°~20°的单斜构造，北东—北北东向正断层发育。F_7正断层走向北东，倾向北西，倾角70°，落差0~150 m。6个陷落柱岩性多为砂岩，形态不规则，大小不一。二$_1$、一$_2$、一$_1$煤层均全区可采。一$_1$煤层埋深45~1026 m，煤底标高+240~-856 m，煤层厚度0.58~6.50 m，平均2.92 m，偶含矸1层。一$_2$煤层厚度0.18~1.29 m，平均0.89 m，一般含矸1~4层，偶含矸5~6层。二$_1$煤层埋深5~840 m，煤底标高+280~-670 m，煤层厚度1.17~8.94 m，平均6.00 m，一般含矸1层，局部2~3层，偶4层；直接顶板以泥岩为主，次为砂质泥岩，局部为细砂岩；局部有厚度0.10~0.85 m的泥岩或碳质泥岩伪顶，老顶为细-中粒砂岩。直接底板以泥岩为主，砂质泥岩呈零星分布，局部为细砂岩。煤的黏结指数均小于5，二$_1$煤为低灰、特低硫、高热值贫煤，一$_2$、一$_1$煤均为低灰、中高硫、高-特高热值贫煤（表2-23）。

表2-23 鹤壁市九矿矿区煤质特征一览表

煤层		二$_1$	一$_2$	一$_1^1$
水分/%	原煤	$\frac{0.40\sim1.45}{0.95}$	$\frac{0.32\sim2.12}{1.09}$	$\frac{0.31\sim2.39}{1.10}$
	浮煤	$\frac{0.75\sim2.94}{1.40}$	$\frac{1.06\sim1.92}{1.49}$	$\frac{1.06\sim2.33}{1.60}$
灰分/%	原煤	$\frac{11.00\sim18.70}{14.72}$	$\frac{5.23\sim19.06}{10.47}$	$\frac{11.32\sim22.45}{19.00}$
	浮煤	$\frac{5.63\sim10.87}{7.48}$	$\frac{3.36\sim4.02}{3.69}$	$\frac{5.80\sim7.77}{6.80}$

续表

煤层		二$_1$	一$_2$	一$_1^1$
挥发分/%	原煤	$\frac{10.34\sim18.12}{14.23}$	$\frac{8.39\sim15.32}{10.84}$	$\frac{10.36\sim21.30}{12.25}$
	浮煤	$\frac{12.41\sim14.58}{14.23}$	$\frac{10.41\sim11.97}{11.91}$	$\frac{10.17\sim11.80}{10.87}$
全硫/%	原煤	$\frac{0.22\sim0.45}{0.30}$	$\frac{1.60\sim4.71}{2.46}$	$\frac{1.88\sim5.46}{2.63}$
	浮煤	$\frac{0.27\sim0.38}{0.30}$	1.48	$\frac{1.43\sim1.56}{1.50}$
高位发热量/（$MJ\cdot kg^{-1}$）	原煤	$\frac{23.09\sim32.03}{29.91}$	$\frac{28.24\sim33.49}{31.07}$	$\frac{21.71\sim31.24}{27.91}$

注：资料来源于《河南省鹤壁市九矿煤核查区资源储量核查报告》，河南省煤田地质局三队，2010。

（十四）鹤壁市四矿煤矿区

四矿位于鹤壁市鹤壁集乡境内，西邻九矿，东邻贺驼和安鹤煤田北段深部煤矿区，北邻王家岭煤矿区，南邻二矿和小寺湾煤矿区，南北长约7 km，东西宽2~5 km，面积约23.97 km^2。海拔141.2~287.4 m。矿区地理坐标为东经114°07′55″~114°11′54″，北纬35°58′41″~36°02′58″。勘查程度达勘探，累计查明煤资源储量29348.1×10^4 t，保有煤资源储量23369.2×10^4 t，另有潜在煤资源2109.6×10^4 t；估算二$_1$煤的煤层气资源量25.98×10^8 m^3。

1. 矿区地质

四矿为新生界全覆盖区。据钻孔和井巷揭露，本溪组厚度17.76~27.53 m，平均21.50 m；太原组厚度103.41~138.69 m，平均123.91 m；山西组厚度58.65~148.35 m，平均96.54 m；下石盒子组厚度243.47~295.05 m，平均272.61 m；上石盒子组厚度287.09~437.00 m，平均408.32 m；新近系中新统鹤壁组厚度0~300.75 m，平均92.29 m；第四系厚度0~33.52 m，平均7.42 m。总体构造形态为地层向东缓倾、局部可达35°的单斜构造，沿走向具波状起伏，北东—北北东向正断层多呈平行斜列展布，局部发育陷落柱。

2. 煤层与煤质

四矿的煤系总厚度928.83 m，共含煤14层，煤层总厚度12.51 m，含煤系数为1.35%。二$_1$、一$_1^1$煤层全区可采，一$_2$煤层大部分可采。二$_1$煤层埋深70~1280 m，煤底标高+170~-1070 m，煤厚3.10~10.10 m，平均7.33 m，多含1层泥岩夹矸。一$_2$煤层厚度0.41~1.15 m，平均0.83 m，偶含矸1层。一$_1^1$煤层埋深130~1260 m，标高为+100~-1230 m，煤厚0.91~4.42 m，平均2.60 m，局部含矸1~3层。

四矿的二$_1$煤原煤水分0.43%~1.46%；灰分8.05%~29.45%，平均15.00%；硫分0.22%~0.38%，平均0.28%；高位发热量28.80~32.34 MJ/kg，平均30.68 MJ/kg；浮煤挥发分12.85%~16.02%，胶质层最大厚度0~5 mm，黏结指数6~16。二$_1$煤以低灰、特低硫、高热值贫瘦煤为主，少量贫煤。一$_2$煤的原煤水分0.60%~1.71%；灰分8.10%~24.96%，平均13.70%；硫分1.85%~2.64%，平均2.23%；高位发热量28.36~33.29 MJ/kg，平均29.97 MJ/kg；浮煤挥发分平均11.12%，胶质层最大厚度为0 mm，黏结性指数为0；煤类为低灰、中高硫、高热值贫煤。一$_1^1$煤的原煤水分1.17%~1.32%；灰分9.20%~30.60%，平均21.98%；硫分2.20%~2.59%，平均2.40%；高位发热量27.16~27.21 MJ/kg，平均27.19 MJ/kg。浮煤挥发分平均11.12%，胶质层最大厚度为0 mm，黏结性指数为0；煤类为中灰、中高硫、中高热值贫煤。

3. 开采技术条件

四矿的二$_1$煤层属于以底板岩溶含水层充水为主的水文地质条件中等矿床，一$_1^1$、一$_2$煤层属于以顶、底板岩溶含水层充水为主的水文地质条件复杂矿床。

四矿的$二_1$煤层直接顶板为灰黑色泥岩，厚度2.70～26.00 m，平均7.00 m，局部见厚度小于0.5 m的黑色泥岩和碳质泥岩伪顶，大占砂岩为老顶或局部的直接顶；直接底板为灰黑色泥岩，厚度1.00～7.00 m，平均4.70 m；老底为灰色厚层状细-中粒石英砂岩，厚度1.96～9.97 m，平均5.27 m。泥岩较软弱，砂岩抗压强度较高。$二_1$煤层顶板为中等冒落性顶板；底板总体上岩体质量较差，局部底板遇水可能发生膨胀、支柱下沉和底鼓现象，故井巷开拓、采掘过程中应加强顶底板维护与管理。

四矿为煤与瓦斯突出矿井，突出一般发生在小构造、褶区轴部、陷落柱或巷道交叉处。甲烷含量14.95～16.27 mL/g。$二_1$煤自燃倾向等级为Ⅲ类，属不易自燃煤层。$二_1$煤的煤尘具有爆炸性。$二_1$煤层最大测温深度为880.29 m，最高温度20.40℃，平均地温梯度0.64℃/hm。

（十五）安阳县贺驼煤矿区

贺驼煤矿区位于安阳县西南的马投涧乡境内，西邻四矿，北东、东以$二_1$煤底-945 m邻龙泉煤详查区，东南至F_{15}正断层，南北长约2.75 km，东西宽约2.25 km，面积约3.80 km^2。矿区地理坐标为东经114°10′54″～114°12′19″，北纬35°59′50″～36°01′17″。勘查程度达勘探，区内累计查明煤资源储量为4218.4×10^4 t，保有煤资源储量4108.5×10^4 t，另有潜在煤资源748.9×10^4 t，已停产。本区地温梯度为0.541～0.635℃/hm。贺驼煤矿为煤与瓦斯突出矿井。$二_1$煤不易自燃，煤尘具爆炸危险性。

贺驼煤矿区为新生界覆盖。钻孔揭露本溪组厚度27.56 m；太原组厚度102.25～157.42 m，平均135.32 m；山西组厚度77.36～104.23 m，平均88.55 m；下石盒子组厚度222.59～295.98 m，平均276.38 m；上石盒子组厚度281.71～403.09 m，平均374.80 m；孙家沟组和刘家沟组揭露最厚426.46 m。构造形态为北东向倾伏的老河沟背斜东南翼之地层倾向15°～90°、倾角4°～25°的单斜构造，北东—北北东向正断层发育。F_{15}正断层走向北东，倾向北西，倾角70°，落差140～170 m。

贺驼煤矿区的$二_1$、$一_1^1$煤层全区可采，$一_2$煤层大部分可采。$二_1$煤底标高-310～-945 m，煤厚0～9.36 m，平均7.20 m，偶含厚度0.27～0.38 m的夹矸1～3层。$一_2$煤层厚度0.47～1.49 m，平均0.89 m，无矸。$一_1^1$煤层厚度0～3.76 m，可采区平均厚度3.50 m。$二_1$煤的原煤灰分平均17.08%，全硫平均0.31%，高位发热量平均29.24 MJ/kg；浮煤挥发分平均16.11%，胶质层最大厚度平均3.1 mm，黏结指数平均14；煤类为低灰、特低硫、高热值贫瘦煤。$一_2$煤的原煤灰分平均10.23%，全硫平均2.07%；浮煤挥发分平均为12.69%，煤类为低灰、中高硫贫煤。$一_1^1$煤原煤灰分平均24.61%，全硫平均2.82%，高位发热量平均25.86 MJ/kg；浮煤挥发分平均13.70%，胶质层最大厚度0 mm，黏结指数0，煤类为中灰、中高硫、中高热值贫煤。

（十六）鹤壁市小寺湾煤矿区

小寺湾煤矿区位于鹤壁市鹤山区，西、南部为$一_1$煤层露头，北邻九矿，东邻四矿、二矿，东西宽约3.4 km，南北长约3.5 km，面积约9.16 km^2。为低缓丘陵区，海拔207.2～310.0 m。矿区地理坐标为东经114°06′39″～114°09′16″，北纬35°57′33″～35°59′36″。勘查程度达详查，全区累计查明煤资源储量7034.1×10^4 t，保有煤资源储量2535.1×10^4 t，另有$一_6$煤层潜在煤资源117.7×10^4 t。矿井涌水量大，已关闭。区内基岩零星出露。区内北东—北北东向正断层发育；F_7正断层倾向320°，倾角60°～70°，落差30～90 m。含煤地层以F_7正断层为界，其西为地层倾向南东东的单斜构造，其东为北东—南西向短轴状红凡厂背斜和南西端扬起的娄家沟向斜、小寺湾背斜构成的背向斜构造，地层倾角5°～15°。$二_1$、$一_1^1$煤层全区可采，$一_6$、$一_2^2$煤层局部可采。$二_1$煤层埋深0～117 m，煤底标高+230～+90 m；煤厚4.30～11.20 m，平均6.94 m，局部含矸1～2层；原煤灰分13.13%～17.00%，平均15.06%；全硫含量0.40%～0.48%，平均0.44%；发热量为28.08 MJ/kg；挥发分13.50%～16.95%，黏结指数14.5。$一_6$煤层厚度0.80～1.50 m，平均1.24 m，无矸；原煤灰分38.00%，全硫含量1.00%～1.70%，发热量20.33～25.52 MJ/kg。$一_2^2$煤层厚度0.40～1.00 m，平均0.72 m；原煤灰分

7.44%，全硫 2.21%~2.72%，发热量 25.26 MJ/kg。一$_1^1$煤层厚度 2.04~3.50 m，平均 2.66 m，含矸 1~3 层；原煤灰分 25.51%~30.47%，平均 27.04%；全硫 1.77%~4.16%，平均 3.39%；发热量 21.10~25.51 MJ/kg。一$_1^1$、一$_2^2$煤挥发分 13.03%~14.96%，黏结指数 5~16。煤类均为贫瘦煤。

（十七）鹤壁市二矿煤矿区

二矿位于鹤壁市鹤山区境内，北、北西邻四矿、小寺湾煤矿区，西南以一$_1^1$煤层露头为界，东止于 F_3 正断层，面积 13.88 km^2。海拔 167.70~285.00 m。地理坐标为东经 114°07′11″~114°10′48″，北纬 35°55′50″~35°59′22″。勘查程度达勘探，累计查明煤资源储量 11043.5×10^4 t，保有煤资源储量 5069.2×10^4 t，另有一$_6$煤层潜在煤资源 60.9×10^4 t。已停产。本区属沼气带，甲烷成分大部分高于 80%，瓦斯绝对涌出量一般为 14.05~36.67 m^3/min，瓦斯相对涌出量为 10.35~25.34 m^3/t，属高瓦斯矿井。二$_1$煤不易自燃，煤尘具有爆炸性。矿区总体构造形态为地层倾向南东、倾角 7°~36°的单斜构造，局部发育有宽缓小褶曲，北东—北北东向正断层多呈平行斜列展布，局部发育有陷落柱。F_3 正断层走向北东东，倾向北西，倾角 45°~85°，落差 580 m 左右。二$_1$、一$_1^1$煤层全区可采，一$_2$煤层大部可采、一$_6$煤层局部可采。二$_1$煤层埋深 112~470 m，煤底标高+150~−300 m，煤厚 4.92~11.52 m，平均 7.35 m，一般含矸 1 层，局部 2~3 层；原煤水分 0.30%~1.15%，平均 0.90%；灰分 8.59%~22.07%，平均 16.14%；全硫 0.22%~0.48%，平均 0.31%；高位发热量 26.99~33.01 MJ/kg，平均 29.33 MJ/kg；浮煤挥发分 14.01%~18.71%，平均 16.42%；黏结指数 0~9。一$_6$煤层厚度 0.72~1.34 m，平均 1.08 m，无矸。一$_2$煤层厚度 0.40~1.03 m，平均 0.82 m，无矸。一$_1^1$煤层厚度 2.04~3.50 m，平均 2.66 m，含夹矸 1~3 层。二$_1$煤为贫-贫瘦煤，一$_1^1$、一$_2$、一$_6$煤均为贫煤。

（十八）鹤壁市三矿煤矿区

三矿位于鹤壁市鹤山区境内，西为一$_1$煤层隐伏露头，北西止于 F_3 正断层，东以 F_{40} 正断层邻六矿，南以 F_{16} 正断层邻五矿，南北长约 5.5 km，东西宽约 3.3 km，面积约 18.31 km^2。海拔 148.1~238.9 m。地理坐标为东经 114°09′24″~114°12′46″，北纬 35°55′18″~35°58′22″。勘查程度达详查，累计查明煤资源储量 18638.8×10^4 t，保有煤资源储量 13197.8×10^4 t，估算二$_1$煤的煤层气资源量 11.31×10^8 m^3。三矿为高瓦斯矿井，平均地温梯度 1.12℃/hm。本区为新生界全覆盖区，区内总体构造形态为地层倾向东、倾角 8°~48°的单斜构造。由南向北，南南西仰起的五矿向斜、323 背斜、321 向斜及 322 背斜等次级褶曲呈多字形平行排列。北东—北北东向高角度正断层发育。F_{40} 正断层走向北北东，倾向北西，倾角 40°~57°，落差 155~450 m。F_{16} 正断层倾向南东，倾角 68°，落差 50~115 m。二$_1$、一$_1$煤层全区可采。二$_1$煤层埋深 70~1000 m，煤底标高为+160~−800 m，煤厚 0.93~12.43 m，平均 7.89 m，局部含泥岩夹矸 1~2 层；原煤灰分 6.60%~21.36%，平均 15.94%；全硫 0.23%~0.59%，平均 0.36%；高位发热量 27.87~30.90 MJ/kg，平均 28.61 MJ/kg；浮煤的挥发分 14.60%~16.61%，平均 15.19%；黏结性指数 5~24，平均为 21；胶质层最大厚度 0~4.5 mm。一$_1$煤层埋深 200~1160 m，标高为+60~−960 m，煤厚 0.12~3.21 m，平均 1.76 m，局部含厚度 0.03~0.49 m 夹矸 1~2 层；原煤灰分 13.50%~37.52%，平均 27.58%；全硫含量 1.27%~3.02%，平均 2.15%；高位发热量 24.21~25.72 MJ/kg，平均 25.00 MJ/kg；浮煤的挥发分 12.32%~14.36%，平均 13.57%；胶质层最大厚度 0 mm，黏结性指数 0。二$_1$煤以低灰、特低硫、高热值贫瘦煤为主，少量瘦煤，一$_1$煤为中灰、中高硫、中高热值贫煤。

（十九）鹤壁市五矿煤矿区

五矿位于鹤壁市鹤山区境内，北邻三矿，西、南为一$_1$煤层隐伏露头，东邻六矿，南北长约 3.00 km，东西宽约 1.50 km，面积约 5.40 km^2。海拔 144.2~216.4 m。地理坐标为东经 114°09′58″~114°12′01″，北纬 35°54′34″~35°56′00″。勘查程度达详查，累计查明煤资源储量 5280.1×10^4 t，保有煤资源储量2215.2×10^4 t，估算二$_1$煤的煤层气资源量1.68×10^8 m^3。已停产。本区处于甲烷带，二$_1$煤层甲烷含量3.21~13.39 mL/g，平均9.32 mL/g。矿井瓦斯相对涌出量均大于10 m^3/t，属高瓦斯矿井。本区地温梯度0.46~1.39℃/hm。本溪组厚度18.64~44.90 m，平均29.39 m。太原组厚度108.49~147.50 m，平均115.74 m。山西组厚度79.37~124.12 m，平均111.26 m。下石盒子组厚度267.64~309.95 m，平均284.51 m。新近系厚度112.95~260.70 m，平均厚度201.87 m。第四系厚度0~27.90 m，平均厚度11.57 m。本区总体构造形态为一向北东倾伏的五矿向斜，北西翼地层倾角14°~32°，南东翼地层倾角13°~25°。北东—北北东向高角度正断层发育，并发现大小不等的陷落柱6处。二$_1$煤层全区可采，埋深144~744 m，煤底标高+50~-600 m，煤厚5.00~11.89 m，平均8.54 m，局部含1~2层厚度为0.04~0.64 m泥岩或碳质泥岩夹矸。一$_1$煤层大部分可采，埋深500~900 m，标高为-400~-740 m，煤厚0~3.21 m，平均1.76 m，局部含矸1~2层。二$_1$煤原煤水分0.30%~4.27%，平均1.64%；灰分9.24%~30.40%，平均16.87%；全硫0.23%~0.54%，平均0.34%；高位发热量26.64~36.70 MJ/kg，平均29.35 MJ/kg；挥发分14.35%~19.09%，平均16.85%；浮煤挥发分15.38%；黏结性指数0~9，胶质层最大厚度0~4.5 mm。二$_1$煤为低灰、特低硫、高热值贫-贫瘦煤，一$_1$煤为贫煤。

（二十）鹤壁市六矿煤矿区

六矿位于鹤壁市山城区境内，西邻三矿、五矿，西南为二$_1$煤层隐伏露头，南邻八矿，东至二$_1$煤底-800 m邻石林煤矿区，南北长约11.00 km，东西宽1.00~4.70 km，面积约23.19 km^2。海拔127.3~227.7 m。地理坐标为东经114°10′28″~114°13′38″，北纬35°52′50″~35°58′46″。勘查程度达详查，累计查明煤资源储量20750.5×10^4 t，保有煤资源储量15254.6×10^4 t，另有一$_1^1$煤层潜在煤资源192.5×10^4 t；估算二$_1$煤的煤层气资源量23.00×10^8 m^3。本区处于甲烷带，二$_1$煤层甲烷含量5.19~27.66 mL/g，平均16.00 mL/g。矿井二$_1$煤层瓦斯绝对涌出量为16.32~79.00 m^3/min，瓦斯相对涌出量为12.55~42.60 m^3/t，属煤与瓦斯突出矿井，自1970年至今，曾先后发生过30余次煤与瓦斯突出和多次瓦斯爆炸事故，突出最大煤量为235 t，突出最大瓦斯量25200 m^3。本区地温梯度为0.39~2.67℃/hm。

六矿本溪组平均厚度33.16 m，太原组平均厚度121.83 m，山西组平均厚度112.44 m，下石盒子组平均厚度269.49 m，上石盒子组平均厚度352.87 m，新近系平均厚度155.00 m，第四系厚度2.50~34.00 m。本区总体构造形态为地层倾向东、倾角10°~25°的单斜构造，发育有小型次级向、背斜各5个，其中轴向近东西向褶皱4个，近南北向的3个，北东向的2个，北西向的1个，在次级褶皱相交部位形成构造盆地或鞍状构造。北北东向、北东向、北东东向、北西西向高角度正断层发育，且多成组出现。矿区南部见一面积约25 m^{2}的小型陷落柱。

六矿的二$_1$煤层全区可采，埋深90~990 m，煤底标高+80~-800 m，煤厚1.49~17.51 m，平均7.82 m，一般含矸1层，局部2层；直接顶板一般为厚度3.60~6.05 m的泥岩，少量砂岩，局部有厚度0.10~0.30 m的随采随落的碳质泥岩或泥岩伪顶，老顶为厚度1.50~28.60 m的大占砂岩；直接底板多为厚度约3.00 m的泥岩，少有细-中粒砂岩，局部有厚度0.10~0.30 m的极软的碳质泥岩伪底。一$_1^1$煤层大部分可采，埋深115~1050 m，煤底标高+30~-800 m，煤厚0~3.17 m，平均1.30 m，局部含矸1层。二$_1$煤的原煤水分0.51%~4.88%，平均1.04%；灰分9.03%~33.38%，平均18.80%；全硫0.21%~0.62%，平均0.35%；高位发热量为14.96~33.73 MJ/kg，平均27.08 MJ/kg；浮煤挥发分13.14%~20.01%，平均15.46%；黏结性指数为0~22，平均为12.1；胶质层最大厚度为0~11 mm，煤类为低灰、特低硫、中高热值贫瘦煤。一$_1^1$煤的原煤水分0.60%~1.24%，平均0.87%；灰分15.00%~33.68%，平均22.66%；全硫1.55%~5.23%，平均2.63%；浮煤挥发分12.32%~14.36%，平均13.57%；黏结指数平均为4，煤类为中灰、中高硫贫煤。

（二十一）鹤壁市八矿煤矿区

八矿位于鹤壁市山城区境内，北邻六矿，南邻十矿，西为$一_1$煤层隐伏露头，东以$二_1$煤底-800 m邻石林煤矿区，南北走向长6.1 km，东西宽1.4～5.5 km，面积约14.92 km^2。海拔125.0～213.8 m。地理坐标为东经114°09′27″～114°13′07″，北纬35°49′57″～35°53′15″。勘查程度达详查，累计查明煤资源储量11466.3×10^4 t，保有煤资源储量8460.6×10^4 t，估算$二_1$煤的煤层气资源量5.57×10^8 m^3。本区属地温正常区，处于甲烷带，$二_1$煤层甲烷成分77.11%～96.66%，甲烷含量8.76～26.04 mL/g。矿井$二_1$煤层瓦斯绝对涌出量为10.29～49.49 m^3/min，瓦斯相对涌出量为6.35～29.41 m^3/t，属煤与瓦斯突出矿井，自1993年以来，曾发生多次煤与瓦斯突出事故，突出最大煤量96 t，突出最大瓦斯量9855 m^3。区内总体构造形态为地层倾向东、倾角20°～36°的单斜构造，局部有轴向北东向的次级宽缓背斜，北东向正断层多呈平行斜列展布，局部发育陷落柱，矿区北部有新生代深灰色玄武岩。$二_1$煤层全区可采，埋深140～980 m，煤底标高+10～-800 m，煤厚0.88～15.20 m，平均7.29 m，局部含矸1～2层。$一_1^1$煤层大部分可采，煤厚度0.19～1.87 m，平均0.82 m，含厚度0.02～0.43 m夹矸1～3层。$二_1$煤原煤水分0.46%～1.30%，平均0.91%；灰分16.11%～27.35%，平均18.72%；全硫0.20%～0.40%，平均0.33%；高位发热量21.87～32.79 MJ/kg，平均29.09 MJ/kg；浮煤挥发分14.71%～18.71%，平均16.76%，黏结性指数9～20，胶质层厚度0 mm；煤类为低灰、特低硫、高热值贫瘦煤。$一_1^1$煤原煤水分0.33%～1.32%，平均0.78%；灰分13.11%～31.88%，平均22.00%；全硫2.49%～6.10%，平均4.23%；浮煤挥发分11.61%～14.76%，平均12.58%；煤类为中灰、高硫贫煤。

（二十二）鹤壁市十矿煤矿区

十矿位于鹤壁市南郊，西为$一_1$煤层露头，北以柴场平移正断层邻八矿，东至$二_1$煤底-800 m邻石林南煤矿区，南止于青羊口正断层，南北长约6.5 km，东西宽约2.4 km，面积约10.97 km^2。海拔130～257 m。地理坐标为东经114°11′08″～114°13′04″，北纬35°46′57″～35°50′34″。勘查程度达详查，全区累计查明煤资源储量11081.3×10^4 t，保有煤资源储量9244.6×10^4 t，估算$二_1$煤的煤层气资源量5.81×10^8 m^3。本区属地温正常区，平均地温梯度0.82℃/hm。处于甲烷带，$二_1$煤层甲烷成分71.70%～98.51%，平均为87.51%；甲烷含量2.95～16.11 mL/g，平均7.86 mL/g。矿井$二_1$煤层瓦斯绝对涌出量为25.90 m^3/min，瓦斯相对涌出量为27.50 m^3/t，属煤与瓦斯突出矿井。

十矿为新生界覆盖区。据钻孔资料，本溪组平均厚度23.25 m；太原组平均厚度118.72 m；山西组厚度52.77～98.00 m，平均73.88 m；下石盒子组厚度249.58～369.31 m，平均303.95 m；上石盒子组平均厚度338.05 m；新近系厚度57.90～374.65 m，平均186.04 m；第四系厚度0～31.00 m。本区总体构造形态为地层倾向东、倾角20°～45°的单斜构造，并伴有小型次级褶曲，北东向高角度正断层较发育，次为北西向正断层。柴场平移正断层倾向354°，倾角50°，落差130～160 m。

十矿共含煤23层，煤层平均总厚度15.84 m。$二_1$煤层全区可采，$一_1^2$和$一_1^1$煤层大部可采。$二_1$煤层埋深195～937 m，底板标高-30～-800 m，煤厚1.38～10.06 m，平均6.53 m，一般含泥岩夹矸1层，局部2～3层，夹矸厚度0.50～0.70 m，仅在4′-1、4′-2孔一线夹矸厚度突然增至3.55～7.72 m，并将煤层分为上、下两层。$一_1$煤层分岔为$一_1^2$和$一_1^1$煤分层；$一_1^2$煤层厚度0～1.74 m，平均0.80 m；$一_1^1$煤层厚度0.04～2.11 m，平均1.31 m。$二_1$煤的原煤水分0.30%～1.92%，平均0.90%；灰分8.54%～32.12%，平均16.84%；全硫0.27%～1.59%，平均0.46%；高位发热量23.51～32.91 MJ/kg，平均28.52 MJ/kg；浮煤挥发分10.27%～14.88%，平均13.06%；黏结指数0～11，平均3；煤层胶质层最大厚度0 mm；煤类为低灰、特低硫、高热值贫煤。$一_1^2$煤的原煤水分0.35%～1.26%，平均0.77%；灰分7.07%～28.67%，平均18.03%；全硫1.34%～9.55%，平均3.48%；高位发热量23.18～33.24 MJ/kg，平均29.26 MJ/kg；浮煤挥发分11.08%～13.73%，平均12.01%；黏结指数0，

煤层胶质层最大厚度 0 mm；煤类为低灰、高硫、高热值贫煤。一$_1^1$煤的原煤水分 0.33%~1.32%，平均 0.78%；灰分 13.11%~35.58%，平均 23.05%；全硫 1.73%~8.17%，平均 3.48%；高位发热量 22.73~33.03 MJ/kg，平均 29.98 MJ/kg；浮煤挥发分 11.03%~12.44%，平均 11.88%；黏结指数 0，煤层胶质层最大厚度 0 mm；煤类为中灰、高硫、高热值贫煤。

（二十三）淇县庙口煤矿区

庙口煤矿区位于淇县北部的庙口乡境内，为独立煤矿区，西以二$_1$煤层隐伏露头和 F_A 正断层及 F_{405}、F_C 正断层及 F_{310} 正断层为界，东止于青羊口正断层，北以 F_E 正断层为界，南止于 F_{312} 正断层，南北长约 4.30 km，东西宽 0.60~1.70 km，面积约 4.22 km^2。海拔 133~184 m。地理坐标为东经 114°09′06″~114°10′23″，北纬 35°41′36″~35°43′56″。勘查程度达详查，瓦斯含量低，淹井关停，全区累计查明煤资源储量 1429.6×10^4 t，保有煤资源储量 1398.0×10^4 t，另有潜在煤资源 563.0×10^4 t。基岩零星出露在西部，本溪组厚度约 20 m，太原组厚度约 136 m，山西组平均厚度 102 m，下石盒子组保留最大厚度约 260 m，新生界厚度 30~180 m。本区总体构造形态为具波状起伏的单斜构造，地层倾向东，倾角 14°~36°，北东和北西向高角度正断层发育。F_A 正断层倾向 120°~155°，倾角 70°，落差 0~200 m。F_{310} 正断层倾向 155°，倾角 70°，落差 200 m 左右。F_{405} 和 F_C 正断层均倾向北东，倾角 65°~70°，落差 200 m 左右。F_E 正断层倾向 120°~130°，倾角 70°，落差大于 800 m。F_{312} 正断层倾向 335°，倾角 70°，落差大于 200 m。仅二$_1$煤层全区可采，煤底标高+140~-440 m，煤层埋深 40~595 m，煤厚 0.77~8.84 m，平均厚度 3.61 m。原煤水分 0.34%~0.74%，平均 0.52%；灰分 14.21%~31.75%，平均 24.61%；全硫 0.28%~0.44%，平均 0.36%；磷 0.0058%；高位发热量 23.53~23.77 MJ/kg，平均 23.65 MJ/kg；挥发分 9.43%~9.51%，平均为 9.47%；黏结指数 0。煤类为中灰、特低硫、中热值无烟煤。

二、濮阳煤田

濮阳煤田位于河南省北部黄河下游冲积平原区，涉及安阳市内黄县和滑县、鹤壁市浚县和新乡市延津、封丘、长垣等县及濮阳市境内，西起主断面西倾、落差大于 1.5 km 的汤东断层，南、东以黄河为界，北接河北与山东省。地理坐标为东经 113°57′29″~116°06′30″，北纬 35°05′34″~36°12′23″，东西宽约 110 km，南北长约 120 km，面积约 8285 km^2。濮阳煤田为隐伏煤田，以往地质勘查工作以石油勘查为主，自 20 世纪 50 年代煤田地质勘查工作开始向隐蔽区转移，本区开展了少量的煤田地质工作。2006 年开始，本区陆续开展了由河南省财政出资的煤矿地质勘查工作，并开展了全面的地震概查，全区勘查程度总体偏低。由于煤层埋藏较深，目前尚无生产井及在建井。4 个煤矿区和 4 个煤矿点总面积 2788.52 km^2，累计查明/保有 1500 m 以浅的（333）类煤资源量 69002.0×10^4 t，（334）?类煤资源量 385917.0×10^4 t；另有 1500 m 以深潜在煤资源 309835.0×10^4 t。以滑县王三寨煤矿区作为代表性矿区进行阐述，其余则简述之。

（一）煤田地质特征

濮阳煤田内新生界厚度 400~6000 m。煤系基底为寒武系—奥陶系。断隆区煤系多被剥蚀，在次级凹陷或断陷中残存有本溪组—下石盒子组（表 2-24）；连片分布的本溪组—上石盒子组主要分布于内黄断隆的东部斜坡地带（图 2-19），呈倾向南东的单斜构造。孙家沟组残存于断隆斜坡边缘的断层夹块中。三叠系主要分布于东濮断陷中。侏罗系分布于煤田北部，角度不整合于下伏古生界之上。

濮阳煤田位于太行构造区，盖层的主导变形体制为伸展裂陷变形，多以高角度正断层为主，褶皱仅出现于断裂旁侧，为主干断层牵引所致，规模通常较小。区内主导构造线方向呈北北东向，总体构造格架为“两隆夹一坳”的断块格局；北西西向断裂为北北东向断裂的配套断裂，受主干断层限制而不切割主干断层，其延伸规模一般均较小。不同方向断层在平面上交织成网状，在剖面上组合为地堑式、半地堑式、地垒式及阶梯状抬斜断块等形式。聊兰断裂系由主断面倾向北西西、落差 3~7 km 的聊兰断层和落差大于 1 km 的黄河断层及其反向断层——落差 2~3 km 的长垣断层构成，控制了东濮断陷（或东明断陷）含油气盆地的分布，其西、东两侧的内黄断隆、菏泽断隆控制了赋煤区的分布。

表 2-24　濮阳煤田地层简表

地层单位				穿见地层厚度/m	接触关系	岩性及组合特征
界	系	统	组	两极值 平均值		
新生界	第四系			110.20~737.89 219.87		由土黄色、黄褐色粘土夹粉砂或细砂层组成，局部有砂砾石层、砾石层
	古近系—新近系			34.98~1083.99 655.35	〰	由半固结的粘土、砂质粘土、细砂、中砂等组成，多含砾
中生界	侏罗系			0~204.72	〰	由一套灰绿色（局部暗紫色）、浅灰色粉砂岩、细砂岩组成，夹薄层灰色泥岩
古生界	二叠系	乐平统（P_3）	上石盒子组（$P_{2-3}sh$）	0~270.46	〰	因剥蚀而残缺，由砂岩、粉砂岩夹泥岩组成，底部为厚层状含砾中砂岩
		阳新统（P_2）	下石盒子组（P_2x）	0~291.00		因剥蚀而残缺，由泥岩、粉砂岩、细砂岩组成
		船山统（P_1）	山西组（$P_{1-2}sh$）	23.00~140.58 85.41		下起太原组顶部石灰岩顶界，上至砂锅窑砂岩底，由细-中粒砂岩、粉砂岩、泥岩及煤组成；仅大占砂岩下的二$_1$煤层为本区主要可采煤层，其余煤层均不可采或偶可采
	石炭系	上石炭统（C_2）	太原组（C_2P_1t）	117.36~200.00 142.04		由泥岩、砂岩、煤层（线）、石灰岩等组成
			本溪组（C_2b）	9.22~22.22 16.81		岩性主要为灰色泥岩、铝质泥岩夹 1~2 层薄层石灰岩，局部有细砂岩
	奥陶系				- - - -	由灰白色、浅灰色白云质灰岩、石灰岩组成，与上覆本溪组和下伏寒武系均呈平行不整合接触

在台前-范县含煤区钻孔中见有小规模的岩浆侵入，范县白衣阁有 3 孔穿见早白垩世石英钠长斑岩，使煤层烘烤、焦化、变薄甚至吞噬。

（二）煤层与煤质

濮阳煤田受断裂构造的落差及断块所处的构造部位的影响，各断块赋煤性与煤层埋藏深度有显著差异。断隆区煤系多被剥蚀，而在断隆区的次级凹陷或断陷中有煤层的赋存。菏泽断隆的台前-范县含煤区、内黄断隆的次凹和东部斜坡地带均有二$_1$ 煤层的存在。在东濮断陷，二$_1$ 煤层埋深达 2 km 以上。

濮阳煤田内可采煤层赋存于太原组和山西组内，其他层段内煤层皆不可采。山西组二$_1$ 煤为主要可采煤层，煤层厚度 0.38~8.59 m，平均 4.63 m，局部含矸 1 层，偶 2~4 层，矸厚 0.02~0.64 m，浚县新镇的断块中有煤层分岔现象；二煤段的其他煤层皆不可采。太原组含煤层数多，单层厚度小，但仍有部分煤层达到可采厚度，一般无矸。一$_6$ 煤层厚度 0.32~2.60 m，平均 1.11 m；一$_2$ 煤层厚度 0.36~2.47 m，平均 1.14 m；一$_1$ 煤层厚度 0~4.31 m，平均 1.50 m；均局部可采。一$_5$ 和一$_4$ 煤层仅东濮断陷西侧局部可采，一$_5$ 煤层厚度 0.32~2.40 m，平均 1.48 m；一$_4$ 煤层厚度 0~1.83 m，平均 1.16 m。一$_3$ 煤层仅在范县-台前一带局部可采，一$_3$ 煤层厚度 0.24~1.37 m，平均 0.85 m。根据《河南省煤炭资源潜力评价报告》（河南省煤炭地质勘察研究院，2010a），东濮断陷内，新近系中新统馆

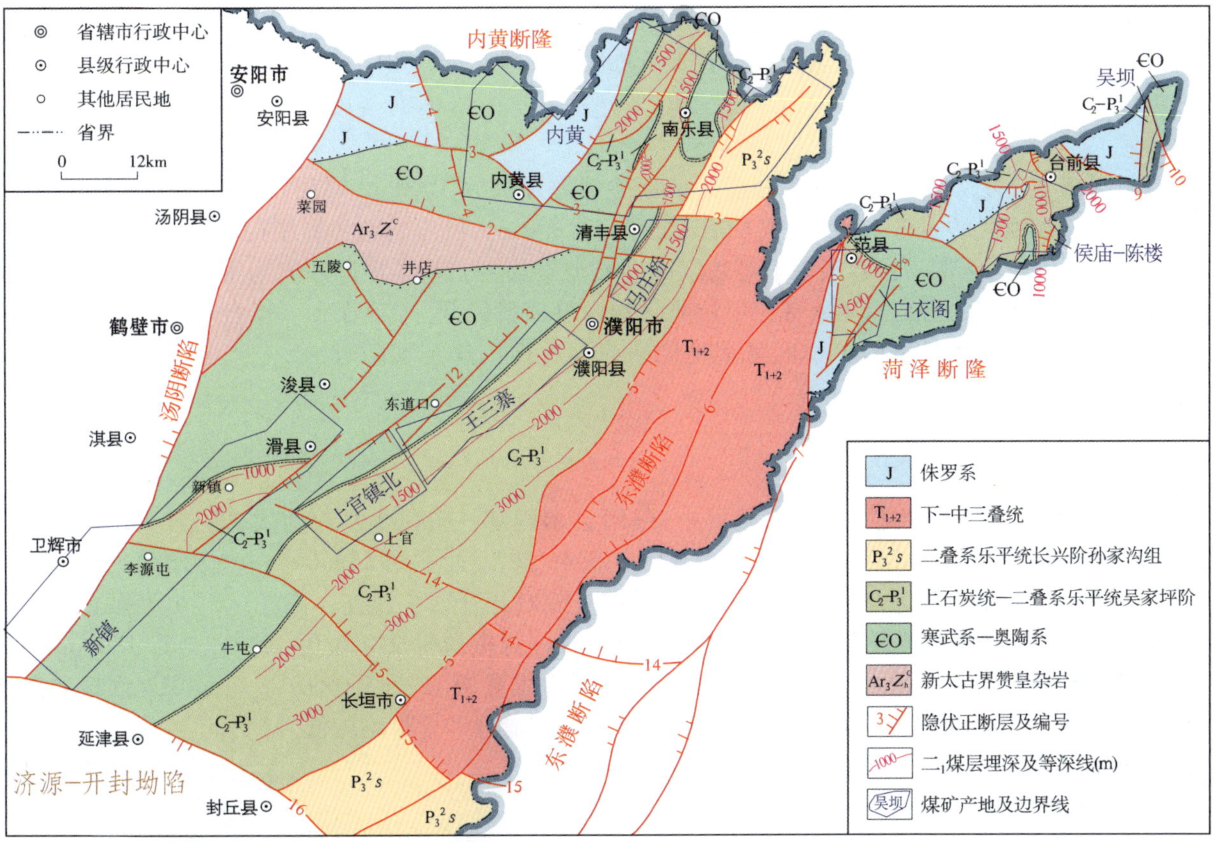

图 2-19 濮阳煤田基岩地质略图

1—汤东正断层；2—龙泉-高堤正断层；3—内黄正断层；4—北郭正断层；5—长垣正断层；6—黄河正断层；7—聊兰正断层；8—白衣阁正断层；9—巨野正断层；10—戴韩正断层；11—善堂正断层；12—枣村正断层；13—白道口正断层；14—高平正断层；15—青岗集正断层；16—高寨-封丘正断层

陶组（平均厚度 848.15 m）及古近系渐新统东营组（平均厚度 380.00 m）亦含有多层可采煤层，且馆陶组较东营组含煤情况好，馆陶组含褐煤 1~5 层，东营组含褐煤 1~7 层；馆陶组煤层埋深 1080~1938 m，煤厚 0.50~2.00 m，平均 1.20 m，见煤钻孔大部分可采；东营组煤层埋深 1445 m 以下，煤厚 0.20~1.00 m，一般 0.50 m 左右，煤层极不稳定，基本不可采。

濮阳煤田的二$_1$ 煤为黑色，土状-半金属光泽，以粒状煤为主，次为粉粒状、粉状，偶见块状。以亮煤和暗煤为主，局部含少量镜煤条带及丝炭，偶见少量的黄铁矿散晶。宏观煤岩类型属半暗型-半亮型煤。有机组分含量为 77.7%~96.2%，平均为 89.7%，以镜质组为主，次为惰质组，壳质组含量甚微；镜质组以均质镜质体、基质镜质体为主，含少量结构镜质体及胶质镜质体；惰质组以碎屑惰质体为主，丝质体次之，含少量粗粒体、微粒体及菌类体；壳质组以小孢子为主，角质体次之，含少量树脂体。无机组分含量为 3.8%~22.3%，平均 10.3%，主要由粘土类，次为碳酸盐类、氧化物类、硫化物类。硫成分以有机硫为主，次为硫铁矿硫，硫酸盐硫微量；煤类主要为低灰、低硫、高热值煤，以肥煤为主，次为焦煤、1/3 焦煤，局部有气煤和天然焦。

濮阳煤田的一煤段各可采煤层有灰黑色、黑色，以块状煤为主，局部为粒状，条带状结构，块状构造，性脆易碎，煤岩成分以暗煤及亮煤为主，镜煤及丝炭少量，见有黄铁矿薄膜及晶粒。宏观煤岩类型属半暗型-半亮型煤。有机组分含量为 87.3%~94.0%，平均为 90.7%，显微煤岩组分以镜质组为主，少量惰质组及壳质组；镜质组以均质镜质体和基质镜质体为主，次为结构镜质体、均质镜质体，少数团块镜质体、碎屑镜质体；惰质组主要为丝质体、半丝质体、碎屑惰质体，含少量粗粒体及微粒体，少见菌类体、氧化丝质体；壳质组以小孢子为主，角质体次之，含少量树脂体。无机组分含量为 6.0%~12.7%，平均 9.3%，主要为粘土矿物和石英颗粒，次为黄铁矿和方解石。硫成分以硫铁矿硫为主，次为有机硫，硫酸盐硫少量。煤类主要为低灰（局部中灰）、中高-高硫、中高-高热值煤，以肥煤为主，次为焦煤和贫煤，局部有1/3焦煤、气煤和天然焦。

（三）开采技术条件

濮阳煤田为新生界掩盖区，内黄断隆区的新生界厚度大于1000 m；菏泽断隆区由东到西，新生界厚度由台前吴坝区的435.1 m到范县白衣阁的大于1000 m。巨厚的新生界结构较为疏松，建井难度和成本均较大。$二_1$煤层直接顶板以中等稳定的砂质泥岩为主，基本顶以砂岩为主，较为稳固；底板以泥岩为主。区内多处于瓦斯风化带，甲烷成分和含量一般较低。$二_1$煤和一煤自燃倾向性均属容易自燃煤层，煤尘具爆炸性危险。本区虽属地温正常区，但因煤层埋藏较深，$二_1$煤层底板测温均高于31℃。

（四）滑县王三寨煤矿区

王三寨煤矿区位于濮阳县城西-内黄县中召-滑县留固镇一带，北西为隐伏煤层露头，地理坐标为东经114°40′18″~115°01′04″，北纬35°31′05″~35°46′20″，面积约252.00 km^2，为豫北平原东部，地面平均海拔约55 m。2007年开始，河南省地质调查院对此开展了预查、普查，2014年提交的《河南省滑县王三寨煤普查报告》累计查明/保有1500 m以浅煤资源量27056.0×10^4 t，另有1500 m以浅（334）？类潜在煤资源154386.0×10^4 t，1500 m以深潜在煤资源127763.0×10^4 t。$二_1$煤层底板测温为38.3~54.9℃，平均46.9℃。煤层处于瓦斯风化带，甲烷成分和含量均较低。

1. 矿区地质

（1）地层

王三寨煤矿区内新生界厚度1075.00~1212.34 m，平均1141.99 m。煤系基底为中奥陶统马家沟组灰白色中厚层细晶石灰岩、白云质灰岩。本溪组与下伏奥陶系呈平行不整合接触，顶界止于$一_1$煤底界面，厚度9.22~22.22 m，平均13.52 m。岩性主要为灰色泥岩、细砂岩、铝质泥岩，夹1~2层薄层石灰岩。

太原组厚度132.21~157.59 m，平均138.65 m，可划分为3段。下部石灰岩段自$一_1$煤底至L_4石灰岩顶，厚度42.34~67.96 m，平均59.93 m，主要为深-深灰色中厚至厚层状细晶石灰岩夹泥岩，含煤2~4层。中部砂泥岩段自L_4石灰岩顶至L_7石灰岩底，厚度14.93~62.29 m，平均39.15 m，由深灰色泥岩、细砂岩夹石灰岩、煤（层）线组成。上部石灰岩段自L_7石灰岩底至L_9石灰岩顶，厚度22.76~60.03 m，平均39.57 m，由深灰色石灰岩（L_7—L_9）夹细砂岩、粉砂岩、硅质泥岩及不稳定、不可采煤线组成。

山西组与下伏太原组呈整合接触，厚度34.18~140.58 m，平均88.36 m，自下而上大致分为4个岩性段。$二_1$煤段自L_9石灰岩顶至大占砂岩底，为一套深灰色泥岩、细砂岩和煤层组成，底部老君堂砂岩厚度3.43~43.73 m，平均24.87 m，上部$二_1$煤层全区可采。大占砂岩段为细-中粒硬质砂岩夹粉砂岩，具小型交错层理，层面富含碳质及白云母碎片，含泥质包体，厚度1.58~19.83 m，平均9.85 m。香炭砂岩段厚度25 m，岩性主要为粉砂岩、细砂岩。小紫泥岩段顶界止于砂锅窑砂岩底，平均厚度58.67 m，主要由泥岩组成，局部夹含菱铁矿鲕粒铝质泥岩，紫斑特征不明显。

下石盒子组岩性主要由泥岩、粉砂岩、细砂岩组成。底部有0.20 m厚的含细砾粗砂岩；下部为浅灰色细砂岩，向上过渡为深灰色薄层碳质泥岩；中部为浅灰绿色细砂岩，局部夹中砂岩和粉砂岩薄层；上部为灰绿色及黄色泥岩，有黄褐色、暗紫色及灰绿色斑块。13个钻孔揭露厚度4.80~209.20 m，平均58.67 m。

新近系下部以浅黄色、棕黄色粘土、亚粘土为主；中部为浅黄色、棕黄色中-细砂土、亚砂土和灰黄色、灰绿色粘土组成；上部为浅黄色、灰黄色亚粘土、粘土和沙层凸镜体组成，富含大小不一的砾石和姜结石。17个钻孔揭露厚度392.96~1046.34 m，平均848.15 m。

第四系下部为杂色-黄褐色粘土、亚粘土夹细砂层，上部主要为黄褐色亚粘土、亚砂土及耕植土组成。17 个钻孔揭露厚度 110.20~737.89 m，平均 293.84 m。

（2）构造

王三寨煤矿区为内黄断隆东侧斜坡地带、地层倾向南东、倾角 6°~15°、缓波状起伏的单斜构造，发育 6 条北北东向正断层（图 2-20）。

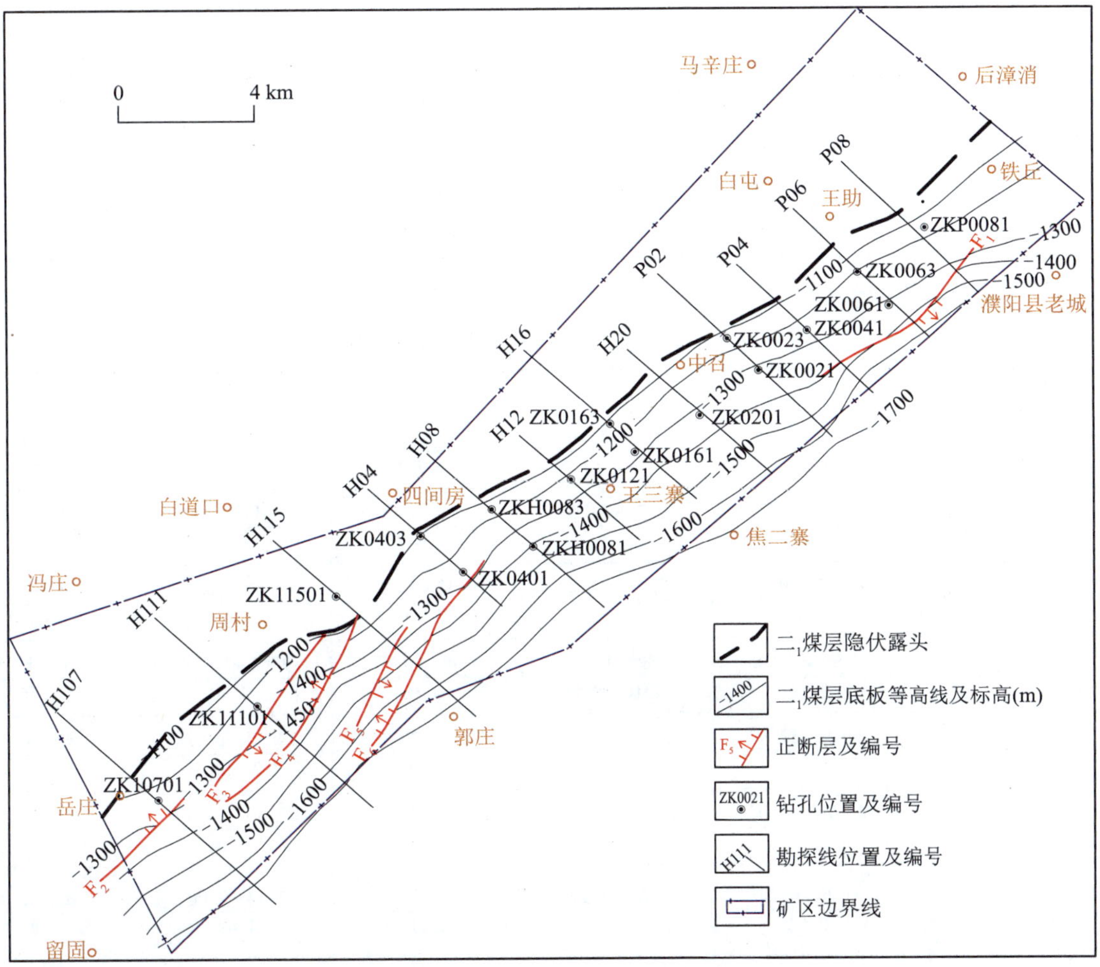

图 2-20　滑县王三寨煤矿区二$_1$煤层底板等高线图

（据河南省地质调查院，2014，有修改）

2. 煤层与煤质

王三寨煤矿区共含煤 7 层，可采煤层有二$_1$、一$_5$、一$_4$、一$_2$、一$_1$共 5 层（表 2-25），二$_1$、一$_1$煤层全区可采，一$_5$、一$_4$、一$_2$等煤层大部分可采，除二$_1$煤层偶含 1 层厚度 0.20~0.27 m 的碳质泥岩夹矸外，其他煤层均不含夹矸。二$_1$煤层埋深 1100~1700 m，煤底标高-1050~-1650 m，煤层厚度 1.80~8.50 m，平均厚度 5.81 m；煤层顶板为黑色泥岩或黑色粉砂质泥岩，伪顶最厚度 2.81 m，平均厚度 0.69 m；老顶大占砂岩厚度 1.58~16.33 m，平均厚度 9.24 m；底板为层面富含植物化石和碳质的深灰色致密泥岩。一$_5$、一$_4$、一$_2$、一$_1$等煤层的顶板分别为太原组的 L_5、L_4、L_2和 L_1 石灰岩。

王三寨煤矿区的各可采煤层的宏观煤岩类型均为半暗型-半亮型煤。二$_1$煤为低灰、低硫、高热值肥煤（表 2-26），以粒状煤为主，次为粉粒状、粉状，偶见块状，镜质体最大反射率（R^o_{max}）为 0.971%~1.118%，平均 1.061%。一煤段各可采煤层的煤岩结构均以粒状煤为主；一$_5$煤为中灰、中高硫、中高热值煤，以肥煤为主，有少量贫煤；一$_4$煤为中灰、中高硫、中高热值煤，肥煤和焦煤均有；一$_2$煤为中灰、高硫、中高热值焦煤；一$_1$煤为中灰、中硫、中高热值焦煤。

表 2-25　滑县王三寨煤矿区煤层发育情况一览表

含煤地层	煤段	煤层	煤厚/m		可采情况	夹矸情况	钻孔见煤情况/个（穿见/见煤/可采）
			两极值	平均值			
山西组	二	二$_2$	0.30~1.29	0.79（4）	偶可采	—	16/4/1
		二$_1$	1.80~8.50	5.81（16）	全区可采	含矸率 2/16	16/16/16
太原组	一	一$_6$	0.32	0.32	不可采	—	6/1/0
		一$_5$	1.66~2.40	1.98（3）	大部分可采	无矸	6/5/3
		一$_4$	1.04~1.83	1.54（4）	大部分可采	无矸	6/5/4
		一$_2$	0.97~1.31	1.18（4）	大部分可采	无矸	6/6/4
		一$_1$	1.05~4.31	2.09（6）	全区可采	无矸	6/6/6

注：资料来源于《河南省滑县王三寨煤普查报告》，河南省地质调查院，2014。

表 2-26　滑县王三寨煤矿区煤质特征一览表

煤层		二$_1$	一$_5$	一$_4$	一$_2$	一$_1$
水分/%	原煤	$\frac{0.54\sim2.04}{0.92}$	$\frac{0.71\sim1.26}{0.90}$	$\frac{1.04\sim1.47}{1.24}$	$\frac{0.66\sim1.02}{0.89}$	$\frac{0.58\sim1.41}{1.09}$
	浮煤	$\frac{0.40\sim1.52}{0.83}$	$\frac{0.72\sim0.85}{0.79}$	$\frac{0.89\sim1.04}{0.94}$	$\frac{0.45\sim1.09}{0.72}$	$\frac{0.36\sim1.14}{0.82}$
灰分/%	原煤	$\frac{10.02\sim29.39}{16.81}$	$\frac{27.70\sim33.83}{25.35}$	$\frac{19.32\sim25.90}{22.61}$	$\frac{20.45\sim36.19}{26.89}$	$\frac{14.87\sim43.94}{25.34}$
	浮煤	$\frac{5.99\sim12.78}{8.55}$	$\frac{9.86\sim11.92}{10.39}$	$\frac{9.99\sim10.37}{10.18}$	$\frac{9.65\sim12.22}{10.90}$	$\frac{5.82\sim13.58}{9.56}$
挥发分/%	原煤	$\frac{24.47\sim37.93}{29.49}$	$\frac{13.3\sim30.17}{23.61}$	$\frac{21.03\sim27.65}{24.80}$	$\frac{24.74\sim29.81}{27.06}$	$\frac{8.67\sim33.16}{24.51}$
	浮煤	$\frac{25.76\sim37.08}{28.43}$	$\frac{12.19\sim26.48}{21.68}$	$\frac{25.14\sim27.02}{25.80}$	$\frac{23.39\sim26.43}{24.46}$	$\frac{7.14\sim26.87}{21.34}$
全硫/%	原煤	$\frac{0.26\sim0.99}{0.52}$	$\frac{1.66\sim5.14}{2.39}$	$\frac{1.60\sim3.07}{2.11}$	$\frac{2.14\sim7.06}{4.49}$	$\frac{1.62\sim2.90}{1.89}$
	浮煤	$\frac{0.29\sim0.73}{0.47}$	$\frac{1.29\sim2.80}{1.49}$	$\frac{1.45\sim2.06}{1.50}$	$\frac{2.03\sim3.59}{2.47}$	$\frac{1.11\sim1.96}{1.40}$
高位发热量/（MJ·kg^{-1}）	原煤	$\frac{24.19\sim32.11}{29.26}$	$\frac{23.22\sim31.09}{26.63}$	$\frac{24.34\sim29.07}{26.61}$	$\frac{21.52\sim28.39}{25.48}$	$\frac{17.94\sim30.78}{26.06}$
	浮煤	$\frac{31.13\sim34.47}{33.08}$	$\frac{32.4\sim32.47}{32.42}$	$\frac{2.32\sim31.88}{32.62}$	$\frac{31.69\sim33.35}{32.38}$	$\frac{31.53\sim34.12}{32.87}$
黏结指数		$\frac{90\sim100}{95.56}$	$\frac{6\sim100}{67.67}$	$\frac{94\sim100}{97.33}$	$\frac{94\sim98}{96}$	$\frac{81\sim101}{93.6}$
胶质层最大厚度/mm		$\frac{22.0\sim34.2}{26.76}$	$\frac{26.0\sim29.0}{27.5}$	$\frac{20.5\sim27.0}{23.75（2）}$	$\frac{19.0\sim19.5}{19.33}$	$\frac{18.5\sim25.5}{20.88}$
ST/℃		$\frac{1230\sim>1400}{>1361}$	$\frac{1230\sim>1400}{>1290}$	$\frac{1190\sim1390}{1270}$	$\frac{1190\sim>1400}{>1284}$	$\frac{1220\sim>1400}{>1350}$
FT/℃		$\frac{1260\sim>1400}{>1389}$	$\frac{1280\sim>1400}{>1333}$	$\frac{1290\sim>1400}{>1343}$	$\frac{1250\sim>1400}{>1340}$	$\frac{1330\sim>1400}{>1380}$
视密度/（t·m^{-3}）		$\frac{1.26\sim1.45}{1.37}$	$\frac{1.45\sim1.55}{1.50}$	$\frac{1.42\sim1.56}{1.47}$	$\frac{1.40\sim1.64}{1.49}$	$\frac{1.38\sim1.67}{1.48}$

注：资料来源于《河南省滑县王三寨煤普查报告》，河南省地质调查院，2014。

（五）安阳-濮阳市内黄断隆北部煤矿区

内黄断隆北部煤矿区位于安阳市内黄县和濮阳市南乐县、清丰县境内。东西长60.0 km，南北宽22.5 km，面积约1143.24 km^2。地理坐标为东经114°47′49″~115°28′08″，北纬35°54′45″~36°12′23″。地处黄海河冲积平原，地面标高53.8~41.9 m。2014~2017年，河南省地质矿产勘查开发局第五地质勘查院开展了该区煤预查、普查，钻探竣工17521.26 m/12孔，2018年提交了《河南省内黄煤普查报告》，估算埋深1500 m（-1450 m标高）以浅的二$_1$、一$_6$、一$_4$、一$_1^1$等煤层的查明/保有煤资源量5757.0×10^4 t，另有（334）？类煤资源量12325.0×10^4 t。二$_1$煤层采样深度1249.50~1579.89 m，甲烷成分24.57%~95.85%，平均70.53%，多处于氮气-沼气带；甲烷含量3.05~17.00 mL/g，平均8.59 mL/g。二$_1$煤层底板深度1196.74~1581.53 m，地温为52.69~62.10℃，所有可采煤层均处于二级高温区。

内黄断隆北部煤矿区内新生界厚度为1150~1500 m，煤系基底为奥陶系，总体构造形态为地层倾向南东、倾角4°~13°的单斜。二维地震共组合16条落差较大的正断层，以北北东向为主，将区内分割成多个大小不等的断块。本溪组—下石盒子组残留最大厚度400.79 m，含一$_1$、一$_2$、一$_4$、一$_6$、一$_7$、一$_8$、二$_0$、二$_1$、二$_2$、二$_3$等煤层。二$_1$煤层埋深1100~5050 m，赋存标高-1050~-5000 m；埋深小于1500 m的煤层主要分布在东部，面积约22 km^2，钻探工程也主要集中于该范围内；施工14个钻孔，2孔断失，3孔剥蚀，穿见9孔，煤层厚度0.90~9.04 m，平均3.54 m，8孔含矸1层，仅1孔含矸4层，矸厚0.19~0.64 m，夹矸岩性为碳质泥岩；煤层直接顶板为泥岩、砂质泥岩或碳质泥岩，老顶为大占砂岩；底板为泥岩或砂质泥岩。二$_3$煤层见煤点最厚0.49 m。二$_2$和二$_0$煤层偶见可采点，可采点煤层最厚分别1.15 m和0.85 m。区内仅有两孔穿过一煤段；一$_8$煤层仅1孔见煤点厚度0.28 m；一$_7$煤层仅1孔见煤点厚度0.23 m；一$_6$煤层厚度1.09~1.60 m，无夹矸，上距二$_1$煤层约100 m；一$_4$煤层上距一$_6$煤层约27 m，仅1孔煤厚度达0.80 m；一$_2$煤层仅1孔见煤点厚度0.53 m；一$_1$煤层分岔为2个分煤层，均1孔可采，可采煤厚分别为2.11 m、2.15 m，且均含矸1层。

内黄断隆北部煤矿区的二$_1$煤以粒状煤为主，局部为块状，煤岩成分以亮煤为主，暗煤次之；宏观煤岩类型主要为半亮型煤，视密度1.29~1.47 t/m^3，平均1.38 t/m^3；煤类为低灰、特低硫、低磷、一级含砷、高热值煤，以肥煤为主（表2-27），有少量瘦煤-贫煤和气煤，可做炼焦用煤。一$_6$煤以粒状煤为主，块状构造；煤岩成分主要以暗煤及亮煤为主，宏观煤岩类型为半暗型煤，视密度1.35~1.38 t/m^3；煤类为低灰、中硫、特低磷、特高热值的肥煤和瘦煤，可作为炼焦用。一$_4$、一$_1^1$煤的煤岩成分主要以暗煤及亮煤为主，宏观煤岩类型为半亮型煤及半暗型煤，视密度1.43~1.47 t/m^3；煤类为低灰、低硫、低磷、高热值的贫煤，可作为民用和工业动力用煤。

表2-27 内黄断隆北部煤矿区可采煤层煤质特征一览表

煤层		水分（M_{ad}）/%	灰分（A_d）/%	挥发分（V_{daf}）/%	全硫（$S_{t,d}$）/%	高位发热量（$Q_{gr,v,d}$）/（$MJ\cdot kg^{-1}$）	黏结指数（$G_{R.I}$）	胶质层最大厚度（Y）/mm
二$_1$	原煤	0.97~3.09 1.73（13）	11.05~24.41 15.60（13）	11.30~33.11 26（13）	0.32~0.49 0.38（8）	26.01~31.85 29.78（8）	—	—
	浮煤	0.92~3.06 1.59（13）	8.04~19.02 11.17（13）	10.45~33.05 21.54（13）	0.26~0.45 0.33（8）	27.81~33.11 31.67（8）	2~95 60（13）	0~32.5 17.88（10）
一$_6$	原煤	1.24 1.24（2）	13.16~14.01 13.59（2）	20.54~32.04 26.29（2）	0.52~2.98 1.25（2）	30.51~31.44 30.98（2）	—	—
	浮煤	1.22~2.78 2.00（2）	5.60~11.25 8.43（2）	19.33~30.88 25.11（2）	0.41~2.04 1.23（2）	31.64~34.47 33.06（2）	56~101 79（2）	5（1）
一$_4$	原煤	17.39（1）	12.04（1）	36.29（1）	0.51（1）	27.35（1）	—	—
	浮煤	17.18（1）	9.90（1）	37.12（1）	0.31（1）	27.47（1）	0（1）	—
一$_1^1$	原煤	2.05（2）	14.59（2）	13.97（2）	0.50（2）	30.23（2）	—	—

注：资料来源于《河南省内黄煤普查报告》，河南省地质矿产勘查开发局第五地质勘查院，2018。

（六）濮阳市马庄桥煤矿区

马庄桥煤矿区位于濮阳市孟轲乡和清丰县城关镇、马庄桥镇、纸房乡、柳格乡境内，西为隐伏煤层露头，矿区面积约 104.50 km^2。地貌类型为黄河冲积平原，地面海拔 48~58 m。矿区地理坐标为东经 115°03′22″~115°11′48″，北纬 35°46′21″~35°54′50″。2007 年开始，河南省地质科学研究所在此开展了预查、普查，2013 年提交了《河南省濮阳市马庄桥煤普查报告》，累计估算 1500 m 以浅的（333）类煤资源量 15209.0×10^4 t，（334）？类煤资源量 26566.0×10^4 t；埋深 1500~2000 m 的煤资源量 61241.0×10^4 t，2000 m 以深的（334）？类煤资源量 3197.0×10^4 t。煤层处于瓦斯风化带，甲烷成分和含量均较低。$二_1$ 煤层底板测温为 34.2~59.8℃。

1. 矿区地质

马庄桥煤矿区处于内黄断隆东侧斜坡带，总体构造形态为地层倾向 121°、倾角 7°的单斜构造，发育 4 条北东向高角度正断层和 1 条北西向正断层（图 2-21）。区内新生界厚度 1128.74~1212.77 m，平均 1181.62 m，煤系基底为中奥陶统马家沟组白云质灰岩（图 2-22）。含煤地层本溪组厚度 18.33 m；太原组厚度 125.62 m；山西组揭露厚度 23.00~117.49 m，平均 101.64 m；下石盒子组保留厚度 92.30~271.67 m。

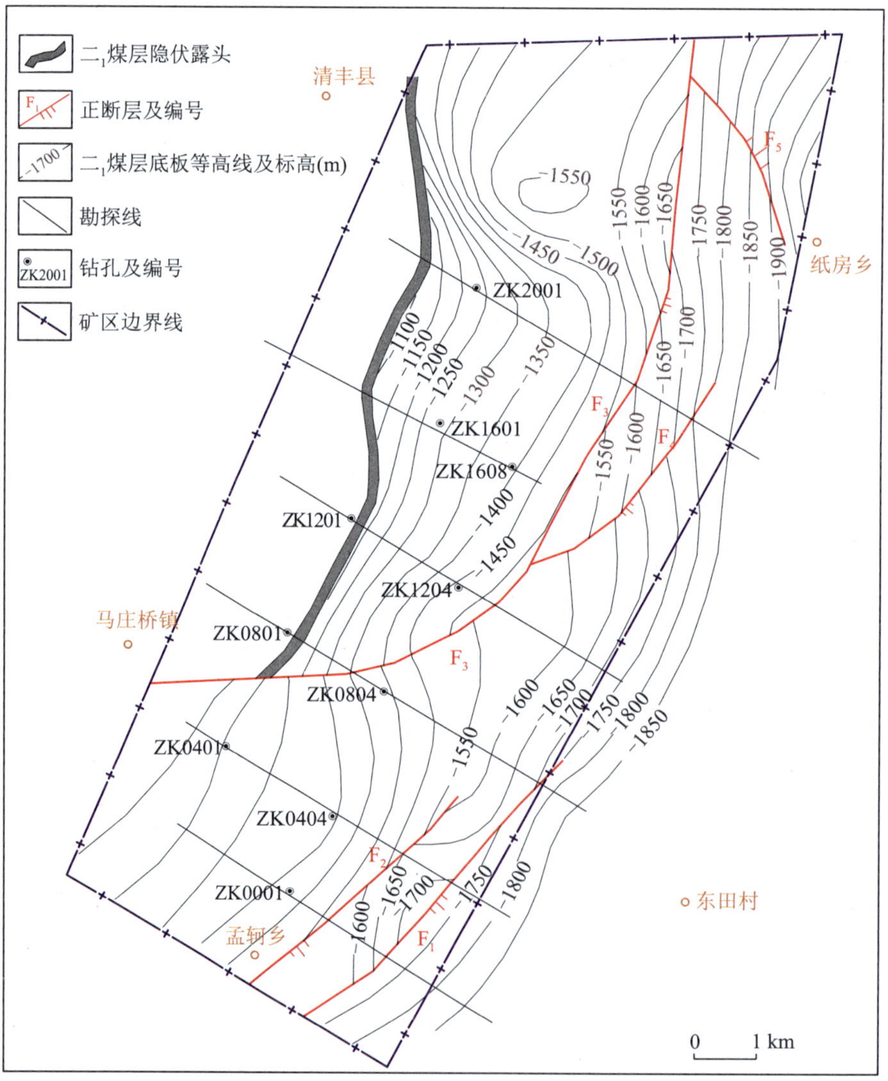

图 2-21　濮阳市马庄桥煤矿区$二_1$煤层底板等高线图

（据河南省地质科学研究所，2013，有修改）

2. 煤层与煤质

马庄桥煤矿区共含煤 13 层，平均煤层总厚度 10.85 m，其中可采 4 层（表 2-28）。一$_1^1$ 煤层由 ZK1201 孔穿见埋深 1326.68 m。L_3—L_4 石灰岩之间的一$_4$ 煤层分岔为一$_4^2$ 和一$_4^1$ 分煤层。二$_1$ 煤层埋深 1122~2091 m，煤底标高-1072~-2041 m；上距大占砂岩 0~2.91 m，平均 0.71 m；下距老君堂砂岩 0~13.94 m，平均 4.13 m；纯煤厚 2.92~8.00 m，平均 4.95 m；局部含厚度为 0.29~0.37 m 夹矸 1~2 层，煤层顶板为黑色泥岩，底板为富含植物化石和碳质的深灰色泥岩；老顶大占砂岩厚度 1.58~18.33 m，平均 9.84 m；老底老君堂砂岩厚度 3.43~43.73 m，平均厚度 24.87 m。煤类以低灰、高热值焦煤为主，二$_1$ 煤有少量 1/3 焦煤和肥煤，二$_1$、一$_4$ 煤为中硫，一$_1^1$ 煤为中高硫。煤岩类型均为半暗型-半亮型煤，以块状煤为主（表 2-29）。

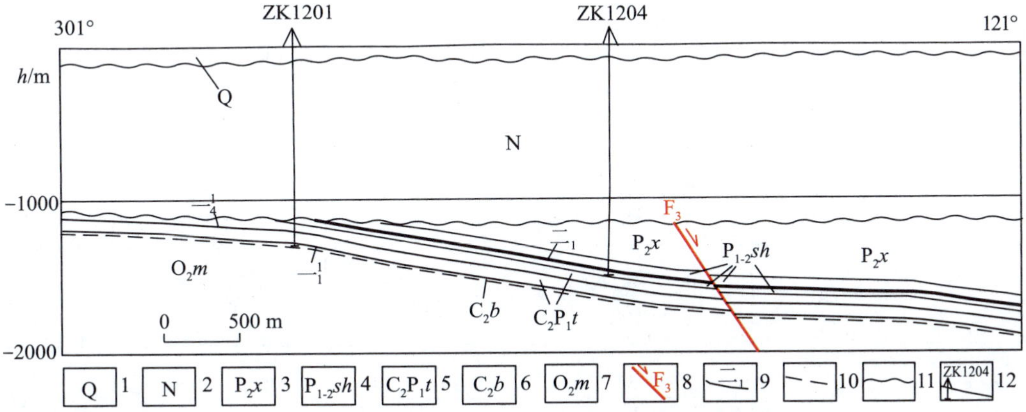

图 2-22　濮阳市马庄桥煤矿区第 12 勘探线剖面

（据河南省地质科学研究所，2013，有修改）

1—第四系；2—新近系；3—阳新统下石盒子组；4—二叠系船山统—阳新统山西组；5—上石炭统—船山统太原组；6—上石炭统本溪组；7—中奥陶统马家沟组；8—正断层及编号；9—煤层及编号；10—平行不整合界线；11—角度不整合界线；12—钻孔位置及编号

表 2-28　濮阳市马庄桥煤矿区煤层发育情况一览表

含煤地层	煤段	煤层	煤厚/m		可采情况	夹矸情况	钻孔见煤情况/个（穿见/见煤/可采）
			两极值	平均值			
山西组	二	二$_5$	煤线	—	—	—	—
		二$_4$	0~0.47	0.22	不可采	—	—
		二$_1$	2.92~8.59	5.20	全区可采	含矸率 3/8	8/8/8
		二$_0^2$	0~1.02	0.13	偶可采	—	—
		二$_0^1$	0~0.55	0.07	不可采	—	—
太原组	一	一$_6$	0.56~0.63	0.60	不可采	—	2/2/0
		一$_4^2$	0.92~0.92	0.92	可采	无矸	2/2/2
		一$_4^1$	1.03~1.77	1.40	可采	无矸	2/2/2
		一$_2^2$	0~0.18	0.09	不可采	—	2/1/0
		一$_2^1$	0.36~0.54	0.45	不可采	—	2/2/0
		一$_1^3$	0.44	—	不可采	—	1/1/0
		一$_1^2$	0.62	—	不可采	—	1/1/0
		一$_1^1$	0.92	—	可采	无矸	1/1/1

注：资料来源于《河南省濮阳市马庄桥煤普查报告》，河南省地质科学研究所，2013。

表 2-29　濮阳市马庄桥煤矿区煤质特征一览表

煤层		二$_1$	一$_4^2$	一$_4^1$	一$_1^1$
镜质体最大反射率/%		0.98~2.61 / 1.18	1.09~1.11 / 1.10	1.13~1.27 / 1.20	2.41
视密度/(t·m^{-3})		1.31~1.48 / 1.38	1.36~1.47 / 1.42	1.36~1.46 / 1.41	1.39
灰分/%	原煤	10.56~21.00 / 15.41	12.34~27.07 / 19.71	14.28~24.63 / 19.46	16.33
	浮煤	7.46~12.38 / 9.94	7.70~22.06 / 14.88	10.27~12.30 / 11.29	10.58
挥发分/%	原煤	27.56~30.85 / 29.07	27.70~29.01 / 28.36	27.36~28.76 / 28.06	26.00
	浮煤	25.28~29.29 / 27.75	22.58~25.50 / 23.82	25.33~26.74 / 26.04	22.50
全硫/%	原煤	0.33~0.77 / 0.54	1.59~2.22 / 1.91	1.82~2.06 / 1.94	2.32
	浮煤	0.32~0.66 / 0.47	0.74~1.99 / 1.37	0.93~1.43 / 1.18	1.31
高位发热量/(MJ·kg^{-1})	原煤	27.96~32.57 / 30.14	25.80~31.73 / 28.77	26.32~31.08 / 28.70	29.98
	浮煤	31.59~33.64 / 32.56	27.83~33.83 / 30.83	31.85~32.71 / 32.28	32.48
黏结指数	浮煤	88~99 / 94.81	80~100 / 90	97~97 / 97	96
胶质层最大厚度/mm	浮煤	23.75~25.5 / 24.61	21~22 / 21.5	27	22.5
软化温度 *ST*/℃		1320~>1500 / >1386	1400~>1500 / >1450	1340~1410 / 1375	1440
流动温度 *FT*/℃		1365~>1500 / >1403	1410~>1500 / >1455	1350~1440 / 1395	1450

注：资料来源于《河南省濮阳市马庄桥煤普查报告》，河南省地质科学研究所，2013。

（七）滑县上官镇煤矿点

上官镇煤矿点位于滑县南部，北东方向距濮阳市约 40 km。地理坐标为东经 114°28′53″~114°43′27″，北纬 35°25′00″~35°36′05″，面积约 211.40 km^2。区内为平均海拔 50 m 左右的平原地貌。2011~2012 年，河南省煤炭地质勘察研究总院开展了此区的煤预查工作，2013 年提交了《河南省滑县上官镇北煤预查报告》。二$_1$ 煤层资源量估算面积 101.77 km^2，共估算（334）? 类煤资源量 85706.0×10^4 t，其中，埋深 1500 m 以浅的资源量 47636.0×10^4 t，1500 m 以深的资源量 38070.0×10^4 t。根据二维地震资料，本区新生界厚度 860~1360 m；构造格架为地层倾向南东的单斜构造，倾角一般 5°左右，西南部和东北部发育有次级褶曲，落差 20 m 的小断点 2 个。2012 年施工了 1 个钻孔（3001 孔），进尺 1539.55 m，终孔于中奥陶统马家沟组石灰岩中，揭露本溪组厚度 48.60 m，太原组厚度 103.81 m，山西组厚度 116.10 m，下石盒子组三煤段厚度 61.56 m，新生界厚度 1196.07 m。3001 孔于 1333.50~

1342.70 m 穿见二$_1$煤层，煤层厚度 9.20 m；测井止煤深度为 1341.21 m，煤层结构为 9.35 m＝8.28（0.56）0.51 m；于 1425.01～1426.55 m 穿见一$_5$煤层，煤层厚度 1.54 m。二$_1$煤镜质体最大反射率为 1.20%，原煤灰分 17.29%，挥发分 23.51%，全硫 0.49%，恒容干燥基高位发热量为 28.76 MJ/kg；浮煤灰分 9.86%，挥发分 23.41%，全硫 0.42%，恒容干燥基高位发热量为 32.31 MJ/kg，黏结指数 87。一$_5$煤镜质体最大反射率为 1.32%，原煤灰分 17.93%，挥发分 22.49%，全硫 1.90%，恒容干燥基高位发热量为 29.38 MJ/kg；浮煤灰分 11.84%，挥发分 21.96%，全硫 1.37%，恒容干燥基高位发热量为 32.06 MJ/kg，黏结指数 87。煤类均为低灰、高热值焦煤。

（八）浚县新镇煤矿点

新镇煤矿点位于鹤壁市、安阳市、新乡市境内，面积约 775.0 km^2，为平均海拔 60 m 左右的平原地貌。地理坐标为东经 113°57′29″～114°34′30″，北纬 35°13′04″～35°39′21″。2011 年 7 月开始，河南省航空物探遥感中心在河南省内黄隆起区开展了 5285.49 km^2 的地震概查及资源远景评价工作，于 2013 年选取本区开展煤资源勘查，由于郑州-济南高速铁路路线拟压覆该区主要含煤区，2016 年 6 月底项目终止。2014～2015 年施工了 9256.77 m/7 孔，2016 年施工的 7 个钻孔因项目终止而于见基岩前提前终孔。2016 年 10 月提交了《河南省浚县新镇煤普查（结题）报告》，估算 1500 m 以浅的（334）？类煤资源量 79052.0×10^4 t，1500～2000 m 的（334）？类煤资源量为 39938.0×10^4 t，2000 m 以深的（334）？类煤资源量为 5639.0×10^4 t。1023.38～1541.31 m 的取样深度，F$_5$ 正断层以南为瓦斯风化带，以北区域的二$_1$煤甲烷成分平均为 81.86%，甲烷含量 5.46～26.48 mL/g，平均 17.55 mL/g。地温梯度 1.5～2.5℃/hm。

新镇煤矿点为新生界全覆盖，汤东断层以东厚度 900～1300 m，汤东断层以西厚度大于 1000 m。煤系基底为奥陶系石灰岩。钻孔揭露本溪组铝质泥岩、砂质泥岩厚度 3.14～14.9 m，平均 8.69 m；太原组厚度 84.66～144.75 m，平均 109.87 m；山西组厚度 71.67～113.34 m，平均 92.10 m；下石盒子组厚度 164.45～264.22 m，平均 210.67 m；上石盒子组仅残留田家沟砂岩。区内断层发育，并将含煤地层切割为多个断块，各断块均为单斜构造，地层倾角 5°～21°；汤东正断层从该区南半幅穿过，上断至新近系，倾向北西西，倾角 40°～63°，落差大于 1500 m，剖面上表现为上陡下缓的犁式；赋煤区东界为 F$_1$ 正断层，倾向北西，倾角 35°～70°，落差大于 150 m。

新镇煤矿点仅二$_1$煤层可采，含煤区位于北部（图 2-23），总面积约 141.78 km^2，其中，埋深 950～1500 m 的 89.53 km^2，1500～2000 m 的 46.96 km^2，2000～2200 m 的 5.29 km^2。7 孔穿过，煤厚 1.81～8.19 m，平均 5.37 m。ZK5201、ZK5601 孔分岔为二$_1^1$ 和二$_1^2$ 分煤层，ZK5201 孔的二$_1^2$ 分煤层厚度 2.66 m，ZK5601 孔的二$_1^2$ 分煤层厚度 0.33 m。仅 ZK5201、ZK2801 孔含 1 层厚度为 0.32～0.37 m 夹矸。二$_1$煤层直接顶板为灰色泥岩或灰黑色砂质泥岩，底板为灰黑色-深灰色泥岩、碳质泥岩或黑色、深灰色粉砂岩。一$_5$煤层仅 ZK5601 和 ZK2401 孔穿见，煤厚分别为 0.32 m 和 1.06 m；穿见一$_7$煤层的钻孔有 ZK3701、ZK5601、ZK2401 等钻孔，煤厚分别为 0.23 m、0.40 m、0.83 m；均无夹矸。二$_1$煤为黑色，以粉状为主，含少量块状及粒状，以亮煤为主，镜煤及暗煤次之，夹丝炭薄层。镜煤最大反射率 1.63%～1.86%，平均 1.74%。宏观煤岩类型为半亮型-光亮型煤。二$_1$煤的视密度 1.37～1.46 t/m^3，平均 1.41 t/m^3。二$_1$煤原煤灰分 8.89%～25.49%，平均 18.24%；挥发分 10.06%～24.67%，平均 17.5%；固定碳 56.12%～79.60%，平均 67.50%；全硫 0.22%～0.85%，平均 0.39%；高位发热量 26.06～32.39 MJ/kg，平均 28.65 MJ/kg；低位发热量 25.70～31.74 MJ/kg，平均 28.12 MJ/kg。浮煤灰分 5.69%～11.86%，平均 8.02%；挥发分 6.79%～23.68%，平均 15.93%；固定碳 71.97%～85.83%，平均 77.34%；全硫 0.22%～0.58%，平均 0.38%。二$_1$煤为低灰、特低硫、高热值煤，焦煤、贫瘦煤和贫煤分布于 F$_5$ 正断层以北区域，无烟煤分布于 F$_5$ 正断层之南。

（九）范县白衣阁煤矿区

白衣阁煤矿区位于范县白衣阁乡、杨集乡、陈庄乡、孟楼乡及龙王庄乡，面积约 135.40 km^2，为黄

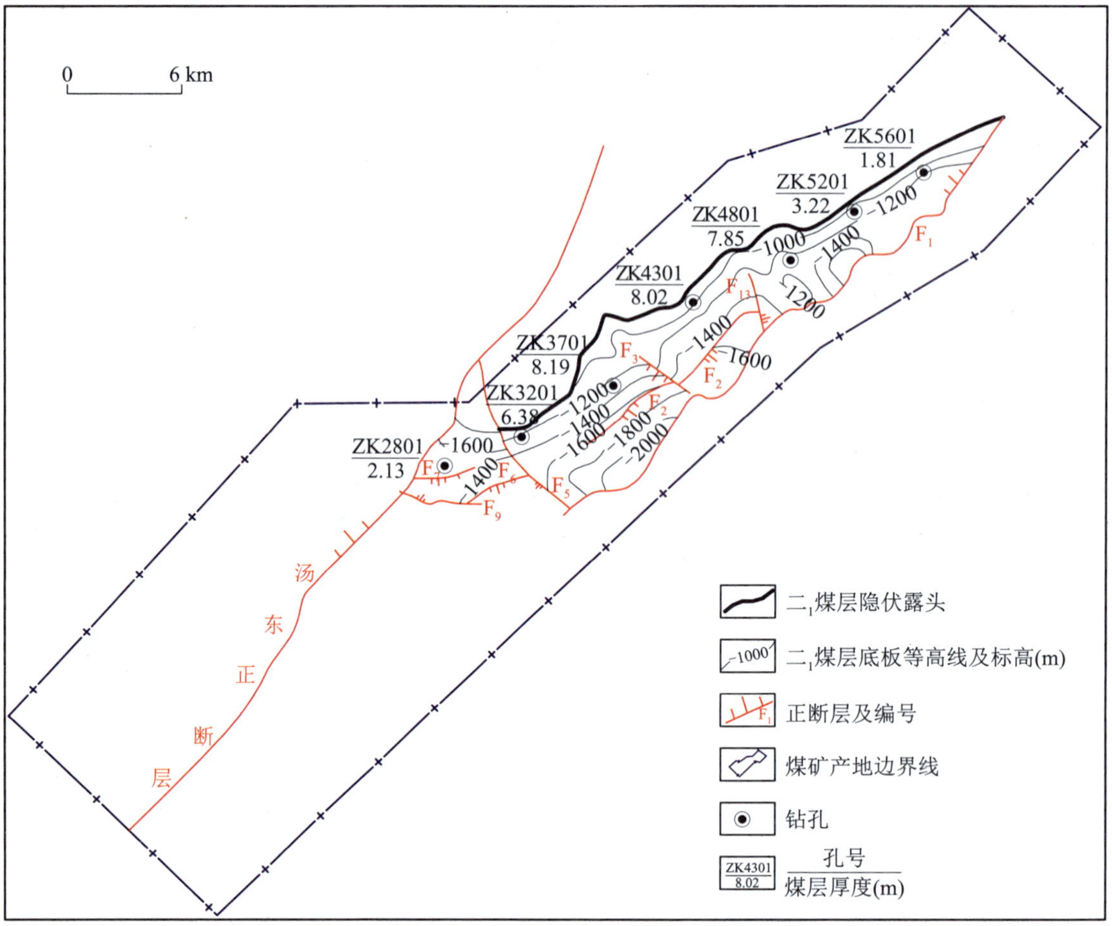

图 2-23　浚县新镇煤矿点二$_1$ 煤层底板等高线图

（据河南省航空物探遥感中心，2016）

河下游冲积平原，海拔 45~50 m。地理坐标为东经 115°27′25″~115°35′01″，北纬 35°43′30″~35°52′08″。2006~2015 年，河南省地质矿产勘查开发局第三地质矿产调查院开展了煤矿预查、普查，2016 年提交了《河南省范县白衣阁煤普查报告》，估算 1500 m 以浅的（333）类煤资源量 13044. 0×10^4 t，(334)？类煤资源量 27644. 0×10^4 t，1500 m 以深的潜在煤资源 22928. 0×10^4 t。可采煤层属容易自燃煤层，煤尘均具爆炸危险性。本区处于瓦斯风化带，甲烷成分 3. 65%~86. 07%，甲烷含量 0. 07~38. 18 mL/g。地温梯度 2. 0~2. 9℃/hm，平均 2. 3℃/hm。

白衣阁煤矿区的新生界厚度 970~1000 m，煤系基底为中奥陶统马家沟组。本溪组为杂色铝质泥岩，顶部石灰岩厚度 3. 60 m。太原组穿见厚度 145. 15 m，由 7 层石灰岩、细粒砂岩、砂质泥岩、泥岩夹 10 层煤层（线）交替沉积，以 L_7 和 L_2 石灰岩最为稳定，一$_6$、一$_3$、一$_2$、一$_1$ 等煤层局部可采。山西组由砂岩、粉砂岩、泥岩、铝质泥岩组成，二$_1$ 煤全区可采，1 孔穿见二$_2$ 煤层厚度 3. 38 m=2. 78（0. 22）0. 38 m。下石盒子组残留地层厚度 39. 00~135 m，岩性为紫红色及少量的灰绿色、褐黄色砂质泥岩、泥岩，并夹多层中砂岩、细砂岩，底部的灰白色中-粗粒砂岩稳定发育。基岩以白衣阁正断层（F_{10}）及 F_9 正断层为界，自西向东呈依次抬升的阶梯状分布格局。F_{10} 正断层之西煤层埋深大于 2000 m，F_9 正断层之东煤层剥蚀殆尽，F_{10} 正断层与 F_9 正断层间表现为向南南东倾伏的背斜构造。白衣阁正断层（F_{10}）倾向 300°~315°，倾角 75°，落差大于 500 m。F_9 正断层倾向北西，倾角 45°~75°，落差大于 500 m。

白衣阁煤矿区二$_1$ 煤层埋深 1150~2100 m，底板标高-1105~-2055 m，煤层顶、底板为泥岩或砂岩。一$_6$ 煤层位于 L_5 石灰岩之上 1. 74~2. 00 m，顶、底板均为黑灰色泥岩。一$_3$ 煤层位于 L_3 石灰岩之下，顶板为黑灰色泥岩，底板是条带状结构的细砂岩。一$_2$煤层位于L_2石灰岩之下，底板是灰色、灰黑色的富含根化石的泥岩。一$_1$煤层位于太原组底部，煤层顶板岩性为富含植物碎片化石的粉砂岩，底板则是富含植物根化石的泥岩。煤类除一$_6$煤为气肥煤外，其他均为肥煤（表2-30）。二$_1$煤为低灰、特低硫、高热值煤，一$_6$、一$_3$煤为低灰、中高硫、高热值煤，一$_2$煤为低灰、高硫、特高热值煤，一$_1$煤为中灰、中高硫、中高热值煤。

表2-30　范县白衣阁煤矿区煤层、煤质特征一览表

煤层		二$_1$	一$_6$	一$_3$	一$_2$	一$_1$
煤层厚度/m		0.46~8.00 5.83（7）	1.00~2.60 1.80（2）	1.35（1）	0.90~2.47 1.69（2）	0.66~0.91 0.79（2）
夹矸层数		0~1	0~2	1	0	0
夹矸厚度/m		0.13~0.23	0.15~0.27	0.20	—	—
原煤	水分/%	0.52~1.34 0.98	0.52~0.90 0.71	1.35	0.38~0.83 0.61	1.14
	灰分/%	10.40~21.98 13.75	13.46~15.38 14.42	14.19	8.37~14.61 11.49	24.33
	全硫/%	0.32~0.54 0.41	2.79~2.93 2.86	2.45	3.03~3.95 3.49	2.89
	磷/%	0.005~0.067 0.026	0.005~0.036 0.021	0.032	0.007~0.010 0.054	0.026
	高位发热量/（$MJ\cdot kg^{-1}$）	26.98~32.39 30.34	30.29~30.87 30.58	30.09	30.77~33.00 31.89	25.49
浮煤挥发分/%		33.95~37.00 35.48	39.28~40.21 39.75	31.81	33.19~36.25 34.72	35.04
黏结指数		92	101	90	103	98
胶质层最大厚度/mm		50.0	39.0	28.5	41.0	31.0

注：资料来源于《河南省范县白衣阁煤普查报告》，河南省地质矿产勘查开发局第三地质矿产调查院，2016。

（十）台前县侯庙-陈楼煤矿点

侯庙-陈楼煤矿点位于濮阳市台前县马楼乡、后方乡、清河乡，西邻范县，北隔金堤河与山东省阳谷相望，南隔黄河与山东省郓城、梁山相望，面积约143.63 km^2，地理坐标为东经115°44′00″~115°54′03″，北纬35°50′06″~35°59′14″。本区地处黄河下游冲积平原，属黄河、金堤河滞洪区，黄河北大堤横贯全区，地势平坦，南高北低，海拔40~45 m。2006~2011年，河南省地质矿产勘查开发局第三地质矿产调查院开展了预查工作，2012年提交了《河南省台前县陈楼煤预查报告》，2013年提交了《河南省台前县侯庙煤预查报告》，共估算1500 m以浅的（334）？类煤资源量32022.0×10^4 t，1500 m以深的（334）？类煤资源量11059.0×10^4 t。本区处于瓦斯风化带，甲烷成分和含量均较低。

1. 矿区地质

（1）地层

侯庙-陈楼煤矿点的新生界厚度659.00~748.00 m。煤系基底为马家沟组。本溪组为灰色泥岩、铝质泥岩夹1层厚度0.40~0.45 m的石灰岩，厚度11.05~20.12 m，平均15.59 m。太原组厚度171.00~200.00 m，平均182.33 m，主要由灰色-灰黑色粉砂岩、泥岩和浅色细-中粒砂岩组成，夹12~16层煤、4~8层石灰岩。山西组厚度51.85~90.98 m，平均83.96 m，含二$_2$、二$_1$煤，上部为浅灰绿色夹少量暗紫色泥岩、粉砂岩；中部为灰绿色-深灰色泥岩及中砂岩；下部为浅灰色-黑灰色细-中粒砂岩、泥岩。下石盒子组厚度 86.15~105.39 m，平均 95.77 m，岩性为紫红色及少量灰绿色、褐黄色泥岩，夹多层中砂岩、细砂岩，底部中-粗粒砂锅窑砂岩厚度 13.15 m。上石盒子组残留厚度 0~262.00 m，由砂岩、粉砂岩夹泥岩组成，底部为厚层状含砾中砂岩（田家沟砂岩）。侏罗系分布于北部，2 孔揭露厚度 156.00~205.00 m，由灰绿色（局部见暗紫色）细砂岩、粉砂岩夹薄层灰色泥岩、砂质泥岩组成，局部见植物化石碎片。

（2）构造

侯庙-陈楼煤矿点主体构造为“两背夹一向”的构造格局，西南侧为枢纽北倾、倾伏角 25°的马楼背斜，西北侧为枢纽南倾、倾伏角 3°的后方背斜，中部为北端仰起的玉皇岭向斜，东侧为南北向陈楼短轴背斜，地层倾角 10°~30°，地震资料解释出 7 条近南北向和 4 条东西向落差大于 50 m 的正断层。

（3）岩浆岩

侯庙-陈楼煤矿点施工 4 个钻孔，有 3 孔穿见岩浆岩，岩性主要为早白垩世石英钠长斑岩，厚度 0.17~22.95 m，使煤层烘烤、焦化、变薄甚至吞噬。ZK701 孔中侵位了一$_8$ 煤层（山东编号为煤 6）。ZK901 孔中沿着一$_2$、一$_3^{上}$、一$_4$ 煤层顺层侵入，ZK1301 孔中沿着一$_3^{下}$、一$_2$ 煤层顺层侵入。

2. 煤层与煤质

侯庙-陈楼煤矿点共含煤 18 层，其中二$_1$、一$_8$、一$_3^{上}$、一$_2$、一$_1$ 等煤层可采（表 2-31）。二$_1$ 煤层上距砂锅窑砂岩 81.28 m，下距 L_7 石灰岩 91.46 m，埋深 650~1650 m，煤底标高 -605~-1645 m，直接顶板为中粒大占砂岩，底板为灰黑色砂质泥岩。一$_9$ 煤层位于太原组上部，上距老君堂砂岩 8.89 m，下距 L_7 石灰岩 46.31 m，底板为灰黑色砂质泥岩。一$_8$ 煤层位于 L_8 石灰岩之下 12 m，L_7 石灰岩之上 6~13 m，顶、底板均为黑灰色泥岩。一$_3^{上}$ 煤层直接顶板为 L_3 石灰岩，底板为深灰色泥岩。一$_2$ 煤层顶、底板分别为 L_2、L_1 石灰岩，西段一$_2$ 煤层因石英钠长斑岩侵位而分岔为两层天然焦，其结构是：顶板泥岩（2.19）-天然焦（0.50）-岩浆岩（2.63）-天然焦（1.96）。一$_1$ 煤层位于太原组底部，顶板为灰黑色泥岩或细砂岩，底板为泥岩。二$_1$ 煤为低灰、特低硫、高热值 1/3 焦煤。一煤段各煤层以中灰-中高灰、中高-高硫煤贫煤为主。

表 2-31　台前县侯庙-陈楼煤矿点煤质特征一览表

煤层		二$_1$	一$_8$		一$_3$	一$_2$		一$_1$	
煤厚/m		0.38~1.67 0.74（4）	0.42~1.05 0.79（3）		0.24~1.37 0.78（4）	1.44~1.96 1.74（3）		0.92~0.93 0.93（2）	
原煤	水分/%	1.77	1.24	1.24	1.02、2.20	1.01、1.09	1.38	1.12	0.96
	灰分/%	14.15	14.84	30.88	10.39、22.35	12.20、24.45	44.63	35.91	21.18
	全硫/%	0.34	2.07	1.48	2.60、4.73	4.24、4.77	2.42	2.47	5.74
	磷/%	0.016	0.020	0.010	0.008、0.018	0.008、0.027	0.018	0.008	0.057
	高位发热量/（$MJ \cdot kg^{-1}$）	28.35	30.13	23.37	26.92、31.60	26.20、30.47	16.48	20.70	27.38
浮煤挥发分/%		36.43	39.62	11.39	10.77、11.94	10.37、16.70	7.79	15.18	9.76
黏结指数		67	93	0	0	0	0	0	0
胶质层最大厚度/mm		11.5	22.5	0	0	0	0	0	0
ST/℃		1390	>1400	>1400	1400	—	1160	>1400	
煤类		1/3JM	QM	PM	PM	PM	TR	PM	WY

注：资料来源于《河南省台前县陈楼煤预查报告》和《河南省台前县侯庙煤预查报告》，河南省地质矿产勘查开发局第三地质矿产调查院，2012，2013。

（十一）台前县吴坝煤矿区

吴坝煤矿区位于河南省东北角之黄河与金堤河夹角处的黄河河道及其滩区，地面平均海拔50 m，北、南接山东省，呈北小南大的近似长三角形，隶属于台前县吴坝乡，西起巨野正断层，东至戴韩正断层，南至黄河，面积约23.35 km^2。地理坐标为东经116°01′41″～116°03′50″，北纬35°57′33″～36°05′19″。1984～1986年，河南省地质矿产勘查开发局第十一地质队在台前县吴坝区700 km^2范围内开展了普查找煤工作，共施工钻孔9个，总进尺6670.35 m，1986年提交了《河南省台前县吴坝找煤区地质报告》，批准D级储量14122×10^4 t；据2010年编制的《河南省台前县吴坝煤核查区资源储量核查报告》，查明/保有（333）类煤资源量7936.0×10^4 t，估算（334）？类煤资源量6286.0×10^4 t。

1. 矿区地质

吴坝煤矿区的新生界厚度435.10～483.18 m，平均463.53 m。本溪组平行不整合于马家沟组石灰岩、白云质灰岩之上，厚度19.81 m；上部为浅灰色含铝质泥岩，间夹薄层状石灰岩，含少量䗴类化石；下部铝质泥岩发育，底部为紫红色铁铝层。太原组仅T_{10}孔穿透，厚度117.36 m，岩性为3层薄层状深灰色石灰岩、灰色-灰黑色泥岩、细砂岩及煤层组成，含煤4层，仅一$_1$煤层可采。山西组厚度44.12～94.18 m，平均71.39 m，主要由砂岩、泥岩组成，局部含铝质及薄层菱铁矿，含煤3层，其中二$_1$煤层为本区主要可采煤层。下石盒子组厚度136.00～291.00 m，平均220.00 m，主要岩性为灰色泥岩和较多的紫斑泥岩，夹多层灰白色中-粗粒砂岩；紫斑由上至下渐少，底部以浅灰色-灰白色的含砾中-粗粒砂岩整合覆于山西组之上。上石盒子组出露不全，依据毗邻的山东省梁山含煤区施工的ZK18孔，穿见厚度270.46 m；上部以灰色泥岩为主，夹薄层细砂岩；中上部以紫斑泥岩为主，夹中-粗粒砂岩；底部为灰白色含砾中-粗粒砂岩。侏罗系分布于本区西部，T_2、T_6、T_9等3孔穿见，平均厚度204.72 m，为一套灰绿色、浅灰色细砂岩、粉砂岩组成，据地震资料，最大厚度可达800 m，与下伏地层呈角度不整合接触。

吴坝煤矿区总体构造形态为地层倾向西、倾角5°～10°、缓波状起伏的单斜构造（图2-24）。巨野正断层倾向275°，倾角70°，落差1000 m。戴韩正断层倾向253°，倾角70°，落差350 m。

吴坝煤矿区及周边有7个钻孔穿见岩浆岩。见辉绿岩4孔8层次，侵位于太原组和山西组，穿见厚度0.28～5.58 m。见闪长玢岩2孔9层次，侵位于奥陶系和太原组，穿见厚度7.17～19.25 m。见花岗岩1孔1层次，侵位于山西组，穿见厚度1.40 m。

2. 煤层与煤质

吴坝煤矿区的太原组含煤4层，煤层厚度分别为一$_1$煤1.12 m、一$_2$煤0.65 m、一$_3$煤0.63 m、一$_4$煤0.50 m。二煤段含煤3层，普遍含矸；2孔穿见二$_3$煤层，仅1孔见煤厚0.63 m；3孔穿见二$_2$煤层厚度分别为0.37 m、0.67 m、0.97 m；3孔穿见二$_1$煤层厚度2.90～5.51 m，平均4.20 m。二$_1$煤层底板标高-500～-800 m（图2-25）；T_7孔中煤层受辉绿岩侵位的影响，煤层结构复杂并于接触带附近出现天然焦。二$_1$煤层顶板：北部为细砂岩，中部及南部为砂质泥岩；底板：中部为细砂岩，北部为泥岩，南部为砂质泥岩。

吴坝煤矿区的二$_1$煤呈黑色，以亮煤为主，次为暗煤，粒状结构，块状及层状构造，属半亮型煤，平均视密度为1.40 t/m^3。镜下观察，煤中有机质组分主要为凝胶化物质（占66.22%），次为丝炭（占24.77%），半凝胶化物质含量1.13%，壳质组含量3.60%。凝胶化物质为无结构镜煤碎片及胶化基质；丝炭为不定型的丝炭碎片，有的碎片可见到腔体，并可见到菌核体；壳质组物质可见到小孢子、胶质层及树脂等。煤中无机成分主要为黄铁矿、方解石及粘土质；黄铁矿（0.23%）呈薄膜状、粒状，方解石（0.67%）呈脉状，粘土矿物（3.38%）呈线理状及分散状分布在煤层之中。二$_1$煤原煤水分1.93%，灰分11.49%，挥发分37.30%，全硫0.50%，磷0.0338%，高位发热量29.45 MJ/kg，浮煤水分1.60%，灰分6.30%，挥发分37.88%，胶质层最大厚度10 mm。煤类为低灰、特低硫、高热值气煤。硫成分中有机硫含量0.32%，硫铁矿硫0.17%，硫酸盐硫0.01%。

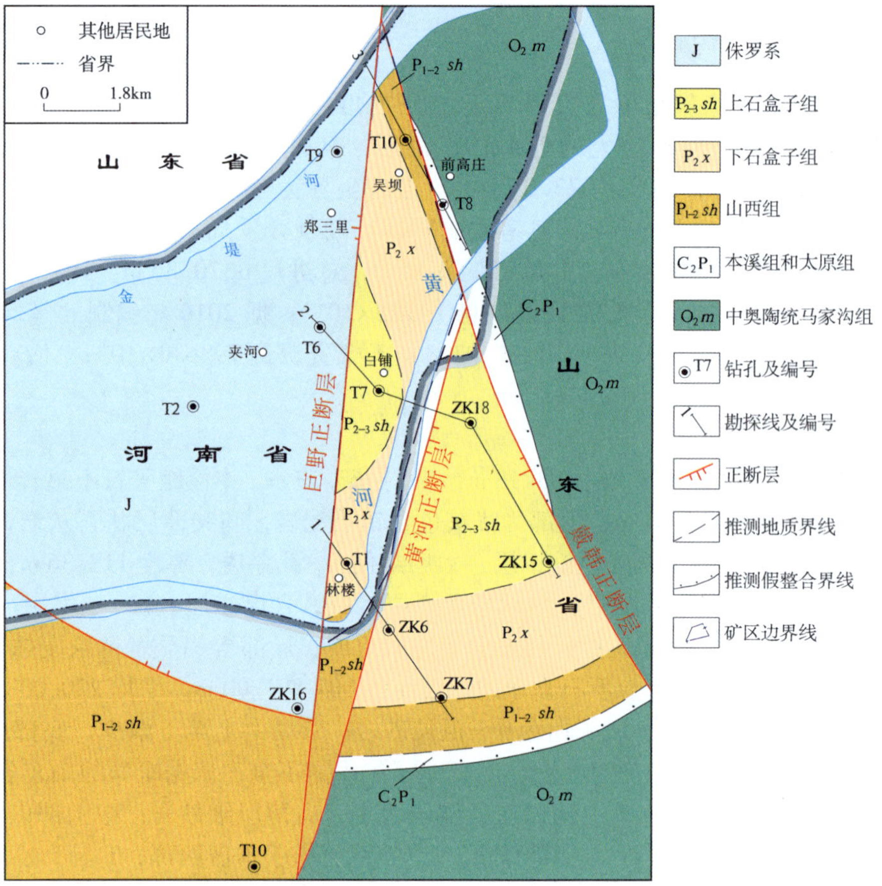

图 2-24　台前县吴坝煤矿区基岩地质略图

（据河南省地质矿产勘查开发局第十一地质队，2010a）

吴坝煤矿区的二$_1$煤层天然焦为钢灰色、黑灰色，致密块状，少数为粒状，具有小气孔。有机质组分 86.21%～91.33%，呈细粒结构、粗粒结构，有的呈片状结构。无机组分中以粘土类及碳酸盐类为主，硫化物及氧化物次之。泥质多充填于焦的气孔中。

三、焦作煤田

焦作煤田位于河南省北中部，北倚太行山，分布于焦作市区、博爱县、武陟县、修武县和新乡市凤泉区、获嘉县、辉县市、卫辉市境内，为半掩盖式煤田。西起博爱县柏山，东至卫辉市太公泉镇，北起太行山南麓，南至武陟和获嘉县徐营镇，北东—南西向长 50～78 km，北西—南东向宽 20～40 km，面积约 1996 km^2。地理坐标为东经 113°07′30″～114°02′10″，北纬 35°06′06″～35°34′00″。地势北高南低，北为低山，南为黄河、沁河冲积平原，中部多为山前洪积、冲积平原，仅有九里山、古汉山两个残丘。黄河水系的沁河及其支流流经煤田西部，海河水系的卫河及其支流流经煤田北部及东部。区内海拔 87.0～130.0 m，地下水极其丰富。

焦作煤田开发历史悠久，是中国最早认识、开发和利用煤炭资源区之一，采煤历史可追溯到宋代。1898 年，焦作煤矿由英国福公司投资，在焦作市中站区至马村区一带开采二$_1$煤，1904 年凿井 5 口，开采深度 50～100 m，是河南省最先用机械化采煤的煤矿，1908 年正式出煤。1913 年，起福公司与我国民营的中原煤矿公司联合组成福中总公司，1924 年，福中总公司年采原煤 160×10^4 t 左右，1930 年煤产量约 250×10^4 t，占当时全国煤产量的近十分之一，是民国时期焦作煤矿的鼎盛时期，成为当时河南省最大的煤矿。焦作煤矿是中国最早运用现代技术开采的四大煤矿之一，为河南省最早使用机械化采煤的公司，几度坎坷，几度辉煌，堪称中国煤炭工业的缩影，以煤质优良享誉全国，英国

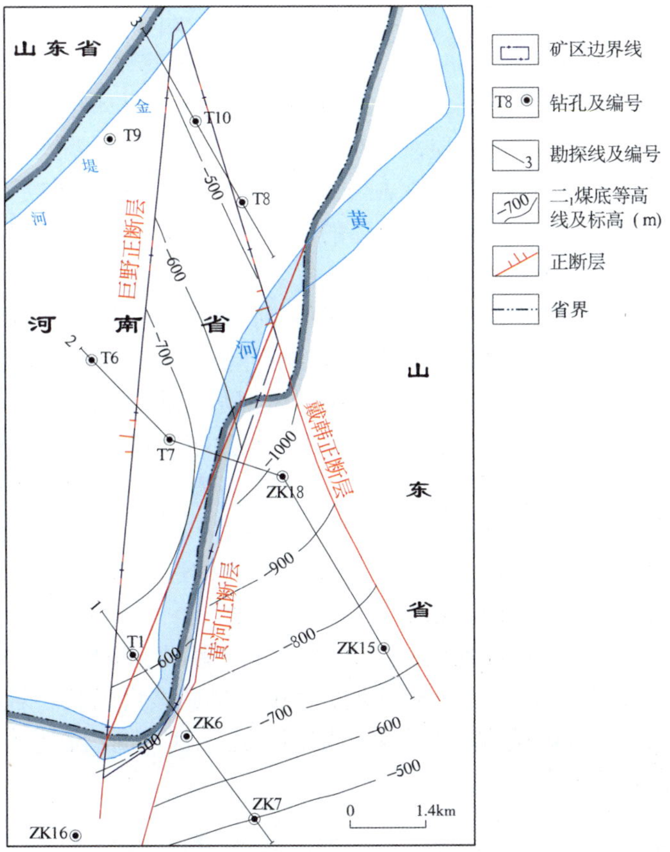

图 2-25 台前县吴坝煤矿区二$_1$煤层底板等高线图

（据河南省地质矿产勘查开发局第十一地质队，2010a，有修改）

人将焦作的优质无烟煤运至英国，供皇宫取暖（河南省地质矿产厅地质矿产志编辑委员会，1992；《河南煤炭工业志》编纂委员会，2017）。最早的勘查资料有《修武及沁阳煤田报告》（新常富，1917）、《中福公司煤田地质研究》（阎增才，1927）、《河南修武县煤田地质》和《太行山东麓煤田地质构造研究》（侯德封，1930）。抗日战争爆发后，煤田勘查工作中断，产煤量锐减。1948 年 10 月，解放区民主政府接收焦作煤矿，交由新华公司经营，1949 年 9 月改名为焦作矿务局，当年产原煤仅 5×10^4 t。中华人民共和国成立前，焦作虽已全国驰名，已有一定规模的开采且已形成了较为完整的煤炭工业体系，但正规的煤矿地质勘查和大规模开发是在中华人民共和国成立之后。1955～1956 年，中南煤田地质局一二五队和焦作矿务局提交了多份地质报告，探明煤炭工业储量达 2.8×10^8 t。地质工作者为 1956 年 7 月焦作市的建立及其后的发展贡献卓越。本区地质勘查程度总体较高，至 21 世纪初，浅部煤炭资源已全面勘查，深部已控制二$_1$煤层埋深 1500 m（五里源煤矿区 ZK0005 孔）。据 2010 年河南省煤炭地质勘察研究院编制焦作煤田各矿区资源储量核查报告和有关地勘单位于 2013 年及其后提交的五里源、方庄深部、块村营、薄壁和马厂 5 个煤矿区的地质勘查报告，区内累计查明煤资源储量 522126.8×10^4 t，保有煤资源储量 493700.0×10^4 t；另有 1500 m 以浅的（334）？类煤资源量 155666.2×10^4 t，1500 m 以深的潜在煤资源 158196.5×10^4 t；估算二$_1$煤的煤层气资源量 1146.02×10^8 m^3。焦作煤田共划分出 21 个煤矿区，总面积约 1119.02 km^2，以焦作市五里源煤矿区作为代表性矿区进行阐述，其余则简述之。

（一）煤田地质特征

焦作煤田位于太行构造区之太行山隆起带的东南缘斜坡地带，北为寒武系—奥陶系出露区，西起林州-百家岩-薄壁正断层，东以耿黄-青羊口大断裂邻汤阴断陷，南以（封门口-太行南-）朱村-武陟正断层邻济源坳陷，煤系基底为奥陶系，本溪组—上石盒子组平均总厚度 627.07 m，煤系盖层由二叠系乐平统孙家沟组（厚度 0~278.68 m）和新近系中新统鹤壁组河湖相沉积及第四系等组成（图 2-26）。林州-百家岩-薄壁正断层呈北北东或近南北向展布在林州市任村至焦作市一带，向东陡倾，落差大于 1000 m。耿黄-青羊口正断层倾向东，倾角 60°~75°，落差大于 1000 m。（封门口-太行南-）朱村-武陟正断层位于焦作市中站区朱村至修武县李万一线，走向近东西，倾向南西，倾角 70°，落差大于 2000 m。董村正断层构成武陟断隆的北界，该断层位于修武县李万至王屯一线，走向近东西，北倾，倾角 68°~70°，落差大于 1000 m。

焦作煤田内断裂构造以近东西向、北东向和北西向高角度正断层为主，断裂构造交织形成的密集断裂网络系统将含煤地层分割为一系列不连续的、大小不同、形态各异的断块。凤凰岭正断层、峪河正断层和九里山正断层将煤田主体大致划分为 4 块。凤凰岭正断层走向近东西，南倾，倾角 70°左右，落差 80~670 m。峪河正断层走向北西，倾向南西，倾角 70°左右，落差 300~700 m。九里山正断层倾向 306°~338°，倾角 70°，落差 250~1100 m。凤凰岭正断层之南为向东倾伏的墙南宽缓向斜构造，近东西向高角度正断层发育。凤凰岭正断层与峪河正断层之间，主体构造线方向呈北东或近南北向，含煤地层被断层分割为一系列不连续的条状断块，总体构造格架为地层倾向南东、倾角 2°~25°的单斜构造。峪河正断层之北，九里山正断层之西的薄壁地区，总体构造格架为地层倾向南东的单斜构造；九里山正断层之东的辉县市赵固地区总体为地层倾向南西、倾角 2°~21°的单斜构造。煤田东北部的辉县市张村-卫辉市陈召含煤区位于断层夹块之中，早白垩世闪长玢岩的侵位，使煤层和煤质都受到了一定影响，接触带附近镜质体反射率有所增高。近东西向断裂在焦作-新乡一带与太行山东麓深断裂交汇处，近代常有地震发生。

（二）煤层与煤质

1. 煤层

焦作煤田含煤 18~23 层，煤层总厚度 16.04 m，仅一、二煤段含可采煤层，其中山西组下部的二$_1$ 煤层、太原组中部的一$_5$ 煤层、太原组底部的一$_1$ 煤层（因 L_1 和 L_2 石灰岩仅发育 1 层，有称之为一$_2$ 煤层）为主要可采煤层（表 2-32）。

2. 煤质

焦作煤田内所有煤层均属无烟煤。

焦作煤田的一煤段各可采煤层主要为块状煤，次为粉-粒状煤。宏观煤岩组分以亮煤为主，暗煤和镜煤次之，宏观煤岩类型属半亮-光亮型煤。镜质体最大反射率 2.85%~4.08%，视密度一般为 1.46~1.60 t/m^3。形态硫以硫铁矿硫为主，次为有机硫，硫酸盐硫甚微。煤类以低灰（一$_5$ 煤中灰）、中高-高硫、低磷、中等软化温度灰、中高-高热值煤为主。

焦作煤田的二$_1$ 煤多呈块状。宏观煤岩组分以亮煤为主，次为镜煤和暗煤，含丝炭凸镜体，宏观煤岩类型属半亮-光亮型煤。形态硫以有机硫为主，次为硫铁矿硫，硫酸盐硫甚微。镜质体最大反射率为 2.42%~4.00%，视密度 1.40~1.59 t/m^3，一般为 1.45~1.52 t/m^3。煤类为低灰、低硫、低磷、中等-较高软化温度灰、对 CO_2 反应性弱、中-高热稳定性、高热值、易选-中等可选的高强度难磨煤。陈召含煤区二$_1$ 煤受岩浆岩热变质作用的影响而于接触带附近出现天然半焦及天然焦。

（三）开采技术条件

1. 煤层顶、底板

焦作煤田的二$_1$ 煤层顶板为砂质泥岩或大占砂岩，底板为泥岩，砂岩顶板稳定性较好，工程地质条件较好；泥岩遇水易膨胀、坍塌和底鼓，稳定性差，工程地质条件复杂。一$_5$ 煤层顶板为石灰岩或砂岩，工程地质条件优良，底板泥岩遇水易膨胀底鼓。一$_1$ 煤层顶板为石灰岩，工程地质条件优良，底板泥岩或铝质泥岩遇水易膨胀、破碎。

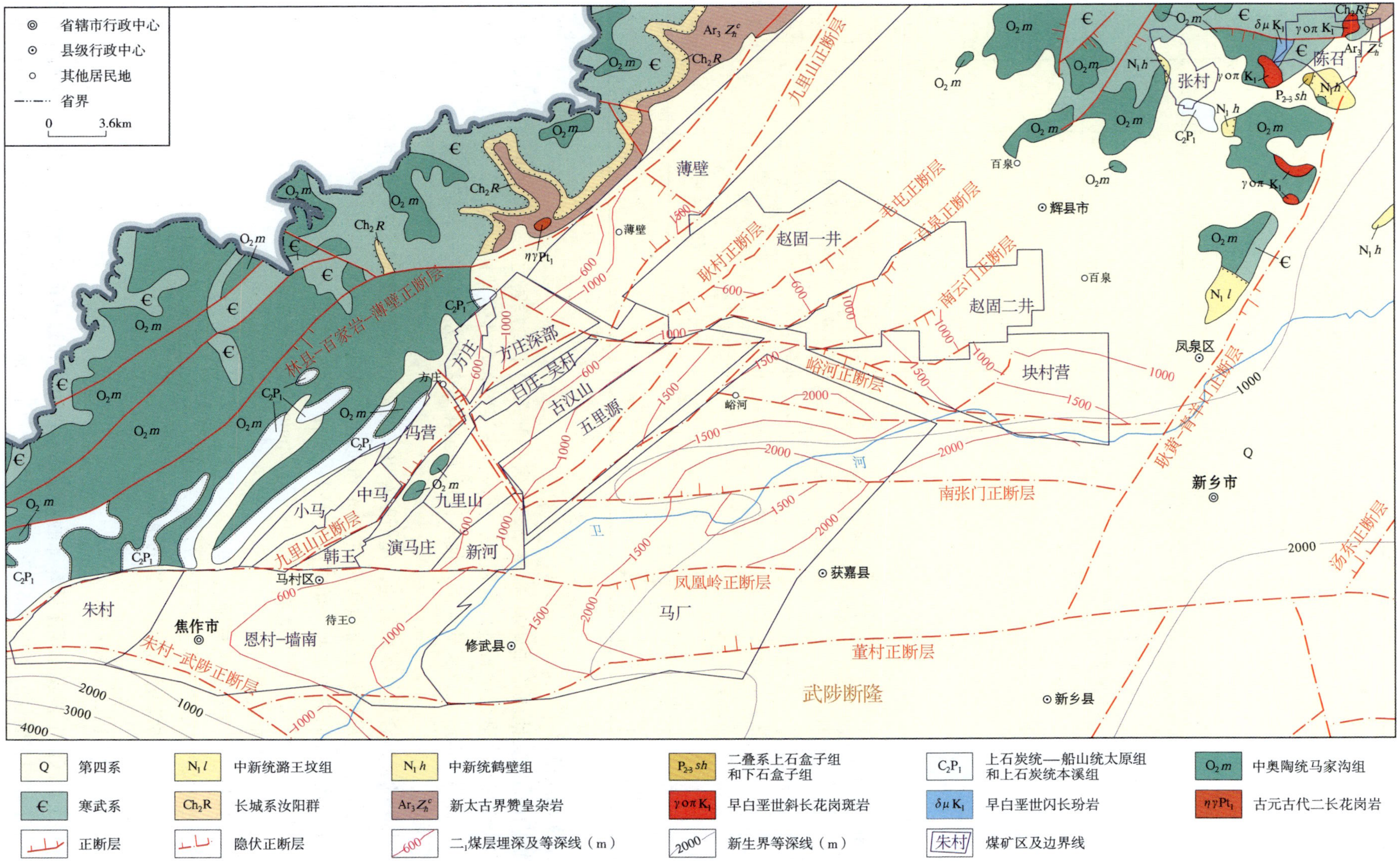

图2-26 焦作煤田地质略图

表 2-32　焦作煤田煤层发育情况一览表

地层单位	穿见地层厚度/m	煤段名称	含煤层数	煤层编号	可采煤层			夹矸	
					编号	煤厚/m	可采性	层数	厚度/m
上石盒子组	0~365.75/167.38	九煤段	0						
		八煤段	0						
		七煤段	1	七煤					
下石盒子组	0~364.26/272.19	六煤段	1	六煤					
		五煤段	1	五煤					
		四煤段	2	四$_1$、四$_2$					
		三煤段	2	三$_0$、三$_1$					
山西组	49.24~121.54/87.48	二煤段	6	二$_0$、二$_1$、二$_2$、二$_3$、二$_4$、二$_5$	二$_1$	0~16.66/4.88	全区可采	0~3	0.02~1.43
太原组	51.90~117.71/86.92	一煤段	9	一$_1$、一$_3$、一$_4$、一$_5$、一$_6$、一$_7$、一$_8$、一$_9$	一$_7$	0~0.85/0.83	仅陈召煤矿区局部可采	0	—
					一$_6$	0~3.03/1.49	仅陈召煤矿区局部可采	1	0.2
					一$_5$	0~4.90/1.17	局部可采	0~2	0.09~1.20
					一$_4$	0~4.56/1.32	仅陈召和张村煤矿区局部可采	1	0.2
					一$_3$	0~2.00/1.32	仅张村煤矿区局部可采	1	0.02~1.30
					一$_1$	0~7.12/2.20	大部分可采	1~3	0.06~0.79
本溪组	1.80~45.60/13.10	零煤段	1						

2. 水文地质条件

焦作煤田的水文地质条件复杂-极复杂，水害是开采的重要危害之一。煤田地处区域岩溶水排泄区，地表径流发育，老窑密布且广有积水，区内含水层的含水性强且补给面广，煤层底板岩溶水，特别是奥陶系岩溶水水压大、水量丰富，使本区成为全国著名的大水区之一，矿井涌水、突水频发。

3. 瓦斯

焦作煤田的瓦斯含量具不均匀性，瓦斯赋存以凤凰岭和峪河正断层为界大致可划分为 3 个分区。凤凰岭正断层之南，煤层瓦斯含量普遍在 30 m^3/t 以上，最高 42 m^3/t。凤凰岭断层与峪河断层间，构造复杂，全为煤与瓦斯突出矿井，始突深度 150 m（韩王煤矿区），突出最大强度 2397 t/次（九里山煤矿区），工作面绝对瓦斯涌出量最大值 16.07 m^3/min（中马村煤矿区）。峪河断层以北，因处于断层的上升盘，主要为低瓦斯区。

4. 煤尘爆炸性、煤层自燃与地温

焦作煤田的煤尘无爆炸性，未发生过煤层自燃。本区地温梯度 0.20~2.17℃/hm，属地温正常区，随着开采深度的增加应引起对热害的重视。

（四）焦作市五里源煤矿区

五里源煤矿区位于古汉山煤矿区深部的修武县五里源乡和辉县市吴村镇、峪河镇、王敬屯乡及冀屯乡，北止于峪河正断层，面积约 61.76 km^2。为太行山南麓山前平原地带，海拔 80~95 m。地理坐标为东经 113°26′04″~113°36′51″，北纬 35°16′34″~35°23′15″。2006~2013 年，河南省地质矿产勘查开发局第二地质矿产调查院对该区开展了预查-详查，2013 年提交了《河南省焦作煤田五里源煤详查报告》，累计查明/保有 1500 m 以浅的煤资源量 41460.7×10^4 t，另有（334）? 类煤资源量 9028.1×10^4 t；另估算 1500 m 以深的潜在煤资源 18941.5×10^4 t；估算二$_1$ 煤的煤层气资源量 1.08×10^8 m^3。

1. 矿区地质

五里源煤矿区的中奥陶统马家沟组为中厚-巨厚层状石灰岩、白云岩。本溪组厚度 2.71~12.76 m，平均 7.77 m，主要为灰色-灰黄色铝质泥岩，中部偶含不可采薄煤 1 层（零煤段）。太原组厚度 83.35~117.71 m，平均 91.67 m，含煤层（线）8 层（一$_1$、一$_3$、一$_4$、一$_5$、一$_6$、一$_7$、一$_8$、一$_9$），L_1 和 L_2 石灰岩仅发育 1 层（称 L_{1+2} 石灰岩），一$_7$ 煤层厚度 0.05~0.67 m。山西组厚度 49.24~103.30 m，平均 82.09 m，含煤层（线）3 层（二$_1$、二$_2$、二$_3$）。下石盒子组厚度 221.94~364.26 m，平均 289.88 m，含极不稳定的煤线，底部的含砾中-粗粒长石石英砂岩（砂锅窑砂岩）厚度 1.31~20.01 m，平均 6.09 m。上石盒子组残留厚度 99.02~232.03 m，底部的中-粗粒石英砂岩（田家沟砂岩）厚度 2.69~24.31 m，平均 12.84 m。新近系厚度 42.62~576.95 m，平均 264.90 m。第四系厚度 98.74~595.75 m，平均 341.80 m。区内为地层倾向南东、倾角 5°~15°（局部 25°）的单斜构造（图 2-27），局部存在小褶曲，北东向高角度正断层发育。

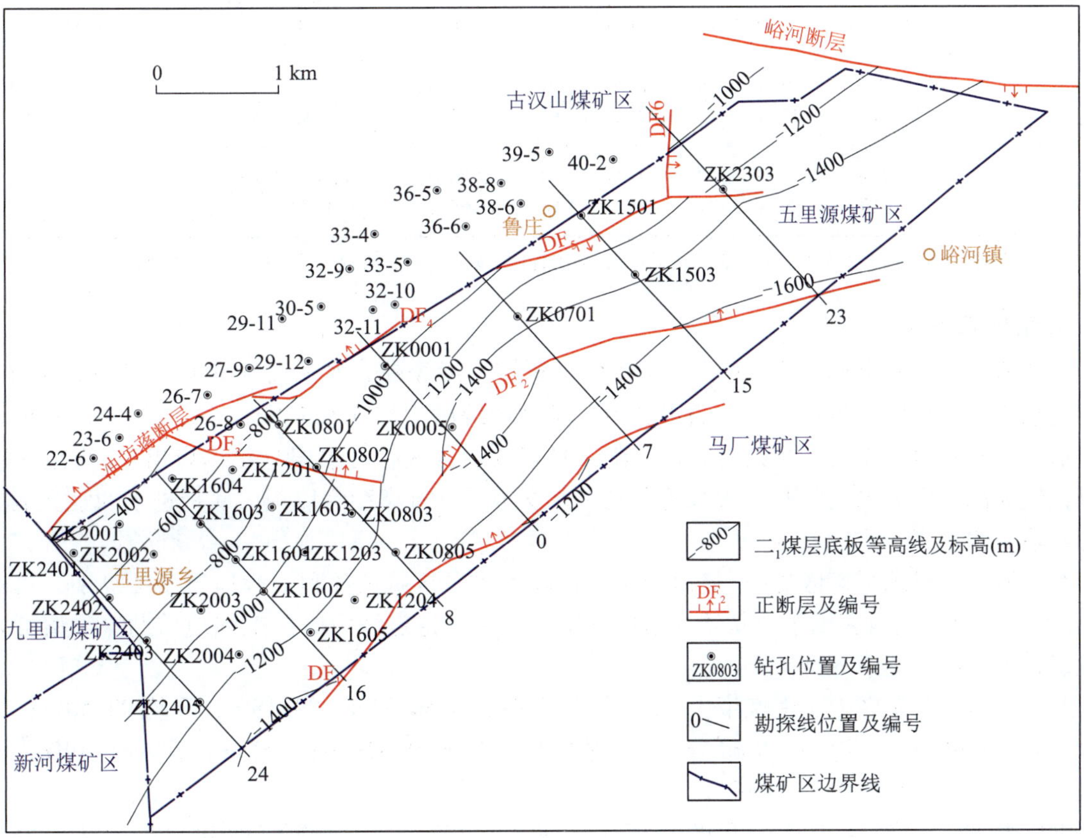

图 2-27 焦作市五里源煤矿区二$_1$ 煤层底板等高线图

（据河南省地质矿产勘查开发局第二地质矿产调查院，2013a，有修改）

2. 煤层与煤质

五里源煤矿区的本溪组—上石盒子组平均总厚度 638.79 m，含煤 13 层，煤层平均总厚度 10.35 m，含煤系数 1.62%；可采煤层平均总厚度 9.82 m，可采煤层含煤系数 1.54%。二$_1$、一$_1$ 煤层为全区可采的稳定煤层。二$_1$ 煤层上距砂锅窑砂岩平均 66 m，下距太原组石灰岩顶平均 21 m，煤底标高-380~-1640 m，埋深 460~1720 m，直接顶板多为泥岩，局部有碳质泥岩伪顶，直接底板为泥岩和细砂岩，煤厚 3.48~9.72 m，平均厚度 6.20 m，偶含 1~2 层泥岩夹矸。一$_1$ 煤层位于太原组底部，直

接顶板为 L_{1+2} 石灰岩，上距二$_1$ 煤层平均 99 m，煤底标高-470~-1730 m，埋深 550~1810 m，煤厚 2.82~7.12 m，平均厚度 3.62 m，一般含矸 2~3 层。

五里源煤矿区的二$_1$ 煤为灰黑色、黑色，均一状结构，块状构造，以块状煤为主，次为碎裂煤和碎粒煤，镜质体最大反射率为 3.01%~3.74%，视密度 1.44 t/m^3；宏观煤岩类型为半亮型煤及光亮型煤，宏观煤岩组分主要为镜煤，其次为亮煤及少量暗煤和丝炭。一$_1$ 煤为黑色，以块煤为主，少量片状和粉状煤，镜质体最大反射率为 3.19%~3.53%，视密度 1.47 t/m^3；宏观煤岩类型为半亮型煤，次为光亮型煤，宏观煤岩组分为亮煤，次为镜煤。煤类为高热值无烟煤（表 2-33），二$_1$ 煤为特低硫煤，一$_1$ 煤为高硫煤。

表 2-33　焦作市五里源煤矿区煤质特征一览表

煤层		工业分析/%			化学分析/%		高位发热量
		水分（M_{ad}）	灰分（A_d）	挥发分（V_{daf}）	全硫（$S_{t,d}$）	磷（P_d）	（$Q_{gr,v,d}$）/（MJ·kg^{-1}）
二$_1$	原煤	0.38~2.65 1.79（28）	10.05~20.84 14.28（28）	6.95~9.90 8.15（28）	0.24~0.52 0.33（28）	0.006~0.058 0.029（25）	27.50~35.01 30.00（28）
	浮煤	0.38~3.81 1.44（28）	1.73~15.11 5.45（28）	3.60~7.95 6.20（28）	0.27~0.46 0.36（28）	0.002~0.026 0.014（9）	33.14~35.00 34.04（5）
一$_1$	原煤	0.26~2.72 1.46（10）	11.91~18.91 15.54（10）	6.30~11.24 8.21（10）	2.60~6.54 4.62（10）	0~0.030 0.009（8）	27.11~30.24 28.75（10）
	浮煤	0.38~2.82 1.55（10）	2.87~8.77 5.00（10）	4.89~11.11 6.44（10）	0.86~6.25 3.55（10）	0.002~0.013 0.008（2）	—

注：资料来源于《河南省焦作煤田五里源煤详查报告》，河南省地质矿产勘查开发局第二地质矿产调查院，2013a。

3. 开采技术条件

水文地质条件：五里源煤矿区的二$_1$ 煤底板石灰岩岩溶裂隙含水层是未来矿井重要的充水水源，水文地质勘查类型为以底板进水为主的水文地质条件中等的岩溶充水矿床。一$_1$ 煤层顶、底板均为具较强富水性的石灰岩含水层，尤其是底板奥陶系马家沟组石灰岩含水层是焦作煤田一$_1$ 煤层的重要充水水源，较大的矿山突水大都有奥灰水的参与，水文地质勘查类型为以顶、底板进水的水文地质条件复杂的岩溶充水矿床。

工程地质：五里源煤矿区的一$_1$ 煤由于煤层顶底板水文地质条件和工程地质条件复杂，目前尚未开采。二$_1$ 煤层顶、底板多属于半坚硬、坚硬的层状岩类，稳定性中等；工程地质勘探类型可划分为Ⅲ类Ⅱ型，即层状岩类中等型矿床。

瓦斯：五里源煤矿区处于甲烷带中。二$_1$ 煤的甲烷成分 56.71%~99.18%，平均 92.50%；甲烷含量 6.85~54.77 mL/g，平均 21.19 mL/g。一$_1$ 煤的甲烷成分 79.62%~93.61%，平均 88.49%；甲烷含量 3.00~17.37 mL/g，平均 8.74 mL/g。

煤尘爆炸性、自燃与地温：五里源煤矿区的二$_1$ 煤层无煤尘爆炸性和自燃倾向。558.90~1507.15 m 的测温深度，平均地温梯度为 0.45~0.83℃/hm，属地温正常区。

（五）焦作市朱村煤矿区

朱村煤矿区位于焦作煤田西部的焦作市中站区朱村乡，西起天官区正断层，东至三十九号井正断层，南止于朱村正断层，面积约 8.15 km^2，为太行山南麓由西北向东南倾斜的山前冲洪积平原，海拔 124~156 m。地理坐标为东经 113°07′49″~113°11′50″，北纬 35°12′40″~35°14′29″。勘查程度达详查，累计查明二$_1$、一$_5$ 煤层煤资源储量 7704.9×10^4 t，保有煤资源储量 2600.0×10^4 t。本区为地温正常区，生产矿井属煤与瓦斯突出矿井，已关闭。

朱村煤矿区位于太行山隆起带东南缘，第四系厚度 22.0~127.0 m，由西北向东南逐渐增厚。煤系基底为中奥陶统马家沟组。含煤地层本溪组厚度 5.00～33.00 m，平均 15.00 m；太原组厚度 59.00～78.00 m，平均 68.00 m；山西组厚度 80.00～90.00 m，平均 85.00 m；下石盒子组残存最大厚度 155.00 m。本区总体构造形态为一地层倾向南东、倾角 5°～10°的单斜构造，北东向高角度正断层发育。天官区正断层倾向北西，倾角 60°～70°，落差 35～300 m。三十九号井正断层倾向南东，倾角 70°～75°，落差 110～300 m。朱村正断层倾向 190°，倾角 70°，落差大于 2000 m。三号井正断层倾向北西，倾角 60°～70°，落差 0～80 m，将矿区分为南北两部分。

朱村煤矿区的$二_1$、$一_5$煤层全区可采，$一_1$煤层局部可采。因水文地质复杂，一煤段煤层难以开采。$二_1$煤层厚度 0.87～11.73 m，平均 5.28 m，局部含矸。太原组中部的$一_5$煤层厚度 0.23～1.57 m，平均 1.17 m，煤底标高+110～-265 m，埋深 150～385 m。太原组底部的$一_1$煤层厚度 0.10～1.64 m，平均 0.68 m，一般含矸 2～3 层，分为上、下两个分煤层，其上分层一般不可采，下分层含夹矸 1～2 层。

朱村煤矿区的$二_1$煤的原煤水分平均 1.32%；灰分 10.38%～23.29%，平均 16.06%；全硫 0.29%～0.37%，平均 0.33%；发热量平均 27.10 MJ/kg；挥发分 3.51%～8.17%，平均 5.43%；煤类为低灰、特低硫、中高热值无烟煤。$一_5$煤的原煤水分 0.43%～3.14%，灰分平均 15.07%，全硫平均 2.20%，发热量 27.50 MJ/kg，挥发分平均 7.17%，煤类为低灰、中高硫、高热值无烟煤。$一_1$煤的原煤水分 0.39%～2.09%，灰分 21.04%，全硫平均 4.53%，发热量 26.50 MJ/kg，挥发分平均 5.59%，煤类为中灰、高硫、中高热值无烟煤。

（六）焦作市恩村-墙南煤矿区

恩村-墙南煤矿区位于焦作煤田西部的焦作市区南部和修武县西部，西以三十九号井正断层接朱村煤矿区，西南止于朱村正断层，南止于董村正断层，北止于凤凰岭正断层，东抵$二_1$煤底标高 -1100 m，东西长约 20 km，南北宽约 7.5 km，总面积约 127.16 km^2。本区为太行山南麓的山前冲洪积平原，海拔 75.0～134.6 m，地理坐标为东经 113°10′15″～113°25′32″，北纬 35°11′00″～35°15′50″。勘查程度达勘探，累计查明/保有煤资源量 89154.3×10^4 t，另有（334）？类煤资源量 41893.6×10^4 t；估算$二_1$煤的煤层气资源量 317.76×10^8 m^3。本区为地温正常区，地温梯度 0.2～1.7℃/hm。该矿区大部已被焦作市新区压覆。

恩村-墙南煤矿区的新生界厚度 111.30～804.65 m，由西北向东南逐渐增厚。煤系基底为中奥陶统马家沟组。本溪组厚度 4.55～45.60 m，平均 18.29 m。太原组厚度 51.90～81.40 m，平均 65.85 m。山西组厚度 60.70～97.25 m，平均 82.16 m。下石盒子组厚度 200.80～276.60 m，平均 215.39 m。上石盒子组保留最大厚度 354.20 m。孙家沟组揭露最大厚度为 118.90 m。构造形迹为墙南宽缓向斜（图 2-28），轴向近东西，向东倾伏，地层倾角 2°～14°，南翼陡，北翼缓。北东向、近东西向高角度正断层发育。

恩村-墙南煤矿区的$二_1$、$一_5$煤层全区可采。$二_1$煤底标高-50～-1100 m，煤厚 0.71～12.69 m，平均 5.70 m，局部含厚度 0.10～3.30 m 夹矸 1～3 层。$一_5$煤层厚度 0～2.30 m，平均 1.15 m，局部含厚度 0.09～1.03 m 夹矸 1～2 层。$二_1$煤原煤水分 0.98%～4.95%；灰分 10.68%～29.20%，平均 17.06%；全硫 0.29%～0.37%；挥发分 4.75%～11.41%，平均 7.70%，煤类为低灰、特低硫无烟煤。$一_5$煤原煤水分 0.99%～4.51%；灰分 12.63%～38.55%，平均 20.75%；全硫 0.99%～6.63%，平均 2.78%；挥发分 4.85%～11.07%，平均 6.98%，煤类为中灰、中高硫无烟煤。

（七）焦作市小马煤矿区

小马煤矿区位于焦作市马村区，南邻恩村-墙南煤矿区，北接冯营煤矿区，东以李庄正断层接中马村煤矿区，面积约 13.37 km^2。区内海拔 111～163 m，地理坐标为东经 113°16′26″～113°21′40″，北纬 35°16′18″～35°19′56″。勘查程度达详查，累计查明煤资源储量 7436.4×10^4 t，保有煤资源储量 4721.4×10^4 t，已关闭。本溪组平均厚度 24.66 m，太原组平均厚度 86.36 m，山西组平均厚度

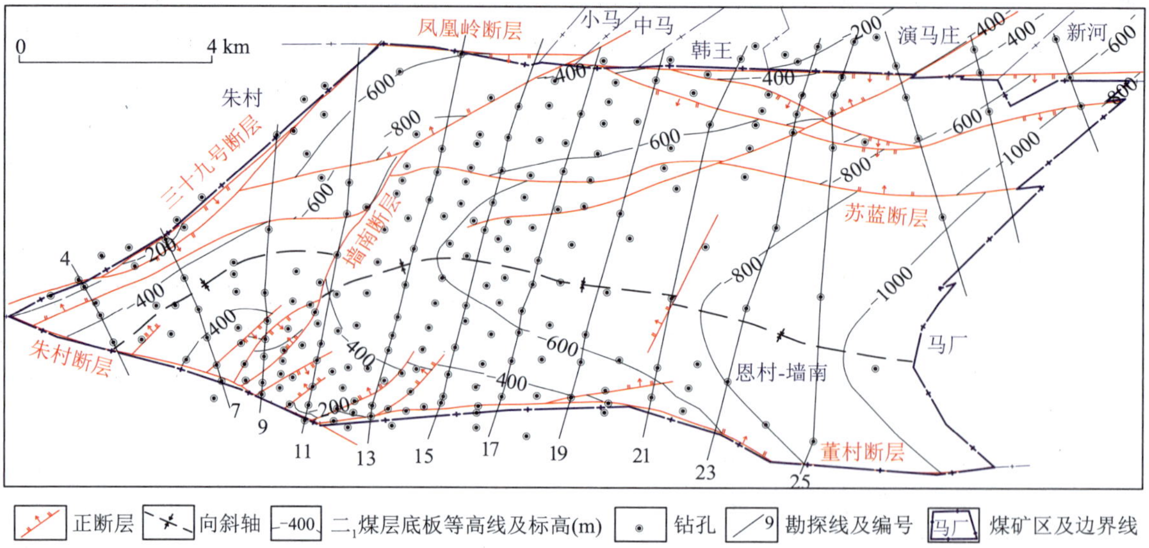

图 2-28　焦作市恩村-墙南煤矿区二$_1$ 煤层底板等高线图

（据河南省煤炭地质勘察研究院，2010b，有修改）

83.94 m，下石盒子组平均厚度 327.68 m，上石盒子组保留最厚 222.00 m。新生界厚度 27.25～112.92 m。区内为地层倾向 130°～150°、倾角 8°～14°的单斜构造，北东向高角度正断层发育。李庄正断层倾向北西，倾角 70°，落差 70～160 m。一$_1$ 煤层大部可采，煤厚 0～3.76 m，平均 1.92 m。一$_5$ 煤层局部可采，煤厚 0～2.73 m，平均 0.95 m。二$_1$ 煤层大部可采，煤厚 0～13.53 m，平均 3.16 m。二$_1$ 煤原煤灰分平均 18.92%，全硫平均 0.32%，发热量 26.84 MJ/kg，浮煤挥发分平均 4.02%。一$_5$ 煤原煤灰分平均 19.68%，全硫平均 2.45%，发热量 27.14 MJ/kg，浮煤挥发分平均 5.03%。煤类为低灰、中高热值无烟煤，二$_1$ 煤为特低硫煤，一$_1$、一$_5$ 煤含硫量较高。

（八）焦作市中马村煤矿区

中马村煤矿区位于焦作市马村区，南以凤凰岭正断层邻恩村-墙南煤矿区，北接冯营煤矿区，西以李庄正断层接小马村煤矿区，东以九里山正断层邻演马庄煤矿区，面积约 16.95 km^2。区内海拔 111～163 m，地理坐标为东经 113°16′02″～113°22′11″，北纬 35°15′37″～35°19′11″。勘查程度达勘探，累计查明煤资源储量 15452.0×10^4 t，保有煤资源储量 13722.7×10^4 t，估算二$_1$ 煤的煤层气资源量 11.70×10^8 m^3。区内为地层倾向 130°～180°、倾角 8°～14°的单斜构造。区内高角度正断层发育，且以近东西和北东向断层为主，局部有北西向正断层。二$_1$ 煤层全区可采，一$_1$、一$_5$ 煤层局部可采。二$_1$ 煤层厚度 0.10～13.53 m，平均 4.90 m，局部煤层分岔，煤底标高-150～-500 m。一$_5$ 煤层厚度 0.33～3.96 m，平均 1.20 m。一$_1$ 煤层厚度 0.20～3.43 m，平均 1.90 m。二$_1$ 煤原煤水分 0.36%～5.90%，平均 1.48%；灰分 8.40%～35.43%，平均 18.57%；全硫 0.20%～0.99%，平均 0.35%；高位发热量 23.00～28.55 MJ/kg，平均 25.91 MJ/kg；挥发分平均 8.46%。一$_5$ 煤原煤水分 0.74%～2.57%，平均 1.26%；灰分 13.75%～25.54%，平均 20.28%；全硫 1.61%～5.13%，平均 3.08%；发热量 27.41 MJ/kg；挥发分平均 6.86%。一$_1$ 煤原煤水分 0.44%～1.28%，平均 0.88%；灰分 12.18%～38.88%，平均 21.39%；全硫 0.41%～9.86%，平均 3.26%；发热量 27.50 MJ/kg；挥发分平均 8.57%。煤类均为无烟煤，二$_1$ 煤以低灰、特低硫、中高热值煤为主，一$_5$、一$_1$ 煤以中灰、高硫、高热值煤为主。

（九）焦作市韩王煤矿区

韩王煤矿区位于焦作市马村区，南以凤凰岭正断层邻恩村-墙南煤矿区，西止于九里山正断层，东接演马庄煤矿区，面积约 5.99 km^2，为太行山南麓山前地带，海拔 100～130 m。地理坐标为东经 113°17′31″～113°21′26″，北纬 35°15′36″～35°17′21″。勘查程度达详查，累计查明煤资源储量 4559.0×10^4 t，保有煤资源储量 2191.0×10^4 t；另有（334）？类资源量 459.4×10^4 t，已关闭。本区为地温正常区，生产矿井属煤与瓦斯突出矿井。

韩王煤矿区为地层倾向南东、倾角 5°～20°的单斜构造，发育的高角度正断层构成垒堑式组合。新生界厚度 8.90～109.87 m。含煤地层本溪组厚度 6.88～40.28 m，平均 24.82 m；太原组厚度 61.79～90.63 m，平均 76.12 m；山西组厚度 66.53～112.60 m，平均 88.60 m；下石盒子保留最大厚度 143.87 m。$二_1$、$一_1$、$一_5$ 等煤层全区可采。$二_1$ 煤层厚度 2.10～9.42 m，平均 6.01 m，偶含厚度 0.10～0.15 m 碳质泥岩夹矸 1 层，煤底标高 +80～-280 m，埋深 50～400 m。$一_5$ 煤层厚度 0.25～1.81 m，平均 0.76 m，局部含 1 层厚度 0.48～1.20 m 夹矸。$一_1$ 煤层厚度 0.34～4.09 m，平均 1.25 m，局部含 1 层厚度 0.25～0.70 m 夹矸。$二_1$ 煤原煤灰分 9.25%～25.17%，平均 15.07%；硫分 0.31%～0.59%，平均 0.40%；发热量 27.15～30.61 MJ/kg，平均 28.60 MJ/kg；挥发分 5.06%～9.44%，平均 7.01%。$一_5$ 煤原煤水分 0.95%～1.81%，平均 1.38%；灰分 15.07%～26.04%，平均 20.55%；挥发分 7.86%～8.03%，平均 7.94%；硫分 0.25%～2.71%，平均 1.48%。$一_1$ 煤原煤水分 0.59%～2.38%，平均 1.31%；灰分 10.31%～24.50%，平均 21.80%；挥发分 5.55%～10.56%，平均 8.21%；硫分 4.08%～12.15%，平均 8.11%。煤类均为无烟煤，$二_1$ 煤以低灰、特低硫、高热值煤为主，$一_5$ 煤以中灰、中硫煤为主，$一_1$ 煤以中灰、高硫煤为主。

（十）焦作市冯营煤矿区

冯营煤矿区位于焦作市马村区的安阳城和九里山乡，南西接中马村煤矿区，北以冯营正断层邻方庄煤矿区，东止于九里山正断层，面积约 19.94 km^2，为太行山南麓山前冲洪积平原，海拔 105～130 m。地理坐标为东经 113°21′14″～113°25′37″，北纬 35°17′59″～35°21′55″。勘查程度达详查，查明煤资源储量 10430.5×10^4 t，保有煤资源储量 7727.7×10^4 t，另有（334）？类煤资源量 2402.3×10^4 t；估算$二_1$ 煤的煤层气资源量 8.00×10^8 m^3，已关闭。

冯营煤矿区位于太行山隆起带的东南缘，为地层倾向南东、倾角 7°～13°的单斜构造，以高角度正断层为主。冯营正断层倾向 60°～70°，倾角 70°，落差 120～280 m。新生界厚度 20.70～132.50 m。含煤地层本溪组厚度 2.00～35.44 m，平均 16.60 m；太原组厚度 68.40～103.80 m，平均 91.00 m；山西组厚度 58.00～109.80 m，平均 96.00 m；下石盒子组保留最大厚度 140.00 m；上石盒子组保留最大厚度 200.00 m。

冯营煤矿区的$二_1$ 煤层全区可采，$一_1$、$一_5$ 煤层局部可采。$二_1$ 煤层厚度 0～12.15 m，平均 4.21 m，厚度变化大，形成数个薄煤带和特厚煤带，局部煤层分岔，夹矸与分层多达 4 层。$一_5$ 煤层厚度 0.20～4.90 m，平均 2.09 m，含夹矸 1～3 层。$一_1$ 煤层厚度 0.38～5.87 m，平均 2.58 m，含矸 0～4 层，一般 2～3 层。

冯营煤矿区的$二_1$ 煤的原煤水分 0.47%～28.23%，平均 1.56%；灰分 8.30%～40.00%，平均 15.11%；全硫 0.18%～0.52%，平均 0.34%；高位发热量 26.25～31.19 MJ/kg，平均 28.22 MJ/kg；挥发分 4.56%～13.44%，平均 7.53%；煤类为低灰、特低硫、高热值无烟煤。$一_5$ 煤的原煤水分 0.63%～1.28%，平均 0.96%；灰分 20.71%～29.69%，平均 26.44%；全硫 2.31%～2.91%，平均 2.60%；高位发热量 24.73 MJ/kg；挥发分 8.04%～11.38%，平均 9.52%；煤类为中灰、中高硫、中高热值无烟煤。$一_1$ 煤的原煤水分 0.58%～2.27%，平均 1.48%；灰分 12.47%～28.69%，平均 19.36%；全硫 1.57%～12.52%，平均 4.80%；高位发热量 24.69 MJ/kg；挥发分 3.58%～10.38%，平均 7.72%；煤类为低灰、高硫、中高热值无烟煤。

（十一）焦作市九里山煤矿区

九里山煤矿区位于焦作市马村区东部九里山乡，南西接演马庄煤矿区，北东接古汉山煤矿区，西起煤层隐伏露头，东止于二$_1$煤底-700 m水平，面积约18.51 km^2。为太行山南麓山前地带，海拔85~117 m。地理坐标为东经113°22′21″~113°27′23″，北纬35°16′43″~35°20′23″。勘查程度达勘探，查明二$_1$煤层煤资源储量13941.7×10^4 t，保有煤资源储量12033.3×10^4 t，估算二$_1$煤的煤层气资源量20.33×10^8 m^3（平均含气量15.60 m^3/t）。自1970年建矿至今已发生煤与瓦斯突出40余次，最大突出强度1072 t，突出最大瓦斯量13.4×10^4 m^3。二$_1$煤层甲烷含量4.61~39.60 mL/g，平均16.69 mL/g。瓦斯成分中，甲烷占39.22%~98.66%，平均88.80%；氮气0.32%~59.95%，平均9.24%；二氧化碳0.24%~5.38%，平均2.06%。-100 m以深属甲烷带。本区为地温正常区，地温梯度1.1~1.5℃/hm。

九里山煤矿区的新生界厚度44.97~198.20 m。含煤地层本溪组厚度4.90~16.67 m，平均9.74 m；太原组厚度69.46~84.15 m，平均76.28 m；山西组厚度60.28~101.53 m，平均82.68 m；下石盒子组厚度210.20~253.60 m，平均230.40 m；上石盒子组保留最大厚度300 m。本区总体构造形态为地层倾向南东、倾角9°~15°的单斜构造，北西向和北东向高角度正断层发育。

九里山煤矿区的二$_1$煤层全区可采，煤厚0~12.93 m，平均5.44 m，其中，煤厚3.51~8.00 m的厚煤层占比71.4%，偶含1层厚度约0.30 m泥岩和碳质泥岩夹矸；煤层直接顶板以泥岩为主，间接顶板为细-粗粒大占砂岩；底板多为砂质泥岩和粉砂岩，局部为灰色、灰黑色细砂岩，偶见碳质泥岩，矿井总体地压较大，部分地段发生底鼓现象。一$_1$煤层大部分可采，煤厚0.50~2.42 m，平均1.44 m，局部含夹矸1层。

九里山煤矿区的二$_1$煤的宏观煤岩类型属光亮-半亮型煤，原煤水分0.14%~3.21%，平均1.20%；灰分7.16%~32.32%，平均12.31%；全硫0.24%~0.93%，平均0.34%；高位发热量22.43~34.84 MJ/kg，平均30.40 MJ/kg；浮煤挥发分6.12%~8.18%，平均7.07%；煤灰为中等软化温度和较低流动温度，可磨性分级属较难磨煤。一$_1$煤以块状煤为主，属半亮-光亮型煤；原煤水分0.47%~2.67%，平均1.39%；灰分12.42%~33.07%，平均23.40%；全硫2.25%~5.55%，平均3.64%；高位发热量22.80~35.23 MJ/kg，平均31.05 MJ/kg。二$_1$煤为低灰、特低硫、高热值无烟煤，一$_1$煤为中灰、高硫、特高热值无烟煤。

（十二）焦作市演马庄煤矿区

演马庄煤矿区位于焦作市马村区，南以凤凰岭正断层邻恩村-墙南煤矿区，西接韩王煤矿区，北接九里山煤矿区，东以二$_1$煤底-400 m水平接新河煤矿区，面积约14.89 km^2。为太行山南麓山前地带，海拔100~130 m。地理坐标为东经113°20′11″~113°24′28″，北纬35°15′32″~35°17′48″。勘查程度达勘探，累计查明煤资源储量15970.0×10^4 t，保有煤资源储量13012.0×10^4 t，估算二$_1$煤的煤层气资源量11.48×10^8 m^3（平均含气量14.21 m^3/t），已关闭。生产矿井属煤与瓦斯突出矿井，始突标高-50 m。采样深度155.10~413.48 m，二$_1$煤的甲烷成分50.88%~99.48%，平均81.96%；氮气成分0.49%~46.91%，平均15.89%；二氧化碳成分1.45%~2.75%，平均2.15%；甲烷含量0.38~26.79 mL/g，平均14.21 mL/g；氮气含量0.62~0.82 mL/g，平均0.72 mL/g；二氧化碳含量0.06~0.43 mL/g，平均0.25 mL/g；其中甲烷含量8.11~26.79 mL/g的区域占90%。本区为地温正常区，地温梯度1.1~1.5℃/hm。

演马庄煤矿区的新生界厚度31.97~173.20 m。含煤地层本溪组厚度7.40~33.20 m，平均16.92 m；太原组厚度69.06~86.75 m，平均78.83 m；山西组厚度84.36~119.20 m，平均99.72 m；下石盒子组厚度244.80~277.76 m，平均262.60 m；上石盒子组保留最大厚度31.77 m。区内为地层倾向南东、倾角4°~14°的单斜构造，北东向和近东西向高角度正断层发育。

演马庄煤矿区的二$_1$、一$_1$煤层全区可采。二$_1$煤层厚度1.70~10.60 m，平均6.58 m，仅局部含1层厚度0.10~0.70 m泥岩夹矸。一$_1$煤层厚度0.70~2.47 m，平均1.20 m，含1层厚度0.10~0.50 m（碳质）泥岩夹矸。二$_1$煤的原煤水分0.44%~3.61%，平均1.72%；灰分9.25%~15.84%，平均14.86%；硫分0.35%~0.64%，平均0.35%；挥发分5.38%~9.98%，平均8.25%；高位发热量29.16~

31.00 MJ/kg，平均 29.39 MJ/kg。二$_1$煤的浮煤水分 0.74%～2.73%，平均 1.69%；灰分 5.96%～7.07%，平均 6.58%；挥发分 6.04%～6.27%，平均 8.25%；高位发热量 32.43～33.10 MJ/kg，平均 32.86 MJ/kg；硫分 0.37%～0.41%，平均 0.39%。一$_1$煤的原煤水分 0.45%～3.56%，平均 1.51%；灰分 5.88%～22.95%，平均 16.88%；硫分 1.51%～4.66%，平均 3.76%；挥发分 6.69%～10.37%，平均 8.38%；高位发热量 25.87～32.06 MJ/kg，平均 25.93 MJ/kg。一$_1$煤浮煤水分 0.53%～2.19%，平均 1.57%；灰分 4.03%～6.45%，平均 5.09%；挥发分 4.97%～6.00%，平均 5.36%；高位发热量 32.93～33.89 MJ/kg，平均 33.39 MJ/kg；硫分 1.02%～1.97%，平均 1.55%。煤类均为低灰无烟煤，二$_1$煤以特低硫、高热值煤为主，一$_1$煤以高硫、中高热值煤为主。

（十三）修武县新河煤矿区

新河煤矿区位于焦作煤田中深部的修武县五里源乡，南以凤凰岭正断层邻恩村-墙南煤矿区，西接演马庄和九里山煤矿区，面积约 7.95 km^2。为太行山南麓山前地带，海拔 82.5～87.7 m。地理坐标为东经 113°23′13″～113°25′50″，北纬 35°15′12″～35°17′31″。勘查程度达勘探，累计查明/保有煤资源量 6870.6×10^4 t。2008 年开工建设，2012 年决定项目缓建。本区地温梯度 0.2～1.7℃/hm。新生界厚度 140.00～380.00 m。含煤地层本溪组厚度 4.55～33.20 m，平均 18.00 m；太原组厚度 51.90～86.75 m，平均 70.65 m；山西组厚度 84.80～97.45 m，平均 92.98 m；下石盒子组厚度 256.80～282.10 m，平均 270.00 m；上石盒子组保留最大厚度 107.78 m。基本构造形态为地层倾向 130°～145°、倾角 7°～12°的单斜构造，近东西向和北东向高角度正断层发育，构造复杂程度中等。仅二$_1$煤层可采，为全区可采煤层，煤底标高-350～-800 m，煤厚 4.33～8.10 m，平均 6.08 m，偶含矸 1 层。原煤水分平均 1.25%；灰分 11.59%～21.90%，平均 16.86%；挥发分 4.98%～7.03%，平均 5.92%；高位发热量 26.25～31.19 MJ/kg，平均 28.22 MJ/kg；全硫平均 0.33%。煤类为低灰、特低硫、高热值无烟煤。二$_1$煤层甲烷含量 1.47～26.22 mL/g，平均为 15.43 mL/g。瓦斯成分中，甲烷 10.68%～98.03%，氮气 0.71%～88.90%，二氧化碳 0.3%～2.5%。二$_1$煤层的破坏类型大部分为Ⅰ类，少部分为Ⅱ、Ⅲ类。二$_1$煤层为临界突出危险和局部具突出危险煤层（表 2-34）。

表 2-34　修武县新河煤矿区煤与瓦斯突出指标测定结果表

孔号	3301	3302	3702	4301	3501	突出危险性标准
瓦斯放散初速度/mmHg	—	12.31	3.13	29.34	—	≥10
煤的坚固性系数	—	1.00	0.77	0.30	—	≤0.5
瓦斯压力/MPa	0.87	0.87	0.78	—	0.92	≥0.74

注：资料来源于《河南省修武县新河煤核查区资源储量核查报告》，河南省煤炭地质勘察研究院，2010c。

（十四）修武县方庄煤矿区

方庄煤矿区位于焦作煤田中部偏北，隶属于修武县方庄镇，西起二$_1$煤层隐伏露头，东至九里山正断层和二$_1$煤底-700 m 水平，南起方庄正断层，北止于沙墙正断层，面积约 10.93 km^2。本区为太行山南麓山前地带，海拔 122～171 m，地理坐标为东经 113°24′02″～113°26′08″，北纬 35°21′01″～35°24′23″。勘查程度达勘探，累计查明煤资源储量 8086.3×10^4 t，保有煤资源储量 5573.3×10^4 t，已关闭。本区地温梯度 0.34～0.43℃/hm，生产矿井为煤与瓦斯突出矿井。新生界厚度 28.33～484.60 m。含煤地层本溪组厚度 1.80～24.45 m，平均 9.28 m；太原组厚度 60.70～104.68 m，平均 82.00 m；山西组厚度 72.00～120.00 m，平均 100.59 m；下石盒子组厚度 255.24～271.05 m，平均 265.57 m；上石盒子组保留最大厚度 57.36 m。总体构造形态为地层倾向 85°～105°、倾角 17°的单斜构造，北西向、北东向正断层发育。方庄正断层倾向 220°～230°，倾角 60°～75°，落差约 200 m。沙墙正断层倾向 140°，倾角 60°左右，落差 200～300 m。仅二$_1$煤层可采，全区可采，煤底标高+120～

-730 m，煤层埋深 50~860 m，煤厚 2.60~7.46 m，平均 5.30 m，局部含 1 层厚度 0.03~0.71 m 泥岩或碳质泥岩夹矸。原煤水分 0.35%~2.71%，平均 1.36%；灰分 12.26%~25.15%，平均 16.83%；高位发热量 25.06~31.11 MJ/kg，平均 28.58 MJ/kg；全硫 0.29%~0.47%，平均 0.34%；浮煤挥发分平均 6.32%。煤类为低灰、特低硫、高热值无烟煤。400.80~840.62 m 采样深度，甲烷含量 0.60~30.46 mL/g，一般为 4~6 mL/g，只有少量孔大于 8 mL/g。

（十五）焦作市方庄深部煤矿区

方庄深部煤矿区位于焦作煤田中部偏北的修武县方庄镇和辉县市吴村镇交界处的近似三角形区域，北起峪河断层，东到九里山断层，西南接方庄煤矿，面积约 25.21 km^2。本区为太行山南麓山前地带，海拔 96~150 m，地理坐标为东经 113°25′31″~113°30′18″，北纬 35°21′20″~35°25′18″。2009~2013 年，河南省地质矿产勘查开发局第二地质矿产调查院开展了预查、普查，2013 年提交了《河南省焦作煤田方庄井田深部煤普查报告》，累计查明/保有煤资源量 7836.0×10^4 t，另估算（334）？类煤资源量 7922.0×10^4 t。本区甲烷成分和含量整体随煤层埋深增加而增大，深部为甲烷带，甲烷成分 24.30%~96.39%，平均 69.81%；甲烷含量 0.48~36.09 mL/g，平均 13.49 mL/g。地温梯度 0.25~0.28℃/hm。

方庄深部煤矿区的新生界厚度 495.11~1006.32 m，平均 828.55 m。据钻探资料，含煤地层本溪组厚度 5.73~13.50 m；太原组厚度 88.00~96.00 m，平均 92.00 m；山西组厚度 73.00~99.00 m，平均 87.48 m；下石盒子组保留厚度 24.00~252.00 m；上石盒子组保留最大厚度 21.85 m。区内总体构造形态为向南东倾伏的向斜构造，地层倾角 2°~14°。小庄正断层倾向南南东，倾角 65°，落差 70~380 m，将矿区分割为南北两块。

方庄深部煤矿区仅二$_1$、一$_1$ 煤层可采，皆全区可采。二$_1$ 煤层厚度 2.80~5.24 m，平均 4.00 m，偶含 1 层厚度 0.05~0.20 m 的泥岩夹矸，煤底标高-390~-1210 m，埋深 490~1310 m；煤层直接顶为泥岩，局部有碳质泥岩伪顶；直接底板为泥岩。一$_1$ 煤层上距二$_1$ 煤层平均 103.26 m，煤厚 2.73~3.65 m，平均 3.27 m，含厚度 0.38~1.75 m 的泥岩夹矸 1~4 层，底板标高-490~-1310 m，埋深 590~1410 m，煤层直接顶为 L_1 石灰岩，底板为本溪组铝质泥岩，伪底一般为薄层泥岩或碳质泥岩。二$_1$ 煤以块状煤为主，次为碎裂状和碎粒煤；煤岩组分以亮煤为主，含少量暗煤和丝炭，煤岩类型为半亮-光亮型煤；显微煤岩类型属于微镜惰煤，镜质体最大反射率为 3.13%~3.369%；煤类为低灰、特低硫、特高热值无烟煤（表 2-35）。一$_1$ 煤以块状为主，少量片状和粉状；煤岩组分以亮煤为主，次为暗煤，含少量丝炭，宏观煤岩类型为半亮型煤；显微煤岩类型属于微镜惰煤；镜质组平均最大反射率为 3.16%，煤类为低灰、高硫、高热值无烟煤。

表 2-35 焦作市方庄深部煤矿区煤质特征一览表

煤层	二$_1$		一$_1$	
	原煤	浮煤	原煤	浮煤
水分/%	1.52~2.45 1.80（4）	0.35~1.55 0.99（4）	1.26~2.61 1.75（3）	0.22~2.17 1.04（3）
灰分/%	11.78~18.64 14.32（4）	3.85~7.34 5.33（4）	12.78~21.40 16.83（3）	3.12~5.44 4.52（3）
挥发分/%	6.25~8.16 7.37（4）	5.39~7.57 6.37（4）	7.35~10.71 9.43（3）	5.60~5.98 5.75（3）
全硫/%	0.37~0.49 0.42（4）	0.38~0.51 0.46（4）	2.59~5.52 3.95（3）	1.85~4.78 3.12（3）
高位发热量/（MJ·kg^{-1}）	28.47~31.03 30.18（4）	—	26.32~30.41 28.20（3）	—

（据河南省地质矿产勘查开发局第二地质矿产调查院，2013b）

（十六）焦作市白庄-吴村煤矿区

白庄-吴村煤矿区位于煤田中部的修武县方庄镇和辉县市吴村镇境内，西起九里山正断层、$二_1$煤层隐伏露头和古汉山正断层，东以魏村正断层和$二_1$煤底-300 m 水平接古汉山煤矿区，西南起方庄正断层，北止于赤庄正断层，面积约 9.20 km^2。本区为太行山南麓山前地带，海拔 95~117 m，地理坐标为东经 113°24′58″~113°30′14″，北纬 35°20′18″~35°23′04″。勘查程度达勘探，查明$二_1$煤层煤资源储量 8481.9×10^4 t，保有煤资源储量 5996.6×10^4 t，另有$一_1$高硫煤（334）？类资源量 113.7×10^4 t，已关闭。$二_1$煤层甲烷成分 60.18%~74.44%，甲烷含量 3.71~4.42 mL/g。本区地温梯度 1.42~2.17℃/hm。

白庄-吴村煤矿区总体构造形态为地层倾向南东、倾角 12°~26°的单斜构造，北西向和北东向高角度正断层发育，局部发育有向南南西倾伏的白庄小型背斜。古汉山正断层倾向 340°，落差 400 m。魏村正断层倾向 335°，倾角 70°。赤庄正断层倾向 10°，落差 150~400。新生界厚度 155.29~353.05 m。含煤地层本溪组厚度 3.07~12.11 m，平均 7.50 m；太原组厚度 73.63~99.27 m，平均 85.30 m；山西组厚度 80.00~121.54 m，平均 94.61 m；下石盒子组保留最大厚度 235.19 m。$二_1$煤层全区可采，煤底标高-31~-450 m，埋深 135~570 m，煤厚 1.90~8.02 m，平均 5.21 m，局部含厚度 0.02~1.43 m 夹矸 1~2 层。$一_1$煤层全区可采，煤厚 0~3.80 m，平均 2.83 m，含厚度 0.06~0.64 m 夹矸 1~3 层。$二_1$煤原煤水分 0.84%~4.15%，平均 2.26%；灰分 10.03%~23.29%，平均 14.88%；挥发分 5.20%~12.22%，平均 7.86%；高位发热量 27.70~31.61 MJ/kg，平均 29.59 MJ/kg；全硫 0.29%~0.87%，平均 0.45%；浮煤挥发分平均 6.58%。$一_1$煤原煤水分 0.98%~3.98%，平均 2.06%；灰分 6.85%~21.24%，平均 14.90%；挥发分 4.31%~11.69%，平均 6.85%；高位发热量 26.47~31.09 MJ/kg，平均 28.85 MJ/kg；全硫 3.64%~8.98%，平均 5.62%；浮煤挥发分平均 5.41%。煤类均为低灰、高热值无烟煤，$二_1$煤以特低硫煤为主，$一_1$煤为高硫煤。

（十七）焦作市古汉山煤矿区

古汉山煤矿区位于焦作煤田中部的焦作市马村区、修武县和辉县市的吴村镇，西接白庄-吴村煤矿区，南西以方庄正断层接九里山煤矿区，北止于赤庄正断层，东至油坊蒋正断层和$二_1$煤底-1000 m 水平，面积约 25.89 km^2。本区为太行山南麓山前地带，海拔 87.6~113.2 m，地理坐标为东经 113°25′07″~113°32′56″，北纬 35°19′13″~35°23′00″。勘查程度达勘探，累计查明煤资源储量 25125.1×10^4 t，保有煤资源储量 23834.5×10^4 t。本区地温梯度 0.34~0.55℃/hm。新生界厚度 106.52~681.75 m。含煤地层本溪组厚度 3.07~11.50 m，平均 6.36 m；太原组厚度 69.00~110.00 m，平均 90.00 m；山西组厚度 61.00~121.54 m，平均 92.68 m；下石盒子组厚度 286.23~323.96 m，平均 299.88 m；上石盒子组仅在深部残存部分地层。区内构造形态为地层倾向南东、倾角 12°~19°的单斜构造，以北东向正断层为主。油坊蒋正断层倾向北西，倾角 70°，落差 230~270 m。$二_1$、$一_1$煤为全区可采无烟煤。$二_1$煤底标高-300~-1000 m，煤厚 2.79~9.13 m，平均 4.86 m，局部含厚度 0.02~0.42 m 泥岩或碳质泥岩夹矸 1~2 层；原煤水分平均 1.54%，灰分平均 14.28%，全硫平均 0.37%，高位发热量平均 29.73 MJ/kg；浮煤灰分平均 6.46%，全硫平均 0.36%，挥发分平均 6.33%。$一_1$煤层厚度 0~4.91 m，平均 2.81 m。

（十八）获嘉县马厂煤矿区

获嘉县马厂煤矿区位于焦作市城乡一体化示范区、焦作市修武县、新乡市获嘉县和辉县市境内，地理坐标为东经 113°20′46″~113°43′44″，北纬 35°11′01″~35°22′51″。处于太行山山前冲积平原，地面高程 74.5~88.6 m，面积约 344.27 km^2。2011 年开始，河南省煤田地质局三队开展了本区煤预查和普查，2017 年提交了《河南省获嘉县马厂煤详查报告》，累计查明/保有埋深 1500 m 以浅的煤资源量 109064.0×10^4 t，另有（334）？类煤资源量 41399.0×10^4 t；估算 1500 m 以深的（334）？类煤资源量

127487.0×10^4 t。估算二$_1$煤的煤层气资源量 775.67×10^8 m^3。

1. 矿区地质

马厂煤矿区地表全部被第四系黄土层覆盖，钻孔揭露地层自下而上有奥陶系、石炭系、二叠系、三叠系、新近系。区内总体构造形态为地层倾向南东、倾角 3°~12°的单斜，并发育 5 个小型宽缓褶曲。有 16 条正断层，其中落差大于 1000 m 的断层 1 条，落差 400~1000 m 的断层 2 条，落差 120~400 m 的断层 3 条，落差 50~120 m 的断层 6 条，落差小于 50 m 的小断层 4 条。构造复杂程度中等。

2. 煤层与煤质

马厂煤矿区的太原组—上石盒子组平均总厚度 784.48 m，含煤 20 层，仅二$_1$ 和一$_5$ 煤层可采。二$_1$ 煤层上距大占砂岩平均 4.07 m，距砂锅窑砂岩平均 72.72 m，距田家沟砂岩平均 376.77 m；下距 L_8 石灰岩平均 19.34 m。二$_1$ 煤层埋深 720~2250 m，赋存标高−620~−2150 m，资源量估算面积约 328.04 km^2。区内共有 81 孔穿过二$_1$ 煤层位，见煤点 80 孔，被剥蚀 1 孔（7234 孔）；煤层厚度 0.81~10.49 m，平均 5.95 m，一般不含夹矸。二$_1$ 煤层直接顶板为灰黑色泥岩或砂质泥岩，间接顶板为大占砂岩；底板为黑色泥岩或砂质泥岩。一$_5$ 煤层赋存于太原组中部，上距二$_1$ 煤层 44.94~55.40 m。区内共有 9 孔穿过一$_5$ 煤层层位，其中见煤 5 孔，沉积无煤 3 孔，剥蚀 1 孔，属不稳定煤层；在 5 个见煤点中，可采点 4 个，不可采点 1 个，仅 1 孔含 2 层厚度 0.05~0.06 m 的碳质泥岩夹矸；钻孔穿见煤层最大厚度 1.61 m，平均煤厚 1.11 m，可采范围位于矿区西南部；资源量估算煤层埋深 780~1240 m，标高−680~−1140 m，估算面积为 22.96 km^2。一$_5$ 煤层直接顶板为深灰色石灰岩（L_5），直接底板为砂质泥岩或泥岩。

马厂煤矿区的二$_1$ 煤层为低灰、特低硫、低磷、高发热量、中等可选的无烟煤（表 2-36），形态硫以有机硫为主（表 2-37），是良好的发电、合成氨、高炉喷吹及其他工业加工燃料用煤。一$_5$ 煤层为中灰、高硫、特低磷、中高发热量无烟煤，形态硫以硫铁矿硫为主，因其硫分较高，工业用途有所限制，脱硫后可作为动力用煤和民用煤。

3. 开采技术条件

马厂煤矿区的水文地质条件属简单-中等类型，二$_1$ 煤层以底板岩溶水充水为主。二$_1$ 煤层瓦斯成分以甲烷为主，占 82.39%~99.69%，平均 97.30%，含少量重烃，属沼气带；甲烷含量为 9.89~89.45 mL/g，平均 38.12 mL/g。测温深度 1049~1514 m，地温梯度 0.53~2.25℃/hm，平均 1.24℃/hm，二$_1$ 煤层底板温度 22.1~43.9℃。

表 2-36　获嘉县马厂煤矿区可采煤层煤质特征一览表

煤层		水分 (M_{ad})/%	灰分 (A_d)/%	挥发分 (V_{daf})/%	高位发热量 ($Q_{gr,v,d}$)/ (MJ·kg^{-1})	磷/%	灰熔点/℃ 变形温度 (DT)	软化温度 (ST)	流动温度 (FT)
二$_1$	原煤	0.33~4.84 1.42 (77)	9.12~22.40 15.59 (77)	5.76~9.95 7.99 (77)	25.97~35.04 29.23 (76)	0.004~0.058 0.029 (75)	1200~>1500 >1360 (49)	1230~>1500 >1380 (49)	1250~>1500 >1400 (49)
	浮煤	0.29~2.65 1.17 (74)	2.61~8.94 5.32 (74)	4.83~8.77 6.00 (74)	31.78~34.76 33.51 (49)	—			
一$_5$	原煤	0.78~1.30 1.07 (4)	16.11~21.73 20.05 (4)	6.50~8.53 7.47 (4)	25.46~28.97 26.96 (4)	0.003~0.004 0.004 (4)	1160~1320 1240 (2)	1170~1350 1260 (2)	1190~1380 1290 (2)
	浮煤	0.85~2.00 1.32 (4)	3.12~5.10 4.10 (4)	4.87~5.65 5.18 (4)	33.19~34.28 33.73 (3)	—			

注：资料来源于《河南省获嘉县马厂煤详查报告》，河南省煤田地质局三队，2017b。

表 2-37　获嘉县马厂煤矿区各煤层硫分组成一览表　　单位:%

煤层	原煤				浮煤			
	$S_{t,d}$	$S_{p,d}$	$S_{s,d}$	$S_{o,d}$	$S_{t,d}$	$S_{p,d}$	$S_{s,d}$	$S_{o,d}$
二$_1$	0.24~0.70 0.32 (76)	0.00~0.19 0.04 (52)	0.00~0.04 0.01 (52)	0.16~0.47 0.27 (52)	0.24~0.68 0.35 (72)	0.00~0.10 0.03 (49)	0~0.06 0.01 (49)	0.19~0.57 0.33 (49)
一$_5$	3.01~3.24 3.16 (4)	1.82~2.67 2.08 (4)	0.01~0.04 0.02 (4)	0.48~1.37 1.06 (4)	0.83~2.06 1.42 (4)	0.12~0.23 0.18 (2)	0~0 0 (2)	0.85~1.60 1.23 (2)

（据河南省煤田地质局三队，2017b）

（十九）辉县市薄壁煤矿区

薄壁煤矿区位于焦作煤田北部之辉县市西部的薄壁镇、上八里镇、褚丘乡、高庄乡境内，呈南西—北东向分布于赵和庄-薄壁-下八里-洪洲一带，面积约 121.68 km^2，为太行山南麓山前地带，海拔 100~200 m，地理坐标为东经 113°27′05″~113°43′21″，北纬 35°23′20″~35°33′58″。2009 年开始，河南省国土资源科学研究院开展了预查-详查，2015 年提交了《河南省辉县市薄壁煤详查报告》，1500 m 以浅累计查明/保有煤资源量 29260.0×10^4 t，估算（334）？类煤资源量 14002.0×10^4 t；另估算 1500 m 以深（334）？类煤资源量 4236.0×10^4 t。本区位于瓦斯风化带，为地温正常区。

薄壁煤矿区的新生界厚度 443.29~1483.80 m，平均 860.78 m。据钻探资料，含煤地层本溪组厚度 2.91~20.03 m，平均 11.48 m；太原组厚度 85.23~106.74 m，平均 95.62 m；山西组厚度 73.41~106.08 m，平均 88.23 m；下石盒子组钻孔揭露最大厚度为 168.99 m。矿区位于峪河正断层之北、百家岩正断层之东，九里山正断层将矿区划分为东西两部分，含煤地层整体形态为背、向斜构造（图 2-29），地层倾角 2°~17°，一般在 3°~8°之间，北东向正断层发育。

薄壁煤矿区北半部为剥蚀区，赋煤区位于矿区南半部，赋煤面积 44.11 km^2，区内仅二$_1$ 和一$_1$ 煤层可采，其余皆不可采。二$_1$ 煤层在含煤区内基本全区可采，共施工 33 孔，ZK26-1 孔未见基岩，ZK22-1 孔未见山西组，断失 4 孔，穿过 27 孔，见煤 27 孔，可采 26 孔，煤厚 1.31~6.56 m，平均 3.44 m，含矸 12 孔，夹矸 1 层，夹矸岩性为碳质泥岩或泥岩，仅 ZK16-1 孔含 2 层而使煤层分岔为二$_1^1$、二$_1^2$、二$_1^3$ 分煤层；煤底标高-250~-1550 m，埋深 350~1650 m；煤层直接顶为泥岩，老顶为细-中粒大占砂岩；直接底板为黑色泥岩，老底为细-中粒砂岩。一$_1$ 煤层赋煤区内全区可采，25 孔终孔于太原组上部，断失 1 孔，见煤 7 孔，可采 7 孔，赋煤面积 63.55 km^2，煤厚 1.52~3.76 m，平均 3.01 m，普遍含 1 层碳质泥岩或泥岩夹矸，煤底标高-340~-1650 m，埋深 440~1750 m，煤层直接顶为 L$_1$ 石灰岩；底板为泥岩，局部为含铝质泥岩。二$_1$ 煤为灰黑色、黑色，顶部及底部局部发育 1 层厚度 0.2~1 m 的粉末状、鳞片状构造煤，中部 2~4 m 为碎粒煤，以亮煤为主，次为暗煤和镜煤，中部夹薄层纤维状丝炭，疏松多孔，光泽较弱，属光亮-半亮型煤；煤类为低灰、特低硫、高热值无烟煤（表 2-38）。一$_1$ 煤以块状为主，少量粉状，煤岩组分以亮煤为主，暗煤次之，属半亮型煤；煤类为低灰、高硫、高热值无烟煤。

（二十）辉县市赵固一井煤矿区

赵固一井位于焦作煤田东部之辉县市王敬屯、冀屯、赵固乡境内，由原赵固一井田和吴村煤矿程村井田构成。西起九里山正断层，北为二$_1$ 煤层隐伏露头，南至峪河正断层，东以百泉正断层接赵固二矿，面积 115.45 km^2，为太行山南麓山前地带，海拔 75~100 m，地理坐标为东经 113°31′08″~113°44′19″，北纬 35°23′00″~35°28′45″。勘查程度达勘探，累计查明煤资源储量 46190.9×10^4 t，保有煤资源储量 45994.5×10^4 t，另有一$_1$ 煤层（334）？类资源量 22718.1×10^4 t。本区为地温正常区。

1. 矿区地质

赵固一井的新生界厚度 366.68~808.10 m，平均 480.02 m。钻孔揭露煤系基底为中奥陶统马家沟

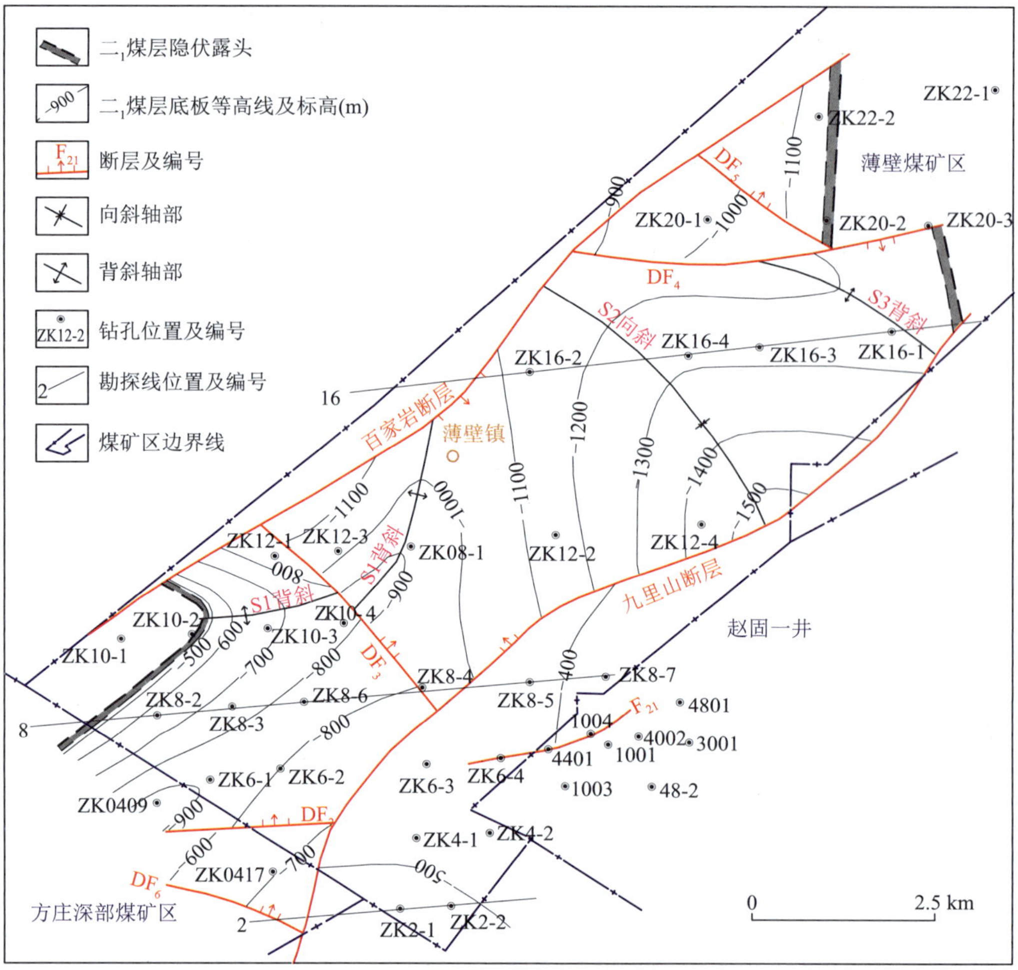

图 2-29　辉县市薄壁煤矿区南半部二$_1$ 煤层底板等高线图

（据河南省国土资源科学研究院，2015，有修改）

组灰色厚层状隐晶质石灰岩。含煤地层本溪组厚度 3.57～19.05 m，平均 11.73 m；太原组厚度 91.28～112.90 m，平均 105.95 m；山西组厚度 66.01～89.64 m，平均 77.42 m；下石盒子组保留地层厚度 0.90～131.00 m。矿区总体构造形态为一倾向南西、倾角 2°～12°的单斜构造，局部发育小幅度次级褶曲，高角度正断层发育，北东向为主，北西向次之，局部有近东西向。百泉正断层倾向南东，倾角 60°～75°，落差 130～520 m。耿村和毛屯左行正断层均走向北东，倾向南东，倾角 65°～75°，落差 50～160 m，将矿区切割为阶梯状长条形断块（图 2-30）。

2. 煤层与煤质

赵固一井的二$_1$ 煤层大部分可采，煤底标高-300～-750 m，煤厚 1.21～7.10 m，平均 5.29 m，局部含厚度 0.05～0.42 m 夹矸 1～3 层。一$_1$ 煤层大部分可采，煤厚 1.38～5.68 m，平均 3.62 m，局部含厚度 0.05～0.79 m 夹矸 1～3 层；局部分岔为局部可采的一$_1^1$、一$_1^2$、一$_1^3$ 分煤层，分煤层厚度 0～2.44 m。

赵固一井的二$_1$ 煤的原煤水分 0.55%～3.91%，平均 1.33%；灰分 10.03%～15.59%，平均 12.77%；挥发分 5.71%～11.18%，平均 7.93%；高位发热量 28.22～32.08 MJ/kg，平均 30.36 MJ/kg；全硫 0.28%～0.49%，平均 0.38%。浮煤灰分 2.77%～7.38%，平均 4.98%；全硫 0.32%～0.47%，平均 0.39%；挥发分 4.83%～6.77%，平均 5.88%；高位发热量 32.81～34.23 MJ/kg，平均 33.82 MJ/kg。煤类为低灰、特低硫、高热值无烟煤。煤灰软化温度大于 1376℃，二$_1$ 煤属中-高热稳定性（TS_{+6} 为 65.0%～88.9%）、弱结渣性煤。煤层顶板无明显泥化现象，夹矸局部有轻微泥化现象，底板部分有明显泥化现象。

表 2-38 辉县市薄壁煤矿区煤质特征一览表

煤层	二$_1$		一$_1$	
	原煤	浮煤	原煤	浮煤
水分/%	$\frac{0.69\sim2.90}{1.55\ (25)}$	$\frac{0.30\sim2.80}{0.95\ (24)}$	$\frac{0.40\sim1.71}{0.92\ (6)}$	$\frac{0.20\sim0.73}{0.52\ (6)}$
灰分/%	$\frac{9.17\sim28.10}{14.88\ (25)}$	$\frac{2.50\sim7.73}{4.22\ (24)}$	$\frac{11.23\sim27.52}{18.85\ (6)}$	$\frac{2.08\sim3.93}{3.35\ (6)}$
挥发分/%	$\frac{6.37\sim8.91}{7.85\ (25)}$	$\frac{5.67\sim7.15}{6.26\ (24)}$	$\frac{6.87\sim9.31}{8.18\ (6)}$	$\frac{5.08\sim6.00}{5.63\ (6)}$
全硫/%	$\frac{0.30\sim0.52}{0.40\ (15)}$	$\frac{0.30\sim0.62}{0.39\ (13)}$	$\frac{3.86\sim9.69}{5.73\ (3)}$	$\frac{3.47\sim4.81}{4.01\ (3)}$
固定碳/%	$\frac{65.95\sim85.05}{78.46\ (25)}$	$\frac{86.22\sim91.24}{89.79\ (24)}$	$\frac{65.83\sim82.67}{74.57\ (6)}$	$\frac{90.36\sim92.95}{91.22\ (6)}$
高位发热量/($MJ\cdot kg^{-1}$)	$\frac{24.58\sim32.01}{29.99\ (25)}$	$\frac{33.61\sim34.64}{34.40\ (24)}$	$\frac{23.40\sim31.17}{27.64\ (6)}$	$\frac{34.56\sim34.80}{34.65\ (6)}$
视密度/($t\cdot m^{-3}$)	$\frac{1.38\sim1.48}{1.44\ (9)}$	—	$\frac{1.44\sim1.54}{1.49\ (3)}$	—

注：资料来源于《河南省辉县市薄壁煤详查报告》，河南省国土资源科学研究院，2015。

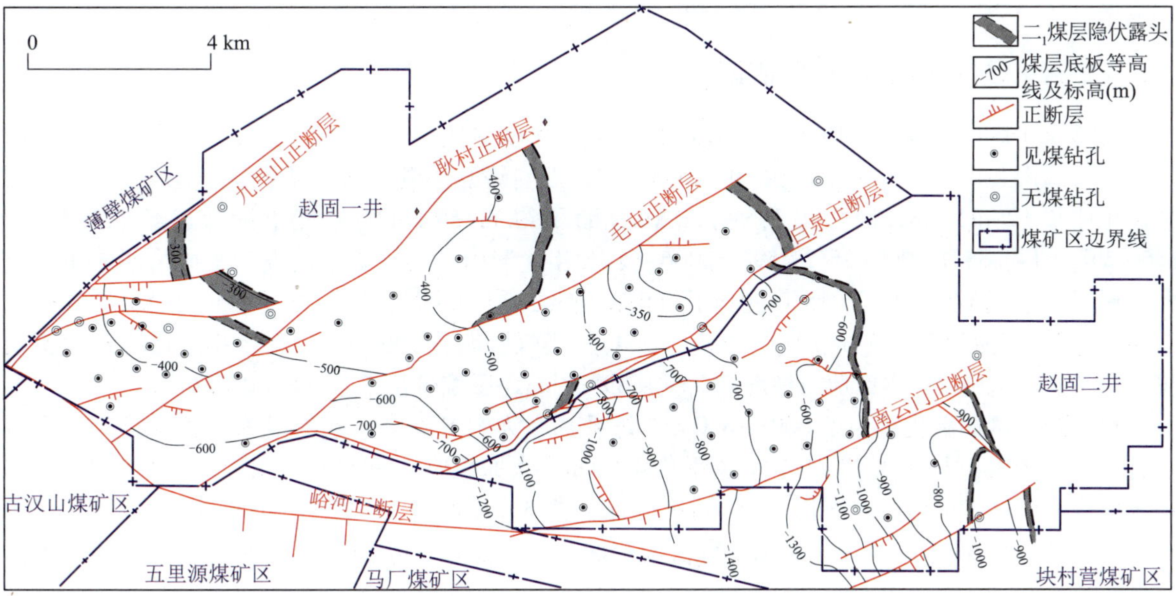

图 2-30 辉县市赵固一、二井煤矿区二$_1$煤层底板等高线图

赵固一井的一$_1$煤的原煤水分 0.65%～2.75%，平均 1.25%；灰分 13.88%～33.89%，平均 19.48%；挥发分 7.37%～12.52%，平均 9.07%；高位发热量 21.03～30.32 MJ/kg，平均 27.36 MJ/kg；全硫 3.73%～6.37%，平均 4.82%。浮煤水分 0.62%～3.03%，平均 1.27%；灰分 3.30%～5.35%，平均 4.16%；全硫 2.45%～3.63%，平均 2.97%；挥发分 5.62%～6.47%，平均 6.06%；高位发热量 33.38～33.72 MJ/kg，平均 33.55 MJ/kg。煤类为低灰、高硫、高热值无烟煤。煤灰软化温度大于 1321℃。

（二十一）辉县市赵固二井煤矿区

赵固二井位于辉县市赵固乡和北云门镇，面积约 69.09 km^2，海拔 72~85 m，地理坐标为东经 113°37′40″~113°48′00″，北纬 35°22′00″~35°26′30″。勘查程度达勘探，累计查明煤资源量 39626.0×10^4 t，保有煤资源量 39311.0×10^4 t，另有一$_1$ 煤层（334）？类煤资源量 12142.0×10^4 t。2007 年矿井开工建设，2011 年通过竣工验收。

赵固二井的新生界厚度 427.30~946.37 m，平均 666.25 m。钻孔揭露煤系基底为中奥陶统马家沟组灰色厚层状隐晶质石灰岩。含煤地层本溪组厚度 4.48~12.63 m，平均 7.70 m；太原组厚度 79.11~105.91 m，平均 94.79 m；山西组厚度 65.34~96.50 m，平均 77.47 m；下石盒子组保留地层厚度 22.79~177.83 m。矿区总体形态为单斜构造，地层倾向南西，倾角 3°~21°。北东向高角度正断层发育，南云门正断层将矿区分割为南北两块（图 2-30）；该断层倾向南东，倾角 75°，落差约 730 m。

赵固二井的二$_1$ 煤层全区可采，一$_1$ 煤层之一$_1^1$、一$_1^2$ 分煤层大部可采，均为难磨煤。二$_1$ 煤底标高 -300~-750 m，煤厚 4.73~6.77 m，平均 6.16 m。一$_1$ 煤层常分岔为一$_1^1$、一$_1^2$、一$_1^3$ 煤层；一$_1^1$ 煤厚 0.64~3.06 m，平均 1.54 m；一$_1^2$ 煤厚 0.29~1.79 m，平均 1.21 m。二$_1$ 煤的原煤水分 0.37%~4.21%，平均 1.54%；灰分 11.37%~18.65%，平均 13.78%；全硫 0.28%~0.46%，平均 0.32%。二$_1$ 煤浮煤水分 0.34%~2.66%，平均 1.43%；灰分 4.10%~7.03%，平均 5.19%；全硫 0.32%~0.44%，平均 0.37%；挥发分 4.85%~9.13%，平均 5.55%，煤类为低灰、特低硫无烟煤。二$_1$ 煤可磨性指数 26~77，平均 39，属高强度、弱结渣性、中-高热稳定性煤（TS_{+6} 为 65.0%~85.1%）。一$_1$ 煤的原煤水分 0.90%~2.73%，平均 1.69%；灰分 9.56%~37.31%，平均 20.16%；全硫 0.50%~18.36%，平均 5.54%。一$_1$ 煤的浮煤水分 0.62%~1.68%，平均 1.16%；灰分 2.22%~12.12%，平均 5.89%；全硫 0.44%~3.51%，平均 1.96%；挥发分 4.37%~6.48%，平均 5.29%，煤类为中灰、高硫无烟煤。

（二十二）新乡市块村营煤矿区

块村营煤矿区位于新乡市凤泉区、辉县市和新乡县接壤地带，北接赵固二矿，处于焦作煤田东部，为太行山南麓山前平原区，海拔 70~80 m。矿区西自辉县市赞城镇，经新乡县大块镇，东至西王村镇，东西长 12~15 km，南北宽 1.5~5.0 km，面积约 71.59 km^2。地理坐标为东经 113°38′30″~113°50′29″，北纬 35°19′00″~35°22′59″。2006~2013 年，河南省地质矿产勘查开发局第四地质勘查院在此开展了预查-详查工作，2015 年提交了《河南省焦作煤田块村营煤详查报告》，估算 1500 m 以浅的查明/保有煤资源量 24905.0×10^4 t，估算（334）？类煤资源量 2292.0×10^4 t；另有 1500 m 以深的潜在煤资源 7532.0×10^4 t。本区地温梯度 0.25~1.39℃/hm，甲烷带位于 1200 m 以深区域。

块村营煤矿区的新生界厚度 600~1600 m，煤系基底为中奥陶统马家沟组深灰色层状隐晶质石灰岩。含煤地层本溪组厚度 3.70~4.70 m，平均 4.20 m；太原组厚度 99.27~112.28 m，平均 105.78 m；山西组厚度 60.49~76.61 m，平均 68.54 m；下石盒子组保留厚度 23.22~166.00 m。区内为地层倾向南东、倾角 2°~10°的单斜构造，局部发育次级褶曲，正断层以北东向为主，次为北西向和近东西向（图 2-31）。

块村营煤矿区的赋煤区位于 F_8 正断层西部，仅二$_1$ 和一$_1$ 煤层可采，余皆不可采。赋煤区内二$_1$ 煤层全区可采，施工的 26 个钻孔中，隐伏煤层露头外 4 孔，断失 2 孔，见煤 20 孔，可采 19 孔，资源量估算面积约 40.01 km^2，煤底标高 -750~-1700 m，埋深 800~1750 m；上距砂锅窑砂岩 32.87~103.76 m，平均 58.22 m；下距 L_8 石灰岩 21.06~52.76 m，平均 36.34 m；煤厚 2.84~7.10 m，平均 4.94 m，9 孔含 1 层厚度 0.15~0.36 m 碳质泥岩夹矸；煤层直接顶板以泥岩为主，老顶为细-粗粒砂岩；底板多为砂质泥岩和粉砂岩，局部为泥岩，偶见碳质泥岩。一$_1$ 煤层赋存于太原组底部，赋煤区全区可采，资源量估算面积 40.25 km^2；上距二$_1$ 煤层 83.32~138.56 m，平均 119.49 m；下距奥陶系顶界面 4.98~14.66 m，平均 8.43 m；煤厚 0.67~3.89 m，平均 1.70 m，含厚度 0.13~0.68 m 的碳质泥岩

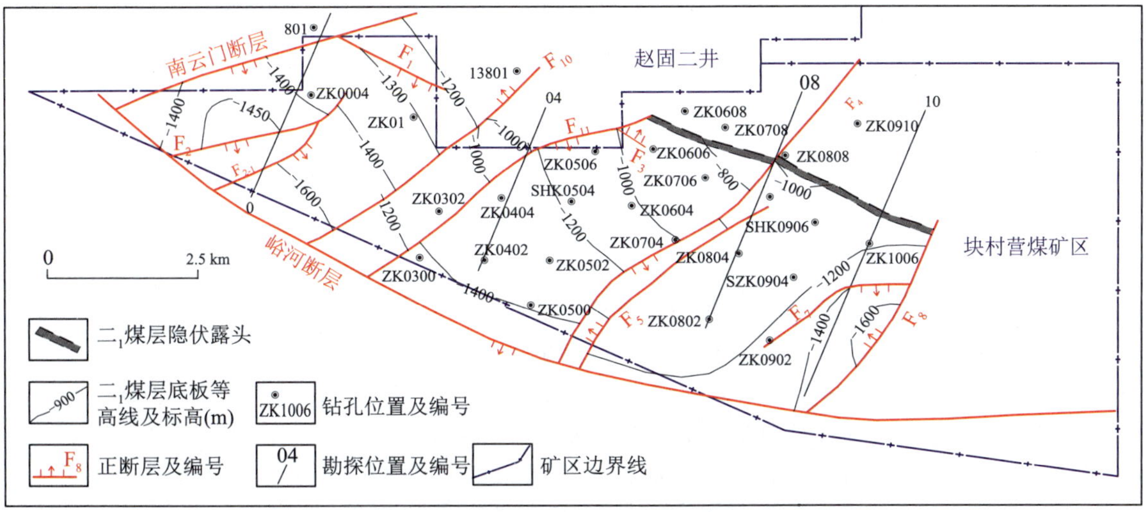

图 2-31 新乡市块村营煤矿区二$_1$ 煤层底板等高线图

（据河南省地质矿产勘查开发局第四地质勘查院，2015，有修改）

夹矸 1~2 层；煤层直接顶板为石灰岩，局部为泥岩；底板多为泥岩或铝质泥岩；偶见碳质泥岩伪顶、伪底。二$_1$ 和一$_1$ 煤均以块煤为主，夹有少量粒状煤，煤类均为低灰、高热值无烟煤（表 2-39），二$_1$ 煤以特低硫煤为主，一$_1$ 煤以高硫煤为主。

表 2-39 新乡市块村营煤矿区煤质特征一览表

煤层	二$_1$		一$_1$	
	原煤	浮煤	原煤	浮煤
水分/%	1.72~4.88 3.00（19）	0.32~4.12 1.46（19）	1.38~5.04 3.46（10）	0.35~3.24 1.06（10）
灰分/%	9.15~23.18 14.21（19）	4.30~14.02 6.77（19）	10.05~40.47 18.72（10）	2.91~9.25 5.47（10）
挥发分/%	5.69~12.82 7.52（19）	4.57~12.54 5.77（19）	5.51~15.61 8.19（10）	3.99~12.99 5.26（10）
全硫/%	0.26~2.88 0.42（19）	0.25~0.52 0.37（19）	0.32~7.56 3.24（10）	0.23~4.68 1.70（10）
固定碳/%	71.45~80.38 75.42（19）	79.81~87.79 85.85（19）	58.77~79.69 72.71（10）	77.05~90.82 86.83（10）
高位发热量/(MJ·kg^{-1})	25.74~31.79 29.66（19）	31.89~33.66 32.92（14）	18.05~31.32 27.61（10）	32.48~34.17 33.40（8）
视密度/(t·m^{-3})	1.46~1.64 1.51（19）	—	1.40~1.99 1.65（10）	—

注：资料来源于《河南省焦作煤田块村营煤详查报告》，河南省地质矿产勘查开发局第四地质勘查院，2015。

（二十三）辉县市张村煤矿区

张村煤矿区位于辉县市张村乡和常村镇，为独立煤矿区，南、北、东为煤层隐伏露头，面积约 11.78 km^2，为太行山东麓丘陵区，海拔 180.1~228.5 m。地理坐标为东经 113°52′35″~113°56′03″，北纬 35°29′51″~35°32′46″。勘查程度达详查，累计查明煤资源储量 3052.9×10^4 t，保有煤资源储量 2209.5×10^4 t，另有（334）? 类煤资源量 1148.2×10^4 t，已关闭。本区平均地温梯度 1.32℃/hm。矿区为一轴向北西—南东的短轴状向斜构造，地层倾角 9°~24°。新生界厚度 0.50~132.00 m，煤系基底为中奥陶统马家沟组灰色中厚层状石灰岩。含煤地层本溪组厚度 8.37~23.13 m，平均 16.46 m；太原组厚度 76.30~91.70 m，平均 86.43 m；山西组平均厚度 90.15 m；下石盒子组平均厚度 349.60 m；上石盒子组保留最大厚度 310.00 m。$二_1$ 煤层大部分可采，$一_4$、$一_3$、$一_1$ 煤层局部可采。$二_1$ 煤底标高+160~-500 m，煤厚 0~5.32 m，平均 1.22 m，无矸；煤层顶板为灰黑色砂质泥岩，底板为灰黑色根土岩，间接底板为细砂岩；原煤水分 1.54%，灰分 13.11%，全硫 0.38%，发热量 29.97 MJ/kg；浮煤挥发分 5.01%。$一_4$ 煤层厚度 0.63~2.20 m，平均 1.29 m，含厚度 0.20 m 夹矸 1 层；原煤水分 4.52%；灰分 14.21%~19.21%，平均 17.07%；全硫 0.92%~3.52%，平均 2.23%；发热量 27.20 MJ/kg；浮煤挥发分 5.28%~7.94%，平均 6.44%。$一_3$ 煤层厚度 1.00~2.00 m，平均 1.32 m，含矸 1 层；原煤水分 1.65%~2.20%，平均 1.90%；灰分 12.00%~20.41%，平均 16.96%；全硫 0.92%~5.32%，平均 2.23%；发热量 33.78 MJ/kg；浮煤挥发分 2.56%~7.24%，平均 3.97%。$一_1$ 煤层厚度 0.68~1.75 m，平均 1.17 m；原煤水分 4.00%，灰分 16.96%，全硫 2.24%，发热量 25.89 MJ/kg；浮煤挥发分 3.97%。$二_1$ 煤为低灰、特低硫、高热值无烟煤，$一_4$、$一_3$、$一_1$ 煤均为低灰、中高硫无烟煤，$一_4$、$一_1$ 煤以中高热值煤为主，$一_3$ 煤以特高热值煤为主。

（二十四）卫辉市陈召煤矿区

陈召煤矿区位于焦作煤田东北部的卫辉市太公泉镇之北，由原陈召煤矿区及其北部的陈召煤矿外围煤矿区构成，西以东寺庄正断层接寒武系，东止于青羊口正断层，南为 $二_1$ 煤层露头，北止于芳兰正断层，面积约 19.26 km^2，为太行山东麓丘陵区，海拔 148.9~291.4 m。地理坐标为东经 113°57′15″~114°01′15″，北纬 35°30′28″~35°32′45″。勘查程度达勘探，累计查明煤资源储量 7518.6×10^4 t，保煤资源储量 6221.9×10^4 t，另有（334）？类煤资源量 145.8×10^4 t。$二_1$ 煤层取样深度 591.88~887.74 m，瓦斯成分氮气 64.93%~93.03%，二氧化碳 4.42%~35.07%，甲烷最高 4.94%，重烃最高 0.82%，属瓦斯风化带范围，甲烷成分和含量均低。

1. 矿区地质

陈召煤矿区为半掩盖矿区，第四系厚度 0~93.55 m。据钻孔揭露，煤系基底为中奥陶统马家沟组石灰岩。本溪组、太原组、山西组、下石盒子组平均地层厚度分别为 21.57 m、108.94 m、91.75 m、288.32 m，上石盒子组厚度 0~365.75 m，孙家沟组厚度 0~278.68 m，刘家沟组保留最大厚度 72.65 m。总体构造形态为地层倾向北东、倾角 0°~45°的单斜构造。东寺庄正断层倾向南东，倾角 60°~70°，落差 300 m。芳兰正断层倾向南，倾角 70°，落差 300~400 m。侵位于五煤段和六煤段、$二_1$ 煤层及其下部、太原组内的闪长玢岩使煤层和煤质都受到一定影响，镜质体反射率增高。

2. 煤层与煤质

陈召煤矿区的 $二_1$ 煤层大部分可采，$一_7$、$一_6$、$一_5$、$一_4$、$一_1$ 等煤层局部可采。$二_1$ 煤层埋深 5~1383 m，煤底标高+196~-1220 m，煤厚 0.14~16.66 m，平均 3.54 m，偶含 1 层厚度 0.15~0.52 m 泥岩夹矸，有碳质泥岩伪顶和伪底，直接顶、底板以泥岩为主，次为闪长玢岩。$一_7$ 煤层埋藏深度 70~275 m，煤底标高为+155~-55 m，煤层厚度 0.78~0.85 m，平均 0.83 m，局部分岔为 2 个煤分层，下分层一般不可采。$一_6$ 煤层埋深 80~285 m，煤底标高+135~-80 m，煤厚 0.85~3.03 m，平均 1.49 m，上部一般含 1 层厚度 0.20 m 左右泥岩夹矸。$一_6$、$一_7$ 煤层顶板分别为 L_6、L_7 石灰岩，局部有泥岩或碳质泥岩伪顶，底板为砂质泥岩。$一_5$ 煤层埋深 450~1483.2 m，煤底标高-250~-1320 m，煤层厚度 0~1.47 m，平均 0.89 m，偶含 1 层厚度 0.20 m 泥岩夹矸。$一_4$ 煤层埋深 26~770 m，煤底标高+170~-610 m，煤厚度 0.57~4.56 m，平均厚度 1.35 m，普遍含 1 层碳质泥岩夹矸，煤层顶、底板以石灰岩为主，局部相变为细砂岩或砂质泥岩。$一_1$ 煤层赋存于太原组底部，煤底标高+90~-120 m，埋深 120~325 m，平均厚度 0.85 m，无矸，煤层顶板为 L_{1+2} 石灰岩，底板为黑色泥岩或深灰色铝质泥岩。

陈召煤矿区的 $二_1$ 煤的原煤水分 0.32%~17.58%，平均 3.23%；灰分 7.38%~41.29%，平均

21.06%；挥发分 1.88%~7.25%，平均 3.93%；全硫 0.24%~3.28%，平均 0.91%；高位发热量 28.36~33.82 MJ/kg，平均 29.61 MJ/kg。$二_1$煤浮煤水分 1.66%~4.53%，平均 3.34%；灰分 7.58%~14.41%，平均 10.24%；全硫 0.54%~0.61%，平均 0.58%；挥发分 2.30%~4.37%，平均 3.32%。$二_1$煤热稳定性指标 TS_{+6} 为 64.6%，可磨性指数 54~115，结渣强度属弱结渣性。

陈召煤矿区的$一_7$煤的原煤水分 4.91%，灰分 10.23%，全硫 0.95%；浮煤挥发分 5.21%。$一_6$煤的原煤水分 4.54%，灰分 17.86%，全硫 1.60%。$一_5$煤的原煤灰分 17.71%~31.24%，平均 25.46%；全硫 1.46%~5.06%，平均 2.93%；高位发热量 20.94~27.85 MJ/kg，平均 24.60 MJ/kg，可磨性指数 45。$一_4$煤的原煤水分 0.40%~2.46%，平均 1.08%；灰分 11.22%~34.46%，平均 19.42%；挥发分 1.86%~7.65%，平均 4.15%；全硫 0.64%~4.28%，平均 1.96%；高位发热量 32.72~33.59 MJ/kg，平均 33.15 MJ/kg；浮煤水分 0.75%，灰分 10.13%，挥发分 1.86%~7.65%，平均 4.15%。$一_1$煤的原煤水分 3.10%，灰分 15.68%，全硫 2.58%。

陈召煤矿区的煤类均为无烟煤，$二_1$煤层有天然半焦和天然焦。$二_1$煤为中灰、低硫、高热值煤，$一_7$煤为低灰、低硫煤，$一_6$、$一_4$煤为低灰、中硫煤，$一_5$煤为中灰、中高硫、中高热值煤，$一_1$煤为低灰、中高硫煤。

四、济源煤田

济源煤田位于济源市境内，西、北邻山西省，南临黄河，东接济源坳陷。地理坐标为东经 112°02′30″~112°38′50″，北纬 34°52′00″~35°11′40″，面积约 1192 km²。总地势西高东低，东部为西窄东宽地势低平的山前冲积平原，海拔 130~230 m；西部、北部为低山-丘陵区，海拔 500~1000 m，沟壑纵横，岩溶发育，地形较为复杂。区内河谷发育，铁山河、逢石河、蟒河及沁河等经本煤田向南注入黄河。本区煤矿开采历史悠久，中华人民共和国成立前有小窑小规模开采，1930 年开办有济源振兴煤矿公司。正规能源勘查始于 20 世纪 50 年代，以石油和煤炭资源为主的地质工作，因本区的煤层不稳定，加之地形复杂，交通不便，整体勘查程度相对较低。区内有 6 个煤矿区和 2 个煤矿点，总面积约 316.12 km²，累计查明煤资源储量 30388.7×10^4 t，浅部区块已建井占用，保有煤资源储量 19141.1×10^4 t。另有 1500 m 以浅的（334）？类煤资源量 80982.5×10^4 t，1500 m 以深的潜在煤资源 6487.0×10^4 t。以济源市郭沟煤矿区作为代表性矿区进行阐述，其余则简述之。

（一）煤田地质特征

济源煤田位于狂口断隆北部和太行断隆西部南侧。煤系基底为奥陶系。本溪组—上石盒子组平均总厚度 564.88 m（表 2-40）。煤系盖层为二叠系乐平统长兴阶孙家沟组（厚度 0~306.39 m，平均 282.17 m）、下三叠统刘家沟与和尚沟组、中三叠统二马营组、中-上三叠统延长群油坊庄组、椿树腰组和谭庄组、下侏罗统鞍腰组和中侏罗统马凹组、上白垩统东孟村组及新生界（图 2-32；表 2-40），上三叠统和侏罗系仅含煤线。南倾的太行南正断层和北东倾的西承留正断层分别环济源坳陷（又称轵城盆地）的北、西侧分布。夹持于盘古寺和太行南正断层之间的克井煤矿区（称太行断隆之克井区）为煤田主采煤矿区，构造形态总体为一地层向北缓倾的单斜构造，以东西向正断层为主。盘古寺正断层走向近东西，南倾，倾角 50°~70°。封门口正断层倾向 190°~215°，倾角 55°~73°，落差大于 1000 m，构成济源煤田之西部区（称狂口断隆之王屋区）的北界。王屋区主体构造为向南东倾伏的王屋山不对称向斜，南翼地层倾角 10°~15°，北翼受封门口正断层影响而倾角变陡，区内以北东东向和北西向正断层为主，王屋山、郭沟、青铜沟煤矿区分布于向斜北翼，姜疙瘩和下冶煤矿区、南吴煤矿点分布于向斜南翼，梁庄煤矿点主体位于向斜南翼。

（二）煤层与煤质

1. 煤层

济源煤田划分为 8 个煤段。太原组底部的$一_1$煤为局部可采煤层，煤厚 0~1.88 m，平均

0.88 m；煤层结构简单，局部含矸 1~2 层；煤层顶板一般为石灰岩，煤层底板为铝质泥岩或泥岩。山西组下部的二$_1$煤层在克井区全区可采，而在西部王屋山向斜南翼下冶、邵原一带不可采，在王屋山向斜北翼大部分可采。二$_1$煤厚 0~15.17 m，一般为 2~5.05 m，平均 4.18 m；煤层结构简单，局部含矸 1~2 层；煤层顶板为砂岩、泥岩，底板多为泥岩。山西组上部的二$_4$煤层为王屋山向斜南翼的姜疙瘩至下冶地区局部可采，煤层顶、底板多为泥岩，煤厚 0~5.00 m，一般为 0.50~1.00 m；煤层结构简单，偶含矸 1 层；煤层分布不稳定，常变薄或尖灭。上石盒子组七$_2$煤在王屋区发育较好，煤厚 0.60~1.50 m，最厚可达 3 m，煤层结构复杂，含矸 3~4 层，灰分产率大于 40%，曾被当地民采。

表 2-40　济源煤田含煤地层一览表

地层单位				穿见地层厚度/m	接触关系	岩性及组合特征
界	系	统	组	两极值/平均值		
古生界	二叠系	乐平统（P_3）	孙家沟组（P_3s）	0~187.13		仅分布于王屋区，岩性以紫红色砂质泥岩为主，夹黄绿色砂岩及紫红色石英细砂岩
		乐平统（P_3）/阳新统（P_2）	上石盒子组（$P_{2-3}sh$）	141.28~293.61 / 238.48		自田家沟砂岩之底至平顶山砂岩顶界，含七、八两个煤段；由泥岩、粉砂岩、细-中粒砂岩组成，顶部的平顶山砂岩为灰白色-浅灰色中-粗粒石英砂岩；七煤段含薄煤 3 层（七$_1$、七$_2$、七$_3$），其中七$_2$煤为局部可采高灰劣质煤
		阳新统（P_2）	下石盒子组（P_2x）	83.03~311.18 / 194.92		自砂锅窑砂岩底至田家沟砂岩底，由砂岩、粉砂岩、泥岩、铝质泥岩及不稳定薄煤层组成，划分为三、四、五、六煤段，不含可采煤层
		阳新统（P_2）/船山统（P_1）	山西组（$P_{1-2}sh$）	52.28~114.90 / 71.70		由细-中粒砂岩、粉砂岩、泥岩及煤组成；二$_1$煤层在克井区为主采煤层，在王屋山为大部分可采煤层；二$_4$煤层仅王屋山向斜南翼局部可采，二$_3$煤层仅下冶局部可采
	二叠系/石炭系	船山统（P_1）/上统（C_2）	太原组（C_2P_1t）	18.85~99.87 / 53.24		由石灰岩、砂岩、泥岩及煤层组成，分下部石灰岩段、中部砂泥岩段和上部石灰岩段，一般发育 8 层石灰岩（L_1—L_8），含薄层煤层 8 层，其中一$_1$煤局部可采，一$_5$煤在克井区、一$_2$煤在下冶矿区局部可采，其余煤层均不可采
	石炭系	上统（C_2）	本溪组（C_2b）	2.50~33.40 / 6.54	- - - -	下部为铁质粘土岩，局部有不稳定的透镜状山西式铁矿；中部为粘土岩，局部为粘土矿；上部为铁质粘土岩，偶含不可采薄煤 1 层
	奥陶系	中统（O_2）	马家沟组（O_2m）	>200	- - - -	岩性主要为灰色层状致密石灰岩、白云质灰岩及白云岩，夹薄层灰色泥质白云岩及泥质灰岩，与上覆本溪组和下伏寒武系均呈平行不整合接触

2. 煤质

济源煤田的二$_1$煤为黑色块状-粉末状，以低灰、低硫、低磷、中高-特高热值、高灰熔点、块煤产率高为主要特征，煤质疏松，污手，视密度 1.42~1.66 t/m^3；煤岩组分以亮煤为主，暗煤次之，

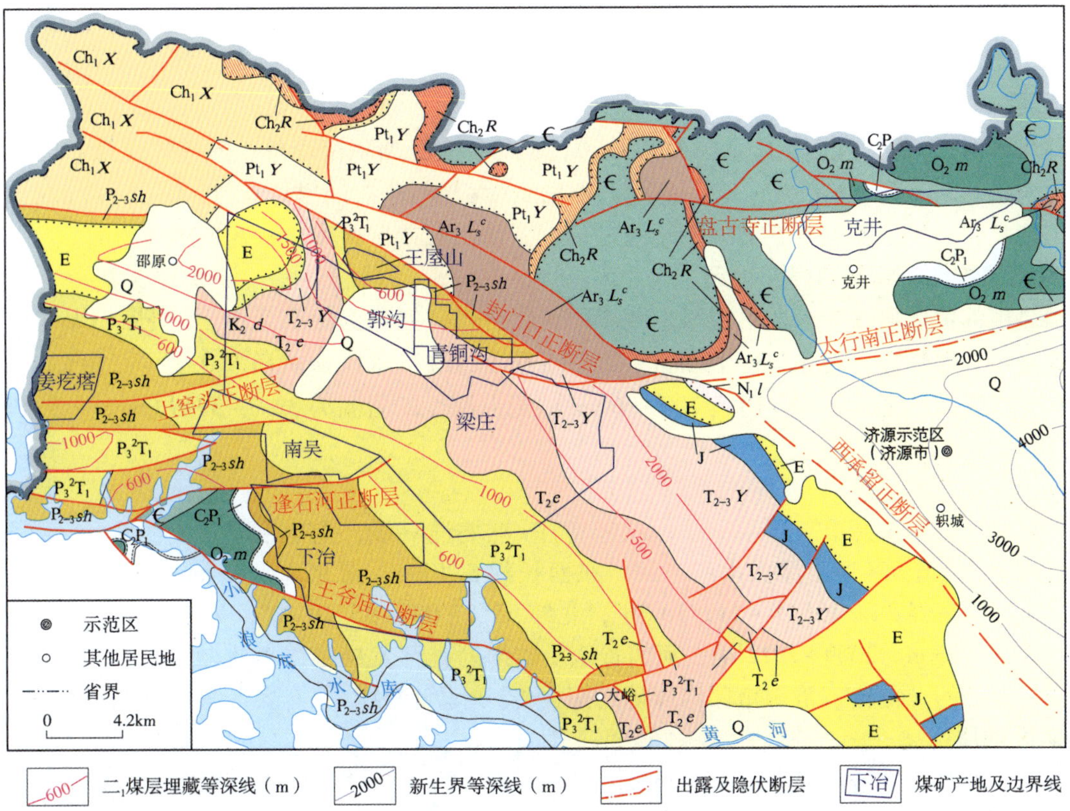

图 2-32 济源煤田地质略图

Q—第四系；N_1l—中新统洛阳组；E—古近系；K_2d—上白垩统东孟村组；J—侏罗系；$T_{2-3}Y$—中-上三叠统延长群；T_2e—中三叠统二马营组；$P_3^2T_1$—孙家沟组、刘家沟组与和尚沟组；$P_{2-3}sh$—下石盒子组和上石盒子组；C_2P_1—本溪组和太原组；O_2m—中奥陶统马家沟组；€—寒武系；Ch_2R—长城系汝阳群；Ch_1X—长城系熊耳群；Pt_1Y—古元古界银鱼沟群；$Ar_3L_s^c$—新太古代林山杂岩

煤中有机组分以镜质组为主；煤岩类型以半亮型煤为主，灰熔点 1267℃；北部以无烟煤为主；西部和南部则主要为贫煤和贫瘦煤，局部见有焦煤。二$_4$ 煤呈块状，局部为片状，视密度 1.40～1.60 t/m^3；煤岩组分以亮煤为主，次为镜煤和暗煤，属半暗-半亮型煤；煤类为低-中灰、特低硫、中高-高热值贫煤、贫瘦煤、焦煤。一$_1$ 煤呈碎块状，视密度 1.37～1.60 t/m^3；以亮煤为主，暗煤次之，常见丝炭凸镜体，属半暗-半亮型煤；煤类为低-中灰、中高硫、高热值贫煤-瘦煤，局部为焦煤。

（三）开采技术条件

1. 煤层顶、底板

济源煤田的二$_4$ 煤层顶板主要为泥岩；当顶板为砂质泥岩时，裂隙不发育，稳定性较好；当顶板为泥岩时，岩石破碎，稳定性差，易坍塌；煤层底板为碳质泥岩，常与煤层呈过渡关系，遇水易膨胀，易底鼓，工程地质条件差。二$_1$ 煤层老顶为灰色-灰白色中砂岩（大占砂岩），稳定性较好；直接顶以砂质泥岩为主，局部为泥岩或碳质泥岩，遇水易膨胀，易坍塌，稳定性差；煤层底板多为深灰色砂质泥岩夹细砂岩条带，分布稳定，稳定性中等。一$_1$ 煤层的直接顶板多为坚硬且稳定性较好的石灰岩，仅局部相变为砂岩；煤层底板为铝质泥岩或泥岩，质软细腻，具滑感，遇水易膨胀、易底鼓。

2. 水文地质条件

济源煤田的水文地质条件中等-复杂。众多河流纵贯煤田，南部的黄河小浪底水库最高蓄水位 +275 m，老窑积水可由断层、裂隙导水涌入坑道。地下水主要有奥陶系和太原组岩溶水，富水性好；

二$_1$煤层顶板砂岩一般含水性较弱。若断层裂隙发育时，含水性较强的地带会增加一$_1$、二$_1$煤层的开采难度。

3. 瓦斯

济源煤田的二$_1$煤甲烷含量1.24~4.33 m^3/t，但局部有瓦斯积聚现象；深部郭沟煤矿区处于甲烷带，甲烷含量0.28~16.91 m^3/t。开采二煤段的浅部矿井瓦斯绝对涌出量0.30~0.67 m^3/min，相对涌出量2.77~4.80 m^3/t，为瓦斯矿井。下冶煤矿区、王屋山煤矿区曾发生过瓦斯爆炸事故。

4. 煤尘爆炸性、煤层自燃与地温

济源煤田的生产矿井尚未发生过煤尘爆炸和煤层自燃，但郭沟煤矿区二$_1$煤层煤心煤样的煤尘爆炸性试验显示有爆炸性，火焰长度10 mm，加岩粉量20.0%。本区地温梯度0.25~3.70℃/hm，煤层埋深500 m以浅无热害，郭沟煤矿区700~960 m的测温深度的岩温为32.7~37.9℃。

（四）济源市郭沟煤矿区

郭沟煤矿区位于济源市王屋乡，矿区北起曹庄-燕婆洼一线，南至东羊圈-毛凹-王屋派出所一线，西起麻院，东至迎门-王屋派出所一线，东西长约5.4 km，南北宽2~3 km，面积约15.32 km^2。矿区地理坐标为东经112°13′00″~112°16′30″，北纬35°07′00″~35°10′00″，为王屋山南麓低山-丘陵区，海拔371~693 m。2009~2012年，河南省地质矿产勘查开发局第二地质勘查院开展了区内详查、勘探工作，提交的《河南省济源市郭沟煤矿勘探报告》，累计查明/保有煤资源量7011.0×10^4 t。

1. 矿区地质

郭沟煤矿区北部为基岩裸露区，南部被第四系覆盖，第四系厚度0~66.95 m。煤系基底中奥陶统马家沟组为灰色厚层状石灰岩、角砾状石灰岩、白云质灰岩、白云岩夹黄色薄层泥质灰岩、泥岩等。含煤地层本溪组厚度18.46~24.85 m，平均21.66 m；太原组厚度27.05~37.75 m，平均30.51 m；山西组厚度41.65~84.75 m，平均62.90 m；下石盒子组厚度220.52~311.18 m，平均254.72 m；上石盒子组平均厚度222.28 m。煤系盖层孙家沟组厚度132.10~196.54 m，平均165.99 m；下三叠统刘家沟组钻孔穿见厚度147.99~192.60 m，和尚沟组钻孔穿见厚度179.78~214.92 m；中三叠统二马营组小面积出露于西侧高庄一带及东侧八房地沟附近，出露厚度约150 m；中三叠统油房庄组于矿区西南角小面积出露，出露厚度约80 m。区内总体构造格架为王屋山向斜北翼之向南倾伏的次级宽缓背斜构造（图2-33），地层倾角10°~23°。横01线以东发育有缓倾的滑动构造（图2-34），滑动断层位于二$_1$煤层之上，倾向南东，总体滑动方向自北西向南东滑动，倾角15°~55°，自北西向南东由陡变缓；断距大小不等，一般为20~100 m，最大达200 m。

2. 煤层与煤质

（1）煤层

郭沟煤矿区的二$_1$煤层全区可采；七$_4$煤层极不稳定，大部为含碳泥岩，局部为煤线，仅ZK131孔见煤厚0.82 m；一$_1$煤层不稳定，大部为含碳泥岩，局部为煤线，仅ZK055钻孔穿见煤层厚度1.24 m；其余煤层均不可采。二$_1$煤层位于大占砂岩之下0.11~7.17 m，下距太原组顶层石灰岩3.28~21.16 m。煤底标高+200~-1100 m，埋深210~1500 m。煤层厚度0.23~15.17 m，平均3.90 m，30个见煤孔中，可采点28孔，其中10孔含矸1层，1孔含矸2层，夹矸岩性为碳质泥岩，夹矸厚度0.21~1.10 m，平均矸厚0.43 m。煤层底板多为深灰色泥岩、砂质条带泥岩，局部为碳质泥岩；其顶板多为泥岩，局部为细-中粒砂岩、粉砂质泥岩。二$_1$煤层视电阻率呈中高异常，天然伽马低异常，人工伽马高异常（图2-35）。煤层瓦斯中甲烷成分49.08%~95.32%，平均81.52%；甲烷含量0.28~16.91 mL/g。

（2）煤质

a. 煤的物理性质和煤岩特征

郭沟煤矿区的二$_1$煤层的破坏类型为Ⅳ类，煤岩多呈碎裂状、粉末状，视密度1.42~1.45 t/m^3，平均1.44 t/m^3。宏观煤岩成分主要为亮煤，镜煤、暗煤次之。煤岩类型以光亮-半亮型煤为主。煤中

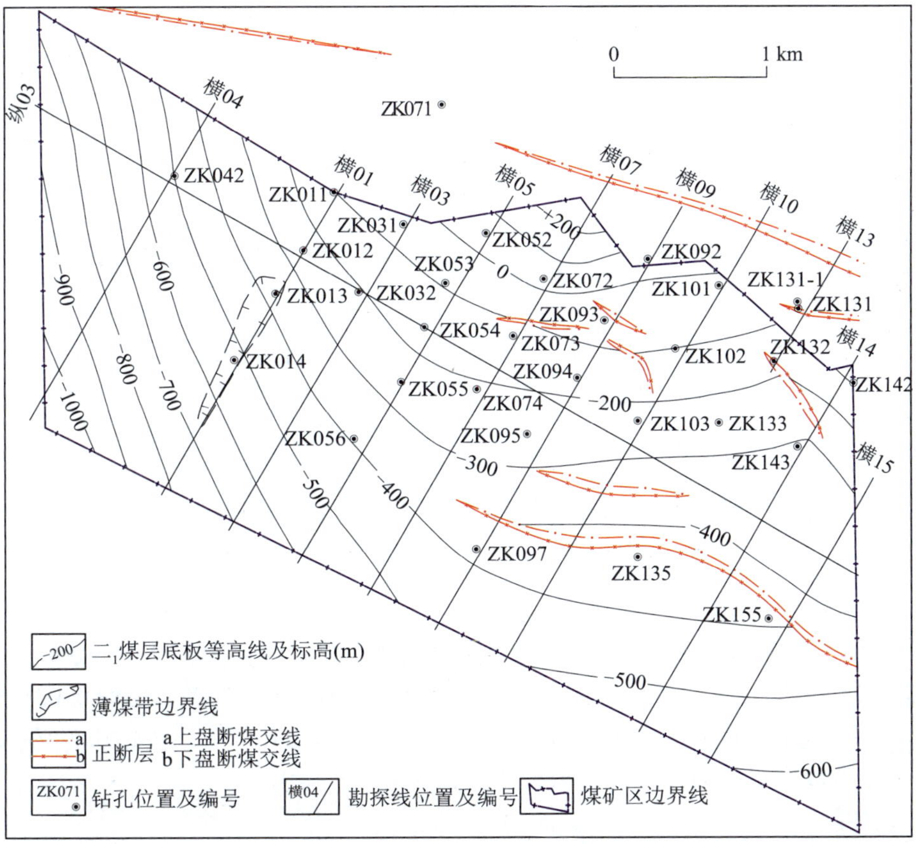

图 2-33　济源市郭沟煤矿区二$_1$煤层底板等高线图

（据河南省地质矿产勘查开发局第二地质勘查院，2012，有修改）

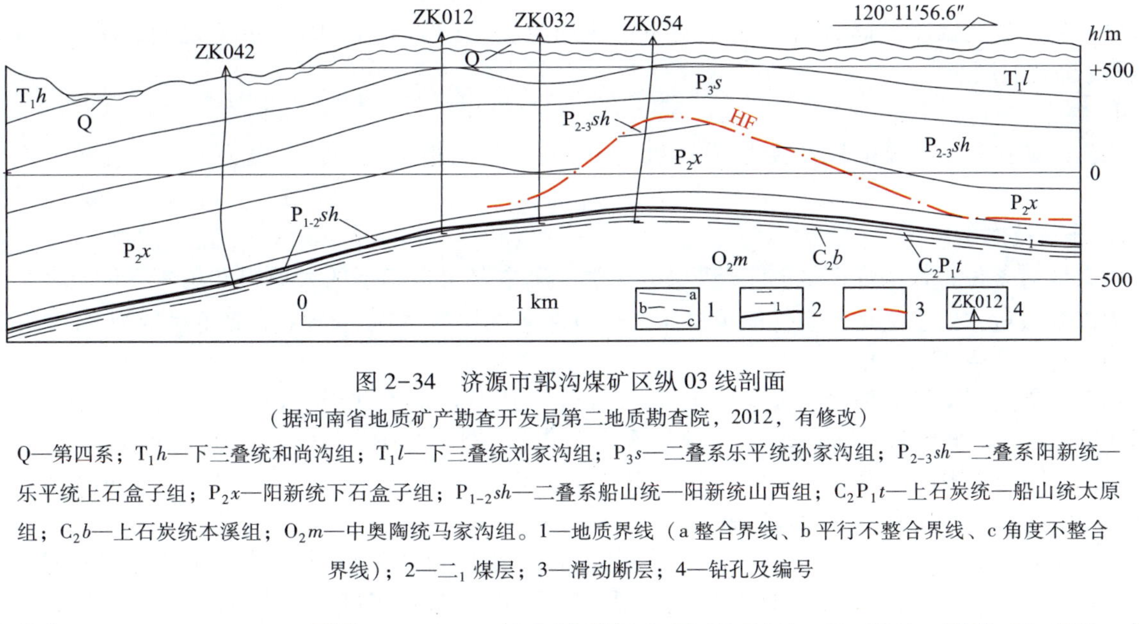

图 2-34　济源市郭沟煤矿区纵 03 线剖面

（据河南省地质矿产勘查开发局第二地质勘查院，2012，有修改）

Q—第四系；T_1h—下三叠统和尚沟组；T_1l—下三叠统刘家沟组；P_3s—二叠系乐平统孙家沟组；$P_{2\text{-}3}sh$—二叠系阳新统—乐平统上石盒子组；P_2x—阳新统下石盒子组；$P_{1\text{-}2}sh$—二叠系船山统—阳新统山西组；C_2P_1t—上石炭统—船山统太原组；C_2b—上石炭统本溪组；O_2m—中奥陶统马家沟组。1—地质界线（a 整合界线、b 平行不整合界线、c 角度不整合界线）；2—二$_1$ 煤层；3—滑动断层；4—钻孔及编号

有机质占 75.90%～90.50%，平均 87.14%；其中镜质组含量 77.70%～89.30%，平均 82.10%，镜质组分最大反射率为 2.170%～2.421%，镜质组以基质镜质体为主，次为均质镜质体，含少量碎屑镜质体；惰质组含量 10.70%～22.30%，平均 17.88%，惰质组以碎屑惰质体为主，丝质体次之，含少量粗粒体及微粒体。无机组分含量 9.50%～24.10%，平均 12.11%，以粘土矿物为主，次为碳酸盐类，有少量氧化物和硫化物。

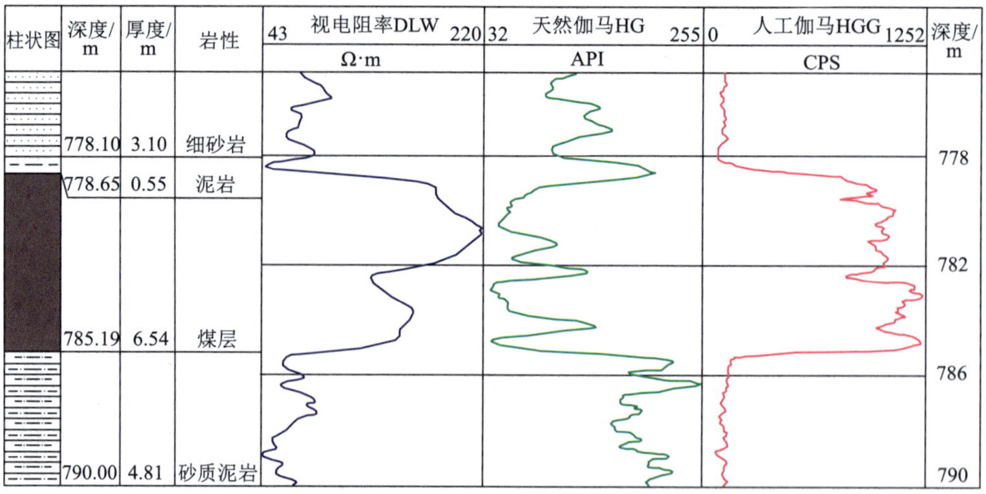

图 2-35 济源市郭沟煤矿区 ZK094 孔二$_1$ 煤层测井曲线

（据河南省地质矿产勘查开发局第二地质勘查院，2012）

b. 煤的化学性质

郭沟煤矿区的二$_1$ 煤原煤灰分 10.68%~23.91%，平均 17.42%；挥发分 10.82%~23.48%，平均 12.81%；全硫 0.24%~3.12%，平均 0.94%；磷含量 0.0040%~0.0870%，平均 0.0310%。浮煤灰分 5.54%~15.14%，平均 8.30%；挥发分 9.10%~17.91%，平均 11.07%；全硫 0.30%~0.94%，平均 0.51%。煤的形态硫以有机硫为主，次为硫铁矿硫，硫酸盐硫微量。

c. 煤的工艺性能

郭沟煤矿区的二$_1$ 煤原煤高位发热量 24.19~31.23 MJ/kg，平均 29.27 MJ/kg；浮煤高位发热量 27.92~34.30 MJ/kg，平均 32.95 MJ/kg。二$_1$ 煤层 TS_{+6} mm 级占 29.6%~69.3%，平均 53.9%，属低热稳定性煤；可磨性指数 59.0~166.0，平均 118.0，属易磨煤。煤灰成分 SiO_2 和 Al_2O_3 之和占 77.78%，次为 CaO 和 Fe_2O_3，其他元素含量较低；煤灰软化温度（*ST*）1350~>1500℃，属高熔-难熔灰分、较高软化温度-高软化温度灰；煤灰的流动温度（*FT*）在 1370~1440℃之间，属中等流动温度-较高流动温度灰。

d. 煤类

郭沟煤矿区的二$_1$ 煤的胶质层最大厚度为 0 mm，黏结指数为 0，煤类为低灰、低硫、高热值贫煤。

3. 开采技术条件

水文地质条件：郭沟煤矿区的二$_1$ 煤层的充水水源主要来自其下的太原组和奥陶系的石灰岩岩溶水，为以底板进水的水文地质条件简单矿床，但应注意断层的影响。全区正常涌水量为 34.07 m^3/h，最大涌水量为 204.42 m^3/h。

瓦斯：郭沟煤矿区总体处于瓦斯风化带，二$_1$ 煤层瓦斯含量为 0.28~16.91 mL/g，一般在 1.00~8.00 mL/g 之间，平均 5.17 mL/g。二$_1$ 煤层瓦斯放散初速度（ΔP）为 7.7~18.1 mmHg，一般大于 10 mmHg；煤的坚固性系数（f）为 0.18~0.26，小于 0.5；瓦斯压力（P）为 3.01~6.40 MPa，远大于 0.74 MPa；二$_1$ 煤层具有突出危险性。

煤尘爆炸性、煤层自燃与地温：郭沟煤矿区的二$_1$ 煤的煤尘爆炸性试验显示，加岩粉量 10%~30%，火焰长度 5~15 mm，煤尘具爆炸危险性。煤层自燃趋势测试结果显示，煤吸氧量为 0.94~1.07 cm^3/g，自燃等级为Ⅲ级，二$_1$ 煤层不容易自燃。599.85~1028.26 m 的测温深度，二$_1$ 煤层底板平均地温梯度为 2.60~2.83℃/hm。

（五）济源市姜疙瘩煤矿区

姜疙瘩煤矿区位于济源市邵源镇西南约 10 km 的芬沟-煤窑河一带，属太行山西南延余脉低山-

丘陵区，地势北高南低，东高西低，东西长约3.2 km，南北宽约3.4 km，面积约10.77 km^2。矿区地理坐标为东经112°02′31″~112°05′01″，北纬35°05′11″~35°07′05″。1971~1972年，河南省地质局地质二队开展了本区煤矿普查，提交了《济源县邵原姜疙瘩煤矿普查评价工作总结》。据2010年河南省煤炭地质勘察研究院编制的《河南省济源市姜疙瘩煤核查区资源储量核查报告》，累计查明煤资源储量1353.9×10^4 t，保有煤资源储量679.8×10^4 t，另有（334）？类煤资源量898.0×10^4 t。区内煤矿开采历史悠久，1949年以前就有小煤窑小规模断续采煤，正规开采始于1967年，邵原公社开办了芬沟煤矿。20世纪80年代后，村办及乡办集体小煤矿蓬勃发展，采煤外销和土法炼焦，现均已停产。

1. 矿区地质

姜疙瘩煤矿区位于王屋山向斜南翼，为地层倾向北、倾角8°~15°的单斜构造，发育有北西向、北东向和北东东向高角度正断层。上窑头正断层倾向172°，倾角75°，落差500 m。银洞腰正断层倾向105°，倾角75°，落差500 m。本溪组厚度5.32~9.14 m，平均6.54 m。太原组厚度27.26~59.60 m，平均36.00 m。山西组分布于上窑头正断层北侧的芬沟及煤窑河底部，厚度56.80~95.10 m。区内广泛出露下、上石盒子组，下石盒子组厚度130.00~180.00 m，上石盒子组厚度147.00~215.00 m。孙家沟组仅出露于银洞腰正断层之东和上窑头断层之南。

2. 煤层与煤质

姜疙瘩煤矿区共含煤10层（表2-41），太原组底部的$一_1$煤全区普遍可采，山西组中部的$二_4$煤大部分可采，上石盒子组下段$七_2$煤局部可采，$二_3$煤偶见可采点，其余煤层均不可采。$一_1$煤层全区可采，埋深20~530 m，煤底标高+300~−150 m，煤厚0.75~1.77 m，平均1.01 m，结构较简单，偶含1~2层厚度0.10~0.45 m的碳质泥岩夹矸，煤层底板为灰黑色泥岩，顶板为厚度2.35~10.35 m的含燧石团块和生物碎屑的L_1石灰岩。$二_4$煤层大部分可采，埋深0~480 m，煤底标高+400~0 m，煤厚0~1.25 m，一般无夹矸，煤层顶、底板为砂岩或砂质泥岩。$七_2$煤层局部可采，煤厚0.50~1.50 m。

表2-41　济源市姜疙瘩煤矿区煤层发育情况表

含煤地层	煤层名称		煤厚/m	结构	稳定性	可采性
	编号	俗称				
上石盒子组	$七_2$煤	柳叶煤	0.50~1.50	复杂	不稳定	局部可采
山西组	$二_5$	头脉煤	0~0.10	—	不稳定	不可采
	$二_4$	二脉煤	0~1.25	较简单	较稳定	大部可采
	$二_3$	三脉煤	0~1.45	复杂	极不稳定	不可采
	$二_2$	铁煤	煤线	—	—	—
	$二_1$	大煤	0~0.20	—	不稳定	不可采
太原组	$一_9$	铁里石煤	0~0.15	—	不稳定	不可采
	$一_8$	土脉煤	0~0.47	—	不稳定	不可采
	$一_5$	中格煤	0~1.77	复杂	不稳定	不可采
	$一_1$	底脉煤	0.75~1.77	较简单	较稳定	全区可采

（据河南省煤炭地质勘察研究院，2010d）

姜疙瘩煤矿区的$一_1$煤的原煤水分0.24%~0.35%，平均0.30%；灰分17.40%~25.37%，平均20.27%；挥发分16.89%~22.78%，平均19.26%；全硫2.24%~2.74%，平均2.55%；发热量26.34~29.33 MJ/kg，平均27.78 MJ/kg；胶质层最大厚度15~19 mm。$二_4$煤的原煤水分0.33%~0.45%，平均0.38%；灰分11.15%~28.58%，平均21.10%；挥发分17.20%~18.40%，平均17.55%；全硫0.25%~0.50%，平均0.36%；发热量22.52~29.26 MJ/kg，平均26.58 MJ/kg；胶质

层最大厚度 17 mm。七$_2$煤的灰分产率大于 45%，曾被当地民采。一$_1$煤为中灰、中高硫、高热值焦煤，二$_4$煤为中灰、特低硫、中高热值焦煤。

（六）济源市王屋山煤矿区

王屋山煤矿区位于济源市王屋乡煤窑沟-汗沟河一带的构造剥蚀低山-丘陵区，西起铁山河，东至断后沟，南自汗沟河，北止封门口正断层，面积约 1.68 km^2。地理坐标为东经 112°14′06″~112°15′41″，北纬 35°09′12″~35°09′53″。勘查程度达普查。据 2010 年河南省煤炭地质勘察研究院编制的《河南省济源市王屋山煤核查区资源储量核查报告》，区内累计查明煤资源储量 751.9×10^4 t，保有煤资源储量 571.3×10^4 t。该区煤矿始采于 20 世纪 50 年代，2010 年由济源四矿和王屋山煤矿开采，其浅部煤层已基本采空，现已关停。

王屋山煤矿区位于封门口正断层南侧的王屋山向斜北翼浅部，区内地表自北而南依次分布着山西组、下石盒子组和上石盒子组（图 2-36）。钻孔揭露本溪组厚度 8.00~15.00 m，太原组厚度 16.30 m，山西组最大厚度 114.90 m，下石盒子组厚度 130.00~180.00 m，上石盒子组保留厚度 141.28 m，第四系厚度 0~15.00 m。区内为地层倾向南西、倾角 25°~37°的单斜构造（图 2-37），近封门口断层处煤层倾角 43°~49°，局部有规模不大的褶曲。封门口正断层北盘的古元古界银鱼沟群中的石英岩和大理岩多形成陡壁和断层三角面；断层南盘为二叠系砂岩和泥岩，局部有奥陶系石灰岩出露。本区仅二$_1$煤层可采，全区可采，埋深 0~700 m，煤底标高+520~−220 m，煤厚 1.33~12.11 m，平均 2.61 m，沿走向呈豆荚状，向深部逐渐变厚。二$_1$煤层底板为砂岩和碳质泥岩，顶板多为浅灰色长石石英砂岩和泥质粉砂岩。二$_1$煤原煤水分 0.98%~2.56%，平均 1.59%；灰分 14.28%~17.73%，平均 15.64%；挥发分 3.86%~13.06%，平均 7.81%；全硫 0.44%~0.66%，平均 0.54%；发热量 29.72~33.09 MJ/kg。煤类为低灰、特低-低硫粉状无烟煤。

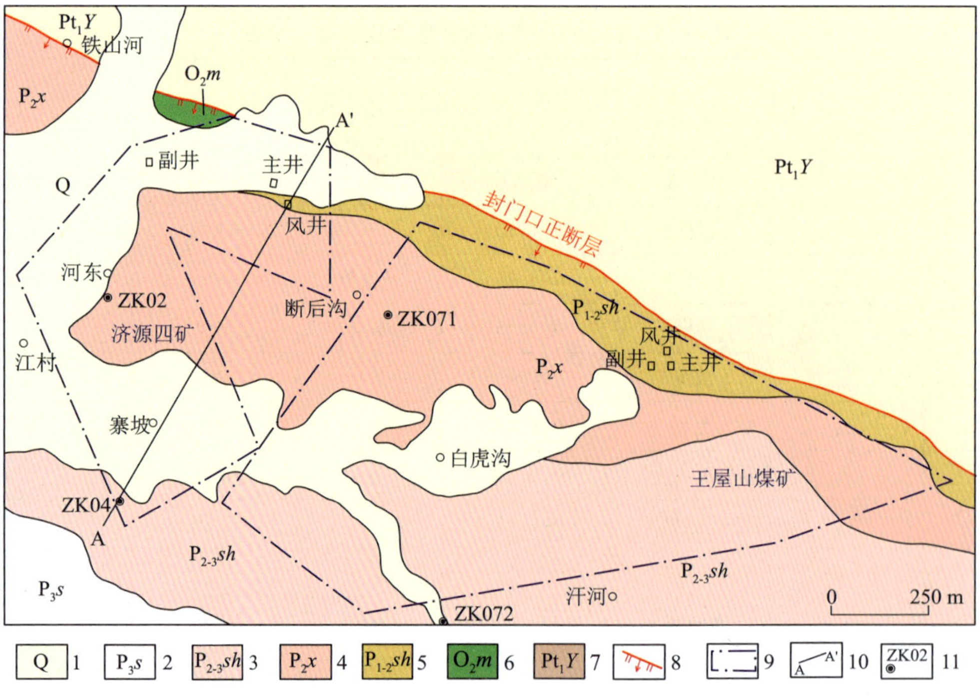

图 2-36　济源市王屋山煤矿区地质略图

（据河南省煤炭地质勘察研究院，2010e，有修改）

1—第四系；2—乐平统孙家沟组；3—二叠系阳新统—乐平统上石盒子组；4—阳新统下石盒子组；5—二叠系船山统—阳新统山西组；6—中奥陶统马家沟组；7—古元古界银鱼沟群；8—正断层；9—采矿权边界；10—剖面线；11—钻孔及编号

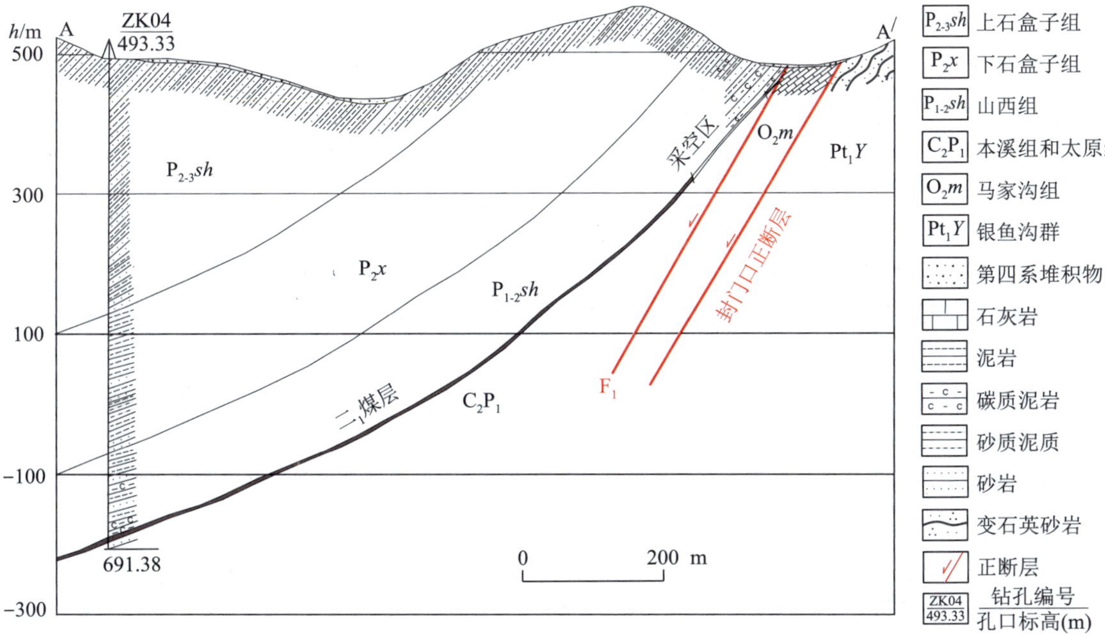

图 2-37 济源市王屋山煤矿区 A—A′地质剖面

（据河南省煤炭地质勘察研究院，2010e，有修改）

（七）济源市青铜沟煤矿区

青铜沟煤矿区位于济源市王屋乡清虚、庭芳村一带，总地势为北高南低，海拔 440~800 m，面积约 12.11 km^2，地理坐标为东经 112°16′30″~112°20′00″，北纬 35°06′45″~35°09′15″。据 2008 年河南省地质矿产勘查开发局第二地质队提交的《河南省济源市青铜沟矿区煤炭详查报告》，累计查明/保有煤资源量 2210.0×10^4 t，另估算（334）？类煤资源量 888.0×10^4 t。本区处于氮气-沼气带，平均地温梯度 1.44℃/hm。水文地质勘查类型为以底板岩溶水充水为主的水文地质条件中等类型矿床。

新太古代林山杂岩和古元古界银鱼沟群分布于矿区北部封门口大断层以北的中高山区。中奥陶统马家沟组主要分布于矿区北部封门口断层沿线，呈北东向透镜状展布。本溪组仅在钻孔中见到，下部为粘土岩，上部为铝质泥岩、碳质泥岩，地层厚度 4.56~9.22 m，平均 6.75 m。太原组由 1~3 层生物碎屑石灰岩与砂岩、泥岩、碳质泥岩互层组成。局部含煤线和薄煤层，地层厚度 15 m 左右。山西组在矿区北部沿封门口断层零星出露，最厚达 95.85 m，至湾村东仅 20 m。上、下石盒子组沿封门口断层呈条带状出露，残留地层厚度 83.08~327.72 m。孙家沟组主要出露在矿区中部，三叠系分布在矿区南部。第四系主要分布在矿区低山梁和沟谷中，由亚粘土、砂砾层及坡积物组成，揭露最大厚度约 77 m。矿区位于北西西向封门口断层南部，地层呈单斜产出，倾向南西，倾角 30°~55°。矿区北部有白铜沟正断层，东部边缘可见小断层。

青铜沟煤矿区仅二$_1$ 煤层可采，施工的 5 个钻孔均可采，煤层厚度 2.00~10.29 m，平均 4.78 m，煤层倾向 200°~210°，倾角 30°~50°，资源量估算煤底最低标高为-900 m。二$_1$ 煤呈黑色，质软，较疏松，以粉状煤为主，视密度为 1.48 t/m^3；煤岩成分以亮煤、暗煤为主，次为镜煤，少量丝炭，宏观煤岩类型为半暗-半亮型煤。原煤灰分 15.38%~34.91%，平均 16.68%；全硫 0.20%~0.42%，平均 0.31%；高位发热量 23.33~30.28 MJ/kg，平均 26.81 MJ/kg。精煤灰分 6.74%~21.57%，平均 14.06%；挥发分 8.23%~11.06%，平均 9.65%。灰熔点大于 1500℃。煤类为低灰、特低硫、中高热值无烟煤。

（八）济源市梁庄煤矿点

梁庄煤矿点位于济源市王屋乡、西承留乡境内，北与郭沟和青铜沟煤矿区接壤，南邻南吴煤矿点，地理坐标为东经 112°09′31″~112°23′00″，北纬 35°01′25″~35°11′03″。东西长约 22 km，南北宽约 8 km，面积约 162.29 km^2。海拔 310~770 m。2015~2017 年，河南省煤田地质局物探测量队开展了该区的煤预查，2018 年提交了《河南省济源市梁庄煤预查报告》，估算二$_1$ 煤层（334）? 类资源量 64098.0×10^4 t，其中，埋深 1500 m 以浅的煤资源量 57611.0×10^4 t，埋深 1500 m 以深的煤资源量 6487.0×10^4 t。

据二维地震资料，梁庄煤矿点总体构造形态为轴向近东西的向斜，西部向斜形态完整，中部和东部处于向斜南西翼，地层倾角 6°~15°；解释正断层 5 条，其中 4 条位于西北部的向斜北翼，规模较大的 DF_4 正断层倾向南西，落差 300~500 m，构成该区的中、东部边界。共施工了 ZK901、ZK1501 和 ZK2101 共 3 个钻孔，总工程量 4043.91 m，ZK1501 孔终孔于本溪组，ZK901 和 ZK2101 孔终孔于中奥陶统马家沟组。第四系主要分布在西部，厚度 0~30 m，其他区域为基岩裸露区；钻孔揭露本溪组平均厚度 15 m，太原组平均厚度 20 m，山西组平均厚度 75 m，下石盒子组平均厚度 220 m，上石盒子组平均厚度 310 m，孙家沟组平均厚度 240 m，三叠系刘家沟组—油房庄组平均厚度 457 m。

梁庄煤矿点仅二$_1$ 煤层可采，上距砂锅窑砂岩平均 60.30 m，煤层埋深 400~1800 m，估算标高 +100~-1400 m，煤厚 0.25~4.97 m，平均 2.54 m（3 孔），仅 ZK901 孔不可采；ZK1501 孔的二$_1$ 煤层分岔成二$_1^1$、二$_1^2$ 和二$_1^3$ 共 3 个煤分层，厚度分别为 4.97 m、0.10 m 和 1.55 m。煤层直接顶板为大占砂岩或砂质泥岩，底板为泥岩或砂质泥岩。原煤灰分 15.22%~21.18%，平均 18.56%；挥发分 12.38%~14.42%，平均 13.55%；全硫 0.32%~0.48%，平均 0.38%；高位发热量 27.65~30.51 MJ/kg，平均 28.90 MJ/kg。浮煤灰分 4.77%~9.06%，平均 6.96%；挥发分 12.48%~13.72%，平均 13.05%；全硫 0.35%~0.51%，平均 0.42%；高位发热量 33.49~34.67 MJ/kg，平均 33.95 MJ/kg；黏结指数为 0。煤类为低灰、特低硫、高热值贫煤。

（九）济源市南吴煤矿点

南吴煤矿点位于济源市西南部下冶乡，东起三教，西至逢石，北起半个辘轴，南至下冶村，东西长约 10.05 km，南北宽约 2.50 km，面积约 21.80 km^2。为王屋山南麓低山-丘陵区，海拔 270.0~595.7 m。地理坐标为东经 112°08′25″~112°15′12″，北纬 35°02′40″~35°05′53″。2006~2008 年，河南省地质矿产勘查开发局第一水文地质工程地质队开展了区内预查，提交了《河南省济源市南吴区煤预查报告》（2010），施工的 ZK1104 和 ZK0304 孔孔深分别为 931.62 m 和 726.24 m，均终孔于奥陶系，估算（334）? 类煤资源量 1649.0×10^4 t。本区处于王屋向斜南翼，为地层倾向 45°、倾角 3°~12° 的单斜构造。据钻孔资料，本溪组厚度 3.69~7.90 m，太原组厚度 18.88~35.61 m，山西组厚度 73.49~81.46 m，下石盒子组厚度 271.01~279.79 m，上石盒子组厚度 213.17~219.96 m，孙家沟组厚度 58.68~141.62 m，刘家沟组厚度 168.16 m，和尚沟组厚度 400.00 m。二马营组仅在矿区西北部少量出露。第四系主要分布在山体陡坡下。逢石河正断层向北北西陡倾，落差大于 100 m，构成矿区南部自然边界。郭凹正断层途经矿区中部的郭凹、东凹、后窑沟一线，倾向北，倾角约 70°，落差 200 m，该断层将该区分割为南北两部分。施工的 2 个钻孔中，只有郭凹正断层之南的 ZK1104 孔见太原组底脉煤（即一$_1$ 煤层），煤层结构为 1.48 m=0.41（0.35）0.40（0.20）0.12 m，夹矸为碳质泥岩，煤层顶板为深灰色中厚层状生物石灰岩，底板为泥岩。煤为黑色，以粉状煤为主，含少量粒状、鳞片状煤，结构较疏松，视密度 1.42 t/m^3。据二维地震解译，煤层埋深 650~1200 m。原煤水分 0.50%，灰分 22.28%，挥发分产率 17.17%，全硫 4.20%，干燥基高位发热量 27.28 MJ/kg。浮煤水分 0.50%，灰分 7.22%，挥发分产率 14.22%，全硫 1.96%，干燥基高位发热量 33.78 MJ/kg，黏结指数 12。煤类为中灰、高硫、高热值贫瘦煤。形态硫以硫铁矿硫为主，次为有机硫，硫酸盐硫微量。煤层瓦斯成分中甲烷含量为 10.11 mL/g。

（十）济源市下冶煤矿区

下冶煤矿区位于济源市西南部下冶乡，南距小浪底水库淹没区约 1.0 km，面积约 56.43 km^2，为丘陵地貌，海拔 280.0~454.1 m，地理坐标东经 112°10′34″~112°21′13″，北纬 34°56′54″~35°02′58″。勘查程度达普查，据 2010 年河南省煤炭地质勘察研究院编制的《河南省济源市下冶煤核查区资源储量核查报告》，累计查明煤资源储量 2106.0×10^4 t，保有煤资源储量 1152.8×10^4 t，另有（334）? 类煤资源量 19047.5×10^4 t。区内民采小煤窑及采空区众多，始采于 1958 年，主要开采$二_4$和$一_1$煤层。1997~2004 年，$一_1$煤层为首采煤层，小浪底水库蓄水后，标高 265 m 以下矿坑充水量较大，矿井排水费用高，区内开采该煤层的矿井已停采或关闭。

下冶煤矿区位于逢石河正断层与王爷庙正断层所构成的地垒之上，总体构造形态为王屋山向斜南翼、地层倾向北东、倾角 5°~15°的单斜构造，发育有北西向和近东西向正断层。王爷庙正断层位于黄河谷地北侧，倾向 215°~245°，倾角 65°，落差 600~800 m。由南西向北东依次出露着马家沟组、本溪组、太原组、山西组、下石盒子组、上石盒子组、孙家沟组和刘家沟组。本溪组厚度 3.00~33.40 m，太原组厚度 30.00~49.29 m，山西组厚度 85.00~113.00 m，下石盒子组厚度 183.00~248.00 m。含煤 12 层，其中可采煤层 6 层（表 2-42，表 2-43），可采煤层平均总厚度 5.15 m。$二_4$煤层和$一_1$煤层为较稳定的全区可采煤层。$二_4$煤层埋深 0~440 m，煤厚 0~5.00 m，平均 0.99 m，偶含厚度 0.10~0.30 m 的碳质泥岩夹矸，煤层顶板为深灰色泥岩，煤层底板为砂质泥岩及碳质泥岩。$一_1$煤层位于太原组底部，煤厚 0~1.69 m，平均 0.94 m，普遍含厚度 0.09~0.50 m 的碳质泥岩或石灰岩夹矸 1 层，局部分岔为$一_1^1$和$一_1^2$煤层，煤层顶板为 L_1 石灰岩，煤层底板为铝质泥岩。

表 2-42　济源市下冶煤矿区煤层发育情况一览表

含煤地层	煤层编号	煤厚/m	煤层结构	稳定性	可采性	估算煤底标高/m
上石盒子组	$七_2$	1.00~1.50	复杂	不稳定	局部可采	+400~-100
下石盒子组	五	煤线	—	—	—	—
	四	煤线	—	—	—	—
山西组	$二_5$	0~0.66	—	不稳定	不可采	+450~-100
	$二_4$	0~5.00	简单	较稳定	全区可采	+450~-600
	$二_3$	0~0.90	—	不稳定	局部可采	+400~-600
	$二_2$	0~1.03	—	—	不可采	—
	$二_1$	0~13.91	简单	不稳定	局部可采	+400~-450
太原组	$一_9$	煤线	—	—	—	—
	$一_8$	0~0.55	—	—	不可采	—
	$一_5$	0~0.90	简单	不稳定	不可采	—
	$一_2$	0~0.97	—	不稳定	局部可采	+400~-550
	$一_1$	0~1.69	简单	较稳定	全区可采	+390~90

（据河南省煤炭地质勘察研究院，2010f）

表 2-43　济源市下冶煤矿区煤质分析结果表

煤层		工业分析				$G_{R.I}$	工艺性质		煤类
		M_{ad}/%	A_d/%	V_{daf}/%	$S_{t,d}$/%		$Q_{net,d}$/（MJ·kg^{-1}）	Y/mm	
$七_2$	原煤	—	53.60	25.40	4.20	2~5	—	—	PM
$二_4$	原煤	0.61	14.94~20.34	14.77~17.30	0.28~0.50	2~17	27.70~28.79	0~9	PM、PS
	浮煤	—	5.44~8.98	11.41~17.68	0.42		30.24~32.08		
$二_3$	原煤	—	24.79	—	0.34~0.63	1~3	26.28	0	WY-PS
	浮煤	—	6.92	9.79~14.37	0.53	0~11	34.18	—	

续表

煤层		工业分析				$G_{R.I}$	工艺性质		煤类
		$M_{ad}/\%$	$A_d/\%$	$V_{daf}/\%$	$S_{t,d}/\%$		$Q_{net,d}/$ ($MJ \cdot kg^{-1}$)	Y/mm	
二$_1$	原煤	—	15. 31	—	1. 30	—	30. 11	—	PM
	浮煤	—	6. 28	12. 39	0. 53	0	33. 95	—	
一$_2$	原煤	—	17. 35	—	3. 73	—	28. 64	—	PM、PS
	浮煤	—	6. 31	13. 72	3. 54	0~11	33. 33	—	
一$_1$	原煤	18. 34	17. 49~22. 37	—	0. 39~2. 61	—	26. 01~27. 70	—	PM-SM
	浮煤	—	—	13. 43~22. 78	—	—	25. 65~28. 78	0~5	

注：资料来源于《河南省济源市下冶煤核查区资源储量核查报告》，河南省煤炭地质勘察研究院，2010f。

（十一）济源市克井煤矿区

克井煤矿区位于太行山南麓的济源市东北部的克井镇，地理坐标为东经 112°30′25″~112°38′16″，北纬 35°09′33″~35°11′40″，面积约 35. 72 km^2。1969 年，河南省冶金煤炭厅地质勘探三队提交了《河南省济源县克井勘探区地质勘探报告书》，共探明 B+C 级储量 16353×10^4 t。据 2010 年河南省煤炭地质勘察研究院编制的《河南省济源市克井煤核查区资源储量核查报告》，区内累计查明二$_1$ 煤资源储量 16955. 9×10^4 t，保有煤资源储量 7516. 2×10^4 t；另估算一$_1$ 煤层（334）？类煤资源量 889. 0×10^4 t。该区采煤历史悠久，小煤窑、老窑众多，且各个煤矿之间重组、兼并次数很多，沿革情况复杂。本区水文地质条件中等，以底板岩溶充水为主，断层水也是主要的充水水源，生产矿井属瓦斯矿井，未发生过煤尘爆炸和煤层自燃。

盘古寺正断层为克井煤矿区北界，第四系厚度 8. 63~18. 20 m。区内总体构造格架为地层倾向北、倾角 9°~12°的单斜，发育有次级褶皱和落差较小的北西向、北东向正断层（图 2-38）。煤系基底为中奥陶统马家沟组石灰岩、白云质灰岩。本溪组平行不整合覆盖于马家沟组之上，地层厚度 2. 50~16. 08 m，平均 6. 41 m，由山西式铁矿层、铝土泥岩及不可采薄煤层组成。太原组厚度 58. 07~99. 87 m，平均厚度 68. 43 m，下部由 L_1—L_4 石灰岩和薄煤层（一$_1$、一$_2$）组成，中部由深灰色泥岩、薄层砂岩和薄煤层（一$_5$）组成，上部由 L_7—L_8 石灰岩、泥岩和薄煤层（一$_7$、一$_8$）组成，顶部常发育一薄层硅质泥岩。山西组厚度 52. 28~87. 50 m，平均 71. 70 m；二$_1$ 煤段由二$_1$ 煤层、细砂岩、泥岩

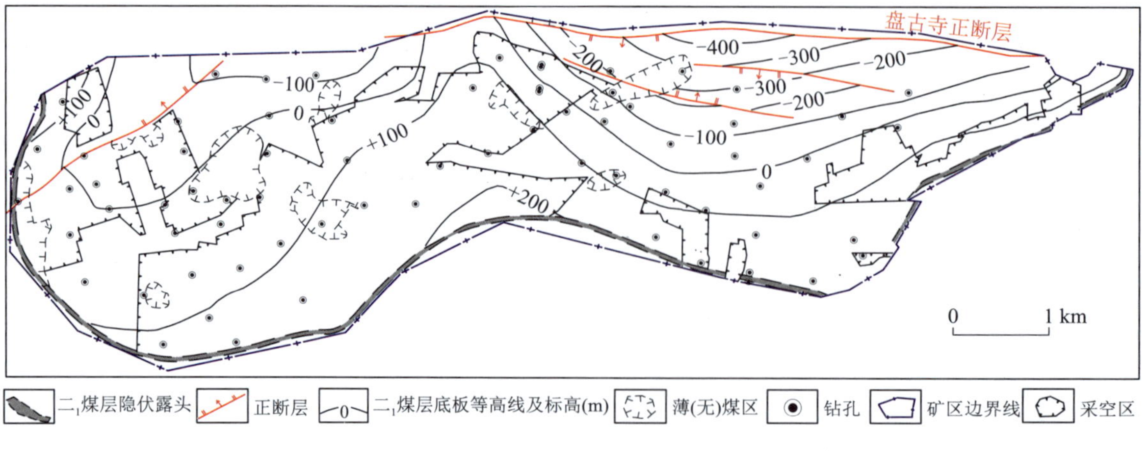

图 2-38　济源市克井煤矿区二$_1$ 煤层底板等高线图

（据河南省煤炭地质勘察研究院，2010g，有修改）

组成；大占砂岩段为浅灰色层面富含大量白云母及碳质碎片的细-中粒长石岩屑石英砂岩，其上部为灰色薄层泥岩；香炭砂岩段主要为浅灰色中粒岩屑长石石英砂岩；小紫泥岩段底部砂岩多相变为泥岩，其上为含暗斑、紫斑和菱铁质鲕粒的绿灰色-灰色泥岩。下石盒子组因剥蚀而残留地层厚度 0~120 m，岩性主要为灰色至深灰色中砂岩和泥岩。

克井煤矿区仅山西组下部$二_1$煤层和太原组底部$一_1$煤层可采，余均不可采。$二_1$煤层较稳定，局部有薄、无煤区，煤底标高+210~-450 m，煤厚 1.72~8.52 m，平均 5.74 m，局部含 1~2 层厚度小于 0.50 m 的泥岩或碳质泥岩夹矸，煤层顶板多为砂岩或砂质泥岩，底板多为泥岩，老底为灰色含黄铁矿结核和白云母片的砂质泥岩夹细砂岩条带或砂、泥岩互层。$一_1$煤（当地俗称“下格煤”）为极不稳定的局部可采无烟煤，煤层见煤点极少，尚未开采，煤厚 0~1.88 m，平均 0.68 m。$二_1$煤原煤水分 0.44%~2.56%；灰分 7.90%~13.50%，平均 11.43%；全硫 0.07%~0.72%，平均 0.60%；发热量 22.70~29.40 MJ/kg，平均 25.14 MJ/kg；煤类为低灰、低硫、中高热值无烟煤。

五、陕渑煤田

陕渑煤田位于河南省西部的低山-丘陵区，分布于三门峡市陕州区（原称陕县）-渑池县至洛阳市新安县一带，北西临黄河，北东与新安煤田相接，南接崤山断隆和洛阳坳陷，盆地中心为义马煤田。煤田呈西宽东窄的喇叭状，东西长 21~40 km，南北宽 2~10 km，面积约 810 km^2。地理坐标为东经 111°18′00″~112°11′30″，北纬 34°39′30″~34°54′30″。陕渑煤田明代就有较盛的开采，《明一统志》中记载：渑池、陕县俱出石炭。1920 年设立的陕县民生煤矿公司始用土法开采，1925 年购置机械设备，改为机械化生产，该煤矿是民国时期河南煤矿业机械化程度较高的煤矿之一。除民生煤矿公司外，地方土法采煤小窑尚多。1923 年 10 月于开封成立的河南地质调查所派人去陕县、渑池一带调查煤矿，著有《观音堂民生煤矿公司》（沈和，1930）。1935 年，曹世禄到该区进行过调查。1946 年，龚凤岐著有《渑池县矿产调查报告》，估算煤矿储量 2.2×10^8 t。1947 年，刘国昌著有《陇海路局英豪煤矿区地质》。1950 年，冯景兰、张伯声应邀来河南调查地质矿产，由河南地质调查所韩影山撰写了《陕县观音堂、渑池县英豪区煤田》报告。正规的煤炭地质勘查工作始于 1954 年，1963~1966 年，煤炭资源勘查大规模展开，1966 年之后多为生产补勘。区内勘查程度整体较高，据 2010 年河南省煤炭地质勘察研究院编制的三门峡市境内各煤矿区资源储量核查报告和河南省煤田地质局二队编制的新安县各煤矿区资源储量核查报告及 2015 年河南省地质矿产勘查开发局第一地质矿产调查院编制的《河南省陕渑煤田深部煤普查报告》，区内累计查明煤资源储量 73249.5×10^4 t，大部分正被开采利用，保有煤资源储量 59886.3×10^4 t；另有 1500 m 以浅的（334）？类煤资源量 16903.3×10^4 t，1500 m 以深的潜在煤资源 18468.0×10^4 t。15 个煤矿区和 2 个煤矿点总面积 385.56 km^2，以渑池县天坛-任村煤矿区作为代表性矿区进行阐述，其余则简述之。

（一）煤田地质特征

陕渑煤田位于华北板块南部崤熊构造区北端之岱眉寨隆起西南侧的陕渑断陷区内。残缺的陕渑不对称开阔向斜（又称渑池向斜）为区内主干构造（图 2-39），呈南东东向分布于三门峡市陕州区-义马-新安一带，东西两端仰起收敛，向中心倾伏，呈南翼残缺的椭圆形分布，核部被巨厚中、新生界掩盖；东部受岸上-龙潭沟正断层和硖石-义马逆断层的影响，成为褶断复杂的构造区，自北西向东南依次形成了方山背斜、铁门向斜、土古洞背斜等次级褶皱和常袋断层北侧与之平行的普土山、李村、青石山、江村等正断层，控制着郁蕨山、普士山和江村等煤矿区含煤地层的分布；北翼及东、西北转折端部位石炭系—二叠系出露较好，含煤地层分布连续，地层倾角 10°~20°；南翼受硖石-义马逆断层带向北逆冲切割而残缺不全，地层产状畸变，产状多陡倾、直立或倒转，造成南翼含煤地层保留不全。

陕渑煤田内近东西向、北东—北北东向和北西向断层发育，以北东—北北东向断层为主。岸上-

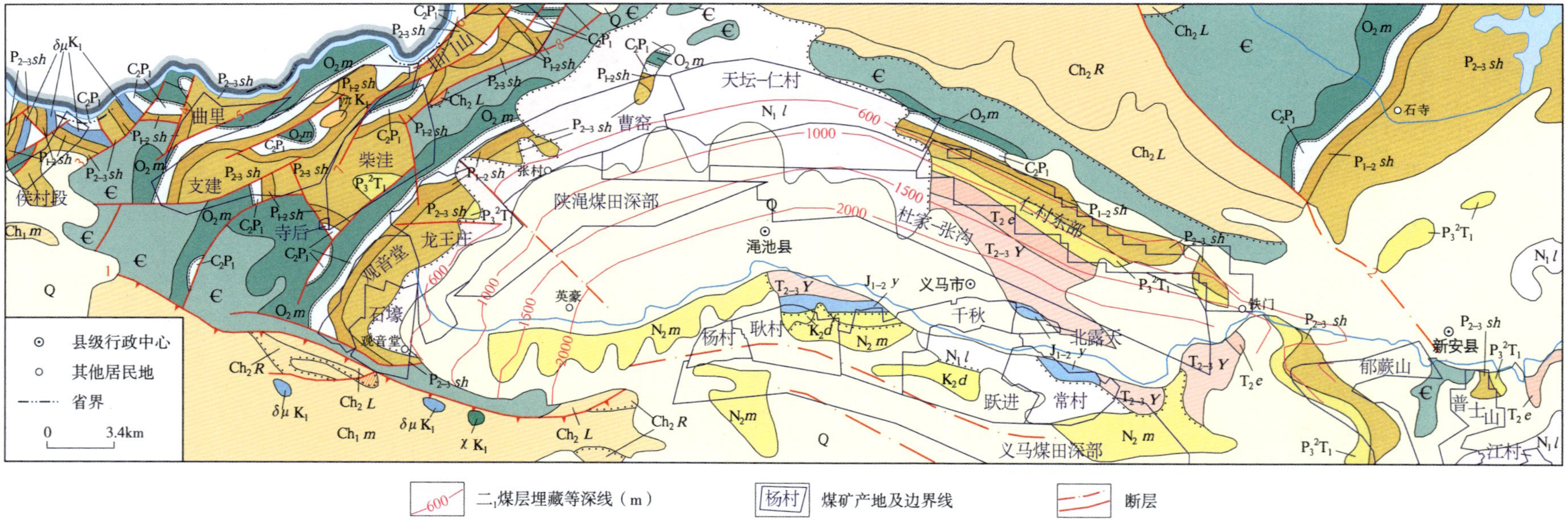

图2-39 陕渑煤田地质略图

Q—第四系；N_2m—上新统棉凹组；N_1l—中新统洛阳组；K_2d—上白垩统东孟村组；$J_{1\text{-}2}y$—下-中侏罗统义马组；$T_{2\text{-}3}Y$—中-上三叠统延长群；T_2e—中三叠统二马营组；$P_3^2T_1$—二叠系乐平统长兴阶孙家沟组、下三叠统刘家沟组与和尚沟组；$P_{2\text{-}3}sh$—二叠系阳新统一乐平统下石盒子组和上石盒子组未分；$P_{1\text{-}2}sh$—二叠系船山统一阳新统山西组；C_2P_1—上石炭统本溪组和上石炭统一船山统太原组；O_2m—中奥陶统马家沟组；Є—寒武系；Ch_2L—长城系洛峪群；Ch_2R—长城系汝阳群；Ch_1m—长城系熊耳群马家河组；$\delta\mu K_1$—早白垩世闪长玢岩；$\delta\mu K_1$—中侏罗世闪长玢岩；χK_1—中侏罗世煌斑岩。1—硖石-义马逆断层；2—岸上-龙潭沟正断层；3—东庄正断层；4—高泉沟正断层；5—张上正断层；6—灰山正断层；7—扣门山正断层；8—坡头正断层龙潭沟左行走滑正断层（岸上-襄城-老城断裂的一部分）倾向北东，倾角 68°~75°，落差 50~500 m，成为分隔三门峡-平顶山断陷与狂口断隆的分界线。硖石-义马逆断层走向北西—近东西向，南倾，逆差 50~1000 m，构成了煤田南部自然边界。常袋正断层倾向南东，倾角 66°~76°，落差 200~1000 m，构成了煤田东部自然边界。煤田东部的仁村煤矿区有重力滑动构造。煤田西部有早白垩世花岗斑岩、石英闪长岩等侵入岩分布，对煤层影响范围较小，仅侯村段煤矿区局部煤变质为无烟煤。

（二）煤层与煤质

1. 煤层

陕渑煤田的本溪组—上石盒子组平均总厚度 628.35 m（表 2-44），共含 8 个煤段计 24 层煤（图 2-40），可采煤层平均总厚度 2.48~6.04 m。二$_1$ 煤层赋存在山西组下部，为全区主要可采煤层，层位稳定，但厚度变化较大，煤厚 0~37.03 m，平均 3.19 m，具中部厚、东西薄的特点，煤层结构简单，局部含厚度 0.04~2.01 m 的泥岩或碳质泥岩夹矸 1~3 层，顶板多为大占砂岩，底板为黑色泥岩。太原组下部的一$_1$ 煤层为不稳定煤层，在煤田西部的曲里、支建和柴洼煤矿区局部可采，煤田东部偶尔可采，煤厚 0~3.04 m，一般为 0.10~0.95 m，可采区平均 0.84 m，煤层结构简单到复杂，含厚度 0.04~0.89 m 的夹矸 1~2 层，顶板为石灰岩，底板多为铝质泥岩；一$_3$ 煤层在陕渑向斜的西部转折端发育较好，煤厚 0~5.09 m，可采区平均 0.95 m，含厚度 0.1~0.44 m 的夹矸 1~2 层，顶板为石灰岩，底板为泥岩。其余煤层不可采或偶见可采点。

2. 煤质

陕渑煤田的煤类以焦煤为主，煤中碳元素占 85%以上，煤灰中 SiO_2 和 Al_2O_3 占 70%以上，磷、砷、氯、氟含量均较低。

陕渑煤田的二$_1$ 煤以粉-粒状煤为主，局部为块状，质地疏松，性脆易碎，耐磨性较差，滑动镜面及揉皱发育。煤岩成分以亮煤为主，暗煤次之，夹镜煤及丝炭条带。宏观煤岩类型以半亮型煤为主，夹少量光亮型煤和半暗型煤。煤中有机组分含量大于 90%，主要为镜质组，次为半镜质组，惰质组含量较低。无机组分以呈微粒状、条带状或浸染状分布的粘土矿物为主，次为硫化物类及碳酸盐类矿物，硫化物类呈块状及星点状分布，碳酸盐类呈块状或细脉状充填在裂隙中。镜质体最大反射率为 1.28%~1.78%。煤的视密度 1.23~1.46 t/m^3，平均 1.36 t/m^3；真密度 1.42~1.62 t/m^3，平均 1.53 t/m^3。煤的孔隙率为 8.61%。二$_1$ 煤的煤类以焦煤为主，次为瘦煤，局部有贫瘦煤，偶有肥煤和无烟煤，以中灰（局部低灰）、中高硫、低磷、高热值煤为主。无烟煤仅分布在煤田西北部岩浆侵入地区（侯村段矿区），瘦煤主要分布于新安县南部的普士山和江村煤矿区，渑池县的仁村-杜家一带的曹窑和仁村煤矿区也有零星瘦煤分布，贫瘦煤仅分布于普士山煤矿局部，肥煤仅在陕渑向斜转折端的石壕煤矿区有少量分布。煤中矿物杂质含量较多，洗选困难，浮煤回收率较低，为难选-极难选煤。原煤全硫以硫铁矿硫为主，次为有机硫和硫酸盐硫，经洗选后，硫分有大幅度降低，脱硫率较高，主要用作工业和民用燃料，除硫后，可做炼焦配煤。

陕渑煤田的一$_3$ 煤为深黑色，以块状煤为主，次为碎粒煤，次生裂隙发育，富含黄铁矿结核及散晶，偶夹泥质线理及泥质包体。煤岩成分以亮煤为主，次为暗煤，夹少量镜煤。宏观煤岩类型以光亮型煤为主。煤中有机组分之镜质组含量大于 78%，次为半惰质组。无机组分主要以粘土类矿物为主，次为硫化物类及碳酸盐类矿物。煤的视密度 1.30~1.40 t/m^3，平均 1.35 t/m^3，孔隙率为 9.60%。煤类主要为中灰、高硫、特低磷、高热值、强黏结性焦煤，肥煤主要分布于石壕煤矿区，瘦煤仅见于侯村段煤矿区局部。煤中硫主要为有机硫，次为硫铁矿硫，硫酸盐硫含量甚微，脱硫困难，主要用作工业和民用燃料。

陕渑煤田的一$_1$ 煤为深黑色，呈片状、小块状结构，薄层状构造。煤岩类型主要为半亮型煤，次为半暗型煤。煤类主要为中灰、中-高硫、低磷、高热值焦煤，瘦煤仅见于侯村段煤矿区局部。煤中富含黄铁矿结核，主要用作工业和民用燃料。

表 2-44　陕渑煤田地层简表

地层单位				穿见地层厚度/m	接触关系	岩性及组合特征
界	系	统	组	$\frac{\text{两极值}}{\text{平均值}}$		
新生界	第四系			0~125.00		主要为粘土、亚砂土、残坡积碎石及砾石层
	新近系	中新统	洛阳组（N_1l）	0~118.00		岩性为灰色、红褐色砂砾岩、浅灰色粘土岩、泥质灰岩等
中生界	三叠系	中统 下统	刘家沟组—二马营组（$T_1l—T_2e$）	>350		因剥蚀而残缺，岩性为砂岩、粉砂岩、泥岩
古生界	二叠系	乐平统（P_3）	孙家沟组（P_3s）	0~307.87		因剥蚀而残缺，为紫红色、紫褐色、灰绿色泥岩、粉砂岩夹细砂岩
		阳新统（P_2）	上石盒子组（$P_{2-3}sh$）	$\frac{207.47\sim352.37}{246.37}$		自田家沟砂岩之底至平顶山砂岩顶，含七、八两个煤段，含偶可采七$_2$、七$_3$煤层；由灰色、灰绿色泥岩、粉砂岩、细-中粒砂岩组成，顶部平顶山砂岩为中粒石英砂岩
			下石盒子组（P_2x）	$\frac{208.22\sim346.23}{265.06}$		主要为泥岩、铝质泥岩、砂岩、粉砂岩及不稳定、不可采或偶可采薄煤4~10层，底部的砂锅窑砂岩为灰、灰白色厚层状中-粗粒石英砂岩
		船山统（P_1）	山西组（$P_{1-2}sh$）	$\frac{36.00\sim137.50}{73.54}$		下起太原组顶部石灰岩或菱铁质泥岩顶界，上至砂锅窑砂岩底，由细-中粒砂岩、粉砂岩、泥岩及煤组成，含煤2~5层（二$_0$—二$_4$），其中大占砂岩下的二$_1$煤为本区主要可采煤层，其余煤层均不可采或偶可采
			太原组（C_2P_1t）	$\frac{6.22\sim69.61}{34.04}$		由砂岩、泥岩、煤层、石灰岩及硅质泥岩组成，含煤8层（一$_1$— 一$_8$），下部石灰岩段含局部可采一$_1$、一$_3$煤，中部砂泥岩段含偶可采一$_6$煤，上部石灰岩段不含可采煤层
	石炭系	上统（C_2）	本溪组（C_2b）	$\frac{1.00\sim31.15}{9.34}$		底部红褐色铁矿呈鸡窝状；下部为灰色铝质泥岩，含黄铁矿结核；上部为灰色、深灰色铝土岩，具豆状、鲕状结构；顶部偶含不可采薄煤1层
	奥陶系	中统（O_2）	马家沟组（O_2m）			由灰白色、浅灰色白云质灰岩、石灰岩组成，上部夹泥质灰岩和泥岩，顶部褐红色风化壳明显；与上覆本溪组和下伏寒武系均呈平行不整合接触

地层单位	煤段	岩性柱状图	煤层及标志层代号	标志层名称	含煤层数 两极值/平均值	主要煤层	可采性	煤段厚度/m 两极值	平均值
上石盒子组			Sp	平顶山砂岩				46.00～145.50	89.79
	八煤段			八、七分界砂岩				17.00～86.34	48.73
	七煤段		七$_3$ 七$_2$ St	硅质泥岩 田家沟砂岩	0～2/1	七$_3$ 七$_2$	偶尔可采	23.50～133.00	107.85
下石盒子组	六煤段			六、五分界砂岩				36.97～73.00	52.15
	五煤段		五$_5$ 五$_3$ 五$_1$	五、四分界砂岩	0～3/1	五$_3$	偶尔可采	52.00～104.00	73.74
	四煤段		四$_5$ 四$_3$ 四$_2$ 四$_1$	四煤底板砂岩	0～4/1	四$_2$	偶尔可采	53.00～88.00	70.74
	三煤段		三$_3$ Md Ss	大紫泥岩 砂锅窑砂岩	0～1	三$_3$	偶尔可采	49.54～98.00	68.43
山西组	二煤段		二$_4$ Sx 二$_3$ Sd 二$_1$	小紫泥岩 香炭砂岩 大占砂岩 二$_1$煤层底板砂岩	1～6/3	二$_3$ 二$_2$ 二$_1$	偶尔可采 偶尔可采 全区可采	36.00～137.50	73.54
太原组	一煤段		一$_7$ L$_3$ 一$_3$ 一$_2$ 一$_1$	海相泥岩 L$_3$石灰岩	4～8/5	一$_3$ 一$_2$ 一$_1$	局部可采 偶尔可采 局部可采	6.22～69.61	34.04

图 2-40　陕渑煤田含煤地层煤段划分及特征

（三）开采技术条件

煤层顶、底板：陕渑煤田的二$_1$ 煤层老顶大占砂岩力学强度高，不易冒落，局部碳质泥岩伪顶可随采随落。一$_1$、一$_3$ 煤层直接顶石灰岩致密坚硬，不易冒落。主要可采煤层顶板工程地质条件较好，直接底板泥岩厚度小，抗压、抗拉强度均不高，工程地质条件较差。

水文地质条件：陕渑煤田的水文地质条件为简单-中等类型，矿井充水水源主要为奥陶系、太原组碳酸盐岩岩溶水以及太原组、山西组、二叠系砂岩裂隙孔隙水，含水强弱不同，各含水层间无水力联系，局部若遇断层通过，可能出现连通突水。

瓦斯：陕渑煤田的煤层埋藏较浅，瓦斯风化带较深，各生产矿井瓦斯鉴定均较低，采掘工作面瓦斯绝对涌量一般为 0. 10~5. 09 m^3/min，瓦斯相对涌出量一般为 1. 38~7. 70 m^3/t，随着开采深度的增加，瓦斯含量、瓦斯压力有增大的趋势，局部地段存在着瓦斯富集，石壕煤矿曾发生风流中瓦斯浓度增高的现象，陈村矿井发生过瓦斯把炮泥喷出现象。

煤尘爆炸危险性和煤层自燃性：陕渑煤田的二$_1$、一$_1$ 煤均有煤尘爆炸危险性。一$_1$、一$_3$ 煤属易自燃发火煤层。二$_1$ 煤还原样与氧化样温差（ΔT）多小于 25℃，为不易自燃发火煤层，但在观音堂、普士山、江村煤矿曾经发生过煤层自燃事故。

地温：陕渑煤田处于正常地温区，地温梯度一般为 0.91~2.67℃/hm。

（四）渑池县天坛-仁村煤矿区

天坛-仁村煤矿区位于渑池县城北的陈村乡、坡头乡、西阳乡和仁村乡境内，东西走向长约 16.4 km，南北宽 1.5~7.0 km，面积约 66.36 km^2。为西高东低的低山-丘陵区，地面标高 268~854 m。矿区地理坐标为东经 111°44′00″~111°50′44″，北纬 34°48′00″~34°52′00″。据 2010 年河南省煤炭地质勘察研究院编制的《河南省渑池县仁村煤核查区资源储量核查报告》和《河南省渑池县天坛煤核查区资源储量核查报告》，最高勘查程度达勘探，累计查明煤资源储量 16674.2×10^4 t，保有煤资源储量 13651.0×10^4 t。

1. 矿区地质

（1）地层

天坛-仁村煤矿区内大面积被第四系覆盖，钻孔揭露最大厚度为 340.60 m，基岩零星出露。煤系基底为中奥陶统马家沟组灰黄色、灰白色白云质灰岩夹薄层泥灰岩。含煤地层本溪组厚度 2.35~31.15 m，平均厚度 7.60 m，偶夹不可采薄煤；太原组厚度 6.22~54.20 m，平均厚度 41.30 m，含薄煤 1~4 层，东部 L_7、L_8 石灰岩较稳定；山西组厚度 55.95~137.50 m，平均厚度 89.84 m，含煤二$_0$、二$_1$、二$_2$、二$_3$、二$_4$ 共 5 层煤；下石盒子组保留地层厚度 17.43~339.60 m，平均 285.66 m，偶见四$_1$、四$_2$、四$_3$ 等煤层，但不可采，多为高灰分煤或碳质泥岩；上石盒子组保留地层厚度 174.86~352.37 m，平均 252.33 m，下部发育 2~3 层深灰色薄层含海绵骨针的含泥硅质岩，含不可采七$_1$、七$_2$、七$_3$ 煤层，顶部的中-粗粒平顶山砂岩厚度 84.36~137.37 m，平均 99.57 m。煤系盖层孙家沟组厚度 158.05~307.87 m，平均 250.12 m，刘家沟揭露最大厚度 160.70 m，新近系洛阳组揭露最大厚度 107.80 m。

（2）构造

天坛-仁村煤矿区处于陕渑向斜北翼，为地层倾向 170°~210°、倾角 15°~35° 的单斜构造（图 2-41），近东西向、北西向和北东向高角度正断层发育，并于二$_1$ 煤层之上发育有重力滑动构造（图 2-42）。HF_1 滑体西起 23 线以西，经寺沟村北、石泉村北、礼庄寨、北韶脉、史家坑，东至上南泉，走向近东西，延展长度达十余千米，自北向南滑动，2709、39-3、4507 孔均揭露了该滑动构造。HF_2 滑体位于高山北至礼庄寨之间，在礼庄寨并入 HF_1，滑体以上石盒子组以上地层为主，滑动面倾角为 20°~45°。

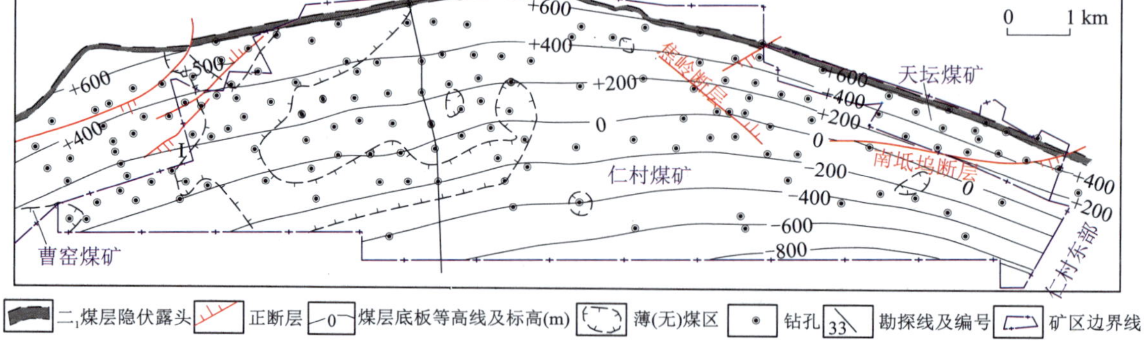

图 2-41 渑池县天坛-仁村煤矿区二$_1$ 煤层底板等高线图

（据河南省煤炭地质勘察研究院，2010h，有修改）

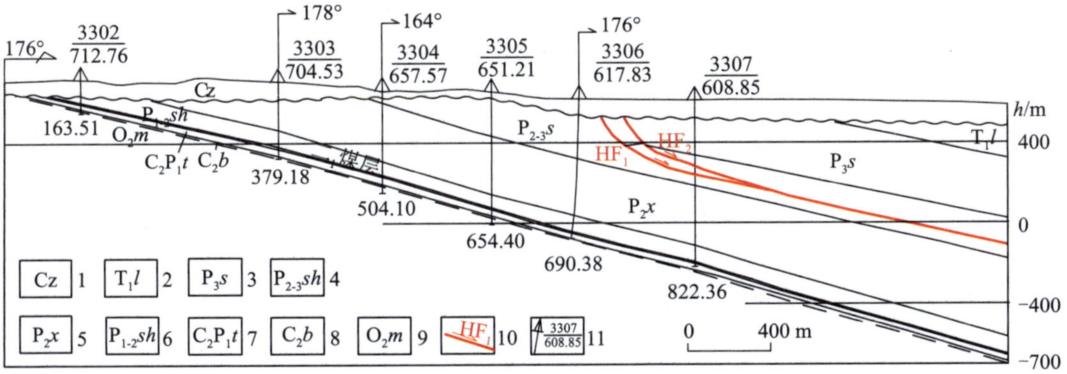

图 2-42 渑池县天坛-仁村煤矿区 33 勘探线剖面

（据河南省煤炭地质勘察研究院，2010h，有修改）

1—新生界；2—下三叠统刘家沟组；3—二叠系乐平统孙家沟组；4—阳新统—乐平统上石盒子组；5—阳新统下石盒子组；6—二叠系船山统—阳新统山西组；7—上石炭统—船山统太原组；8—上石炭统本溪组；9—中奥陶统马家沟组；10—滑动断层；11—钻孔/孔口标高（m）

2. 煤层与煤质

（1）煤层

天坛-仁村煤矿区仅二$_1$ 煤层可采，一$_1$ 煤层偶见可采点，其余煤层皆不可采。二$_1$ 煤层埋深 89.19～1450 m，煤底标高+650～-800 m。煤层顶板在 39 线以西为大占砂岩，以东为厚度 0.60～13.08 m 的泥岩。煤层直接底板为泥岩或碳质泥岩，间接底板为粉砂岩、细砂岩，局部为砂质泥岩。煤厚 0～11.89 m，平均 3.10 m，煤厚变化较大，短距离内出现增厚及变薄现象，并存在着大片不可采薄、无煤带。煤层含矸孔率 35.9%，一般含矸 1～2 层，3 层及以上的有 4 孔，夹矸岩性一般为碳质泥岩或泥岩，个别为砂质泥岩及粉砂岩。

（2）煤质

天坛-仁村煤矿区的二$_1$ 煤颜色为黑色，条痕褐黑色，玻璃光泽，由于后期构造作用，挤压揉皱、滑动镜面多见，煤的原始结构已不清，主要以粉状、鳞片状产出，偶见碎块状，强度极低，指压即碎，煤层中含黄铁矿结核及分散状的黄铁矿晶粒。视密度平均 1.34 t/m^3，真密度 1.54 t/m^3，孔隙度 9%左右。煤岩成分由镜煤、亮煤、暗煤和丝炭组成，宏观煤岩类型属半暗-半亮型煤。煤的显微组分中，有机显微组分含量平均 90.6%，其中，镜质组 60.3%，半镜质组 17.9%，半惰质组 10.6%，惰质组 1.8%，镜质组以无结构镜质体为主，惰质组多为破碎状的丝质体。无机组分含量平均 9.4%，其中，粘土矿物含量 7.5%，硫化物类为 1.2%，碳酸盐类 0.7%，氧化物甚微。镜质体最大反射率平均 1.78%。

天坛-仁村煤矿区的二$_1$ 煤层原煤水分 0.24%～2.12%，平均 0.79%；灰分 10.59%～39.31%，平均 21.14%；挥发分 13.22%～26.20%，平均 20.91%；硫分平均 2.41%；发热量 16.89～31.39 MJ/kg，平均 27.40 MJ/kg。黏结指数 66～86，胶质层最大厚度 11.2 mm。煤灰软化温度平均大于 1385℃，流动温度平均大于 1410℃。煤类为中灰、中高硫、高热值焦煤。

3. 开采技术条件

天坛-仁村煤矿区的二$_1$ 煤层甲烷成分和含量均较低，未发生过自燃事故，煤尘火焰长度 50～100 mm，其抑制火焰所需最低岩粉量为 45%～80%，属有爆炸危险性煤层。本区地温梯度 0.80～1.95℃/hm。

（五）三门峡市侯村段煤矿区

侯村段煤矿区位于三门峡市东北，北东向长 3.5 km，北西向宽 0.8～0.90 km，面积约 5.22 km^2。区内地形复杂，海拔 260～700 m。矿区地理坐标为东经 111°20′30″～111°23′15″，北纬 34°46′54″～

34°49′04″。根据2010年河南省煤炭地质勘察研究院编制的《河南省三门峡市侯村段煤核查区资源储量核查报告》，勘查程度达勘探，累计查明煤资源量910.9×10^4 t，另有（334）？类煤资源量167.6×10^4 t。该矿于20世纪80年代关闭。矿区位于陕渑煤田西部，总体为北西倾斜的单斜构造，西南部有向北西倾伏的次级背向斜，发育北东向、北西向正断层及北西西向逆断层，北东向断层多呈阶梯状组合，将矿区切割为较多的小断块。二$_1$煤层为大部分可采无烟煤，煤厚0~3.41 m，平均1.23 m，早白垩世闪长玢岩侵位使煤层遭受破坏，多形成透镜状煤层；原煤灰分10.60%~17.59%，全硫1.02%~2.84%，挥发分6.00%，高位发热量30 MJ/kg。一$_1$、一$_3$煤为大部分可采中灰、高硫焦煤-瘦煤，煤厚分别为0.14~0.95 m和0.10~1.34 m，原煤灰分分别为17.64%和22.57%。一$_6$煤为局部可采焦煤，煤厚0~0.94 m，原煤灰分27.10%，全硫5.58%，挥发分25.25%，胶质层最大厚度21 mm。

（六）三门峡市陕州区曲里煤矿点

曲里煤矿点位于陕渑煤田西部之三门峡市东约33 km处，南以张上正断层与支建矿区相隔，西以高泉沟正断层为界，北临黄河，面积约7.29 km^2。为西北高、东南低的低山-丘陵区，地面标高300~697 m。矿区地理坐标为东经111°25′36″~111°29′27″，北纬34°47′46″~34°49′51″。估算（334）？类煤资源量3811.0×10^4 t。本区为基岩半裸露区，煤系基底为中奥陶统马家沟组灰白色、浅灰色（白云质）石灰岩，含煤地层为一倾向南东、倾角9°~15°的单斜构造。张上正断层倾向北西，倾角70°~85°，落差300~600 m。高泉沟正断层向东陡倾，落差100~250 m。二$_1$煤层全区可采，煤底标高+500~-100 m，埋深15~585 m，煤层稳定，结构简单，煤厚2.50~3.10 m，平均2.80 m，视密度为1.37 t/m^3，原煤水分1.54%，灰分17.16%，挥发分25.43%，全硫1.89%，发热量为29.54 MJ/kg，黏结指数84.4，胶质层最大厚度16.7 mm，焦渣特征6~7，煤类为低灰、中硫、高热值焦煤。一$_1$煤层局部可采，煤底标高+500~-120 m，煤厚0.37~1.44 m，平均1.00 m，偶含1层厚度0.24 m的泥岩夹矸，视密度为1.58 t/m^3，原煤水分1.32%，灰分23.70%，挥发分25.16%，全硫1.84%，发热量29.87 MJ/kg，黏结指数57.9，胶质层最大厚度18 mm，焦渣特征6，煤类为中灰、中硫、高热值焦煤。

（七）三门峡市陕州区支建煤矿区

支建煤矿区位于三门峡市陕州区（原陕县）的王家后乡和柴洼乡境内，地貌类型为低山-丘陵区，面积约38.45 km^2。矿区地理坐标为东经111°25′19″~111°33′39″，北纬34°46′19″~34°50′28″。区内于20世纪50~60年代曾开展过普查工作，2010年，河南省煤炭地质勘察研究院编制了《河南省陕县支建煤核查区资源储量核查报告》，累计查明煤资源储量8950.7×10^4 t，保有煤资源储量6510.8×10^4 t，另有（334）？类煤资源量651.3×10^4 t。本区基岩半裸露，煤系基底为中奥陶统马家沟组灰白色、浅灰色白云质灰岩、石灰岩，含煤地层为倾向南东、倾角9°~29°的单斜构造，北东向、北西向断层发育。二$_1$煤层全区可采，埋深15~600 m，煤厚0.25~4.85 m，平均2.80 m，视密度为1.36 t/m^3，原煤水分1.54%，灰分17.16%，全硫2.34%，高位发热量29.54 MJ/kg，煤类为低灰、中高硫、高热值焦煤。一$_3$煤层局部可采，煤厚0.05~1.62 m，平均0.83 m，一般含厚度0~0.66 m的泥岩夹矸1层，视密度1.38 t/m^3，原煤灰分27.92%，全硫4.18%，煤类为中灰、高硫焦煤。一$_1$煤层大部分可采，煤厚0~2.50 m，平均0.91 m，偶含1层厚度0.20 m的泥岩夹矸，视密度1.40 t/m^3，原煤水分1.32%，灰分23.70%，全硫1.84%，高位发热量为29.87 MJ/kg，煤类为中灰、中硫、高热值焦煤。

（八）三门峡市陕州区柴洼煤矿区

柴洼煤矿区位于三门峡市陕州区柴洼乡柴洼村西部，为低山区，海拔550~848 m，矿区面积约15.06 km^2。矿区地理坐标为东经111°31′00″~111°34′31″，北纬34°45′59″~34°49′58″。勘查程度达详查，累计查明煤资源储量6016.7×10^4 t，保有煤资源储量5692.9×10^4 t。本区基岩零星出露，煤系基底为中奥陶统马家沟组灰黄色、灰白色白云质灰岩夹薄层泥质灰岩，含煤地层为倾向南东、倾角12°~15°的单斜构造。$二_1$煤层全区可采，煤厚1.13~11.39 m，平均3.28 m，局部含厚度0.10~0.60 m的碳质泥岩或泥岩夹矸1~2层，视密度1.35 t/m^3，原煤灰分24.30%，挥发分21.24%，全硫2.37%，磷0.030%，高位发热量26.26 MJ/kg，黏结指数为54~100，胶质层最大厚度15.40 mm，煤类为中灰、中高硫、中高热值焦煤，煤灰为中等软化和中等流动温度。$一_1$煤层局部可采，煤厚0~3.04 m，平均1.30 m，偶含碳质泥岩夹矸1~3层，视密度1.40 t/m^3，原煤灰分27.72%，全硫3.98%，磷0.053%，高位发热量21.87 MJ/kg，黏结指数为83~88，胶质层最大厚度17.50 mm，煤类为中灰、高硫、中热值焦煤。

（九）渑池县扣门山煤矿区

扣门山煤矿区位于渑池县陈村乡、黄河南岸，矿区地理坐标为东经111°33′45″~111°37′41″，北纬34°50′07″~34°54′29″，面积约12.94 km^2。勘查程度达勘探，累计查明煤资源储量1620.8×10^4 t，保有煤资源储量1590.9×10^4 t。矿区处于陕渑向斜北翼，基岩零星出露。区内高角度正断层发育。灰山正断层倾向北西，倾角70°~85°，落差300~600 m，构成矿区的北部边界。扣门山正断层倾向北西，倾角70°~80°，落差350~400 m，横穿整个矿区；该断层之南为地层南倾、倾角6°~25°的单斜构造，之北为轴向北东的短轴向斜构造。仅$二_1$煤层可采，煤层稳定，全区可采，煤底标高+600~0 m，煤厚一般为2.00~2.50 m，偶含矸1层；煤层顶板为灰白色细-中粒长石石英砂岩，偶见黑色泥岩伪顶；底板为黑色泥岩。局部无煤带多顺走向分布，无煤处见大占砂岩下凹直接与煤层底板接触。视密度1.40 t/m^3，原煤灰分18.81%~19.84%，挥发分21.43%，全硫1.19%~2.81%，发热量23.80 MJ/kg。浮煤挥发分19.83%，胶质层厚0~13 mm，黏结指数60~95，煤类为低灰、中-中高硫、中热值焦煤。

（十）三门峡市陕州区寺后煤矿区

寺后煤矿区位于三门峡市陕州区柴洼乡，为独立的生产矿井，矿区面积约0.26 km^2。为西北高、东南低的低山-丘陵区，地面标高390~600 m。矿区地理坐标为东经111°30′48″~111°31′08″，北纬34°46′00″~34°46′18″。勘查程度达普查，累计查明煤资源储量88.9×10^4 t，建有两个竖井，由于各种原因，该矿始终没有达到开发利用方案的设计生产能力，自2002年以来一直处于停采状态，保有煤资源储量66.9×10^4 t。区内大部分被第四系覆盖，只有在河沟中有部分石炭系、二叠系出露。含煤地层为倾向南东、倾角6°~10°的单斜构造，局部有小褶曲。矿井涌水较大。$二_1$煤层全区可采，煤厚2.40~2.56 m，平均2.48 m。视密度1.36 t/m^3。原煤灰分13.98%~21.16%，全硫1.98%~2.13%，磷0.030%，高位发热量26.26 MJ/kg，黏结指数为69~93，胶质层最大厚度15.20 mm。煤类焦煤。煤灰的软化温度平均大于1317℃，流动温度平均大于1342℃。

（十一）三门峡市陕州区观音堂煤矿区

观音堂煤矿区位于三门峡市陕州区观音堂镇，东北与龙王庄矿区相邻，东南接石壕矿区，面积约14.87 km^2。为北东高、南西低的低山-丘陵区，海拔484.4~880.0 m，矿区地理坐标为东经111°30′24″~111°34′03″，北纬34°42′53″~34°46′04″。勘查程度达勘探，累计查明煤资源储量4145.1×10^4 t，保有煤资源储量1424.8×10^4 t。

1. 矿区地质

观音堂煤矿区处于陕渑向斜的转折端和北翼，北东向、北西向、近南北向和近东西向高角度正断层发育（图2-43）。北东部及中南部基岩广泛出露，煤系基底为中奥陶统马家沟组灰色、深灰色厚层状石灰岩。含煤地层本溪组厚度3.35~37.44 m，平均17.82 m；太原组厚度22.68~64.94 m，平均29.86 m；山西组厚度36.00~109.00 m，平均66.87 m；下石盒子组厚度278.50~346.23 m，平均

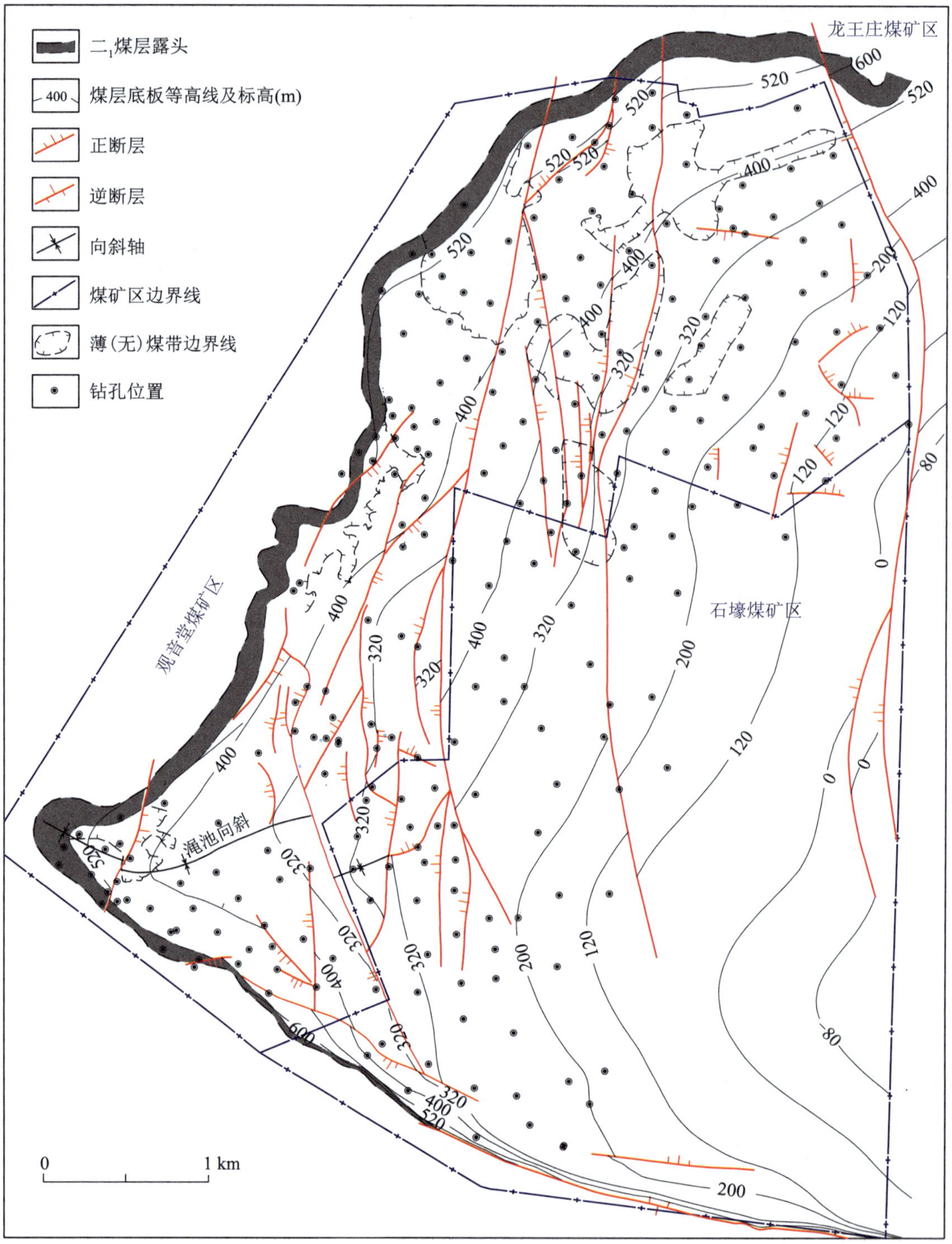

图 2-43 三门峡市观音堂-石壕煤矿区二$_1$ 煤层底板等高线图

297.12 m；上石盒子组保留厚度 101.00～205.00 m，平均 189.00 m。盖层新近系洛阳组厚度 0～118.00 m。第四系主要分布于沟谷中。

2. 煤层与煤质

观音堂煤矿区的二$_1$ 煤层全区可采，埋深 39.00～631.00 m，煤厚 0～29.76 m，平均 4.00 m。一$_3$ 煤层大部分可采，煤厚 0～2.22 m，平均 1.01 m。二$_1$ 煤视密度 1.33～1.46 t/m^3，平均 1.38 t/m^3；真密度 1.42～1.62 t/m^3，平均 1.51 t/m^3；原煤水分 0.54%～1.82%，平均 0.83%；灰分 13.78%～38.57%，平均 20.35%；全硫平均 2.94%；磷 0.010%～0.039%，平均 0.019%；高位发热量 17.93～

30.32 MJ/kg，平均 27.36 MJ/kg。$二_1$煤浮煤水分 0.48%~2.09%，平均 0.84%；灰分 6.35%~12.06%，平均8.62%；全硫平均 1.61%；挥发分 20.04%~27.42%，平均 23.24%；黏结指数 65~90，平均77；胶质层最大厚度 11~25 mm，平均 18 mm。$二_1$煤的煤类为中灰、中高硫、高热值焦煤；煤灰软化温度 1290~>1400℃，平均 1360℃。$一_3$煤视密度 1.32 t/m^3，真密度 1.48 t/m^3；原煤水分 0.45%~0.93%，平均 0.66%；灰分 10.48%~28.17%，平均 15.70%；全硫 3.80%~12.26%，平均 6.10%；磷 0.0004%；高位发热量 24.98~31.75 MJ/kg，平均 29.00 MJ/kg。$一_3$煤浮煤水分 0.45%~0.93%，平均 0.66%；灰分 5.39%~15.23%，平均 8.34%；全硫平均 5.11%；挥发分 19.26%~26.41%，平均 21.37%；胶质层最大厚度 11~35 mm，平均 22 mm。$一_3$煤为低灰、高硫、高热值焦煤。

3. 瓦斯

观音堂煤矿区埋深在 163.26~613.23 m 范围内，$二_1$煤层瓦斯成分：CH_4 为 1.11%~96.18%，CO_2 为 0.23%~31.17%，N_2 为 0.36%~82.29%。本区除东北部+200 m 以深部分外，其余均处于瓦斯风化带范围之内。甲烷含量 0.08~4.75 m^3/t，平均 1.54 m^3/t。据 1992~2007 年矿井瓦斯鉴定资料，瓦斯绝对涌出量为 1.05~5.09 m^3/min，相对涌出量为 2.29~7.70 m^3/t。

4. 煤尘爆炸性、煤层自燃与地温

观音堂煤矿区的$二_1$煤层煤尘火焰长度为 90 mm，其抑制火焰所需最低岩粉量为 75%，煤尘爆炸指数为 23.80%，属有爆炸危险性煤层。在生产开采中，曾经发生过 3 起煤层自燃事故。本区地温梯度 0.91~2.67℃/hm。

（十二）三门峡市石壕煤矿区

石壕煤矿区位于陕渑煤田西部的陕州区观音堂镇，为海拔 544.1~822.3 m 的低山区，南北长 3.7~5.0 km，东西宽 1.6~3.0 km，面积约 10.45 km^2。矿区地理坐标为东经 111°31′37″~111°34′03″，北纬 34°42′16″~34°44′57″。勘查程度达勘探，累计查明煤资源储量 8209.9×10^4 t，保有煤资源储量 7268.1×10^4 t。本区瓦斯含量较低，生产矿井属瓦斯矿井，矿井历年相对瓦斯涌出量 0.967~3.07 m^3/t，绝对涌出量为 0.956~2.20 m^3/min。$二_1$煤层未发生过自燃事故，煤尘火焰长度为 50 mm，其抑制火焰所需最低岩粉量为 60%，煤尘爆炸指数为 25.04%，属有爆炸危险性煤层。

1. 矿区地质

（1）地层

石壕煤矿区内基岩广泛出露于西部和北部，煤系基底为中奥陶统马家沟组灰色、深灰色厚层状石灰岩，钻孔揭露第四系和洛阳组最大厚度分别为 80.00 m 和 38.00 m。本溪组厚度 1.00~39.00 m，平均 6.20 m；下部为灰色、灰绿色、浅红色等富含黄铁矿结核和菱铁质鲕粒的杂色铝土岩，上部为灰色、深灰色铝质泥岩及黑色泥岩。太原组厚度 22.00~63.55 m，平均 38.40 m；下部石灰岩段平均厚 24.40 m，除$一_3$煤层外，偶可采的$一_1$、$一_2$、$一_4$煤层揭露最大厚度分别为 2.15 m、1.03 m 和 2.00 m，$一_3$煤层和$一_4$煤层常合并为 1 层；中部砂泥岩段平均厚度 10.00 m，泥岩、砂岩中夹不稳定的 L_5、L_6 石灰岩，含极不稳定的最厚分别为 0.44 m 和 0.79 m 的$一_5$和$一_6$煤层；上部石灰岩段平均厚度 4.00 m，偶可采的$一_7$煤层最厚 1.50 m，$一_8$煤层极不稳定。山西组厚度 46.00~111.41 m，平均厚度 64.55 m；$二_1$煤段平均厚度 10.76 m，除$二_1$煤层外，下部的偶可采的$二_0$煤层厚度 0~1.32 m，平均 0.50 m；大占砂岩段厚度 3.70~30.16 m，平均 24.95 m，细-中粒大占砂岩偶夹薄层$二_2$煤层，其上的灰黑色泥岩含偶可采$二_3$煤层，$二_3$煤层厚度 0~1.55 m，平均煤厚 0.30 m；香炭砂岩段平均厚度 18.15 m，由中粒长石石英砂岩、灰黑色泥岩及不稳定的$二_4$煤层，$二_4$煤层厚度 0~0.91 m，平均 0.23 m；小紫泥岩段平均厚度 10.69 m，下部为灰白色、深灰色细-中粒长石石英砂岩与紫红色泥岩互层，局部见$二_5$煤线，上部为浅紫色或紫斑泥岩。下石盒子组厚度 230.80~310.23 m，平均 289.21 m，含不可采且不稳定薄煤 1~7 层（$三_1$、$四_1$、$四_2$、$四_3$、$五_1$、$五_2$、$五_3$），底部的砂锅窑砂岩为灰色-灰绿色细-中粒砂岩，其上为厚度 1.88~38.50 m 的具紫斑泥岩，夹 1 层厚度 0.50~1.00 m

灰白色鲕状铝质泥岩。上石盒子组保留地层厚度 101.00~232.00 m，含七$_1$、七$_2$薄煤，其中七$_2$煤层偶见可采点，七$_1$煤层多相变为碳质泥岩；底部厚度约 6.00 m 的田家沟砂岩为灰绿色厚层状细-中粒长石石英砂岩，顶部平均厚度 69.00 m 的平顶山砂岩为底部含砾的中-粗粒石英长石砂岩。

（2）构造

石壕煤矿区处于陕渑向斜西部仰起端（图 2-43），轴向近东西向，轴部经半坡村北-观音堂-杨村煤矿并被硖石-义马逆冲断层破坏。向斜北翼地层倾向南东，南翼地层倾向北东，倾角 10°~20°，受硖石-义马逆冲断层影响，南部地层近直立。区内断层较发育，共查明落差大于 10 m 的断层 16 条，其中，正断层 15 条，逆断层 1 条；落差大于 50 m 的断层 5 条，30~50 m 的断层 1 条，10~30 m 的断层 10 条；按其延伸方向可分为近南北向、北西西向和北北西 3 组，以近南北向断层为主。

2. 煤层与煤质

（1）煤层

石壕煤矿区的本溪组—上石盒子组平均总厚度 617.36 m，共含煤 22 层，煤层总厚度 10.94 m，其中，山西组下部的二$_1$煤层和太原组下部的一$_3$煤层为可采煤层。二$_1$煤层为全区可采的稳定煤层，煤层顶板为大占砂岩，底板以黑色砂质泥岩为主，局部有透镜状碳质泥岩或泥岩伪顶或伪底。下距太原组顶 6.25 m，上距砂锅窑砂岩 53.79 m，煤底标高+670~-40 m，埋深 87.29~685.9 m，面积较小的薄或无煤区 5 处；煤厚 0~37.03 m，平均 5.04 m，穿过二$_1$煤层层位的可利用钻孔 102 个，91 孔可采，10 孔不可采（其中无煤点 2 孔），断失点 1 孔，45 孔含矸 1~2 层，9 孔含矸 3 层；其中，15 孔厚度 0.74~4.76 m 夹矸将二$_1$煤层分岔为 2~4 个分煤层。一$_3$煤层为局部可采的不稳定煤层，煤层顶板为 L_3 石灰岩，底板为黑色泥岩，下距马家沟组石灰岩 19.00 m，上距 L_9 石灰岩约 23.00 m，上距二$_1$煤层 29.75 m。煤厚 0~5.09 m，平均 1.00 m，43 孔穿过，36 孔见煤，19 孔可采，局部含厚度 0.09~0.79 m 的泥岩或碳质泥岩夹矸 1~2 层。

（2）煤质

石壕煤矿区的二$_1$煤为黑色，以粉状为主，局部为粒状、块状煤，条带状结构，局部含黄铁矿结核，视密度 1.23~1.46 t/m^3，10 孔平均 1.35 t/m^3。二$_1$煤层块状煤为玻璃光泽，平坦状断口及参差状断口；有机组分含量 91.2%，镜质组占 77.0%，半镜质组占 13.6%，惰质组仅占 0.6%；无机组分含量为 8.8%，以粘土矿物为主，多呈微粒状、条带状或浸染状分布；次为硫化物及碳酸盐矿物，硫化物呈团块状或星点状分布，碳酸盐矿物呈团块状或细脉状充填在裂隙中。二$_1$煤宏观煤岩特征以亮煤为主，属半亮-光亮型煤；煤灰软化温度 1190~>1400℃，8 孔平均 1311℃；煤灰流动温度 1239~>1400℃，8 孔平均大于 1349℃。一$_3$煤为黑色，条痕棕黑色，以块状为主，视密度 1.30~1.40 t/m^3，3 孔平均 1.35 t/m^3，玻璃光泽，参差状及阶梯状断口，块状构造，宏观煤岩特征以亮煤为主，次为暗煤，夹少量镜煤，以光亮型煤为主。二$_1$煤以中高硫、高热值焦煤为主，局部有肥煤，一$_3$煤为高硫、高热值肥煤（表 2-45）。

表 2-45　三门峡市石壕煤矿区煤质特征一览表

煤层		水分/%	灰分/%	挥发分/%	全硫/%	高位发热量/(MJ·kg^{-1})	黏结指数	胶质层最大厚度/mm
二$_1$	原煤	0.07~1.43 0.76（63）	0.65~44.26 21.55（63）	7.29~32.08 25.48（63）	.0.28~5.56 2.58（62）	20.89~31.93 27.97（56）	—	—
	浮煤	0.48~1.74 0.84（51）	5.22~13.40 5.97（51）	15.57~30.21 24.47（51）	0.92~2.78 1.51（48）	31.12~34.07 32.60（26）	64~94 82（17）	9~44 21（43）
一$_3$	原煤	0.42~1.08 0.69（18）	12.01~33.32 20.32（18）	20.99~32.08 25.31（18）	2.85~5.84 4.69（16）	23.69~32.54 28.62（11）	—	—
	浮煤	0.38~0.97 0.73（14）	4.99~16.02 8.42（14）	18.18~29.17 24.00（14）	2.91~5.91 4.55（16）	30.09~32.63 31.25（3）	94~98 96（2）	11~49 28（12）

注：资料来源于《河南省三门峡市石壕煤核查区资源储量核查报告》，河南省煤炭地质勘察研究院，2010i。

（十三）渑池县龙王庄煤矿区

龙王庄煤矿区位于渑池县英豪镇，为低山区，地面标高 550～848 m。矿区地理坐标为东经 111°32′45″～111°37′31″，北纬 34°43′37″～34°47′59″，面积约 29.31 km^2。勘查程度达详查，累计查明煤资源储量 6788.4×10^4 t，保有煤资源储量 6372.4×10^4 t，另有二$_3$ 煤层（334）？类煤资源量 198.4×10^4 t。本区为地温正常区，处于瓦斯风化带，二$_1$ 煤层属容易自燃煤层，煤尘有爆炸危险性。基岩零星出露，新近系洛阳组厚度 0～39.40 m，第四系厚度 0～125.00 m。含煤地层本溪组厚度 4.96～7.18 m，平均 6.31 m；太原组厚度 29.80～57.65 m，平均 42.45 m；山西组厚度 43.48～75.17 m，平均 61.09 m；下石盒子组厚度 212.67～258.69 m，平均 209.63 m；上石盒子组保留厚度 52.20～105.20 m。本区位于陕渑向斜北翼，为地层倾向南东、倾角 9°～32°的单斜构造，伴有宽缓小褶曲，近南北向、北西向和近东西向高角度正断层发育。二$_3$ 煤层为不稳定局部可采煤层，煤厚 0～1.87 m，平均厚度 0.67 m，含厚度 0.10～0.20 m 的碳质泥岩或泥岩夹矸 1～2 层；原煤灰分 9.96%～32.55%，平均 23.26%；全硫 0.48%～2.87%，平均 1.84%；黏结指数 83～91，平均 87，胶质层最大厚度 20.30 mm；煤类为中灰、中硫焦煤。二$_1$ 煤层全区可采，煤厚 1.13～11.39 m，平均 3.28 m，局部含厚度 0.10～0.60 m 的碳质泥岩或泥岩夹矸 1～2 层，视密度 1.41 t/m^3；原煤水分 0.35%～1.03%，平均 0.68%；灰分 12.57%～35.11%，平均 19.57%；全硫 1.08%～4.46%，平均 2.22%；发热量 22.03～30.61 MJ/kg，平均 27.56 MJ/kg；灰熔点 1400～1460℃，平均 1430℃；黏结指数 54～100，平均 79.69，胶质层最大厚度 15.40 mm，煤类为低灰、中高硫、高热值焦煤。一$_3$ 煤层大部可采，煤厚 0.35～1.83 m，平均 0.94 m，局部含厚度 0.10～0.20 m 的夹矸 1 层；原煤灰分 12.22%～28.99%，平均 22.11%；全硫 1.74%～7.40%，平均 4.34%；灰熔点大于 1500℃；黏结指数 80～98，平均 86，胶质层最大厚度 17.3 mm，煤类为中灰、高硫焦煤。

（十四）渑池县曹窑煤矿区

曹窑煤矿区位于渑池县张村乡和坡头乡，为西高东低的低山区，地面标高 600～793 m。矿区地理坐标为东经 111°35′06″～111°42′02″，北纬 34°47′13″～34°50′21″，面积约 24.48 km^2。勘查程度达勘探，累计查明煤资源储量 4511.4×10^4 t，保有煤资源储量 2643.0×10^4 t。矿区大面积第四系覆盖，第四系厚度 0～70 m，平均 32.68 m，含煤地层仅在冲沟中断续出露。本溪组厚度 2.96～25.85 m，平均 12.50 m。太原组厚度 33.90～49.56 m，平均 38.00 m。山西组厚度 52.97～85.78 m，平均 70.00 m。下石盒子组平均厚度 235.50 m。上石盒子组平均厚度 195.00 m。新生界洛阳组厚度 0～35.00 m，平均 20.20 m。为陕渑向斜北翼之地层倾向南东、倾角 11°～22°的单斜构造，局部波状起伏并伴有宽缓小褶曲，北东向、北西向高角度正断层发育。二$_1$ 煤层为全区可采低灰、高硫、中高热值焦煤和瘦煤，埋深 20～650 m，煤厚 0～12.62 m，平均 2.70 m，局部含厚度 0.05～2.01 m 的夹矸 1～3 层，视密度 1.35 t/m^3；原煤水分 0.50%～1.43%，平均 0.90%；灰分 11.94%～40.61%，平均 21.35%；挥发分 18.84%～30.34%，平均 21.09%；全硫 1.74%～7.40%，平均 4.34%；发热量 17.58～29.85 MJ/kg，平均 25.38 MJ/kg；煤灰软化温度平均大于 1315℃，流动温度平均大于 1340℃；焦煤黏结指数 69～93，平均 73，胶质层最大厚度 15.2 mm；瘦煤黏结指数 32～59，平均 41，胶质层最大厚度 10.5 mm。

（十五）渑池县陕渑煤田深部煤矿区

陕渑煤田深部煤矿区位于渑池县英豪镇、张村镇，为低山区，海拔 530～640 m，面积约 30.89 km^2，地理坐标为东经 111°35′15″～111°45′20″，北纬 34°44′15″～34°48′28″。2009～2015 年，河南省地质矿产勘查开发局第一地质矿产调查院开展了此区预查、普查，提交的《河南省陕渑煤田深部煤普查报告》累计查明/保有 1500 m 以浅煤资源量 7196.0×10^4 t，估算（334）？类煤资源量

5788.0×10^4 t；另估算 1500 m 以深（334）？类煤资源量 1627.0×10^4 t。

1. 矿区地质

陕渑煤田深部煤矿区处于陕渑向斜北翼，第四系厚度 8.55～22.55 m，中新统洛阳组厚度 69.00～186.69 m。煤系基底为中奥陶统马家沟组，岩性为灰色、深灰色厚层状石灰岩夹薄-中厚层状泥质白云岩、泥质灰岩。含煤地层本溪组厚度 7.26～8.24 m，平均 7.75 m；太原组厚度 9.02～19.74 m，平均 15.38 m；山西组厚度 67.34～79.53 m，平均 74.90 m；下石盒子组厚度 197.08～266.46 m，平均 232.30 m；上石盒子组厚度 128.32～269.29 m，平均 231.80 m。煤系盖层孙家沟组厚度 178.92～234.88 m，平均 208.12 m；刘家沟组揭露厚度 127.14～164.61 m，和尚沟组揭露厚度 72.92～174.01 m，二马营组揭露最大厚度 277.42 m。区内为地层倾向 170°～210°、倾角 10°～21°的单斜构造，地震解释断层 7 条，除矿区中西部的清杨沟正断层外，其余 6 条断层皆为北东—北东东走向。清杨沟正断层位于清杨沟、杨瑶一线，倾向北东东，倾角 77°，落差 100～350 m。

2. 煤层与煤质

陕渑煤田深部煤矿区含七$_2$（厚度 0～0.20 m）、二$_2$（厚度 0～0.25 m）、二$_1$、一$_7$（厚度 0～0.38 m）4 层煤，仅二$_1$ 煤层大部分可采，余皆不可采。二$_1$ 煤层位于大占砂岩之下，施工 5 孔，可采 4 孔，零点 1 孔，其中 2 孔含厚度 0.25～0.55 m 的碳质泥岩、泥岩夹矸 1～3 层。二$_1$ 煤底标高-100～-1200 m，埋深 650～1750 m；煤厚 1.68～6.49 m，平均 3.67 m；煤层直接顶、底板以深灰色-黑灰色泥岩为主。二$_1^2$ 煤分层厚度 0.77～3.01 m，直接顶板为细砂岩、粉砂岩。

陕渑煤田深部煤矿区的二$_1$ 煤为深黑色，条痕黑色，煤的原生结构已不复存在，以粒级 1 mm 以下粉状为主，少量粒状及鳞片状，揉皱镜面发育，偶夹小碎块煤，且多为粉煤压固而成，强度低，指压即碎，属以糜棱煤为主的构造煤。二$_1$ 煤的视密度 1.35～1.51 t/m^3，平均 1.43 t/m^3；原煤水分 0.58%～0.78%，平均 0.68%；灰分产率 11.72%～26.48%，平均 18.85%；挥发分产率 21.24%～23.36%，平均 22.08%；全硫 1.71%～3.37%，平均 2.43%，形态硫以硫铁矿硫为主，次为有机硫，硫酸盐硫甚微；干燥基恒容高位发热量（$Q_{gr,v,d}$）为 25.55～31.14 MJ/kg，平均 28.46 MJ/kg。二$_1$ 煤浮煤水分 0.76%～0.88%，平均 0.80%；灰分产率 7.30%～9.12%，平均 7.93%；挥发分产率 19.92%～20.65%，平均 20.30%；全硫 0.95%～1.40%，平均 1.17%，形态硫以有机硫为主，其余为硫铁矿硫；磷 0.014%～0.032%，平均 0.021%；高位发热量为 32.50～33.36 MJ/kg，平均 33.07 MJ/kg；黏结指数 74～86，平均 82；胶质层厚度最大厚度 10～13.5 mm，平均 12.4 mm。二$_1$ 煤层原煤固定碳含量 56.44%～69.08%，平均 63.31%，经 1.40 密度液洗选后，浮煤固定碳含量为 72.77%～73.72%，平均 73.37%；磷 0.015%。二$_1^2$ 煤的视密度 1.39～1.42 t/m^3，平均 1.41 t/m^3；孔隙度 4.67%～4.73%；原煤水分平均 0.71%，灰分平均 17.96%，挥发分平均 21.76%，固定碳平均 64.23%，全硫平均 1.50%，磷平均 0.026%，发热量平均 28.86 MJ/kg；浮煤水分平均 0.76%，灰分平均 7.83%，挥发分平均 20.81%，固定碳平均 73.00%，全硫平均 1.09%，磷平均 0.036%，发热量平均 33.02 MJ/kg。煤类为低灰、中-中高硫、高热值焦煤。

陕渑煤田深部煤矿区的二$_1$ 煤层瓦斯成分中，甲烷成分占 40.46%～93.56%，甲烷含量 0.28～9.14 mL/g，甲烷成分和含量分布极不均衡。控制标高-400.76～-778.33 m，深度 1006.20～1354.05 m，地温梯度 1.9～2.1℃/hm。

（十六）渑池县杜家-张沟煤矿点

杜家-张沟煤矿点位于渑池县、义马市境内，东部跨入新安县铁门镇，地理坐标为东经 111°43′26″～111°59′50″，北纬 34°42′31″～34°47′54″。东西长约 50 km，宽 6～8 km，面积约 70.18 km^2，地面标高 350～650 m。2011～2016 年，河南省煤炭地质勘察研究总院开展了本区煤预查工作，提交的《河南省陕渑煤田杜家-张沟煤预查报告》估算二$_1$ 煤层（334）？类煤资源量 20423.0×10^4 t，其中 1500 m 以浅的（334）？类煤资源量 3582.0×10^4 t，1500 m 以深的（334）？类煤资源量 16841.0×10^4 t。

杜家-张沟煤矿点总体构造形态为单斜形态，地层倾向南，倾角 15°～32°；二维地震于东半部解释正断层 2 条。DF_1 断层倾向南东，倾角 70°，落差 380～1000 m。DF_2 断层倾向南西，倾角 70°，落差 0～160 m。施工了 ZK0601 孔，孔口标高+583. 77 m，孔深 1633. 64 m，终孔于太原组。钻孔揭露山西组厚度 89. 81 m，下石盒子组厚度 245. 49 m，上石盒子组厚度 246. 26 m，孙家沟组厚度 175. 84 m，刘家沟组厚度 73. 16 m，和尚沟组厚度 327. 74 m，二马营组厚度 296. 26 m，新生界厚度 176. 16 m。

杜家-张沟煤矿点仅二$_1$ 煤层可采，止煤深度 1621. 40，煤层厚度 5. 54 m，煤层顶板为厚层泥岩，底板为砂质泥岩夹薄层细粒砂岩。地震解释二$_1$ 煤层埋深 1200～3200 m，煤底标高-600～-2600 m。3 个煤样的原煤灰分 14. 79%～44. 21%，平均 22. 57%；挥发分 17. 96%～26. 17%，平均 20. 26%；全硫 2. 54%～2. 94%，平均 2. 81%；高位发热量 18. 09～30. 14 MJ/kg，平均 26. 89 MJ/kg。浮煤灰分 8. 11%～10. 66%，平均 8. 95%；挥发分 16. 78%～18. 92%，平均 17. 48%；全硫 1. 37%～1. 67%，平均 1. 48%；高位发热量 32. 13～33. 08 MJ/kg，平均 32. 77 MJ/kg；黏结指数 30～54，平均 38；胶质层最大厚度 0～10 mm，平均 4. 7 mm。煤类为中灰、中高硫、特低砷、特低氯、低磷、中氟、中汞、中高发热量、低熔灰分、较低软化温度灰、较低流动温度灰、低挥发分的瘦煤。

（十七）渑池-新安县仁村东部煤矿区

仁村东部煤矿区位于渑池县西阳、仁村和洪阳乡及新安县铁门镇境内，地面标高 350～700 m，东西长约 7. 3 km，南北宽 3. 2～6. 3 km，面积约 32. 73 km^2。地理坐标为东经 111°50′15″～112°01′15″，北纬 34°44′15″～34°48′43″。1958 年，中南煤田地质勘探局一四九队、一〇四队提交了《河南省仁村-杜家普查地质报告》，因其质量较低，1963 年经中南煤管局复审降为找煤；20 世纪 80～90 年代，河南省煤田地质局二队进行了普查，但工作量未完成而终止，也未提交成果报告。据 2005 年河南省煤田地质局二队编制的《河南省陕渑煤田仁村普查区东部二$_1$ 煤层资源储量核查报告》，区内累计查明/保有煤资源量 1325. 0×10^4 t，估算（334）？类煤资源量 2705. 0×10^4 t。本区位于陕渑煤田东部，处于渑池向斜北翼，地层倾向 198°～222°，倾角 28°～40°，发育断层 8 条。太原组至上石盒子组总厚度 535. 42 m，含煤 14 层，煤层平均总厚度 3. 02 m。仅二$_1$ 煤层可采，埋深 102～1297 m，煤底标高+400～-600 m，煤层最厚 4. 08 m，平均煤厚 1. 14 m，煤层结构简单。二$_1$ 煤为黑色，呈粉状及鳞片状，揉皱镜面发育，含黄铁矿结核，视密度 1. 35 t/m^3，镜煤最大反射率 1. 54%；原煤灰分平均 18. 80%，全硫平均 2. 40%，低位发热量 27. 95 MJ/kg；浮煤挥发分 19. 52%，胶质层最大厚度 12. 9 mm，黏结指数 74；煤类为低灰、中高硫、高热值焦煤。浅部煤层处于瓦斯风化带中，500 m 以深为甲烷带，甲烷含量 2. 81～4. 84 m^3/t。二$_1$ 煤具煤尘爆炸危险性，属有可能自燃发火煤层。本区属地温正常区，无热害。

（十八）新安县郁蕨山煤矿区

郁蕨山煤矿区位于陕渑煤田东部的新安县铁门镇，由原郁山井田和蕨山井田构成，面积约 14. 90 km^2。为起伏不平的丘陵区，地面标高 291～614 m。矿区地理坐标为东经 112°03′08″～112°07′16″，北纬 34°39′57″～34°42′58″。勘查程度达普查，累计查明煤资源储量 4838. 3×10^4 t，保有煤资源储量 3477. 9×10^4 t。本区地温梯度 0. 81～1. 64℃/hm。瓦斯中甲烷成分和含量低，甲烷绝对涌出量 1. 59～1. 83 m^3/min，相对涌出量为 4. 50～6. 36 m^3/t。

1. 矿区地质

郁蕨山煤矿区内第四系厚度 0～85. 28 m，新近系厚度 0～40. 45 m，煤系基底为马家沟组深灰色石灰岩。据钻孔资料，本溪组厚度 4. 69～16. 61 m，平均 8. 46 m；太原组厚度 24. 46～35. 74 m，平均 28. 04 m；山西组厚度 73. 14～102. 84 m，平均 85. 66 m；下石盒子组厚度 271. 45～292. 27 m，平均 277. 92 m；上石盒子组厚度 235. 40～317. 75 m，平均 293. 15 m；孙家沟组零星出露，厚度约 220. 00 m。矿区位于岸上-龙潭沟平移正断层南侧，向北西倾伏的土古洞背斜为本区主体构造（图 2-44），因地处煤田东南部的构造挤压带，高角度正断层发育。普土山张扭性平移断层为矿区的东南边界，该断层倾向 322°~345°，倾角 75°~80°。土古洞背斜北翼（即铁门向斜南翼）的崴山井田地层倾角 30°~49°，南翼的郁山井田地层倾角 14°~24°。

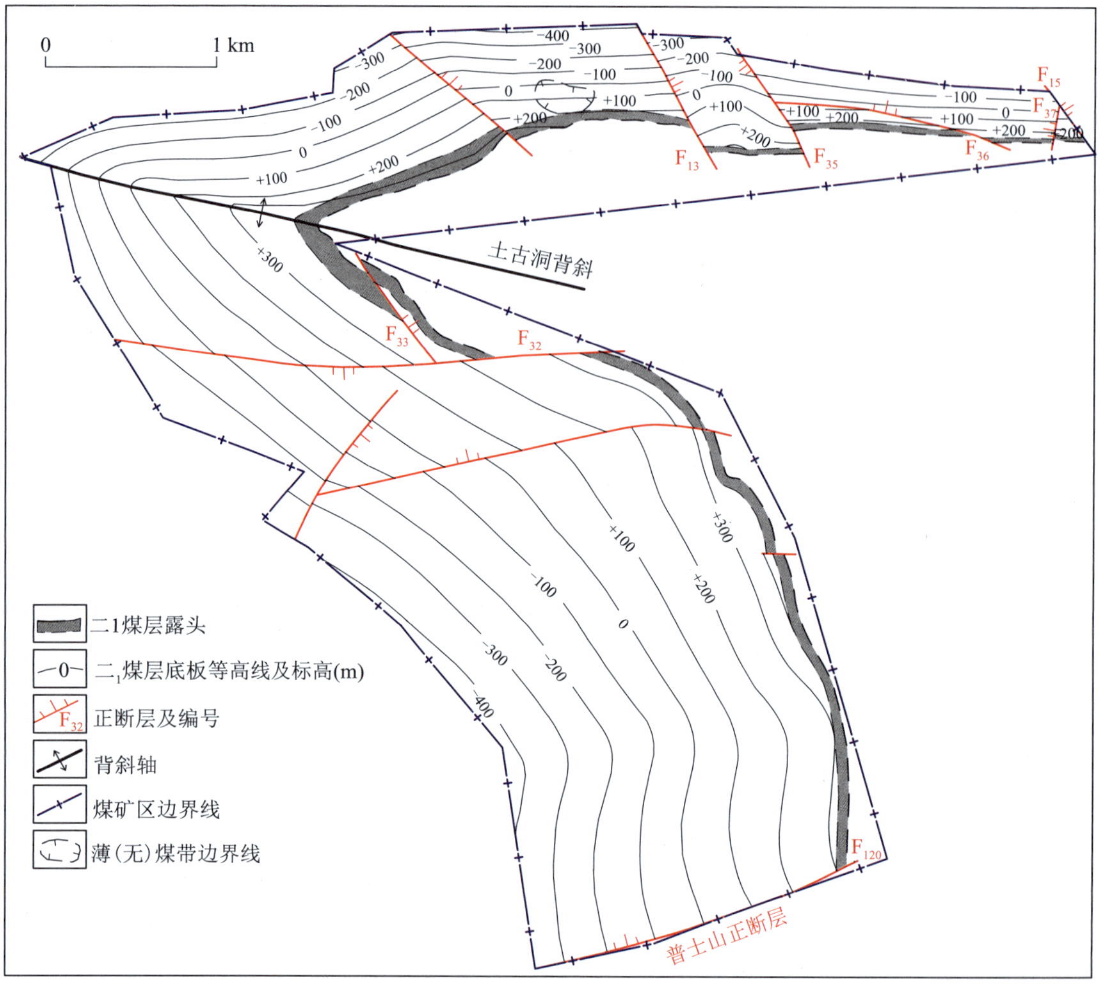

图 2-44　新安县郁蕨山煤矿区二$_1$ 煤层底板等高线图

（据河南省煤田地质局二队，2010a，有修改）

2. 煤层与煤质

郁蕨山煤矿区的二$_1$ 煤层可采，煤底标高+350~-400 m，埋深 30~1200 m，上距砂锅窑砂岩底 74.17 m，下距太原组 L_7 石灰岩顶 13.20 m。煤厚 0.15~8.75 m，平均 2.96 m，局部含厚度 0.04~0.94 m 的泥岩或碳质泥岩夹矸 1 层，生产矿井中可见煤层短距离内有急剧增厚变薄现象，时而遇到不可采带。二$_1$ 煤层顶板以细-中粒砂岩为主，局部为泥岩，并有 5~10 cm 的碳质泥岩伪顶。煤层底板为泥岩，间接底板为砂质泥岩及细-中粒砂岩，常有 5 cm 碳质泥岩伪底。原煤水分 0.39%~1.22%，平均 0.75%；灰分 13.01%~33.41%，平均 23.61%；挥发分 17.33%~28.09%，平均 22.33%；全硫 1.78%~3.80%，平均 2.72%；高位发热量 21.87~36.42 MJ/kg，平均 29.84 MJ/kg。浮煤挥发分 15.66%~22.77%，平均 20.03%。黏结指数 28~89，平均 67；胶质层最大厚度 5~18 mm，平均 13 mm；镜质体最大反射率 1.50%~1.55%，平均 1.53%。煤类为中灰、中高硫、高热值粉状焦煤。二$_1$ 煤层属易自燃煤层，煤尘有爆炸危险性。

（十九）新安县普士山煤矿区

普士山煤矿区位于陕渑煤田东部，隶属于新安县南李村乡和城关镇，为一独立矿区，由原北部的煤窑洼井田和南部的普士山井田构成，中间为剥蚀无煤区，南北长 5.79 km，东西宽 4.05 km，面积约 10.46 km^2。为西高东低的丘陵区，地面标高 290.0~494.4 m。矿区地理坐标为东经 112°06′56″~112°09′36″，北纬 34°39′59″~34°43′05″。勘查程度达详查，累计查明煤资源储量 1260.5×10^4 t，保有煤资源储量 1151.6×10^4 t。区内基岩零星出露，煤系基底为寒武系第三统—芙蓉统崮山组灰色、深灰色厚层状白云岩，平行不整合其上的本溪组厚度 2.99~13.18 m，平均 7.27 m。太原组厚度 30.26~57.14 m，平均 45.19 m；山西组厚度 71.05~99.98 m，平均 86.00 m；下石盒子组厚度 208.22~303.85 m，平均 274.53 m；上石盒子组厚度 207.47~270.15 m，平均 241.58 m；孙家沟组平均厚度 188.00 m；刘家沟组保留最大厚度 350.00 m；新近系洛阳组厚度 0~70.00 m；第四系厚度 0~20.00 m。由于受北西向龙潭沟、蝎子山和僻司断层及北东向普士山、李村和青石山断层及其他小型断层的影响，构造复杂。倾向 13°~23°、近直立的蝎子山正断层之北的煤窑洼井田为向南东倾伏的上河背斜构造，地层倾角 23°~28°；南部普士山井田处于向北西倾斜的土古洞背斜南翼，为地层倾向南西、倾角 20°~30°的单斜构造。本区仅二$_1$ 煤层可采，埋深 70~700 m，煤厚 0.05~6.45 m，平均 2.90 m，偶含厚度 0.10~0.68 m 的夹矸 1 层。原煤水分 0.47%~1.86%，平均 0.75%；灰分 12.86%~31.26%，平均 21.03%；全硫 1.97%~3.37%，平均 2.63%；低位发热量 22.78~26.64 MJ/kg，平均 25.11 MJ/kg；普士山挥发分 17.47%~25.60%，平均 20.06%；煤窑洼挥发分 14.27%~19.96%，平均 16.84%。浮煤灰分 6.33%~16.21%，平均 10.36%；全硫 1.83%~2.55%，平均 2.16%。普士山井田浮煤挥发分 18.25%~20.66%，平均 19.73%，黏结指数平均为 62，属瘦煤；煤窑洼井田浮煤挥发分 14.88%~18.16%，平均 15.78%，黏结指数平均为 17，属贫瘦煤。以中灰、中高硫煤为主。

（二十）新安县江村煤矿区

江村煤矿区位于陕渑煤田东部，隶属于新安县南李村乡，为一独立矿区，西以煤层露头为界，南、北、东皆为高角度正断层所围限，走向长 0.04~1.35 km，倾向宽 0.88~1.75 km，面积约 1.71 km^2。为北高南低的丘陵区，地面标高 289.00~382.06 m。矿区地理坐标为东经 112°09′42″~112°10′51″，北纬 34°39′56″~34°40′41″。勘查程度达详查，累计查明煤资源储量 712.7×10^4 t，保有煤资源储量 604.1×10^4 t。区内大面积新生界覆盖，第四系揭露最大厚度 22.60 m，新近系洛阳组揭露最大厚度 180.96 m。煤系基底为中奥陶统马家沟组深灰色厚层状石灰岩。含煤地层本溪组厚度 3.23~21.38 m，平均 10.16 m；太原组厚度 17.18~46.08 m，平均 27.76 m；山西组厚度 58.15~70.39 m，平均 63.34 m；下石盒子组厚度 208.29~282.37 m，平均 245.06 m；上石盒子组厚度 251.67~294.59 m，平均 285.63 m。矿区构造形态为地层倾向 50°~60°、倾角 21°~35°的单斜构造，发育近东西向、北西向和北东向正断层 6 条。青石岭正断层位于孙家凹村北，倾向 170°，倾角 80°，落差大于 500 m，构成矿区北界。F_{10} 正断层倾向 170°，倾角 80°左右，落差大于 500 m，构成矿区南界。F_{13} 正断层倾向 34°~56°，倾角 70°，落差 90~200 m，构成矿区东界。二$_1$ 煤层全区可采，煤底标高+250~−200 m，煤厚 0.08~9.01 m，平均煤厚 4.37 m，偶含 1 层厚度 0.06~0.50 m 的夹矸；原煤灰分 15.35%~20.44%，平均 16.80%；全硫 2.02%~2.37%，平均 2.12%；浮煤挥发分 17.82%，胶质层最大厚度 12.9 mm，黏结指数 31.3；煤类为低灰、中高硫瘦煤。一$_1$ 煤层局部可采，煤厚 0~4.41 m，平均 0.98 m，偶含 1 层厚度 0.72 m 的夹矸，煤类为瘦煤。

六、新安煤田

新安煤田位于河南省西部，西与陕渑煤田相邻，北以黄河为界与济源煤田相隔，东至洛阳断陷盆地，北西—南东长 23~83 km，北东—南西宽 3~29 km，面积约 840 km^2，分布于洛阳市新安、孟津两县境内，交通极为便利。地理坐标为东经 112°02′20″~112°28′30″、北纬 34°40′00″~35°00′00″。该区总体呈西北高、东南低，海拔 190~600 m，属低山-丘陵地貌，山间小溪向北汇入黄河。

新安煤田开采历史悠久，许多老窑密集分布于煤层露头一带，最早记载见于《大明一统志》。1920年成立的新安煤矿公司在卯沟一带采煤，1923年产煤量超过 10×10^4 t，后因战乱等原因产量减少，至1948年产量仅约 2×10^4 t。抗战胜利后陆续开办的维新、协办、民兴、云水等煤矿日产煤1~30 t。最早的地质资料为《簸蜗鉴定法》，记载有"簸蜗石灰岩在河南新安有一层，所产之簸蜗半属欧式，半属美式，其发育亦皆健全"。1932年，郭玉璟在《河南矿产》中最早介绍了新安煤田的地质概况，当时与渑池煤田统称为新渑煤田，认为与豫北诸煤田大致相同，属石炭纪煤系。1935年，曹世禄至新安开展了调查，估算煤储量 2.7×10^8 t。较大规模的煤田地质勘查工作始于1956年。1960年之前提交的均为普查报告，大部分处于浅部，属于早期小煤矿开采地段，随着煤矿的边采边探，通过资源储量核查，其勘查程度已大幅度提高，达详查或勘探阶段。1966~1978年，煤矿地质勘查工作几乎陷于停顿，改革开放之后煤炭资源勘查多位于煤田中、深部，勘查程度达详查或勘探。经过70余年的正规地质勘查工作，新安煤田勘查程度较高，勘查深度已达1500 m以下，深部至常袋断层。据2010年河南省煤田地质局二队编制的新安县各煤矿区资源储量核查报告及后期相关地勘单位开展的省级地质勘查基金项目成果报告，区内累计查明煤资源储量 199835.8×10^4 t，浅-中部煤炭资源正被开采利用，保有煤资源储量 192778.6×10^4 t；另有（334）？类潜在资源量 36929.0×10^4 t；估算二$_1$煤的煤层气资源量 126.90×10^8 m^3。煤田内共划分出11个煤矿区，总面积约560.76 km^2。以新安县新义二井深部煤矿区作为代表性矿区进行阐述，其余则简述之。

（一）煤田地质特征

新安煤田的煤系基底为寒武系—奥陶系。本溪组—上石盒子组出露于煤田西部，平均总厚度674.52 m（表2-46），构成低山-丘陵地貌。煤系盖层有孙家沟组、刘家沟组、和尚沟组、二马营组和延长群（图2-45）；煤田东部为新生界覆盖区，由西到东新生界逐渐增厚，地貌由丘陵过渡为冲积平原。

新安煤田位于太行构造区之狂口断隆东部斜坡带，西以岸上-龙潭沟左行走滑正断层与崤熊构造区北西向构造系分界，东南以常袋正断层临洛阳断陷。区内总体构造格架为地层倾向南东、倾角3°~14°的单斜构造，仅东部受岸上-龙潭沟断层的影响形成了一个向南东倾伏的小型牵引向斜。断裂主要发育在煤田北部，以北西西向、北倾的高角度正断层为主。

新安煤田内未见岩浆岩和陷落柱。

表2-46 新安煤田地层简表

地层单位				穿见地层厚度/m	接触关系	岩性及组合特征
界	系	统	组	两极值/平均值		
新生界（Cz）	第四系			0~170.00		主要为黄土、砂质粘土、亚砂土及砾石等，表层为耕植土
					〰〰	
	新近系	中新统	洛阳组（N_1l）	0~203.60		岩性为灰白色泥质灰岩、紫红色厚层状粘土岩、含砾粘土岩、杂色中厚层状粘土岩以及分选性较差的砂岩、砾岩
					〰〰	
中生界（Mz）	三叠系	下统	和尚沟组（T_1h）	0~317.54		因剥蚀而不全；岩性以红色泥岩、粉砂岩为主，夹暗紫红色细-中粒长石石英砂岩
			刘家沟组（T_1l）	0~392.94		因剥蚀而不全；岩性为紫红色中厚层状细-中粒石英砂岩夹褐红、紫红色泥岩、粉砂岩

地层单位				穿见地层厚度/m	接触关系	岩性及组合特征
界	系	统	组	两极值 平均值		
古生界（Pz）	二叠系	乐平统（P_3）	孙家沟组（P_3s）	0~272.68		岩性以紫红色砂质泥岩为主，夹黄绿色砂岩及紫红色石英细砂岩
		乐平统（P_3）/阳新统（P_2）	上石盒子组（$P_{2-3}sh$）	209.00~343.75 256.92		自田家沟砂岩之底至平顶山砂岩顶界，含七、八两个煤段，由泥岩、粉砂岩、砂岩组成。下部夹薄煤3层（七$_1$、七$_2$、七$_3$），其中七$_2$煤层局部可采
		阳新统（P_2）	下石盒子组（P_2x）	202.65~347.75 274.73		由泥岩、铝质泥岩、砂岩、粉砂岩及不稳定薄煤层组成，划分为三、四、五、六煤段，不含可采煤层，底部的砂锅窑砂岩为灰色、灰白色厚层状中-粗粒石英砂岩
		阳新统（P_2）/船山统（P_1）	山西组（$P_{1-2}sh$）	40.35~135.11 83.72		自太原组顶部石灰岩顶至砂锅窑砂岩底，由细-中粒砂岩、粉砂岩、泥岩及煤组成，含煤2~6层（二$_0$—二$_5$），其中，大占砂岩下的二$_1$煤为主要可采煤层，二$_2$、二$_3$煤层局部可采，其余煤层均不可采或偶可采
	二叠系/石炭系	船山统（P_1）/上统（C_2）	太原组（C_2P_1t）	29.12~66.41 46.10		岩性由石灰岩、砂岩、泥岩及煤层组成，含煤2~8层（一$_1$—一$_8$），下部石灰岩段含零星可采一$_3$、一$_4$煤层，中部砂泥岩段不含可采煤层，上部石灰岩段的一$_7$煤层零星可采
	石炭系	上统（C_2）	本溪组（C_2b）	2.99~43.61 13.05		底部时有不稳定的透镜状铁矿层；下部为浅灰色厚层状铝质泥岩，含星散状黄铁矿晶体；上部为具鲕状或豆状结构的灰色铝质岩，局部夹薄层砂质泥岩；顶部偶夹不可采薄煤
	奥陶系	中统（O_2）	马家沟组（O_2m）			由灰白色、青灰色白云质灰岩、石灰岩组成，上部夹泥质灰岩和泥岩，顶部褐红色风化壳明显；与上覆本溪组和下伏寒武系均呈平行不整合接触

（二）煤层与煤质

1. 煤层

新安煤田的煤系共分8个煤段，含煤8~27层，煤层平均总厚度为7.72 m，含煤系数1.14%。二$_1$煤层位于山西组下部大占砂岩之下，为全区可采煤层，煤厚0~18.88 m，平均3.66 m，结构简单，含厚度0.05~1.00 m的泥岩或碳质泥岩夹矸0~2层；煤厚变化较大，沿走向和倾向短距离内具突然增厚和变薄现象，在狂口矿区存在着一条北西—南东向薄-无煤带。大占砂岩段二$_2$煤层为不稳定、局部可采的薄煤层，煤厚0~4.23 m，煤层结构简单，局部含厚度0.03~0.80 m的泥岩或碳质泥

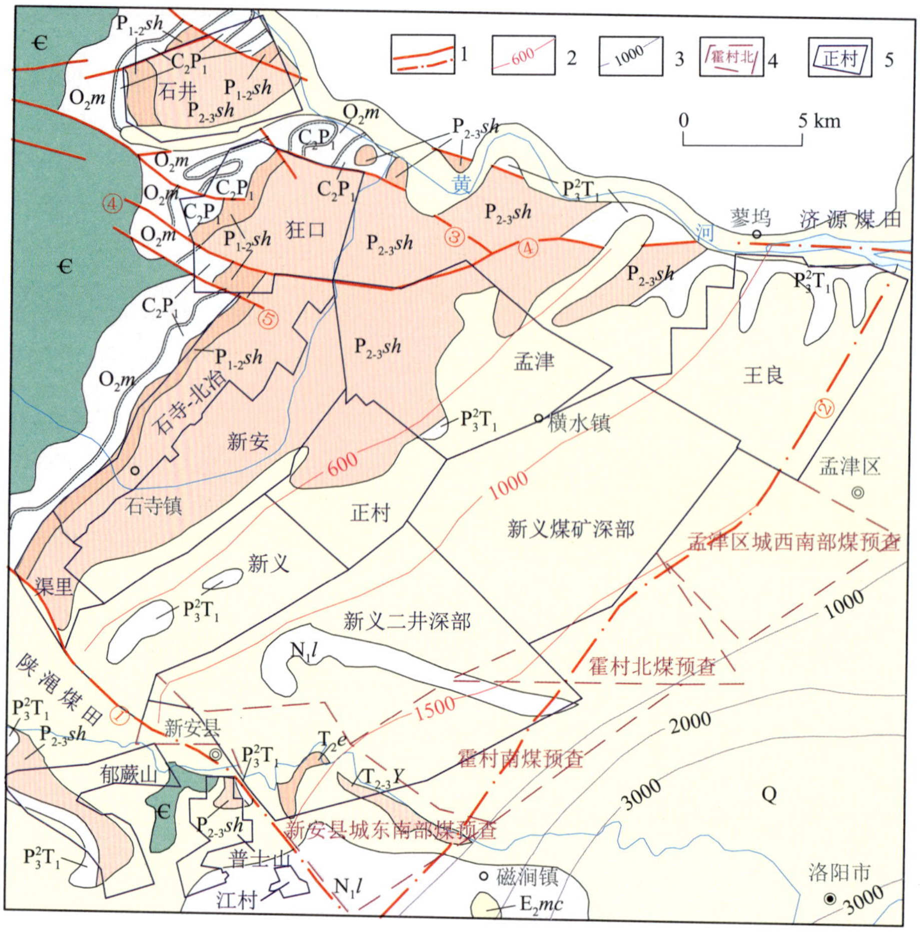

图 2-45　新安煤田地质略图

Q—第四系；N_1l—中新统洛阳组；E_2mc—始新统蟒川组；$T_{2-3}Y$—中-上三叠统延长群；T_2e—中三叠统二马营组；$P_3^2T_1$—二叠系乐平统孙家沟组、下三叠统刘家沟组与和尚沟组；$P_{2-3}sh$—二叠系阳新统—乐平统下石盒子组、上石盒子组未分；$P_{1-2}sh$—二叠系船山统—阳新统山西组；C_2P_1—上石炭统本溪组和上石炭统—船山统太原组；O_2m—中奥陶统马家沟组；є—寒武系。1—出露/隐伏正断层；2—二$_1$煤层埋藏等深线（m）；3—新生界等深线（m）；4—原煤预查项目及边界线；5—煤矿区及边界线。①岸上-龙潭沟正断层；②常袋正断层；③省磺矿正断层；④许村-香坊沟正断层；⑤刘黄岭-石板河正断层

岩夹矸 1 层，煤层顶、底板为深灰色砂质泥岩，间接顶、底板为大占砂岩上、下分层。大占砂岩与香炭砂岩间二$_3$煤层于煤田深部局部可采，煤厚 0~4.33 m。上石盒子组下部的七$_2$煤层局部可采，煤厚 0~1.70 m，平均 0.88 m，偶见碳质泥岩或泥岩夹矸 1~2 层，煤层顶、底板为深灰色泥岩，局部为粉砂岩及细-中粒砂岩。太原组一$_3$、一$_4$、一$_7$煤层零星可采，煤层直接顶板为灰色石灰岩。其余煤层均不可采。

2. 煤质

新安煤田的二$_1$煤呈黑色粉状、鳞片状构造煤，富含黄铁矿结核，易碎，发育揉皱及滑动镜面。视密度 1.33~1.57 t/m^3，平均 1.41 t/m^3。真密度 1.40~1.68 t/m^3，平均 1.51 t/m^3。孔隙度 5%~12%。以亮煤和暗煤为主，夹微量丝炭和少许镜煤条带。镜质体最大反射率 1.54%~2.37%。宏观煤岩类型属半亮型煤。有机组分含量大于 82%，以镜质组为主，次为半镜质组，少量半惰质组；无机组分以粘土矿物为主，少量硫化物及微量碳酸盐和氧化物。煤中磷、砷、氯、氟含量均较低。二$_1$煤属中灰、中-中高硫、低磷、高热值煤，煤类以贫煤为主，新安煤矿区有贫瘦煤，深部有无烟煤（王良、新义和新义二井深部）。煤灰成分 $SiO_2+Al_2O_3$ 大于 70%，煤灰软化温度 1320~>1400℃。煤中等

可选，易产生泥化现象，经洗选后，脱硫率一般为50%，降灰率24.6%~79.0%。形态硫以硫铁矿硫为主，次为有机硫，硫酸盐硫甚少。

新安煤田的二$_2$煤为黑色粉状构造煤，视密度1.40~1.60 t/m^3，真密度1.55~1.69 t/m^3。煤岩组分以亮煤为主，暗煤次之，属半亮型煤；煤类为中灰、低硫、中高热值贫煤；煤灰软化温度（ST）大于1400℃。二$_3$煤以黑色粉状构造煤为主，煤岩组分以亮煤为主，属半亮型煤，煤类为中灰、低硫、高热值无烟煤，少许贫煤仅于新义煤矿区深部。

新安煤田的一煤段各可采煤层有黑色块煤，硬度较低。宏观煤岩组分以亮煤为主，镜煤和暗煤次之，属半亮型煤。平均视密度1.40 t/m^3，真密度1.50 t/m^3。镜质体最大反射率为2.21%。煤类为低-中灰、中-中高硫、中高-高热值贫煤。

新安煤田的七$_2$煤为黑色，硬度较大，性脆易碎，多呈碎块状和粉粒状产出。宏观煤岩组分以暗煤及亮煤为主，少量丝碳，各种煤岩组分多呈薄层状或条带状交互出现。宏观煤岩类型以半暗型煤为主。视密度1.40~1.41 t/m^3。煤类为中灰、中高硫、中热值贫瘦煤，局部为焦煤。

（三）开采技术条件

1. 煤层顶、底板

新安煤田的二$_1$煤层直接顶多为灰色中厚层状细-中粒长石石英砂（即大占砂岩），岩石力学强度高，为不易冒落顶板，局部碳质泥岩或泥岩伪顶可随采随落。一煤段直接顶底板多为石灰岩，致密坚硬，不易冒落。主要可采煤层二$_1$煤层顶板工程地质条件较好，直接底板泥岩厚度小，抗压、抗拉强度均不高，工程地质条件较差。

2. 水文地质条件

石寺河、畛河及小浪底水库（最高蓄水位+275 m）对周边煤矿开采影响重大，地下水充水水源有奥陶系、太原组碳酸盐岩岩溶水以及太原组、山西组、下石盒子组砂岩裂隙孔隙水，老窑采空区多有积水，经断层连通地表水、老窑水或地下含水层时可能引起巷道突水。新安煤田曾发生过重大突水事故，应加强防护。

3. 瓦斯

新安煤田为特高瓦斯含量区，煤层瓦斯含量为4.02~29.85 m^3/t，平均7.22 m^3/t。瓦斯风化带大致沿煤层露头向深部约200 m以浅的狭长地带分布，瓦斯风化带以下，瓦斯成分和含量随煤层埋深的增加而增高，向中、深部过渡为甲烷带。二$_1$煤层构造煤发育，属豫西“三软”不稳定煤层，煤与瓦斯突出严重，始突深度596 m（新安煤矿）。

4. 煤尘爆炸危险性和煤层自燃与地温

新安煤田的二$_1$、一$_3$、一$_4$、七$_2$煤均有煤尘爆炸危险性。二$_1$煤层曾经发生过自燃事故。一$_3$煤层有自燃发火现象。一$_4$、七$_2$煤层属不易自燃煤层。本区地温梯度一般为0.30~2.85℃/hm，处于正常地温区。

（四）新安县新义二井深部煤矿区

新义二井深部煤矿区位于新安煤田深部，地处洛阳市新安县城关镇、五头镇、磁涧镇、正村乡和孟津区境内，为北西高、南东低的侵蚀型黄土丘陵区，地面标高190.0~387.8 m。矿区面积约120.95 km^2，地理坐标为东经112°06′17″~112°18′36″，北纬34°41′44″~34°48′37″。自2006年开始，河南省地质矿产勘查开发局第一地质矿产调查院对原新义二井深部煤矿区进行了预查、普查、详查，2012年12月将2007~2012年开展煤预查并已提交相应预查报告的新安县城东南部煤预查项目北半部含煤区和霍村南、霍村北煤预查项目区的有效含煤区整合其中，统一勘查，2015年提交了《河南省新安煤田新义二井深部煤详查报告》，区内累计查明/保有1500 m以浅的煤资源量49148.0×10^4 t，估算（334）?类煤资源量1006.0×10^4 t；另有1500 m以深的（334）?类煤资源量20996.0×10^4 t；估算二$_1$煤的煤层气资源量48.98×10^8 m^3，甲烷含量≥8 m^3/t的含气面积60.54 km^2。

1. 矿区地质

（1）地层

新义二井深部煤矿区除西南部有零星的上石盒子组和少量的刘家沟组、二马营组及西部有少量的新近系洛阳组出露外，其他区域均为第四系所掩盖，新生界厚度 5.70~217.40 m。煤系基底为中奥陶统马家沟组。含煤地层本溪组厚度 19.33~43.61 m，平均 31.47 m，中部为铝土矿层；太原组厚度 55.83~59.43 m，平均 57.63 m，含不可采薄煤 8 层，上部的 L_7 石灰岩发育最好，厚度 0.50~13.77 m，平均 6.05 m；山西组厚度 49.72~110.10 m，平均 83.25 m，含煤层（线）5 层（$二_1$、$二_2$、$二_3$、$二_4$、$二_5$），细－中粒大占砂岩局部分岔为两层；下石盒子组厚度 222.00~330.40 m，平均 278.81 m，四、五煤段共含不可采薄煤 1~7 层，底部的细－中粒砂锅窑砂岩厚度 1.03~17.85 m，平均 8.13 m；上石盒子组厚度 209.00~330.66 m，平均 248.61 m，底部的中粒田家沟砂岩厚度 0.70~18.11 m，下部夹薄煤 2 层（$七_1$、$七_2$），顶部的细－粗粒平顶山砂岩厚度 52.73~139.06 m，平均 84.86 m。煤系盖层孙家沟组厚度 94.70~265.05 m，平均 179.43 m，中部有次生石膏薄层；刘家沟组厚度 67.37~257.55 m，平均 181.16 m；和尚沟组揭露最大厚度 317.54 m；二马营组揭露最大厚度 425.45 m；新近系洛阳组厚度 0~203.60 m，平均 71.84 m；第四系揭露最大厚度 101.80 m。

（2）构造

新义二井深部煤矿区西止于岸上－龙潭沟正断层，南止于常袋正断层，构造格架为地层倾向南东、倾角 3°~6°的单斜构造（图 2-46）。西部因受岸上－龙潭沟正断层的影响，形成了一个向南东倾伏的小型牵引向斜，南翼地层倾角 6°~15°。区内有 3 条落差 0~300 m 的正断层，常袋正断层自东向西落差逐渐变小。

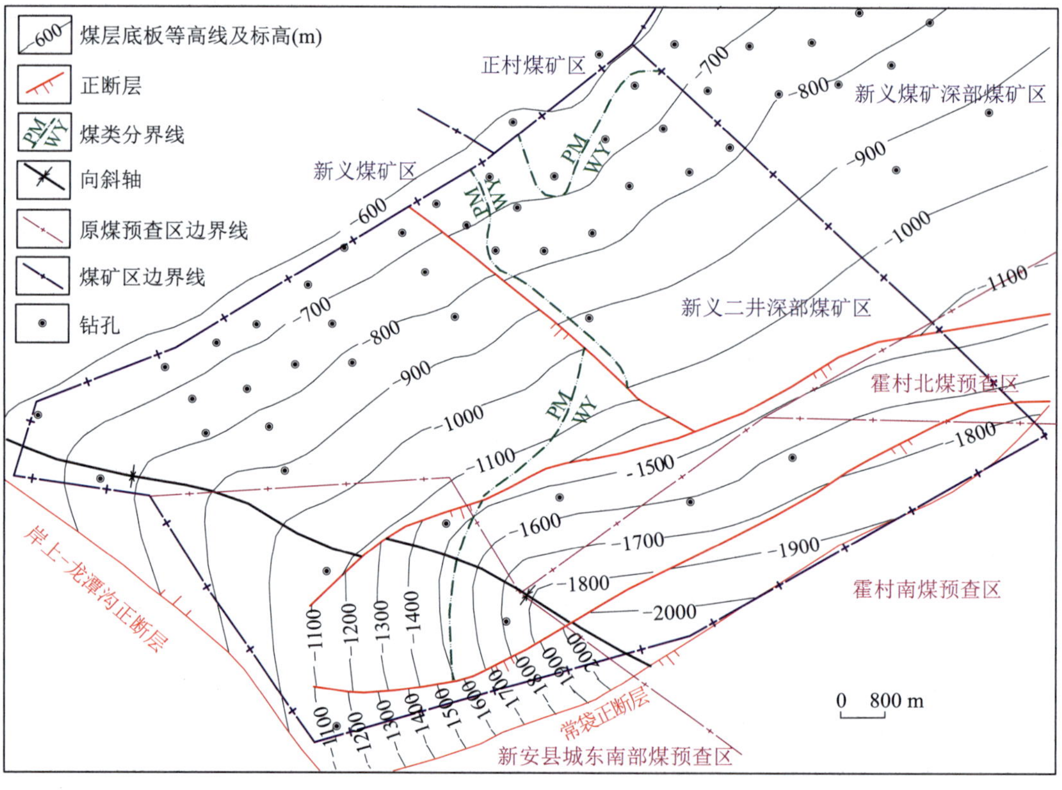

图 2-46 新安县新义二井深部煤矿区$二_1$煤层底板等高线图

（据河南省地质矿产勘查开发局第一地质矿产调查院，2015b，有修改）

2. 煤层与煤质

（1）煤层

新义二井深部煤矿区的本溪组—上石盒子组平均总厚度 699.77 m，共有 8 个煤段，二$_1$、二$_2$、二$_3$、二$_4$、四$_2$、四$_3$、四$_5$、五$_4$、七$_1$、七$_2$ 10 层煤最大厚度分别为 12.33 m、1.96 m、0.57 m、0.29 m、0.42 m、0.75 m、0.31 m、0.27 m、0.20 m、0.65 m，煤层平均总厚度 4.29 m，含煤系数 0.61%。仅二$_1$ 和二$_2$ 煤层可采，可采煤层平均总厚度 4.12 m，可采含煤系数 0.59%。

新义二井深部煤矿区的二$_1$ 煤层上距大占砂岩平均 1.03 m，距砂锅窑砂岩平均 70.45 m；下距二$_1$ 煤底砂岩平均 3.80 m，距 L_7 石灰岩平均 15.16 m。穿过二$_1$ 煤层层位 49 孔，其中零点 3 孔，见煤 46 孔，可采 40 孔，含矸 2 层者 1 孔（ZK1302），含矸 1 层者 8 孔，夹矸厚度 0.11～1.70 m，平均 0.56 m，夹矸岩性为碳质泥岩、泥岩。二$_1$ 煤层底板标高-580～-2090 m，埋深 920～2300 m，呈北东向展布，南北宽 7.9 km，东西长 19.5 km。二$_1$ 煤层直接顶板 13 孔为泥岩，33 孔为大占砂岩直接压煤；直接底板 38 孔为泥岩，8 孔为粉砂岩、细砂岩。煤层厚度 0～12.33 m，平均 3.87 m，煤厚在走向、倾向上均有突然增厚或变薄现象，具厚薄相间的特征，不可采带与薄煤带、特厚煤带零星分布其中，不可采带主要分布于矿区北部。二$_1$ 煤层物性特征为中高电阻率，自然伽马低异常（图 2-47）。

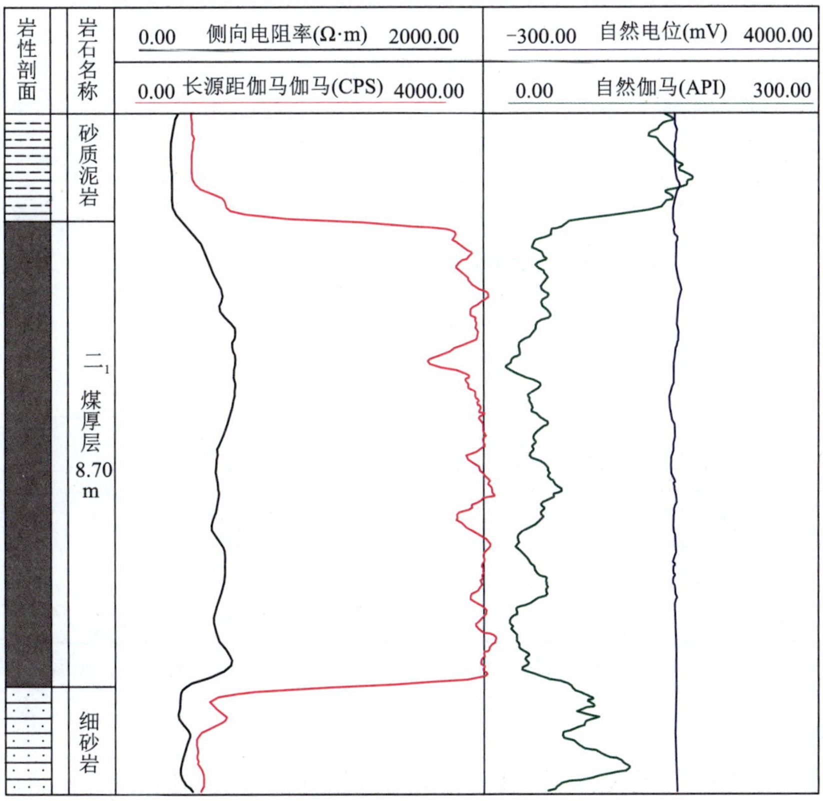

图 2-47 新安县新义二井深部煤矿区 ZK601 二$_1$ 煤层物性曲线特征

（据河南省地质矿产勘查开发局第一地质矿产调查院，2015b）

新义二井深部煤矿区的二$_2$ 煤层位于大占砂岩上、下分层间，下距二$_1$ 煤层平均 18.98 m，穿过 49 孔，见煤 15 孔，可采 6 孔，3 孔含厚度 0.11～0.45 m 的泥岩、碳质泥岩夹矸 1 层。煤厚 0～1.96 m，平均 0.25 m；可采范围内平均煤厚 1.35 m。煤层直接顶板主要为灰黑色泥岩，局部为细砂岩、粉砂岩；直接底板主要为泥岩，局部为细砂岩。

（2）煤质

新义二井深部煤矿区的二$_2$、二$_1$ 煤为黑色、灰黑色，煤的原生结构已不复存在，主要粒级小于 1 mm，显微煤岩类型属微镜惰煤，煤灰软化温度和流动温度平均值均大于 1400℃。二$_1$ 煤以粉煤为主，少量粒状和鳞片状煤，揉皱镜面发育，偶夹碎块状煤，多为粉煤压固而成，强度低，指压即碎，属以糜棱煤为主的构造煤；煤的视密度 1. 37~1. 57 t/m^3，平均 1. 46 t/m^3；真密度 1. 44~1. 65 t/m^3，平均 1. 54 t/m^3；孔隙率 5. 19%，镜质体最大反射率为 2. 045%；煤的哈氏可磨性指数为 134~174，平均 154，依据《煤的哈氏可磨性指数分级》（MT/T 852—2000），属极易磨煤。二$_2$煤以粉煤为主，少量粒状煤，揉皱现象发育，偶夹小碎块煤，属以粉状为主的构造煤；煤的视密度 1. 49~1. 60 t/m^3，平均 1. 52 t/m^3；真密度 1. 56~1. 69 t/m^3，平均 1. 60 t/m^3；孔隙率 5. 00%；镜质体最大反射率 2. 048%~2. 366%，平均 2. 195%（7 点）。二$_1$、二$_2$煤的镜鉴煤岩组分均以亮煤为主，暗煤次之，间夹少量镜煤条带和微量丝炭；煤岩类型均为半亮-光亮型煤。

新义二井深部煤矿区的二$_1$、二$_2$煤的浮煤黏结指数均为 0，属不黏结煤，煤类为贫煤和无烟煤（表 2-47），贫煤分布于西部和西北部浅处，无烟煤分布于东部，自西北向东南，由贫煤过渡至无烟煤 03 号，煤变质程度逐渐增高。二$_1$煤为中灰、中高硫、高热值煤。二$_2$煤为中灰、中硫煤，以中高热值为主。原煤形态硫以硫铁矿硫为主，次为有机硫，硫酸盐硫少量；浮煤形态硫以有机硫为主，次为硫铁矿硫，硫酸盐硫微量。

表 2-47　新安县新义二井深部煤矿区煤质特征一览表

<table>
<tr><th rowspan="2">煤层</th><th colspan="2">二$_2$</th><th colspan="2">二$_1$</th></tr>
<tr><th>原煤</th><th>浮煤</th><th>原煤</th><th>浮煤</th></tr>
<tr><td>水分/%</td><td>0. 98~1. 48
1. 26（5）</td><td>0. 54~1. 38
0. 92（5）</td><td>0. 45~1. 75
0. 91（41）</td><td>0. 41~1. 39
0. 87（36）</td></tr>
<tr><td>灰分/%</td><td>18. 53~37. 10
27. 00（5）</td><td>4. 81~8. 14
6. 85（5）</td><td>8. 65~35. 65
20. 46（41）</td><td>4. 27~12. 93
7. 27（36）</td></tr>
<tr><td>WY 挥发分/%</td><td rowspan="2">9. 31~15. 00
12. 15（6）</td><td>8. 32~9. 73
9. 25（3）</td><td rowspan="2">8. 84~23. 63
13. 49（41）</td><td>7. 50~9. 98
8. 98（17）</td></tr>
<tr><td>PM 挥发分/%</td><td>10. 08~13. 44
11. 48（3）</td><td>10. 02~14. 28
11. 73（12）</td></tr>
<tr><td>固定碳/%</td><td>53. 47~73. 33
63. 71（5）</td><td>82. 96~87. 27
83. 94（5）</td><td>49. 20~83. 28
69. 06（39）</td><td>75. 60~87. 84
82. 78（34）</td></tr>
<tr><td>全硫/%</td><td>1. 09~2. 98
1. 77（6）</td><td>0. 52~1. 89
0. 89（5）</td><td>0. 75~3. 76
2. 32（40）</td><td>0. 50~2. 09
1. 11（33）</td></tr>
<tr><td>高位发热量/（MJ · kg^{-1}）</td><td>21. 28~29. 00
25. 34（5）</td><td>33. 16~33. 53
33. 35（4）</td><td>21. 45~32. 44
27. 77（41）</td><td>31. 16~34. 48
33. 26（24）</td></tr>
</table>

注：资料来源于《河南省新安煤田新义二井深部煤详查报告》，河南省地质矿产勘查开发局第一地质矿产调查院，2015b。

3. 开采技术条件

新义二井深部煤矿区的二$_1$煤层为以底板岩溶水间接充水的水文地质条件中等矿床。大部分区域处于瓦斯风化带，甲烷带主要位于矿区东部，甲烷含量 0~29. 85 m^3/t。二$_1$煤层底板测温深度 928. 78~1886. 40 m，平均地温梯度 2. 37 ~ 2. 99℃/hm，个别钻孔大于 3℃/hm，温度变化范围为 36. 06~70. 75℃。

（五）新安县石井煤矿区

石井煤矿区位于新安煤田西北浅部、石井乡山头村-介庄村之南，为独立煤矿区，面积约 1. 85 km^2。为中部高、四周低的丘陵区，地面标高 323. 6~409. 3 m。矿区地理坐标为东经 112°06′54″~112°08′35″，北纬 34°59′16″~34°59′37″。勘查程度达普查。该矿于 2005 年 10 月由原石井乡煤矿与原介庄煤矿整合而成，因未实施整合后的重新设计和技改，且采矿权证于 2007 年 1 月过期，矿井关闭。区内累计查明煤资源储量 285. 1×10^4 t，保有煤资源储量 259. 2×10^4 t。矿区构造格架为地层倾向南东、倾角 6°~8°的单斜构造。可采煤层仅二$_1$煤层，层位稳定，埋深为 17~225 m，煤底标高+367~+155 m，大部分处于小浪底水库最高蓄水位（标高+275 m）以下，开采条件差。二$_1$煤层全区可采，煤厚 0.80~1.62 m，平均 1.15 m，结构简单，局部含泥岩或碳质泥岩夹矸 1~2 层。煤类为中灰、中高硫粉状贫煤。

（六）新安县狂口煤矿区

狂口煤矿区位于新安煤田北部西沃乡、北冶乡境内，面积约 37.92 km^2。为北高南低、西高东低的丘陵区，地面标高 164~440 m。矿区地理坐标为东经 112°07′07″~112°12′26″，北纬 34°53′54″~34°57′17″。勘查程度达普查，累计查明煤资源储量 5009.7×10^4 t，保有煤资源储量 4770.2×10^4 t。煤系基底为中奥陶统马家沟组石灰岩。含煤地层本溪组厚度 4.52~5.92 m，平均 5.10 m；太原组厚度 31.04~52.34 m，平均 45.06 m；山西组厚度 80.35~93.62 m，平均 87.95 m；下石盒子组厚度 289.80 m 左右。矿区构造格架为地层倾向南东、倾角 4°~6°的单斜构造，北西向高角度正断层发育。省磺矿正断层倾向南西，倾角 60°~70°，落差 80~150 m，构成矿区北界。许村-香坊沟正断层北倾，倾角 65°~72°，落差 100~180 m，构成矿区南界。二$_1$煤层大部分可采，层位稳定，煤厚 0~5.71 m，平均 2.14 m，煤层结构简单，局部含矸 1~4 层；赋存标高+290~-310 m，埋深 10~510 m，多位于小浪底水库淹没范围；原煤水分 0.59%~1.23%，平均 0.77%；灰分 19.17%~26.31%，平均 22.20%；挥发分 13.06%~19.21%，平均 15.96%；全硫 1.36%~2.18%，平均 1.78%；高位发热量 26.32~31.04 MJ/kg，平均 28.24 MJ/kg。一$_7$煤层局部可采，煤厚 0~1.50 m，平均 1.10 m，局部含矸 1~2 层；原煤灰分平均 20.10%，挥发分 14.28%，高位发热量 29.02 MJ/kg，全硫 1.63~1.96%，平均 1.88%。煤类为中灰、中硫、高热值贫煤。

（七）新安县石寺-北冶煤矿区

石寺-北冶煤矿区位于新安煤田西部浅处，隶属新安县石寺镇和北冶乡，面积约 40.51 km^2。地貌为西北高、东南低的丘陵区，地面标高 200~438 m。矿区地理坐标为东经 112°03′38″~112°11′40″，北纬 34°48′11″~34°54′11″。根据资源储量核查报告，勘查程度达勘探，累计查明煤资源储量 15156.2×10^4 t，保有煤资源储量 11849.3×10^4 t。本区地温梯度 0.30~2.10℃/hm，二$_1$煤层甲烷成分 19.93%~99.27%，甲烷含量 0.14%~6.90 m^3/t。第四系厚度 0~50 m，煤系基底为中奥陶统马家沟组灰色厚层状石灰岩，下石盒子组仅保留三、四煤段。矿区构造格架为地层倾向南东、倾角 5°~8°的单斜构造，北西向小型正断层发育；刘黄岭-石板河正断层位于矿区北部，倾向北东，倾角 65°~70°，落差 150~200 m。大占砂岩下的二$_1$煤层为全区可煤层，一$_3$、一$_4$、二$_2$煤层局部可采，其余煤层均不可采。二$_1$煤层上距砂锅窑砂岩平均 70.20 m，下距 L_7 石灰岩平均 15.03 m，赋存标高+390~-25 m，局部含矸 1~2 层，以粉状煤为主，视密度 1.39 t/m^3，真密度 1.50 t/m^3；黏结指数 2~4，平均 3，胶质层最大厚度为 0 mm。二$_2$煤层局部含泥岩夹矸 1 层，以粉状煤为主，视密度 1.40 t/m^3。一$_3$煤为块状煤，一$_4$煤为粉-粒状煤。煤类均为贫煤（表 2-48），除一$_3$煤外均为中灰，除一$_4$煤外均为中高发热量，二$_2$煤为低硫，二$_1$煤为中硫，一煤均为中高硫。

表 2-48　新安县石寺-北冶煤矿区煤质特征一览表

煤层		二$_2$	二$_1$	一$_4$	一$_3$
煤厚/m		0~3.67 0.13	0~17.84 3.56	0~2.50 0.26	0~1.42 0.27
水分/%	原煤	0.80~1.16 0.93（9）	0.28~1.96 0.79（60）	0.82~0.86 0.84（2）	0.36~0.62 0.49（2）
	浮煤	0.91~1.24 1.23（5）	0.56~1.56 0.98（33）	0.88~1.32 1.10（2）	0.61~0.78 0.70（2）

续表

煤层		二$_2$	二$_1$	一$_4$	一$_3$
灰分/%	原煤	12.83~35.40 20.32（9）	13.94~34.66 22.54（60）	20.01~22.37 21.19（2）	14.69~20.85 17.77（2）
	浮煤	6.35~19.99 9.33（5）	5.69~21.08 11.12（33）	16.44~19.23 17.84（2）	7.89~7.89 7.89（1）
挥发分/%	原煤	12.57~17.91 14.61（9）	13.45~19.55 16.71（60）	14.74~16.30 15.52（2）	16.22~17.78 17.00（2）
	浮煤	11.97~14.31 13.18（5）	12.72~16.53 14.38（33）	13.89~15.79 14.84（2）	14.82~15.21 15.01（2）
全硫/%	原煤	0.23~1.77 0.67（5）	0.83~3.09 1.94（60）	2.60（1）	1.16~3.97 2.80
	浮煤	0.34~0.71 0.48（3）	0.50~1.53 1.02（2）	—	—
高位发热量/（MJ·kg^{-1}）	原煤	24.09~28.22 26.43（9）	18.30~29.85 26.99（47）	29.04（1）	22.50~29.94 26.04

注：括号内为样品数。（据河南省煤田地质局二队，2010b）

（八）新安县新安煤矿区

新安煤矿区位于石寺-北冶煤矿的深部，走向长15.5 km，倾向宽3.5 km，面积约50.28 km^2。为西高东低的低山-丘陵区，地面标高200~635 m。矿区地理坐标为东经112°04′02″~112°11′58″，北纬34°46′44″~34°53′48″。勘查程度达勘探，核查报告累计查明煤资源储量25673.3×10^4 t，保有煤资源储量22933.0×10^4 t，估算二$_1$煤的煤层气资源量10.10×10^8 m^3。生产矿井为煤与瓦斯突出矿井。第四系厚度0~50 m，煤系基底为马家沟组石灰岩。含煤地层本溪组厚度2.99~25.00 m，平均9.08 m；太原组厚度30.26~57.14 m，平均40.00 m；山西组厚度71.05~99.98 m，平均78.18 m；下石盒子组厚度217.55~341 m，平均275.92 m；上石盒子组厚度137.17~218.06 m，平均厚度181.25 m。本区为地层倾向南东、倾角7°~11°的单斜构造。七$_2$煤层局部可采，煤厚0.40~1.70 m，平均0.92 m，偶含碳质泥岩或泥岩夹矸1~2层，胶质层最大厚度为19 mm。二$_2$煤层局部可采，煤厚0~3.67 m，平均0.13 m，局部含矸1层。二$_1$煤层全区可采，煤底标高+150~-200 m，煤厚0~18.88 m，平均3.88 m，局部含厚度0.04~0.70 m的夹矸1~2层，黏结指数4~14，平均为6，胶质层最大厚度为0 mm。七$_2$煤为高灰、高硫、中热值焦煤（表2-49），二$_2$煤为粉状中灰、低硫、中高热值贫煤，二$_1$煤为粉状中灰、中高硫、高热值贫瘦煤。

表2-49 新安县新安煤矿区煤质特征一览表

煤层	七$_2$		二$_2$		二$_1$	
	原煤	浮煤	原煤	浮煤	原煤	浮煤
水分/%	0.53~1.25 0.83	0.61~1.04 0.76	0.80~1.16 0.90	0.91~1.24 1.23	0.21~1.32 0.78	0.47~3.87 0.99
灰分/%	30.16~48.63 37.03	6.73~26.51 14.51	12.83~35.40 20.32	6.35~19.99 9.33	8.97~36.32 20.49	4.72~18.90 8.01
挥发分/%	20.15~24.64 22.51	16.66~22.79 20.48	12.57~17.91 14.61	11.97~14.31 13.18	12.27~23.79 16.28	10.15~16.13 14.10

续表

煤层	七$_2$		二$_2$		二$_1$	
	原煤	浮煤	原煤	浮煤	原煤	浮煤
全硫/%	0.93~4.72 3.11	0.92~2.62 1.87	0.23~1.77 0.67	0.34~0.71 0.48	0.31~5.88 2.02	0.38~1.84 0.99
高位发热量/(MJ·kg^{-1})	16.62~24.96 22.08	27.79~34.12 31.56	24.09~28.22 26.43	—	20.83~32.07 27.51	30.93~34.48 33.44

（据河南省煤田地质局二队，2010c）

（九）新安县渠里煤矿区

渠里煤矿区位于新安县石寺、铁门镇境内，面积约 11.88 km^2。为低山-丘陵区，海拔 315.86~629.20 m。矿区地理坐标为东经 112°02′25″~112°05′04″，北纬 34°45′19″~34°48′59″。勘查程度达勘探，累计查明煤资源储量 5425.7×10^4 t，保有煤资源储量 4790.4×10^4 t。矿区构造格架为地层倾向南东、倾角 8°左右的单斜构造；由于西南部边界受岸上-龙潭沟走滑断层的牵引，形成了轴向北西—南东的邱沟-云顶山次级向斜，次级向斜南西翼地层倾向北东，倾角 22°~31°。区内小断层发育。仅二$_1$煤层可采，为全区可采，赋存标高+300~+180 m，埋深 0~650 m，煤厚 0~15.06 m，平均 3.79 m，局部含厚度 0.04~0.70 m 的夹矸 1~2 层。原煤水分 0.26%~1.04%，平均 0.75%；灰分 12.59%~30.47%，平均 20.27%；挥发分 15.15%~19.90%，平均 17.28%；全硫 1.75%~4.48%，平均 2.49%；高位发热量 24.34~30.80 MJ/kg，平均 28.18 MJ/kg。浮煤水分 0.47%~1.46%，平均 0.97%；灰分 7.47%~17.39%，平均 11.50%；挥发分 12.33%~16.55%，平均 14.99%；全硫 1.09%~1.85%，平均 1.53%。煤类为中灰、中高硫、高热值贫煤。

（十）新安县新义煤矿区

新义煤矿区位于新安县正村乡和铁门镇境内，走向长约 11.9 km，倾向宽约 5.8 km，面积约 49.87 km^2，为北西高、南东低的丘陵区，地面标高 267.0~489.9 m。矿区地理坐标为东经 112°04′09″~112°11′58″，北纬 34°43′10″~34°49′12″。勘查程度达勘探，累计查明煤资源储量 25269.1×10^4 t，保有煤资源储量 25255.8×10^4 t。本区位于甲烷带，甲烷含量 2.21~9.80 m^3/t，矿井属高瓦斯矿井。地温梯度 1.46~2.37℃/hm，属地温正常区，-300 m 以深存在一级热害区。区内第四系厚度 0~44.50 m。本溪组厚度 6.50~26.12 m，平均 13.36 m。太原组厚度 29.12~53.56 m，平均 40.58 m。山西组厚度 62.55~112.98 m，平均 81.45 m。下石盒子组厚度 202.65~308.95 m，平均 267.83 m。上石盒子组厚度 202.11~343.75 m，平均 246.94 m。孙家沟组厚度 0~200.00 m，平均 95.60 m。刘家沟组保留最大厚度 102.00 m。矿区构造格架为一地层倾向 130°~140°、倾角 6°~14°的单斜构造，岸上-龙潭沟正断层构成矿区西界。仅二$_1$煤层可采，为大部分可采，煤底标高-200~-600 m，煤厚 0~15.47 m，平均 4.81 m，局部含厚度 0.10~4.29 m 夹矸 1~2 层。原煤水分 0.39%~1.22%，平均 0.82%；灰分 8.62%~30.52%，平均 17.72%；挥发分 12.89%~17.14%，平均 14.67%；全硫 0.97%~2.07%，平均 1.78%；高位发热量 23.88~32.66 MJ/kg，平均 28.86 MJ/kg。浮煤水分 0.40%~1.00%，平均 0.77%；灰分 4.48%~12.33%，平均 8.13%；挥发分 11.20%~14.20%，平均 12.94%；全硫 0.49%~1.07%，平均 0.89%；高位发热量 30.81~34.79 MJ/kg，平均 33.01 MJ/kg；黏结指数 0~2，焦渣特征 3~4。煤类为粉状低灰、中硫、高热值贫煤。

（十一）新安县正村煤矿区

正村煤矿区位于新安县正村乡、仓头乡，大部为黄土掩盖区，属丘陵地貌，地面标高 253.1~488.6 m。矿区面积约 33.96 km^2，地理坐标为东经 112°09′27″~112°14′45″，北纬 34°47′30″~

34°52′03″。勘查程度达勘探，累计查明煤资源储量 20233.7×10^4 t，保有煤资源储量 20137.7×10^4 t。本区地温梯度 1.60~2.80℃/hm，二$_1$ 煤底标高−210 m 水平以深会出现一级高温区，−530 m 水平以深会出现二级高温区。采样深度 548.65~975.00 m，甲烷成分 61.81%~95.57%，大部分大于 80%，除 2802 孔甲烷含量为 12.19 m^3/t 外，甲烷含量 4.02~7.74m^3/t。第四系厚度 0~40.00 m，本溪组厚度 6.89~15.30 m，平均 10.96 m。太原组厚度 35.49~48.30 m，平均 46.49 m。山西组厚度 78.28~135.11 m，平均 96.06 m。下石盒子组厚度 221.60~268.80 m，平均 245.16 m。上石盒子组厚度 212.38~274.31 m，平均 251.62 m。孙家沟组平均厚度 254.07 m。刘家沟组最大保留厚度 139.70 m。构造格架为地层倾向南东、倾角 5°~13°的单斜构造。二$_1$ 煤层全区可采，煤底标高−90~−630 m，埋深 580~908 m，煤厚 0~14.30 m，平均 4.15m，一般含厚度 0.05~1.00 m 的夹矸 1~2 层。二$_2$ 煤层局部可采，煤厚 0~2.63 m，平均 0.69 m，一般含厚度 0.03~0.25 m 的夹矸 1 层。七$_2$ 煤层局部可采，埋深 130~250 m，煤厚 0.43~1.30 m，平均 0.84 m，偶见碳质泥岩或泥岩夹矸 1~2 层。二$_1$、二$_2$ 煤为中灰、高热值贫煤，黏结指数为 0，焦渣特征均为 2~4，二$_1$ 煤为中硫，二$_2$ 煤为低硫（表 2-50）。七$_2$ 煤的黏结指数为 9，胶质层最大厚度 19 mm，煤类为中灰、中高硫、中热值贫瘦煤。

表 2-50　新安县正村煤矿区煤质特征一览表

煤层	七$_2$		二$_2$		二$_1$	
	原煤	浮煤	原煤	浮煤	原煤	浮煤
水分/%	—	—	0.70~0.97 0.86（8）	0.71~1.28 0.97（8）	0.49~3.52 1.15（34）	0.50~1.20 0.92（34）
灰分/%	28.03	14.51	13.44~54.31 26.16（8）	7.01~12.32 9.29（8）	13.20~32.45 21.22（34）	4.61~11.80 8.43（34）
挥发分/%	—	20.00	8.97~13.43 12.38（8）	11.25~12.56 11.67（8）	10.28~17.73 13.65（34）	9.98~15.91 11.73（34）
全硫/%	2.03~3.11 2.59	1.87	0.12~1.95 0.78（7）	—	0.85~3.90 1.93（34）	0.89~1.04 0.97（2）
磷/%	0.006	—	—	—	0.004~0.020 0.013	—
高位发热量/（MJ·kg^{-1}）	22.08	—	27.52	—	23.81~31.14 27.98	—

注：括号内为样品数。（据河南省煤田地质局二队，2010d）

（十二）洛阳市孟津煤矿区

孟津煤矿区位于洛阳市孟津区西部横水镇和新安县东北部仓头乡，西部有基岩出露，为南东高、北西低的丘陵区，地面标高 192.4~467.0 m。矿区面积约 62.33 km^2，地理坐标为东经 112°11′37″~112°19′26″，北纬 34°50′01″~34°54′36″。2003~2005 年义马煤业（集团）有限责任公司工程勘察分公司对区内进行详查、勘探，编制的《河南省新安煤田孟津井田煤炭勘探报告》累计查明/保有煤资源量 11804.0×10^4 t，另有（334）？类煤资源量 2859.0×10^4 t，2005 年矿井开工建井，2015 年底具备竣工验收条件。二$_1$ 煤层在−200 m 水平以下属沼气带，甲烷成分大于 80%，甲烷含量 3.20~9.80 m^3/t。本区地温梯度 0.81~2.21℃/hm，二$_1$ 煤底标高−300 m 水平以深会出现一级高温区，−500 m 水平以深会出现二级高温区。

1. 矿区地质

孟津煤矿区内第四系厚度 0~83.95 m，本溪组厚度 4.30~18.42 m，平均 10.23 m；太原组厚度 38.65~66.41 m，平均 52.99 m；山西组厚度 52.84~106.60 m，平均 86.75 m；下石盒子组厚度 262.38~347.75 m，平均 285.06 m；上石盒子组厚度 209.86~295.60 m，平均 228.49 m；孙家沟组厚

度约 210.00 m；刘家沟组揭露最大厚度 66.41 m。矿区构造格架为地层倾向南东、倾角 5°~10°的单斜构造，许村-香坊沟断层从矿区北部经过。

2. 煤层与煤质

孟津煤矿区内的二$_1$煤层大部可采，二$_2$煤层局部可采，余不可采或偶见可采点。二$_1$煤层上距砂锅窑砂岩 37.80~69.45 m，平均 79.74 m；下距 L_7 石灰岩 4.70~39.65 m，平均 14.88 m；底板标高+15~-570 m，垂深 285~880 m，煤层直接顶为泥岩和碳质泥岩，老顶为层面富含碳质及白云母碎片的细-中粒砂岩，底板为深灰色条带状粉砂岩、砂质泥岩夹细砂岩薄层。施工的 80 个钻孔均穿过了二$_1$煤层层位，其中可采点 49 孔，不可采点 6 孔，零煤点 25 孔，煤厚 0~9.10 m，平均 2.24 m，无煤点主要分布在矿区的北部和东南部边界附近，中部有零星小范围不可采点，煤厚具短距离急剧变化特点，大致呈北西—南东向厚薄相间交替出现，局部煤层含厚度 0.04~1.54 m 的泥岩或碳质泥岩夹矸 1~2 层，有煤层分岔现象。大占砂岩上、下分层间的二$_2$煤层下距二$_1$煤层 24.86 m，煤底标高+30~-570 m，垂深 270~870 m，煤层顶、底板为深灰色砂质泥岩；80 个钻孔中见煤点 53 个，尖灭点 27 个，可采点 35 个，煤厚 0~4.23 m，平均 0.88 m，可采区域主要位于矿区的西北部和东南部，含矸率 17/35，一般含矸 1 层，偶含矸 2~3 层，夹矸单层厚度 0.11~0.80 m，矸石岩性为碳质泥岩。可采煤层黏结指数均为 0，焦渣特征为 2~4，煤类均为中灰贫煤（表 2-51），二$_1$煤为中硫、高发热量，二$_2$煤为低硫、中高发热量。

表 2-51 洛阳市孟津煤矿区煤质特征一览表

煤层	二$_2$		二$_1$	
	原煤	浮煤	原煤	浮煤
水分/%	0.59~1.58 0.82（14）	0.43~0.92 0.62（11）	0.38~1.57 0.95（45）	0.32~1.56 0.84（45）
灰分/%	16.13~38.94 27.75（14）	3.87~14.62 9.15（11）	9.91~38.72 20.74（45）	4.13~16.26 8.39（45）
挥发分/%	9.46~17.23 13.07（14）	10.72~13.25 11.73（11）	10.05~17.66 13.05（45）	9.85~18.48 12.02（45）
全硫/%	0.26~2.26 0.84（14）	0.40~1.11 0.54（11）	0.28~2.85 1.59（45）	0.36~1.06 0.64（42）
磷/%	0.012	—	0.02	—
高位发热量/（$MJ \cdot kg^{-1}$）	19.63~29.90 24.90	30.74~33.90 32.56	19.08~33.91 27.72	28.59~34.80 32.66

注：括号内为样品数。　　（据义马煤业（集团）有限责任公司，2005）

（十三）新安县新义煤矿深部煤矿区

新义煤矿深部煤矿区位于洛阳市新安县和孟津区接壤地带，为北西高、南东低的侵蚀型黄土丘陵区，地面标高 246.2~438.2 m。矿区走向长 11.1~12.0 km，倾向宽 5.2~7.4 km，面积约 82.23 km^2，地理坐标为东经 112°13′44″~112°22′52″，北纬 34°45′53″~34°51′52″。2006~2012 年，河南省煤田地质局二队对区内进行了预查、普查、详查，2013 提交了《河南省新安煤田新义井田深部煤详查报告》，煤层埋深均小于 1500 m，累计查明/保有煤资源量 32070.0×10^4 t，另估算（334）？类煤资源量 9062.0×10^4 t，二$_1$煤的煤层气资源量 45.37×10^8 m^3，甲烷含量≥8 m^3/t 的含气面积 63.20 km^2。二$_1$煤层地温梯度 2.19~2.85℃/hm，未来开采煤层底板最低温度 51℃，为二级热害区，甲烷成分为 92.18%~99.20%，甲烷含量 5.21~29.17 m^3/t，平均 14.31 m^3/t。

1. 矿区地质

新义煤矿深部煤矿区内基岩零星出露。本溪组厚度 11.00~11.35 m，平均 11.18 m；太原组厚度 37.26~42.61 m，平均 39.94 m；山西组厚度 74.67~110.02 m，平均 90.08 m；下石盒子组厚度

259.49~311.82 m，平均287.08 m；上石盒子组厚度229.15~300.05 m，平均279.84 m；孙家沟组厚度166.00~249.23 m，平均218.48 m；刘家沟组揭露厚度119.05~193.20 m；和尚沟组揭露最大厚度186.50 m；洛阳组零星出露于西部沟谷中，揭露最大厚度112.20 m；第四系厚度0~84.95 m。矿区构造格架为地层倾向南东、倾角3°~5°的单斜构造。

2. 煤层与煤质

新义煤矿深部煤矿区的$二_1$煤层大部分可采，竣工40个钻孔，见煤点36孔，其中可采33孔，可采面积77.67 km^2，煤底标高-570~-1160 m，埋深820~1410 m。上距大占砂岩平均2.34 m，距砂锅窑砂岩81.49 m；下距L_7石灰岩平均13.62 m。煤厚0~12.59 m，平均3.31 m，11孔含矸，3层矸者2孔，2层矸者2孔，1层矸者7孔，矸厚0.20~2.13 m，岩性为泥岩、碳质泥岩。煤层直接顶为泥岩，有13孔大占砂岩直接压煤。直接底板为泥岩、粉砂岩、细砂岩。

新义煤矿深部煤矿区的$二_3$煤层局部可采，见煤点29孔，其中15孔可采，可采面积17.69 km^2，煤底标高-560~-950 m，埋深810~1200 m。上距香炭砂岩平均3.51 m，砂锅窝砂岩60.23 m；下距$二_1$煤层平均20.39 m，L_7石灰岩36.37 m。煤厚0~4.33 m，平均0.87 m。煤层结构简单，7孔含矸，2层矸者1孔，1层矸者6孔，矸厚0.13~0.39 m，岩性为泥岩、碳质泥岩。煤层顶板为灰黑色泥岩，2孔香炭砂岩直接压煤。底板为灰色泥岩。

新义煤矿深部煤矿区的$二_3$煤以粉煤为主，少量粒状煤，偶夹小碎块煤，视密度平均1.42 t/m^3，孔隙率5.96%；镜质体最大反射率2.310%~2.337%，平均2.319%。$二_1$煤以粉状为主，少量粒状和鳞片状，揉皱镜面发育，偶夹碎块状煤也多为粉煤压固而成，指压即碎，属以糜棱煤为主的构造煤；视密度平均1.45 t/m^3，孔隙率7.64%；镜质体最大反射率2.318%~2.773%，平均2.547%。$二_1$、$二_3$煤黏结指数均为0，煤类以无烟煤为主（表2-52），浅部有少许贫煤，由于以粉状煤为主，不宜做气化用煤，适宜动力及民用。$二_3$煤属中灰、低硫、中高固定碳、低磷、低氟、高热值、高软化温度煤。$二_1$煤属中灰、中硫、中高固定碳、低磷、低氟、高热值、高软化温度、较高热稳定性煤，煤对CO_2反应性中等，中等-强结渣，较难选。原煤各种形态硫以硫铁矿硫为主，次为有机硫，硫酸盐硫含量甚少。

表2-52 新安县新义煤矿深部煤矿区煤质特征一览表

煤层	$二_3$		$二_1$	
	原煤	浮煤	原煤	浮煤
水分/%	0.89~1.77 1.27	0.89~1.64 1.24	1.04~2.19 1.47	0.75~2.03 1.42
灰分/%	11.66~31.99 18.19	4.83~12.52 6.95	10.70~35.75 18.74	3.90~10.93 6.56
挥发分/%	9.24~17.49 11.79	8.59~16.19 10.38	5.60~34.65 12.20	5.41~13.33 9.43
全硫/%	0.36~2.75 0.95	0.38~0.81 0.54	0.28~3.31 1.15	0.39~1.33 0.60
磷/%	0.003~0.063 0.023	—	0.003~0.566 0.044	—
高位发热量/($MJ \cdot kg^{-1}$)	23.57~31.72 28.76	33.54~33.91 33.73	21.65~32.11 28.59	31.57~34.63 33.08

（据河南省煤田地质局二队，2013a）

（十四）洛阳市孟津区王良煤矿区

王良煤矿区位于洛阳市孟津区王良乡，北部有基岩出露，为西南高、东北低的侵蚀型黄土丘陵区，地面标高220~407 m。矿区地理坐标为东经112°19′52″~112°28′15″，北纬34°49′27″~34°55′00″，面积约 68.98 km²。2008~2015 年，河南省国土资源科学研究院对区内进行了预查、普查，2016 年提交的《河南省孟津县王良煤普查报告》累计查明/保有煤资源量 9761.0×10^4 t，另有（334）? 类煤资源量 3006.0×10^4 t，估算二$_1$煤的煤层气资源量 22.45×10^8 m³。地温梯度 2.41~2.82℃/hm，深度 1020.00~1205.57 m 的二$_1$煤层底板温度为 41.30~47.10℃，甲烷成分为 55.90%~64.38%，甲烷含量 17.62~20.75 m³/t。

王良煤矿区构造格架为地层倾向南东、倾角 3°~5°的单斜构造，常袋正断层为矿区东部赋煤边界。据钻孔资料，本溪组厚度 3.42 m；太原组厚度 56.47 m；山西组厚度 40.35~88.45 m，平均 64.40 m；下石盒子组厚度 238.69~326.65 m，平均 282.67 m；上石盒子组厚度 217.37~309.60 m，平均 259.39 m；孙家沟组厚度 181.19~272.68 m；刘家沟组揭露厚度 99.42~392.94 m；第四系厚度 0~80.00 m。

王良煤矿区的二$_1$、二$_3$煤层仅西南部可采。二$_1$煤层估算面积 20.51 km²，估算标高-510~-1050 m，埋深 710~1250 m；上距大占砂岩 0~22.16 m，砂锅窑砂岩 38.74~63.10 m；下距 L_7 石灰岩 10.55~33.46 m；穿见 6 孔，见煤 4 孔，可采 3 孔，煤厚 0~6.54 m，平均 3.94 m，仅 1 孔含厚度 0.85 m 的泥岩夹矸 1 层，煤层直接顶、底板为泥岩。二$_3$煤层估算面积 6.17 km²，估算标高-630~-920 m，垂深 830~1120 m；上距香炭砂岩 8.20~14.41 m，下距二$_1$煤层 17.76~20.51 m，穿见 6 孔，见煤 3 孔，可采 2 孔，可采范围内煤厚 0.80~1.69 m，无矸，煤层顶板为灰黑色泥岩，底板为灰色泥岩。二$_1$煤以粉状、块状为主，煤岩组分以亮煤为主，见镜煤条带，属半亮型煤，视密度 1.42~1.54 t/m³，平均 1.47 t/m³；二$_3$煤为块状，煤岩组分以亮煤为主，暗煤次之，属半亮型煤，视密度 1.44~1.46 t/m³。原煤各种形态硫以有机硫和硫铁矿硫为主，硫酸盐硫含量很少。煤类均为中灰、中硫、高热值无烟煤（表 2-53）。

表 2-53　洛阳市孟津区王良煤矿区煤质特征一览表

煤层	二$_3$		二$_1$	
	原煤	浮煤	原煤	浮煤
水分/%	0.48~1.40 0.94（2）	0.46~0.72 0.59（2）	0.34~1.56 0.98（3）	0.65~1.65 1.17（3）
灰分/%	16.88~17.97 17.42（2）	2.90~4.40 3.65（2）	17.28~24.33 19.72（3）	4.18~5.96 4.88（3）
挥发分/%	9.60~10.63 10.12（2）	7.80~8.85 8.32（2）	9.38~10.93 10.20（3）	8.31~11.42 9.53（3）
全硫/%	0.35~1.69 1.02（2）	0.42~1.20 0.80（2）	0.70~1.25 1.04（3）	0.35~0.83 0.53（3）
磷/%	0.015~0.032 0.024（2）	—	0.024~0.067 0.044（3）	—
高位发热量/($MJ\cdot kg^{-1}$)	29.05~29.48 29.26（2）	—	25.04~28.83 27.55（3）	—

注：括号内为样品数。　　（据河南省国土资源科学研究院，2016）

七、宜洛煤田

宜洛煤田位于洛阳市宜阳、伊川两县境内，北邻洛河，东至伊河，西依熊耳山。东西长 13~20 km，南北宽 14~24 km，面积约 390 km²。地理坐标为东经 112°07′20″~112°23′40″、北纬 34°17′30″~34°32′30″。海拔一般为 200~500 m，为西高东低的低山-丘陵区。区内小窑遗迹很多。《史记·外戚世家》记载："窦少君年四岁，家贫，为人所略卖，至宜阳，为其主人入山作炭"；《水经注》十五卷载："宜阳有炭""洛水之侧有石墨山"；《大明一统志》中记载："宜阳出石炭"（河南省地质矿产厅地质矿产志编辑委员会，1992）。近代稍具规模的采矿业为 1908~1920 年间开办的广益公司，20 世纪 30 年代和 40 年代又先后开办有宜洛煤矿公司和普益煤矿公司。地质调查最早为新常富于1915~1917年间至广益调查煤矿，《宜阳县煤田广益煤矿一带地质矿产》为煤田第一个比较重要的报告，1936年，曹世禄估算全煤田储量2.3×10^{8} t。1954年8月中南煤田地质勘探局一二六队对宜洛煤田开展煤矿勘查，至1958年底提交煤工业储量0.7×10^{8} t。1960年之后，煤田地质工作仅局限于生产矿井的补充勘查，随着21世纪初期地质春天的到来，煤田深部得到全面勘查。经过几十年的地质工作，区内总体勘查程度较高。据2010年河南省煤田地质局二队编制的宜洛煤田各煤矿区资源储量核查报告及后期相关地勘单位开展的省级地质勘查基金项目成果报告，区内累计查明煤资源储量49423.9×10^{4} t，浅部煤炭资源已被占用，主要开采对象为埋深1000 m以浅的二$_1$、四$_2$、五$_1$、一$_7$、一$_3$等煤层，保有煤资源储量41831.7×10^{4} t；另有1500 m以浅的（334）？类煤资源量16134.8×10^{4} t，1500 m以深的（334）？类煤资源量13535.0×10^{4} t。煤田内共划分出7个煤矿区，总面积179.56 km^2，以宜阳县李沟-樊村煤矿区作为代表性矿区进行阐述，其余则简述之。

（一）煤田地质特征

宜洛煤田煤系基底由元古宇汝阳群和洛峪群滨浅海相碎屑岩和碳酸盐岩建造、寒武系浅海碎屑岩和广海碳酸盐岩建造组成。煤系盖层有二叠系乐平统孙家沟组；下三叠统刘家沟组与和尚沟组湖相碎屑岩、中三叠统二马营组河流三角洲-滨湖相碎屑岩夹鲜蓝色碳酸盐岩、中-上三叠统延长群河流-湖沼相碎屑岩；古新统陈宅沟组、中新统洛阳组及第四系（图2-48）。含煤地层本溪组—上石盒子组平均总厚度607.17 m（表2-54），划分为8个煤段。

宜洛煤田位于崤熊构造区之三门峡-平顶山断陷区的伊川凹陷内，四周被不同期次、不同规模、不同方向断裂构造所限。北以锦屏山-宜阳-伊河正断层为界临洛阳断陷盆地；锦屏山-宜阳-伊河正断层走向近东西，倾向北，倾角60°，落差大于1000 m，构成煤田的北部边界。西以走向北西、倾向南西的陈宅沟-吕沟及南鱼泉逆冲断层为界与熊耳山断隆相接。东止于石门沟-殷桥逆断层。南至酒后-宋店-伊川正断层；该断层向南东陡倾，落差180~1000 m。整个煤田处于北西向呈叠瓦状分布的逆冲推覆构造带的构造间夹块中，褶断发育，北西向逆冲断层和轴向北西的褶曲构成本区基本构造格架，聚煤期后多期次、多种变形体制下形成的断裂构造交织，破坏了含煤地层的完整性。宜洛煤田主体坐落于石门沟-殷桥逆冲断层与走向北西、西倾的兰家门逆冲断层和石板沟逆断层间的构造岩席中。葛家崖正断层呈北西西—南东东向横贯煤田中部，倾向北，倾角65°~70°，落差大于1450 m；该断层将宜洛煤田划分为北部宜洛含煤区和南部白杨-高山含煤区。

表2-54　宜洛煤田地层简表

地层单位				穿见地层厚度/m	接触关系	岩性及组合特征
界	系	统	组	两极值 平均值		
新生界（Cz）	第四系			0~134.75		主要为浅黄色、棕红色、黄色砂质粘土、亚粘土、亚砂土及砂、砾石层，含钙质结核
	新近系	中新统（N_1）	洛阳组（N_1l）	0~249.66		岩性为砂质粘土岩，粘土质砂岩夹泥质灰岩、透镜状砂砾岩
	古近系	古新统（E_1）	陈宅沟组（E_1c）	0~679.90		岩性为紫红色、棕红色、砖红色砾岩、砂砾岩，夹砂质粘土质泥岩、粉砂质泥岩、砂岩
中生界（Mz）	三叠系	下统（T_1）	和尚沟组（T_1h）	0~360.98		因剥蚀而残缺不全，岩性为紫红色泥岩、粉砂岩夹灰绿色细粒长石砂岩
			刘家沟组（T_1l）	0~187.56		因剥蚀而残缺不全，岩性为紫红色中厚层细-中粒石英砂岩夹褐红、紫红色泥岩，含较多暗褐色铁质斑点

续表

界	系	统	组	穿见地层厚度/m 两极值/平均值	接触关系	岩性及组合特征
古生界（Pz）	二叠系	乐平统（P_3）	孙家沟组（P_3s）	0~326.02 232.33		岩性为紫红色钙质粉砂岩、细砂岩互层夹紫红色泥岩
			上石盒子组（$P_{2-3}sh$）	170.50~296.80 246.51		顶部平顶山砂岩为灰黄色、灰白色巨厚层中-粗粒长石石英砂岩，底部含石英细砾；中、下部的七、八个煤段由泥岩、粉砂岩、细-中粒砂岩组成，不含可采煤层
		阳新统（P_2）	下石盒子组（P_2x）	213.37~356.03 258.69		顶部以田家沟砂岩底板为界，由泥岩、铝质泥岩、砂岩、粉砂岩及不稳定薄煤层组成，划分为三、四、五、六煤段，其中四$_1$、四$_2$、四$_3$、五$_1$、五$_2$、五$_3$等煤层局部可采
			山西组（$P_{1-2}sh$）	34.86~124.15 76.13		由细-中粒砂岩、粉砂岩、泥岩及煤层组成，含煤1~6层（二$_0$—二$_5$），其中，二$_1$煤为本区主采煤层
		船山统（P_1）	太原组（C_2P_1t）	7.26~43.66 19.57		岩性由灰色、深灰色中厚-厚层石灰岩、深灰色泥岩、砂岩和煤层组成，含煤8层（一$_1$—一$_8$），其中，一$_3$、一$_5$、一$_7$、一$_8$等煤层局部可采
	石炭系	上石炭统（C_2）	本溪组（C_2b）	0.70~28.50 6.27		下部为杂色铝质泥岩，底部偶见透镜状黄铁矿层；上部为铝质泥岩，局部为铝质岩，偶夹不稳定、不可采薄煤1层
	寒武系	芙蓉统（$€_4$） 第三统（$€_3$）	崮山组（$€_{3-4}g$）	94.00~280.00 221.50		岩性为灰色厚层白云质灰岩、鲕状白云岩，局部含燧石团块；与上覆本溪组呈平行不整合接触

宜洛煤田北部的宜洛含煤区主体构造为向南东倾伏的宽缓李沟向斜（西部）和沙坡-杨店背斜（东部），地层倾角25°~45°，北东向、北西向和近东西向断层发育，张性、压性、扭性及高角度、低角度等构造形式多样，造成断层附近地层破碎零乱，煤层产状及厚度变化剧烈。李沟向斜轴部附近的早白垩世黑云母煌斑岩侵位使七$_2$煤层局部变为天然焦。南部白杨-高山含煤区主体构造为隐伏的向南东倾伏的宽缓十二岭向斜（西部）和黄村（或高山）背斜（东部），地层倾角17°~49°，北西向、北东向和近东西向断层发育；东马村正断层构成西马村煤矿区东界，其西侧的主滑面位于二$_1$煤层附近的西马村滑动构造致使煤系缺失部分地层厚度，西马村井田0302孔之七煤附近发现角岩；老王沟逆断层倾向210°~225°，倾角70°，逆差230 m，构成高山煤矿区西界；魏庄正断层倾向58°~62°，倾角70°，落差80~150 m，左行位错十二岭向斜转折端；含煤区深部被高山寨正断层所切割，该断层倾向南，倾角70°~85°，落差0~400 m。

（二）煤层与煤质

1. 煤层

宜洛煤田共含煤4~28层，煤层平均总厚度4.47~14.61 m，可采煤层有下石盒子组四$_1$、四$_2$、

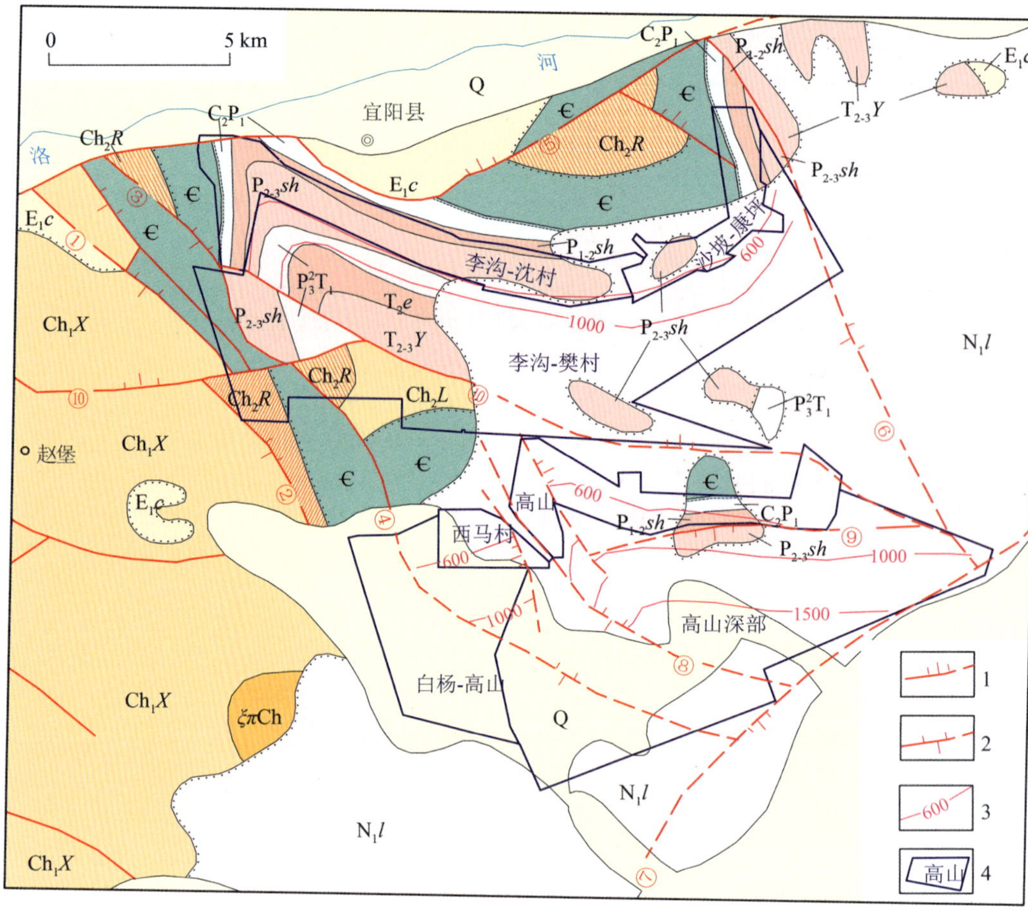

图 2-48　宜洛煤田地质略图

Q—第四系；N_1l—中新统洛阳组；E_1c—古新统陈宅沟组；$T_{2-3}Y$—中-上三叠统延长群；T_2e—中三叠统二马营组；$P_3^2T_1$—乐平统长兴阶孙家沟组、下三叠统刘家沟组与和尚沟组；$P_{2-3}sh$—二叠系阳新统—乐平统下石盒子组、上石盒子组未分；$P_{1-2}sh$—二叠系船山统-阳新统山西组；C_2P_1—上石炭统本溪组和上石炭统—船山统太原组；∈—寒武系；Ch_2L—长城系洛峪群；Ch_2R—长城系汝阳群；Ch_1X—长城系熊耳群；$\xi\pi Ch$—长城纪正长斑岩。1—正断层；2—逆断层；3—二$_1$煤层埋藏等深线（m）；4—煤矿区及边界线。①陈宅沟-吕沟逆断层；②南鱼泉逆断层；③兰家门逆断层；④石板沟逆断层；⑤锦屏山-宜阳-伊河正断层；⑥石门沟-殷桥逆断层；⑦酒后-宋店-伊川正断层；⑧老王沟逆断层；⑨高山寨正断层；⑩葛家崖正断层

四$_3$、五$_1$、五$_2$和五$_3$煤、山西组二$_1$煤、太原组一$_3$、一$_5$、一$_7$、一$_8$煤，余皆不可采或偶见可采点（表 2-55）。二$_1$煤层为煤田主采煤层，煤厚变化较大（图 2-49），短距离增厚变薄现象普遍，并存在着小范围薄或无煤带。

2. 煤质

宜洛煤田的四、五煤段可采煤层多呈碎块和粉粒状产出，视密度 1.38～1.60 t/m^3。煤类为中高灰、低-中硫、低磷、中低-中高热值半暗型焦煤，由于灰分产率高，难洗选，作动力和民用燃料。

宜洛煤田的二$_1$煤层赋存于山西组大占砂岩之下，以粉-粒状构造煤为主，少量鳞片状，松软易碎，揉皱镜面发育，局部含少量扁豆状黄铁矿结核。有机显微组分以镜质组为主，无机显微组分以粘土矿物为主。视密度 1.38～1.55 t/m^3，孔隙度 5.03%。镜质体最大反射率 1.34%～3.14%。煤类为黑色低-中灰、中高硫、低磷分、一级含砷、高热值、易磨碎煤，主要为焦煤和瘦煤，无烟煤分布于老王沟逆断层之西及李沟与葛家崖正断层的断夹块中，难选。煤中硫以有机硫为主，次为硫铁矿硫，硫酸盐硫甚微，脱硫效果较差。煤灰成分主要为 SiO_2 和 Al_2O_3，煤灰软化温度大于 1320℃。

表 2-55　宜洛煤田各煤层发育情况表

地层单位	煤段	煤层	煤层厚度/m		可采性	稳定程度	夹矸	
			两极值	平均值			层数	厚度/m
上石盒子组	八煤段	—	—	—	不可采	—	—	—
	七煤段	七$_3$	0~0.53	0.20	不可采	极不稳定	—	—
		七$_2$	0~1.06	0.36	偶可采	不稳定	—	—
		七$_1$	—	—	不可采	—	—	—
下石盒子组	六煤段	六$_2$	—	—	不可采	—	—	—
	五煤段	五$_4$	0~0.89	0.15	偶可采	极不稳定	—	—
		五$_3$	0~1.97	0.44	零星可采	极不稳定	—	—
		五$_2$	0~1.41	0.28	零星可采	不稳定	0	—
		五$_1$	0~1.80	0.28	局部可采	不稳定	0	—
	四煤段	四$_4$	0~3.42	0.26	偶可采	极不稳定	—	—
		四$_3$	0~4.99	0.68	局部可采	不稳定	0	—
		四$_2$	0~3.30	1.23	局部可采	不稳定	0~1	0.07~2.12
		四$_1$	0~2.11	0.86	零星可采	不稳定	0~1	0.35~0.63
	三煤段	三$_1$	—	—	不可采	—	—	—
山西组	二煤段	二$_1$	0~35.00	4.69	全区可采	较稳定	0~4	0.03~1.48
太原组	一煤段	一$_8$	0~2.91	0.84	局部可采	不稳定	0~1	0.68~1.08
		一$_7$	0~3.48	0.75	局部可采	不稳定	0~1	0.09~0.83
		一$_5$	0~1.75	0.56	零星可采	不稳定	0~1	0.04~0.81
		一$_3$	0~3.28	0.37	局部可采	不稳定	0	—

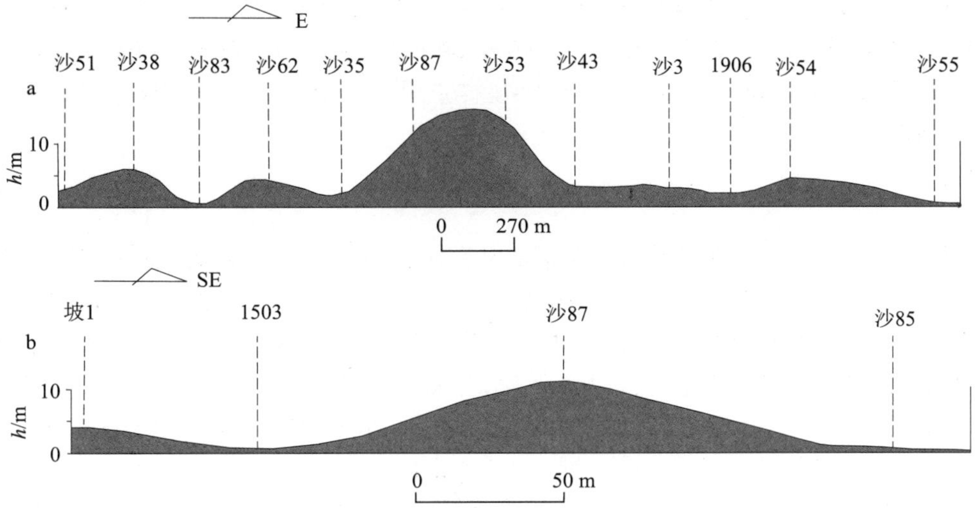

图 2-49　宜洛煤田二$_1$ 煤厚沿走向（a）、倾向（b）变化示意图

（据河南省煤田地质局二队，2010e）

宜洛煤田的一煤段可采煤层的视密度为 1.38~1.47 t/m^3，煤类主要为低-中灰、中高硫、低磷、中高-高热值、块状半亮型焦煤和瘦煤，难选。煤中硫以硫铁矿硫为主，次为有机硫，硫酸盐硫微量。

（三）开采技术条件

1. 煤层顶、底板

宜洛煤田的二$_1$、四$_1$、四$_2$、四$_3$、五$_1$ 和五$_2$ 煤层顶板为砂岩、砂质泥岩，局部有泥岩伪顶，底板为细砂岩、泥岩。一煤段各可采煤层直接顶主要为石灰岩，致密坚硬，不易冒落，煤层底板多为石灰岩（一$_3$ 煤）、泥岩。石灰岩、砂岩力学强度和抗压强度较高。泥岩抗压、抗拉强度均不高，工程地质条件较差。

2. 水文地质条件

宜洛煤田的水文地质条件中等，大气降水和伊河水、洛河水是本区地下水的主要补给水源，矿井充水水源主要为寒武系和太原组碳酸盐岩岩溶水，太原组、山西组和石盒子组砂岩裂隙孔隙水，第四系松散岩类孔隙水以及采空区和老窑积水，含水性强弱不同。碎屑岩类裂隙孔隙水富水性较弱，松散岩类孔隙水水量贫乏至中等，对煤层开采影响不大。富水性好的碳酸盐岩岩溶水是宜洛煤田矿井充水的重要水源，采空区和老窑积水成为煤矿安全生产的潜在威胁。本区断层发育，若沟通含水层，可能成为溃入性通道，导致矿井涌突水。

3. 其他开采技术条件

由于较长时期受到秦岭造山带由南西向北东方向对华北陆块南缘的推挤作用，宜洛煤田地质构造复杂，二$_1$ 煤层“三软”构造煤全层发育，煤厚变化大，瓦斯地质条件复杂，具有低瓦斯低临界指标突出危险性。煤层有自燃现象，煤尘具爆炸危险性。本区地温梯度一般为 1. 63～2. 46℃/hm，为地温正常区。

（四）宜阳县李沟-樊村煤矿区

李沟-樊村煤矿区位于宜阳县城关镇、樊村乡和伊川县雅岭乡境内，面积约 66. 25 km^2。西北高、东南低，海拔 233. 8～709. 8 m。地理坐标为东经 112°07′59″～112°19′37″，北纬 34°26′20″～34°31′05″。据河南省煤田地质局二队编制的《河南省宜阳县高岩核查区煤资源储量核查报告》（2010）和《河南省宜洛煤田深部煤详查（含河南省宜阳县李沟-樊村煤详查）报告》（2013），查明煤资源储量 23557. 5×10^4 t，保有煤资源储量 23490. 6×10^4 t；另估算埋深 1500 m 以浅及以深的（334）？类煤资源量均为 1684. 0×10^4 t。控制二$_1$ 煤层-309. 85～-1071. 59 m 标高，甲烷成分 1. 94%～96. 64%，甲烷含量 0. 04～15. 11 mL/g，整体处于瓦斯风化带，零星样点甲烷成分大于 80%，仅高岩矿井属高瓦斯矿井。本区地温梯度 1. 49～2. 31℃/hm。

1. 矿区地质

（1）地层

李沟-樊村煤矿区仅西部有基岩裸露。煤系基底为寒武系第三统—芙蓉统崮山组厚层微细晶白云岩。含煤地层本溪组厚度 2. 07～16. 52 m，平均 9. 33 m，下部有鸡窝状褐铁矿层，中部含不可采薄煤（俗称“古占煤”），上部夹煤线；太原组厚度 16. 76～43. 66 m，平均 26. 78 m，含石灰岩 9 层（L_1—L_9）和薄煤 8 层（一$_1$—一$_8$），其中一$_8$ 煤层层位相对稳定，平均厚度 0. 58 m，局部可采，L_1—L_4 石灰岩常合并为 1～2 层，L_8 石灰岩稳定发育；山西组厚度 34. 86～109. 99 m，平均 69. 79 m，二$_1$ 煤层全区普遍可采，二$_0$ 煤层局部可见但不可采，细-中粒大占砂岩厚度 1. 82～36. 23 m，平均 10. 34 m，上部的小紫泥岩含紫斑、暗斑及菱铁质假鲕；下石盒子组厚度 221. 55～356. 03 m，平均 276. 48 m，含煤 10 层（三$_1$、三$_2$、四$_1$、四$_2$、四$_3$、四$_4$、四$_5$、五$_1$、五$_2$、六$_2$），底部的细-中粒砂锅窑砂岩厚度 0. 71～12. 59 m，平均 4. 31 m；上石盒子组平均厚度 278. 96 m，局部夹不可采薄煤 4 层（七$_1$—七$_4$），底部的中-粗粒田家沟砂岩厚度 1. 66～21. 84 m，平均 7. 58 m，上部夹薄层灰绿色泥岩的平顶山砂岩厚度 36. 64～183. 14 m，平均厚度 114. 72 m。煤系盖层孙家沟组厚度 40. 13～308. 14 m，平均 197. 41 m；刘家沟组厚度 153. 42～228. 66 m，平均 176. 61 m，地表常形成陡崖地貌；和尚沟组厚度 141. 88～311. 28 m，平均 259. 35 m；二马营组揭露最大厚度 302. 72 m；油房庄组仅矿区西部有出露，钻孔未揭露；新近系洛阳组厚度 5.56~64.81 m；第四系厚度 0~103.90 m。

（2）构造

李沟-樊村煤矿区构造形态基本为一宽缓的褶曲（图 2-50），大部分区段处于李沟向斜的北东翼与沙坡背斜的南西翼之间，地层倾向 150°~220°，倾角 13°~45°。区内北西向、北东向高角度正断层发育，构造复杂程度中等。石门沟-殷桥逆断层倾向 242°，倾角 45°~60°，逆差 500~1900 m，构成矿区东部的赋煤边界。近东西向、北倾的葛家崖正断层构成矿区南部赋煤边界，断层南部含煤地层抬升剥蚀而出现大面积无煤区，0202 孔于 732.03 m 揭露上石盒子组（上盘）与长城系洛峪群（下盘）呈断层接触，1203 孔于 966.38 m 揭露上石盒子组（上盘）与长城系熊耳群（下盘）呈断层接触。李沟正断层倾向 20°~45°，倾角约 80°，落差 150~1500 m。

2. 煤层与煤质

（1）煤层

李沟-樊村煤矿区的本溪组—上石盒子组平均总厚度 661.34 m，含煤 24 层，煤层平均总厚度 7.53 m，含煤系数为 1.14%。二$_1$ 煤层全区可采，四$_2$、四$_3$、五$_1$ 煤层局部可采，处于兰家门逆断层、葛家崖正断层和李沟正断层之断夹块间的高岩矿井一$_8$ 煤层局部可采，余皆不可采。

李沟-樊村煤矿区的一$_8$ 煤层上距二$_1$ 煤层平均 5.60 m，下距 L_7 石灰岩平均 1.80 m，煤层埋深 10~590 m，赋存标高+425~-140 m，煤厚 1.30~1.65 m，平均 1.51 m，煤层直接顶板主要为石灰岩或海相泥岩，直接底板为砂质泥岩或粉砂岩。

李沟-樊村煤矿区的二$_1$ 煤层分布范围仅在葛家崖正断层上盘，下盘由于地层抬升剥蚀，赋煤区面积约 35.13 km^2，煤层埋深 0~2075 m，底板标高+400~-1850 m。二$_1$ 煤层上距大占砂岩平均 3.13 m，上距砂锅窑砂岩平均 60.01 m。52 个钻孔统计，7 孔遇断层，穿见 45 孔，可采 36 孔，不可采点 6 孔，零点 3 孔，煤厚 0~21.44 m，平均厚度 5.00 m，煤厚沿走向和倾向具有短距离内突然增厚变薄现象，特厚煤区和薄煤区相邻出现，但分布范围均较小。12 孔含厚度 0.06~0.65 m 黑色碳质泥岩、泥岩夹矸 1~4 层，1301 孔和 1503 孔煤层分岔。煤层直接顶板为灰黑色泥岩，局部为碳质泥岩、粉砂岩，含黄铁矿结核及大量植物化石，厚度 1.00~5.73 m，平均 3.13 m。直接底板以灰黑色泥岩为主，局部为碳质泥岩，含黄铁矿（或菱铁矿）结核、条带及植物根部化石，厚度 0.10~6.73 m，平均厚度 2.56 m。煤层物性特征表现为厚煤层侧向电阻率呈中高阻-特高阻反映，伽马伽马曲线形态为长方形的特高幅值，显示低密度，自然伽马为矩形方波状低值异常。

李沟-樊村煤矿区的四$_2$、四$_3$ 煤层赋存于下石盒子组四煤段中下部，两层煤相距一般为 1.38 m，之间夹灰黑色泥岩及薄层碳质泥岩，煤底标高+60~1250 m，埋深 165~1475 m。四$_2$ 煤层厚度 0~1.59 m，平均 0.40 m，穿见 47 孔，可采 9 孔，不可采点 16 孔，零点 22 孔，1 孔含碳质泥岩夹矸 1 层，可采区位于矿区西部。四$_3$ 煤层厚度 0~1.40 m，平均 0.35 m，穿见 47 孔，可采 12 孔，不可采点 12 孔，零点 23 孔，可采区呈零星分布的 3 块，2 孔含泥岩或碳质泥岩夹矸 1 层。五$_1$ 煤层赋存于下石盒子组五煤段下部，穿见 47 孔，可采 8 孔，不可采点 17 孔，零点 22 孔，可采点局部连片，呈零星分布的 3 块，可采面积 5.59 km^2，煤底标高+80~-890 m，埋深 145~1115 m，煤厚 0~1.80 m，平均 0.44 m，1 孔含厚度 0.28~0.32 m 的夹矸 2 层。煤层直接顶、底板多为灰黑色泥岩，局部为碳质泥岩，间接顶为灰白、灰色细-中粒长石石英砂岩。

（2）煤质

李沟-樊村煤矿区的二$_1$ 煤为黑色，结构疏松，以粉、粒状煤为主，中夹少许鳞片状薄层；粉、粒状煤污手、质软；宏观煤岩组分以亮煤为主，暗煤次之，间夹少量镜煤条带和微量丝炭，宏观煤岩类型为半亮-光亮型煤。二$_1$ 煤中有机组分均以镜质组为主，惰质组次之，壳质组少量；镜质组以基质镜质体为主，均质镜质体次之，含少量碎屑镜质体及胶质镜质体，镜质体最大反射率 1.372%~1.962%，平均 1.578%；惰质组以碎屑惰质体为主，丝质体次之，含少量粗粒体及微粒体；壳质组以小孢子为主，含少量树脂体。无机组分以粘土类矿物为主，硫化物类、碳酸盐类、氧化物类次之；粘土类以分散状粘土矿物为主，块状粘土矿物、细胞充填状粘土矿物次之；硫化物类以黄铁矿为主，呈

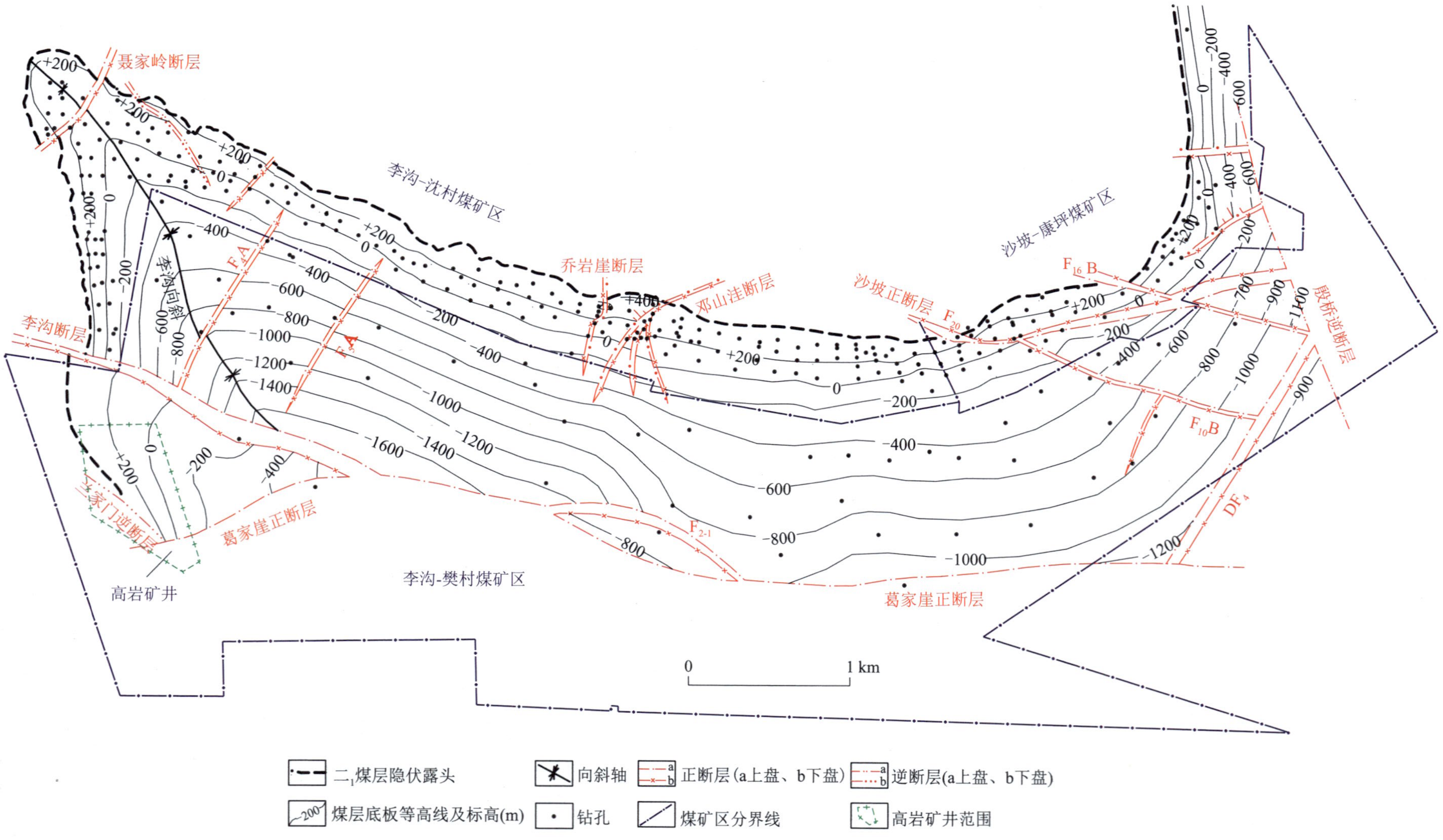

图 2-50　宜阳县李沟-康坪一带二$_1$煤层底板等高线图

分散粒状，大小不一，分布不均，次为零星分布的微粒状，含少量裂隙充填状及细胞充填状黄铁矿；碳酸盐类主要为方解石，以裂隙充填状为主，细胞充填次之；氧化物类主要为石英，呈粒状，大小不一，分布不均。

李沟-樊村煤矿区的四$_2$、四$_3$煤以块状为主，局部粉末状，宏观煤岩组分以亮煤为主，暗煤次之，间夹微量丝炭，宏观煤岩类型为半亮-光亮型煤，镜质体最大反射率为1.185%。五$_1$煤以粉末状为主，夹块状、鳞片状薄层，宏观煤岩组分以亮煤为主，暗煤次之，间夹少量镜煤条带和丝炭，宏观煤岩类型为半亮型煤。

李沟-樊村煤矿区的一$_8$煤为低灰、特低硫、中高热值瘦煤（表2-56）。二$_1$煤为低灰、中高硫、高热值煤，由浅至深依次分布有焦煤、瘦煤和贫瘦煤，高岩区为中灰、中高硫、低磷、中高热值无烟煤。四$_2$、四$_3$煤为中高灰、中硫、中低热值煤，煤类有焦煤和瘦煤。五$_1$煤属中灰、中高硫、高热值焦煤。

表2-56　宜阳县李沟-樊村煤矿区煤质特征一览表

煤层		五$_1$	四$_3$	四$_2$	二$_1$	一$_8$
水分/%	原煤	0.94（1）	0.43~0.72/0.58（2）	0.55~0.75/0.64（3）	0.35~1.19/0.65（25）	—
	浮煤	0.75（1）	0.42~0.70/0.56（2）	0.34~0.76/0.60（3）	0.30~1.15/0.63（25）	—
灰分/%	原煤	21.84（1）	34.45~39.40/36.93（2）	30.66~39.40/36.47（3）	11.01~34.83/17.88（25）	17.45
	浮煤	10.34（1）	6.91~22.23/14.57（2）	6.43~16.06/9.78（3）	4.02~11.02/7.25（25）	8.28
挥发分/%	原煤	23.27（1）	24.27~29.71/26.99（2）	21.58~24.71/23.49（3）	15.49~22.46/19.17（25）	—
	浮煤	21.46（1）	19.20~27.09/23.15（2）	18.70~19.50/19.09（3）	14.56~20.07/18.40（25）	19.50
固定碳/%	原煤	59.97（1）	45.89~46.08/45.99（2）	45.94~54.38/41.20（3）	50.53~73.83/66.04（25）	—
	浮煤	70.42（1）	56.70~75.21/65.96（2）	68.25~75.73/72.99（2）	63.72~81.21/75.16（25）	—
全硫/%	原煤	2.13（1）	1.12~2.53/1.83（2）	0.38~2.76/1.91（3）	1.53~3.42/2.34（25）	0.44
	浮煤	1.79（1）	1.18（1）	0.56（1）	1.38~2.45/1.84（25）	—
磷/%	原煤	0.020（1）	0.004~0.006/0.005（2）	0.008~0.026/0.019（4）	0~0.075/0.022（25）	0.009
高位发热量/（MJ·kg^{-1}）	原煤	27.36（1）	20.14~21.98/21.06（2）	19.76~23.82/21.28（3）	22.43~32.24/29.10（25）	24.40
浮煤黏结指数	68（1）	58~82/70（2）	57~80/69（3）	10~86/49（21）	63	—
浮煤胶质层最大厚度/mm	—	13.5~18.0/15.8（2）	14.0~14.5/14.3（2）	0~45.0/13.4（8）	11.0	—
视密度/（t·m^{-3}）	1.46（1）	1.60	1.64	1.38~1.62/1.46（8）	—	—

注：括号内为样品数。　　　　（据河南省煤田地质局二队，2010f，2013b）

（五）宜阳县李沟-沈村煤矿区

李沟-沈村煤矿区位于宜阳县城关镇和樊村乡，处于宜洛煤田北西部，东至沙坡井田14线，南至二$_1$煤底-250 m水平，西南部止于倾向北的李沟正断层，面积约15.05 km^2。区内为低山-丘陵区，地面标高190.0~650.4 m。矿区地理坐标为东经112°08′04″~112°16′08″，北纬34°28′26″~34°30′55″。勘查程度达详查，累计查明煤资源储量12245.4×10^4 t，保有煤资源储量6714.2×10^4 t，另有一$_8$煤层（334）？类煤资源量209.2×10^4 t。本区地温梯度1.63~1.75℃/hm，生产矿井属煤与瓦斯突出矿井，曾发生过多次瓦斯突出和煤层自燃现象。

李沟-沈村煤矿区的煤系基底为崮山组。本溪组厚度0~16.96 m，平均6.93 m。太原组厚度9.90~41.18 m，平均21.13 m。山西组厚度70.00~124.15 m，平均91.00 m。下石盒子组平均厚度259.00 m。上石盒子组平均厚度254.70 m。孙家沟组平均厚度260.00 m。刘家沟组平均厚度117.00 m。第四系厚度0~53.39 m。北西扬起、南东倾伏的宽缓短轴褶曲——李沟向斜和沙坡背斜为区内主体构造（图2-50），含煤地层呈波浪形展布，南倾，倾角25°~45°。区内断层较发育，主要有近东西向、北东向、北西向3组，张性、压性、扭性及高角度、低角度等多种构造样式。李沟向斜轴部附近的缸窑见10 m×4 m的云煌岩脉侵入。

李沟-沈村煤矿区含煤27层，煤层平均总厚度14.61 m。二$_1$煤层全区可采，一$_8$煤层大部分可采，一$_3$、四$_1$、四$_2$、五$_1$、五$_2$煤层局部可采，其他煤层均不可采。五$_2$煤层厚度0~1.41 m，平均0.28 m。四$_1$煤层厚度0~2.11 m，平均0.86 m，一般含厚度0.35~0.63 m的夹矸1层。四$_2$煤层一般含厚度0.10~0.20 m的夹矸1层，二$_1$煤层局部含厚度0.03~1.48 m的夹矸1~3层，一$_8$煤层含1层厚度0.64~1.08 m的夹矸。各可采煤层的煤体结构为构造煤，煤类为低-特低磷焦煤（表2-57），五$_1$、四$_2$煤为中高灰、低硫、中低热值煤，二$_1$煤为中灰、中高硫、高热值煤，一$_8$煤为低灰、中高硫、高热值煤，一$_3$煤为中高灰、中高硫、中高热值煤。

表2-57 宜阳县李沟-沈村煤矿区煤质特征一览表

煤层		五$_1$	四$_2$	二$_1$	一$_8$	一$_3$
煤厚/m		0~1.06 0.28	0~3.30 1.61	0~35.00 6.00	0~2.91 0.84	1.34~1.91 1.67
水分/%	原煤	0.45~1.45 0.84	0.34~2.22 0.95	0.18~3.62 0.78	0.14~1.67 0.74	—
灰分/%	原煤	32.97~48.26 35.41	35.39~44.23 37.85	9.66~39.24 22.67	6.35~34.10 16.43	21.36
	浮煤	15.25~24.43 21.47	22.39~27.16 24.86	4.50~19.26 9.80	2.80~12.58 8.45	—
挥发分/%	浮煤	25.06~31.88 27.45	16.68~23.71 26.65	15.31~24.38 21.20	18.21~24.57 20.42	22.73
全硫/%	原煤	0.33~0.98 0.56	0.41~1.15 0.67	1.35~8.48 2.42	1.50~9.71 2.95	2.25
	浮煤	0.38~0.67 0.52	—	1.22~3.23 1.91	1.26~4.39 2.26	—
高位发热量/（MJ·kg^{-1}）	原煤	17.06~25.09 21.08	16.68~23.71 20.41	22.87~35.70 27.74	16.68~33.13 27.50	22.21~30.38 26.50

续表

煤层		五$_1$	四$_2$	二$_1$	一$_8$	一$_3$
黏结指数	—	133	65	62.9	—	—
胶质层最大厚度/mm	15.0~28.0 22.0	12.0~25.0 17.0	15.0	12.0~19.0 14.0	15.7	—
视密度/($t·m^{-3}$)	1.48~1.55	1.43~1.60	1.41~1.47	1.38~1.43	1.43	—

（据河南省煤田地质局二队，2010g）

（六）宜阳县沙坡-康坪煤矿区

沙坡-康坪煤矿区位于宜阳县樊村乡、伊川县常川乡境内，面积约 7.22 km^2。区内为西北高、东南低的丘陵区，地面标高 263.47~427.30 m。矿区地理坐标为东经 112°15′45″~112°18′36″，北纬 34°28′35″~34°31′15″。据本矿区资源储量核实报告，勘查程度达勘探，累计查明煤资源储量 1851.3×10^4 t，保有煤资源储量 1344.9×10^4 t，另有（334）？类煤资源量 241.6×10^4 t。本区为地温正常区和瓦斯风化带，二$_1$ 煤层地温梯度 1.89~1.92℃/hm。

1. 矿区地质

沙坡-康坪煤矿区的煤系基底为寒武系第三统—芙蓉统崮山组白云岩。含煤地层本溪组厚度 0~28.50 m，平均 6.75 m；太原组厚度 0~42.00 m，平均 19.15 m；山西组厚度 50.50~108.23 m，平均 65.04 m；下石盒子组厚度 213.37~286.69 m，平均 251.91 m；上石盒子组厚度 170.50~296.80 m，平均 235.00 m。煤系盖层孙家沟组厚度 192.26~226.89 m，平均 207.89 m，刘家沟组厚度约 117.00 m，新近系洛阳组厚度 0~62.00 m，第四系厚度 0~28.00 m。矿区处于沙坡背斜转折端（图 2-50），北为煤层露头，南至二$_1$ 煤底-250 m 水平与李沟-樊村煤矿区相接，西与李沟-沈村煤矿区相连，东至殷桥断层。沙坡背斜西翼地层倾向 125°~159°，倾角 27°~40°；东翼地层倾向 73°~121°，倾角 31°~65°。区内断层发育。

2. 煤层与煤质

沙坡-康坪煤矿区共含煤 23 层，煤层平均总厚度 7.77 m。二$_1$ 煤层大部分可采，一$_5$、一$_7$ 煤层局部可采，余皆不可采。二$_1$ 煤层赋存于大占砂岩之下，上距砂锅窑砂岩平均 56.35 m，下距 L_7 石灰岩平均 11.39 m，埋深 20~1050 m，煤底标高+350~-680 m；煤厚 0.18~27.90 m，平均 4.09 m，短距离增厚变薄现象普遍，沿走向或倾向具薄厚相间之特征，局部含 1~4 层厚度 0.03~1.26 m 的碳质泥岩或泥岩夹矸；煤层直接顶板多为深灰色泥岩，底板主要为具波状及透镜状层理的深灰色细砂岩、泥岩。一$_7$ 煤层赋存于 L_7 石灰岩之下，底板主要为深灰色细-中粒砂岩、泥岩，底板标高+300~-170 m，埋深 70~540 m；煤厚 0~3.48 m，平均 0.86 m，局部含 1 层厚度 0.09~0.83 m 的夹矸。一$_5$ 煤层赋存于 L_5 石灰岩之下，底板主要为深灰色细砂岩、泥岩，底板标高+270~-170 m，埋深 100~540 m；煤厚 0~1.75 m，平均 0.56 m，局部含 1 层厚度 0.04~0.81 m 的夹矸。

沙坡-康坪煤矿区的二$_1$ 煤以粉状为主，少量粒状和鳞片状，光泽暗淡，揉皱镜面发育，含少量扁豆状黄铁矿结核，属以糜棱煤为主的构造煤。一$_7$、一$_5$ 煤为灰黑色块状，以亮煤为主。煤类均为瘦煤（表 2-58），二$_1$ 煤为低灰、中高硫、高热值煤，一$_7$ 煤为低灰、中高硫、高热值煤，一$_5$ 煤为低灰、高硫、特高热值煤。

（七）宜阳县白杨-伊川县高山煤矿区

白杨-高山煤矿区位于宜洛煤田西南部的西马村矿区西部及南侧深部，隶属于宜阳县白杨镇及伊川县高山乡，矿区南北长 4.50~5.75 km，东西宽 2.40~4.55 km，面积约 17.35 km^2。为西北高、南东低的黄土丘陵区，海拔 310.0~444.0 m。地理坐标为东经 112°10′48″~112°14′00″，北纬 34°21′52″~

34°25′15″。2005~2009 年，河南省煤田地质局二队开展了普查工作，提交的《河南省宜洛煤田白杨-伊川县高山区煤普查报告》累计查明/保有 1000 m 以浅煤资源量 639.0×10⁴ t，另估算 1500 m 以浅的(334)？类煤资源量 1009.0×10⁴ t。本区处于瓦斯风化带，为地温正常区。

表 2-58　宜阳县沙坡-康坪煤矿区煤质特征一览表

煤层	$二_1$		$一_7$		$一_5$	
	原煤	浮煤	原煤	浮煤	原煤	浮煤
水分/%	0.21~1.20 / 0.62 (43)	0.46~1.18 / 0.80 (38)	0.27~1.09 / 0.63 (15)	0.52~1.07 / 0.77 (11)	0.59~3.04 / 1.49 (3)	1.03~1.51 / 1.27 (2)
灰分/%	11.00~34.19 / 18.86 (43)	5.87~12.06 / 9.08 (38)	9.26~39.71 / 18.79 (15)	5.19~13.08 / 8.11 (11)	12.07~22.18 / 15.82 (3)	7.98~9.83 / 8.90 (2)
挥发分/%	17.43~25.54 / 19.28 (43)	16.53~23.03 / 18.29 (38)	14.75~25.30 / 20.56 (15)	13.59~21.09 / 18.46 (11)	20.50~23.04 / 21.89 (3)	17.31~21.52 / 19.41 (2)
全硫/%	1.35~4.78 / 2.71 (26)	1.65~2.69 / 1.94 (12)	1.40~4.46 / 2.98 (17)	1.73~2.40 / 1.99 (6)	4.91~10.95 / 7.83 (2)	3.41 (1)
高位发热量/($MJ \cdot kg^{-1}$)	26.42~31.00 / 29.52 (29)	31.12~33.30 / 32.58 (11)	27.89~31.01 / 29.77 (9)	34.15 (1)	36.26 (1)	—
黏结指数	—	58.9	—	60	—	—
胶质层最大厚度/mm	—	11	—	17	—	12
视密度/($t \cdot m^{-3}$)	1.41	—	1.43	—	1.43	—

（据河南省煤田地质局二队，2010e）

白杨-高山煤矿区地表大部分为新生界覆盖，煤系基底为寒武系第三统—芙蓉统崮山组白云岩。含煤地层本溪组厚度 0~19.18 m，平均 6.69 m，顶部偶夹极不稳定的薄煤 1 层；太原组厚度 7.26~23.56 m，平均 16.46 m；山西组厚度 62.38~97.07 m，平均 77.48 m；下石盒子组平均厚度 251.91 m；上石盒子组平均厚度 231.16 m。煤系盖层孙家沟组平均厚度 320.00 m，刘家沟组厚度约 117.00 m，和尚沟组厚度约 310.00 m，二马营组厚度约 598.00 m，油坊庄组厚度约 488.00 m，古近系厚度约 679.90 m，新近系洛阳组厚度约 249.66 m，第四系厚度 0~134.75 m。矿区构造形态为地层倾向 175°~197°、倾角 18°~28°的单斜构造。因倾向西—南西、倾角 30°~70°的蝎子山和东侧石板沟逆冲推覆构造的影响，造成石板沟断层西侧含煤地层抬升剥蚀而成无煤区，使东侧赋煤区面积大为减小。含煤区内近东西向的正断层发育，主滑面位于$二_1$煤层附近、滑体由$二_1$煤层以上至三叠系构成、自北向南滑动的西马村滑动构造致使含煤地层缺失部分地层厚度。

白杨-高山煤矿区仅$二_1$煤层可采，上距砂锅窑砂岩平均 66.72 m，施工 8 孔，见煤 4 孔，可采 3 孔，资源量估算面积 3.65 km^2，估算标高+150~-1040 m，埋深 270~1360 m，煤厚 0.19~12.46 m，平均 3.84 m，2 孔含厚度 0.27~0.47 m 夹矸 1~2 层；煤层直接顶、底板主要为泥岩及粉砂岩，间顶板为细-中粒砂岩；煤层物性特征呈高电阻、低密度、低放射性反映。$二_1$煤为灰黑色，煤层原生结构遭到破坏，松软易碎，揉皱镜面发育，局部煤层含有少量扁豆状黄铁矿结核；煤的主要粒级在 1 mm 以下，多呈粉状产出，属以糜棱煤为主的构造煤，视密度 1.51 t/m^3，孔隙度 5.03%，镜质体最大反射率为 2.642%~3.139%，平均 2.891%。$二_1$煤原煤灰分产率 10.81%~28.01%，平均 18.09%；全硫 1.11%~2.57%，平均 1.99%；磷平均含量 0.033%；氯平均含量 0.025%；砷平均含量 2×10^{-6}；氟平均含量 123×10^{-6}；恒容干燥基高位发热量 24.99~29.21 MJ/kg，平均 28.64 MJ/kg；煤灰软化温度大于 1400℃。$二_1$煤浮煤挥发分产率 6.64%~10.90%，平均 8.29%，灰分平均 8.52%，全硫

1.47%。煤类为低灰、中硫、高热值无烟煤。

（八）宜阳县西马村煤矿区

西马村煤矿区位于宜阳县白杨镇境内，北部为隐伏煤层露头，西南部为 F_{11} 正断层，东部为东马村正断层，面积约 2.87 km^2。地理坐标为东经 112°12′25″~112°14′24″，北纬 34°24′24″~34°25′21″。区内为低山-丘陵区，地面标高 361~512 m。勘查程度达详查，累计查明煤资源储量 1710.7×10^4 t，保有煤资源储量 1612.5×10^4 t。本区处于瓦斯风化带，为地温正常区。第四系厚度 0~134.75 m，新近系洛阳组厚度 249.66 m，煤系基底为寒武系第三统—芙蓉统崮山组白云岩。含煤地层本溪组厚度 0.70~0.75 m，平均 0.73 m；太原组厚度 15.73~17.92 m，平均 16.83 m；山西组厚度 62.38~97.07 m，平均 77.48 m；下石盒子组揭露最大厚度 98.87 m；上石盒子组揭露最大厚度 171.16 m。煤系盖层孙家沟组揭露最大厚度 326.02 m，刘家沟组揭露最大厚度 187.56 m。地处宜洛煤田南部西端，构造形态为地层倾向 175°~197°、倾角 19°~29°的单斜构造，主滑面位于二$_1$ 煤层附近、滑体由二$_1$ 煤层以上地层构成、自北向南滑动的西马村滑动构造使含煤地层缺失部分地层厚度（图 2-51）。F_{11} 正断层倾向北北东，倾角 70°，落差 40~270 m。东马村正断层倾向南西，倾角约 70°，落差约 100 m。仅二$_1$ 煤层大部分可采，煤层埋深 30~690 m，赋存标高+415~-210 m，煤厚 0.19~12.46 m，平均 4.01 m，存在着短距离煤厚急剧变化现象，偶含厚度 0.27~0.45 m 的碳质泥岩或泥岩夹矸 1~2 层。原煤灰分平均 17.80%，全硫平均 0.75%，高位发热量平均 29.52 MJ/kg，浮煤挥发分平均 9.80%。煤类为粉、粒状低灰、低硫、高热值无烟煤。

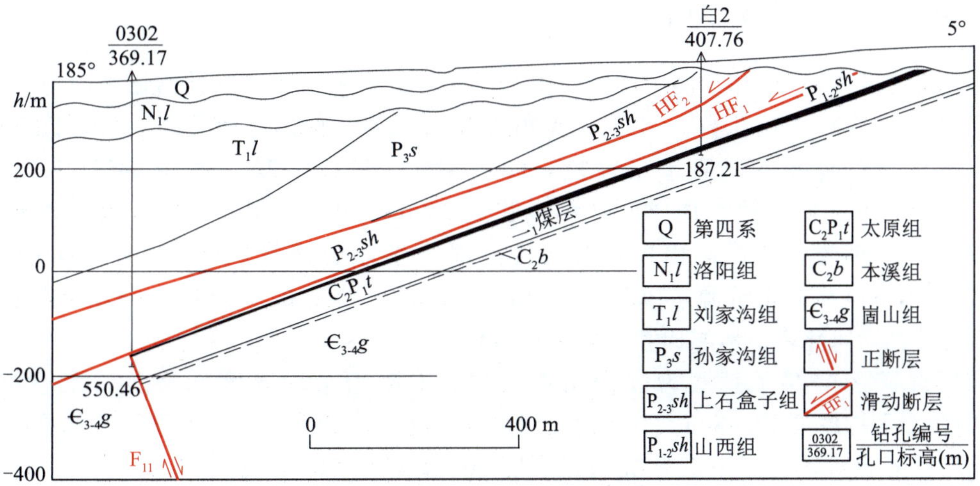

图 2-51 宜阳县西马村煤矿区 03 勘探线剖面

（据河南省煤田地质局二队，2010h，有修改）

（九）伊川县高山煤矿区

高山煤矿区位于伊川县高山乡境内，面积约 12.75 km^2，为海拔 320.00~451.80 m 的丘陵区，地理坐标为东经 112°13′38″~112°19′36″，北纬 34°24′39″~34°26′21″。勘查程度达详查，累计查明煤资源储量 6945.0×10^4 t，保有煤资源储量 5555.5×10^4 t。本区为地温正常区和瓦斯风化带。

1. 矿区地质

高山煤矿区地处宜洛煤田南部。第四系厚度 0~115.21 m，新近系洛阳组厚度 24.60 m，煤系基底为寒武系第三统—芙蓉统崮山组白云岩。含煤地层本溪组厚度 1.85~19.18 m，平均 6.38 m；太原组厚度 14.61~21.95 m，平均 17.52 m；山西组厚度 62.38~97.07 m，平均 73.32 m；下石盒子组平均厚度 272.41 m；上石盒子组平均厚度 256.67 m。煤系盖层孙家沟组平均厚度 260.00 m。矿区西部之北西端仰起的十二岭向斜和东部向南东倾伏的黄村背斜（或高山背斜）构成了区内的基本构造格架

（图 2-52），向斜转折端被魏庄正断层左行位错，地层倾向由西向东呈北东东—南西—南—南东—南东东向，倾角 17°~49°，区内北西向、北东向和近东西向断层发育。

2. 煤层与煤质

高山煤矿区的四$_2$、四$_3$ 煤层仅在郑村一带局部发育。四$_3$ 煤层上距田家沟砂岩约 185 m，赋存标高+260~-350 m，煤厚 0~1. 32 m，平均 0. 83 m。四$_2$ 煤层上距田家沟砂岩约 193 m，赋存标高+265~0 m，煤厚 0~1. 28 m，平均 0. 84 m，一般含矸 1 层，个别达 2 层，单层矸厚 0. 07~2. 12 m。二$_1$ 煤层全区可采，上距砂锅窑砂岩平均 67. 02 m，赋存标高+360~-650 m，埋深 15~1000 m，煤厚 0~30. 80 m，平均 4. 84 m，偶含矸 1~2 层；直接顶板多为深灰色泥岩，局部有碳质泥岩伪顶；直接底板主要为深灰色泥岩。一$_7$ 煤在郑村-黄村一带局部发育，为局部可采不稳定薄煤层，上距二$_1$ 煤层 12. 07 m，赋存标高+360~-675 m，煤厚 0~1. 42 m，平均 0. 64 m。

高山煤矿区的二$_1$ 煤原煤水分 0. 68%~2. 02%，平均 1. 02%；灰分 14. 25%~24. 53%，平均 19. 32%；全硫 1. 39%~4. 14%，平均 2. 47%；挥发分 16. 14%~22. 44%，平均 19. 69%；高位发热量 27. 01~30. 22 MJ/kg，平均 28. 00 MJ/kg。二$_1$ 煤浮煤水分 0. 53%~1. 55%，平均 0. 94%；灰分 6. 87%~15. 37%，平均 9. 92%；全硫 1. 58%~2. 70%，平均 2. 07%；挥发分 17. 65%~20. 95%，平均 19. 40%；高位发热量 31. 42~33. 39 MJ/kg，平均 32. 53 MJ/kg；胶质层最大厚度 4~13 mm，平均 9 mm。四$_2$、四$_3$ 煤为高灰、中硫焦煤。二$_1$ 煤为低灰、中高硫、高热值粉状瘦煤。一$_7$ 煤属中灰、中高硫、碎块状焦煤。

（十）伊川县高山深部煤矿区

高山深部煤矿区主体位于伊川县高山乡境内，东跨伊川县平等乡，西跨宜阳县白杨镇，北接高山煤矿区，东西长 13. 5 km，南北宽 2~8 km，面积约 58. 07 km^2。区内为西北高、东南低的丘陵区，地面标高 279. 8~389. 0 m。矿区地理坐标为东经 112°13′32″~112°22′22″，北纬 34°21′11″~34°25′44″。河南省地质矿产勘查开发局第一地质矿产调查院于 2006~2013 年开展了本区煤预查和普查工作，2014 年提交的《河南省伊川县高山煤普查报告》累计查明/保有煤资源量 2475. 0×10^4 t，另估算 1500 m 以浅的（334）？类煤资源量 12991. 0×10^4 t，1500 m 以深的（334）？类煤资源量 11851. 0×10^4 t。本区处于瓦斯风化带，地温梯度 2. 21~2. 65℃/hm。

高山深部煤矿区的煤系基底为崮山组白云岩。本溪组平均厚度 6. 69 m，太原组平均厚度 19. 38 m，山西组平均厚度 77. 48 m，下石盒子组平均厚度 251. 11 m，上石盒子组平均厚度 237. 62 m。孙家沟组平均厚度 269. 09 m，下三叠统揭露厚度 86. 72~158. 18 m，古近系陈宅沟组厚度 185. 00~413. 00 m，新近系洛阳组厚度 30. 00~115. 00 m，第四系厚度 0~76. 10 m。含煤区西起老王沟逆断层，东至殷桥逆断层，北为高山正断层，南至宋店正断层，为黄村背斜南翼的地层倾向南、倾角 8°~30°的单斜，近东西向、北西向和北东向断层发育。

高山深部煤矿区的二$_1$ 煤层大部可采，一$_7$、四$_3$、五$_3$ 煤层局部可采，七$_2$、四$_2$ 煤层偶见可采点，其余皆不可采。二$_1$ 煤层偶含矸 1~2 层，上距砂锅窑砂岩平均 48. 67 m，煤底标高+200~-2900 m。石盒子组煤的煤岩组分以暗煤为主，少量亮煤，宏观煤岩类型以暗淡-半暗型煤为主。太原组与山西组煤的煤岩组分以亮煤为主，暗煤次之，偶见丝炭和镜煤条带；宏观煤岩类型以半亮型煤为主，少量半暗型煤；二$_1$ 煤多呈碎块状、片状及鳞片状产出。一$_7$ 煤为低灰、高硫、高热值瘦煤，二$_1$ 煤为中灰、中高硫、高热值焦煤，四$_3$ 煤为中灰、中硫、中高热值焦煤，五$_3$ 煤为中灰、中硫、中高热值焦煤（表 2-59）。

八、偃龙煤田

偃龙煤田东起巩义市（原称巩县）站街镇东，西至洛阳市龙门，南抵嵩山北麓，北瞰黄河，行政区分属于洛阳市洛龙区、孟津区、偃师区及郑州市巩义市管辖，西邻宜洛煤田，东接荥巩煤田，南

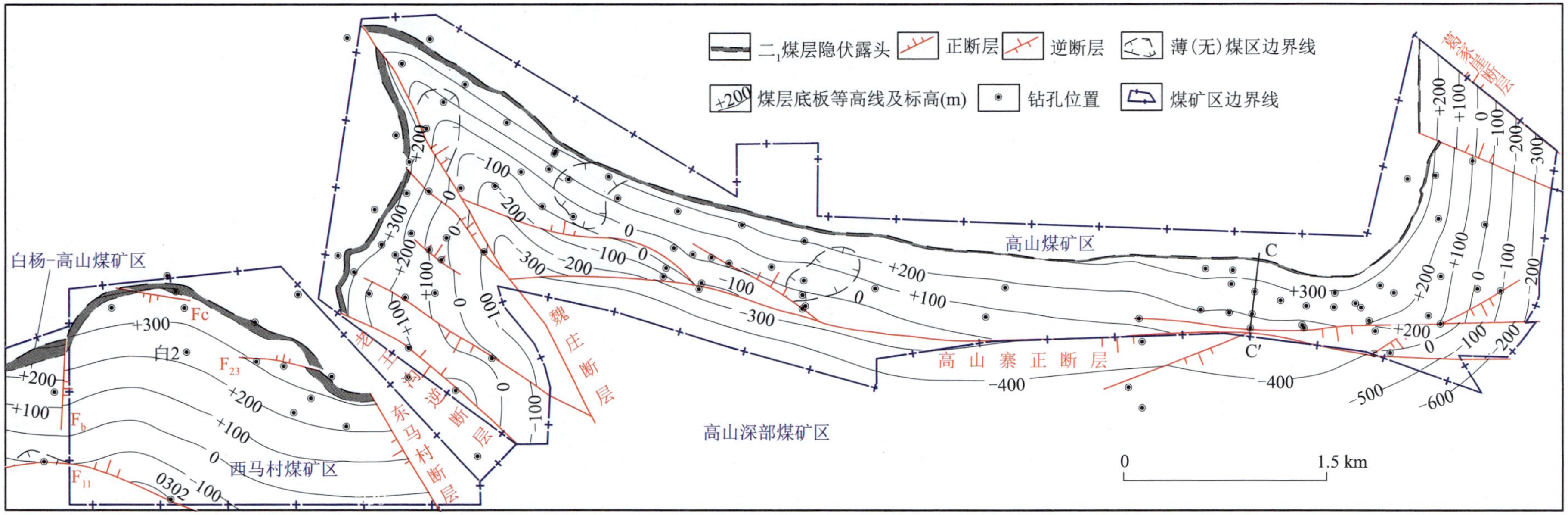

图2-52　宜阳县西马村-伊川县高山煤矿区二$_1$煤层底板等高线图

隔嵩山望登封煤田。东西长 47~72 km，南北宽 31 km，面积约 1660 km^2。地理坐标为东经 112°26′00″~113°06′00″、北纬 34°32′00″~34°52′00″。区内地貌复杂，中部沿洛阳-偃师一线属小型盆地和冲积平原，北部为丘陵区，南部为低山-丘陵区，海拔 100~500 m。洛河和伊河由西向东流经本区，在偃师区岳滩汇流至伊洛河并于巩义市东北神堤口注入黄河。本区煤资源开采历史悠久，西汉巩县铁生沟冶铁遗址中发现白煤和煤饼，《大明一统志》中记载洛阳、偃师、巩县、孟津都产煤（河南省地质矿产厅地质矿产志编辑委员会，1992）。中华人民共和国成立前有数家煤矿开采，其中以 1941 年开办的龙门煤矿（西矿）规模较大，1958 年因水大淹井而报废停采。中华人民共和国成立前本区进行的地质调查简单且少，正规的煤炭资源勘查始于 1953 年，经过几十年的地质工作，已控制煤炭资源埋深 1691.00 m（西村煤详查 1004 孔）。据 2010 年河南省煤田地质局一队和二队编制的各煤矿区资源储量核查报告及后期相关地勘单位开展的省级地质勘查基金项目成果报告，区内 13 个煤矿区和 1 个煤矿点总面积 658.48 km^2，累计查明煤资源储量 172661.9×10^4 t，浅部煤炭资源已被占用，保有煤资源储量 166454.3×10^4 t；另有 1500 m 以浅的（334）？类煤资源量 26594.0×10^4 t，1500 m 以深的（334）？类煤资源量 40771.0×10^4 t；估算二$_1$ 煤的煤层气资源量 103.28×10^8 m^3。以巩义市西村煤矿区作为代表性矿区进行阐述，其余则简述之。

表 2-59　伊川县高山深部煤矿区煤质特征一览表

煤层		五$_3$	四$_3$	二$_1$	一$_7$
煤厚/m		0.54~1.51 0.81（8）	0.39~1.55 0.90（4）	0.29~17.40 5.03	1.03~1.47 1.25（2）
水分/%	原煤	0.64~1.14 0.65（2）	0.66~0.85 0.78（3）	0.34~2.88 1.01（20）	0.38~0.92 0.68（2）
	浮煤	0.50~0.61 0.55（2）	0.45~0.82 0.67（3）	0.51~1.41 0.89（15）	0.72~0.75 0.73（2）
灰分/%	原煤	26.51~33.11 29.32（2）	21.46~31.95 26.41（3）	10.92~51.27 20.74（20）	17.78~18.43 18.06（2）
	浮煤	6.52~7.50 7.08（2）	9.13~11.32 10.17（3）	4.86~15.55 9.77（15）	6.02~8.09 6.92（2）
挥发分/%	原煤	23.45~25.04 24.13（2）	22.27~25.45 23.93（3）	9.03~31.40 20.07（20）	16.90~21.17 18.77（2）
	浮煤	20.25~24.31 21.98（2）	21.02~24.46 22.95（3）	8.29~21.27 18.31（15）	16.10~19.43 17.56（2）
固定碳/%	原煤	50.14~26.26 53.65（2）	50.73~61.05 56.05（3）	33.43~70.62 65.08（20）	64.30~68.32 66.56（2）
	浮煤	70.75~73.77 72.48（2）	68.65~70.04 69.24（3）	73.02~76.15 75.03（7）	74.06~78.85 76.67（2）
全硫/%	原煤	1.33~2.31 1.89（2）	1.47~1.92 1.70（3）	1.11~16.14 2.79（20）	2.67~3.51 3.14（2）
	浮煤	0.76~1.79 1.35（2）	1.13~1.48 1.32（3）	1.22~3.98 1.88（12）	1.33~2.01 1.63（2）
高位发热量/（$MJ\cdot kg^{-1}$）	原煤	23.31~25.06 24.31（2）	23.70~27.78 25.81（3）	15.21~31.88 27.76（20）	28.97~29.37 29.20（2）
黏结指数	68（1）	50.0~98.0 77.1（2）	14.0~86.0 68.0（6）	11.0~61.0 32.9（2）	—
胶质层最大厚度/mm	—	13.0~16.0 14.5（2）	0~14.0 9.5（13）	0~11.5 5.8（2）	—

煤层		五$_3$	四$_3$	二$_1$	一$_7$
视密度/($t\cdot m^{-3}$)	1.50~1.56 1.53（2）	1.47（1）	1.38~1.55 1.42（3）	1.42~1.45 1.43（2）	—
R^o_{max}/%	1.31~1.48 1.40	1.22~1.27 1.24	1.34~1.48 1.39	1.58	—

注：括号内为样品数。　（据河南省地质矿产勘查开发局第一地质矿产调查院，2014a）

（一）煤田地质概况

偃龙煤田位于嵩箕构造区西部，地跨洛阳断陷和嵩箕断隆，煤层露头分布于南部，西部以草店、魏湾正断层组隔伊川凹陷与宜洛煤田相望，东部以柳树沟正断层接荥巩煤田（图2-53）。草店和魏湾正断层向南西陡倾，落差400~500 m；柳树沟正断层倾向北西，倾角65°~75°，落差180~1100 m。

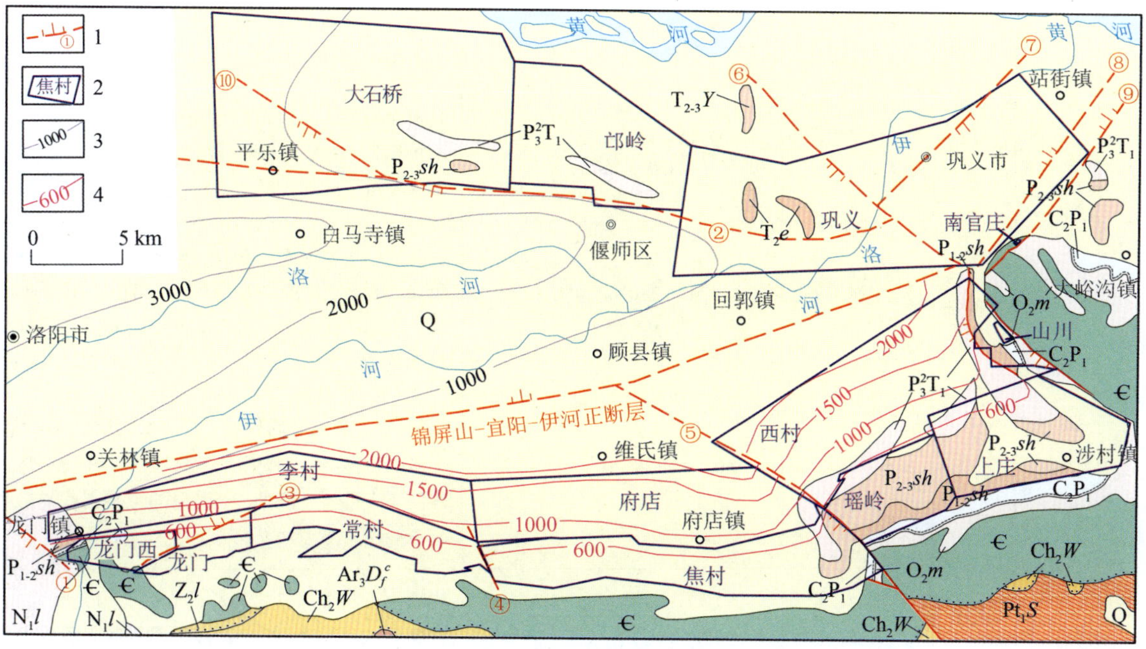

图2-53　偃龙煤田地质略图

Q—第四系；N_1l—中新统洛阳组；$T_{2-3}Y$—中-上三叠统延长群；T_2e—中三叠统二马营组；$P_3^2T_1$—二叠系乐平统孙家沟组、下三叠统刘家沟组与和尚沟组；$P_{2-3}sh$—二叠系阳新统—乐平统下石盒子组、上石盒子组未分；$P_{1-2}sh$—二叠系船山统—阳新统山西组；C_2P_1—上石炭统本溪组和上石炭统—船山统太原组；O_2m—中奥陶统马家沟组；€—寒武系；Z_2l—上震旦统罗圈组；Ch_2W—长城系五佛山群；Pt_1S—古元古界嵩山群；$Ar_3D_f^c$—新太古代登封杂岩。1—正断层及编号；2—煤矿区及边界线；3—新生界等深线（m）；4—二$_1$煤层埋藏等深线（m）。①草店正断层；②朝阳-首阳山正断层；③诸葛正断层；④铁窑正断层；⑤嵩山正断层；⑥五指岭正断层；⑦东站镇正断层；⑧沙鱼沟正断层；⑨柳树沟正断层；⑩上古正断层

偃龙煤田位于华北地层区、华北南部地层分区，新太古界登封岩群中深变质岩系和古元古界嵩山群浅变质碎屑岩-碳酸盐岩组合构成变形变质复杂的结晶基底，煤系基底由长城系五佛山群轻微变质碎屑岩建造、寒武系或中奥陶统马家沟组浅海碎屑岩和广海碳酸盐岩建造组成。煤系平均总厚度706.49 m（表2-60）。煤系盖层由乐平统孙家沟组、下三叠统刘家沟组与和尚沟组、中三叠统二马营组、中-上三叠统延长群、新近系洛阳组及第四系组成。

表 2-60　偃龙煤田地层简表

地层单位				穿见地层厚度/m	接触关系	岩性及组合特征
界	系	统	组	两极值 平均值		
新生界（Cz）	第四系			0～320.50		上部为黄土层；中、下部为粘土夹砾石，偶见砂层；底部为砾石层
	新近系	中新统（N_1）	洛阳组（N_1l）	0～320.00		岩性为灰色、灰红色砾岩、砂砾岩、泥质砂岩、粉砂岩与棕红色、灰白色、灰绿色砂质粘土岩、砂质钙质粘土岩或灰白色砾砂质泥晶石灰岩、泥质灰岩呈不等厚互层
中生界（Mz）	三叠系	下统（T_1）	和尚沟组（T_1h）	0～206.81 113.53		因剥蚀而不全，岩性为紫红色、鲜红色钙质泥岩、粉砂岩夹灰白色细晶石灰岩，含钙质结核
			刘家沟组（T_1l）	0～485.86 374.08		因剥蚀而不全，岩性为紫红色中厚层状细-中粒石英砂岩夹褐红、紫红色泥岩、粉砂岩
古生界（Pz）	二叠系	乐平统（P_3）	孙家沟组（P_3s）	0～335.11 255.40		岩性以紫红色砂质泥岩为主，夹黄绿色砂岩及紫红色石英细砂岩
			上石盒子组（$P_{2-3}sh$）	209.11～342.30 278.05		自田家沟砂岩之底至平顶山砂顶界，含七、八、九3个煤段，由泥岩、粉砂岩、细-中粒砂岩组成，下部含不可采薄煤3层（七$_1$、七$_2$、七$_3$）
		阳新统（P_2）	下石盒子组（P_2x）	121.47～380.00 289.63		由泥岩、铝质泥岩、砂岩、粉砂岩及不稳定薄煤层组成，划分为三、四、五、六煤段，不含可采煤层，底部的砂锅窑砂岩为灰色-灰白色厚层状中-粗粒石英砂岩
			山西组（$P_{1-2}sh$）	40.79～135.20 84.22		由细-中粒砂岩、粉砂岩、泥岩及煤层组成，含煤6层（二$_0$—二$_5$）；其中二$_1$煤段的二$_1$煤为本区主采煤层，大占砂岩段的二$_2$煤局部可采，香炭砂岩段和小紫泥岩段均不含可采煤层
		船山统（P_1）	太原组（C_2P_1t）	23.15～106.01 46.88		岩性由石灰岩、砂岩、粉砂岩、泥岩及煤层组成，含煤2～9层（一$_1$—一$_9$），下部石灰岩段含局部可采一$_1$煤和零星可采一$_3$煤，中部砂泥岩段和上部石灰岩段不含可采煤层
	石炭系	上统（C_2）	本溪组（C_2b）	0.31～46.45 7.71		下部为灰色、灰绿色、紫红等杂色铝质泥岩，底部偶有黄铁矿富集；中部为铝土矿或铝质粘土岩；上部为浅灰色、灰白色铝质泥岩，偶夹不可采薄煤1层
	中奥陶统或寒武系芙蓉统					西南部为寒武系芙蓉统炒米店组（ϵ_4ch）白云岩，北部及东部为中奥陶统马家沟组（O_2m）石灰岩

偃龙煤田处于嵩山背斜北翼，煤田构造格架为地层倾向北、倾角8°～25°的单斜构造，褶皱仅表现为单斜形态基础上的小尺度宽缓褶曲。区内近东西向、北东—北北东向和北西向高角度正断层发育，北东向和北西向正断层多构成煤田或井田的自然边界。嵩山背斜轴向近东西，向东倾伏于黄淮平原之下，核部由登封岩群和嵩山群组成，翼部由五佛山群及古生界、中-新生界组成；五指岭左行走滑正断层和嵩山左行走滑正断层（又称唐窑-中岳庙断层）将嵩山背斜分割为3段，自西向东逐渐向

北错移；五指岭正断层倾向 220°，倾角 50°~80°，落差 700~1000 m；嵩山正断层倾向 210°~220°，倾角 60°~70°，落差 85~370 m。嵩山背斜北翼地层出露完整，倾角 5°~25°；南翼地层因受月湾正断层的强烈破坏而残缺，地层倾角 30°左右。月湾正断层南倾，倾角 60°~70°，落差最大达 3000 m。锦屏山正断层构成嵩箕断隆和洛阳断陷的分界，断层倾向 350°，落差大于 800 m。朝阳-首阳山正断层构成洛阳断陷内之洛河地堑与邙岭地垒的分界，断层倾向南，倾角 55°~75°，落差 3000 m。嵩山背斜纵弯褶皱过程中伴生的顺二$_1$ 煤层的层间滑动断层及主滑面沿二$_1$ 煤层顶板及其上一定范围内滑动的重力滑动构造是本区构造格局中的一个鲜明特点。龙门滑动构造发育于草店断层东侧的刘家沟组中，呈近东西向分布，面积约 4 km^2，造成二$_1$ 煤之上地层缺失 400~600 m。夹沟（又称嵩山或龙头）滑动构造位于嵩山断层西侧，走向长 10 km，倾向宽 1.2~2.0 km，面积约 15 km^2。发育于高坡及车园东南部的小牛山滑动构造造成上石盒子组地层缺失约 130 m。

（二）煤层与煤质

1. 煤层

偃龙煤田含 9 个煤段，共含煤 15~28 层，煤层平均总厚度 8.35 m。主要可采煤层有二$_1$ 煤层，次要可采煤层有二$_1^2$、二$_2$ 煤层及太原组底部的一$_1$ 煤层，一$_3$ 煤层零星可采，其余煤层不可采或偶见可采点。

偃龙煤田被锦屏山断层和首阳山断层分割为 3 部分，锦屏山断层以南的隆起区内，二$_1$ 煤层发育较好，且埋深相对较小，地质勘查程度较高，其浅部已建井开发，是偃龙煤田的主体部分；首阳山断层以北的邙岭地垒区内，二$_1$ 煤层发育不好，煤层薄而不稳定，特别是西部的大石桥普查区内没有见到二$_1$ 可采煤层，其地质勘查程度仅达普查；锦屏山断层与首阳山断层之间的洛河地堑内，二$_1$ 煤层埋深大于 2000 m，没有开展煤的勘查工作。

二$_1$ 煤层为偃龙煤田主要勘查和开采对象，赋存于山西组下部的大占砂岩和二$_1$ 煤层底板砂岩之间，层位较稳定。煤层直接顶板多为深灰色、灰黑色碳质泥岩、泥岩，局部为细-中粒砂岩（大占砂岩）或滑动构造破碎带。煤层直接底板多为泥岩、碳质泥岩或粉砂岩，间接底板为灰色细粒石英砂岩（老君堂砂岩）。在锦屏山断层以南的隆起区，二$_1$ 煤层厚度 0~23.92 m，一般为 1.30~8.00 m，平均 4.21 m，以中厚和厚煤层为主，但厚度变化较大，具有短距离急剧变化的特点。煤层结构简单-复杂，含矸 1~3 层，夹矸厚度 0.01~2.59 m。局部煤层分岔，但多不连接成片，分岔煤层二$_1^2$ 煤层多可采。夹矸和煤层分岔之间的岩性多为泥岩或碳质泥岩。煤田内不可采薄（无）煤区较多，呈小区块零星分布，但可采范围连续。在首阳山断层以北的邙岭地垒区，二$_1$ 煤层厚度 0~1.79 m，西部不发育。

偃龙煤田的二$_2$ 煤层为局部可采煤层，赋存于山西组中部大占砂岩段，下距二$_1$ 煤层 1.33~25.77 m，平均 12.62 m。上距砂锅窑砂岩 40.82~72.64 m，平均 56.56 m。煤层厚度 0~3.90 m，平均厚度 0.87 m，煤层分布稳定，结构简单，局部含夹矸 1 层，当夹矸厚度大于 0.80 m 时将二$_2$ 煤层分岔为二$_2^1$ 和二$_2^2$ 两个煤分层，二$_2^2$ 煤层一般不可采。二$_2^1$ 煤层顶、底板多为泥岩，次为细-中粒砂岩，局部具碳质泥岩伪顶。

偃龙煤田的一$_1$ 煤层位于太原组底部，顶板主要为 L_1 石灰岩，底板为铝质泥岩或铝土岩，为较稳定的局部可采煤层；煤厚 0.22~1.75 m，平均 0.54 m，偶含矸 1~2 层，局部有煤层分岔。瑶岭煤矿区的一$_3$ 煤局部可采，煤厚 0.45~1.15 m，平均 0.78 m。

2. 煤质

偃龙煤田的煤质变化不大，煤类均属无烟煤。二$_1$ 煤多以粉状、鳞片状产出，偶见块状煤亦为粉煤压固而成；可磨性指数 117~195，为极易磨碎特低强度煤；受成煤期后构造变形改造，宏观煤岩成分、煤的原生结构及构造均遭受严重破坏，宏观煤岩成分不易分辨，各有机组分之间的界限已不易区分，表现为经层间滑动、挤压、揉搓特征的构造煤；镜鉴煤岩成分以亮煤为主，暗煤次之，偶见微量丝炭和少许镜煤，煤岩类型为半亮型煤；煤中有机组分含量大于 75%，以镜质组为主，镜质体最大反射率 2.91%~6.54%；无机组分以粘土类为主；各种形态硫以有机硫为主，次为硫铁矿硫，硫酸盐硫微量，造成脱硫困难；煤灰成分以 SiO_2 和 Al_2O_3 为主，煤灰软化温度 1180~1400℃；视密度 1.30~1.78 t/m³，平均 1.52 t/m³，孔隙率 13.0%~16.7%。二$_1$ 煤为低灰、低硫、低磷、低氯、低氟、一级含砷、高热值、中等热稳定性煤、较弱反应性、中等可选-难选无烟煤。二$_2$ 煤的煤质同二$_1$ 煤，视密度为 1.55 t/m³，镜质体最大反射率 5.48%~5.72%。一$_1$ 煤的视密度 1.50~1.62 t/m³，为低灰、高硫、低磷、高热值、半亮型块状无烟煤，煤灰软化温度 1370℃，机械强度高，热稳定性好。

（三）开采技术条件

1. 煤层顶、底板

偃龙煤田的一$_3$、一$_1$ 煤层顶板石灰岩稳定性较好。二$_2$、二$_1$ 煤层老顶（局部直接顶）砂岩稳定性好，顶板泥岩疏松，易于陷落，开采时应加强支护。局部二$_1$ 煤层顶板为滑动破碎带。

2. 水文地质条件

偃龙煤田的地表水主要有伊河，为常年性流水，从龙门矿区通过；其次有马涧河、铁窑河、沙沟河、坞罗河等，均为季节性水源。地下水含水层主要有寒武系、奥陶系和太原组碳酸盐岩岩溶含水层，含水性较强；二$_1$ 煤层顶板砂岩含水一般较弱，若在构造破碎带或水力连通处会造成突水。

3. 瓦斯、煤尘爆炸性、煤层自燃与地温

偃龙煤田位于豫西强变形“三软”煤层高突瓦斯区，瓦斯相对涌出量 7.27~16.10 m³/t，煤尘无爆炸危险性，未发生过煤层自燃。地温梯度 0.23~4.25℃/hm，平均小于 3℃/hm，为正常地温区，但局部存在着地温异常，-300 m 水平以深的局部地区可能存在热害。

（四）巩义市西村煤矿区

西村煤矿区位于瑶岭和上庄煤矿区北侧深部，隶属巩义市西村镇、鲁庄镇管辖，东西长约 16.5 km，南北宽约 6.5 km，面积约 99.09 km²。区内海拔 152.50~727.50 m，为嵩山山脉北麓、由南部低山-丘陵区向北部山前平原区的过渡区。矿区地理坐标为东经 112°51′53″~113°02′49″，北纬 34°34′30″~34°41′38″。2006~2014 年，河南省地质矿产勘查开发局第五地质勘查院开展了普查、详查，提交的《河南省偃龙煤田西村煤详查报告》累计查明/保有 1500 m 以浅的煤资源量 38230.0×10⁴ t，估算（334）？类煤资源量 6325.0×10⁴ t；另有 1500 m 以深的（334）？类煤资源量 5944.0×10⁴ t。

1. 矿区地质

（1）地层

西村煤矿区的基岩主要出露在南部，煤系基底为中奥陶统马家沟组灰色厚层状石灰岩。本溪组厚度 4.37~26.42 m，平均 10.82 m，中部有灰色铝土矿层和粘土矿层；太原组厚度 23.47~63.97 m，平均 45.31 m，含石灰岩 8 层及不可采薄煤（线）8 层，其中厚度 0.79~13.19 m 的 L_7 深灰色厚层状含燧石条带石灰岩普遍发育，顶部泥岩中常夹 1~2 层硅质泥岩；山西组厚度 61.69~105.38 m，平均 81.99 m，含煤（线）6 层（二$_0$、二$_1$、二$_2$、二$_3$、二$_4$、二$_5$），大占砂岩局部分岔为大占砂岩上、下分层；下石盒子组厚度 257.85~348.73 m，平均 301.85 m，含 9 层不可采薄煤（三$_1$、三$_2$、三$_3$、四$_1$、四$_2$、四$_3$、五$_1$、五$_2$、五$_3$），底部中-粗粒砂锅窑砂岩厚度 2.55~39.74 m，平均 12.88 m，砂锅窑砂岩之上的大紫泥岩含菱铁质假鲕、暗斑及豆状、鲕状构造；上石盒子组厚度 209.11~335.86 m，平均 290.09 m，偶夹不可采薄煤 4 层（七$_1$、七$_2$、七$_3$、八$_1$），底部的中-粗粒田家沟砂岩厚度 1.95~27.89 m，平均 9.16 m，顶部厚度 24.97~95.76 m 的平顶山砂岩底部偶见有不平整冲刷面。煤系盖层孙家沟组厚度 223.36~335.11 m，平均 271.58 m；刘家沟组厚度 301.17~485.86 m，平均 374.08 m；和尚沟组揭露地层厚度 34.64~206.87 m；新近系洛阳组厚度 180.00~320.00 m；第四系揭露最大厚度 234.30 m。

（2）构造

西村煤矿区位于嵩山断层与五指岭断层之间，处于嵩山背斜北翼。区内总体为单斜构造，地层倾向 335°~350°，倾角 8°~21°。发育有北西向、北东向、近南北向和近东西向高角度正断层，东端因受北西向五指岭断层的牵引而形成了轴向北西的不对称上庄向斜（图 2-54）。

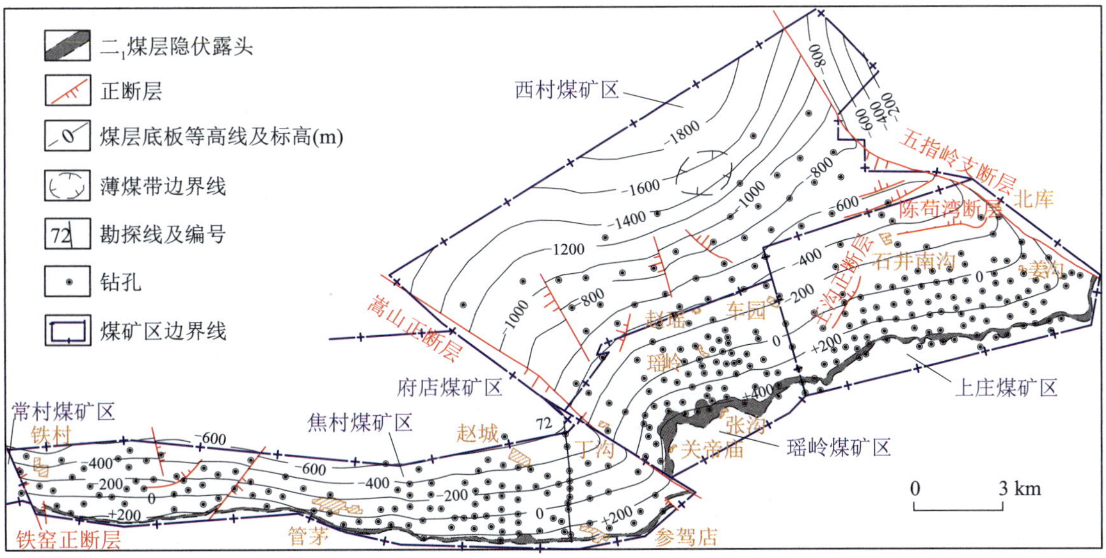

图 2-54　洛阳市偃师区焦村-巩义市西村一带二$_1$ 煤层底板等高线图

2. 煤层与煤质

（1）煤层

西村煤矿区的本溪组—上石盒子组平均总厚度 730. 06 m，8 个煤段计含煤 27 层（表 2-61），煤层平均总厚度 6. 28 m，含煤系数 0. 86%。除山西组含可采煤层（二$_2$、二$_1$）外，其他均不含可采煤层，可采煤层平均总厚度 5. 62 m，含煤系数 0. 77%。二$_1$ 煤层赋存标高-200～-2000 m，埋深 650～2150 m；上距砂锅窑砂岩 40. 38～91. 20 m，平均 69. 46 m；下距 L_7 石灰岩 0. 45～37. 03 m，平均 11. 93 m；煤层直接顶板以碳质泥岩、泥岩为主，局部为细-中粒砂岩；煤层直接底板多为深灰色泥岩，局部为碳质泥岩；间接底板常为灰色细粒石英砂岩；煤层厚度 0～15. 98 m，平均 4. 69 m；具短距离内增厚变薄现象，总体表现为西厚东薄，局部存在小范围不可采薄煤带。含矸率 14/48，7 孔含矸 1 层，6 孔含矸 2 层，1 孔含矸 3 层，夹矸厚度 0. 01～1. 24 m，岩性为碳质泥岩、泥岩。二$_2$ 煤层局部可采，上距香炭砂岩 0. 78～38. 90 m，平均 16. 22 m；下距二$_1$ 煤层 1. 33～25. 77 m，平均 12. 62 m；煤厚 0～2. 12 m，平均 0. 93 m，仅 1 孔偶含 0. 56 m 碳质泥岩夹矸 1 层；煤层顶板多为泥岩，局部为碳质泥岩、细砂岩；底板主要为泥岩，次为碳质泥岩，局部中砂岩。

（2）煤质

西村煤矿区的二$_1$ 煤为灰黑色，质软而松散，多呈粉状及鳞片状，磨擦镜面和揉皱发育，视密度平均 1. 68 t/m^3。镜鉴煤岩成分以亮煤为主，暗煤次之，偶见微量丝炭和少许镜煤；煤岩类型以半亮型煤居多，煤层下部多为半暗型煤。煤中有机组分含量 75. 01%～85. 70%，平均 79. 26%；其中，镜质组含量 54. 10%～61. 90%，平均 57. 71%，以碎屑镜质体为主，基质镜质体次之，含少量均质镜质体，镜质体最大反射率 5. 432%～5. 926%，平均 5. 601%；惰质组含量 4. 69%～21. 30%，平均 14. 57%，以碎屑惰质体为主，丝质体次之，含少量粗粒体。无机组分含量 14. 30%～24. 99%，平均 20. 69%；其中粘土矿物含量 8. 75%～20. 83%，平均 14. 12%，以块状粘土矿物为主，分散状次之，含少量细胞充填状粘土矿物；碳酸盐类矿物含量 3. 24%～7. 80%，平均为 5. 24%，以方解石裂隙充填状为主，细胞充填状次之；硫化物与氧化物少量。二$_2$ 煤的镜质体最大反射率为 5. 484%。

西村煤矿区的二$_1$ 煤原煤水分 0. 54%～3. 62%，平均 1. 63%；灰分 7. 99%～23. 00%，平均 15. 36%；挥发分 3. 15%～6. 13%，平均 4. 60%；全硫 0. 31%～0. 70%，平均 0. 40%，形态硫以有机硫为主，次为硫铁矿硫，硫酸盐硫少量；磷 0. 002%～0. 096%，平均 0. 021%；高位发热量 25. 78～

32.05 MJ/kg，平均 28.61 MJ/kg。二$_1$ 煤浮煤水分 0.53%～3.73%，平均 1.60%；灰分 3.21%～13.86%，平均 8.29%；挥发分 2.16%～3.87%，平均 2.97%；全硫 0.34%～0.57%，平均 0.41%，形态硫以有机硫为主，次为硫铁矿硫，硫酸盐硫甚微；磷 0.004%～0.039%，平均 0.016%；高位发热量 27.87～32.69 MJ/kg，平均 30.88 MJ/kg。二$_1$ 煤层可磨性指数为 140～195，平均为 168.3，属极易磨碎煤。二$_1$ 煤在 900℃ 和 950℃ 高温条件下的二氧化碳转化率分别为 6.3% 和 13.0%，还原能力较弱，不宜做气化用煤。热稳定性（TS_{+6}）平均为 62.7%，属中等热稳定性煤。煤灰成分中，二氧化硅和三氧化二铝含量 71.75%，煤灰软化温度（ST）1190～大于 1400℃，流动温度（FT）大于 1400℃。二$_1$ 煤属低灰、特低硫、低磷、高热值无烟煤，可选性为难选-极难选煤，可作动力用煤和民用燃料。二$_2$ 煤原煤高位发热量 24.05～32.04 MJ/kg，平均 28.97 MJ/kg；浮煤挥发分 1.34%～3.69%，平均 2.43%；浮煤高位发热量 31.54～33.77 MJ/kg，平均 32.76 MJ/kg；煤类为无烟煤。

表 2-61　巩义市西村煤矿区煤层发育情况统计表

地层	煤段			钻孔揭露/个	煤厚/m	煤层结构	可采程度
	名称	厚度/m	编号	穿见/见煤/可采	两极值/均值		
上石盒子组	八	93.96	八$_1$	48/1/0	0～0.39/0.01	无夹矸	不可采
	七	139.09	七$_3$	48/3/0	0～0.48/0.02	无夹矸	不可采
			七$_2$	48/9/0	0～0.49/0.07	无夹矸	不可采
			七$_1$	48/10/0	0～0.69/0.09	偶见 1 层夹矸	不可采
下石盒子组	六	52.56	—	—	—	—	—
	五	80.12	五$_3$	48/3/0	0～0.64/0.04	无夹矸	不可采
			五$_2$	48/4/0	0～0.74/0.05	无夹矸	不可采
			五$_1$	48/8/0	0～0.69/0.09	无夹矸	不可采
	四	86.89	四$_3$	48/3/0	0～0.73/0.04	无夹矸	不可采
			四$_2$	48/1/0	0～0.30/0.01	无夹矸	不可采
			四$_1$	48/1/0	0～0.40/0.01	无夹矸	不可采
	三	82.28	三$_3$	48/1/0	0～0.19/0.004	无夹矸	不可采
			三$_2$	48/2/0	0～0.49/0.02	无夹矸	不可采
			三$_1$	48/1/0	0～0.20/0.004	无夹矸	不可采
山西组	二	81.99	二$_5$	48/2/0	0～0.60/0.02	无夹矸	不可采
			二$_4$	48/2/0	0～0.40/0.01	无夹矸	不可采
			二$_3$	48/7/0	0～0.65/0.07	偶见 1 层夹矸	不可采
			二$_2$	48/21/9	0.05～2.12/0.93	局部含 1 层夹矸	局部可采
			二$_1$	48/47/41	0～15.98/4.69	偶见 1～2 层夹矸	全区可采
			二$_0$	48/2/0	0～0.69/0.02	无夹矸	不可采
太原组	一	45.31	一$_8$	46/2/0	0～0.65/0.02	无夹矸	不可采
			一$_7$	39/4/0	0～0.35/0.03	无夹矸	不可采
			一$_6$	38/3/0	0～0.54/0.03	无夹矸	不可采
			一$_5$	9/4/0	0～0.33/0.10	无夹矸	不可采
			一$_4$	9/2/0	0～0.63/0.11	无夹矸	不可采
			一$_3$	9/2/0	0～0.63/0.11	无夹矸	不可采
			一$_2$	9/2/0	0～0.49/0.08	无夹矸	不可采
			一$_1$	9/5/0	0～0.50/0.18	无夹矸	不可采

（据河南省地质矿产勘查开发局第五地质勘查院，2014a）

3. 开采技术条件

西村煤矿区的二$_1$煤层顶板直接充水含水层为山西组顶板砂岩裂隙含水层，主要充水形式为顶板淋水、渗水，含水性较弱；底板直接充水含水层为太原组上段石灰岩含水层，含水性较强；底板间接充水的奥陶系石灰岩岩溶水水位远高于煤层底板标高，水头压力较高，遇断层沟通时存在突水危险。二$_1$煤层属以底板岩溶裂隙含水层充水为主的水文地质条件中等类型。

西村煤矿区的二$_1$煤瓦斯煤样采样孔深673.54~1587.65 m，甲烷成分25.25%~78.91%，甲烷含量0.80~5.51 mL/g，处于瓦斯风化带。二$_1$煤层属不易自燃煤层，煤尘无爆炸性。地温梯度0.91~2.03℃/hm，平均1.38℃/hm，为地温正常区。

（五）洛阳市孟津区-偃师区大石桥煤矿区

大石桥煤矿区西自洛阳市孟津区平乐镇，东至洛阳市偃师区首阳山镇，南起首阳山镇大石桥村，北到洛阳市孟津区会盟镇，面积约81.14 km^2。区内为黄河南岸黄土塬区，海拔126~398 m，地理坐标为东经112°35′22″~112°43′28″，北纬34°44′31″~34°48′50″。2006~2011年，河南省有色金属地质矿产局第三地质大队开展了预查、普查，提交的《河南省孟津县-偃师大石桥矿区煤矿普查报告》累计查明/保有煤资源量1170.0×10^4 t，另估算（334）？类煤资源量2451.0×10^4 t。

大石桥煤矿区内第四系厚度14.20~79.30 m，煤系基底为中奥陶统马家沟组，含煤地层本溪组—上石盒子组平均总厚度711.83 m，煤系盖层孙家沟组和刘家沟组平均总厚度276.10 m。朝阳-首阳山正断层构成矿区南部自然边界。上古正断层倾向南西，倾角70°，落差120~170 m；上古正断层之西为向北西倾伏的天黄岭向斜构造，断层之东为北倾的单斜构造，煤层倾角7°~15°。二$_1$煤层厚度0~0.15 m，不可采。可采煤层有大占砂岩上、下分层之间的二$_2$煤层。二$_2$煤层可采范围位于矿区南部，面积约19.74 km^2。上古正断层之西据地震资料解释，煤底标高-550~-850 m，埋深800~1100 m。上古正断层之东，施工5孔，2孔未见煤，3孔见可采煤层，二$_2$煤层上距砂锅窑砂岩平均53.70 m，煤层总厚度分别为0.95 m、1.05 m、1.58 m=0.58（0.43）0.57 m，煤底标高-300~-675 m，埋深550~1000 m。二$_2$煤原煤水分0.66%~1.65%，平均1.20%；灰分25.29%~35.01%，平均28.56%；挥发分5.12%~15.06%，平均8.86%；全硫0.41%~2.40%，平均1.14%；干燥基高位发热量20.80~25.57 MJ/kg；平均23.95 MJ/kg。二$_2$煤浮煤水分0.35%~1.60%，平均0.84%；灰分8.83%~20.43%，平均12.81%；挥发分4.69%~8.98%，平均6.34%；全硫0.52%~0.72%，平均0.61%；干燥基高位发热量27.43~32.45 MJ/kg，平均29.94 MJ/kg。煤类为中灰、中硫、中热值粉-粒状无烟煤。

（六）洛阳市偃师区邙岭煤矿点

邙岭煤矿点位于偃师区北邙岭乡和南蔡庄乡境内，面积约26.80 km^2，地理坐标为东经112°43′14″~112°49′43″，北纬34°43′42″~34°48′21″。本区为丘陵岗地。2006~2008年，河南省煤田地质局一队开展了本区煤预查，2008年10月提交了《河南省偃龙煤田邙岭煤矿预查报告》。本区大部分被第四系黄土覆盖，仅中南部出露有下三叠统和乐平统。地震解释，构造格架为地层倾向北东的单斜，地层倾角10°~13°。全区施工了37-1和29-1孔，钻探总进尺2153.06 m。仅29-1孔见煤层3层（一$_4$、一$_3$、一$_1$），煤厚分别为0.40 m、0.30 m和1.00 m。29-1孔于孔深687.25 m揭露的一$_1$煤层含矸1层，碳质泥岩夹矸厚度0.14 m，煤层顶板为L_1石灰岩，底板为铝质泥岩。煤岩呈块状，视密度1.71 t/m^3，原煤灰分13.46%~18.56%，全硫2.88%~3.07%，恒容干燥基高位发热量28.45 MJ/kg，浮煤挥发分3.82%~3.90%，煤类为低灰、中高硫、高热值无烟煤02号。估算（334）？类煤资源量7066.0×10^4 t；其中1500 m（-1300 m标高）以浅的煤资源量4937.0×10^4 t，1500 m以深的煤资源量2129.0×10^4 t。

（七）巩义市巩义煤矿区

巩义煤矿区位于洛阳市偃师区山化乡和巩义市管辖，西起偃师区汤泉，东止巩义区东站镇，北自偃师区游殿村，南至山化附近伊洛河南岸，东西长 23 km，南北宽 7~10 km，面积约 149.20 km^2。区内为北西高、南东低的黄土塬区，海拔 107.90~264.00 m，地理坐标为东经 112°48′59″~113°03′30″，北纬 34°41′53″~34°47′40″。2006~2014 年，河南省地质矿产勘查开发局第五地质勘查院开展了预查、普查，提交的《河南省偃龙煤田巩义煤普查报告》累计查明/保有煤资源量 559.0×10^4 t；另估算 1500 m 以浅的（334）？类煤资源量 4388.0×10^4 t，1500 m 以深的（334）？类煤资源量 26420.0×10^4 t。

巩义煤矿区内第四系厚度 1.60~234.30 m，煤系基底为中奥陶统马家沟组石灰岩。含煤地层本溪组揭露厚度 8.59 m；太原组揭露厚度 50.66 m；山西组厚度 94.71~135.20 m，平均 114.96 m；下石盒子组厚度 245.31~276.68 m，平均 261.00 m；上石盒子组厚度 242.21~304.51 m，平均 297.50 m。煤系盖层孙家沟组厚度 161.37~248.60 m，平均 208.22 m；刘家沟组厚度 172.17~440.41 m，平均 288.10 m；和尚沟组厚度 296.62~332.35 m，平均 314.54 m；二马营组厚度 303.20~318.26 m，平均 310.73 m；油房庄组揭露地层厚度 256.76 m；椿树腰组揭露地层厚度 401.90 m；新近系洛阳组在矿区东部的冲沟中零星分布，厚度 0~50.00 m。矿区构造形态为地层倾向 330°~50°、倾角 6°~15°的单斜构造，区内发育有北西向、北东向和近东西向高角度正断层。首阳山正断层位于矿区南部。沙鱼沟断层和柳树沟正断层组成的断层组控制了矿区东部赋煤边界，该断层组倾向北西，倾角 65°~75°，落差约 500 m。东站镇正断层位于矿区东北部的东站镇至巩义市南部，走向北东，倾向南东，推测断层垂直落差为 500 m 左右。五指岭正断层从区内中部穿过，以东无钻探工程控制，受其影响，在断层西侧形成紧密向斜构造，并伴生有次级断层及缓倾角滑动构造；五指岭正断层以西施工了 5 孔，因煤层埋藏大于 1200 m，3 孔终孔于山西组之上，仅 2 孔见煤，仅$二_1$煤层可采，上距砂锅窑砂岩平均 115.06 m，下距 L_7 石灰岩平均 28.65 m，煤厚 1.23~1.79 m，无矸，煤层直接顶板为碳质泥岩或泥岩，底板为黑色薄层状粉砂岩。原煤水分 1.04%~2.66%，灰分 12.43%~19.08%，挥发分 2.52%~5.48%，全硫 0.55%~0.58%，高位发热量 27.23~30.24 MJ/kg。浮煤水分 1.14%~1.92%，灰分 3.46%~11.97%，挥发分 1.96%~4.04%，全硫 0.47%~0.56%。煤类为低灰、低硫、高热值粉-粒状无烟煤。

（八）洛阳市李村煤矿区

李村煤矿区位于洛阳市龙门镇和偃师区诸葛镇、李村镇、大口镇一带，东西长 22.6 km，南北宽 1.6~3.4 km，面积约 52.64 km^2。区内海拔 133.50~271.00 m，为南部丘陵区向北部山前平原区的过渡区，地理坐标为东经 112°26′26″~112°41′49″，北纬 34°34′05″~34°36′51″。2006~2013 年，河南省煤田地质局二队开展了预查-详查，2014 年提交了《河南省偃龙煤田李村煤详查报告》，累计查明/保有 1500 m 以浅的煤资源量 12579.0×10^4 t，估算（334）？类煤资源量 3867.0×10^4 t；另有 1500 m 以深的（334）？类煤资源量 999.0×10^4 t；估算$二_1$煤的煤层气资源量 4.19×10^8 m^3。在 816.29~1238.81 m 深度范围内，$二_1$煤层甲烷成分 72.59%~98.40%，甲烷含量 2.64~16.20 mL/g，瓦斯风化带位于 F_{55} 断层附近的小范围内。地温梯度 0.35~1.10℃/hm。

李村煤矿区内第四系厚度 148.55~361.75 m，煤系基底为寒武系芙蓉统炒米店组白云岩。含煤地层本溪组厚度 3.71~9.94 m，平均 5.82 m；太原组厚度 23.15~41.18 m，平均 36.65 m；山西组厚度 40.79~116.10 m，平均 79.47 m；下石盒子组厚度 247.70~357.64 m，平均 292.52 m；上石盒子组厚度 241.06~313.53 m，平均 271.23 m。煤系盖层孙家沟组厚度 156.17~301.60 m，平均 217.82 m；刘家沟组与和尚沟组揭露厚度 43.68~433.52 m，新近系洛阳组厚度 34.50~191.69 m。矿区构造形态为地层倾向 350°~25°、倾角 16°~30°的单斜构造，发育有北西向、北东向和近东西向高角度正断层。矿区西部发育有主滑面位于$二_1$煤层之上或其附近，大致自南东东向北西西滑动的龙门滑动构造。

李村煤矿区仅$二_1$煤层可采，余均不可采。$二_1$煤层全区可采，上距大占砂岩平均 5.63 m，砂锅窑砂岩平均 73.65 m；下距 L_7 石灰岩平均 10.86 m，距$二_1$煤层底板砂岩平均 0.70 m。煤层直接顶板 18 孔为泥岩，12 孔为砂岩；直接底板 23 孔为泥岩，7 孔为砂岩。煤层埋深 700~1850 m，赋存标高 -580~-1610 m。煤厚 0~23.92 m，平均 3.01 m，相间分布的中厚煤带与厚煤带大致沿北东东向分布，薄煤带、特厚煤带零星分布其中。不可采带主要分布于150~300勘探线中部及经周断层以东，平面上多连续分布。煤层结构较简单，12孔见夹矸，其中2层者1孔（34001孔），1层者11孔，夹矸厚度0.10~0.64 m，平均0.34 m，夹矸岩性为碳质泥岩、泥岩，30001、37002孔煤层分岔。

李村煤矿区的二$_1$煤为灰黑色，以粉状为主，少量粒状及鳞片状，偶夹小碎块煤，属以粉状为主的糜棱状构造煤，视密度1.30~1.51 t/m^3，平均1.45 t/m^3，孔隙度8.81%；镜鉴煤岩组分以亮煤为主，煤岩类型属半亮型煤。镜质体最大反射率2.660%~3.765%，平均3.023%。原煤水分0.74%~2.16%，平均1.63%（20点）；灰分11.90%~35.47%，平均19.23%；挥发分6.01%~12.49%，平均9.31%；固定碳含量56.47%~80.73%，平均73.26%；全硫0.30%~0.69%，平均0.48%；高位发热量21.91~31.19 MJ/kg，平均28.37 MJ/kg。浮煤水分0.65%~2.26%，平均1.46%；灰分3.14%~10.08%，平均6.20%；挥发分6.64%~10.76%，平均8.12%；固定碳含量81.03%~89.58%，平均86.17%；全硫0.02%~0.60%，平均0.45%；高位发热量31.74~34.54 MJ/kg，平均33.05 MJ/kg。煤类为低灰、特低硫、高热值无烟煤。煤灰属中等软化温度灰、较高流动温度灰。哈氏可磨性指数89~98，属易磨煤。

（九）洛阳市龙门西煤矿区

龙门西煤矿区位于偃龙煤田西端，隶属于洛阳市洛龙区，面积约10.35 km^2。区内为南高、北低的丘陵区，地面标高153.7~246.5 m，地理坐标为东经112°27′05″~112°30′59″，北纬34°33′28″~34°34′40″。据资源储量核实报告，勘查程度达详查，累计查明煤资源储量3701.8×10^4 t，保有煤资源储量3694.9×10^4 t。本区处于瓦斯风化带。区内第四系厚度13.83~81.46 m，煤系基底为寒武系芙蓉统炒米店组白云岩。含煤地层本溪组厚度1.80~29.69 m，平均7.54 m；太原组厚度34.39~71.64 m，平均46.50 m；山西组厚度60.90~119.39 m，平均87.00 m；下石盒子组厚度249.37~329.99 m，平均301.01 m；上石盒子组厚度256.52~282.29 m，平均268.79 m。煤系盖层孙家沟组厚度192.26~226.89 m，平均209.27 m；新近系洛阳组厚度15.94~64.00 m，平均32.96 m。倾向南西的草店正断层构成矿区西界，矿区总体构造形态为地层倾向北、倾角12°~33°的单斜构造，北东向正断层切割北西向正断层，矿区西部发育于刘家沟组中近东西向的龙门滑动断层造成地层缺失400~600 m。二$_1$煤层全区可采，上距砂锅窑砂岩平均72.35 m，埋深233~520 m，底板标高+100~-420 m。煤厚0.15~14.78 m，平均4.96 m，结构较简单。煤层直接顶板多为深灰色泥岩，间接顶板为大占砂岩，底板主要为深灰色细砂岩、泥岩。原煤水分0.84%~2.89%，平均1.40%；灰分9.82%~36.04%，平均17.28%；挥发分5.90%~12.92%，平均8.00%；全硫0.63%~2.70%，平均1.59%；高位发热量24.50~32.37 MJ/kg，平均29.19 MJ/kg。浮煤水分0.80%~2.43%，平均1.50%；灰分3.61%~11.17%，平均5.74%；挥发分5.55%~8.93%，平均6.96%；全硫0.53%~1.15%，平均0.75%；高位发热量33.41~33.91 MJ/kg，平均33.70 MJ/kg。煤类为低灰、中硫、高热值粉状难选无烟煤。煤灰软化温度1340℃。

（十）洛阳市龙门煤矿区

龙门煤矿区即原诸葛井田，位于洛阳市龙门镇及诸葛镇，西以诸葛正断层为界与龙门西煤矿区相邻，东与常村煤矿区相连，面积约6.19 km^2，区内为南高北低的丘陵区，地面标高163.0~256.0 m，地理坐标为东经112°29′27″~112°33′41″，北纬34°33′17″~34°34′28″。据资源储量核实报告，勘查程度达勘探，累计查明煤资源储量2938.4×10^4 t，保有煤资源储量2008.9×10^4 t。本区处于瓦斯风化带。含煤地层本溪组厚度0.82~13.29 m，平均5.25 m；太原组厚度28.91~52.46 m，平均39.24 m；山西组厚度65.46~97.86 m，平均78.78 m；下石盒子组平均厚度242.78 m；上石盒子组平均厚度224.00 m。煤系盖层孙家沟组平均厚度260.00 m，新近系洛阳组厚度0~222.06 m，第四系厚度0~194.74 m。矿区构造形态为地层倾向338°~355°、倾角14°~22°的单斜构造。诸葛正断层向330°方向陡倾，落差50~80 m。煤系基底为寒武系芙蓉统炒米店组白云岩。二$_1$煤层全区可采，上距砂锅窑砂岩约 78.00 m，埋深 45~460 m，赋存标高+135~-250 m，煤厚 0.09~10.80 m，平均厚度 3.58 m，因顺煤层的层间滑动影响，煤厚短距离急剧增厚或变薄明显，偶含厚度 0.11~0.93 m 碳质泥岩或泥岩夹矸 1~2 层。煤层顶板以泥岩为主，细砂岩及粉砂岩次之；底板主要为泥岩，次为粉砂岩。原煤水分 0.25%~2.00%，平均 1.12%；灰分 9.14%~39.35%，平均 18.26%；全硫 0.41%~3.91%，平均 1.20%；挥发分 6.60%~11.76%，平均 8.73%；高位发热量 23.25~31.51 MJ/kg，平均 28.50 MJ/kg。浮煤水分 0.41%~2.07%，平均 1.23%；灰分 3.51%~8.93%，平均 5.90%；全硫 0.46%~0.71%，平均 0.59%；挥发分 6.19%~9.58%，平均 7.73%。煤类为低灰、中硫、高热值粉状无烟煤。

（十一）洛阳市偃师区常村煤矿区

常村煤矿区矿区位于偃龙煤田西部，隶属于洛阳市偃师区诸葛镇、李村镇和寇店镇，由原宿驾窑煤矿区、偏桥井田和郭村井田西段构成，东西长约 12.9 km，南北宽 1.2~2.2 km，面积约 26.90 km^2。区内为南高北低的侵蚀型丘陵区，地面标高 158.6~256.0 m，地理坐标为东经 112°33′42″~112°42′12″，北纬 34°33′08″~34°35′32″。据资源储量核实报告，勘查程度达勘探，累计查明煤资源储量 10083.2×10^4 t，保有煤资源储量 10043.4×10^4 t。本区处于瓦斯风化带。

常村煤矿区内新生界厚度 114.90~430.95 m，平均 257.78 m，煤系基底为寒武系芙蓉统炒米店组白云岩。含煤地层本溪组厚度 1.48~16.04 m，平均 8.16 m；太原组厚度 29.30~77.40 m，平均 52.68 m；山西组厚度 45.63~115.74 m. 平均 82.05 m；下石盒子组厚度 121.47~356.62 m，平均 345.34 m；上石盒子组平均厚度 115.00 m。煤系盖层孙家沟组平均厚度 260.00 m。区内为地层倾向北、倾角 14°~24°的单斜构造，北西向、北东向正断层发育。铁窑正断层倾向 65°，倾角 75°，落差 60 m，构成矿区东界。西寨逆断层位于矿区东南部，倾向北，倾角 40°。

常村煤矿区的二$_1$ 煤层全区可采，上距砂锅窑砂岩约 70.00 m，上距大占砂岩 0~8.73 m，赋存标高 0~-600 m，埋深 200~800 m，煤厚 0.88~14.60 m，平均 3.59 m，局部地段煤厚短距离内有突然增厚变薄现象。含矸率为 21 孔/58 孔，夹矸岩性为碳质泥岩、泥岩，矿区西部因夹矸厚度大而出现局部可采的二$_1^1$ 煤分层。二$_1^1$ 煤层厚度 0.19~2.75 m，平均 0.87 m。二$_1$ 煤层顶板以泥岩为主，细砂岩及粉砂岩次之；底板主要为泥岩，次为粉砂岩。二$_2$ 煤层局部可采，煤厚 0~1.88 m，平均 0.74 m，无矸。一$_1$ 煤层局部可采，煤厚 0.22~1.52 m，平均 0.64 m，局部含矸 1~2 层。二$_1$ 煤呈粉状，原煤水分 0.99%~1.07%，平均 1.02%；灰分 8.42%~29.38%，平均 15.65%；全硫 0.31%~0.64%，平均 0.43%；高位发热量 24.30~31.74 MJ/kg，平均 29.46 MJ/kg；可磨性指数 117~175，平均 133；灰软化温度 1183~>1400℃，平均 1310℃；浮煤灰分 4.18%~10.15%，平均 5.95%；挥发分 7.48%~9.16%，平均 8.11%；难选。二$_2$ 煤原煤灰分 13.51%，全硫 0.45%，磷 0.01%。一$_1$ 煤（炭煤）原煤灰分 12.14%，全硫 3.81%，磷 0.006%。煤类均为低灰无烟煤，二$_1$、二$_2$ 煤以特低硫煤为主，一$_1$ 煤为高硫煤。

（十二）洛阳市偃师区府店煤矿区

府店煤矿区位于焦村煤矿区北侧深部，西起偃师区大口，东至巩义市东庄，东西长 17 m，南北宽 3.5~4.5 km，面积约 67.61 km^2。区内海拔 155.00~540.00 m，为南部低山-丘陵区向北部山前平原区的过渡区，地理坐标为东经 112°41′35″~112°54′25″，北纬 34°33′50″~34°36′21″。2006~2014 年，河南省地质矿产勘查开发局第一地质矿产调查院开展了预查-详查，提交的《河南省偃师市偃龙煤田府店煤详查报告》累计查明/保有 1500 m 以浅的煤资源量 25884.0×10^4 t，估算（334）？类煤资源量 4626.0×10^4 t；另估算 1500 m 以深的（334）？类煤资源量 5279.0×10^4 t；估算二$_1$ 煤的煤层气资源量 16.33×10^8 m^3。甲烷成分 60.10%~98.09%，甲烷含量 1.45~23.77 m^3/t，西部为甲烷富集区，东部为甲烷逸散区。地温梯度 0.40~1.97℃/hm，平均 1.22℃/hm。

1. 矿区地质

府店煤矿区内新生界厚度 48.85~328.95 m，仅在东南部府店乡缑山和南部大口乡宋村北有小面积三叠系出露，煤系基底为中奥陶统马家沟组厚层状泥晶石灰岩。含煤地层本溪组厚度 4.18~7.67 m，平均 5.97 m；太原组厚度 41.13~62.14 m，平均 46.78 m；山西组厚度 46.43~100.71 m，平均 81.32 m；下石盒子组厚度 272.00~328.75 m，平均 304.90 m；上石盒子组厚度 213.33~331.64 m，平均 276.07 m。煤系盖层孙家沟组厚度 219.94~308.38 m，平均 262.41 m；刘家沟组厚度 117.66~119.94 m，平均 118.80m；和尚沟组残留厚度 32.81~164.94 m。矿区位于铁窑正断层和嵩山正断层之间，构造形态为地层倾向北、倾角 7°~13°的单斜构造，发育有北西向、北东向、北东东向和近东西向正断层各 1 条。北西向嵩山正断层之西因牵引作用，形成一个向北北西倾伏的短轴向斜。

2. 煤层与煤质

府店煤矿区的二$_1$ 煤层为普遍可采煤层；二$_2$、五$_2$、七$_2$ 煤层偶可采，煤厚分别为 0~1.23 m（平均 0.60 m）、0~1.18 m（平均 0.64 m）、0~1.71 m（平均 0.63 m）；余皆不可采。二$_1$ 煤层上距砂锅窑砂岩平均 75.83 m，埋深 550~1900 m，煤底标高-350~-1700 m，煤厚 0~15.27 m，平均 4.07 m，偶含 1~2 层厚度 0.02~0.68 m 的碳质泥岩夹矸；煤厚变化较大，短距离内有增厚及变薄现象，仅局部存在无煤点及不可采点；煤层为低视电阻率值、低视密度、天然伽马低异常、自然电位曲线正异常反映；煤层顶板为灰黑色泥岩，局部为碳质泥岩、粉砂岩，含黄铁矿结核及大量植物化石，厚度 0.10~3.49 m，平均 1.26 m；煤层底板以灰黑色泥岩为主，局部为碳质泥岩，含黄铁矿（或菱铁矿）结核、条带及植物根部化石，厚度 0.10~9.46 m，平均厚度 1.89 m。

府店煤矿区的二$_1$ 煤为灰黑色，参差状断口，由于受后期构造作用的影响，煤的原生结构及构造特征已不复存在，呈粉状及粉泥状产出，强度极低，手捻即碎，煤中发育挤压滑动镜面及揉皱，属以糜棱煤为主的构造煤。煤的视密度为 1.43~1.78 t/m^3，平均 1.66 t/m^3；真密度 1.69~1.82 t/m^3，平均 1.76 t/m^3。油浸镜下镜质体最大反射率 4.479%~7.246%，平均 5.276%。二$_1$ 煤原煤水分 0.44%~3.80%，平均 2.10%；灰分 11.13%~24.09%，平均 16.24%；挥发分 3.45%~6.99%，平均 5.12%；固定碳 70.64%~85.80%，平均 79.49%；全硫 0.36%~1.49%，平均 0.73%；高位发热量 24.92~30.48 MJ/kg，平均 28.39 MJ/kg。浮煤水分 0.45%~4.02%，平均 2.10%；灰分 3.24%~10.08%，平均为 7.32%；挥发分 2.22%~4.80%，平均 3.27%；固定碳 86.66%~94.41%，平均 89.56%；全硫 0.36%~0.68%，平均 0.45%；高位发热量 31.61~32.52 MJ/kg，平均为 31.91 MJ/kg。煤类为低灰、低硫、高热值无烟煤，对 CO_2 反应性较弱，煤灰软化温度平均 1393℃，煤灰流动温度平均 1397℃。

（十三）洛阳市偃师区焦村煤矿区

焦村煤矿区位于偃龙煤田中南部，隶属于偃师区大口乡、府店镇和巩义市鲁庄镇管辖，由原郭村井田东段（铁窑断层以东部分）、嵩山井田、焦村煤矿和夹沟小井等构成，面积约 59.20 km^2。区内海拔 174.4~542.9 m，为南部低山-丘陵区向北部山前平原区的过渡区。矿区地理坐标为东经 112°41′47″~112°56′37″，北纬 34°32′15″~34°33′57″。据资源储量核实报告，勘查程度达普查，累计查明煤资源储量 28323.2×10^4 t，保有煤资源储量 26422.5×10^4 t，估算二$_1$ 煤的煤层气资源量 82.76×10^8 m^3。本区大部分处于瓦斯风化带，西段局部存在甲烷带。

焦村煤矿区的基岩零星出露于东部，煤系基底为中奥陶统马家沟组灰色、深灰色厚层状泥晶石灰岩。含煤地层本溪组厚度 1.48~36.94 m，平均 7.35 m；太原组厚度 25.11~106.01 m，平均 43.08 m；山西组厚度 50.69~100.15 m，平均 72.67 m；下石盒子组厚度 197.29~380.00 m，平均 283.80 m；上石盒子组平均厚度 263.09 m。煤系盖层孙家沟组厚度约 325.50 m，刘家沟组厚度 75.50~136.50 m，新生界厚度 12.27~236.18 m。矿区构造形态为地层倾向北、倾角 14°~25°的单斜构造，发育有北东向和近东西向高角度正断层，铁窑正断层构成矿区西界，嵩山正断层构成矿区东界（图 2-54）。嵩山断层之西发育有夹沟滑动构造（图 2-55），滑动带东西长 10 km，南北宽 1.2~2.0 km，面积约 15 km^2，主滑面位于二$_1$ 煤层之上，大体由北东向南西滑动，局部铲蚀二$_1$ 煤层。

焦村煤矿区仅二$_1$ 煤层全区可采，煤层埋深 25~930 m，赋存标高+390~-700 m，煤度 0~16.99 m，平均 3.66 m，煤厚有短距离内急剧增厚变薄现象。含矸率 25.8%，含厚度 0.01~0.82 m 的碳质泥岩、泥

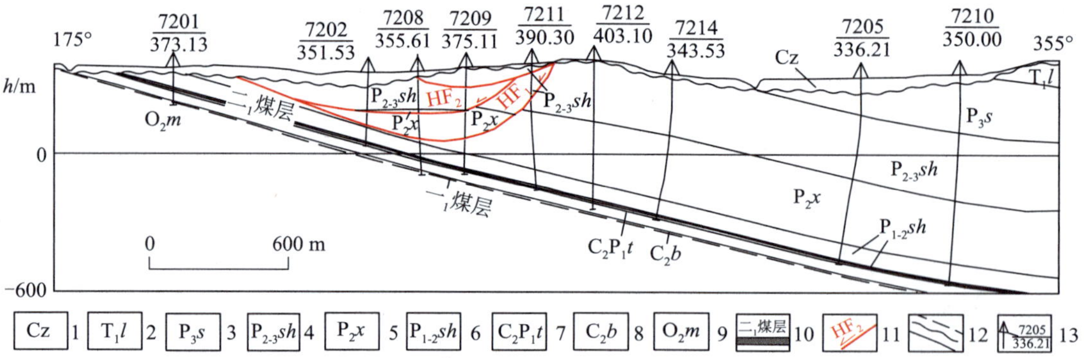

图 2-55　洛阳市偃师区焦村煤矿区 72 勘探线剖面

（据河南省煤田地质局二队，2010i，有修改）

1—新生界；2—刘家沟组；3—孙家沟组；4—上石盒子组；5—下石盒子组；6—山西组；7—太原组；8—本溪组；9—马家沟组；10—煤层及编号；11—滑动断层；12—平行和角度不整合及整合地层界线；13—钻孔编号/孔口标高（m）

岩夹矸 1～3 层。煤层顶板为碳质泥岩、泥岩及粉砂岩、细砂岩，间接顶板为深灰色条带状细-中粒石英砂岩；底板常为含丰富的植物化石的碳质泥岩、泥岩及粉砂岩，间接底板为深灰色条带状粉砂岩、细粒石英砂岩。原煤水分 0.57%～4.34%，平均 2.05%；灰分 8.86%～28.29%，平均 15.13%；挥发分 3.71%～8.13%，平均 5.15%；全硫 0.32%～2.90%，平均 0.76%；高位发热量 23.60～31.00 MJ/kg，平均 28.61 MJ/kg。浮煤水分 0.31%～4.09%，平均 2.16%；灰分 3.99%～16.43%，平均 8.77%；挥发分 3.02%～7.29%，平均 4.09%；全硫 0.38%～0.99%，平均 0.62%；高位发热量 29.86～32.87 MJ/kg，平均 31.59 MJ/kg。煤类为低灰、低硫、高热值粉状无烟煤，可选性差。

（十四）巩义市瑶岭煤矿区

瑶岭煤矿区位于巩义市鲁庄镇和西村镇境内，面积约 35.51 km^2，地理坐标为东经 112°53′35″～112°59′00″，北纬 34°33′35″～34°37′32″。据资源储量核实报告，勘查程度达详查，累计查明煤资源储量 19093.5×10^4 t，保有煤资源储量 18066.1×10^4 t。本区大部分处于瓦斯风化带，西段局部存在甲烷带。本区为基岩出露区，煤系基底为中奥陶统马家沟组灰色、深灰色厚层状泥晶石灰岩，煤系盖层为孙家沟组和刘家沟组。含煤地层本溪组厚度 0.62～31.14 m，平均 7.53 m；太原组厚度 39.07～76.18 m，平均 51.44 m；山西组厚度 60.27～107.52 m，平均 80.69 m；下石盒子组平均厚度 295.76 m；上石盒子组揭平均厚度 279.30 m。矿区构造形态为地层倾向北西、倾角 12°～18°的单斜构造（图 2-54）。二$_1$煤层全区可采，上距砂锅窑砂岩平均 70.65 m，煤底标高+600～-400 m，埋深 0～800 m，煤厚 0.39～10.24 m，平均 4.25 m，含矸率 51%，一般含厚度 0.01～2.59 m 的碳质泥岩、泥岩或粉砂岩夹矸 1～2 层。一$_3$煤层局部可采，煤厚 0.45～1.15 m，平均 0.78 m，含矸 1～2 层，煤层顶、底板均为石灰岩，偶有泥岩伪顶、伪底。一$_1$煤层局部可采，煤厚 0.19～1.06 m，平均 0.49 m，局部含矸 1～2 层。二$_1$煤原煤水分 3.31%；灰分 11.40%～26.11%，平均 16.11%；挥发分平均 4.85%；全硫平均 0.39%，高位发热量 30.32 MJ/kg；煤灰软化温度 1180℃；浮煤灰分平均 9.89%，挥发分平均 4.81%，全硫 0.31%～0.72%，平均 0.39%；煤类为低灰、特低硫、高热值粉状无烟煤。一$_3$煤原煤水分 3.81%，灰分 17.06%，挥发分 5.09%，硫分 3.63%，高位发热量 34.08 MJ/kg，煤灰软化温度 1199℃；浮煤水分 2.94%，灰分 9.86%，挥发分 4.26%，硫分 1.54%；煤类为低灰、高硫、高热值无烟煤，一$_1$煤原煤水分 1.50%，灰分 9.17%，挥发分 6.28%，硫分 3.29%，高位发热量 30.82 MJ/kg，煤灰软化温度 1370℃；浮煤水分 1.13%，灰分 6.16%，挥发分 2.68%，硫分 1.13%，煤类为特低灰、高硫、高热值无烟煤。

（十五）巩义市上庄煤矿区

上庄煤矿区位于嵩山背斜北翼，东起五指岭分支断层，西以 91 勘探线与瑶岭矿区分界，南以二$_1$

煤层露头为界，北至$二_1$煤底标高-600 m 水平，面积约 43. 30 km^2，区内为南、东高北西低的低山-丘陵区，地面标高 280. 0～600. 7 m。矿区地理坐标为东经 112°58′03″～113°05′22″，北纬 34°35′03″～34°39′10″。据资源储量核实报告，勘查程度达详查，累计查明煤资源储量 29635. 0×10^4 t，保有煤资源储量 27408. 2×10^4 t。$二_1$煤层底板+200 m 标高以深为甲烷带，以浅为氮气-沼气带。

1. 矿区地质

上庄煤矿区为基岩出露区，煤系基底为中奥陶统马家沟组灰色、深灰色厚层状泥晶石灰岩，煤系盖层为孙家沟组和刘家沟组。含煤地层本溪组厚度 1. 11～46. 45 m，平均 10. 10 m；太原组厚度 39. 60～94. 85 m，平均 56. 46 m；山西组厚度 67. 50～99. 96 m，平均 83. 23 m；下石盒子组平均厚度 267. 37 m；上石盒子组厚度 265. 10～342. 30 m，平均 332. 35 m。本区总体构造格架为地层倾向北西、倾角 8°～13°的单斜构造，区内发育有王沟正断层和陈苟湾正断层，东端白核桃园-南山口一线因受北西向五指岭断层的牵引作用而形成了轴向北西的不对称上庄向斜（图 2-54）。王沟正断层倾向 280°～292°，倾角 75°～80°，落差 0～30 m。陈苟湾正断层走向近东西向，向北陡倾，落差 20～30 m。位于高坡及车园东南部的小牛山滑动构造造成上石盒子组缺失约 130 m。

2. 煤层与煤质

上庄煤矿区的$二_1$煤层全区可采，上距砂锅窑砂岩平均 72. 72 m，埋深 0～900 m，煤底标高+350～-600 m，煤厚 0. 30～14. 25 m，平均 4. 08 m，短距离内有煤厚突然增厚变薄现象，局部含厚度 0. 15～0. 75 m 的碳质泥岩、泥岩或粉砂岩夹矸 1～3 层；分岔煤层$二_1^2$煤层零星可采，煤厚 0. 20～13. 80 m，平均 2. 23 m；$二_1^3$煤层偶尔可采。$二_2$煤为局部可采无烟煤，煤厚 0～3. 90 m，平均 0. 94 m，局部含厚度 0. 10～4. 55 m 的碳质泥岩、泥岩夹矸 1～2 层，分岔煤层$二_2^2$煤层不可采。$一_1$煤层零星可采，煤厚 0～1. 75 m，平均 0. 45 m。

上庄煤矿区的$二_1$煤原煤水分 0. 62%～3. 63%，平均 2. 03%；灰分 10. 24%～29. 36%，平均 17. 24%；全硫 0. 28%～1. 45%，平均 0. 55%；挥发分 2. 48%～8. 84%，平均 4. 32%；高位发热量 22. 25～32. 14 MJ/kg，平均 27. 85 MJ/kg。$二_1$煤浮煤水分 0. 59%～3. 61%，平均 1. 85%；灰分 7. 07%～13. 76%，平均 9. 93%；全硫 0. 22%～1. 12%，平均 0. 44%；挥发分 2. 55%～9. 16%，平均 4. 81%。$二_1$煤为低灰、低硫、高热值无烟煤。$二_2$煤原煤水分 0. 56%～3. 93%，平均 2. 02%；灰分 6. 66%～29. 51%，平均 16. 56%；全硫 0. 26%～1. 59%，平均 0. 45%；挥发分 1. 44%～5. 51%，平均 3. 44%；高位发热量 23. 92～32. 07 MJ/kg，平均 28. 08 MJ/kg。浮煤水分 0. 79%，灰分 5. 05%，全硫 0. 40%，挥发分 3. 17%。$二_2$煤为低灰、特低硫、高热值无烟煤。

（十六）巩义市山川煤矿区

山川煤矿区位于巩义市北山口镇，西起五指岭分支断层，东至五指岭断层，为独立煤矿区，面积约 0. 49 km^2，矿区地理坐标为东经 113°00′42″～113°01′22″，北纬 34°40′08″～34°40′47″。勘查程度达普查，累计查明煤资源储量 383. 6×10^4 t，保有煤资源储量 308. 3×10^4 t。该矿处于停采状态。山川煤矿区为第四系全覆盖区，处于瓦斯风化带，为嵩山背斜北翼之上庄次级向斜北东翼的地层倾向南西、倾角 45°～63°的单斜构造。仅$二_1$煤层可采，赋存标高+420～-100 m，埋深 20～500 m，煤厚 2. 46～4. 70 m，平均厚度 3. 00 m，偶含 1 层厚度 0. 10～0. 20 m 的夹矸。原煤水分 2. 23%～4. 38%，平均 3. 56%；灰分 6. 88%～23. 77%，平均 13. 90%；挥发分 4. 48%～6. 90%，平均 6. 51%；全硫 0. 23%～0. 57%，平均 0. 36%。煤类为低灰、特低硫无烟煤。

（十七）巩义市南官庄煤矿区

南官庄煤矿区位于巩义市北山口镇，为嵩山背斜的北翼、夹持于走向北东、北西陡倾的沙鱼沟和柳树沟正断层间的独立煤矿区，面积约 0. 06 km^2。矿区地理坐标为东经 113°01′24″～113°01′39″，北纬 34°43′04″～34°43′15″。勘查程度达普查，累计查明煤资源储量 81. 2×10^4 t，保有煤资源储量 80. 0×

10^4 t，自 2005 年底一直处于停采状态。南官庄煤矿区处于瓦斯风化带。第四系厚度 5.03~35.67 m，煤系基底为马家沟组石灰岩。含煤地层本溪组厚度 4.53~13.59 m，平均 8.65 m；太原组厚度 33.24~88.66 m，平均 64.45 m；山西组厚度 60.27~107.52 m，平均 83.96 m；下石盒子组揭露最大厚度 294.00 m。构造形态为地层倾向 320°、倾角 35°~37°的单斜构造。仅二$_1$煤层可采，煤厚 6.50~15.00 m，平均 10.13 m，含矸 0~3 层，煤类为无烟煤。

九、荥巩煤田

荥巩煤田位于嵩山之北、黄河之南的郑州市二七区、巩义市、荥阳市、新郑市，西邻洛阳断陷，北接开封坳陷。煤田南以煤层露头为界，北至黄河，西部以北东向沙鱼沟、古堆窑和柳树沟正断层构成的断层组为界与偃龙煤田毗邻，东南部以王口正断层与新密煤田相接，东至薛店正断层，区内大面积被第四系黄土覆盖。王口正断层南倾，倾角 70°，落差 280~400 m。薛店正断层倾向北东东，倾角 60°~70°，落差约 500 m。煤田总体呈北西—南东向展布，东西长约 50 km，南北宽 20~30 km，面积约 1075 km^2。地理坐标为东经 113°02′00″~113°46′00″，北纬 34°32′36″~34°51′00″。

荥巩煤田地势南陡北缓，西、南高，东、北低，形成三个阶梯，由低山、丘陵过渡到平原。河流分属两大水系，西部西泗河、东寺河、汜水河向北流入黄河，东部索须河、贾鲁河向东南流入淮河。煤田内老窑密布，开采历史悠久，时代尚无考证。本区的地质调查工作始于 20 世纪初，最早的勘查资料为《河南省巩县东南乡密县西北乡地质矿产报告》。20 世纪 50 年代煤田地质勘查与研究取得飞跃发展，大规模的煤矿勘查工作始于 20 世纪 60 年代，经过几十年的地质工作，西部已控制煤炭资源止深 1320.26 m（-1072.26 m 标高，上街-竹川煤普查 ZK3001 孔），东部已控制煤炭资源止深 1498.62 m（-1327.62 m 标高，三李深部勘探区煤普查 ZK2808 孔），10 个煤矿区总面积约 612.81 km^2，累计查明煤资源储量 180646.3×10^4 t，浅部资源已被占用，保有煤资源储量 171766.5×10^4 t。另有 1500 m 以浅的（334）？类煤资源量 56443.0×10^4 t，1500 m 以深的（334）？类煤资源量 31884.0×10^4 t。估算二$_1$煤的煤层气资源量 190.34×10^8 m^3。

（一）煤田地质特征

1. 地层

荥巩煤田煤系基底为寒武系—奥陶系，盖层由二叠系乐平统孙家沟组、下三叠统刘家沟组与和尚沟组及新近系洛阳组构成（表 2-62），含煤地层本溪组—上石盒子组平均总厚度 712.44 m，因受断层和滑动构造的破坏，常造成缺失部分煤上地层而使煤层埋深小于理论值。

2. 构造

荥巩煤田位于嵩箕构造区嵩箕断隆北部的轴向近东西向、向东倾伏的嵩山背斜北翼，为地层倾向北北东—北东东、倾角 5°~25°的单斜构造，褶皱较为简单，断裂十分发育（图 2-56）。浅层次脆性变形的高角度正断层和单斜断块组合特征明显，逆断层较少，褶皱仅表现为单斜形态基础上的小尺度宽缓褶曲和米河-贾峪重力滑动构造派生的近东西向双楼-盆窑滚卷背斜。断层大致可分为近东西向、北东—北北东向和北西向 3 组，小断层较多，大断层较少，浅部多于深部，断层倾向各异，落差大小不等，自煤田西部向中部由多到少、由密到疏，再向东部变多、变密。近东西向断层为主干断层，规模和数量均占优势，呈阶梯状或垒堑式相间排列，多被其他两组断层所改造。北西向断层规模大，数量少，具左行平移性质，构成了煤田或井田的自然边界。北东—北北东向断层多局限于北西向断层控制的区域内，并错移了重力滑动构造。煤田构造的基本特征就是聚煤期后多期次、多种变形体制下形成的不同尺度、不同方向、不同性质、不同类型的断裂构造交织形成的密集断裂网络系统将煤田地层分割为一系列不连续的多边形断块。嵩山背斜纵弯褶皱过程中伴生的顺二$_1$煤层的层间滑动断层和主滑面沿二$_1$煤层之上一定范围内滑动的大峪沟和米河-贾峪重力滑动构造是本区构造格局中的一个鲜明特点。现今煤田所展示的构造面貌是多旋回构造变形叠加并遭受风化剥蚀后的结果。

表 2-62 荥巩煤田地层简表

界	系	统	组	穿见地层厚度/m 两极值/平均值	接触关系	岩性及组合特征
新生界(Cz)	第四系			0~530		顶部为耕植土及黄土，中下部为粘土和砂质粘土，底部时有坡积石，偶见砾石层
	新近系	中新统(N_1)	洛阳组(N_1l)	87.55~176.20 / 110.62		为棕红色、棕黄色、黄褐色、灰白等杂色泥岩、砂岩、砂砾岩及泥质灰岩等
中生界(Mz)	三叠系	下统(T_1)	和尚沟组(T_1h)	220~475 / 295		以红色泥岩、粉砂岩为主，夹暗紫红色细-中粒长石石英砂岩
			刘家沟组(T_1l)	121.92~300.56 / 140.79		俗称“金斗山砂岩”，主要为紫红色、肉红色长石石英砂岩，铁、硅质胶结，夹薄层紫红色泥岩
古生界(Pz)	二叠系	乐平统(P_3)	孙家沟组(P_3s)	213.26~409.06 / 291.87		自下而上可划分为砂泥岩段和同生砾岩段（或砾屑石灰岩段），由灰黄色粉砂岩、紫红色泥岩以及绿黄色长石细砂岩组成，上部夹有3~5层单层厚度0.1~1 m的砾屑石灰岩
		乐平统(P_3)/阳新统(P_2)	上石盒子组($P_{2-3}sh$)	236.55~344.37 / 306.28		含七、八煤段，由灰色、灰绿色、浅灰色泥岩、粉砂岩及细-中粒砂岩组成，偶夹不可采薄煤5层（七$_1$、七$_2$、七$_3$、七$_4$、八$_3$）；中部有2~3层薄层状硅质泥岩或硅质海绵岩；底部的灰白色中-粗粒田家沟砂岩厚度0.43~40.47 m，平均6.90 m；顶部的中-粗粒平顶山砂岩厚度5.06~74.99 m，平均54.73 m
		阳新统(P_2)	下石盒子组(P_2x)	207.81~337.55 / 263.60		由下而上可分为三、四、五、六4个含煤段，由砂岩、泥岩、碳质泥岩及极不稳定的薄煤层组成，偶见不可采的三$_1$、四$_3$、五$_3$、六$_2$薄煤层（线）；底部的灰白色中-粗粒砂锅窑砂岩厚度0.30~22.36 m，平均9.59 m，其上部的浅灰色大紫泥岩含大量暗紫色斑块，具豆状或鲕状结构
			山西组($P_{1-2}sh$)	51.59~133.95 / 77.37		由灰色细-中粒砂岩及深灰色、黑灰色粉砂岩、泥岩、碳质泥岩及煤层组成，含煤2~5层（二$_1$、二$_2$、二$_3$、二$_4$、二$_5$），仅二$_1$煤层可采，余均不可采或偶可采；细-中粒大占砂岩厚度0.69~25.92 m，平均8.68 m
	二叠系/石炭系	船山统(P_1)/上统(C_2)	太原组(C_2P_1t)	21.36~108.11 / 56.36		由灰岩、砂岩、粉砂岩、泥岩及煤层组成；下部石灰岩段含L_1—L_4石灰岩，中部碎屑岩段含2层不稳定的L_5和L_6石灰岩，上部石灰岩段含L_7—L_9石灰岩，其中L_1、L_7石灰岩全区稳定；含一$_1$（一$_1^1$、一$_1^2$）、一$_2$、一$_3$、一$_4$、一$_5$、一$_6$、一$_7$、一$_8$、一$_9$等9层煤，其中一$_1$煤层为大部分可采煤层，一$_3$煤层为局部可采煤层，其他煤层不可采或偶可采
	石炭系	上统(C_2)	本溪组(C_2b)	3.20~33.69 / 8.83		以（铁质）粘土岩、灰色-深灰色鲕-豆状铝质泥岩为主，偶夹煤线
	奥陶系	中统(O_2)	马家沟组(O_2m)	130.91~237.70 / 213.00		灰色含泥质白云质灰岩、白云岩，偶夹灰黄色薄层钙质泥岩

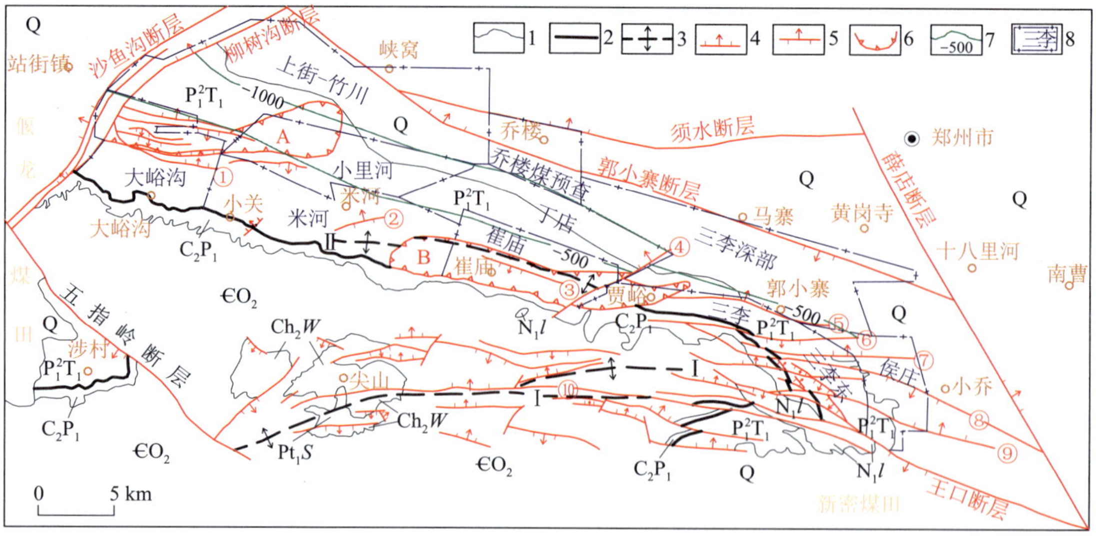

图 2-56 荥巩煤田构造纲要图

（据沈建海等，2014b，有修改）

Q—第四系；N_1l—新近系洛阳组；$P_1^2T_1$—二叠系船山统—阳新统山西组—下三叠统和尚沟组；C_2P_1—上石炭统本溪组和上石炭统—船山统太原组；∈O_2—寒武系—中奥陶统；Ch_2W—长城系五佛山群；Pt_1S—古元古界嵩山群。1—地质界线；2—二$_1$煤层露头线；3—背斜轴；4—正断层；5—逆断层；6—滑动断层；7—二$_1$煤底等高线（m）；8—煤矿区及边界线。Ⅰ—嵩山背斜轴；Ⅱ—双楼-盆窑背斜轴；A—大峪沟重力滑动构造；B—米河-贾峪重力滑动构造；①将军岭正断层；②古城寨逆断层；③一马泉沟正断层；④李新寨正断层；⑤贾峪正断层；⑥三李正断层；⑦郭楼正断层；⑧上李河正断层；⑨九门沟正断层；⑩崔岗正断层

（二）煤层与煤质

1. 煤层

荥巩煤田含 8 个煤段，含煤 6~21 层，平均煤层总厚度 7.61 m，可采煤层平均总厚度 5.07 m，含煤性一、二煤段较佳，发育了本区的主要可采煤层，山西组下部发育了全区稳定、普遍可采的二$_1$煤层，一煤段的一$_1$和一$_3$煤层分别为大部分可采和局部可采煤层，其余煤层不可采或偶见可采点。

二$_1$煤层为荥巩煤田主要勘查和开采对象，赋存于山西组下部的大占砂岩和二$_1$煤底砂岩之间，上距砂锅窑砂岩 57.64~68.64 m，大占砂岩 0~18.79 m；下距 L_7 石灰岩 34.46~40.12 m。煤层直接顶板多为深灰色-灰黑色碳质泥岩、泥岩，局部为大占砂岩和滑动构造破碎带。煤层直接底板多为泥岩、碳质泥岩或粉砂岩。二$_1$煤层厚度 0~24.10 m，一般厚度 1.30~6.00 m，平均厚度 4.04 m，以中厚和厚煤层为主，但厚度变化幅度较大，具有短距离急剧变化的特点（图 2-57）。煤层结构较简单，一般不含矸或含矸 1 层，个别含矸 2~3 层，偶尔含矸 4 层，但分布范围局限，夹矸厚度 0.03~4.74 m。局部煤层分岔，但多不连接成片（图 2-58）。夹矸和煤层分岔之间的岩性多为泥岩和碳质泥岩。煤田内不可采薄（无）煤区占煤田面积的 5.5%±，呈小区块零星分布，一般面积为 0.01~0.60 km^2，但可采范围连续。

荥巩煤田的一$_1$煤层俗称炭煤，赋存于太原组底部中厚层 L_1 或 L_{1-2}（局部为 L_{1-3}）石灰岩之下，本溪组铝土岩或铝质泥岩之上，有时可见数毫米的碳质泥岩或粉砂岩伪顶。一$_1$煤层厚度 0~3.47 m，一般厚度 0.50~2.00 m，平均厚度 0.99 m，以薄煤层为主。含 1~2 层厚度 0.05~3.45 m 的黑色泥岩夹矸，局部夹矸厚度较大处可将煤层分岔为上、下两个煤分层，造成上、下煤分层一般均不可采，或某一分层煤为主层，造成不可采带较多且分布面积较大。

荥巩煤田的一$_3$煤层赋存于太原组下部 L_3 与 L_2 石灰岩之间，偶见松软易碎的泥岩伪顶。煤厚 0~3.36 m，平均 1.06 m，含 1~2 层厚度 0.05~1.80 m 的黑色泥岩夹矸，局部夹矸厚度较大处可将煤层

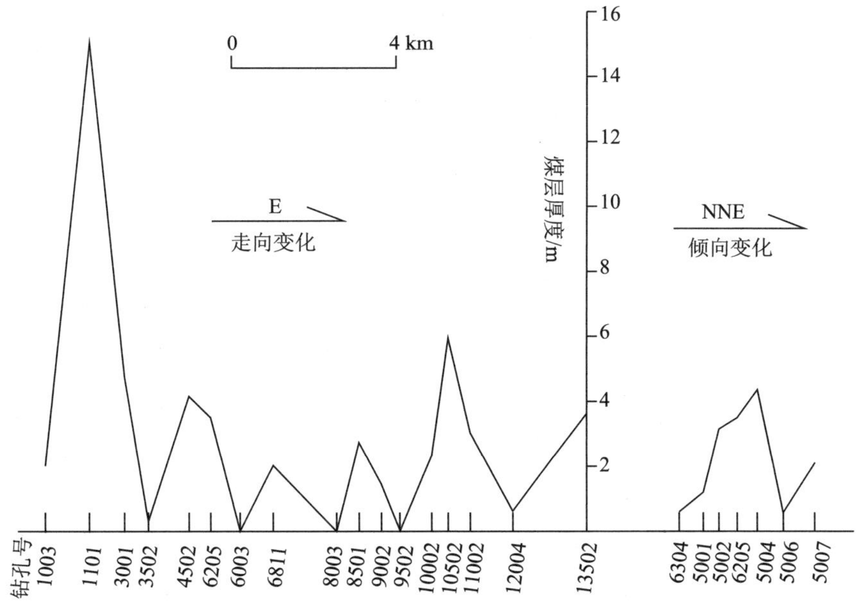

图 2-57　郑州市小里河煤矿区二$_1$ 煤层厚度沿走向和倾向变化曲线

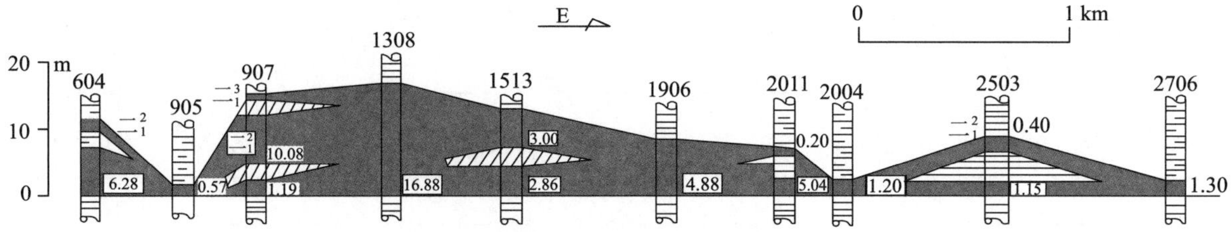

图 2-58　巩义市大峪沟煤矿区二$_1$ 煤层沿走向分岔合并变化示意图

（据河南煤田地质公司，1991）

分为上、下两个煤分层而均不可采，同时井下开采常因夹矸厚度大于煤分层厚度而难以开采。一$_3$ 煤层在崔庙和三李煤矿区分布稳定，局部可采。

2. 煤质

荥巩煤田的煤岩成分均以亮煤为主，暗煤次之，可见镜煤条带，丝炭多呈薄夹层和凸镜体存在，煤岩类型为半亮-光亮型煤。二$_1$ 煤为粉-粒状三软构造煤，破坏类型达Ⅲ—Ⅴ类，力学强度极低，属中等可磨-极易磨煤（可磨性指数 63~168）。一$_1$ 和一$_3$ 煤为高强度块煤，属不易磨碎煤（可磨性指数分别为 38~61 和 47~70）。有机组分主要由镜质组和少量惰质组组成，少量的无机组分以粘土矿物为主（表 2-63）。

荥巩煤田煤类皆为高变质无烟煤。二$_1$ 煤层为低灰、特低硫、低磷分、特低氯、中高-高热值煤，较高软化温度灰、对 CO_2 反应性弱、结渣性较强难选-极难选煤，煤泥量大（表 2-64，表 2-65，表 2-66，表 2-67）。一$_3$ 煤层为中灰、高硫、特低磷分、特低氯、高热值煤，较低软化温度灰、对 CO_2 反应性弱、结渣性较强。一$_1$ 煤层为低灰、高硫、特低磷分、特低氯、中高-高热值煤，较低软化温度灰、对 CO_2 反应性弱、结渣性较强。

（三）开采技术条件

1. 煤层顶、底板

荥巩煤田的一$_1$ 煤层顶板主要为 L_1 石灰岩，石灰岩致密坚固，力学强度高；一$_1$ 煤底为铝质泥岩或铝土岩，力学强度较低，未见底鼓。一$_3$ 煤层顶、底板分别为 L_3、L_2 石灰岩，岩石致密坚固，力学强度高。二$_{1}$煤层直接顶板多为深灰色-灰黑色碳质泥岩、泥岩，局部为大占砂岩和滑动构造破碎带；直接顶板泥岩稳定性较差，构造破碎带顶板质量低劣，老顶大占砂岩中等坚固。二$_{1}$煤层直接底板多为泥岩、碳质泥岩或粉砂岩，底板泥岩有底鼓现象；间接底板为老君堂砂岩，力学强度高。

表 2-63　荥巩煤田可采煤层煤岩组分鉴定统计表

煤层		二$_{1}$煤		一$_{3}$煤	一$_{1}$煤	
		两极值	平均值	平均值	两极值	平均值
有机组分/%	镜质组	47.10~86.53	69.73	73.53	63.60~89.65	79.79
	惰质组	0.94~34.70	17.01	12.27	2.03~20.50	9.41
	壳质组	—	—	—	—	—
	合计	68.10~90.40	86.74	85.80	84.10~92.00	89.20
无机组分/%	粘土类	5.20~23.20	10.34	10.97	5.30~7.20	6.29
	硫化物类	0.05~8.30	0.95	0.47	0.03~8.30	3.93
	碳酸盐类	0~6.30	1.69	1.90	0~1.00	0.49
	氧化物类	0~0.35	0.28	0.86	0~0.20	0.09
	合计	9.60~31.90	13.26	14.20	7.80~15.90	10.80
反射率 R^{o}_{max}/%		2.76~6.41	5.05	4.59	4.65~5.83	5.44
视密度/(t·m^{-3})		1.49~1.69	1.57	1.55	1.51~1.68	1.60
孔隙率/%		5.1~16.0	—	—	8.20~9.19	—

（据沈建海等，2014b）

表 2-64　荥巩煤田可采煤层煤工业分析结果统计表

煤层	原煤/%			浮煤/%			1.6~1.7 密度液洗选降灰率/%
	水分（M_{ad}）	灰分（A_{d}）	挥发分（V_{daf}）	水分（M_{ad}）	灰分（A_{d}）	挥发分（V_{daf}）	
二$_{1}$	0.30~4.33 2.08（159）	10.53~40.43 18.63（159）	4.21~12.25 5.68（159）	0.40~4.48 1.50（55）	2.77~22.15 9.61（55）	2.57~9.19 4.14（55）	41~53.9 48.4
一$_{3}$	0.46~5.28 2.11（6）	12.14~35.66 20.55（6）	5.27~22.48 8.70（6）	0.48~1.88 1.18（6）	4.07~7.15 5.61（6）	4.96（1）	72.7
一$_{1}$	0.40~4.83 2.28（57）	5.43~22.71 16.05（57）	3.12~8.75 5.83（57）	0.49~3.42 1.31（15）	1.70~8.95 5.74（15）	2.28~6.13 3.11（15）	51~76.9 64.2

注：$\frac{\text{最小值-最大值}}{\text{平均值（样品数）}}$。

（据沈建海等，2014b）

表 2-65　荥巩煤田可采煤层形态硫测试结果统计表

煤层		全硫（$S_{t,d}$）/%	形态硫/%			
			全硫（$S_{t,d}$）	硫铁矿硫（$S_{p,d}$）	硫酸盐硫（$S_{s,d}$）	有机硫（$S_{o,d}$）
二$_{1}$	原煤	0.20~1.78 0.36（128）	0.20~1.78 0.36（50）	0~1.26 0.06（50）	0~0.01	0.20~0.51 0.30（50）
	浮煤	—	0.14~0.50 0.38（28）	0~0.06 0.02（28）	0	0.14~0.44 0.36（28）
一$_{3}$	原煤	3.21（14）	3.50（2）	0.52（2）	0.04（2）	2.94（2）
一$_{1}$	原煤	1.79~8.77 4.07（72）	1.79~7.22 4.37（42）	1.39~5.63 3.52（42）	0.01~0.07 0.05（42）	0.39~1.52 0.80（42）
	浮煤	—	1.02~1.81 1.46（4）	0.52~0.95 0.71（4）	0~0.03 0.02（4）	0.50~0.83 0.73（4）

注：$\frac{\text{最小值-最大值}}{\text{平均值（样品数）}}$。

（据沈建海等，2014b）

表 2-66　荥巩煤田煤及顶、底板、夹矸有害元素测定结果统计表

煤层	层位	原煤				浮煤			
		砷/10^{-6}	氟/10^{-6}	氯/10^{-4}	磷/10^{-4}	砷/10^{-6}	氟/10^{-6}	氯/10^{-4}	磷/10^{-4}
二$_1$	煤中	0~6 2.0（71）	45~551 266（43）	0~7.7 2.4（50）	0.3~14.6 3.2（77）	0~2 1（27）	31~380 133（27）	0.2~6.5 2.2（27）	0.5~5.6 1.9（27）
	顶板	0~5 2（17）	66~488 262（17）	0.1~4.6 1.2（17）	0.6~6.0 3.0（17）	—	—	—	—
	夹矸	0~4 2（15）	70~479 267（15）	0.0~6.8 1.9（15）	1.2~4.8 2.4（15）	—	—	—	—
	底板	0~5 2（15）	73~556 265（15）	0.1~8.2 2.0（15）	0.3~4.2 1.4（15）	—	—	—	—
一$_3$	煤中	2.2~3.8 3.0（2）	132（1）	3.2（2）	0.4~1.0 0.5（5）	—	—	—	—
一$_1$	煤中	1~24 6.5（27）	27~183 105（2）	1.2~4.2 2.9（5）	0.1~1.4 0.4（30）	0~2 1（3）	27~183 105（2）	1.0~2.6 1.8（3）	0.1~0.7 0.3（3）
	夹矸	10	728	3.2	11.0	—	—	—	—
	底板	0	426	4.0	1.0	—	—	—	—

注：$\frac{最小值\text{-}最大值}{平均值（样品数）}$。　　（据沈建海等，2014b）

表 2-67　荥巩煤田可采煤层煤灰成分及灰熔点分析结果表

煤层		二$_1$	一$_3$	一$_1$
灰分成分分析/%	SiO_2	25.08~60.24 45.73（75）	49.24	16.64~41.97 29.17（29）
	Al_2O_3	16.70~36.01 31.55（75）	18.00	13.84~37.60 24.27（29）
	TiO_2	0.48~1.95 1.16（69）	0.68	0.35~1.50 0.78（28）
	Fe_2O_3	3.35~20.45 8.70（75）	5.30	4.23~61.25 29.94（29）
	CaO	0.68~12.13 4.42（75）	12.34	1.00~26.91 6.38（29）
灰分成分分析/%	MgO	0.47~3.03 1.17（75）	1.23	0.06~2.76 0.64（29）
	SO_3	0.38~8.79 2.74（72）	10.88	1.62~18.63 5.16（29）
	K_2O	0.62~2.10 1.35（32）	0.74	0.28~1.37 0.88（6）
	Na_2O	0.18~1.46 0.79（32）	0.58	0.13~0.56 0.35（6）
灰熔点/℃	变形温度（DT）	1190~>1400 >1311	—	1132~>1265
	软化温度（ST）	1240~>1400 >1371	1247	1120~>1302
	流动温度（FT）	1358~>1400 >1388	—	1285~>1360

注：$\frac{最小值\text{-}最大值}{平均值（样品数）}$。　　（据沈建海等，2014b）

2. 水文地质条件

荥巩煤田内的地表水多为季节性河流，一般规模较小；区内密布的老窑多有积水；当水力连通时，可能注入井巷。$二_1$ 煤层顶板砂岩一般含水较弱，奥陶系和太原组碳酸盐岩岩溶含水层含水性较强，当遇构造破碎带，岩溶水可能导入巷道，发生突水及$二_1$ 煤底底鼓现象，水文地质条件为以底板进水为主的岩溶充水矿床，水文地质条件中等。$一_1$ 煤层为以顶、底板进水为主的水文地质条件复杂的岩溶充水矿床。

3. 瓦斯

荥巩煤田位于豫西强变形“三软”煤层高、突瓦斯区。$二_1$ 煤层属突出型煤层，开采$二_1$ 煤层的矿井煤（岩）与瓦斯突出普遍，几乎是有掘必突，具有始突深度浅、突出频率高，突出强度以中、小型为主。甲烷含量一般大于 10 mL/g，仅在浅部剥蚀区小于 10 mL/g。瓦斯风化带沿煤层露头向深部约 100 m 以浅、250 m 宽的狭长地带分布，随开放性断裂急剧变宽并向深部延伸，东、西部宽而中部窄。瓦斯风化带以下，瓦斯含量、压力和涌出量虽然随着煤层埋深的增加有增大的趋势，但并非呈正线性相关关系，甚至某些指标处于与一般规律相反的结果。瓦斯含量等值线并非沿煤层底板等高线走向延展，而是呈现较大的弯转幅度，并出现高低值的封闭圈，显示了瓦斯赋存的极不均衡性和复杂性。

4. 煤尘爆炸性与煤层自燃

荥巩煤田的$二_1$、$一_3$ 和$一_1$ 煤层煤尘火焰长度和抑制煤尘爆炸性最低岩粉掺量均为 0，均属无煤尘爆炸危险性煤层。$二_1$、$一_1$ 煤层的 ΔT 均小于 25℃，属不易自燃煤层。$一_3$ 煤层的 ΔT 平均值为 26℃，介于 25~45℃之间，为有可能自燃发火煤层。生产矿井未曾发生过煤尘爆炸事故和煤层自燃现象。

5. 地温

荥巩煤田的地温梯度 0.96~3.32℃/hm，平均 2.40℃/hm，为正常地温区，局部区段存在着地温梯度大于 3℃/hm 的异常区。

（四）郑州市上街-竹川煤矿区

上街-竹川煤矿区位于荥阳市、上街区及巩义市交界处，行政隶属于荥阳市汜水镇与高山镇、巩义市河洛镇与米河镇、郑州市上街区峡窝镇管辖。处于荥巩煤田西端中深部，南部紧邻大峪沟和小里河煤矿区。东西长约 4~25 km，南北宽 4.5~7.5 km，面积约 132.00 km^2。区内为侵蚀型低山-丘陵地貌，海拔 109.64~538.93 m，矿区地理坐标为东经 113°04′26″~113°20′40″，北纬 34°44′15″~34°49′21″。2005~2014 年，河南省地质矿产勘查开发局测绘地理信息院对该区开展了煤矿预查和普查，2014 年提交了《河南省荥巩煤田上街-竹川煤普查报告》，累计查明/保有 1500 m 以浅的煤资源量 19976.0×10^4 t，估算（334）? 类煤资源量 16546.0×10^4 t；另估算 1500 m 以深的（334）? 类煤资源量 24429.0×10^4 t；估算$二_1$ 煤的煤层气资源量 13.31×10^8 m^3。

1. 矿区地质

上街-竹川煤矿区内第四系厚度 0~112.45 m，仅西南部有基岩零星出露。煤系基底为中奥陶统马家沟组。含煤地层本溪组厚度 9.21~10.44 m，平均 9.74 m；太原组厚度 41.01~67.80 m，平均 53.01 m；山西组厚度 57.55~112.00 m，平均 80.46 m；下石盒子组厚度 247.11~295.55 m，平均 268.88 m；上石盒子组厚度 309.97~410.93 m，平均 317.79 m。煤系盖层孙家沟组厚度 218.26~342.59 m，平均 270.47 m；刘家沟组厚度 121.92~203.55 m，平均 161.91 m；和尚沟组保留最大地层厚度 281.01 m。构造形态为地层倾向北东—北北东、倾角 3°~16°的单斜构造。全区共发育 8 条高角度隐伏正断层，北东向柳树沟正断层构成矿区西界。郭小寨正断层倾向 30°，倾角 60°~75°，落差 475~500 m，从矿区东北部穿过。

2. 煤层与煤质

上街-竹川煤矿区本溪组—上石盒子组平均总厚度 729.88 m，含煤 13 层，太原组含$一_1$（$一_1^1$、

$一_1^2$）、$一_3$、$一_4$、$一_5$、$一_8$薄煤5层，山西组含$二_1$、$二_2$煤2层，下石盒子组偶夹薄煤$三_1$、$三_2$、$五_2$、$六_2$煤4层，上石盒子组偶夹薄煤$七_4$、$八_3$煤2层，煤层总厚小于10 m，仅$二_1$煤层可采。$二_1$煤层层位稳定，上距大占砂岩0～18.33 m，平均4.58 m；上距砂锅窑砂岩25.03～73.74 m，平均50.55 m；上距田家沟砂岩292.90～347.88 m，平均325.94 m；上距平顶山砂岩520.68～621.14 m，平均580.61 m；下距L_7石灰岩23.24～54.96 m，平均37.93 m；下距L_1石灰岩59.19～75.04 m，平均65.17 m。$二_1$煤底标高-300～-2200 m，埋深680～2380 m；直接顶板以碳质泥岩、泥岩为主，少数为大占砂岩；直接底板以碳质泥岩、泥岩为主，偶见细砂岩，间接底板为老君堂砂岩。施工13个钻孔，可采9孔，煤层总厚度0.18～9.14 m，平均厚度3.25 m，煤厚变化标准差为3.34 m；纯煤厚度0.18～8.87 m，平均厚度3.13 m，属薄-厚煤层，煤厚在短距离急剧变化。部分见煤点不含矸，个别含矸1层，偶尔含矸可达3层，但分布范围局限。$二_1$煤原煤水分1.25%～4.34%，平均2.83%；灰分9.28%～39.89%，平均19.98%；挥发分2.25%～5.94%，平均为4.11%；全硫0.33%～0.51%，平均0.39%；高位发热量16.39～31.27 MJ/kg，平均27.25 MJ/kg。浮煤水分0.81%～4.38%，平均2.69%；灰分4.65%～14.71%，平均7.46%；挥发分2.27%～7.21%，平均3.25%；全硫0.39%～0.53%，平均0.42%；高位发热量29.29～33.10 MJ/kg，平均32.01 MJ/kg。煤类为低灰、特低硫、高热值无烟煤。

3. 瓦斯

上街-竹川煤矿区的$二_1$煤瓦斯成分中甲烷占56.30%～96.44%，平均82.19%；氮气占2.55%～42.58%，平均16.75%；二氧化碳占0.38%～2.46%，平均1.29%；重烃含量甚微。在776.23～1320.26 m取样深度范围内，甲烷含量为4.20～13.27 mL/g，平均9.04 mL/g，变化较大，瓦斯含量等值线弯转幅度较大，显示了瓦斯赋存的极不均衡性。即使是同一钻孔、同一煤层的不同取样部位由于煤层上、下物化特征不尽相同，瓦斯成分和含量也有明显差异。根据瓦斯分带划分原则，本区$二_1$煤层瓦斯可划分为瓦斯风化带和甲烷带，受柳树沟和郭小寨正断层影响，西部瓦斯风化带深度可达1248.09 m。

4. 地温

上街-竹川煤矿区的地温梯度0.96～3.32℃/hm，平均2.40℃/hm，为地温正常区。除东南部的ZK9010孔$二_1$煤层底板温度31～37℃之间，为一级热害区外，其余钻孔$二_1$煤层底板温度均大于37℃，为二级热害区。

（五）巩义市大峪沟煤矿区

大峪沟煤矿区位于巩义市境内，处于荥巩煤田西端，西界为北东向柳树沟正断层，南为煤层露头，由大峪沟井田、金龙井田、大峪沟井田深部扩大区和桐花沟普查区构成，面积约53.58 km²，矿区地理坐标为东经113°02′37″～113°09′30″，北纬34°42′27″～34°46′38″。自1968年中南煤田地质局一二七队在荥巩煤田一、二、三井田（本区位于三井田东部）进行勘查工作始，先后有多家地勘单位开展了本区煤矿勘查工作，分别提交了《荥巩煤田大峪沟井田精查补充勘探地质报告》（河南省煤田地质勘探公司三队，1982）和《河南省荥巩煤田大峪沟井田深部扩大区详查地质报告》（河南省煤田地质局三队，2000）、《河南省巩义市桐花沟区普查地质报告》（河南省煤炭地质勘察研究院，2001）、《河南省巩义市荥巩煤田金龙煤矿精查地质报告》（河南省煤田地质局二队，2001）和《河南省巩义市金龙煤矿外围勘探报告》（河南省煤田地质局二队，2007）。据2010年河南省煤田地质局一队编制的《河南省巩义市大峪沟煤核查区资源储量核查报告》，查明煤资源储量33339.7×10⁴ t，保有煤资源储量29518.0×10⁴ t。该区煤矿始采于1958年，浅部已采空。大部分为瓦斯风化带。

1. 矿区地质

大峪沟煤矿区的第四系厚度0～32.51 m，煤系基底为马家沟组。含煤地层本溪组厚度3.57～33.69 m，平均7.31 m；太原组厚度32.46～97.20 m，平均63.13 m；山西组厚度60.68～117.42 m，平均82.09 m；下石盒子组平均厚度276.77 m；上石盒子组平均厚度277.85 m。煤系盖层孙家沟组平均厚度 278.40 m，刘家沟组与和尚沟组揭露最大厚度分别为 257.47 m 和 130.15 m。矿区西端以北东向柳树沟正断层为界，区内构造形态为地层倾向 345°~30°、倾角 6°~20°的单斜构造，近东西向高角度正断层发育。将军岭正断层走向近东西，北倾，倾角 60°~72°，落差 15~150 m；莱园沟正断层南倾、倾角 60°~70°、25~120 m；夹持于两断层间的大峪沟滑动断层（HF）造成地层厚度缺失 20~360 m（图 2-59）。

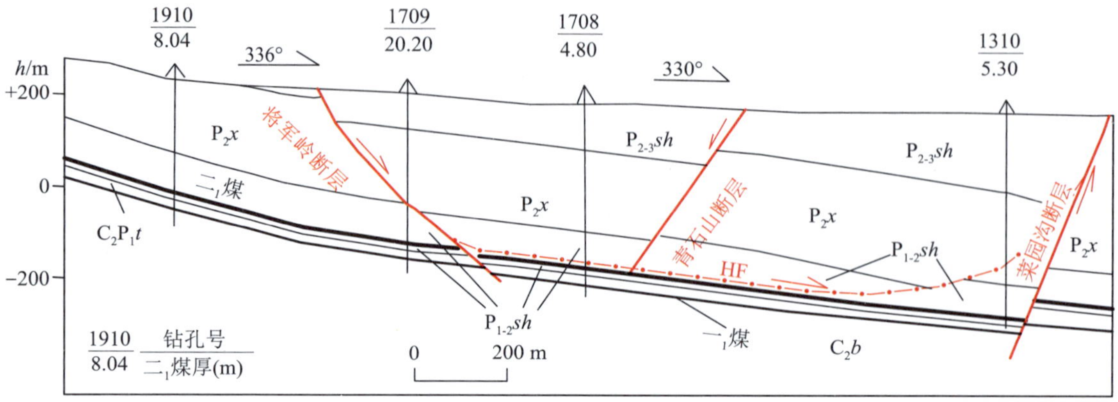

图 2-59　巩义市大峪沟煤矿区滑动构造剖面

（据沈建海等，2014b，有修改）

$P_{2-3}sh$—二叠系阳新统—乐平统上石盒子组；P_2x—乐平统下石盒子组；$P_{1-2}sh$—二叠系船山统—阳新统山西组；C_2P_1t—上石炭统—船山统太原组；C_2b—上石炭统本溪组

2. 煤层与煤质

大峪沟煤矿区本溪组—上石盒子组平均总厚度 707.15 m，含煤 23 层，煤层平均总厚度 6.24 m，含煤系数 0.88%。仅二$_1$、一$_1$ 煤层可采。二$_1$ 煤层全区可采，埋深 520~1450 m，赋存标高 −290~−1260 m；煤厚 0.69~9.72 m，平均 4.41 m，由于受北东向的柳树沟、古堆窑和沙鱼沟正断层组的影响，厚、薄煤带大致呈北东向相间排列（图 2-60）；受局部沉积环境变化的影响，二$_1$ 煤层在纵横向上存在着分岔现象（图 2-58）；原煤灰分 13.72%~32.98%，平均 19.23%；全硫 0.32%~1.67%，平均 0.47%；高位发热量 22.17~29.60 MJ/kg，平均为 27.52 MJ/kg；精煤挥发分平均为 1.99%；煤类为低灰、特低硫、高热值无烟煤。一$_1$ 煤层局部可采，顶距二$_1$ 煤层底平均为 64.73 m，埋深 570~1480 m，赋存标高−390~−1290 m，煤厚 0~2.32 m，平均 1.02 m，偶含 1 层厚度 0.10~0.25 m 的泥岩或碳质泥岩夹矸；原煤灰分 11.68%~25.28%，平均 18.19%；全硫 2.02%~6.64%，平均 4.54%；高位发热量 24.58~30.18 MJ/kg，平均为 27.41 MJ/kg；精煤挥发分平均为 1.80%；煤类为低灰、高硫、高热值无烟煤。

（六）郑州市小里河煤矿区

小里河煤矿区位于巩义市、荥阳市交界地带，处于米河煤矿区深部，北与上街-竹川煤矿区相接，走向长 15.17 km，倾向宽 0.80~4.73 km，面积约 46.03 km^2。区内为侵蚀型低山-丘陵地貌，海拔 138.0~589.4 m，地理坐标为东经 113°08′58″~113°20′02″、北纬 34°42′53″~34°45′57″。2004~2008 年，河南省煤炭地质勘察研究院对该区开展了普查、详查和勘探，提交的《河南省荥巩煤田小里河区勘探报告》累计查明/保有煤资源量 21659.0×10^4 t，估算二$_1$ 煤的煤层气资源量 33.98×10^8 m^3。本区地温梯度 1.24~2.29℃/hm，平均 1.70℃/hm。

1. 矿区地质

小里河煤矿区的第四系厚度 0~44.19 m，煤系基底为中奥陶统马家沟组。含煤地层本溪组厚度 3.45~14.36 m，平均 6.99 m；太原组厚度 39.57~90.49 m，平均 62.98 m；山西组厚度 51.95~133.95 m，平均 89.31 m；下石盒子组厚度 144.83~332.26 m，平均 263.59 m；上石盒子组厚度

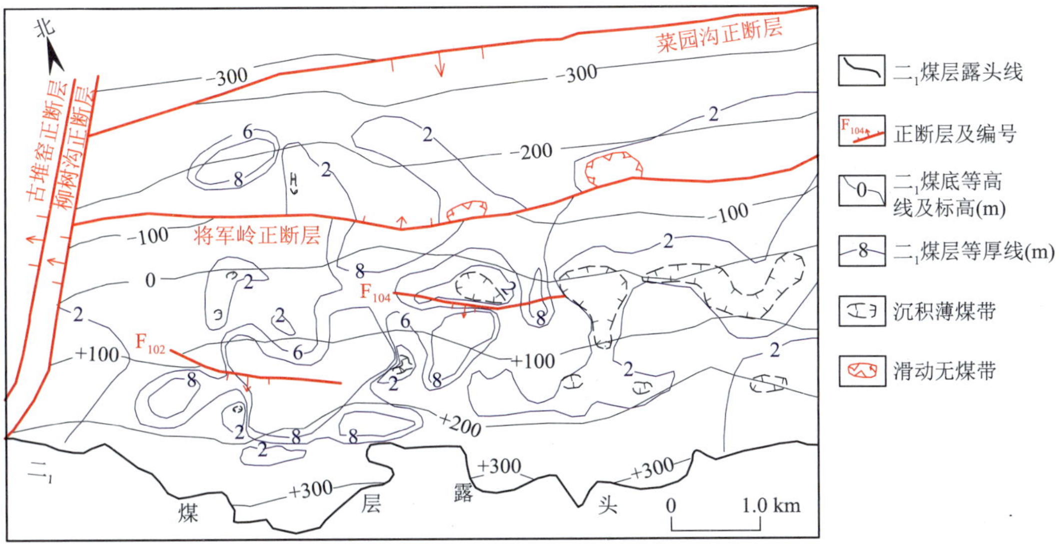

图 2-60　巩义市大峪沟煤矿区二$_1$ 煤厚分布图

（据沈建海等，2014b）

236. 55~336. 39 m，平均 277. 27 m。煤系盖层孙家沟组和刘家沟组揭露最大厚度分别为 292. 88 m 和 126. 79 m。基本构造形态为地层倾向北北东、倾角 5°~15°的单斜构造，落差 20~80 m 的近东西向、北西向和北东向高角度正断层发育。铁山滑动构造（即大峪沟滑动构造东段）南起吴押腰-铁山，北至余顶-银沟附近，滑动面位于石盒子组中，东西长 6. 8 km，南北宽 1. 5~3. 1 km，面积约 16 km^2，造成地层厚度缺失 20~360 m（图 2-61）。

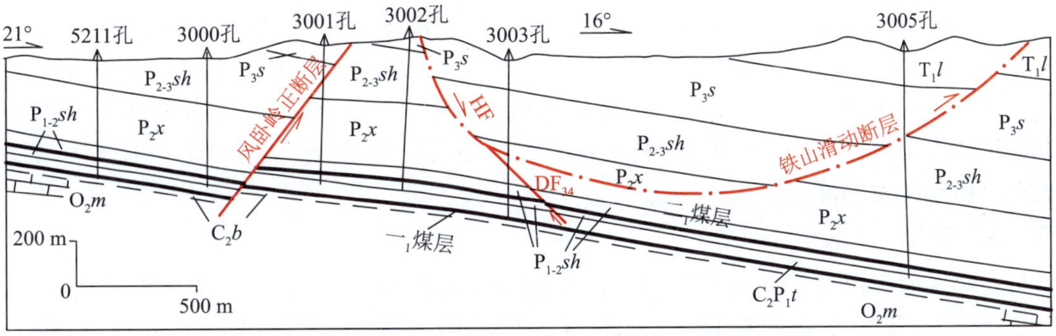

图 2-61　郑州市小里河煤矿区 30 勘探线地质剖面

（据河南省煤炭地质勘察研究院，2008a，有修改）

T_1l—下三叠统刘家沟组；P_3s—二叠系乐平统孙家沟组；$P_{2-3}sh$—二叠系阳新统—乐平统上石盒子组；P_2x—乐平统下石盒子组；$P_{1-2}sh$—二叠系船山统—阳新统山西组；C_2P_1t—上石炭统—船山统太原组；C_2b—上石炭统本溪组；O_2m—中奥陶统马家沟组

2. 煤层与煤质

小里河煤矿区本溪组—上石盒子组平均总厚度 700. 14 m，共含煤 18 层，煤层总厚度 4. 56 m，含煤系数为 0. 65%。上石盒子组含七$_2$、七$_4$ 两层煤，下石盒子组含三$_2$、四$_2$、五$_2$、六$_2$ 煤 4 层，山西组含二$_1$（二$_1^1$、二$_1^2$、二$_1^3$）、二$_2$、二$_3$、二$_5$ 煤 4 层，太原组含一$_1$、一$_2$、一$_3$、一$_4$、一$_5$、一$_6$、一$_7$、一$_8$ 煤 8 层。其中二$_1$ 煤层基本全区可采，一$_1$、一$_4$、一$_5$ 煤层为偶可采煤层，其他煤层均不可采，可采煤层总厚度 3. 41 m，可采煤层含煤系数为 0. 49%。二$_1$ 煤层层位稳定，埋深 655~1270 m，煤底标高 -150~-1045 m，可采性指数 82. 70%。直接顶、底板均以泥岩为主，间接顶板为大占砂岩，间接底板为深灰色，含泥质、粉砂质线理或条带的细-中粒砂岩。$二_1$ 煤层厚度 0～15.12 m，平均 2.55 m，沿走向和倾向变化较大（图 2-57）。$二_1$ 煤层在纵、横向上均存在多处小片分岔，分岔为$二_1^1$、$二_1^2$ 或$二_1^1$、$二_1^2$、$二_1^3$ 煤分层；含矸率 14.75%，含厚度 0.03～0.64 m 的碳质泥岩夹矸 0～2 层。$一_1$ 煤层位于 L_1 石灰岩与本溪组铝质泥岩之间，煤厚 0.26～1.18 m，平均为 0.53 m，18 个钻孔穿见，仅 1 孔可采。各标志层之间距见表 2-68。

表 2-68　郑州市小里河煤矿区主要标志层、煤层厚度及层间距一览表　　单位：m

标志层、煤层	田家沟砂岩	砂锅窑砂岩	大占砂岩	$二_1$ 煤层	$二_1$ 煤底砂岩	L_7 石灰岩	L_1 石灰岩
田家沟砂岩	7.29						
砂锅窑砂岩	259.12	5.36					
大占砂岩	316.09	51.61	6.72				
$二_1$ 煤层	325.65	61.17	2.84	2.55			
$二_1$ 煤底砂岩	331.00	66.52	8.19	2.80	19.63		
L_7 石灰岩	362.15	97.67	39.34	33.95	13.07	4.71	
L_1 石灰岩	407.05	142.57	84.24	78.85	56.42	39.72	6.18

（据河南省煤炭地质勘察研究院，2008a）

小里河煤矿区的$二_1$ 煤原煤水分 0.44%～3.20%，平均 1.74%；灰分 12.42%～39.96%，平均 20.82%；挥发分 4.21%～8.91%，平均 5.75%；全硫 0.25%～1.40%，平均 0.39%；高位发热量 20.14～29.96 MJ/kg，平均 26.96 MJ/kg。浮煤水分 0.54%～3.84%，平均 1.64%；灰分 5.26%～22.15%，平均 9.24%；挥发分 2.57%～9.19%，平均 4.15%；全硫 0.14%～0.54%，平均 0.39%；高位发热量 29.01～33.05 MJ/kg，平均 31.51 MJ/kg。形态硫以有机硫为主，次为硫铁矿硫，硫酸盐硫微量。2 个样品可磨性指数分别为 155 和 168，属极易磨煤。热稳定性指标 TS_{+6} 为 58.2%，属低热稳定性煤。煤灰成分以二氧化硅和三氧化二铝为主，平均含量分别为 48.26% 和 31.12%，三氧化二铁平均 8.12%，氧化钙平均 3.48%，二氧化硫平均 2.26%，氧化镁、氧化钾和氧化钠含量较少；煤灰软化温度 1240～>1400℃，平均大于 1386℃；流动温度 1390～>1400℃，平均 1400℃；属较高软化温度灰、中等流动温度灰。$二_1$ 煤为中灰、特低硫、中高热值粉状无烟煤，可选性属中等—难选，煤泥量大，适宜民用和动力用煤。

3. $二_1$ 煤层瓦斯

小里河煤矿区处于甲烷带，在 515.81～1147.60 m 的取样深度内，瓦斯成分中甲烷占 15.39%～98.08%，平均 83.87%；氮气占 0.18%～61.86%，平均 10.86%；二氧化碳占 1.05%～37.92%，平均 5.27%。$二_1$ 煤瓦斯含量为 2.55～38.76 mL/g，平均 16.30 mL/g。$二_1$ 煤的坚固性系数 0.18～0.22，平均 0.20。瓦斯放散初速度 8.6～12.0 mmHg，平均 10.3 mmHg。瓦斯压力 0.79～1.92 MPa，平均 1.26 MPa。$二_1$ 煤在恒定温度 30±0.2℃的条件下，煤对瓦斯的吸附量随着瓦斯压力的增大而增加，压力达到 4～5 MPa 时煤对瓦斯的吸附量增加缓慢；通过试验$二_1$ 煤对瓦斯的最大吸附量 a 值为 24.05 mL/g。$二_1$ 煤存在煤与瓦斯突出危险性。

（七）巩义市米河煤矿区

米河煤矿区位于荥阳市和巩义市的结合部位，为丘陵地貌，海拔 158.2～436.69 m。处于荥巩煤田西部，由谷山井田、黄庄井田、王河煤矿和徐庄煤矿构成，南为煤层露头，北以$二_1$ 煤底标高 -450 m 为界与小里河煤矿区毗邻，西以 35 线为界与大峪沟煤矿区相接，东以 120 线为界与荥阳市崔庙煤矿区相连，面积约 88.14 km^2。矿区地理坐标为东经 113°07′53″～113°19′36″，北纬 34°40′05″～34°44′30″。据 2010 年河南省煤田地质局一队编制的《河南省巩义市米河煤核查区资源储量核查报告》，勘查程度达勘探，区内累计查明/保有$二_1$、$一_7$ 煤层煤资源量 26714.5×10^4 t；查明$一_1$ 煤层高硫无烟煤资源量 7417.6×10^4 t，已建矿井开采二$_1$、一$_7$ 煤层，保有煤资源量 32074.3×10^4 t；估算二$_1$ 煤的煤层气资源量 46.85×10^8 m^3。本区二$_1$ 煤层为煤（岩）与瓦斯突出煤层，一$_1$ 煤层为低瓦斯煤层，区内未发生过煤尘爆炸事故。20 世纪 80 年代曾在浅部的谷山基建井进行可抽性评价试验，煤层气从粉煤中分离困难，抽采瓦斯难度大，抽放效果较差。

1. 矿区地质

米河煤矿区的煤系基底为中奥陶统马家沟组。含煤地层本溪组厚度 4.53~13.59 m，平均 8.65 m；太原组厚度 33.24~88.66 m，平均 64.45 m；山西组厚度 65.27~102.20 m，平均 83.96 m；下石盒子组平均厚度 259.48 m；上石盒子组平均厚度 303.75 m。煤系盖层孙家沟组平均厚度 280.00 m，刘家沟组揭露最大厚度 100.00 m。第四系广泛分布于沟谷、山坡及河床阶地，厚度 0~35.67 m，平均 13.72 m。构造形态为地层倾向北北东、倾角 8°~13°的单斜构造，高角度正断层发育，将军岭断层为矿区西北部边界。矿区中部的古城寨逆断层倾向 320°~340°，倾角 50°。矿区东部的米河-贾峪滑动构造破坏了含煤地层的连续性，造成地层厚度缺失。

2. 煤层与煤质

米河煤矿区的煤系平均总厚度 720.29 m，含煤 20 层，煤层总厚度 6.09 m，含煤系数 0.85%，仅二$_1$、一$_7$ 和一$_1$ 煤层可采，其他煤层均不可采。二$_1$ 煤层全区可采，煤底标高+230~-450 m，煤厚 0~13.00 m，平均 3.59 m；煤层有夹矸和分岔合并现象，常见 1~2 层夹矸，将二$_1$ 煤层分岔为二$_1^1$ 和二$_1^2$ 煤分层（图 2-62）。一$_1$ 煤层大部分可采，煤厚度 0~2.00 m，平均厚度 0.85 m，含矸 0~1 层；当一$_1$ 煤层分岔为上、下两个分煤层（一$_1^1$、一$_1^2$ 煤）时，则不可采（图 2-63）。一$_7$ 煤为局部可采无烟煤，层位较稳定，煤厚 0~9.93 m，平均 1.52 m，偶见 1 层夹矸，顶板为 L_7 石灰岩，底板多为砂质泥岩。二$_1$ 煤原煤水分平均 2.54%，灰分平均 16.62%，硫分平均 0.33%，发热量平均 28.68 MJ/kg，浮煤挥发分平均 4.95%，煤类为低灰、特低硫、高热值无烟煤。一$_1$ 煤原煤水分平均 2.62%，灰分平均 13.60%，硫分平均 3.91%，发热量平均 29.63 MJ/kg，浮煤挥发分平均 4.95%，煤类为低灰、高硫、高热值无烟煤。

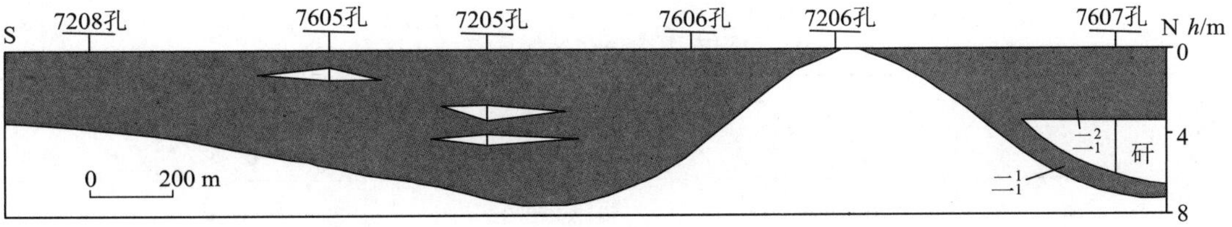

图 2-62　巩义市米河煤矿区二$_1$ 煤层结构示意

（据沈建海等，2014b）

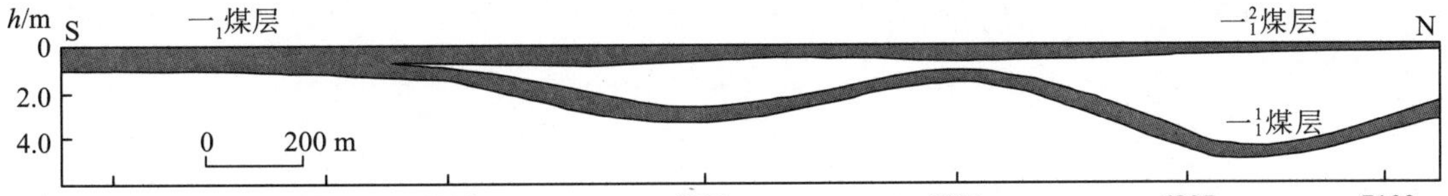

图 2-63　巩义市米河煤矿区一$_1$ 煤层结构示意

（据河南煤田地质公司，1991）

（八）荥阳市丁店煤矿区

丁店煤矿区位于荥阳市乔楼乡、刘河镇、崔庙镇、贾峪镇境内，为西高东低的低山-丘陵地貌，海拔 200~550 m，呈北西—南东向展布的长方形，面积约 46.19 km^2。地理坐标为东经 113°16′46″~

113°28′40″，北纬 34°40′28″~34°44′19″。2006~2011 年，河南省国土资源科学研究院对该区进行了预查、普查，提交的《河南省荥阳市丁店煤普查报告》查明/保有煤资源量 4874. 0×10^4 t；另估算 1500 m 以浅的（334）？类煤资源量 8305. 0×10^4 t，1500 m 以深的（334）？类煤资源量 686. 0×10^4 t；估算二$_1$ 煤的煤层气资源量 29. 26×10^8 m^3。本区位于甲烷带，甲烷成分为 25. 70%~98. 83%，平均 80. 87%；甲烷含量 3. 33~47. 26 mL/g，平均 21. 10 mL/g。地温梯度 0. 70~1. 44℃/hm，平均 1. 06℃/hm，属地温正常区。

1. 矿区地质

丁店煤矿区的煤系基底为中奥陶统马家沟组。含煤地层本溪组厚度 5. 52 m；太原组厚度 48. 68 m；山西组厚度 71. 14~86. 74 m，平均 81. 41 m；下石盒子组厚度 280. 08~319. 29 m，平均 296. 34 m；上石盒子组厚度 216. 73~325. 25 m，平均 286. 58 m。煤系盖层孙家沟组厚度 201. 69~409. 06 m，平均 306. 54 m；刘家沟组揭露最大厚度 100. 02 m。第四系广泛分布，厚度 0~76. 10 m。构造形态为地层倾向北北东、倾角 8°~13°的单斜构造，近东西向、北东向高角度正断层发育。

2. 煤层与煤质

丁店煤矿区的煤系共含煤 10 层，最大煤厚 7. 97 m，平均 2. 87 m。太原组穿见了一$_1$、一$_2$、一$_5$、一$_6$、一$_7$、一$_8$、一$_9$ 共 7 层不可采煤层。山西组含煤 2 层（二$_1^1$、二$_1^2$），为本区的主采煤层。下石盒子组未见煤层。上石盒子组含煤 1 层（七$_2$），仅 ZK22-2、ZK12-1 和 ZK8-1 达可采厚度，成片连续性较差，最大煤厚 2. 82 m，可采点平均煤厚 1. 32 m，局部含夹矸 1 层，煤底标高 -268. 63~-569. 59 m，埋深 454. 50~782. 29 m；直接顶板为泥岩，老顶为浅灰色细砂岩；底板为灰色细-中粒砂岩和泥质砂岩，局部为碳质泥岩。二$_1$ 煤层位于山西组下部，下距太原组顶部石灰岩 0. 37~26. 11 m，平均 6. 74 m；上距砂锅窑砂岩 48. 73~81. 65 m，平均 72. 80 m；煤厚 0. 22~5. 16 m，平均 1. 58 m，煤底标高-500~-1600 m，埋深 700~1700 m；煤层直接顶为泥岩，局部为大占砂岩；直接底板为黑色泥岩，有时相变为粉砂岩。二$_1$ 煤和七$_2$ 煤均以粉状和碎片状为主，局部为粒状，夹少量块状，镜鉴煤岩组分以亮煤为主，暗煤次之，宏观煤岩成分遭到破坏而不易分辨。七$_2$ 煤为中高灰、特低硫、中热值无烟煤，二$_1$ 煤为中灰、特低硫、中高热值无烟煤（表 2-69）。

表 2-69 荥阳市丁店煤矿区煤质特征一览表

煤层		水分/%	灰分/%	挥发分/%	全硫/%	高位发热量/（MJ·kg^{-1}）	视密度/（t·m^{-3}）
七$_2$	原煤	1. 64~2. 09 1. 87	29. 75~36. 77 33. 62	7. 16~8. 58 7. 87	0. 23~0. 39 0. 31	20. 92~23. 84 22. 38	1. 67~1. 70 1. 68
	浮煤	2. 48	5. 60	4. 61	0. 33	—	—
二$_1$	原煤	1. 02~4. 42 1. 97	14. 09~33. 99 21. 95	6. 25~8. 77 7. 65	0. 21~1. 15 0. 50	22. 18~29. 38 26. 77	1. 50~1. 71 1. 61
	浮煤	1. 14~2. 58 1. 87	5. 57~9. 00 7. 10	4. 89~6. 50 5. 47	0. 28~0. 49 0. 36	32. 30	—

注：资料来源于《河南省荥阳市丁店煤普查报告》，河南省国土资源科学研究院，2011。

（九）荥阳市崔庙煤矿区

崔庙煤矿区位于荥阳市崔庙镇、贾峪镇境内，为丘陵地貌，海拔 182. 0~280. 9 m。处于荥巩煤田中部，由徐庄煤矿东部、计河井田和岵山煤矿构成，南为煤层露头，西与米河煤矿区相接，东止于李新寨正断层，面积约 44. 00 km^2。地理坐标为东经 113°18′52″~113°26′18″，北纬 34°39′02″~34°42′37″。据 2010 年河南省煤田地质局一队编制的《河南省荥阳市崔庙煤核查区资源储量核查报告》，勘查程度达勘探，区内查明二$_1$ 煤层煤资源储量 18721. 7×10^4 t，保有煤资源储量 17838. 1×10^4 t；另有一$_3$、一$_1$ 等煤层高硫煤 5168.8×10^4 t，保有 4260.6×10^4 t。估算二$_1$ 煤的煤层气资源量 28.99×10^8 m^3。

1. 矿区地质

崔庙煤矿区第四系厚度 0～146.00 m。本溪组平均厚度 8.97 m，太原组平均厚度 75.36 m，山西组平均厚度 68.40 m，下石盒子组平均厚度 255.19 m，上石盒子组平均厚度 344.37 m，孙家沟组平均厚度 292.00 m，刘家沟组保留最大厚度 133.63 m，和尚沟组保留最厚度 192.40 m。基本构造形态为地层倾向北北东、倾角 15°～30°的单斜构造，近东西向、北东向和北西向高角度正断层发育。矿区位于米河-贾峪滑动构造的主体部位，受此影响，滑动构造上盘由南向北缺失地层厚度为 1300～0 m，至二$_1$ 煤层底板-300 m 水平附近地层层序渐趋正常，并在滑动系统中形成了近东西向双楼-盆窑滚卷背斜，而由二$_1$ 煤层及其下伏地层构成的下伏系统为地层倾向北北东、倾角 7°～17°的单斜构造（图 2-64，图 2-65）。矿区中部的马泉沟正断层倾向 190°～205°，倾角 70°，落差 25 m。李新寨正断层倾向 330°，倾角 70°，落差 25～90 m。

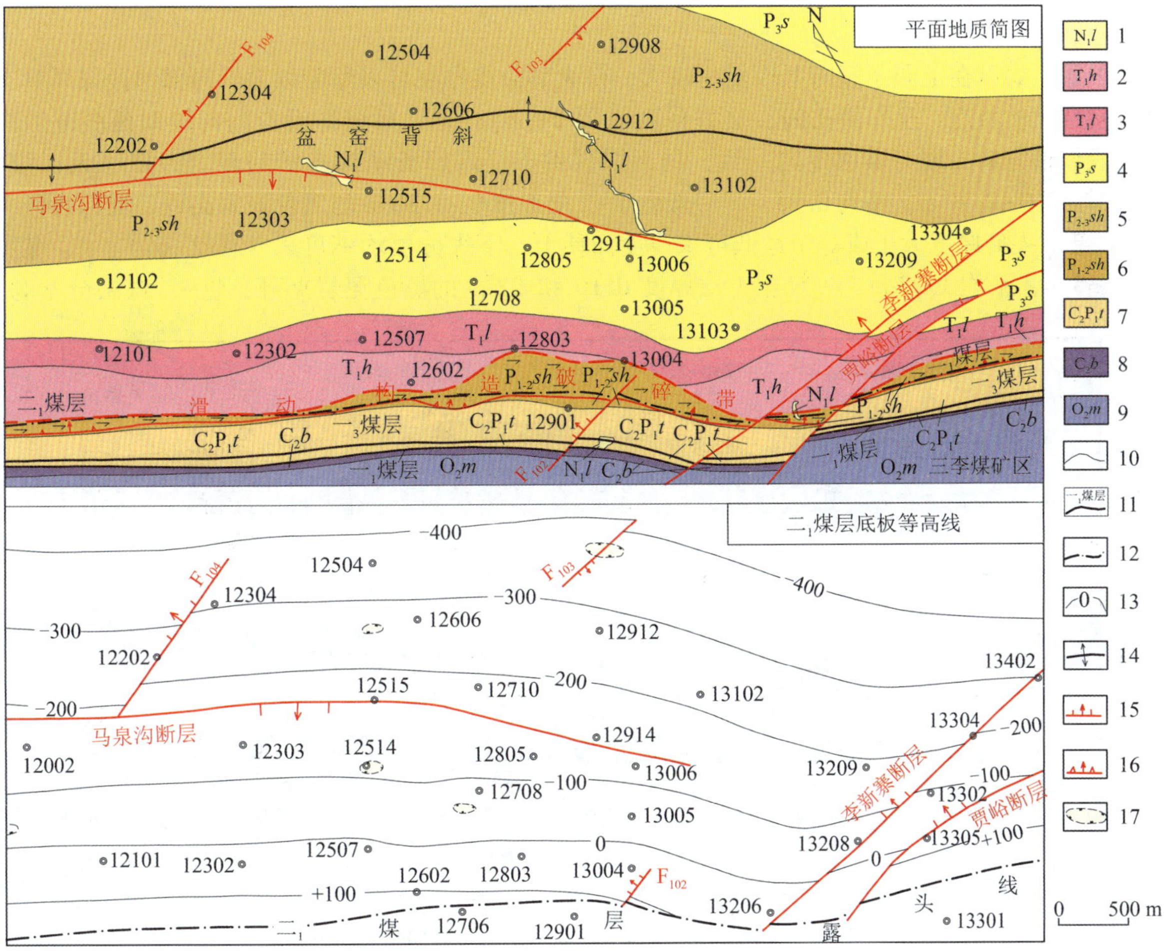

图 2-64 荥阳市崔庙煤矿区滑动断层上下结构复杂程度对比图

（据沈建海等，2014b，有修改）

1—新近系洛阳组；2—下三叠统和尚沟组；3—下三叠统刘家沟组；4—二叠系乐平统孙家沟组；5—二叠系阳新统—乐平统上石盒子组；6—二叠系船山统—阳新统山西组；7—上石炭统—船山统太原组；8—上石炭统本溪组；9—中奥陶统马家沟组；10—地层分界线；11—煤层露头线；12—滑动构造断煤交线；13—煤底等高线（m）；14—背斜轴；15—正断层；16—滑动断层；17—滑动薄（无）煤区

2. 煤层与煤质

崔庙煤矿区的可采煤层有二$_1$、一$_3$ 和一$_1$ 煤层，可采性分别为全区可采、局部可采和大部分可采。二$_1$ 煤层底板标高+150～-600 m，煤厚 0.30～12.20 m，平均 5.54 m，局部含厚度 0.05～1.77 m

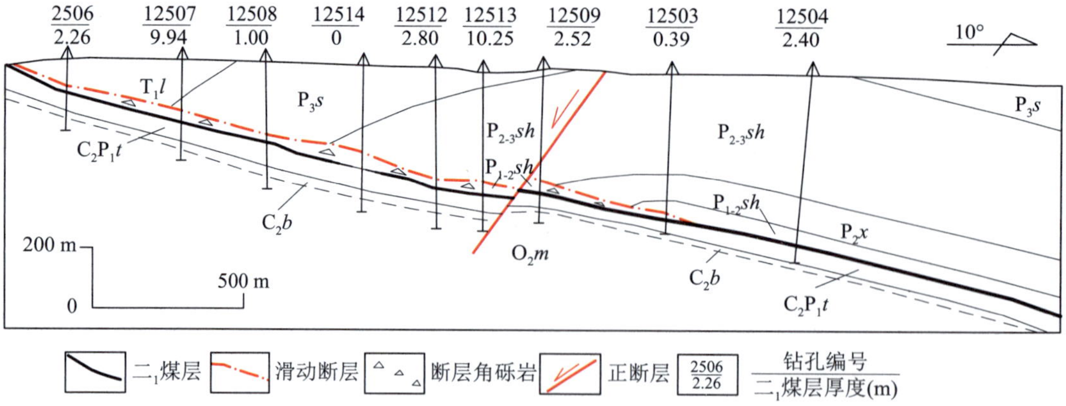

图 2-65　荥阳市崔庙煤矿区 125 勘探线剖面

（据沈建海等，2014b）

的夹矸 1 层，煤厚在走向及倾向上均变化较大，但大部分煤厚在可采厚度以上，局部地段煤厚具有短距离急剧变化的特点，呈厚薄相间、交替排列（图 2-66），厚、薄煤带沿走向与倾向延展范围都不大，一般长轴方向大致与煤层走向一致，局部煤层由于受层间滑动构造铲刮而变为薄（无）煤区。一$_3$ 煤层厚度 0~2.70 m，平均 0.98 m，一般含 1~2 层厚度 0~1.80 m 的黑色泥岩夹矸，局部含矸多达 3 层，局部因夹矸厚度大于或等于最低可采厚度而使上、下煤分层均不可采（图 2-67）。一$_1$ 煤层厚度 0~3.35 m，平均 1.23 m。一般含 1 层厚度 0.10~2.22 m 的黑色泥岩夹矸，将一$_1$ 煤层分岔为上、

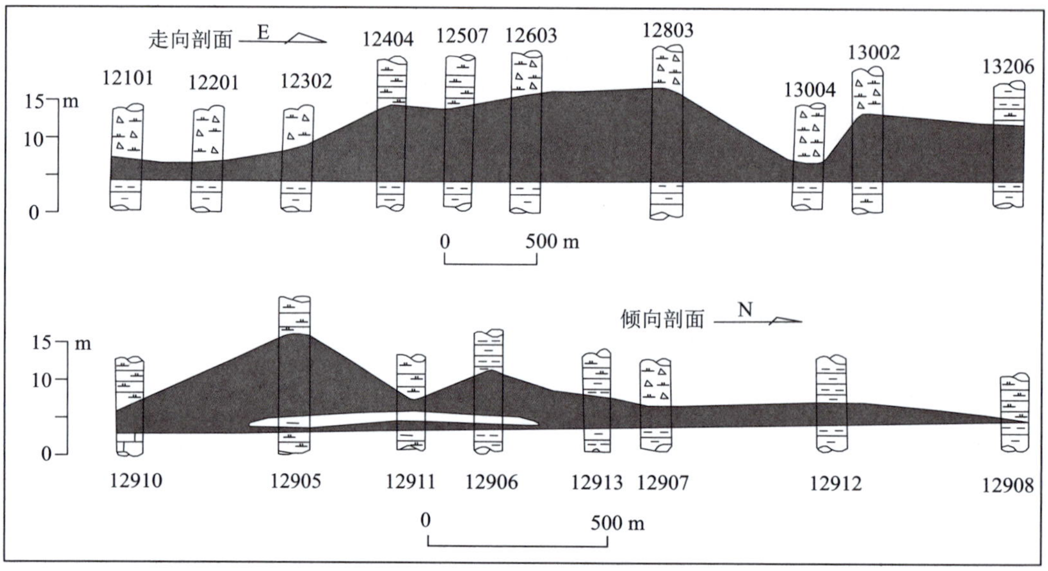

图 2-66　荥阳市崔庙煤矿二$_1$ 煤沿走向、倾向变化示意图

（据沈建海等，2014b）

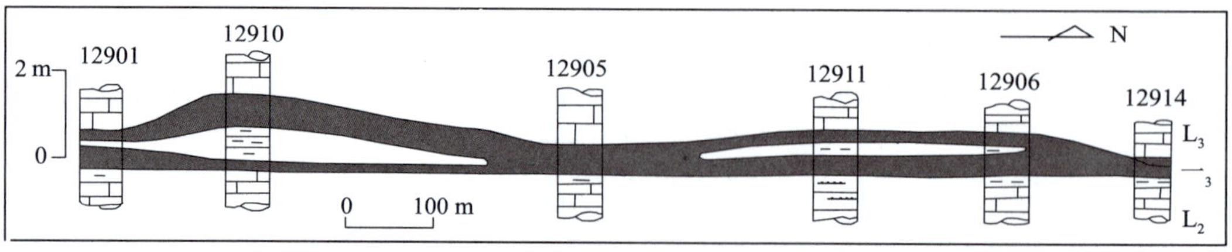

图 2-67　荥阳市崔庙煤矿一$_3$ 煤层结构变化示意图

（据沈建海等，2014b）

下两层（$一_1^1$、$一_1^2$煤），一般$一_1^2$煤分层不稳定，常尖灭相变为泥岩或碳质泥岩，$一_1^1$分煤层为主层。

崔庙煤矿区的$二_1$煤原煤水分0.30%~4.28%，平均2.01%；灰分10.73%~34.77%，平均15.85%；全硫0.27%~0.47%，平均0.35%；挥发分5.21%~12.25%，平均7.79%；高位发热量平均28.79 MJ/kg。浮煤水分为0.40%~4.48%，平均2.24%；灰分2.77%~14.68%，平均7.30%；全硫0.31%~0.61%，平均0.39%；挥发分4.25%~7.62%，平均6.06%；高位发热量平均32.48 MJ/kg。$一_3$煤原煤水分0.46%~5.28%，平均2.11%；灰分12.14%~35.66%，平均20.55%；全硫3.02%~4.30%，平均3.66%；挥发分5.27%~22.48%，平均8.70%；高位发热量平均29.61 MJ/kg。浮煤水分为0.48%~1.88%，平均1.18%；灰分4.07%~7.15%，平均5.61%；全硫2.24%~4.29%，平均3.21%；挥发分4.96%；高位发热量平均33.50 MJ/kg。$一_1$煤原煤水分0.40%~4.23%，平均2.38%；灰分5.43%~22.44%，平均13.69%；全硫0.44%~6.39%，平均3.90%；挥发分3.73%~8.42%，平均6.07%；高位发热量平均26.06 MJ/kg。浮煤水分为0.49%~3.42%，平均1.66%；灰分1.70%~5.92%，平均3.74%；全硫1.16%~3.21%，平均1.67%；挥发分3.24%~6.13%，平均4.33%；高位发热量平均为32.25 MJ/kg。煤类均为无烟煤，$二_1$煤为低灰、特低硫、高热值煤，$一_3$煤为中灰、高硫、高热值煤，$一_1$煤为低灰、高硫、中高热值煤。

（十）郑州市三李深部煤矿区

三李深部煤矿区位于郑州市二七区与荥阳市结合部的丘陵区，隶属于郑州市二七区西南部的马寨镇、候寨乡和荥阳市贾峪镇，海拔145.0~234.0 m。处于崔庙和三李煤矿区深部。东起郑州市候寨乡柴郭村，西至荥阳市崔庙镇罗圈寨，北起荥阳市王寨到郑州市贾寨一线，南至荥阳市李新寨到郑州市黄龙岗一线，东西长约23 km，南北宽约5 km，面积约91.24 km²。矿区地理坐标为东经113°24′39″~113°39′07″，北纬34°38′11″~34°43′50″。2007~2011年，原河南省地质矿产勘查开发局第二地质队在此开展了煤矿勘查工作，提交的《河南省荥巩煤田三李深部勘查区煤炭普查报告》查明/保有煤资源量9717.0×10⁴ t，估算1500 m以浅的（334）？类煤资源量26612.0×10⁴ t。

1. 矿区地质

三李深部煤矿区基本为黄土覆盖区，基岩仅在西部沟谷中有零星出露，第四系厚度0~530 m。据钻探揭露，煤系基底为中奥陶统马家沟组。含煤地层本溪组平均厚度8.58 m，太原组平均厚度53.77 m，山西组平均厚度79.15 m，下石盒子组平均厚度245.89 m，上石盒子组平均厚度258.72 m。煤系盖层孙家沟组平均厚度274.72 m，刘家沟组平均厚度169.67 m，和尚沟组保留最大地层厚度174.71 m。区内构造格架为嵩山背斜北翼东段之地层倾向15°~55°、倾角12°~14°的单斜构造。贾峪正断层倾向北西—北，倾角70°，落差70~150 m，从矿区穿过，并在$二_1$煤层附近发育低缓的滑动构造，滑动构造对煤层造成的滑移、铲失作用而使得局部发育薄煤带或无煤带等地质异常。郭小寨正断层构成本区赋煤区的北界，该断层走向北西西，倾向南，倾角75°，落差大于300 m。值得说明的是，郭小寨断层是1968年中南煤炭工业管理局煤田地质局一二五队在其编制的《河南省荥巩煤田三李（红卫）勘探区煤矿地质勘探最终报告》中确定的正断层，至于其西段走向北西、南升北降区段与东段走向北西西、北升南降区段是否为同一期形成，还是北西向断层对近东西向断层的继承、改造而成，抑或是两条不同的断层，有待查证。

2. 煤层与煤质

三李深部煤矿区本溪组—上石盒子组平均总厚度646.11 m，含煤8层，煤层平均总厚度6.75 m，含煤系数1.04%。$二_1$煤层全区可采，$一_1$煤层局部可采，其余煤层均不可采，煤类均为无烟煤。

三李深部煤矿区的$二_1$煤层上距砂锅窑砂岩平均55.74 m，上距大占砂岩平均3.61 m，下距L_8石灰岩平均25.24 m，煤底标高−400~−1550 m，埋深600~1700 m，由南西向北东逐渐变深，其中1500 m以浅的赋煤面积40.78 km²。煤层厚度1.17~8.78 m，平均4.72 m，无矸，因$二_1$煤层附近发育的低缓滑动构造影响而出现多处无煤区。$二_1$煤层直接顶板为深灰色、灰黑色泥岩，厚度0~16.50 m，平均3.61 m，富含植物化石，ZK2001孔和ZK2801孔揭露的$二_1$煤层具碳质泥岩伪顶；老顶为大占砂岩，厚度3.16~25.92 m，平均15.47 m，岩性为深灰色、灰黑色细-中粒长石石英砂岩，发育斜层理，层面上可见零星大片白云母及碳质；ZK3201孔揭露的大占砂岩直接与二$_1$煤层接触。二$_1$煤层直接底板为灰黑色泥岩，含星点状白云母片，富含植物化石，平均厚度1.40 m，部分钻孔（ZK2408、ZK3201、ZK2001）揭露二$_1$煤层具碳质泥岩伪底；老底为深灰色、灰黑色细-中粒长石石英砂岩，偶含黄铁矿结核，具斜层理，层面上富含白云母片，其中ZK2801孔二$_1$煤层直接与该底板砂岩接触。

三李深部煤矿区的一$_1$煤为高硫煤，属不稳定薄煤层，煤厚0~1.48 m，平均为0.94 m。上距二$_1$煤层平均68.64 m，距L_8石灰岩平均36.63 m；下距马家沟组平均10.33 m。煤层中上部见1层比较稳定的夹矸，将煤层分成上、下两层，上层煤不稳定，常尖灭相变为泥岩或碳质泥岩。煤层顶板为平均厚度8.02 m的L_1含生物碎屑石灰岩，底板为本溪组铝质泥岩，并具有薄层碳质泥岩伪底。偶见一$_6$煤层，煤层厚度0.96 m=0.25（0.30）0.41 m。

（十一）郑州市三李煤矿区

三李煤矿区位于郑州市区、新密市和新郑市交界处的郑州市二七区，处于荥巩煤田东部，西以李新寨正断层为界与崔庙煤矿区相邻，西南为煤层露头，北部大致以二$_1$煤底-350 m水平与三李深部煤矿区煤相接，东南大致以三李正断层与三李东煤矿区分界，面积约44.96 km^2。矿区地理坐标为东经113°24′18″~113°35′47″，北纬34°36′52″~34°40′22″。据2010年河南省煤田地质局一队编制的《河南省郑州市三李煤核查区资源储量核查报告》，勘查程度达勘探，区内累计查明煤资源储量12180.5×10^4 t，保有煤资源储量11684.9×10^4 t。本区地温梯度2.0~4.3℃/hm之间，推测-100 m以深存在高温热害。

1. 矿区地质

三李煤矿区为新生界覆盖区。本溪组厚度7.38~11.02 m，平均9.29 m；太原组厚度77.52~92.87 m，平均85.20 m；山西组厚度66.29~128.62 m，平均92.79 m；下石盒子组厚度235.07~380.01 m，平均315.60 m；上石盒子组厚度244.36~372.01 m，平均295.42 m；孙家沟组平均厚度274.42 m；刘家沟组揭露最大厚度73.42 m；新近系洛阳组厚度8.40~128.80 m，平均53.18 m；第四系厚度4.80~80.70 m，平均厚度30.04 m。构造形态为嵩山背斜北翼东段之地层倾向北—北北东、倾角15°~30°的单斜构造，近东西向高角度正断层为区内主干构造。由北向南分布的贾峪正断层、三李正断层及郭楼正断层组成垒堑式组合。贾峪正断层北倾，倾角70°，落差70~150 m。三李正断层南倾，倾角60°~70°，落差50~270 m。郭楼正断层北倾，倾角60°~70°，落差200~300 m。北西向和北东向正断层规模小、延展短、落差小。

2. 煤层与煤质

三李煤矿区的二$_1$煤层大部可采，煤底标高+80~-500 m，煤厚0~14.87 m，一般厚度2~6 m，平均4.13 m，偶含1~2层碳质泥岩或泥岩夹矸，因顺二$_1$煤层层间滑动的推挤、揉搓和铲蚀，煤厚变化较大，出现多个大面积薄或无煤区。一$_1$、一$_3$煤层为局部可采不稳定煤层。一$_1$煤层厚度0.35~3.40 m，平均1.10 m，顶板为L_1石灰岩，底板为泥岩或铝土岩。一$_3$煤层位于L_2和L_3石灰岩之间，煤厚0~1.01 m，平均0.59 m。

三李煤矿区的二$_1$煤原煤水分0.50%~2.51%，平均1.34%；灰分9.97%~24.35%，平均16.12%；全硫0.22%~0.44%，平均0.33%；高位发热量27.77~31.01 MJ/kg，平均29.32 MJ/kg。二$_1$煤的浮煤水分0.50%~2.51%，平均1.34%；灰分5.79%~7.40%，平均6.67%；挥发分平均6.48%；高位发热量32.71~33.33 MJ/kg，平均32.02 MJ/kg。二$_1$煤的煤灰软化温度（ST）大于1400℃，属于高熔灰分煤。一$_1$煤的原煤水分0.80%~4.03%，平均2.00%；灰分8.19%~24.40%，平均15.10%；全硫5.26%；高位发热量25.34~32.00 MJ/kg，平均28.59 MJ/kg。一$_1$煤的浮煤水分0.80%~4.03%，平均2.00%；灰分2.65%~10.93%，平均4.32%；挥发分平均6.48%。一$_1$煤的煤灰软化温度（ST）为1199℃，属低熔灰分煤。煤类均为无烟煤，二$_1$煤为低灰、特低硫、高热值煤，一$_1$煤为低灰、高硫、高热值煤。

（十二）郑州市三李东煤矿区

三李东煤矿区位于荥巩煤田东部，隶属于郑州市二七区侯寨乡、新密市白寨镇、新郑市龙湖镇，北以三李正断层为界，南以王口正断层为界与新密煤田翟沟煤矿区分界，西起煤层露头，东至$二_1$煤底-850 m 水平，面积约 33.94 km^2。地理坐标为东经 113°32′51″~113°37′30″，北纬 34°34′37″~34°37′58″。据 2010 年河南省煤田地质局一队编制的《河南省郑州市三李东煤核查区资源储量核查报告》，勘查程度达勘探，区内累计查明煤资源储量 15330.5×10^4 t，保有煤资源储量 14617.6×10^4 t，估算$二_1$煤的煤层气资源量 13.34×10^8 m^3。本区为地温正常区，$二_1$煤层甲烷成分 7.48%~97.73%，以甲烷带为主，甲烷含量 0.17~43.03 mL/g，平均 14.12 mL/g，生产矿井为高瓦斯矿井。

三李东煤矿区属半掩蔽型，构造较为复杂。本区处于嵩山背斜东部倾伏端的北翼转折部位，总体形态为一单斜构造，地层走向总体呈北西向，向东部转至近南北向，倾向北东和东，倾角 8°~16°。自北而南分布的走向北西西向、向北陡倾的郭楼、南倾的关帝庙咀和北倾的梅山、九门沟及张沟正断层组成垒堑式和阶梯式组合。北西向和北东向高角度正断层规模小、延展短、落差小。矿区西部发育一组走向北西、倾向北东的逆断层。$二_1$煤层全区可采，煤厚 0~14.78 m，平均厚度 4.13 m，偶含 1~2 层碳质泥岩或泥岩夹矸。$一_1$煤为局部可采不稳定煤层，煤厚 0.35~3.40 m，平均 1.10 m，顶板为 L_1 石灰岩，底板为泥岩或铝土岩。$二_1$煤的原煤水分 0.42%~2.57%，平均 1.04%；灰分 13.95%~29.79%，平均 20.16%；全硫 0.16%~0.33%，平均 0.26%；高位发热量 23.00~30.74 MJ/kg，平均 27.43 MJ/kg。$二_1$煤的浮煤水分 0.38%~3.44%，平均 1.41%；灰分 4.32%~19.26%，平均 9.25%；全硫 0.23%~0.39%，平均 0.32%；挥发分平均 6.45%；高位发热量 30.12~33.58 MJ/kg，平均 32.08 MJ/kg，煤类为中灰、特低硫、高热值无烟煤。$二_1$煤的软化温度和流动温度均大于 1500℃，属高软化、高流动灰；TS_{+6} 值为 65.5%，为中热稳定性煤；可磨性指数 HGI 为 73~118，平均 94，属易磨煤；属弱反应、弱结渣性煤。$一_1$煤的原煤水分 0.80%~4.03%，平均 2.00%；灰分 8.80%~23.27%，平均 15.58%。

（十三）新郑市侯庄煤矿区

侯庄煤矿区位于新郑市龙湖镇、郑州市二七区和新密市白寨镇境内，为丘陵地貌，海拔 163.5~309.5 m，面积约 32.73 km^2。地理坐标为东经 113°35′08″~113°40′23″，北纬 34°34′03″~34°38′16″。2006~2015 年，河南省煤田地质局一队对该区进行了预查、普查，提交的《河南省新郑市侯庄煤普查报告》累计查明/保有煤资源量 5547.0×10^4 t；另估算 1500 m 以浅的（334）？类煤资源量 4980.0×10^4 t，1500 m 以深的（334）？类煤资源量 6769.0×10^4 t；估算$二_1$煤的煤层气 24.61×10^8 m^3。本区位于甲烷带，甲烷成分为 74.40%~97.59%，平均 87.92%；甲烷含量 3.20~36.05 mL/g，平均 16.09 mL/g。地温梯度 1.01~2.25℃/hm，平均 1.65℃/hm，属地温正常区。

侯庄煤矿区的煤系基底为中奥陶统马家沟组。含煤地层本溪组厚度 1.03~15.95 m，平均 9.12 m；太原组厚度 67.70~71.94 m，平均 69.82 m；山西组厚度 73.40~93.33 m，平均 82.86 m；下石盒子组厚度 288.15~317.84 m，平均 301.21 m；上石盒子组厚度 314.59~321.62 m，平均 324.57 m。煤系盖层孙家沟组厚度 301.25~390.08 m，平均 346.16 m；刘家沟组揭露最大厚度 300.56 m；洛阳组厚度 0~176.20 m；第四系厚度 0~40.41 m。构造形态为处于嵩山背斜东段倾伏端北翼转折端的，地层倾向北东东—东、倾角 8°~10°的单斜构造，近东西向、北东向和北西向高角度正断层发育，三李断层和王口断层分别构成矿区的自然北界和南界。

侯庄煤矿区含$一_1$、$一_2$、$一_3$、$一_4$、$一_5$、$二_1$、$五_3$、$六_4$、$七_2$ 等煤 9 层，煤层平均总厚度 5.52 m，除$二_1$煤层全区可采外，其余皆不可采。$二_1$煤层上距大占砂岩 0.12~4.55 m，平均 1.99 m；上距砂锅窑砂岩 31.25~56.71 m，平均 48.84 m；下距太原组顶界 23.80~34.16 m，平均 29.65 m。煤层埋深 300~1830 m，煤底标高-100~-1630 m。煤厚 0.49~8.01 m，平均厚度 3.78 m，以厚和中厚煤

层为主。煤层结构简单，仅 1 孔含 1 层厚度 0.27 m 的碳质泥岩夹矸。煤层直接顶板多为砂质泥岩，砂岩顶板则主要分布在矿区南部。煤层老顶为大占砂岩。煤层底板为深灰色-灰黑色泥岩以及粉砂岩或细砂岩。二$_1$ 煤呈粉状、碎块状及鳞片状，质软松散，强度低，易碎，煤的原生结构和构造已遭破坏，层理不清，次生裂隙发育。原煤水分 0.80%~1.20%，平均 0.97%；灰分 13.99%~25.14%，平均 18.81%；挥发分 6.22%~8.90%，平均 7.57%；全硫 0.25%~0.36%，平均 0.30%；高位发热量 25.93~30.05 MJ/kg，平均 28.22 MJ/kg。浮煤水分 0.51%~1.10%，平均 0.91%；灰分 5.04%~8.11%，平均 6.30%；挥发分 5.75%~7.72%，平均 6.20%；全硫 0.28%~0.32%，平均 0.31%；高位发热量 32.36~33.58 MJ/kg，平均 33.09 MJ/kg。煤类为低灰、特低硫、高热值无烟煤。

十、登封煤田

登封煤田位于嵩山之南，箕山之北，西隔伊河东岸河谷平原与宜洛煤田相望，东至登封市芦店和新密市牛店、城关镇以寒武系—奥陶系露头与新密煤田相接，主体位于登封市境内，东端延至新密市，西端延至伊川县和汝州市。含煤地层走向长 60 km，南北宽 8~15 km，含煤面积约 1124 km^2。地理坐标为东经 112°28′30″~113°21′35″，北纬 34°18′00″~34°34′00″。煤田区为低山-丘陵地貌，海拔 200~700 m，北缘、南缘为低山，中部为丘陵岗地，黄河水系的白降河发源于西部并向西流入伊河，淮河水系的颍河及其支流由区内向东汇入白沙水库。

登封煤田开发比较早，登封一带古采小煤窑颇多。《明一统志》记载登封出石炭。现今生产矿井主要沿煤田南部的颍阳-芦店复向斜南翼及东部转折端分布，浅部煤炭资源多已枯竭。本煤田地质勘查程度较高。20 世纪 50~60 年代集中于区域找煤和基础普查阶段；20 世纪 70 年代后期，河南省煤田地质公司于登封芦店开展煤田普查时，发现下三叠统红层下压山西组二$_1$ 煤（即红层压煤现象），揭示了一个新的控煤构造类型——滑动构造，这种缺层机制扩展了煤田远景，在时代较新的地层下寻找埋藏较浅、时代较老的煤层，同时垂向上的构造不协调机制突破了地表构造复杂、煤层构造必然复杂的观念。20 世纪 80 年代至 90 年代初，为煤田第二次勘查高峰，地质工作以矿山建设的深化勘查为主，大部分成果为详查或勘探。21 世纪初开始，随着煤田地质勘查资金投入的多元化和勘查工作向深部的转移，浅部煤炭资源已全面勘查，深部已控制二$_1$ 煤底标高-1100 m。据 2010 年河南省煤田地质局一队和二队编制的各煤矿区资源储量核查报告及后期相关地勘单位开展的省级地质勘查基金项目成果报告，14 个煤矿区总面积 494.42 km^2，累计查明煤资源储量 212128.6×10^4 t，浅部煤炭资源大部分正被开采利用，保有煤资源储量 177543.5×10^4 t；另有 1500 m 以浅的（334）？类煤资源量 11708.7×10^4 t，1500 m 以深的（334）？类煤资源量 30448.6×10^4 t。估算二$_1$ 煤的煤层气资源量 9.60×10^8 m^3。

（一）煤田地质特征

登封煤田含煤地层多被新生界覆盖，属半掩盖型煤田。煤系基底为寒武系—奥陶系。含煤地层本溪组—上石盒子组平均总厚度 656.16 m，因受断层和滑动构造的破坏，常缺失部分煤上地层而使煤层埋深小于理论值。煤系盖层由二叠系乐平统孙家沟组、下三叠统刘家沟组与和尚沟组、中三叠统二马营组、中-上三叠统延长群、古近系古新统陈宅沟、始新统蟒川组和渐新统石台街组、新近系中新统洛阳组及第四系等组成（图 2-68；表 2-70）。

登封煤田位于嵩箕构造区之嵩箕断隆内，北依嵩山背斜，南抵箕山背斜，东以寒武系—奥陶系露头接新密复向斜，北西以向南西陡倾的杨店正断层接伊川凹陷，南西止于纸坊正断层及其伴生的卧单山正断层，南东以向北西陡倾的王屯正断层于白沙水库邻禹州煤田徐庄-宣化煤矿区，以芦店滑动构造南断层和煤层露头与新密煤田平陌煤矿区毗邻。纸坊正断层走向北西西，南西倾，倾角 63°~70°，落差大于 1000 m；卧单山正断层倾向 220°，倾角 80°，落差 210 m。煤田整体构造格架为嵩山背斜南

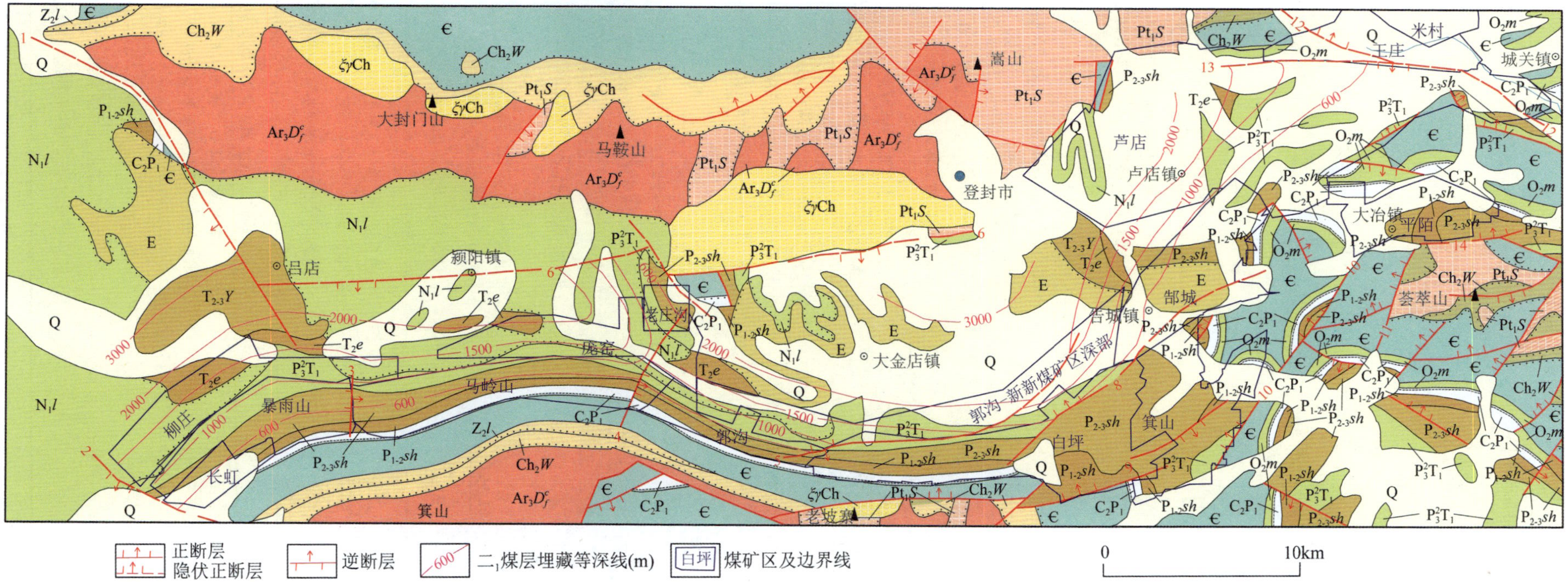

图2-68　登封煤田地质略图

Q—第四系；N_1l—中新统洛阳组；E—古近系；$T_{2\text{-}3}Y$—中-上三叠统延长群；T_2e—中三叠统二马营组；$P_3^2T_1$—二叠系乐平统长兴阶孙家沟组、下三叠统刘家沟组与和尚沟组；$P_{2\text{-}3}sh$—二叠系阳新统—乐平统下石盒子组、上石盒子组未分；$P_{1\text{-}2}sh$—二叠系船山统—阳新统山西组；C_2P_1—上石炭统本溪组和上石炭统—船山统太原组；O_2m—中奥陶统马家沟组；∈—寒武系；Z_2l—上震旦统罗圈组；Ch_2W—长城系五佛山群；Pt_1S—古元古界嵩山群；$Ar_3D_f^c$—新元古代登封杂岩；$\xi\gamma$Ch—长城纪钾长花岗岩。1—杨店正断层；2—纸房正断层；3—大郭沟逆断层；4—龙泉寺正断层；5—安庄逆断层；6—月湾正断层；7—唐窑-中岳庙正断层；8—石淙河正断层；9—申家门正断层；10—王屯正断层；11—密岵寨正断层；12—五指岭-桑裹槐正断层；13—牛店正断层；14—杨树沟正断层

表 2-70 登封煤田地层简表

地层单位				穿见地层厚度/m	接触关系	岩性及组合特征
界	系	统	组	两极值 平均值		
新生界 (Cz)	第四系			0~40		顶部为耕植土、黄土、残坡积，中、下部为粘土、砂质粘土，底部为砾石层
	新近系	中新统	洛阳组 (N_1l)	0~265.20		为红、黄、褐、灰等杂色泥岩夹泥质灰岩及透镜状砂砾岩
	古近系			0~751.39		河湖相碎屑岩建造；岩性为红色泥岩、砂岩及砂砾岩夹泥质灰岩，局部含黑色泥岩
中生界 (Mz)	三叠系	中统 (T_2)	二马营组 (T_2e)	0~683.18		剥蚀而不全，岩性为暗紫色、灰紫色泥岩与灰、灰紫色长石石英砂岩互层，夹灰绿色长石砂岩和鲜蓝色泥质灰岩
		下统 (T_1)	和尚沟组 (T_1h)	0~323.39 180.45		以红色泥岩、粉砂岩为主，夹暗紫红色细-中粒长石石英砂岩
			刘家沟组 (T_1l)	0~312.74 221.47		俗称“金斗山砂岩”，为紫红色、肉红色长石石英砂岩，夹薄层紫红色泥岩
古生界 (Pz)	二叠系	乐平统 (P_3)	孙家沟组 (P_3s)	209.88~352.37 252.15		为一套不含煤层的陆源近海河湖相沉积，由灰黄色粉砂岩、紫红色泥岩、绿黄色长石细砂岩等组成
			上石盒子组 ($P_{2-3}sh$)	223.76~382.00 292.59		灰色、灰绿色、浅灰色泥岩、粉砂岩及细-中粒砂岩组成，含七、八、九煤段，顶部的平顶山砂岩为灰白色巨厚层状中-粗粒长石石英砂岩，七$_2$ 煤局部可采
		阳新统 (P_2)	下石盒子组 (P_2x)	271.98~366.12 298.54		自砂锅窑砂岩底至田家沟砂岩底，由砂岩、泥岩、碳质泥岩及极不稳定的薄煤层组成，分三、四、五、六煤段，四$_3$ 煤层局部可采，五$_3$ 煤层大部分可采，其余煤层不可采或偶可采
			山西组 ($P_{1-2}sh$)	40.96~104.38 75.24		由细-中粒砂岩、粉砂岩、泥岩、紫斑泥岩及煤层组成，含煤 2~3 层，二$_1$ 煤层为主要可采煤层，二$_2$ 煤层局部可采，余均不可采或偶可采
		船山统 (P_1)	太原组 (C_2P_1t)	28.07~94.52 48.94		由石灰岩、砂岩、粉砂岩、泥岩及煤层组成，含煤 7 层（一$_1$— 一$_7$），其中一$_1$、一$_3$、一$_5$、一$_7$ 煤层局部可采，其他煤层不可采或偶可采
	石炭系	上统 (C_2)	本溪组 (C_2b)	1.76~31.38 8.54		以（铁质）粘土岩、灰色-深灰色鲕-豆状铝质岩为主，偶夹煤线；与下伏寒武系崮山组、炒米店组或中奥陶统马家沟组呈不整合接触
	中奥陶统马家沟组或寒武系第三统—芙蓉统					由西向东由寒武系第三统—芙蓉统崮山组（$\in_{3-4}g$）白云岩变为芙蓉统炒米店组（$\in_4ch$）泥质条带白云岩，至颍河以东为中奥陶统马家沟组石灰岩

翼与箕山背斜北翼构成的近东西向颍阳-芦店复向斜。颍阳-芦店复向斜轴向近东西，向西倾伏，为南宽北窄的宽缓不对称向斜；南翼地层完整，倾角15°~25°，为煤田主要赋煤区；北翼受月湾高角度正断层的强烈破坏而残缺不全，含煤地层零碎分布，地层倾角30°左右，局部陡立、甚至倒转。月湾正断层走向近东西，倾向南，倾角60°~70°，落差大于1000 m。

登封煤田构造形式以断层为主。褶皱表现为复向斜基础上的次级背向斜和滑动构造伴生的次级褶曲，主要分布于煤田东部。近东西向、北西向和北北东—北东向断层发育，小断层众多，大断层较少，浅部多于深部，东部多于西部，断层倾向、性质各异，落差大小不等，呈阶梯状或垒堑式相间排列。近东西向断层多被其他两组断裂所改造，月湾正断层（有称君召-太后庙断层或龙头-寨脖断层）构成煤田西段北部自然边界和由北向南滑移、南陡北缓的大金店-芦店滑动构造的北界。北西向断层规模大，数量少，具左行平移性质。由西向东发育的暴雨山-马岭山、龙泉寺、白坪、大金店-芦店等重力滑动构造是该煤田的一种特殊的构造形式，主要表现为滑动断裂上盘岩体脱离下盘而独立运动覆盖于较老地层之上，出现红层压煤模式，滑动系统与下伏系统为两个截然不同的构造体系，虽然可使煤层埋深大大减少，但也存着部分区段煤层被铲薄、铲失而变为薄（无）煤区。

（二）煤层与煤质

1. 煤层

登封煤田的煤系有9个煤段，共含煤26~30层，其中可采、局部可采煤9层。太原组一$_1$、一$_3$、一$_7$等煤层局部可采，一$_5$煤层零星可采。山西组二$_1$煤层普遍可采，二$_2$煤零星可采。石盒子组各煤层中仅五$_3$煤属大部可采煤层，四$_3$和七$_2$煤层均为局部可采煤层，八、九煤段不含可采煤层。

登封煤田的一煤段发育2~9层煤，一$_1$煤层仅部城至芦店发育，层位稳定，煤厚0~5.88 m，平均1.17 m，局部含矸1~2层，底板为铝质泥岩，顶板为L_1或L_{1-2}石灰岩。煤田中部的郭沟至箕山煤矿区发育一$_3$、一$_5$煤层，分布稳定；L_3、L_2石灰岩间的一$_3$煤层厚度0~2.99 m，平均0.94 m，局部含厚度0.03~0.51 m夹矸1~2层；一$_5$煤厚0~1.20 m，平均0.82 m，局部含厚度0.09~0.69 m夹矸1~2层。一$_7$煤层仅在煤田西南部的暴雨山、马岭山一带局部可采，煤厚0~2.80 m，平均0.61 m。

登封煤田二煤段的二$_1$煤层为全区可采煤层，顶板以泥岩为主，局部为砂岩；底板以泥岩为主；煤厚0~26.79 m，最厚可达42.00 m，平均4.48 m，煤厚变化较大，多属中厚-厚煤层，且以厚煤层（大于3.50 m）为主，因受重力滑动构造顺煤层的层间滑动影响，存在着较多面积或大或小的薄、无煤带；局部含矸1~3层，最多可达6层，夹矸厚度一般小于0.70 m，最厚可达2.60 m。二$_1$煤层局部分岔出现二$_1^2$、二$_1^3$煤层；二$_1^2$煤层厚度0~3.83 m，局部可采；二$_1^3$煤层一般不可采。二$_2$煤层在马岭山至白坪一带发育，煤厚0~3.08 m，平均0.61 m。

登封煤田的下石盒子组四$_3$煤层在煤田西段的暴雨山至郭沟煤矿区较发育，煤厚0~3.06 m，平均0.69 m，局部含厚度0.05~1.74 m夹矸1~3层。五$_3$煤层在煤田西段的暴雨山至白坪煤矿区较发育，煤厚度0~3.60 m，平均1.01 m，局部含厚度0.03~2.52 m夹矸1~3层。

登封煤田的上石盒子组七$_2$煤层发育较好，煤厚0~3.43 m，平均0.68 m，煤层结构简单，有时含矸1层，除告成被滑动构造铲失外，其他各煤矿区均有零星分布，煤田西部的马岭山至白坪煤矿区和东部的芦店煤矿区均局部可采。

2. 煤质

登封煤田的可采煤层煤类主要为贫煤和焦煤，煤变质程度有下强上弱的特点，一、二煤段主要为贫煤，四、五、七煤段为焦煤。

登封煤田的二$_1$煤为黑色以糜棱煤为主的构造煤，多呈粉状及鳞片状产出，煤层中揉皱及磨檫镜面发育，为特低强度和极易磨煤，指压易碎，可磨性指数130~244，孔隙率为7.38%~8.67%。镜下鉴定煤岩成分以亮煤为主，暗煤次之，中间夹微量丝炭和少量镜煤条带，煤岩类型以半亮型煤为主。煤中有机组分占90%以上，以镜质组为主，镜质体最大反射率为2.05%~2.34%，无机组分以粘土矿物为主。视密度 1.35~1.48 t/m³，一般为 1.37~1.40 t/m³。煤类主要为低灰、特低-低硫（大郭沟断层以西以中高硫为主）、低磷、高热值、较高软化温度灰、对 CO_2 反应性弱、结渣性中等、中等可选-难选之贫煤，煤田东北部的米村和王庄煤矿区的二$_1$ 煤为无烟煤。煤中硫以有机硫为主，次为硫铁矿硫，硫酸盐硫微量，经洗选后脱硫率较低。煤灰成分以 SiO_2 和 Al_2O_3 为主，灰软化温度 1250~>1400℃，属较高软化温度灰。二$_2$ 煤与二$_1$ 煤类似，视密度 1.36~1.39 t/m³。

登封煤田的一$_1$ 煤多呈小块状及碎粒状，裂隙发育，易破碎，硬度大，含黄铁矿结核、散晶和薄膜；宏观煤岩类型为光亮型煤，有机组分含量大于 90%，主要为镜质组，多为无结构镜质体，偶见条带状镜质体；视密度 1.31~1.45 t/m³，镜质体最大反射率 2.26%；煤类为低灰、高硫、中高-特高热值贫煤，局部有贫瘦煤；煤中硫以硫铁矿硫为主，次为有机硫，硫酸盐硫微量，经洗选后脱硫率较高；燃烧时无烟、无焰、有臭味、无膨胀。一$_3$ 煤多呈块状或粉状，以亮煤、镜煤为主，间夹暗煤、丝炭细条带，宏观煤岩类型为半亮-光亮型煤；常见星点状黄铁矿，燃烧时无烟无焰，只见红色；视密度 1.37~1.45 t/m³，孔隙率 6.80%，镜质体最大反射率为 2.32%；煤类为低-中灰、高硫、低磷、中高-特高热值、高熔灰分之贫煤。一$_5$ 煤的视密度 1.43 t/m³，煤类为中灰、高硫、特低磷、高熔灰分之贫煤。一$_7$ 煤的视密度 1.39~1.40 t/m³，宏观煤岩组分以亮煤为主，镜煤、暗煤次之，属半亮型煤；煤类为低-中灰、中高硫、中高-高热值贫煤。

登封煤田的四$_3$、五$_3$ 煤多呈粉状或小块状产出，煤岩成分以暗煤为主，亮煤次之，丝炭呈透镜状或条带状分布，为半暗型煤。四$_3$ 煤视密度为 1.47~1.56 t/m³。五$_3$ 煤视密度为 1.40~1.49 t/m³，镜质体最大反射率 1.74%~1.76%，孔隙率 9.15%。四$_3$、五$_3$ 煤为中灰-中高灰、特低硫、低磷、较高软化温度灰、中低-中高热值焦煤，虽然硫、磷含量特低，但灰分较高，可选性极差。

登封煤田的七$_2$ 煤多呈小碎块或碎粒状产出，视密度为 1.41~1.65 t/m³。宏观煤岩类型为半暗型-半亮型煤，有机组分占 85%以上，以镜质组为主，无机组分以粘土类矿物为主，镜质体最大反射率 1.49%~1.52%。煤类为中灰煤（局部中高灰）、低硫（局部高硫）、较高软化温度灰、中-中高热值焦煤。

（三）开采技术条件

1. 煤层顶、底板

登封煤田一煤段可采煤层顶板多为石灰岩或砂岩（一$_5$ 煤），底板为泥岩（一$_1$ 煤）、石灰岩（一$_3$ 煤）或粉砂岩、细砂岩，石灰岩坚固，泥岩力学强度低。二$_1$ 煤层老顶砂岩力学强度高，局部顶板为滑动破碎带，力学强度低；底板泥岩可见轻微底鼓现象。四$_3$、五$_3$ 煤层顶板大部分为泥岩，局部为细-中粒长石石英砂岩；底板为根土岩、泥岩，局部为粉砂岩。七$_2$ 煤层顶板为深灰色泥岩，底板为灰黑色砂质泥岩、细砂岩。泥岩工程地质条件较差，易掉块、冒顶、底鼓。石灰岩、砂岩工程地质条较佳，粉砂岩工程地质条件一般。

2. 水文地质条件

登封煤田的水文地质条件简单-中等，大气降水和白降河、颍河是本区地下水的主要补给水源，矿井充水水源主要为寒武系、奥陶系和太原组碳酸盐岩岩溶水及太原组、山西组和石盒子组砂岩裂隙孔隙水、第四系松散岩类孔隙水以及采空区和老窑积水，含水性强弱不同。碎屑岩类裂隙孔隙水富水性较弱，松散岩类孔隙水水量贫乏至中等，对煤层开采影响不大。富水性好的碳酸盐岩岩溶水是本煤田矿井充水的重要水源，采空区和老窑积水成为煤矿安全生产的潜在威胁。本区断层发育，应注意断层连通地表水或地下含水层造成的突水。

3. 瓦斯

登封煤田位于豫西强变形“三软”煤层高、突瓦斯区，地质构造复杂，瓦斯地质条件复杂，颍阳-芦店复向斜使得煤层瓦斯赋存条件好。二$_1$ 煤层“三软”构造煤全层发育，煤厚变化较大，瓦斯放散初速度高，煤的坚固性系数低，属煤与瓦斯突出型煤层，具有低瓦斯低临界指标突出危险性。

$二_1$煤层甲烷成分 0~98.05%，甲烷含量 0~16.29 mL/g，仅浅部大体在+100 m 以浅的瓦斯风化带甲烷含量小于 10 mL/g，瓦斯风化带以下，瓦斯含量、压力和涌出量虽然随着煤层埋深的增加有增大的趋势，但并非呈正线性相关关系，瓦斯含量等值线并非沿煤层底板等高线走向延展，而是呈现较大的弯转幅度，并出现高低值的封闭圈，显示了瓦斯赋存的极不均衡性和复杂性。开采一煤段的矿井瓦斯浓度较小，未发生矿井瓦斯事故。

4. 煤尘爆炸性、煤层自燃与地温

登封煤田除$一_3$煤外，煤尘均有爆炸危险性。$二_1$、$五_3$煤有自燃倾向，$一_3$煤不易自燃发火。本区地温梯度 0.22~2.98℃/hm，平均 1.77℃/hm，属地温正常区。煤田深部地温较高，-200~-400 m 以深为一级热害区。

（四）伊川县柳庄煤矿区

柳庄煤矿区位于煤田西端之颍阳-芦店复向斜南翼、暴雨山煤矿区北侧深部，处于伊川县白沙乡和半坡乡的刘窑水库与大安之间的柳庄一带，北起刘瑶水库、白降河，南至大安新村-大柿沟一线，西起茹店-程子沟-阎圪塔一线，东至半坡乡，面积约 29.09 km^2。地处箕山西端北麓，为海拔 300.00~500.00 m 的丘陵区。矿区地理坐标为东经 112°33′27″~112°43′04″，北纬 34°18′54″~34°23′04″。2005~2014 年，河南省地质矿产勘查开发局第一地质矿产调查院开展本区煤矿预查-详查，编制的《河南省伊川县柳庄煤详查报告》累计查明/保有 1500 m 以浅的煤资源量 14558.8×10^4 t，估算(334)？类煤资源量 3034.8×10^4 t；另有 1500 m 以深的潜在煤资源 4494.6×10^4 t。

柳庄煤矿区内第四系厚度 0~40.00 m，新近系洛阳组厚度 2.47~52.34 m，煤系基底为寒武系第三统—芙蓉统崮山组白云岩。本溪组厚度 1.69~15.41 m，平均 8.11 m。太原组厚度 28.07~50.70 m，平均 37.50 m。山西组厚度 52.73~99.23 m，平均 79.83 m。下石盒子组厚度 281.29~366.12 m，平均 309.75 m。上石盒子组厚度 223.76~382.00 m，平均 303.38 m。孙家沟组厚度 116.43~289.02 m，平均 209.88 m。刘家沟组揭露厚度 23.94~149.06 m，和尚沟组揭露最大厚度 323.39 m，二马营组厚度大于 281.78 m。矿区总体构造形态为一地层倾向北西—北、倾角 9°~31°的单斜构造，北西向、北东向和近东西向断层发育。新近纪橄榄玄武岩出露于矿区西南角，ZK1503 孔揭露厚度 27.11 m。

柳庄煤矿区内$五_3$、$四_3$、$二_1$煤层可采，$一_4$、$一_7$、$二_2$、$六_2$、$七_2$煤等煤层偶见可采点。$二_1$煤层赋存于山西组下部，上距大占砂岩平均 3.41 m，下距太原组石灰岩平均 14.81 m，赋存标高-600~-1450 m，埋深 950~1800 m，施工 21 孔，可采 21 孔，煤厚 1.21~10.57 m，平均 4.00 m，煤厚变化较大，偶含矸 1 层；煤层直接顶板为泥岩或粉砂岩，局部为中、细砂岩；煤层直接底板为泥岩或粉砂岩，间接底板为细-中粒砂岩；煤层侧向电阻率呈厚层状中阻-特高阻反映，密度曲线为长方形的特低幅值显示，自然伽马为矩形方波状低值异常。$四_3$煤层位于下石盒子组四煤段中下部，下距四煤底砂岩 34.09 m，上距田家沟砂岩 210.62 m，煤底标高-400~-1200 m；施工 21 孔，零点 4 孔，见煤 17 孔，其中可采 12 孔，煤厚 0~1.44 m，平均 0.98 m，无矸，煤层底板为泥岩、粉砂岩，间接或直接顶板常为细-中粒长石石英砂岩、砂质泥岩。$五_3$煤层位于下石盒子组五煤段中部，上距田家沟砂岩平均 140.06 m，煤底标高-350~-950 m；施工 21 孔，零点 5 孔，见煤 16 孔，其中可采 7 孔，煤厚 0~1.41 m，平均 0.76 m，无矸，煤层直接顶板为泥岩、粉砂岩，间接顶板常为细-中粒砂岩，底板为泥岩。$二_1$煤为低灰、中硫、高热值粉状贫煤，$四_3$、$五_3$煤为中高灰、中硫、中-中高热值粉-小块状焦煤（表 2-71）。

（五）伊川县暴雨山煤矿区

暴雨山煤矿区位于登封煤田西端之颍阳-芦店复向斜南翼，隶属于伊川县半坡乡及白沙乡，西止于煤田边界卧单山正断层，西南止于纸坊正断层，东以大郭沟逆断层为界与登封市马岭山煤矿区相邻，西南与汝州市长虹煤矿区接壤，走向长 4.2~10.1 km，倾向宽 1.3~3.6 km，面积约 25.15 km^2。为箕山北麓低山-丘陵区，海拔 369.00~785.10 m，地理坐标为东经 112°34′51″~112°41′40″，北纬

34°18′36″~34°21′55″。据资源储量核实报告，勘查程度达详查，累计查明煤资源储量 12366.3×10^4 t，保有煤资源储量 11640.3×10^4 t，另有（334）？类煤资源量 4116.9×10^4 t。

表 2-71 伊川县柳庄煤矿区煤质特征一览表

煤层		M_{ad}/%	A_d/%	V_{daf}/%	$S_{t,d}$/%	$Q_{gr,v,d}$/(MJ·kg^{-1})	$G_{R.I}$	Y/mm
五$_3$	原煤	1.24	21.81~38.62/30.73	17.03	0.22~3.53/1.70	25.41	53.0	17.0
	浮煤	1.48	9.23	15.20	0.70	—	—	—
四$_3$	原煤	1.11	27.64~37.26/31.70	18.03	0.38~2.73/1.35	24.30	65.5	14.0
	浮煤	1.39	8.25	16.84	0.58	—	—	—
二$_1$	原煤	0.38~1.64/0.95	7.52~32.11/15.43	13.42~18.20/14.77	0.89~2.52/1.45	22.97~33.13/30.02	0	—
	浮煤	0.58~1.44/0.98	5.63~9.81/7.02	12.59~14.44/13.68	0.61~1.04/0.93	—	—	—

注：资料来源于《河南省伊川县柳庄煤详查报告》，河南省地质矿产勘查开发局第一地质矿产调查院，2014c。

1. 矿区地质

暴雨山煤矿区的煤系基底为寒武系第三统—芙蓉统崮山组白云岩。含煤地层本溪组为浅灰色、浅黄色、浅紫色铝质泥岩，偶夹不可采薄煤（2701 孔），平均厚度 8.66 m；太原组平均厚度 37.44 m，下部石灰岩段为 L_1—L_4 灰色至深灰色厚层状石灰岩夹泥岩及薄煤层（一$_1$— 一$_4$），中部砂泥岩段主要为灰色至浅灰色泥岩夹薄层细砂岩、透镜状石灰岩（L_6）及不稳定、不可采的一$_5$、一$_6$ 煤层，上部石灰岩段为黑灰色燧石条带石灰岩（L_7、L_8）间夹薄层泥岩和一$_7$、一$_8$ 煤层；山西组平均厚度 79.56 m，二$_1$ 煤层段由砂质泥岩、粉-细砂岩和二$_1$ 煤层组成，其上的大占砂岩段偶夹不可采二$_2$、二$_3$ 煤，香炭砂岩段自香炭砂岩之底至二$_4$ 煤层顶板砂岩之底，顶部的小紫泥岩段偶夹不可采二$_5$ 煤层；下石盒子组主要为灰色、浅灰色细-中粒砂岩、灰色泥岩及紫斑泥岩和薄煤层，含三$_2$、四$_0$—四$_7$、五$_1$—五$_6$、六$_1$—六$_4$ 煤，平均厚度 293.29 m；上石盒子组自田家沟砂岩底至平顶山砂岩顶，含七$_1$—七$_5$、八$_1$ 煤层，平均厚度 297.73 m。煤系盖层孙家沟组零星裸露，自下而上划分为砂泥岩段、泥质灰岩段、同生砾岩段，平均厚度 229.37 m；刘家沟组细-中粒石英砂岩出露于矿区北部，平均厚度 161.30 m；第四系厚度 0~32.00 m。

暴雨山煤矿区总体构造形态为一地层倾向北西—北、倾角 13°~29°的单斜构造，北西向和北东向断层发育，有正断层、逆断层。矿区东界的大郭沟逆断层走向近南北，倾向东，倾角 60°~82°，逆差 50~127 m。西端受纸坊正断层牵引作用影响形成了轴向近东西、向西倾伏纸坊背斜（图 2-69）。位于暴雨山主峰和小黑龙山连线之北侧的暴雨山滑动构造东西长约 3.4 km，宽约 0.65 km，面积约 2 km^2，滑体由平顶山砂岩构成，滑床位于平顶山砂岩近底部，由南向北滑动，造成滑动系统中地层产状复杂多变，但对二$_1$ 煤层无影响。

2. 煤层与煤质

暴雨山煤矿区的可采煤层有五$_3$、四$_3$、二$_1$、一$_7$ 煤。五$_3$、四$_3$ 煤层局部可采，局部含厚度 0.03~2.52 m 夹矸 1~3 层；四$_3$ 煤层厚度 0~3.06 m，平均 0.99 m；五$_3$ 煤层厚度 0~3.60 m，平均厚度 1.27 m。二$_1$ 煤层全区可采，赋存标高+505~-650 m，埋深 10~1165 m，煤厚 0~18.96 m，平均 3.86 m，局部含矸 1~6 层；二$_1^2$ 煤层厚度 0~17.16 m，平均 1.92 m。一$_7$ 煤层局部可采，煤厚 0~2.80 m，平均 0.69 m。五$_3$、四$_3$ 煤呈粉状或小块状产出，为中高灰、特低硫、中低-中热值焦煤；二$_1$ 煤呈粉状，为低灰、中高硫、高热值贫煤；一$_7$ 煤为呈块状或粉状产出，为低灰、中硫、高热值贫煤（表 2-72）。

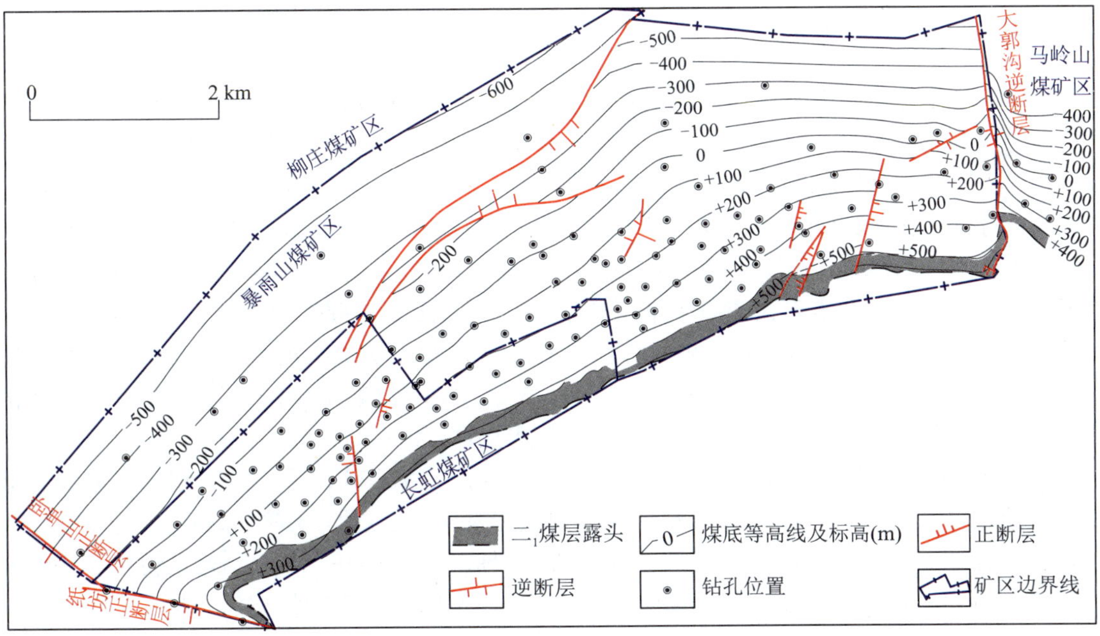

图 2-69　伊川县暴雨山煤矿区二$_1$煤层底板等高线图

（据河南省煤田地质局二队，2010j）

表 2-72　伊川县暴雨山煤矿区煤质特征一览表

煤层		五$_3$	四$_3$	二$_1$	一$_7$
水分/%	原煤	0.40~1.38 0.84（33）	0.51~1.52 0.80（11）	0.41~1.66 0.87（60）	0.60~1.25 0.93（8）
	浮煤	0.46~2.37 0.78（24）	0.57~1.37 0.89（6）	0.42~1.98 1.00（54）	0.69~2.04 1.15（6）
灰分/%	原煤	19.91~43.38 30.30（33）	24.84~39.90 35.97（11）	8.90~33.88 16.30（60）	11.27~32.12 19.44（8）
	浮煤	4.83~10.89 7.13（24）	6.47~10.30 7.84（6）	4.31~13.10 6.43（54）	5.17~9.30 6.81（6）
挥发分/%	原煤	18.12~24.24 21.17（33）	19.20~25.62 21.21（11）	11.86~17.98 16.30（60）	12.38~18.40 14.90（8）
	浮煤	18.28~19.87 19.04（24）	14.76~17.54 16.71（6）	11.53~15.60 13.45（53）	11.10~14.31 12.66（6）
全硫/%	原煤	0.20~0.70 0.37（33）	0.22~0.84 0.38（11）	0.92~3.17 2.22（60）	1.17~2.71 1.98（8）
	浮煤	0.28~0.59 0.44（18）	0.49~0.71 0.56（10）	0.45~1.19 0.82（10）	0.57~1.96 1.23（4）
高位发热量/（MJ·kg^{-1}）	原煤	17.20~28.63 24.17（33）	18.35~26.63 21.28（11）	22.91~34.94 29.85（60）	22.95~31.52 28.11（8）
黏结指数	87	55	0	0	—
胶质层最大厚度/mm	14~19 17（2）	12~16 14（2）	0	0	—

注：资料来源于《河南省伊川县暴雨山煤核查区资源储量核查报告》，河南省煤田地质局二队，2010j。

（六）汝州市长虹煤矿区

长虹煤矿区位于汝州市北部，南起煤层露头，西止于纸坊正断层，北、东与暴雨山煤矿区相连，走向长4.2~5.6 km，倾向宽0.9~2.2 km，面积约8.53 km^2。区内为低山-丘陵区，海拔351.90~609.40 m。矿区地理坐标为东经112°35′17″~112°38′59″，北纬34°18′20″~34°20′15″。据资源储量核实报告，勘查程度达详查，累计查明煤资源储量4193.8×10^4 t，保有煤资源储量3596.2×10^4 t。

长虹煤矿区的煤系基底为寒武系第三统—芙蓉统崮山组白云岩，含煤地层保留有本溪组、太原组、山西组、下石盒子组和上石盒子组下部。处于登封煤田西端之颍阳-芦店复向斜南翼，为一地层倾向北西、倾角13°~26°的单斜构造，断层稀少，仅于西端受纸坊正断层牵引作用影响形成了轴向近东西、向西倾伏纸坊背斜。可采煤层有五$_3$、四$_3$、二$_1$、一$_7$煤。五$_3$、四$_3$煤层局部可采，局部含矸1~2层；四$_3$煤层厚度0~2.56 m，平均0.99 m；五$_3$煤层厚度0~3.55 m，平均1.19 m。二$_1$煤层基本全区可采，赋存标高+500~-200 m，埋深10~695 m，煤厚0~12.78 m，平均3.89 m，局部含矸1~4层；二$_1^2$煤层厚度0~11.18 m，平均0.74 m。一$_7$煤层局部可采，煤厚0~2.12 m，平均0.69 m。五$_3$、四$_3$煤呈粉状或小块状产出，为中-中高灰、特低硫、中低-中热值焦煤；二$_1$煤呈粉状，为低灰、中硫、高热值贫煤；一$_7$煤呈块状或粉状产出，为中灰、中高硫、中高热值贫煤（表2-73）。

表2-73　汝州市长虹煤矿区煤质特征一览表

煤层		五$_3$	四$_3$	二$_1$	一$_7$
水分/%	原煤	0.39~5.78 1.45（8）	0.37~2.38 1.01（20）	0.42~1.26 0.80（33）	0.23~1.32 0.87（7）
	浮煤	0.72~3.33 1.50（7）	0.48~2.31 0.90（14）	0.66~2.00 1.07（27）	0.72~1.73 1.01（4）
灰分/%	原煤	29.56~43.38 38.23（8）	17.09~41.02 29.66（14）	9.54~28.50 16.16（32）	12.89~27.62 20.84（6）
	浮煤	6.48~8.91 7.65（7）	4.57~15.49 8.54（14）	4.62~8.90 6.61（27）	4.13~10.53 6.88（4）
挥发分/%	原煤	20.53~30.98 24.37（8）	17.71~27.22 20.86（20）	12.19~23.29 15.04（33）	13.12~20.85 15.54（7）
	浮煤	17.26~21.24 19.15（7）	14.76~18.29 17.11（13）	11.82~15.44 13.67（27）	12.13~14.31 13.19（4）
全硫/%	原煤	0.14~0.47 0.31（8）	0.21~0.56 0.37（20）	0.23~3.40 1.78（31）	2.09~3.05 2.52（4）
	浮煤	0.28~0.50 0.41（4）	0.53~0.71 0.60（6）	0.53~0.99 0.73（18）	0.57~1.96 1.23（4）
高位发热量/（MJ·kg^{-1}）	原煤	17.02~24.63 20.52（8）	18.36~29.73 22.61（17）	17.94~33.16 29.45（33）	17.94~30.90 26.23（7）

注：资料来源于《河南省汝州市长虹煤核查区资源储量核查报告》，河南省煤田地质局二队，2010k。

（七）登封市马岭山煤矿区

马岭山煤矿区位于登封煤田西部，处于伊川县和登封市接壤部位，西以大郭沟逆断层与暴雨山煤矿区接壤，东以龙泉寺正断层与郭沟煤矿区相邻，南以煤层露头为界，北至二$_1$煤层底板-600 m水平，东西长15 km，南北宽2~2.5 km，面积约37.86 km^2。区内为箕山北麓低山-丘陵区，海拔420.10~799.50 m。矿区地理坐标为东经112°41′30″~112°52′15″，北纬34°20′17″~34°22′33″。据资源储量核实报告，勘查程度达详查，累计查明煤资源储量24507.7×10^4 t，保有煤资源储量22527.5×

10^4 t。瓦斯风化带大体在二$_1$煤底标高+350 m以上，平均地温梯度1.63℃/hm。

马岭山煤矿区的煤系基底为寒武系第三统—芙蓉统崮山组白云岩。含煤地层本溪组平均厚度8.79 m，偶夹古占煤，太原组平均厚度39.52 m，山西组平均厚度87.85 m，下石盒子组平均厚度299.72 m，上石盒子组平均厚度289.49 m。煤系盖层孙家沟组平均厚度230.03 m，刘家沟组与和尚沟组分布于矿区北部，新近系洛阳组厚度7.49 m，第四系厚度0~28.06 m。总体构造形态为颍阳-芦店复向斜南翼、地层倾向北、倾角25°~45°的单斜构造，断层发育。矿区东侧的龙泉寺正断层走向北北东，倾向东，倾角约70°，落差约50 m。马岭山滑动构造造成滑体内构造复杂。

马岭山煤矿区的七$_2$煤层局部可采，煤厚0~3.43 m，平均0.58 m。五$_3$煤层大部分可采，煤厚0~3.08 m，平均0.92 m，局部含厚度0.05~1.60 m夹矸1层。四$_3$煤层局部可采，煤厚0~2.78 m，平均0.60 m，局部含厚度0.17~1.74 m夹矸1层。二$_2$煤层局部可采，煤厚0~3.08 m，平均0.74 m，局部含厚度0.04~1.36 m夹矸1~4层。二$_1$煤层基本全区可采，赋存标高+550~-600 m，煤厚0.18~15.90 m，平均4.65 m，局部含厚度小于0.70 m夹矸1~3层。一$_7$煤层局部可采，煤厚0.10~1.02 m，平均0.52 m。七$_2$、五$_3$、四$_3$煤为小块状焦煤，七$_2$煤为中灰、低硫煤，五$_3$煤为中灰、特低硫、中高热值煤，四$_3$煤为中高灰、特低硫、中热值煤，二$_1$煤为低灰、低硫、高热值粉状贫煤，二$_2$、一$_7$煤为贫煤（表2-74）。

表2-74　登封市马岭山煤矿区煤质特征一览表

煤层		七$_2$	五$_3$	四$_3$	二$_1$	一$_7$
灰分/%	原煤	26.57	17.89~39.70 29.64	17.09~49.70 35.24	8.05~33.23 15.51	20.15
挥发分平均/%	浮煤	20.32	18.92	18.63	13.52	13.02
全硫/%	原煤	0.73	0.18~0.61 0.31	0.22~0.84 0.40	0.27~4.02 0.96	2.87
高位发热量/(MJ·kg^{-1})	原煤	—	24.51	21.87	29.83	28.10
黏结指数		92.0	92.0	91.0	0	0
胶质层最大厚度/mm		17.0	17.0	16.0	0	0

注：资料来源于《河南省登封市马岭山煤核查区资源储量核查报告》，河南省煤田地质局一队，2010a。

（八）登封市庞窑煤矿区

庞窑煤矿区位于登封市君召、颍阳、石道等乡镇，东西长13.5 km，南北宽0.4~4.9 km，面积约24.08 km^2。为南高北低、东高西低的丘陵区，海拔389.00~497.00 m。矿区地理坐标为东经112°44′23″~112°53′13″，北纬34°21′32″~34°24′10″。2005~2012年，河南省煤田地质局一队开展了本区煤矿预查-详查，编制的《河南省登封煤田颍阳庞窑煤详查报告》累计查明/保有煤资源量8366.0×10^4 t；另估算1500 m以浅的（334）？类煤资源量161.0×10^4 t，1500 m以深的（334）？类煤资源量6093.0×10^4 t；估算二$_1$煤的煤层气8.32×10^8 m^3。

1. 矿区地质

庞窑煤矿区位于马岭山矿区的深部，区内大部分被第四系覆盖，仅在沟谷及山岗有零星三叠系出露，煤系基底为寒武系芙蓉统炒米店组灰黄色泥质条带白云岩。含煤地层本溪组2302孔揭穿厚度7.79 m，其余3孔均为见断层钻孔；太原组2302孔揭穿厚度41.23 m；山西组厚度64.49~93.51 m，平均79.11 m；下石盒子组厚度273.68~308.91 m，平均290.71 m；上石盒子组厚度263.74~327.52 m，平均289.34 m。煤系盖层孙家沟组厚度198.50~237.77 m，刘家沟组揭露厚度99.86~143.64 m，和尚沟组厚度40.47~444.50 m，二马营组厚度580.00~683.18 m，第四系厚度0~62.55 m。区内以D20勘探线（椿庄）为界划分为东、西两个构造分区。西区处于颍阳-芦店复向南翼，为地层倾向北、倾角 15°~35°的单斜构造，发育有 3 条近东西向正断层。东区靠近颍阳-芦店复向轴部，构造复杂，地层倾角 25°~30°，北东向、北西向断层发育，在海诸向东至石道间呈马鞍状背斜形态；在东部崔楼、杜胡子庄及张家门南、卢村西一带发育有滑动构造，主滑动面沿二$_1$煤层之下或之上发育，造成局部二$_1$煤层被铲失或二$_1$煤层底板为寒武系炒米店组白云岩，三叠系中有次级滑体。

2. 煤层与煤质

庞窑煤矿区的二$_1$煤层全区可采，上距砂锅窑砂岩 67.73~75.20 m，施工 21 孔，除 2 孔遇断层或滑动构造铲失外，见煤 19 孔，可采 19 孔，煤厚 0.73~10.48 m，平均 4.04 m，4 孔含厚度 0.14~0.54 m 的泥岩或碳质泥岩夹矸 1 层；煤层埋深 200~2000 m，煤底标高+200~-1600 m；煤层直接顶板多为泥岩，次为粉砂岩，局部为大占砂岩；底板以泥岩为主，次为粉砂岩，局部为细砂岩及太原组石灰岩。五$_3$煤层局部可采，煤厚 0~1.10 m，平均 0.40 m，可采范围在 09 线到 26 线间，煤层埋深 800~1290 m，煤底标高-300~-850 m，煤层顶、底板多为砂质泥岩。

庞窑煤矿区的二$_1$煤呈黑色粉末状及鳞片状，原煤水分 0.41%~1.10%，平均 0.79%；灰分 7.30%~22.75%，平均 14.39%；全硫 0.28%~1.98%，平均 1.04%；固定碳 64.66%~80.21%，平均 73.16%；磷 0.01%~0.06%，平均 0.03%；发热量 26.51~33.45 MJ/kg，平均 30.01 MJ/kg；焦渣特征 3~4。二$_1$煤的浮煤水分 0.34%~2.53%，平均 0.78%；灰分 5.07%~9.94%，平均 7.23%；全硫 0.30%~1.12%，平均 0.64%；挥发分 11.24%~16.25%，平均 13.54%；固定碳 77.06%~83.64%，平均 80.18%。二$_1$煤为低灰、中硫、高热值贫煤。五$_3$煤多呈小块状或粉状产出，原煤水分 0.81%，灰分 29.38%，全硫 0.21%，固定碳 43.66%，焦渣特征 5，磷含量一般为 0.007%，发热量 19.55 MJ/kg；浮煤挥发分 20.47%，固定碳 75.80%；煤类为中灰、特低硫、中低热值焦煤。

（九）登封市老庄沟煤矿区

老庄沟煤矿区位于登封市石道乡、君召乡，东西长 2.3 km，南北宽 2.31 km，面积约 5.31 km^2。区内为嵩山南麓低山-丘陵区，海拔 416.00~515.00 m。矿区地理坐标为东经 112°51′15″~112°52′45″，北纬 34°24′30″~34°23′15″。2004~2010 年，河南省煤田地质局一队开展了本区煤矿普查-勘探，编制的《河南省登封市老庄沟煤矿勘探报告》累计查明/保有煤资源量 2074.0×10^4 t。DF$_4$ 断层以西为沼气带，以东为瓦斯风化带；西南部-250 m 以深为一级热害区，其他区为地温正常区。

1. 矿区地质

老庄沟煤矿区内第四系厚度 0.80~27.45 m，煤系基底为寒武系芙蓉统炒米店组白云岩。本溪组主要为深灰色铝质泥岩，中部夹粉砂岩条带，底部偶夹煤线（0001 孔），因受滑动构造影响而残缺或完全缺失，钻孔揭露厚度 0.80~15.05 m，平均 5.13 m。太原组因受滑动构造影响而残缺，西部钻孔揭露最大厚度 40.40 m，含燧石结核、条带、生物碎屑 L$_7$ 石灰岩普遍发育。山西组主要由灰色、深灰色泥岩、粉砂岩和灰色、灰白色细-中粒砂岩组成，厚度 40.96~76.27 m，平均 60.50 m，含煤 1~3 层，其中二$_1$煤层为主要可采煤层。下石盒子组自砂锅窑砂岩底至田家沟砂岩底，自下而上划分为三、四、五、六煤段，因受月湾滑动断层影响，所有钻孔均未见到完整地层，平均厚度 301.87 m。上石盒子组自田家沟砂岩底界至平顶山砂岩顶界，自下而上划分为七、八、九煤段和平顶山砂岩段，厚度 191.43~317.26 m，平均 247.70 m。孙家沟组以紫红色厚层状泥岩为主，夹灰绿色粉砂岩，泥岩和灰色、灰绿色细砂岩薄层及薄层状砾屑石灰岩，最厚 264.30 m。刘家沟组仅在西部钻孔揭露最大厚度 167.58 m，岩性为紫红色、肉红色细-中粒厚层状长石石英砂岩，偶尔夹有薄层紫红色砂质泥岩条带。

老庄沟煤矿区位于颍阳-芦店复向斜北翼中段，整体为月湾滑动构造之上的一个滑体（图 2-70，图 2-71）。HF$_{1-1}$ 滑动断层为本区滑动构造的主滑面，起始于本区东北部的 DF$_1$ 断层，沿二$_1$煤层下部滑动，下切太原组、本溪组及寒武系，使这些地层在不同地段有不同程度缺失，在矿区西北部及中西部等地段铲失或部分铲失二$_1$煤层。HF$_{1-2}$ 滑动断层为本区滑动构造次一级滑面，位于二$_1$煤层上部，沿山西组上段及下石盒子组下部滑动，使个别地段缺失小紫泥岩段或砂锅窑砂岩及大紫泥岩段。

HF_{2-1} 滑动断层在本区西部及西南部发育，形态上呈“帚”状，有分岔，造成地层不同程度缺失。主滑面之上地层倾向南西西，倾角 22°~45°。主滑面之下二$_1$ 煤层倾角 10°~35°。北西向及北东向高角度正断层发育。

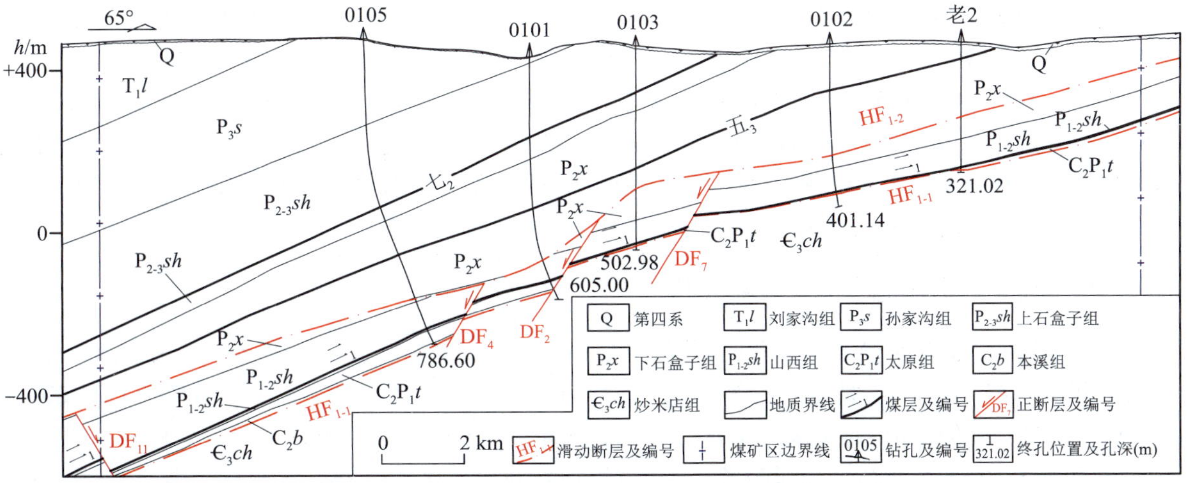

图 2-70　登封市老庄沟煤矿区 01 线地质剖面

（据河南省煤田地质局一队，2010b）

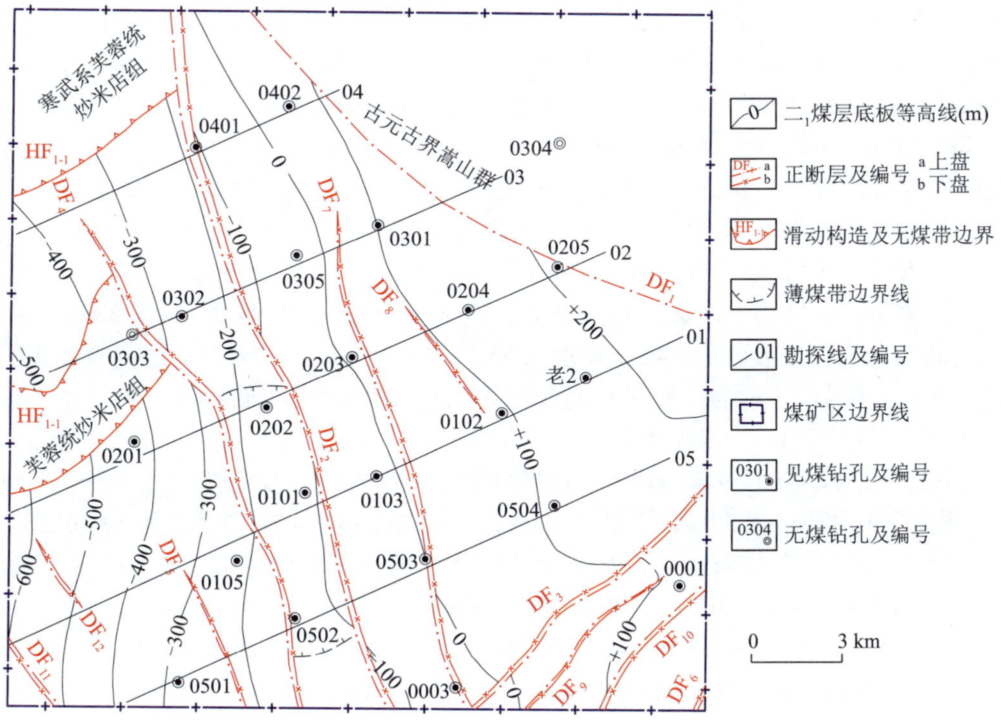

图 2-71　登封市老庄沟煤矿区二$_1$ 煤层底板等高线图

（据河南省煤田地质局一队，2010b）

2. 煤层与煤质

老庄沟煤矿区仅二$_1$ 煤层可采，一$_3$、一$_6$、一$_7$、一$_8$、二$_0$、二$_2$、四$_2$、五$_3$ 煤层均不可采，七$_2$ 煤层偶见可采点，煤层平均总厚度 6.57 m。二$_1$ 煤层大部分可采，上距大占砂岩约 2.60 m，下距 L_{7-8} 石灰岩约 3 m，穿过 23 孔，见煤 20 孔，可采 13 孔，煤厚 0.32~10.95 m，平均 3.63 m，2 孔含（碳质）泥岩夹矸 1~2 层。二$_1$ 煤层埋深 300~1000 m，赋存标高+270~-640 m，顶板多为砂质泥岩和细砂岩，底板多为泥岩。二$_1$煤松软，易碎成粉状或土状，视密度 1.34～1.48 t/m^3，平均 1.41 t/m^3；真密度 1.42～1.55 t/m^3，平均 1.48 t/m^3；镜鉴煤岩类型为半亮-光亮型煤，有机组分占 90.20%，其中以镜质组为主，占 70.80%，惰质组占 19.40%；无机组分以粘土矿物为主。二$_1$煤原煤水分 0.35%～1.34%，平均 0.85%；灰分 9.56%～24.55%，平均 14.64%；全硫 0.03%～1.56%，平均 0.66%；挥发分 10.84%～24.55%，平均 13.19%；高位发热量 26.23～32.36 MJ/kg，平均 30.12 MJ/kg；黏结指数 0。浮煤水分 0.28%～1.50%，平均 0.94%；灰分 5.20%～11.38%，平均 7.93%；挥发分 10.63%～13.75%，平均 12.00%；高位发热量 29.08～33.98 MJ/kg，平均 32.83 MJ/kg。煤类为低灰、低硫、高热值贫煤。原煤灰分中，SiO_2 和 Al_2O_3 占 75.02%，煤灰的 *ST*>1500℃，*FT*>1500℃，*DT*>1500℃，*HT*>1500℃，属高软化温度灰及高流动温度灰。

（十）登封市郭沟-新新深部煤矿区

郭沟-新新深部煤矿区位于郭沟和白坪煤矿区北侧深部，隶属登封市送表乡、大金店乡、东金店乡管辖，面积约 41.60 km^2，地理坐标为东经 112°53′01″～113°07′15″，北纬 34°19′53″～34°24′29″，为海拔 350.0～620.0 m 的低山-丘陵区。2005～2014 年，河南省地质矿产勘查开发局第二地质勘查院开展了本区煤矿预查、普查，编制的《河南省登封市郭沟-新新煤矿区深部煤普查报告》累计查明/保有煤资源量 7555.0×10^4 t；另估算 1500 m 以浅的（334）？类煤资源量 4396.0×10^4 t，1500 m 以深的（334）？类煤资源量 19861.0×10^4 t。在 1108.63～1272.79 m 深度范围内，甲烷含量 4.41～22.50 mL/g，甲烷成分为 73.02%～90.76%，以沼气带为主。区内地温梯度为 2.13～2.47℃/hm。

郭沟-新新深部煤矿区南部基岩裸露，北部第四系最大厚度 19.90 m。施工 6 孔，5 孔终孔于太原组顶部，1 孔终孔于上石盒子组上部。山西组厚度 39.00～85.25 m，平均 68.04 m。下石盒子组厚度 284.38～306.27 m，平均 299.79 m。上石盒子组厚度 283.17～331.97 m，平均 307.90 m。孙家沟组厚度 221.17～291.97 m，平均 245.80 m。刘家沟组厚度 133.69～162.39 m，平均 156.66 m。矿区处于颍阳-芦店复向斜南翼，构造形态为地层倾向北—北北东、倾角 18°～33°的单斜构造，6 条落差大于 50 m 的断层呈北东—北北东向和近东西向展布。仅二$_1$煤层可采，5 孔穿过，断失 1 孔，见煤 4 孔，可采 4 孔，上距砂锅窑砂岩平均 59.00 m，香炭砂岩 22.72 m，大占砂岩 3.74 m，下距 L_7 石灰岩 14.00 m，煤层埋深 650～2850 m，赋存标高-300～-2500 m。煤层总厚度 2.41～3.33 m，平均 2.82 m，局部含 1 层灰黑色碳质泥岩夹矸。纯煤真厚度 1.55～3.10 m，平均 2.54 m。煤层直接顶板多为厚度 7.37～9.83 m 的细-中粒大占砂岩，局部有碳质泥岩伪顶，直接底板为碳质泥岩或泥岩及细砂岩。二$_1$煤多呈鳞片状及碎块状产出，少量粉末状，疏松易碎，且易污手。仅局部可观察到宏观煤岩成分，主要为亮煤、镜煤，次为暗煤，少量丝炭，油浸物镜下镜质体最大反射率 2.156%～2.299%，平均 2.228%。原煤水分 0.37%～1.43%，平均 1.03%；灰分 10.98%～20.28%，平均 16.28%；挥发分 11.56%～13.15%，平均 12.52%；硫分 0.34%～2.59%，平均 1.45%；磷 0.006%～0.038%，平均 0.016%；发热量 28.12～31.76 MJ/kg，平均 29.59 MJ/kg。浮煤水分 0.40%～1.40%，平均 1.05%；灰分 6.96%～9.20%，平均 7.84%；挥发分 10.59%～13.15%，平均 10.94%；硫分 0.34%～0.43%，平均 0.40%；磷 0.004%～0.008%，平均 0.006%；发热量 31.83～33.71 MJ/kg，平均 32.99 MJ/kg；黏结指数 0，胶质层最大厚度 0 mm。煤类为低灰、中硫、高热值贫煤。

（十一）登封市郭沟煤矿区

郭沟煤矿区位于登封市西南、箕山背斜北翼中段，西止龙泉寺正断层，东以安庄逆断层邻白坪煤矿区，南以煤层露头为界，北至二$_1$煤层底板-600 m 水平，面积约 20.26 km^2。地貌为箕山北麓丘陵区，海拔 265.10～418.40 m。矿区地理坐标为东经 112°51′04″～112°57′24″，北纬 34°19′20″～34°21′44″。勘查程度达勘探，累计查明煤资源储量 13859.1×10^4 t，保有煤资源储量 11895.3×10^4 t。本区处于瓦斯风化带，为地温正常区。

郭沟煤矿区内第四系厚度 0～38.00 m，煤系基底为崮山组白云岩。含煤地层本溪组厚度 2.74～

10.94 m，平均 8.35 m；太原组厚度 37.84~49.64 m，平均 42.83 m；山西组厚度 70.16~91.74 m，平均 77.08 m；下石盒子组厚度 274.73~320.04 m，平均 283.51 m；上石盒子组平均厚度 302.26 m。煤系盖层孙家沟组厚度 257.25~329.22 m，平均 298.74 m；刘家沟组厚度 247.36~312.74 m，平均 288.40 m。总体构造形态为地层倾向 20°、倾角 32°左右的单斜构造。区内断层主要为北东向正断层，次为北东向逆断层及近东西向正断层。矿区东侧的安庄逆断层走向北东东，倾向南东，倾角 75°，逆差 150~190 m。龙泉寺正断层东侧发育的龙泉寺滑动构造造成滑体内构造复杂。七$_2$煤层仅浅部可采，煤厚 0.48~0.90 m，一般为 0.75 m。五$_3$煤层大部分可采，煤厚 0.23~1.23 m，平均 0.83 m，偶含厚度 0.05~0.29 m 夹矸 1 层。四$_3$煤层仅浅部可采，煤厚 0~0.88 m，平均 0.49 m，局部含矸 1 层。二$_2$煤层局部可采，煤厚 0~1.37 m，平均 0.57 m。二$_1$煤层全区可采，埋深 5~1560 m，底板标高+480~-600 m，煤厚 0.30~14.22 m，平均 4.64 m，局部含厚度 0.35~1.03 m 的夹矸 1~2 层。胡石砂岩或 L_5 石灰岩下的一$_5$煤层仅浅部可采，煤厚 0~1.20 m，平均 0.77 m。L_3 石灰岩下的一$_3$煤层仅浅部可采，煤厚 0~1.51 m，平均 0.62 m，局部含厚度 0.10~0.20 m 的泥岩夹矸 1 层。七$_2$煤为中灰、低硫焦煤，五$_3$煤为中灰、特低硫瘦煤和焦煤，四$_3$煤为中灰、特低硫瘦煤，二$_1$煤为低灰、低硫贫煤，一$_3$煤为中灰、高硫贫煤，除二$_1$煤为高发热量外，其余均为中高发热量（表 2-75），二$_2$煤和一$_5$煤为贫煤。

表 2-75　登封市郭沟煤矿区煤质特征一览表

煤层		七$_2$	五$_3$	四$_3$	二$_1$	一$_3$
灰分/%	原煤	22.77	21.63~33.88 29.63	25.66	10.51~30.16 15.26	23.26
挥发分/%	浮煤	18.66	17.37~19.89 18.98	15.35	10.04~15.36 13.07	11.40
全硫/%	原煤	0.65	0.31	0.33	0.72	4.08
高位发热量/（$MJ\cdot kg^{-1}$）	原煤	26.72	24.78	26.35	23.91~31.99 30.03	24.79
黏结指数		75.0	60.0~70.0	55.0	1.0	1.0
胶质层最大厚度/mm		—	15.0	—	0	—

注：资料来源于《河南省登封市郭沟煤核查区资源储量核查报告》，河南省煤田地质局一队，2010c。

（十二）登封市白坪煤矿区

白坪煤矿区位于登封市南部、箕山北麓的白坪乡，面积约 58.48 km^2。矿区地理坐标为东经 112°56′38″~113°09′03″，北纬 34°18′34″~34°22′31″。据资源储量核实报告，勘查程度达勘探，累计查明煤资源储量 42924.8×10^4 t，保有煤资源储量 35802.1×10^4 t。本区甲烷成分 0~98.24%，甲烷含量 0~18.25 mL/g，主体为瓦斯风化带，仅东部深处处于甲烷带。地温梯度 0.22~2.62℃/hm。

白坪煤矿区内基岩大部分裸露，新生界揭露最大厚度 265.20 m，煤系基底为寒武系芙蓉统炒米店组白云岩。含煤地层本溪组厚度 2.93~25.89 m，平均 10.00 m；太原组厚度 37.72~88.14 m，平均 57.00 m；山西组厚度 59.79~103.94 m，平均 76.00 m；下石盒子组厚度 293.00~356.22 m，平均 308.00 m；上石盒子组厚度 266.61~311.78 m，平均 293.00 m。煤系盖层孙家沟组厚度 216.64~274.40 m，平均 240.00 m；刘家沟组揭露最大厚度 129.62 m；和尚沟组平均厚度 314.00 m。矿区处于箕山背斜北翼，总体为地层倾向北—北西的单斜，102 线以西地层倾角 25°~30°，断层稀少；以东地层倾角 10°~15°，正断层较多，并发育受北东向断层破坏的轴向 240°、北东仰起的次级鳌面山向斜及其南侧的新峰背斜（图 2-72）。矿区中部发育有白坪滑动构造，呈北东向椭圆状，切割深至 -300 m 水平，面积 6 km^2。石淙河正断层倾向 310°~350°，倾角 50°~70°，落差 100~200 m。冯家门断层倾向 140°~180°，倾角 50°~70°，落差 20~480 m。

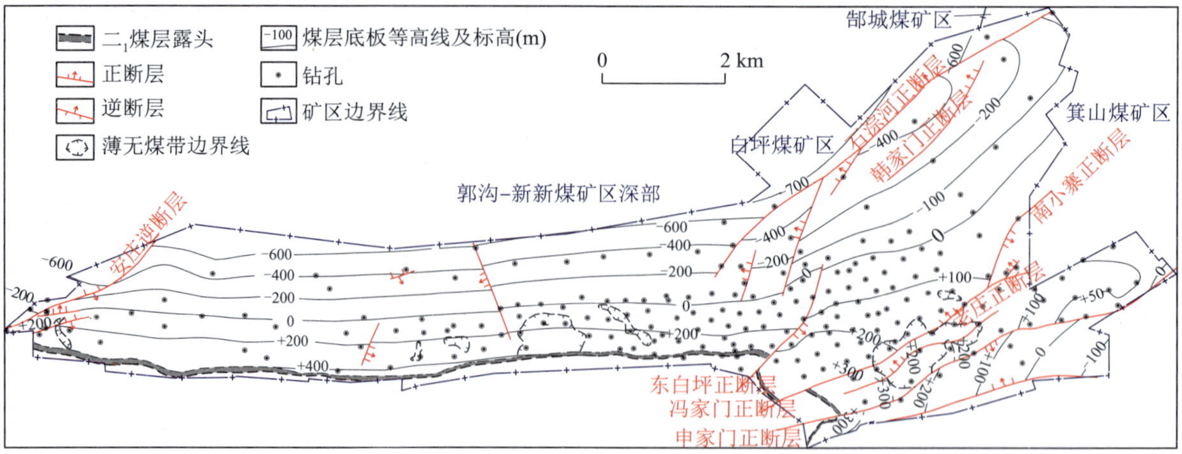

图 2-72　登封市白坪煤矿区二$_1$ 煤层底板等高线图

（据河南省煤田地质局一队，2010d）

白坪煤矿区内二$_1$ 煤层全区可采，一$_3$、一$_5$、二$_2$、五$_3$、七$_2$ 煤层局部可采。一$_3$ 煤层厚度 0~1.32 m，平均 0.72 m，局部含 1~2 层厚度 0.03~0.51 m 夹矸。一$_5$ 煤层厚度 0~1.16 m，平均 0.86 m，局部含 1~2 层厚度 0.09~0.69 m 夹矸。二$_1$ 煤层厚度 0~42.00 m，平均 5.30 m，局部含厚度 0.02~0.70 m 夹矸 1~2 层，因煤层附近普遍发育层间滑动构造而造成煤厚变化幅度大，局部具突变特点。二$_2$ 煤层厚度 0~0.90 m，平均 0.51 m，无矸。五$_3$ 煤层厚度 0~1.26 m，一般厚度 0.7~1.05 m。七$_2$ 煤层厚度 0.23~1.25 m，平均 0.67 m，局部含矸 1~2 层。一$_3$、一$_5$、二$_2$、二$_1$ 为贫煤，五$_3$、七$_2$ 为焦煤。七$_2$ 煤为中灰、低硫、中高热值煤，二$_1$ 煤为低灰、低硫、高热值煤，一$_3$ 煤为低灰、高硫、特高热值煤（表 2-76）。

表 2-76　登封市白坪煤矿区原煤的煤质特征一览表

煤层	七$_2$	五$_3$	二$_1$	一$_3$
灰分/%	10.86~39.52 / 28.83	35.00	13.72	8.12~41.46 / 10.91
挥发分/%	10.00~20.00 / 18.94	—	13.39	8.83~11.85 / 10.10
全硫/%	0.35~1.48 / 0.92	0.42	0.79	3.11~5.28 / 4.90
高位发热量/(MJ·kg^{-1})	21.15~31.11 / 26.30	—	29.76	22.63~32.87 / 31.97

注：资料来源于《河南省登封市白坪煤核查区资源储量核查报告》，河南省煤田地质局一队，2010d。

（十三）登封市箕山煤矿区

箕山煤矿区位于登封煤田中部，南部和北东为煤层露头，东至走向北东、向北西陡倾的王屯正断层，北部以石淙河正断层接部成煤矿区，面积约 30.00 km^2。本区位于箕山北麓，海拔 229.3~506.2 m。矿区地理坐标为东经 113°07′15″~113°11′55″，北纬 34°18′06″~34°23′30″。据资源储量核实报告，勘查程度达勘探，累计查明煤资源储量 16478.6×10^4 t，保有煤资源储量 12053.1×10^4 t。区内基岩大部分裸露，煤系基底为中奥陶统马家沟组石灰岩。含煤地层本溪组厚度 2.93~9.58 m，太原组厚度 50.57~53.33 m，山西组厚度 57.57~83.30 m，下石盒子组平均厚度 308.00 m，上石盒子组平均厚度 282.04 m。煤系盖层孙家沟组平均厚度 230.45 m，刘家沟组平均厚度 218.00 m，新生界厚度 0~

40.00 m。本区位于颍阳-芦店复向斜南翼，其构造格架为向南西倾伏的次级新峰背斜及两侧向斜构造，北东—北东东向正断层发育。二$_1$煤层全区可采，埋深595.80~736.30 m，煤厚1.30~13.50 m，平均4.98 m，偶含矸1层。一$_3$煤层局部可采，煤厚0.50~2.99 m，平均1.49 m，偶见厚度0.25~0.46 m夹矸1层。二$_1$煤的原煤水分0.54%~1.01%，平均0.84%；灰分8.97%~33.34%，平均14.31%；全硫0.15%~0.36%，平均0.30%；高位发热量29.45~32.49 MJ/kg，平均30.91 MJ/kg；挥发分12.20%~17.24%，平均13.46%；胶质层最大厚度0 mm，焦渣特征3~4；煤类为低灰、特低硫、高热值贫煤。一$_3$煤的原煤灰分平均12.33%，全硫平均4.78%，高位发热量平均30.18 MJ/kg，浮煤挥发分平均11.21%，胶质层厚度0 mm；煤类为低灰、高硫、高热值贫煤。

（十四）登封市郜城煤矿区

郜城煤矿区位于箕山北麓的登封市告成（有称郜城、告城）镇，面积约41.00 km^2，海拔240.0~470.0 m，地理坐标为东经113°06′54″~113°12′25″，北纬34°22′19″~34°27′30″。据资源储量核实报告，勘查程度达详查，累计查明煤资源储量18962.4×10^4 t，保有煤资源储量15010.5×10^4 t。

郜城煤矿区内基岩大部分裸露，煤系基底为马家沟组石灰岩。含煤地层本溪组厚度1.76~31.38 m，平均9.50 m；太原组厚度50.22~94.52 m，平均68.82 m；山西组厚度68.23~86.61 m，平均77.42 m；下石盒子组厚度271.98~310.91 m，平均296.95 m；上石盒子组厚度260.48~361.11 m，平均310.38 m。煤系盖层孙家沟组厚度220.77~352.37 m，平均293.48 m；刘家沟组与和尚沟组厚度381.36~596.58 m，平均507.94 m；古近系揭露最大厚度502.97 m（11601孔），第四系厚度0~33.50 m。本区处于芦店-大隗滑动构造的西部，滑动构造下盘总体为单斜构造（图2-73），以断层为主，地层倾向北西，倾角8°~23°。向北东仰起的朝阳沟背斜（北）和轴向北西—南东的刘碑寺向斜（南）构成了滑动系统的基本格架，地层倾角8°~49°。

郜城煤矿区内二$_1$煤层全区可采，煤厚0~18.23 m，平均4.69 m，煤厚变化大，局部含1~3层厚度0.03~2.60 m不稳定夹矸。一$_1$煤层大部分可采，煤厚0~5.88 m，平均1.17 m，局部含矸1~2层。二$_1$煤的原煤灰分8.88%~26.80%，平均13.89%；全硫0.24%~0.53%，平均0.36%；高位发热量24.93~32.66 MJ/kg，平均30.52 MJ/kg；浮煤挥发分10.08%~13.64%，平均11.54%；煤类为低灰、特低硫、高热值贫煤。一$_1$煤的原煤灰分3.55%~35.68%，平均12.44%；全硫1.84%~7.82%，平均4.63%；高位发热量19.44~34.46 MJ/kg，平均31.11 MJ/kg；浮煤的挥发9.01%~16.70%，平均12.63%；煤类为低灰、高硫、特高热值贫煤。

（十五）登封市芦店煤矿区

芦店煤矿区位于登封市芦店镇、唐庄镇、大冶镇和新密市牛店镇、来集镇境内，西部止于北新庄正断层，北以牛店正断层（芦F_3）接王庄煤矿区，面积约139.94 km^2，地理坐标为东经113°03′52″~113°21′28″，北纬34°26′07″~34°31′12″。据资源储量核实报告，勘查程度达勘探，累计查明煤资源储量20289.6×10^4 t，保有煤资源储量19719.1×10^4 t，估算二$_1$煤的煤层气资源量1.28×10^8 m^3。

1. 矿区地质

芦店煤矿区内第四系厚度0~22.68 m，古近系揭露最大厚度751.39 m，煤系基底为马家沟组。本溪组厚度2.23~15.26 m，平均10.55 m。太原组厚度56.54~76.30 m，平均67.21 m。山西组厚度51.09~104.38 m，平均68.05 m。下石盒子组平均厚度301.87 m。上石盒子组厚度258.75~326.87 m，平均295.28 m。孙家沟组厚度232.69~331.91 m，平均294.42 m。刘家沟组与和尚沟组平均总厚度341.60 m。二马营组平均厚度341.60 m。构造形态主要表现为芦店滑动构造滑体覆盖下的以颍阳-芦店为轴的向斜构造（图2-74，图2-75），地层倾角20°~40°，构造组合形式可概括为1个滑动构造、3组（东西向、北西向、北东向）断裂，滑动面上部和下部均伴有次级褶曲和断层。北新庄正断层走向北北东，东倾，倾角60°，落差50~200 m。牛店正断层（芦F_3）展布于阎沟-牛店-西瓦店一线，走向近东西，南倾，倾角60°~70°，落差100~300 m。

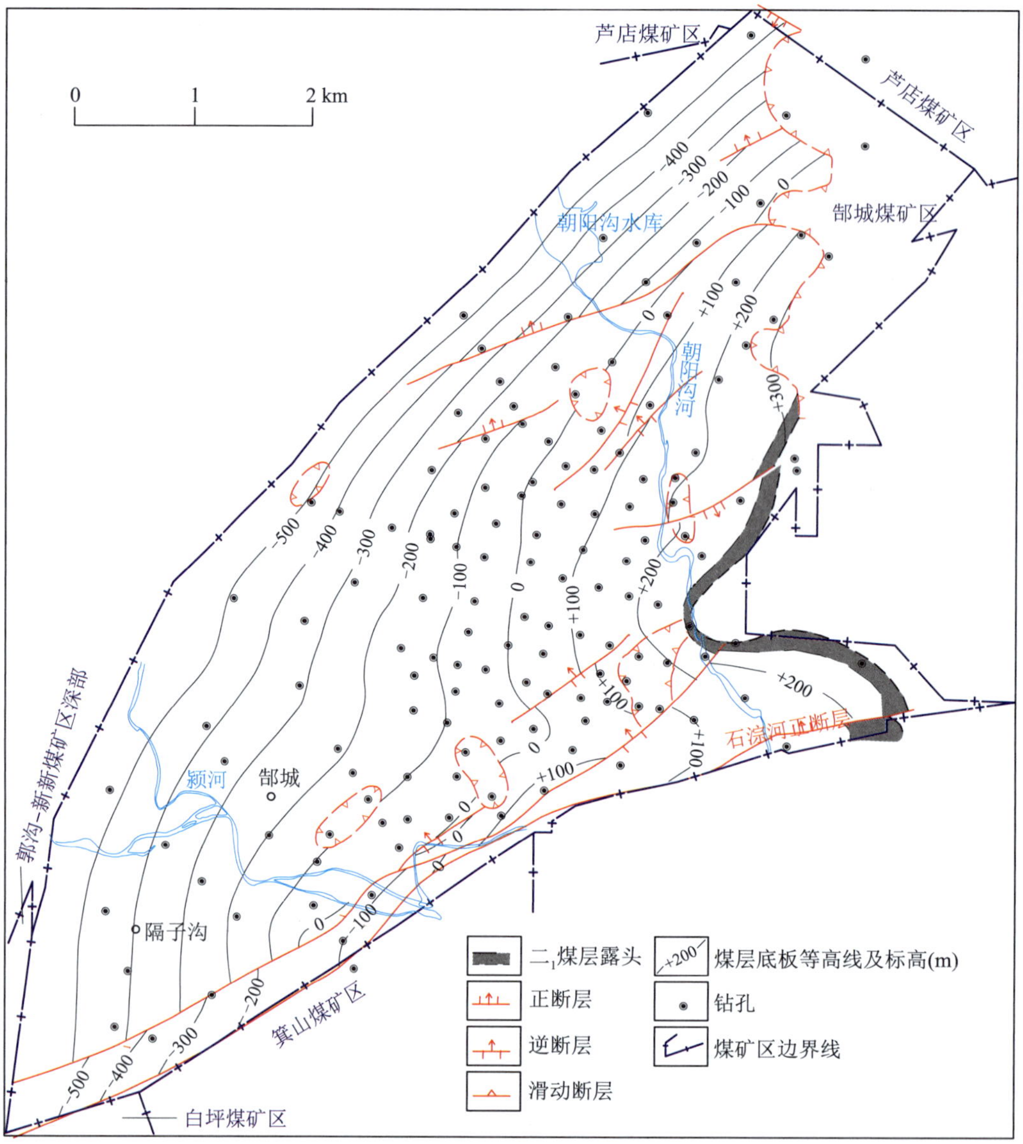

图 2-73 登封市郜城煤矿区二$_1$ 煤层底板等高线图

（据河南省煤田地质局一队，2010e，有修改）

2. 煤层与煤质

芦店煤矿区内七$_2$ 煤层局部可采，煤厚 0~3.06 m，平均 0.70 m，偶含矸 1 层。二$_1$ 煤层大部分可采，煤底标高+230~-720 m，煤厚 0~15.00 m，平均 3.46 m，偶见 1 层夹矸，煤厚变化较大，存在大面积无煤带。一$_1$ 煤层大部分可采，煤厚 0~1.83 m，平均 1.17 m，一般含矸 1~2 层。七$_2$ 煤的原煤灰分 29.54%~37.34%，平均 34.17%；硫分 0.97%~6.55%，平均 3.56%；磷 0.002%；发热量 20.27~23.02 MJ/kg，平均 22.27 MJ/kg；浮煤挥发分 16.0%~21.01%，平均 18.68%；黏结指数 69。二$_1$ 煤的原煤灰分 8.07%~30.67%，平均 17.06%；硫分 0.22%~0.83%，平均 0.36%；磷 0.01%~0.062%，平均 0.029%；发热量 26.98~32.15 MJ/kg，平均 28.89 MJ/kg；浮煤挥发分 9.10%~12.97%，平均 11.90%；黏结指数 0，胶质层最大厚度 0 mm。一$_1$ 煤的原煤灰分 7.72%~26.83%，平均 17.71%；硫分 1.45%~6.40%，平均 4.68%；磷 0.003%~0.017%，平均 0.028%；发热量 24.23~26.47 MJ/kg，平均 25.30 MJ/kg；浮煤挥发分 11.45%~14.17%，平均 12.97%；黏结指数 0.75，胶质层最大厚度 0 mm。七$_2$ 煤呈碎块状，煤类为中高灰、高硫、中热值焦煤，二$_1$ 煤呈粉状，煤类为低

灰、特低硫、高热值贫煤，$一_1$ 煤呈碎粒状，煤类为低灰、高硫、中高热值贫煤。

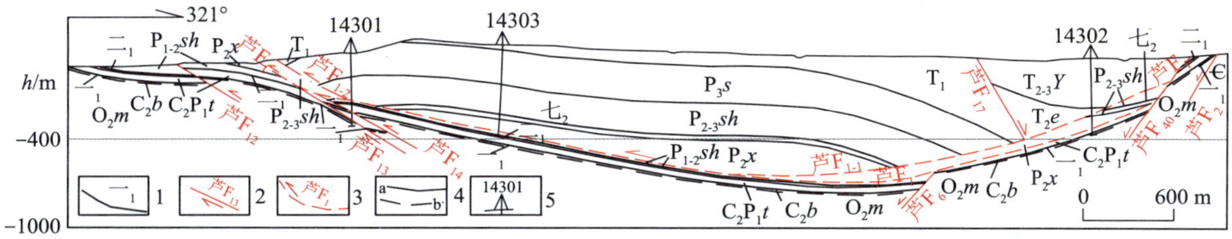

图 2-74　登封市卢店煤矿区 143 勘探线剖面

（据河南省煤田地质局一队，2010f，有修改）

$T_{2-3}Y$—中-上三叠统延长群；T_2e—中三叠统二马营组；T_1—下三叠统；P_3s—二叠系乐平统孙家沟组；$P_{2-3}sh$—二叠系阳新统—乐平统上石盒子组；P_2x—二叠系阳新统下石盒子组；$P_{1-2}sh$—二叠系船山统—阳新统山西组；C_2P_1t—上石炭统—船山统太原组；C_2b—上石炭统本溪组；O_2m—中奥陶统马家沟组；€—寒武系。1—煤层及编号；2—断层及编号和滑动方向；3—滑动断层及滑动方向；4—整合（a）及平行不整合（b）地质界线；5—钻孔及编号

（十六）新密市王庄煤矿区

王庄煤矿区位于登封煤田东部，隶属于新密市牛店镇、城关镇，西、东为隐伏煤层露头，南至牛店正断层，北以前高村正断层和张湾正断层为界接米村煤矿区（图 2-75）。矿区东西长 11.8 km，南北宽 3 km，面积约 15.00 km^2。本区为嵩山南麓丘陵区，海拔 245.0~313.0 m。矿区地理坐标为东经 113°11′53″~113°19′11″，北纬 34°30′21″~34°32′16″。据资源储量核实报告，勘查程度达勘探，累计查明煤资源储量 12340.4×10^4 t，保有煤资源储量 6411.3×10^4 t。本区为瓦斯矿井，采空区较多。地温梯度为 0.7~1.5℃/hm，平均为 1.0℃/hm，为地温正常区。

王庄煤矿区内第四系厚度 0~32.83 m，煤系基底为马家沟组，含煤地层保留有本溪组、太原组、山西组和下石盒子组三、四煤段。本区处于颍阳-芦店复向斜的东部扬起端，其总体形态为地层南倾、倾角 3°~23°的单斜构造，北西向、北东向和近东西向高角度正断层发育，形成地垒中的次级垒堑式构造样式。矿区西部的桑裹槐正断层可能为五指岭正断层的南东延伸部分，倾向北东，倾角 60°，落差 40~150 m。前高村正断层走向北西，倾向北东，倾角 75°，落差 70~200 m。张湾正断层走向北东，倾向北西，倾角 60°，落差 160~260 m。$二_1$ 煤层大部可采，上距砂锅窑砂岩平均 67.81 m，下距 L_9 石灰岩平均 8.78 m，赋存标高+260~-120 m，埋深 37~406 m，煤厚 0~21.67 m，平均 6.45 m，偶含 1~2 层厚度 0.05~0.45 m 夹矸。$一_1$ 煤层局部可采，煤底标高+150~-210 m，埋深 142~475 m，煤厚 0~3.74 m，平均 1.31 m，含泥岩或碳质泥岩夹矸 0~3 层，煤层直接顶板为 L_1 石灰岩，底板为本溪组铝质泥岩或黑色泥岩。煤类以贫煤为主，次为无烟煤（表 2-77），$二_1$ 煤为低灰、特低硫、高热值煤，$一_1$ 煤为低灰、高硫、特高热值煤。

表 2-77　新密市王庄煤矿区煤质特征一览表

煤层	煤种	水分（M_{ad}）/%	灰分（A_d）/%	挥发分（V_{daf}）/%	全硫（$S_{t,d}$）/%	发热量（$Q_{gr,v,d}$）/（MJ·kg^{-1}）
$一_1$	原煤	0.38~1.06 0.76（16）	6.03~17.05 11.43（16）	9.19~15.88 11.98（16）	3.23~8.03 5.26（16）	35.54~36.51 35.64（16）
	浮煤	0.43~1.39 0.83（16）	3.92~7.70 5.13（16）	8.90~13.66 11.24（16）	2.77~6.48 4.21（16）	35.82~36.82 36.22（16）
$二_1$	原煤	0.58~1.69 1.02（57）	8.61~25.99 15.10（57）	10.58~16.05 12.87（57）	0.18~0.56 0.32（57）	26.68~31.88 30.01（15）
	浮煤	0.38~2.49 1.17（57）	4.53~9.69 7.00（57）	9.42~13.16 11.16（57）	0.26~0.45 0.33（57）	35.08~36.70 35.79（55）

注：资料来源于《河南省新密市王庄煤核查区资源储量核查报告》，河南省煤田地质局一队，2010g。

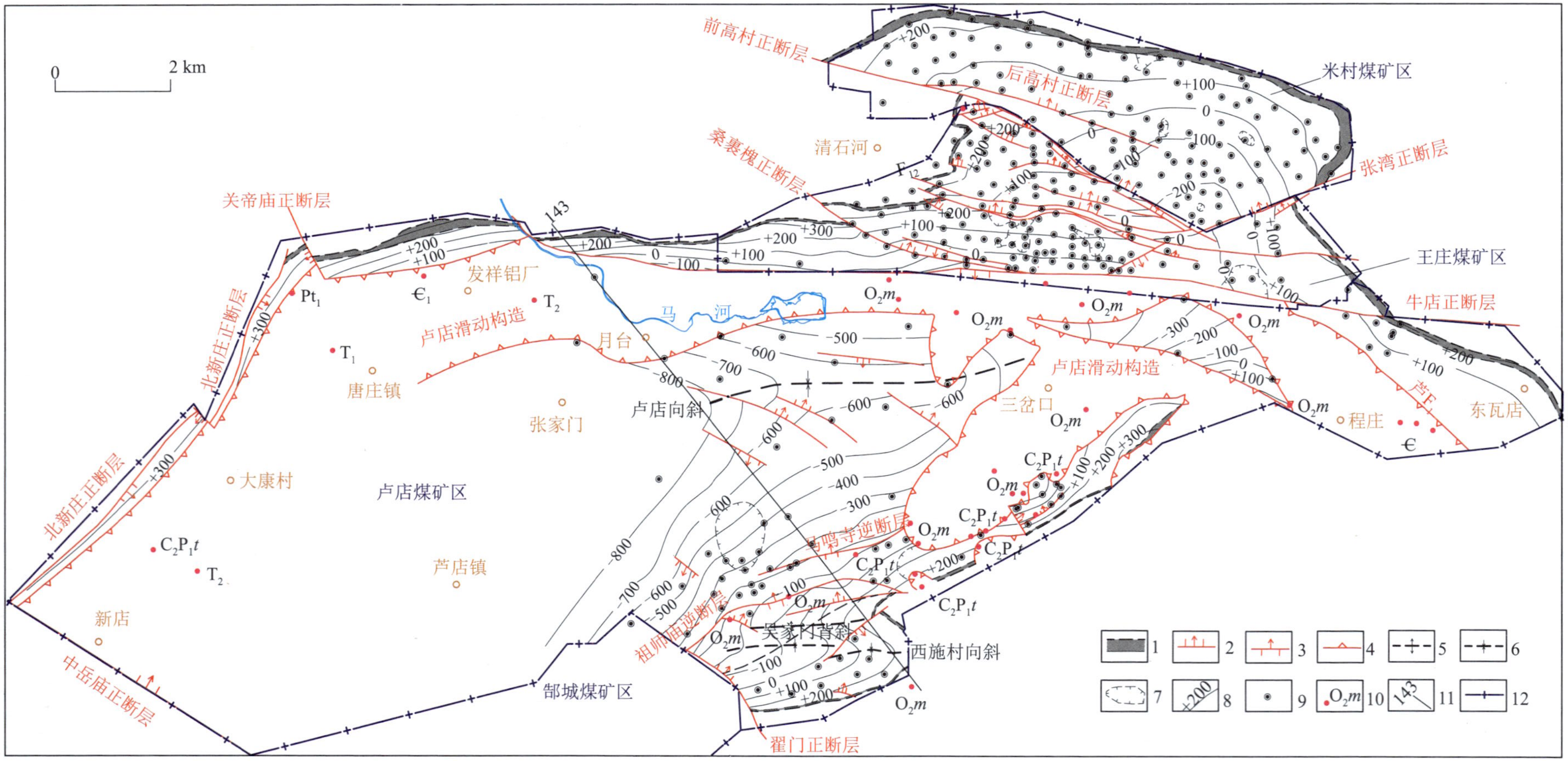

图 2-75 登封市卢店煤矿区二$_1$煤层底板等高线

1—二$_1$煤层隐伏露头；2—正断层；3—逆断层；4—滑动断层；5—背斜轴；6—向斜轴；7—沉积薄（无）煤区；8—二$_1$煤层底板等高线及标高(m)；9—见煤钻孔；10—见断层钻孔及断面之下穿见层位；11—勘探线及编号；12—煤矿区边界线

（十七）新密市米村煤矿区

米村煤矿区位于登封煤田东部偏北的王庄煤矿区北邻，新密市米村镇与牛店镇境内，西、北、东为隐伏煤层露头，东西长 8.00 km，南北宽 0.50～2.50 km，面积约 18.12 km^2。本区为嵩山南麓丘陵区，矿区地理坐标为东经 113°13′07″～113°19′04″，北纬 34°31′04″～34°33′11″。据资源储量核实报告，勘查程度达勘探，累计查明煤资源储量 13652.1×10^4 t，保有煤资源储量 6334.3×10^4 t。本区为瓦斯矿井，平均地温梯度为 0.7℃/hm。

米村煤矿区内第四系厚度 1.70～141.90 m，煤系基底为中奥陶统马家沟组石灰岩。含煤地层本溪组平均厚度 9.07 m；太原组厚度 37.32～143.34 m，平均 72.72 m；山西组厚度 45.70～92.43 m，平均 65.22 m；下石盒子组平均厚度 273.10 m。本区处于颍阳-芦店复向斜的东部扬起端，其总体形态为向斜构造（图 2-75），地层倾向由西向东呈南东逐渐偏转至南西，倾角 5°～12°。区内断层落差小于 50 m。$二_1$ 煤层全区可采，赋存标高+200～-200 m，煤厚 0～24.58 m，平均 6.82 m，煤厚变化较大，北东向厚薄煤带相间，局部含厚度 0.05～0.45 m 的夹矸 1～2 层。$一_1$ 煤层大部分可采，煤厚 0～2.54 m，平均 1.04 m，西薄东厚，局部含碳质泥岩夹矸 1～2 层，赋存标高+160～-260 m。$二_1$ 煤的原煤灰分 4.66%～21.07%，平均 14.41%；全硫 0.26%～0.68%，平均 0.37%；高位发热量 34.60～35.70 MJ/kg，平均 35.30 MJ/kg；浮煤挥发分 7.89%～12.33%，平均 10.11%；胶质层最大厚度 0 mm，黏结指数 0。$一_1$ 煤的原煤灰分 6.93%～33.14%，平均 16.81%；全硫 2.35%～9.37%，平均 5.32%；高位发热量 21.75～33.74 MJ/kg，平均 28.86 MJ/kg；浮煤挥发分 7.93%～11.62%，平均 9.78%；胶质层最大厚度 0 mm，黏结指数 0。煤类为贫煤和无烟煤。$二_1$ 煤为构造煤，煤类为低灰、特低硫、特高热值煤。$一_1$ 煤呈碎粉状，煤类为低灰、高硫、高热值煤。

十一、新密煤田

新密煤田（原称密县煤田）位于河南省中部、嵩山之东南，西至新密市西部与登封煤田芦店、王庄和米村煤矿区相邻，主体分布于新密市、新郑市，东端延至中牟县西南部、开封市尉氏县西部、许昌市长葛市北部，东西长约 60 km，南北宽 12～36 km，面积约 2240 km^2。地理坐标为东经 113°13′20″～114°10′30″，北纬 34°10′20″～34°36′04″。煤田的西南缘、西北缘为低山，向东依次出现丘陵、岗地、平原，海拔 63.5～793.0 m。双洎河及其支流由西向东而后向南贯穿全区，流归贾鲁河并入淮河水系。

新密煤田老窑沿煤层露头及构造线广泛分布，1973 年，密县岳村乡菜园村农民在该村四沙嘴开采小煤窑时，发现古矿井，内有陶壶等器物，确证为唐代古窑，该窑有竖形和斜形两种井及多条古巷道，说明唐代该区采煤已很兴盛了。1951 年 11 月，新密煤矿公司成立（1958 年 4 月成立新密矿务局，现为郑州煤炭工业（集团）有限责任公司），兴建了一批国营大、中型矿井，尤其改革开放以来，国营、集体、个人一齐上，中、小型矿井像雨后春笋般地建了起来，目前浅部煤炭资源多已枯竭。本煤田地质勘查程度较高，在煤田中深部多有钻孔控制，在东部多有地震等物探控制。1868～1872 年，李希霍芬曾至煤田考察，1915～1917 年，新常富亦曾至煤田调查，1933 年孙健初编写的《河南禹、密两县煤田地质报告》是该煤田第一个观察、记述颇详的地质报告。20 世纪 50 年代初开始了煤田普查，至 20 世纪 60 年代末，通过天仙庙、梁沟、岳村、米村（现划归登封煤田）、裴沟、苟堂、杨家洼及东方红勘探区的精查，煤田储量迅速增长。1966～1976 年，除新密矿务局地质队做少量工作外，地质勘查工作近于停顿。1978 年至 20 世纪 90 年代初，为煤田第二次勘查高峰，以千米以内煤层勘查为主。21 世纪初开始，随着地质勘查资金投入的多元化和煤矿勘查工作向深部的转移，浅部煤炭资源已全面勘查，深部已控制$二_1$ 煤底标高-1367.75 m（大隗煤矿区 ZK0605）。据 2010 年河南省煤田地质局一队、河南省煤炭地质勘察研究院和河南省地质矿产勘查开发局第二地质勘查院编制的各煤矿区资源储量核查报告及后期相关地勘单位开展的省级地质勘查基金项目成果报告，区内累计查明煤资源储量 339562.7×10^4 t，浅部煤炭资源大部分正被开采利用，保有煤资源储量 305457.6×

10^4 t；另有潜在煤资源 46793.1×10^4 t。估算二$_1$煤的煤层气资源量 56.38×10^8 m^3。煤田内共划分 19 个煤矿区，总面积 646.41 km^2，以新密市大隗煤矿区作为代表性矿区进行阐述，余则简述之。

（一）煤田地质特征

新密煤田位于嵩箕构造区之嵩箕断隆东段，北以嵩山背斜和王口正断层邻荥巩煤田，南以风后岭背斜（又称箕山背斜东段）与禹州煤田相望。王口正断层走向北西西，南倾，倾角 60°，落差大于 500 m。本区属华北地层区、华北南部地层分区之嵩箕地层小区，含煤地层多被新生界覆盖，西部露头较好，属半掩盖型煤田（图 2-76）。区内历经多期构造运动，构造形式多样，风后岭背斜和嵩山复背斜（又称荥密背斜）之间的新密复向斜和近东西向正断层构成了煤田的基本构造格架，受后期多期构造活动的干扰、破坏、加强和改造，次级褶曲和近东西向、北东—北北东及北西向断层均有不同程度的发育，力学性质极为复杂。风后岭背斜轴向南东东，向东倾伏，轴部由元古宇嵩山群和无佛山群组成，两翼为古生界。新密复向斜由古生界、中生界和新生界组成，向斜轴西起新密市超化北，向东延伸于大隗东，整体呈近东西向，西仰东倾，向东呈喇叭口状倾没于新生界之下；北翼构造较简单，地层完整，倾向南东，倾角 10°~30°；南翼构造较为复杂，同走向的次级褶皱和断层发育，地层倾向北东或北西，倾角 14°~25°。区内以正断层为主，常构成阶梯状或垒堑式构造组合，成为煤田、矿区或井田的自然边界。西南部发育的呈叠瓦状排列的小型逆断层常构成滑动构造的前缘滑动面。近东西—北西西向断层为主干断层，数量多，规模大、延展长，控制着含煤地层的展布，多被其他两组断层所改造。北西向断层规模大，数量少，具左行平移性质。北东—北北东向断层多局限于北西向断层控制的区域内或错断其他两组断层。

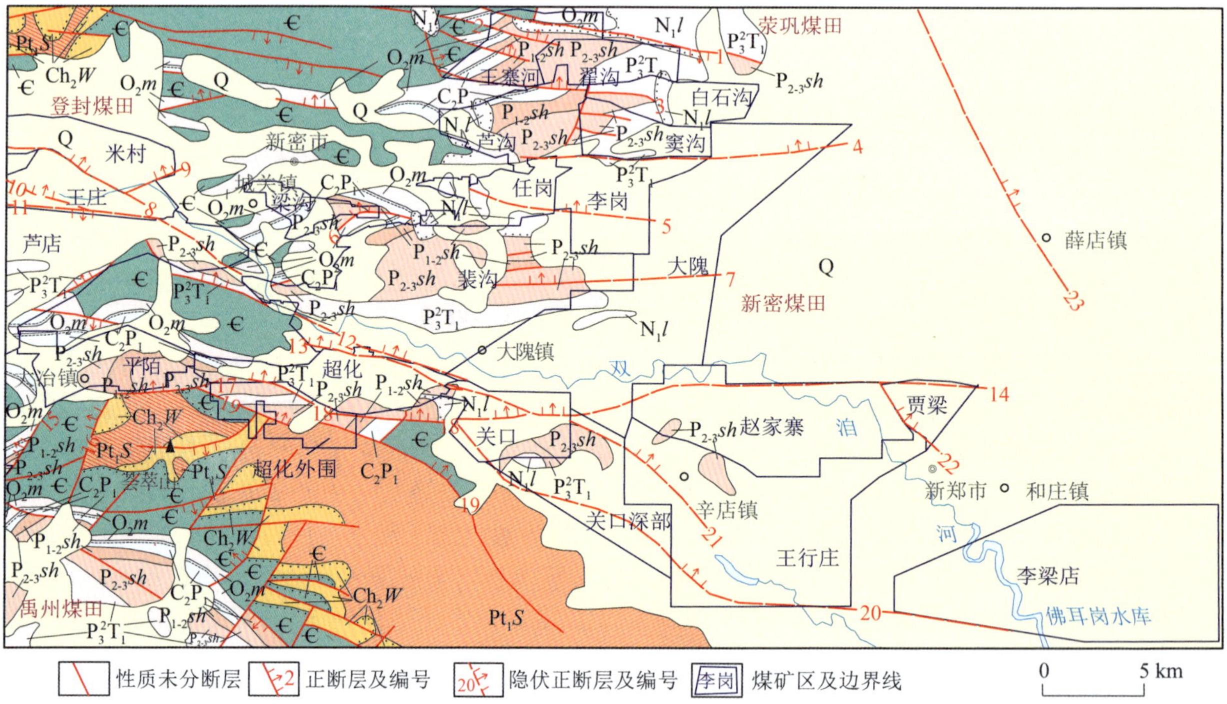

图 2-76 新密煤田地质略图

Q—第四系；N_1l—中新统洛阳组；$P_3^2T_1$—二叠系乐平统孙家沟组、下三叠统刘家沟组与和尚沟组；$P_{2-3}sh$—二叠系阳新统—乐平统下石盒子组、上石盒子组未分；$P_{1-2}sh$—二叠系船山统—阳新统山西组；C_2P_1—上石炭统本溪组和上石炭统—船山统太原组；O_2m—中奥陶统马家沟组；Є—寒武系；Ch_2W—长城系五佛山群；Pt_1S—古元古界嵩山群。1—王口正断层；2—崔岗正断层；3—梁山正断层；4—魏寨正断层；5—七里岗正断层；6—染匠沟正断层；7—浮山寨-牛集正断层；8—前高村正断层；9—张湾正断层；10—五指岭-桑裹槐正断层；11—牛店正断层；12—樊寨正断层；13—超化正断层；14—大隗正断层；15—王屯正断层；16—密岵寨正断层；17—杨树沟正断层；18—龟山正断层；19—新庄正断层；20—关口正断层；21—龙王庙正断层；22—贾梁正断层；23—薛店正断层

佛山寨-牛集正断层走向近东西，北倾，倾角 20°~60°，落差 300~550 m；大隗正断层走向近东西，倾向北，倾角 50°~75°，落差 350~650 m；这两条正断层将新密煤田大致划分为 3 个次级构造单元，佛山寨-牛集正断层之北总体为地层倾向南东的单斜构造，大隗正断层之南为构造复杂的次级背向斜构造，两断层之间主体为新密向斜核部位置。煤田西南部发育于大冶向斜内、东西以北西向断层为界、南北被近东西向背斜所限制的主滑面位于奥陶系顶部的大平-超化滑动构造之主滑面上凸时使$一_1$ 煤层遭到破坏而失去连续性和完整性，但不影响$二_1$ 煤层的赋存。由登封煤田延入的芦店-大隗滑动构造，南部边界为大隗正断层，北界以$二_1$ 煤层露头南侧附近为边界，主滑面主要发育于$二_1$ 煤层上部附近，上下起伏时有切层，下凹时$二_1$ 煤层遭到铲蚀或铲失而形成局部薄或无煤区。

（二）煤层与煤质

1. 煤层

新密煤田的本溪组—上石盒子组平均总厚度 772.76 m（表 2-78），9 个煤段含煤 28 层，煤层总厚度 3.00~42.00 m，平均 19.60 m，含煤系数 2.54%。上石盒子$七_4$ 煤层局部可采，$七_2$、$七_3$ 煤层零星可采；山西组$二_1$ 煤层全区可采，$二_3$ 煤层零星可采；太原组底部的$一_1$ 煤层大部分可采。

新密煤田的$一_1$ 煤层分布稳定，为矿区主要可采煤层之一，煤层顶板为太原组 L_1 或 L_{1-2}（局部为 L_{1-3}）石灰岩，时见灰黑色泥岩伪顶，煤层底板为本溪组铝土岩或铝质泥岩。$一_1$ 煤层厚度 0~4.55 m，平均 1.16 m，为薄-中厚煤层，局部含厚度 0.18~1.74 m 的黑色泥岩夹矸 1~3 层。

$二_1$ 煤层为新密煤田最主要可采煤层，煤层直接顶板多为深灰色-灰黑色碳质泥岩、泥岩，局部为大占砂岩和滑动构造破碎带；煤层直接底板多为泥岩、碳质泥岩或粉砂岩。$二_1$ 煤层厚度 0~44.84 m，平均 5.80 m，以中厚和厚煤层为主，但厚度变化幅度较大，具有短距离急剧变化的特点。因重力滑动构造顺煤层的层间滑动的影响而存在着较多面积或大或小的薄、无煤带。煤层结构较简单，一般不含矸或含 1 层夹矸，个别含矸 2~3 层，偶含矸 4 层，夹矸厚度 0.05~2.48 m。$二_3$ 煤层在新密市苟堂镇-新郑市城关镇一带发育，煤厚 0~6.98 m，平均 1.37 m，偶含厚度 0.14~0.54 m 夹矸 1~2 层。

$七_2$ 煤层仅超化外围煤矿区局部可采，煤厚 0~4.01 m，平均 1.18 m，偶含厚度 0.05~1.42 m 夹矸 1 层。$七_3$ 煤层仅芦沟煤矿区局部可采，煤厚 0~2.20 m，平均 1.95 m。$七_4$ 煤层赋存于上石盒子组七煤段中上部，煤厚 0~4.27 m，平均 1.21 m，煤层较稳定，主要分布在裴沟、白石沟矿区和新密市苟堂镇-新郑市城关镇一带，属较稳定煤层，偶含矸 1~2 层。

2. 煤质

新密煤田的$二_1$ 煤为黑色以糜棱煤为主的构造煤，多呈粉状及鳞片状，煤层中揉皱及磨檫镜面发育，为特低强度和极易磨煤，指压易碎，可磨性指数 42~180，平均 115。镜下鉴定煤岩成分主要为亮煤和镜煤，暗煤次之，少量丝炭；煤岩类型以半亮型煤为主，少量光亮型煤及半暗型煤。煤中有机组分占 85%以上，以镜质组为主，镜质体最大反射率为 2.05%~3.30%，无机组分以粘土矿物为主。视密度 1.26~1.54 t/m^3，一般 1.38~1.40 t/m^3。煤类为低灰、特低硫、低磷、高热值、对 CO_2 反应性弱、中等可选-难选煤，以无烟煤和贫煤为主，少量贫瘦煤，关口煤矿区 5403 孔中发现天然焦粒。煤中硫以有机硫为主，次为硫铁矿硫，硫酸盐硫微量，经洗选后脱硫率较低。煤灰成分以 SiO_2 和 Al_2O_3 为主，煤灰软化温度 1250~>1400℃，属较高软化温度灰。$二_3$ 煤呈粉-粒状，视密度 1.28~1.40 t/m^3，以亮煤为主，可见镜煤条带，为半亮型-光亮型煤，镜质体最大反射率为 2.06%~2.10%；煤类为低灰、特低硫、低磷、特高热值贫煤-瘦煤

新密煤田的$一_1$ 煤多呈小块状、碎粒状及粉状，硬度大，耐磨，含黄铁矿结核、散晶和薄膜。煤岩成分主要为亮煤和镜煤，少量暗煤及丝炭，为半亮-光亮型煤。煤类为低灰、高硫、高-特高热值、对 CO_2 反应性弱、中等可选贫煤-无烟煤，局部有瘦煤和贫瘦煤。煤中硫以硫铁矿硫为主，次为有机硫，硫酸盐硫微量；煤灰成分以 SiO_2 和 Al_2O_3 为主，经洗选后降灰率和脱硫率较高。煤灰软化温度 1263~>1400℃，属较高软化温度灰。视密度 1.31~1.45 t/m^3，镜质体最大反射率 1.96%~3.39%。

表 2-78 新密煤田地层简表

界	系	统	组	穿见地层厚度/m 两极值/平均值	接触关系	岩性及组合特征
新生界（Cz）	第四系			0~175.00		由粘土、砂质粘土、含砾砂质粘土及砾石组成，由西向东逐渐增厚
	新近系	中新统	洛阳组（N_1l）	0~656.85		为棕红色、棕黄色、黄褐色、灰白色等杂色泥岩、砂岩、砂砾岩及泥质灰岩等
中生界（Mz）	三叠系	下统（T_1）	和尚沟组（T_1h）	0~190.00		因剥蚀而厚度不全，岩性以红色泥岩、粉砂岩为主，夹暗紫红色细-中粒长石石英砂岩
			刘家沟组（T_1l）	0~327.00		因剥蚀而厚度不全，岩性为紫红色、肉红色长石石英砂岩，铁、硅质胶结，夹薄层紫红色泥岩
古生界（Pz）	二叠系	乐平统（P_3）	孙家沟组（P_3s）	0~385.28/335.75		由灰黄色粉砂岩、紫红色泥岩以及绿黄色长石细砂岩组成
			上石盒子组（$P_{2-3}sh$）	233.82~393.51/323.84		灰色、灰绿色、浅灰色泥岩、粉砂岩及细-中粒砂岩组成，含七、八、九煤段，仅七$_4$煤局部可采，七$_2$、七$_3$煤零星可采，余不可采；顶部的平顶山砂岩为灰白、浅灰色厚层状中-粗粒长石石英砂岩，底部为含砾粗砂岩
		阳新统（P_2）	下石盒子组（P_2x）	215.50~374.65/291.60		由砂岩、泥岩、碳质泥岩及极不稳定的不可采薄煤层（三$_1$—三$_6$、四$_1$—四$_4$、五$_1$—五$_6$、六$_1$—六$_3$）组成
		船山统（P_1）	山西组（$P_{1-2}sh$）	23.81~140.44/76.11		由砂岩、粉砂岩、砂质泥岩、（碳质）泥岩及煤层组成，含煤1~5层（二$_0$—二$_4$），二$_1$煤层为主采煤层，二$_3$煤层零星可采，余不可采或偶可采
	石炭系	上统（C_2）	太原组（C_2P_1t）	25.96~145.72/71.54		由石灰岩、砂岩、粉砂岩、泥岩及煤层组成，含一$_1$（一$_1^1$、一$_1^2$）至一$_9$煤等9层，仅一$_1$煤层大部分可，余不可采或偶可采
			本溪组（C_2b）	1.50~35.99/9.67		以杂色粘土岩、灰色-深灰色鲕-豆状铝土矿为主，底部含鸡窝状山西式铁矿，顶部偶夹煤线
	奥陶系	中统（O_2）	马家沟组（O_2m）	130.91~237.70/213.00		为白云质灰岩、泥质灰岩，局部夹砾屑石灰岩及泥岩、钙质泥岩条带

新密煤田的七$_4$煤为褐黑色，呈粉状-块状，视密度1.44~1.65 t/m^3，镜质体最大反射率1.52%~2.35%；宏观煤岩成分主要为亮煤和暗煤，少量镜煤及丝炭，为半暗-半亮型煤；煤类复杂，主要为中高灰、特低硫、低磷、中低-中高热值煤，由西部裴沟矿区至东部新郑由瘦煤过渡为肥煤，北部白石沟煤矿区为无烟煤。煤中硫以硫铁矿硫为主，次为有机硫，硫酸盐硫微量。煤灰成分以SiO_2和Al_2O_3为主，煤灰软化温度大于1400℃，属较高软化温度灰。七$_2$、七$_3$煤与七$_4$煤类似，视密度分别为1.54 t/m^{3}和1.45~1.50 t/m^3。

（三）开采技术条件

1. 煤层顶、底板

新密煤田的一$_1$煤层顶板为厚层石灰岩，坚固，不易塌落；底板为泥岩或铝土岩。二$_1$煤层直接顶板多为深灰色-灰黑色碳质泥岩、泥岩，局部为大占砂岩和滑动构造破碎带；直接底板多为泥岩、碳质泥岩或粉砂岩，间接底板为灰色细粒长石石英砂岩（老君堂砂岩）；老顶大占砂岩中等坚固，直接顶板泥岩为稳定性较差顶板，构造破碎带顶板质量低劣，底板泥岩有底鼓现象。七$_4$煤层顶、底板为多为泥岩，局部为细砂岩。泥岩工程地质条件较差，易掉块、冒顶、底鼓。石灰岩、砂岩工程地质条较佳，粉砂岩工程地质条件一般。

2. 水文地质条件

新密煤田的水文地质条件简单-复杂。大气降水和双洎河及其支流是本区地下水的主要补给水源。矿井充水水源主要有碳酸盐岩岩溶水、砂岩裂隙孔隙水、第四系松散岩类孔隙水以及采空区和老窑积水，含水性强弱不同。二$_1$煤层的主要充水源以底板充水为主，来源为其下部的太原组石灰岩和奥陶系石灰岩岩溶水。太原组因岩溶裂隙发育不均使其富水性也不均，虽然富水性弱，但其具有较大的静水压力；上部石灰岩段含水层是二$_1$煤层底板直接充水含水层，对开采二$_1$煤层有直接影响；下部石灰岩段石灰岩含水层与奥陶系石灰岩含水层之间隔水层相对较薄，二者容易发生水力联系，应加强防范。

3. 瓦斯

新密煤田位于豫西强变形“三软”煤层高、突瓦斯区，地质构造复杂，二$_1$煤层Ⅳ、Ⅴ类“三软”构造煤成层发育，煤厚剧变频繁，瓦斯成分、含量极不均衡，且随煤层埋深增加而增大，煤的坚固性系数普遍在0.35以下，瓦斯放散初速度较高，具有低瓦斯低临界指标突出危险性，属煤与瓦斯突出型煤层。

4. 煤层自燃、煤尘爆炸性与地温

新密煤田的煤层不易自燃发火，但裴沟煤矿在20世纪80年代曾发生过二$_1$煤层自燃。煤尘有爆炸危险性。本区地温总体上由西向东有增高的趋势，西部平陌矿区平均地温梯度低于1℃/hm，中部裴沟等矿区平均地温梯度小于2.0℃/hm，而东部新郑的赵家寨、王行庄矿区平均地温梯度多在3℃/hm以上。

（四）新密市大隗煤矿区

大隗煤矿区主体位于新密市苟堂乡、大隗镇、刘寨镇、曲梁镇，东延至新郑市郭店镇，面积约91.89 km^2。本区为南、北高中间低的丘陵区，海拔90.0~110.0 m，地理坐标为东经113°27′51″~113°41′00″，北纬34°24′33″~34°33′01″。2006~2013年，河南省地质矿产勘查开发局第二地质勘查院开展了该区煤矿预查-详查，提交的《河南省新密煤田大隗矿区煤详查报告》累计查明/保有煤资源量13038.0×10^4 t；另估算1500 m以浅的（334）？类煤资源量1318.0×10^4 t，1500 m以浅的（334）？类煤资源量31264.0×10^4 t。估算二$_1$煤的煤层气资源量53.82×10^8 m^3。瓦斯含量5.98~24.91 mL/g。为地温正常区。

1. 矿区地质

（1）地层

大隗煤矿区位于新密煤田东部，大部被新生界覆盖，仅西部南沟-小李沟一线有三叠系基岩零星出露，煤系基底为中奥陶统马家沟组石灰岩。本溪组仅ZK1400孔揭露厚度6.66 m，岩性主要为浅灰色铝质泥岩。太原组仅ZK1400孔揭露地层厚度77.58 m，含不可采薄煤3层（一$_1$、一$_3$、一$_8$），L$_7$石灰岩揭露厚度5.36 m。山西组厚度57.87~105.28 m，平均75.52 m，偶见不可采二$_0$、二$_3$、二$_5$煤层，二$_1$煤层全区稳定，细-中粒大占砂岩厚度6.00~35.00 m。下石盒子组厚度249.88~320.24 m，平均304.47 m，含不可采薄煤4层（五$_2$、五$_3$、五$_4$、六$_4$），其中五$_3$煤层仅ZK1601孔可采（煤厚1.75 m），底部的细-粗粒砂锅窑砂岩厚度0.55~17.88 m，平均厚度7.10 m。上石盒子组厚度290.06~378.78 m，平均346.58 m，含七$_2$、七$_3$、七$_4$、七$_5$等4层煤，其中七$_4$煤层局部可采，底部的中-粗粒田家沟砂岩厚度1.52~20.46 m，平均8.65 m，顶部的中-粗粒平顶山砂岩平均厚度70.58 m。煤系盖层孙家沟组厚度290.77~385.28 m，平均329.51 m；刘家沟组钻孔揭露厚度104.16~

211.10 m，平均 163.54 m，野外俗称“麻斑砂岩”，又称“金斗山砂岩”，其上的和尚沟组揭露地层厚度 131.73～175.71 m；二马营组揭露地层厚度 58.31～219.90 m，平均厚度 172.97 m（4 孔）；新近系洛阳组厚度 11.50～325.04 m；第四系厚度 4.00～68.20 m。

（2）构造

大隗煤矿区位于新密复向斜内，岗亚腰（北）支正断层构成矿区的北部自然边界，大隗正断层构成矿区南部自然边界。岗亚腰（北）支正断层走向近东西，南倾，倾角 70°，落差 80～170 m。大隗正断层走向近东西，北倾，倾角 50°～75°，落差 350～650 m。佛山寨-牛集正断层将矿区划分为南北两块（图 2-77），北侧为地层倾向南东的单斜构造，南侧为北西端仰起的大隗向斜（新密复向斜核部）与其北侧南东端倾伏的溽沱背斜构成的次级背向斜构造，地层倾角 8°～12°。近东西向高角度正断层造成区内含煤地层呈垒堑式或阶梯式相间排列，另有少量北西向和北东向延伸的高角度正断层。芦店-大隗滑动构造（HF_1）东部边界大致位于大隗镇附近，主滑面位于下石盒子组及其上部地层内，缺失地层厚度 200～340 m，并伴生有次级滑体 HF_{1a}，滑动构造对二$_1$ 煤层无影响，对七$_4$ 煤层的埋深有一定影响。宋寨滑动构造位于矿区北部，主滑面位于下石盒子组及其上部地层内，以宋寨正断层为主滑面由南向北滑动，造成该区七$_4$ 煤层不可采。宋寨正断层走向近东西，倾向北，倾角 50°～70°，落差 50～250 m。

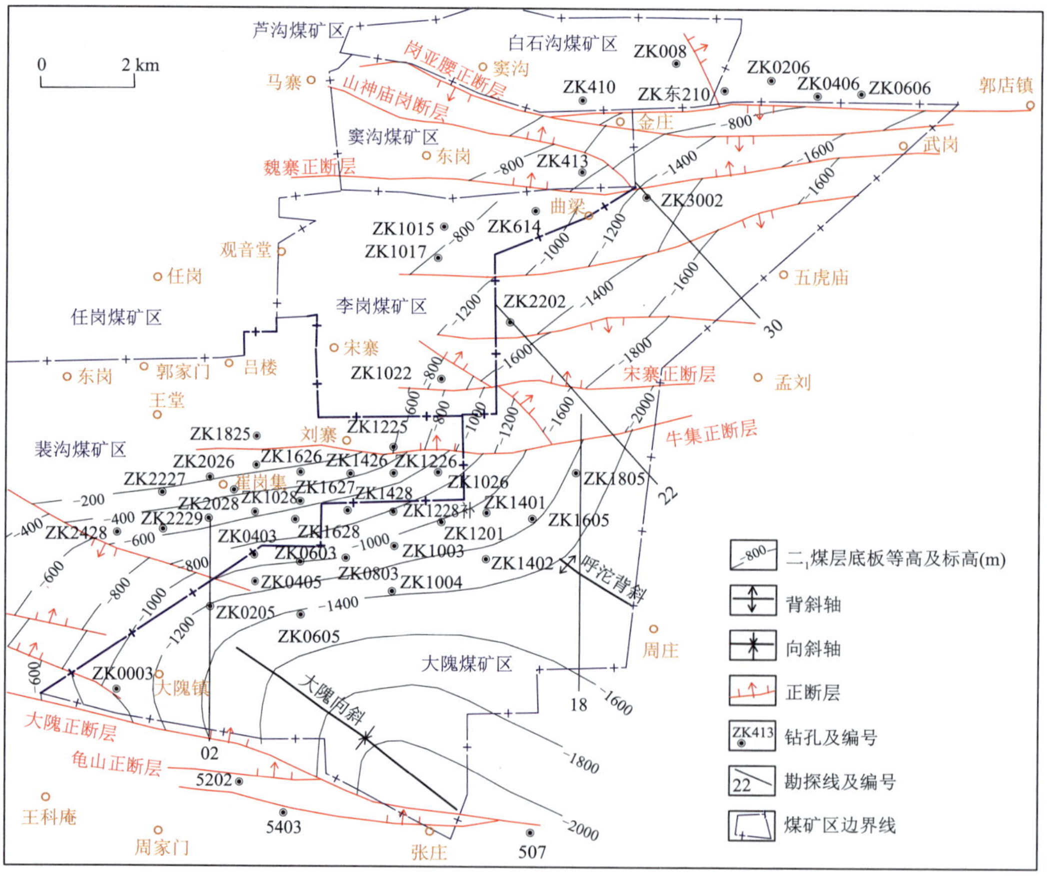

图 2-77　新密市大隗煤矿区二$_1$ 煤层底板等高线图

（据河南省地质矿产勘查开发局第二地质勘查院，2013，有修改）

2. 煤层与煤质

（1）煤层

大隗煤矿区的本溪组—上石盒子组平均总厚度 810.81 m，9 个煤段共含煤 15 层，煤层平均总厚度 7.98 m，含煤系数 0.98%。二$_1$ 煤层大部分可采，七$_4$ 煤层局部可采，余不可采，可采煤层平均总厚度 5.65 m，可采含煤系数 0.70%。二$_1$ 煤层上距大占砂岩 0～15.19 m，平均 5.24 m；下距太原组顶层石灰岩 7.65～32.43 m，平均 18.45 m；21 孔中断失 1 孔，穿见 20 孔，可采 14 孔，煤底标高−590～−2090 m，埋深 700～2200 m，煤厚 0.27～14.29 m，平均 4.58 m，偶含矸 1～3 层；煤层底板多为深灰色泥岩，局部为粉砂岩、细砂岩；其顶板多为泥岩，局部为细−中粒砂岩（大占砂岩）、砂质泥岩。七$_4$ 煤层位于上石盒子组七煤段的中下部，下距田家沟砂岩 28.40～61.18 m，平均 41.74 m；上距平顶山砂岩 206.45～236.78 m，平均 224.54 m；23 孔中断失 4 孔，穿见 19 孔，可采 11 孔，尖灭点 1 孔，不可采点 7 孔，煤底标高−150～−1190 m，埋深 260～1300 m，煤厚 0～2.96 m，平均 1.07 m，偶含矸 1 层；煤层顶板为多为泥岩，局部为细砂岩，偶见碳质泥岩；底板主要为泥岩，局部为碳质泥岩。

（2）煤质

大隗煤矿区的二$_1$ 煤呈黑灰色，煤的原始结构已遭破坏，多呈碎裂状、粉末状，煤的视密度平均值为 1.44 t/m^3，真密度平均值为 1.56 t/m^3，镜质组分最大反射率为 2.026%。七$_4$ 煤呈黑灰色碎裂状、鳞片状，视密度平均 1.56 t/m^3；镜下鉴定煤岩成分以亮煤为主，次为镜煤，有少量暗煤；煤岩类型多属半亮型煤。煤中有机质含量平均大于 77.0%，以镜质组为主，次为惰质组；无机组分以粘土矿物为主。煤的灰分整体较高，原煤的煤灰成分中 SiO_2 和 Al_2O_3 之和大于 72.69%。硫分以有机硫为主，次为硫铁矿硫，硫酸盐硫微量。二$_1$、七$_4$ 煤以中高灰、特低硫贫煤为主（表 2−79），仅中西部二$_1$ 煤见 2 孔无烟煤，七$_4$ 煤为中热值，二$_1$ 煤为中高热值。

表 2−79　新密市大隗煤矿区煤质特征一览表

煤层		七$_4$		二$_1$	
		原煤	浮煤	原煤	浮煤
水分/%		0.70～1.35 0.98	0.58～1.01 0.79	0.82～1.67 1.13	0.70～1.86 1.11
灰分/%		19.50～39.86 32.18	9.64～23.05 13.78	12.45～44.76 30.10	4.38～10.85 7.89
挥发分/%		13.23～23.78 20.25	11.47～22.26 17.33	9.83～20.20 15.75	8.42～13.72 11.58
全硫/%		0.20～0.89 0.40	0.25～0.87 0.53	0.24～0.63 0.39	0.29～0.62 0.47
磷/%		0.003～0.014 0.007	0.001～0.023 0.006	0.018～0.296 0.115	0.016～0.282 0.111
干燥基高位发热量/（MJ·kg^{-1}）		17.96～26.81 23.01	—	18.18～30.75 24.74	33.35～34.73 34.09
浮煤黏结指数		—	0	—	0
对 CO_2 的反应性/%		21.2～34.0	—	18.1～26.2	—
热稳定性（TS_{+6}）/%		41.5	低热稳定性煤	53.1	低热稳定性煤
可磨性系数（*HGI*）		90～122 110	极易磨煤	81～81 69	中等可磨煤
煤灰/℃	软化温度（*ST*）	1360～>1500	较高−高软化温度灰	1470～>1500	较高−高软化温度灰
	流动温度（*FT*）	1390～>1480	较高流动温度灰	1480～>1500	较高流动温度灰

注：资料来源于《河南省新密煤田大隗矿区煤详查报告》，河南省地质矿产勘查开发局第二地质勘查院，2013。

（五）新密市王寨河煤矿区

王寨河煤矿区位于新密煤田北部白寨镇，西、北西为煤层露头，西南至梁山正断层，东南接翟沟煤矿区，东北以王口正断层临荥巩煤田，面积约 16.37 km^2。本区为嵩山东麓海拔 238.0~275.0 m 的丘陵区，矿区地理坐标为东经 113°27′45″~113°33′00″，北纬 34°33′58″~34°36′04″。据资源储量核实报告，勘查程度达详查，累计查明煤资源储量 5021.5×10^4 t，保有煤资源储量 4092.8×10^4 t。区内第四系厚度 0~28.00 m，新近系洛阳组平均厚度约 30.00 m，煤系基底为中奥陶统马家沟组石灰岩，含煤地层保留有本溪组、太原组、山西组和下石盒子组。本区处于嵩山背斜南东倾伏端，构造形态为地层倾向南东、倾角 13°~24°的单斜构造，北西西—近东西向高角度正断层发育。王口正断层走向近东西，南倾，倾角 65°，落差大于 500 m。梁山正断层走向近东西，北倾，倾角 50°~65°，落差 320~600 m。崔岗正断层走向近东西，倾向北，倾角 70°，落差大于 300 m，位于矿区北部。$一_1$ 煤层局部可采，煤厚 0.82~1.61 m，平均 1.20 m；原煤水分 0.78%，灰分 16.05%，全硫 4.77%，高位发热量 33.92 MJ/kg，浮煤挥发分 9.96%~14.99%。$二_1$ 煤层全区可采，煤厚 0.30~10.03 m，平均 2.92 m；原煤水分平均 1.09%，灰分平均 14.41%，全硫平均 0.35%，高位发热量 29.71~35.39 MJ/kg，平均 31.22 MJ/kg；浮煤挥发分 5.97%~15.64%。煤类为无烟煤和贫煤，$一_1$ 煤为低灰、高硫、特高热值煤，$二_1$ 煤为低灰、特低硫、特高热值煤。

（六）新密市翟沟煤矿区

翟沟煤矿区位于新密煤田北部白寨镇的梁山与王口正断层间，西起翟沟村，东到马沟，东窄西宽，东西长约 7.00 km，南北宽约 1.80 km，面积约 12.42 km^2。本区为嵩山东麓丘陵区，矿区地理坐标为东经 113°30′49″~113°35′28″，北纬 34°34′03″~34°35′15″。据 2010 年 12 月河南省地质矿产勘查开发局第二地质勘查院编制完成的《河南省新密市翟沟煤及高岭土矿综合勘探报告》，累计查明/保有煤资源量 7923.0×10^4 t。瓦斯甲烷含量 0.35~3.69 mL/g。平均地温梯度 1.2℃/hm。区内第四系厚度 0~22.26 m，新近系洛阳组于矿区北东部 ZK603 钻孔揭露厚度 113.44 m。煤系基底为中奥陶统马家沟组石灰岩。本溪组厚度 4.60~9.74 m，平均 7.68 m。太原组厚度 65.82~102.95 m，平均 78.44 m。山西组厚度 31.88~93.10 m，平均 63.07 m。下石盒子组厚度 246.03~341.33 m，平均 296.19 m。上石盒子组厚度 266.65~344.86 m，平均 308.56 m。孙家沟组钻孔揭露最大厚度 223.90 m。本区处于嵩山背斜南东倾伏端，构造形态为地层倾向 150°、倾角 6°~15°的单斜构造。$二_1$ 煤层全区可采，平均煤厚 3.84 m，偶含厚度 0.45 m 的夹矸 1 层，埋深 230~1050 m，赋存标高+20~-800 m。上石盒子组的$七_4$ 煤层仅 2 孔可采，可采点煤厚分别为 1.05 m 和 1.24 m。$二_1$ 煤的原煤水分 0.35%~2.04%，平均 1.08%；灰分 11.77%~32.06%，平均 19.95%；全硫 0.06%~0.36%，平均 0.27%；高位发热量 23.37~31.21 MJ/kg，平均 28.39 MJ/kg。$二_1$ 煤的浮煤灰分 2.83%~14.25%，平均 7.61%；挥发分 6.58%~14.25%，平均 7.76%；煤类为低灰、特低硫、高热值无烟煤。

（七）新密市芦沟煤矿区

芦沟煤矿区位于新密煤田北端浅部、新密复式向斜北翼，隶属于新密市岳村镇。为海拔 350.0~200.0 m 的丘陵区，矿区地理坐标为东经 113°27′39″~113°32′32″，北纬 34°31′38″~34°34′34″。北西为煤层露头，北接王寨河和翟沟煤矿区，东接白石沟和窦沟煤矿区，面积约 21.83 km^2。据资源储量核实报告，勘查程度达详查，累计查明煤资源储量 16877.5×10^4 t，保有煤资源储量 13242.3×10^4 t。区内第四系厚度 0~28.00 m，新近系洛阳组厚度 30.00 m。煤系基底为中奥陶统马家沟组石灰岩。本溪组厚度 5.00~15.00 m，太原组厚度 40.00~60.00 m，山西组厚度 60.00~80.00 m，下石盒子组厚度 300.00 m，上石盒子组厚度 353.52 m。孙家沟组厚度 302.41 m。构造形态为地层倾向南—南东、倾角 10°~30°的单斜构造，北西向和近东西向正断层发育。$一_1$ 煤层大部分可采，煤厚 0.82~1.61 m，平均 1.20 m。$七_3$ 煤层局部可采，煤厚 1.70~2.20 m，平均 1.95 m，局部含矸 1 层。$二_1$ 煤层全区可采，煤厚 0.30~10.03 m，平均 2.92 m。$一_1$ 煤的原煤水分 0.78%，灰分平均 16.05%，全硫 2.60%，高位发热量平均 33.92 MJ/kg，浮煤挥发分 5.71%~6.81%。$二_1$ 煤的原煤水分平均 1.09%，灰分平均 14.41%，全硫平均 0.35%，高位发热量 29.71~35.39 MJ/kg；浮煤挥发分 5.97%~9.40%。$七_3$ 煤的原煤水分 1.40%，灰分 34.67%，全硫 0.61%，低位发热量 20.82 MJ/kg。煤类均为无烟煤，$一_1$ 煤为低灰、中高硫、特高热值煤，$二_1$ 煤为低灰、低硫、高-特高热值构造煤，$七_3$ 煤为中高灰、低硫、中低热值煤。$二_1$ 煤层中稀土稀土元素含量与煤中粘土矿物含量有关，且与伊利石的含量最为紧密，稀土元素含量尚未达到最低开采要求（罗钟庚等，2020）。

（八）新密市白石沟煤矿区

白石沟煤矿区位于新密煤田北部的新密市与新郑市交界处，行政隶属新密市曲梁乡管辖，仅东北角一小部分属新郑市小乔乡，西自红椿树洼，东到耿岗村，南起岗亚腰正断层，北至梁山正断层，东西长约 8 km，南北宽 0.6~2 km，西窄东宽，面积约 14.20 km^2。岗亚腰正断层展布于红椿树沟、王臣沟一带，走向近东西，南倾，倾角 66°~80°，落差 240~530 m。本区为丘陵区，矿区地理坐标为东经 113°32′22″~113°38′00″，北纬 34°32′54″~34°34′17″。据资源储量核实报告，勘查程度达勘探，累计查明煤资源储量 9613.0×10^4 t，$七_4$ 煤层已近采空，开采$二_1$ 煤层的矿井正在建设中，至 2017 年末保有煤资源储量 8768.0×10^4 t。区内第四系厚度 0~33.29 m，煤系基底为中奥陶统马家沟组石灰岩。含煤地层本溪组厚度 3.17~35.99 m，平均 15.29 m；太原组厚度 25.96~145.72 m，平均 69.77 m；山西组厚度 71.23~105.33 m，平均 91.21 m；下石盒子组厚度 232.02~308.55 m，平均 285.79 m；上石盒子组厚度 295.39~351.83 m，平均 329.55 m。煤系盖层有孙家沟组和洛阳组。本区处于新密向斜北翼，构造格架为向东倾伏的宽缓背斜，地层倾角 10°~20°，矿区东部发育有主滑面位于$二_1$ 煤层上部、东西长约 3 km、南北宽 0.6~1 km、面积约 2.50 km^2 的牛奎寨滑动构造。$二_1$ 煤层全区可采，$一_1$、$七_4$ 煤层局部可采。$七_4$ 煤层埋深 10~350 m，煤底标高+250~-150 m，煤厚 0~2.08 m，一般厚度 1~2 m，偶含矸 1 层。$二_1$ 煤层埋深 290~900 m，煤底标高-100~-750 m，煤厚 0.46~12.74 m，平均 4.11 m，局部含厚度 0.02~1.97 m 的夹矸 1~2 层。$一_1$ 煤层埋深 520~850 m，煤底标高-280~-670 m，煤厚 0.85~2.44 m，平均 1.68 m，多含 1 层厚度 0.19~0.29 m 的夹矸。煤类均为无烟煤（表 2-80），$一_1$ 煤为低灰、高硫、高热值煤，$二_1$ 煤为低灰、特低硫、高热值煤，$七_4$ 煤为中高灰、低硫、中热值煤。

表 2-80　新密市白石沟煤矿区煤质特征一览表

煤层	煤种	水分（M_{ad}）/%	灰分（A_d）/%	挥发分（V_{daf}）/%	全硫（$S_{t,d}$）/%	发热量（$Q_{gr,v,d}$）/（MJ·kg^{-1}）	R^o_{max}/%
$一_1$	原煤	0.69~2.88 2.00	7.15~20.52 13.37	5.79~9.98 7.61	4.65~6.35 5.40	26.39~31.93 29.51	2.83~3.39
	浮煤	0.60~3.20 1.94	1.94~7.38 4.44	4.97~7.34 5.98	3.20~4.72 3.94	31.29~34.36 32.76	—
$二_1$	原煤	0.74~3.22 1.89	11.04~34.40 18.31	6.73~11.83 9.10	0.22~0.38 0.30	23.10~31.47 28.23	3.07~3.21
	浮煤	0.77~3.54 2.13	4.23~11.43 7.53	6.67~8.57 7.42	0.29~0.39 0.34	30.27~34.33 32.06	—
$七_4$	原煤	0.99~3.71 1.95	23.21~40.74 32.15	6.44~15.78 10.54	0.41~1.51 0.82	18.95~26.62 22.87	2.35
	浮煤	1.14~1.96 1.57	10.18~12.38 11.39	7.38~8.82 7.91	0.42~0.42 0.42	31.20~31.37 31.30	—

注：资料来源于《河南省新密市白石沟煤核查区资源储量核查报告》，河南省地质矿产勘查开发局第二地质勘查院，2010a。

（九）新密市窦沟煤矿区

窦沟煤矿区位于新密市岳村镇、刘寨镇和曲梁乡境内，西起翟沟村，东到马沟，东窄西宽，东西长约 6.40 km，南北宽约 2.30 km，面积约 13.14 km^2，北以岗亚腰正断层接白石沟煤矿区，东至$二_1$ 煤底-950 m 以深。本区为丘陵区，矿区地理坐标为东经 113°32′15″~113°36′28″，北纬 34°32′01″~

34°33′41″。据资源储量核实报告，勘查程度达勘探，累计查明/保有煤资源量 11093.0×10^4 t。区内第四系厚度 0~31.75 m，煤系基底为中奥陶统马家沟组石灰岩。含煤地层本溪组厚度 14.41~20.08 m，平均 16.38 m；太原组厚度 72.87~79.83 m，平均 75.70 m；山西组厚度 51.83~106.10 m，平均 87.22 m；下石盒子组厚度 239.37~329.01 m，平均 299.99 m；上石盒子组厚度 271.02~363.37 m，平均 315.73 m。煤系盖层孙家沟组保留厚度 21.45~98.44 m，新近系洛阳组厚度 0~84.60 m。该区位于新密煤田北部，为新密复向斜北翼、地层倾向南东、倾角 8°~16°的单斜构造，南止于魏寨正断层。仅二$_1$ 煤层可采，煤厚 2.43~15.12 m，平均 8.51 m，煤层埋深 400~1200 m，赋存标高-200~-1030 m。原煤水分 0.54%~1.92%，平均 1.32%；灰分 11.09%~30.81%，平均 16.26%；全硫 0.04%~0.51%，平均 0.25%；高位发热量 28.23~31.68 MJ/kg，平均 30.05 MJ/kg；浮煤挥发分 6.69%~9.33%，平均 8.37%。煤类为低灰、特低硫、高热值无烟煤。

（十）新密市任岗煤矿区

任岗煤矿区位于新密煤田北部，西为煤层露头，东至观音堂接李岗煤矿区，北以魏寨正断层接芦沟煤矿区，南接裴沟煤矿区，面积约 15.21 km^2。本区为丘陵区，矿区地理坐标为东经 113°26′56″~113°32′03″，北纬 34°30′14″~34°32′07″。据资源储量核实报告，勘查程度达普查，累计查明煤资源储量 6362.5×10^4 t，保有煤资源储量 4961.6×10^4 t。区内第四系厚度 0.20~49.30 m，洛阳组厚度 11.31~179.00 m。煤系基底为马家沟组。含煤地层本溪组厚度 4.86~24.75 m，平均 11.48 m；太原组厚度 52.32~84.19 m，平均 67.39 m；山西组厚度 53.75~92.86 m，平均 69.95 m；下石盒子组平均厚度 279.61 m；上石盒子组保留地层平均厚度 236.23 m。为嵩山背斜南翼煤层倾向南东、倾角 12°~17°的单斜构造，北西向、北东向和近东西向高角度正断层发育。魏寨正断层走向近东西，倾向北，倾角 65°~70°，落差 80~200 m。七里岗正断层由梁沟矿区经本区东延至李岗煤矿区，该断层走向北西，倾向北，倾角 60°~65°，落差 130~250 m。中西部发育有滑动构造，北西长约 900 m，北东宽 150~550 m，面积约 0.024 km^2。二$_1$ 煤层全区可采，煤厚 0~16.26 m，平均 6.22 m，偶含厚度 0.05~0.14 m 夹矸 1 层。一$_1$ 煤层局部可采，煤厚 0~1.47 m，平均 0.72 m，多含矸 1 层。二$_1$ 煤的原煤水分 0.83%~1.99%，平均 1.66%；灰分 9.22%~19.62%，平均 13.86%；全硫 0.28%~0.43%，平均 0.34%；高位发热量 27.43~32.53 MJ/kg，平均 30.03 MJ/kg；浮煤挥发分 7.59%~11.22%，胶质层最大厚度为 0 mm，黏结指数为 1；煤类为低灰、特低硫、高热值贫煤和无烟煤。一$_1$ 煤的原煤灰分 5.59%~22.60%，平均 10.46%；全硫 2.86%~7.27%，平均 4.88%；高位发热量 26.84~34.04 MJ/kg，平均 32.07 MJ/kg；煤类为低灰、高硫、特高发热量贫煤和无烟煤。

（十一）新密市李岗煤矿区

李岗煤矿区位于新密市岳村镇、刘寨镇和曲梁乡，北为魏寨正断层，东至二$_1$ 煤底-950 m 以深，东西长 3.9~7.5 km，南北宽约 4.9 km，面积约 22.52 km^2。本区为丘陵区，矿区地理坐标为东经 113°31′27″~113°36′28″，北纬 34°29′30″~34°32′09″。据资源储量核实报告，勘查程度达勘探，累计查明煤资源量 15165.0×10^4 t，未开采。区内第四系厚度 0~38.93 m，煤系基底为中奥陶统马家沟组石灰岩。含煤地层本溪组厚度 3.70~11.27 m，平均 7.49 m；太原组厚度 61.26~69.69 m，平均 65.48 m；山西组厚度 79.04~140.44 m，平均 91.51 m；下石盒子组厚度 261.19~334.28 m，平均 286.67 m；上石盒子组厚度 301.96~393.51 m，平均 338.71 m。煤系盖层孙家沟组揭露最大厚度 353.76 m（ZK818），新近系洛阳组厚度 0~261.28 m。矿区处于嵩山复背斜东端南翼（新密复向斜北翼），地层倾向南东，倾角 8°~18°，矿区南部有一北西端仰起的小向斜，北西向正断层为主干断层。宋寨滑动构造的滑动面位于二$_1$ 煤层附近，东西长 7 km，南北宽 5 km，使得区内出现大片无煤区。仅二$_1$ 煤层可采，埋深 530~1460 m，煤底标高-300~-1250 m；煤厚 0.40~16.64 m，平均 6.81 m，局部含矸 1 层。原煤水分 0.54%~1.68%，平均 1.13%；灰分 9.43%~23.14%，平均 13.45%；全硫 0.14%~0.57%，平均 0.29%；高位发热量 29.60~32.50 MJ/kg，平均 32.24 MJ/kg；浮煤挥发分 7.00%~

10.62%，平均 9.02%。煤类为低灰、特低硫、特高热值无烟煤。

（十二）新密市梁沟煤矿区

梁沟煤矿区位于新密市城南，为独立矿区，北、东为煤层露头，东南止于石板坡正断层，面积约 12.40 km^2。本区为丘陵区，矿区地理坐标为东经 113°21′19″~113°25′44″，北纬 34°29′44″~34°31′22″。据资源储量核实报告，勘查程度达详查，累计查明煤资源储量 3729.5×10^4 t，保有煤资源储量 417.0×10^4 t。区内第四系厚度 10.00~40.00 m，煤系基底为中奥陶统马家沟组石灰岩，含煤地层仅保留本溪组、太原组、山西组和下石盒子组下部地层。本区处于新密向斜北翼，为地层倾向南南东、倾角 10°~20°的单斜构造，北西向、北东向高角度正断层发育，并发育次级褶曲。石板坡正断层走向北东东，向北陡倾，落差 200 m。茅岗正断层走向北东，倾向北西，倾角 70°，落差 200 m，将矿区分隔为梁沟（北）和天仙庙（南）两个井田，其间为大面积北东向断落无煤带。染匠沟正断层走向北东东，倾向北，倾角 70°，构成天仙庙井田的南边界。区内构造较为复杂。仅二$_1$ 煤大部分可采，煤厚变化较大且无规律可循。天仙庙东井煤厚度 0.33~12.49 m，一般厚度 2~3 m。梁沟井田煤厚度 1.50~8.40 m，一般厚度 6 m 左右。原煤水分 0.53%~1.53%，平均 0.95%；灰分 12.30%~31.58%，平均 14.16%；全硫 0.24%~0.52%，平均 0.49%；高位发热量 34.73~35.67 MJ/kg，平均 28.12 MJ/kg；浮煤挥发分 8.77%~13.01%，平均 12.18%；黏结指数 0，煤类以贫煤为主，东南部有无烟煤，属低灰、特低硫、高热值煤。

（十三）新密市裴沟煤矿区

裴沟煤矿区位于新密市来集镇、超化镇、城关镇、刘寨镇，西为煤层露头，北以郭庄正断层邻任岗煤矿区，北东接李岗煤矿区，南以樊寨正断层邻超化煤矿区（图 2-78），面积约 92.33 km^2。地面标高 146.7~241.5 m，矿区地理坐标为东经 113°21′16″~113°34′52″，北纬 34°25′47″~34°30′42″。据资源储量核实报告，勘查程度达勘探，累计查明煤资源储量 55833.1×10^4 t，保有煤资源储量 46027.6×10^4 t。

1. 矿区地质

裴沟煤矿区内第四系厚度 0~10.13 m，煤系基底为中奥陶统马家沟组石灰岩。含煤地层本溪组厚度 2.49~29.12 m，平均 9.00 m；太原组厚度 58.94~105.68 m，平均 75.46 m；山西组厚度 57.49~83.69 m，平均 69.56 m；下石盒子组厚度 215.50~373.12 m，平均 295.94 m；上石盒子组厚度 233.82~367.66 m，平均 295.71 m。煤系盖层孙家沟组揭露最大厚度 379.57 m，刘家沟组平均厚度 120.00 m，和尚沟组最大揭露厚度 190.00 m。

裴沟煤矿区处于新密复向斜北翼及轴部转折端附近，地层倾向北东—南东，倾角 4°~27°，一般为 8°~15°。北东向、北西向和近东西向高角度正断层发育。郭庄正断层走向近东西，倾向北，倾角 60°，落差 100~250 m。樊寨正断层呈北西—南东向展布于王村、樊寨、小南沟、东庄一线，倾向北东，倾角 60°~70°，落差 110~500 m。芦店-大隗滑动构造之次级郭岗滑体，北起煤矿区中部的李堂、郭岗、苏家沟、王楼一线，南止周岗北、纸房南一线，呈东西向展布，主滑面在二$_1$ 煤层附近（图 2-79），滑动最大深度在 900 m 左右，呈西浅东深、南北出露的箕状。

2. 煤层与煤质

裴沟煤矿区的一$_1$ 煤层局部可采，煤底标高+170~-825 m，埋深 50~940 m，煤厚 0~2.65 m，平均 1.00 m，局部含矸 1~2 层，煤层直接顶板为 L_1 石灰岩，局部有伪顶，底板为本溪组铝质泥岩或黑色泥岩。二$_1$ 煤层全区可采，上距砂锅窑砂岩平均 60.00 m，下距 L_9 石灰岩平均 10.00 m，煤底标高+210~-970 m，埋深 30~1140 m，煤厚 1.89~18.92 m，平均 9.51 m，局部含矸 1~4 层；由于郭岗滑动构造的推挤和铲失，致使西南部出现局部不可采带，二$_1$ 煤层顶板分为原生顶板和滑动构造破碎带，原生顶板主要分布在本区北部，为大占砂岩及砂质泥岩，厚度 1.89~18.92 m、平均 9.51 m；滑动构造顶板分布在本区中南部，为断层泥或断层角砾岩；大部分直接底板为泥岩夹细砂岩。七$_4$ 煤层

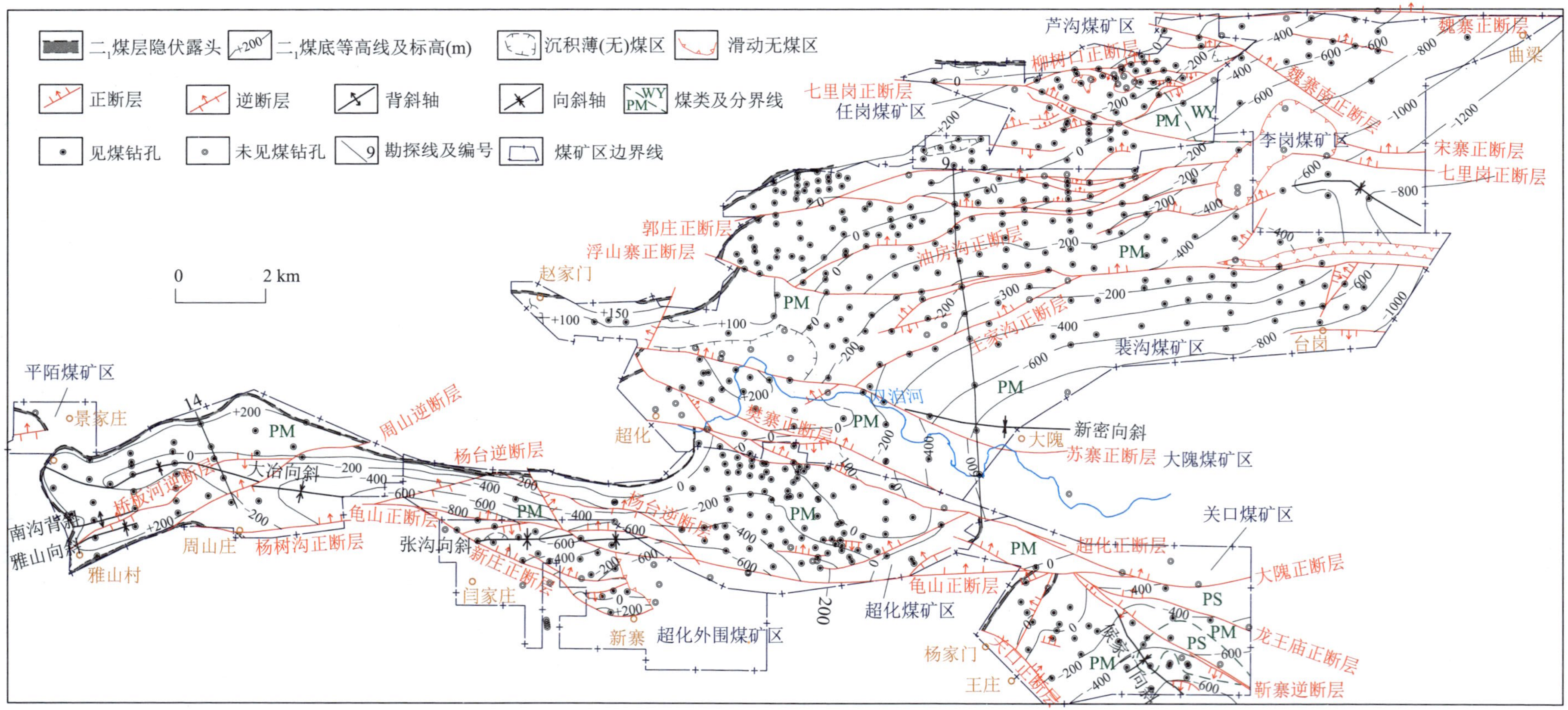

图 2-78 新密市平陌-李岗一带二$_1$煤层底板等高线图

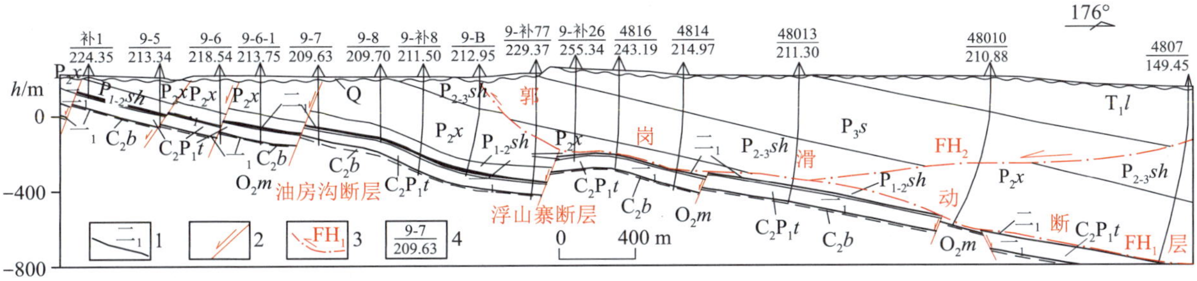

图 2-79　新密市裴沟煤矿区 9 勘探线剖面

（据河南省煤田地质局一队，2010h，有修改）

Q—第四系；T_1l—下三叠统刘家沟组；P_3s—二叠系乐平统孙家沟组；$P_{2-3}sh$—二叠系阳新统—乐平统上石盒子组；P_2x—二叠系阳新统下石盒子组；$P_{1-2}sh$—二叠系船山统—阳新统山西组；C_2P_1t—上石炭统—船山统太原组；C_2b—上石炭统本溪组；O_2m—中奥陶统马家沟组。1—煤层及编号；2—正断层；3—滑动断层及编号；4—钻孔编号/孔口标高（m）

局部可采，煤底标高+130~-600 m，埋深 49~770 m，煤厚 0. 82~3. 09 m，平均 1. 52 m，局部含厚度 0. 29~0. 66 m 夹矸 1 层，煤层直接顶板为泥岩或细砂岩，多见碳质泥岩伪顶，底板为泥岩。一$_1$ 煤为低灰、高硫、高热值贫煤、贫瘦煤，二$_1$ 煤为低灰、特低硫、高热值贫煤，七$_4$ 煤为中高灰、特低硫、中热值瘦煤（表 2-81）。

表 2-81　新密市裴沟煤矿区煤质特征一览表

煤层	煤种	水分（M_{ad}）/%	灰分（A_d）/%	挥发分（V_{daf}）/%	全硫（$S_{t,d}$）/%	发热量（$Q_{gr,v,d}$）/（MJ·kg^{-1}）	$G_{R.I}$	Y 值/mm
一$_1$	原煤	0. 23~1. 32 0. 54（28）	6. 93~33. 14 16. 70（28）	10. 26~20. 12 15. 26（28）	2. 35~9. 37 5. 24（28）	4. 34~33. 74 28. 86（23）	—	—
	浮煤	0. 57~1. 21 0. 81（26）	2. 84~17. 06 6. 89（26）	11. 78~18. 80 13. 88（26）	2. 58~6. 05 4. 20（20）	—	2~13	0
二$_1$	原煤	0. 32~1. 53 0. 98（71）	9. 89~38. 09 17. 23（71）	9. 93~16. 39 13. 79（70）	0. 24~0. 68 0. 37（51）	24. 62~32. 28 28. 98（51）	—	—
	浮煤	0. 30~1. 73 1. 04（63）	3. 64~13. 19 8. 19（63）	9. 14~16. 59 12. 91（63）	0. 28~0. 56 0. 41（43）	31. 92~33. 73 32. 58（20）	0	0
七$_4$	原煤	0. 71~1. 45 1. 10（5）	31. 56~39. 05 35. 10（5）	11. 79~22. 28 15. 99（5）	0. 34~0. 63 0. 49（2）	20. 38~23. 07 21. 61（5）	—	—
	浮煤	0. 62~0. 98 0. 75（5）	14. 82~15. 66 15. 13（5）	13. 73~18. 58 15. 89（5）	0. 46（1）	30. 11（1）	41	7. 5

注：资料来源于《河南省新密市裴沟煤核查区资源储量核查报告》，河南省煤田地质局一队，2010h。

（十四）新密市平陌煤矿区

平陌煤矿区位于新密煤田西南部的登封市大冶镇-新密市平陌镇境内，北、西为隐伏煤层露头，南至杨树沟正断层断煤交线，东与超化煤矿区无缝对接，面积约 20. 23 km^2。为荟萃山北麓海拔 450. 1~215. 6 m 的丘陵区，矿区地理坐标为东经 113°14′00″~113°19′43″，北纬 34°25′19″~34°27′32″。据核实报告，勘查程度达详查，累计查明煤资源储量 18585. 2×10^4 t，保有煤资源储量 11996. 7×10^4 t。

平陌煤矿区内第四系厚度 14. 05~40. 00 m，煤系基底为中奥陶统马家沟组石灰岩。含煤地层本溪组厚度 3. 29~22. 68 m，平均 6. 45 m；太原组厚度 56. 28~68. 17 m，平均 62. 50 m；山西组厚度

59.78~84.03 m，平均76.00 m；下石盒子组仅保留三煤段。本区构造形态为轴向近东西、向东倾伏的大冶向斜，西南部发育了向北东倾伏的南沟次级背斜和雅山次级向斜（图2-78），地层倾角10°~42°，区内北东向和近东西向正、逆断层发育，并成为大平-超化滑动构造的滑动面（图2-80）。杨树沟正断层走向近东西，北倾，倾角65°~70°，落差150~350 m。一$_1$煤层大部分可采，煤厚0.21~4.06 m，一般厚度在1.10 m左右，偶含薄层碳质泥岩夹矸，煤底标高-200~+330 m。二$_1$煤层全区可采，埋深30~698 m，煤底标高+255~-500 m，煤厚3.00~9.00 m，平均7.10 m，局部含1层泥岩或碳质泥岩夹矸。一$_1$煤的原煤灰分6.99%~24.44%，平均13.85%，全硫平均2.12%；浮煤挥发分平均18.74%，胶质层最大厚度7~17 mm，黏结指数3~4。二$_1$煤的原煤灰分11.24%~17.13%，平均14.11%；全硫0.25%~0.32%，平均0.28%；高位发热量25.23 MJ/kg；浮煤挥发分11.33%~13.45%，平均12.38%；黏结指数0，胶质层最大厚度0 mm。煤类为粒-块状贫煤，一$_1$煤为低灰、中高硫煤，二$_1$煤为低灰、特低硫、中高热值煤。

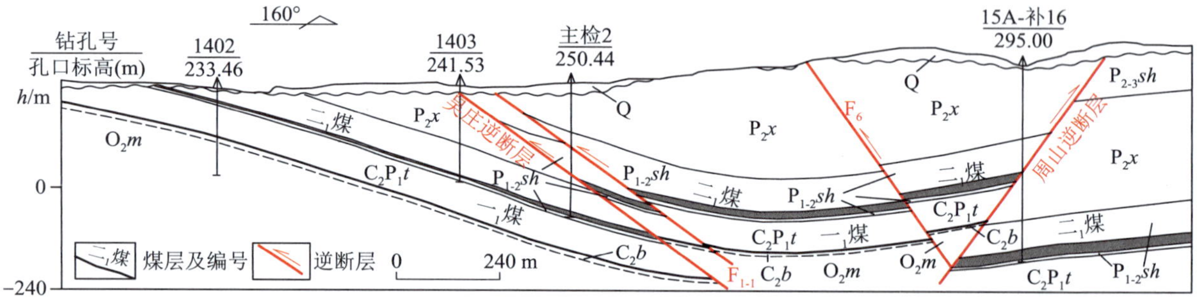

图2-80　新密市平陌煤矿区14勘探线剖面

（据河南省煤田地质局一队，2010i，有修改）

Q—第四系；$P_{2-3}sh$—二叠系阳新统—乐平统上石盒子组；P_2x—乐平统下石盒子组；$P_{1-2}sh$—二叠系船山统—阳新统山西组；C_2P_1t—上石炭统—船山统太原组；C_2b—上石炭统本溪组；O_2m—中奥陶统马家沟组

（十五）新密市超化煤矿区

超化煤矿区主体位于新密市超化镇，北西为隐伏煤层露头，北东以超化正断层及其北侧与之近平行的樊寨正断层与裴沟煤矿区相邻，南东为倾向北西的灰徐沟逆断层，南以龟山正断层邻超化外围煤矿区，面积约23.07 km^2。本区为风后岭北麓丘陵区，矿区地理坐标为东经113°19′43″~113°28′19″，北纬34°25′09″~34°26′58″。据资源储量核实报告，勘查程度达勘探，累计查明煤资源储量21085.7×10^4 t，保有煤资源储量14069.4×10^4 t。二$_1$煤层底板-100 m以深为沼气带。

超化煤矿区内第四系厚度0~97.68 m，煤系基底为中奥陶统马家沟组石灰岩。含煤地层本溪组厚度2.27~34.78 m，平均9.81 m；太原组厚度56.56~89.33 m，平均74.21 m；山西组厚度61.39~98.35 m，平均73.03 m；下石盒子组平均厚度289.21 m，上石盒子组平均厚度236.95 m。煤系盖层孙家沟组和刘家沟组遭剥蚀而保留不全，新近系洛阳组仅出露于矿区东南部灰徐沟和孙家沟一带。区内构造格架为风后岭背斜北翼与超化次级背斜南翼构成的大冶次级向斜东段（也称张沟向斜）北翼（图2-78），地层倾向南—南西，近东西向断层为主干，次为北东向和北西向，以正断层为主。逆断层多成为大平-超化滑动构造的前缘滑动面。超化正断层展布于葛庄-纪窝一线，倾向北，倾角55°~65°，落差65~400 m。龟山正断层展布于韩家寨-黄寨-白龙庙-灰徐沟一线，倾向北，倾角60°~70°，落差70~500 m。阳台逆断层走向近东西，北倾，倾角10°~40°，逆差160~190 m，从矿区西部穿过。二$_1$煤层全区可采，赋存标高+60~-800 m，埋深110~1250 m，煤厚0.34~44.84 m，平均9.07 m，偶含矸1层。一$_1$煤层大部分可采，煤厚0~2.90 m，平均1.04 m，局部含矸1~2层。二$_1$煤呈粉状，原煤灰分8.50%~27.30%，平均14.86%；全硫0.14%~2.05%，平均0.45%；高位发热量24.06~32.49 MJ/kg，平均29.85 MJ/kg；浮煤挥发分10.47%~15.26%，平均12.90%；胶质层最大厚度

0 mm。一$_1$煤呈粉-块状，原煤灰分 6.99%~24.44%，平均 13.85%；全硫 2.78%~6.96%，平均 5.06%；高位发热量 26.22~33.46 MJ/kg，平均 30.72 MJ/kg；浮煤挥发分 10.61%~17.28%，平均 14.06%；胶质层最大厚度 0~6 mm。煤类均为贫煤，二$_1$煤为低灰、特低硫、高热值煤，一$_1$煤为低灰、高硫、高热值煤。

（十六）新密市超化外围煤矿区

超化外围煤矿区主体位于新密市超化镇，面积约 14.94 km^2，为风后岭北麓的低山-丘陵区，海拔 561.1~200.0 m，地理坐标为东经 113°20′15″~113°25′00″，北纬 34°24′15″~34°26′01″。据资源储量核实报告，勘查程度达详查，累计查明/保有煤资源量 3397.0×10^4 t。二$_1$煤层孔深 375.20~912.50 m 范围内瓦斯组分中甲烷占 12.35%~72.57%，甲烷含量 0.61~12.94 mL/g。地温梯度 0.43~1.43℃/hm，平均 1.06℃/hm。

超化外围煤矿区内第四系厚度 0~34.90 m，煤系基底为马家沟组。含煤地层本溪组 2 个钻孔揭露厚度 2.69~2.94 m；太原组厚度 44.84~91.18 m，平均 63.14 m；山西组厚度 23.81~103.82 m，平均 63.71 m；下石盒子组厚度 243.25~374.65 m，平均 296.80 m；上石盒子组厚度 235.38~332.40 m，平均 264.11 m。煤系盖层孙家沟组揭露厚度 73.47~268.70 m，少量刘家沟组出露于矿区西部二道岭-禹寨水库及东部的黄寨附近。矿区基本构造格架为风后岭背斜北翼基础上的张沟次级向斜（图 2-78），地层倾角 10°~30°，近东西向高角度正断层为主干。张沟次级向斜轴线沿二道岭（西部）-刘沟-张沟-超化煤矿（东部）一线分布，向东倾伏，南缓北陡。新庄正断层倾向北，倾角 26°~55°，落差 700~1500 m，构成新庄滑动构造和矿区的南界；虎蹄沟正断层倾向南东，倾角 45°~59°，落差 50~140 m，构成滑动构造北界；新庄滑动构造面积约 8.0 km^2，滑面位于二$_1$煤层顶、底板附近，造成滑动系统内的构造较为复杂。北西向龟山正断层和杨台逆断层从区内穿过。

超化外围煤矿区的二$_1$煤层局部可采，煤底标高+200~-970 m，埋深 50~1210 m，估算平面积约 4.02 km^2，煤厚 0~9.03 m，平均 4.19 m，偶含 1 层厚度 0.28~0.51 m 碳质泥岩夹矸。七$_2$煤层局部可采，煤底标高+200~-600 m，埋深 50~850 m，估算平面积约 3.41 km^2，煤厚 0~4.01 m，平均厚度 1.18 m，偶含 1 层厚度 0.05~1.42 m 的碳质泥岩夹矸。二$_1$煤的原煤水分 0.40%~1.41%，平均 0.83%；灰分 12.40%~43.57%，平均 15.06%；全硫 0.27%~0.68%，平均 0.33%；高位发热量 28.22~31.29 MJ/kg，平均 30.12 MJ/kg；浮煤挥发分 11.10%~13.80%，平均 12.87%；黏结指数 0，煤类为低灰、特低硫、高热值贫煤。七$_2$煤的原煤水分 0.26%~1.18%，平均 0.57%；灰分 20.67%~41.75%，平均 31.26%；全硫 0.14%~0.50%，平均 0.39%；高位发热量 22.11~28.42 MJ/kg，平均 24.25 MJ/kg；浮煤挥发分 14.38%~19.59%，平均 17.44%；黏结指数 78；煤类为中高灰、特低硫、中热值焦煤。

（十七）新密市关口煤矿区

关口煤矿区位于新密市东南的大隗镇和苟堂镇，西为煤层露头，北至樊寨正断层，西南为关口正断层，面积约 19.33 km^2。本区为具茨山北麓西南高北东低的丘陵区，地面标高 150.0~250.0 m，矿区地理坐标为东经 113°27′44″~113°32′00″，北纬 34°23′53″~34°26′03″。据资源储量核实报告，勘查程度达勘探，累计查明煤资源储量 12795.7×10^4 t，保有煤资源储量 12371.7×10^4 t。

关口煤矿区内第四系厚度 4.50~40.00 m，煤系基底为中奥陶统马家沟组石灰岩。含煤地层本溪组 3 孔穿见地层厚度 7.79~10.74 m；太原组厚度 75.47~103.49 m，平均 77.30 m；山西组厚度 65.11~94.02 m，平均 77.84 m；下石盒子组厚度 255.11~346.77 m，平均 293.53 m；上石盒子组厚度 275.36~365.53 m，平均 318.00 m。煤系盖层有孙家沟组、刘家沟组和新近系洛阳组。区内构造为风后岭背斜北翼（或新密复向斜南翼）之北西—南东向短轴状的候家门-上申河次级向斜（图 2-78），地层总体倾向南，倾角 6°~13°，次级褶曲和断裂较发育。关口正断层走向北西，倾向北东，倾角 50°~65°，落差 200~1000 m。龟山正断层于矿区西北部交于大隗正断层；大隗正断层走向近东西，向北陡倾，地层缺失大于 1500 m。一$_1$ 煤层大部分可采，估算标高+205~-160 m，煤厚 1.47~2.91 m，平均 1.96 m，含 1 层厚度 0.18~1.74 m 黑色泥岩或碳质泥岩夹矸。二$_1$ 煤层全区可采，煤厚 0.31~20.40 m，平均 4.92 m，偶含矸 1~2 层，估算标高+250~-750 m。二$_3$ 煤层局部可采，煤厚 0.47~3.06 m，平均 1.32 m，无矸。七$_4$ 煤层局部可采，煤厚 0~4.27 m，平均 1.08 m，局部含矸 1 层，估算标高+120~-750 m。一$_1$ 煤为低灰、高硫、特高热值粉-块状瘦煤（表 2-82）。二$_1$ 煤为低灰、特低硫、高热值粉-粒状贫煤、贫瘦煤，5403 孔中发现天然焦粒。二$_3$ 煤为低灰、特低硫、特高热值粉-粒状瘦煤、贫煤。七$_4$ 煤为中高灰、特低硫、中热值粉-块状焦煤。

表 2-82 新密市关口煤矿区煤质特征一览表

煤层		七$_4$	二$_3$	二$_1$	一$_1$
水分/%	原煤	$\frac{0.72\sim0.92}{0.77}$	$\frac{0.61\sim0.84}{0.74}$	$\frac{0.69\sim1.09}{0.83}$	0.75
灰分/%	原煤	$\frac{33.33\sim39.32}{36.11}$	$\frac{8.29\sim11.81}{10.58}$	$\frac{10.64\sim24.31}{14.92}$	15.95
挥发分/%	浮煤	$\frac{20.30\sim21.72}{20.89}$	$\frac{15.64\sim16.34}{15.99}$	$\frac{14.09\sim16.87}{15.19}$	16.41
全硫/%	原煤	$\frac{0.37\sim0.48}{0.40}$	$\frac{0.28\sim0.36}{0.32}$	$\frac{0.24\sim0.67}{0.36}$	6.52
高位发热量/（$MJ\cdot kg^{-1}$）	原煤	$\frac{20.92\sim23.47}{22.26}$	$\frac{32.10\sim33.25}{32.49}$	$\frac{26.30\sim31.81}{30.26}$	35.03
黏结指数		59~84	14~58	0~11	35.8
胶质层最大厚度/mm		10.60	—	0~6.5	6.4

注：资料来源于《河南省新密市关口煤核查区资源储量核查报告》，河南省煤田地质局一队，2010j。

（十八）新密市关口深部煤矿区

关口深部煤矿区位于河南省新密市苟堂镇和新郑市辛店乡境内，矿区东西长 2.62~9.12 km，南北宽 5.96~8.42 km，面积约 27.45 km^2。本区为具茨山北坡西、北和南三面高、东低的丘陵区，地面标高 232.9~138.5 m，矿区地理坐标为东经 113°29′15″~113°35′14″，北纬 34°20′47″~34°25′20″。2006~2014 年，河南省地质矿产勘查开发局第二地质勘查院开展了预查-详查，提交的《河南省新密煤田关口井田深部煤详查报告》累计查明/保有煤资源量 10021.0×10^4 t；另估算埋深 1500 m 以浅的（334）？类煤资源量 2063.0×10^4 t，1500 m 以深的（334）？类煤资源量 171.0×10^4 t。氮气-沼气带主要分布在矿区东、北部距多个断层距离均较近或煤层埋深相对较浅地段，矿区西南部地段为沼气带。矿区地温梯度为 1.41~2.58℃/hm。

1. 矿区地质

关口深部煤矿区内第四系厚度 4.50~87.29 m，煤系基底为中奥陶统马家沟组石灰岩。含煤地层本溪组 5 孔穿见地层厚度 5.02~21.55 m，平均 9.72 m；太原组厚度 32.70~82.38 m，平均 60.46 m；山西组厚度 41.32~106.80 m，平均 75.25 m；下石盒子组厚度 252.36~327.97 m，平均 297.54 m；上石盒子组厚度 284.84~368.09 m，平均 336.56 m。煤系盖层孙家沟组 4 孔揭露地层厚度 139.23~264.95 m，刘家沟组 ZK1603 孔揭露厚度 127.43 m，和尚沟组 ZK1603 孔揭露厚度 66.88 m，新近系洛阳组 4 孔揭露最大厚度 108.04 m。区内构造为风后岭背斜北翼之北西—南东向短轴状的候家门向斜和北东部岳庄背斜及南东部候楼背斜组成的次级宽缓背向斜组合，地层倾角 5°~35°。区内发育断层 13 条，其中落差大于 50 m 的断层 10 条，以北西—北西西向断层为主；除靳寨逆断层外，其余为正断层。近东西向的大隗正断层构成矿区的北部自然边界。龙王庙正断层展布于矿区北部的靳寨北-张家寨-龙池沟北一带，倾向北北东，倾角 63°~70°，落差 50~130 m。新庄正断层展布于矿区中南部苟堂-郭寨沟北一带，向北东陡倾，落差大于 800 m。靳寨逆断层分布于靳寨-陈家门-辛店一带，倾向南西，倾角 10°~30°，逆差 30~300 m。区内发育长轴呈北北西向展布的 HF_1、HF_2、HF_3 共 3 个滑动构造；HF_1 滑面位于西部燕寨-核桃沟靳岗一带的上石盒子组内，ZK0401 揭露滑面埋深 295.87 m，缺失地层 40 m；HF_2 滑动构造位于候家门向斜东翼平山庵一带，滑面南至新庄正断层，北至靳寨逆断层，主滑面南部（ZK0804）位于下石盒子组二$_1$ 煤层之上，向北（ZK0803）切二$_1$ 煤层进入太原组（ZK0802），剖面呈锅底形，缺失地层 30~80 m；HF_3 滑动构造位于中部张寨-关口一带，主滑面位于下石盒子组中，局部滑失二$_1$ 煤层，剖面呈一弧形斜坡。

2. 煤层与煤质

关口深部煤矿区内二$_1$ 煤层大部分可采，二$_3$、七$_4$ 煤层局部可采，其余煤层不可采或偶见可采点。二$_1$ 煤层位于大占砂岩之下，下距太原组顶层石灰岩 0.92~9.58 m，煤底标高-400~-1450 m，埋深 550~1600 m；煤厚 0.86~30.24 m，平均 6.27 m，偶含 1 层厚度 0.19~1.00 m 夹矸，矿区中部靳寨逆断层附近煤层较厚，而北部、南部煤层较薄；滑动构造铲削煤层，或主滑面位于二$_1$ 煤层附近，煤层有变薄现象；煤层底板多为泥岩，局部为粉砂岩、细砂岩；煤层顶板多为细-中粒砂岩，局部为泥岩。大占砂岩与香炭砂岩间的二$_3$ 煤层下距二$_1$ 煤顶 8.79~30.90 m，煤底标高-500~-650 m，埋深 650~800 m，煤厚 0~1.32 m，平均 0.58 m，无矸；煤层底板主要为泥岩，局部为粉砂岩，偶见细砂岩、碳质泥岩；顶板多为泥岩，局部为细砂岩，偶见碳质泥岩。七$_4$ 煤层位于七煤段中部，下距田家沟砂岩 19.35~51.95 m，上距平顶山砂岩 210.98~286.91 m，煤底标高 0~-650 m，埋深 150~800 m；煤厚 0~2.66 m，平均 0.81 m，局部含 1 层厚度 0.24~0.34 m 夹矸；煤层底板主要为泥岩，偶见碳质泥岩；顶板为多为泥岩，局部为细、中砂岩。二$_1$ 煤为低灰、特低硫、高热值粉-粒状贫煤、贫瘦煤，二$_3$ 煤为低灰、特低硫、特高热值粉-粒状瘦煤、贫瘦煤，七$_4$ 煤为中高灰、低硫、中低热值碎裂状、鳞片状焦煤、1/3 焦煤（表 2-83）。

表 2-83　新密市关口深部煤矿区煤质特征一览表

煤层	煤种	水分（M_{ad}）/%	灰分（A_d）/%	挥发分（V_{daf}）/%	全硫（$S_{t,d}$）/%	发热量（$Q_{gr,d}$）/（MJ·kg^{-1}）	$G_{R.I}$	Y 值/mm
二$_1$	原煤	0.60~1.45 / 0.93（14）	11.74~25.75 / 16.41（14）	15.30~26.78 / 17.60（14）	0.23~0.79 / 0.34（14）	25.97~31.57 / 29.64（14）	—	—
	浮煤	0.63~1.41 / 0.91（14）	5.18~12.24 / 8.18（14）	13.94~16.38 / 15.02（14）	0.25~0.55 / 0.34（14）	31.37~33.94 / 33.10（14）	0~16	0~24.0
二$_3$	原煤	0.92~0.94 / 0.93（4）	7.82~13.91 / 11.21（4）	14.78~16.51 / 16.02（4）	0.28~0.32 / 0.30（4）	30.86~33.48 / 32.05（4）	—	—
	浮煤	0.80~1.05 / 0.90（4）	4.01~5.91 / 5.01（4）	14.51~15.68 / 15.16（4）	0.31~0.33 / 0.32（4）	34.16~35.18 / 34.71（4）	11~28	0~6.0
七$_4$	原煤	1.01~2.41 / 1.44（7）	32.52~37.36 / 35.59（3）	12.38~24.56 / 20.89（4）	0.35~0.96 / 0.55（6）	9.79~24.20 / 16.93（7）	—	—
	浮煤	0.56~1.38 / 0.84（6）	6.01~19.86 / 12.27（6）	20.97~33.68 / 24.77（6）	0.49~1.16 / 0.66（5）	29.11~33.03 / 31.79（6）	76~102	10.6

注：资料来源于《河南省新密煤田关口井田深部煤详查报告》，河南省地质矿产勘查开发局第二地质勘查院，2014b。

（十九）新郑市赵家寨煤矿区

赵家寨煤矿区位于新密煤田东部，隶属于新密市的大隗镇和新郑市的城关镇、辛店镇，北至大隗正断层，东至隐伏煤层露头，北东以贾梁正断层邻贾梁煤矿区，西南以欧阳寺正断层与王行庄煤矿区分界，面积约 49.47 km^2。本区为平原区，矿区地理坐标为东经 113°34′00″~113°43′00″，北纬 34°23′30″~34°26′30″。据资源储量核实报告，勘查程度达勘探，累计查明/保有煤资源量 37123.2×10^4 t，另有

(334)？类煤资源量 6402.6×10[4] t，煤层埋深小于 1000 m。2004 年项目奠基，2007 年矿井开工建设，2010 年 8 月试生产。

赵家寨煤矿区内基岩零星出露，第四系厚度 0~175.00 m，煤系基底为中奥陶统马家沟组石灰岩。含煤地层本溪组平均厚度 8.93 m，太原组平均厚度 77.78 m，山西组平均厚度 75.49 m，下石盒子组平均厚度 283.72 m，上石盒子组平均厚度 320.25 m。煤系盖层孙家沟组厚度 113.49~200.99 m，新近系洛阳组厚度 0~656.85 m。本区主体构造为向 300°方向倾伏的滹沱次级宽缓背斜（图 2-81，图 2-82），北翼地层倾向北北东—北东东，倾角 6°~15°，南翼地层倾向 205°~230°，倾角 3°~12°。区内共有断层 18 条，除温泉、宁沟两条逆断层外，其他均为正断层，以北西向为主。大隗正断层走向近东西，倾向北，倾角 45°~65°，落差 200~1500 m。欧阳寺正断层走向北西，倾向北东，倾角 38°~65°，落差 40~150 m。

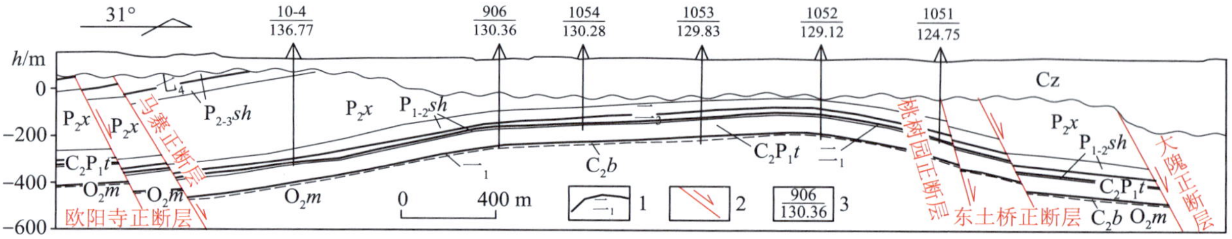

图 2-81 新郑市赵家寨煤矿区 10 勘探线剖面

（据河南省煤炭地质勘查研究院，2010j，有修改）

Cz—新生界；$P_{2-3}sh$—二叠系阳新统—乐平统上石盒子组；P_2x—二叠系阳新统下石盒子组；$P_{1-2}sh$—二叠系船山统—阳新统山西组；C_2P_1t—上石炭统—船山统太原组；C_2b—上石炭统本溪组；O_2m—中奥陶统马家沟组。1—煤层及编号；2—正断层；3—钻孔编号/孔口标高（m）

赵家寨煤矿区内七$_4$煤层局部可采，煤厚 0.49~2.01 m，平均 1.11 m，偶含矸 1 层。二$_3$煤层大部分可采，煤厚 0~6.98 m，平均 1.37 m，偶含厚度 0.14~0.54 m 的夹矸 1~2 层。二$_1$煤层全区可采，煤厚 0~21.75 m，平均 5.50 m，偶含厚度 0.10~2.27 m 的夹矸 1~4 层。一$_1$煤层大部分可采，煤厚 0~4.55 m，平均 1.46 m，局部含厚度 0.20~1.29 m 的夹矸 1~3 层。七$_4$煤为中灰、特低硫、中高热值粉-碎块状肥煤（表 2-84），二$_3$煤为低灰、特低硫、高热值粉粒状无烟煤、贫煤和贫瘦煤，二$_1$煤为低灰、特低硫、特高热值鳞片-粉状贫煤，少量贫瘦煤和无烟煤，一$_1$煤为低灰、高硫、高热值粒-碎块状无烟煤、贫煤。

表 2-84 新郑市赵家寨煤矿区煤质特征一览表

煤层		七$_4$	二$_3$	二$_1$	一$_1$
水分/%	原煤	0.93	0.80~1.07 0.91	0.99~1.09 1.01	0.41~0.74 0.58
灰分/%	原煤	28.95	10.43~16.89 14.09	14.16~16.12 14.95	11.38~16.76 14.48
挥发分/%	浮煤	24.82	9.29~15.65 13.13	9.32~15.89 12.65	8.83~14.15 11.80
全硫/%	原煤	0.47	0.43	0.41	7.08
高位发热量/（MJ·kg^{-1}）	原煤	25.24	29.28~33.04 30.70	35.26~35.48 35.37	28.77~30.86 29.62
黏结指数		84	0~32	0~7	0~11
胶质层最大厚度/mm		32.8	0~6.0	0	0

注：资料来源于《河南省新郑市赵家寨煤核查区资源储量核查报告》，河南省煤炭地质勘察研究院，2010j。

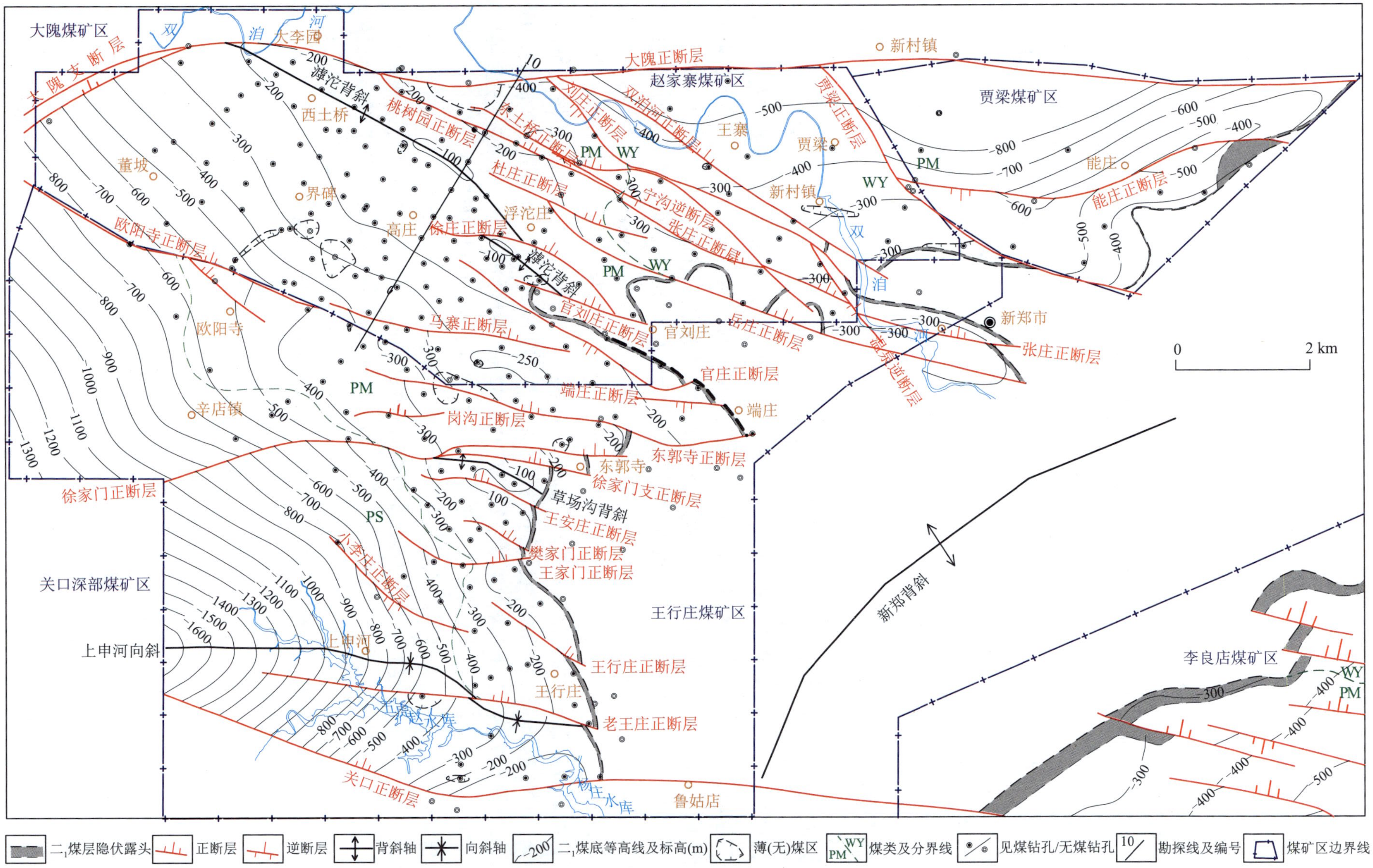

图 2-82 新郑市赵家寨-贾梁一带二$_1$煤层底板等高线图

（二十）新郑市贾梁煤矿区

贾梁煤矿区位于新密煤田东部的第四系覆盖区，隶属于新郑市城关镇和新村镇，东起隐伏煤层露头，西至贾梁正断层，北止于大隗正断层，面积约 15.43 km^2。本区处于丘陵岗地向平原过渡地带，地势总体呈缓斜坡状，西北高东南低，海拔 112.6~200.0 m。矿区地理坐标为东经 113°41′59″~113°45′06″，北纬 34°24′12″~34°26′07″。据资源储量核实报告，勘查程度达普查，累计查明/保有煤资源量 1267.5×10^4 t，另有（334）？类煤资源量 1586.4×10^4 t。区内新生界厚 13.51~222.98 m，煤系基底为中奥陶统马家沟组石灰岩，含煤地层本溪组—上石盒子组平均总厚度 835.97 m，煤系盖层有孙家沟组、刘家沟组。区内为处于溱沱次级背斜北翼，为单斜构造，地层倾向北北西，倾角 3°~21°。西界的贾梁正断层西起贾梁，经竹园向张龙庄北延伸，走向北西，倾向北东，倾角 50°~65°，落差 120~490 m。北界的大隗正断层西起吴庄，向东经由核桃园、吴李庄、小黄庄东延，走向近东西，倾向北，倾角 60°~70°，落差 300~500 m。能庄正断层走向北东，倾向南东，倾角 50°~60°，落差 200 m，从矿区中部穿过。区内仅二$_1$ 煤层可采，煤厚 1.16~7.60 m，平均 3.65 m，厚度变化大，煤层结构较复杂，含 1~2 层厚度 0.15~2.48 m 的碳质泥岩、泥岩夹矸。原煤灰分 14.10%，全硫 0.36%，磷 0.027%，高位发热量 30.37 MJ/kg，浮煤挥发分 12.88%，胶质层最大厚度 0 mm，煤类为低灰、特低硫、高热值贫煤。

（二十一）新郑市王行庄煤矿区

王行庄煤矿区位于新密煤田东部，隶属于辛店镇、城关镇、观音寺镇，东起隐伏煤层露头，西接关口深部煤矿区，北起欧阳寺正断层，南至关口正断层，面积约 76.84 km^2。本区为西北高、东南低的山前丘陵-平原地带，海拔 112.6~200.0m，矿区地理坐标为东经 113°33′45″~113°41′00″，北纬 34°20′00″~34°25′06″。据资源储量核实报告，勘查程度达勘探，累计查明煤资源储量 54476.3×10^4 t，已建井生产，保有煤资源储量 54327.8×10^4 t，另有（334）？类煤资源量 3988.1×10^4 t。

王行庄煤矿区内大部分被新生界覆盖，仅许岗和西北沟谷中有零星二叠系出露。煤系基底为中奥陶统马家沟组石灰岩。含煤地层本溪组厚度 2.68~33.84 m，平均 12.91 m；太原组厚度 59.39~124.31 m，平均 79.79 m；山西组厚度 51.09~104.38 m，平均 75.59 m；下石盒子组厚度 253.08~320.21 m，平均 287.94 m；上石盒子组厚度 239.69~376.32 m，平均 312.45 m。煤系盖层孙家沟组平均厚度 341.98 m，新近系洛阳组钻孔揭露厚度 2.25~222.98 m，第四系厚度 0~70.11 m。矿区基本构造格架由轴向 330°、南东端仰起的草场沟次级背斜南西翼和南侧候家门-上申河次级向斜构成（图 2-82），地层倾角 5°~25°，北西向和近东西向高角度正断层发育。七$_4$ 煤层大部分可采，煤厚 0~2.16 m，平均 1.05 m，偶含矸 1~2 层。二$_3$ 煤层大部分可，煤厚 0~6.46 m，平均 1.42 m，偶含矸 1~2 层。二$_1$ 煤层为主要可采煤层，煤底标高-80~-1700 m，埋深 210~1860 m，煤厚 0~24.76 m，平均 6.67 m，偶含矸 1~2 层。一$_1$ 煤层大部分可采，煤厚 0~3.35 m，平均 0.96 m，偶含矸 1 层。七$_4$ 煤为中灰、特低硫、中高热值肥煤（表 2-85），二$_3$ 煤为低灰、特低硫、特高热值瘦煤和贫瘦煤，二$_1$ 煤为低灰、特低硫、高热值贫瘦煤和贫煤，一$_1$ 煤为低灰、高硫、高热值贫瘦煤和贫煤。

表 2-85　新郑市王行庄煤矿区煤质特征一览表

煤层		七$_4$	二$_3$	二$_1$	一$_1$
水分/%	原煤	0.76~1.14 / 0.92（11）	0.44~2.26 / 0.85（36）	0.51~1.97 / 0.90（63）	0.10~2.68 / 0.77（16）
	浮煤	0.54~1.65 / 1.01（10）	0.34~3.29 / 1.28（35）	0.53~2.06 / 1.28（62）	0.34~1.46 / 0.73（13）

续表

煤层		七$_4$	二$_3$	二$_1$	一$_1$
灰分/%	原煤	21.85~36.74 30.12（11）	6.88~23.9 13.22（36）	8.43~22.69 14.38（63）	8.64~23.37 14.82（16）
	浮煤	8.44~13.46 10.53（10）	3.97~10.52 6.27（35）	4.77~13.35 7.69（62）	3.41~6.93 5.05（13）
挥发分/%	浮煤	22.2~26.99 25.12（10）	13.58~16.59 15.38（31）	10.18~16.99 14.43（62）	12.18~15.98 14.36（13）
全硫/%	原煤	0.26~0.63 0.43（11）	0.30~0.80 0.38（29）	0.23~0.77 0.33（50）	4.60~9.68 6.57（14）
高位发热量/（MJ·kg^{-1}）	原煤	21.98~26.6 24.50（13）	24.59~33.72 31.36（26）	26.82~32.19 30.24（14）	25.74~32.23 30.83（13）
黏结指数		93	10~38	0~7	0.5~12.5
胶质层最大厚度/mm		29.3	0~6.0	0	0

注：资料来源于《河南省新郑市王行庄煤核查区资源储量核查报告》，河南省煤田地质局一队，2010k。

（二十二）新郑市李梁店煤矿区

李梁店煤矿区位于新密煤田东南部之新郑市南东、王行庄煤矿区之东，隶属于新郑市梨河镇、和庄镇、八千乡和长葛市管亭乡、大周镇以及尉氏县岗李镇，属隐伏矿区，北西、南东为隐伏煤层露头，南至关口正断层，东西长16.0 km，南北宽1.8~6.8 km，面积约87.34 km^2。本区为北高南低的平原区，海拔87.3~124.6 m，佛耳岗水库为主要地表水源，矿区地理坐标为东经113°42′24″~113°52′50″，北纬34°19′04″~34°22′45″。据资源储量核实报告，勘查程度达勘探，累计查明/保有煤资源量36155.0×10^4 t，估算二$_1$煤的煤层气资源量2.56×10^8 m^3。2009年破土开工建设，2013年矿井建设过程中，副井发生透水溃沙，矿井全面停工缓建。

李梁店煤矿区内新生界厚度373.00~648.95 m，煤系基底为中奥陶统马家沟组石灰岩。含煤地层本溪组厚度3.59~16.36 m，平均8.24 m；太原组厚度47.73~89.52 m，平均68.15 m；山西组厚度65.14~105.54 m，平均76.64 m；下石盒子组厚度223.92~309.01 m，平均284.94 m；上石盒子组厚度255.27~367.05 m，平均340.19 m。该区总体构造形态为一不完整、轴向北东—南西的不对称向斜构造，向斜轴在东部L$_{10}$和L$_{14}$地震联络线之间，向斜西北翼保存较为完整，地层倾角4°~20°；东南翼保存较差，地层倾角6°~27°；向斜轴在40、44勘探线之间抬起，使向斜轴分别向南西和北东两个方向倾伏，表现为马鞍形；区内发育北西西向和近东西向高角度正断层。仅二$_1$煤层全区可采，埋深353~1261 m，煤底标高为-240~-1170 m，煤厚0~17.34 m，平均4.88 m，局部含厚度0.02~0.79 m夹矸1~2层。原煤水分0.21%~2.42%，平均0.92%；灰分9.73%~27.82%，平均17.17%；硫分0.19%~1.00%，平均0.36%；高位发热量25.18~32.45 MJ/kg，平均29.11 MJ/kg。无烟煤浮煤挥发分7.32%~9.98%，平均8.70%（32点）；贫煤浮煤挥发分10.18%~15.48%，平均12.35%（20点）；黏结指数0，胶质层最大厚度0 mm，焦渣特征2~3。以低灰、特低硫、高热值煤为主。

十二、汝州煤田

汝州煤田（原称临汝煤田）位于平顶山市汝州市和洛阳市汝阳县境内，北靠箕山，南依外方山。北西隔伊川凹陷与宜洛煤田相望，北东以箕山背斜和纸坊-夏店正断层邻登封煤田，东至黄庄-武家窑-西黄道正断层与禹州煤田相望，南以走向北东东、向北陡倾的李寨正断层邻平顶山煤田。矿区范围：东经112°14′10″~113°03′10″，北纬34°00′30″~34°23′30″，东西长25~70 km，南北宽11~36 km，面积约1740 km^2。地势总体上为西南及东北高、中间低，属低山-丘陵区，一般海拔285~600 m，汝河沿岸为河谷盆地，形成两山夹一川的地貌。区内河流发育，汝河由北西向南东斜贯本区，汇入颍河后入淮。

汝州煤田开采史已逾百年，朝川一带所产“川炭”闻名豫西。1949年以前，汝州煤田内的煤炭资源勘查与研究工作以地面矿产调查为主，研究程度低，20世纪50年代中期之后逐渐开始正规的煤田地质勘查工作。据2010~2011年河南省地质矿产勘查开发局第二地质勘查院、河南省地质博物馆、河南省煤田地质局二队和河南省煤田地质局四队编制的汝州煤田各煤矿区资源储量核查报告及2012年中国煤炭地质总局一二九勘探队编制的《河南省汝州市黄庄勘查区煤炭详查报告》，区内累计探明煤资源储量126414.8×10^4 t，浅部煤炭资源已被占用，保有煤资源储量113437.1×10^4 t；另有1500 m以浅的（334）？类煤资源量2604.8×10^4 t，1500 m以深的潜在煤资源214.0×10^4 t。煤田内共划分出22个煤矿区，总面积211.01 km^2，以汝州市夏店煤矿区作为代表性矿区进行阐述，余则简述之。

（一）煤田地质特征

汝州煤田位于华北地层区、华北南部地层分区之渑池-确山地层小区，含煤地层多被新生界覆盖，属半掩盖型煤田，除南、北山区基岩出露较好，中间地带多被中、新生代地层覆盖，仅见零星基岩露头。煤系基底为寒武系；含煤地层本溪组—上石盒子组平均总厚度670.76 m（表2-86）；煤系盖层由二叠系乐平统孙家沟组、下三叠统刘家沟组与和尚沟组、中三叠统二马营组及新生界等组成（图2-83），煤田西北部分布有下白垩统九店组凝灰岩夹多层砾岩建造、新近系中新统洛阳组河湖相沉积和大安组（或内埠组）基性—超基性火山岩夹碎屑岩建造，煤田南部分布有古近系古新统陈宅沟组、始新统蟒川组和渐新统石台街组河湖相碎屑岩建造。

汝州煤田主体位于崤熊构造区之三门峡-平顶山断陷区的汝州箕状断陷盆地内，仅黄庄-武家窑-西黄道正断层之东区域位于嵩箕构造区，错综复杂的构造制约了含煤地层的赋存格局。黄庄-武家窑-西黄道正断层走向北西，向南西陡倾，落差大于1000 m。本区构造特征表现为褶皱基础上的北西向、近东西向和北东向断层纵横交错，斜贯全区的北西向正、逆断层被北东向断裂切割为数段。西部构造密集，含煤地层多赋存于断裂夹块中，断块内煤层形态各异；东部构造稀疏，含煤地层隐伏于新生界覆盖层之下。煤田内大致可划分为4个构造含煤区段：走向北东东向的武庄、夏店正断层之北和北北西向的黄庄-武家窑-西黄道正断层之东区域主要受箕山背斜控制，大峪乡东升煤矿位于断夹块中，复生煤矿和尚庄乡创业煤矿位于其南翼；武庄、夏店、黄庄-武家窑正断层、温泉街逆断层和大张正断层所围限的庇山含煤区受尚店开阔向斜控制，并发育庇山滑动构造；温泉街和王寨逆断层及小屯正断层之西，断裂构造极为发育，呈现出地垒、地堑、单斜、短轴褶曲和弧形等构造样式，西段汝阳县城郊含煤区受汝阳断陷盆地控制，中段寄料镇含煤区依附于南南西仰起、两翼倾角12°~35°的梨园向斜，南部规模较小的焦谷山含煤区主体构造为轴向南西—北东、两端仰起的焦谷山短轴向斜，东段朝川含煤区受制于汝州向斜南翼之朝川次级向斜（又称朝川弧形构造）和朝川滑动构造；大张正断层之南、王寨逆断层和小屯正断层之东为隐伏区，受控于汝州向斜。汝州向斜轴部位于汝州市东，走向北西，两翼倾角25°~45°，槽部被巨厚的新生界覆盖。朝川次级向斜处于汝州向斜南西翼，轴向近南北，西翼倾角56°~70°，转折端和东翼倾角12°~30°。

（二）煤层与煤质

1. 煤层

汝州煤田的本溪组—上石盒子组共划分为9个煤段，含煤28层。太原组一$_8$煤层为煤田主采煤层之一，煤层顶、底板多为泥岩，局部顶板为L_8石灰岩，在庇山含煤区基本全区可采，局部含厚度0.02~0.44 m夹矸1~2层；煤层名称和厚度在不同地区差别较大，在庇山、汝阳县城郊和朝川含煤区称一$_8$煤，煤厚分别为0~3.52 m、0~1.52 m和0~2.27 m，平均煤厚分别为0.85 m、0.54 m和0.84 m；寄料镇含煤区原称一$_4$煤，煤厚0~2.08 m，平均0.95 m；焦谷山含煤区原称一$_6$煤，煤厚0~1.48 m，平均1.06 m；因原一$_8$、一$_6$、一$_4$煤皆位于太原组顶部石灰岩之下，故本志书统编为一$_8$煤。

表 2-86　汝州煤田地层简表

界	系	统	组	穿见地层厚度/m 两极值/平均值	接触关系	岩性及组合特征
新生界	第四系			0~62. 30		由粘土、砂质粘土、含砾砂质粘土及砾石组成，由南、北向中部逐渐增厚
中生界	三叠系	中统（T_2）	二马营组（T_2e）	0~377. 87		仅煤田北部出露，岩性为灰色、黄绿色泥岩、粉砂岩间夹细-中粒砂岩
		下统（T_1）	和尚沟组（T_1h）	0~230. 00		仅煤田北部残存，岩性以红色泥岩、粉砂岩为主，夹暗紫红色细-中粒长石石英砂岩
			刘家沟组（T_1l）	0~350. 00		仅煤田北部残存，为紫红色细-中粒长石石英砂岩夹薄层紫红色泥岩
古生界	二叠系	乐平统（P_3）	孙家沟组（P_3s）	176. 05~257. 56 / 203. 71		由浅灰色、灰绿色、暗紫色砂质泥岩、粉砂岩和灰白色细-中粒砂岩组成
			上石盒子组（$P_{2-3}sh$）	190. 93~311. 63 / 277. 55		为砂质泥岩与细-中粒砂岩互层，含七、八、九煤段，仅七$_2$煤层零星可采，余不可采；顶部的平顶山砂岩为浅灰色、灰白色略带浅红色中-粗粒长石石英砂岩、石英砂岩，间夹细砂岩；底部含砾
		阳新统（P_2）	下石盒子组（P_2x）	224. 54~358. 63 / 282. 00		由砂岩、泥岩及煤层组成，划分三、四、五、六煤段，四$_2$、四$_3$、五$_2$、五$_3$ 等煤层局部可采，四$_1$、四$_5$、五$_1$ 等煤层零星可采，其余煤层不可采或偶可采
		船山统（P_1）	山西组（$P_{1-2}sh$）	12. 77~129. 31 / 73. 11		由砂岩、砂质泥岩、（碳质）泥岩及煤层组成，含煤 1~6 层（二$_0$—二$_5$），二$_1$ 煤层为煤田主采煤层，二$_2$ 煤层局部可采，其余煤层不可采或偶可采
	石炭系	上统（C_2）	太原组（C_2P_1t）	7. 77~78. 90 / 31. 21		由石灰岩、砂岩、泥岩及煤层组成，含煤 2~9 层，其中一$_8$ 煤层大部分可采，一$_4$、一$_6$ 等煤层局部可采，一$_7$ 煤层零星可采，其余煤层不可采或偶可采
			本溪组（C_2b）	0. 61~30. 26 / 6. 89		以粘土岩、铝土矿为主，底部含鸡窝状山西式铁矿，顶部偶含煤线
	寒武系	第三统—芙蓉统	崮山组（$\epsilon_{3-4}g$）	129. 76~162. 71 / 146. 24		为厚层状白云质灰岩、白云岩

山西组二$_1$ 煤层是汝州煤田的主采煤层，基本全区可采，煤层顶、底板多为泥岩，局部为大占砂岩顶板，煤厚 0~22. 17 m，一般厚度 2. 00~5. 00 m，平均厚度 3. 44 m，煤层结构简单，局部含厚度 0. 02~0. 65 m 夹矸 1~2 层。大占砂岩段的二$_2$ 煤层在寄料镇含煤区大部分可采，煤厚 0~3. 80 m，平均 2. 76 m，无矸；庇山含煤区局部可采，煤厚 0~2. 48 m，平均 0. 70 m，局部含矸 1~3 层。

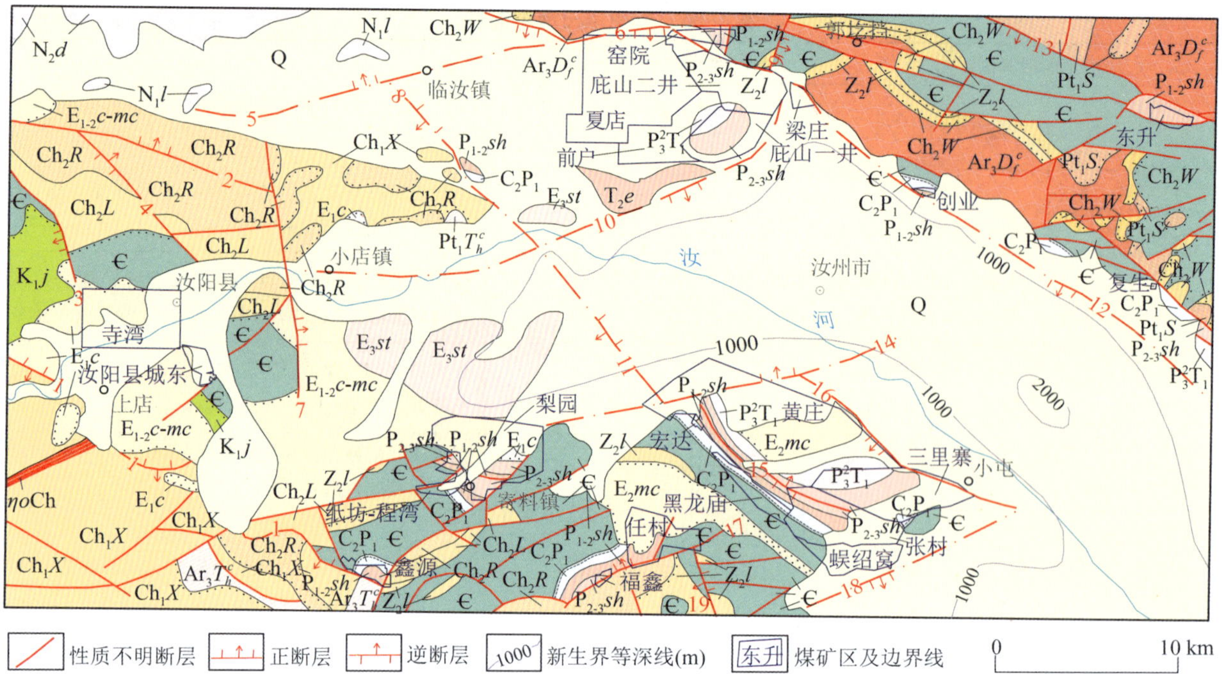

图 2-83 汝州煤田地质略图

Q—第四系；N_2d—上新统大安组；N_1l—中新统洛阳组；E_3st—渐新统石台阶组；E_2mc—始新统蟒川组；E_1c—古新统陈宅沟组；$E_{1-2}c-mc$—古新统陈宅沟组—始新统蟒山组未分；K_1j—下白垩统九店组；T_2e—中三叠统二马营组；$P_3^2T_1$—二叠系乐平统孙家沟组、下三叠统刘家沟组与和尚沟组；$P_{2-3}sh$—二叠系阳新统—乐平统上石盒子组、下石盒子组未分；$P_{1-2}sh$—二叠系船山统—阳新统山西组；C_2P_1—上石炭统本溪组和上石炭统—船山统太原组；∈—寒武系；Z_2l—上震旦统罗圈组；Ch_2L—长城系洛峪群；Ch_2R—长城系汝阳群；Ch_2W—长城系五佛山群；Ch_1X—长城系熊耳群；Pt_1S—古元古界嵩山群；$Pt_1T_h^c$—古元古代太华杂岩；$Ar_3D_f^c$—新元古代登封杂岩；ηoCh—长城纪石英二长岩。1—陆浑-将军山逆断层；2—田家沟正断层；3—西岭-漫流正断层；4—耿村-上寺湾逆断层；5—武庄正断层；6—夏店正断层；7—龙花沟正断层；8—温泉街逆断层；9—建新庄正断层；10—大张正断层；11—王寨逆断层；12—梅庄-黄庄-武家窑-西黄道正断层；13—大彭寨正断层；14—刘洼正断层；15—杨山-竹园逆断层；16—小屯正断层；17—焦姑山正断层；18—李寨正断层；19—青草岭-双头山逆断层

汝州煤田的下石盒子组四煤段和五煤段煤层较发育，煤层顶、底板多为泥岩，煤层结构简单，一般不含矸。四$_2$煤层在汝州市南的寄料镇-朝川含煤区局部可采，煤厚 0~3.55 m，平均 1.42 m。四$_3$煤层在庞山和朝川含煤区大部分可采；庞山区煤厚 0~4.45 m，平均 0.88 m；朝川区煤厚 0~6.78 m，平均 2.31 m。五$_2$煤层在寄料镇-朝川含煤区局部可采，煤厚 0~4.35 m，平均 1.33 m。五$_3$煤层在庞山和朝川含煤区局部可采，煤厚 0~3.64 m，平均 0.98 m。四$_1$、四$_5$、五$_1$煤层零星可采，六煤段中部含极不稳定的不可采六$_1$、六$_2$煤层。

汝州煤田的上石盒子组九煤段仅见 1~2 层碳质泥岩，八煤段含薄煤层或煤线 1~2 层；七煤段七$_2$煤层零星分布，在梨园煤矿区局部可采。

2. 煤质

汝州煤田的二$_1$煤层受后期构造的影响，煤的原生结构尽遭破坏，煤中揉皱、滑动镜面发育，机械强度较低，手捻成粉，为粉-粒状构造煤。镜下鉴定以亮煤为主，内夹少量团块状暗煤，属半暗型-半亮型煤。煤中有机组分占 90%以上，以镜质组为主，镜质体最大反射率为 1.31%~1.50%，无机组分以粘土矿物为主。视密度 1.35~1.48 t/m^3，一般为 1.37~1.40 t/m^3。煤中硫以硫铁矿硫为主，次为有机硫，硫酸盐硫微量，经洗选后脱硫明显。煤灰成分以 SiO_2 和 Al_2O_3 为主，煤灰软化温度 1210~>1400℃，属较高软化温度灰。二$_1$煤的煤类为低灰（局部中灰）、中硫（局部低硫和中高硫）、低磷、高热值、中等可选-易选、易磨-极易磨之 1/3 焦煤-贫煤，由北至南，煤的变质程度逐渐降低，由北部庇山含煤区的瘦-贫煤至汝阳县城郊和朝川含煤区的焦煤，再到南部寄料镇和焦谷山含煤区的 1/3 焦煤。二$_2$ 煤与二$_1$ 煤类似，煤类为 1/3 焦煤和瘦煤。

汝州煤田的一$_8$ 煤常呈粉状及碎块状产出，局部受层间滑动构造的影响而呈现构造糜棱煤特征，煤中含有少量黄铁矿结核及散晶。以亮煤为主，镜煤及暗煤次之，属光亮-半亮型煤。有机组分含量大于 90%，主要为镜质组。视密度 1.33~1.45 t/m^3，镜质体最大反射率 1.39%。一$_8$ 煤为低灰、中高-高硫、高-特高热值贫煤、贫瘦煤、1/3 焦煤和焦煤，由北至南，煤的变质程度逐渐降低，由庇山区的贫-贫瘦煤至汝阳县城郊和朝川区的焦煤，再到寄料镇和焦谷山区的 1/3 焦煤。

汝州煤田的四、五煤段可采煤层以块状煤为主，次为粉状煤。灰分产率较高，可选性较差。四$_1$、四$_2$、四$_3$、四$_5$ 煤层以亮煤和暗煤为主，属半暗型-半亮型煤，视密度分别为 1.40 t/m^3、1.50~1.55 t/m^3、1.48~1.60 t/m^3 和 1.50 t/m^3，四$_3$ 煤镜质体最大反射率 1.30%。五$_1$、五$_2$、五$_3$ 煤层以暗煤为主，次为亮煤，属半暗-暗淡型煤，视密度分别为 1.40~1.50 t/m^3、1.40~1.56 t/m^3 和 1.45~1.54 t/m^3，五$_2$ 煤镜质体最大反射率 1.16%。四、五煤段可采煤层以中灰（局部中高灰）、低硫、低磷、中-中高热值煤为主，庇山含煤区为焦煤，寄料镇和焦谷山含煤区为焦煤和 1/3 焦煤，朝川含煤区为肥煤。梨园煤矿区的七$_2$ 煤为气煤。

（三）开采技术条件

煤层顶、底板：汝州煤田的一$_8$ 煤层顶板多为石灰岩，底板为泥岩。二$_1$ 煤层顶板为大占砂岩或砂质泥岩，底板以泥岩为主。石盒子组可采煤层顶、底板以泥岩为主，间接顶、底板多为砂岩。石灰岩和砂岩力学强度高，比较稳固，工程地质条较好。泥岩力学强度较低，工程地质条件较差。

水文地质条件：汝州煤田的地表水主要有汝河及其支流，对汝阳县城郊含煤区有较大影响。地下水主要含水层有寒武系和太原组碳酸盐岩岩溶水及太原组、山西组和石盒子组砂岩裂隙孔隙水，碳酸盐岩岩溶含水层富水性较强，砂岩裂隙孔隙水富水性较弱，若构造破碎带沟通了岩溶水可能会发生突水。本区水文地质条件属简单-中等类型。

瓦斯、煤尘爆炸性、煤层自燃与地温：汝州煤田的二$_1$ 煤层“三软”构造煤全层发育，曾多次发生过瓦斯爆炸事故。煤尘有爆炸危险性。煤层多易自燃。本区地温梯度 0.44~2.74℃/hm，属地温正常区。

（四）汝州市夏店煤矿区

夏店煤矿区位于汝州煤田东段北部之汝州市西北的夏店乡、陵头乡境内，位于夏店正断层之南，南至毛寨正断层，东以贾庄正断层邻庇山二号井田，西至二$_1$ 煤底-1075 m 水平，面积约 30.54 km^2。地处箕山山脉的禹王山、盘龙山南麓，总体地貌特征为山前斜坡和平原地貌，呈北高南低之势，海拔 270.60~414.20 m。矿区地理坐标为东经 112°41′16″~112°46′03″，北纬 34°14′03″~34°17′15″。1996~2007 年，中国煤炭地质总局一二九勘探队普查、勘探，提交的《河南省汝州煤田夏店井田煤炭勘探报告》累计查明/保有煤资源量 19576.2×10^4 t。本区处于瓦斯风化带，地温梯度 1.40~2.53℃/hm。2009 年矿井开工，受去产能政策制约，“十二五”后期停工。

1. 矿区地质

（1）地层

夏店煤矿区内大部分为第四系掩盖，第四系厚度 6.97~62.30 m，新近系厚度 0~20.00 m，仅在磨庄至河西陈一带沟谷中有零星基岩露头。在北部边界，古生界和太古宇登封岩群（局部见古元古界嵩山群断块）呈断层接触，煤系基底为寒武系第三统—芙蓉统崮山组白云岩。含煤地层本溪组厚度 1.04~8.27 m，平均 4.53 m；太原组厚度 24.80~74.30 m，平均 40.52 m，含薄煤 9~10 层，厚度 7.17~11.15 m 的含燧石结核的 L_8 隐晶石灰岩稳定发育；山西组厚度 62.06~129.31 m，平均 97.23 m，厚度 1.26~41.43 m 的细-中粒大占砂岩之下含煤 1~7 层，之上含煤线 1~7 层，其中二$_1$ 煤层为主要可采煤层，二$_0$、二$_2$ 煤层偶见可采点；下石盒子组厚度 262.93~341.18 m，平均 309.96 m，底部的中-粗粒砂锅窑砂岩厚度 0.59~12.25 m，三煤段偶见 1~2 层煤线，四煤段含 1~8 层煤层

（线），五煤段含1～7层煤层（线），六煤段含薄煤1～3层；上石盒子组厚度190.93～310.29 m，平均厚度280.07 m，含七、八煤段，底部的中-粗粒田家沟砂岩厚度1.91～22.75 m，七煤段含薄煤1～4层，八煤段中下部见1～2层厚度0.05～0.10 m的煤线或碳质泥岩，上部的中-粗粒平顶山砂岩厚度67.61～125.40 m。煤系盖层孙家沟组厚度176.05～257.56 m，平均210.43 m；刘家沟组厚度约350.00 m；和尚沟组厚度约230 m；二马营组揭露最大厚度333.11 m（2321孔）。

（2）构造

夏店煤矿区构造格架为尚店向斜；尚店向斜位于上鲁-夏店南-扈寨一线，南西倾伏，北东仰起，两翼地层倾角9°～31°。夏店正断层位于神沟-孔寨-夏店-窑院水库一线，倾向南，倾角63°～70°，落差大于1000 m，构成矿区的北部自然边界。毛寨正断层位于下鲁-磨庄-河西陈-陵头一线，走向北东东，倾向南，倾角30°～35°，落差大于900 m，构成矿区南部自然边界。贾庄正断层走向北西，倾向南西，倾角70°，落差100 m左右，构成矿区东界。区内近东西向正、逆断层发育（图2-84）。18勘探线以东，磨庄-西窑以北，起伏于平顶山砂岩上、下或之间的河西陈滑动构造及分支构造，后缘交于夏店正断层，东交于贾庄正断层，断面呈浅部较陡、深部平缓的犁式形态，自后缘向前缘依次表现为后缘引张、中带剪切和前缘压性三种不同性质。

2. 煤层与煤质

（1）煤层

夏店煤矿区的本溪组—上石盒子组平均总厚度732.31 m，含煤40余层，一般含煤5～15层。可采煤层有$一_8$、$二_1$、$四_3$、$五_3$煤，其中$二_1$、$四_3$煤层大部可采，$一_8$、$五_3$煤层局部可采。此外，$四_2$煤层见可采点4层次，$四_3^1$煤层见可采点2层次，$一_7$、$二_0$、$二_1^1$、$二_2$、$五_2$、$五_4$、$六_4$、$七_2$煤层分别见可采点1层次，其余煤层仅见不可采煤线或碳质泥岩。

夏店煤矿区的$一_8$煤层赋存于太原组上部，上距$二_1$煤层10.94～41.58 m，平均22.89 m，直接顶板为燧石灰岩，底板为泥岩、粉砂岩。可采范围主要分布在向斜的南翼，煤层埋深340～1100 m，底板标高+50～-750 m。39孔穿过该层，断失8孔，可采15孔，不可采15孔，尖灭点1孔，煤厚0～1.43 m，平均0.79 m，仅1孔含1层夹矸。

夏店煤矿区的$二_1$煤层赋存于山西组下部，45孔穿过该层，断失6孔，可采34孔，不可采3孔，尖灭点2孔，煤厚0～9.75 m，平均3.23 m，一般不含或含1层夹矸，偶含矸3层。向斜转折端及东部煤层较厚，南翼煤层较薄。煤层埋深340～1430 m，底板标高+50～-1075 m，顶板为细-中粒砂岩及泥岩、粉砂岩，底板为砂质泥岩和粉、细砂岩互层。

夏店煤矿区的$四_3$煤层赋存于下石盒子组四煤段中部，47孔穿过该层，断失2孔，可采37孔，不可采7孔，尖灭点1孔，煤厚0～4.45 m，平均1.26 m，偶含1层夹矸。煤层埋深450～1140 m，底板标高+150～-860 m。煤层顶板为泥岩，偶见砂岩，间接顶板为细-中粒砂岩；底板为泥岩。$五_3$煤层赋存于下石盒子组五煤段中部，47孔穿过该层，断失5孔，可采24孔，不可采15孔，尖灭点3孔，煤厚0～3.64 m，平均0.96 m，向斜南翼厚、北翼薄，偶含1层夹矸。顶板主要为泥岩，间接顶板为细-中粒砂岩，底板为泥岩。煤层埋深450～930 m，底板标高+200～-500 m。

（2）煤质

夏店煤矿区的$五_3$、$二_1$、$一_8$煤呈粉末状产出，偶见碎块状，属半暗-半亮型煤；$四_3$煤呈碎块状及粉末状产出，为暗淡及半暗型煤。$五_3$煤为中灰、低硫、中高热值焦煤（表2-87）；$四_3$煤以中灰、特低硫、中高热值焦煤为主，瘦煤仅小范围分布；$二_1$煤主要为中灰、中硫、高热值贫瘦煤，次为贫煤和瘦煤，贫煤主要分布在矿区东南部，瘦煤仅分布于在矿区西南边角；$一_8$煤为低灰、中高硫、高热值贫煤。

（五）汝阳县寺湾煤矿区

寺湾煤矿区位于汝州煤田西部之汝阳县城关镇、上店镇和柏树乡境内，东起汝阳县城，西至华沟，北自五里厂，南到上店，东西长5.39 km，南北宽3.23 km，面积约17.41 km^2。区内为西北高、

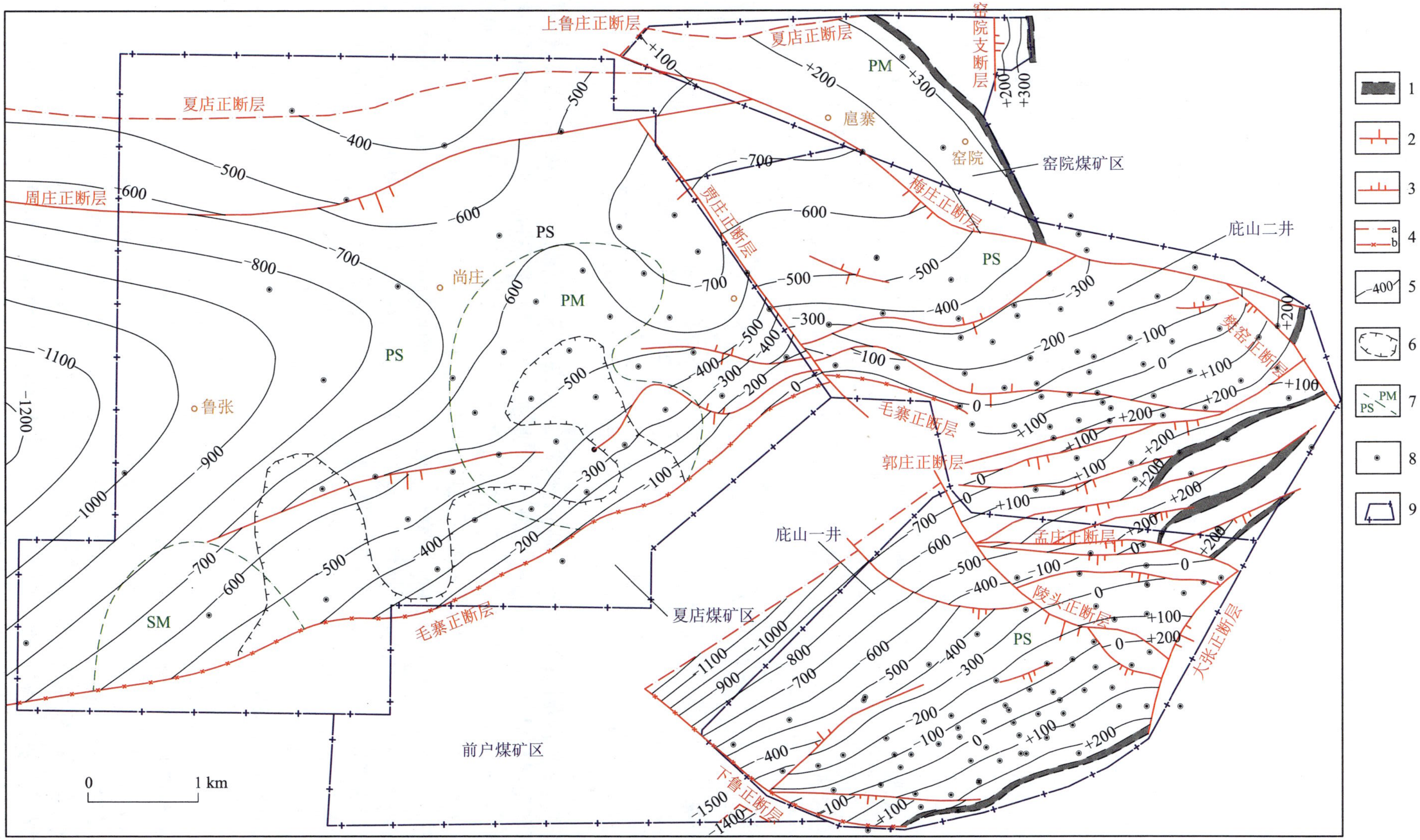

图 2-84　汝州市夏店-庞山一带二$_1$煤层底板等高线图

1—二$_1$煤层隐伏露头；2—逆断层；3—正断层；4—正断层(a上盘、b下盘)；5—煤层底板等高线及标高(m)；6—薄(无)煤带边界线；7—煤类及分界线；8—钻孔；9—煤矿区边界线

东南低的丘陵区，海拔 310.0~454.0 m。矿区地理坐标为东经 112°24′00″~112°27′30″，北纬 34°07′45″~34°09′30″。据资源储量核实报告，勘查程度达勘探，累计查明/保有煤资源量 5531.0×10^4 t。正在建井中。本区处于瓦斯风化带，平均地温梯度 0.93℃/hm。

表 2-87 汝州市夏店煤矿区煤质特征一览表

煤层		五$_3$	四$_3$	二$_1$	一$_8$
灰分/%	原煤	11.90~35.30 26.82（16）	18.48~38.75 29.69（32）	13.02~38.36 21.16（31）	11.32~31.66 18.48（15）
	浮煤	5.44~7.33 6.39（3）	4.20~10.74 8.00（12）	4.80~8.95 6.69（5）	5.68~8.10 6.88（2）
挥发分/%	原煤	19.13~23.94 21.22（16）	17.99~24.20 20.81（32）	13.47~20.62 17.14（31）	9.81~18.99 15.25（15）
	浮煤	18.65~25.00 21.15（11）	12.48~23.27 18.97（18）	14.32~16.98 15.78（14）	12.36~14.64 13.39（9）
全硫/%	原煤	0.27~1.81 0.73（16）	0.15~1.58 0.42（31）	0.44~2.44 1.16（28）	0.82~7.74 2.74（15）
	浮煤	0.25~0.90 0.51（13）	0.28~0.62 0.43（19）	0.41~0.49 0.40（14）	0.82~1.62 1.20（7）
高位发热量/（MJ·kg^{-1}）	原煤	22.31~31.28 25.25（15）	20.76~30.75 24.60（31）	18.64~31.13 27.58（28）	21.63~31.68 27.91（14）
黏结指数		82.0~99.0 94.0（14）	65.5~96.0 79.0（19）	0~16.9	0
胶质层最大厚度/mm		19.5~23.5 21.38（10）	11.0~21.0 15.0（9）	—	—
视密度/（t·m^{-3}）		1.49	1.53	1.52	1.49

注：资料来源于《河南省汝州煤田夏店井田煤炭勘探报告》，中国煤炭地质总局一二九勘探队，2007。

寺湾煤矿区内第四系厚度 2.13~31.40 m，煤系基底为寒武系第三统—芙蓉统崮山组白云岩。含煤地层本溪组厚度 0.61~30.26 m，平均 8.09 m；太原组厚度 7.77~36.66 m，平均 19.63 m；山西组平均厚度 53.43 m；下石盒子组仅矿区中部残留厚度 52.60 m。煤系盖层下白垩统九店组厚度 200.43~635.55 m，平均 444.90 m；古近系陈宅沟组厚度 6.68~338.61 m，平均 117.54 m。本区处于汝阳断陷盆地的西部，整体为含煤地层倾向 170°~200°、倾角 5°~35°的单斜构造，西缓东陡、南缓北陡，北部地层翘起明显；煤系盖层倾向南，倾角一般为 8°~30°。西岭-漫流正断层走向近南北，倾向西，倾角 70°~80°，落差 150 m，控制了二$_1$ 煤层西界。耿村-上寺湾逆断层倾向 15°~40°，倾角 80°~85°，控制了二$_1$ 煤层北东边界。西岭-下竹园正断层走向近东西，倾向北，倾角 70°~80°，落差 157 m，从矿区南部穿过。

寺湾煤矿区的二$_1$ 煤层全区可采，埋深 340~840 m，煤底标高-25~-530 m，煤厚 0.79~17.84 m，平均 6.15 m，局部含矸 1~2 层。一$_8$ 煤层局部可采，埋深 425~860 m，煤底标高-100~-545 m，煤厚 0~1.52 m，平均 0.52 m，无矸。二$_1$ 煤原煤水分 0.42%~1.26%，平均 0.78%；灰分 10.54%~17.74%，平均 13.83%；全硫 1.06%~2.44%，平均 1.60%；高位发热量 28.25~32.01 MJ/kg，平均 30.48 MJ/kg；浮煤挥发分 18.51%~25.96%，平均 21.18%；黏结指数 16~82，平均 67；Y 值 8.7~14.0 mm，平均 10.86 mm；煤类主要为低灰、中硫、高热值焦煤，局部贫瘦煤、瘦煤。一$_8$ 煤的原煤水分 0.65%~0.82%，平均 0.72%；灰分 7.97%~12.94%，平均 10.83%；全硫 2.81%~7.26%，平均 4.57%；高位发热量 30.51~32.81 MJ/kg，平均 31.62 MJ/kg；浮煤挥发分 18.98%~22.67%，平均 20.48%；黏结指数 80；煤类为低灰、高硫、特高热值焦煤。

（六）汝阳县城东煤矿区

汝阳县城东煤矿区位于汝阳县城关镇和三屯乡境内，东起二$_1$煤层隐伏露头，西至二$_1$煤底-200 m水平，北为城东正断层，南至杨家凹南正断层，面积约2.10 km^2。城东正断层倾向190°，倾角60°~70°，落差大于100 m。杨家凹南正断层倾向325°~350°，倾角80°，落差大于200 m。区内为北西高、南东低的丘陵区，海拔335.20~436.00 m。矿区地理坐标为东经112°27′35″~112°28′50″，北纬34°06′40″~34°07′52″。据资源储量核实报告，勘查程度达详查，累计查明煤资源储量494.5×10^4 t，保有煤资源储量393.4×10^4 t；另有（334）？类煤资源量11.1×10^4 t。本区处于瓦斯风化带，地温梯度1.11~1.39℃/hm。

汝阳县城东煤矿区内第四系厚度0~17.20 m，煤系基底为寒武系第三统—芙蓉统崮山组白云岩。含煤地层本溪组厚度3.54~15.40 m，平均9.94 m；太原组厚度9.73~19.17 m，平均13.15 m；山西组仅残留大占砂岩以下地层，厚度12.77~42.62 m。煤系盖层古近系陈宅沟组厚度119.23~555.90 m，平均339.64 m。本区处于汝阳断陷盆地的西部，为含煤地层倾向250°、倾角25°~29°的单斜构造。一$_8$煤层局部可采，埋深370~650 m，煤底标高+360~-200 m，煤厚0.33~0.75 m，平均0.55 m，无矸。二$_1$煤层全区可采，下距一$_8$煤层13.87 m，煤厚0~5.15 m，平均1.99 m，无矸。一$_8$煤的原煤灰分10.67%~36.31%，平均19.40%；全硫1.14%~2.61%，平均1.68%；高位发热量20.03~31.11 MJ/kg，平均27.63 MJ/kg；浮煤挥发分20.13%~23.21%，平均21.75%；黏结指数45~84，平均65；胶质层最大厚度（Y）8~15 mm，平均12 mm；煤类为低灰、中硫、高热值焦煤。二$_1$煤的原煤灰分11.77%~23.67%，平均15.90%；全硫0.95%~2.39%，平均2.03%；高位发热量17.06~31.49 MJ/kg，平均26.47 MJ/kg；浮煤挥发分22.08%~36.54%，平均25.90%；黏结指数39~123，平均96；Y值7~22 mm，平均17 mm；煤类为低灰、中高硫、中高热值焦煤。

（七）汝州市窑院煤矿区

窑院煤矿区位于汝州市陵头乡，北止于夏店正断层，北东为二$_1$煤层隐伏露头，南东以梅庄正断层接庇山二号井田，呈三角形区块，面积约3.59 km^2。区内为东高西低的丘陵区，海拔360.0~420.0 m。矿区地理坐标为东经112°44′48″~112°47′15″，北纬34°16′28″~34°17′29″。据资源储量核实报告，勘查程度达普查，累计查明煤资源储量621.2×10^4 t，保有煤资源储量615.5×10^4 t；另有（334）？类煤资源量533.3×10^4 t。本区处于瓦斯风化带，地温梯度0.44~2.47℃/hm。煤系基底为寒武系第三统—芙蓉统崮山组白云岩。含煤地层本溪组厚度5.00~15.00 m，平均10.38 m；太原组厚度20.23~34.42 m，平均26.15 m；山西组厚度69.00~94.00 m，平均85.00 m；下石盒子组残存厚度55.00 m。为地层倾向南西、倾角15°~26°的单斜构造。二$_1$煤层全区可采，埋深20~470 m，底板标高+380~-110 m，煤厚1.80~4.50 m，平均2.00 m，局部含1层厚度0.3~0.6 m夹矸；原煤灰分平均16.00%，全硫平均0.50%，高位发热量平均33.30 MJ/kg；浮煤挥发分平均13.50%；煤类为低灰、特低硫、特高热值贫煤。一$_8$煤为局部可采贫煤，埋深120~186 m，煤层平均厚度0.85 m。

（八）汝州市庇山二井煤矿区

庇山二井位于汝州市陵头乡，西以贾庄正断层接夏店煤矿区，北以梅庄正断层接窑院煤矿区，南以孟庄正断层接庇山一井，东为二$_1$煤层隐伏露头，矿区北西长约5.5 km，北东宽1.1~2.5 km，面积约12.19 km^2。矿区南依庇山，北靠牛头山，为一山间冲洪积狭长沟谷式盆地，海拔292.10~650.07 m。矿区地理坐标为东经112°45′09″~112°49′04″，北纬34°14′56″~34°16′50″。据资源储量核实报告，勘查程度达详查，累计查明煤资源储量8617.3×10^4 t，保有煤资源储量8124.8×10^4 t。本区处于瓦斯风化带，平均地温梯度1.64℃/hm。

庇山二井内第四系厚度0~38.90 m，新近系厚度0~106.65 m，煤系基底为寒武系第三统—芙蓉统崮山组白云岩。本溪组厚度0.77~6.33 m，平均3.15 m。太原组厚度32.75~60.64 m，平均

48. 37 m。山西组厚度 83. 52~111. 77 m，平均 91. 90 m。下石盒子组厚度 224. 54~337. 81 m，平均 294. 41 m。上石盒子组厚度 249. 39~303. 93 m，平均 268. 42 m。孙家沟组厚度 179. 04~213. 23 m，平均 196. 14 m。刘家沟组仅残留下部地层。本区位于尚店向斜南翼，构造形态为地层倾向北—北西、倾角 7°~49°的单斜构造（图 2-84），断裂构造以走向正断层和低角度逆断层为主，次为斜交正断层，庇山滑动构造表现明显。北界的梅庄正断层倾向 200°，倾角 75°~80°，落差 130~300 m。南界的孟庄正断层走向近东西，倾向南，倾角 45°~50°，落差 210~270 m。二$_1$ 煤层全区可采，一$_8$、五$_3$ 煤层大部分可采，二$_2$、四$_3$ 煤层局部可采。二$_1$ 煤层厚度 0. 99~21. 19 m，平均 6. 05 m，含有 1~3 层夹矸，煤底标高+250~-600 m。二$_2$ 煤层厚度 0~2. 26 m，平均厚度 0. 83 m，偶含有 1~3 层夹矸。一$_8$ 煤层厚度 0~3. 52 m，平均厚度 0. 93 m，局部含 1 层厚度 0. 02~0. 16 m 的夹矸。四$_3$ 煤层厚度 0~1. 88 m，平均厚度 0. 72 m。五$_3$ 煤层厚度 0~1. 73 m，平均厚度 1. 07 m。五$_3$ 煤为中灰、低硫焦煤，四$_3$ 煤为高灰、特低硫、中热值焦煤，二$_2$ 煤为中灰、特低硫、高热值瘦煤，二$_1$ 煤为低灰、低硫、高热值贫瘦煤，一$_8$ 煤为低灰、高硫、高热值贫煤（表 2-88）。

表 2-88　汝州市庇山二井煤矿区煤质特征一览表

煤层		五$_3$	四$_3$	二$_2$	二$_1$	一$_8$
灰分/%	原煤	26. 77	40. 07	21. 60	17. 65	17. 43
挥发分/%	浮煤	18. 00~23. 40 21. 70	19. 60~21. 48 20. 62	13. 76~18. 21 15. 79	13. 36~16. 99 15. 02	13. 05~17. 45 14. 60
全硫/%	原煤	0. 20~1. 49 0. 53	0. 37	0. 48	0. 29~1. 49 0. 84	1. 53~6. 70 3. 12
高位发热量/（$MJ \cdot kg^{-1}$）	原煤	—	24. 25	29. 14	28. 81	29. 07
黏结指数		76. 5~99. 0 91. 9	93. 8~98. 0 96. 1	9. 0~86. 0 38. 4	0~17. 0 10. 4	0~15. 0 2. 6
胶质层最大厚度/mm		15. 0~25. 0 19. 5	19. 0~23. 5 21. 0	0~10. 5 4. 0	0	0

注：资料来源于《河南省汝州市庇山二号井田煤核查区资源储量核查报告》，河南省煤田地质局四队，2010a。

（九）汝州市前户煤矿区

前户煤矿区汝州市陵头镇，地面标高 255~378 m，面积约 11. 0 km^2。地理坐标为东经 112°43′11″~112°46′54″，北纬 34°13′29″~34°15′37″。2014~2016 年，河南省煤田地质局四队开展了本区煤普查，提交的《河南省汝州市前户勘查区煤炭普查报告》累计查明/保有 1500 m 以浅的煤资源量 1165. 0×10^4 t，估算（334）？类煤资源量 90. 0×10^4 t，另有埋深 1500 m 以深的潜在煤资源 214. 0×10^4 t。

前户煤矿区大部分属掩盖区，第四系厚度 0~41. 90 m。煤系基底为寒武系第三统—芙蓉统崮山组白云岩。含煤地层本溪组厚度 0. 77~7. 33 m，平均 6. 58 m；太原组厚度 33. 51~59. 47 m，平均 41. 27 m；山西组厚度 75. 01~87. 02 m，平均 78. 08 m；下石盒子组厚度 224. 54~336. 91 m，平均 309. 28 m；上石盒子组最大厚度 305. 18 m。煤系盖层孙家沟组厚度 179. 04~213. 23 m，平均 196. 14 m；刘家沟组厚度约 305 m；和尚沟组厚度约 212 m；二马营组厚度约 321 m；油房庄组厚度约 976 m；椿树腰组残留厚度约 250 m。

前户煤矿区的可采煤层赋存于东部的毛寨正断层上盘，为地层倾向北西的单斜构造（图 2-84）。煤系共含煤 40 余层，煤层平均总厚度 17. 27 m，仅二$_1$、四$_3$、五$_3$ 等煤层可采。五$_3$ 煤层估算面积约 2. 299 km^2，埋深 660~1760 m，煤底标高-360~-1460 m；煤厚 0~1. 77 m，平均 1. 26 m，一般不含夹矸。四$_3$ 煤层估算面积约 1. 025 km^2，埋深 725~1360 m，煤底标高-425~-1060 m，上距五$_3$ 煤层平均

64.45 m，下距二$_1$煤层平均 181.61 m；煤层最大厚度 1.93 m，平均 1.14 m，含夹矸 1~3 层，一般为 2 层，夹矸岩性多为碳质泥岩。二$_1$煤层估算面积约 1.515 km^2，埋深 900~1890 m，煤底标高-600~-1590 m，上距砂锅窑砂岩平均 71.40 m；煤厚 0.45~7.65 m，平均 3.29 m，含夹矸 1~3 层，一般为 2 层，局部分岔为 2 层。

前户煤矿区的五$_3$煤层原煤灰分 36.94%，挥发分 25.22%，全硫 0.30%，高位发热量 21.37 MJ/kg；浮煤灰分 11.46%，挥发分 20.07%，全硫 0.42%，黏结指数 58，煤类为中高灰、特低硫、中热值瘦煤。四$_3$煤层原煤灰分 32.46%，挥发分 21.52%，全硫 0.34%，高位发热量 23.88 MJ/kg；浮煤灰分 9.30%，挥发分 19.24%，全硫 0.52%，黏结指数 63，煤类为中高灰、特低硫、中热值瘦煤。二$_1^1$煤层原煤灰分 16.09%，挥发分 18.75%，全硫 0.55%，高位发热量 28.42 MJ/kg；浮煤灰分 7.77%，挥发分 15.67%，全硫 0.40%，黏结指数 13，胶质层最大厚度 0 mm，煤类为低灰、低硫、高热值贫瘦煤。二$_1^2$煤层原煤灰分 23.71%，挥发分 17.73%，全硫 1.56%，高位发热量 25.32 MJ/kg；浮煤灰分 8.00%，挥发分 15.17%，全硫 0.78%，黏结指数 11，胶质层最大厚度 0 mm，煤类为中灰、中硫、中高热值贫瘦煤。

（十）汝州市庇山一井煤矿区

庇山一井位于汝州市陵头乡、庇山二井煤矿区南侧，西南止于下鲁正断层，东南为二$_1$煤层隐伏露头，东止于大张正断层，面积约 9.40 km^2。区内为丘陵区，海拔 272.86~486.99 m。矿区地理坐标为东经 112°45′19″~112°48′34″，北纬 34°13′30″~34°15′11″。据资源储量核实报告，勘查程度达详查，累计查明煤资源储量 6076.8×10^4 t，保有煤资源储量 5464.8×10^4 t；另有（334）？类煤资源量 386.0×10^4 t。本区处于瓦斯风化带，平均地温梯度 2.10℃/hm。

庇山一井的煤系基底为寒武系第三统—芙蓉统崮山组白云岩。本溪组厚度 1.04~8.27 m，平均 6.58 m。太原组厚度 24.80~74.30 m，平均 40.52 m。山西组厚度 75.01~87.02 m，平均 78.06 m。下石盒子组厚度 262.93~341.18 m，平均 302.83 m。上石盒子组厚度 199.54~311.63 m，平均 272.90 m。孙家沟组厚度 179.04~213.23 m，平均 196.14 m。刘家沟组厚度 176.05~257.56 m，平均 210.43 m。第四系厚度 0~53.00 m。本区位于尚店向斜南翼，构造形态为地层倾向北西—北北西、倾角 19°~32°的单斜构造（图 2-84），北西向、北东向和近东西向断层发育，庇山滑动构造表现明显。南侧的下鲁正断层倾向南西，倾角 8°~18°，落差大于 1000 m。东侧的大张正断层走向北东，南东倾，倾角 65°~70°。

庇山一井可采煤层有：二$_1$煤层全区可采，一$_8$、四$_3$、五$_3$等煤层大部可采，二$_2$煤层局部可采。二$_1$煤层下距一$_8$煤层平均 19.37 m，上距砂锅窑砂岩平均 71.40 m，煤底标高+275~-897 m，煤厚 0.85~7.65 m，平均 2.60 m，含厚度 0.05~0.20 m 夹矸 1~3 层；顶板为深灰色、灰黑色泥岩，8 至 9 勘探线之间出现细砂岩或粉砂岩，9 至 15 勘探线之间可见厚度 0.04~1.09 m 的伪顶，底板为黑白相间的粉砂岩、细砂岩互层；分岔煤层二$_1^2$煤层局部可采，煤厚 1.11~3.36 m，平均 2.03 m。二$_2$煤层下距二$_1$煤层约 8.75 m，煤厚度 0~2.48 m，平均 0.57 m。一$_8$煤层厚度 0~1.22 m，平均 0.83 m，含 1 层厚度 0.02~0.16 m 的碳质泥岩和泥岩夹矸，顶板为厚层状燧石灰岩，底板为黑色泥岩，局部可见伪底，煤底标高+250~-900 m。四$_3$煤层厚度 0~1.93 m，平均 0.67 m，含碳质泥岩夹矸 1~3 层，煤底标高+270~-500 m；顶板为深灰色泥岩，局部见有细砂岩，常发育伪顶；底板为深灰色富含根化石的泥岩，局部见有伪底。五$_3$煤层厚度 0~1.77 m，平均 0.97 m，一般无矸，煤底标高+270~-503 m，在 8 至 12 勘探线+200 m 以浅出现一狭长的不可采带，顶板为深灰色砂质泥岩或细砂岩，底板一般为泥岩。二$_2$、二$_1$、一$_8$煤为高热值贫瘦煤，五$_3$、四$_3$煤为中热值焦煤（表 2-89）。

（十一）汝州市梁庄煤矿区

梁庄煤矿区位于汝州市陵头乡，为夹持于走向北北西、倾向东的 F$_{36}$ 正断层和走向北西、倾向北

东的 F_{39} 正断层间的独立的三角形地段，面积约 1.14 km²。矿区地理坐标为东经 112°49′10″~112°50′05″，北纬 34°15′08″~34°15′55″。据资源储量核实报告，勘查程度达普查，累计查明/保有煤资源量 370.9×10^4 t，另有（334）？类煤资源量 290.9×10^4 t。构造形态为煤层倾向南西、倾角 25°~27°的单斜构造，构造复杂，正、逆断层发育。仅二$_1$ 煤可采，为全区可采贫煤，煤厚 0.75~21.59 m，平均 4.52 m，煤层厚度变化较大，局部含厚度 0.02~0.65 m 夹矸 1~2 层。

表 2-89　汝州市庇山一井煤矿区煤质特征一览表

煤层		五$_3$	四$_3$	二$_1$	一$_8$
灰分/%	原煤	26.67	30.31	18.09	18.14
挥发分/%	浮煤	21.86	20.84	14.79	14.59
全硫/%	原煤	0.45	0.48	0.81	3.41
高位发热量/（MJ·kg^{-1}）	原煤	—	24.25	28.81	29.07
黏结指数		95.5	90.0	16.0	7.5
胶质层最大厚度/mm		17.5	17.5	3.0	0

注：资料来源于《河南省汝州市庇山一号井田煤核查区资源储量核查报告》，河南省煤田地质局四队，2010b。

（十二）汝州市创业煤矿区

创业煤矿区位于汝州市尚庄乡，为独立区块，北为二$_1$ 煤层露头，南至二$_1$ 煤底+120 m 标高，东西长 0.75~1.3 km，南北宽约 0.5 km，面积约 0.48 km²。区内为丘陵地貌，海拔 321.00~393.80 m。矿区地理坐标为东经 112°53′18″~112°54′08″，北纬 34°12′54″~34°13′09″。本区以往未进行过勘查工作，据资源储量核实报告，累计查明煤资源储量 143.7×10^4 t，保有煤资源储量 138.6×10^4 t。煤系基底为寒武系第三统—芙蓉统崮山组白云岩，含煤地层仅存本溪组、太原组、山西组和下石盒子组，第四系厚度 0~53.00 m。矿区位于汝州向斜北东翼，基本构造形态为地层倾向 185°、倾角 19°~52°的单斜构造，构造简单。二$_1$ 煤层全区可采，煤底标高+100~+320 m，埋深 25~580 m，煤厚 1.85~2.35 m，平均 2.10 m，一般含厚度 0.05~0.20 m 夹矸 2 层。二$_1$ 煤原煤灰分 18.09%，全硫 0.81%，高位发热量 25.93~29.26 MJ/kg，挥发分 18.09%，煤类为低灰、低硫瘦煤。

（十三）汝州市东升煤矿区

东升煤矿区位于汝州市大峪乡北东约 3 km，北西长 2.23~2.36 km，北东宽 0.63~1.40 km，面积约 1.81 km²，矿区地理坐标为东经 113°02′00″~113°03′33″，北纬 34°14′39″~34°15′24″。处于箕山山脉，海拔 392.0~487.0 m。本区以往未进行过勘查工作，据资源储量核实报告，累计查明煤资源储量 709.5×10^4 t，保有煤资源储量 341.8×10^4 t。矿区处于登封煤田、汝州煤田和禹州煤田所夹持的箕山山脉三角地带的断夹块中，构造位置处于箕山大背斜南翼、汝州向斜北东翼，不归属某个煤田，为呈北西西—南东东展布的扁椭圆形独立煤矿区。南与寒武系不同层位呈断层接触，北以大彭寨正断层与登封岩群和嵩山群接触。大彭寨正断层走向北西西，倾向南西，倾角 65°，落差大于 3000 m。区内出露地层为山西组。构造形态为宽缓向斜构造，枢纽向北西西倾伏，地层倾角 4°~21°。二$_1$ 煤层全区可采，埋深 60~180 m，底板标高+250~+380 m，煤厚 0.30~11.42 m，一般厚度 0.80~4.50 m，平均 3.58 m，无夹矸。煤层直接顶板为大占砂岩，底板为泥岩夹细砂岩。二$_1$ 煤呈黑色粉末状、鳞片状，局部为块状，镜下鉴定煤岩组分以亮煤为主，暗煤次之，见少量的镜煤条带；煤岩类型为光亮-暗淡型煤。浮煤灰分平均 14.37%，全硫平均 1.46%，高位发热量平均 29.56 MJ/kg，挥发分平均 15.38%，黏结指数 2。煤类为低灰、中硫、高热值贫煤。

（十四）汝州市复生煤矿区

复生煤矿区位于汝州市焦村乡梁窑村东北约 0.30 km，为独立区块，东界为二$_1$ 煤层隐伏露头，南北长 0.30~0.39 km，东西宽 0.26~0.30 km，面积约 0.10 km^2。矿区地理坐标为东经 113°02′06″~113°02′19″，北纬 34°09′52″~34°10′02″。区内为东高西低的丘陵区，海拔 250.0~340.0 m。本区以往未进行过勘查工作，据资源储量核实报告，累计查明煤资源储量 107.7×10^4 t，保有煤资源储量 95.8×10^4 t。区内为第四系掩盖区，煤系基底为寒武系第三统—芙蓉统崮山组白云岩，含煤地层仅存本溪组、太原组、山西组和下石盒子组下部，第四系厚度 0~100.00 m。矿区构造形态为汝州向斜北东翼、地层倾向 275°、倾角 37°~45°的单斜构造。仅二$_1$ 煤层可采，全区可采，埋深 50~250 m，底板标高 +300~+50 m，煤厚 5.50~10.00 m，平均 5.63 m，局部含矸 1 层。二$_1$ 煤灰分 18.09%，全硫 0.81%，高位发热量 28.89 MJ/kg，挥发分 26.00%，煤类为低灰、低硫、高热值焦煤。

（十五）汝州市纸坊-程湾煤矿区

纸坊-程湾煤矿区位于汝州市寄料镇，西南为二$_1$ 煤层露头线，东以二$_1$ 煤底+100 m 标高接梨园煤矿区，面积约 2.84 km^2。区内为西高东低的山前丘陵地貌，地面标高 324.0~410.0 m。矿区地理坐标为东经 112°36′01″~112°37′52″，北纬 34°03′28″~34°04′47″。据资源储量核实报告，勘查程度达普查，累计查明煤资源储量 860.0×10^4 t，保有煤资源储量 545.0×10^4 t。本区为半隐伏型煤矿区，第四系厚度 0~20.00 m，煤系基底为寒武系第三统—芙蓉统崮山组白云岩，含煤地层有本溪组、太原组、山西组和下石盒子组下部。为地层倾向北东、倾角 12°~21°的单斜构造，北东向正断层发育，将含煤地层分割为 3 个断块。一$_8$、二$_1$、二$_2$ 煤层大部分可采。二$_1$ 煤层平均厚度 1.90 m，原煤灰分平均 18.55%，全硫平均 0.60%，高位发热量平均 28.60 MJ/kg，挥发分平均 28.61%。二$_2$ 煤层厚度 1.85~2.86 m，平均 2.80 m；原煤灰分平均 17.23%，全硫平均 0.45%，高位发热量平均 29.41 MJ/kg，挥发分平均 24.19%，黏结指数 93，胶质层最大厚度 21 mm。一$_8$ 煤层平均厚度 0.90 m，原煤灰分平均 16.57%，全硫平均 1.16%，高位发热量平均 28.08 MJ/kg，挥发分平均 30.20%。煤类均为低灰、高热值 1/3 焦煤。

（十六）汝州市梨园煤矿区

梨园煤矿区位于汝州市寄料镇，西接纸坊-程湾煤矿区，东、南为 F_{49} 正断层和二$_1$ 煤层隐伏露头，面积约 18.22 km^2。区内为西南高、北东低的丘陵区，海拔 310.90~456.70 m。矿区地理坐标为东经 112°36′34″~112°40′34″，北纬 34°03′21″~34°05′51″。据资源储量核实报告，勘查程度达普查，累计查明煤资源储量 8319.3×10^4 t，保有煤资源储量 3175.8×10^4 t；另有（334）？类煤资源量 1130.3×10^4 t。

梨园煤矿区为半隐伏型矿区，煤系基底为寒武系第三统—芙蓉统崮山组白云岩，煤系盖层古近系最厚达 200.00 m。含煤地层本溪组为浅灰色、灰绿色、紫灰色、青灰色等杂色铝质泥岩，厚度 1.00~11.65 m，平均 6.02 m；太原组平均厚度 25.87 m，下部石灰岩段由 L_1—L_4 石灰岩及一$_1$、一$_2$ 薄煤组成，中部砂泥岩段由深灰色砂岩、泥岩夹不稳定薄煤组成，上部石灰岩段由一$_8$ 煤层和顶板深灰色燧石灰岩组成；山西组由砂岩、泥岩和煤层组成，平均厚度 59.59 m；下石盒子组由紫色、灰色泥岩、砂岩和煤组成，局部含有薄层碳质泥岩，平均厚度 288.50 m，其中五$_2$、五$_1$、四$_2$、四$_1$ 煤层可采；上石盒子组仅保存七煤段，由灰色-紫灰色泥岩及砂岩组成，一般含煤 2~3 层，其中七$_2$ 煤层局部可采，多出露于高处山顶一带的平顶山砂岩与下伏地层呈断层接触。区内构造形态为梨园向斜，枢纽向南西仰起，地层倾角 15°~35°；北西向、北东向和近东西向断层发育，将含煤地层切割为若干块体（图 2-85）。F_{49} 正断层倾向北西，倾角 70°，落差 500 m 以上。

梨园煤矿区的二$_1$、二$_2$、一$_8$ 等煤层全区可采，四$_1$ 和五$_2$ 煤层大部分可采，四$_2$、五$_1$、七$_2$ 等煤

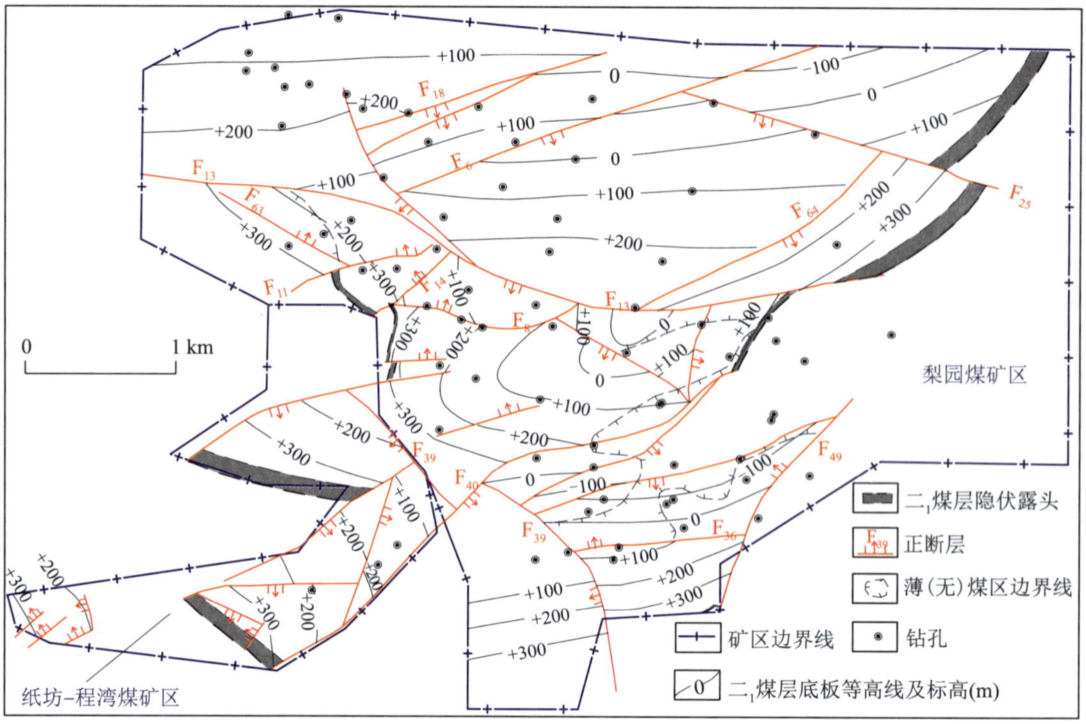

图 2-85　汝州市寄料含煤区二$_1$煤层底板等高线图

层局部可采。一$_8$煤层厚度 0~2. 08 m，平均 1. 04 m；二$_1$煤层厚度 0~4. 68 m。平均 2. 34 m。二$_2$煤层厚度 0~5. 97 m，平均 2. 99 m。四$_1$煤层厚度 0~2. 79 m，平均 1. 40 m。四$_2$煤层厚度 0~4. 36 m，平均 2. 90 m。五$_1$煤厚 0~1. 09 m，平均厚度 0. 75 m，一般含 1~3 层夹矸。五$_2$煤层厚度 0~1. 22 m，平均 0. 95 m，含 1~2 层夹矸。七$_2$煤层厚度 0. 69~0. 97 m，平均 0. 82 m。一$_8$、二$_1$、二$_2$、四$_1$、四$_2$等煤层为中灰煤，其余煤层均属中高灰煤。四$_2$、四$_1$煤全硫含量在 1%以下；七$_2$、五$_2$煤全硫含量为 1. 00%~1. 50%；五$_1$、二$_2$、二$_1$煤全硫含量为 2. 00%~2. 50%；一$_8$煤全硫含量 3. 09%。原煤高位发热量：一$_8$煤为 32. 05 MJ/kg，二$_1$煤为 28. 49 MJ/kg，二$_2$煤为 29. 24 MJ/kg，五$_2$煤为 22. 06 MJ/kg。挥发分平均为：一$_8$煤 28. 19%，二$_1$煤 32. 67%，二$_2$煤 31. 38%，四$_1$和四$_2$煤 35. 03%，五$_1$和五$_2$煤 34. 60%。二$_1$、二$_2$、四$_2$、五$_1$煤的胶质层最大厚度分别为 30. 0 mm、26. 5 mm、20. 0 mm、16. 0 mm。各煤层黏结指数平均皆大于 87. 8。二$_1$、二$_2$、一$_8$等煤为 1/3 焦煤-肥煤，四$_1$、五$_2$、四$_2$、五$_1$等煤为 1/3 焦煤，七$_2$煤为气煤。

（十七）汝州市鑫源煤矿区

鑫源煤矿区位于汝州市寄料镇，为独立区块，东西长 0. 40~0. 25 km，南北宽 0. 40~1. 20 km，面积约 1. 86 km^2。区内为西高东低的低山-丘陵地貌，海拔 430. 0~605. 2 m。矿区地理坐标为东经 112°33′21″~112°35′02″，北纬 34°00′44″~34°01′29″。据资源储量核实报告，勘查程度达普查，查明煤资源储量 679. 7×10^4 t，保有煤资源储量 456. 6×10^4 t；另有（334）？类煤资源量 163. 2×10^4 t。北为二$_1$煤层露头线，矿区构造格架为地层倾向 230°~250°、倾角 10°~20°的单斜构造，局部有小断层存在。煤系基底为寒武系第三统—芙蓉统崮山组白云岩，含煤地层仅存本溪组、太原组、山西组和下石盒子组下部，第四系厚度 0~18. 00 m。二$_1$煤层全区可采，煤厚 1. 40~2. 20 m，平均 2. 08 m，无矸，煤底标高+477~+320 m；原煤灰分 19. 84%~33. 14%，全硫 0. 55%~2. 21%，高位发热量 20. 96~29. 36 MJ/kg，浮煤挥发分 36. 08%；煤类为 1/3 焦煤。二$_2$煤层全区可采，煤厚 1. 30~3. 80 m，平均 2. 49 m；原煤灰分 15. 54%~34. 61%，全硫 0. 33%~1. 96%，高位发热量 21. 37~31. 40 MJ/kg，浮煤挥发分 36. 16%；煤类为 1/3 焦煤。一$_8$煤层局部可采，煤厚 0~1. 00 m，可采区煤厚 0. 80~0. 95 m，无矸，煤底标高+465～+355 m；原煤灰分 18.00%～18.56%，全硫 1.80%～3.00%，高位发热量 29.27 MJ/kg，浮煤挥发分 27.19%；煤类为焦煤。

（十八）汝州市福鑫煤矿区

福鑫煤矿区位于汝州市蟒川乡张沟村及寺沟村，南止于走向北东东、北倾的焦姑山正断层，面积约 0.49 km^2。区内为低山-丘陵地貌，地面标高 386.0～526.0 m。矿区地理坐标为东经 112°42′32″～112°43′06″，北纬 34°00′45″～34°01′18″。据资源储量核实报告，勘查程度达详查，累计查明煤资源储量 304.6×10^4 t，保有煤资源储量 175.8×10^4 t。矿区为蟒川小盆地西部、地层倾向 160°～170°、倾角 15°～19°的单斜构造，区内未发现断层。煤系基底为寒武系第三统—芙蓉统崮山组白云岩，含煤地层仅存本溪组、太原组、山西组和下石盒子组下部，第四系厚度 0～15.00 m。$一_8$、$二_1$、$二_1^2$ 煤为全区可采 1/3 焦煤。$一_8$ 煤厚 0.94～1.48 m，平均 1.12 m；原煤水分 1.30%，灰分 16.15%，全硫 2.20%，高位发热量 29.04 MJ/kg，挥发分 26.30%，胶质层最大厚度 17.50 mm。$二_1$ 煤层埋深 130～296 m，底板标高为+380～+240 m，煤厚 1.01～2.13 m，平均 1.47 m，无矸；$二_1^2$ 煤层厚度 1.30～2.85 m，平均 1.77 m；原煤水分 1.50%，灰分 17.32%，全硫 2.10%，高位发热量 29.91 MJ/kg，挥发分 24.13%，胶质层最大厚度 23.00 mm。

（十九）汝州市任村煤矿区

任村煤矿区位于汝州市蟒川乡的焦谷山含煤区，面积约 8.03 km^2。西北部低、东南部高，海拔 300.0～357.9 m。矿区地理坐标为东经 112°43′32″～112°46′13″，北纬 34°01′23″～34°03′12″。据资源储量核实报告，勘查程度达详查，累计查明煤资源储量 3733.7×10^4 t，保有煤资源储量 2180.7×10^4 t。

任村煤矿区内新生界厚度 0～184.00 m，煤系基底为寒武系第三统—芙蓉统崮山组白云岩。本溪组为浅灰色、灰绿色、紫红色铝质岩、铝质泥岩，平均厚度 6.50 m。太原组平均厚度 26.70 m，下部石灰岩段由 L_1—L_4 石灰岩、砂质泥岩和 1 层薄煤组成，中部砂泥岩段由深灰色泥岩夹薄层石灰岩组成，上部石灰岩段主要由深灰色生物碎屑细晶石灰岩（L_8）及$一_8$ 煤层组成。山西组厚度 35.50～85.78 m，平均厚度 58.00 m，由灰色、深灰色泥岩、砂岩和煤层组成，含煤 1～2 层，其中$二_1$ 煤层全区普遍可采。下石盒子组厚度 150.00～280.00 m，平均厚度 240 m，岩性以浅灰色、灰绿色泥岩和灰绿色砂岩为主，含煤 3～5 层，其中$四_2$、$五_1$、$五_2$ 等煤层局部可采。上石盒子组残留厚度 80 m，岩性以细-中粒砂岩为主。本区处于蟒川小盆地中心部位，构造形态为短轴状焦谷山向斜（图 2-86），轴向南西—北东，两端仰起，地层倾角 10°～12°，局部可达 20°。任村正断层倾向南，倾角 70°，落差 100～170 m；刘庄正断层倾向北，倾角 75°，落差 70～220 m；两断层位于矿区中部，其间呈地堑式。

任村煤矿区的$一_8$ 煤层大部分可采，煤厚 0.90～1.14 m，平均 1.00 m。$二_1$ 煤层全区可采，煤厚 2.90～8.20 m，平均 5.33 m。$四_2$ 煤层局部可采，煤厚 0～1.60 m，平均 1.00 m。$五_1$ 煤层局部可采，平均煤厚 1.70 m。$五_2$ 煤层局部可采，煤厚 0.65～1.65 m，平均 1.27 m，无矸。$一_8$ 煤的原煤灰分 7.69%，全硫 2.31%，高位发热量 29.27 MJ/kg，挥发分 22.17%，胶质层最大厚度 9.0 mm，煤类为低灰、中高硫、高热值瘦煤。$二_1$ 煤的原煤灰分 17.50%，全硫 1.22%，高位发热量 31.38 MJ/kg，挥发分 28.34%，胶质层最大厚度 22.0 mm，煤类为低灰、中硫、特高热值 1/3 焦煤。$四_2$ 煤的原煤灰分 19.80%，全硫 0.90%，高位发热量 25.80 MJ/kg，挥发分 27.00%，胶质层最大厚度 23.0 mm，煤类为低灰、低硫、中高热值焦煤。$五_1$ 煤的原煤灰分 20.60%，全硫 0.80%，高位发热量 24.25 MJ/kg，挥发分 30.00%，胶质层最大厚度 24.0 mm，煤类为中灰、低硫、中热值 1/3 焦煤。$五_2$ 煤的原煤灰分 26.64%，全硫 0.60%，高位发热量 27.18 MJ/kg，挥发分 33.00%，胶质层最大厚度 25.0 mm，煤类为中灰、低硫、中高热值 1/3 焦煤。

（二十）汝州市宏达煤矿区

宏达煤矿区位于汝州市王寨乡，东邻黄庄煤矿区，走向长约 0.7 km，倾向宽约 0.36 km，面积约

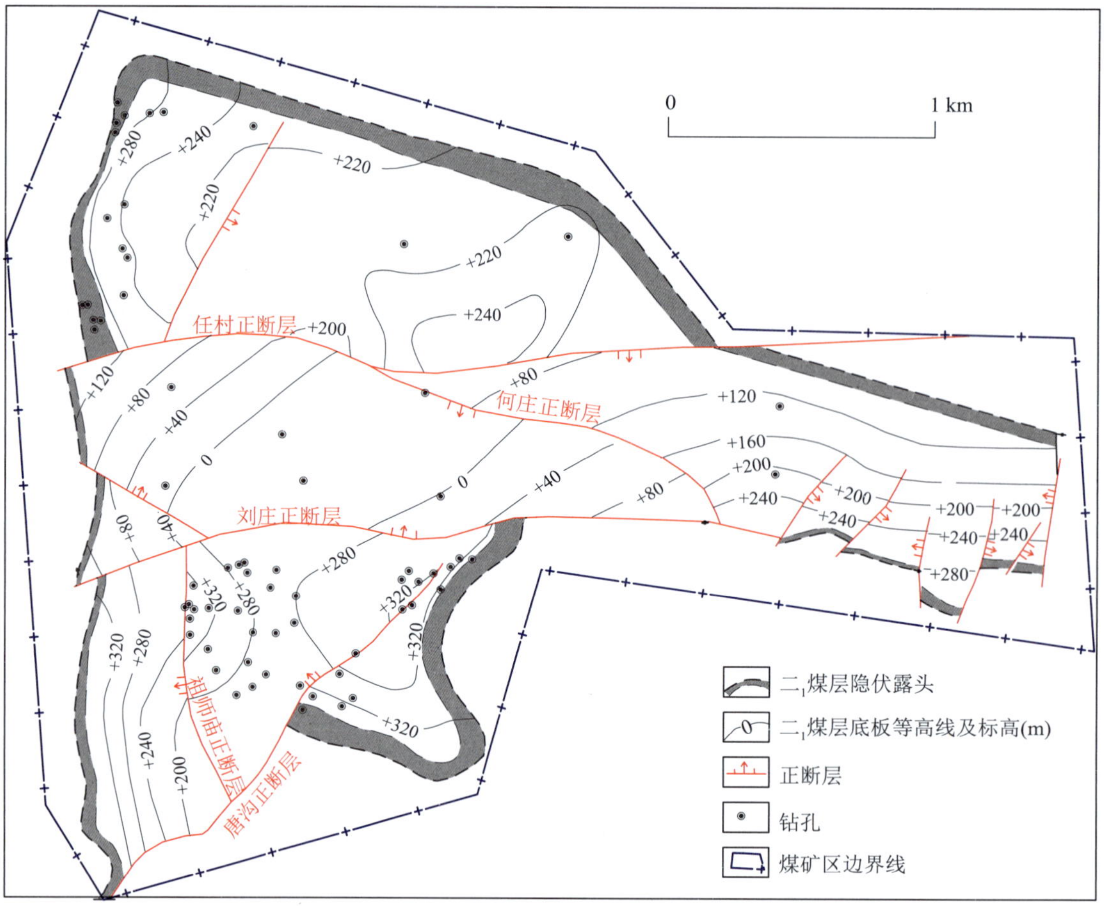

图 2-86 汝州市任村煤矿区二$_1$ 煤层底板等高线图

（据河南省煤田地质局四队，2010c，有修改）

0.29 km^2。区内为西南高、东北低的丘陵区，地面标高 261.0～279.0 m。矿区地理坐标为东经 112°45′50″～112°46′16″，北纬 34°05′31″～34°05′58″。本区未做过勘查工作，据资源储量核实报告，已建井开采，由于种种原因时开时停，累计查明煤资源储量 179.3×10^4 t，保有煤资源储量 178.0×10^4 t。第四系厚度 0～30.00 m，煤系基底为寒武系第三统—芙蓉统崮山组白云岩，含煤地层有本溪组、太原组、山西组和下石盒子组。本区处于朝川弧形构造的西段，为地层倾向 44°、倾角 32°的单斜构造，区内小断层较为发育。二$_1$ 和四$_2$ 煤层全区可采。二$_1$ 煤层厚度 1.41～7.92 m，平均 3.24 m，局部含 1 层厚度 0.10～0.25 m 碳质泥岩或泥岩夹矸，煤层埋深 90～315 m，底板标高+200～−45 m。四$_2$ 煤层厚度 0～1.76 m，平均 1.18 m，煤层埋深 12～150 m，底板标高+220～+115 m。二$_1$ 煤原煤灰分 16.85%，全硫 1.23%，高位发热量 29.45 MJ/kg，挥发分 26%，胶质层最大厚度 20.6 mm，煤类为低灰、中硫、高热值焦煤。四$_2$ 煤的原煤灰分 22.53%，全硫 0.52%，高位发热量 24.07 MJ/kg，挥发分 28%，胶质层最大厚度 31.6 mm，煤类为中灰、低硫、中热值肥煤。

（二十一）汝州市黄庄煤矿区

黄庄煤矿区位于汝州市王寨乡、汝河南岸，处于黑龙庙和三里寨煤矿区的深部，地理坐标为东经 112°44′05″～112°53′18″，北纬 34°03′09″～34°07′40″，长约 13.25 km，宽约 5.50 km，面积约 49.07 km^2。南部为丘陵区，东部为冲积平原，海拔 190.80～326.20 m。2008～2011 年，中国煤炭地质总局一二九勘探队开展了普查、详查工作，2012 年编制的《河南省汝州市黄庄勘查区煤炭详查报告》累计查明/保有煤资源量 34422.0×10^4 t。

黄庄煤矿区内新生界厚度 2.10～73.55 m，煤系基底为寒武系第三统—芙蓉统崮山组白云岩。含煤地层本溪组厚度1.06~18.00 m，平均5.54 m；太原组厚度13.02~57.95 m，平均31.49 m；山西组厚度20.87~144.22 m，平均92.78 m；石盒子组厚度371.10~713.42 m，平均576.57 m。煤系盖层孙家沟组揭露最大厚度228.10 m，刘家沟组揭露最大厚度83.04 m，二马营组平均厚度377.87 m，由黄绿色、灰绿色砂岩与灰色泥岩及煤线组成的延长群揭露最大厚度418.73 m（3805孔）。本区处于汝州向斜南翼之朝川弧形构造中部，构造形态为地层倾向北西—北东、倾角15°~25°的弧形单斜构造，南西部地层倾角可达50°~85°。区内发现正断层13条，逆断层5条，以北东向及北西向为主，次为近东西向。构造复杂程度中等。

黄庄煤矿区的煤系含煤30层，其中一$_8$、二$_1$、四$_3$、五$_2$煤层可采，余不可采或偶可采。各煤层相对围岩一般具有较高电阻率、低密度、低伽马的特征。一$_8$煤层位于太原组上部，上距二$_1$煤层约27.67 m，下距铝质泥岩约18.20 m，煤层顶板为灰色厚层状燧石灰岩，底板多为灰色砂质泥岩，局部顶板为粉砂岩；穿见30孔，见煤21孔，断失9孔，其中可采13孔，1孔含厚度0.14 m的黑色泥岩夹矸1层，煤厚0.22~10.01 m，平均0.96 m。二$_1$煤层上距砂锅窑砂岩约79.03 m，煤底标高+260~-1500 m，煤层底板多为灰色泥岩，顶板多为灰色细-中粒石英砂岩和灰色-深灰色泥岩，局部顶板为砂质泥岩、粉砂岩；穿见29孔，见煤25孔，断失4孔，可采25孔，10孔含厚度0.10~0.30 m的黑色泥岩夹矸1~3层，煤厚1.08~11.30 m，平均4.47 m。四$_3$煤层位于下石盒子组四煤段中部，穿见32孔，见煤30孔，断失2孔，可采27孔，1孔含厚度0.36 m的黑色泥岩夹矸1层，煤厚0.52~5.07 m，平均1.63 m。五$_2$煤层位于下石盒子组五煤段中部，穿见33孔，见煤27孔，断失3孔，尖灭2孔，可采21孔，1孔含厚度0.18 m的黑色泥岩夹矸1层，煤厚0~1.85 m，平均1.10 m，煤层顶板多为灰色-深灰色砂质泥岩，局部顶板为浅灰色的细砂岩、泥岩，底板多为灰色泥岩。可采煤层一般呈粉末状产出，偶见碎块状，各可采煤层煤灰成分均以氧化物为主，氧化物中以SiO_2最多，其次为Al_2O_3，灰熔点均在1400℃以上。可磨性指数90~173，属易磨-极易磨煤。一$_8$煤为低灰、高硫、高热值焦煤，二$_1$煤为低灰、中硫、高热值焦煤；四$_3$煤为中高灰、特低硫、中热值肥煤，五$_2$煤为中灰、特低硫、中高热值肥煤（表2-90）。

表2-90　汝州市黄庄煤矿区煤质特征一览表

煤层		五$_2$	四$_3$	二$_1$	一$_8$
灰分/%	原煤	23.28~35.18 / 27.90（21）	21.55~39.97 / 34.10（27）	9.92~32.29 / 18.33（29）	8.58~19.77 / 13.37（13）
	浮煤	5.79~14.58 / 9.57（17）	6.66~23.71 / 12.46（21）	6.37~10.65 / 8.53（26）	4.68~9.78 / 7.17（12）
挥发分/%	原煤	26.66~33.88 / 28.98（21）	25.13~35.95 / 27.46（27）	15.54~25.98 / 21.60（29）	16.64~20.99 / 18.96（13）
	浮煤	26.55~33.02 / 28.56（17）	17.86~28.77 / 25.75（21）	14.74~25.03 / 19.77（26）	15.60~21.17 / 18.25（12）
全硫/%	原煤	0.20~0.60 / 0.35（21）	0.22~0.48 / 0.35（27）	0.23~5.06 / 1.42（29）	1.04~5.40 / 3.31（13）
	浮煤	0.27~0.68 / 0.41（17）	0.20~0.73 / 0.42（21）	0.33~0.78 / 0.44（26）	0.70~3.58 / 2.47（12）
高位发热量/（MJ·kg^{-1}）	原煤	21.52~26.78 / 24.80（21）	19.03~26.70 / 22.34（27）	22.88~32.03 / 28.53（29）	27.85~32.61 / 30.51（13）
黏结指数		96.0~99.0 / 97.0（4）	81.0~103.0 / 94.0（8）	58.0~86.0 / 73.0（7）	13.0~78.0 / 44.0（3）
胶质层最大厚度/mm		25.0~30.0 / 27.0（7）	22.5~32.0 / 26.0（7）	13.5~16.5 / 15.5（2）	—

注：资料来源于《河南省汝州市黄庄勘查区煤炭详查报告》，中国煤炭地质总局一二九勘探队，2012。

（二十二）汝州市黑龙庙煤矿区

黑龙庙煤矿区位于汝州市蟒川乡，西为二$_1$煤层露头，北东至倾向220°的渠庄正断层，南东邻张村煤矿区，走向长5.68 km，倾向宽0.20～1.00 km，面积约3.74 km^2。区内为西高东低的丘陵区，地面标高250.0～315.0 m。矿区地理坐标为东经112°46′33″～112°49′25″，北纬34°02′35″～34°04′52″。据资源储量核实报告，勘查程度达普查，累计查明煤资源储量3663.0×10^4 t，保有煤资源储量3344.8×10^4 t。本区第四系厚度10.00～60.00 m，煤系基底为寒武系第三统—芙蓉统崮山组白云岩，含煤地层有本溪组、太原组、山西组和下石盒子组。本区处于朝川向斜西翼，为地层倾向40°～45°、倾角56°～70°的单斜构造。二$_1$煤层全区可采，煤厚0.71～12.80 m，平均2.74 m，埋藏深度60～1335 m，底板标高+220～-1075 m，煤层结构简单，属较稳定煤层。四$_3$、四$_5$、五$_2$煤层大部分可采；四$_3$煤层厚度0～6.43 m，平均2.67 m；四$_5$煤层厚度0.40～6.43 m，平均1.95 m；五$_2$煤层平均厚度1.30 m。二$_1$煤的原煤灰分16.85%，全硫1.29%，高位发热量31.40 MJ/kg，挥发分22.94%；黏结指数93.0，胶质层最大厚度20 mm；煤类为低灰、中硫、特高热值焦煤。四$_3$煤的原煤灰分22.53%，全硫0.51%，高位发热量24.51 MJ/kg，挥发分29.09%；黏结指数97.1，胶质层最大厚度33.0 mm；煤类为中灰、低硫、中高热值肥煤。四$_5$煤的原煤灰分26.82%，全硫0.35%，挥发分29.18%，胶质层最大厚度36.0 mm，煤类为中灰、特低硫肥煤。五$_2$煤的原煤灰分27.66%，全硫0.54%，高位发热量26.12 MJ/kg，挥发分30.31%；黏结指数97.9，胶质层最大厚度35.0 mm；煤类为中灰、低硫、中高热值肥煤。

（二十三）汝州市张村煤矿区

张村煤矿区位于汝州市小屯镇和蟒川乡，东以杨山-竹园逆断层邻三里寨煤矿区，北接黑龙庙和黄庄煤矿区，西、东为二$_1$煤层隐伏露头，南以张村正断层接蜈绍窝煤矿区，面积约13.65 km^2。矿区为汝河南岸之西高东低的构造剥蚀丘陵区，海拔181.85～282.85 m。矿区地理坐标为东经112°49′08″～112°53′23″，北纬34°02′06″～34°03′53″。勘查程度达详查，累计查明煤资源储量15755.9×10^4 t，保有煤资源储量14879.3×10^4 t。本区处于瓦斯风化带，平均地温梯度1.18℃/hm。

1. 矿区地质

张村煤矿区内第四系厚度0～30.00 m，古近系仅分布于矿区南部，煤系基底为寒武系第三统—芙蓉统崮山组白云岩。本溪组厚度1.17～11.65 m，平均6.50 m。太原组厚度20.23～41.36 m，平均36.17 m。山西组厚度58.71～89.43 m，平均64.72 m。下石盒子组厚度248.07～358.63 m，平均307.76 m。上石盒子组厚度206.18～297.56 m，平均269.70 m。孙家沟组仅少量工程可见。矿区位于倾角12°～30°的向北倾伏的朝川向斜中部（图2-87），近东西向正、逆断层发育，朝川滑动构造在本区表现为平顶山砂岩覆盖于含煤地层的不同层位上。杨山-竹园逆断层走向北西，倾向北东，倾角40°～45°，逆差50～550 m。张村正断层走向近东西，倾向南，倾角50°～60°，落差270～450 m。

2. 煤层与煤质

张村煤矿区内二$_1$、四$_3$煤全区可采，一$_8$、五$_2$、五$_3$煤层大部可采，四$_2$煤层局部可采，七$_2$煤层仅个别钻孔达可采厚度。一$_8$煤层上距二$_1$煤15.50～28.00 m，平均21.24 m，煤厚0.15～1.74 m，平均1.02 m，偶含厚度0.05～0.42 m的泥岩夹矸1层，煤层顶板为厚层状燧石灰岩，底板为泥岩。二$_1$煤层上距砂锅窑砂岩平均65.00 m，下距太原组顶部石灰岩或泥岩3.50～12.00 m，煤层顶板除少数孔为粉砂岩和砂质泥岩外，大部分为大占砂岩直接压煤，底板为泥岩，煤厚0.49～13.02 m，平均4.39 m，局部含厚度0.10～0.43 m的碳质泥岩夹矸1层，估算标高+200～-580 m。四$_2$煤层位于下石盒子组四煤段中下部，可采区主要分布于21勘探线以西，估算标高+100～-450 m，煤厚0～3.33 m，平均0.63 m，17勘线以东含矸；煤层底板主要为泥岩，个别孔为细砂岩。四$_3$煤层位于四煤段中部，下距四$_2$煤层约5.00 m，煤厚0.42～5.37 m，平均2.34 m，结构较复杂，夹矸厚度0.05～0.54 m。五$_2$煤层位于下石盒子组五煤段中下部，下距四$_3$煤层55.50～78.50 m，平均65.00 m，煤厚0～2.93 m，平均 1.22 m，局部含厚度 0.02~0.22 m 的碳质泥岩夹矸 1 层，估算标高+180~-420 m。五$_3$ 煤层位于五煤段中部，下距五$_2$ 煤层 0~6.00 m，底板为细砂岩或砂质泥岩，煤厚 0~2.07 m，平均 0.84 m，偶含厚度 0.03~0.25 m 的碳质泥岩夹矸 1 层。四、五煤层顶板大部分为泥岩。七$_2$ 煤层位于上石盒子组下部，不稳定，煤厚 0~2.79 m，偶见可采点，局部相变为碳质泥岩。五$_3$、五$_2$、四$_3$ 煤为中灰、特低硫、中高热值肥煤，四$_2$ 煤属中高灰、特低硫、中高热值肥煤，二$_1$ 煤为低灰、中硫、特高热值焦煤，一$_8$ 煤为低灰、高硫、高热值焦煤（表 2-91）。

表 2-91　汝州市张村煤矿区煤质特征一览表

煤层		五$_3$	五$_2$	四$_3$	四$_2$	二$_1$	一$_8$
水分/%	原煤	0.53~1.52 0.99（35）	0.40~1.53 0.97（42）	0.34~3.29 0.93（50）	0.41~1.91 0.87（31）	0.58~1.70 0.92（57）	0.43~0.89 0.65（33）
灰分/%	原煤	17.37~38.25 26.67（35）	19.72~36.10 25.79（42）	20.69~38.43 29.67（50）	21.33~38.55 30.82（31）	9.66~28.58 14.26（57）	10.85~29.74 15.94（33）
	浮煤	6.11~15.34 9.55（35）	6.57~11.75 8.59（40）	7.73~16.12 10.84（50）	7.18~15.88 10.1（28）	5.12~8.31 6.66（57）	5.09~9.50 7.06（33）
挥发分/%	浮煤	28.73~33.28 31.80（35）	25.52~33.01 31.55（40）	26.90~32.46 30.45（50）	26.80~32.07 29.92（28）	20.59~26.57 24.18（57）	19.69~27.13 22.43（33）
全硫/%	原煤	0.14~0.95 0.38（33）	0.17~0.73 0.37（38）	0.24~1.12 0.50（47）	0.25~1.31 0.49（27）	0.44~2.79 1.32（52）	2.68~6.67 3.89（33）
	浮煤	0.25~0.62 0.42（10）	0.29~0.62 0.39（10）	0.43~0.91 0.55（11）	0.55~0.77 0.64（7）	0.32~0.75 0.41（34）	2.51~3.74 3.11（23）
高位发热量/（MJ·kg^{-1}）	原煤	20.77~29.17 25.64	24.05~28.64 26.12	20.74~27.95 24.51	21.31~25.72 24.51	26.45~33.01 31.19	24.26~32.45 28.67
黏结指数		89.0~100.0 98.3（25）	83.0~100.0 97.9（28）	87.1~100.0 97.1（30）	91.0~100.0 96.9（18）	85.0~99.0 93.0（40）	76.5~99.0 91.3（24）
胶质层最大厚度/mm		21.0~41.0 31.4（25）	24.5~47.0 31.6（35）	23.3~45.0 33.8（43）	18.0~38.0 29.1（19）	15.3~30.0 21.2（57）	12.0~31.0 19.7（31）

注：资料来源于《河南省汝州市张村煤核查区资源储量核查报告》，河南省煤田地质局四队，2010d。

（二十四）汝州市蜈绍窝煤矿区

蜈绍窝煤矿区位于汝州市小屯镇朝川村，北以张村正断层接张村煤矿区，其他三面为煤层露头，东西长约 5.6 km，南北宽约 1.4 km，面积约 6.40 km^2。区内为丘陵地貌，海拔 260.00~219.61 m。矿区地理坐标为东经 112°49′30″~112°53′20″，北纬 34°01′14″~34°02′23″。据资源储量核实报告，勘查程度达普查，累计查明煤资源储量 1442.9×10^4 t，保有煤资源储量 1198.4×10^4 t。区内大部被第四系掩盖，仅西部零星出露寒武系。缺失八、九煤段，孙家沟组仅 1 孔揭露，新生界揭露最大厚度 233.00 m。区内为朝川弧形构造的西南端（图 2-87），地层总体倾向北，倾角 20°~50°，近东西向的小褶皱和断裂较为发育，朝川滑动构造在本区表现为地表零星出露的平顶山砂岩覆盖于二叠系不同层位之上。一$_8$ 煤层局部可采，厚度 0~1.55 m，平均 0.64 m，煤层结构简单，但层位不稳定。二$_1$ 煤层全区可采，煤厚 0~8.27 m，平均 3.11 m，局部含矸 1~2 层，埋深 45~800 m。四$_3$ 煤层大部可采，煤厚 0~6.17 m，平均 1.75 m，含厚度 0.19~0.69 m 夹矸 1~3 层。一$_1$、一$_5$、二$_2$、四$_2$、四$_5$、五$_2$、五$_3$ 及六$_2$ 等煤层偶见可采点。一$_8$ 煤的原煤灰分平均 15.13%，全硫平均 3.89%，高位发热量平均 29.23 MJ/kg，浮煤挥发分平均 29.00%，为低灰、高硫、高热值 1/3 焦煤。二$_1$ 煤的原煤灰分平均 16.16%，全硫平均 1.31%，高位发热量平均 29.44 MJ/kg，浮煤挥发分平均 26.66%，煤类为低灰、中硫、高热值焦煤。四$_3$ 煤的原煤灰分平均 28.84%，全硫平均 0.61%，高位发热量平均 29.23 MJ/kg，挥发分平均 32.04%，煤类为中灰、低硫、高热值肥煤。

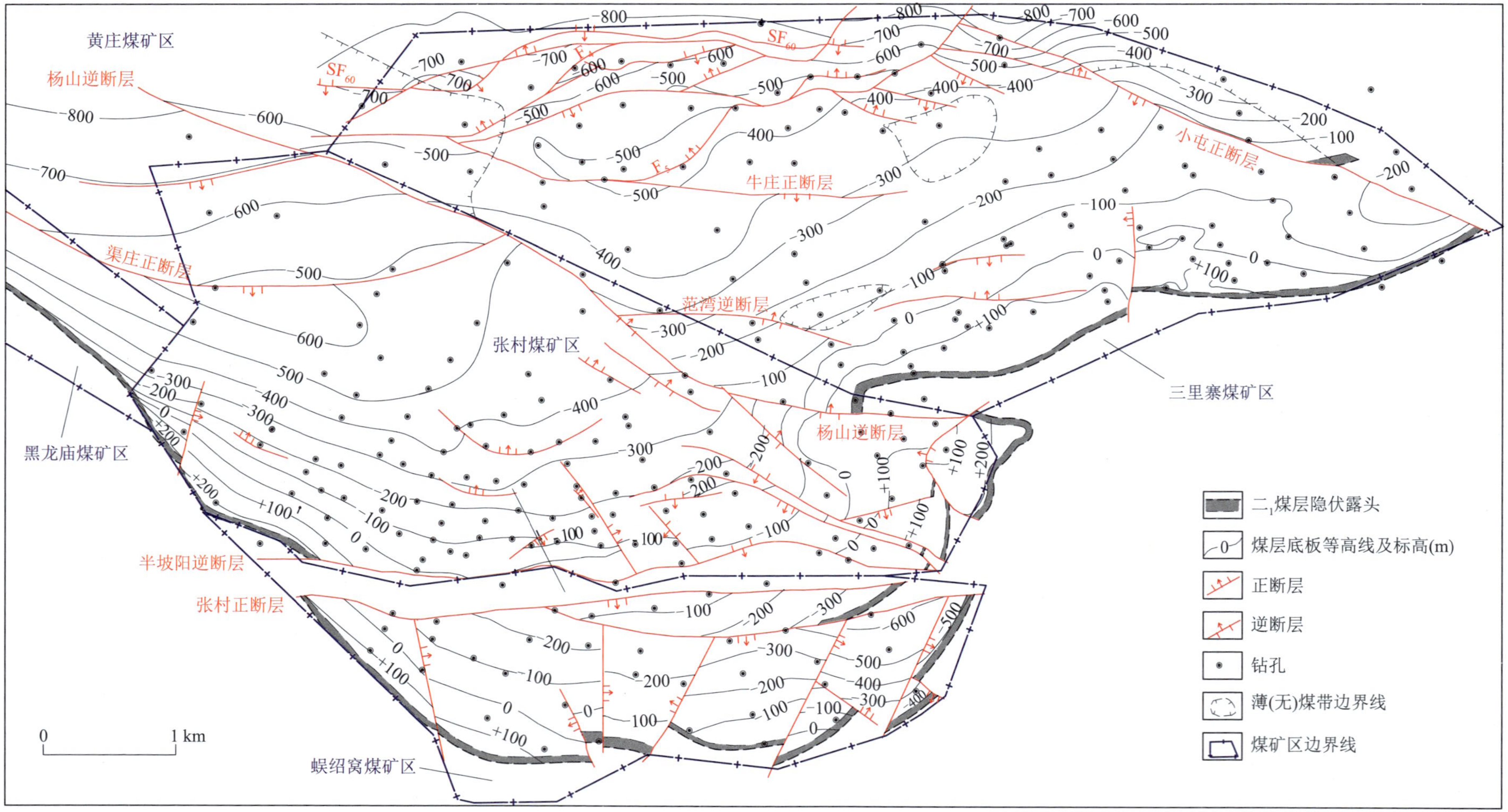

图 2-87　汝州市朝川含煤区南部二$_1$煤层底板等高线图

（二十五）汝州市三里寨煤矿区

三里寨煤矿区位于汝州市小屯镇和莽川乡，西接张村煤矿区，东至小屯正断层，南为二$_1$煤层隐伏露头，北接黄庄煤矿区，北西至二$_1$煤底-800 m标高，面积约16.66 km^2。西部为低山-丘陵区，东部为冲积平原，海拔170.00~339.02 m，朝川河向东北方向流经本区。矿区地理坐标为东经112°50′05″~112°55′51″，北纬34°02′50″~34°04′28″。据资源储量核实报告，勘查程度达勘探，累计查明煤资源储量13640.6×10^4 t，保有煤资源储量11062.9×10^4 t。本区处于瓦斯风化带，地温梯度1.12~2.74℃/hm。

1. 矿区地质

三里寨煤矿区内第四系厚度0~30.00 m，古近系仅分布于矿区南部，煤系基底为寒武系第三统—芙蓉统崮山组白云岩。本溪组厚度1.17~11.65 m，平均10.00 m。太原组厚度16.12~78.90 m，平均厚度52.00 m。山西组厚度59.00~84.00 m，平均73.00 m。下石盒子组厚度265.00~292.00 m，平均278.00 m。上石盒子组厚度232.00~322.00 m，平均262.00 m。孙家沟组和刘家沟组有少量工程穿见。构造形态为地层总体倾向北西、倾角15°~25°的单斜构造（图2-87），区内正、逆断层均较发育，以北东向及近东西向为主，次为北西向，矿区东部发育有次级褶曲。小屯正断层倾向南西，倾角55°~65°，落差60~130 m。

2. 煤层与煤质

三里寨煤矿区内二$_1$、四$_3$、五$_2$煤层大部可采，四$_2$、五$_3$、一$_8$煤层局部可采，七$_2$煤层偶尔可采，其余煤层偶见可采点。一$_8$煤层上距二$_1$煤层10.96~22.30 m，可采区主要分布在矿区西南边界及煤层露头附近，估算标高+160~-550 m，L$_8$石灰岩为顶板，底板为泥岩，局部有石灰岩为直接底板；煤层厚度0~2.72 m，平均0.87 m。二$_1$煤层下距太原组1.94~10.98 m，上距砂锅窑砂岩34.90~70.42 m，估算标高+160~-830 m，直接顶板为泥岩或细砂岩，底板为泥岩；煤厚0~22.17 m，平均4.28 m，局部含矸1~2层。四$_2$煤层厚度0~3.55 m，平均1.40 m，可采区域主要分布矿区西南边界附近及矿区中部，估算标高+130~-450 m，顶板为砂质泥岩、细砂岩及中砂岩，底板为泥岩，少数为细砂岩。四$_3$煤层厚度0~6.78 m，平均2.48 m，下距四$_2$煤层1.08~7.33 m，不可采带主要分布于9至11线之间及矿区东南边界地段。五$_2$煤层厚度0~4.35 m，平均1.46 m，估算标高+170~-500 m，可采区主要分布于矿区西部及7勘探线以西煤层露头附近，顶板为细-中粒砂岩，有时为泥岩，底板主要是泥岩。五$_3$煤层下距五$_2$煤层1.86~88.14 m，顶板为泥岩，底板为细砂岩，煤厚0~2.08 m，平均1.04 m，煤层结构复杂，层位不稳定，可采范围较小，主要分布于011勘探线以西0 m等高线以浅地段。五$_3$煤为中高灰、低硫、中低热值肥煤，五$_2$煤为中灰、低硫、中高热值肥煤，四$_3$煤为中灰、特低硫、中高热值肥煤，四$_2$煤为中高灰、特低硫、中热值肥煤，二$_1$煤为低灰、中灰、高热值焦煤（表2-92），一$_8$煤为高硫焦煤。

表2-92　汝州市三里寨煤矿区煤质特征一览表

煤层		五$_3$	五$_2$	四$_3$	四$_2$	二$_1$
水分/%	原煤	0.46~2.08 0.88（5）	0.34~0.93 0.53（7）	0.34~0.65 0.51（7）	0.56~1.00 0.74（3）	0.52~1.40 0.85（18）
灰分/%	原煤	23.49~40.33 30.21（6）	18.22~39.39 28.54（9）	23.44~33.02 29.43（8）	21.34~37.61 31.29（3）	12.03~24.25 14.69（19）
	浮煤	5.85~12.48 9.67（6）	7.06~17.49 10.16（9）	6.76~14.32 10.50（8）	9.48~14.58 11.90（3）	6.10~11.83 7.99（16）
挥发分/%	原煤	26.76~30.61 29.26（5）	21.96~30.91 27.99（7）	19.54~31.68 26.58（7）	17.05~29.18 28.08（3）	20.61~26.51 22.12（18）
	浮煤	25.87~30.16 27.24（4）	16.26~29.45 26.74（9）	23.37~28.90 25.82（8）	26.35~31.25 28.16（3）	19.08~23.04 21.56（16）

续表

煤层		五$_3$	五$_2$	四$_3$	四$_2$	二$_1$
固定碳/%	原煤	51.70~52.68 52.19（2）	54.02~59.75 56.04（3）	46.69~54.43 50.05（4）	—	61.57~70.78 67.19（7）
	浮煤	64.38~66.75 65.57（2）	66.42~77.56 70.84（3）	64.29~68.58 66.80（4）	—	72.70~74.96 73.61（6）
全硫/%	原煤	0.26~1.30 0.55（5）	0.06~2.47 0.63（9）	0.12~1.01 0.46（8）	0.28~0.55 0.40（4）	0.36~2.28 1.17（18）
	浮煤	0.34~0.58 0.44（5）	0.28~0.44 0.35（6）	0.36~0.71 0.46（7）	0.38~0.77 0.56（4）	0.24~1.59 0.46（16）
高位发热量/（$MJ\cdot kg^{-1}$）	原煤	20.16（2）	27.09（7）	24.87（7）	21.63（1）	29.52（13）
黏结指数		96.0~98.3	96.0~97.9	93.0~97.1	95.0~96.9	80.0~93.0
胶质层最大厚度/mm		24.0~31.4	30.0~31.6	26.6~33.8	27.5~29.1	13.0~21.2

注：资料来源于《河南省汝州市三里寨煤核查区资源储量核查报告》，河南省煤田地质局四队，2010e。

十三、平顶山煤田

平顶山煤田由原平顶山煤田和韩梁煤田组成，位于平顶山市市区、宝丰县、郏县、鲁山县和叶县北部、许昌市襄城县西南部，西依外方山，北西邻汝州煤田，北东接禹州煤田，南接舞阳盐田，北西—南东长 55~65 km，宽 25~35 km，含煤面积约 1250 km^2，为我国重要的优质烟煤基地之一，其累计查明煤资源储量居河南省各煤田之最。地理坐标为东经 111°45′50″~113°36′40″，北纬 33°42′30″~34°00′00″。煤田西部为低山区，东部为丘陵-平原区，总体处于低山-丘陵-平原过渡的地带，海拔 100~500 m，地面起伏不平。境内河流纵横，较大的河流有沙河和汝河，此外还有人工河（湛河）。沙河及其支流纵贯煤田南部，沙河流量 0~3300 m^3/s，年平均流量为 17.36 m^3/s。汝河及其支流纵贯煤田北东部，汝河流量 0~3000 m^3/s，年平均流量 22.30 m^3/s。沙河与汝河于襄城县崔庄附近汇聚，继而向东南流经郾城区，于周口汇入颍河，而后向东南注入淮河。平顶山市西南建有白龟山水库，库容量 6.49×10^8 m^3。

平顶山煤田开发历史较早，《明一统志》记载的“鲁山出石炭”说明宝丰县与鲁山县接壤地带的韩（庄）梁（洼）含煤区在明代就已有采矿活动。中华人民共和国成立前，平顶山较为荒凉，采煤业很不发达。因韩梁含煤区煤层埋藏相对较浅，古小煤窑星罗棋布，老窑总数达 2055 个，平均 54 个/km^2。分布于宝丰、郏县、襄城县、平顶山市和叶县一带的采煤老窑主要开采浅部下石盒子组五煤段煤层。

平顶山煤田地质勘查和研究程度较高。最早的地质调查资料为《鲁山县地质矿产调查报告》。1935~1937 年，河南地质调查所曹世禄、李琳、韩影山等至鲁山、宝丰一带调查，1938 年曹世禄调查后认为平顶山煤矿无大规模开采价值，1946 年因平汉铁路（今京广铁路）急需机车燃煤，曹世禄再次调查，认为东部产煤区在擂鼓台、平顶山一带（即平顶山含煤区），西部产煤区在张坝桥及大营等处（即韩梁含煤区）。对平顶山煤矿的调查是抗日战争胜利后河南地质调查所最重要的工作，1947 年首次使用柴油钻机钻探平顶山煤矿，至 1950 年施钻 3 孔，打到了主要可采煤层，为中华人民共和国成立后的平顶山煤田勘查和开发起到了先行作用。随着 1950 年冯景兰、张伯声两位教授著名的豫西之行，揭开了平顶山煤田大规模勘查的序幕。1952 年，“平顶山矿区”被列为国家“一五”计划重大建设项目；1953 年，“平顶山矿区”被列为全国十大矿区建设项目之一。1953 年 9 月，中南地质局四〇一队对平顶山煤田进行了勘探，从此拉开了河南省正规地质勘查的序幕。1954 年平顶山煤矿筹备处成立。1955 年 6 月，中南地质局四〇一队提交了河南省第一份符合工业要求的勘探报告——《宝、叶、襄、郏煤田平顶山矿区地质勘探报告书》，提交工业储量 2.5×10^8 t，随后四〇一队又相继提交龙山庙和郝堂（1956）、马棚山和高皇庙（1957）、香山寺和红石山（1958）等矿区的勘探报告，截至1958年底，平顶山地区共获煤工业储量9×10^8 t以上。1955年9月，平顶山第一对矿井"二矿"动工兴建，1957年平顶山矿务局成立，到1958年底已有11对矿井动工建设。"平顶山矿区"是中华人民共和国自行勘探、设计、建设的第一个特大型煤炭基地。地质工作者为1957年3月平顶山市的建立及其后的发展起到了开路先锋的作用，贡献卓越。1959年之后相继有多家地勘单位开展了本区煤矿勘查工作。

20世纪80~90年代是小煤窑发展的鼎盛时期，国营、集体和个体一起上，开采煤层分属上、下石盒子组、山西组、太原组的十多个煤层，20世纪末随着浅部煤炭资源近于枯竭和国家对小煤矿的治理整顿，以及后来的煤矿整合，平顶山煤田已步入合理开发利用的轨道。

至21世纪初，平顶山煤田浅部煤炭资源已全面勘查，深部已控制二$_1$煤层埋深1573.25 m（宝丰县闹店-凤凰山煤矿区P5-2孔控制煤底标高-1445.73 m）。据2010年河南省地质矿产勘查开发局区域地质调查队和河南省煤田地质局四队编制的平顶山煤田各煤矿区资源储量核查报告及后期相关地勘单位提交的煤矿勘查成果报告，区内累计查明煤资源储量649623.9×10^4 t，浅部煤炭资源已被占用，保有煤资源储量533553.0×10^4 t；另有1500 m以浅的（334）? 类煤资源量96274.6×10^4 t，1500 m以深的潜在煤资源77750.1×10^4 t；累计估算煤层气资源量178.04×10^8 m^3，其中二$_1$、二$_2$、四$_2$、四$_3$煤的煤层气资源量分别为131.60×10^8 m^3、10.56×10^8 m^3、34.42×10^8 m^3、1.46×10^8 m^3。煤田内共划分出22个煤矿区（图2-88），总面积744.21 km^2，以宝丰县贾寨-郏县唐街煤矿区作为代表性矿区进行阐述，余则简述之。

（一）煤田地质特征

平顶山煤田位于华北地层区、华北南部地层分区之渑池-确山地层小区，含煤地层多被新生界覆盖，属半掩盖型煤田。含煤地层由上石炭统本溪组、上石炭统—二叠系船山统太原组、二叠系船山统—阳新统山西组和阳新统下石盒子组及阳新统—乐平统上石盒子组构成，底板为寒武系第三统张夏组（韩梁含煤区及平顶山含煤区西部）或第三统—芙蓉统崮山组及芙蓉统炒米店组（平顶山含煤区东部），盖层由二叠系乐平统孙家沟组湖相碎屑岩（最大厚度358.41 m）、下三叠统刘家沟组与和尚沟组干旱炎热条件下的湖相碎屑岩沉积、中新统洛阳组河湖相沉积及第四系等组成。煤田西部的韩梁含煤区广泛分布着早白垩世大营组火山岩，并在其北部零星分布着古近系始新统蟒川组河湖相碎屑岩建造。

平顶山煤田位于华北板块南缘之崤熊构造区的陕（县）-平（顶山）断陷区，北西以石灰窑正断层和宝丰-郏县正断层邻汝州凹陷，东以襄郏正断层邻襄城凹陷（周口坳陷西段），南邻舞阳断陷。主要构造线方向为北西向，以逆冲推覆和左行走滑为主。平顶山煤田根据含煤地层分布，划分为西部的韩梁含煤区和东部的平顶山含煤区。

韩梁含煤区位于石灰窑正断层之西的韩梁断隆内，主体构造为韩梁向斜（图2-89），地层走向自西向东逐渐由北西向、近东西向转为北东向，总体呈弧形展布。石灰窑正断层位于宝丰县大店头-李文驿-宝丰县城西石灰窑-姜湾一线，走向北西，向北东陡倾。韩梁向斜轴向近南北，南端翘起，两翼由寒武系—二叠系组成，地层倾角6°~35°，轴部被下白垩统大营组火山岩破坏。青草岭-双头山逆冲断层走向北西，倾向南西，倾角30°~60°，逆差30~80 m，构成含煤区西南部自然边界，其西为呈叠瓦状排列的锯齿岭和张窑逆冲断层，这3条逆冲断层间为锯齿岭逆冲岩席；张窑逆冲断层西南为推覆构造腹地。受挤压推覆的影响，韩梁弧形构造之西依次出露的上震旦统罗圈组—东坡组、长城系汝阳群和新太古界荡泽河岩组岩层倒转而倾向南西。青草岭逆冲断层之东为韩庄-宝丰岩席。在含煤区东段和南段有橄榄玄武岩侵位于煤层之中，使接触带附近煤层变质为天然焦，但其影响范围不大。

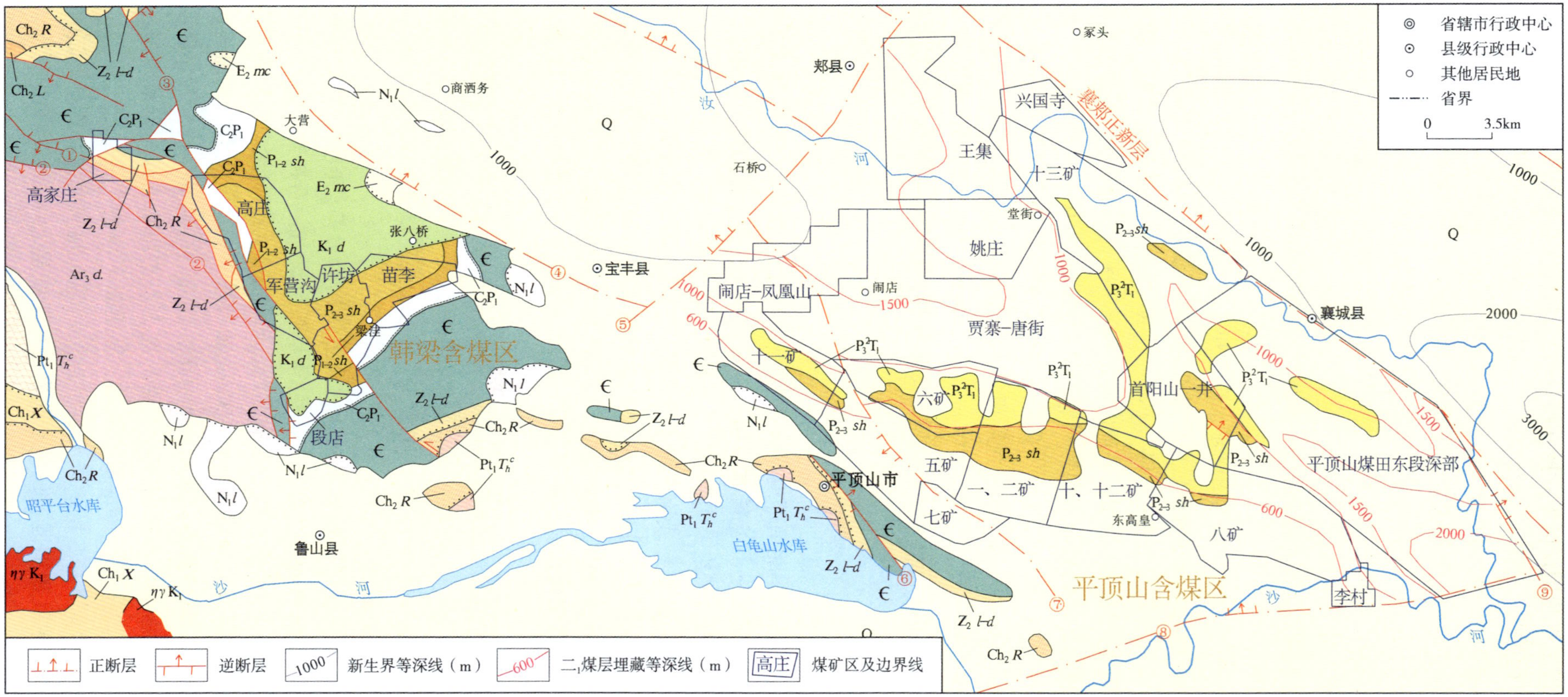

图2-88　平顶山煤田地质略图

Q—第四系；N_1l—中新统洛阳组；E_2mc—始新统蟒川组；K_1d—下白垩统大营组；$P_3^2T_1$—二叠系乐平统长兴阶孙家沟组、下三叠统刘家沟组与和尚沟组；$P_{2\text{-}3}sh$—二叠系阳新统—乐平统下石盒子组、上石盒子组未分；$P_{1\text{-}2}sh$—二叠系船山统—阳新统山西组；C_2P_1—上石炭统本溪组和上石炭统—船山统太原组；∈—寒武系；$Z_2l\text{-}d$—上震旦统罗圈组—东坡组；Ch_2R—长城系汝阳群；Ch_1X—长城系熊耳群；$Pt_1T_h^c$—古元古代太华杂岩；Ar_3d.—新太古界荡泽河岩组；$\eta\gamma K_1$—早白垩世二长花岗岩。①锯齿岭逆断层；②张窑逆断层；③青草岭–双头山逆断层；④石灰窑正断层；⑤宝丰–郏县正断层；⑥九里山逆断层；⑦锅底山正断层；⑧洛岗正断层；⑨胡岗正断层

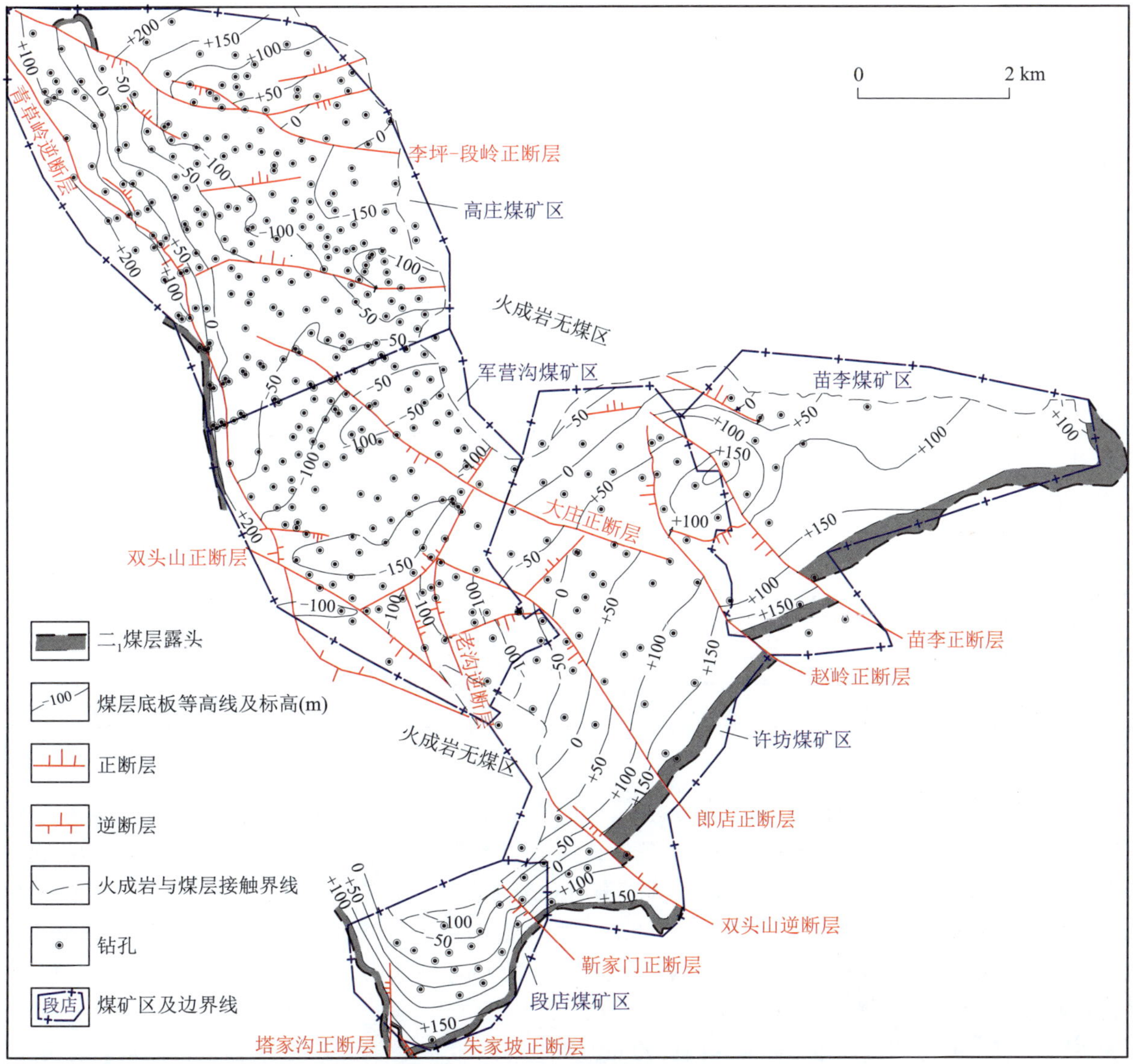

图 2-89　平顶山煤田韩梁含煤区二$_1$煤层底板等高线图

平顶山含煤区位于平顶山断隆内，南西起煤层隐伏露头，北东至襄郏正断层，北西起宝丰-郏县正断层，南至洛岗正断层。襄郏正断层倾向 50°，倾角 60°~75°，落差大于 800 m。宝丰-郏县正断层位于宝丰县凤凰山-郏县候店一带，走向北东，向北西陡倾，落差 350~400 m。洛岗正断层位于叶县高庄-洛岗一线，倾向 340°，倾角 75°，落差大于 800 m。含煤区整体构造形态为李口复式向斜。李口复式向斜南东端收敛扬起，北西撒开倾伏，两翼由寒武系—二叠系组成，地层倾角 5°~33°；向斜南西翼于十矿和八矿发育有北西倾伏的次级十矿向斜、郭庄背斜和高庄短轴状向斜，北东翼由白石山次级背斜、灵武山向斜和襄郏背斜组成。白石山次级背斜位于白石山-姜店一线，南东端扬起。灵武山向斜位于灵武山-塔王庄-南丁庄-洛岗村一带，北西端收敛仰起。襄郏背斜轴部位于张庄-刘楼-段店一线，南东端扬起。锅底山隐伏正断层位于宝丰县闹店至平顶山市龙门口-锅底山-校尉营-西高皇-湛河一线，走向北西，倾向南西，倾角 42°~70°，落差 30~300 m，将李口向斜分割为东、西两部分，并成为平顶山含煤区东、西水文地质单元的分界线。含煤区内以北西向正、逆断层和北东向高角度正断层为主。一、二矿和十三矿见有橄榄玄武岩侵位于二、四、五煤段中，对周围煤质影响不显著，其影响范围亦较小。

（二）煤层与煤质

1. 煤层

平顶山煤田的煤系平均总厚度825.87~916.23 m，平均868.49 m，划分为9个煤段，含煤（线）多达60余层，煤层总厚度大于30 m，可采煤层有一$_1$、一$_2$、一$_3$、一$_4$、一$_5$、一$_6$、二$_1$、二$_2$、二$_3$、四$_1$、四$_2$、四$_3$、五$_1$、五$_2$、五$_3$、六$_2$、七$_2$煤等计17层，其中，二$_1$、四$_2$、四$_3$、五$_2$煤层为主要可采煤层。新旧煤层编号对比见表2-93。

表2-93 平顶山煤田主要煤层编号对照一览表

煤段	九煤段	八煤段	七煤段		六煤段	五煤段	
省统一编号	九$_2$	八$_3$	七$_2$	七$_1$	六$_2$	五$_3$	五$_2$
原煤田编号	I_{11}（甲$_1$）	H_{32}（乙$_2$）	G_{31}（六$_4$）	G_{30}（六$_3$）	F_{26}（丙$_3$）	E_{23}（丁$_4$）	E_{22-21}（丁$_{5-6}$）
煤段	五煤段	四煤段			二煤段		
省统一编号	五$_1$	四$_3$	四$_2$	四$_1$	二$_3$	二$_2$	二$_1$
原煤田编号	E_{20}（丁$_7$）	C_{17}（戊$_8$）	C_{15-16}（戊$_{9-10}$）	C_{11}（戊$_{11-13}$）	B_{11}（己$_{14}$）	B_{10}（己$_{15}$）	B_{9-8}（己$_{16-17}$）
煤段	一煤段						
省统一编号	一$_7$	一$_6$	一$_5$	一$_4$	一$_2$	一$_1$	
原煤田编号	A_6（庚$_{18}$）	A_5（庚$_{19}$）	A_4（庚$_{20}$）	A_3（庚$_{21}$）	A_2（庚$_{22}$）	A_1（庚$_{23}$）	

（据河南煤田地质公司，1991）

平顶山煤田的本溪组厚度0.40~18.68 m，平均6.77 m，顶部偶含薄煤1层。韩梁含煤区的太原组厚度24.00~67.00 m，平均49.63 m；平顶山含煤区的太原组厚度32.00~102.02 m，平均60.51 m；含煤及层位9~13层。一$_1$、一$_2$、一$_3$煤层为零星可采薄煤层。一$_4$煤层为局部（平顶山含煤区）或大部分（韩梁含煤区）可采煤层，煤厚0~3.98 m，平均0.81 m，局部含厚度0.07~0.77 m夹矸1层，偶2层。一$_5$煤层仅平顶山含煤区局部可采，煤厚0~4.55 m，平均1.31 m。一$_6$煤层仅韩梁区局部可采，煤厚0~1.52 m，平均0.95 m。

平顶山煤田的山西组厚度34.50~131.00 m，平均87.00 m，含煤2~5层。二$_1$煤为主要可采煤层，煤厚0~21.14 m，平均4.44 m，局部含厚度0.10~0.70 m夹矸1层，偶2~3层，并常分岔为二$_1^1$和二$_1^2$分煤层。二$_2$煤层在平顶山含煤区局部可采，二$_3$煤层零星可采，二$_3$煤层常与二$_2$煤层合层出现或缺失；二$_2$煤层厚度0~11.30 m，平均1.70 m；二$_3$煤层厚度0~3.84 m，平均1.14 m。

平顶山煤田的下石盒子组厚度183.00~426.00 m，平均324.73 m，含煤12~26层。三煤段上部含不稳定煤层或碳质泥岩2~3层（三$_2$、三$_3$），四煤段含煤5~9层（四$_1$—四$_9$），五煤段的中、上部含薄煤层3~9层（五$_1$—五$_9$），六煤段中上部夹薄煤层或碳质泥岩2~5层（六$_1$—六$_5$），其中四$_2$、四$_3$、五$_2$煤层大部分可采，六$_2$煤层局部可采，四$_1$、五$_1$、五$_3$煤层零星可采。四$_2$煤层厚度0~11.39 m，平均2.44 m，煤层结构复杂，含厚度0.01~0.70 m夹矸1~4层，煤层分岔合并常见，上分层四$_2^2$煤层厚度0~4.08 m，下分层四$_2^1$煤层厚度0~3.19 m。四$_3$煤层厚度0~6.56 m，平均1.44 m，局部与四$_2$煤层合并为1层。五$_2$煤层厚度0~13.44 m，平均1.89 m，煤层结构复杂，含厚度0.15~1.41 m夹矸1~2层，煤层分岔合并常见，上分层五$_2^2$煤层厚度0~3.59 m，下分层五$_2^1$煤层厚度0~5.61 m。五$_3$煤层厚度0~3.19 m，平均1.50 m。六$_2$煤层厚度0~2.67 m，平均1.05 m。

平顶山煤田的上石盒子组厚度284.00~459.00 m，平均389.48 m，含不稳定的薄煤、煤线或碳质泥岩10~31层。七煤段含不稳定薄煤层或碳质泥岩2~9层，八煤段含不稳定薄煤2~9层，九煤段含不稳定薄煤或碳质泥岩6~13层。仅七$_2$煤层在十三矿可采，煤厚0~2.71 m，平均1.31 m，一般含泥岩或碳质泥岩夹矸1层，局部2~3层，当夹矸厚度大于最低可采厚度时，可分岔为七$_2^1$和七$_2^2$分煤层。

2. 煤质

平顶山煤田的煤类主要为气煤、肥煤、焦煤、瘦煤和贫瘦煤，该阶段煤气发生率为65~170 m^3/t，并且有油气、重烃气兼生并存的特点。煤岩组分特征：镜质组含量46.15%~79.60%，半镜质组3.94%~10.60%，壳质组0.36%~16.45%，生气能力最强的壳质组含量高。

平顶山煤田的一煤段各可采煤层呈块状及粒状，少量粉状。以亮煤为主，暗煤和镜煤次之，丝炭少见，属半亮-光亮型煤。硫含量高，洗选困难。镜质体最大反射率为1.30%~1.35%，视密度一般为1.30~1.40 t/m^3。煤类以低灰、高硫（局部低硫、中高硫）、低磷、高热值肥煤为主，次为气煤、1/3焦煤和焦煤。

平顶山煤田的二$_1$煤为黑色粉-粒状构造煤，局部夹透镜状固结煤块，具挤压和揉搓现象，机械强度较低，手指轻压易碎。经火焰实验为易燃、烟浓、焰长、体积强烈膨胀、黏结性良好、焦渣疏松。镜鉴煤岩以亮煤为主，内夹少量团块状暗煤，属半暗-半亮型煤。镜质体最大反射率为1.59%~2.11%，视密度1.25~1.50 t/m^3，一般为1.30~1.40 t/m^3。二$_1$煤以低灰、特低-低硫、低磷、高热值煤为主；韩梁含煤区主要为1/3焦煤，段店煤矿区有少量无烟煤；平顶山含煤区煤类复杂，以焦煤、1/3焦煤为主，次为瘦煤和贫瘦煤，少量肥煤。易选-中等可选。煤灰成分以SiO_2和Al_2O_3为主，灰熔点大于1400℃，属较高软化温度灰。二$_2$、二$_3$煤的煤岩与二$_1$煤类似，视密度1.30~1.40 t/m^3，煤类为1/3焦煤和焦煤。

平顶山煤田的四$_2$、四$_3$、五$_2$、五$_3$煤呈粉-块状，部分为鳞片状或片状，性脆易碎，富含黄铁矿，视密度一般为1.35~1.55 t/m^3。四$_3$、四$_2$煤易燃、烟浓、焰长，燃烧时有“啪啪”响声，并碎成小块，焦渣疏松。四$_2$、四$_3$、五$_2$、五$_3$煤为中-中高灰、低硫、低磷、中-中高热值肥煤-焦煤（局部气煤）。六$_2$煤呈块状及碎屑状，煤中普遍含有扁圆状及豆状黄铁矿，视密度一般为1.40~1.50 t/m^3；煤类为中-中高灰、中-中高硫、低磷、中高热值气煤（局部肥煤、1/3焦煤、焦煤）。四—六煤段可采煤层为难选-极难选煤，宏观煤岩组分以暗煤为主，夹少量条带状、线理状或透镜状亮煤和镜煤，属半暗-半亮型煤，镜质体最大反射率为0.85%~1.10%。各煤层经洗选后，降灰率均较高；但硫分经洗选后，除六$_2$煤脱硫率较高外，其他各煤层均不明显。

平顶山煤田的七$_2$煤以粉状煤为主，夹少量块状煤，视密度1.52 t/m^3。煤中有机组分含量在70.5%±，镜质组约占有机组分的61.1%，次为惰质组，为半暗-半亮型煤，煤类为中灰、低硫、低磷、中热值肥煤。

（三）开采技术条件

1. 煤层顶、底板

平顶山煤田的一煤段可采煤层顶板多为石灰岩，其余大部分为泥岩或碳质泥岩，少数为砂岩，局部有厚度0.1~0.5 m的伪顶。石灰岩和砂岩顶板稳定性一般较好，泥岩力学强度较低，极易冒顶，需加强管理。除一煤段外，各煤层底板一般为泥岩，遇水易膨胀底鼓，开采二煤段的矿井曾多次发生底鼓。

2. 水文地质条件

平顶山煤田的水文地质条件属中等-较复杂。地表水系发育，地表水、采空区和老窑积水对煤矿开采影响较大，若水力连通可大量补给深部含水层。地下水含水层主要有寒武系和太原组石灰岩岩溶水、二叠系砂岩裂隙孔隙水、第四系松散岩类孔隙水。岩溶水富水性强，承压水头高，若遇断层连通可造成矿井突水，应注意防护。

3. 瓦斯、煤尘爆炸性与煤层自燃

平顶山煤田位于秦岭造山带北缘逆冲推覆构造系高突瓦斯带，煤层瓦斯含量多在10 m^3/t以上，属于高瓦斯、煤与瓦斯突出型煤田，始突深度340 m，最大瓦斯突出强度：煤量2243 t/次，瓦斯量47509 m^3/次。煤尘有爆炸危险性，煤层易自燃，井下曾多次发生煤层自燃事故。

4. 地温

韩梁含煤区地温梯度 1.86~2.65℃/hm，属地温正常区。平顶山含煤区普遍存在热害问题，地温梯度和地温普遍较高，不同矿井的地温梯度变化很大，甚至同一矿井的不同地段的地温梯度也不完全相同，地温在垂向上随深度增加而增加，由李口向斜两翼向核部地温逐渐增高，局部存在地温异常区。

（四）宝丰县贾寨-郏县唐街煤矿区

唐街煤矿区主体位于宝丰县闹店镇、李庄乡和郏县唐街镇、李口乡，部分在平顶山市卫东区和许昌市襄城县境内。北部边界位于周营村-姚庄-唐街，东部边界位于李陈庄、张沟村、凤凰岭村、马涧沟村一线，南部边界位于王庄、大张庄、杨庄沟、关帝庙、马涧沟村一线，西部边界位于周营、范营、靳李村、王庄一线，与闹店-凤凰山煤矿区相邻；南北宽 5~12.5 km，东西长 10.7~21.4 km，面积约 117.26 km^2。为山前冲洪积丘陵-平原地貌，地面标高 98.10~301.00 m。地理坐标为东经 113°09′20″~113°23′26″，北纬 33°47′05″~33°54′03″。2006~2014 年，河南省国土资源科学研究院进行了预查-详查，编制的《河南省宝丰县贾寨-郏县唐街煤详查报告》累计查明/保有煤资源量 106721.0×10^4 t；另有埋深 1500 m 以浅的（334）？类煤资源量 28168.0×10^4 t，1500 m 以深的（334）？类煤资源量 9805.0×10^4 t；估算二$_1$ 煤的煤层气资源量 44.80×10^8 m^3。

1. 矿区地质

（1）地层

唐街煤矿区内第四系厚度 0~205.27 m，煤系基底为寒武系第三统—芙蓉统崮山组白云岩。含煤地层本溪组厚度 6.57~6.99 m，平均 6.82 m；太原组厚度 52.59~66.72 m，平均 61.60 m，含煤 8 层，不可采的一$_9$ 煤层较常见；山西组厚度 52.66~107.93 m，平均 79.06 m，细-中粒大占砂岩时常分为上、下两个分层并间夹二$_2$ 煤层；下石盒子组厚度 288.18~343.01 m，平均厚度 314.12 m，底部的细-中粒砂锅窑砂岩厚度 0.40~16.18 m，三煤段上部偶见三$_2$、三$_3$ 煤层，四煤段四$_1$、四$_2$、四$_3$、四$_4$ 煤层发育，四$_5$ 煤层偶见，五煤段中部常见五$_1$、五$_2$、五$_3$ 煤层，六煤段含六$_2$、六$_3$ 煤层；上石盒子组厚度 301.28~421.24 m，平均厚度 364.27 m，底部的细-中粒田家沟砂岩厚度 1.25~32.57 m，七煤段含煤 1~6 层，七$_2$、七$_3$ 煤层较常见，八煤段含煤 4 层（八$_1$、八$_2$、八$_3$、八$_4$），八$_2$ 煤层偶见可采点，九煤段含九$_1$、九$_2$、九$_3$、九$_4$ 等不可采薄煤 4 层，九$_1$ 煤层较常见，上部的中-粗粒平顶山砂岩平均厚度 83.97 m。煤系盖层孙家沟组厚度 30.58~247.17 m，平均厚度 128.99 m；刘家沟组钻孔揭露厚度 6.35~325.53 m。

（2）构造与岩浆岩

唐街煤矿区位于向约 305°方向倾伏的李口向斜槽部（图 2-90）。向斜北东翼倾向南西，倾角 6°~17°；南西翼倾向北东，倾角 6°~8°，并叠加有轴向近南北、向北倾伏的闹店向斜及其东侧王楼背斜等次级褶皱，对含煤地层的走向、倾角有一定的影响。地震解释组合断层 16 条，均为正断层，以北西向、北东向为主，其中可靠断层 14 条，落差大于 100 m 的正断层 2 条，落差≤50 m 的正断层 12 条，锅底山正断层从矿区西部穿过（图 2-91）。仅在 ZK39-2 钻孔发现下石盒子组中有基性岩浆侵入。

2. 煤层与煤质

（1）煤层

唐街煤矿区的本溪组—上石盒子组平均总厚度 825.87 m，划分 9 个含煤段，含煤 40 层，煤层平均总厚度 14.95 m，含煤系数 1.81%。山西组二$_1^1$ 煤层全区可采，二$_1^2$ 煤层局部可采，二$_2$ 煤层大部可采；下石盒子组四$_2$ 煤层全区可采，四$_3$ 煤层局部可采，五$_2$ 煤层大部可采煤层，六$_2$ 煤层局部可采，其余煤层均为不可采或偶见可采点。可采煤层结构煤层平均总厚度 12.15 m（纯煤总厚度 8.76 m），可采含煤系数 1.47%。

唐街煤矿区的二$_1$ 煤底标高-650~-1650 m，顶、底板主要为泥岩，次为粉细砂岩，全区 51 个钻

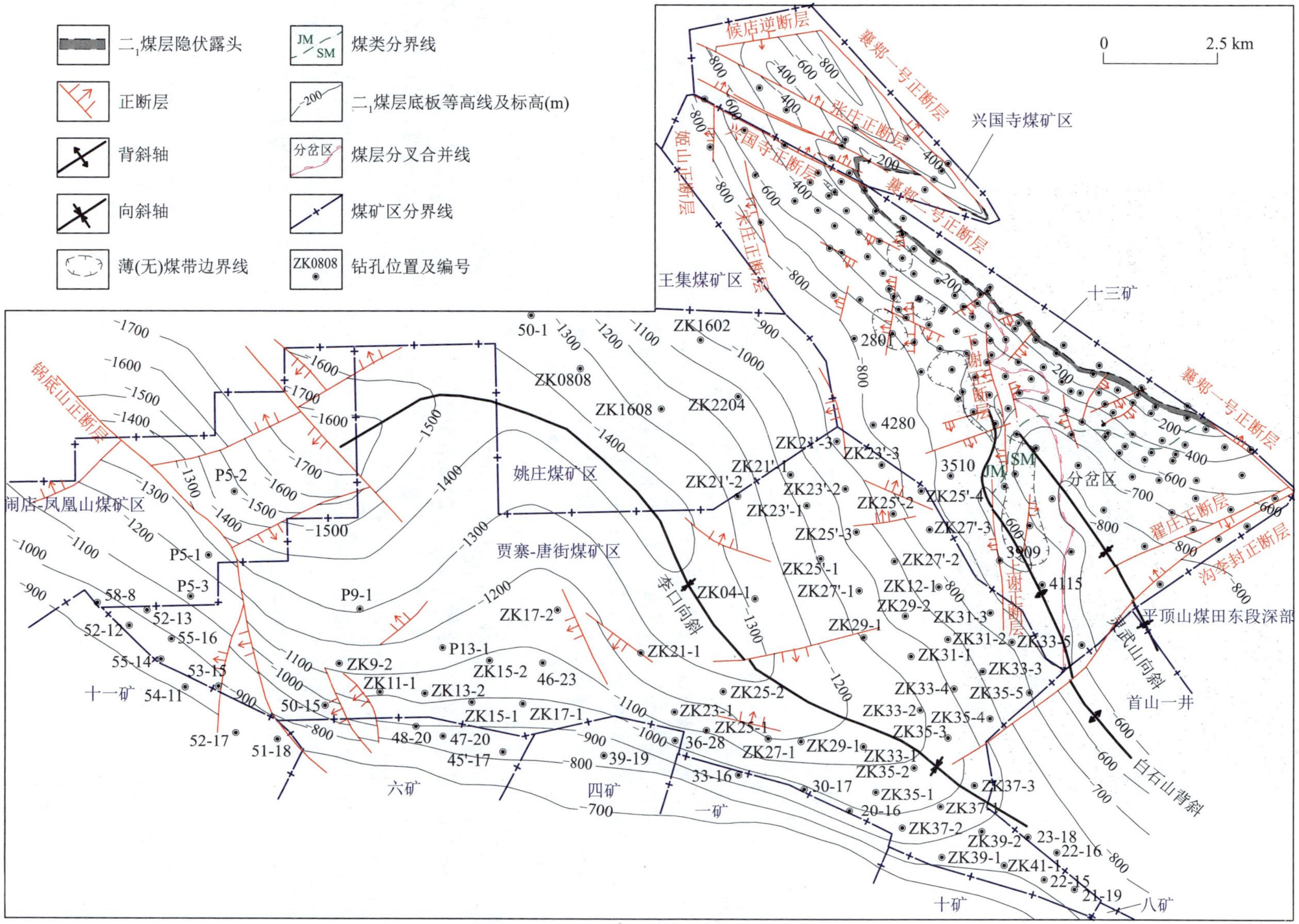

图2-90　平顶山含煤区北部二1煤层底板等高线图

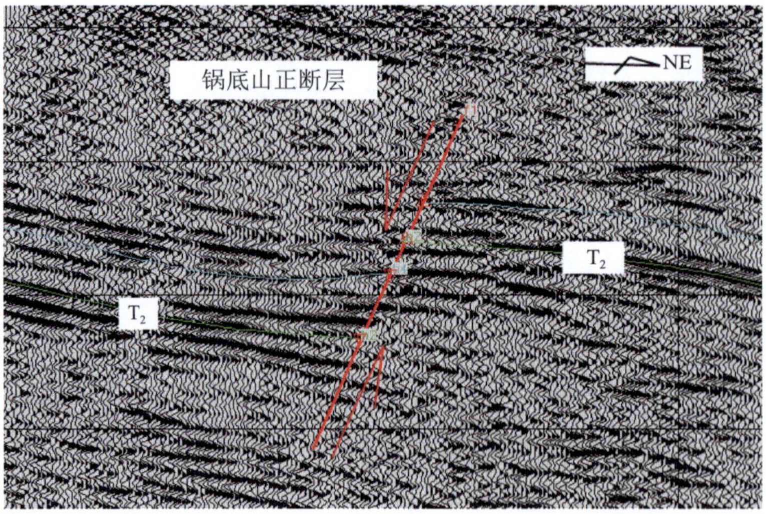

图 2-91　锅底山正断层在 DZ06 地震时间剖面上的显示

（据河南省国土资源科学研究院，2014）

孔，50 孔穿见，1 孔断失，，21 孔分岔为$二_1^1$、$二_1^2$煤层，个别钻孔分岔为 3 层。$二_1^1$煤层 50 孔可采，纯煤厚度 0.77～9.21 m，平均 2.69 m，37 孔含矸 1～3 层，以 1 层居多，煤层埋深 750～1750 m。$二_1^2$煤层 17 孔可采，下距$二_1^1$煤层 0.70～4.97 m，纯煤厚度 0.77～3.93 m，平均 0.74 m，4 孔含矸。$二_2$煤层位于大占砂岩上、下分层之间，可采 29 孔，煤层最大厚度 2.48 m，平均 1.11 m，4 孔含 1 层夹矸，可采区在中部王楼背斜附近及 21 勘探线以东，煤层埋深 740～1650 m，赋存标高-640～-1550 m。

唐街煤矿区的$四_2$煤层赋存于四煤段中部，50 孔见煤，ZK39-2 钻孔岩浆岩侵位，零点 1 孔，46 孔可采，纯煤真厚度 0.52～5.49 m，平均 1.61 m，32 孔含矸 1～3 层，9 孔分岔为$四_2^1$、$四_2^2$分煤层，上、下分层均可采，煤层埋深 560～1520 m，赋存标高-460～-1420 m，煤层顶、底板主要为泥岩，其次为粉、细砂岩。$四_3$煤层赋存在四煤段中部，见煤 42 孔，零点 9 孔，可采 29 孔，纯煤最大厚度 2.30 m，平均 0.89 m，24 孔含矸 1～3 层，可采点集中分布在 21 勘探线以东，煤层埋深 550～1510 m，赋存标高-450～-1410 m。$五_2$煤层赋存于五煤段的中部，51 孔穿见，见煤点 50 孔，零点 1 孔，可采点 28 孔，纯煤真厚度 0～3.32 m，平均 1.15 m，23 孔含矸 1～2 层，7 孔分岔为$五_2^1$、$五_2^2$分煤层，3 孔上、下分层可采，不可采点主要分布在李口向斜北翼靠近十三矿部分及 35 勘探线两侧，其他大部分地区为可采见煤点，煤层埋深 490～1410 m，赋存标高-390～-1310 m，煤层顶、底板主要为泥岩，其次为中砂岩。$六_2$煤层赋存于六煤段的中部，见煤点 42 孔，零点 9 孔，可采点 13 孔，纯煤真厚度 0～1.56 m，平均 0.57 m，4 孔含矸 1 层，可采范围主要分布在 17 勘探线以西、23—35 勘探线的李口向斜槽部，煤层埋深 380～1320 m，赋存标高-280～-1220 m，煤层顶、底板主要为泥岩，其次为中砂岩。

（2）煤质

唐街煤矿区的$二_1$煤以低灰、低硫、高热值焦煤为主（表 2-94），1/3 焦煤分布于西部浅处，肥煤分布于西部深处。$二_2$煤以低灰、低硫、高热值焦煤为主，局部为 1/3 焦煤、肥煤。$四_2$、$四_3$煤以中灰、低硫、中高热值肥煤为主。$五_2$、$六_2$煤以中高热值 1/3 焦煤为主，次为肥煤，$五_2$煤以中灰、特低硫煤为主，$六_2$煤以中灰、中硫煤为主。

3. 开采技术条件

唐街煤矿区的$六_2$、$五_2$、$四_2$煤层为以砂岩裂隙充水为主的水文地质条件简单矿床；$二_1$、$二_2$煤层为以底板岩溶裂隙充水为主的水文地质条件中等矿床。$二_1$煤层在 1003.27～1413.00 m 取样深度，瓦斯成分中甲烷占 9.39%～96.03%，氮气 1.30%～76.77%，二氧化碳 0.18%～24.95%，甲烷含量 0.49～30.54 mL/g，以沼气带为主，属高瓦斯煤层。$四_2$煤层在 780.25～1058.19 m 取样深度，瓦斯成分中甲烷占12.46%~95.47%，甲烷含量0.37~14.94 mL/g，以沼气带为主。瓦斯中甲烷成分和含量随着埋深的增加而增大，但在地质结构及构造影响下会出现异常变化。煤尘有爆炸性。煤层不易自燃。本区地温梯度2.26~3.26℃/hm，平均2.64℃/hm，二$_1$煤层底板温度绝大多数大于37℃，属Ⅱ级高温区。

表2-94　宝丰县贾寨-郏县唐街煤矿区各煤层主要煤质指标一览表

煤层		M_{ad}/%	A_d/%	V_{daf}/%	$S_{t,d}$/%	$Q_{gr,v,d}$/(MJ·kg^{-1})	Y/mm	$G_{R.I}$
二$_1^1$	原煤	0.38~1.49 0.81 (50)	11.12~29.32 17.01 (50)	15.75~30.38 23.37 (50)	0.30~4.44 0.80 (50)	29.60	20.7	84.5
	浮煤	0.10~3.75 0.91 (50)	5.52~14.07 7.40 (50)	15.15~29.44 22.41 (50)	0.30~1.32 0.51 (48)	32.35		
二$_1^2$	原煤	0.36~1.96 0.76 (16)	11.44~36.59 17.77 (16)	19.84~32.39 25.38 (16)	0.36~4.29 1.03 (15)	28.98	—	—
	浮煤	0.48~1.20 0.76 (16)	4.51~11.43 7.74 (16)	18.18~31.03 23.62 (16)	0.32~3.80 0.78 (15)	33.28		
二$_2$	原煤	0.48~2.60 0.93 (29)	10.37~30.29 18.24 (29)	19.10~32.61 23.39 (29)	0.31~2.42 0.73 (29)	28.94	19.0	84.0
	浮煤	0.19~1.96 0.88 (29)	4.46~14.29 7.70 (29)	17.82~32.59 22.22 (29)	0.30~2.15 0.49 (29)	32.60		
四$_2$	原煤	0.40~2.47 0.94 (44)	11.33~34.87 24.69 (44)	22.53~38.28 29.87 (44)	0.24~1.54 0.47 (46)	26.61	28.3	93.0
	浮煤	0.08~2.64 0.88 (44)	5.12~20.72 8.99 (44)	19.60~37.24 29.61 (44)	0.26~2.27 0.53 (46)	31.99		
四$_3$	原煤	0.52~3.04 1.01 (28)	13.50~38.40 25.59 (28)	21.49~37.53 28.96 (28)	0.27~2.46 0.55 (28)	25.98	35.0	101.0
	浮煤	0.05~2.74 1.03 (28)	4.39~23.05 9.32 (28)	20.62~37.12 28.84 (28)	0.36~3.12 0.59 (29)	31.00		
五$_2$	原煤	0.49~1.64 0.93 (28)	15.82~39.89 25.90 (28)	25.79~36.12 31.20 (28)	0.22~0.95 0.44 (30)	25.70	23.5	98.0
	浮煤	0.40~2.17 0.96 (28)	6.59~11.55 8.46 (28)	22.93~36.42 30.59 (28)	0.26~1.05 0.49 (30)	33.80		
六$_2$	原煤	0.44~1.66 0.80 (12)	18.03~35.33 27.64 (12)	25.87~36.32 33.32 (12)	0.38~2.72 1.39 (14)	25.34	23.8	88.0
	浮煤	0.48~1.60 0.85 (12)	5.07~18.85 10.49 (12)	24.89~38.19 33.68 (12)	0.40~1.31 0.78 (14)	—		

注：资料来源于《河南省宝丰县贾寨-郏县唐街煤详查报告》，河南省国土资源科学研究院，2014。

（五）鲁山县高家庄煤矿区

高家庄煤矿区位于鲁山县仓头乡与宝丰县观音堂乡交界处的低山-丘陵区，北、西、南为一$_1$煤层露头线，面积约4.73 km^2。地理坐标为东经112°45′53″~112°47′15″，北纬33°54′45″~33°56′15″。海拔305.0~594.1 m，为独立矿区。据资源储量核实报告，勘查程度达详查，累计查明煤资源储量14.1×10^4 t，保有煤资源储量10.1×10^4 t。已关闭。本区位于青草岭逆冲断裂带的断夹块中，煤系之上以逆冲断层及夹持其中的由荡泽河岩组构成的石板河岩系、汝阳群组成的红石岭岩系、寒武系张夏组构成的胡叶岭和红土岭飞来峰等形成的复杂构造格架。含煤地层受推覆构造影响，仅残留太原组一$_1$煤层和本溪组铝土矿，煤层之上为青草岭逆冲断层形成的红土岭飞来峰，煤系基底为张夏组石灰岩。煤层构造格架为红土岭向斜；向斜轴向125°，北西端仰起，两翼煤层倾角3°~5°。一$_1$煤层厚度0~2.00 m，平均0.90 m，属不稳定煤层，偶含矸1层。一$_1$煤层埋深0~90 m，底板标高+455~+510 m。原煤水分1.13%，灰分16.50%，全硫3.45%，高温发热量29.60~32.50 MJ/kg，挥发分37.58%。煤类为低灰、高硫气肥煤。

（六）平顶山市高庄煤矿区

高庄煤矿区位于韩梁含煤区北部，隶属于平顶山市石龙区和宝丰县大营镇，面积约21.01 km^2。矿区地理坐标为东经112°49′36″~112°53′21″，北纬33°52′22″~33°55′22″。为西南高、东北低的丘陵区，海拔297.0~194.0 m。据资源储量核实报告，勘查程度达详查，累计查明煤资源储量19385.1×10^4 t，保有煤资源储量7667.4×10^4 t。本区处于瓦斯风化带。煤系基底为寒武系张夏组石灰岩，含煤地层有本溪组—下石盒子组，东部为下白垩统大营组安山岩。矿区位于韩梁向斜西翼北部（图2-89），地层倾向东—南东，倾角6°~14°，青草岭逆断层之东侧为倒转向斜。东北部的李坪-段岭正断层横贯全区；该断层倾向南西，倾角30°~50°，落差110~230 m。太原组下段L_6石灰岩之下的一$_6$煤层局部可采，煤厚0.90 m左右；L_4石灰岩之下的一$_4$煤层局部可采，估算标高+260~-220 m，煤厚0~3.98 m，平均0.72 m，煤层分岔尖灭现象普遍。山西组二$_1$煤层全区可采，估算标高+285~-200 m，煤厚0.55~21.14 m，平均5.69 m，偶见分岔。下石盒子组四煤段中部的四$_2$、四$_3$煤层大部分可采；四$_3$煤层厚度0.10~5.30 m，一般厚度2.50 m，局部含1层碳质泥岩或泥岩夹矸，估算标高+250~0 m；四$_2$煤层常分岔为四$_2^1$与四$_2^2$煤分层，间距0.20~7.00 m，一般间距2 m左右，四$_2^1$煤厚0.53~4.08 m，四$_2^2$煤厚度0~3.19 m。五煤段中部的五$_2$、五$_3$煤层局部可采，五$_3$煤层厚0~3.19 m，平均1.70 m，估算标高+230~+90 m；五$_2$煤层厚度0.53~4.08 m，平均1.35 m，偶见1~2层夹矸。五$_2$、五$_3$煤以中-中高灰气煤为主；四$_2$、四$_3$煤以中-中高灰、中热值气煤为主，1/3焦煤、气肥煤次之；二$_1$煤以低灰、低硫、特高热值1/3焦煤为主；一$_6$煤以中高灰、低硫焦煤为主；一$_4$煤以低灰、高热值肥煤为主，气肥煤、焦煤次之（表2-95）。

表2-95 平顶山市高庄煤矿区煤质特征一览表

煤层		A_d/%	V_{daf}/%	$S_{t,d}$/%	$Q_{gr,ad}$/(MJ·kg^{-1})	Y/mm
一$_4$	原煤	8.00~31.79 / 18.64	29.56~38.57 / 34.42	2.65	26.50~35.40 / 29.61	13~47 / 21
	精煤	5.05~9.09 / 7.21	32.59~43.47 / 38.45	—	—	—
一$_6$	原煤	33.44	20.59	0.87	18.56	—
二$_1$	原煤	8.05~29.01 / 13.30	8.18~34.93 / 30.36	0.34~1.79 / 0.97	34.29~36.38 / 35.26	12~16 / 15
	精煤	4.34~8.48 / 6.65	29.97~38.96 / 33.15	—	—	13~47 / 35
四$_2$	原煤	22.26~41.72 / 31.98	—	0.30~2.52 / 0.65	20.70~32.71 / 23.91	10~31 / 14
	精煤	8.29~18.46 / 12.07	19.24~38.66 / 35.47	0.42~1.43 / 0.59	—	—
四$_3$	原煤	19.89~42.06 / 25.93		0.37~0.82 / 0.58	19.70~32.75 / 21.90	7~18 / 13
	精煤	7.53~15.09 / 10.72	21.71~40.27 / 34.68	0.32~0.44 / 0.38	—	—

续表

煤层		A_d/%	V_{daf}/%	$S_{t,d}$/%	$Q_{gr,ad}$/(MJ·kg^{-1})	Y/mm
五$_2$	原煤	21.69~37.79 / 30.77	—	0.52	—	10~21 / 13
	精煤	6.39~16.23 / 11.17	32.60~38.79 / 34.54	—	—	—
五$_3$	原煤	19.31~33.68 / 27.00	—	0.55	—	7~14 / 13
	精煤	7.92~19.12 / 11.10	28.80~38.43 / 35.68	—	—	—

注：资料来源于《河南省平顶山市高庄煤核查区资源储量核查报告》，河南省煤田地质局四队，2010f。

（七）平顶山市军营沟煤矿区

军营沟煤矿区位于韩梁含煤区的中部，隶属于平顶山市石龙区和鲁山县，面积约 13.17 km^2。区内为西高东低、北高南低的丘陵区，海拔 445.90~161.00 m。矿区地理坐标为东经 112°51′19″~112°54′08″，北纬 33°50′18″~33°53′06″。据资源储量核实报告，勘查程度达详查，累计查明煤资源储量 13368.3×10^4 t，保有煤资源储量 6553.6×10^4 t。煤系基底为寒武系张夏组石灰岩，含煤地层有本溪组、太原组、山西组和下石盒子组，南西和北东部为下白垩统大营组火山岩。总体构造为地层走向北东—北北西、倾角平缓的向斜构造（图 2-89），因受北西向正、逆断层和北东向、近东西向正断层的破坏而分割为多个断块。太原组一$_3$、一$_4$、一$_6$ 煤层局部可采；一$_3$ 煤层厚度 0~1.39 m，平均 0.80 m；一$_4$ 煤层厚度 0~1.47 m，平均 0.90 m，偶含 1 层夹矸，估算标高 -50~-210 m；一$_6$ 煤层厚度 0~0.86 m，平均 0.80 m，偶含 1 层夹矸。山西组二$_1$ 煤层全区可采，估算标高 +50~-180 m，煤厚 2.38~6.70 m，平均 5.05 m，偶含矸 1~2 层，呈岩床状沿煤层顶、底板侵位的岩浆岩致使煤层出现分岔、变薄等现象。下石盒子组四煤段中部的四$_2$、四$_3$ 煤层大部分可采，五煤段中部的五$_2$、五$_3$ 煤层局部可采；四$_2$ 煤层厚度 0.20~3.37 m，平均 1.63 m，含矸 1~2 层，局部地段受岩浆影响，厚度变薄或被岩浆岩吞噬，局部分岔煤层四$_2^2$ 煤局部可采；四$_3$ 煤层厚度 0.30~3.23 m，平均 1.27 m，偶含矸 1~2 层，估算标高 +200~0 m；五$_2$ 煤层厚度 0~3.19 m，平均 1.12 m，估算标高 +225~+75 m；五$_3$ 煤层厚度 0~1.83 m，平均 1.30 m。二$_1$ 煤层以特高热值 1/3 焦煤为主，四$_2$、四$_3$、五$_2$、五$_3$ 煤层以中高热值气煤为主，一$_3$、一$_4$、一$_6$ 煤层以高热值肥煤为主（表 2-96）。

表 2-96 平顶山市军营沟煤矿区煤质特征一览表

煤层	煤种	A_d/%	V_{daf}/%	$S_{t,d}$/%	$Q_{gr,ad}$/(MJ·kg^{-1})	Y/mm
一$_3$	原煤	17.50	29.45	0.80	29.18	26
一$_4$	原煤	18.00	29.00	0.80	29.27	27
一$_6$	原煤	16.49	29.87	0.85	29.27	27
二$_1$	原煤	12.33	32.15	0.52	33.39	16
四$_2$	原煤	31.98	—	0.65	24.90	—
	精煤	12.07	35.47	0.59	33.50	14
四$_3$	原煤	25.93	—	0.58	—	—
	精煤	10.72	34.68	0.38	31.98	13
五$_2$	原煤	31.98	30.48	0.59	25.80	13
五$_3$	原煤	38.08	22.76	0.50	21.35	—

注：资料来源于《河南省平顶山市军营沟煤核查区资源储量核查报告》，河南省煤田地质局四队，2010g。

（八）鲁山县段店煤矿区

段店煤矿区位于韩梁含煤区的西南部，隶属于鲁山县张店镇，东西长 0.55～2.4 km，南北宽 1.7～2.5 km，面积约 3.04 km^2。区内为西南高、东北低的丘陵区，海拔 264.8～149.7 m，矿区地理坐标为东经 112°52′33″～112°54′13″，北纬 33°48′00″～33°49′21″。据资源储量核实报告，勘查程度达详查，累计查明煤资源储量 1635.0×10^4 t，保有煤资源储量 633.0×10^4 t。煤系基底为寒武系张夏组石灰岩，含煤地层本溪组、太原组、山西组和下石盒子组被下白垩统大营组火山岩覆盖。矿区主体构造为向北北东倾伏的韩梁向斜（图 2-89），两翼地层浅部倾角 18°～35°，深部倾角 9°～14°。四$_2$ 煤为全区可采焦煤，煤底标高+150～-5 m，煤厚 0.55～4.85 m，平均 1.59 m，常含厚度 0.45 m 左右夹矸 1 层；原煤灰分 26.00%～35.67%，全硫平均 0.50%～0.85%，高位发热量 25.09～31.70 MJ/kg，挥发分 11.21%～22.00%。二$_1$ 煤为全区可采无烟煤和 1/3 焦煤，露头呈南凸的弧形分布，北部止于大营组火山岩，煤底标高+155～-100 m，煤层厚度 0.61～8.57 m，平均 3.44 m，多含 1 层厚度 0.10～0.20 m 夹矸；原煤灰分 18.50%～19.20%，全硫平均 0.61%，高位发热量 27.24～29.80 MJ/kg，挥发分 9.50%～29.00%。一$_4$ 煤为局部可采气肥煤，煤底标高+120～-10 m，煤厚 0.75～1.45 m，平均 0.95 m；原煤灰分 17.40%，全硫 5.12%，高位发热量 29.61 MJ/kg。

（九）平顶山市许坊煤矿区

许坊煤矿区位于韩梁含煤区，处于平顶山市石龙区、鲁山县梁洼镇和宝丰县张八桥镇交接地带，南北长 6.2～7.1 km，东西宽 1.7～3.1 km，面积约 17.49 km^2。区内为西高东低、北高南低的丘陵区，海拔 264.80～149.70 m。矿区地理坐标为东经 112°53′41″～112°56′05″，北纬 33°48′49″～33°52′43″。据资源储量核实报告，勘查程度达详查，累计查明煤资源储量 11307.4×10^4 t，保有煤资源储量 6045.1×10^4 t。区内第四系厚度 0.50～15.00 m，煤系基底为寒武系张夏组石灰岩。含煤地层本溪组平均厚度 5.42 m，太原组平均厚度 42.00 m，山西组平均厚度 73.00 m，下石盒子组仅残留三、四煤段。本区处于韩梁向斜东翼，总体为地层倾向北西西—北北西的单斜构造（图 2-89），北西向和北东向正、逆断层发育，矿区东部发育有北东—南西向的短轴次级背斜，双头山逆断层从矿区西南部穿过。二$_1$ 煤层全区可采，一$_4$、一$_6$、四$_2$、四$_3$ 煤层局部可采。一$_4$ 煤层厚度 0～1.49 m，平均 0.91 m，局部含矸 1 层，煤底标高+185～-140 m。一$_6$ 煤层厚度 0～1.52 m，平均 0.90 m，局部含 1 层夹矸。二$_1$ 煤层厚度 1.63～8.83 m，平均 5.05 m，偶含 1～2 层厚度小于 0.30 m 泥岩夹矸，煤底标高+215～-160 m。四$_2$ 煤层厚度 0.20～3.37 m，平均 1.63 m，含矸 1～2 层，局部受岩浆影响，厚度变薄或被岩浆岩替代；四$_3$ 煤层厚度 0.30～3.23 m，平均 1.27 m，煤底标高+180～+90 m。二$_1$ 煤以低灰、特低硫、特高热值 1/3 焦煤为主，四$_2$、四$_3$ 煤以中高-高灰、特低硫 1/3 焦煤为主，一$_4$、一$_6$ 煤以低-中灰、高硫气肥煤为主（表 2-97）。

表 2-97 平顶山市许坊煤矿区煤质特征一览表

煤层	煤种	A_d/%	V_{daf}/%	$S_{t,d}$/%	$Q_{gr,ad}$/（$MJ \cdot kg^{-1}$）	Y/mm
二$_1$（井下）	原煤	7.76～18.57 / 13.74（34）	29.25～33.01 / 31.42（34）	0.30～0.48 / 0.37（31）	33.7～35.4 / 34.7（34）	10～17 / 14（34）
	精煤	5.00～7.76 / 6.10（34）	27.93～32.56 / 31.28（34）	0.23～0.33 / 0.29（27）	34.6～35.6 / 35.0（27）	—
二$_1$（钻孔）	原煤	13.52～22.49 / 16.78（11）	8.18～34.93 / 30.36（11）	0.26～0.52 / 0.38（7）	33.5～34.6 / 34.2（11）	12～16 / 14（10）
	精煤	5.42～9.33 / 7.10（10）	30.61～35.48 / 32.33（10）	0.31～0.42 / 0.34（4）	34.6～35.0 / 34.8（5）	—

续表

煤层	煤种	A_d/%	V_{daf}/%	$S_{t,d}$/%	$Q_{gr,ad}$/(MJ·kg^{-1})	Y/mm
四$_2$	原煤	34.81~54.34 / 44.80 (4)	20.70~53.76 / 40.99 (4)	0.39~0.75 / 0.52 (2)	19.7~32.7 / 24.9 (3)	15 (1)
	精煤	14.62~16.94 / 15.78 (2)	24.09~37.06 / 30.58 (2)	0.63~0.64 / 0.64 (2)	34.7~35.9 / 35.3 (2)	—
四$_3$	原煤	24.61~40.45 / 32.53 (2)	13.32~35.31 / 24.32 (2)	0.40~0.47 / 0.44 (2)	33.1~34.0 / 33.6 (2)	13 (1)
一$_6$	原煤	11.30~21.68 / 16.49 (2)	37.93~38.99 / 38.46 (2)	3.31 (1)	34.4 (1)	26 (1)
	精煤	6.63~7.94 / 7.29 (2)	38.24~39.09 / 38.67 (2)	—	—	—
一$_4$	原煤	15.20~27.76 / 21.48 (2)	40.00~41.33 / 40.67 (2)	5.63~8.25 / 6.94 (2)	34.2~35.1 / 34.6 (2)	42~43 / 43 (2)
	精煤	4.84~6.57 / 5.71 (2)	39.27~40.11 / 39.69 (2)	4.28 (1)	—	—

注：资料来源于《河南省平顶山市许坊井田煤核查区资源储量核查报告》，河南省煤田地质局四队，2010h。

（十）宝丰县苗李煤矿区

苗李煤矿区位于韩梁含煤区的东部，隶属于宝丰县张八桥和鲁山梁洼镇，东西长 2.8~6.5 km，南北宽 1.2~3.35 km，面积约 12.42 km^2。区内为南北低、中部高的丘陵区，海拔 216.82~183.00 m。矿区地理坐标为东经 112°55′05″~112°58′53″，北纬 33°50′49″~33°52′58″。据资源储量核实报告，勘查程度达详查，累计查明煤资源储量 3536.9×10^4 t，保有煤资源储量 1234.8×10^4 t。区内第四系厚度 0~8.00 m，煤系基底为寒武系张夏组石灰岩。含煤地层本溪组厚度 6.02~10.89 m，平均 8.40 m，太原组平均厚度 58.00 m，山西组最大残留厚度 75.00 m。本区处于韩梁向斜东翼，为地层倾向北西、倾角 8°~12°的单斜构造（图 2-89），西部发育的轴向北东—南西向短轴次级背斜被苗李正断层所错断。苗李正断层倾向 215°~242°，倾角 47°，落差 50 m。区内主采二$_1$ 煤层，一$_4$、一$_6$ 煤层局部可采，其他煤层均不可采。一$_4$ 煤层厚度 0~3.20 m，平均 1.95 m，无矸，煤底标高+160~-80 m；原煤灰分 14.00%~24.00%，平均 18.14%；挥发分 16.85%~34.00%，平均 28.02%；全硫 0.50%~6.88%，平均 3.26%；高位发热量 26.81~36.70 MJ/kg，平均 30.83 MJ/kg。一$_6$ 煤层厚度 0~1.30 m，平均 1.18 m，无矸，煤底标高+140~+30 m；原煤灰分 24.00%，挥发分 34.00%，全硫 0.82%，高位发热量 29.27 MJ/kg。二$_1$ 煤层厚度 0~5.38 m，平均 4.55 m，无矸，埋深 6~225 m，煤底标高+150~-50 m；原煤灰分 14.00%~18.50%，平均 15.20%；挥发分 24.27%~29.00%；全硫 0.50%~0.95%，平均 0.62%；发热量 26.26~31.42 MJ/kg，平均 29.62 MJ/kg；黏结指数 61~80，胶质层最大厚度 20 mm。煤类均以 1/3 焦煤为主。

（十一）郏县王集煤矿区

王集煤矿区位于郏县县城东南部的王集乡和堂街镇，北部边界位于渔池村-王庄，东部边界位于王庄、八里营、辛庄、双庙、孙集、刘家门村一线，南部边界位于刘家门、石桥店、雷庄村一线，西部边界位于士庄街、柴堂、四里营一线，南北长约 8.77 km，东西宽 2.20~7.70 km，面积约 41.29 km^2。为冲洪积平原地貌，地面高程 87.40~105.50 m，汝河自西北向东南流经矿区南部，地理坐标为东经 113°14′00″~113°19′02″，北纬 33°54′12″~33°59′00″。2012~2015 年，河南省煤炭地质勘察研究总院（原河南省煤炭地质勘察研究院）进行了勘探，编制的《河南省郏县王集勘查区煤炭勘探报告》累计查明/保有 1500 m 以浅的煤资源量 14545. 0×10^4 t，另有 1500 m 以深的潜在煤资源 19564. 0×10^4 t；估算煤层气资源量 31. 25×10^8 m^3，其中二$_1$煤和四$_2$煤的煤层气资源量分别为 27. 12×10^8 m^3 和 4. 13×10^8 m^3。

1. 矿区地质

王集煤矿区内第四系厚度 40. 27~180. 10 m，煤系基底为寒武系崮山组白云岩。含煤地层本溪组厚度 3. 21~13. 30 m，平均 8. 02 m；太原组厚度 44. 62~51. 59 m，平均 49. 12 m；山西组厚度 52. 02~103. 53 m，平均 76. 45 m；下石盒子组厚度 311. 33~356. 59 m，平均 337. 44 m；上石盒子组厚度 295. 63~410. 68 m，平均 358. 37 m。煤系盖层孙家沟组厚度 220. 63~279. 98 m，平均 243. 08 m，刘家沟组平均厚度 243. 11 m，和尚沟组厚度 270. 87 m，二马营组厚度 280. 72 m，油房庄组揭露最大厚度 156. 85 m。矿区处于李口向斜北翼，为地层倾向南西西、倾角 4°~9°的单斜构造，发育有宽缓的次级背向斜，北西向正断层发育。竹园寨逆断层位于矿区南部，断层倾向 25°~36°，倾角 38°~45°。辛庄正断层倾向 207°，倾角 68°~75°，从矿区北部穿过。矿区中部有华庄和王集正断层穿过，两条断层倾向北，倾角 62°~72°。

2. 煤层与煤质

王集煤矿区内二$_1$煤层全区可采，四$_2$煤层大部可采，二$_2$、五$_2$、七$_2$煤层局部可采。二$_1$煤层上距砂锅窑砂岩 37. 70~95. 38 m，平均 67. 30 m；下距 L_9 石灰岩 2. 97~18. 56 m，平均 7. 79 m；煤层直接顶板多为泥岩、细砂岩，偶见碳质泥岩伪顶；底板以泥岩为主，局部有碳质泥岩伪底；埋深 938~2816 m，赋存标高-850~-2710 m，煤厚 1. 19~11. 88 m，平均 4. 00 m，局部含厚度 0. 10~0. 62 m 泥岩、碳质泥岩夹矸 1 层，偶尔分岔为二$_1^1$、二$_1^2$分煤层。二$_2$煤层位于大占砂岩上、下分层之间，煤厚 0~2. 07 m，平均 0. 55 m；局部含厚度 0. 19~0. 61 m 泥岩、碳质泥岩夹矸 1~2 层，偶分岔为二$_2^1$、二$_2^2$分煤层。四$_2$煤层直接顶板多为泥岩，少数为粉砂岩、细砂岩，偶见碳质泥岩伪顶；底板以泥岩为主，次为粉砂岩，局部有碳质泥岩伪底；埋深 750~2735 m，赋存标高-650~-2630 m，煤厚 0~3. 57 m，平均 1. 31 m，煤厚由南北两侧向中部变薄，含厚度 0. 34~0. 59 m 泥岩、碳质泥岩夹矸 1~2 层，偶分岔为四$_2^1$、四$_2^2$煤分层。五$_2$煤层埋深 650~2675 m，煤底标高-550~-2570 m，可采区主要位于矿区西南部，区内 35 孔穿过，4 孔断失，零点 3 孔，见煤点 28 孔，可采点 6 孔，煤厚 0~1. 69 m，平均 0. 58 m，1 孔含厚度 0. 29 m 泥岩夹矸 1 层，3 孔分岔为五$_2^1$、五$_2^2$分煤层。七$_2$煤层赋存于七煤段的中下部，上距平顶山砂岩平均 207. 06 m，下距田家沟砂岩平均 48. 41 m，煤底标高-380~-2220 m，埋深 480~2325 m；区内 35 孔穿过，零点 2 孔，见煤点 33 孔，可采点 9 孔，可采区煤厚 0. 70~2. 05 m，平均 1. 50 m，6 孔含厚度 0. 10~0. 69 m 的碳质泥岩、泥岩夹矸 1 层，4 孔分岔为七$_2^1$、七$_2^2$分煤层。二$_1$、二$_2$、四$_2$煤为焦煤，五$_2$、七$_2$煤为肥煤（表 2-98），七$_2$煤以中高灰、低硫、中热值煤为主，四$_2$煤以中灰、特低硫、中热值煤为主，二$_2$煤以中灰、特低硫、中高热值煤为主，二$_1$煤以低灰、特低硫、高热值煤为主。

表 2-98　郏县王集煤矿区各煤层主要煤质指标一览表

煤层		M_{ad}/%	A_d/%	V_{daf}/%	$S_{t,d}$/%	$Q_{gr,d}$（MJ·kg^{-1}）	Y/mm	$G_{R.I}$
二$_1$	原煤	0. 39~1. 40 0. 77（35）	10. 28~35. 87 19. 71（35）	19. 16~31. 79 22. 37（35）	0. 25~0. 52 0. 38（35）	24. 85~32. 59 28. 62（21）	—	—
	浮煤	0. 35~2. 12 0. 87（35）	5. 35~11. 82 7. 51（35）	16. 65~32. 71 20. 90（35）	0. 18~0. 52 0. 40（35）	32. 77~34. 83 34. 00（16）	8. 0~28. 0 45. 2（25）	66~99 83（35）
二$_2$	原煤	0. 49~0. 84 0. 69（7）	14. 33~28. 12 23. 57（7）	19. 44~25. 70 23. 02（7）	0. 30~0. 60 0. 45（7）	25. 08（1）	—	—
	浮煤	0. 50~1. 29 0. 84（7）	6. 29~11. 59 7. 71（7）	17. 53~23. 48 20. 97（7）	0. 33~0. 62 0. 46（7）	33. 97（1）	18. 0~24. 0 21. 0（4）	70~99 84（7）

续表

煤层		M_{ad}/%	A_d/%	V_{daf}/%	$S_{t,d}$/%	$Q_{gr,d}$（MJ·kg^{-1}）	Y/mm	$G_{R.I}$
四$_2$	原煤	0.42~2.27 0.83（23）	18.69~39.56 29.70（23）	22.74~35.55 26.50（23）	0.24~0.79 0.43（23）	19.70~27.43 23.40（9）	—	—
	浮煤	0.58~3.96 0.91（23）	3.89~10.19 7.52（23）	19.31~34.19 25.55（23）	0.28~0.61 0.45（22）	33.21~33.91 33.48（6）	11.5~33.0 20.8（12）	63~101 91（22）
五$_2$	原煤	0.62（1）	34.21（1）	28.06（1）	0.40（1）	22.39（1）	—	—
	浮煤	1.12（1）	7.89（1）	27.60（1）	0.26（1）	—	25.5（1）	94（1）
七$_2$	原煤	0.50~1.56 0.91（9）	22.15~39.96 33.74（9）	24.27~34.88 30.62（9）	0.24~1.00 0.55（9）	21.66~27.55 23.93（3）	—	—
	浮煤	0.51~1.34 0.83（9）	4.85~11.46 7.88（9）	24.01~32.83 30.62（9）	0.49~0.80 0.65（9）	32.08~32.76 32.40（3）	—	89~101 96（9）

注：资料来源于《河南省郏县王集勘查区煤炭勘探报告》，河南省煤炭地质勘察研究总院，2015a。

（十二）郏县兴国寺煤矿区

兴国寺煤矿区位于平顶山含煤区北部的郏县西南长桥镇，北为倾向南、倾角65°~70°的侯店逆断层，南至兴国寺正断层，东止于襄郏一号正断层，面积约11.00 km^2。为汝河北岸襄郏冲积平原，地形平坦，标高95 m左右，地理坐标为东经113°17′38″~113°22′04″，北纬33°55′16″~33°57′50″。据资源储量核实报告，勘查程度达详查，累计查明/保有煤资源量1565.9×10^4 t；另有（334）？类煤资源量4343.7×10^4 t。区内第四系最大厚度191.37 m，煤系基底为寒武系芙蓉统炒米店组泥质白云岩，含煤地层本溪组—上石盒子组均有保留，煤系盖层有孙家沟组、刘家沟组。矿区主体构造格架为襄郏背斜及其南侧的灵武山向斜，地层倾角10°~40°。走向北西、倾向北东的正断层发育，诸如襄郏二号正断层和张庄正断层。二$_1$煤层全区可采，煤底标高-290~-695 m，煤厚0~8.23 m，平均2.45 m，局部分岔为2层；二$_1^2$煤层厚度0~1.68 m，平均厚度1.11 m，局部可采；原煤灰分7.72%~27.00%，平均15.67%；全硫0.27%~3.68%，平均0.68%；高位发热量24.68~34.02 MJ/kg，平均29.53 MJ/kg；浮煤挥发分17.49%~23.46%，平均19.56%；Y值10~25 mm，平均15.9 mm；煤类为低灰、低硫、高热值焦煤。四$_2$煤层大部分可采，煤厚0~4.33 m，平均2.45 m，局部含矸1层；原煤灰分17.17%~39.92%，平均29.35%；全硫0.30%~0.61%，平均0.41%；高位发热量19.94~29.57 MJ/kg，平均24.14 MJ/kg；浮煤挥发分22.15%~30.46%，平均24.93%；Y值14~49 mm，平均30.7 mm；煤类为中灰、特低硫、中热值肥煤。

（十三）宝丰县闹店-凤凰山煤矿区

闹店-凤凰山煤矿区位于平顶山含煤区的西部，处于宝丰县闹店、石桥与周庄镇之结合部位，北西临郏县断裂，为冲洪积平原地貌，地面高程110.0~135.0 m，面积约28.13 km^2。地理坐标为东经113°07′45″~113°12′40″，北纬33°50′40″~33°53′22″。2004~2009年，河南省国土资源科学研究院进行了普查、详查，编制的《河南省宝丰县闹店-凤凰山一带煤详查报告》累计查明/保有煤资源量17967.5×10^4 t；另有埋深1500 m以浅的（334）？类煤资源量9838.0×10^4 t，1500 m以深的（334）？类煤资源量10031.1×10^4 t。

闹店-凤凰山煤矿区的煤系基底为寒武系炒米店组白云岩。含煤地层本溪组平均厚度5.70 m，太原组平均厚度60.00 m，山西组厚度78.71~113.01 m，平均89.92 m；下石盒子组厚度289.64~342.82 m，平均320.99 m；上石盒子组厚度345.95~415.22 m，平均368.42 m。煤系盖层孙家沟组平均厚度 171.94 m，刘家沟组平均厚度 210.00 m，和尚沟组平均厚度 240.00 m，新近系厚度 127.60~802.45 m，第四系厚度 30.00~80.00 m。为李口向斜南翼、地层倾向 30°、倾角 3°~8°的单斜构造，区内北西和北东向断层发育，锅底山正断层从矿区中部穿过。矿区西部的凤凰岭逆断层倾向西，倾角 50°，落差大于 500 m，西侧（上盘）为寒武系，东侧为二叠系。

闹店-凤凰山煤矿区主采二$_1$ 煤层，四$_2$、五$_2$、六$_2$ 煤层大部分可采，其余煤层偶见可采点。二$_1$ 煤层下距太原组顶部石灰岩或硅质泥岩 2.87~11.30 m，平均 6.37 m；上距大占砂岩 0.30~15.74 m，平均 5.02 m；上距砂锅窑砂岩 60.40~90.71 m，平均 78.49 m；煤层埋深 950~1910 m，赋存标高 -810~-1800 m；15 个钻孔均穿见，煤厚 4.21~8.69 m，平均 6.04 m，2 孔含厚度 0.15~0.30 m 夹矸 1 层，4 孔有分岔，煤分层间距 1.29~6.29 m。四$_2$ 煤层直接顶、底板均为泥岩，煤层埋深 770~1760 m，赋存标高-635~-1650 m，14 孔穿见，1 孔断失，2 孔不可采，煤厚 0.50~2.92 m，平均 1.76 m，偶含厚度 0.30~0.40 m 碳质泥岩夹矸 1 层，10 孔分岔为四$_2^1$、四$_2^2$ 分煤层，四$_2^1$ 煤层稳定，四$_2^2$ 煤层偶见可采点。五$_2$ 煤层埋深 680~1710 m，赋存标高-545~-1600 m，煤层直接顶、底板均为泥岩，12 孔分岔为五$_2^1$、五$_2^2$ 分煤层；五$_2^2$ 煤层较稳定，局部相变为碳质泥岩，煤厚 0~1.95 m，平均 0.74 m，5 孔可采；五$_2^1$ 煤层稳定，煤厚 0.30~2.20 m，平均厚度 1.44 m，偶含厚度 0.42~0.49 m 碳质泥岩夹矸，中厚煤点 8 孔，薄煤点 5 孔，不可采点 2 孔。六$_2$ 煤层埋深 580~1150 m，赋存标高 -445~-1040 m；直接顶、底板为泥岩，偶见粉砂岩底板；13 孔穿见，1 孔断失，1 孔剥蚀为新生界覆盖，穿见孔中 1 孔不可采，煤厚 0.60~1.78 m，平均 1.39 m。煤类以 1/3 焦煤为主（表 2-99），六$_2$ 煤以中高灰、中硫、中热值煤为主，五$_2$ 煤以中灰、低硫、中热值煤为主，四$_2$ 煤以中高灰、低硫、中热值煤为主，二$_1$ 煤以低灰、特低硫、高热值煤为主。

表 2-99　宝丰县闹店-凤凰山煤矿区各煤层主要煤质指标一览表

煤层		六$_2$	五$_2$	四$_2$	二$_1$
水分（M_{ad}）/%	原煤	0.52~1.76 1.26（5）	0.62~2.20 1.30（8）	0.87~1.71 1.35（8）	0.78~1.80 1.22（10）
	浮煤	0.94~1.50 1.19（5）	0.68~1.72 1.11（8）	0.92~1.72 1.27（7）	0.54~1.31 1.01（10）
灰分（A_d）/%	原煤	25.98~36.26 31.21（5）	22.46~38.77 29.07（7）	23.62~37.72 31.48（6）	7.05~25.60 15.04（10）
	浮煤	8.92~17.04 12.94（5）	7.99~12.59 10.28（8）	5.81~18.57 11.66（7）	4.93~9.06 7.45（10）
挥发分（V_{daf}）/%	原煤	33.17~40.30 36.66（5）	31.62~40.63 35.58（7）	34.86~49.32 41.50（7）	28.80~36.60 32.54（10）
	浮煤	32.91~40.15 34.17（5）	28.54~35.69 31.20（8）	27.53~59.93 37.86（7）	26.70~36.16 31.86（10）
全硫（$S_{t,d}$）/%	原煤	0.47~2.37 1.32（4）	0.24~1.51 0.89（8）	0.42~1.58 0.78（8）	0.19~0.55 0.37（10）
	浮煤	0.43~1.31 0.85（5）	0.33~0.73 0.58（8）	0.36~0.71 0.56（7）	0.23~0.53 0.38（10）
发热量（$Q_{gr,d}$）/（$MJ \cdot kg^{-1}$）	原煤	21.58~25.25 23.24（5）	20.68~26.74 23.26（7）	20.56~26.40 23.16（9）	25.04~32.70 29.41（9）
	浮煤	29.41（1）	31.45~31.94 31.70（2）	31.08（1）	32.43~33.82 33.13（2）
黏结指数（$G_{R.I}$）		59.0~85.0 72.0（3）	81.0~90.0 85.3（4）	76.0~90.0 83.5（3）	83.0~96.5 87.7（9）
胶质层最大厚度 Y/mm		16.0（1）	10.5（1）	13.6（1）	16.0~24.5 19.0（9）

注：资料来源于《河南省宝丰县闹店-凤凰山一带煤详查报告》，河南省国土资源科学研究院，2009。

（十四）郏县姚庄煤矿区

姚庄煤矿区位于郏县南东约 19 km 处的唐街镇和姚庄乡，属十三矿的深部。西自安子赵，东至郝庄，南起小崔庄，北到西后庄，面积约 24.12 km^2。为汝河南岸冲洪积平原区，地面标高 100.00 m，地理坐标为东经 113°15′00″~113°19′17″，北纬 33°52′00″~33°54′15″。2005~2015 年，河南省有色金属地质矿产局第四地质大队进行了预查、普查，提交了《河南省郏县姚庄煤普查报告》，估算查明/保有煤资源量 16392.0×10^4 t；另有埋深 1500 m 以浅的（334）？类煤资源量 6208.0×10^4 t，1500 m 以深的（334）？类煤资源量 2135.0×10^4 t；估算煤层气资源量 5.60×10^8 m^3，其中，二$_1$ 煤和四$_2$ 煤的煤层气资源量分别为 4.19×10^8 m^3 和 1.41×10^8 m^3。

姚庄煤矿区内第四系厚度 121.00~144.49 m，施工 4 个钻孔均终孔于太原组。山西组厚度 63.05~96.63 m，平均 78.05 m。下、上石盒子组平均厚度分别为 336.04 m 和 382.80 m。孙家沟组揭露最大厚度 358.41 m。本矿区处在李口向斜的轴部，北东翼地层倾向 220°~230°，南西翼地层倾向 40°~50°，倾角 0°~7°。地震解释断裂 6 条，走向均为北西向，多倾向南西；仅 F$_3$ 断层倾向北东，倾角 59°~63°。区内可采煤层有四$_2$、二$_3$、二$_1$ 煤层，4 孔均为可采点。四$_2$ 煤层赋存于石盒子组下部，煤厚 1.11~2.24 m，平均 1.57 m，局部含矸 1 层，埋深 700~1300 m。二$_3$ 煤层位于山西组大占砂岩之上，煤厚 0.70~2.03 m，平均 1.41 m，无矸，埋深 900~1550 m。二$_1$ 煤层赋存于大占砂岩之下，煤厚 2.55~3.64 m，平均 2.76 m，一般含矸 1 层，埋深 900~1550 m；ZK1602 钻孔分岔，二$_1^{上}$ 煤层厚 2.11 m，二$_1^{下}$ 煤层厚 1.31 m。煤类均为焦煤（表 2-100），四$_2$ 煤以中灰、特低硫、中高热值煤为主，二$_3$ 煤以中灰、中硫、中高热值煤为主，二$_1$ 煤以低灰、低硫、高热值煤为主。

表 2-100　郏县姚庄煤矿区各煤层主要煤质指标一览表

煤层		M_{ad}/%	A_d/%	V_{daf}/%	$S_{t,d}$/%	$Q_{gr,d}$/(MJ·kg^{-1})	$G_{R.I}$
二$_1$	原煤	0.74~1.22 / 0.88 (7)	13.07~27.12 / 20.00 (7)	21.55~27.95 / 24.28 (7)	0.38~0.95 / 0.60 (7)	25.25~31.06 / 28.42 (7)	62~96 / 83 (7)
	浮煤	0.59~0.83 / 0.73 (7)	3.77~7.62 / 5.96 (7)	18.60~26.46 / 22.87 (7)	0.32~0.59 / 0.46 (7)	33.46~35.59 / 34.28 (7)	
二$_3$	原煤	0.66~0.91 / 0.78 (3)	23.33~28.63 / 24.96 (3)	21.43~36.03 / 26.74 (3)	0.38~3.17 / 1.21 (3)	24.76~26.82 / 26.03 (3)	65~102 / 77 (3)
	浮煤	0.68~0.86 / 0.75 (3)	4.71~11.59 / 7.63 (3)	18.79~37.07 / 25.11 (3)	0.36~3.38 / 1.28 (3)	31.15~33.44 / 32.26 (3)	
四$_2$	原煤	0.72~1.38 / 1.13 (3)	13.04~30.80 / 25.25 (3)	23.27~34.15 / 29.51 (3)	0.28~0.57 / 0.35 (4)	23.75~31.75 / 26.21 (4)	86~94 / 91 (3)
	浮煤	0.70~1.08 / 0.95 (3)	8.36~13.47 / 10.00 (3)	23.73~33.60 / 29.70 (3)	0.32~0.44 / 0.38 (3)	31.59~33.14 / 32.47 (3)	

注：资料来源于《河南省郏县姚庄煤普查报告》，河南省有色金属地质矿产局第四地质大队，2015。

（十五）平顶山市十一矿煤矿区

十一矿位于平顶山含煤区西部的平顶山市区与宝丰县交界地带，西、南为二$_1$ 煤层隐伏露头，北至二$_1$ 煤底-750 m 标高，东西走向长 5.3~6.3 km，南北宽 1.7~3.6 km，面积约 21.23 km^2。区内为剥蚀残余丘陵地貌，山体呈北西—南东向展布，海拔 320.4~110.0 m。矿区地理坐标为东经 113°07′47″~113°12′14″，北纬 33°47′43″~33°51′17″。据资源储量核实报告，勘查程度达勘探，累计查明煤资源储量 29065.3×10^4 t，保有煤资源储量 23534.5×10^4 t。

十一矿内第四系厚度 1.00~18.00 m，煤系基底为寒武系张夏组石灰岩。含煤地层本溪组厚度

2.00~15.00 m，平均 5.92 m；太原组厚度 54.00~102.02 m，平均 62.00 m；山西组厚度 34.50~131.00 m，平均 93.79 m；下石盒子组厚度 305.80~409.00 m，平均 321.81 m；上石盒子组平均厚度 432.71 m。煤系盖层孙家沟组平均厚度 127.00 m，新近系洛阳组厚度 0~6.93 m。本区处于李口向斜西南翼，为地层倾向北东、倾角 5°~8°的单斜构造；北西向逆断层发育，以倾向北东的逆断层为主。

十一矿的全区可采煤层有二$_1$、四$_2$、五$_2$ 煤层，六$_2$、四$_3$、二$_2$、一$_4$、一$_2$、一$_3$ 煤层局部可采。六$_2$ 煤层厚度 0.35~2.67 m，平均 1.42 m，仅在北部、东部地段含厚度 0.11~0.56 m 夹矸 1~2 层，煤底标高+90~-330 m。五$_2$ 煤层多分岔为五$_2^1$ 与五$_2^2$ 煤分层，五$_2^1$ 煤层厚度 0.10~5.66 m，平均 2.76 m，煤底标高+95~-795 m；五$_2^2$ 煤层厚度 0.24~3.59 m，平均 1.60 m。四$_3$ 煤层厚度 0.09~2.93 m，平均 1.23 m，含矸 1~4 层，煤底标高+70~-780 m。四$_2$ 煤层厚度 0.51~4.94 m，平均 2.36 m，多含 1 层厚度 0.01~0.60 m 夹矸，局部分岔为 2 层。二$_2$ 煤层厚度 0~4.21 m，平均 1.10 m，局部见 1 层夹矸。二$_1$ 煤层厚度 0.64~20.54 m，平均 6.42 m，局部分岔为 2 层，煤底标高+80~-795 m。一$_4$ 煤层厚度 0.58~2.91 m，平均 1.01 m，局部含夹矸 1~2 层，煤底标高+80~-750 m。一$_3$ 煤层厚度 0~1.72 m，局部含夹矸 1~2 层。一$_2$ 煤层厚度 0~1.42 m，局部含夹矸 1~2 层。六$_2$ 煤为中灰、中高硫、中高热值气煤，五$_2$、四$_3$、四$_2$ 煤为中-中高灰、特低硫、中-中高热值 1/3 焦煤，二$_2$、二$_1$ 煤为低灰、特低硫、高热值 1/3 焦煤，一$_4$、一$_3$、一$_2$ 煤为低灰、高硫、高-特高热值肥煤（表 2-101）。

表 2-101 平顶山市十一矿煤矿区煤质特征一览表

煤层		A_d/%	V_{daf}/%	$S_{t,d}$/%	$Q_{gr,v,d}$/(MJ·kg^{-1})	$G_{R.I}$	Y/mm	
六$_2$	原煤	17.76~30.11 26.10（18）	20.71~48.41 40.12（30）	1.74~3.80 2.56（10）	23.51~26.4 24.92（6）		33.3~37.3 34.9（19）	13~20 17（18）
	精煤	10.18~15.5 13.21（18）	30.55~43.64 39.69（24）	0.89~1.46 1.16（9）	29.68~31.2 30.40（7）			
五$_2$	原煤	15.62~46.88 25.13（41）	26.71~43.17 36.73（65）	0.23~1.14 0.43（30）	16.98~30.9 24.78（25）		74~92 81（26）	10~20 14（41）
	精煤	6.51~11.98 9.16（41）	29.36~46.81 35.24（58）	0.27~0.65 0.37（30）	0.32~32.7 31.62（27）			
四$_3$	原煤	25.63~47.62 32.30（4）	19.93~56.45 38.06（31）	0.52（1）	24.10（1）		72~84 80（4）	10~15 13（4）
	精煤	13.09~27.3 17.19（4）	33.44~39.79 36.40（21）	0.67（1）	30.56（1）			
四$_2$	原煤	14.08~34.12 23.83（30）	31.34~42.97 36.58（54）	0.20~0.78 0.36（18）	21.04~27.8 25.21（16）		77~94 87（22）	12~22 17（30）
	精煤	5.63~21.38 10.36（30）	33.50~40.10 36.37（45）	0.28~1.04 0.43（18）	26.72~33.2 31.28（19）			
二$_2$	原煤	9.12~15.31 11.32（5）	31.00~41.20 36.72（28）	0.40~0.55 0.47（3）	29.86~31.7 30.81（2）		79~94 88（4）	13~23 18（5）
	精煤	4.05~7.42 5.75（5）	30.04~39.69 36.16（25）	0.38~0.44 0.42（6）	30.04~36.1 32.72（5）			
二$_1$	原煤	6.67~29.24 14.63（62）	28.86~39.48 32.96（81）	0.20~1.00 0.36（47）	23.34~32.4 29.21（41）		72~97 89（42）	11~25 18（62）
	精煤	3.38~14.13 6.75（61）	28.96~37.29 32.23（75）	0.25~0.75 0.37（47）	30.08~34.4 33.00（44）			

续表

煤层		A_d/%	V_{daf}/%	$S_{t,d}$/%	$Q_{gr,v,d}$/(MJ·kg^{-1})	$G_{R.I}$	Y/mm	
一$_4$	原煤	10.15~26.22 15.77 (18)	32.84~39.06 35.70 (18)	3.49~4.64 4.09 (5)	30.16 (1)		97~104 103 (10)	26~47 39 (11)
	精煤	4.13~9.01 5.64 (11)	31.78~38.00 35.29 (17)	4.03~4.84 4.45 (4)	33.56~34.3 33.83 (3)			
一$_3$	原煤	14.00 (1)	—	3.88~5.42 4.65 (4)	31.50 (1)	—	40~53 45 (13)	
一$_2$	原煤	9.55~25.46 13.84 (10)	—	4.68~7.81 5.48 (5)	—	—	28~43 37 (8)	

注：资料来源于《河南省平顶山市十一矿煤核查区资源储量核查报告》，河南省煤田地质局四队，2010i。

（十六）平顶山市五矿煤矿区

五矿位于平顶山市西北郊约 8 km 处，西接十一矿，南为二$_1$ 煤层露头线，东接一、二矿和七矿，北接六矿，面积约 30.40 km^2。地理坐标为东经 113°07′47″~113°12′14″，北纬 33°47′43″~33°51′17″。据资源储量核实报告，勘查程度达勘探，累计查明煤资源储量 46097.7×10^4 t，保有煤资源储量 28656.9×10^4 t。

五矿内第四系厚度 0~30.00 m，煤系基底为寒武系张夏组石灰岩，含煤地层有本溪组、太原组、山西组、下石盒子组和上石盒子组，煤系盖层有孙家沟组和新近系洛阳组。本区处于李口向斜西南翼，为地层倾向 0°~30°、倾角 5°~30°的单斜构造，锅底山断层附近地层倾角变化较大。区内断层和次级褶皱均较发育，但以中小型为主。二$_1$、四$_3$、四$_2$、五$_2$ 煤层为主要可采煤层，二$_2$、二$_3$、六$_2$ 煤层局部可采，大部分可采一$_5$ 煤层和偶尔可采一$_4$ 煤层为高硫肥煤。六$_2$ 煤层厚度 0~2.45 m，平均 1.01 m，偶含矸 1 层。五$_2$ 煤层厚度 0.10~13.44 m，平均 3.45 m，偶含 1~2 层碳质泥岩夹矸。四$_3$ 煤层厚度 0~3.46 m，平均 1.77 m，无矸。四$_2$ 煤层厚度 0.26~6.55 m，平均 2.85 m，含厚度 0.20~0.70 m 夹矸 1~4 层，并常分岔为两个煤分层。二$_3$ 煤层常与二$_2$ 煤层合层出现或缺失，煤厚 0~3.84 m，平均 0.82 m。二$_2$ 煤层厚度 0~10.85 m，平均 1.02 m，无矸。二$_1$ 煤层厚度 0.26~12.50 m，平均 5.17 m，含夹矸 1~3 层，多数为 1 层，局部地段分岔为 2 层，夹矸厚度 0.40~2.12 m。一$_5$ 煤层厚度 0~3.85 m，平均 1.15 m，常见有 1~3 层泥岩或碳质泥岩夹矸。一$_4$ 煤层厚度 0~1.84 m，煤厚变化很大，且多与一$_5$ 煤层呈合层出现，煤类为 1/3 焦煤。二$_3$、二$_2$、二$_1$ 煤为低灰、特低硫、高-特高热值 1/3 焦煤，六$_2$ 煤为中灰、中高硫、中高热值气煤，仅个别点有肥煤和 1/3 焦煤；五$_2$、四$_3$ 和四$_2$ 煤以中灰、特低硫、中高热值 1/3 焦煤为主，仅个别点有气煤、肥煤（表 2-102）。

表 2-102　平顶山市五矿煤矿区煤质特征一览表

煤层	浮煤平均值	原煤平均值				
	V_{daf}/%	A_d/%	$S_{t,d}$/%	$Q_{gr,v,d}$/(MJ·kg^{-1})	$G_{R.I}$	Y/mm
六$_2$	38.25	25.43	2.14	25.32	80.1	16.1
五$_2$	34.51	25.95	0.39	23.18~24.32	89.7	16.1
四$_3$	35.14	24.12	0.39	24.34~25.69	94.1	22.7
四$_2$	34.12	27.16	0.41	25.45~27.05	93.2	22.2
二$_2$	32.45	13.57	0.48	27.91	95.5	—
二$_1$	30.45	16.27	0.41	33.85	95.2	25.0
一$_5$	30.39	13.40	4.45	31.30	—	—

注：资料来源于《河南省平顶山市五矿煤核查区资源储量核查报告》，河南省煤田地质局四队，2010j。

（十七）平顶山市六矿煤矿区

六矿位于平顶山市西北与宝丰县李庄乡交界附近，西起锅底山正断层，南接五矿，东接一、二矿，北至二$_1$煤底-800 m，面积约25.47 km^2。矿区地理坐标为东经113°12′08″～113°17′33″，北纬33°47′26″～33°49′51″。据资源储量核实报告，勘查程度达勘探，累计查明煤资源储量37115.2×10^4 t，保有煤资源储量27614.6×10^4 t；另有（334）？类煤资源量1685.3×10^4 t。

六矿内第四系厚度0～30.00 m，煤系基底为寒武系张夏组石灰岩。含煤地层本溪组厚度1.00～16.50 m，平均5.53 m；太原组厚度50.00～72.00 m，平均62.60 m；山西组厚度87.00～114.00 m，平均105.30 m；下石盒子组厚度284.00～311.00 m，平均304.40 m；上石盒子组厚度384.00～421.00 m，平均404.00 m。煤系盖层孙家沟组厚度123.00～202.00 m，平均158.00 m；新近系洛阳组厚度3.00～40.00 m。本区处于李口向斜西南翼，总体构造格架为地层倾向0°～30°、倾角10°～15°的单斜构造，锅底山正断层附近倾角变化较大，锅底山正断层下盘发育有次级山庄向斜和诸葛店背斜，矿区西南部发育有走向北西、南西倾的山庄逆断层和马沟正断层。二$_1$、四$_2$煤层全区可采，一$_5$、二$_2$、四$_3$、五$_2$、六$_2$煤层大部分可采。六$_2$煤层厚度0～1.77 m，平均1.07 m；原煤灰分40.75%；全硫1.76%；浮煤挥发分34.68%～41.11%，平均38.70%；黏结指数83.8，Y值11～27.5 mm，平均18.6 mm。五$_2$煤层厚度0～9.27 m，平均3.60 m；原煤灰分16.78%～32.58%，全硫0.25%～0.46%；浮煤挥发分30.64%～37.49%，平均34.05%；黏结指数94.6，胶质层最大厚度为15～29 mm，平均19 mm。四$_3$煤层厚度0～3.72 m，平均1.80 m；原煤灰分19.69%～35.60%，全硫0.25%～0.48%；浮煤挥发分32.08%～37.22%，平均34.09%；黏结指数95.2，Y值15.5～29 mm，平均21.4 mm。四$_2$煤层厚度0～4.07 m，平均2.53 m；浮煤挥发分32.65%～36.43%，平均34.31%；黏结指数96.2，Y值20.5 mm。二$_2$煤层厚度0～10.85 m，平均1.02 m。二$_1$煤层厚度0～12.50 m，平均5.17 m；原煤灰分13.18%～19.76%，全硫0.40%～0.57%；浮煤挥发分平均30.45%，黏结指数95.2。一$_5$煤层厚度0～3.07 m，平均1.37 m；原煤灰分34.11%，全硫3.34%；浮煤挥发分22.32%～34.45%，平均30.39%；黏结指数97.2。一$_5$煤为肥煤，二$_1$、二$_2$、四$_2$、四$_3$、五$_2$煤为1/3焦煤，六$_2$煤为气煤。

（十八）平顶山市七矿煤矿区

七矿位于平顶山市新华区，西接五矿，南为二$_1$煤层隐伏露头，北、东以锅底山正断层接一、二矿，面积约9.60 km^2。矿区地理坐标为东经113°14′39″～113°17′58″，北纬33°44′00″～33°46′05″。据资源储量核实报告，勘查程度达详查，累计查明煤资源储量8412.4×10^4 t，保有煤资源储量3692.3×10^4 t。

七矿内第四系厚度6.00～65.00 m，新近系洛阳组厚度0～28.00 m，煤系基底为寒武系张夏组石灰岩。本溪组厚度0.40～18.68 m，平均5.00 m。太原组厚度52.50～80.00 m，平均72.60 m。山西组厚度60.00～85.00 m，平均68.00 m。下石盒子组厚度201.00～301.50 m，平均253.60 m。本区处于李口向斜西南翼，构造形态为地层倾向北东、倾角5°～20°的单斜构造，受北西向的锅底山、高庄和郝堂等正断层及焦店逆断层的影响而发育有北西—南东向的郝堂向斜、高庄背向斜和焦店背向斜等次级褶皱。一$_5$、二$_1$、二$_2$、四$_2$、四$_3$煤层为矿区主要可采煤层，一$_4$、五$_2$煤层局部可采，余偶可采或不可采。一$_4$煤层厚度0～3.07 m，平均0.23 m。一$_5$煤层厚度0～4.55 m，平均1.55 m，局部含厚度0.06～0.76 m夹矸1～3层。二$_1$煤层厚度0～11.84 m，平均3.85 m，常见厚度3.00～4.50 m，局部含厚度0.10～0.70 m夹矸1层，偶含矸2～5层，赋存标高+30～-350 m，埋深100～550 m。二$_2$煤层厚度0～7.35 m，平均1.20 m，偶含矸1～2层。四$_2$煤层厚度0.30～9.64 m，平均3.15 m，局部含厚度0.01～0.30 m夹矸1层。四$_3$煤层厚度0～6.56 m，平均1.90 m，局部与四$_2$煤层合并，赋存标高+30～-160 m，埋深70～260 m。五$_2$煤层厚度0～7.40 m，平均1.75 m，偶含厚度0.15～0.40 m夹矸1层。一$_4$、一$_5$为肥煤，二$_1$、二$_2$、四$_2$、四$_3$、五$_2$煤为1/3焦煤（表2-103）。

表 2-103　平顶山市七矿煤矿区煤质特征一览表

煤层	浮煤平均	原煤平均值			
	V_{daf}/%	A_d/%	$S_{t,d}$/%	$Q_{gr,v,d}$/(MJ · kg^{-1})	Y/mm
五$_2$	34.28	22.23	0.48	—	16.0
四$_3$	35.10	23.98	0.33	—	21.0
四$_2$	35.07	21.87	0.42	—	20.0
二$_2$	30.04	15.70	0.49	28.02	—
二$_1$	32.47	14.19	0.49	30.44	25.0
一$_5$	31.22	15.05	5.45	30.77	49.0
一$_4$	32.41	17.28	5.29	—	46.0

注：资料来源于《河南省平顶山市七矿煤核查区资源储量核查报告》，河南省煤田地质局四队，2010k。

（十九）平顶山市一、二矿煤矿区

一、二矿煤矿区位于平顶山市北与宝丰县、郏县交界附近，西接五矿和六矿，南为二$_1$煤层隐伏露头，北至二$_1$煤底-950 m标高，东接十矿，面积约35.00 km^2。矿区地理坐标为东经113°16′05″~113°20′29″，北纬33°44′50″~33°49′23″。近东西的平顶山、落凫山位于矿区中部，最高海拔分别为411.13 m和492.70 m，南北两侧冲沟发育。据资源储量核实报告，勘查程度达勘探，累计查明煤资源储量54224.0×10^4 t，保有煤资源储量30910.2×10^4 t；估算煤层气资源量7.93×10^8 m^3，其中二$_1$煤和四$_2$煤的煤层气资源量分别为4.89×10^8 m^{3}和3.04×10^8 m^3。

1. 矿区地质

一、二矿煤矿区内第四系厚度0~150.00 m，煤系基底为寒武系崮山组白云质灰岩，含煤地层有本溪组、太原组、山西组、下石盒子组和上石盒子组，煤系盖层有孙家沟组。处于李口向斜西南翼中段，为地层倾向北北东、倾角2°~20°的单斜构造，大断层稀少，仅在矿区中、深部发现落差在20~40 m的北东向正、逆断层5条。北东向早白垩世基性橄榄玄武的侵入破坏了煤层的连续性，岩脉附近有天然焦出现。

2. 煤层与煤质

一、二矿煤矿区的六$_2$煤层大部可采，煤厚0.20~1.75 m，平均0.90 m，局部含厚度0.05~0.55 m夹矸1层。五$_2$煤层全区可采，常分岔为2层，五$_2^1$煤层厚度1.09~3.64 m，平均2.18 m，局部含厚度0.45 m夹矸1~2层；五$_2^2$煤层厚度0.55~1.85 m，平均0.96 m，偶见1层厚度0.1~0.55 m夹矸。四$_3$煤层大部分可采，煤厚度0.25~3.81 m，平均1.86 m，局部含厚度0.05~0.41 m夹矸1~2层，常与四$_2$煤层合并，合并区煤厚3.99~6.75 m，平均4.72 m。四$_2$煤层全区可采，常分岔为2层；四$_2^1$煤层厚度0.85~4.15 m，平均1.95 m，含1~2层厚度0.01~0.54 m夹矸；四$_2^2$煤层厚度0.70~18.5 m，平均1.28 m；四$_2^2$、四$_2^1$合并区煤厚1.99~3.84 m，平均2.94 m。二$_2$煤层局部可采，煤厚0.18~4.84 m，平均1.40 m，局部含矸1~2层。二$_1$煤层全区可采，常分岔为2层，二$_1^1$煤层厚度0.29~2.19 m，平均1.28 m，偶含1层厚度0.05~0.28 m夹矸；二$_1^2$煤层局部可采，厚度0.27~4.84 m，平均1.26 m。一$_5$煤层全区可采，煤厚0.40~2.64 m，平均1.63 m，一般无矸。

一、二矿煤矿区的六$_2$煤的原煤灰分19.42%~38.30%，平均26.90%；全硫1.59%~4.73%，平均2.91%；高位发热量20.74~28.50 MJ/kg，平均25.32 MJ/kg；浮煤挥发分34.68%~41.11%，平均38.70%；黏结指数平均83.8，胶质层最大厚度（Y）平均18.6 mm；煤类为中灰、中高硫、中高热值煤，以气煤为主，局部有肥煤和1/3焦煤。五$_2$煤的原煤灰分10.10%~35.72%，平均22.63%；全硫0.23%~0.80%，平均0.36%；高位发热量21.82~29.48 MJ/kg，平均26.97 MJ/kg；浮煤挥发分

30.64%~35.66%，平均 34.00%；黏结指数平均 93.8，Y 值平均 17.2 mm；煤类以中灰、特低硫、中高热值 1/3 焦煤为主。四$_3$ 煤的原煤灰分 21.97%~32.54%，平均 27.40%；全硫 0.21%~0.80%，平均 0.35%；高位发热量 23.14~28.05 MJ/kg，平均 25.69 MJ/kg；1/3 焦煤浮煤挥发分 32.08%~37.22%，平均 34.90%，黏结指数平均 95.2，Y 值平均 21.4 mm；肥煤浮煤挥发分 35.15%~36.54%，平均 34.26%，黏结指数平均 99.8，Y 值平均 32.6 mm。四$_2$ 煤的 1/3 焦煤原煤灰分 17.42%~36.85%，平均 25.71%；全硫 0.19%~1.01%，平均 0.34%；高位发热量 25.13~28.27 MJ/kg，平均 26.82 MJ/kg；浮煤挥发分 31.17%~35.94%，平均 33.63%，黏结指数平均 95.4，Y 值平均 20.5 mm；肥煤浮煤挥发分 32.65%~36.43%，平均 34.31%，黏结指数平均 96.2，Y 值平均 26.7 mm。四$_3$、四$_2$ 煤均以中灰、特低硫、中高热值煤为主。

一、二矿煤矿区的二$_1$ 煤以低灰、特低-中硫、高热值 1/3 焦煤为主。二$_1$ 煤 1/3 焦煤原煤灰分 12.67%~14.83%，平均 13.84%；全硫 0.34%~0.61%，平均 0.44%；高位发热量 28.63~30.69 MJ/kg；浮煤挥发分 28.68%~30.22%，平均 29.52%；黏结指数平均 94.7，Y 值平均 21.9 mm。二$_1$ 煤肥煤原煤灰分 10.03%~27.71%，平均 15.40%；全硫 0.38%~2.77%，平均 1.12%；高位发热量 30.90~32.21 MJ/kg，平均 31.35 MJ/kg；浮煤挥发分 28.37%~32.10%，平均 30.08%；黏结指数平均 97.1，Y 值平均 28.6 mm。一$_5$ 煤为低灰、高硫、特高热值肥煤，个别地段为焦煤；原煤灰分 6.34%~23.67%，平均 13.59%；全硫 4.08%~5.66%，平均 4.95%；高位发热量 29.92~32.26 MJ/kg，平均 31.30 MJ/kg；浮煤挥发分 21.23%~37.08%，平均 26.27%；黏结指数平均 97.2，Y 值 14.5~36.0 mm，平均 26 mm。

（二十）平顶山市十三矿煤矿区

十三矿位于郏县长桥镇和许昌市襄城县十里铺乡、紫云镇，北至兴国寺正断层，北东为二$_1$ 煤露头线和襄郏一号正断层，南东至沟李封正断层，面积约 63.40 km^2。矿区处于西部丘陵区向东部冲洪积平原区的过渡带，海拔 373.02~85.00 m，地理坐标为东经 113°17′15″~113°26′17″，北纬 33°49′59″~33°56′47″。勘查程度达勘探，累计查明煤资源储量 44836.5×10^4 t，保有煤资源储量 42680.0×10^4 t；另有（334）？类煤资源量 5461.9×10^4 t；估算煤层气资源量 22.13×10^8 m^3，其中二$_1$ 煤和四$_2$ 煤的煤层气资源量分别为 18.41×10^8 m^3 和 3.72×10^8 m^3。

十三矿内第四系厚度 0~191.37 m，煤系基底为寒武系芙蓉统炒米店组白云岩。含煤地层本溪组厚度 5.00~16.26 m，平均 8.20 m；太原组厚度 53.00~72.47 m，平均 56.80 m；山西组厚度 61.55~98.55 m，平均 79.50 m；下石盒子组平均厚度 322.50 m；上石盒子组平均厚度 376.00 m。煤系盖层孙家沟组平均厚度 260.00 m；刘家沟组广泛出露于南部紫云寺-云阳寨-豆角寨一线的丘陵上。矿区主体构造为襄郏背斜南西翼、李口向斜北东翼之次级灵武山向斜和其南侧白石山背斜构成（图 2-90），地层倾角 10°~25°，区内北西向、北东向正断层发育。兴国寺正断层倾向 30°，倾角 77°，落差 50 m。襄郏一号正断层倾向 45°，倾角 75°，落差 800~1000 m。4004 钻孔见 4 处含杏仁体的基性岩浆岩侵位五煤段和四$_3$、四$_4$、二$_3$、二$_1$ 煤层。二$_1$、四$_2$、七$_2$ 煤层为主要可采煤层，一$_4$、二$_1^2$、四$_3$、六$_2$ 煤层局部可采，余不可采或偶可采。一$_4$ 煤层厚度 0~2.57 m，平均 1.17 m，局部含 1 层厚度 0.07~0.77 m 夹矸，估算标高-50~-700 m，局部有煤层分岔。二$_1$ 煤层厚度 0~9.80 m，平均 3.69 m，分岔或合并常见，估算标高-70~-1000 m；其分岔煤层二$_1^2$ 煤厚 0~4.68 m，平均 1.29 m。四$_2$ 煤层厚度 0~2.88 m，平均 1.10 m，局部含厚度 0.03~0.70 m 夹矸 1 层，估算标高-50~-850 m。四$_3$ 煤层厚度 0~1.27 m，平均 0.91 m，估算标高-360~-570 m。六$_2$ 煤层厚度 0~2.18 m，平均 0.93 m，局部含厚度 0.03~0.65 m 夹矸 1~2 层，估算标高-30~-500 m。七$_2$ 煤层厚度 0~2.71 m，平均 1.31 m，含厚度 0.03~0.69 m 的夹矸 1~2 层，估算标高+30~-400 m。一$_4$ 煤为低灰、高硫焦煤，二$_1$ 煤为低灰、特低硫焦煤，四$_2$、四$_3$ 煤为中高灰、特低硫肥煤、焦煤，六$_2$、七$_2$ 煤为中-中高灰、低-中硫肥煤（表 2-104）。

表 2-104　平顶山市十三矿各煤层主要煤质指标一览表

煤层	原煤				精煤			回收率/%
	A_d/%	$S_{t,d}$/%	P_d/%	$Q_{net,d}$/(MJ·kg^{-1})	A_d/%	V_{daf}/%	Y/mm	
一$_4$	7.09~29.39 17.40 (14)	0.40~5.06 4.84 (11)	0.004~0.01 0.006 (5)	24.28~33.69 29.57 (9)	3.08~13.14 6.07 (14)	16.04~22.32 18.96 (14)	0~29.0 12.2 (13)	49.39
二$_1$	7.23~28.14 15.75 (99)	0.26~2.16 0.46 (90)	0.003~0.07 0.021 (52)	24.68~34.02 29.53 (74)	3.87~13.33 7.42 (107)	15.40~23.46 18.08 (102)	0~21.8 14.1 (104)	49.60
二$_1^2$	11.36~31.15 19.20 (45)	0.31~0.71 0.44 (38)	0.001~0.064 0.025 (16)	23.62~31.66 28.74 (36)	5.96~17.48 8 (45)	16.74~23.30 20.25 (47)	11.0~32.0 17.8	43.78
四$_2$	17.17~42.51 30.27 (84)	0.20~0.73 0.40 (55)	0.002~0.009 0.006 (14)	19.94~29.57 24.14 (64)	6.69~29.81 11.08 (76)	15.34~30.46 24.04 (76)	14.0~49.0 28.7 (39)	20.07
六$_2$	24.39~47.08 37.68 (18)	0.61~1.91 1.23 (14)	0.003~0.01 0.008 (5)	17.14~27.05 21.39 (17)	7.67~15.92 11.60 (17)	25.59~29.58 27.46 (17)	26.0 (1)	7.94
七$_2$	20.80~43.05 29.23 (69)	0.33~2.65 0.73 (57)	0.003~0.007 0.005 (15)	10.02~28.35 24.67 (66)	8.47~23.21 11.94 (67)	24.65~31.64 28.09 (66)	20.0~40.5 30.6 (28)	15.74

注：资料来源于《河南省平顶山市十三矿煤核查区资源储量核查报告》，河南省煤田地质局四队，2010m。

（二十一）平顶山市十、十二矿煤矿区

十、十二矿煤矿区位于平顶山市卫东区，面积约 35.25 km^2。矿区地理坐标为东经 113°19′17″~113°23′50″，北纬 33°44′32″~33°48′59″。据资源储量核实报告，勘查程度达勘探，累计查明煤资源储量 48414.6×10^4 t，保有煤资源储量 28911.8×10^4 t；另有（334）？类煤资源量 1011.0×10^4 t；估算煤层气资源量 20.68×10^8 m^3，其中，二$_1$、二$_2$、四$_2$ 煤的煤层气资源量分别为 9.48×10^8 m^3、2.02×10^8 m^3、9.18×10^8 m^3。

1. 矿区地质

十、十二矿煤矿区内第四系厚度 0~150.00 m，煤系基底为寒武系崮山组白云质灰岩，含煤地层有本溪组、太原组、山西组、下石盒子组和上石盒子组，煤系盖层为孙家沟组和刘家沟组。矿区处于李口向斜西南翼，总体构造格架为单斜构造，地层倾角 5°~27°，发育有十矿次级向斜（南部）和郭庄次级背斜（中部）。原十一矿逆断层位于郭庄背斜轴与十矿向斜轴之间，断层面倾向 220°~230°，倾角 32°~60°；其南侧的牛庄逆断层倾向 50°，倾角 48°~75°；它们共同构成了本区的主干构造。区内褶皱轴向、断层走向基本平行，呈北西向展布，构造特征可概括为“一向一背两断层”（图 2-92）。

2. 煤层与煤质

十、十二矿煤矿区的二$_1$、四$_2$、五$_2$ 煤层全区可采，一$_5$、二$_2$ 煤层大部可采，一$_1$、二$_1^2$、四$_1$、四$_2^2$、四$_3$、五$_1$、五$_2^2$ 等煤层局部可采，余偶见可采点。一$_1$ 煤层厚度 0.27~2.31 m，平均 0.93 m，估算标高-258~-400 m。一$_5$ 煤层厚度 0.44~1.88 m，平均 0.97 m，局部含矸 1 层，估算标高为-65~-1177 m。二$_1$ 煤层厚度 0.83~6.70 m，平均 3.44 m，局部含矸 1~2 层，24 线以西分岔为两层，估算标高-67~-1104 m。二$_2$ 煤层厚度 1.27~3.52 m，平均 2.11 m，东部和北部与二$_1$ 煤层合并，估算标高为-44~-1094 m。四$_1$ 煤层厚度 0.20~3.03 m，平均 1.31 m，局部含矸 1~2 层，估算标高+6~-629 m。四$_2$ 煤层厚度 0.79~9.42 m，平均 4.23 m，局部含矸 1~2 层，偶含矸 3~6 层，24 线以西分岔为 2 层，估算标高+14~-945 m。四$_3$ 煤层厚度 0.20~3.23 m，平均 1.02 m，局部含矸 1 层，估算标高为-26~-875 m。五$_2$ 煤层厚度 0.47~5.00 m，平均 2.19 m，局部含矸 1~2 层，24 线以西分岔为 2 层，估算标高+53~-844 m。一$_1$、一$_5$ 煤属低灰、高硫肥煤，二$_1$、二$_2$ 煤层属低灰、低硫 1/3 焦煤、焦煤、肥煤，五$_2$、四$_3$、四$_2$、四$_1$ 煤属中灰、特低硫 1/3 焦煤及肥煤（表 2-105）。

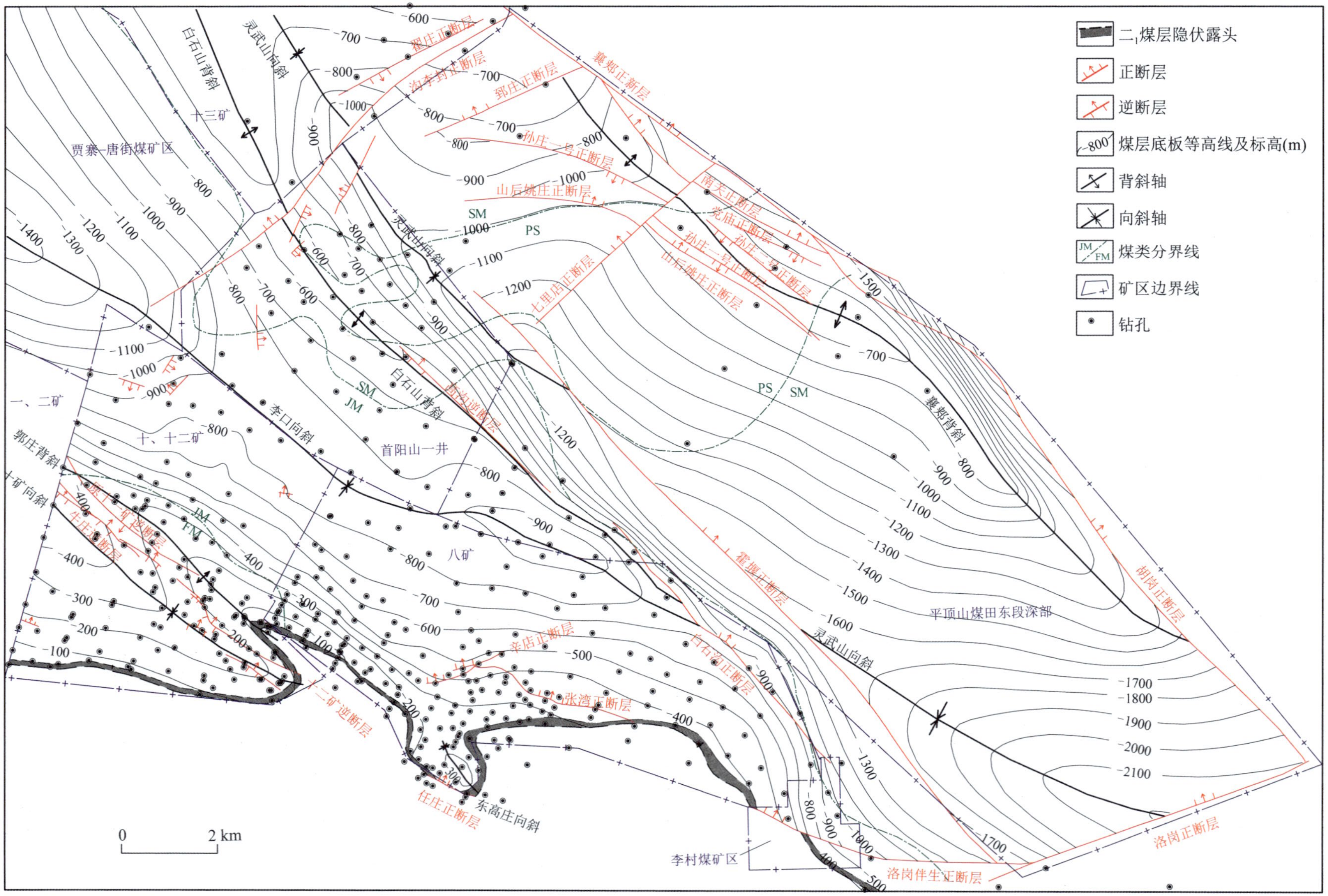

图 2-92 平顶山含煤区东南部二$_1$煤层底板等高线图

表 2-105　平顶山市十、十二矿煤矿区煤质特征一览表

煤层		M_{ad}/%	A_d/%	V_{daf}/%	$S_{t,d}$/%	$Q_{gr,ad}$/(MJ·kg^{-1})	Y/mm	$G_{R.I}$
五$_2$	原煤	0. 69~3. 58 1. 50 (20)	15. 63~39. 00 24. 74 (18)	29. 55~34. 90 32. 66 (18)	0. 20~0. 81 0. 49 (14)	20. 53~26. 34 23. 93 (17)	13~30 20 (11)	56~96 79 (3)
	浮煤	0. 88~2. 30 1. 63 (7)	7. 53~16. 75 10. 79 (17)	29. 89~34. 88 32. 26 (17)	0. 34~0. 87 0. 48 (14)	23. 26~32. 49 29. 36 (10)		
四$_3$	原煤	0. 50~1. 58 1. 04 (23)	18. 19~38. 89 27. 38 (23)	29. 42~40. 08 33. 43 (23)	0. 26~0. 66 0. 36 (10)	20. 28~26. 37 23. 06 (7)	21. 0~39 31. 5 (15)	63~90 81 (4)
	浮煤	0. 40~1. 49 1. 07 (21)	7. 69~28. 10 11. 33 (21)	29. 66~36. 26 33. 55 (21)	0. 33~0. 53 0. 43 (7)	20. 28~26. 17 23. 06 (7)		
四$_2$	原煤	0. 47~2. 16 1. 11 (43)	12. 91~38. 55 24. 42 (42)	28. 81~35. 57 31. 89 (43)	0. 21~0. 68 0. 39 (32)	19. 49~28. 85 24. 79 (22)	20~39 29 (33)	83~98 90 (7)
	浮煤	0. 60~1. 84 1. 10 (40)	6. 47~20. 99 10. 66 (40)	28. 39~35. 01 32. 42 (40)	0. 31~0. 54 0. 40 (26)	26. 98~32. 44 29. 15 (26)		
二$_2$	原煤	0. 59~3. 10 1. 29 (33)	8. 51~31. 16 15. 81 (33)	22. 42~34. 16 27. 96 (33)	0. 26~1. 39 0. 70 (21)	20. 71~31. 59 27. 05 (20)	11~37 24. 5 (29)	64~74 69 (3)
	浮煤	0. 49~1. 53 0. 98 (31)	4. 30~14. 73 8. 08 (31)	21. 33~32. 23 27. 65 (31)	0. 26~0. 90 0. 47 (23)	25. 46~33. 54 31. 11 (22)		
二$_1$	原煤	0. 52~1. 73 1. 03 (17)	10. 41~29. 60 17. 17 (17)	20. 54~33. 03 27. 17 (17)	0. 31~1. 20 0. 59 (14)	25. 58~30. 58 27. 59 (10)	7. 5~34 24 (15)	65~82 74 (5)
	浮煤	0. 67~1. 45 1. 05 (17)	6. 16~14. 73 8. 85 (17)	19. 87~32. 73 27. 11 (17)	0. 28~0. 90 0. 53 (13)	28. 44~33. 25 28. 18 (11)		
一$_5$	原煤	0. 33~2. 18 0. 88 (17)	6. 12~26. 27 14. 84 (17)	25. 18~34. 92 29. 54 (17)	2. 55~8. 19 4. 75 (16)	19. 60~29. 69 23. 56 (6)	28~53 38. 5 (13)	—
	浮煤	0. 56~1. 19 0. 86 (17)	3. 31~12. 60 5. 78 (17)	24. 04~33. 39 29. 54 (17)	2. 31~5. 49 4. 08 (16)	24. 57~33. 08 29. 14 (15)		

注：资料来源于《河南省平顶山市十、十二矿井田煤核查区资源储量核查报告》，河南省煤田地质局四队，2010n。

（二十二）襄城县首山一井煤矿区

首山一井位于许昌市襄城县西南约 10 km 的紫云镇境内，西至沟李封正断层，南至李口向斜轴，东西长约 6. 6 km，南北宽 4. 5~5. 1 km，面积约 29. 98 km^2。矿区处于西北部丘陵向东南部冲洪积平原的过渡地带，海拔 364. 00~89. 00 m，地理坐标为东经 113°21′46″~113°26′13″，北纬 33°46′32″~33°50′45″。据资源储量核实报告，勘查程度达详查，累计查明煤资源量 43315. 5×10^4 t；2004 年矿井开工，2015 年建成投产，保有煤资源量 43254. 5×10^4 t；另有（334）？类煤资源量 27. 7×10^4 t；估算煤层气资源量 24. 59×10^8 m^3，其中二$_1$、二$_1^2$、四$_2$、四$_3$ 煤的煤层气资源量分别为 14. 22×10^8 m^3、2. 73×10^8 m^3、6. 18×10^8 m^3、1. 46×10^8 m^3。

首山一井的第四系厚度 0~937. 00 m，煤系基底为寒武系崮山组。本溪组厚度 1. 97~8. 23 m，平均 6. 00 m。太原组平均厚度 71. 00 m。山西组厚度 73. 60~97. 71 m，平均 85. 00 m。下石盒子组厚度 292. 85~354. 35 m，平均 321. 00 m。上石盒子组厚度 386. 15~415. 30 m，平均 392. 00 m。孙家沟组厚度 229. 62~262. 83 m。刘家沟组厚度约 130. 00 m。矿区为背、向斜构造，李口向斜轴部大致沿矿区西界分布，李口向斜北翼由西向东发育有白石山次级宽缓背斜和灵武山次级向斜；白石山次级宽缓背斜轴部位于矿区中部，轴向 320°，南东端扬起；灵武山次级向斜轴部大致沿矿区东界分布，轴向 140°，北西端扬起（图2-92），地层走向290°~320°，倾角一般为8°~20°。区内北东向正断层发育。沟李封正断层走向北东，倾向北西，倾角68°~78°，落差150 m。高沟逆断层位于白石山背斜轴部，走向北西，倾向北东，倾角47°~55°，逆差40 m左右。$二_1$、$四_2$煤层全区可采，$四_3$、$五_2$煤层大部可采，$二_1^2$、$五_1$煤层局部可采。$二_1$煤层厚度2.76~10.22 m，平均6.15 m，埋深690~1200 m，煤底标高-537~-900 m，常含矸1层，局部分岔为$二_1^1$、$二_1^2$煤。$四_2$煤层厚度0.90~5.15 m，平均2.64 m，一般含矸1层。$四_3$煤层厚度0~1.76 m，平均0.89 m，偶含矸1层。$五_1$煤层厚度0~1.72 m，平均0.68 m。$五_2$煤层厚度0~4.88 m，平均1.50 m。$二_1$、$二_1^2$煤为低灰、低硫、高热值焦-贫瘦煤，$四_2$、$四_3$、$五_1$、$五_2$煤为中-中高灰、特低硫、中-中高热值肥-焦煤（表2-106）。

表2-106　襄城县首山一井各煤层主要煤质指标一览表

煤层	原煤			浮煤	$G_{R.I}$	Y/mm
	A_d/%	$S_{t,d}$/%	$Q_{gr,v,daf}$/(MJ·kg^{-1})	V_{daf}/%		
$二_1$	6.22~24.27 / 15.57	0.26~1.99 / 0.88	28.74~30.33	17.21~22.73	13~88	0~15.0
$四_2$	20.83~34.48 / 26.86	0.27~0.72 / 0.37	24.51~25.94	23.12~24.42	83~103	19.2~40.5
$四_3$	24.60~34.85 / 28.09	0.24~0.45 / 0.35	24.46~25.68	22.88~28.06	84~102	18.5~30.0
$五_2$	26.74~39.50 / 31.50	0.26~0.48 / 0.35	23.26~24.64	27.36~31.01	71~108	16.5~42.5

注：资料来源于《河南省襄城县首山一井煤核查区资源储量核查报告》，河南省煤田地质局四队，2010p。

（二十三）平顶山市八矿煤矿区

八矿位于平顶山市东部与襄城县、叶县接壤部位、白沙河北岸，南为任庄正断层和$二_1$煤层隐伏露头，北至李口向斜轴部和$二_1$煤底-900 m标高，面积约47.87 km^2。矿区处于西北部丘陵向东南部冲洪积平原的过渡地带，海拔75.00~399.50 m，地理坐标为东经113°22′47″~113°30′45″，北纬33°42′30″~33°47′05″。据资源储量核实报告，勘查程度达勘探，累计查明煤资源储量48083.3×10^4 t，保有煤资源储量41341.6×10^4 t；估算煤层气资源量21.06×10^8 m^3，其中$二_1$、$二_2$、$四_2$煤的煤层气资源量分别为5.76×10^8 m^3、8.54×10^8 m^3、6.76×10^8 m^3。

八矿内第四系厚度0~495.40 m，新近系厚度4.40~20.00 m，煤系基底为寒武系崮山组白云质灰岩。本溪组厚度0~18.50 m，平均8.00 m。太原组厚度60.00~79.00 m，平均67.00 m。山西组厚度76.00~107.00 m，平均90.00 m。下石盒子组厚度285.00~401.00 m，平均342.00 m。上石盒子组厚度390.20~445.93 m，平均410.00 m。孙家沟组厚度158.30~162.50 m，平均160.00 m。本区位于李口向斜西南翼，总体为地层倾向北、倾角5°~34°的单斜构造（图2-92）。郭庄次级背斜位于矿区西南边缘，轴向在15线以西与李口向斜基本平行，15线以东走向近东西，东北翼倾角25°左右，西南翼倾角10°左右；其南轴向北西的东高庄短轴次级向斜位于矿区南端11至14线间的任庄正断层之北。区内北西和北东向高角度正断层发育。任庄正断层走向北西，倾向北东，倾角75°，落差0~140 m。$二_1$、$二_2$、$四_2$、$五_2$煤层全区可采，$四_3$煤层局部可采。$二_1$煤层厚度0.34~6.19 m，平均1.71 m，局部有分岔，一般下分层可采，上分层仅个别点达可采厚度。$二_2$煤层厚度0.65~11.30 m，平均3.49 m，一般不含夹矸。$四_2$煤层厚度0.50~11.39 m，平均3.66 m，13线以西一般含厚度0.02~0.52 m夹矸1~2层。$四_3$煤层厚度0~2.43 m，一般厚度0.90 m左右。$五_2$煤层厚度0.31~3.84 m，平均1.75 m，一般含厚度0.16~0.64 m夹矸1~2层，矿区东南部分岔为两层，上分层$五_2^2$煤层厚度0~1.32 m，平均厚度1.17 m。$五_2$煤以中灰、特低硫、中高热值1/3焦煤为主，$四_3$、$四_2$煤以中灰、特低硫、中高热值肥煤为主，$二_2$、$二_1$煤以低灰、特低硫、高热值焦煤为主（表2-107）。

表 2-107 平顶山市八矿各煤层主要煤质指标一览表

煤层			五$_2$	四$_2$	二$_2$	二$_1$
水分 M_{ad}/%		原煤	0.64~1.73 1.18（52）	0.47~4.49 1.07（91）	0.62~3.64 1.16（71）	0.51~2.66 1.04（88）
		浮煤	0.67~1.86 1.31（42）	0.41~8.94 1.13（81）	0.49~2.95 1.12（64）	0.49~2.41 1.05（74）
灰分 A_d/%		原煤	15.82~36.38 26.26（49）	16.88~36.93 23.91（81）	5.74~28.06 12.69（70）	6.23~35.87 17.84（86）
		浮煤	6.81~22.85 10.22（42）	5.84~22.79 10.49（81）	4.09~13.44 6.73（64）	3.53~13.5 8.04（74）
挥发分 V_{daf}/%		原煤	29.76~45.12 32.82（49）	21.11~42.49 31.37（81）	20.77~34.6 25.85（69）	20.77~44.25 26.13（86）
		浮煤	21.23~34.43 31.97（42）	19.56~36.83 31.33（81）	21.18~32.64 25.52（64）	20.08~74.96 25.77（74）
全硫 $S_{t,d}$/%		原煤	0.20~0.81 0.46（28）	0.20~0.68 0.36（66）	0.18~0.99 0.35（49）	0.22~1.53 0.45（66）
		浮煤	0.28~0.55 0.42（16）	0.28~0.68 0.4（51）	0.25~0.63 0.35（34）	0.28~0.88 0.44（46）
磷 P_d/%		原煤	0.002~0.009 0.005（12）	0~0.011 0.005（19）	0.007~0.083 0.03（14）	0.003~0.069 0.022（14）
		浮煤	—	0.002~0.010 0.006（4）	0.015~0.018 0.017（2）	0.008~0.022 0.015（4）
发热量 $Q_{gr,d}$/（$MJ \cdot kg^{-1}$）		原煤	19.48~32.86 24.67（28）	19.48~29.37 25.42（62）	19.70~33.69 30.59（46）	22.71~34.43 28.78（59）
		浮煤	27.55~33.02 30.61（10）	27.1~34.88 31.47（37）	31.00~34.56 33.22（24）	22.61~34.17 32.53（42）
元素分析/%	C_{daf}	原煤	85.10~88.08 86.5（9）	80.45~88.75 87.09（20）	87.19~89.79 88.58（11）	87.42~98.74 90.56（6）
	H_{daf}	原煤	5.12~5.87 5.35（9）	4.53~5.98 5.37（20）	4.71~5.87 5.19（11）	4.77~5.40 5.07（6）
	N_{daf}	原煤	1.32~1.88 1.56（9）	1.28~1.72 1.55（20）	1.42~2.03 1.69（10）	1.55~1.96 1.66（6）
黏结指数（$G_{R.I}$）			49.0~96.0 78.4（20）	9.0~101.0 83.8（54）	16.0~94.0 79.0（34）	5.0~99.0 73.0（55）
胶质层最大厚度 Y/mm			13.0~31.0 22.0（34）	8.0~40.0 29.5（70）	1.5~40.0 21.5（62）	1.7~42.0 21.0（57）
浮煤回收率/%			12.9~49.7 29.2（34）	7.0~72.7 35.4（55）	20.9~92.4 60.8（46）	10.0~94.1 50.7（45）

注：资料来源于《河南省平顶山市八矿煤核查区资源储量核查报告》，河南省煤田地质局四队，2010q。

（二十四）叶县李村煤矿区

李村煤矿区位于河南省平顶山市叶县北部的洪庄杨乡，东西长 2.0 km，南北宽 1.87 km，面积约 3.75 km^2，地理坐标为东经 113°29′15″~113°30′45″，北纬 33°42′30″~33°43′45″。本区为冲洪积平原，沙河自西向东流经矿区，海拔 70.00~77.30 m。2012 年，中平能化建工集团有限公司编制的《河南省平顶山市叶县李村煤勘探报告》累计查明/保有煤资源量 2198.2×10^4 t。

李村煤矿区内第四系厚度 218.00~522.00 m，煤系基底为寒武系第三统—芙蓉统崮山组白云岩。含煤地层本溪组厚度 3.78~9.08 m，平均 5.50 m；太原组厚度 32.00~59.00 m，平均 45.00 m；山西组厚度 64.00~86.00 m，平均 80.00 m；下石盒子组厚度 324.00~337.00 m，平均 330.00 m；上石盒子组平均厚度 405.00 m。煤系盖层新近系厚度 0~114 m。本区处于李口向斜南西翼，为地层倾向北东东、倾角 17°~34°的单斜构造。洛岗伴生正断层倾向 20°，倾角 70°~75°，落差 300~550 m，从矿区中部穿过。

李村煤矿区内可采煤层 6 层，二$_1$、二$_1^2$ 煤层全区可采，四$_2$、五$_2^1$ 和五$_2^2$ 煤层大部可采，四$_3$ 煤层局部可采。五$_2^2$ 煤层赋存于下石盒子组中上部，下距五$_2^1$ 煤层 9 m 左右，煤层顶板为泥岩，底板为砂质泥岩；煤层厚度 0~1.32 m，平均厚度 0.81 m，赋存标高-350~-990 m，埋深 425~1066 m，矿区东南部为无煤区。五$_2^1$ 煤层下距四$_2$ 煤层 70~80 m，煤层顶板为砂质泥岩，底板为泥岩；煤厚 0.55~1.21 m，平均厚度 1.06 m，局部见 1 层夹矸，赋存标高-350~-1000 m，埋深 425~1076 m，矿区东南部为薄煤区。四$_3$ 煤层赋存于下石盒子组中部，煤层顶、底板为泥岩，煤厚 0~0.91 m，平均厚度 0.51 m，仅矿区中西部小范围内达可采厚度，赋存标高-350~-800 m，埋深 425~876 m。四$_2$ 煤层顶板为泥岩，底板为砂质泥岩，矿区北部煤层发育较好，南部变薄或无煤，煤厚 0~2.89 m，平均厚度 2.18 m，赋存标高-350~-1080 m，埋深 425~1156 m。二$_1$ 煤层赋存于山西组下部，赋存标高度-340~-1290 m，埋深 415~1366 m，直接顶、底板为灰黑色砂质泥岩和细砂岩；矿区南部、北部煤层厚度 3.56~6.95 m，平均厚度 4.50 m；矿区中部二$_1$ 煤层分岔出二$_1$ 和二$_1^2$ 煤层，间距 0.60~11.67 m，二$_1$ 煤层厚度 1.37~2.70 m，平均厚度 1.90 m；二$_1^2$ 煤层厚度 2.12~6.06 m，平均厚度 3.79 m，赋存标高-560~-1250 m，埋深 635~1326 m。二$_1$、二$_1^2$ 煤为低灰、低硫、高热值焦煤，四$_2$、四$_3$、五$_2^1$ 和五$_2^2$ 煤为中灰、特低硫、中高热值 1/3 焦煤（表 2-108）。

表 2-108　叶县李村煤矿区各煤层主要煤质指标一览表

煤层		M_{ad}/%	A_d/%	V_{daf}/%	$S_{t,d}$/%	$Q_{gr,d}$/（MJ·kg^{-1}）	$G_{R.I}$	Y/mm
五$_2^1$	原煤	0.82~1.16 0.99（2）	22.85~30.46 26.66（2）	30.76~32.50 31.63（2）	0.30~0.32 0.31（2）	23.67~26.59 25.13	84~85 84.5	—
	浮煤	0.48~1.51 1.00（2）	5.07~10.00 7.54（2）	29.72~31.20 30.46（2）	0.38~0.43 0.41（2）	—		
四$_3$	原煤	0.92（1）	26.96（1）	32.14（1）	0.47（1）	25.41（1）	92（1）	22.5（1）
	浮煤	0.80（1）	9.03（1）	31.07（1）	0.56（1）	—		
四$_2$	原煤	0.43~1.36 0.94（5）	23.76~37.06 28.19（5）	31.60~38.55 33.55（5）	0.36~0.71 0.48（5）	21.10~26.80 24.77	83~99 93.6	20.0~24.0
	浮煤	0.48~1.42 0.84（5）	7.49~13.05 8.53（5）	31.41~37.14 33.15（5）	0.44~0.79 0.57（5）	—		
二$_1^2$	原煤	0.76~0.82 0.79（2）	13.45~14.74 14.10（2）	26.69~28.17 27.43（2）	0.33~0.78 0.56（2）	30.43~30.48 30.46	92~94 93	19.5~25.0
	浮煤	0.62~0.78 0.70（2）	4.11~5.08 4.60（2）	25.52~27.11 26.32（2）	0.30~0.42 0.36（2）	—		

续表

煤层		M_{ad}/%	A_d/%	V_{daf}/%	$S_{t,d}$/%	$Q_{gr,d}$/ (MJ · kg^{-1})	$G_{R.I}$	Y/mm
二$_1$	原煤	$\frac{0.54\sim1.01}{0.80\ (5)}$	$\frac{9.91\sim25.95}{16.73\ (5)}$	$\frac{21.29\sim28.14}{24.95\ (5)}$	$\frac{0.31\sim1.02}{0.60\ (5)}$	$\frac{25.82\sim32.45}{29.33}$	$\frac{82\sim95}{88.2}$	15.0-21.0
	浮煤	$\frac{0.42\sim1.33}{0.73\ (5)}$	$\frac{4.90\sim7.30}{6.02\ (5)}$	$\frac{18.39\sim26.42}{23.56\ (5)}$	$\frac{0.34\sim0.50}{0.43\ (5)}$	—		

注：资料来源于《河南省平顶山市叶县李村煤勘探报告》，中平能化建工集团有限公司，2012。

（二十五）平顶山市平顶山煤田东段深部煤矿区

平顶山煤田东段深部煤矿区位于平顶山含煤区东部之襄城县西南的城关镇、紫云镇、山头店乡至叶县北部的洪庄杨乡，北至沟李封正断层接十三矿，南至洛岗正断层，东至襄郏正断层及其伴生的胡岗正断层，东西长 11.99~19.84 km，南北宽 4.55~17.07 km，面积约 148.60 km^2。地理坐标为东经 113°24′00″~113°36′38″，北纬 33°42′43″~33°52′05″。本区为丘陵向平原过渡带，北西部为刘家沟组紫红色金斗山砂岩和灰白色平顶山砂岩组成的呈北西—南东向延伸的白石山、首山等，东部为开阔的冲积-冲洪积平原，地面标高 293.20~71.00 m。2011~2014 年，河南省煤田地质局四队开展了普查，编制的《河南省平顶山煤田东段深部煤普查报告》累计查明/保有 1500 m 以浅的煤资源量 81423.0×10^4 t，估算（334）？类煤资源量 39531.0×10^4 t；另有埋深 1500 m 以深的潜在煤资源 36215.0×10^4 t。

平顶山煤田东段深部煤矿区内第四系厚度 0~937.00 m，由西北向东南方向逐渐增厚，煤系基底为寒武系第三统—芙蓉统崮山组白云岩。含煤地层本溪组厚度 3.00~25.00 m，平均 8.00 m；太原组厚度 52.00~91.00 m，平均 70.00 m；山西组厚度 60.00~107.00 m，平均 91.00 m；下石盒子组厚度 283.00~379.00 m，平均 333.00 m；上石盒子组厚度 296.00~459.00 m，平均 384.00 m。煤系盖层孙家沟组平均厚度 223.93 m；刘家沟组揭露厚度 120.00 m。矿区基本构造形态为北西端扬起的灵武山次级向斜及其北侧的南东端扬起的襄郏次级背斜（图 2-92），地层走向 290°~310°，倾角一般为 10°~20°，个别地段达 60°左右。区内北西向正断层发育。南界的洛岗正断层倾向 340°，倾角 75°，落差大于 800 m。东界的襄郏正断层倾向 50°，倾角 75°，落差大于 800 m，与其伴生的胡岗正断层落差 80~580 m。霍堰正断层走向北西，倾向北东，倾角 70°，落差大于 400 m，从矿区西南部穿过。

平顶山煤田东段深部煤矿区的二$_1$ 煤层全区可采，四$_2$ 煤层大部可采，五$_2$ 煤层局部可采，一$_1$、一$_2$、一$_3$、一$_4$、一$_5$、二$_2$、四$_3$、五$_3$、六$_2$、七$_2$、八$_2$ 等煤层偶见可采点。二$_1$ 煤层埋深 720~2420 m，煤底标高-590~-2340 m，煤厚 0.84~8.51 m，平均 5.61 m，局部分岔为二$_1^1$ 和二$_1^2$ 煤分层。四$_2$ 煤层埋深 530~2250 m，煤底标高-445~-2180 m，煤厚 0~4.93 m，平均 2.49 m，含厚度 0.03~0.65 m 碳质泥岩或泥岩夹矸 1~5 层，局部地段分岔为四$_2^1$ 和四$_2^2$ 煤分层。五$_2$ 煤层埋深 433~2153 m，煤底标高-348~-2083 m，煤厚 0.05~4.05 m，平均 0.86 m，含厚度 0.03~0.62 m 碳质泥岩或泥岩夹矸 1~3 层，局部地段分岔为五$_2^1$ 和五$_2^2$ 煤分层。二$_1$ 煤的原煤灰分平均 14.91%，全硫平均 0.52%，挥发分平均 20.04%，高位发热量平均 28.44 MJ/kg；浮煤灰分平均 6.03%，全硫平均 0.37%，挥发分平均 18.00%；黏结指数平均 39，Y 值平均 6.0 mm；煤类为低灰、特低硫、高热值焦煤-贫瘦煤。四$_2$ 煤的原煤灰分平均 24.85%，全硫平均 0.63%，挥发分平均 26.00%，高位发热量平均 24.15 MJ/kg；浮煤灰分平均 8.53%，全硫平均 0.51%，挥发分平均 25.38%；黏结指数平均 96，Y 值平均 26.4 mm。煤类为中灰、低硫、中热值肥煤-焦煤。五$_2$ 煤原煤灰分平均 27.03%，全硫平均 0.40%，挥发分平均 28.97%，高位发热量平均 25.08 MJ/kg；浮煤灰分平均 8.44%，全硫平均 0.41%，挥发分平均 26.68%；黏结指数平均 95，Y 值平均 25.5 mm；煤类为中灰、特低硫、中高热值肥煤-焦煤。

十四、禹州煤田

禹州煤田（原称禹县煤田）主体位于许昌市禹州市境内，东端延至长葛市和建安区，西端延至平顶山市郏县的黄道和白庙一线，北起登封市的白沙水库，南至襄城。西隔箕山和西黄道正断层邻汝州煤田，北西以王屯正断层接登封煤田，北东以具茨山之荟翠山-风后岭背斜望新密煤田，南以郏县左行平移正断层和襄城正断层接平顶山煤田，北西—南东长约65 km，南北宽30~49 km，含煤面积约2990 km^2。地理坐标为东经 113°02′10″~113°53′50″，北纬 33°43′20″~34°25′10″。区内海拔 105~500 m，煤田西、北、东三面环山，山前为丘陵岗地，南为平原地貌，淮河水系的颍河自北西向南东流经本区，形成了中部颍河带状冲积平原。

禹州煤田内煤炭资源开采历史悠久，老窑遍布。于 1902 年领照开采的三峰煤矿公司为河南省第一个有营业执照开采的煤矿公司，土法开采，设备简陋（河南省地质矿产厅地质矿产志编辑委员会，1992）。本煤田地质勘查程度总体较高，在煤田中深部已有钻孔控制。最早的煤炭资源勘查工作始于1931 年沈和所著的《禹县西部煤田地质报告》。1933 年，河南地质调查所邀请孙健初调查禹县、新密两煤田，编写的《河南禹、密两县煤田地质报告》是煤田第一个观察、记述颇详的地质报告。1936 年 1 月起，河南地质调查所用沙利文手摇钻机钻探禹县煤田，共施工 5 个钻孔，这是河南省地质机构首次利用钻探手段进行矿产勘查，《河南禹县煤田之研究》是民国时期河南各煤田中地质研究程度最高的。1953 年 12 月，中南地质局四〇三队对禹县煤田进行普查，因煤不适宜炼焦而终止，于1955 年提交了禹县三峰山煤矿普查报告，后单位撤销。20 世纪 50 年代末和 60 年代虽提交了不少报告，但全部降级或仅作参考；20 世纪 70 年代地质勘查工作近于停顿；20 世纪 80~90 年代初为煤田第二次勘查高峰，大部分成果为详查或勘探。21 世纪开始，浅部煤炭资源已全面勘查并正被开采利用，深部已控制$二_1$煤层埋深 1700 m（煤底标高-1600 m，张得煤矿区 ZK2710 孔）。据 2010~2011 年河南省煤田地质局一队、二队和四队及河南省地质矿产勘查开发局第二地质勘查院、河南省地质博物馆、河南省煤炭地质勘察研究院编制的各煤矿区资源储量核查报告及后期相关地勘单位开展的省级地质勘查基金项目成果报告，煤田内累计查明煤资源储量 599176.5×10^4 t，保有煤资源储量 569499.2×10^4 t，为河南省保有煤资源量之最；另有 1500 m 以浅的（334）？类煤资源量 71757.9×10^4 t，1500 m以深的潜在煤资源 104955.6×10^4 t；估算$二_1$煤的煤层气资源量 389.43×10^8 m^3。煤田内共划分出 23个煤矿区，总面积 1130.66 km^2，以禹州市方山-白沙深部煤矿区作为代表性矿区进行阐述，余则简述之。

（一）煤田地质特征

禹州煤田地层区划属嵩箕地层小区，含煤地层多被新生界覆盖，属半掩盖型煤田。煤系基底为寒武—奥陶系，盖层由二叠系乐平统孙家沟组、下三叠统刘家沟组与和尚沟组、中三叠统二马营组和新近系中新统洛阳组及第四系等组成（表 2-109）。含煤地层本溪组—上石盒子组平均总厚度 779.78 m。

表 2-109　禹州煤田地层简表

地层单位				穿见地层厚度/m	接触关系	岩性及组合特征
界	系	统	组	两极值 平均值		
新生界（Cz）	第四系			0~629.70		由粘土、砂质粘土、含砾砂质粘土及砾石组成，北、西、东薄，中部厚
	新近系	中新统	洛阳组（N_1l）	0~1800.00		为杂色泥岩、砂岩、砂砾岩等
中生界（Mz）	三叠系	中统（T_2）	二马营组（T_2e）	0~579.26		因剥蚀而不全，岩性为杂黄色砂质泥岩、粉砂岩夹灰、灰白色细砂岩、砾岩等
		下统（T_1）	和尚沟组（T_1h）	0~470.81		因剥蚀而不全，岩性以红色泥岩、粉砂岩为主，夹暗紫红色细-中粒长石石英砂岩
			刘家沟组（T_1l）	0~534.60		为紫红色、肉红色长石石英砂岩，铁、硅质胶结，夹薄层紫红色泥岩

续表

地层单位				穿见地层厚度/m	接触关系	岩性及组合特征
界	系	统	组	两极值 平均值		
古生界（Pz）	二叠系	乐平统（P_3）	孙家沟组（P_3s）	202.13～344.75 255.64		由灰黄色粉砂岩、紫红色泥岩及绿黄色长石细砂岩组成
			上石盒子组（$P_{2-3}sh$）	233.68～441.06 325.52		为灰色、灰黄色砂质泥岩与细-中粒砂岩互层，含七、八、九煤段，七$_2$、七$_4$、八$_3$、八$_5$等煤层局部可采，其余煤层不可采；顶部的平顶山砂岩为浅灰色-灰白色（略具肉红色）中-粗粒长石石英砂岩，底部含砾，厚度45.62～95.91 m，平均78.37 m
		阳新统（P_2）	下石盒子组（P_2x）	236.00～416.50 306.89		由砂岩、泥岩及煤层组成，四$_2$、四3、五$_2$、五$_3$、六$_2$等煤层局部可采，四$_1$、四$_9$、五$_4$、五$_7$等煤层零星可采，其余煤层不可采或偶可采
		船山统（P_1）	山西组（$P_{1-2}sh$）	40.00～115.50 75.87		由砂岩、砂质泥岩、（碳质）泥岩及煤层组成，含煤1～5层（二$_1$—二$_5$），二$_1$煤层为煤田主采煤层，二$_2$、二$_3$煤层局部可采，其余煤层不可采或偶可采
	石炭系	上统（C_2）	太原组（C_2P_1t）	20.23～144.38 62.08		由石灰岩、砂岩、泥岩及煤层组成，含煤8～11层，其中一$_1$、一$_3$、一$_4$等煤层局部可采，其余煤层不可采或偶可采
			本溪组（C_2b）	1.74～29.70 9.42		以粘土岩、铝土矿为主，底部含鸡窝状山西式铁矿，顶部偶含煤线
	方山-禹州之北煤系基底为中奥陶统马家沟组（O_2m）厚层状石灰岩，之南由寒武系第三统—芙蓉统崮山组（$\epsilon_{3-4}g$）过渡到寒武系芙蓉统炒米店组（ϵ_4ch）、三山子组（ϵ_4s）					

禹州煤田位于嵩箕构造区的嵩箕断隆内，区内基本构造格架是“一背、两线、两块、三弧”。“一背”为荟翠山-风后岭背斜。“两线”为禹州煤田南部边界的西黄道正断层和襄城正断层及位于煤田中央禹州-河街正断层，西黄道正断层展布于葫芦套-红土坡-谢湾一线，倾向250°，倾角60°～75°，落差大于260 m；襄城正断层展布于长桥-襄城一线，倾向50°，倾角60°～75°，落差800～1000 m；禹州-河街正断层位于禹州城南-许昌城北，将煤田切割成南北两部分，走向北西，倾向北。“两块“为夹持于（岸上）-西黄道-襄城正断层与禹州-河街正断层间的南块及荟翠山-风后岭背斜与禹州-河街正断层间的北块。北块整体构造格架为白沙向斜，白沙向斜转折端在白沙水库附近，北西端仰起，两翼地层倾角7°～25°，北翼地层完整，南翼受不同期次、不同规模、不同方向的断裂构造破坏而残缺。南块整体构造格架为景家洼向斜及两侧狭窄不完整的背斜，景家洼向斜轴向120°～150°，北西端仰起，两翼地层倾角5°～43°，北翼地层完整，南翼受西黄道-襄城正断层的强烈破坏而残缺不全；角子山背斜（又称许禹背斜）位于景家洼向斜北东侧，分布于文殊-杨店一带，向南东倾伏；王英沟线型背斜位于景家洼向斜南西侧，分布于黄道东部、白土沟、王英沟一带，南140°倾伏，两翼倾角25°左右。“三弧”为位于煤田西南隅的景家洼弧形构造、西北隅的白沙弧形构造和东隅的洧（wei）川弧形构造。两线是骨架，两块作实体，三弧显特色（图2-93）。区内北西向断层是煤田的主干断层，规模大、落差大、延伸长，多具左行走滑性质，形成条带状断陷和隆起相间分布的格

局，控制了区域含煤地层的赋存；北东向断层切割了北西向断层，规模相对较小，但数量多，多构成煤矿区的自然边界；近东西向断层数量少，破坏了含煤地层的连续性。煤田内普遍发育的顺煤层的层间滑动断层常造成构造粉-粒状构造煤的发育。北块发育的、主滑面位于二$_1$煤层之上的蔡寺-白沙滑动构造虽然可使煤层埋深大大减少，但也存着部分地段煤层被铲薄、铲失而变为薄或无煤带。

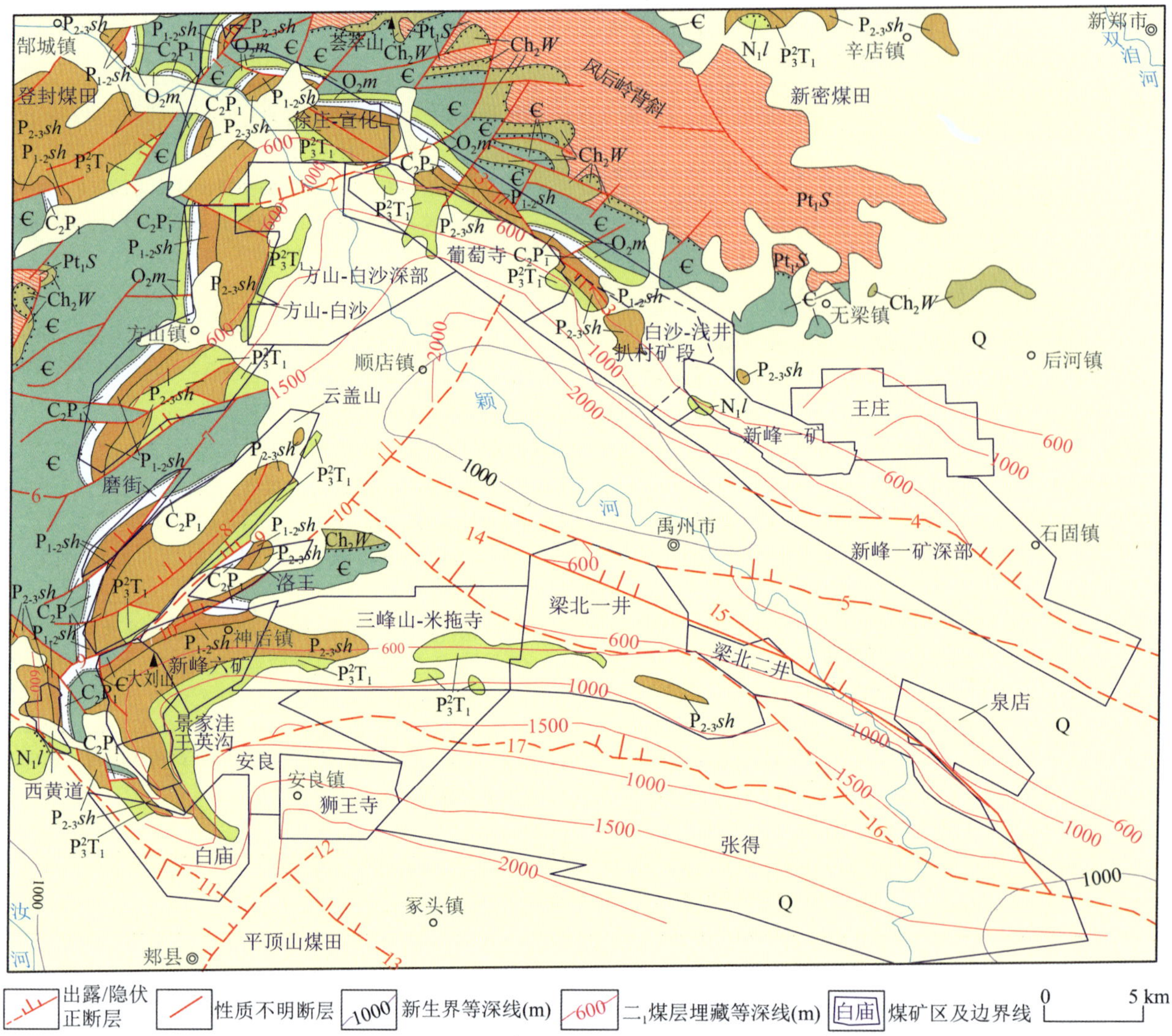

图 2-93　禹州煤田地质略图

Q—第四系；N_1l—中新统洛阳组；$P_3^2T_1$—二叠系乐平统孙家沟组、下三叠统刘家沟组与和尚沟组；$P_{2-3}sh$—二叠系阳新统—乐平统下、上石盒子组未分；$P_{1-2}sh$—二叠系船山统—阳新统山西组；C_2P_1—上石炭统本溪组和上石炭统—二叠系船山统太原组；O_2m—中奥陶统马家沟组；∈—寒武系；Ch_2W—长城系五佛山群；Pt_1S—古元古界嵩山群。1—王屯正断层；2—庄沟正断层；3—梨园沟-缸瓷窑正断层；4—郭连正断层；5—禹州-河街正断层；6—官山寨正断层；7—祖师庙正断层；8—云盖山正断层；9—下白峪正断层；10—东祖师庙正断层；11—西黄道正断层；12—宝丰-郏县正断层；13—襄城正断层；14—尹村正断层；15—南关正断层；16—虎头山正断层；17—张得正断层

（二）煤层与煤质

1. 煤层

禹州煤田本溪组—二叠系上石盒子组含 9 个煤段，一般含煤 27 层，最多可达 89 层，煤层总厚度累计 15 m 左右，其中可采、局部可采煤 19 层，可采煤层平均总厚度 8.30 m。

一$_1$煤层仅在禹州煤田西北部的徐庄-宣化一带局部发育，层位稳定，煤厚 0～1.18 m，平均

0.89 m，偶含碳质泥岩夹矸 1 层，底板为铝质泥岩，顶板为 L_1 或 L_{1-2} 石灰岩。一$_3$、一$_4$ 煤层在煤田南块的西部磨街-角子山一带发育。一$_3$ 煤层位于 L_3 与 L_2 石灰岩之间，顶部常见有 0.1~0.2 m 厚的碳质泥岩伪顶，煤厚 0~1.50 m，平均 0.93 m，煤层结构较为复杂，由 2~4 层薄煤层组成，单层煤厚 0.10~0.45 m，为不稳定的局部可采煤层。一$_4$ 煤层位于 L_4 与 L_3 石灰岩之间，煤厚 0~1.05 m，平均 0.64 m。

二$_1$ 煤层为禹州煤田的主要可采煤层，顶板以大占砂岩或砂质泥岩为主，偶见碳质泥岩伪顶，底板以泥岩为主，偶见碳质泥岩伪底。二$_1$ 煤层厚度 0~20.43 m，平均 4.88 m，煤厚变化较大，以中厚-厚煤层为主，煤层结构简单，一般不含矸，局部含 0.06~1.31 m 夹矸 1 层，偶 3 层，局部分岔为 2 层。位于大占砂岩上、下分层之间的二$_2$ 煤层主要发育于煤田中部的古城镇和梁北镇一带，煤厚 0~4.86 m，平均 1.35 m，局部含厚度 0.02~0.29 m 夹矸 1~2 层。位于大占砂岩与香炭砂岩之间的二$_3$ 煤层仅在禹州市神垕镇和建安区泉店一带局部可采，煤厚 0~3.02 m，平均 1.31 m，一般不含矸。

禹州煤田的下石盒子组四煤段下部的四$_1$ 煤层在安良煤矿区大部可采。位于四煤段下部的四$_2$ 煤层在煤田西端的郏县与禹州市交界地带较为发育，为局部可采不稳定型薄煤层，煤厚 0~1.94 m，平均 0.86 m，局部含厚度 0.29~0.65 m 碳质泥岩或劣质煤夹矸 1 层，偶 2~5 层，夹矸常呈条带状分布，俗称夹矸煤；煤层直接顶为泥岩，间接顶为细-中粒砂岩，局部有碳质泥岩或劣质煤伪顶；直接底板为泥岩，间接底板为细-中粒砂岩，局部有碳质泥岩伪底。赋存于四煤段中部的四$_3$ 煤层（相当于原四$_6$ 煤）在煤田东段禹州市与建安区交界地带较为发育，煤厚 0~2.96 m，平均 1.01 m，局部含厚度 0.09~0.33 m 夹矸 1~2 层；煤层顶板以泥岩为主，偶为细-粗粒砂岩，底板泥岩含较多植物化石碎片和舌形贝化石。赋存于四煤段中部的四$_5$ 煤层（相当于原四$_8$、四$_9$）在煤田西段南部的张得煤矿区大部分可采。五煤段可采煤层主要发育于方山镇和神垕镇-梁北镇一带，煤层结构简单，属不稳定局部可采煤层，煤层顶、底板多为泥岩，局部为细-中粒砂岩，底板泥岩含较多植物化石碎片；五$_2$ 煤层厚度 0~3.18 m，平均 0.90 m；五$_3$ 煤层厚度 0~1.43 m，平均 0.97 m；五$_4$ 煤层在安良煤矿区局部可采。六煤段中部六$_2$ 煤层（俗名柳叶炭）在煤田西部为较稳定的大部可采煤层，煤层顶、底板主要为泥岩，次为砂岩，局部有碳质泥岩伪顶，煤厚 0~2.56 m，平均 1.13 m，煤层结构简单，偶含厚度 0.15~0.89 m 碳质泥岩夹矸 1 层。

上石盒子组七$_2$ 煤层在禹州煤田西北部的顺店-白沙和煤田南部的神垕-梁北一带发育较好，顶板为泥岩，底板多为砂岩，煤厚 0~2.48 m，平均 0.96 m，煤层结构简单，有时含矸 1 层。七$_4$ 煤层在禹州市古城-褚河以西为不稳定的大部分可采煤层，顶底板多为泥岩，煤厚 0~3.48 m，平均 0.98 m，煤层结构简单，有时含碳质泥岩或泥岩夹矸 1 层。八煤段之八$_3$、八$_5$ 煤层为不稳定的、煤层结构复杂的局部可采劣质煤，煤厚 0~2.05 m，平均 0.91 m，主要分布于禹州煤田的南块。

2. 煤质

禹州煤田的一$_1$ 煤多呈小块状及碎粒状，视密度 1.45 t/m^3，煤类为低灰、高硫、高热值贫煤。一$_3$ 煤多呈碎块状，时有臭味，常含黄铁矿结核，俗称大夹矸臭煤，以亮煤及镜煤为主，为半暗型-半亮型煤，视密度 1.35~1.50 t/m^3，镜质体最大反射率为 1.74%~2.28%。一$_4$ 煤层俗称小夹矸臭煤。一$_3$、一$_4$ 煤为低灰、中-高硫、低磷、高热值、高熔灰分之贫煤，一$_3$ 煤局部有贫瘦煤。

禹州煤田的二$_1$ 煤为粉-粒状构造煤，局部夹透镜状煤块，煤中揉皱构造、滑动镜面发育，机械强度较低，手捻成粉。以亮煤为主，内夹少量团块状暗煤，属半暗型-半亮型煤。煤中有机组分占 75%以上，以镜质组为主，镜质体最大反射率为 1.59%~2.11%，无机组分以粘土矿物为主。视密度 1.31~1.55 t/m^3，一般为 1.34~1.43 t/m^3。孔隙率为 3.40%~13.40%。二$_1$ 煤为低灰、特低-低硫、低氯、低砷、低磷、高热值、较高软化温度灰、对二氧化碳反应性较弱、中等-高热稳定性、中等可选-难选之瘦-贫煤（局部焦煤）。煤中硫以有机硫为主，次为硫铁矿硫，硫酸盐硫微量，经洗选后脱硫率较低。煤灰成分以 SiO_2 和 Al_2O_3 为主，煤灰软化温度 1250~>1400℃，属较高软化温度灰。二$_2$、二$_3$ 煤与二$_1$ 煤类似。

禹州煤田的四$_2$、四$_3$煤以块状煤为主，次为粉状煤，煤岩成分以暗煤为主，亮煤次之，为半暗型煤。四$_2$煤视密度为1.40~1.60 t/m^3，镜质体最大反射率1.61%~1.62%。四$_3$煤视密度为1.50~1.61 t/m^3，镜质体最大反射率1.34%~1.72%。四$_2$、四$_3$煤为中灰-中高灰、低硫、低磷、较高软化温度灰、中低-中高热值焦煤。五$_2$、五$_3$煤以块状煤为主，少量粉-粒状煤，视密度分别为1.41~1.58 t/m^{3}和1.45 t/m^3，煤岩成分以亮煤为主，暗煤和镜煤次之，常见浸染状黄铁矿，为半暗型-半亮型煤；煤类均为中灰-中高灰、低硫、低磷、较高软化温度灰、中低-中高热值焦煤。六$_2$煤以块状煤为主，煤岩成分以亮煤、暗煤为主，为半暗型-半亮型煤，视密度为1.44~1.64 t/m^3，镜质体最大反射率1.47%~1.55%，孔隙率6.8%~9.0%，煤类为中高灰、低-中硫、低磷、较高软化温度灰、中-中高热值焦煤。四-六煤段可采煤层灰分产率较高，可选性较差。

禹州煤田的七$_2$、七$_4$煤以块状为主，次为粒状和粉状，视密度为1.41~1.64 t/m^3，孔隙率为4.6%~12.8%。宏观煤岩成分以暗煤为主，亮煤次之，宏观煤岩类型为半暗型-半亮型煤。有机组分占70%以上，以镜质组为主，镜质体最大反射率1.32%~1.61%，无机组分以粘土类矿物为主；煤类为中灰煤（局部中高灰）、低硫、较高软化温度灰、中-中高热值、极难选焦煤（局部肥煤）。八$_3$、八$_5$煤以块状煤为主，次为粉状，视密度为1.45~2.04 t/m^3，以暗煤为主，亮煤和镜煤次之，多为半暗型煤；煤类为中高-高灰、低-中高硫、低-中低热值劣质肥-瘦煤。

（三）开采技术条件

1. 煤层顶、底板

禹州煤田的一煤段可采煤层顶板多为石灰岩，底板为泥岩（一$_1$煤）或石灰岩。二$_1$煤层顶板为大占砂岩或砂质泥岩，底板以泥岩为主。石盒子组可采煤层顶、底板以泥岩为主，间接顶、底板多为砂岩。石灰岩和砂岩力学强度高，比较稳固，工程地质条件较好。泥岩力学强度较低，二$_1$煤层泥岩底板局部有微弱底鼓现象。

2. 水文地质条件

禹州煤田的地表水主要有颍河、汝河径流，对煤田影响不大。地下水主要为寒武系、奥陶系和太原组碳酸盐岩岩溶水及太原组、山西组和石盒子组砂岩裂隙孔隙水，一般水量不大。本区水文地质条件属简单-中等类型，但在断裂构造连通处应提防突水。

3. 瓦斯、煤尘爆炸性与煤层自燃

禹州煤田位于豫西强变形“三软”煤层高、突瓦斯区，地质构造复杂，瓦斯地质条件复杂。二$_1$煤层“三软”构造煤全层发育，属煤与瓦斯突出型煤层，曾发生过瓦斯突出现象。煤尘有爆炸危险性。煤层多属不易自燃煤层，一部分属有可能自燃煤层，个别点属易自燃煤层。

4. 地温

禹州煤田的地温梯度0.32~2.91℃/hm，平均2.37℃/hm，属地温正常区，煤田中部的梁北一井地温梯度为2.35~3.15℃/hm，局部为地温异常区。地温随着煤层的埋深增加而增高。

（四）禹州市方山-白沙深部煤矿区

方山-白沙深部煤矿区位于禹州市北西约20 km处的方山镇、花石乡、苌庄乡、顺店镇一带，东西长11.27 km，南北宽9.25 km，面积约64.24 km^2。矿区地理坐标为东经113°13′39″~113°21′00″，北纬34°15′01″~34°20′00″，为西高东低的丘陵区，海拔156.7~470.7 m，白沙水库和颍河是其主要地表水体，常年性河流之颍河自北西白沙水库向南东流过。2005~2014年，河南省地质矿产勘查开发局第二地质勘查院开展了该区的普查、详查工作，2014年提交了《河南省禹州市方山-白沙煤矿深部煤详查报告》，累计查明/保有1500 m以浅煤资源量46030.0×10^4 t，估算（334）？类煤资源量4264.0×10^4 t，另有1500 m以深的（334）？类煤资源量5365.0×10^4 t；估算二$_1$煤的煤层气资源量71.94×10^8 m^3。

1. 矿区地质

（1）地层

方山-白沙深部煤矿区的基岩出露于西部，东部钻孔揭露第四系最大厚度 23.91 m。北部煤系基底为中奥陶统马家沟组石灰岩，南部煤系基底为寒武系三山子组硅质条带白云岩。含煤地层本溪组厚度 3.23~13.27 m，平均 9.20 m；太原组厚度 58.65~70.37 m，平均厚度 63.79 m，含煤 6~8 层，仅一$_1$ 煤层见可采点，厚度 2.72~9.72 m 的 L_7 石灰岩全区发育且较稳定；山西组厚度 46.22~85.79 m，平均 66.80 m，含煤 1~5 层，仅二$_1$ 煤层可采，中粒大占砂岩厚度 0.89~15.87 m；下石盒子组厚度 275.83~350.85 m，平均 306.54 m，底部的中粒砂锅窑砂岩厚度 4.91~28.78 m，下部的大紫泥岩平均厚度 22.41 m，四煤段含不可采薄煤 3 层（四$_1$、四$_2$、四$_3$），五煤段含不可采薄煤 4 层（五$_1$—五$_4$），仅五$_3$ 煤层偶有可采点，六煤段偶含仅 1 点可采的六$_2$ 煤层；上石盒子组厚度 262.15~365.61 m，平均 312.80 m，底部的中-粗粒田家沟砂岩厚度 5.89~33.95 m，七煤段含煤 4 层（七$_1$—七$_4$），八煤段偶含不可采八$_2$ 薄煤，上部的中-粗粒平顶山砂岩厚度 62.71~96.85 m。煤系盖层孙家沟组厚度 238.04~308.65 m，平均 282.14 m，上部的数层褐红色、灰绿色砾屑石灰岩中常含大量椭球状砂屑石灰岩砾石；刘家沟组厚度 127.16~207.13 m，平均 176.45 m，俗称“麻斑砂岩”，又称“金斗山砂岩”；和尚沟组钻孔揭露最大厚度 470.81 m；二马营组揭露最大厚度 86.54 m。

（2）构造

方山-白沙深部煤矿区处于禹州煤田北区的北部，区内构造格架为北西端仰起的白沙宽缓向斜（图 2-94），两翼倾角 7°~25°，以北东向高角度正断层为主，次为北西向和近东西向断层。矿区北部的庄沟正断层倾向北北西，倾角 60°~70°，落差 40~650 m。发育的太平岭滑体（HF_1）、岖山滑体（HF_2）、紫金山滑体（HF_3）、方山滑体（HF_4）4 个滑动构造常切断早期断裂，但主滑面多位于二$_1$ 煤层之上，对二$_1$ 煤层影响不大。

2. 煤层与煤质

（1）煤层

方山-白沙深部煤矿区的本溪组—上石盒子组平均总厚度 759.13 m，含煤 25 层，煤层平均总厚度 11.92 m，仅二$_1$、七$_2$ 煤层可采。二$_1$ 煤层全区可采，煤底标高-50~-1500 m，埋深 480~1650 m。上距大占砂岩 0~21.04 m，平均 5.75 m；下距太原组顶层石灰岩 0.76~20.22 m，平均 6.92 m。煤厚 0~15.09 m，平均 6.75 m，局部含矸 1~3 层。滑动构造铲削煤层地带附近，或主滑面与二$_1$ 煤层距离较近地段，煤厚有变薄现象。煤层底板多为深灰色泥岩，局部为粉砂岩、细砂岩；煤层顶板多泥岩、细-中粒砂岩。二$_1$ 煤层层位稳定，煤层中部厚，向东西两侧变薄，向西逐渐变薄至不可采，到 ZK1609 和区外的 2194 孔缺失煤层而形成一不规则古河流冲刷带。煤层物性特征显示：DLW 中高异常，曲线形态钟形、馒头形，圆滑对称；低密度，HGG 曲线箱形波状，介面陡直；HG 低异常。七$_2$ 煤层局部可采，煤底标高+350~-1100 m，埋深 80~1250 m，煤厚 0~2.31 m，平均 0.92 m，局部含矸 1 层。下距田家沟砂岩 16.28~40.74 m，平均 32.63 m；上距平顶山砂岩 159.24~214.97 m，平均 189.14 m。煤层底板主要为泥岩，局部为粉砂岩，偶见细砂岩、碳质泥岩；顶板为多为泥岩，局部为细砂岩，偶见碳质泥岩。七$_2$ 煤层层位稳定，全区除滑动构造断煤区域外基本发育，厚度极不稳定，煤层东部厚，向周边逐渐变薄至不可采，滑动构造对七$_2$ 煤层有影响。煤层物性特征显示：DLW 中高异常，曲线起伏一般不是很大，圆滑对称；低密度，HGG 曲线箱形波状，介面较平滑；HG 低异常。

（2）煤质

方山-白沙深部煤矿区的二$_1$ 煤呈黑色，其原始结构已遭受严重破坏，以粉末状为主，鳞片状及粒状次之，局部层段夹透镜状块煤，煤中揉皱、滑面发育。仅局部观察到的宏观煤岩成分以亮煤及镜煤为主，次为暗煤，丝炭少量，镜质体最大反射率 1.85%~2.10%，平均 1.99%；宏观煤岩类型以半亮型煤为主，少量光亮型煤及半暗型煤。二$_1$ 煤的真密度 1.35~1.54 t/m^3，平均 1.45 t/m^3（16 点）；视密度 1.24~1.46 t/m^3，平均 1.37 t/m^3（9 点）；原煤磷含量平均 0.0179%，氯含量平均 0.043%，砷含量平均 0.35×10^{-6}。七$_2$ 煤呈黑灰色，玻璃光泽，参差状断口，碎裂状、鳞片状。煤岩成分以亮

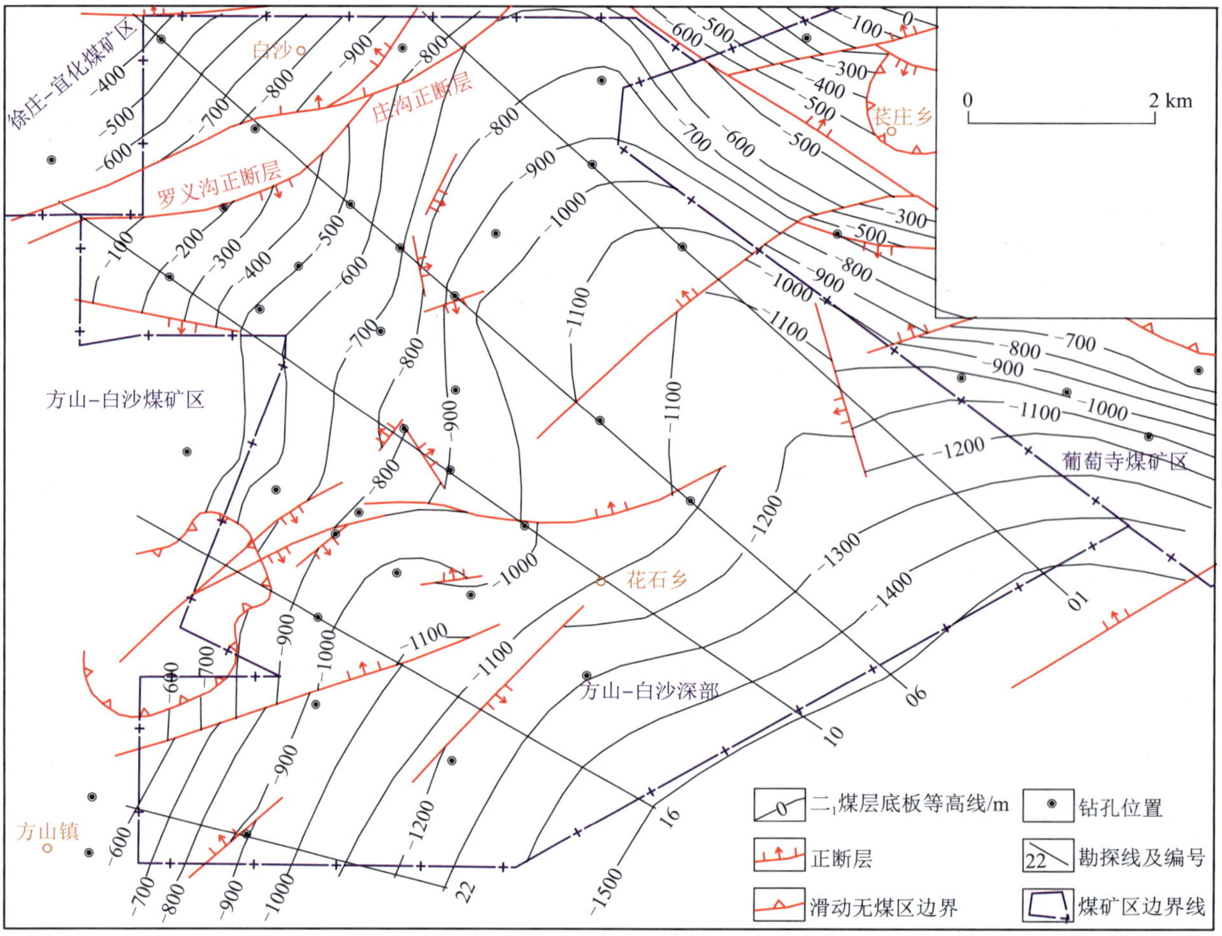

图 2-94　禹州市方山-白沙深部煤矿区二$_1$ 煤层底板等高线图

（据河南省地质矿产勘查开发局第二地质勘查院，2014，有修改）

煤为主，次为镜煤，有少量暗煤，多属半亮型煤，镜质体最大反射率 1.44%～1.61%，平均 1.55%。七$_2$ 煤的真密度 1.44～1.66 t/m^3，平均 1.58 t/m^3（12 点）；视密度 1.32～1.56 t/m^3，平均 1.47 t/m^3（11 点）；原煤磷含量平均 0.0040%，氯含量平均 0.035%，砷含量平均 5×10^{-6}。

方山-白沙深部煤矿区的二$_1$、七$_2$ 煤层的原煤灰成分均以 SiO_2、Al_2O_3 为主。与二$_1$ 煤层的煤灰成分相比，七$_2$ 煤层 SiO_2 含量较高，而 Al_2O_3 含量相对较低。二$_1$ 煤为较高-高软化温度和流动温度灰，七$_2$ 煤为中等-高软化温度和流动温度灰。二$_1$ 煤不易结渣，对二氧化碳的反应性好；七$_2$ 煤在 900～950℃高温条件下，二氧化碳还原率 15.9%～27.9%，属还原能力较弱、不宜做气化用煤之煤层。二$_1$ 煤为低灰、特低硫、高热值贫煤，七$_2$ 煤为中高灰、中硫、中热值焦煤（表 2-110）。

（五）登封市徐庄-宣化煤矿区

徐庄-宣化煤矿区位于禹州煤田最北部，隶属于登封市徐庄乡和宣化镇，西、北为煤层露头，东接白沙-浅井煤矿区，南至庄沟正断层和二$_1$ 煤层底板-600 m 水平，面积约 57.04 km^2。地貌为北高南低的丘陵区，白沙水库位于矿区中部。矿区地理坐标为东经 113°11′31″～113°18′46″，北纬 34°18′49″～34°23′45″。据资源储量核实报告，勘查程度达勘探，查明煤资源储量 24852.0×10^4 t，保有煤资源储量 20586.4×10^4 t。本区大部分处于瓦斯风化带。

徐庄-宣化煤矿区内第四系厚度 0～35.15 m，煤系基底为中奥陶统马家沟组石灰岩。含煤地层本溪组厚度 10.16～24.34 m，平均 16.06 m；太原组厚度 61.74～77.24 m，平均 65.09 m；山西组厚度

47.55~79.97 m，平均 63.65 m；下石盒子组平均厚度 287.61 m；上石盒子组平均厚度 321.76 m。煤系盖层孙家沟组平均厚度 238.24 m，刘家沟组钻孔揭露最大厚度 100.13 m。本区处于白沙向斜北西扬起的转折端，煤层倾向南—南东，倾角平缓，蔡寺-白沙滑动构造之次级苌庄和桃园滑动构造在本区表现明显，且对$二_1$煤层局部有破坏，在滑体间和滑体下盘均发育有北西向、北东向高角度正断层。$一_1$煤层大部可采，煤厚 0.39~1.18 m，平均 0.89 m，偶含 1 层夹矸。$二_1$煤层全区可采，煤厚 0.74~15.48 m，平均 6.47 m，局部含矸 1~2 层。$七_2$煤层局部可采，煤厚 0~1.77 m，平均 0.78 m，无矸。$一_1$煤的原煤水分 0.43%~0.86%，平均 0.59%；灰分 9.51%~18.03%，平均 14.28%；全硫 4.81%~4.94%，平均 4.87%；浮煤挥发分 11.75%~12.43%，平均 13.98%；黏结指数为 0~1；煤类为低灰、高硫贫煤。$二_1$煤原煤水分 0.51%~1.14%，平均为 0.74%；灰分 10.82%~34.71%，平均 16.58%；全硫 0.20%~0.44%，平均 0.32%；高位发热量 22.16~32.16 MJ/kg，平均 29.52 MJ/kg；浮煤挥发分 11.41%~14.35%，平均 12.49%；黏结指数 0，胶质层最大厚度 0 mm；煤类为低灰、特低硫、高热值贫煤。$七_2$煤的原煤水分平均 0.88%，灰分平均 33.41%，全硫平均 0.48%，挥发分平均 20.64%，煤类为中高灰、特低硫焦煤。

表 2-110　禹州市方山-白沙深部煤矿区煤质特征一览表

煤层		M_{ad}/%	A_d/%	V_{daf}/%	$S_{t,d}$/%	$Q_{gr,d}$/(MJ·kg^{-1})	Y/mm	$G_{R.I}$
$二_1$	原煤	0.54~1.47 0.91 (29)	9.79~17.79 13.56 (28)	12.36~17.42 15.06 (29)	0.21~0.41 0.30 (29)	28.08~32.54 30.66 (29)	—	0~1
	浮煤	0.53~1.39 0.91 (29)	4.85~11.01 7.43 (29)	11.61~15.34 13.41 (29)	0.24~0.42 0.33 (27)	31.57~34.69 33.36 (28)		
$七_2$	原煤	0.52~1.20 0.88 (18)	23.28~39.68 31.80 (18)	19.38~24.74 21.54 (17)	0.37~2.14 1.01 (17)	21.26~27.74 24.24 (17)	9.0 (1)	68~99 86
	浮煤	0.49~2.42 0.74 (17)	8.77~20.37 14.50 (17)	16.93~34.82 20.95 (16)	0.40~0.70 0.53 (16)	28.63~32.95 30.74 (14)		

注：资料来源于《河南省禹州市方山-白沙煤矿深部煤详查报告》，河南省地质矿产勘查开发局第二地质勘查院，2014c。

（六）禹州市方山-白沙煤矿区

方山-白沙煤矿区位于禹州市西北部鸠山-方山-白沙一带，隶属于禹州市方山镇、鸠山乡和花石乡，南起官山寨正断层，北至白沙水库临徐庄-宣化煤矿区，西为$二_1$煤层露头，东至$二_1$煤层底板-900 m 标高，面积约 60.61 km^2。矿区地理坐标为东经 113°08′34″~113°17′18″，北纬 34°11′19″~34°20′25″，地貌为西高东低的丘陵区。据资源储量核实报告，勘查程度达详查，累计查明煤资源储量 49844.5×10^4 t，保有煤资源储量 47149.0×10^4 t。本区处于瓦斯风化带。

方山-白沙煤矿区内第四系厚度 0~55.57 m，煤系基底为中奥陶统马家沟组石灰岩。含煤地层本溪组、太原组、山西组、下石盒子组和上石盒子组平均厚度分别为 13.10 m、58.67 m、67.36 m、294.78 m、316.23 m。煤系盖层有孙家沟组、刘家沟组、和尚沟组和二马营组。本区位于白沙向斜南西翼，为地层倾向 110°~130°、倾角 8°~18°的单斜构造，北西向、北东向和近东西向正断层发育，并发育有滑动构造。官山寨正断层倾向北西，倾角 70°~75°，落差 1500~2000 m。$二_1$煤层全区可采，$六_2$、$五_2$煤层大部分可采，$一_4$、$四_2$、$七_4$煤层局部可采。$一_4$煤层估算标高+250~-100 m，煤厚 0~1.41 m，平均厚度 0.90 m，煤层不稳定，结构较复杂。$二_1$煤层估算标高+350~-900 m，煤厚 0~10.69 m，平均厚度 4.88 m，偶见 1 层厚度小于 0.35 m 的夹矸。$四_2$煤层估算标高+250~+50 m，煤厚 0~1.30 m，平均厚度 0.90 m，煤层不稳定，结构简单。$五_2$煤层估算标高+600~-600 m，煤厚 0~1.99 m，平均厚度 1.05 m，偶含 1 层厚度 0.10~0.39 m 夹矸。$六_2$煤层估算标高+400~-500 m，煤厚 0~1.40 m，平均厚度 1.17 m，偶含 1 层厚度 0.15~0.89 m 夹矸。$七_4$煤层估算标高+400~-400 m，煤厚 0~1.59 m，平均厚度 0.81 m，局部含矸 1 层。一$_4$ 煤为贫煤，二$_1$ 煤为低灰、特低硫、高热值贫瘦煤，四$_2$、五$_2$、六$_2$、七$_4$ 煤为中-高灰、特低-低硫焦煤（表 2-111）。

表 2-111　禹州市方山-白沙煤矿区主要煤质特征一览表

煤层		七$_4$	五$_2$	二$_1$
灰分 A_d/%	原煤	26.02~38.66 30.77（12）	23.09~28.86 26.87（4）	6.11~27.55 15.67（44）
	浮煤	12.72~20.34 15.18	8.02	5.97~7.68 6.77
挥发分 V_{daf}/%	浮煤	19.19~20.42 19.91	18.44	12.06~13.26 12.80
全硫 $S_{t,d}$/%	原煤	0.36~1.68 0.85（11）	0.32~0.45 0.39（3）	0.21~1.77 0.38（44）
高位发热量 $Q_{gr,v,d}$/（MJ · kg^{-1}）	原煤	22.73~25.81 23.40（11）	24.70~25.41 25.06（3）	28.82~32.37 29.56（33）
黏结指数 $G_{R.I}$	浮煤	89.0~98.0 91.0（10）	91.0（2）	1.0~68.0 7.4（44）
胶质层最大厚度 Y/mm	浮煤	24.5（8）	15.0（2）	0~12.0 2.2（25）

（据河南省地质矿产勘查开发局第二地质勘查院，2010b）

（七）禹州市葡萄寺煤矿区

葡萄寺煤矿区位于禹州市西北部约 12 km 苌庄-浅井一带，西起东柳村，东至金山赵，北自柏村，南到高槐刘村，东西长 12 km，南北宽 3.03 km，面积约 37.07 km^2。矿区地理坐标为东经 113°17′25″~113°24′44″，北纬 34°15′40″~34°19′59″，区内为西北高、东南低的丘陵区，海拔 150.0~266.0 m。2006~2009 年，河南省地质矿产勘查开发局第二地质勘查院开展了该区详查，2014 年提交的《河南省禹州煤田葡萄寺煤详查区煤详查报告》累计查明/保有 1500 m 以浅的煤资源量 22846.0×10^4 t，估算（334）？类煤资源量 861.0×10^4 t，另有 1500 m 以深的（334）？类煤资源量 4801.0×10^4 t；估算二$_1$ 煤的煤层气资源量 44.37×10^8 m^3。

葡萄寺煤矿区内第四系厚度 0.50~119.28 m，新近系洛阳组厚度 0~66.63 m。煤系基底为中奥陶统马家沟组石灰岩。本溪组厚度 4.02~8.37 m，平均 5.95 m。太原组厚度 27.40~68.71 m，平均 52.11 m。山西组厚 61.45~86.10 m，平均 78.36 m。下石盒子组厚度 280.32~327.78 m，平均 301.75 m。上石盒子组厚度 279.76~380.42 m，平均 337.10 m。孙家沟组厚度 261.41~344.75 m，平均 283.24 m。刘家沟组厚度 132.59~182.70 m，平均 163.95 m。和尚沟组平均厚度 161.25 m。二马营组揭露最大厚度 579.26 m。矿区处于荟萃山-风后岭背斜南翼（白沙向斜北翼）西段，基本构造形态为地层倾向南西、倾角 17°~28°的单斜构造；发育近东西向、北东向和北西向正断层；苌庄滑动构造呈北西—南东向展布，主滑动面位于二$_1$ 煤层之上，缺失地层厚度 40~750 m。二$_1$ 煤层大部分可采，煤底标高-140~-1550 m，埋深 400~1700 m，煤厚 0.40~14.20 m，平均 4.68 m，偶含（碳质）泥岩夹矸 1~2 层，煤厚变化具厚薄相间特点；滑动构造铲削煤层地带，或主滑面距二$_1$ 煤层较近地段，煤厚有变薄现象；矿区西北部，二$_1$ 煤层局部被滑动构造铲削；二$_1$ 煤层底板多为深灰色泥岩，局部为粉砂岩、细砂岩；其顶板多为泥岩，局部为细-中粒砂岩、砂质泥岩。七$_2$ 煤层局部可采，被不可采边界、滑动构造和断层分割为多个孤立的块段，煤层上距平顶山砂岩 176.27~256.49 m，平均 220.38 m，煤底标高-60~-1200 m，埋深 270~1350 m，煤厚 0~2.48 m，平均 1.05 m，局部含厚度 0.33~1.26 m 的泥岩、碳质泥岩夹矸 1~2 层；煤层顶板为多为泥岩，局部为细砂岩，偶见碳质泥岩；

底板主要为泥岩，局部为粉砂岩，偶见细砂岩、碳质泥岩。二$_1$ 煤以低灰、特低硫、高热值贫瘦煤为主，次为贫煤；七$_2$ 煤为中灰、低硫、中高热值焦煤（表2-112）。

表2-112 禹州市葡萄寺煤矿区煤质特征一览表

煤层		A_d/%	V_{daf}/%	$S_{t,d}$/%	$Q_{gr,d}$/(MJ·kg^{-1})	Y/mm	$G_{R.I}$
二$_1$	原煤	10.21~22.73 16.66	12.44~19.58 17.18	0.26~0.43 0.36	26.99~31.83 29.96	2.4	0~49.2 11.5
	浮煤	5.26~12.26 8.98	14.35~18.00 16.09	0.28~0.53 0.38	31.97~34.12 32.95	—	—
七$_2$	原煤	17.37~33.21 26.45	20.74~25.46 23.03	0.36~1.05 0.70	23.78~29.68 26.08	19.0~23.5 21.0	69.0~98.0 83.2
	浮煤	9.89~20.06 14.88	19.80~24.59 22.09	0.40~0.70 0.53	—	—	—

注：资料来源于《河南省禹州煤田葡萄寺煤详查区煤详查报告》，河南省地质矿产勘查开发局第二地质勘查院，2014d。

（八）禹州市白沙-浅井煤矿区

白沙-浅井煤矿区位于登封市的宣化镇和禹州市西北部的苌庄乡、浅井乡、朱阁乡境内的苌庄-扒村一带，西接徐庄-宣化煤矿区，东以曹楼正断层接新峰一矿，北为二$_1$ 煤层露头，西南与葡萄寺煤矿区接壤，东南至二$_1$ 煤层底板－1545 m 标高，面积约 70.04 km^2。矿区地理坐标为东经113°18′27″~113°30′03″，北纬34°12′50″~34°21′38″，区内为北高南低的丘陵区。2006~2009 年，河南省煤炭地质勘察研究总院在矿区东段中深部的浅井乡和朱阁乡境内开展了煤详查工作（图2-93），提交了《河南省禹州煤田扒村井田详查报告》。结合 2010 年河南省地质矿产勘查开发局第二地质勘查院提交的《河南省禹州市白沙-浅井煤核查区资源储量核查报告（含葡萄寺煤矿区）》，经过资源储量清理，区内累计查明二$_1$ 煤层和七$_2$ 煤层煤资源储量 31015.0×10^4 t，保有煤资源储量 30607.4×10^4 t。浅部为瓦斯风化带，中深部为沼气带，二$_1$ 煤层瓦斯含量为 4.76~33.94 m^3/t，平均 11.33 m^3/t。本区地温梯度为 2.00~2.46℃/hm，平均 2.19℃/hm，属地温正常区。二$_1$ 煤无煤尘爆炸危险性，属容易自燃煤层。

白沙-浅井煤矿区内第四系厚度 0~55.57 m，煤系基底为中奥陶统马家沟组石灰岩。含煤地层本溪组厚度 0~17.18 m，平均 9.49 m；太原组厚度 52.32~70.29 m，平均 61.54 m；山西组厚度 58.43~88.42 m，平均 67.29 m；下石盒子组厚度 199.21~416.50 m，平均 284.76 m；上石盒子组厚度 233.68~386.87 m，平均 313.16 m。煤系盖层孙家沟组厚度 202.13~287.37 m，平均 259.97 m；刘家沟组厚度 72.76~130.72 m，平均 118.07 m；和尚沟组揭露最大厚度 350.00 m；二马营组厚度 0~219.98 m。本区位于白沙向斜的北东翼，为地层倾向南西、倾角 8°~18°的单斜构造，以北东向正断层为主，次为北西向或近东西向正断层，断层面倾角一般为 50°~70°。落差大于 50 m 的断层有 19 条，规模较大的断层有庄沟正断层和梨园沟-缸瓷窑正断层。梨园沟-缸瓷窑正断层走向北西，倾向南西，倾角 70°，落差 120~280 m。曹楼正断层倾向北西，倾角 70°，落差 150~800 m。

白沙-浅井煤矿区的二$_1$ 煤层全区可采，煤厚 0~17.44 m，平均 5.21 m，埋深 0~1695 m，赋存标高+300~-1545 m，偶见厚度 0.09~0.76 m 夹矸 1 层。七$_2$ 煤层局部可采，煤厚 0.24~1.25 m，平均 0.81 m，赋存标高+200~-600 m，局部含厚度 0.08~0.67 m 夹矸 1 层。二$_1$ 煤的原煤水分 0.56%~1.32%，平均为 0.87%；灰分 6.11%~27.55%，平均 15.67%；全硫 0.21%~1.77%，平均 0.38%；高位发热量 28.82~32.37 MJ/kg，平均 29.56 MJ/kg；浮煤挥发分 12.06%~13.26%，平均 12.80%；黏结指数 1~68，平均 7.4；胶质层最大厚度 12.0 mm；煤类主要为低灰、特低硫、低磷、特低氯、一级含砷、高氟、高热值粉状瘦煤和贫瘦煤，易选-极难选，煤泥量大，具较高软化温度灰、极易磨，可作为炼焦配煤、动力用煤及民用煤。七$_2$ 煤的原煤水分 0.85%~1.02%，平均为 0.94%；灰分

26.02%~38.66%，平均30.77%；全硫0.36%~1.68%，平均0.85%；高位发热量22.73~25.81 MJ/kg，平均23.40 MJ/kg；浮煤挥发分19.19%~20.42%，平均19.91%；黏结指数89~98，平均91；胶质层最大厚度24.5 mm；煤类为中高灰、低硫、中热值焦煤。

（九）禹州市磨街煤矿区

磨街煤矿区位于禹州市磨街乡，西为煤层露头，东至祖师庙正断层，北东长7.51 km，北西宽0.93 km，面积约6.52 km^2。矿区地理坐标为东经113°08′43″~113°12′25″，北纬34°08′38″~34°11′37″，区内为西北高、南东低的丘陵区。据资源储量核实报告，勘查程度达详查，累计查明煤资源储量2863.0×10^4 t，保有煤资源储量2216.8×10^4 t。本区处于瓦斯风化带。

磨街煤矿区内第四系厚度0~20.00 m，煤系基底为寒武系第三统—芙蓉统崮山组灰白色中厚层状白云质灰岩。本溪组厚度2.17~29.38 m，平均7.37 m。太原组厚度23.03~72.22 m，平均56.68 m。山西组厚度64.00~88.70 m，平均81.25 m。下石盒子组仅保留下部地层。本区位于景家洼向斜北翼，为地层倾向南东、倾角15°~25°的单斜构造。祖师庙正断层倾向310°~320°，倾角46°~70°，落差70~500 m。$二_1$煤层全区可采，煤厚1.11~10.80 m，平均5.32m，赋存标高+350~+100 m，偶含矸1层。$一_3$煤层大部分可采，赋存标高+375~+35 m，煤厚0~1.50 m，结构较为复杂，由2~4层薄煤层组成，单层煤厚0.10~0.45 m。$一_4$煤层零星可采，煤厚0.80 m，赋存标高+275~+100 m。$二_1$煤的原煤灰分10.48%~20.38%，平均13.42%；硫分0.43%~1.93%，平均0.58%；高位发热量28.17~32.63 MJ/kg，平均为30.56 MJ/kg；浮煤挥发分13.57%~15.78%，平均14.57%；黏结指数0~38.9，平均10.7；胶质层最大厚度0~4.5 mm；煤类为低灰、低硫、高热值贫煤、贫瘦煤。$一_3$煤的原煤灰分5.97%~25.86%，平均15.01%；硫分0.77%~6.03%，平均4.72%；高位发热量10.74~33.58 MJ/kg，平均为28.41 MJ/kg；浮煤挥发分12.14%~18.28%，平均13.43%；黏结指数0.2~10.0，平均5.2；胶质层最大厚度0 mm；煤类为低灰、高硫、高热值贫煤、贫瘦煤。

（十）禹州市云盖山煤矿区

云盖山煤矿区位于禹州市磨街乡和文殊镇，西接磨街煤矿区，南东至下白峪正断层或$二_1$煤底-600 m标高，北东长14.29 km，北西宽3.25 km，面积约46.95 km^2。矿区地理坐标为东经113°08′45″~113°16′28″，北纬34°06′33″~34°13′15″，区内为丘陵区。据资源储量核实报告，勘查程度达详查，累计查明煤资源储量22778.5×10^4 t，保有煤资源储量19505.0×10^4 t。本区处于瓦斯风化带。

云盖山煤矿区内第四系厚度0~20.00 m，煤系基底为崮山组，含煤地层本溪组—上石盒子组平均总厚度776.28 m，煤系盖层有孙家沟组、刘家沟组。本区处于景家洼向斜北翼，为地层倾向南东、倾角15°~25°的单斜构造，断层以北东向正断层为主，次为北西向和近东西向正断层。下白峪正断层倾向北，倾角40°~70°，落差200~1000 m。与下白峪正断层平行的云盖山正断层落差30~100 m，贯穿于矿区中深部。$二_1$煤层全区可采，$七_4$煤层大部可采，$四_2$、$六_2$、$一_3$、$一_4$、$八_5$煤层局部可采。$一_3$煤层厚度0~1.50 m，平均0.95 m，由2~4层薄煤层组成，单层煤厚度0.10~0.45 m。$一_4$煤层俗称小夹矸臭煤，煤厚平均0.64 m。$二_1$煤层厚度0~14.05 m，平均4.34 m，偶含矸1层。$四_2$煤层厚度0~1.84 m，平均0.81 m，含2~5层夹矸，俗称夹矸煤。$六_2$煤层厚度0~2.27 m，平均0.74 m，偶含矸1~3层。$七_4$煤层厚度0~3.48 m，平均厚度0.91 m，含厚度0.10~0.20 m夹矸1~3层。$八_5$煤层厚度0~1.76 m，煤层结构较复杂，为劣质煤，煤层顶板为砂质泥岩，底板为泥岩或粉砂岩。$八_5$煤为中高灰、中高硫、中低热值焦煤，$七_4$煤为中灰、低硫、中高热值焦煤，$六_2$、$四_2$煤为中高灰、特低-低硫、中热值焦煤，$二_1$煤为低灰、低硫、高热值瘦煤、贫瘦煤和贫煤，$一_3$、$一_4$煤为低灰、高硫、高热值贫煤（表2-113）。

（十一）禹州市洛王煤矿区

洛王煤矿区位于禹州市神垕镇，北为$二_1$煤层露头线，为夹持于下白峪正断层（北）和东祖师庙正断层（南）间的菱形区块，北东长约 4.09 km，北西宽约 1.73 km，面积约 7.08 km^2。矿区地理坐标为东经 113°11′51″~113°15′31″，北纬 34°08′09″~34°09′14″。据资源储量核实报告，勘查程度达详查，累计查明煤资源储量 2683.9×10^4 t，保有煤资源储量 1801.1×10^4 t。本区处于瓦斯风化带。第四系厚度 0~35.00 m，煤系基底为寒武系芙蓉统炒米店组白云岩。本溪组厚度 1.70~11.42 m，平均 10.00 m。太原组厚度 45.79~100.83 m，平均 66.00 m。山西组厚度 50.80~101.22 m，平均 83.00 m。下石盒子组出露不全。本区处于景家洼向斜北翼，为地层倾向南—南东、倾角 15°~28° 的单斜构造，发育北东向和近东西向正断层。东祖师庙正断层倾向 320°，倾角 60°~70°，落差 200~530 m。二$_1$ 煤层大部分可采，煤厚 0.13~17.18 m，平均 3.70 m，一般厚度 2~4 m，偶含矸 1 层；原煤灰分平均 20.40%，全硫平均 0.84%，高位发热平均量 30.44 MJ/kg；浮煤挥发分 12.35%~16.92%，平均 15.50%，黏结指数 32，胶质层最大厚度 3 mm；煤类为中灰、低硫、高热值瘦煤。四$_2$ 煤层局部可采，煤厚 0~1.87 m，一般厚度 0.86 m，一般含 1~2 层夹矸；原煤灰分 31.64%，全硫 0.36%，发热量 20.78 MJ/kg，浮煤挥发分 19.41%，煤类为极难选中高灰、特低硫、中低热值焦煤。

表 2-113 禹州市云盖山煤矿区煤质特征一览表

煤层	原煤			浮煤		
	A_d/%	$S_{t,d}$/%	$Q_{gr.v.d}$/(MJ·kg^{-1})	V_{daf}/%	Y/mm	$G_{R.I}$
八$_5$	39.34	2.28	18.28	12.98	—	—
七$_4$	18.18~35.10 27.72（39）	0.21~0.83 0.53（34）	22.10~28.84 25.22（38）	17.66~22.23 19.93（37）	10.5~20.5 14.5（27）	45.6~86.5 67.2（8）
六$_2$	23.05~39.86 34.84（37）	0.33~1.06 0.75（37）	16.31~27.15 22.53（43）	15.71~23.73 20.91（37）	11.0~24.5 14.5（17）	42.0~88.0 63.0（10）
四$_2$	24.06~39.90 33.13（63）	0.27~1.18 0.44（58）	15.28~27.03 23.42（60）	15.90~21.14 19.16（63）	8.0~20.7 13.5（40）	36.0~94.0 70.9（20）
二$_1$	7.84~30.87 14.97（190）	0.10~1.91 0.54（180）	23.29~33.33 30.17（169）	12.11~18.42 15.24（187）	0~12.0 2.0（147）	0~38.9 10.7（82）
一$_3$	5.97~25.86 15.01（18）	0.77~6.03 4.72（17）	10.74~33.58 28.41（17）	12.14~18.28 13.43（12）	0	0.2~10.0 5.2（9）

注：资料来源于《河南省禹州市云盖山煤核查区资源储量核查报告》，河南省地质矿产勘查开发局第二地质勘查院，2010c。

（十二）禹州市新峰一矿煤矿区

新峰一矿位于禹州市区北东约 5 km，西接白沙-浅井煤矿区，北至二$_1$ 煤层隐伏露头及魏庄正断层，南到黑水河正断层和肖庄正断层及二$_1$ 煤底-800 m（七$_4$ 煤底-400 m）水平，东西长约 9.3 km，南北宽约 2.1 km，面积约 19.53 km^2。矿区地理坐标为东经 113°28′25″~113°34′04″，北纬 34°11′32″~34°14′41″，本区为丘岗和冲积平原地貌。勘查程度达勘探，累计查明煤资源储量 12568.6×10^4 t，保有煤资源储量 9514.4×10^4 t。第四系厚度 120.00~491.50 m，煤系基底为中奥陶统马家沟组石灰岩，含煤地层本溪组—上石盒子组平均总厚度 811.00 m，煤系盖层为孙家沟组。本区处于荟萃山-风后岭背斜南西翼的中段，为地层倾向 200°、倾角 10°~25°的单斜构造，发育北东向、北西向正断层。魏庄正断层倾向北东，倾角 60°，落差 160~700 m。黑水河正断层倾向南西，倾角 60°，落差大于 400 m。肖庄正断层向北东陡倾，落差 70~230 m。受顺二$_1$ 煤层的层间滑动构造影响，煤的原生结构遭到破坏，呈粉状、鳞片状，局部出现厚、薄煤带。二$_1$ 煤层全区可采，煤厚 0.99~12.95 m，平均 5.69 m，局部厚度 0.85~1.31 m 夹矸使煤层分岔为上、下两个分煤层，上分层煤厚 0.34~8.34 m，下分层煤厚虽有变化，但均在可采厚度之内。二$_2$ 煤层位于大占砂岩上、下分层之间，大部可采，煤厚 0~

2.82 m，平均1.25 m，一般为1.30~2.00 m。七$_4$煤层大部可采，煤厚0~2.67 m，平均1.14 m，一般为1 m左右。二$_1$、二$_2$煤以低灰、特低硫、高-特高热值瘦煤为主，贫瘦煤次之；七$_4$煤为中灰、中硫、中高热值肥煤（表2-114）。

表2-114　禹州市新峰一矿煤矿区主要煤质特征一览表

煤层		M_{ad}/%	A_d/%	V_{daf}/%	$S_{t,d}$/%	$Q_{gr,v,d}$/（MJ·kg^{-1}）	$G_{R.I}$	Y/mm
七$_4$	原煤	0.78~1.04 0.86（4）	21.83~25.99 23.31（4）	—	0.71~1.43 1.01（3）	25.96~27.30 26.63（2）	—	—
	浮煤	—	7.78~15.51 11.10（4）	23.77~24.14 23.96（4）	—	—	92.0（1）	25.5（1）
二$_2$	原煤	0.36~1.17 0.74（12）	6.09~14.85 10.81（13）	—	0.30~0.63 0.41（12）	30.20~32.43 31.53（9）	—	—
	浮煤	—	3.58~9.50 5.36（12）	14.83~16.89 15.25（12）	—	—	10.0~63.0 37.0（9）	0~9.0 4.8（5）
二$_1$	原煤	0.40~1.34 0.75（25）	7.75~23.73 12.81（26）	—	0.26~0.57 0.41（24）	27.71~33.04 30.61（21）	—	—
	浮煤	—	4.27~11.37 5.94（26）	14.42~16.83 15.81（26）	—	—	9.0~41.0 19.0（15）	0~6.0 1.9（12）

注：资料来源于《河南省禹州市新峰一矿煤核查区资源储量核查报告》，河南省地质矿产勘查开发局第二地质勘查院，2010d。

（十三）禹州市王庄煤矿区

王庄煤矿区位于禹州市北东古城镇、山货回族乡及许昌市坡胡镇，北、东为隐伏煤层露头，南至魏庄正断层，西接新峰一矿，东西长约10 km，南北宽2~4 km，面积约33.87 km^2。矿区地理坐标为东经113°32′00″~113°38′30″，北纬34°11′30″~34°14′30″，本区为丘岗和冲积平原地貌，海拔105.0~145.0 m，西北高、东南低。据资源储量核实报告，勘查程度达勘探，累计查明/保有煤资源量17070.0×10^4 t。本区处于瓦斯风化带，二$_1$煤底标高-650 m至-900 m为一级高温区，二$_1$煤底标高-900 m以深为二级高温区。

王庄煤矿区为隐伏煤矿区，第四系最大厚度达624.00 m，洛阳组厚度0~494.59 m，煤系基底为中奥陶统马家沟组石灰岩。含煤地层本溪组厚度0.18~6.90 m，平均3.36 m；太原组厚度34.58~144.38 m，平均71.22 m；山西组厚度58.91~80.50 m，平均67.11 m；下石盒子组厚度191.18~397.22 m，平均287.63 m；上石盒子组保留厚度128.21 m。处于荟萃山-凤后岭背斜的南西翼东段，为地层倾向南西、倾角12°~50°的单斜构造，北西向正断层发育。古城正断层倾向北，倾角65°，落差40~340 m，把本区分为南北两个区块。二$_1$煤层全区可采，二$_2$煤层大部可采，四$_3$煤层局部可采。二$_1$煤层上距砂锅窑砂岩平均63.84 m，埋深240~1245 m，煤底标高-100~-1135 m，煤厚0.52~16.34 m，平均4.68 m，偶含矸1层；煤层顶板以泥岩为主，局部为细-中粒砂岩，偶见碳质泥岩伪顶；底板以泥岩为主，次为粉砂岩，偶见碳质泥岩伪底。二$_2$煤层上距砂锅窑砂岩平均54.69 m，埋深240~1240 m，煤底标高-100~-1130 m，煤厚0~5.22 m，平均1.39 m，含矸1层；煤层顶板以细-中粒砂岩为主，次为泥岩；底板以泥岩为主，偶为中砂岩、粉砂岩。四$_3$煤层赋存于下石盒子组四煤段中上部，上距田家沟砂岩平均143.74 m，下距砂锅窑砂岩平均134.33 m，埋深270~1090 m，煤底标高-130~-980 m，煤厚0~1.66 m，平均0.77 m，局部含矸1~2层；煤层顶板以泥岩为主，偶为细一粗粒砂岩；底板以泥岩为主，局部为粉砂岩，偶为细砂岩。二$_1$、二$_2$煤以低灰、特低硫、高热值贫瘦煤为主，少量贫煤，四$_3$煤为中高灰、低硫、中热值焦煤（表2-115）。

表 2-115　禹州市王庄煤矿区煤质特征一览表

煤层		M_{ad} /%	A_d /%	V_{daf} /%	$S_{t,d}$ /%	$Q_{gr,v,d}$/ (MJ·kg^{-1})	$G_{R.I}$	Y /mm
四$_3$	原煤	0.52~1.16 0.72	27.11~42.50 35.47	—	0.40~0.74 0.53	19.16~25.49 22.07	—	—
	浮煤	0.43~1.47 0.70	9.07~20.05 15.51	17.21~22.19 19.95	0.34~0.58 0.42	—	59.0~93.0 73.0	11.5~15.5 13.5
二$_2$	原煤	0.52~1.26 0.76	6.28~28.38 13.81	—	0.38~0.59 0.46	24.80~34.07 30.63	—	—
	浮煤	0.60~1.70 0.88	1.97~8.10 5.67	13.80~16.46 15.07	0.33~0.45 0.37	—	0~20.0 8.9	0~8.5 4.3
二$_1$	原煤	0.42~1.42 0.84	9.37~21.49 14.92	—	0.36~1.01 0.36	26.91~32.39 30.00	—	—
	浮煤	0.41~1.52 0.97	5.45~10.79 7.81	14.14~17.98 15.65	0.30~0.78 0.40	—	0~20.0 7.8	0~6.5 1.6

注：资料来源于《河南省禹州市王庄煤核查区资源储量核查报告》，河南省地质博物馆，2011a。

（十四）禹州市新峰一矿深部煤矿区

新峰一矿深部煤矿区位于禹州市、长葛市和建安区三地交界地带，西起禹州市朱阁乡边岗村，东南到建安区桂村乡于寨村，东西长约 26.8 km，南北宽 2~6.7 km，面积约 105.73 km^2。矿区地理坐标为东经 113°27′23″~113°43′20″，北纬 34°05′12″~34°13′48″，本区为山前丘陵区，海拔 97.59~214.66 m。2006~2013 年，河南省有色金属地质矿产局第四地质大队开展了预查-详查，提交的《河南省禹州市新峰一矿深部煤详查报告》累计查明/保有煤资源量 16900.5×10^4 t；另有 1500 m 以浅的 (334)？类煤资源量 1211.9×10^4 t，1500 m 以深的 (334)？类煤资源量 2988.5×10^4 t。

新峰一矿深部煤矿区为隐伏煤矿区，新生界钻孔揭露最大厚度 1044.17 m，煤系基底为寒武系第三统—芙蓉统崮山组白云岩。含煤地层本溪组厚度 8.39~14.76 m，平均 11.12 m；太原组厚度 86.90~98.00 m，平均 91.95 m；山西组厚度 58.00~99.50 m，平均 65.10 m；下石盒子组厚度 53.44~375.90 m，平均 268.39 m；上石盒子组厚度 320.15~437.50 m，平均 357.76 m。该区处于白沙向斜北翼，为地层倾向南西、倾角 12°~34°的单斜构造，郭连正断层走向北西—北西西，向北陡倾，落差 300~700 m，横贯全区。

新峰一矿深部煤矿区含煤 21 层，煤层平均总厚度 9.78 m，仅二$_1$ 煤层可采，可采区位于郭连正断层之北，郭连正断层之南区域为无煤区。二$_1$ 煤层一般含灰黑色泥岩夹矸 1 层，其分岔煤层二$_1^1$ 煤层全区可采，二$_1^2$ 煤层局部可采。施工钻孔 34 个，穿见二$_1^1$ 煤层 25 孔，可采 24 孔；见二$_1^2$ 煤层 12 孔，可采 9 孔。二$_1^1$ 煤层上距大占砂岩平均 11.13 m，上距砂锅窑砂岩平均 64.46 m，下距太原组 L_8 或 L_9 石灰岩平均 10.40 m，煤厚 0~11.44 m，平均 4.67 m，估算范围东西走向长约 25 km、倾向宽 1.55~6.25 km，煤底标高-150~-1900 m，埋深 250~2000 m，估算面积 35.31 km^2。二$_1^2$ 煤层厚度 0~3.04 m，平均 0.64 m，估算标高-200~-1000 m，埋深 350~1100 m，估算面积 3.83 km^2。二$_1$ 煤呈黑色粉末状，局部为碎粒状，中间常夹细纹状泥质条带，常含黄铁矿散晶或薄膜。煤的真密度为 1.29~1.56 t/m^3，平均 1.38 t/m^3。煤的视密度为：贫煤 1.33~1.40 t/m^3，平均 1.37 t/m^3；贫瘦煤 1.29~1.44 t/m^3，平均 1.34 t/m^3；瘦煤 1.28~1.56 t/m^3，平均 1.39 t/m^3；各煤类的平均视密度采用 1.38 t/m^3。镜质体最大反射率为 1.03%~1.78%，平均 1.53%。原煤水分 0.45%~3.42%，平均 1.04%；灰分 4.95%~21.02%，平均 12.52%；挥发分 13.69%~21.46%，平均 17.33%；固定碳 87.64%~90.03%，平均 88.79%；硫分 0.24%~0.52%，平均 0.40%；高位发热量 28.39~34.05 MJ/kg，平均为 31.02 MJ/kg。浮煤水分 0.49%~3.02%，平均 1.07%；灰分 3.46%~10.44%，平均 5.99%；挥发分 15.08%~22.17%，平均 16.67%；固定碳 88.58%~90.88%，平均 89.69%；硫分 0.27%~0.50%，平均 0.37%；高位发热量 32.51~34.36 MJ/kg，平均为 33.89 MJ/kg。黏结指数 2.0~78，平均 26.9。煤类为低灰、特低硫、特低磷、一级含砷、低氯、特低氟、特高热值、难选-极难选瘦-贫煤。

（十五）郏县西黄道煤矿区

西黄道煤矿区位于禹州煤田西南部的郏县黄道乡，东为$二_1$煤层露头，北起 F_7 正断层，西南至西黄道正断层，南北长约 3 km，东西宽约 1.3 km，面积约 4.00 km^2。矿区地理坐标为东经 113°06′51″~113°08′22″，北纬 34°03′48″~34°05′44″，区内为丘陵区，地面标高 105.0~125.0 m。据资源储量核实报告，勘查程度达勘探，累计查明煤资源储量 1859.2×10^4 t，保有煤资源储量 1427.2×10^4 t。本区位于瓦斯风化带。第四系厚度 0~45.00 m，煤系基底为寒武系芙蓉统炒米店组泥质白云岩。含煤地层本溪组厚度 5.00~15.00 m，平均 10.00 m；太原组厚度 20.23~34.42 m，平均 26.15 m；山西组厚度 76.20~115.50 m，平均 87.50 m；下石盒子组平均厚度 332.54 m；上石盒子组平均厚度 329.30 m。煤系盖层孙家沟组残留下部，平均厚度 140.00 m。西黄道煤矿区位于王英沟背斜南西翼，为地层倾向西、倾角小于 25°的单斜形态，以北西向正、逆断层为主，次为近东西正断层。F_7 正断层倾向 340°，倾角 75°左右，落差约 50 m。$二_1$ 煤层全区可采，埋深 10~600 m，煤底标高+270~-300 m，煤厚 1.35~12.27 m，平均 5.88 m，偶含 1 层夹矸；原煤灰分 12.90%~19.89%，全硫 0.48%，高位发热量 25.93~29.32 MJ/kg，浮煤挥发分 15.81%~18.08%，黏结指数 3.3~12.6，胶质层最大厚度为 6.7~12.0 mm；煤类为低灰、特低硫贫煤、贫瘦煤。$四_2$ 煤层局部可采，埋深 15~350 m，底板标高+230~-50 m，煤厚 0.35~1.24 m，平均 0.65 m，煤层结构简单；原煤灰分 26.36%，全硫 0.34%，浮煤挥发分 24.85%，胶质层最大厚度 14 mm；煤类为中灰、特低硫焦煤。

（十六）郏县景家洼煤矿区

景家洼煤矿区位于郏县黄道乡和安良镇，西为煤层露头，北至下白峪正断层，东至县界，南接郏县王英沟煤矿区，面积约 14.60 km^2。矿区地理坐标为东经 113°09′11″~113°11′54″，北纬 34°04′02″~34°06′58″，区内为低山-丘陵区，最高点为北东部的大刘山顶峰（704.0 m），最低为南部的沟谷处（211.5 m）。据资源储量核实报告，勘查程度达详查，累计查明煤资源储量 10009.8×10^4 t，保有煤资源储量 8813.7×10^4 t。本区处于瓦斯风化带。

景家洼煤矿区内第四系厚度 0~37.62 m，煤系基底为寒武系芙蓉统炒米店组泥质白云岩，含煤地层本溪组平均厚度 11.60 m，太原组平均厚度 67.20 m，山西组平均厚度 81.70 m，下石盒子组平均厚度 299.20 m，上石盒子组平均厚度 361.40 m。煤系盖层为孙家沟组和刘家沟组。景家洼煤矿区处于轴向 124°、北西端仰起的景家洼向斜转折端，地层倾向南东—北东，倾角 13°~43°。北西向和北东向正断层发育。竹园沟正断层倾向 220°，倾角 70°~80°，落差 50~60 m；竹园沟正断层与其西侧反向的黄道东正断层从矿区西南部的黄道东侧穿过。矿区中部的老庄逆断层倾向 60°，倾角 45°~60°，逆差 30~50 m。$二_1$ 煤层全区可采，$五_2$、$六_2$、$七_2$ 煤层大部可采，$四_2$、$八_3$ 煤层局部可采。$二_1$ 煤层埋深 60~1030 m，煤底标高+250~-650 m，煤厚 0.13~12.70 m，平均 3.15 m，一般不含夹矸。$四_2$ 煤层埋深 60~250 m，煤底标高+400~+100 m，煤厚 0~1.36 m，平均 0.55 m，局部含 1 层夹矸。$五_2$ 煤层埋深 60~800 m，煤底标高+400~-400 m，煤厚 0.30~3.18 m，平均 1.19 m，偶含夹矸。$六_2$ 煤层埋深 60~670 m，煤底标高+400~-300 m，煤厚 0~1.89 m，平均 1.20 m，偶含夹矸。$七_2$ 煤层埋深 75~150 m，煤底标高+400~-200 m，厚度 0.05~1.73 m，平均 0.89 m，局部含矸 1~2 层。$八_3$ 煤层埋深 60~500 m，煤底标高+500~-100 m，煤厚 0~2.05 m，平均 0.91 m。$二_1$ 煤为低灰、低硫贫-瘦煤；$八_3$ 为中高灰、特低硫肥煤；$四_2$、$五_2$、$六_2$ 及 $七_2$ 煤均为焦煤，灰分产率较高，硫含量较低（表 2-116）。

表 2-116 郏县景家洼煤矿区煤质特征一览表

煤层	原煤		浮煤				
	A_d/%	$S_{t,d}$/%	$Q_{net,d}$/(MJ·kg^{-1})	A_d/%	V_{daf}/%	Y/mm	$G_{R.I}$
二$_1$	10.26~36.27 17.92	0.37~1.67 0.67	25.83~33.97 29.81	5.10~29.18 8.90	14.84~17.86 15.82	0~8.5	0~30
四$_2$	20.17~32.65	0.55	22.30~27.40 25.40	—	—	—	—
五$_2$	32.31	0.76	16.33~28.28 23.82	8.88~23.98 13.01	19.43~24.03 20.87	13.0~20.0 17.1	84
六$_2$	23.60~39.34 33.62	0.39~2.84 1.33	17.77~26.85 22.60	9.95~27.76 15.61	19.58~25.14 21.32	11.0~24.0 20.0	69
七$_2$	17.59~38.95 27.64	0.19~0.66 0.38	16.31~28.24 23.80	8.88~23.98 13.01	19.43~24.03 20.87	13.0~20.0 17.1	84
八$_3$	30.59	0.42	17.81	—	—	—	—

注：资料来源于《河南省郏县景家洼煤核查区资源储量核查报告》，河南省煤田地质局四队，2010r。

（十七）郏县王英沟煤矿区

王英沟煤矿区位于禹州煤田西南部的郏县黄道乡东部和安良镇西部，北接景家洼煤矿，西为二$_1$煤层露头和黄道东正断层，东至二$_1$煤底标高-800 m，面积约 5.67 km^2。矿区地理坐标为东经113°09′53″~113°12′01″，北纬 34°02′49″~34°04′27″，区内为丘陵区，地面标高 210.0~463.3 m。据资源储量核实报告，勘查程度达详查，累计查明煤资源储量 2556.7×10^4 t，保有煤资源储量 2405.7×10^4 t。本区位于瓦斯风化带。

王英沟煤矿区内第四系厚度 0~37.60 m，煤系基底为寒武系芙蓉统炒米店组泥质白云岩，含煤地层本溪组—上石盒子组保存完整，煤系盖层仅存孙家沟组下部地层。该区处于景家洼向斜南西翼（王英沟背斜北东翼），为地层倾向东、倾角 22°~59°的单斜构造，北西向正、逆断层发育。黄道东正断层出露于东黄道、白土沟一线，倾向 50°，倾角 62°~75°，落差 200~350 m。二$_1$、四$_2$、六$_2$煤层大部可采，七$_2$、八$_3$煤层局部可采。二$_1$煤层埋深 40~1120 m，煤底标高+200~-800 m，煤厚 0~5.49 m，平均 1.32 m，无矸。四$_2$煤层埋深 150~870 m，底板标高+150~-550 m，煤厚 0.35~1.69 m，平均 1.37 m，局部含 1~2 层夹矸。六$_2$煤层直接顶板为深灰色泥岩，底板为灰色砂细-中粒砂岩，局部有碳质泥岩伪底，埋深 90~770 m，底板标高+230~-420 m，煤厚 0.51~2.52 m，平均 1.25 m，含矸 1~2 层。七$_2$煤层直接顶板以深灰色泥岩为主，局部为灰色粉砂岩或细砂岩；底板为灰色细砂岩，局部相变为粉泥岩夹细砂岩条带；埋深 110~520 m，底板标高+200~-230 m，煤厚 0.54~1.50 m，平均 0.88 m，含矸 1 层。八$_3$煤层埋深 110~500 m，底板标高+280~-180 m，为不稳定劣质煤，煤厚 0.53~1.70 m，平均 0.98 m，结构复杂；煤层直接顶板以深灰色砂质泥岩为主，局部为灰色粉砂岩；底板为灰色细砂岩，局部相变为粉砂质泥岩。八$_3$煤为高灰、特低硫、中低热值肥煤，七$_2$煤为中高灰、特低硫、中热值焦煤，六$_2$煤为中高灰、中硫、中热值焦煤，四$_2$煤为中高灰、特低硫、中低热值焦煤，二$_1$煤为低灰、低硫、高热值焦煤（表 2-117）。

（十八）郏县白庙煤矿区

白庙煤矿区位于郏县白庙、安良、黄道、渣园等四乡镇境内，北起东黄道-高楼北，南止寺街-白庙，东起白庙-高楼北，西止寺街-东黄道，东西长 2.6~8.0 km，南北宽 4.2~6.5 km，面积约 29.81 km^2。矿区地理坐标为东经 113°08′56″~113°14′12″，北纬 33°59′47″~34°03′15″，区内为西北高、东南低的丘陵区，海拔100.0~301.0 m。2006~2012年，河南省煤田地质局四队开展了该区预查、普查，提交的《河南省郏县白庙勘查区煤炭普查报告》累计查明/保有1500 m以浅的煤资源量7905.0×10^4 t，估算（334）？类煤资源量532.0×10^4 t；另有埋深1500 m以深的潜在煤资源17029.0×10^4 t。

表2-117　郏县王英沟煤矿区各可采煤层主要煤质指标一览表

煤层		M_{ad}/%	A_d/%	V_{daf}/%	$S_{t,d}$/%	$Q_{gr,v,d}$/(MJ·kg^{-1})	$G_{R.I}$	Y/mm
二$_1$	原煤	0.57~1.23/0.88	11.91~22.94/18.51	17.38~22.77/18.98	0.34~1.05/0.64	26.59~31.60/28.91	49~80/68	6.0~13.0/10.0
	浮煤	0.31~1.65/1.06	5.68~9.86/7.63	17.18~18.45/17.40	0.30~0.67/0.44	32.22~34.46/33.16		
四$_2$	原煤	0.35~1.17/0.81	28.84~46.65/38.22	18.88~21.98/20.86	0.26~0.54/0.34	18.46~24.49/21.30	84~97/90	12.0~16.5/16.0
	浮煤	0.56~1.00/0.77	9.35~29.92/13.35	17.15~20.27/19.01	0.40~0.80/0.51	30.73~33.29/32.06		
六$_2$	原煤	0.52~2.36/0.91	32.59~37.27/36.30	21.92~26.98/24.23	0.52~2.40/1.57	21.62~24.01/22.33	86~101/92	15.0~21.5/20.0
	浮煤	0.62~1.16/0.95	7.34~17.47/11.90	20.53~24.71/22.35	0.44~1.13/0.73	31.16~33.45/32.39		
七$_2$	原煤	0.76~1.20/0.96	30.62~39.92/35.96	22.20~27.31/24.34	0.25~0.53/0.38	20.44~24.44/22.30	68~101/91	21.0~24.0/23.0
	浮煤	0.67~1.37/1.00	9.42~14.50/11.90	22.75~24.66/22.35	0.45~0.53/0.50	31.07~33.20/32.17		
八$_3$	原煤	0.68~1.24/1.02	44.31~50.94/48.33	12.55~25.88/17.37	0.32~0.34/0.33	16.85~19.49/17.88	93	—
	浮煤	1.43	16.46	23.72	0.55	30.69		

注：资料来源于《河南省郏县王英沟井田煤核查区资源储量核查报告》，河南省煤田地质局四队，2010s。

白庙煤矿区的基岩零星出露于北部，第四系厚度0~103.65 m，煤系基底为寒武系芙蓉统炒米店组白云质灰岩，施工钻孔见太原组顶部石灰岩终孔，山西组、下石盒子组、上石盒子组、孙家沟组、刘家沟、和尚沟组、二马营组和油房庄组平均厚度分别为76.00 m、331.00 m、365.00 m、231.00 m、214.00 m、295.00 m，335.00 m、700.00 m，椿树腰组揭露厚度335.00 m，新近系揭露最大厚度318.62 m。本区构造格架为向南东方向倾伏的王英沟背斜构造，地层倾角20°~35°。北西向断层发育，将煤层切割成北西—南东向的不规则断块，其中正断层8条，逆断层1条，（岸上）-西黄道-襄城正断层从矿区西南部穿过，黄道东正断层从矿区东北部穿过。共发现滑面位于上石盒子组或孙家沟组中的滑动构造3个，滑面倾角0°~46°，北西浅、南东深，造成地层的重复或缺失。

白庙煤矿区内二$_1$煤层全区可采，四$_2$煤层大部可采，五$_2$、六$_2$、七$_2$煤层零星可采。二$_1$煤层顶板主要为灰色-浅褐色长石石英砂岩，局部有泥岩伪顶，直接底板为砂质泥岩夹细砂岩或呈互层状，底板标高-300~-3500 m，估算面积24.694 km^2；8个钻孔统计，4孔穿过，2孔断失，2孔未见含煤地层，煤层厚度0.74~17.81 m，平均8.73 m，偶含泥岩或碳质泥岩夹矸1层。四$_2$煤层位于下石盒子组四煤段中部，顶板为砂质泥岩或细-中粒砂岩，底板为泥岩；8个钻孔统计，3孔断失，2孔未见含煤地层，3孔穿过，2孔可采，1孔为0点，煤层厚度0~1.76 m，平均0.75 m。二$_1$煤原煤水分、灰分、挥发分和全硫平均分别为1.01%、18.28%、18.39%和0.70%，高位发热量平均29.27 MJ/kg；浮煤水分、灰分、挥发分和全硫平均分别为1.12%、7.00%、17.51%和0.34%；高位发热量平均

33.30 MJ/kg；黏结指数平均15，胶质层最大厚度平均5.5 mm。四$_2$煤原煤水分、灰分、挥发分和全硫平均分别为0.84%、34.63%、22.88%和0.26%，平均高位发热量22.20 MJ/kg；浮煤水分、灰分、挥发分和全硫平均分别为0.87%、10.77%、22.04%和0.47%，平均高位发热量33.64 MJ/kg；黏结指数平均96。二$_1$煤为低灰、低硫、高热值贫瘦煤，四$_2$、五$_2$、六$_2$、七$_2$煤为焦煤，四$_2$煤以中高灰、特低硫、中热值煤为主。

（十九）禹州市新峰六矿煤矿区

新峰六矿位于禹州市神垕镇，东至北家沟正断层，北为下白峪正断层、二$_1$煤层露头线和东祖师庙正断层，南至二$_1$煤底-400 m标高，面积约19.47 km^2。矿区地理坐标为东经113°10′36″~113°15′07″，北纬34°04′55″~34°08′01″，区内为低山-丘陵区。据资源储量核实报告，勘查程度达详查，累计查明煤资源储量8435.4×10^4 t，保有煤资源储量7427.7×10^4 t。本区处于瓦斯风化带。

新峰六矿的第四系厚度0~35.00 m，煤系基底为寒武系芙蓉统炒米店组泥质白云岩，含煤地层本溪组平均厚度8.50 m，太原组平均厚度59.20 m，山西组平均厚度87.50 m，下石盒子组平均厚度325.54 m，上石盒子组平均厚度348.80 m。煤系盖层孙家沟组平均厚度248.80 m。本区为景家洼向斜转折端偏北翼，地层倾向南东—北东，倾角10°~20°，北东向、北西向正断层发育。走向北东、倾向北西的神垕正断层位于矿区北部。北家沟正断层倾向280°~320°，倾角70°~80°，落差70~100 m。新峰六矿的五$_3$、六$_2$煤层大部分可采，局部可采煤层有一$_4$、二$_1$、二$_3$、四$_2$、五$_2$、七$_4$、八$_5$等煤层。一$_4$煤层厚度0~1.05 m，偶见1层厚度0.02 m泥岩夹矸。二$_1$煤层厚度0.13~17.18 m，平均3.70 m，一般厚度2~4 m，偶含1层碳质泥岩或黑色泥岩夹矸。二$_3$煤层厚度0~2.45 m，一般厚度1.5~2 m，无矸。四$_2$煤层厚度0.34~1.87 m，平均0.78 m，无矸。五$_2$煤层厚度0.19~1.31 m，平均0.89 m，偶含矸1层。五$_3$煤层厚度0.76~1.43 m，平均1.21 m，无矸。六$_2$煤层厚度0.61~2.11 m，平均1.33 m，偶含矸1层。七$_4$煤层厚度0.35~1.73 m，平均0.89 m，偶含矸1层。八$_5$煤层厚度0~2.05 m，平均0.91 m，含矸多层。八$_5$煤为劣质焦煤，七$_4$煤为中灰、低硫、中低热值焦煤（表2-118），六$_2$煤为中高灰、中硫、中热值焦煤，四$_2$、五$_2$、五$_3$煤属中-中高灰、特低硫、中热值焦煤，二$_1$、二$_3$煤为低灰、低硫、高热值瘦煤，一$_4$煤为贫煤。

表2-118 禹州市新峰六矿煤矿区煤质特征一览表

煤层	原煤			浮煤			
	A_d/%	$S_{t,d}$/%	$Q_{gr,v,d}$/(MJ·kg^{-1})	A_d/%	V_{daf}/%	Y/mm	$G_{R.I}$
八$_5$	37.56	—	14.01	—	21.35	—	—
七$_4$	22.04~34.78 27.94（20）	0.11~0.90 0.53（12）	7.57~26.95 21.00（16）	10.58~20.03 13.69（18）	18.52~23.45 20.76（18）	0~12 5.5（16）	96
六$_2$	23.60~38.41 33.62（24）	0.39~2.84 1.33（15）	17.77~26.85 22.60（21）	9.95~27.73 15.61（23）	19.58~25.14 21.32（23）	11~26.38 19.64（11）	97
五$_2$	17.59~38.95 27.64（13）	0.19~0.66 0.38（11）	16.31~28.24 23.80（13）	8.83~23.98 13.01（9）	19.43~24.03 20.87（9）	13~22.45 17.14（7）	95
四$_2$	33.14	0.40	21.34	—	18.82	11~14	68
二$_1$	10.26~24.30 16.88（23）	0.15~1.00 0.55（19）	25.82~32.03 29.30（19）	5.68~11.32 7.70（17）	12.60~17.69 15.29（17）	0.00~6.00 1.90（12）	32

注：资料来源于《河南省禹州市新峰六矿煤核查区资源储量核查报告》，河南省地质矿产勘查开发局第二地质勘查院，2010e。

（二十）禹州市三峰山-米拖寺煤矿区

三峰山-米拖寺煤矿区位于禹州市区南西约20 km处三峰山一带，西以北家沟正断层邻新峰六矿，东以 029 线接梁北一井，北起$二_1$煤层隐伏露头，南至$二_1$煤底-800 m，东西长 13.87 km，南北宽 4.81 km，面积约 65.37 km^2。矿区地理坐标为东经 113°13′38″~113°23′24″，北纬 34°05′33″~34°08′27″，区内为丘陵区。勘查程度达详查，累计查明煤资源储量 18771.5×10^4 t，保有煤资源储量 15658.2×10^4 t。本区处于瓦斯风化带。

三峰山-米拖寺煤矿区内第四系厚度 0~35.00 m，煤系基底为寒武系芙蓉统炒米店组泥质白云岩。含煤地层本溪组厚度 4.30~18.60 m，平均 9.80 m；太原组厚度 47.88~82.43 m，平均 64.20 m；山西组厚度 62.50~90.81 m，平均 78.10 m；下石盒子组厚度 264.70~341.50 m，平均 307.40 m；上石盒子组厚度 283.70~379.90 m，平均 337.50 m。煤系盖层为孙家沟组和刘家沟组。该区位于角子山背斜南翼（景家洼向斜北翼中段），为地层倾向南、倾角 15°~28°的单斜构造，发育北东和北西向正断层。虎头山正断层走向北西，倾向北东，倾角 53°~75°，落差 117~427 m，从矿区东北穿过。

三峰山-米拖寺煤矿区的$二_1$、$六_2$、$七_4$煤层大部可采，$一_4$、$五_2$、$五_3$、$七_2$煤层局部可采，其他煤层不可采或偶可采。$一_4$煤底标高+150~-50 m，煤厚 0~1.05 m，偶含矸 1 层。$二_1$煤底标高+150~-1000 m，煤厚 0~9.61 m，平均 3.57 m，偶见 1 层厚度 0.09~0.51 m 碳质泥岩或泥岩夹矸；其分岔煤层$二_1^2$煤厚 0~7.01 m，平均 1.80 m，局部可采。$五_2$煤底标高+150~-600 m，煤厚 0~1.38 m，平均 0.76 m，偶含矸 1 层。$五_3$煤底标高+150~-140 m，煤厚 0~0.86 m，平均 0.73 m，无矸。$六_2$煤底标高+150~-800 m，煤厚 0~1.87 m，平均 1.27 m，偶含矸 1 层。$七_2$煤底标高+180~-100 m，煤厚 0~0.95 m，平均 0.72 m，无矸。$七_4$煤底标高+250~-600 m，煤厚 0~2.35 m，平均 1.10 m，偶含矸 1 层。$七_4$煤为中灰、特低硫、中高热值焦煤，$七_2$煤为中灰、低硫、高热值焦煤，$六_2$煤为中灰、低硫、中高热值焦煤，$五_3$煤为中灰、特低硫、中热值焦煤，$五_2$煤为中灰、低硫、中高热值焦煤，$二_1$煤为低-中灰、低硫、高热值瘦煤，$一_4$煤为低灰、中高硫、高热值贫煤（表 2-119）。

表 2-119　禹州市三峰山-米拖寺煤矿区各煤层主要煤质指标一览表

煤层	原煤			浮煤			
	A_d/%	$S_{t,d}$/%	$Q_{gr,v,d}$/(MJ·kg^{-1})	A_d/%	V_{daf}/%	Y/mm	$G_{R.I}$
$七_4$	20.27~26.68 23.70（9）	0.32~0.54 0.42（4）	26.18~27.97 26.76（6）	8.65~17.99 13.22（9）	19.77~21.93 20.37（9）	14.0~25.0 19.5（8）	—
$七_2$	24.26	0.60	28.25	—	15.51	—	—
$六_2$	21.89~38.25 29.78（16）	0.64~1.55 0.99（12）	21.16~27.68 24.34（13）	7.48~17.16 12.96（16）	18.10~23.38 20.49（16）	13.0~24.0 17.0（7）	—
$五_3$	28.08	0.38	23.73	—	—	—	—
$五_2$	23.11~34.22 27.96（9）	0.35~1.22 0.64（8）	22.71~27.43 25.26（8）	7.82~17.89 13.36（9）	18.71~21.42 19.74（6）	14.0~23.5 17.6（8）	—
$二_1^2$	13.98~36.56 23.29（7）	0.38~1.69 0.58（6）	21.74~30.65 27.05（7）	6.29~12.46 8.54（7）	13.39~15.75 14.80（7）	0~8.5 4（5）	32
$二_1$	13.90~34.26 19.49（18）	0.40~1.34 0.84（16）	22.41~31.99 28.23（16）	6.26~10.51 7.93（17）	12.35~16.92 15.52（17）	0~12.0 5.5（16）	32
$一_4$	10.88	2.30	29.28	—	14.00	—	—

注：资料来源于《河南省禹州市三峰山-米拖寺煤核查区资源储量核查报告》，河南省地质矿产勘查开发局第二地质勘查院，2010f。

（二十一）郏县安良煤矿区

安良煤矿区位于郏县北东部的安良镇，东西长 5.5~12 km，南北宽 3~7.2 km，面积约 38.95 km^2。矿区地理坐标为东经 113°11′24″~113°19′21″，北纬 34°02′09″~34°06′06″，区内为西高东低的丘陵-山前冲洪积平原地貌，海拔 120.0~395.0 m。2006~2013 年，河南省有色金属地质矿产局第二地质大队开展了该区普查、详查，提交的《河南省郏县安良煤炭勘查区详查报告》累计查明/保有 1500 m 以浅的煤资源量 29238.0×10^4 t，估算（334）？类煤资源量 8717.0×10^4 t；另有 1500 m 以深的（334）？类煤资源量 4644.0×10^4 t。本区地温梯度 1.97~2.86℃/hm，平均 2.24℃/hm。

安良煤矿区内基岩零星出露于北部，第四系厚度 0~48.16 m，煤系基底为寒武系芙蓉统炒米店组白云质灰岩。含煤地层本溪组厚度 4.65~10.86 m，平均 7.88 m；太原组厚度 54.92~66.73 m，平均 61.29 m；山西组厚度 62.24~92.08 m，平均 81.26 m；下石盒子组厚度 279.69~329.78 m，平均 302.67 m；上石盒子组厚度 304.28~394.02 m，平均 350.02 m。煤系盖层孙家沟组厚度 209.18~266.19 m，平均 241.52 m；刘家沟组厚度 443.42~457.90 m，平均 451.16 m；和尚沟组钻孔揭露最大厚度 256.13 m。区内构造格架为景家洼宽缓向斜，向斜北东翼倾角 8°~20°，南西翼倾角 10°~18°。张得正断层走向近东西向，北倾，倾角 40°~70°，落差 30~1000 m，将矿区分为南北两个区块，矿区中部及西北部发育有北西向正断层。

安良煤矿区内太原组—上石盒子组含煤 41 层，煤层平均总厚度 12.35 m。二$_1$ 煤层全区可采，四$_1$、六$_2$、七$_4$ 煤层大部可采，五$_4$ 煤层局部可采，四$_2$、八$_5$ 煤层零星可采，其余煤层均不可采。二$_1$ 煤层上距砂锅窑砂岩 53.45~82.12 m，平均 71.01 m，煤厚 0.58~8.89 m，平均 3.87 m，局部含厚度 0.15~0.75 m 夹矸 1 层，东部分岔为两层煤，煤底标高-550~-2000 m，埋深 810~2140 m。四$_1$ 煤层下距砂锅窑砂岩平均 86.32 m，上距五$_4$ 煤层平均为 78.79 m，煤底标高-360~-1790 m，埋深 620~1930 m，煤厚 0~2.00 m，平均 1.15 m，局部含厚度 0.25~0.59 m 夹矸 1 层。四$_2$ 煤层常常与四$_1$ 煤相伴出现，中夹泥岩，局部出现细-中粒砂岩及粉砂岩，下距四$_1$ 煤层 2.51~8.45 m，平均 5.40 m，埋深 615~1925 m，煤底标高-355~-1785 m，煤层厚度 0~0.97 m，平均 0.40 m，可采区主要分布于张得正断层南侧。五$_4$ 煤层上距田家沟砂岩平均 125.64 m，埋深 540~1840 m，煤底标高-270~-1700 m，煤厚 0~1.55 m，平均 0.65 m，偶含矸 1 层，可采煤点主要分布在矿区北、西、南的边部。六$_2$ 煤层上距田家沟砂岩平均 40.37 m，下距五$_4$ 煤层平均 83.92 m，煤底标高-195~-1560 m，埋深 455~1700 m，煤厚 0~2.56 m，平均 1.28 m，无矸。七$_4$ 煤层上距平顶山砂岩平均 199.68 m，下距田家沟砂岩平均 42.70 m，下距六$_2$ 煤层平均 96.35 m，煤底标高-95~-1460 m，埋深 355~1600 m，煤厚 0~3.31 m，平均 1.29 m，局部含矸 1 层。二$_1$ 煤为低灰、低硫、高热值瘦煤-贫瘦煤（表 2-120），四$_1$、七$_4$ 煤为中高灰、特低硫、中高热值焦煤，四$_2$、五$_4$ 煤为中灰、特低硫、中高热值焦煤，六$_2$ 煤为中高灰、中硫、中热值焦煤，八$_5$ 煤为劣质焦煤。

表 2-120　郏县安良煤矿区各煤层主要煤质特征一览表

煤层		水分 (M_{ad})/%	灰分 (A_d)/%	挥发分 (V_{daf})/%	全硫 ($S_{t,d}$)/%	发热量 ($Q_{gr,v,d}$)/(MJ·kg^{-1})	黏结指数 $G_{R.I}$	胶质层最大厚度/mm
二$_1$ PS	原煤	0.39~1.18 / 0.56 (7)	10.05~24.03 / 15.55 (7)	16.10~20.28 / 17.40 (7)	0.38~1.11 / 0.59 (7)	26.18~32.46 / 29.23 (7)	6~18 / 13 (7)	0~2 / 0.4 (5)
	浮煤	0.42~1.56 / 0.80 (7)	6.26~10.57 / 7.71 (7)	15.62~17.11 / 16.16 (7)	0.35~0.70 / 0.48 (7)	32.23~34.10 / 33.46 (5)		
二$_1$ SM	原煤	0.14~1.31 / 0.81 (14)	9.45~28.12 / 16.33 (14)	15.89~20.80 / 17.98 (14)	0.35~0.95 / 0.60 (14)	25.28~32.83 / 29.86 (14)	14~8038 / (14)	6.0~6.56.3 / (2)
	浮煤	0.48~2.05 / 0.89 (13)	3.18~10.66 / 7.01 (13)	14.88~18.20 / 16.79 (13)	0.24~0.78 / 0.42 (12)	—		
四$_1$	原煤	0.48~0.88 / 0.66 (14)	13.39~44.79 / 30.84 (14)	17.91~23.47 / 20.80 (14)	0.30~0.41 / 0.34 (14)	18.82~31.34 / 24.36 (12)	60~95 / 81 (14)	7.0~15.5 / 12.3 (3)
	浮煤	0.25~3.21 / 0.82 (14)	4.04~19.13 / 9.46 (14)	17.06~22.06 / 19.68 (14)	0.40~0.66 / 0.49 (14)	30.04~32.13 / 31.09 (2)		

续表

煤层		水分 (M_{ad})/%	灰分 (A_d)/%	挥发分 (V_{daf})/%	全硫 ($S_{t,d}$)/%	发热量 ($Q_{gr,v,d}$)/(MJ·kg^{-1})	黏结指数 $G_{R.I}$	胶质层最大厚度/mm
四$_2$	原煤	0.56~1.00 0.81 (3)	11.46~29.94 23.78 (3)	17.29~22.95 20.74 (3)	0.30~0.46 0.38 (3)	24.18~31.92 26.98 (3)	55~76 67 (3)	5.5 (1)
	浮煤	0.48~2.04 1.18 (3)	3.56~10.98 7.27 (3)	17.04~22.68 20.35 (3)	0.33~0.61 0.46 (3)	—		
五$_4$	原煤	0.29~1.06 0.68 (8)	20.22~40.48 28.27 (8)	18.08~25.46 21.91 (8)	0.16~0.60 0.36 (8)	20.46~27.29 24.72 (6)	13~96 72 (7)	0~14.0 7.0 (3)
	浮煤	0.33~1.43 0.63 (7)	7.35~19.79 10.78 (7)	16.25~22.35 20.41 (7)	0.34~0.50 0.43 (7)	—		
六$_2$	原煤	0.32~1.43 0.72 (13)	23.35~41.96 30.71 (13)	21.32~26.67 23.17 (13)	0.74~2.61 1.42 (13)	19.51~27.24 24.33 (13)	76~97 90 (12)	15.0~20.0 17.0 (6)
	浮煤	0.13~1.28 0.72 (13)	3.94~13.22 9.14 (13)	20.12~24.12 22.51 (13)	0.59~0.95 0.73 (13)	30.93~32.57 31.75 (2)		
七$_4$	原煤	0.17~1.39 0.71 (14)	18.74~52.96 32.04 (14)	21.36~25.85 23.60 (14)	0.27~0.91 0.44 (14)	20.11~29.14 25.07 (11)	79~102 90 (12)	14.0~29.0 18.0 (4)
	浮煤	0.41~4.88 1.16 (14)	3.18~19.68 8.96 (14)	18.20~25.57 22.35 (14)	0.42~0.70 0.55 (14)	29.16~30.87 30.02 (2)		

注：资料来源于《河南省郏县安良煤炭勘查区详查报告》，河南省有色金属地质矿产局第二地质大队，2013。

（二十二）郏县狮王寺煤矿区

狮王寺煤矿区位于禹州煤田西部的郏县安良镇和白庙乡，东西长约 6 km，南北宽约 4 km，面积约 23.33 km^2。矿区地理坐标为东经 113°15′12″~113°19′15″，北纬 34°01′30″~34°03′49″，区内为北西高、南东低的丘陵—山前冲洪积平原地貌，海拔 115.3~171.8 m。据资源储量核实报告，勘查程度达勘探，累计查明/保有 1500 m 以浅煤资源量 17986.0×10^4 t。本区位于甲烷带，甲烷成分 87.90%~96.41%，平均 94.43%；甲烷含量 17.04~48.66 mL/g，平均 25.47 mL/g。本区地温梯度 2.02~2.48℃/hm，平均 2.16℃/hm，因二$_1$ 煤层埋藏较深，底板温度均大于 37℃，属Ⅱ级高温热害区。

狮王寺煤矿区内第四系厚度 17.65~117.40 m，煤系基底为寒武系芙蓉统炒米店组泥质白云岩。S301 孔穿见本溪组厚度 9.80 m，太原组厚度 64.20 m。山西组厚度 70.23~105.55 m，平均 80.54 m。下石盒子组厚度 260.86~392.95 m，平均 319.88 m。上石盒子组厚度 261.91~441.06 m，平均 336.67 m。孙家沟组厚度 219.13~288.57 m，平均 252.19 m。刘家沟组平均厚度 371.00 m。和尚沟组平均厚度 438.00 m。二马营组平均厚度 530.00 m。油房庄组揭露最大厚度为 85.00 m。本区主体处于张得正断层下盘，构造格架为地层倾向 182°~198°、倾角 9°~20°的单斜构造，以近东西的正断层为主，次为近南北向小落差正断层。

狮王寺煤矿区的山西组二$_1$ 煤层全区可采，下石盒子组的四$_2$、六$_2$ 煤层和上石盒子组的七$_4$ 煤层大部分可采，其余煤层不可采或偶见可采点。二$_1$ 煤层上距大占砂岩平均 3.44 m，距砂锅窑砂岩平均 67.03 m，下距底板砂岩平均 2.38 m，煤底标高 −950 ~ −2340 m，埋深 1100 ~ 2420 m，煤厚 2.88 ~ 18.36 m，平均厚度 7.27 m，偶含厚度 0.59~0.64 m 碳质泥岩夹矸 1 层，仅 S502 孔见二$_1$ 煤层分岔。四$_2$ 煤层下距四煤底砂岩平均 17.88 m，埋深 930 ~ 2270 m，煤底标高 −780 ~ −2150 m，煤厚度 0 ~ 1.94 m，平均厚度 0.90 m，局部含厚 0.29~0.65 m 夹矸 1 层，不可采带分布在北边界附近及西段 S3、S5 勘探线之间。六$_2$ 煤层上距田家沟砂岩平均 53.69 m，埋深 730~2070 m，煤底标高−580~−1950 m，煤厚 0~1.79 m，平均 0.78 m，偶含矸 1 层，不可采带分布在北侧浅部。七$_4$ 煤层上距平顶山砂岩平均 218.35 m，下距田家沟砂岩平均 34.85 m，埋深 670~1970 m，煤底标高-520~-1850 m，煤厚 0~1.18 m，平均 0.69 m，无矸，可采范围主要分布在中东部的 S5 勘探线以东。

狮王寺煤矿区内二$_1$ 煤为低灰、特低硫、高热值贫瘦煤，四$_2$ 煤为中灰、特低硫、中高热值焦煤，六$_2$ 煤为中高灰、中硫、中热值焦煤，七$_4$ 煤为中高灰、特低硫、中热值焦煤（表 2-121）。

表 2-121　郏县狮王寺煤矿区各煤层主要煤质特征一览表

煤层		水分 (M_{ad})/%	灰分 (A_d)/%	挥发分 (V_{daf})/%	全硫 ($S_{t,d}$)/%	发热量 ($Q_{gr,v,d}$)/(MJ·kg^{-1})	黏结指数 $G_{R.I}$	胶质层最大厚度/mm
二$_1$	原煤	0.58~1.39 0.91（13）	12.99~28.02 19.51（13）	15.56~19.72 17.92（13）	0.19~0.40 0.28（12）	26.18~31.23 28.28（12）	1.3~16.6 8.4（12）	0~5.5 0.6（9）
	浮煤	0.52~1.31 0.87（13）	5.86~15.41 10.58（13）	15.92~17.65 16.58（13）	0.27~0.54 0.35（12）	33.24~34.11 33.66（4）		
四$_2$	原煤	0.52~0.82 0.65（4）	16.85~30.49 23.85（4）	21.25~23.40 22.33（4）	0.32~0.42 0.35（4）	24.24~30.30 27.08（4）	52.0~99.0 68.1（5）	8.6~17.0 12.5（4）
	浮煤	0.54~0.84 0.70（4）	3.62~20.71 11.92（4）	19.49~22.94 20.98（4）	0.38~0.54 0.42（4）	36.06（1）		
六$_2$	原煤	0.64~1.37 1.00（4）	27.65~39.06 34.05（4）	21.03~25.92 24.34（4）	0.58~1.59 1.08（4）	20.91~25.61 22.64（4）	60.0~94.0 63.0（5）	12.0~15.0 13.5（2）
	浮煤	0.42~1.12 0.78（4）	7.07~22.12 13.14（4）	19.11~24.93 21.87（4）	0.73~0.92 0.80（4）	32.36~34.40 33.38（2）		
七$_4$	原煤	0.58~1.01 0.72（7）	24.82~39.67 34.32（7）	22.68~25.77 24.60（7）	0.30~0.81 0.48（7）	22.10~26.56 22.88（7）	51.0~96.0 62.6（8）	11.0~19.0 14.1（5）
	浮煤	0.53~0.90 0.67（7）	5.86~25.62 18.64（7）	20.20~25.98 22.39（7）	0.38~0.60 0.46（7）	27.61~34.87 31.24（2）		

注：资料来源于《河南省郏县狮王寺煤核查区资源储量核查报告》，河南省煤田地质局二队，2010m。

（二十三）禹州市梁北一井煤矿区

梁北一井位于禹州市区南部，西接三峰山-米托寺矿区，东接梁北二井，面积约 67.24 km^2，矿区地理坐标为东经 113°22′48″~113°31′05″，北纬 34°04′13″~34°09′22″，区内为丘陵区。据资源储量核实报告，勘查程度达勘探，累计查明煤资源储量 37813.8×10^4 t，保有煤资源储量 29287.6×10^4 t。

梁北一井第四系厚度 0~288.00 m，煤系基底为寒武系芙蓉统炒米店组泥质白云岩。含煤地层本溪组厚度 5.00~29.00 m，平均 10.00 m；太原组厚度 49.00~94.00 m，平均 61.00 m；山西组厚度 60.00~83.00 m，平均 72.00 m；下石盒子组厚度 236.00~478.00 m，平均 311.00 m；上石盒子组厚度 276.00~417.00 m，平均 343.00 m。煤系盖层孙家沟组保留最大厚度 104.40 m。尹村正断层西起董村店，经尹村、五里堡向南东延展，走向北西，倾向北东，倾角 59°~63°，落差 73~267 m；尹村正断层之北为角子山背斜构造；尹村正断层之南本区处于景家洼向斜北翼，为地层倾向南、倾角 5°~18°的单斜构造。区内北西向和北东向断层较发育，局部伴有次生褶曲。规模较大的断层有矿区中部的虎头山正断层及其北侧尹村正断层。

梁北一井的二$_1$ 煤层全区可采，七$_4$ 煤层大部可采，二$_2$、四$_3$、五$_2$ 层局部可采。二$_1$ 煤层上距砂锅窑砂岩平均 62.80 m，煤层顶板多为大占砂岩，底板为砂岩、泥岩互层，估算标高 0~-900 m，煤厚 0~10.79 m，平均 4.18 m，一般厚度 3~6 m，偶含矸 1 层，其分岔煤层二$_1^2$ 煤厚 0~2.75 m。二$_2$ 煤层位于大占砂岩上、下分层之间，估算标高-350~-550 m，煤厚 0~2.51 m，平均 0.32 m，可采区平均厚度 1.20 m，局部含 1 层夹矸。四$_3$ 煤层赋存于下石盒子组四煤段中上部，顶板为砂质泥岩或细-

中粒砂岩，底板为深灰色泥岩，估算标高-50~-600 m，煤厚0~2.24 m，平均0.62 m，可采区平均厚度1.00 m，局部含矸1层。五$_2$煤层顶、底板为泥岩，估算标高+100~-500 m，煤厚0~1.80 m，平均0.59 m，可采区平均厚度0.90 m左右，局部含泥岩夹矸1层。七$_4$煤层下距田家沟砂岩平均38.00 m，顶、底板多为砂质泥岩或粉砂岩，估算标高+60~-420 m，煤厚0~1.72 m，平均0.86 m，偶分岔为两层。二$_1$煤为低灰、特低硫、高热值瘦煤，二$_2$煤为低灰、特低硫、高热值焦煤，四$_3$、七$_4$煤为中高灰、低硫、中热值焦煤，五$_2$煤为中高灰、特低硫、中低热值焦煤（表2-122）。

表2-122 禹州市梁北一井各煤层主要煤质指标一览表

煤层	原煤			浮煤			
	A_d/%	$S_{t,d}$/%	$Q_{gr,v,d}$/(MJ·kg^{-1})	A_d/%	V_{daf}/%	Y/mm	$G_{R.I}$
七$_4$	20.72~43.16 30.72（22）	0.29~1.10 0.62（22）	18.94~28.52 24.09（22）	7.77~14.70 11.18（21）	18.74~24.57 22.30（21）	19.0~27.0 21.5（10）	91.0
五$_2$	28.32~48.14 39.37（10）	0.19~0.55 0.33（9）	17.65~25.22 20.82（10）	10.93~14.92 13.10（7）	20.30~23.00 21.64（7）	—	—
四$_3$	23.24~48.68 31.63（28）	0.25~1.32 0.62（24）	19.86~27.31 23.54（27）	8.45~24.20 12.13（25）	17.64~24.17 20.50（25）	15.5~24.5 20.0（7）	93.7
二$_2$	6.21~41.88 18.97（23）	0.26~1.20 0.41（20）	19.70~34.29 29.02（21）	3.79~12.21 7.69（22）	14.62~21.50 17.11（22）	5.5~16.5 11.5（20）	69.0
二$_1$	8.94~40.15 15.70（132）	0.26~1.64 0.50（116）	25.01~33.37 28.89（123）	4.53~13.67 7.98（129）	14.45~18.91 16.44（128）	0~14.50 8.5（121）	37.5

注：资料来源于《河南省禹州市梁北一号井煤核查区资源储量核查报告》，河南省地质矿产勘查开发局第二地质勘查院，2010g。

（二十四）禹州市梁北二井煤矿区

梁北二井位于禹州煤田东南部，东至禹州市界，北起南关正断层和二$_1$煤层隐伏露头，北西起刘庄、经三峰山、白塔山北坡向南东延展于椹涧以南的虎头山正断层和二$_1$煤底标高-1100 m，走向长约18.50 km，倾向宽0.70~2.75 km，面积约25.76 km^2。矿区地理坐标为东经113°28′32″~113°38′37″，北纬34°01′47″~34°07′25″，区内为颍河冲积平原。据资源储量核实报告，勘查程度达勘探，累计查明/保有煤资源量22423.0×10^4 t，估算二$_1$煤的煤层气资源量3.90×10^8 m^3。地温梯度1.51~3.47℃/hm，平均2.57℃/hm，西低东高，温度随埋深的增大而增高。已开工建井，受去产能政策制约，“十二五”后期停工。

梁北二井第四系厚度150.00~450.00 m，新近系洛阳组厚度0~400.00 m，煤系基底为寒武系芙蓉统炒米店组泥质白云岩。含煤地层本溪组厚度2.00~17.00 m，平均10.00 m；太原组平均厚度68.00 m；山西组厚度40.00~85.00 m，平均73.00 m；下石盒子组平均厚度320.00 m；上石盒子组残留最大厚度340.00 m。本区处于景家洼向斜北翼，为地层倾向190°~235°、倾角13°~32°的单斜构造，北西向正、逆断层发育。尹村正断层从矿区北部穿过。南关正断层西起董村店，经任坡、蒋庄、禹州西关、前金坡西、沈庄、纸张向南东延展于椹涧以东，倾向北东，倾角60°左右，落差260~1000 m。

梁北二井的二$_1$煤层偶见不可采点，四$_3$煤层大部可采，二$_2$、七$_2$煤层局部可采，五$_3$煤层偶尔可采。二$_1$煤层上距砂锅窑砂岩45.00~70.00 m，平均60.00 m；煤层直接顶板以泥岩为主，部分为细-中粒砂岩；底板以泥岩为主，偶为细、粉砂岩，局部有碳质泥岩伪底；煤厚0.42~12.50 m，平均5.08 m，局部含厚度0.06~0.64 m夹矸1~3层，埋深350~1215 m，煤底标高-245~-1100 m。二$_2$煤层赋存于山西组大占砂岩段，下距二$_1$煤层1.50~15.00 m，平均12.00 m；煤层顶板以泥岩为主，部分为细-中粒砂岩；底板以泥岩为主，部分为细-中粒砂岩或粉砂岩，偶见碳质泥岩伪底；煤厚0.33~4.86 m，平均1.42 m，局部含厚0.02~0.29 m夹矸1~2层，估算标高-270~-1080 m。下石盒子组四煤段中上部的四$_3$ 煤层估算标高-130～-920 m；顶板以泥岩为主，偶为细-中粒砂岩或碳质泥岩；底板以泥岩为主，偶为细-中粒砂岩；煤厚 0.38～2.96 m，平均厚度 1.33 m，偶含厚度 0.09～0.33 m 夹矸 1～2 层。七$_2$ 煤层赋存于上石盒子组七煤段中部，估算标高-305～-640 m，下距田家沟砂岩 35.00～70.00 m，平均 47.00 m，顶板为泥岩，底板以泥岩为主，偶为细砂岩、粉砂岩；煤厚 0.49～2.24 m，平均厚度 1.14 m，偶含厚度 0.18～0.37 m 的夹矸 1 层。二$_1$、二$_2$ 煤为低灰、特低-低硫、高热值焦-瘦煤，四$_3$ 煤为中高灰、低硫、中高热值焦煤，七$_2$ 煤为中灰、低硫、中高热值肥煤（表 2-123）。

表 2-123　禹州市梁北二井各煤层主要煤质指标一览表

煤层	原煤			浮煤			煤类
	A_d/%	$S_{t,d}$/%	$Q_{gr,v,d}$/(MJ·kg^{-1})	V_{daf}/%	Y/mm	$G_{R.I}$	
七$_2$	27.12	0.79	26.30	25.04～27.71 / 26.24（7）	27.0～33.0 / 29.5（6）	87～100 / 91（5）	FM
四$_3$	31.23	0.59	24.94	16.59～23.79 / 21.39（25）	14.0～23.0 / 18.0（15）	70～95 / 89（19）	JM
二$_2$	13.94	0.40	29.52	16.22～19.48 / 18.00（20）	7.5～14.0 / 11.0（7）	67～90 / 79（11）	JM
				16.43～19.78 / 17.39（7）	7.0～16.5 / 11.0（4）	35～49 / 44（5）	SM
二$_1$	9.85～20.26 / 14.40（48）	0.22～2.92 / 0.56（48）	29.77～33.29 / 30.77（16）	15.27～18.96 / 17.32（38）	6.0～16.5 / 9.9（29）	21～63 / 35（25）	SM
				16.57～18.08 / 17.72（9）	8.0～18.0 / 10.5（7）	67～92 / 77（7）	JM

注：资料来源于《河南省禹州市梁北二井煤核查区资源储量核查报告》，河南省煤田地质局四队，2010t。

（二十五）许昌市泉店煤矿区

泉店煤矿区主体位于许昌市，仅西北隅在禹州市境内，北为二$_1$ 煤层隐伏露头，南至南关正断层，西起前石固正断层，东至 DF$_{07}$ 正断层，面积约 18.07 km^2。矿区地理坐标为东经 113°35′20″～113°39′51″，北纬 34°02′44″～34°05′56″，区内为颍河北岸微倾斜平原区，地面标高 105.0～125.0 m。据资源储量核实报告，勘查程度达勘探，累计查明煤资源储量 16132.1×10^4 t，保有煤资源储量 16106.5×10^4 t；另有（334）？类煤资源量 324.0×10^4 t。本区位于瓦斯风化带。

泉店煤矿区内新生界平均厚度 470.00 m，煤系基底为寒武系芙蓉统炒米店组泥质白云岩。含煤地层本溪组厚度 1.82～29.70 m，平均 10.00 m；太原组厚度 83.00～106.00 m，平均 96.00 m；山西组厚度 63.28～97.84 m，平均 84.00 m；下石盒子组揭露最大厚度 388.04 m；上石盒子组残存最大厚度 28.00 m。本区处于景家洼向斜北翼，为地层倾向南西、倾角 10°～29°的单斜构造，西部发育有次级宽缓向、背斜，断层以北东向、北西西向和近东西向高角度正断层为主。前石固正断层走向近南北，倾向西，倾角 60°，落差大于 400 m。DF$_{07}$ 正断层倾向北西，倾角约 65°，落差 100 m 以上。

泉店煤矿区内二$_1$ 煤层全区可采，四$_3$ 煤层大部可采，二$_3$ 煤层局部可采，其余煤层偶尔可采或不可采。二$_1$ 煤层上距砂锅窑砂岩 49.18～67.90 m，平均 58.80 m；下距 L$_7$ 石灰岩 34.65～58.28 m，平均 46.12 m；煤层直接顶板以泥岩、粉砂岩为主，局部为细-中粒砂岩，偶见碳质泥岩伪顶；底板以泥岩、粉砂岩为主，局部为细砂岩，偶为中砂岩，偶见碳质泥岩伪底；煤底标高-200～-1100 m，煤厚 1.18～10.38 m，平均 5.88 m，局部含厚度 0.18～0.56 m 夹矸 1 层；局部分岔为二$_1^1$ 和二$_1^2$ 煤层，其中二$_1^1$ 煤层厚度 3.77～8.04 m，平均 5.91 m；二$_1^2$ 煤层厚度 0.22～0.46 m；二$_1^1$ 和二$_1^2$ 煤层间距 0.83～

2.21 m。二$_3$煤层上距砂锅窑砂岩47.83~59.23 m，平均53.82 m；下距二$_1$煤层1.35~8.67 m，平均3.98 m；煤层顶板以细-中粒砂岩为主，次为泥岩；底板以泥岩、粉砂岩为主，局部为细-中粒砂岩，偶见碳质泥岩伪底；煤厚0~3.02 m，平均1.10 m，无矸。四$_3$煤层赋存于下石盒子组四煤段中上部，煤层直接顶、底板为黑灰色泥岩，偶见碳质泥岩伪顶，煤厚0~1.97 m，平均1.31 m，偶含厚度0.18~0.65 m夹矸1层。

泉店煤矿区内二$_1$煤以低灰、特低硫、高热值瘦煤为主，次为焦煤；二$_3$煤以低灰、特低硫、高热值焦煤为主，次为瘦煤；四$_3$煤为中高灰、特低硫、中热值焦煤（表2-124）。

表2-124　许昌市泉店煤矿区各可采煤层主要煤质指标一览表

煤层		水分 (M_{ad})/%	灰分 (A_d)/%	挥发分 (V_{daf})/%	全硫 ($S_{t,d}$)/%	发热量 ($Q_{gr,v,d}$)/ (MJ·kg^{-1})	黏结指数 $G_{R.I}$	Y/mm
二$_1$	原煤	0.33~1.55 / 0.81 (28)	7.14~33.21 / 14.30 (28)	16.74~22.65 / 18.90 (28)	0.31~0.96 / 0.48 (28)	22.98~33.26 / 30.28 (26)	—	—
	浮煤	0.53~1.64 / 0.92 (28)	3.75~10.89 / 6.71 (28)	15.25~20.65 / 17.40 (28)	0.32~0.54 / 0.41 (19)	32.04~34.86 / 33.52 (13)	26.0~84.0 / 58.7 (23)	0~14.7 / 8.9 (23)
二$_3$	原煤	0.48~1.02 / 0.82 (12)	4.75~28.69 / 15.03 (12)	15.91~22.31 / 19.55 (12)	0.34~0.52 / 0.42 (12)	24.99~34.56 / 30.34 (12)	—	—
	浮煤	0.56~1.20 / 0.86 (12)	3.23~16.30 / 7.92 (12)	13.72~19.62 / 18.05 (12)	0.32~0.50 / 0.40 (6)	29.98~33.73 / 32.74 (6)	59.0~87.0 / 74.3 (10)	0~17.5 / 10.3 (9)
四$_3$	原煤	0.41~1.25 / 0.82 (9)	28.12~39.83 / 33.25 (9)	21.43~28.44 / 24.93 (9)	0.42~0.69 / 0.50 (9)	19.08~25.19 / 22.53 (9)	—	—
	浮煤	0.40~0.89 / 0.71 (9)	8.45~19.30 / 15.06 (9)	18.12~24.50 / 21.20 (9)	0.28~0.46 / 0.38 (8)	28.95~33.44 / 31.01 (7)	15.7~22.0 / 18.4 (3)	63.0~93.0 / 75.0 (7)

注：资料来源于《河南省许昌县泉店煤核查区资源储量核查报告》，河南省煤炭地质勘察研究院，2010k。

（二十六）禹州市张得煤矿区

张得煤矿区主体位于禹州市张得、小吕、范坡三乡，其余隶属于襄城县王洛镇、汾陈乡、颍桥回族镇，面积约309.71 km^2。矿区地理坐标为东经113°18′34″~113°41′46″，北纬33°56′16″~34°05′43″，区内为颍河冲洪积平原，海拔80.0~138.0 m。2005~2016年，河南省地质矿产勘查开发局第一地质矿产调查院开展了该区普查、详查，提交的《河南省禹州市张得区煤详查报告》累计查明/保有1500 m以浅煤资源量176594.0×10^4 t，(334)？类资源量55848.0×10^4 t，另估算1500 m以深资源量71340.0×10^4 t；估算二$_1$煤的煤层气资源量269.22×10^8 m^3。

1. 矿区地质

张得煤矿区内第四系厚度0~629.70 m，新近系厚度0~1800.00 m。据钻孔揭露，煤系基底为寒武系芙蓉统炒米店组泥质白云岩。本溪组厚度3.40~26.18 m，平均8.62 m。太原组厚度60.58~101.51 m，平均71.47 m。山西组厚度47.67~115.85 m，平均75.44 m。下石盒子组厚度259.00~384.93 m，平均321.38 m。上石盒子组厚度282.99~391.79 m，平均352.30 m。孙家沟组厚度约243.72 m。刘家沟组平均厚度280.00 m。和尚沟组平均厚度124.91 m。矿区处于景家洼向斜北翼东段，为地层倾向180°~240°、倾角10°~25°的单斜构造，发育的近东西向和北西向高角度正断层多北倾，近东西向张得正断层于矿区东部交于北西向虎头山正断层。

2. 煤层

张得煤矿区内二$_1$煤层全区可采，四$_5^2$（原报告四$_9$）、七$_4$煤层大部分可采，四$_5^1$（原报告四$_8$）、五$_4$煤层局部可采。二$_3$煤层于张得断层以北的7—13线和东部的19—29线局部可采，煤厚0~2.55 m

之间，平均 1.49 m。二$_2$、四$_2$、四$_4$（原报告四$_7$）、五$_2$、五$_3$、七$_2$ 等煤层零星可采。

二$_1$ 煤层厚度 0.84~20.43 m，平均厚度 5.69 m，偶含厚度 0.14~0.80 m 夹矸 1 层，局部煤层分岔为 2 层；张得断层以北，煤底标高-800~-1600 m，埋深 900~1700 m；张得断层以南，煤底标高-650~-2000 m，埋深 750~2100 m；虎头山正断层以东，煤底标高-900~-3450 m，埋深 1000~3550 m。四$_5^1$ 煤层位于下石盒子组四煤段中上部，上距四$_5^2$ 煤层平均 5.99 m，煤厚 0~1.83 m，平均煤厚 0.84 m，偶含碳质泥岩或泥岩夹矸 1~2 层，煤层顶、底板为粉砂岩、泥岩，可采区主要分布在矿区中西部。四$_5^2$ 煤层位于四煤段顶部，煤厚 0~3.21 m，平均煤厚 1.34 m，偶含厚度 0.10~0.35 m 夹矸 1 层；张得断层以北，煤底标高-600~-1450 m，埋深 700~1550 m；张得断层以南，煤底标高-450~-1800 m，埋深 550~1900 m；虎头山正断层以东，煤底标高-650~-3250 m，埋深 750~3350 m。五$_4$ 煤层位于下石盒子组五煤段中上部，煤层厚度 0~2.34 m，平均 0.71 m，偶含碳质泥岩或泥岩夹矸 1~2 层，煤层顶、底板多为泥质砂岩、粉砂岩、泥岩。七$_4$ 煤层厚度 0~2.85 m，平均 1.06 m，偶含厚度 0.14~0.63 m 夹矸 1 层；张得断层以北，煤底标高-350~-1200 m，埋深 450~1300 m；张得断层以南，煤底标高-400~-15500 m，埋深 500~1650 m；虎头山正断层以东，煤底标高-450~-2950 m，埋深 550~3050 m，南北宽 1.2~7.2 km，东西长 13.5 km。

3. 煤质

张得煤矿区内二$_1$ 煤主要煤类有贫瘦煤、瘦煤、焦煤，以低灰、低硫、高热值煤为主（表 2-125）；贫瘦煤分布于矿区西部，东部以瘦煤为主，焦煤仅出现在东南部。四$_5^1$ 煤为中灰、中硫、中高热值焦煤。四$_5^2$ 煤主要为低灰、中硫、高热值焦煤，贫瘦煤主要集中在张得断层以南、第 8 至第 7 勘探线之间。五$_4$ 煤主要为中灰、中硫、高热值焦煤，贫瘦煤主要集中在 F_3 断层以东及矿区东北部。七$_4$ 煤以低灰、中硫、高热值焦煤为主，张得断层以南的东部有贫瘦煤。

表 2-125　禹州市张得煤矿区各煤层主要煤质特征一览表

煤层		M_{ad}/%	A_d/%	V_{daf}/%	$S_{t,d}$/%	$Q_{gr,v,d}$/(MJ·kg^{-1})	$G_{R.I}$	Y/mm
二$_1$	原煤	0.28~1.32 0.80	7.19~31.65 13.32	12.40~23.75 18.42	0.21~5.51 0.74	23.27~33.67 30.89	—	—
	浮煤	0.51~1.40 0.84	2.87~11.80 7.17	11.39~21.60 17.39	0.21~5.62 0.73	32.60~34.89 33.67	6~91 46	0~20.0 7.6
四$_5^1$	原煤	0.51~1.58 0.84	6.50~39.88 22.75	13.51~26.03 19.87	0.24~5.16 1.41	18.70~33.00 27.18	—	—
	浮煤	0.54~1.22 0.78	3.63~20.23 10.25	13.16~24.63 17.44	0.30~5.21 1.46	30.28~33.36 31.89	0~86 47	0~10.5 2.1
四$_5^2$	原煤	0.34~3.12 0.89	7.61~39.55 19.84	8.11~33.33 19.82	0.20~5.22 1.37	18.66~32.86 27.98	—	—
	浮煤	0.46~2.25 0.83	3.31~15.63 8.75	8.14~32.86 19.07	0.28~5.37 1.45	30.57~33.64 32.45	0~100 61	0~25.0 11.1
五$_4$	原煤	0.53~1.98 0.88	6.27~39.89 21.96	14.95~31.28 22.89	0.20~4.27 1.21	20.56~32.93 27.44	—	—
	浮煤	0.43~2.24 0.76	4.20~25.53 9.52	13.55~32.80 21.57	0.25~4.89 1.12	31.62~34.11 33.14	13~100 70	0~23.0 11.4
七$_4$	原煤	0.24~1.84 0.82	4.64~39.95 19.14	9.86~28.82 20.03	0.27~5.57 1.81	19.85~33.69 28.45	—	—
	浮煤	0.34~1.94 0.75	2.74~18.91 9.26	9.54~28.67 19.03	0.32~5.39 1.67	29.68~33.97 31.33	3~99 53	0~25.0 9.3

注：资料来源于《河南省禹州市张得区煤详查报告》，河南省地质矿产勘查开发局第一地质矿产调查院，2016。

十五、通柘煤田

（一）煤田简介

通柘煤田位于河南省东部的黄淮平原，东起商丘市虞城，杜集一线，西至开封市通许接新密煤田，南始周口市淮阳和郸城南及豫皖省界，北到商丘、开封市兰考一带，为全掩盖式隐伏煤田，地势平坦，平均海拔 50 m 左右。地理坐标大致为东经 114°05′20″~115°49′00″、北纬 33°40′00″~34°46′00″。东西长约 150 km，南北宽 36~110 km，面积约 10606 km^2。区内整体勘查程度较低，以前仅有石油部门以找油为目的地质工作，大规模的找煤工作始于 2005 年以来的省级探矿权和采矿权价款项目（后期为河南省地质勘查基金项目），煤层埋深大于 800 m，尚未开发。区内有两个整装煤普查项目和一个煤预查项目（图 2-95），总面积 3794. 89 km^2，是河南省煤资源勘查面积最大的煤田。区内累计查明/保有 1500 m 以浅的煤资源量 225723. 0×10^4 t，另有 1500 m 以浅的（334）？类煤资源量 141741. 0×10^4 t，1500 m 以深的潜在煤资源 1625179. 0×10^4 t；估算（333）类天然焦资源量 4503. 0×10^4 t，（334）？类天然焦资源量 15556. 0×10^4 t；估算二$_1$ 煤的煤层气资源量 1082. 46×10^8 m^3。

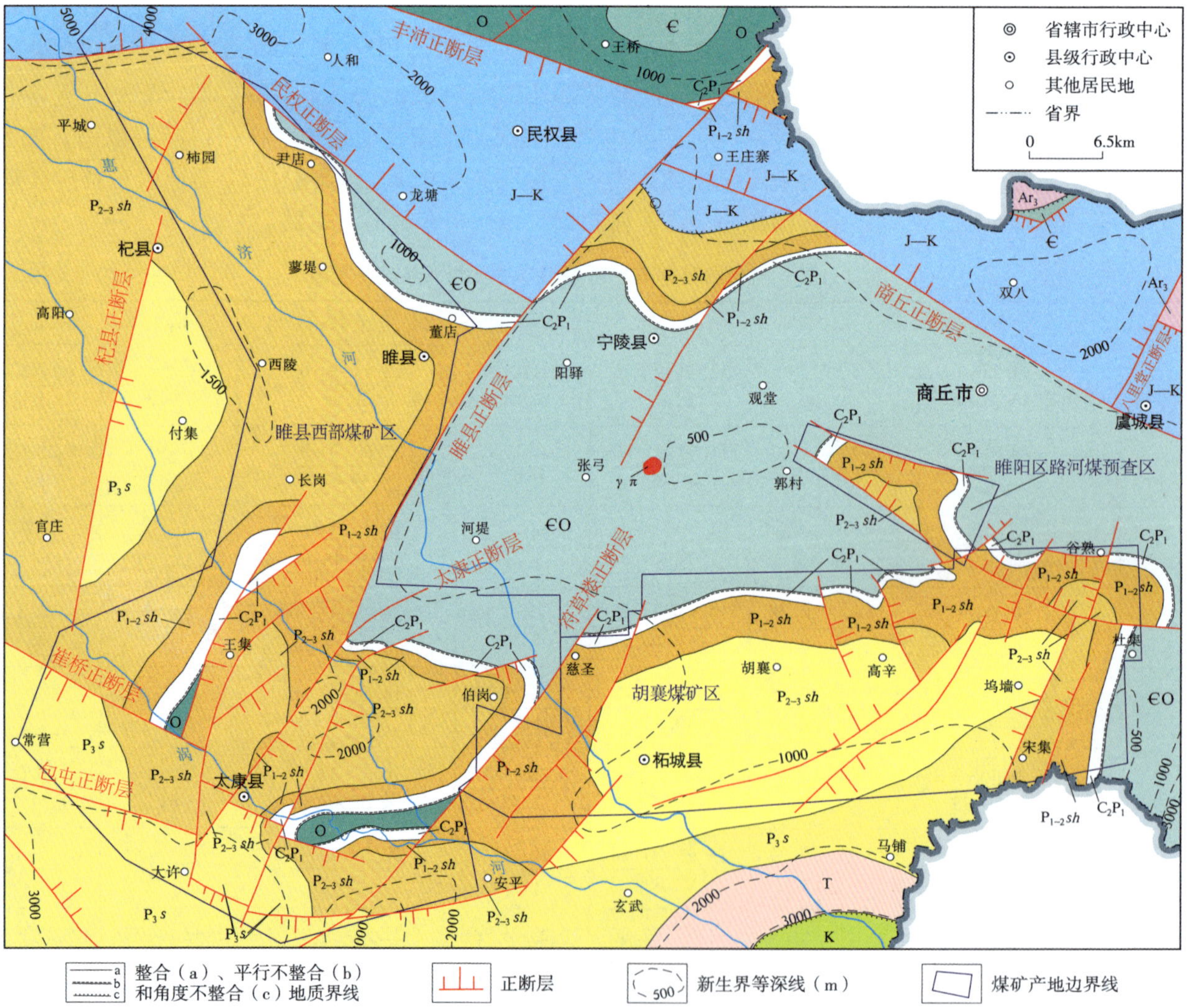

图 2-95　通柘煤田基岩地质略图

K—白垩系；J—K—侏罗系、白垩系未分；T—三叠系；P_3s—二叠系乐平统孙家沟组；$P_{2-3}sh$—二叠系阳新统—乐平统下石盒子组、上石盒子组未分；$P_{1-2}sh$—二叠系船山统—阳新统山西组；C_2P_1—上石炭统本溪组和上石炭统—船山统太原组；O—奥陶系；∈O—寒武系、奥陶系未分；∈—寒武系；Ar_3—新太古界；$\gamma\pi$—花岗斑岩

通柘煤田位于嵩箕构造区内，隶属于华北地层区、华北南部地层分区之豫东地层小区。北以倾向北东的民权正断层和商丘正断层临开封坳陷，南邻周口坳陷，由西向东呈现由尉氏坳陷、太康断隆、颜集断陷构成的近东西向“两拗夹一隆”的构造格局，区内以高角度正断层为主，并常见幅度小、延伸不远的宽缓背、向斜。晚古生代含煤地层分布于太康断隆的周缘斜坡地带。民权正断层走向北西，倾向北东，倾角 50°~70°，落差大于 1500 m。睢县正断层倾向北西，倾角 60°~70°，落差大于 1000 m，左行错移民权正断层和商丘正断层。

通柘煤田岩浆活动微弱，仅在北部的宁陵-商丘次凸、东部的虞城县谷熟镇南、沙集、杜集西、柘城一带见有小范围岩浆岩，岩性主要为中生代花岗岩、闪长岩、云煌岩等，对主要可采煤层的破坏和煤变质的影响较大，在煤中、煤顶或煤底附近的侵位过程中，具有吞蚀煤层、或使煤变质为天然焦、或天然焦与岩浆岩混染等现象。

（二）开封—周口市睢县西部煤矿区

睢县西部煤矿区位于开封市杞县、商丘市睢县、民权、柘城和周口市太康、扶沟等县境内，地处豫东平原，平均海拔 55 m 左右，地理坐标为东经 114°37′18″~115°12′04″，北纬 33°56′10″~34°45′57″，面积约 2369. 33 km^2。2010 年根据《河南省国土资源厅关于下达 2009 年度省级地质勘查基金（周转金）续作项目任务书的通知》（豫国土资发〔2010〕79 号）文件精神，将 2007 年始部署的杞县唐屯、杞县裴村店-睢县小马房、睢县西部、柘城县慈圣镇西和睢县榆厢北区、榆厢南区、城隍、匡城、长岗、韩庄、潮庄集-张桥及太康县东部、符草楼、独塘集南等 14 个河南省地质勘查基金项目统一纳入睢县西部煤普查整装勘查，由河南省煤炭地质勘察研究总院负责整装勘查并统一编制煤普查报告。2013 年河南省煤炭地质勘察研究总院提交了《河南省睢县西部煤普查报告》，共估算埋深 1500 m 以浅的（333）类煤资源量 151816. 0×10^4 t，（334）? 类煤资源量 30954. 0. 0×10^4 t；估算埋深 1500~2000 m 的（333）类煤资源量 53561. 0×10^4 t，（334）? 类煤资源量 653274. 0×10^4 t；估算埋深 2000 m 以深的（334）? 类煤资源量 571186. 0×10^4 t。估算二$_1^2$煤的煤层气资源量 643. 98×10^8 m^3。尚未利用。

1. 地层

睢县西部煤矿区内新生界厚度 1000. 00~1800. 00 m，平均 1250. 00 m。仅有 ZK8401 和 ZK64042 两个钻孔揭露中奥陶统马家沟组顶部石灰岩，穿见本溪组具滑感、含菱铁质鲕粒的灰色-浅灰色铝质泥岩厚度 4. 36~27. 53 m，穿见由薄-中厚层状石灰岩、泥岩、砂岩组成的太原组厚度 96. 76~101. 54 m，太原组含石灰岩 9~11 层及不可采薄煤 4~6 层。山西组厚度 67. 00~128. 34 m，平均 87. 99 m，下部含煤 1~4 层，大占砂岩层位稳定，香炭砂岩之下、上局部分别见二$_3$、二$_4$ 煤层，上部的小紫泥岩具暗斑、紫斑及鲕粒。下石盒子组平均厚度 395. 23 m；三煤段厚度 81. 78~136. 01 m，平均 106. 73 m，底部平均厚度 6. 15 m 的灰白色细-粗粒长石石英砂岩（俗称砂锅窑砂岩）之上有具紫斑、含菱铁质鲕粒、厚度约 10 m 的铝质泥岩，中部的细砂岩、砂质泥岩夹不可采薄煤 2~4 层，上部以灰色泥岩为主；四煤段厚度 63. 21~118. 18 m，平均 86. 23 m，底部为平均厚度 9. 26 m 的细-粗粒砂岩，中部偶见不可采四$_2$ 煤层；五煤段厚度 94. 32~121. 52 m，平均 107. 89 m，底部的灰白色细-中粒长石石英砂岩平均厚度 6. 30 m；六煤段仅 1 孔揭露厚度 94. 88 m，底部的灰白色细砂岩平均厚度 9. 73 m。上石盒子组仅 ZK16803 孔揭露厚度 34. 99 m，底部的灰白色含砾中粒田家沟砂岩厚度 9. 23 m，其上为灰色、灰绿色砂质泥岩。

2. 构造

睢县西部煤矿区的 96 勘探线以北为地层倾向南西、倾角为 3°~10°的单斜构造，北部常寺村附近的常寺宽缓背斜轴向北西，长约 7 km；96 勘探线以南、DF_{10} 正断层以西至催桥正断层间为地层倾向北西、倾角 3°~12°的单斜构造；96 勘探线以南、DF_{10} 正断层以东为形态不完整的背、向斜构造，南部太康县城东北部发育的太康向斜被一系列走向北东、倾向南东的高角度正断层所切割，地层倾角 5°~22°。本区发育 68 条高角度正断层（图 2-96），断层走向以北东—北北东向为主，次为北西向、近南北向和近东西向，将含煤地层分割为不规则的条块状，其中落差等于大于 500 m 的正断层有

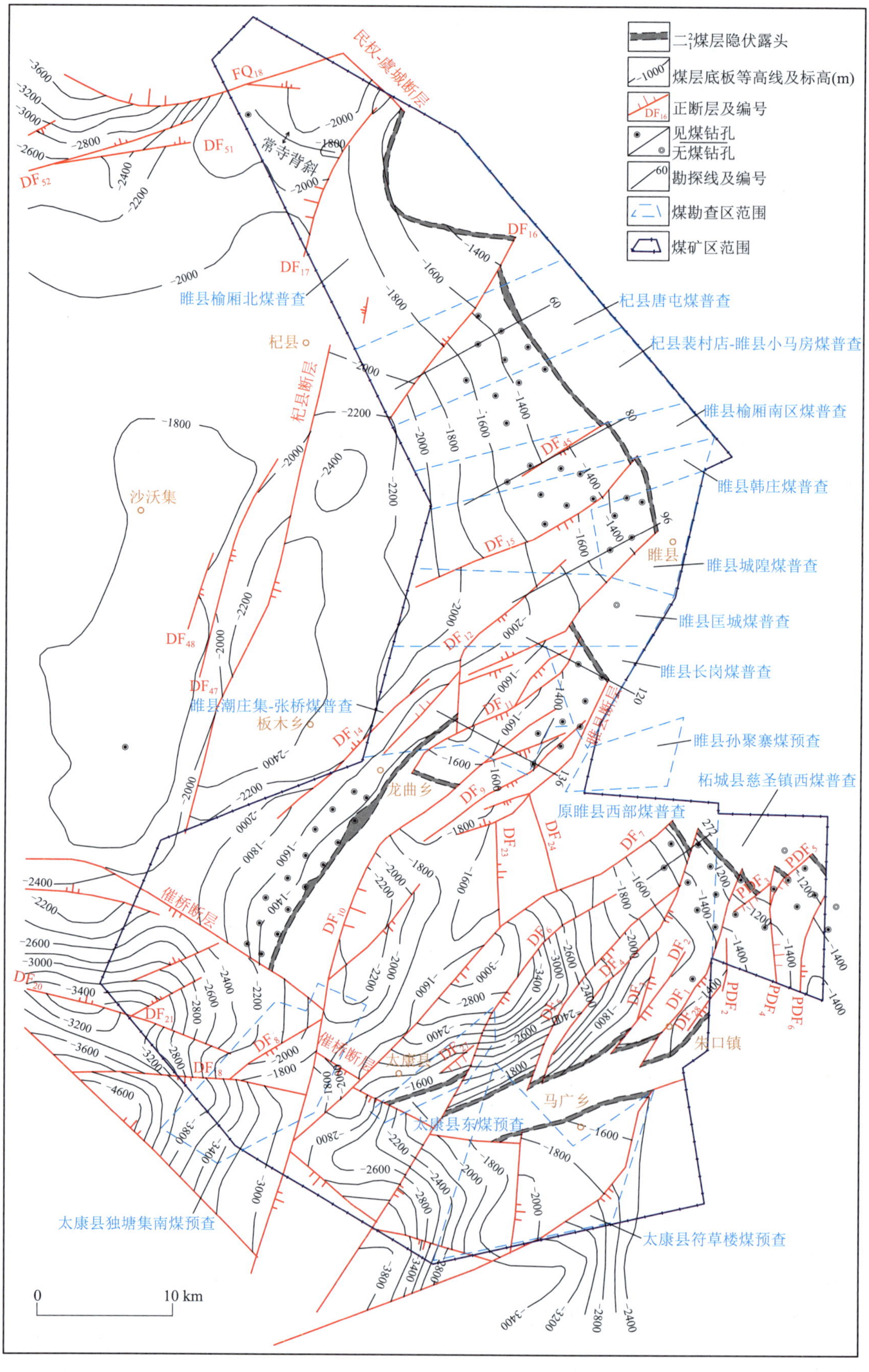

图 2-96　睢县西部煤矿区$二_1^2$煤层底板等高线图

（据河南省煤炭地质勘察研究总院，2013b，有修改）

DF_6、DF_7、FQ_{18}、DF_{10}、DF_{18}、DF_{54}、DF_{53}、符草楼、包屯（FQ_{31}）、DF_{13}、DF_{14}、DF_{20}、杞县、崔桥、睢县、民权等 16 条，落差 100~500 m 的正断层 32 条。北东向断层落差大、延伸远。

3. 煤层与煤质

（1）煤层

睢县西部煤矿区含煤 19 层，煤层平均总厚度 9.20 m（表 2-126），仅二$_1$ 煤层可采，在柘城县慈圣镇西部常分岔为二$_1^1$ 和二$_1^2$ 煤层，煤分层间隔 0.95~11.80 m，二$_1^2$ 煤层为本区主要可采煤层，二$_1^1$ 煤层为局部可采煤层，可采煤层平均总厚度 6.59 m。二$_1^2$ 煤层上距砂锅窑砂岩 42.31~86.03 m，平均 60.62 m，煤底标高-1100~-3960 m，埋深 1150~3965 m。施工 88 孔，1 孔未达层位，4 孔位于煤层露头外，不可采见煤点 2 孔，其余皆可采，煤厚 0.03~12.40 m，平均 5.30 m，27 孔含厚度 0.05~0.61 m 的碳质泥岩或泥岩夹矸 1~2 层。煤层直接顶板以泥岩、细砂岩为主，中砂岩次之，少见碳质泥岩、粉砂岩、粗砂岩。煤层底板以泥岩为主，碳质泥岩次之，少见粉砂岩、细砂岩、中砂岩。煤层物性特征以高阻、低密度、低自然伽马为特征。二$_1^1$ 煤层可采区埋深 1152~1700 m，煤底标高-1102~-1650 m，19 孔穿见，可采 10 孔，煤厚 0.08~4.16 m，平均 1.29 m，2 孔含 1 层泥岩或碳质泥岩夹矸。

表 2-126 睢县西部煤层发育情况统计表

地层	煤层	穿过点数	见煤点数	煤厚/m		煤层评价		
				两极值	平均	可采点数	可采性	夹矸层数
下石盒子组	四$_2$	24	3	0~0.65	0.05	0	不可采	—
	三$_3$	63	2	0~1.18	0.03	2	偶可采	—
	三$_2^2$	65	3	0~0.74	0.03	0	不可采	—
	三$_2^1$	65	3	0~0.64	0.12	0	不可采	—
山西组	二$_4$	88	2	0~0.60	0.01	0	不可采	—
	二$_3$	89	3	0~0.59	0.02	0	不可采	—
	二$_1^4$	89	1	0~0.30	0.01	0	不可采	—
	二$_1^3$	89	1	0~0.81	0.01	1	偶可采	—
	二$_1^2$	88	88	0.03~12.40	5.30	86	全区可采	0~2
	二$_1^1$	19	19	0.08~4.16	1.29	10	局部可采	0~1
太原组	一$_{11}$	77	5	0~0.62	0.02	0	不可采	—
	一$_{10}$	72	4	0~0.70	0.02	0	不可采	—
	一$_9$	23	1	0~0.29	0.01	0	不可采	—
	一$_7$	3	1	0~0.73	0.24	0	不可采	—
	一$_6$	3	1	0~0.44	0.15	0	不可采	—
	一$_5$	3	2	0.62~0.86	0.49	1	偶可采	—
	一$_4$	3	3	0.27~0.72	0.45	0	不可采	—
	一$_2$	3	3	0.26~0.67	0.50	0	不可采	—
	一$_1$	3	3	0.34~0.59	0.45	0	不可采	—

（据河南省煤炭地质勘察研究总院，2013b）

（2）煤质

睢县西部煤矿区的二$_1$煤以粉-粒状为主，偶见鳞片状，局部为块状，块煤具条带状结构。宏观煤岩成分以亮煤为主，夹少量薄层镜煤和暗煤条带，可见透镜状丝炭。镜煤呈金刚光泽，煤岩类型为半亮型煤。显微煤岩组分以镜质组为主，次为惰质组。镜质组以均质镜质体为主，基质镜质体次之，含少量碎屑镜质体。惰质组以碎屑惰质体为主，丝质体次之，含少量微粒体、粗粒体。无机组分主要以粘土矿物为主，以分散状为主，块状次之，有少量充填胞腔；黄铁矿以分散粒状为主，大小不一，分布不均，有少量裂隙充填；方解石以裂隙充填为主，胞腔充填次之；石英呈粒状，大小不一，分布不均。形态硫以有机硫为主，次为硫铁矿硫，硫酸盐硫甚低。煤灰成分含量以硅、铝氧化物为主，次为氧化钙、三氧化二铁、二氧化硫，其他成分含量相差不大，煤灰软化温度平均大于1380℃，流动温度平均大于1400℃，为较高软化温度和较高流动温度灰。二$_1$煤为低灰、低硫、一级含砷、特低氯、低铅、低磷、高热值无烟煤03号（表2-127）。

表2-127　睢县西部煤矿区煤质特征简表

煤层		A_d/%	$S_{t,d}$/%	V_{daf}/%	$Q_{gr,v,d}$/（MJ·kg^{-1}）	视密度/（t·m^{-3}）	镜质体最大反射率 R^o_{max}/%
二$_1^1$	原煤	11.09~39.84 18.05（11）	0.30~1.12 0.56（11）	9.72~14.78 11.50（11）	20.00~31.68 28.88（11）	1.38~1.66 1.44（10）	2.36~2.71 2.53（6）
	浮煤	4.14~7.00 5.33（10）	0.32~0.71 0.47（9）	7.18~9.45 9.31（10）	33.61~34.56 34.19（8）	—	—
二$_1^2$	原煤	9.55~26.50 16.34（84）	0.20~1.50 0.48（84）	6.57~15.87 9.61（84）	25.13~32.71 29.45（84）	1.32~1.57 1.44（46）	2.19~3.62 2.63（18）
	浮煤	1.27~16.75 5.45（84）	0.29~0.77 0.44（84）	5.10~9.90 8.32（84）	29.54~35.44 34.03（51）	—	—

注：资料来源于《河南省睢县西部煤普查报告》，河南省煤炭地质勘察研究总院，2013b。

4. 开采技术条件

睢县西部煤矿区内二$_1^2$煤层瓦斯取样深度1204.60~1809.10 m的瓦斯成分中甲烷为2.30%~99.08%，氮气为1.56%~88.18%，二氧化碳为0.58%~39.38%；甲烷含量为0.16~34.77 mL/g，氮气含量为0.96~14.35 mL/g，二氧化碳含量为0.04~3.65 mL/g；沼气带位于睢县西部和太康一带。二$_1^1$煤层取样深度为1212.50~1484.88 m，瓦斯成分中甲烷为0.75%~83.25%，氮气为12.41%~98.39%，二氧化碳为0.67%~16.23%；甲烷含量为0.16~7.08 mL/g，氮气含量为0.89~7.07 mL/g，二氧化碳含量为0.14~1.66 mL/g；少数钻孔甲烷成分小于80%，应属氮气-沼气带。

睢县西部煤矿区内最大测温深度1840 m（ZK16803孔），本区地温梯度2.14~3.76℃/hm，平均2.79℃/hm，少数钻孔地温梯度大于3.00℃/hm。根据测温，二$_1$煤层底板深度1285.44~1810.01 m，底板温度为44.03~71.55℃，均大于37℃，均属于Ⅱ级高温区。

（三）周口-商丘市胡襄煤矿区

胡襄煤矿区位于商丘市睢阳区、柘城县、虞城县及周口市鹿邑县境内，东南接豫皖省界。行政区划隶属柘城县尚寨乡、慈圣镇、岗王镇、李原乡、远襄镇、牛城乡、邵园乡、城关镇、梁庄乡、马集乡、胡襄镇、大仵乡、陈青集镇、老王集乡、起台镇；睢阳区娄店乡、李口镇、高辛镇、包公庙镇、闫集乡、冯桥镇、坞墙镇、宋集镇；虞城县店集乡、谷熟镇、沙集乡、营廓镇、杜集镇；鹿邑县枣集镇管辖。处于黄淮冲积平原中东部，地势平坦，地面高程41.0~50.0 m，矿区地理坐标为东经

115°05′24″~115°48′49″，北纬 34°02′42″~34°16′33″，呈东西向的似长方形，总面积约 1305.10 km^2。2010 年根据河南省国土资源厅《关于下达 2010 年度省地质勘查基金（周转金）续作及省外国外项目任务的通知》（豫国土资发〔2010〕100 号），将 2005 年以来部署的柘城县慈圣镇东、胡襄、胡襄南和商丘市睢阳区杜集西、李口集东、谷熟镇南 6 个煤矿普查项目及商丘市沙集、宋集镇、柘城县城西 3 个煤矿预查等计 9 个河南省地质勘查基金项目统一纳入胡襄煤普查整装勘查，由河南省地质矿产勘查开发局第四地质矿产调查院负责整装勘查并统一编制煤矿普查报告。据 2013 年河南省地质矿产勘查开发局第四地质矿产调查院勘查提交的《河南省商丘地区胡襄煤普查报告》，区内共查明/保有 1500 m 以浅煤资源量 73907.0×10^4 t，估算（334）？类煤资源量 109949.0×10^4 t；另估算 1500 m 以深的（334）？类煤资源量 347091.0×10^4 t。估算 1500 m 以浅的（333）类天然焦资源量 4503.0×10^4 t，（334）？类天然焦资源量 10514.0×10^4 t；估算 1500 m 以深的（334）？类天然焦资源量 5042.0×10^4 t；估算二$_1$ 煤的煤层气资源量 438.48×10^8 m^3。

1. 地层

胡襄煤矿区为新生界全覆盖（图 2-97），新生界厚度 760.35~1175.93 m，平均 946.89 m。仅杜集西 ZK0401 孔和 ZK1601 孔揭露中奥陶统马家沟组顶部白云质灰岩，穿见本溪组（铝质）泥岩厚度 21.64~23.35 m，本溪组上部的灰色泥岩偶夹薄层泥质灰岩，穿见太原组厚度 88.35~147.58 m，太原组岩性为薄-中厚层状石灰岩 9~10 层（L_1—L_{10}）、泥岩、砂岩和不可采薄煤 1~7 层。山西组厚度 81.91~125.46 m，平均 106.20 m，见二$_0$、二$_1^1$、二$_1^2$、二$_3$、二$_4$ 等煤层，二$_1^2$ 煤层之上的厚度 20~30 m 的细-中粒砂岩俗称“豆腐渣砂岩”（相当于豫西的“大占砂岩”）。下石盒子组厚度 282.60~512.85 m，平均 382.16 m；三煤段厚度 61.63~114.30 m，平均 83.18 m，含不可采薄煤 5 层，底部为厚度 0.50~18.80 m 的灰色具紫斑的鲕粒铝质泥岩（K_4 标志层）；四、五煤段厚度 70.25~158.15 m，平均 117.10 m，偶见煤线或碳质泥岩，底部为厚度 0.40~14.83 m 的浅灰色-灰白色细砂岩（K_5 标志层）；六煤段厚度 150.72~240.40 m，平均 181.88 m，4 孔穿见 4 层不可采薄煤，底部为厚度 2.48~34.70 m 的灰白色中-粗粒石英砂岩（K_6 标志层）。上石盒子组第一段仅 ZKH0504 孔揭露厚度 201.85 m，底部为厚度 1.85~19.37 m 的浅灰色、灰绿色细-中粒长石石英砂岩（K_7 标志层）；第二段仅 ZKH0504 孔、宋集 ZK7602 孔揭露厚度分别为 29.40 m 和 32.94 m，底部为平均厚度 14.80 m 的浅灰色细-中粒长石石英砂岩（K_8 标志层）；上部的中粒平顶山砂岩仅 ZK7602 孔穿见厚度 54.75 m。孙家沟组仅宋集 ZK7602 孔揭露地层厚度 429.98 m，岩性为紫红色、紫褐色、灰绿色泥岩、粉砂岩及

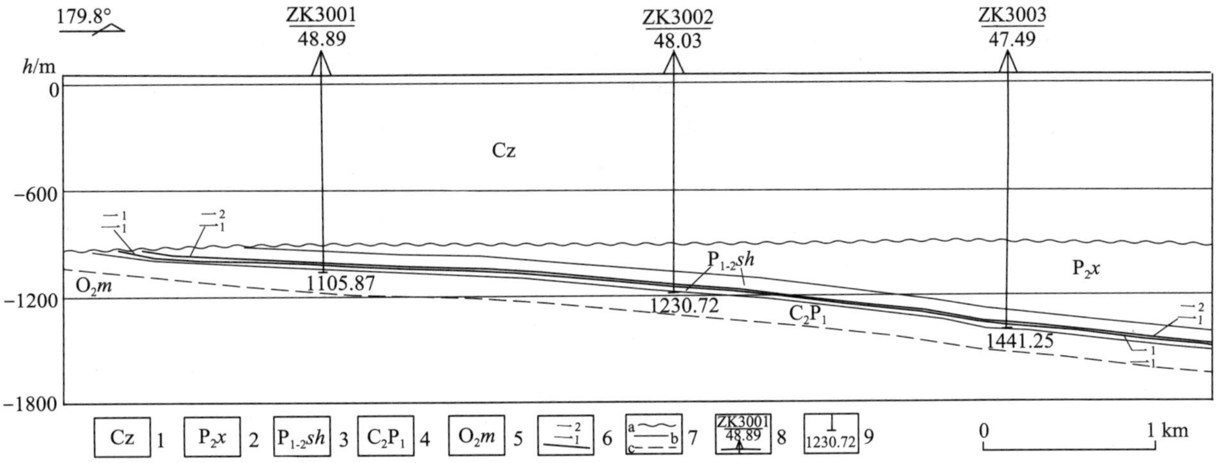

图 2-97　胡襄煤矿区 DH30 勘探线剖面

（据河南省地质矿产勘查开发局第四地质矿产调查院，2013a，有修改）

1—新生界；2—下石盒子组；3—山西组；4—太原组和本溪组；5—马家沟组；6—煤层及编号；7—角度不整合（a）、整合（b）及平行不整合（c）界线；8—钻孔编号及孔口标高（m）；9—钻孔深度（m）

细砂岩等。

2. 构造

胡襄煤矿区内构造形态总体为走向近东西向、倾向南的单斜构造，局部发育了4个次级宽缓褶曲（矿区西部轴向近东西的柘城向斜及其南侧的柘城背斜、矿区东北部轴向北东东的沙集向斜和矿区东南部轴向近南北、向南倾伏的宋集向斜），地层倾角2°~15°（图2-98）。勘查发现高角度正断层36条，以北东向为主（27条），次为北西向（8条），近东西向正断层1条，其中落差大于200 m的断层17条，落差100~200 m的断层11条，落差在0~100 m的断层8条，控制着煤层的展布形态。

3. 岩浆岩

胡襄煤矿区内有12个钻孔见到了41层岩浆岩（表2-128），发育于东部的谷熟南、沙集和杜集西一带。岩浆岩种类主要为辉绿岩、闪长（玢）岩和煌斑岩，多呈岩席状或似层状沿煤中或煤层顶、底板及近煤层上、下软弱层顺层侵入。岩浆侵入煤层中时，造成煤层结构复杂化或不可采，且使煤层烘烤变质为天然焦，厚度较大的岩浆岩甚至将煤层吞噬变成无煤点；侵入于煤层直接顶板或底板时，多将煤层烘烤变质为天然焦，厚度较大的岩浆岩使煤层变薄或不可采；侵位的岩浆岩厚度不大时，使煤层受到烘烤，但焦化程度不同，可形成煤焦混合层，上部为天然焦，下部为煤（ZK1201钻孔）。

表2-128 胡襄煤矿区岩浆岩侵位情况一览表

层数	侵入层位	厚度两极值/平均值/m	备注
6	四煤段	1.70~7.35/3.78	侵入三$_3$煤层顶、底板的1层，三$_4$煤层顶、底板的3层，三$_5$煤层顶、底板的1层，二$_1^2$煤层中或顶底板的8层，二$_1^1$煤层顶、底板的2层
20	三煤段	0.65~14.32/3.05	
15	二煤段	0.10~6.23/2.54	

（据河南省地质矿产勘查开发局第四地质矿产调查院，2013a）

4. 煤层与煤质

（1）煤层

胡襄煤矿区共含煤21层（表2-129），仅二$_1$煤层可采，常分岔为大部分可采的二$_1^1$和二$_1^2$煤分层，两分煤层间多为1层厚度比较稳定的浅灰色细砂岩（俗称“条带状砂岩”），泥质纹层发育，以条带状结构为其突出特点。

胡襄煤矿区的二$_1^2$煤层上距下石盒子组底部铝质泥岩58.01~88.15 m，平均69.64 m，不可采区主要分布在西北部的慈圣东、东北部的李口东附近，西南部柘城西东部、东部沙集东北部及杜集西的西部也有一定范围的不可采区。煤层埋深740~2660 m，煤底标高-690~-2610 m，整体上由北向南逐渐加深，东部沙集-宋集一带从东向西埋深逐渐增加，局部受次级皱褶和断层的影响，其分布形态有所变化。施工87孔，2孔未达层位，2孔在煤层露头外，4孔断失，穿过79孔，见煤52孔，可采45孔，煤层厚度0~6.67 m，平均3.20 m，10孔含矸1~2层，局部分岔为二$_1^{2下}$和二$_1^{2上}$煤分层。煤层直接顶板为细砂岩，次为泥岩，东部个别钻孔为岩浆岩，局部地段见泥岩伪顶。直接底板多为稳定的厚层条带状细砂岩，局部相变为薄层泥岩，东部个别钻孔为岩浆岩，个别地段见泥岩伪底。二$_1^2$煤层发育最好地段是在普查区中部的胡襄子矿区，煤层连续且厚度稳定，自HD05线至HD75线之间约28000 m长的1500 m以浅范围内，以2000 m线距施工钻孔35个，除ZKH1501孔断层断失外，34个见煤孔二$_1^2$煤层厚度0.43~4.42 m，平均煤厚3.52 m，二$_1^2$煤层在该范围内属稳定类型。

胡襄煤矿区的二$_1^1$煤层下距太原组顶部石灰岩9.90~48.10 m，平均19.41 m；上距二$_1^2$煤层底板3.77~33.81 m，平均10.99 m，煤层分布形态与二$_1^2$煤层整体一致，埋深750~2670 m，煤底标高-700~-2620 m。施工87孔，2孔未达层位，2孔在煤层露头外，4孔煤层断失，19孔沉积缺失，见煤60孔，可采44孔，煤厚0~3.70 m，平均1.55 m，37孔含矸1~3层，局部分岔为二$_1^{1下}$和二$_1^{1上}$煤

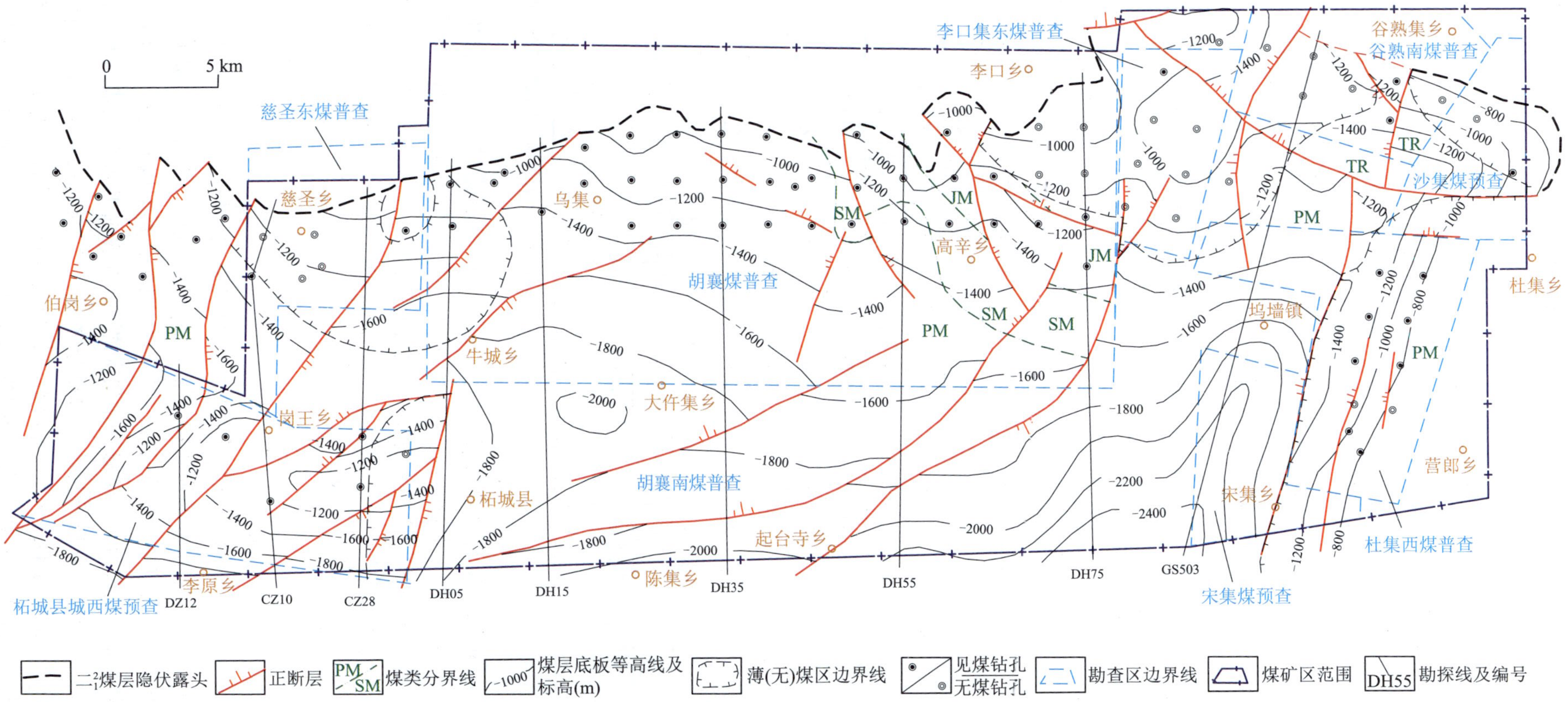

图 2-98　周口—商丘市胡襄煤普查区二$_1^2$煤层底板等高线图

（据河南省地质矿产勘查开发局第四地质矿产调查院，2013，有修改）

分层。西北部的慈圣东及东南部的杜集西基本不可采，西南部柘城西东部、中部柘城县胡襄东北部、东北部李口北部、沙集北部有部分的不可采区。

表 2-129　胡襄煤矿区煤层发育情况统计表

地层	煤层	见煤点数	煤厚/m		煤层评价		
			两极值	平均	稳定性	可采性	夹矸层数
下石盒子组	六$_4$	2	0~0.58	0.40	极不稳定	不可采	0~1
	六$_3$	1	0~0.23	0.23	极不稳定	不可采	—
	六$_2$	1	0~0.35	0.35	极不稳定	不可采	—
	六$_1$	2	0~0.54	0.43	极不稳定	不可采	—
	三$_5$	3	0~0.82	0.54	极不稳定	零星可采	—
	三$_4$	24	0~1.75	0.70	不稳定	零星可采	0~2
	三$_3$	5	0~0.47	0.39	极不稳定	不可采	—
	三$_2$	25	0~1.75	0.67	不稳定	零星可采	0~1
	三$_1$	11	0~0.75	0.52	不稳定	不可采	—
山西组	二$_4$	2	0~0.78	0.48	极不稳定	不可采	—
	二$_3$	3	0~0.78	0.58	极不稳定	不可采	—
	二$_1^2$	52	0~6.67	3.20	较稳定	大部分可采	0~2
	二$_1^1$	60	0~3.70	1.55	较稳定	大部分可采	0~3
	二$_0$	1	0~0.53	0.53	极不稳定	不可采	—
太原组	一$_7$	4	0~0.35	0.26	不稳定	不可采	—
	一$_6$	1	0~0.55	0.55	极不稳定	不可采	—
	一$_5$	3	0~0.45	0.37	不稳定	不可采	—
	一$_4$	2	0~0.50	0.39	不稳定	偶可采	—
	一$_3$	2	0~0.50	0.49	不稳定	不可采	—
	一$_2$	2	0~0.43	0.37	不稳定	不可采	—
	一$_1$	2	0~0.45	0.43	不稳定	不可采	—

（据河南省地质矿产勘查开发局第四地质矿产调查院，2013a）

胡襄煤矿区的二煤段物性特征表现为侧向电阻率（GR01）和伽马-伽马（GGFR）曲线呈中高阻、低伽马-伽马值（高密度）砂岩与低阻、高伽马-伽马值（低密度）泥岩的交替出现（图2-99）。二$_1^2$煤层在侧向电阻率上呈“单高峰”，顶底界面清晰，电阻率幅值最大，伽马-伽马为特高异常。二$_1^1$煤层为单层高阻或者多峰高阻异常，高伽马-伽马值（低密度），自然伽马（NG01）为低值，与二$_1^2$煤层在幅值上和厚度上差别较大，易于对比。天然焦物性特征表现为低阻、低密度、低自然伽马（图2-100）。

（2）煤质

胡襄煤矿区的二$_1$煤为黑色，一般呈条带状结构，以块状为主，粒状、粉状次之，性脆易碎；显微煤岩组分中有机组分主要由镜质组和惰质组组成。天然焦呈黑色-钢灰色，块状构造，致密坚硬，暗淡无光泽，棱角状断口，气孔、外生裂隙发育。二$_1^2$煤宏观煤岩类型以光亮型煤为主，半亮型煤次之。宏观煤岩成分：中上部以亮煤为主，暗煤、丝炭次之，多呈薄片状或透镜状；下部暗煤较多，较致密、坚硬，镜煤呈线理、透镜状分布于其他煤岩成分之中。二$_1^1$煤的煤岩类型以半暗型-半亮型煤为主；宏观煤岩组分亮煤、暗煤参半，丝炭多呈片状，镜煤较少且多以断续线理状赋存在其他煤岩组分之中。煤类以贫煤为主，次为瘦煤和焦煤，东部有少量天然焦，无烟煤和贫瘦煤均呈单点分布

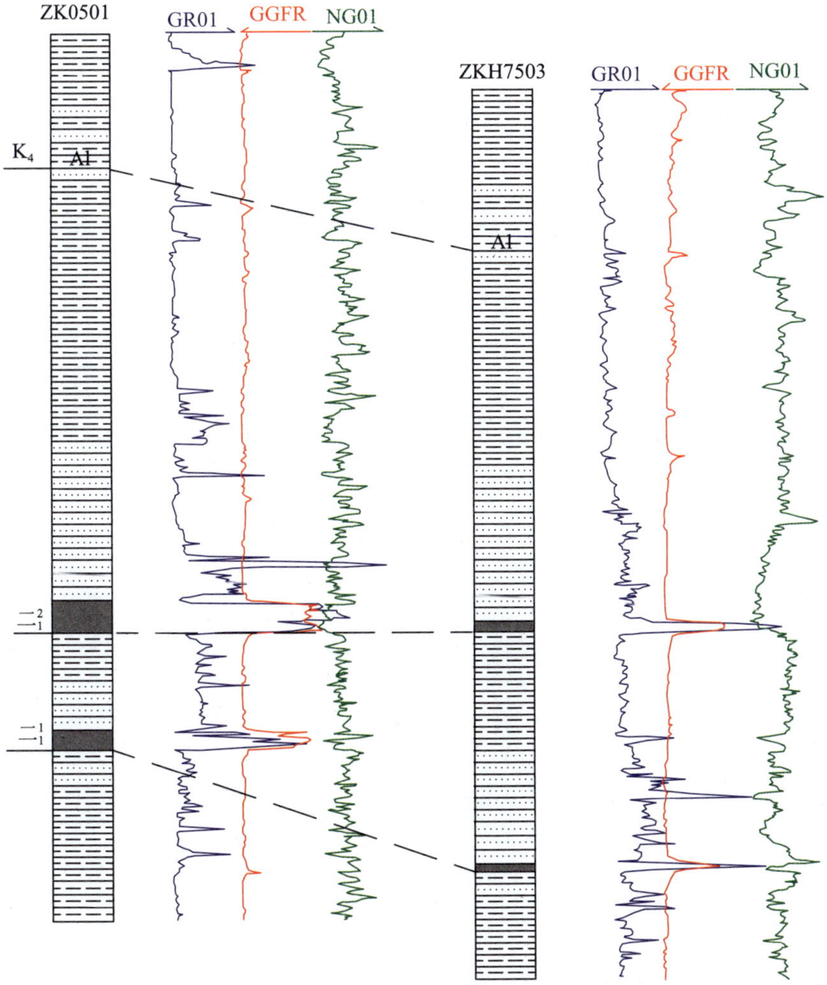

图 2-99 胡襄煤矿区二煤段物性特征曲线

（据河南省地质矿产勘查开发局第四地质矿产调查院，2013a）

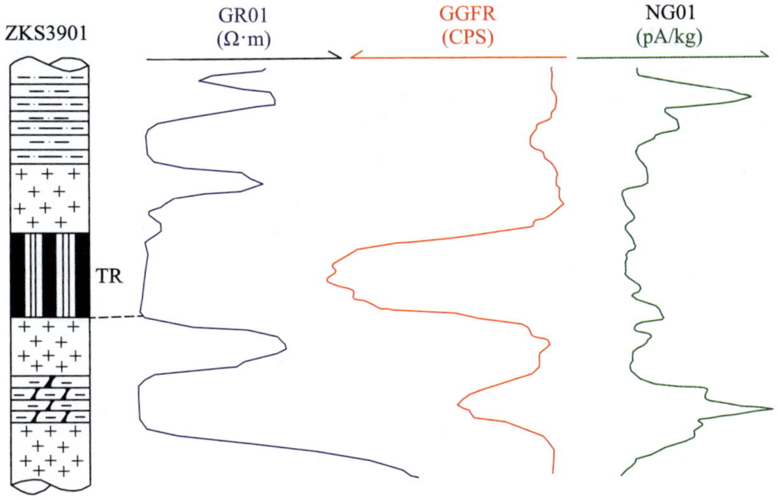

图 2-100 胡襄煤矿区$二_1^2$煤层（天然焦）物性特征曲线

（据南省地质矿产勘查开发局第四地质矿产调查院，2013a）

（表 2-130）。二$_{1}^{2}$ 煤层形态硫以有机硫为主，次为硫铁矿硫，硫酸盐硫少量；二$_{1}^{1}$ 煤层形态硫则以硫铁矿硫为主，次为有机硫，硫酸盐硫少量；经过洗选后，二$_{1}^{2}$ 煤全硫略有降低，二$_{1}^{1}$ 煤全硫分则显著降低。煤/焦灰成分均以硅、铝氧化物为主，各煤层中二者之和均大于 70%，次为 Fe_2O_3、CaO 和 MgO 等，煤灰平均软化温度均大于 1350℃，煤灰平均流动温度均大于 1400℃，属较高软化温度灰、较高流动温度灰。

表 2-130　胡襄煤矿区煤质特征简表

煤层	A_d/%	V_{daf}/%	$S_{t,d}$/%	$Q_{gr,d}$/（MJ·kg^{-1}）	$G_{R.I}$	视密度/（t·m^{-3}）	R^o_{max}/%	煤类	
二$_{1}^{2}$	原煤	8.08~26.04 12.90（21）	12.92~17.56 14.52（21）	0.23~1.26 0.43（21）	25.64~33.18 30.97（21）	—	1.34~1.46 1.37（19）	贫煤	1.35~2.09 1.87（23）
	浮煤	4.76~10.77 7.38（20）	11.41~14.66 13.15（20）	0.22~0.81 0.38（20）	32.12~34.55 33.43（18）	0~5 1（16）	—		
	原煤	10.11~16.09 13.19（7）	15.82~18.45 17.28（7）	0.26~0.50 0.36（7）	29.90~32.39 31.09（7）	—	1.35~1.44 1.39（7）	瘦煤	
	浮煤	5.17~9.53 8.17（7）	14.65~16.72 15.92（7）	0.25~0.48 0.34（7）	32.66~34.51 33.40（5）	26~65 47（6）	—		
	原煤	11.49~21.60 14.60（9）	19.95~22.73 21.79（9）	0.29~0.73 0.45（9）	28.60~31.91 30.55（9）	—	1.34~1.45 1.37（9）	焦煤	
	浮煤	7.28~11.03 9.64（9）	17.38~21.95 20.33（9）	0.30~0.58 0.42（9）	32.17~34.09 32.76（9）	90~96 95（8）	—		
	原煤	14.80~30.71 23.71（5）	3.93~11.23 6.52（5）	0.08~0.40 0.19（5）	22.39~28.10 24.93（5）	—	1.78~1.85 1.83（5）	TR	1.85~4.82 3.78（13）
二$_{1}^{1}$	原煤	9.39~29.14 18.35（26）	11.42~19.90 14.67（26）	0.32~4.38 2.07（26）	24.66~32.66 28.63（26）	—	1.36~1.57 1.45（23）	贫煤	1.44~2.67 1.97（11）
	浮煤	4.40~20.01 8.43（25）	10.14~17.40 13.00（25）	0.32~2.73 1.05（26）	27.90~34.66 32.72（22）	0~5 0（19）	—		
	原煤	14.09~32.09 20.24（10）	15.11~24.97 19.89（10）	0.37~3.88 1.87（10）	23.56~30.75 28.14（10）	—	1.38~1.57 1.45（10）	焦煤	
	浮煤	6.19~18.74 11.40（10）	13.20~22.73 18.81（10）	0.38~2.78 1.20（10）	28.10~34.13 31.60（9）	69~92 82（6）	—		
	原煤	38.19~39.50 38.85（2）	10.80~15.44 13.12（2）	0.04~5.66 2.85（2）	16.83~20.58 18.71（2）	—	1.80~2.00 1.90（2）	TR	—

注：资料来源于《河南省商丘地区胡襄煤普查报告》，河南省地质矿产勘查开发局第四地质矿产调查院，2013a。

5. 开采技术条件

（1）瓦斯

胡襄煤矿区的二$_{1}^{2}$ 煤层瓦斯取样深度 1015.61～1467.45 m 的瓦斯成分中 CH_4 成分 18.35%～98.41%，平均 71.77%；N_2 成分 0.42%～92.28%，平均 30.33%；CO_2 成分 1.44%～31.72%，平均 8.33%。CH_4 含量 0.50～12.54 m^3/t，平均 5.20 m^3/t；N_2 含量 0.38～10.66 m^3/t，平均 2.67 m^3/t；CO_2 含量 0.14～4.63 m^3/t，平均 0.66 m^3/t。二$_{1}^{1}$ 煤层取样深度 863.40～1536.30 m，煤层瓦斯成分中 CH_4 成分 1.15%～97.15%，平均 59.11%；N_2 成分 5.00%～87.61%，平均 40.73%；CO_2 成分 1.28%～46.66%，平均 10.45%。CH_4 含量 0.06～12.00 m^3/t，平均 4.95 m^3/t；N_2 含量 0.56～

12.63 m^3/t，平均3.65 m^3/t；CO_2 含量0.02～4.07 m^3/t，平均0.60 m^3/t。

胡襄煤矿区中部（柘城胡襄子区）多数点的煤层 CH_4 成分大于80%，N_2 成分小于20%；其他（子区）地段多数点的煤层 CH_4 成分小于80%，N_2 成分大于20%。中部（柘城胡襄子区）煤层埋深1050 m以深为甲烷带（沼气带），煤层埋深1050 m以浅为氮气-甲烷带（瓦斯风化带）；其他（子区）地段煤层均为氮气-甲烷带（瓦斯风化带）。

（2）煤尘爆炸性

胡襄煤矿区的3个钻孔所采集的6个煤芯样（$二_1^2$ 煤层5个、$二_1^1$ 煤层1个）室内煤尘爆炸试验测试结果显示：火焰长度为无火～300 mm，岩粉量为0～75%。按《煤尘爆炸性鉴定规范》（AQ1045—2007）初判，煤层属有煤尘爆炸性煤层。

（3）煤层自燃倾向

胡襄煤矿区的2个钻孔采集的5个煤芯样（$二_1^2$ 煤层4个、$二_1^1$ 煤层1个）室内自燃倾向试验测试结果显示：吸氧量为0.60～0.64 cm^3/g，依据《煤自燃倾向性色谱吸氧鉴定法》（GB/T20104—2006）初判，煤层自燃等级为Ⅱ级，属自燃煤层。

（4）地温

胡襄煤矿区的42个测温钻孔终孔深度938.31～1555.15 m（钻孔揭露煤层埋深848.26～1536.73 m），平均地温梯度2.82℃/hm。

（四）商丘市睢阳区路河煤矿点

路河煤矿点位于商丘市睢阳区路河集镇一带，地理坐标为东经115°27′00″～115°39′58″，北纬34°15′40″～34°23′22″，面积约120.46 km^2。为海拔52 m左右的平原地带。自2011年始，河南省航空物探遥感中心开展了此区煤预查工作，2015年提交了《河南省商丘市睢阳区路河煤预查（续作）报告》，估算（334）？类煤资源量905.0×10^4 t，估算面积7.87 km^2，其中，埋深1500 m以浅的煤资源量838.0×10^4 t，埋深1500 m以深的煤资源量67.0×10^4 t。地温梯度1.51～2.41℃/hm，平均1.89℃/hm（3孔）。

路河煤矿点施工了ZK2601、ZK3801和ZK5001共3个钻孔，均终孔于太原组，揭露新生界厚度800～900 m，揭露地层自下而上有太原组、山西组和下石盒子组。根据二维地震资料，区内地层倾向南南西—南东，倾角7°～14°，发育有次级背、向斜，解释断层4条。南部边界为 F_1 正断层，断层走向北西，倾向北东，倾角35°～65°，落差大于630 m，区内延伸长度为16.7 km。北部边界为 F_2 正断层，断层走向北西，倾向南西，倾角30°～65°，落差大于330 m，区内延伸长度为18.9 km。F_3 正断层位于东部，走向北东，倾向北西，倾角30°～50°，落差0～80 m，区内延伸长度为2.1 km。F_4 正断层位于东南部，走向北东，倾向北西，倾角30°～50°，落差0～210 m，区内延伸长度为4.3 km。仅ZK3801孔于孔深1183.85 m处穿见$二_1$煤层，煤层厚度0.91 m，不含夹矸。原煤灰分6.39%，挥发分26.37%，全硫0.94%，干燥基高位发热量为34.38 MJ/kg。浮煤灰分5.21%，挥发分24.75%，全硫0.81%，干燥基高位发热量为34.77 MJ/kg，黏结指数为96。煤类为特低灰、低硫、特高热值、特强黏结焦煤。

十六、永夏煤田

永夏煤田位于河南省东部商丘市的永城市及夏邑县境内，北、东、南三面均与安徽省交界，属地势开阔平坦的黄淮冲积平原区，仅东北部有芒砀山孤立。南北长42～83 km，东西宽45～62 km，面积约3020 km^2。地理坐标为东经115°59′00″～116°39′00″，北纬33°42′30″～34°27′30″。永煤于1989年开工建设，1997年首对矿井投产（《河南煤炭工业志》编纂委员会，2017）。

永夏煤田（原称永城煤田）是中华人民共和国成立之后发现的大型隐伏煤田。由于两淮煤田的发现与扩大，受谢家荣的“大淮南盆地假说”启示，1955～1956年，华东煤田地质勘探局一二〇队与淮北矿务局在煤炭部地质勘探总局电测深队配合下开展了宿蒙公路以南、蒙城、涡阳一带煤矿预测，提交的《安徽省涡阳、蒙城地区预查报告》首次提出河南永城地区可能为含煤区。1956年，华东煤田地质勘探局一二〇队首次在永城南施工4个钻孔，其中2孔见到含煤地层；1957年，地质部华东地质局三二五队与原河南永城地质队根据原地质部物探局济南大队电法五分队提供的地面物探资料，于永城市（原永城县）陈集、薛湖、韩道口一带施工10个钻孔，其中3个钻孔打到了二叠系多层煤，证实了永城含煤地层之存在。1959~1965年，河南省煤田地质局一〇七队进入本区进行了勘探，提交了陈集区及永浍区普查报告、苗桥及永洪区找矿报告，后因盖层太厚、构造比较复杂、岩浆岩侵入、断层多为阶梯状且与地层走向一致等原因而暂告中止；1965年，中南煤田管理局煤田地质局一三〇队再上永城进行了勘探，于同年7月提交的《葛店勘探区最终地质报告（详终）》第一次提交为划分级别的“储量”2602.8×10^4 t。自1970年以来，为缓解我国东部能源短缺矛盾，河南省地质局地质十一队对已有资料重新认识，取得了找矿的重大突破，随后于1976年底煤炭部一二九队、一四七队也先后进入该区工作并提交了茴村、薛湖、新桥等矿区的详、精查报告，20世纪80年代河南省煤田地质局二队、三队也做了少量的煤矿工作并提交了相应的成果报告。20世纪，该区煤矿地质勘查经历了几进几出的艰难历程，经过地质工作者的艰苦奋战，一个优质无烟煤基地跃然而出。21世纪，随着煤田地质勘查资金投入的多元化和勘查工作向深部的转移，永夏煤田已全面勘查，勘查程度整体较高。永城隐伏背斜两翼煤层隐伏露头埋藏较浅，随着向背斜两翼和倾伏端的延深，煤层埋深逐渐加大，永城隐伏背斜两翼及转折端浅部煤炭资源正被开采利用。根据2010~2011年河南省地质博物馆、河南省地质矿产勘查开发局第十一地质队编制的各煤矿区资源储量核查报告及后期相关地勘单位开展的煤矿地质勘查项目成果报告，18个煤矿区和3个煤矿点总面积为1497.69 km^2；累计查明煤资源储量353654.7×10^4 t，保有煤资源储量337875.9×10^4 t；另有1500 m以浅的（334）？类煤资源量81860.7×10^4 t，1500 m以深的潜在煤资源86916.1×10^4 t；天然焦查明/保有资源量94663.6×10^4 t，潜在资源量93209.0×10^4 t。此外尚有4个煤预查项目开展过煤矿勘查工作，总面积为210.4 km^2；夏邑县刘店集煤预查面积15.40 km^2，于2005年完成钻探工程1333.03 m/1孔，终孔于平顶山砂岩段；夏邑县刘店东和斑集西煤预查面积分别为55.0 km^{2}和79.0 km^2，于2007年经二维地震勘查煤层埋深多大于1500 m，均未施工钻探工程，项目终止；夏邑县城周围煤预查面积61.0 km^2，于2008年完成钻探工程742.37 m/1孔，终孔于孙家沟组。本煤田以永城市马桥北马庄煤矿区作为代表性矿区进行阐述，余则简述之。

（一）煤田地质特征

永夏煤田属华北地层区、华北南部地层分区之徐州小区，为第四系全掩盖式隐伏煤田，仅在永城市的北部芒砀山区及南部侯岭镇境内的柏山一带出露有少量的古生界寒武系—奥陶系和早白垩世花岗闪长岩、花岗斑岩等（图2-101），含煤地层本溪组—上石盒子组平均总厚度1114.61 m（表2-131）。

永夏煤田位于永夏断隆内，西以向北西西向陡倾的于贤集-桑堌-济阳正断层与颜集断陷分界。多期运动形成的构造相互影响、叠置，于早期形成的近东西向构造的基础上叠加了北北东—北东向的构造或追踪早期已成构造。八里庄正断层（或太平集正断层）走向北西西向，南倾，倾角55°~75°，落差300~1000 m；八里庄正断层之北为芒山宽缓复背斜（又称芒砀山复背斜），背斜轴向近东西，由中生界组成，北翼完整而南翼残缺；八里庄正断层之南为永城隐伏复式背斜（图2-102），背斜轴向近南北，轴面西倾，向北倾伏。永城复式背斜是煤田主要控煤构造，核部为寒武系—奥陶系碳酸盐岩夹碎屑岩建造，并有大面积早白垩世岩浆侵入，东西两翼及倾伏端有晚石炭世和二叠纪含煤地层，东翼地层倾角30°左右，西翼15°左右。断层和次级短轴褶皱发育，以北北东—北东向高角度正断层为主，近东西向和北西向断层次之，形成阶梯状或垒堑式构造样式；小型逆冲断层仅在葛店煤矿、新庄煤矿有所揭露；局部有重力滑动构造。

永夏煤田内早白垩世岩浆活动频繁，区内岩浆岩的种类较多，有辉长岩、辉绿岩、石英闪长岩、闪长玢岩、角闪闪长岩、煌斑岩、花岗斑岩等，多属浅成或超浅成岩。岩浆岩分布与隆起和断裂关系密切，多呈小侵入体和脉岩产出，主要分布在永城背斜轴部、芒砀山-韩道口东西向隆起带、胡桥至会亭一带。侵入煤系的岩浆岩多呈岩脉、岩席状，常沿煤层顶、底板、煤中或煤层上、下的松软岩层侵位，对煤层的破坏和煤的变质作用影响较大，常使煤层变薄、分岔或吞蚀、接触带附近出现天然焦。

图 2-101　永夏煤田地质略图

（二）煤层与煤质

1. 煤层

永夏煤田共计 9 个煤段，共含煤 15~30 层，煤层平均总厚度 10.20 m。可采煤层位于山西组和下石盒子组三煤段（表 2-132），含煤性较好，其中二$_1$ 煤层为主要开采煤层。太原组（一煤段）与石盒子组其他煤段仅含薄煤层或煤线，除六煤段六$_2$ 煤（原五$_2$ 煤）偶见可采点外均不可采，含煤性较差。

表 2-131 永夏煤田地层简表

界	系	统	组	段	穿见地层厚度/m 两极值/平均值	岩性简述
新生界					150.30~678.24 375.01	第四系为松散的粘土夹薄层粉、细砂层；新近系为灰绿色粘土、砂质粘土、粉砂、细-中砂，常含钙质结核
古生界	二叠系	乐平统（P_3）	孙家沟组（P_3s）		0~495.39	灰绿色、灰黄色细砂岩、粉砂岩、紫红色砂质泥岩夹灰黄色薄层泥质灰岩
			上石盒子组（$P_{2-3}sh$）	平顶山段	0~123.00 90.33	为灰白色夹浅灰色的中-粗粒石英砂岩及细砂岩（K_9 标志层），局部夹叶片状灰绿色、灰黑色泥岩薄层
				八-九煤段	29.30~315.00 177.95	原七煤段；主要由灰绿色、紫红色及浅灰绿色泥岩、粉砂岩夹细-中粒砂岩等组成，局部夹黑色泥岩及铝土岩，底部为灰白色或浅灰白色细-中粒砂岩（K_8 标志层），未见煤层
		阳新统（P_2）		七煤段	88.20~264.52 191.47	原六煤段；主要为灰绿色、紫红色泥岩、紫斑泥岩、硅质海绵岩和灰绿色、浅灰粉砂岩、细砂岩等，局部夹浅灰白色中砂岩、煤线或碳质泥岩 0~2 层，底部为灰白色、灰绿色或浅灰色细-中粒砂岩（K_7 标志层），砂岩含海绿石
			下石盒子组（P_2x）	六煤段	72.58~282.85 199.16	原五煤段；主要岩性为浅灰色、灰绿色、紫红色泥岩、紫斑泥岩和粉砂岩、细-中粒砂岩等，泥岩中局部含铝质和菱铁质鲕粒及菱铁矿团块，局部发育有不可采薄煤层（线）或碳质泥岩 1~4 层，仅六$_2$ 煤偶见可采点，底部发育有比较稳定的中-粗粒砂岩（K_6 标志层）
				四-五煤段	71.79~233.69 123.36	原四煤段；由灰色、灰黑色砂质泥岩、铝质泥岩、粉砂岩、细砂岩及碳质泥岩，煤线组成，含不可采薄煤或煤线 1~3 层，底部为交错层理和斜层理发育的细-中粒砂岩（K_5 标志层）
				三煤段	45.03~168.59 83.04	区内主要可采煤段；由深灰色、灰黑色泥岩、鲕状铝质泥岩、细砂岩及煤层（线）1~7 层，底部为鲕状铝质泥岩（K_4 标志层），其中三$_2$ 煤层全区发育，三$_3$、三$_4$ 煤层局部可采，三$_1$、三$_5$ 煤层偶可采
		船山统（P_1）	山西组（$P_{1-2}sh$）		66.60~166.50 102.75	主要由深灰色、灰黑色泥岩、粉砂岩、细-中粒砂岩及煤层组成，含煤 1~4 层（二$_1^1$、二$_1^2$、二$_3$、二$_4$），二$_1^2$ 煤层全区可采，二$_1^1$、二$_3$ 煤层偶可采
	石炭系	上统（C_2）	太原组（C_2P_1t）		90.53~168.17 134.23	灰色、深灰色石灰岩、泥岩、砂岩不等厚互层，间夹薄煤 4~9 层，一$_1$、一$_2$、一$_4$ 等煤层偶见可采点，顶界生物碎屑石灰岩为 K_3 标志层，底部含燧石结核石灰岩为 K_2 标志层
			本溪组（C_2b）		2.00~40.04 12.32	为灰色、浅灰绿色（鲕状）铝质泥岩（K_1 标志层），底部见赤铁矿团块或条带，与下伏奥陶系呈平行不整合接触
	奥陶系	中统（O_2）	马家沟组（O_2m）		330~550	上部为中厚层白云岩夹泥质白云岩及石灰岩；中部主要由中厚层豹皮石灰岩、白云质灰岩组成；下部以中厚层豹皮状石灰岩、白云质灰岩、硅质白云岩为主

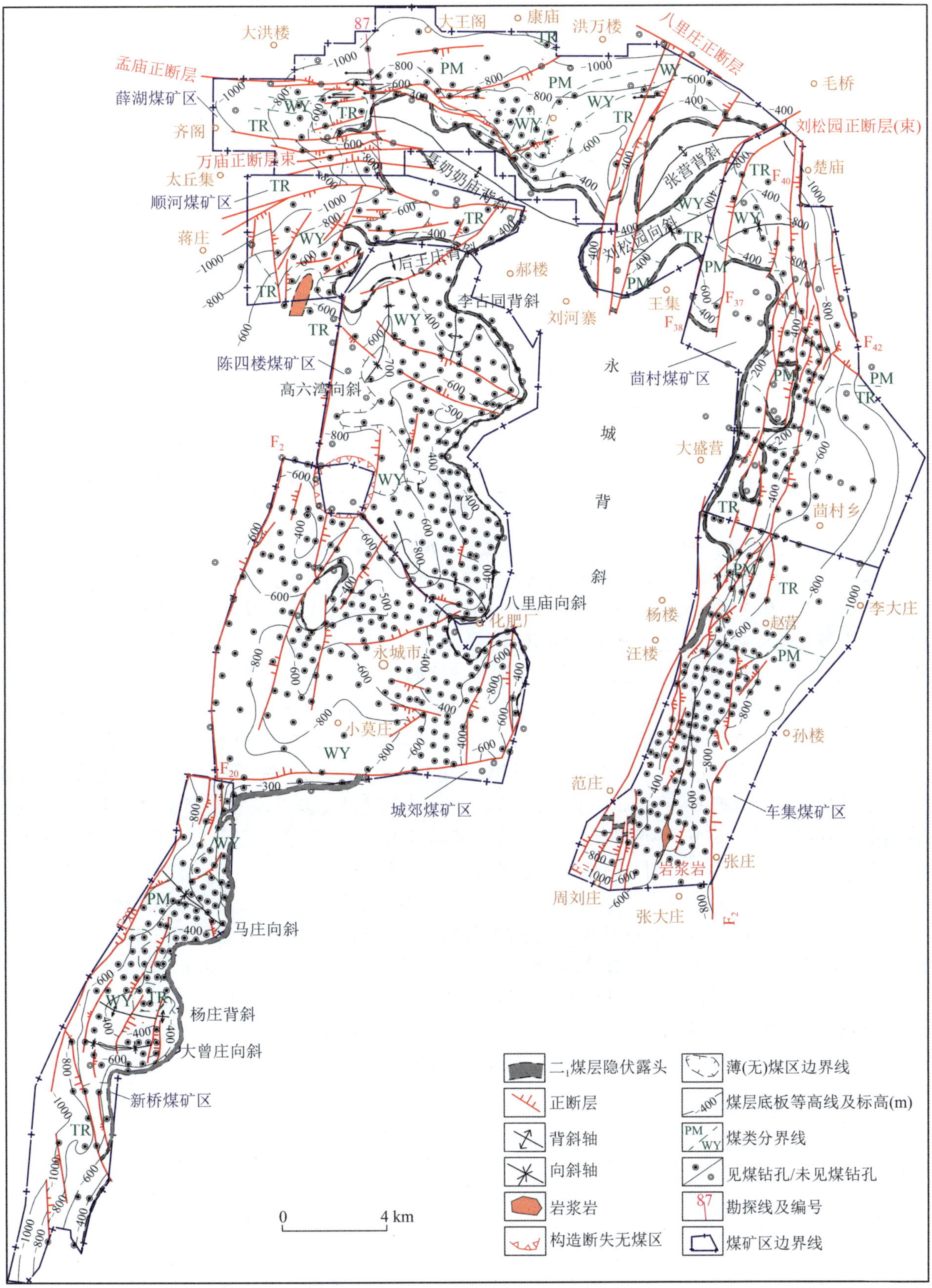

图 2-102 永夏煤田东部二$_1^2$煤层底板等高线图

表 2-132　永夏煤田可采煤层发育情况表

含煤地层		煤层编号	煤厚/m		稳定程度	可采情况
			两极值	可采区平均值		
下石盒子组	六煤段	六$_2$	0~1.95	0.78	极不稳定	永城市南偶可采
	三煤段	三$_5$	0~1.90	0.73	极不稳定	永城市南零星可采
		三$_4$（三$_4^2$）	0~5.12	0.94	不稳定	八里庄正断层之南大部分可采
		三$_3$（三$_3^2$）	0~7.20	1.06	南部较稳定	永城市南大部分可采
		三$_2$（三$_2^2$）	0~7.20	1.52	较稳定	八里庄正断层之南全区可采
		三$_1$	0~2.03	1.02	不稳定	李大庄、陈四楼和城郊煤矿区大部分可采
山西组	二煤段	二$_3$	0~3.74	1.79	极不稳定	八里庄正断层之北的夏邑县洛集一带偶可采
		二$_1^2$	0~8.86	2.23	稳定	全区可采
		二$_1^1$	0~1.73	0.78	极不稳定	八里庄正断层之北的夏邑县洛集一带偶可采

需要说明的是，本志书厘定的二$_1^1$、二$_1^2$ 煤层在永夏地区的煤矿勘查报告中分别称为二$_1$、二$_2$ 煤层。聚煤期早期，在广阔的滨海平原，聚煤作用随海水向东南方向退缩而随之迁移，造成了“二$_1$ 煤”层位的逐渐抬高，但总体上还属同一层位。因海水退出速度较快，形成时代相近，故应同属二$_1$ 煤层。由于东南方向受海水影响较大，在豫西地区泥炭沼泽连续发育的过程中，永夏一带曾出现一度的覆水较深，泥炭沼泽发育中断。之后，海水再次退出，在相当于豫西二$_1$ 煤上部的泥炭堆积时，那里又发育为泥炭沼泽，但泥炭沼泽发育时期相对较短，碎屑沉积厚度较大，仅形成了较薄的煤层。因此，永夏的原二$_1$ 煤相当豫西二$_1$ 煤的下部层位（二$_1^1$），而原二$_2$ 煤则与豫西二$_1$ 煤的上部层位（二$_1^2$）相当。

永夏煤田赋存于山西组中—下部的二$_1^2$ 煤层全区可采，下距太原组石灰岩顶面 50~60 m，分布稳定，煤层结构简单，煤厚 0~8.86 m，平均 2.23 m，局部含泥岩或碳质泥岩夹矸 1 层，偶含矸 2 层，局部有分岔现象；煤层底板多为黑色泥岩，局部为条带状细-中粒砂岩（俗称叶片状砂岩），局部直接底板为岩浆岩；煤层顶板为细—粗粒长石石英砂岩（俗称“豆腐渣砂岩”）或泥岩，局部地段为岩浆岩；由于受岩浆岩的热变质、侵蚀破坏，致使二$_1$ 煤层结构复杂，局部变质为天然焦。

永夏煤田内三煤段可采煤层位于八里庄正断层之南。三$_2$ 煤层位于下石盒子组三煤段中部，八里庄正断层之南全区可采，下距二$_1$ 煤层约 85~100 m，分布稳定，煤厚 0~7.20 m，一般厚度 1.48~1.68 m，一般不含矸，偶含泥岩或碳质泥岩夹矸 2~3 层。三煤段可采煤层顶、底板以泥岩为主，次为细-中粒砂岩。原五煤段按照标准层位对比相当于豫西的六煤段，原可采煤层五$_2$ 煤在本志书中编号为六$_2$ 煤，仅马桥北马庄煤矿区局部可采，煤厚 0~1.95 m，平均 0.94 m。

2. 煤质

（1）物理性质和煤岩特征

永夏煤田内二$_1$ 煤多为碎块和粉状煤，主要由亮煤和镜煤组成，暗煤次之，丝炭少量，暗煤呈透镜状或条带状，呈薄层状或小透镜状的镜煤与亮煤及暗煤组成条带状结构，属光亮型-半亮型煤，镜质体最大反射率（R^{o}_{max}）为 2.51%~6.78%，视密度 1.40~1.52 t/m^3，平均 1.43 t/m^3。三煤段各煤层主要由亮煤和暗煤组成，夹少量镜煤、丝炭条带，多属半暗型-半亮型煤，镜质体最大反射率为 2.60%~3.12%，视密度 1.46~1.56 t/m^3，平均 1.50 t/m^3。二$_1$ 煤有机组分含量高于三煤段煤层，煤中有机质含量大于 70%，凝胶化物质占有机质含量的 80%以上，丝炭化组分次之；无机质含量以粘土矿物为主，硫化物类、碳酸岩类、氧化物类含量较少。

永夏煤田内岩浆岩的侵入使各可采煤层局部变质为天然焦，造成煤层结构、构造均被破坏，煤岩组分模糊不清，视密度高于同煤层的煤。天然焦呈钢灰色-铅灰色，光泽较暗淡，黑色条痕，多数为块状，少数为粒状，性脆，致密坚硬，视密度 1.62～1.93 t/m^3，一般为 1.70～1.85 t/m^3，燃点高，无焰，常有热爆性；气孔及裂隙发育，裂隙常被碳酸盐类矿物充填。天然焦中有机质含量大于60%，显微镜下形态各异，呈粒状、片状、似羽片状、似羽毛状、似波状、条带状等；无机质主要为粘土矿物，呈透镜状、条带状或充填在腔体中，黄铁矿呈细脉状、星点状充填在裂隙内。当煤层受岩浆岩影响不太大时，煤层则变质为焦化煤，呈柱状或粒状。粒状天然焦（天然半焦）的煤岩组分、结构、构造尚可辨认，在镜下可同时见有天然焦和煤的残留组分。

（2）煤的化学性质

永夏煤田各煤层原煤水分含量均小于 6%；全硫含量多小于 1.00%，以特低和低硫煤为主（表 2-133）。原煤灰分产率三煤段高于二煤段，二煤段以低灰煤为主，三煤段以中灰煤为主，各层煤中灰分产率由下至上逐渐增高；各煤层煤灰成分中 SiO_2 和 Al_2O_3 之和均在 70%以上，经 1.4 或 1.5 的比重液洗选后的浮煤灰分可下降 10%左右。磷、氯、砷含量很低，磷含量多小于 0.05%，大部分在 0.01%以下；氯含量最高为 0.030%，大部分在 0.008%以下；砷含量一般低于 4×10^{-6}。

表 2-133　永夏煤田可采煤层煤质情况表

煤层编号	灰分级别	硫分级别	磷分级别	发热量级别	煤类
三$_5$	中高灰	低硫	特低磷	中热值	无烟煤
三$_4$（三$_4^2$）	中灰	特低-低硫	特低磷	中高发热量	无烟煤、天然焦
三$_3$（三$_3^2$）	低-中高灰，以中灰煤为主	低硫	特低磷	中高-高发热量	贫煤、无烟煤、天然焦，少量贫瘦煤
三$_2$（三$_2^2$）		特低-低硫	特低磷	中高-高发热量	
三$_1$	中高灰	低硫	低磷	中发热量	无烟煤、天然焦
二$_3$	中灰	特低硫	低磷	特高发热量	天然焦
二$_1^2$	低-中灰，以低灰煤为主	特低-低硫	特低-低磷	高发热量	贫煤、无烟煤、天然焦
二$_1^1$	低灰	低硫	低磷	高发热量	贫煤

（3）煤的工艺性能

发热量的高低与煤的灰分产率高低呈反相关关系。永夏煤田内二煤段以高热值煤为主，三煤段以中热值煤为主。天然焦因其与同层煤相比，灰分较高和氢元素的大大减少，发热量明显降低，但其发热量的平均值仍在 21 MJ/kg 以上，仍不失为一种有价值的能源。

永夏煤田内二$_1$ 煤中等可选，煤灰熔点多大于 1350℃，化学活性及热稳定性均佳，无烟煤因灰分低、发热量高，可以做高炉喷吹用煤。二$_1$ 煤层以无烟煤和天然焦为主，贫煤大致分布于北镇-洪路口-薛湖一线以北的洛集、薛湖西、薛湖等煤矿区和永夏背斜东翼浅处的茴村、车集煤矿区。三煤段属中等可选-极难选煤，煤灰熔点多大于 1300℃，可用于气化和民用。大致以丁庙-洪路-曹庄一线为界，以北有贫瘦煤，向南渐渐过渡为贫煤至无烟煤。

（4）煤类

永夏煤田内的煤层变质程度总体呈北浅南深之势，在深埋变质作用的基础上，岩浆热变质作用的叠加对煤变质程度的增高具有重要的影响。区内各可采煤层均以高变质无烟煤为主，其次为贫煤，少量贫瘦煤。区内各煤层岩浆热变质作用较强，凡在岩浆侵入的部位及其周围，均被吞蚀或变质为天然焦、天然半焦。

（三）开采技术条件

1. 工程地质

永夏煤田的二$_1$ 煤层顶板主要为砂岩或厚层砂质泥岩，一般较稳固，岩石完整性较好；底板多为泥岩，未发现底鼓现象。三煤段发育多层可采煤层，可采煤层顶、底板以泥岩为主，次为细-中粒砂岩。受岩浆侵位的影响，局部煤层的直接顶板或底板为岩浆岩。但在断层发育地段岩石的原生结构受到破坏，裂隙发育，强度降低，发生冒顶、片帮的可能性较多，采掘工作应引起注意。

2. 水文地质

永夏煤田地形平坦，地表水系发育，新生界松散沉积物较厚，新生界的塌落可能给井筒维护带来困难。奥陶系、石炭系石灰岩中含丰富的地下水，煤层顶板泥岩和新生界下部的粘土层具有良好的隔水作用，但本区普遍发育的断裂构造可能连通上、下含水层而造成涌、突水。因此，本区水文地质条件复杂程度为简单-中等。

3. 瓦斯

永夏煤田各煤层瓦斯成分以甲烷为主，占0~97.52%，其次为CO_2及N_2，偶含微量重烃气体，随深度变化具分带性。甲烷含量0.01~19.71 mL/g。瓦斯成分和含量变化较大，分布极不均匀，受瓦斯地质条件差异的影响局部有瓦斯富集，有随煤层埋深的增加而增大的趋势。2006年生产矿井鉴定除薛湖煤矿为高瓦斯矿井外，其他均为瓦斯矿井，但局部地段在采掘过程中也曾发生过瓦斯集中涌出、风流中瓦斯浓度增高的现象。近年来，随着开采深度增加，瓦斯含量、瓦斯压力越来越大。

4. 煤尘爆炸性、煤层自燃性及地温

永夏煤田的煤尘爆炸性试验，火焰长度0~10 mm，有煤尘爆炸危险性，且贫煤的煤尘爆炸危险性高于无烟煤。各煤层的燃点都普遍较高，还原样与氧化样温差（ΔT）一般小于25℃，属不易自燃发火煤层，但局部可采点出现ΔT值大于25℃，有自燃发火趋势。本区平均地温梯度低于3℃/hm，属正常范围，600 m以下地温可能大于31℃，局部有热害存在。

（四）永城市马桥北马庄煤矿区

马桥北马庄煤矿区位于永城市西南的大王集乡、双桥乡、新桥乡、马桥镇、李寨乡、裴桥镇等境内，南北长约28 km，东西宽约18 km，面积约211.52 km²。为海拔32.0 m左右的平原区，地理坐标为东经116°07′10″~116°17′31″，北纬33°43′03″~33°57′24″。2005~2011年，河南省地质矿产勘查开发局第四地质矿产调查院开展了本区煤矿预查、普查，2012年整合了原永城市城郊矿区西煤普查区，2015年提交了《河南省永城市马桥北马庄煤详查报告》。查明/保有$二_2$、$三_2$、$三_3$、$三_4$、$五_2$煤层垂深1500 m以浅煤炭资源量44758.0×10⁴ t；估算埋深1500 m以浅（334）？类资源量22571.0×10⁴ t，埋深1500 m以深煤炭资源量47914.0×10⁴ t；查明天然焦资源量7000.0×10⁴ t，另估算（334）？类天然焦资源量40958.0×10⁴ t。

1. 矿区地质

（1）地层

马桥北马庄煤矿区内新生界揭露厚度317.80~464.90 m，平均382.78 m。2孔钻至中奥陶统顶部石灰岩并穿见本溪组厚度11.64~13.03 m，穿见太原组地层厚度94.35~129.11 m，太原组含9~11层石灰岩及3层厚度分别为0.37 m、0.45 m、0.55 m的薄煤层。山西组厚度81.64~119.04 m，平均99.16 m，底部多以黑色泥岩与太原组K_3石灰岩接触，$二_1$煤层下含不可采薄煤及煤线1~4层，ZK0401孔见$二_3$煤层厚度0.23 m，ZK0001孔见$二_4$煤层厚度0.21 m。下石盒子组三煤段厚度51.40~104.00 m，平均74.14 m，中部含煤1~7层，底部为厚度3.40~15.13 m的灰色、灰白色夹紫色斑块的鲕状铝质泥岩（即K_4标志层）；四、五煤段（原上石盒子组第一段）厚度100.31~176.84 m，平均131.44 m，中下部含厚度0~0.59 m的薄煤1~3层，底部为厚度2.45~20.80 m的灰色、灰白色细—粗粒砂岩（K_5标志层）；六煤段（原上石盒子组第二段）厚度165.64~265.97 m，平均206.66 m，含煤0~4层，底部为厚度4.20~42.33 m的中-粗粒长石石英砂岩（K_6标志层）。上石盒子组七煤段（原上石盒子组第三段）厚度145.39~240.66 m，平均190.37 m，仅ZK1401孔和ZK1402孔见煤厚分别0.70 m、0.54 m，底部为厚度3.15~18.76 m细-中粒砂岩（K_7标志层）；八、九煤段（原上石盒子组第四段）厚度135.56~216.93 m，平均174.69 m，底部为厚度3.32~21.74 m

的细-中粒砂岩（K_8 标志层）；平顶山砂岩段（煤田系统称石千峰组第一段）厚度 53.24~102.96 m，平均 77.38 m，岩性为细-粗粒石英砂岩，局部夹叶片状灰绿色、灰黑色泥岩薄层。煤系盖层孙家沟组揭露最大层厚 778.84 m。

（2）构造

马桥北马庄煤矿区位于永城隐伏背斜西翼南段，总体构造形态为地层倾向西、倾角 3°~10°的单斜构造，局部发育轴向北西的次级褶曲（图 2-103）。地震解释断层 11 条，其中，可靠断层 6 条，较

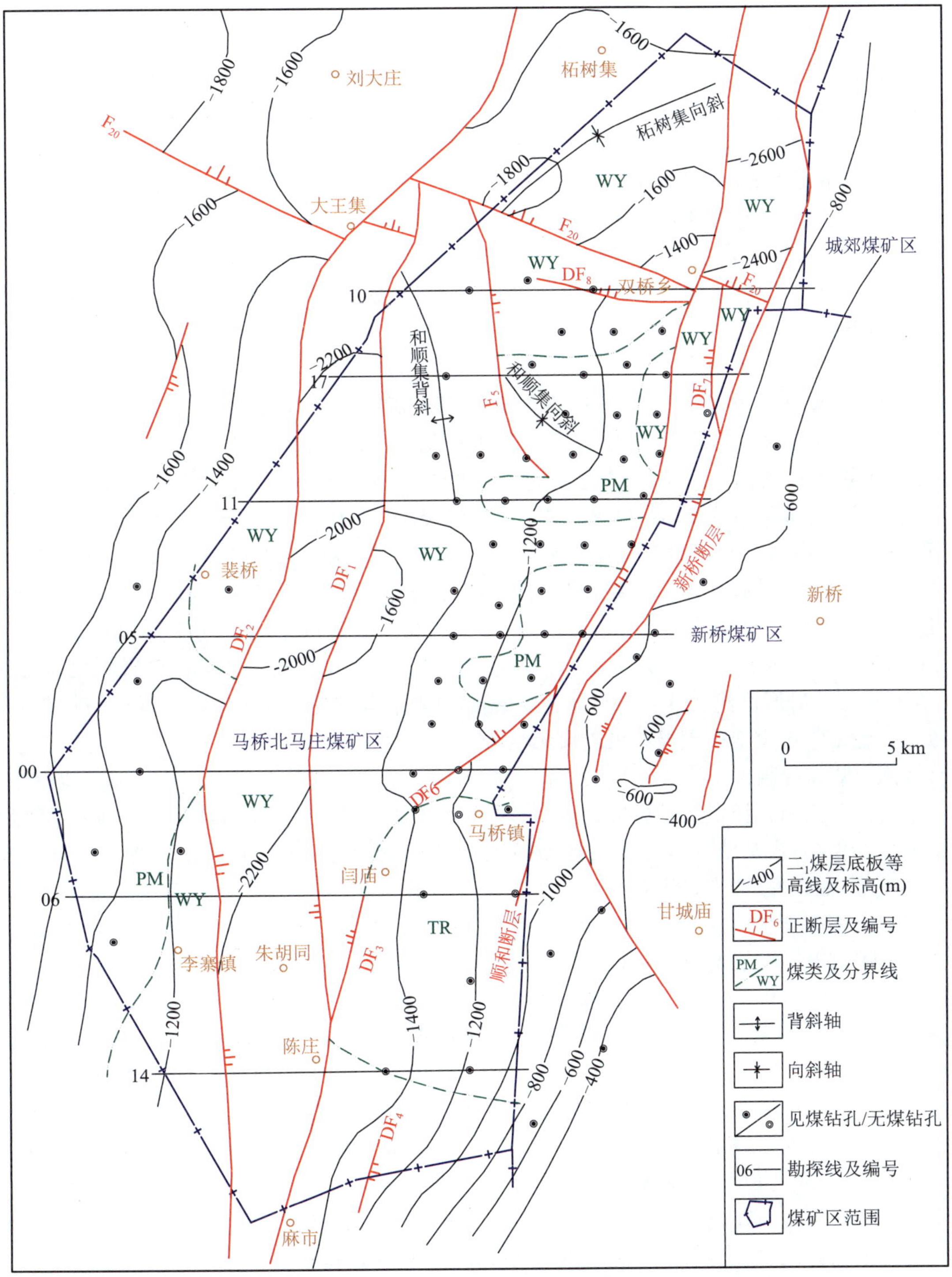

图 2-103　永城市马桥北马庄煤矿区$二_1^2$煤层底板等高线图

（据河南省地质矿产勘查开发局第四地质矿产调查院，2015，有修改）

可靠断层5条，近南北向高角度正断层发育，近东西向和北西向高角度正断层各1条，矿区东部发育顺和正断层及其东侧平行展布的新桥正断层。顺和正断层走向北北东，倾向东，倾角60°~70°，落差200~1100 m，新桥正断层倾向西，倾角60°~70°，落差300~1600 m。

（3）岩浆岩

马桥北马庄煤矿区南部见有岩浆岩无规律侵入含煤地层中，使煤层结构复杂化，局部煤层烘烤变质为天然焦。区内施工的66个钻孔有42个钻孔共见到了78处岩浆岩，穿见厚度0.17~5.97 m，侵入上石盒子组1处、三煤段66处、山西组10处、太原组1处，岩浆岩种类主要为辉绿（长）岩，偶见闪长（玢）岩及煌斑岩。岩浆主要是侵位于煤层中、煤层上或下界面等，因侵入位置的不同，对煤层的影响范围、厚度和煤质等的影响程度也不相同。岩浆侵入于煤层之中时，使煤层分岔、不可采，且使煤层受烘烤变质为天然焦（ZK1401孔和ZK0004孔三$_2$煤），厚度较大的岩浆岩甚至将煤层吞噬变成无煤点或碳质泥岩（ZK0202孔二$_1$煤、ZK0402孔三$_2$煤）。侵入于煤层上为煤层直接顶板时，煤层自上而下受热烘烤程度不等，煤层变质程度也就不同，向下逐渐变弱，形成上焦下煤（ZK1201孔二$_1$煤）；厚度较大的岩浆岩使煤层变质为天然焦可能性大且使煤层变薄或不可采（ZK0801孔三$_3$煤、06-1孔三$_3$煤）。岩浆侵入于煤层下界面为其底板时，多将煤层烘烤变质为天然焦（06-1孔二$_1$煤），或者使煤层受烘烤变质程度不同，形成上煤下焦的形态（ZK0401孔三$_2$煤）。

2. 煤层与煤质

（1）煤层

马桥北马庄煤矿区共含煤25层，煤层平均总厚度16.28 m。二$_1^2$煤层全区可采，三$_2$煤层大部分可采，三$_3$、三$_4$和六$_2$煤层（原五$_2$）局部可采，其余煤层除个别点外均不可采。

马桥北马庄煤矿区内二$_1^2$煤层层位稳定，下距K$_3$石灰岩标志层顶31.62~56.46 m，平均44.07 m；上距K$_4$标志层底40.18~74.84 m，平均55.52 m。本区施工66孔，除ZK1501、ZK0702、ZK0005和ZK05032孔由于煤层埋深变化未钻至二$_1$煤层层位，ZK1502和ZK0002孔断层缺失外，其余60个钻孔均穿过了二$_1^2$煤层层位，东南部ZK0202及ZK0603孔被岩浆岩占据，西部ZK0302孔沉积缺失，见煤57孔，煤层埋深770~2630 m，煤底标高-720~-2580 m，煤层最大厚度4.79 m，平均煤厚3.01 m。13孔含厚度0.19~0.75 m泥岩及碳质泥岩夹矸1~2层，3孔岩浆岩夹矸厚度0.36~0.74 m，5孔煤层夹矸厚度超过0.80 m。矿区东南部因岩浆岩发育，局部地段煤层结构复杂，煤变薄甚至吞噬，接触带附近煤变质为天然焦或煤焦混合。煤层直接顶板多为细砂岩，次为泥岩，东南部个别地段有侵入于煤层顶板的岩浆岩。煤层直接底板多为稳定的厚层条带状细砂岩，部分地段相变为薄层泥岩，东南部个别钻孔被侵入于煤层底板的辉绿岩代替，个别地段含有碳质泥岩伪底。天然焦物性特征为低阻、高伽马-伽马值（低密度）、低放射性，自然电位有明显的正异常（图2-104）。煤层视电阻率（GR01）曲线呈“单高峰锯齿状”，在煤层出现夹矸时呈“双高峰”；长源距伽马-伽马（GGFR）曲线为特高异常（低密度）；自然伽马（NG01）为低值矩形异常，自然电位为负值；视电阻率与伽马-伽马曲线上的幅值在所有煤层中最大（图2-105）。

马桥北马庄煤矿区内三$_2$煤层层位比较稳定，下距K$_4$标志层顶10.20~29.40 m，平均18.10 m；上距K$_5$标志层底27.37~52.81 m，平均39.96 m。不可采区主要集中在矿区中部，南部亦形成一些小范围的不可采区或岩浆岩吞噬区，煤层埋深660~2630 m，煤底标高-610~-2580 m，估算面积176.18 km^2。区内施工66孔，4孔因煤层埋深变化未达层位，8孔断失，3孔岩浆吞噬，1孔碳质泥岩，1孔沉积缺失，穿见49孔，可采35孔，煤厚0~5.13 m，平均1.69 m，局部含矸1~3层，13孔夹矸厚度超过0.80 m。煤层顶板和底板多为泥岩，少数为细砂岩和岩浆岩，个别点含有碳质泥岩伪顶。煤层物性特征表现为高视电阻率、高长源距伽马-伽马（低密度）、低自然伽马（图2-106）。

马桥北马庄煤矿区内三$_3$煤层下距K$_4$标志层顶13.08~48.62 m，平均28.62 m；上距K$_5$标志层底19.68~54.45 m，平均32.18 m。可采区主要集中在东北部及东南部，煤层埋深650~2620 m，煤底标高-600~-2570 m，4个估算区总面积77.49 km^2。施工的66孔，4孔未达层位，9孔断失，2孔岩浆岩吞噬，10孔沉积缺失或者冲刷缺失，穿见41孔，可采22孔，煤厚0~1.99 m，平均0.95 m。3

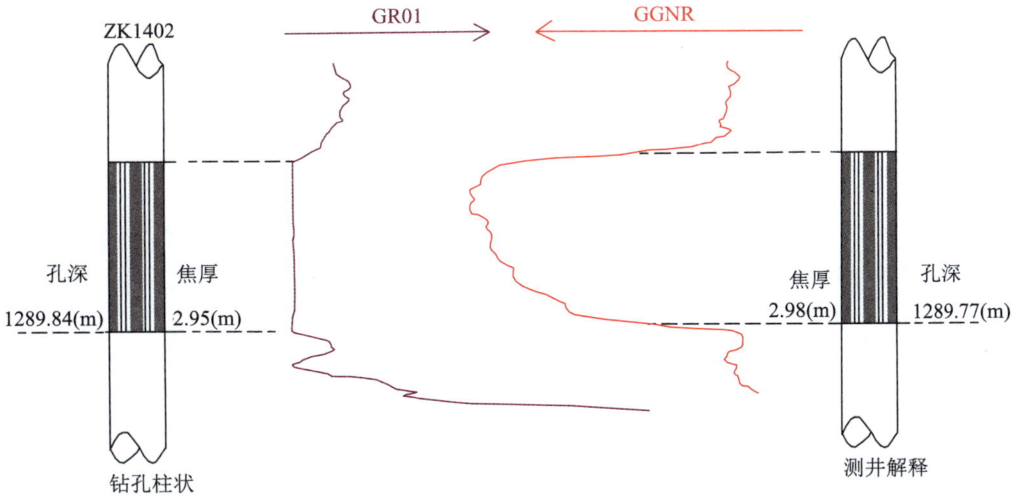

图 2-104　永城市马桥北马庄 ZK1401 孔二$_1^2$煤层（天然焦）物性特征曲线

（据河南省地质矿产勘查开发局第四地质矿产调查院，2015）

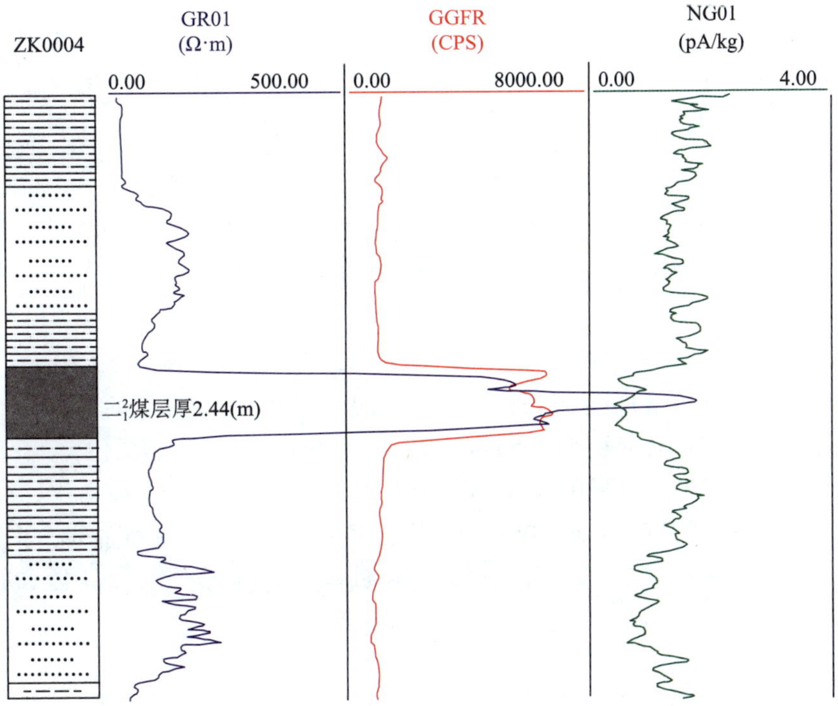

图 2-105　永城市马桥北马庄 ZK0004 孔二$_1^2$煤层物性特征曲线

（据河南省地质矿产勘查开发局第四地质矿产调查院，2015）

孔含泥岩或岩浆岩夹矸 1~2 层，ZK1103 和 ZK1401 孔煤层夹矸厚度超过 0. 80 m。煤层顶板和底板多为泥岩，少数为岩浆岩，个别点有碳质泥岩伪顶和伪底。

马桥北马庄煤矿区内三$_4$煤层下距 K_4 标志层顶 22. 21~57. 11 m，平均 37. 26 m；上距 K_5 标志层底 17. 32~33. 52 m，平均 25. 17 m。可采区主要集中在矿区北部，埋深 640~2610 m，煤底标高-590~-2560 m，估算面积 45. 14 km^2。施工的 66 孔，4 孔未达层位，8 孔断失，3 孔岩浆岩吞噬，8 孔沉积缺失或者冲刷缺失，穿见 43 孔，可采 16 孔，煤厚 0~1. 72 m，平均 0. 79 m。7 孔含厚度 0. 12~0. 34 m 泥岩夹矸 1 层，ZK0903 和 ZK0904 孔煤层夹矸厚度超过 0. 80 m。煤层顶、底板多为泥岩，少数为细砂岩和岩浆岩。

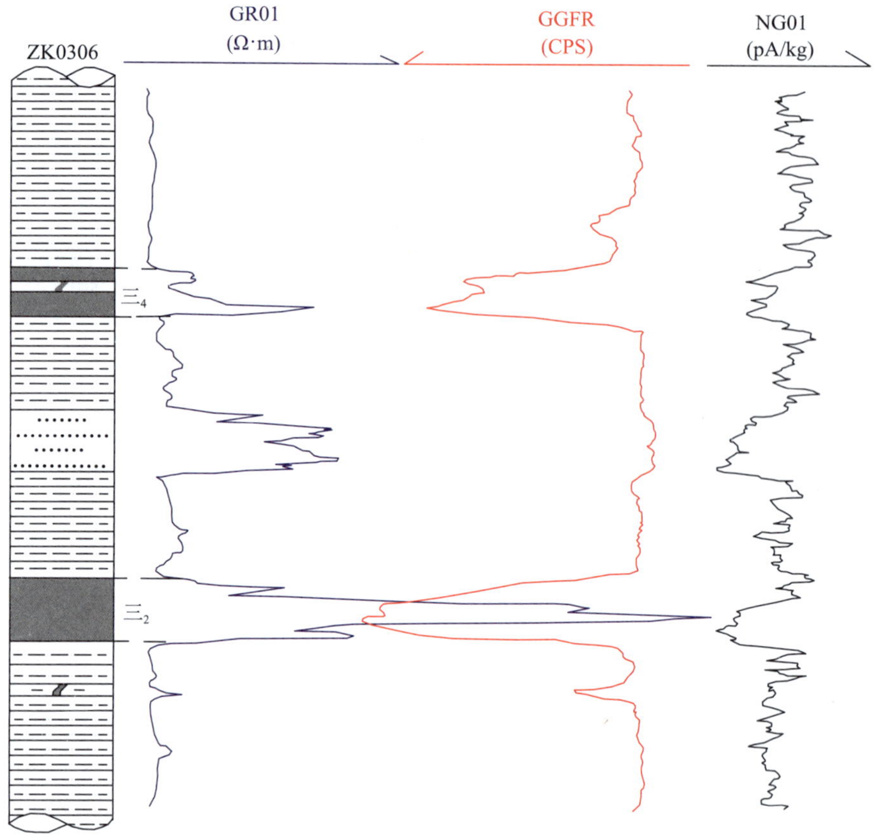

图 2-106　永城市马桥北马庄 ZK0306 孔三$_2$、三$_4$ 煤层物性特征曲线

（据河南省地质矿产勘查开发局第四地质矿产调查院，2015）

马桥北马庄煤矿区内六$_2$ 煤层下距 K_6 标志层顶 38.82~90.84 m，平均 59.91 m；上距 K_7 标志层底 91.66~194.56 m，平均 126.30 m。可采区位于矿区的中东部和东南部，埋深 490~2410 m，煤底标高-440~-2360 m，2 个估算区总面积 51.65 km^2。施工的 66 孔，4 孔未达层位，7 孔断失，10 孔沉积无煤，穿见 45 孔，可采 27 孔，煤厚 0~1.95 m，平均 0.94 m，局部含矸 1~3 层，ZK06-1、ZK0101 和 ZK1702 孔煤层夹矸厚度超过 0.80 m。煤层顶、底板多为泥岩，少数为细砂岩，个别钻孔有泥岩或碳质泥岩伪顶或伪底。煤层物性特征表现为高电阻率、高伽马-伽马（低密度）、低放射性（图 2-107）。

（2）煤质

马桥北马庄煤矿区内二$_1^2$ 煤为黑色，以块状为主，粒状次之，局部鳞片状、粉状，易碎。宏观煤岩组分以亮煤为主，常见透镜状或条带状镜煤，暗煤次之，少量丝炭；宏观煤岩类型以半亮型-光亮型煤为主，偶见半暗型煤；镜质体最大反射率为 2.18%~2.97%，平均 2.45%（24 点），煤类以无烟煤为主，次为贫煤，少量天然焦（图 2-103）。三$_2$、三$_3$、三$_4$ 煤为黑色、灰黑色，以块状为主，局部粒状、粉末状，宏观煤岩组分以亮煤、暗煤为主，少量镜煤及丝炭，暗煤呈不规则薄层状、片状分布，丝炭多呈片状，镜煤多以断续线理状赋存在其他煤岩组分之中；煤岩类型为半暗型-半亮型煤；镜质体最大反射率为 1.67%~2.63%，平均 2.08%（18 点），煤类主要为贫煤和无烟煤，少量天然焦。三$_2$ 煤层于 11 线以南大部为天然焦，在尚未完全焦化的钻孔煤样中残留有贫煤、无烟煤，11 线以北为贫煤、无烟煤。三$_3$ 煤层于 11 线以北及 08 线以南主要为无烟煤，贫煤多分布于 11 线至 10 线中部，天然焦分布在 03、12 线东侧和 00 线西侧。三$_4$ 煤多为贫煤，无烟煤零星分布于 17 线两侧，天然焦仅见于不可采区的个别钻孔中。六$_2$ 煤多为黑色，以块状、粒状为主，少量为片状、粉末状；煤岩类型以半亮型煤为主，次为半暗型煤；半亮型煤以亮煤为主，暗煤次之，少量镜煤呈线理或透镜

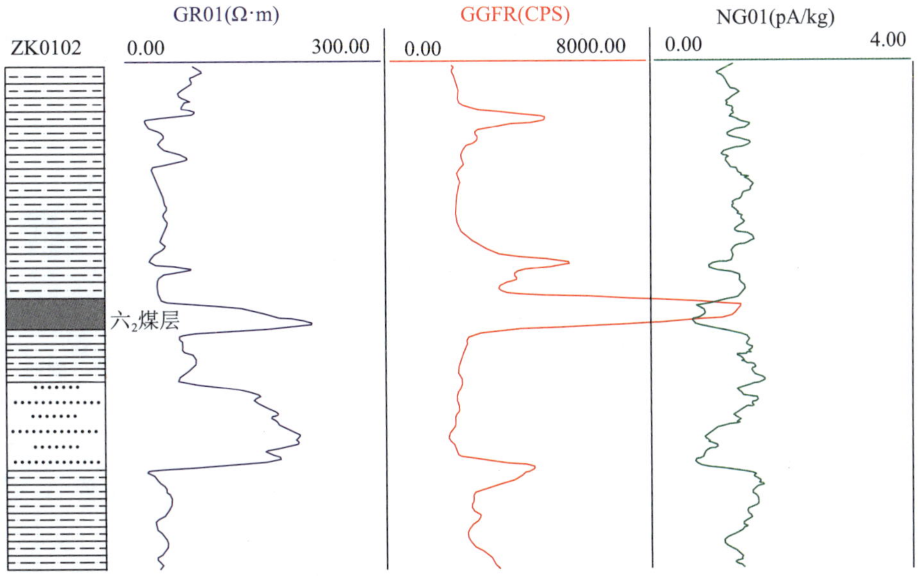

图 2-107　永城市马桥北马庄 ZK0102 孔六$_2$ 煤层物性特征曲线

（据河南省地质矿产勘查开发局第四地质矿产调查院，2015）

状；半暗型煤以暗煤为主，亮煤少量；镜质体最大反射率为 1.80~2.64%，平均 2.20%（6 点）；17 线以南、DF_1 断层以东、顺和断层以西，多为贫煤，次为无烟煤，可采区内无烟煤主要分布在顺和断层西侧 03 线以南、F_5 断层尖灭端两侧，ZK0704 煤岩样中见有少量天然焦；天然焦中大小不一、不规则状气孔发育，镜质体最大反射率为 2.18%~4.92%，平均 3.14%（6 点）。

马桥北马庄煤矿区内可采煤层煤类主要为特低磷、特低氯、一级含砷、高热值无烟煤和贫煤，局部受岩浆岩烘烤变质为天然焦（表 2-134）。煤的黏结指数为 0，属不黏结煤；二$_1^2$ 煤以低灰煤为主，三$_2$、三$_3$、三$_4$、六$_2$ 煤以中灰煤为主；硫分以特低-低硫煤为主，形态硫均以有机硫为主，次为硫铁矿硫，硫酸盐硫微量。天然焦则有部分样品硫铁矿硫与有机硫含量参半，甚至少数样品硫铁矿硫高于有机硫。各层煤和焦的热稳定性（TS_{+6}）大于 80%，属高热稳定性煤（焦）。各煤层煤多以中等可磨煤为主，天然焦以较难磨为主。煤灰成分以硅、铝氧化物为主，各煤层中二者平均值之和大于 74%，次为 CaO、Fe_2O_3，含少量 SO_3、MgO、TiO_2、K_2O、Na_2O 及微量 MnO，其煤灰多以较高-高软化温度、较高-高流动温度为主。天然焦具热爆性，灰以较高-高软化温度灰、中等-高流动温度灰为主。

表 2-134　永城市马桥北马庄煤矿区煤质特征简表

煤层		A_d/%	V_{daf}/%	$S_{t,d}$/%	$Q_{gr,d}$/(MJ·kg^{-1})	视密度/(t·m^{-3})	煤类
二$_1^2$	原煤	10.19~23.03 15.42（22）	9.51~13.65 11.73（21）	0.23~1.21 0.57（22）	26.56~31.48 29.71（22）	1.37~1.54 1.44（22）	PM
	浮煤	6.19~16.55 9.60（22）	10.01~13.03 10.69（21）	0.25~0.92 0.51（22）	29.49~33.74 32.10（20）	—	
	原煤	10.65~29.75 16.85（29）	8.65~14.85 10.79（29）	0.22~0.88 0.53（31）	21.82~31.74 28.95（29）	1.39~1.65 1.46（30）	WY
	浮煤	4.66~17.02 8.88（29）	7.57~9.86 8.82（29）	0.34~1.43 0.52（28）	28.80~34.53 32.30（23）	—	
	原煤	21.87~37.81 30.17（5）	7.69~13.08 9.68（5）	0.25~0.49 0.35（5）	18.64~26.22 22.71（5）	1.60~1.82 1.74（4）	TR

续表

煤层		A_d/%	V_{daf}/%	$S_{t,d}$/%	$Q_{gr,d}$/(MJ·kg^{-1})	视密度/(t·m^{-3})	煤类
三$_2$	原煤	10.44~32.23 21.23 (13)	10.19~18.32 13.73 (13)	0.42~2.96 0.82 (13)	22.84~31.68 27.55 (13)	1.39~1.61 1.46 (13)	PM
	浮煤	5.85~22.29 13.43 (12)	10.09~14.88 12.08 (12)	044~1.18 0.55 (12)	27.42~32.83 29.97 (8)	—	
	原煤	12.91~29.81 21.04 (6)	9.04~13.20 10.34 (6)	0.41~0.63 0.48 (7)	23.58~31.05 27.33 (6)	1.48~1.60 1.53 (5)	WY
	浮煤	8.67~16.12 11.03 (7)	7.87~9.66 8.70 (7)	0.38~0.57 0.48 (7)	29.38~32.33 31.30 (5)	—	TR
	原煤	20.48~44.27 30.93 (20)	5.81~15.86 8.90 (20)	0.05~0.46 0.20 (20)	15.81~27.25 21.66 (19)	1.58~2.09 1.87 (20)	
三$_3$	原煤	8.42~28.73 20.59 (9)	10.28~14.48 12.94 (9)	0.36~3.00 0.82 (9)	24.20~32.62 27.82 (9)	1.36~1.56 1.47 (9)	PM
	浮煤	5.10~18.70 11.07 (8)	10.10~12.72 11.36 (8)	0.37~0.81 0.54 (8)	28.89~32.84 31.04 (6)	—	
	原煤	10.82~37.15 18.58 (9)	8.34~14.78 10.66 (9)	0.34~0.78 0.46 (9)	21.00~31.06 28.39 (8)	1.43~1.66 1.49 (9)	WY
	浮煤	3.78~17.28 9.90 (8)	8.26~9.91 9.08 (8)	0.36~0.93 0.49 (8)	28.97~34.06 31.62 (6)	—	
	原煤	24.22~46.07 37.89 (4)	9.12~19.19 12.57 (4)	0.15~0.45 0.25 (4)	13.61~26.04 19.09 (4)	1.72~2.03 1.89 (3)	TR
三$_4$	原煤	16.78~32.16 22.35 (8)	10.65~15.17 12.96 (8)	0.39~0.58 0.45 (8)	22.98~29.09 27.02 (8)	1.44~1.61 1.49 (8)	PM
	浮煤	4.48~21.68 11.01 (8)	10.15~12.82 11.30 (8)	0.42~0.56 0.46 (8)	26.65~34.44 31.00 (5)	—	
	原煤	13.17~24.18 18.17 (7)	8.88~11.66 10.45 (7)	0.26~1.09 0.52 (7)	25.59~30.64 28.53 (7)	1.43~1.67 1.49 (7)	WY
	浮煤	7.89~11.80 9.01 (6)	7.98~9.86 9.14 (6)	0.48~0.72 0.57 (5)	32.41~32.84 32.57 (4)	—	
六$_2$	原煤	15.44~38.32 25.23 (15)	11.51~18.54 14.24 (14)	0.23~0.83 0.46 (16)	21.04~30.28 26.05 (15)	1.38~1.68 1.50 (15)	PM
	浮煤	4.72~18.36 11.90 (16)	10.06~15.44 12.14 (15)	0.21~0.66 0.48 (15)	29.80~32.54 31.37 (9)	—	
	原煤	11.68~24.20 17.91 (8)	9.26~14.38 11.35 (8)	0.40~0.81 0.52 (9)	26.30~30.12 28.24 (8)	1.43~1.51 1.48 (8)	WY
	浮煤	5.00~12.72 9.73 (9)	8.30~9.70 9.03 (9)	0.38~0.80 0.51 (8)	30.79~32.76 31.70 (6)	—	

注：资料来源于《河南省永城市马桥北马庄煤详查报告》，河南省地质矿产勘查开发局第四地质矿产调查院，2015。

（五）夏邑县杨集煤矿点

杨集煤矿点位于夏邑县杨集镇，面积约 37.70 km^2。地理坐标为东经 116°07′30″~116°11′59″，北纬 34°20′57″~34°27′07″。区内地势平坦开阔，海拔 32.3~40.2 m。2008~2011 年，河南省有色金属地质矿产局第六地质大队开展了煤预查，2013 年提交了《河南省夏邑县杨集煤预查报告》。2010 年 10 月至 2011 年 6 月施工了 ZK01 孔，孔深 1252.10 m，终孔于太原组顶部石灰岩中。二维地震解释新生界厚度 660~800 m，解释正断层 5 条，有北东向及北西向两组。ZK01 孔于孔深 1171.80~1173.58 m 和 1192.07~1193.87 m 分别穿见 2 层厚度 1.78 m 和 1.80 m 的天然焦，层位相当于$二_1^2$煤层，其间为闪长玢岩，估算（334）？类天然焦资源量 22818.0×10^4 t。于孔深 1203.70~1204.80 m 和 1211.71~1212.98 m 穿见 2 层煤，层位相当于$二_1^1$煤层，估算 1500 m 以浅的（334）？类煤资源量 361.9×10^4 t，1500 m 以深的（334）？类煤资源量 253.1×10^4 t。$二_1^{1上}$煤层原煤灰分 47.11%，挥发分 9.58%，全硫 0.65%；浮煤灰分 10.18%，挥发分 6.19%，全硫 0.57%，黏结指数为 0；煤类为高灰、低硫无烟煤。$二_1^{1下}$煤层原煤灰分 25.40%，挥发分 12.61%，全硫 0.53%；浮煤灰分 8.95%，挥发分 10.08%，全硫 0.55%，黏结指数为 0；煤类为中灰、低硫贫煤。

（六）夏邑县骆集西煤矿区

骆集西煤矿区位于夏邑县北的骆集乡，地势平坦，海拔 41.1~45.1 m，面积约 64.41 km^2。矿区地理坐标为东经 116°07′42″~116°15′00″，北纬 34°17′30″~34°23′43″。2007~2015 年，河南省煤田地质局三队开展了该区煤矿预查、普查，提交的《河南省夏邑县骆集西煤普查报告》累计查明/保有煤资源量 1970.0×10^4 t，天然焦资源量 10245.0×10^4 t；另估算（334）？类煤资源量 9905.0×10^4 t，天然焦资源量 2871.0×10^4 t。

1. 矿区地质

骆集西煤矿区内新生界穿见厚度 511.65~678.24 m，平均 581.87 m，煤系基底为中奥陶统石灰岩。含煤地层本溪组厚度 18.07~27.93 m，平均 22.50 m；太原组厚度 124.31~153.88 m，平均 135.46 m；山西组自石灰岩顶界至砂锅窑砂岩底或鲕状铝质泥岩底，厚度 89.39~123.91 m，平均 110.71 m；下石盒子组六煤段保留不全。

骆集西煤矿区总体构造形态为罗口不对称宽缓背斜，该背斜轴部沿胡楼-李双楼-罗口-于庄一线展布，向北西倾伏；南部还发育有向西倾伏的彭大楼向斜和北西倾伏的彭老家背斜；地层倾角 3°~13°。区内主要发育北北东向和北西西向的正断层，落差较大的有：东部边界附近的 F_2 正断层、西部边界附近的 DF_4 正断层及南部边界外的八里庄正断层。F_2 正断层沿刘寨-夏庄-闫庄-骆集西一线展布，倾向南东东，倾角 65°左右，落差为 400~700 m。DF_4 正断层倾向北北西，倾角 70°，落差约 250 m。

骆集西煤矿区内 11 个钻孔中有 10 孔穿见岩浆岩，岩浆岩厚度 11.90~95.09 m，东南部较厚，岩性为灰绿色辉绿岩；侵入层位为山西组下部和太原组中下部，大部分沿$二_1$煤层及其顶板侵位，对煤层的变质程度影响较大，局部变质为天然焦；当岩浆侵位煤层上部时，对煤层影响较小。

2. 煤层与煤质

骆集西煤矿区内$二_1^{2上}$、$二_1^1$煤层局部可采，$二_1^{2下}$、$一_1^2$煤层大部分可采，$一_6$煤层偶见可采点。$二_1^{2上}$煤层上距下石盒子组底部铝质泥岩 71.44~94.23 m，下距 L_8 石灰岩顶 56.51~66.98 m；穿见 10 孔，仅 2801 孔无岩浆侵入为贫煤，2003 孔被岩浆岩吞噬，其他孔因受岩浆侵入影响均变质为天然焦，焦（煤）厚度 0~3.66 m，平均 1.14 m，偶含岩浆岩夹矸 1 层；煤层顶板为灰绿色厚层辉绿岩、黑色泥岩，底板为辉绿岩。$二_1^{2下}$煤层埋深 510~2880 m，煤底标高-460~-2830 m；穿见 10 孔，1202 和 2003 孔被岩浆岩吞噬，7 孔因受岩浆侵入影响变质为天然焦，仅 2801 孔无岩浆侵入，焦（煤）厚度 0~6.01 m，平均 1.87 m，偶含岩浆岩夹矸 1 层；煤层顶板为灰绿色厚层辉绿岩、黑色泥岩，底板为灰黑色砂质泥岩、深灰色细砂岩。$二_1^1$煤层上距$二_1^{2下}$煤层底板 8.37~13.07 m，煤层埋深 520~2890 m，煤底标高-470~-2840 m；穿见 10 孔，其中 3 孔可采，煤厚 0.34~1.73 m，平均 0.75 m，一般不含夹矸，煤层直接顶、底板板一般为砂岩、泥岩。$一_1^2$煤层上距$二_1^1$煤层 160 m，下距奥陶系石灰岩 37.77~47.97 m，煤层埋深 550~3040 m，煤底标高−500~−2990 m；穿见 4 孔，3 孔可采，煤厚 0.55~1.24 m，平均 0.94 m，无矸，煤层顶板为 L_1 石灰岩、黑色泥岩，底板为灰黑色泥岩。

骆集西煤矿的$二_1^{2上}$、$二_1^{2下}$煤层为特低磷、特低−低氯、特低−低氟、一级含砷天然焦（表 2−135），呈灰黑色、钢灰色，暗淡无光泽，块状构造，土状断口，外观似焦炭。$二_1^1$煤为灰黑色、黑色特低磷、低氯、特低氟、一级含砷、低灰、低硫、高发热量之无烟煤，以块状为主，局部为粒状，条带状结构，块状构造，贝壳状、参差状断口，金属光泽，镜质体最大反射率为 3.01%。$二_1^2$煤为黑色低磷分、低氯、特低−中氟、一至二级含砷、中灰、高硫、中高发热量之无烟煤和低灰、高硫、高发热量的贫煤和瘦煤，以块状为主，局部为粒状，条带状结构，块状构造，参差状断口，金属光泽；宏观煤岩组分以亮煤、暗煤为主，少量丝炭，宏观煤岩类型属半亮型煤；煤灰成分均以硅、铝氧化物为主，次为氧化铁、氧化钙、二氧化硫等。

表 2−135　夏邑县洛集西煤矿区煤质特征一览表

煤层		$二_1^{2上}$		$二_1^{2下}$	$二_1^1$	$二_1^2$		
		PM	TR	天然焦（TR）	WY	WY	PM	SM
M_{ad}/%	原煤	0.71	$\frac{1.22\sim3.74}{2.48}$	—	$\frac{1.12\sim2.16}{1.64}$	1.56	0.58	0.42
	浮煤	0.92	0.92	—	$\frac{0.56\sim0.77}{0.67}$	1.72	0.40	—
A_d/%	原煤	14.89	$\frac{17.47\sim33.18}{25.35}$	$\frac{15.51\sim35.20}{25.43}$	$\frac{15.21\sim23.12}{19.17}$	22.76	17.79	17.22
	浮煤	9.55	—	$\frac{10.73\sim13.73}{12.23}$	$\frac{5.91\sim7.31}{6.61}$	6.41	9.16	—
V_{daf}/%	原煤	12.98	$\frac{7.53\sim9.64}{8.59}$	$\frac{4.39\sim9.99}{6.85}$	$\frac{7.50\sim9.83}{8.67}$	16.30	16.25	17.22
	浮煤	11.18	—	$\frac{9.57\sim10.07}{9.82}$	$\frac{4.90\sim7.89}{6.40}$	9.78	16.36	—
$S_{t,d}$/%	原煤	0.26	$\frac{0.11\sim0.61}{0.36}$	$\frac{0.10\sim0.47}{0.29}$	$\frac{0.47\sim0.88}{0.68}$	$\frac{2.90\sim5.08}{3.77}$		
	浮煤	0.28	—	0.24	$\frac{0.36\sim0.44}{0.40}$	$\frac{2.49\sim3.46}{2.98}$		
$Q_{gr,d}$/（$MJ\cdot kg^{-1}$）	原煤	29.85	$\frac{20.06\sim26.90}{23.48}$	$\frac{19.09\sim28.13}{23.56}$	$\frac{26.72\sim29.07}{27.90}$	26.28	28.32	33.64
	浮煤	32.39	—	—	32.31	33.01	32.90	
$Q_{net,d}$/（$MJ\cdot kg^{-1}$）	原煤	29.13	$\frac{19.85\sim26.62}{23.24}$	$\frac{18.90\sim27.88}{23.34}$	$\frac{26.09\sim28.52}{27.31}$	25.73	27.59	32.79
	浮煤	31.62	—	—	31.73	32.44	32.06	
视密度/（$t\cdot m^{-3}$）	原煤	1.48	1.80	1.80	1.41	1.49	1.60	1.32

注：资料来源于《河南省夏邑县骆集西煤普查报告》，河南省煤田地质局三队，2015。

（七）夏邑县骆集煤矿区

骆集煤矿区位于夏邑县东北的骆集乡，为海拔 43.0 m 左右的平原地貌，北东为省界，西为 F_3 正断层，呈不规则的三角形，面积约 17.18 km^2。矿区地理坐标为东经 116°14′47″~116°18′44″，北纬

34°19′45″~34°21′52″。据资源储量核实报告，勘查程度达详查，累计查明/保有煤资源量 1122.0×10^4 t，天然焦资源量 6612.0×10^4 t。

骆集煤矿区内新生界厚度 505.97~587.45 m，平均 549.93 m，煤系基底为中奥陶统石灰岩。含煤地层本溪组厚度 2.00~12.00 m，太原组平均厚度 143.00 m，山西组平均厚度 104.08 m，下石盒子组平均厚度 418.35 m，上石盒子组保留最大厚度 261.02 m。本区位于芒山复背斜的北翼，为一地层缓倾的单斜构造。F_3 正断层倾向北西，倾角 43°~73°，落差大于 1000 m。DF_8 逆断层倾向南西，倾角 30°，逆差 21~37 m，位于矿区中北部。早白垩世辉绿岩及闪长玢岩沿煤层顶、底或煤层中侵入，接触带热变质为天然焦。$二_1^1$ 煤层局部可采，偶含 1 层碳质泥岩夹矸，煤类为低灰、低硫贫煤（表 2-136）。$二_1^2$、$二_3$ 煤层为天然焦，二者相距约 11.98 m，$二_1^2$ 煤层下距$二_1^1$ 煤层平均 9.70 m。各煤层底板多为深灰色泥岩、粉砂岩，局部为细砂岩、岩浆岩；顶板多为泥岩、粉砂岩，局部为细-中粒砂岩、岩浆岩。

表 2-136 夏邑县洛集煤矿区各煤层化学分析结果表

煤层	煤厚/m	原煤				浮煤		煤类
		A_d/%	V_{daf}/%	$S_{t,d}$/%	$Q_{gr,d}$/（MJ·kg^{-1}）	A_d/%	V_{daf}/%	
$二_3$	0.37~3.74 1.79	17.17~26.00 20.70	7.31~9.25 7.85	0.03~0.64 0.33	28.28~33.74 31.67	—	—	TR
$二_1^2$	0.15~2.72 1.19	17.97~31.96 23.52	6.45~12.67 9.32	0.03~1.01 0.52	30.00~32.22 31.34	—	—	TR
$二_1^1$	0.34~1.60 0.81	9.46~26.03 16.74	17.38~18.19 17.52	0.53~1.69 0.97	—	8.04~8.18 8.11	15.02~15.63 15.33	PM

注：资料来源于《河南省夏邑县洛集煤核查区资源储量核查报告》，河南省地质博物馆，2011b。

（八）夏邑县韩口煤矿点

韩口煤矿点位于夏邑县东南部曹集、太平、郭店、胡桥、岐河和会亭等乡镇境内，海拔 39.90~36.19 m，面积约 148.87 km^2。矿区地理坐标为东经 116°03′30″~116°18′15″，北纬 34°06′00″~34°13′00″。2005~2010 年，河南省地质矿产勘查开发局第十一地质队开展了该区煤矿勘查，提交的《河南省夏邑县韩口煤普查报告》估算（334）？类煤资源量 12829.0×10^4 t，天然焦资源量 8151.0×10^4 t。

韩口煤矿点新生界厚度 339.80~552.35 m，平均 502.16 m，煤系基底为中奥陶统石灰岩。本溪组厚度 6.00~18.00 m。太原组揭露厚度 6.70~18.85 m。山西组厚度 100.44~166.50 m，平均 122.38 m。下石盒子组厚度 385.84~503.37 m，平均 443.27 m。上石盒子组残留最大厚度 423.67 m。孙家沟组揭露最大厚度 213.37 m。矿区位于永夏煤田西部的永城背斜西翼，构造形态为次级背斜构造，地层倾角 3°~25°；次级背斜轴部位于中部的关楼、胡桥一带，主体以岩浆岩为背斜轴，向北西倾伏。发育 2 条北北东向和 3 条北西向高角度正断层。会亭、关楼、胡桥一带呈近东西向展布的岩浆岩，多以厚度 0.50~41.28 m 的层状、似层状沿煤层或软弱层侵入，岩石类型有闪长岩、闪长玢岩、云煌岩、细晶岩、石英斑岩、辉绿/辉长岩等。

韩口煤矿点的三煤段含煤 1~7 层，$三_4$ 煤为偶可采高灰、特低硫、低磷、中低热值、难熔灰分煤，局部受岩浆烘烤变质为天然焦，煤（焦）厚度 0.22~1.72 m，平均 0.81 m，含矸 1~2 层。$三_2$ 煤为局部可采特低磷、难熔灰分贫煤和无烟煤，6 个见煤孔中的 3 个可采点不能连片，估算面积 56.01 km^2，煤层埋深 400~1650 m，煤底标高 -400~-1600 m；原煤灰分 12.73%~15.86%，全硫 0.42%~0.97%，挥发分 7.60%~20.94%，发热量 29.52~30.44 MJ/kg；受岩浆烘烤局部变质为天然焦；煤（焦）厚 0.45~2.95 m，平均 1.08 m，含矸 1~3 层。山西组含煤 1~4 层，$二_1^2$ 煤为大部分可采低磷、高熔灰分无烟煤，南北两块估算总面积 75.30 km^2，煤层埋深 400~1750 m，煤底标高 -400~-1700 m；原煤灰分 20.80%~26.78%，全硫 0.14%~2.68%，挥发分 4.82%~10.19%，发热量 24.37~30.44 MJ/kg；局部受岩浆烘烤变质为中灰、低-中硫、特低磷天然焦；煤（焦）厚度 0~2.07 m，平均 1.27 m，含矸 0~1 层，因岩浆岩的侵位而使煤厚变薄、分岔或吞噬；煤层顶、底板多为岩浆岩，部分底板为层面有较多的云母碎片、炭化植物化石和煤屑的条带状细砂岩。二$_1^1$煤层偶可采，层位不稳定，有时相变为碳质泥岩。

（九）永城市薛湖西煤矿区

薛湖西煤矿区位于夏邑县和永城市交界区域，行政区划属于夏邑县胡桥乡、北镇乡和永城市薛湖乡，为海拔 40.0 m 左右的平原地貌，面积约 67.00 km^2。矿区地理坐标为东经 116°11′42″~116°22′21″，北纬 34°08′35″~34°13′01″。2006~2010 年，河南省煤炭地质勘察研究院开展了该区煤矿预查、普查，提交的《河南省永城市薛湖西煤普查报告》累计查明/保有 1500 m 以浅的煤资源量 2310.0×10^4 t，估算（334）？类煤资源量 2472.0×10^4 t；另有 1500 m 以深的（334）？类煤资源量 2652.0×10^4 t；估算（333）类天然焦资源量 2677.0×10^4 t，（334）？类天然焦资源量 2657.0×10^4 t。

薛湖西煤矿区内新生界平均厚度 480.00 m，煤系基底为中奥陶统石灰岩，含煤地层上石盒子组保留不全。区内总体构造形态为地层倾向北西、倾角 10°~15°的单斜构造，中部发育有次级褶曲，近南北向高角度正断层发育。薛湖正断层倾向东，倾角约 71°，落差 210 m，从矿区西部边界附近穿过。局部地段岩浆岩侵位于煤层或煤层顶、底板附近，吞蚀煤层或使煤层变质为天然焦。二$_1^2$煤层为主要可采煤层，六$_2$、三$_3$、二$_3$、二$_5$、一$_9$煤层零星可采或偶尔可采。二$_1^2$煤层上距砂锅窑砂岩约 44.00 m，埋深 800~1700 m，估算标高-750~-1650 m；施工 8 孔，1 孔断失，7 孔穿见，其中 3 孔为天然焦，4 孔为低灰、特低硫、高热值贫煤（表 2-137），其中 2 孔可采，煤厚 0~3.50 m，平均 1.43 m，仅 0801 孔含 1 层厚度 0.66 m 碳质泥岩夹矸；煤层顶板以泥岩为主，局部为细砂岩；底板以泥岩为主，局部为细砂岩。

表 2-137　永城市薛湖西煤矿区二$_1^2$煤层煤质特征简表

煤类		A_d/%	V_{daf}/%	$S_{t,d}$/%	$Q_{gr,v,d}$/(MJ·kg^{-1})	视密度/(t·m^{-3})
PM	原煤	11.01~17.85 / 14.43（2）	11.03~19.00 / 15.02（2）	0.32~0.47 / 0.39（2）	28.82~32.08 / 30.45（2）	1.47（1）
	浮煤	5.53~6.34 / 5.92（2）	10.57~17.85 / 11.71（2）	0.33~0.43 / 0.38（2）	—	—
TR	原煤	37.27~42.03 / 39.89（3）	6.85~10.89 / 9.01（3）	0.24~0.27 / 0.26（3）	18.45~20.94 / 19.35（3）	1.74~1.99 / 1.87（3）

注：资料来源于《河南省永城市薛湖西煤普查报告》，河南省煤炭地质勘察研究院，2010m。

（十）夏邑县火店南煤矿点

火店南煤矿点位于夏邑县火店镇及永城市薛湖镇境内，面积约 27.72 km^2。矿区地理坐标为东经 116°22′00″~116°2830′37″，北纬 34°09′08″~34°11′00″，区内海拔 32.3~40.2 m。2008~2011 年，河南省有色金属地质矿产局第二地质大队开展了煤预查，提交的《河南省夏邑县火店南煤预查报告》估算 1500 m 以浅（334）？类煤资源量 7168.0×10^4 t，（334）？类天然焦煤资源量 5531.0×10^4 t。2011 年施工了 ZK0001 孔，孔深 1333.03 m，终孔于太原组顶部石灰岩。钻孔揭露新生界厚度 377.32 m。二维地震解释正断层 5 条，八里庄正断层构成含煤区的北部边界。穿见的三$_3$、三$_2$和二$_1^2$煤层止煤深度分别为 959.58 m、972.70 m 和 1058.0 m。三$_3$煤层伪厚度 0.86 m，原煤灰分 16.69%，挥发分 15.36%，全硫 0.52%，高位发热量 29.85 MJ/kg；浮煤灰分 8.56%，挥发分 14.12%，全硫 0.58%，高位发热量 33.30 MJ/kg，黏结指数为 7；煤类为低灰、低硫、高热值贫瘦煤。三$_2$ 煤层伪厚度 2.20 m=1.20（0.36）0.64 m，原煤灰分 21.27%~32.39%，挥发分 14.35%~15.22%，全硫 0.46%~0.48%，高位发热量 22.81~27.25 MJ/kg；浮煤灰分 6.65%~7.76%，挥发分 13.10%~13.18%，全硫 0.60%~0.76%，高位发热量 33.33~33.99 MJ/kg，黏结指数为 0；煤类为贫煤。二$_1^2$ 煤层因闪长玢岩的侵位，上部为天然焦，下部为煤层，天然焦厚度 3.10 m=0.45（0.21）0.86（0.03）1.00 m；二$_1^2$ 煤层厚度 0.55 m，原煤灰分 13.59%，挥发分 8.75%，全硫 0.53%，高位发热量 29.93 MJ/kg；浮煤灰分 7.37%，挥发分 13.15%，全硫 0.70%，高位发热量 33.56 MJ/kg；煤类为低灰、低硫、高热值无烟煤。

（十一）永城市薛湖煤矿区

薛湖煤矿区位于永城市薛湖镇和夏邑县火店镇境内，东西长 20 km，南北宽 7 km，面积约 109.86 km^2。矿区地理坐标为东经 116°17′30″~116°31′37″，北纬 34°04′00″~34°10′00″，海拔 36.0~38.0 m。据资源储量核实报告，勘查程度达勘探，累计查明煤资源储量 15067.9×10^4 t，保有煤资源储量 15032.0×10^4 t，查明/保有天然焦资源量 1542.0×10^4 t。另有（334）? 类煤资源量 9743.3×10^4 t，天然焦资源量 4216.0×10^4 t。

1. 矿区地质

薛湖煤矿区内新生界厚度 370.00~390.00 m，煤系基底为中奥陶统石灰岩。含煤地层本溪组厚度 10.00~18.00 m；太原组厚度 135.00~142.00 m，平均 139.00 m；山西组厚度 68.00~109.00 m，平均 92.00 m；下石盒子组厚度 333.00~473.00 m，平均 404.00 m，上石盒子组保留厚度 186.00~359.00 m。矿区位于永城隐伏背斜北端倾伏端，区内为次级背向斜构造；聂奶奶庙次级背斜为区内基本构造格架（图 2-108），该背斜轴部位于大洪庄-聂竹园-刘花园一线，向 315°方向倾伏；东部发育向北东倾伏的张营背斜和东侧毗邻的短轴状刘松园向斜。近东西向和北北东向高角度正断层发育，由多条正断层构成的八里庄正断层束构成矿区的北东部自然边界，东以向南东陡倾的 F_{38} 正断层和北西陡倾的 F_{37} 正断层组成的刘松园地堑式正断层束与茴村煤矿区毗邻。区内岩浆岩发育，种类较多，侵入地层自奥陶系顶部至下石盒子组中部，岩性有辉绿岩、云煌岩、闪长岩、闪长玢岩及霏细岩、细粒花岗岩等，多以脉状、席状产出。区内 172 个钻孔中有 54 个钻孔穿见岩浆岩，主要侵入到二$_1$ 煤层及其上、下；矿区东部（原丁楼井田）分布普遍，以霏细岩侵入二、三煤段居多。岩浆侵位吞噬煤层取而代之，或穿插于煤层之中成为天然焦的夹层而使结构复杂化，或侵位于煤层附近使煤变质为无烟煤或焦化为天然半焦、天然焦。

2. 煤层与煤质

薛湖煤矿区含煤 13 层，煤层总厚度 7.27 m。三$_2^2$、二$_1^2$ 煤层大部分可采，三$_3$ 煤层局部可采，偶

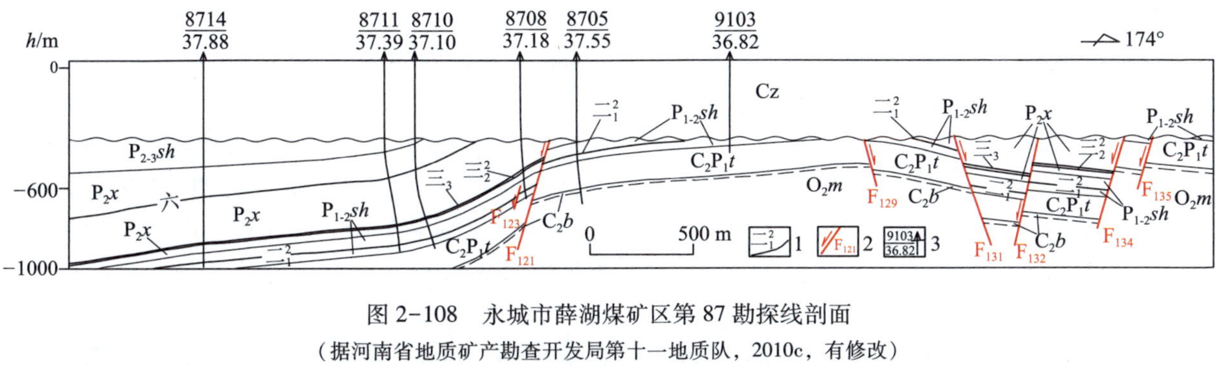

图 2-108 永城市薛湖煤矿区第 87 勘探线剖面

（据河南省地质矿产勘查开发局第十一地质队，2010c，有修改）

Cz—新生界；$P_{2-3}sh$—二叠系阳新统—乐平统上石盒子组；P_1x—二叠系阳新统下石盒子组；$P_{1-2}sh$—二叠系船山统—阳新统山西组；C_2P_1t—上石炭统—船山统太原组；C_2b—上石炭统本溪组；O_2m—中奥陶统马家沟组。1—煤层及编号；2—正断层及编号；3—钻孔编号/孔口标高（m）

尔可采的$二_1^1$煤层厚度0~2.03 m，平均0.67 m。$三_3$煤层埋深330~980 m，底板标高-300~-950 m，区内穿见100孔，其中见煤和天然焦88孔，尖灭零点10孔，岩浆岩吞蚀零点2孔，74孔见煤点中可采39孔，14孔见天然焦点中可采9孔，东部受岩浆岩侵蚀不可采；煤层厚度0~1.89 m，平均0.79 m，27孔含厚度0.03~0.52 m泥岩夹矸1~2层，煤层直接顶、底板均为砂质泥岩，间接顶板为细砂岩或粉砂岩，间接底板为砂质泥岩或细砂岩；天然焦厚度0~2.15 m，平均0.70 m，岩浆岩夹矸厚度较大，最厚达2.93 m（5065孔）。$三_2^2$煤层上距$三_3$煤层平均11.00 m，下距$二_1$煤层89.20 m，煤层埋深330~990 m，底板标高-300~-960 m，穿见102孔，其中见煤和天然焦80孔，尖灭零点16孔，岩浆岩吞蚀零点6孔，74孔见煤点中可采45孔，6孔见天然焦点中可采1孔；煤层可采区主要分布于87勘探线以东中深部，87勘探线以西煤层不可采或相变成碳质泥岩乃至沉积无煤区，煤层厚度0~2.28 m，平均0.80 m，19孔含厚度0.03~0.40 m的泥岩夹矸1~2层，偶为3层，煤层直接顶板为砂质泥岩或细砂岩，直接底板为细砂岩，间接顶板为细砂岩或粉砂岩，间接底板为砂质泥岩或细砂岩；天然焦厚度0~1.70 m，平均0.28 m，东部71线以东中浅部岩浆岩入侵区较薄。$二_1^2$煤层上距下石盒子组底部铝质泥岩平均36.60 m，煤层埋深330~1080 m，底板标高-300~-1050 m，穿见112孔，其中见煤和天然焦110孔，尖灭零点2孔，93孔见煤点中可采82孔，17孔见天然焦点中可采13孔；66线以东由于岩浆岩的侵入，煤被切割变质成数层达不到可采厚度的天然焦；煤层厚度0~4.77 m，平均2.23 m，19孔含厚度0.02~0.52 m的泥岩夹矸1层；煤层直接顶板为砂质泥岩或细砂岩，局部为中-粗粒砂岩；直接底板为细砂岩和砂质泥岩；天然焦厚度0.10~3.77 m，平均1.86m，岩浆侵位部位，1孔（9107）夹矸达3层，1孔（9506）夹矸达7层，单层最大矸厚度5.17 m。

薛湖煤矿区的$三_3$、$三_2^2$煤原煤灰分：贫瘦煤17.89%~31.43%，平均24.34%；贫煤15.86%~35.84%，平均22.94%；无烟煤23.42%~38.50%，平均28.88%。原煤全硫：贫瘦煤0.29%~2.98%，平均0.52%；贫煤0.36%~1.44%，平均0.54%；无烟煤0.51%~0.77%，平均0.62%。原煤发热量21.46~27.50 MJ/kg，平均25.10 MJ/kg。浮煤挥发分：贫瘦煤15.40%~16.77%，贫煤12.51%~13.43%，无烟煤8.56%~9.10%。$二_1^2$煤原煤灰分：贫煤9.79%~29.21%，平均16.91%；无烟煤9.28%~17.42%，平均14.39%。原煤全硫：贫煤0.28%~1.14%，平均0.36%；无烟煤0.28%~0.67%，平均0.49%。原煤发热量27.54~29.68 MJ/kg，平均28.47 MJ/kg；浮煤挥发分：无烟煤8.51%，贫煤11.63%。天然焦灰分15.72%~36.67%，平均24.61%；全硫0.32%~2.28%，平均1.02%；发热量18.14~26.34 MJ/kg，平均22.70 MJ/kg；天然焦浮煤挥发分平均8.5%，随灰分的减少而降低。$二_1^2$煤层以贫煤为主，少量无烟煤及天然焦，以薛湖至洪路口一线为界，其北为贫煤，南为无烟煤。$三_3$、$三_2^2$煤层以贫煤为主，少量无烟煤、贫瘦煤和天然焦；三煤段各煤层于丁庙-洪路口-曹庄一线以北为瘦煤，向南渐渐过渡为贫煤至无烟煤。

（十二）永城市顺河西煤矿区

顺河西煤矿区位于永城市西部太丘、蒋口、酂（chuo）阳、十八里、马牧等乡及夏邑县会亭镇、岐河乡一带，为海拔50 m左右的平原地貌，面积约166.46 km^2。矿区地理坐标为东经116°04′52″~116°17′20″，北纬33°58′00″~34°08′28″。2005~2011年，河南省地质矿产勘查开发局第十一地质队开展了本区煤矿预查-详查，提交的《河南省永城市顺河西煤详查报告》累计查明/保有煤资源量22870.0×10^4 t，天然焦资源量20013.0×10^4 t，估算（334）？类煤资源量12185.0×10^4 t，天然焦资源量225.0×10^4 t；另有埋深1500 m以深的（334）？类煤资源量17210.0×10^4 t。

1. 矿区地质

顺河西煤矿区内新生界厚度382.41~524.90 m，平均438.14 m。煤系基底为中奥陶统石灰岩。含煤地层本溪组厚度8.40~9.58 m，平均8.99 m；太原组厚度139.17~152.93 m，平均146.05 m，含不可采薄煤或碳质泥岩3层，含石灰岩9~11层；山西组顶界止于富含菱铁质鲕粒的铝质泥岩，厚度83.02~125.94 m，平均103.30 m，1孔见$二_1^{1下}$煤层厚度0.30 m，厚度0~1.71 m的$二_1^{1中}$煤层偶可采，

$二_1^{1上}$煤层厚度0~0.56 m，$二_1^2$煤层大部分可采，4孔见$二_3$煤层厚度0~0.50 m；下石盒子组厚度303.92~551.11 m，平均409.62 m，三煤段含煤1~7层（$三_1$—$三_7$），其中$三_2$、$三_4$煤层局部可采，四煤段仅ZK2401孔见不可采薄煤1层，六煤段见1~2层不可采薄煤；上石盒子组厚度349.83~541.56 m，平均451.90 m，未见煤层。煤系盖层孙家沟组揭露最大厚度495.39 m。区内总体构造格架为次级背、向斜构造（图2-109），地层倾角3°~15°。发育多条北西向和北东向高角度正断层。施工68孔中，59孔共穿见131层岩浆岩，侵位于下石盒子组及其下部地层中，岩性有辉绿（长）岩、闪长（玢）岩、煌斑岩等，岩浆岩多呈厚度变化较大的岩席或似层状沿煤中或煤层顶、底板或近煤层上、下或其他软弱层顺层侵入，有时分岔为多层与煤层相间分布。岩浆侵位于煤中时使煤层分岔、不可采，且使煤层烘烤变质为天然焦，厚度较大的岩体甚至将煤层吞噬成无煤点；侵位于煤层上成为煤层直接顶板时，煤层自上而下变质程度向下渐弱，厚度较大的岩体使煤层大部分变质为天然焦导致煤层变薄或不可采；侵位于煤层下成为其底板时，多将煤层烘烤为天然焦，厚度较大的岩体将使煤层变薄；岩浆岩厚度不大时，煤层可焦化形成煤焦混合层，上部或下部的部分煤变质为天然焦。

图2-109 永城市顺河西煤矿区$二_1^2$煤层底板等高线图

（据河南省地质矿产勘查开发局第十一地质队，2011，有修改；图中赞阳为酂阳）

2. 煤层与煤质

顺河西煤矿区内二$_1^2$煤层埋深600~2020 m，煤底标高-550~-1970 m，施工68孔，除ZK4001、ZK0709未达层位，穿见66孔，1孔断失，3孔岩浆吞噬，见煤62孔，50孔可采，煤厚0~6.76 m，平均2.33 m，7孔含矸1层，1孔含矸2层，4孔夹矸厚度大于0.80 m；煤层直接顶板多为泥岩、粉砂岩，向上逐渐过渡为松散胶结、层理面上多含白云母片的中-粗粒砂岩（俗称豆腐渣砂岩）；底板多为层理面上具有较多的云母碎片、炭化植物化石及碎片和煤屑的条带状细砂岩（俗称叶片状砂岩），部分地段为砂质泥岩。三$_2$煤层埋深500~1920 m，可采区位于东北部及东南部，施工68孔，1孔未达层位，3孔断失，4孔为碳质泥岩，5孔沉积缺失，见煤55孔，25孔可采，煤厚0~4.09 m，平均0.99 m，6孔含矸1~2层，ZK0903孔夹矸厚度1.37 m；煤层顶、底板多为泥岩，少数为岩浆岩，个别钻孔有泥岩或碳质泥岩伪顶或伪底。三$_4$煤层局部可采，埋深490~1910 m，穿见46孔，14孔可采，煤厚0~2.28 m，平均0.79 m，7孔含矸1~2层；煤层顶、底板多为泥岩，少数为粉砂岩和岩浆岩。

顺河西煤矿区的二$_1^2$煤岩成分以亮煤为主，暗煤、镜煤次之，属半亮型煤，煤类以低灰、特低硫、高热值贫煤为主（表2-138），无烟煤仅小范围分布于03、04线中部，天然焦主要分布于本区中部14至04线间。三$_2$、三$_4$煤岩组分以暗煤为主，次为亮煤，属半暗型煤，煤类主要为中灰、特低-低硫、中高-高热值贫煤，三$_2$煤层天然焦主要分布于04线中部。煤的物性特征为高电阻率、高伽马-伽马值（低密度）、低放射性，天然焦为低阻、低密度、低放射性。

表2-138　永城市顺河西煤矿区煤质特征简表

<table>
<tr><th colspan="2">煤层</th><th>A_d/%</th><th>V_{daf}/%</th><th>$S_{t,d}$/%</th><th>$Q_{gr,d}$/(MJ·kg^{-1})</th><th>R^o_{max}/%</th><th>煤类</th></tr>
<tr><td rowspan="2">三$_4$</td><td>原煤</td><td>13.50~30.63
24.70 (9)</td><td>10.26~23.60
15.97 (11)</td><td>0.25~1.30
0.57 (12)</td><td>22.58~30.34
25.54 (9)</td><td rowspan="2">2.20~2.58
2.43 (3)</td><td rowspan="2">PM</td></tr>
<tr><td>浮煤</td><td>7.86~26.76
15.83 (7)</td><td>10.34~20.23
14.90 (8)</td><td>0.23~0.89
0.50 (8)</td><td>23.40~33.47
29.45 (7)</td></tr>
<tr><td rowspan="3">三$_2$</td><td>原煤</td><td>10.86~27.18
21.07 (13)</td><td>11.26~20.33
15.16 (15)</td><td>0.16~0.79
0.43 (13)</td><td>24.80~31.29
27.37 (13)</td><td rowspan="2">1.75~2.18
1.96 (3)</td><td rowspan="2">PM</td></tr>
<tr><td>浮煤</td><td>5.42~25.50
13.52 (10)</td><td>10.56~20.00
12.71 (10)</td><td>0.26~0.62
0.43 (10)</td><td>29.79~34.21
31.54 (8)</td></tr>
<tr><td>原煤</td><td>33.62~37.05
34.94 (4)</td><td>5.46~16.12
8.88 (6)</td><td>0.08~0.72
0.29 (6)</td><td>20.30~22.52
21.22 (4)</td><td>3.90~4.75
4.27 (3)</td><td>TR</td></tr>
<tr><td rowspan="5">二$_1^2$</td><td>原煤</td><td>10.78~18.64
14.20 (18)</td><td>0.25~17.81
13.97 (20)</td><td>0.27~1.07
0.46 (20)</td><td>27.65~31.73
30.30 (19)</td><td rowspan="4">1.77~2.78
2.32 (12)</td><td rowspan="2">PM</td></tr>
<tr><td>浮煤</td><td>4.42~12.13
7.26 (16)</td><td>10.12~17.82
12.86 (16)</td><td>0.25~0.78
0.39 (16)</td><td>31.02~34.41
33.31 (15)</td></tr>
<tr><td>原煤</td><td>11.09~21.03
15.19 (13)</td><td>4.33~12.37
9.85 (16)</td><td>0.30~0.65
0.44 (15)</td><td>28.05~31.43
29.76 (12)</td><td rowspan="2">WY</td></tr>
<tr><td>浮煤</td><td>4.13~12.48
8.65 (13)</td><td>4.73~9.84
8.42 (16)</td><td>0.29~0.53
0.39 (15)</td><td>28.25~34.59
32.46 (15)</td></tr>
<tr><td>原煤</td><td>14.91~37.33
23.99 (15)</td><td>3.16~16.42
9.40 (16)</td><td>0.08~1.02
0.42 (15)</td><td>18.75~28.44
24.25 (12)</td><td>1.85~4.82
3.78 (13)</td><td>TR</td></tr>
</table>

注：资料来源于《河南省永城市顺河西煤详查报告》，河南省地质矿产勘查开发局第十一地质队，2011。

（十三）永城市郑双庙煤矿区

郑双庙煤矿区位于夏邑县会亭镇和永城市马牧乡境内，为海拔34.10~37.99 m的平原区，面积约 24.44 km^2。矿区地理坐标为东经 116°06′13″~116°11′09″，北纬 34°00′05″~34°03′28″。2012 年，河南省地质矿产勘查开发局第十一地质队提交的《河南省永城市郑双庙煤矿普查报告》累计查明/保有煤资源量 3204.0×10^4 t；另估算埋深 1500 m 以浅的（334）？类煤资源量 1613.0×10^4 t，1500 m 以深的（334）？类煤资源量 2146.0×10^4 t。新生界揭露厚度 477.05~499.60 m，仅 ZK0501 孔穿见太原组顶部地层。山西组厚度 69.03~97.03 m，平均 84.15 m。石盒子组保留不全。孙家沟组揭露最大厚度 495.39 m。区内地层总体倾向南西，倾角 7°~12°，F_1 和 F_2 正断层破坏了地层的连续性。F_1 正断层走向北北东，倾向西，倾角 60°~70°，落差 30~80 m；F_2 正断层走向北西，倾向北东，倾角 60°~70°，落差 10~250 m；F_1 正断层之西二$_1^2$ 煤层埋深 1300~1700 m，F_1、F_2 正断层之间二$_1^2$ 煤层埋深 1250~1650 m，F_2 正断层之东二$_1^2$ 煤层埋深 1350~1650 m。区内仅二$_1^2$、三$_2$ 煤层可采。二$_1$ 煤层底板标高 -1240~-1600 m，施工 3 孔，1 孔断失，2 孔可采，可采煤厚 1.40~3.15 m。三$_2$ 煤层埋深 1200~1550 m，估算标高-1165~-1515 m，5 孔穿过，4 孔可采，煤厚 0.30~1.20 m，平均 0.84 m。煤层顶、底板多为泥岩和少量粉砂岩。二$_1$ 煤为低灰、特低硫、高热值贫煤，三$_2$ 煤为中灰、特低硫、中高热值贫煤（表 2-139）。

表 2-139　永城市郑双庙煤矿区煤质特征简表

煤层		A_d/%	V_{daf}/%	$S_{t,d}$/%	$Q_{gr,d}$/(MJ·kg^{-1})	视密度（t/m^3）
三$_2$	原煤	27.81~29.40 28.81（4）	8.33~19.92 13.82（4）	0.26~0.65 0.43（4）	23.69~24.99 24.36（4）	1.42~1.43 1.43
	浮煤	7.05~19.84 15.57（3）	10.27~18.49 13.47（3）	0.42~0.64 0.56（3）	28.21~33.52 30.87（2）	—
二$_1^2$	原煤	13.22~16.60 14.91（2）	14.15~15.52 14.84（2）	0.32~0.36 0.34（2）	29.46~31.19 30.33（2）	1.48~1.57 1.53
	浮煤	6.32~10.59 8.46（2）	13.44~15.33 14.39（2）	0.28~0.37 0.33（2）	32.32~34.21 33.77（2）	—

注：资料来源于《河南省永城市郑双庙煤矿普查报告》，河南省地质矿产勘查开发局第十一地质队，2012。

（十四）永城市李大庄煤矿区

李大庄煤矿区位于永城市陈四楼和城郊煤矿区西部，为海拔 33.0~36.0 m 的平原区，面积约 56.30 km^2。矿区地理坐标为东经 116°15′15″~116°21′07″，北纬 33°58′00″~34°05′00″。2007 年，中国煤炭地质总局第一勘探局地质勘查院提交的《河南省永城市李大庄勘查区煤炭普查报告》累计查明/保有煤资源量 19540.0×10^4 t，天然焦资源量 4401.0×10^4 t；另有（334）？类煤资源量 7623.0×10^4 t，（334）？类天然焦资源量 2396.0×10^4 t。

1. 矿区地质

李大庄煤矿区内新生界平均厚度 375.00 m。山西组厚度 81.55~123.55 m，平均 106.83 m。石盒子组平均厚度 1048.00 m。煤系盖层为孙家沟组。本区位于永城隐伏背斜西翼，总体构造格架为向西南缓倾的次级背斜构造，地层倾角 8°~12°，近南北向高角度正断层发育。区内施工的近三分之一钻孔穿见了不同类型的岩浆侵入体，一般穿见厚度多小于 10 m，其中小于 3 m 的占三分之二以上，主要岩性为辉绿岩，次为闪长岩和煌斑岩；不同的侵位方式对煤层的影响有所不同，直接为煤层的顶、底板使煤层变薄，穿插到煤层中间使煤层分岔成为两层或多层，煤层被吞蚀造成局部无煤区，侵占煤层的大部分空间使煤层不连续（不可采）或呈捕虏体（指天然焦）或焦岩混合。

2. 煤层与煤质

李大庄煤矿区内二$_1^2$ 煤层底板多为条带状细-中粒砂岩，少数为泥岩；顶板多为泥岩，少数为砂岩；穿见 26 孔，可采 20 孔，煤厚 0.40~4.34 m，平均 2.04 m，局部含矸 1 层，赋煤标高 -380~

-1500 m。$三_1$ 煤层可采区位于Ⅲ勘探线以南，穿见 32 孔，可采 12 孔，煤厚 0~1.55 m，平均 0.61 m，局部含矸 1 层。$三_2$ 煤层下距$三_1$ 煤层平均 5.83 m，煤层顶、底板一般为泥岩，顶板偶见砂岩，穿见 30 孔，可采 24 孔，煤厚 0.05~2.23 m，平均 1.18 m，局部含矸 1~2 层。$三_4$ 煤层下距$三_2$ 煤层平均 7.90 m，顶板主要为泥岩，偶见细-中粒砂岩；底板以泥岩为主，偶见细砂岩；穿见 28 孔，可采 16 孔，煤厚 0~5.12 m，平均 1.04 m，局部含矸 1~2 层，可采区位于矿区东南部。

李大庄煤矿区的$二_1^2$ 煤主要由亮煤组成，镜煤、暗煤次之，丝炭少量，镜煤常呈薄层状或透镜状与亮煤、暗煤等构成条带状结构，煤岩类型以半亮型煤为主兼有光亮型煤；煤层上部多为块煤，中下部常为碎屑状及粉状，煤层底部煤质差，有些已成为高灰分煤或高碳质泥岩。三煤段各煤层主要为暗煤、亮煤，少量镜煤、丝炭呈线状、透镜状产出，构成以半亮型-半暗型煤为主的煤岩类型，常为层状，少数以暗煤为主的煤呈块状构造。天然焦颜色较浅，一般呈致密块状，少数为粒状，有细小气孔，煤岩组分及结构均模糊不清，有些可见六方柱状节理；焦化程度高者燃烧时易发生爆裂，并伴随响声，即通常所说的“热爆性”；受各种因素（岩浆岩种类、厚度、产状、侵入方式和部位及煤厚、煤质等）影响，一些焦化程度低的天然焦，宏观特征近似未焦化的煤层，原始结构及煤岩组分仍清晰可见，称之为“天然半焦”，是煤和天然焦的过渡类型。煤类主要为无烟煤，个别点为贫煤，$二_1^2$ 煤以低灰、特低硫、高热值煤为主，$三_1$、$三_2$、$三_4$ 煤以中灰、低硫、中-中高热值煤为主（表 2-140）。

表 2-140 永城市李大庄煤矿区煤质特征简表

煤层		A_d/%	V_{daf}/%	$S_{t,d}$/%	$Q_{gr,d}$/(MJ·kg^{-1})	煤类
$三_4$	原煤	18.15~26.95 / 23.22（8）	8.52~13.64 / 11.44（8）	0.07~0.69 / 0.49（5）	13.98~28.63 / 24.62（7）	WY
	浮煤	5.00~13.19 / 8.95（8）	5.25~11.86 / 9.84（8）	0.43~0.59 / 0.51（2）	32.47（1）	
	原煤	27.53~35.96 / 31.75（2）	5.61~7.47 / 6.54（2）	—	20.06（1）	TR
$三_2$	原煤	15.21~36.84 / 25.06（11）	6.88~13.99 / 10.36（11）	0.42~0.83 / 0.55（6）	19.08~29.98 / 24.92（11）	WY
	浮煤	5.05~13.75 / 8.51（7）	9.37~11.32 / 9.33（7）	0.45（1）	—	
$三_1$	原煤	17.04~34.35 / 22.37（7）	12.02~17.74 / 12.14（7）	0.46~1.18 / 0.82（2）	18.95~29.01 / 24.11（7）	WY
	浮煤	5.79~17.53 / 10.53（6）	2.93~11.59 / 9.50（6）	0.42~0.54 / 0.48（2）	—	
$二_1^2$	原煤	9.78~27.98 / 17.28（7）	10.55~13.00 / 11.56（7）	0.41~0.54 / 0.46（3）	25.05~32.50 / 29.11（5）	WY
	浮煤	5.26~10.67 / 8.42（5）	8.67~10.85 / 9.98（5）	0.40~0.45 / 0.43（2）	31.95~32.57 / 32.26（2）	
	原煤	20.93~27.03 / 23.98（3）	5.68~7.16 / 6.61（3）	0.08~0.29 / 0.19（2）	23.46~31.51 / 27.49（2）	TR

注：资料来源于《河南省永城市李大庄勘查区煤炭普查报告》，中国煤炭地质总局第一勘探局地质勘查院，2007。

（十五）永城市顺河煤矿区

顺河煤矿区位于永城市顺和乡，为海拔 35.0~37.0 m 的平原地貌，面积约 34.32 km^2。矿区地理坐标为东经 116°18′21″~116°25′14″，北纬 34°03′47″~34°06′30″。据资源储量核实报告，勘查程度达勘探，累计查明煤资源储量 6763.4×10^4 t，保有煤资源储量 5892.5×10^4 t，查明/保有天然焦资源量 3454.4×10^4 t；另有（334）？类煤资源量 1060.5×10^4 t。

顺河煤矿区内新生界厚度 359.41~439.70 m，煤系基底为中奥陶统石灰岩。含煤地层本溪组厚度

2.00~12.00 m，太原组平均厚度 140.00 m，山西组厚度 81.55~123.55 m，下石盒子组厚度 353.88~592.09 m，上石盒子组残留厚度 222.83~261.00 m。矿区位于永城隐伏背斜西翼，主体处于后王庄次级背斜之北翼，整体为一倾向北北西的单斜构造，并发育更次一级褶曲，地层倾角 6°~15°。近东西向、北东向和北西向高角度正断层发育。竣工的 48 个钻孔中有 34 个孔穿见岩浆岩，岩性有辉绿岩、闪长岩、云煌岩、花岗斑岩等，自奥陶系至二叠系上石盒子组均有侵入，以山西组及下石盒子组较为普遍，并常常侵入三煤段煤层和$二_1^2$煤层中，对煤层的穿插、吞蚀等使接触带附近的煤层烘烤变质成天然焦。

顺河煤矿区含煤 10 层，累计厚度 10.86 m。$二_1^2$煤层全区可采，估算标高至-1200 m。$三_2$、$三_4$煤层局部可采，估算标高至-1100 m。$二_1^2$煤层穿见 39 孔，除 14-1 孔为零点外均可采，最大煤厚 3.85 m，平均 2.17 m，2 孔含 1 层厚度 0.28~0.35 m 的泥岩夹矸。$三_2$煤层下距$二_1^2$煤层平均 85.00 m，穿见 27 孔，见煤 22 孔，见天然焦 2 孔，3 孔沉缺，可采见煤点 10 孔，煤厚 0~2.02 m，平均 0.78 m，局部含矸。$三_4$煤层下距$三_2$煤 5.00~7.00 m，穿见 27 孔，见天然焦 18 孔，见无烟煤 8 孔，1 孔沉缺，可采 9 孔，煤厚 0~2.20 m，平均 0.77 m。$二_1^2$煤以低灰、特低硫、高热值无烟煤为主，天然焦仅见于矿区东缘和西南缘的 9 孔中；无烟煤原煤：水分 2.85%；灰分 10.71%~35.56%，平均 15.22%；挥发分 5.36%~9.42%，平均 7.23%；全硫 0.23%~1.13%，平均 0.46%；磷含量最大为 0.008%，氯含量最高为 0.030%；发热量 20.39~31.93 MJ/kg，平均 28.35 MJ/kg；天然焦：灰分 21.37%~39.32%，平均 29.34%；挥发分 4.92%~10.30%，平均 7.96%，全硫 0.02%~0.39%，平均 0.24%。$三_2$煤原煤水分 1.35%；全硫小于 0.50%；灰分 27.57%~38.36%，平均 35.57%；挥发分 8.76%~15.05%，平均 11.97%；发热量为 19.73~24.50 MJ/kg，平均 21.09 MJ/kg；煤类主要为中高灰、中低热值贫煤和无烟煤。$三_4$煤原煤水分含量 3.33%，灰分 29.05%，全硫小于 0.50%，高位发热量 19.24 MJ/kg，煤类为中灰、特低硫、中低热值无烟煤；天然焦：灰分 21.37%~39.32%，平均 29.34%；挥发分 4.92%~10.30%，平均 7.96%；硫分 0.02%~0.39%，平均 0.24%。

（十六）永城市陈四楼煤矿区

陈四楼煤矿区位于永城市北部的城厢、陈集、顺和等乡境内，为平原地貌，海拔 32.0~35.0 m，面积约 75.55 km^2。矿区地理坐标为东经 116°20′04″~116°25′37″，北纬 33°57′09″~34°05′08″。据资源储量核实报告，勘查程度达勘探，累计查明煤资源储量 30600.1×10^4 t，保有煤资源储量 25933.9×10^4 t，查明/保有天然焦资源量 4151.0×10^4 t。

陈四楼煤矿区内新生界平均厚度 348.73 m，煤系基底为中奥陶统石灰岩。含煤地层本溪组厚度 2.00~22.00 m，平均 8.78 m；太原组厚度 93.00~164.00 m；山西组厚度 89.94~131.78 m，平均 106.43 m；下石盒子组平均厚度 432.00 m；上石盒子组残留最大厚度 321.76 m。矿区位于永城隐伏背斜的西翼，构造复杂，地层总体西倾，倾角 8°~20°，次级褶皱发育，并发育有北西向、北东向和近东西向高角度正断层，矿区西南部出现大片构造断失无煤区。岩浆岩广泛发育，辉绿岩分布最广，次为闪长岩、花岗岩、煌斑岩、细晶岩等，岩浆常沿煤层顶、底板或顺煤层侵入，使煤层变薄、分岔、甚至不可采或使煤层变质为天然焦。

陈四楼煤矿区内太原组含煤 1~6 层，未见可采点。山西组含煤 3 层（$二_1^1$、$二_1^2$、$二_3$），$二_1^2$煤层全区可采。下石盒子组下部含煤 7 层（$三_1$—$三_7$），$三_1$、$三_2^2$煤层大部分可采，$三_4$煤层局部可采，$三_5$煤层零星可采，中、上部一般为煤线和碳质泥岩。$二_1^2$煤层埋深 300~900 m，底板标高-300~-850 m，煤厚 0.80~3.85 m，平均 2.45 m；煤层底板多为细-中粒砂岩，局部为黑色泥岩；顶板以泥岩为主，次为中-粗粒砂岩。$三_1$煤层可采区分布在 08 勘探线以南，埋深 380~800 m，底板标高-350~-770 m，厚度 0.85~2.03 m，平均 1.30 m，自南向北由单层结构逐渐变为双层、三层结构；煤层直接顶板以泥岩为主；底板以砂岩为主，局部为粉砂岩。$三_2^2$煤层下距$三_1$煤层 0.60~14.54 m，埋深 380~800 m，底板标高-350~-770 m，可采厚度 0.81~2.66 m，平均 1.50 m；煤层底板以泥岩为主，次为细砂岩；顶板亦以泥岩为主，次为细-中粒砂岩。三$_4$ 煤层下距三$_2^2$ 煤层顶 1. 55～18. 47 m，埋深 360～780 m，底板标高-330～-750 m，可采厚度 0. 82～2. 31 m，平均 1. 60 m，局部含矸 1 层；煤层底板为泥岩，偶见细砂岩；顶板以泥岩为主，次为细砂岩及粉砂岩。三$_5$ 煤层平均厚度 0. 64 m。

陈四楼煤矿区的二$_1^2$ 煤原煤灰分 6. 29%～31. 14%，平均 13. 74%，中灰煤主要分布在 F_2 断层附近；发热量 23. 20～33. 10 MJ/kg，平均 29. 92 MJ/kg；浮煤挥发分 3. 93%～9. 17%，平均 7. 52%。三$_1$ 煤原煤灰分 20. 95%～39. 96%，平均 30. 21%；发热量 19. 48～27. 50 MJ/kg，平均为 23. 98 MJ/kg；浮煤挥发分 7. 00%～10. 07%，平均 8. 57%。三$_2^2$ 煤原煤灰分 15. 91%～38. 90%，平均 25. 76%；发热量 17. 92～29. 57 MJ/kg，平均 25. 45 MJ/kg；浮煤挥发分 6. 13%～10. 01%，平均 8. 33%。三$_4$ 煤原煤灰分 11. 46%～31. 50%，平均 22. 27%，在 6904 孔附近因焦化而出现高灰分；发热量 22. 21～31. 15 MJ/kg，平均 26. 69 MJ/kg；浮煤挥发分 5. 46%～9. 55%，平均 8. 30%。三$_5$ 煤原煤灰分 17. 03%～33. 64%，平均 26. 74%；发热量 21. 80～28. 30 MJ/kg；浮煤挥发分 2. 88%～8. 23%，平均 5. 83%。天然焦的灰分产率与同层煤相比平均高出 0. 93%～6. 90%。煤类以低硫无烟煤为主，有少量天然焦，各煤层硫含量平均值均小于 1%；二$_1^2$ 煤以低灰、高热值煤为主，三$_1$、三$_2^2$、三$_4$、三$_5$ 煤以中灰-中高灰、中-中高热值煤为主。

（十七）永城市城郊煤矿区

永城市城郊煤矿区位于永城市城关镇和城厢、侯岭、双桥、十八里、将口等乡境内，面积约 99. 77 km^2，矿区地理坐标为东经 116°17′30″～116°25′22″，北纬 33°53′33″～34°00′36″。据资源储量核实报告，勘查程度达勘探，累计查明煤资源储量 76072. 8×10^4 t，保有煤资源储量 73316. 6×10^4 t，查明/保有天然焦资源量 1688. 0×10^4 t。

永城市城郊煤矿区内新生界平均厚度 364. 91 m，煤系基底为中奥陶统石灰岩。本溪组厚度 4. 54～11. 42 m，平均 8. 21 m。太原组厚度 135. 70～159. 20 m，平均 145. 82 m。山西组厚度 72. 40～130. 10 m，平均 102. 54 m。下石盒子组厚度 344. 62～515. 37 m，平均 445. 67 m。上石盒子组残留厚度 0～371. 55 m。矿区位于永城隐伏复式背斜的西翼中段，总体构造特征以次级宽缓褶皱为主，主要有蒋阁短轴向斜、马岗短轴背斜、城郊向斜、四里禅向斜、柏窑背斜、屈庄向斜、洪岗背斜、小莫庄向斜、流酒池子向斜、关庄向斜和王庄向斜。北北东向、近东西向和北西向高角度正断层发育，且多集中在背、向斜两翼，地层倾角 8°～15°。辉绿岩脉对 31 线以北的三$_2$、三$_4$ 煤层影响较大，尤以三$_2^2$ 煤层为甚，多集中在 F_4、F_6 与 F_{14} 这 3 条断层限定的范围之中，其他部位少见。

永城市城郊煤矿区的二$_1^2$、三$_2^2$ 煤层全区可采，三$_1$、三$_4$ 煤层大部分可采。二$_1^2$ 煤层埋深 311～962 m，煤底标高-280～-930 m，可采煤厚 0. 80～7. 68 m，平均 2. 95 m，偶含 0. 20～0. 30 m 厚的泥岩夹矸 1 层；煤层顶板多为泥岩，局部为砂岩；底板为泥岩和砂岩。三$_1$ 煤层上距三$_2^2$ 煤层底板平均 4. 19 m，煤底标高-250～-860 m，埋深 281～892 m，可采厚度 0. 80～2. 03 m，平均 1. 16 m，含矸 1 层；煤层顶板以泥岩为主，局部为砂岩；煤层底板多为泥岩。三$_2^2$ 煤层上距三$_4$ 煤层底板平均 8. 42 m，煤底标高-250～-855 m，埋深 281～887 m，可采煤厚 0. 80～2. 80 m，平均 1. 56 m，偶含矸 1 层；煤层底板多为泥岩；顶板大部分泥岩。三$_4$ 煤层埋深 276～882 m，煤底标高-245～-850 m，可采煤厚 0. 81～3. 55 m，平均 1. 46 m，含矸 0～2 层；煤层底板大部分为泥岩，局部为砂岩；顶板以泥岩为主，个别点为砂岩。煤类主要为特低磷、高热值无烟煤，有少量天然焦，二$_1^2$ 煤以低灰、特低硫、高热值煤为主，三煤以中灰、低硫、中高热值煤为主（表 2-141）。

（十八）永城市新桥煤矿区

新桥煤矿区位于永城市南部的马桥镇和双桥乡、新桥乡境内，西至 F_{203} 正断层，南到省界，面积约 57. 18 km^2。矿区地理坐标为东经 116°12′30″～116°18′02″，北纬 33°43′22″～33°54′00″。据资源储量核实报告，勘查程度达勘探，累计查明煤资源储量 17682. 8×10^4 t，保有煤资源储量 17342. 6×10^4 t，查明/保有天然焦资源量 11398. 7×10^4 t。

表 2-141 永城市城郊煤矿区煤质特征简表

煤层		原煤			浮煤	
		A_d/%	$S_{t,d}$/%	$Q_{gr,ad}$/(MJ·kg^{-1})	A_d/%	V_{daf}/%
三$_4$	WY	12.32~36.47 20.45 (85)	0.33~1.07 0.61 (60)	20.70~32.40 27.20 (76)	3.05~13.23 7.48 (78)	6.49~9.82 8.33 (75)
	TR	16.82~24.92 20.29 (7)	0.41~0.55 0.49 (5)	25.5~32.40 28.20 (7)	4.84~12.06 8.97 (7)	10.06~11.37 10.74 (7)
三$_2^2$	WY	13.68~34.04 20.10 (83)	0.23~1.47 0.62 (57)	18.00~30.50 27.40 (76)	2.45~13.36 8.04 (72)	6.30~9.53 8.36 (67)
	TR	16.79~26.30 20.72 (11)	0.42~0.61 0.54 (7)	24.60~29.30 27.50 (11)	4.36~11.88 7.89 (11)	9.97~11.44 10.55 (11)
三$_1$	WY	14.96~39.91 27.55 (72)	0.39~1.19 0.64 (42)	19.90~30.00 24.30 (67)	4.12~15.29 9.79 (60)	6.86~9.85 8.39 (59)
	TR	23.08~36.37 28.19 (6)	0.43~0.66 0.53 (5)	21.20~27.00 24.60 (6)	4.87~17.02 8.50 (6)	9.94~11.22 10.51 (6)
二$_1^2$	WY	8.64~35.67 14.41 (178)	0.14~1.05 0.50 (8)	20.70~32.40 29.50 (155)	2.50~11.53 6.23 (147)	5.62~9.86 7.80 (145)

注：资料来源于《河南省永城市城郊煤核查区资源储量核查报告》，河南省地质矿产勘查开发局第十一地质队，2010d。

新桥煤矿区内新生界平均厚度 341.79 m，煤系基底为中奥陶统石灰岩。含煤地层本溪组厚度 2.13~13.81 m，平均 5.45 m；太原组厚度 119.95~156.67 m，平均 138.87 m；山西组厚度 66.60~110.11 m，平均 92.41 m；下石盒子组厚度 357.68~444.98 m，平均 381.93 m；上石盒子组平均厚度 425.50 m。矿区位于永夏煤田南部的永城背斜西翼南段，为地层总体西倾的单斜构造，倾角 15°左右，轴向北西—近东西向次级褶皱发育，由南向北较大的褶皱依次为翟庄背斜、大曾庄向斜、杨庄背斜、王苇坑向斜、黄楼背斜、马庄向斜、张庄背斜等，北北东向高角度正断层发育，次为北西向高角度正断层。F_{203} 正断层走向近南北，倾向西，倾角 80°，落差 480~1000 m。辉绿岩和辉绿玢岩多沿煤中及其顶、底板侵入。

新桥煤矿区内煤层埋深 330~1030 m。二$_1^2$ 煤层全区可采，厚度 0~6.35 m，平均 2.87 m，含矸 1~2 层，偶 3 层；煤层顶板以泥岩为多，27 勘探线以南见含菱铁质岩屑砂岩，底板主要为泥岩和夹粉砂条带的砂质泥岩，局部地段的岩浆侵位吞噬煤层或出现天然焦；二$_1^2$ 煤层之上分层二$_1^{2上}$ 煤层局部可采，下距二$_1^2$ 煤层 0.64~4.93 m，煤厚 0.10~3.64 m，平均 2.23 m，偶含 1 层夹矸。三$_2^2$ 煤层层位稳定，全区发育，大部可采，但受岩浆岩影响而大面积变质为天然焦，结构较复杂，区内煤层点、天然焦点各占一半，煤、焦厚度 0~4.24 m，平均 1.81 m，含厚度 0.02~0.81 m 夹矸 1~5 层；三$_2^{2上}$ 煤层局部可采，厚度 0~3.00 m，平均 0.79 m，含矸 1~2 层；煤层顶板多为泥岩，15—18 勘探线间以细砂岩为多；底板以泥岩为主，少数粉砂岩。三$_3$ 煤层局部可采，下距三$_2^2$ 煤层 10 m 左右，可采范围分布于 21 线以北，煤厚 0~2.08 m，平均 0.64 m，含厚度 0.02~0.68 m 夹矸 1~2 层；煤层顶板以泥岩为主，在 26—28 线中深部为粉砂岩、细砂岩；底板以泥岩为主，少数为粉砂岩。五煤层局部可采，可采范围分布于 16 线以北，煤厚 0~1.05 m，平均 0.61 m，含厚度 0.06~0.28 m 夹矸 1~2 层；煤层顶、底板以泥岩为主，少数为粉砂岩。煤类为贫煤、天然焦和无烟煤（表 2-142），贫煤和无烟煤以低灰、特低-低硫、高热值煤为主，天然焦为中灰、低-中硫、中热值。

（十九）永城市茴村煤矿区

茴村煤矿区位于永城市茴村乡、刘河乡境内，西起刘松园断层（F_{38} 断层）以及煤层风氧化带，东、北至豫皖省界，西北与薛湖煤矿区相邻，南至 26 勘探线与车集煤矿无缝对接，面积约 88.54 km^2。矿区地理坐标为东经 116°29′06″~116°35′13″，北纬 33°58′20″~34°07′36″。据资源储量核实报告，勘查程度达勘探，累计查明煤资源储量 12017.7×10^4 t，保有煤资源储量 11902.9×10^4 t，查明/保有天然焦资源量 10660.7×10^4 t。

表 2-142　永城市新桥煤矿区各主可采煤层煤质特征表

煤层编号	原煤			浮煤		煤类
	A_d/%	$S_{t,d}$/%	$Q_{gr,od}$/（MJ·kg^{-1}）	A_d/%	V_{daf}/%	
三$_3$	11.87~29.08 18.00（11）	0.52~0.69 0.61（11）	23.79~32.04 27.72（8）	3.99~10.74 2.76（11）	9.44~12.52 11.04（11）	PM
	15.54~20.01 17.78（2）	0.76~0.79 0.78（2）	27.29~28.83 28.06（2）	5.22~7.02 6.12（2）	8.58~8.64 8.61（2）	WY
三$_2^{2上}$	19.21~32.34 24.61（10）	0.08~0.65 0.27（10）	20.85~25.14 24.03（10）	—	4.11~10.89 6.05（10）	TR
	13.35~34.15 19.35（5）	0.55~11.84 0.66（5）	21.66~31.72 27.74（4）	8.12~10.62 9.43（4）	10.05~12.56 10.97（4）	PM
三$_2^2$	21.30~34.48 27.68（10）	0.11~3.81 0.71（9）	20.60~23.80 22.22（10）	11.70~16.76 14.23（2）	4.18~11.26 6.84（10）	TR
	14.82~26.02 18.00（11）	0.44~0.85 0.60（15）	25.64~29.12 27.57（13）	4.98~11.92 8.04（16）	9.41~12.59 11.03	PM
	14.69~34.02 23.32	0.42~0.72 0.55（5）	20.93~28.52 25.03（6）	5.96~12.50 9.65（5）	6.05~9.09 7.54（5）	WY
二$_1^{2上}$	16.58~23.05 19.14（3）	—	—	—	4.26~7.68 5.50（3）	TR
	14.27~17.22 15.74（5）	0.49~0.65 0.56（5）	28.01~30.24 28.98（4）	4.05~8.16 6.70（5）	10.65~12.53 11.35（5）	PM
	13.94~17.71 15.83	0.35~0.68 0.52（2）	—	9.08~11.50 10.29（2）	9.72~9.89 9.81（2）	WY
二$_1^2$	15.73~34.26 23.27（10）	1.31~3.43 1.35（10）	21.41~27.08 23.67（7）	6.19~8.36 7.23（2）	4.01~10.97 6.67（10）	TR
	6.15~29.87 13.39（29）	0.33~2.91 0.72（24）	27.13~32.89 29.69（23）	4.04~10.75 6.71（29）	9.22~12.54 10.87（29）	PM
	6.54~35.33 14.09（32）	0.36~0.98 0.55（30）	26.09~32.42 29.59（24）	2.70~11.44 6.39（32）	5.00~9.95 8.37（32）	WY

注：资料来源于《河南省永城市新桥煤核查区资源储量核查报告》，河南省地质矿产勘查开发局第十一地质队，2010e。

1. 矿区地质

茴村煤矿区内新生界平均总厚度 229.96 m，煤系基底为中奥陶统石灰岩。本溪组厚度 19.80~40.04 m，平均 29.36 m。太原组厚度 90.53~111.84 m，平均 100.32 m。山西组厚度 82.06~109.81 m，平均 92.87 m。下石盒子组厚度 380.60~453.62 m，平均 425.64 m。上石盒子组厚度 375.05~483.51 m，平均 458.94 m。孙家沟组 42-10 孔揭露厚度 112.92 m。矿区位于永夏煤田东部之永城背斜北部倾伏端东翼，西部为构造复杂的次级背向斜构造，东部基本为东倾的单斜构造，地层倾角 10°~20°，北北东向和北西向高角度正断层发育。300 个钻孔中有 124 孔穿见岩浆岩，岩石类型有辉绿岩、闪长岩、煌斑岩、花岗岩、细晶岩等，岩浆岩多呈似层状、透镜状、脉状侵位于三煤和二$_1^2$煤层附近、顶板、底板及煤中，吞噬煤层或使煤层大面积变质为天然焦，并成为其直接顶、底板或夹石，并使煤层或天然焦结构复杂化。

2. 煤层与煤质

茴村煤矿区含煤22层，平均总厚度7.15 m。$二_1^2$煤层全区可采，局部有不可采的$二_3$、$二_4$煤层，$二_1^2$煤层埋深230~1030 m，煤底标高-200~-1000 m，穿见47孔，断失8孔，可采32孔，剥蚀3孔，F_{32}断层之西4孔全部变质为天然焦；煤厚0.90~5.09 m，平均2.67 m，煤层顶板大部为泥岩，次为砂岩和粉砂岩，底板大部为泥岩。三煤段含煤2~10层，中部的细-中粒砂岩层将$三_1$、$三_2$煤层与$三_3$、$三_4$煤层分隔为上、下两个小的含煤组；下部含煤1~4层（$三_1$、$三_2^1$、$三_2^2$、$三_2^3$），仅$三_2^1$煤层局部可采，煤厚0~2.06 m，平均0.56 m，一般含矸1~2层，常有尖灭、分岔、合并现象；$三_2^2$煤层可采区主要位于32线以南，煤厚0~3.22 m，平均1.47 m，含矸2~3层，个别钻孔有岩浆岩侵位而出现天然焦；上部含煤1~6层（$三_3^1$、$三_3^2$、$三_3^3$、$三_4^1$、$三_4^2$、$三_4^3$），$三_3^2$煤层于东南部和东北部小范围可采；$三_3^1$煤层穿见38孔，见煤32孔，可采16孔，煤厚0~1.56 m，平均0.58 m，38线以北有天然焦。

茴村煤矿区的三煤段各煤层平均灰分在25.0%以下，$二_1$煤层平均灰分在15.0%以下，天然焦的平均灰分在15.0%以下，原煤经1.4比重液洗选后，灰分有大幅度的降低，精煤灰分均在7.0%以下。各煤层的全硫含量均小于1.00%，一般为0.50%~0.70%，个别点含硫量大于1.00%，形态硫以硫铁矿硫为主，有机硫和硫酸盐硫含量均较低。天然焦的含硫量比煤层的含硫量有显著的降低，其幅度随焦化程度的加深而增大，均质的块状焦一般含硫0.10%~0.20%。三煤与二煤原煤干燥基高位发热量和干燥基低位发热量分别为30.25 MJ/kg和29.30 MJ/kg，精煤干燥基高位发热量和干燥基低位发热量分别为32.93 MJ/kg和31.99 MJ/kg。本区煤类以贫煤为主，无烟煤次之，还分布有大量的天然焦，煤为低-中灰、特低-低硫、特低磷、特高热值、易磨碎、极易选煤。天然焦为灰黑色块状-粒状中灰、低硫、高热值。

（二十）永城市茴村深部煤矿区

茴村深部煤矿区位于永城市茴村乡、高庄乡，为海拔35.0 m的平原地貌，面积约58.08 km^2，矿区地理坐标为东经116°29′43″~116°37′32″，北纬33°56′27″~34°07′11″。2005~2013年，河南省煤炭地质勘察研究总院开展了该区煤矿预查、普查，提交的《河南省永城市茴村井田深部煤普查报告》累计查明/保有1500 m以浅的煤资源量11782.0×10^4 t，天然焦资源量4287.0×10^4 t，估算（334）？类煤资源量2650.0×10^4 t，（334）？类天然焦资源量3291.0×10^4 t；另有1500 m以深的（334）？类煤资源量1082.0×10^4 t，（334）？类天然焦资源量95.0×10^4 t。

茴村深部煤矿区的新生界厚度176.43~307.79 m，煤系基底为中奥陶统石灰岩。本溪组厚度19.80~40.04 m，平均29.36 m。太原组厚度90.53~111.84 m，平均100.32 m，含偶可采薄煤4~5层。山西组厚度82.06~109.81 m，平均92.87 m，含煤2~4层。下石盒子组厚度330.64~432.62 m，平均360.58 m。上石盒子组厚度395.94~495.51 m，平均435.94 m。孙家沟组揭露厚度51.95~109.30 m。为地层东倾、倾角5°~25°的单斜构造，近南北向、北东向、北西向高角度正断层发育，部分地段的岩浆岩侵位使煤层变质为天然焦。

茴村深部煤矿区共含煤10层，煤层平均总厚度8.99 m，$二_1^2$煤层为主要可采煤层，$三_2$煤层大部可采，$七_4$、$五_2$、$四_3$、$三_3$、$二_3$、$二_5$、$一_9$煤层零星可采或偶尔可采。$二_1^2$煤层（含天然焦）埋深250~1720 m，煤底标高-200~-1670 m，上距砂锅窑砂岩约44.00 m，下距L_7石灰岩约76.00 m；施工8孔，1孔断失，1孔岩浆岩侵位，6孔穿见，其中4孔为天然焦，2孔为煤；煤厚0~3.43 m，平均1.55 m，仅1401孔含1层厚度0.38 m碳质泥岩夹矸；天然焦厚度0~2.19 m，平均1.33 m。$三_2$煤层埋深350~1200 m，估算煤底标高-300~-1150 m，上距田家沟砂岩310.00 m，8孔穿过，6孔可采，煤厚0~2.35 m，平均1.33 m，煤层顶、底板为泥岩，偶见伪顶。$三_2$煤属中灰、特低硫、特低磷分、特低氯、一级含砷、中高发热量、较高软化温度灰的无烟煤，$二_1^2$煤属低灰、特低硫、特低磷分、特低氯、一级含砷、高发热量、较高软化温度灰的无烟煤，天然焦为中灰、特低硫、低磷分、特低氯、一级含砷、中发热量（表2-143）。

表 2-143　永城市苗村深部煤矿区煤质特征简表

煤层		A_d/%	V_{daf}/%	$S_{t,d}$/%	$Q_{gr,d}$/(MJ·kg^{-1})	视相对密度/(t·m^3)
三$_2$	原煤	13.30~32.29 23.53（6）	9.47~15.30 12.12（6）	0.32~0.59 0.43（6）	23.51~30.99 26.73（6）	1.42~1.60 1.52（5）
	浮煤	7.16~11.16 8.50（5）	7.59~9.84 9.04（5）	0.46~0.56 0.52（4）	31.89~33.64 33.02（4）	—
二$_1^2$	原煤	13.50~19.43 16.19（4）	6.11~9.81 7.93（4）	0.06~0.54 0.26（4）	25.13~30.58 28.03（3）	1.42~1.55 1.49（3）
	浮煤	5.23~6.53 5.88（3）	7.11~10.59 8.85（3）	0.36~0.53 0.45（3）	33.91~34.29 34.10（2）	—
TR	原煤	15.12~29.29 22.21（2）	5.73~10.64 8.19（2）	0.09~0.39 0.24（2）	23.39（1）	1.62~1.90 1.76（4）

注：资料来源于《河南省永城市苗村井田深部煤普查报告》，河南省煤炭地质勘察研究总院，2013c。

（二十一）永城市车集煤矿区

车集煤矿区位于永城市东部苗村镇、高庄镇及候岭乡境内，南至省界，为海拔31.0 m的平原区，面积约72.61 km^2。矿区地理坐标为东经116°26′20″~116°34′06″，北纬33°51′37″~33°59′32″。据资源储量核实报告，勘查程度达详查，累计查明煤资源储量42690.5×10^4 t，保有煤资源储量40659.7×10^4 t，查明/保有天然焦资源量6533.8×10^4 t。

车集煤矿区内新生界平均厚度225.00 m，煤系基底为中奥陶统石灰岩。本溪组平均厚度6.00 m。太原组厚度130.00~147.00 m。山西组厚度82.00~120.00 m，平均96.00 m。下石盒子组厚度325.00~525.00 m，平均428.00 m。上石盒子组厚度444.00~540.00 m，平均505.00 m。车集煤矿区构造形态为永城背斜东翼背景上的地层倾向南东、倾角7°~20°的单斜构造，地层走向大致呈反“S”形展布，近南北向高角度正断层发育。辉绿岩侵入使二$_1^2$煤层几乎都变成了天然焦，并吞蚀部分煤层。煤层埋深-1000 m以浅。二$_1$煤层全区可采，煤厚0~8.86 m，平均2.19 m，偶含厚度小于0.41 m的夹矸。三$_2^2$煤层大部分可采，下距二$_1^2$煤层80 m左右，煤厚0~7.20 m，平均1.99 m，含厚度0~0.80 m夹矸1~2层。三$_3$煤层大部分可采，下距三$_2^2$煤层0.15~20.00 m，煤厚0~7.20 m，平均1.83 m，含矸1~3层。三$_4$煤层局部可采，下距三$_3$煤层1.00~14.00 m，煤厚0~2.19 m，平均0.74 m。二$_1^2$煤为低灰、特低硫、高热值贫煤，三煤段皆为中灰、低硫、中高热值贫煤，天然焦中-高灰、特低-低硫、中-中高热值（表2-144）。

表 2-144　永城市车集煤矿区煤质特征简表

煤层		原煤			浮煤	
		A_d/%	$S_{t,d}$/%	$Q_{gr,ad}$/（MJ·kg^{-1}）	A_d/%	V_{daf}/%
三$_4$	PM	17.74~33.83 23.99（4）	0.54~0.75 0.64（3）	22.02~28.30 25.16（2）	6.27~15.95 10.48（4）	10.16~10.90 10.43（4）
	TR	19.81~49.29 33.61（3）	0.62~1.65 0.97（3）	15.57~25.67 21.25（3）	—	6.68~11.03 8.86（3）
三$_3$	PM	13.97~36.34 21.62（11）	0.51~0.74 0.62（9）	20.14~30.36 26.82（9）	4.07~13.14 7.35（11）	10.05~11.36 10.48（11）
	TR	15.81~47.00 31.23（7）	0.10~2.63 0.78（6）	18.00~28.48 22.69（4）	—	2.11~17.48 7.85（7）

续表

煤层		原煤			浮煤	
		A_d/%	$S_{t,d}$/%	$Q_{gr,ad}$/（MJ·kg^{-1}）	A_d/%	V_{daf}/%
三$_2^2$	PM	16.80~30.04 21.75（10）	0.51~2.65 0.99（7）	24.24~29.15 26.61（8）	5.19~17.11 9.48（10）	10.00~11.48 10.40（10）
	TR	19.55~24.54 22.64（3）	0.20~0.62 0.42（3）	25.15~25.62 25.31（3）	—	5.76~9.30 7.74（3）
二$_1^2$	PM	17.07~17.46 17.27（2）	0.40~0.43 0.42（2）	28.30（1）	4.01~9.65 6.83（2）	10.04~13.68 11.68（2）
	TR	13.78~53.07 24.42（33）	0.06~3.13 0.34（22）	18.37~28.86 23.70（20）	—	2.49~25.46 7.32（33）

注：资料来源于《河南省永城市车集煤核查区资源储量核查报告》，河南省地质矿产勘查开发局第十一地质队，2010f。

（二十二）永城市车集东煤矿区

车集东煤矿区位于永城市东南高庄镇、苗桥乡及侯岭乡境内，为车集煤矿深部，面积约31.36 km^2。矿区地理坐标为东经116°29′51″~116°35′19″，北纬33°52′08″~33°58′14″。2010~2013年，河南省地质矿产勘查开发局第四地质矿产调查院开展了该区煤矿普查、详查，提交的《河南省永城市车集煤矿东煤详查报告》累计查明/保有1500 m以浅的煤资源量19155.0×10^4 t，估算（334）？类煤资源量566.0×10^4 t；另有埋深1500 m以深的潜在煤资源6772.0×10^4 t。

1. 矿区地质

车集东煤矿区内新生界厚度150.30~235.10 m，平均216.30 m，煤系基底为中奥陶统石灰岩。含煤地层本溪组1孔揭露厚度4.52 m；太原组1孔揭露厚度135.88 m；山西组厚度84.52~116.55 m，平均101.41 m；下石盒子组厚度337.30~496.57 m，平均421.34 m；上石盒子组厚度386.00~551.60 m，平均465.03 m。孙家沟组揭露最大厚度为464.56 m。区内总体构造形态为一轴向北东的宽缓背、向斜，受断层影响，矿区中部有向南西倾伏的东刘楼-蒋洼向斜，东南部有邱庄-洪楼背斜，地层倾角3°~17°，区内发育近南北向高角度正断层3条。葛店正断层自李楼村南经张大庄东、程庄、张庄、刘药店、三清庙西向北延伸，走向近南北，西倾，倾角65°~70°，落差350~900 m，位于矿区东部边界附近。局部地段辉绿岩侵入石盒子组三煤段之上。

2. 煤层与煤质

车集东煤矿区共含煤14层。七煤段仅ZK1201孔见1层厚度0.53 m的不可采薄煤；三煤段含三$_2^1$、三$_2^2$、三$_3$、三$_4$、三$_5$等煤层，其中三$_2^2$和三$_3$煤层大部分可采，三$_4$煤层局部可采；二煤段含煤1~3层（二$_1^1$、二$_1^2$、二$_3$），二$_1^2$煤层除南部ZK1202孔不可采外皆可采，ZK2401孔见二$_1^1$煤层厚度0.36 m，ZK1201孔见厚度1.00 m的二$_3$煤层层位（碳质泥岩）；一煤段仅ZK1602孔揭穿，含煤5层，均不可采。二$_1^2$煤层埋深400~1800 m，煤底标高-350~-1750 m，煤厚0.19~3.84 m，平均2.87 m，无矸，除ZK2401孔煤层底部见厚度0.54 m天然焦外，其余各孔均为无烟煤；煤层直接顶板多为泥岩、粉砂岩，向上逐渐过渡为中-粗粒砂岩（俗称豆腐渣砂岩）；底板多为条带状细砂岩（俗称叶片状砂岩），部分地段为砂质泥岩。三$_2^2$煤层埋深300~1700 m，施工18孔，穿见17孔，2孔沉积缺失，13孔可采，煤厚0.36~5.25 m，平均1.64 m，无矸，煤层顶、底板多为泥岩，少数为粉砂岩和细砂岩，个别孔有碳质泥岩伪顶或伪底。三$_3$煤层上距三$_4$煤层4.19~19.44 m，下距三$_2^2$煤层2.72~14.87 m，煤层埋深300~1700 m，穿见17孔，15孔可采，煤厚0.31~2.13 m，平均1.57 m，3孔含矸1~2层，煤层顶、底板多为泥岩，少数为粉砂岩，个别钻孔含有泥岩或碳质泥岩伪顶或伪底。三$_4$煤层埋深300~1700 m，穿见17孔，2孔沉积缺失，5孔可采，煤厚0.33~1.08 m，平均0.71 m，无矸，煤层顶、底板多为泥岩，少数为粉砂岩和细砂岩，局部见碳质泥岩伪顶或伪底。

车集东煤矿区的$二_1^2$煤宏观煤岩成分以亮煤为主，暗煤及镜煤少量，煤岩类型属光亮型-半亮型煤。三煤段煤岩呈粉状、粗粒状，煤岩类型多为半暗型-暗淡型煤，以暗煤为主；块状煤多为半亮型煤，以亮煤、丝炭为主，少量暗煤和镜煤。各煤层均为低-中灰、特低-低硫、特低磷、特低氯、一级含砷、高热值、热稳定性较好的无烟煤（表2-145）。

表2-145　永城市车集东煤矿区煤质特征简表

煤层		A_d/%	V_{daf}/%	$S_{t,d}$/%	$Q_{gr,d}$/(MJ·kg^{-1})	视密度/(t·m^{-3})	R_{max}^o/%
$三_4$	原煤	12.61~25.12 18.87（2）	9.53~10.75 10.14（2）	0.42~0.56 0.49（2）	25.87~30.74 28.31（2）	1.43~1.53 1.48（2）	2.30~3.01 2.62（9）
	浮煤	8.76~14.16 11.15（3）	8.63~9.86 9.08（3）	0.43~0.57 0.49（3）	30.14~32.33 31.37（3）	—	—
$三_3$	原煤	13.30~35.94 21.34（12）	8.37~15.94 11.13（12）	0.36~0.58 0.46（12）	21.29~30.77 27.56（12）	1.41~1.61 1.53（10）	2.58~2.75 2.66（4）
	浮煤	4.33~17.82 10.77（12）	7.16~9.62 8.52（12）	0.44~0.54 0.50（12）	29.79~32.87 31.70（12）	—	—
$三_2^2$	原煤	12.09~22.89 19.08（9）	9.30~13.53 10.67（9）	0.41~0.57 0.47（9）	26.68~31.07 28.41（9）	1.41~1.50 1.46（8）	2.37~2.67 2.59（8）
	浮煤	8.01~14.53 11.67（9）	7.53~9.97 8.76（9）	0.41~0.56 0.46（9）	29.92~32.68 31.27（9）	—	—
$二_1^2$	原煤	10.09~22.19 14.14（13）	8.71~14.00 10.30（13）	0.29~0.60 0.41（13）	26.99~31.37 29.97（13）	1.32~1.55 1.45（13）	2.59~2.63 2.61（2）
	浮煤	5.08~13.07 7.91（13）	7.24~9.68 8.11（13）	0.34~0.59 0.41（13）	30.69~34.07 32.95（12）	—	—

注：资料来源于《河南省永城市车集煤矿东煤详查报告》，河南省地质矿产勘查开发局第四地质矿产调查院，2013b。

（二十三）永城市葛店煤矿区

葛店煤矿区位于永夏煤田东南部，隶属于永城市高庄镇、苗桥乡管辖，西以葛店正断层接车集东煤矿区，东以王庄正断层与新庄煤矿毗邻，面积约25.88 km^2。区内为海拔31.0 m的平原区，矿区地理坐标为东经116°34′03″~116°37′30″，北纬33°53′53″~33°58′56″。据资源储量核实报告，勘查程度达勘探，累计查明煤资源储量12441.3×10^4 t，保有煤资源储量10909.8×10^4 t。

1. 矿区地质

葛店煤矿区内新生界平均厚度167.40 m，煤系基底为中奥陶统石灰岩。含煤地层本溪组厚度6.00~39.32 m；太原组平均厚度132.42 m；山西组厚度97.00~117.07 m，平均108.29 m，大占砂岩下的$二_1^2$煤层为区内主采煤层，$二_1^2$煤层下局部有$二_1^1$煤线，香炭砂岩底板之下、上局部分别含$二_3$、$二_4$煤；下石盒子组厚度282.58~422.57 m，平均307.10 m；上石盒子组残留地层厚度95.44~237.67 m。处于永城复式背斜东翼南段，总体构造形态为葛店次级背斜及其东侧的双庙次级向斜组成的宽缓褶皱（图2-110，图2-111），地层倾角一般为0°~25°，局部可达30°；葛店次级背斜轴向近南北，向北倾伏，南自区外安徽省的王庄，经永城市葛店、大魏庄、小魏庄至陈大庄；双庙次级向斜轴部位于刘庄，郭邵庄，吉楼一带。区内共查明较大断层47条，其中正断层41条，逆断层6条；落差大于100 m的断层5条，50~100 m的4条；以近南北向断层为主，次为北西西向、北东西向和近东西向断层。王庄正断层走向近南北，倾向西，倾角62°~70°，落差90~340 m。双庙正断层由范庙西南经葛店、大魏庄、张万庄、梁庄西、蒋庄东向北延伸，东倾，倾角60°~70°，落差250~460 m，纵贯南北。矿区中部的葛店逆断层走向15°~20°，倾向西，倾角56°~65°，逆差0~100 m。区内未见岩浆岩。

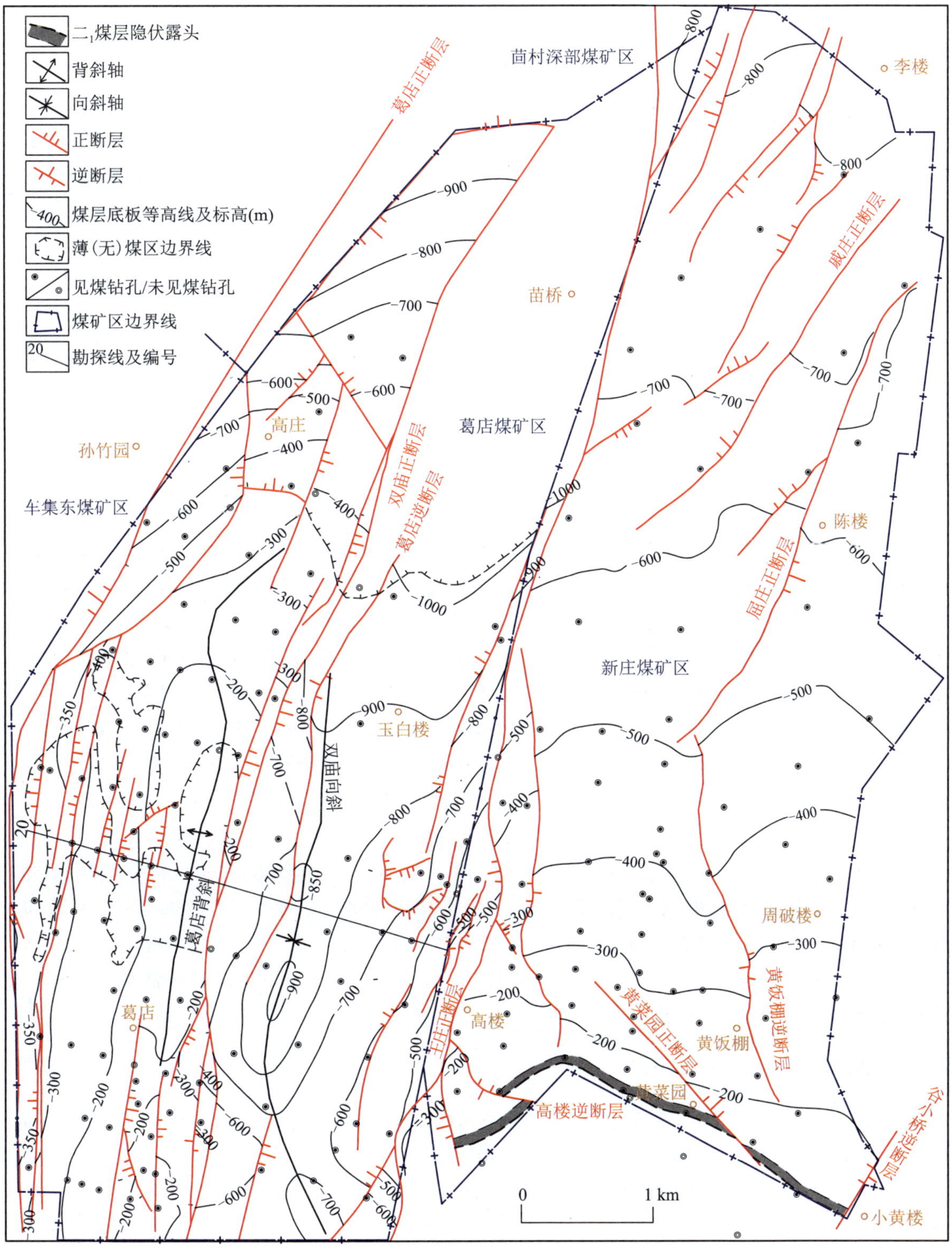

图 2-110　永城市葛店煤矿区二$_1^2$煤层底板等高线图

2. 煤层与煤质

葛店煤矿区共含煤 27 层，煤层总厚度 11.68 m，二$_1^2$、三$_2^2$煤层全区可采，三$_3^2$煤层大部分可采，三$_4^2$煤层局部可采。二$_1^2$煤层上距下石盒子组底部铝质泥岩平均 57.21 m，下距二$_1^1$煤层底板砂岩平均 34.00 m，煤层埋深 190~1030 m，煤底标高-160~-1000 m，煤厚 0~3.48 m，平均 2.08 m，偶含矸 1 层；煤层直接顶板多为厚层中砂岩，少为泥岩；直接底板为砂质泥岩、粉砂岩。三$_2^2$煤层下距二$_1$煤

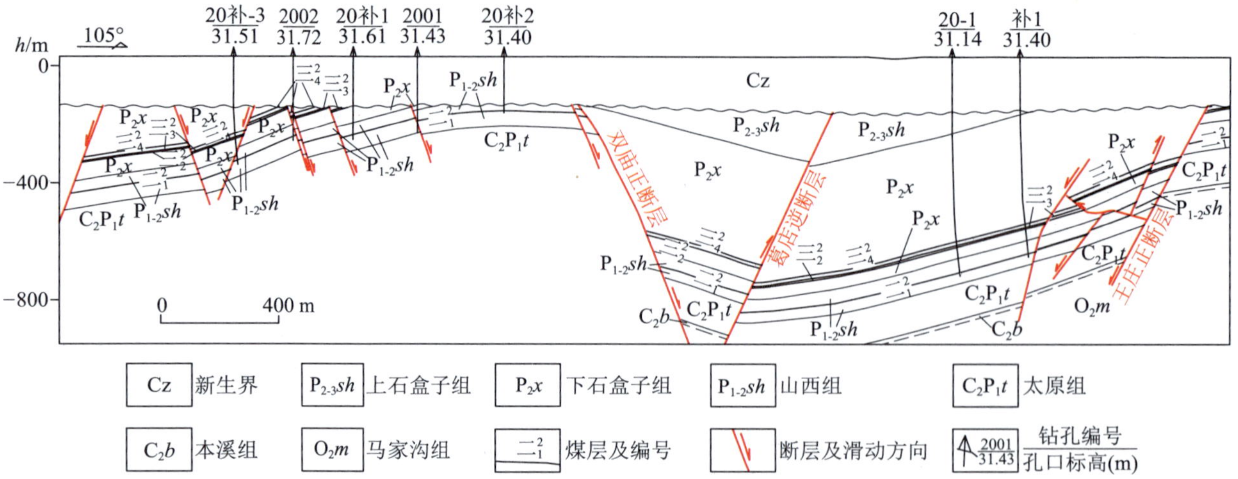

图 2-111 永城市葛店煤矿区 20 勘探线剖面

（据河南省地质矿产勘查开发局第十一地质队，2010g，有修改）

层平均 86.05 m，上距三$_3^2$煤层平均 4.53 m，煤底标高-160～-950 m，埋深 190～980 m，煤层厚度 0～4.05 m，平均 1.45 m，偶含 1～2 层夹矸；煤层直接顶板多为泥岩，其上为 1 层灰白色细砂岩；底板一般为泥岩。三$_3^2$煤层上距三$_4^2$煤层平均 15.50 m，煤底标高-160～-940 m，埋深 190～970 m，煤层顶、底板多为泥岩，煤厚 0～2.48 m，平均 0.97 m，偶含矸 1 层。三$_4^2$煤层埋深 190～970 m，煤底标高-160～-930 m，煤层顶、底板多为泥岩，煤厚 0～1.55 m，平均 0.58 m，多含 1 层夹矸。

葛店煤矿区的二$_1^2$煤原煤灰分 10.24%～25.47%，平均 15.83%；硫分 0.32%～0.50%，平均 0.41%；高位发热量 25.33～30.99 MJ/kg，平均 29.03 MJ/kg；浮煤挥发分 6.40%～9.03%，平均 7.96%。三$_2^2$煤原煤灰分 14.75%～27.06%，平均 19.29%；硫分 0.31%～0.64%，平均 0.52%；高位发热量 25.66～28.77 MJ/kg，平均 27.64 MJ/kg；浮煤挥发分 7.16%～9.86%，平均 8.35%。三$_3^2$煤原煤灰分 15.56%～35.10%，平均 21.26%；硫分 0.49%～0.74%，平均 0.57%；高位发热量 25.30～29.38 MJ/kg，平均 27.38 MJ/kg；浮煤挥发分 7.42%～8.95%，平均 8.42%。三$_4^2$煤原煤灰分 17.03%～28.72%，平均 23.12%；硫分 0.42%～0.48%，平均 0.46%；高位发热量 27.10 MJ/kg；浮煤挥发分 7.92%～8.80%，平均 7.32%。可采煤层均为低-中灰、特低-低硫、特低磷无烟煤，除三$_4^2$煤为中高热值外，其他均为高热值。

（二十四）永城市新庄煤矿区

新庄煤矿区位于永城市东部的苗桥乡、茴村乡境内，东、北接安徽，南至隐伏煤层露头，面积约 22.94 km^2。地理坐标为东经 116°36′05″～116°38′40″，北纬 33°53′59″～33°59′01″。据资源储量核实报告，勘查程度达勘探，累计查明煤资源储量 13607.2×10^4 t，保有煤资源储量 10174.9×10^4 t。

新庄煤矿区内新生界平均厚度 152.02 m，煤系基底为中奥陶统石灰岩。本溪组厚度 8.97～14.20 m，平均 11.58 m。太原组厚度 94.72～168.17 m，平均 143.90 m。山西组厚度 84.71～136.32 m，平均厚度 102.61 m，含煤 2～3 层（二$_1^1$、二$_1^2$、二$_3$）。下石盒子组厚度 250.98～431.29 m，平均 332.94 m。上石盒子组残存地层厚度 117.50～198.80 m。本区位于永城隐伏背斜东翼南段，总体构造为地层倾向北、倾角 4°～10°的单斜构造（图 2-110），发育有宽缓的次级背、向斜，北东向和北西向正、逆断层发育，除 F_1、F_4、F_7、F_{106} 为逆断层外，其余均为正断层。区内未见岩浆岩。共含煤 26 层，煤层总厚度 10.98 m。二$_1^2$、三$_2$煤层全区可采，三$_3$、三$_5$煤层局部可采。二$_1^2$煤层埋深 161～942 m，煤底标高-130～-910 m，上距下石盒子组底部铝质泥岩平均 35.00 m，煤厚 0.45～4.50 m，平均 2.64 m，偶含矸 1 层；煤层直接顶板多为中砂岩，局部为泥岩；直接底板为砂质泥岩、粉砂岩。

三$_2$煤层下距二$_1$煤层平均90.00 m，上距三$_3$煤层平均7.00 m，煤底标高-110～-810 m，埋深141～842 m，煤厚0～2.80 m，平均1.59 m，偶含1～2层夹矸；煤层直接顶板多为泥岩，其上为1层灰白色细砂岩；底板一般为泥岩。三$_3$煤层上距三$_5$煤层平均15.50 m，煤层顶、底板多为泥岩，可采区位于矿区西部，煤厚0.35～1.75 m，平均0.91 m，偶含1层夹矸，煤底标高-100～-800 m，埋深171～832 m。三$_5$煤层埋深151～812 m，煤底标高-120～-780 m，可采区主要分布于-495 m以浅区域，煤厚0～1.90 m，平均1.03 m，含矸1层。三$_5$、三$_3$煤主要为中高灰、低硫、中热值无烟煤，三$_2$、二$_1^2$煤主要为低灰、特低硫、高热值无烟煤（表2-146），均为特低磷煤。

表2-146　永城市新庄煤矿区煤质特征简表

煤层	原煤			浮煤	
	A_d/%	$S_{t,d}$/%	$Q_{gr,ad}$/（MJ·kg^{-1}）	A_d/%	V_{daf}/%
三$_5$	23.31～39.58 / 30.55（7）	0.47～1.07 / 0.82（6）	23.10	5.74～11.92 / 8.54（4）	8.01～9.33 / 8.77（4）
三$_3$	23.29～39.38 / 30.11（3）	0.40～0.61 / 0.51（2）	23.15	—	7.49（1）
三$_2$	14.58～28.54 / 19.14（15）	0.34～0.68 / 0.49（13）	28.11	5.34～10.57 / 8.41（11）	7.57～9.52 / 8.53（11）
二$_1^2$	9.44～25.40 / 14.54（30）	0.24～0.82 / 0.42（24）	29.70	2.76～8.56 / 5.48（26）	6.57～8.83 / 7.71（26）

注：资料来源于《河南省永城市新庄煤核查区资源储量核查报告》，河南省地质矿产勘查开发局第十一地质队，2010h。

十七、确山煤田

确山煤田位于华北冲积平原南部的驻马店市驿城区、确山县、汝南县境内，为全掩盖式煤田，西起确山县金李庄，东至汝南县马乡镇，南起汝南县肖楼，北至驿城区安楼，北西—南东长26 km，宽7～10 km，面积约230 km^2，地势西高东低，海拔50.0～82.0 m。地理坐标为东经114°02′40″～114°18′00″，北纬32°43′10″～32°57′00″。西部伏牛山脉之大乐山东延余脉有基岩出露。正规的勘查始于1958～1960年，河南省煤田地质局物探队和一〇六队的普查，提交了《河南省确山煤田普查地质报告》。1970～1976年，河南省地质局地质八队对确山煤田吴桂桥井田补充精查勘探，提交的《河南省确山煤田吴桂桥井田地质勘探精查报告》累计查明煤资源量13705.8×10^4 t；该矿曾于1958年开采，因数量太小而作罢；2003年10月开工建井，2011年竣工验收，建设规模60×10^4 t/a，至2015年底保有13457.4×10^4 t。2007～2008年5月，江苏煤炭地质勘探二队对安里井田进行了勘探，提交的《河南省确山煤田安里井田勘探报告》估算煤资源量5985.6×10^4 t，另估算高灰煤290.6×10^4 t和天然焦771.6×10^4 t；安里煤矿于2012年开工建设，核准建设规模45×10^4 t/a，目前处于停工缓建状态。2008～2009年，河南省地质矿产勘查开发局第一地质工程院对安里煤矿区东南的王和店展开了煤预查，二维地震解释煤层埋深大于2000 m，未施钻而结题。本区仅有吴桂桥和安里两个煤矿产地（表2-147；图2-112），总面积约40.66 km^2，煤层埋藏较深，控煤断裂构造多期活动，水文地质、工程地质条件复杂。截至2015年底，全区累计查明煤资源量19982.0×10^4 t，保有煤资源量19733.6×10^4 t，查明/保有天然焦771.6×10^4 t。

（一）煤田地质特征

1. 地层

确山煤田位于华北晚古生代聚煤区的南缘、峄熊构造区之呈北西向分布的汝南坳陷西南边缘，为一孤立煤田。具明显的基底和盖层二元结构。结晶基底为变形变质复杂的古元古界中深变质岩系，过渡层为中元古界长城系熊耳群中基性-酸性火山岩系。煤系基底由中元古界汝阳群、洛峪群局限台地

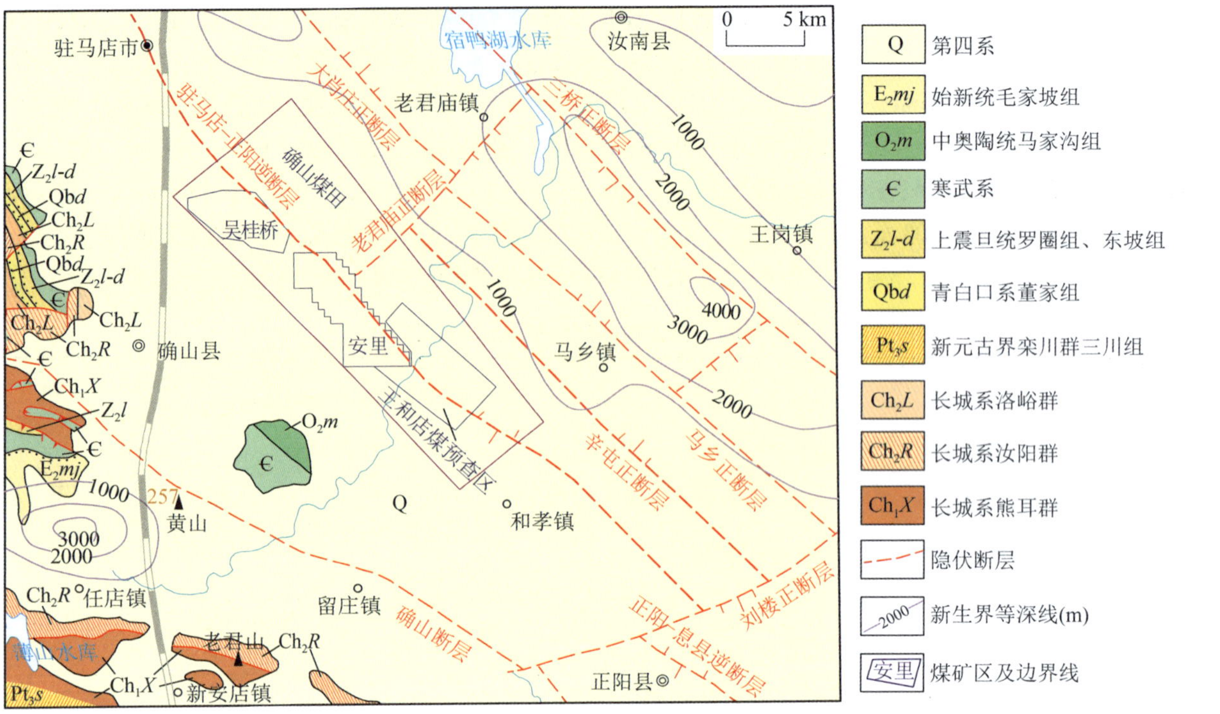

图 2-112　确山煤田地质略图

表 2-147　确山煤田矿产地一览表

矿产地	矿床地质概况
确山县吴桂桥煤矿区	位于驻马店市驿城区古城乡，西起朱庄窑场，东至张教庄，南起付庄、吴桂桥，北至杜庄，面积约 15.42 km^2，地理坐标为东经 114°03′15″~114°07′35″，北纬 32°51′33″~32°53′42″；为隐伏煤矿区，新生界厚度 243~474 m；张教庄正断层倾向北西西，倾角 75°，落差 40~50 m，构成了矿区东南部边界；老张砦正断层倾向南，倾角 77°~85°，落差 200~280 m，构成了矿区北边界（其北为奥陶系），驻马店-正阳逆断层构成了矿区的东部边界。区内构造格局是叠加于确山单斜之上的柳园短轴向斜及少量北北东—北东向、北西向和近东西向高角度正断层。常见正长斑岩及钠长斑岩侵入二$_1^2$ 煤层，并见侵位于五$_3$ 煤层和五$_5$ 煤层顶板及六$_1$ 煤层底板，使煤层结构复杂化和煤变质程度加深，局部形成天然焦；含煤 35 层，其中二$_1$ 煤层全区可采，四$_1$、四$_3$、四$_5$、五$_3$、五$_5$ 等煤层大部分可采，三$_2$、四$_7$、四$_8$、六$_1$ 等煤层局部可采，其余煤层不可采，以中灰、中-低硫、中-高热值煤为主；二$_1^1$ 及二$_1^2$ 煤主要为无烟煤，五$_5$ 煤也有少量无烟煤；三、四煤段各煤层主要为贫煤及焦煤，三煤段的中、下部各煤层及五$_3$ 煤层有部分气煤；弱粘煤主要分布在二$_1^1$ 煤层中，次为二$_4$、三$_1$、四$_2$、六$_2$、六$_3$ 等煤层；瘦煤仅见于二$_1^2$ 煤层
确山县安里煤矿区	位于确山县刘店镇和汝南县舍屯镇，面积约 25.24 km^2，地理坐标为东经 114°07′45″~114°12′30″，北纬 32°47′30″~32°51′43″；为隐伏煤矿区，新生界厚度 329.80~434.80 m，区内构造格局是叠加于确山单斜之上的一系列轴向北东的短轴状背、向斜，58 条北东向和北西向正断层将区内分割为菱形断块的构造格局；驻马店-正阳逆断层为矿区的东部自然边界；F$_{11}$ 正断层倾向南南东，倾角 70°，落差大于 760 m，构成赋煤区的南界；闪长岩侵入于含煤地层之中，局部吞蚀煤层，并造成煤类多样。含煤 39 层，其中四$_2^4$、四$_2^3$、四$_2^2$、四$_2^1$、四$_1^2$、四$_1^1$、三$_5^1$、三$_4^3$、三$_4^2$、三$_3^2$、三$_3^1$、三$_2^3$、三$_2^1$、三$_1$ 等煤层局部可采，二$_1$ 煤层全区可采；二$_1$ 煤层由于受岩浆的顺层侵入和烘烤，常分岔为两个分煤层，局部煤变质为煤焦混合体、天然焦，二$_1^1$ 煤分层大部分可采，二$_1^2$ 煤分层局部可采，煤类多样，主要为焦煤、贫瘦煤、无烟煤，局部有贫煤、瘦煤；三、四煤主要为焦煤，次为瘦煤；各层煤均以中灰、中-低硫、中-高热值煤为主

海滩—潮坪碎屑岩和陆棚碳酸盐台地沉积、新元古界栾川群和董家组碎屑岩-镁质碳酸盐岩建造、上震旦统罗圈组—东坡组碎屑岩沉积、寒武系—中奥陶统浅海碎屑岩和广海碳酸盐岩建造组成。含煤地层为晚石炭世—二叠纪海陆交互相沉积，煤系盖层为新生代陆内裂陷盆地沉积（表 2-148）。

2. 构造

确山煤田位于轴向北西、向南东倾伏的蚂蚁山-大乐山复式背斜的北东翼，地层向北东缓倾。受中生代以来多期强烈的构造-岩浆热事件影响，煤田构造以不同规模和序次的北西向、近东西向、北北东—北东向等断层组成的断裂网络造就的菱形断块与叠加在单斜构造基础上的轴向北东的次级宽缓小褶皱为特征，并发育有陷落柱。发育的高角度正断层常组成阶梯状或垒堑式组合，并有少量逆断层。北西向断层为煤田主体构造，规模大、延伸长、落差大，并具多期活动、继承、叠加和左旋走滑斜冲的性质，形成最早，对含煤地层的赋存起到了控制作用；其中，汝南断陷南缘的驻马店-正阳-息县逆断层（又称大余庄逆断层）呈北西—南东向斜切整个煤田（图 2-112），造成含煤地层超覆于古近系之上。北北东—北东向断层数量多，规模小，延展短，落差较小，切割地层走向和北西向断层，常构成井田自然边界。近东西向断层多数被改造，保存较少。

表 2-148　确山煤田地层简表

地层单位				穿见地层厚度/m	接触关系	岩性及组合特征
界	系	统	组	两极值		
新生界（Cz）	第四系			60.00~120.00		为棕红色冲洪积亚粘土、黄褐色亚粘土、亚砂土及砂砾石等松散堆积物，底部一般为 10~20 m 厚的砂砾石层
新生界（Cz）	新近系			120.00~385.00		底部为砾石层及胶结不好的砾岩；中、上部为杂色粘土夹数层灰白色钙质层及透镜状砂砾石层；由南往北、自西向东变厚
新生界（Cz）	古近系	始新统	毛家坡组（E_2mj）	100.00~394.50		零星出露于确山县城西南；下部主要为一套紫红色砾岩及砂砾岩，上部为紫红色粉砂岩及砂质泥岩
古生界（Pz）	二叠系	阳新统	下石盒子组（P_2x）	7.40~291.17		由砂岩、泥岩、碳质泥岩及极不稳定的薄煤层组成，划分为三、四、五、六煤段；底部为暗紫色、黄褐色、浅灰色厚层状中-粗粒长石石英砂岩或石英砂岩，其上的鲕状紫斑泥岩含较多褐灰色菱铁质鲕粒
古生界（Pz）	二叠系	阳新统	山西组（$P_{1-2}sh$）	$\frac{47.06\sim75.33}{56.98}$		浅灰色砂岩、深灰色粉砂岩、黑灰色泥岩、浅灰色铝质泥岩及煤层组成，含$二_0$、$二_1$、$二_3$、$二_4$ 等煤层，其中$二_1$ 煤层可采，其余煤层均不可采或偶可采
古生界（Pz）	二叠系 石炭系	船山统 上统	太原组（C_2P_1t）	$\frac{27.17\sim62.56}{46.12}$		下部为两层生物屑石灰岩，夹浅灰色钙质砂岩、深灰—灰黑色泥岩；中上部为泥岩、细砂岩夹不稳定的深灰色薄层石灰岩，泥岩中含瓣鳃类化石；顶部为 1 层深灰色厚层生物屑石灰岩，夹不规则的碳质条带、含钙砂质条带及团块，构成云絮状结构；含 0~7 层厚度 0.15~1.24 m 的不可采薄煤层
古生界（Pz）	石炭系	上统	本溪组（C_2b）	$\frac{2.22\sim10.08}{7.26}$		主要为杂色铝质泥岩、薄层砂质泥岩和细砂岩，局部有砂砾岩；顶部时有 1 层厚度 0.25~0.80 m 的薄煤层
古生界（Pz）	奥陶系	中统	马家沟组（O_2m）	115.30~230.00		主要为深灰色厚层状致密石灰岩夹浅灰色薄层白云质灰岩及灰绿色泥岩

驻马店-正阳-息县逆断层倾向南西，倾角 45°~60°，逆差 100~900 m，构成了吴桂桥和安里煤矿区的东部自然边界（图 2-113，图 2-114）；吴桂桥煤矿区的 CK35 和 104-4 孔揭示该断层上盘的下石盒子组五—六煤段断覆于下盘的古近系之上。安里煤矿区 17-2、18-4、26-2′三孔穿过该断层；

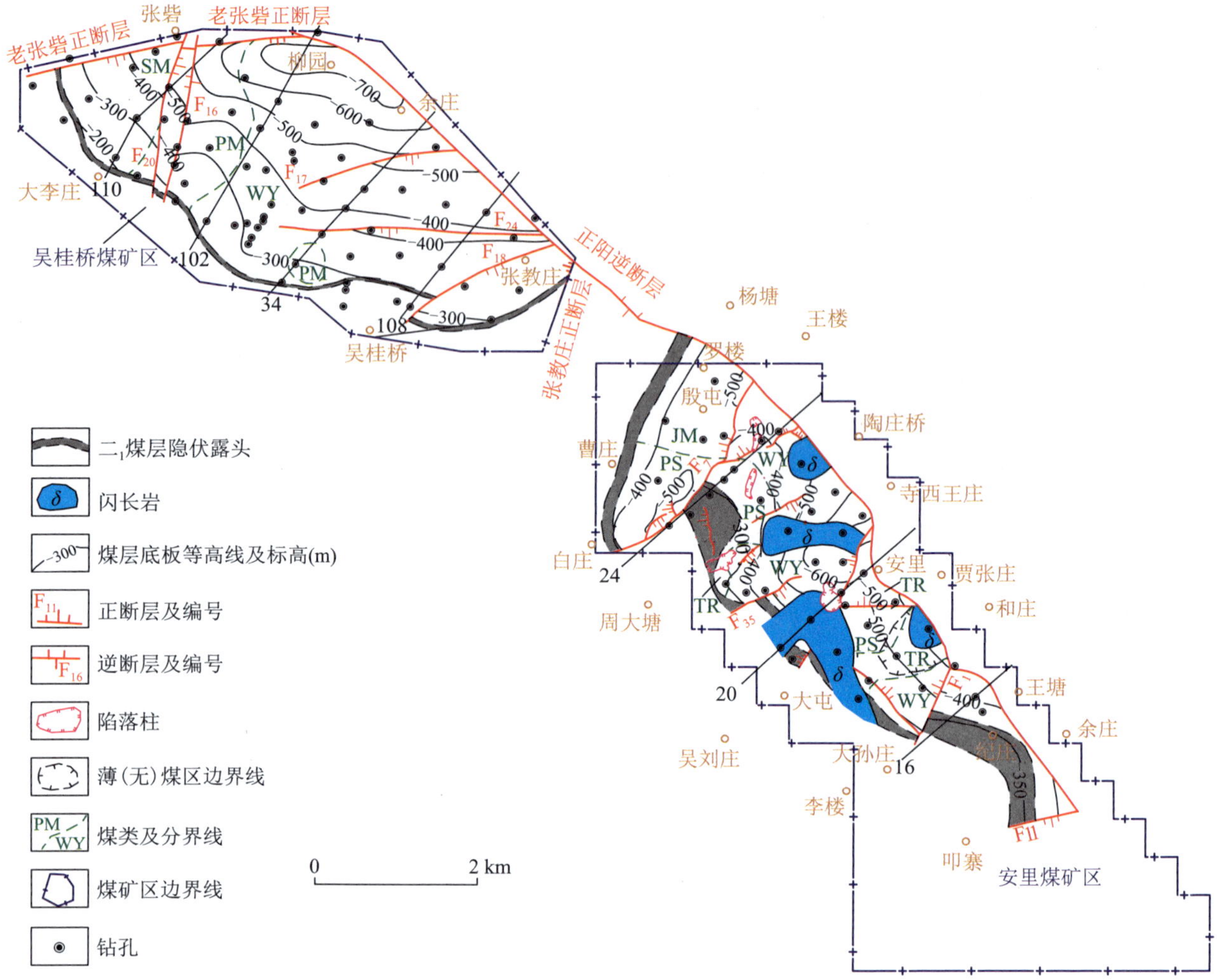

图 2-113 确山县吴桂桥-安里煤矿区二$_1$煤层底板等高线图

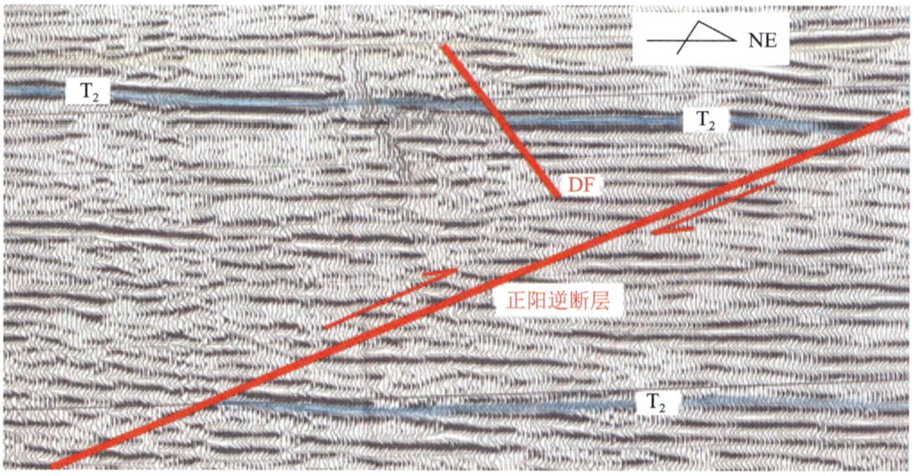

图 2-114 驻马店-正阳-息县逆断层在安里煤矿区 D19 线时间剖面上的反映

（据江苏煤炭地质勘探二队，2008）

17-2 号孔于孔深 494.90~498.60 m 见断层破碎带，上盘下石盒子组与下盘古近系粉砂岩及厚层砾岩接触；18-4 号孔于孔深 542.76 m 见破碎带，上盘古近系下部灰色粉、细砂岩与下盘古近系上部灰色粉砂岩及厚层砾岩层接触；26-2′号孔上盘见四$_1^2$煤层，下盘为古近系。吴桂桥和安里煤矿区基本构造格架为向北东缓倾的确山单斜构造，其上叠加有一系列轴向北东的次级短轴状背、向斜，高角度正断层发育。

3. 岩浆岩

确山煤田的白垩纪细粒闪长（玢）岩、正长斑岩及钠长斑岩常见沿二$_1$、五$_3$ 和五$_4$ 煤层中间顺层侵入，仅局部地段顺五$_5$ 煤层顶板或六$_3$ 煤层底板侵入，钻孔揭露岩浆岩厚度 0.30~15.62 m，岩浆侵位使煤层结构复杂化和煤变质程度局部加深，甚至出现天然焦。岩体常捕获有煤的碎屑，与煤层的接触面呈凹凸不平的缓波状。顺层侵入二$_1$ 煤层者普遍可见，使二$_1$ 煤层在较大范围内分岔为二$_1^1$ 及二$_1^2$ 两个分煤层，分煤层靠近岩浆岩者为无烟煤，未直接接触岩浆岩者普遍为贫煤、或为弱黏结煤及焦煤。受岩浆侵位的煤层，煤质虽受到一定影响，但原煤灰分和发热量仍符合工业指标要求。

（二）煤层及煤质

1. 煤层

确山煤田的煤系分布于驻马店-吴桂桥-杨楼、汝南县城南一带的新生界之下，地层走向 300°~330°，倾向北东，倾角 10°~25°，一般为 15°左右。根据吴桂桥和安里煤矿区勘查资料，含煤最多为 36 层，本溪组和太原组煤层皆不可采，可采煤层位于山西组和下石盒子组中，可采煤层 20 余层（表 2-149；图 2-115），可采煤层平均总厚度：安里井田 31.90 m，吴桂桥井田 26.50 m。煤层埋深 303~848 m，赋存标高一般为-200~-780 m。

表 2-149 确山煤田可采煤层发育情况表

煤层编号	安里煤矿区				吴桂桥煤矿区			
	两极煤厚/m	煤厚平均/m	夹矸层数	可采性	两极煤厚/m	煤厚平均/m	夹矸层数	可采性
六$_1$					1.00~5.45	2.83（5）	0~1	局部
五$_5$					0.23~4.15	1.92（8）	0~1	大部分
五$_3$、五$_4$					0.41~3.70	2.13（9）	岩浆岩	大部分
四$_8$					2.36~6.06	3.48（4）	0~1	局部
四$_7$					2.20~4.99	3.21（5）	0~1	局部
四$_5$					1.60~3.39	2.31（14）	0	大部分
四$_3$					0.40~4.92	3.23（18）	0	大部分
四$_2^4$	1.58~19.31	9.12（3）	0~1	局部				
四$_2^3$	0.77~2.50	1.68（4）	0~1	局部	0.27~2.70	1.22	0	不可采
四$_2^2$	0.78~3.34	2.03（4）	0~1	局部	0.40~2.31	1.07	0	不可采
四$_2^1$	0.56~3.95	1.78（5）	0~2	局部				
四$_1^2$	0~4.61	1.67（8）	0	局部				
四$_1$（四$_1^1$）	0~4.48	2.65（6）	0~1	局部	0.20~3.60	1.19（21）	0~1	大部分
三$_5^1$	0~2.04	0.64（7）	0	局部				
三$_4^3$	0.57~3.94	1.99（10）	0	局部				
三$_4^2$	0.49~2.07	1.01（13）	0	局部				
三$_3^2$	0.95~10.19	3.90（13）	0	局部				
三$_3^1$	0~1.63	0.71（11）	0	局部				
三$_2^3$	0~1.92	0.65（11）	0	局部				

续表

煤层编号	安里煤矿区				吴桂桥煤矿区			
	两极煤厚/m	煤厚平均/m	夹矸层数	可采性	两极煤厚/m	煤厚平均/m	夹矸层数	可采性
三$_2$（三$_2^1$）	0~2.22	1.12（13）	0~1	局部	0.15~2.40	1.01（10）	0	局部
三$_1$	0~1.27	0.87（12）	0	局部	0.10~1.60	0.63	0	不可采
二$_1^2$	0~3.42	0.44（29）	0~1	局部	0.40~8.00	2.97（49）	0~3	全区
二$_1$（二$_1^1$）	0~5.41	1.64（37）	0~1	大部分	0.20~8.47	2.23（37）	0~1	全区

注：安里煤矿区资料来自《河南省确山煤田安里井田勘探报告》，江苏煤炭地质勘探二队，2008；吴桂桥煤矿区资料来自《河南省确山煤田吴桂桥井田核查区资源储量核查报告》，河南省地质矿产勘查开发局第三地质调查队，2010a，下同。

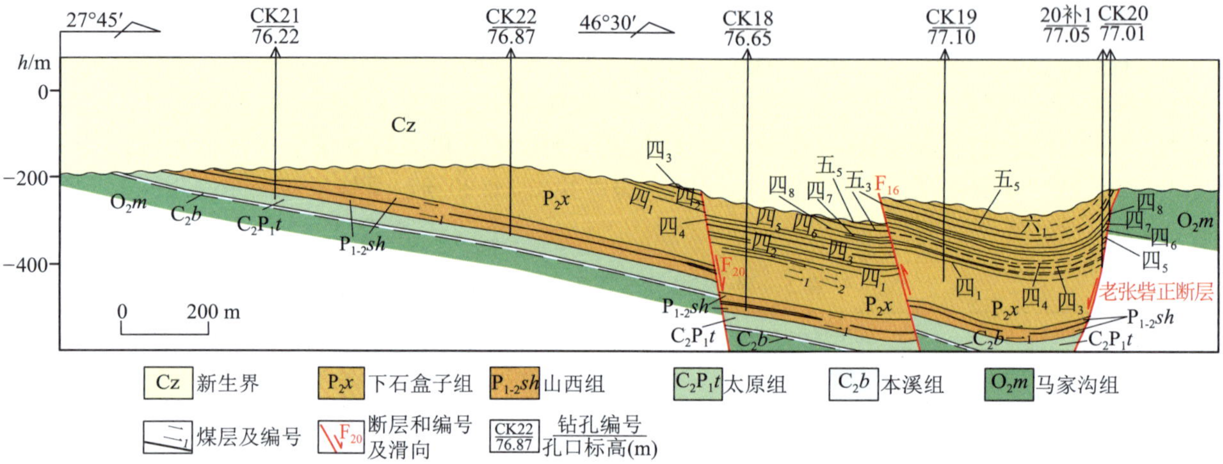

图 2-115　确山县吴桂桥煤矿区 110 勘探线剖面

（据河南省地质矿产勘查开发局第三地质调查队，2010a，有修改）

确山煤田的山西组为主要含煤地层，含二$_0$、二$_1$（二$_1^1$—二$_1^3$）、二$_3$（二$_1^3$—二$_3^3$）、二$_4$ 等煤层，其中，二$_1$ 煤层（原二$_2$ 煤层，层位与豫西二$_1$ 煤层相当）为本区主要可采煤层，常因岩浆岩的顺层侵入而分岔为二$_1^1$ 及二$_1^2$ 两个分煤层，其分岔的二$_1^2$ 煤层大部分可采，二$_1^3$ 煤层偶尔可采。分煤层结构简单，局部含矸，夹矸为泥岩或碳质泥岩。二$_1$ 煤层顶、底板多为泥岩，局部顶板为大占砂岩。

确山煤田的下石盒子组含三、四、五、六煤段，六煤段残存于小向斜轴部，含三$_1$—三$_5$、四$_1$—四$_3$、四$_5$、四$_7$、四$_8$、五$_3$、五$_5$、六$_1$ 等局部可采煤层。顶板一般为粉砂岩、细砂岩或泥岩，个别点见碳质泥岩伪顶，底板为泥岩、粉砂岩或细砂岩。煤层结构较简单，局部含矸，夹矸为泥岩或碳质泥岩。

2. 煤质

确山煤田的无烟煤以块煤为主，焦煤、贫瘦煤主要呈碎块及粒状产出。煤层呈层状构造，不规则条带状结构，局部见线理状结构。煤岩成分以镜煤、亮煤为主，暗煤次之，局部见丝炭。有机质含量 68.5%~98.32%，其中，镜质组占 48.2%~95.46%，主要为基质镜质体，次为均质镜质体，少见结构镜质体、或碎屑镜质体；半镜质组占 2.9%~33.6%，形状不规则，呈紊乱的条带状、碎片状；惰质组占 2.4%~35.1%，以碎屑惰质体、粗粒体为主，少见丝质体和半丝质体。无机质含量 1.68%~31.5%，主要为粘土矿物，含少量浸染状、薄膜状、结核状黄铁矿及微量碳酸盐。宏观煤岩类型为半暗型-光亮型煤。近岩浆岩处，有灰白色正长斑岩细脉穿插其间，煤受变质成无烟煤（局部为天然焦）。天然焦呈钢灰色-灰黑色，金刚光泽，有气孔及裂纹，常见煤粒和焦粒混合体，块状构造，均一结构，坚硬、难燃、无烟、无焰。

确山煤田由于岩浆岩的影响，煤类分布具多样化特点。煤变质作用因强烈的岩浆活动以热接触变质作用为主，岩浆侵入使煤层变质程度急剧加深，与岩浆岩接触的煤层出现厚度不等的天然焦及焦化煤，随着与岩浆岩距离不等，而温度、压力不同，接触变质带的带状变化明显，可划分为岩焦混杂带、天然焦带、焦化煤带、正常煤带4种类型。本区主要可采煤层二$_1$煤由贫煤、贫瘦煤、瘦煤、焦煤、弱粘煤、煤焦混合体、无烟煤、天然焦等组成。下石盒子组各煤层以焦煤、贫煤为主，次为气煤、弱粘煤和无烟煤，少量瘦煤。无烟煤主要赋存于二煤段中。原煤平均灰分（A_d）为12.34%～35.23%，一般为25%左右，以中灰煤为主。烟煤挥发分（V_{daf}）含量多大于20%。全硫（$S_{t,d}$）含量普遍较低，为中-低硫煤（表2-150，表2-151），形态硫以硫铁矿硫为主，有机硫次之，硫酸盐硫甚微。各煤层磷含量0.008%～0.06%，一般在0.03%左右，以低磷煤为主。各煤层发热量均大于22.41 MJ/kg，大部分大于25.50 MJ/kg，属中-高热值煤。精煤回收率低，可选性差，可用于动力和民用燃料。

（三）煤层瓦斯、煤尘爆炸性及煤层自燃

根据吴桂桥煤矿区对12个钻孔13个煤层瓦斯样的化验分析，除二$_1^2$煤层CK22、CK23瓦斯成分中甲烷成分为22.80%～35.00%外，其余煤层中甲烷成分为0.33%～2.73%，属瓦斯风化带；各煤层的甲烷含量0.01～1.48 mL/g，一般小于0.20 mL/g；CO_2含量0.005～12.04 mL/g；N_2含量0.54～72.67 mL/g，一般小于3.84 mL/g；煤层瓦斯含量较低。根据吴桂桥煤矿区煤尘样爆炸性试验，绝大多数具爆炸危险性。据安里煤矿区煤心样自燃发火试验，二、三、四等煤层自燃性倾向均为自燃。

表2-150　确山县吴桂桥煤矿区各可采煤层煤质分析结果表

煤层	煤类	原煤			浮煤	
		A_d/%	$Q_{gr,d}$/(MJ·kg^{-1})	$S_{t,d}$/%	V_{daf}/%	Y/mm
五—六	无烟煤	21.74～35.14 28.35（3）	21.00～27.00 24.30（3）	1.21～2.77 2.79（3）	6.15～8.66 7.41（3）	0
	贫煤	19.18～36.51 27.27（6）	21.24～28.67 25.13（6）	0.54～1.92 1.25（5）	15.11～20.21 15.85（6）	0
	焦煤	21.41	—	0.67	—	9
	气煤	17.63～32.79 22.99（6）	21.37～28.30 25.16（6）	0.51～2.22 1.25（6）	29.57～33.74 32.56（6）	15
	弱粘煤	17.65～25.89 20.47（3）	25.64～29.01 27.83（3）	0.55～1.78 1.24（3）	21.43～23.75 22.72（3）	0～6.5
四$_6$—四$_8$	贫煤	21.71～32.86 28.02（6）	21.77～27.56 24.60（6）	0.25～0.81 0.55（3）	14.90～20.01 17.32（6）	0
	焦煤	35.93	21.54	0.36	27.23	—
	弱粘煤	27.17～32.74 29.95（2）	22.79～24.82 23.80（2）	0.55～0.58 0.57（2）	20.83～21.05 20.94（2）	—
四$_5$ 四$_4$	贫煤	12.90～32.01 23.69（9）	23.44～30.99 25.72（9）	0.39～2.25 1.49（3）	13.48～19.92 16.77（8）	0
	焦煤	18.94～32.57 24.14（4）	23.38～28.53 25.47（4）	1.01～2.93 1.92（4）	21.71～26.54 24.30（3）	10.5～14
	气煤	20.11～28.00 23.51（4）	25.06～26.72 25.88（2）	1.34～3.68 2.48（3）	30.06～33.15 31.63（3）	17.0～19.6

续表

煤层	煤类	原煤			浮煤	
		A_d/%	$Q_{gr,d}$/(MJ·kg^{-1})	$S_{t,d}$/%	V_{daf}/%	Y/mm
四$_3$	无烟煤	23.63	26.31	0.79	5.77	0
	贫煤	16.09~28.96 23.37 (4)	24.63~26.97 25.97 (3)	0.61~1.30 0.82 (4)	14.22~17.64 16.35 (4)	0
	焦煤	18.88~26.96 21.29 (4)	23.78~28.85 27.18 (4)	0.48~2.31 1.21 (4)	21.31~29.82 25.43 (4)	
	气煤	18.71~22.37 20.54 (2)	26.68~29.10 27.89 (2)	0.59~0.67 0.63 (2)	30.43~31.72 31.21 (3)	
四$_1$	无烟煤	26.85~38.93 32.25 (4)	20.07~24.45 22.50 (4)	1.47~3.61 2.60 (4)	6.67~6.71 6.69 (2)	0
	贫煤	18.92~39.33 31.82 (9)	19.57~28.37 23.89 (9)	0.83~4.25 2.35 (9)	13.07~17.75 15.98 (9)	—
	焦煤	19.75~35.85 26.60 (14)	21.28~28.22 25.11 (14)	0.59~2.32 1.23 (11)	20.59~29.68 25.44 (13)	8.0~14.2
	气煤	20.46~34.35 27.88 (6)	22.16~28.02 24.55 (6)	1.15~5.89 3.05 (6)	30.90~34.35 32.05 (4)	15.0~17.0
	弱粘煤	17.09~18.23 17.66 (2)	28.29~28.79 28.54 (2)	0.64~1.48 1.05 (2)	20.32~20.85 20.59 (2)	0~7
三$_2$	无烟煤	26.85~38.93 32.25 (4)	20.08~24.46 22.51 (4)	1.47~3.61 2.60 (4)	6.67~6.71 6.69 (2)	0
	贫煤	18.92~39.33 31.82 (9)	19.57~28.38 23.89 (9)	0.83~4.25 2.36 (9)	13.07~17.75 15.98 (9)	0
	焦煤	19.75~35.85 26.60 (14)	21.29~28.23 25.11 (14)	0.59~2.32 1.23 (11)	20.59~29.68 25.44 (13)	8.0~14.2
	气煤	20.46~34.35 27.88 (4)	22.17~28.02 24.56 (6)	1.15~5.89 3.05 (6)	30.90~33.15 32.06 (4)	15.0~17.0
	弱粘煤	17.09~18.23 17.66 (2)	28.30~28.80 28.55 (2)	0.64~1.48 1.06 (2)	20.32~20.85 20.59 (2)	0~7.0
二$_1^2$	无烟煤	8.20~37.08 23.42 (21)	20.07~32.09 25.57 (21)	0.71~3.17 1.42 (21)	4.09~10.95 8.75 (9)	0
	贫煤	12.64~38.04 24.19 (9)	16.31~36.83 26.08 (8)	0.76~2.08 1.34 (9)	11.12~15.06 12.89 (9)	0
	瘦煤	22.51~39.36 28.55 (4)	20.70~26.99 23.98 (3)	0.71~4.25 2.35 (4)	18.37~20.36 19.57 (4)	0~7.0
	气煤	20.29	27.14	2.69	30.95	22.0
二$_1^1$	无烟煤	8.67~29.31 17.47 (9)	22.95~31.58 27.90 (8)	0.41~2.58 1.26 (9)	4.80~10.27 8.26 (6)	0
	贫煤	11.48~32.04 22.22 (7)	19.89~30.82 26.60 (6)	0.38~5.21 2.33 (6)	11.93~17.22 13.47 (3)	0
	弱粘煤	20.60	27.22	1.19	26.36	0

表 2-151　确山县安里煤矿区各可采煤层煤质分析结果表

煤层编号	煤类	原煤						浮煤		
		视密度/(t·m^{-3})	R^o_{max}/%	M_{ad}/%	A_d/%	$S_{t,d}$/%	$Q_{gr,d}$/(MJ·kg^{-1})	V_{daf}/%	$G_{R.I}$	Y/mm
四$_2$	焦煤	1.38~1.47 1.43（4）	1.58（1）	0.30~0.59 0.49	20.01~23.98 21.93	0.76~2.33 1.42	26.84~29.17 27.66	19.32-23.32 21.55	78-83 80	10.0-12.8 10.9
四$_1$	焦煤	1.39~1.56 1.45（4）	1.46~1.59 1.53（2）	0.50~0.94 0.70（4）	16.32~35.78 21.95（4）	1.36~3.58 2.09（4）	22.19~29.86 27.71（4）	19.60~25.94 22.14（4）	65~96 86（4）	11.0~15.0 13.0（4）
三$_4^3$	焦煤	—	1.38~1.54 1.46（2）	0.31~0.53 0.43（6）	20.09~36.49 24.42（6）	0.62~4.11 1.99（6）	21.31~28.22 26.63（6）	18.43~25.58 21.6（6）	22~93 72（6）	12.5~22.0 16.1（6）
三$_4^2$	焦煤	—	1.52~1.60 1.56（2）	0.36~0.97 0.53（6）	15.79~22.11 18.71（6）	1.29~3.63 2.20（6）	27.60~30.24 28.97（6）	18.31~22.48 20.67（6）	71~94 85（6）	10.0~15.0 12.4（6）
三$_4$	焦煤	1.44~1.48 1.46（6）	—	0.43~0.53 0.48	18.71~24.42 21.57	1.99~2.20 2.10	26.63~28.97 27.80	20.67-21.60 21.14	72-85 79	12.4-16.1 14.3
三$_3^2$	焦煤	1.47~1.54 1.50（5）	1.57~1.62 1.60（2）	0.26~0.80 0.44（8）	18.13~37.40 24.13（8）	0.66~1.60 0.96（8）	21.22~29.10 26.51（8）	17.65~23.05 20.01（8）	35~85 72（8）	6.8~15.0 11.0（8）
三$_3^1$	焦煤	1.62~1.67 1.65（2）	1.55~1.59 1.57（2）	0.30~0.37 0.32（3）	30.71~39.00 35.23（3）	0.51~3.90 2.09（3）	20.50~23.31 21.90（3）	19.47-20.01 19.74	72-83 78	10.0-11.0 10.5
三$_2^3$	焦煤	1.43~1.46 1.44（3）	1.6~1.68 1.64（2）	0.54~0.71 0.65（3）	20.13~38.40 27.09（3）	0.96~1.37 1.19（3）	20.52~28.35 25.42（3）	18.82~23.31 21.06（3）	64~76 70（3）	10.0~11.1 10.6（3）
三$_2$（三$_2^1$）	焦煤	1.43~1.56 1.49（5）	1.62~1.70 1.67（2）	0.21~0.64 0.45（5）	20.80~34.99 26.43（5）	0.92~2.71 2.09（5）	22.30~27.95 24.86（5）	19.06~23.72 20.58（4）	81~95 89（4）	13.0~19.0 15.7（4）
三$_1$	焦煤	1.47~1.50 1.49（2）	1.63~1.69 1.66（2）	0.28~0.72 0.47（7）	21.35~32.03 27.86（7）	1.38~2.44 2.01（7）	23.11~27.86 25.11（7）	17.36~23.61 20.07（6）	63~97 84（6）	6.0~14.5 11.9（6）
二$_1^3$	无烟煤	1.52~1.62 1.56（3）	—	2.28~2.82 2.25（2）	19.25~31.49 25.37（2）	0.95	23.28~26.72 25.00（2）	9.93（1）	—	—
二$_1^2$	天然焦	1.68~1.73 1.71（2）	—	0.74~3.48 2.02（9）	19.23~35.69 26.19（9）	0.13~1.43 0.53（9）	19.20~26.12 23.25（9）	6.16~11.78 7.73（9）	—	—
二$_1$（二$_1^1$）	无烟煤	1.46~1.65 1.56（2）	—	0.84~3.51 2.31（6）	14.83~36.68 20.80（6）	0.52~1.63 1.05（6）	23.34~28.63 26.28（6）	3.05~7.57 4.72（4）	—	—
	贫瘦煤	1.38~1.46 1.42（4）	—	0.38~1.82 1.12（4）	12.59~20.04 17.84（4）	1.06~2.09 1.53（4）	27.94~31.93 29.87（4）	11.21~16.09 14.04（4）	5~13 9（3）	0~7.0 4（3）
	焦煤	1.34~1.41 1.37（4）	1.27~1.57 1.42（2）	0.32~0.79 0.54（3）	8.70~15.00 12.34（3）	0.92~1.49 1.28（3）	28.19~33.23 31.20（3）	—	—	17.5~21.0 19.5（3）

第四节 晚古生代聚煤规律与聚煤期后构造改造作用

聚煤作用的发生受控于古植物、古地理、古气候、古构造等多重因素的耦合。煤是由泥炭沼泽中堆积的植物遗体，经复杂的地质作用转化而成的，显然，古植物是成煤的物质基础。繁茂的植物群、适宜的气候条件，是成煤作用的前提。聚煤盆地的大地构造位置、长期稳定的构造环境、潮湿和温暖的气候等条件的耦合，是成煤的必要条件，而聚煤盆地的构造位置、长期稳定的大地构造环境对聚煤作用起着最重要的控制作用。在漫长的地质发展史中，只有短暂的几个地质时期和有限的地点形成了有经济价值的煤层。

构造作用是控制煤系和煤层形成、形变和赋存的首要地质因素。煤层的原生沉积面貌是受聚煤期前和聚煤期构造演化的控制和制约，聚煤期前煤系基底长期稳定的构造背景为泥炭沼泽体系的发育提供了平台，聚煤期古构造形成的沼泽地和受大地构造影响的海平面升降幅度及频率控制着泥炭沼泽体系的形成和持续发育程度。聚煤期后的多期次构造运动对煤田、煤系、煤层、煤岩的改造作用普遍而明显。含煤地层形成之后，在地壳运动的影响下经历着不断被改造的过程，发生了褶皱、断裂、层间滑动等各种形变现象，多期构造演化历程影响着煤层在三度空间中的展布。剥蚀无煤区和赋煤区分布、不同赋煤地段埋深的差异、煤层赋存状态和产状、煤厚与煤岩变化以及煤层瓦斯的生成、运移和保存等，无一不受聚煤期后多期次构造叠加作用的控制和影响。聚煤盆地构造演化的一条基本规律就是含煤地层生成的时代越早，变形也就越复杂。

河南省晚古生代含煤区属华北聚煤盆地的南延部分，受成煤期岩相古地理的影响以及大地构造的制约。含煤区西北至太行山隆起带的东南缘，北、东延出省外，南止于秦岭-大别山隆起带的北缘。由于区内各地段成煤期在古地理环境上的差异，其含煤层位、含煤性及煤质不尽一致，而聚煤期后多期次构造运动所诱发的各种构造形式对煤层赋存与煤田分布起着控制作用。

一、晚古生代聚煤规律

（一）聚煤作用

盆地的类型和特征、形成与演化主要取决于其形成的大地构造背景。聚煤作用能否发生，泥炭沼泽能否持续发育，同海平面的变化、古植物盛衰、古气候和古水文的更替具有密切关系。而沉积环境的演变，主要取决于聚煤盆地在大地构造中的位置，特别是古陆块所处的纬度、聚煤盆地与陆岸的距离，在很大程度上决定了沉积充填的基本格架和聚煤特征。同时，沉积期聚煤盆地基底的差异升降，所造成的可容纳空间变化和泥炭堆积速率，也是控制聚煤作用的重要因素。长期稳定的大地构造背景和平缓的沉积盆地内微弱的活动碎屑物质补给是聚煤作用得以长期稳定地持续发育和煤层得以保存的保证，控制着含煤地层的形成、发展和变化。平坦、低洼的古地貌环境和适宜的古水文条件为泥炭沼泽体系的形成和持续发育提供了必要条件，活动碎屑沉积体系不发育或废弃，可容纳空间的形成速率和泥炭堆积速率基本持平，更有利于泥炭沼泽的大面积持续发展，这种状态保存时间越长，煤层越厚。泥炭沼泽形成之后，还须有基底的大幅度快速沉降，在泥炭层之上快速堆积其顶板盖层，最后经煤变质作用，泥炭层才能最终转变为具有经济意义的煤层。河南省晚古生代含煤区是华北晚古生代聚煤盆地的南延部分，大地构造位置处于华北板块南部，南邻秦岭-大别山造山带，其发生和发展受华北板块的构造演化过程控制。华北板块在古生代为古特提斯洋中的一个近赤道的游离块体，在早古生代位于赤道附近，其后向北漂移，晚古生代时期处于北半球中低纬度区（张泓等，1999；万天丰等，2007）。

聚煤作用需要丰富的造煤植物遗体在适宜堆积场所予以保存；早古生代，植物的演化还处于低级阶段，成煤的原始质料只有水生的菌藻类植物，因此，这一时期一般仅形成高灰分、低热值的石煤及油页岩（杨起等，1979）；随着志留纪蕨类植物的出现，泥盆纪进入了一个生物大变革时期（王鸿祯等，1980)，进入石炭纪，古植物大规模登陆进而蓬勃发展，为晚古生代煤层的形成和聚集提供了丰富的物质基础。在晚古生代低纬度热带-亚热带的湿热气候环境下，日照充足，降水丰沛，河南省晚古生代植物群繁茂，为聚煤作用打下了坚实的物质基础，植物遗体便于分解和保存，有利于泥炭层的形成和大量堆积。

晚古生代煤系基底为寒武纪浅海陆棚-开阔（局限）台地相对稳定型陆源碎屑-碳酸盐岩建造和奥陶纪滨海-浅海相碳酸盐岩沉积。在寒武纪末期全面海退后受奥陶纪古亚洲洋活动的影响，海侵由寒武纪来自南方改为来自北方，继续接受陆表海沉积；奥陶纪—志留纪，随着古秦岭洋板块向华北板块的俯冲，晚奥陶世华北板块开始抬升，碳酸盐台地退至济源以北地区，沉积了峰峰组石灰岩；志留纪，古秦岭洋闭合，栾川-固始断裂之南形成了秦岭-大别山造山带，栾川-固始断裂之北的河南省境内的华北板块整体抬升为陆，造成了至早石炭世长达1.3~1.5亿年的风化剥蚀和夷平作用，趋于准平原化的低地地貌环境和多雨的低纬度热带-亚热带湿热气候为陆生造煤植物的演化发展和大面积泥炭沼泽的发育提供了广阔而有利的堆积环境。当然，聚煤前的煤系基底环境只是为聚煤期的聚煤作用提供了先决条件和基本前提，而不是起决定性作用的条件。

华北板块南部晚古生代沉积是在陆表海环境向大陆环境演化的背景下形成的，其层序地层总体由晚石炭世达拉期（C_2^3）至阳新世罗甸期（P_2^1）的陆表海型逐渐演化为海陆过渡型，至乐平世长兴期（P_3^2）演变为内陆河流-湖泊型。晚古生代华北板块海平面的频繁变化，引起海水多次进退，以煤-碳质泥岩作为海退标志面划分准层序，聚煤作用发生在海退末期与新的海侵开始之前所发育的成煤植物繁茂的泥沼环境。自晚石炭世开始到三叠纪止，华北板块南部基本处于长期相对稳定沉降的构造环境，总体为南西以秦岭-大别山造山带为高地、向北东呈低缓倾斜的补偿型盆地，晚古生代各种丰富多彩的沉积和聚煤作用即充填在这一特定的古地理环境中，并随着海陆变迁和古地理格局的演化而相应变化，北西向秦岭-大别山造山带对华北板块南部铝土矿的形成与分布、聚煤作用和煤系分布起着重要的控制作用。受海平面升降变化和陆源碎屑物质供应状态的直接影响，滨海地带往往是聚煤作用的有利地带，聚煤带常平行于古海岸线展布，从晚石炭世达拉期（C_2^3）至二叠纪乐平世吴家坪期（P_3^1），聚煤带随不同的聚煤期由北向南迁移，含煤段、煤层层数及层位也随之增多和升高，同时海相为主的成煤环境逐渐被陆相为主的干旱-半干旱环境所取代。

晚石炭世—二叠纪阳新世（P_2），华北板块南部为中奥陶世之后隆起的南高北低的秦岭-大别山古陆，北缘阿尔泰-兴蒙造山带逐渐隆升，之间为华北陆表海盆地，东侧为泛大洋。在陆表海盆地边缘，粘土岩层代表海侵时期的洪水沉积，煤或碳质泥岩代表海退时期的泥炭化事件。在晚石炭世达拉期（C_2^3）的本溪组沉积时期，海水由北东向河南腹地入侵，总体表现为一个不断扩大的陆表海，沉积于陆表海近岸潟湖（局部出现障壁岛和局限台地及潮坪）低能浑水沉积的本溪组含铁铝碎屑岩系向南西超覆于奥陶系或寒武系碳酸盐岩顶部凹凸不平的古风化面之上，对古风化壳的填平补齐作用使本区准平原化的太原组底部一$_1$煤层基底变得更为平坦，为后续的含煤地层沉积提供了更为有利的低平地貌，本期以成矿物质主要来自北秦岭远距离搬运的铝硅酸盐岩经长期风化、分异搬运至海岸平原沉积的粘土物质暴露地表再风化和次生富集形成的铝土矿为主，局部赋存有滨海环境的透镜状“山西式铁矿”，局限潮坪相泥炭沼泽环境仅见于豫北、豫西和豫东的局部地点，由于本期成煤植物群落还未达到繁盛时期，不发育的泥炭坪范围小、演化快，未形成有工业价值的煤层。本溪组含铝岩系形成之后的海退期，海岸平原沉积的粘土物质暴露于地表温湿环境，沉积环境演化为造煤植物生长的泥沼环境，为一$_1$煤层的聚煤作用奠定了基础。

晚石炭世末期华北板块发生了北升南降的构造运动，随着华北板块北部的持续抬升，海水入侵从来自北东方向逐步转为来自东南方向，随后的海退方向也循此路线由豫西北向豫东南，这种情况一直维持到二叠纪末海水整个退出河南省为止。晚石炭世逍遥期（C_2^4）—二叠纪船山世隆林期（P_1^2）的太原组沉积时期，海区范围和海水深度都大大超过本溪组沉积期，沉积环境为陆表海碳酸盐台地和碎屑堡岛（包含潮坪、潟湖、障壁岛等）交互共存的复杂的复合沉积体系，碎屑物质除主要来自北部阴山古陆，部分则来自华北板块南缘古陆。频繁的突发性海侵和相对缓慢的海退交替出现是本期的一大特点，海平面的频繁升降直接影响和控制着沉积体系的演化及泥炭层的形成和分布，聚煤作用产生于每次海退过程中遗留下的宽广平缓、水系发育、微弱的活动碎屑物质补给、宜于古植物繁衍的成煤沼泽环境，突发性海侵对陆表海盆地泥炭沼泽的发育与终止、泥炭的堆积与保存起到了关键性控制作用（李增学等，2002），受高频率和不同级次海平面变化相互叠合的影响和控制，太原组自一$_1$煤层之上沉积了一个完整的海进-海退-海进大旋回，每个大旋回中包含着多个次级小旋回，旋回的海退部分相组合较海侵复杂，海平面周而复始的频繁升降变化形成了非常特征的、与陆源碎屑供应速度变化密切相关的、由碳酸盐岩和碎屑岩交互沉积而成的海陆交互相薄互层型层序单元，纵向上岩性交替出现，横向上常出现犬牙交错的相变，造成本组含煤层数多达十余层。二叠纪船山世紫松期（P_1^1）为最大海侵期，随着海水向北西方向的入侵，北部海侵晚、海退早，南部受海水影响较大且海相层占比大，北部成煤沼泽体系持续发育的时间较南方长，聚煤作用较南方好，在三门峡-孟津-洛阳-登封-新郑-开封一线之北形成了以薄层煤为主、稳定、大面积可采的一$_1$煤层。一$_1$煤泥炭层沉积之后的突发性快速海侵掩埋，启动了河南省大规模海侵高潮的序幕。两次大规模海侵沉积了太原组下部石灰岩段（L_1—L_4）和上部石灰岩段（L_7—L_9）以厚层浅海相碳酸盐岩和薄层海相泥岩为主的海侵沉积体系，煤层（线）形成于陆表海滨岸成煤模式，由于受高频度的快速海平面升降制约和频繁的风暴作用影响，成煤泥炭沼泽稳定性较差且持续的时间较短，形成多且薄、结构复杂、厚度变化大、含硫量高、灰分产率低的煤层。太原组中部为海退期的滨海-浅海相高（水）位体系域的碎屑岩夹薄层海侵体系碳酸盐岩（不稳定的L_5、L_6）沉积组合，煤层（线）主要形成于废弃碎屑体系成煤模式，由于活动碎屑沉积体系发育，潮道方向多变，频繁的和突发性的海侵事件使泥炭沼泽发育的持续时间较短而难以形成大面积稳定可采的煤层。

二叠纪船山世隆林期末（P_1^2）—二叠纪阳新世罗甸期（P_2^1）为聚煤环境变迁的重要转折时期，一煤段丰富的海生动物大幅衰减，代之而起的是繁多的植物，总体为大规模海退过程中形成了以陆源碎屑物质为主的海退型沉积组合，大面积分布的煤-泥质岩组合可代表潮坪上部的泥炭坪环境或潟湖沼泽环境，而煤-泥质岩-砂岩组合可反映潮道、砂泥混合坪或障壁岛等环境。隆林期末，随着海水向东南方向的逐渐退缩，海域范围较前一阶段大为缩小，伴随海退过程形成了陆表海环境的以堡岛体系为主、局部有三角洲体系的二$_1$煤底碎屑岩沉积（图2-116），之后在海退过程中遗留下的大范围既平坦又富水的宜于成煤物质繁衍及成煤沼泽扩展的废弃碎屑体系环境，聚煤作用也随海岸带向东南缓慢扩展，聚煤带可容纳空间被造煤植物所占据，植物的生长与堆积占绝对优势，内源有机质堆积成为沉积作用的主导方面，聚煤作用达到高潮，形成了河南省普遍可采、层位稳定、厚度较大的二$_1$煤层，沿南部秦岭古陆边缘因古陆源区的活动碎屑物质补给强烈，形成了呈北西向带状分布于陕渑、新安、汝州、确山一线的薄煤，豫东的太康至永夏一带因海退较晚且聚煤期短，形成了相当于豫西二$_1$煤层上部层位的薄煤层，厚煤区分布于嵩箕地区诸煤田和黄河以北地区。由于泥炭沼泽的不均衡发育、沉积基底的凸凹不平、覆水条件的差异、成煤物质积聚速度的变化，引起了煤层原始厚度的差异变化和夹矸、局部煤层分岔现象。二$_1$煤泥炭沼泽形成时海水已经退出，之后短暂的海侵造成二$_1$煤古泥炭沼泽的消亡（苏现波等，1993），使整个沉积区的古地理面貌发生了改变，沉积环境由滨海泥炭坪、泥炭沼泽环境逐渐被浅水河流三角洲体系和堡岛沉积体系（驻马店以南）所构成的复合沉积所充填，该三角洲以河流作用为主，并受到潮汐作用的影响，海岸线随三角洲由北向南、南东方向的进积而推进，聚煤作用随之向南东方向扩展。由于形成于三角洲平原泛滥盆地或分流河道间低洼地带（简称分流间湾）的泥炭沼泽不发育，并屡次受到河流和潮汐作用的袭扰，仅形成局部可采的二$_2$、二$_3$、二$_4$煤，其他煤层不可采。

二叠纪阳新世中期的祥播期（P_2^2）—孤峰早期（P_2^3）的下石盒子组沉积时期，华北板块基本上继承了山西组晚期的古地貌特征，三角洲随海水向南退缩而前积，在三角洲后缘逐步演化为三角洲平原环境，本区总的沉积环境由北向南依次为上三角洲平原相区、下三角洲平原相区、三角洲前缘相区和海湾堡岛沉积相区（图2-117），沉积中心位于平顶山-漯河-太康-永城一线，聚煤作用随海岸线向南扩展，煤层的发育程度与三角洲体系的发育、演化密切相关。三煤段沉积时期，北部为冲积平

图 2-116　河南省二$_1$煤聚煤前岩相古地理

（据河南煤田地质公司，1991，有修改）

原，汝州、平顶山、禹州等地已进入三角洲前缘地带；聚煤作用主要发生在焦作-开封-商丘一线以南地区，以形成煤线或不可采薄煤层为主，煤层主要形成于下三角洲平原和上三角洲平原过渡地带的分流间湾充填淤平后形成的泥炭沼泽，以及下三角洲平原的岸后泥炭沼泽环境，越往南煤层层数增多且煤厚增大，确山和永夏地区有多层可采煤层。四煤段沉积时期，黄河以北为不含煤的上三角洲平原相区；渑池-宜阳-汝州-平顶山-禹州-太康一线以北为下三角洲平原相区，发育有局部可采的不稳定煤层；至漯河-周口一线以北为三角洲前缘相区，聚煤作用主要发生在分流间湾的靠陆一侧并随着三角洲向南进积，分流间湾逐渐淤浅并随之泥炭沼泽化，出现了一些可采煤层；南部确山一带仍为海湾堡岛沉积相区，海湾边缘的潮坪泥炭沼泽化形成了多层局部可采的中厚煤层。五煤段，煤层不发育的上三角洲平原相区向南扩展到济源下冶-偃师-新郑-开封-商丘-永城一线，聚煤作用随之南迁，宜洛、登封、汝州、平顶山、禹州、确山等地区有可采煤层。六煤段，三角洲更向南持续进积，聚煤作用发育最好的部位是分流间湾和海湾中有三角洲砂体充填的台地，该段含煤性差，仅在荥巩、登封、新密、禹州、平顶山、确山、永夏一带可见 0~5 层偶可采的薄煤，确山、永夏、平顶山、禹州与郑

图 2-117 河南省阳新世祥播-孤峰期下石盒子组岩相古地理

（据河南煤田地质公司，1991，有修改）

县接壤地带有局部可采煤层。

二叠纪阳新世孤峰晚期（P_2^3）—乐平世吴家坪期（P_3^1）的上石盒子组沉积时期，华北板块继承了下石盒子组的沉积格局，煤层形成于三角洲平原相沉积，因分流间湾泥炭沼泽或局限泥炭坪聚煤范围小、聚煤期短，其含煤性较差。随着三角洲由北向南进积，北部以分流河道相区为主，向南逐渐转化为复合相区，在三角洲平原或潮坪上发育的泥炭沼泽或泥炭坪环境中形成的局部可采七煤分布于济源-郑州-商丘一线以南地区，煤质差，煤层结构复杂，多为高灰、高硫煤。七煤段沉积期曾有短暂的海平面上升，形成最大海泛期的硅质海绵岩或硅质泥岩，然后，八、九煤段沉积期的再度海退，沉积环境转化为三角洲平原相分流河道和泛滥盆地相区（图 2-118），由于分流河道的侧向迁移较快且陆源碎屑活动强烈，不稳定的聚煤环境造成泥炭沼泽发育受限且堆积厚度不大，同时也不利于泥炭层的形成和保存，再加上气候变得干燥而不利于植物生长，泥炭沼泽供水困难且易氧化，大量造煤植物因不适应环境变迁而逐渐衰落，导致聚煤作用逐渐减弱以至停止，仅平顶山、禹州的八煤段含薄煤层或煤线，九煤段基本不含煤。自吴家坪晚期的冲积河道和陆源近海湖滩环境的平顶山砂岩沉积开始，河南省晚古生代聚煤作用停止，由此进入了陆内坳陷盆地沉积模式。

图 2-118　河南省乐平世吴家坪期八、九煤段岩相古地理

（据河南煤田地质公司，1991，有修改）

（二）聚煤规律

众所周知，聚煤作用的发生受控于低纬度热带、亚热带地区的湿热气候条件、成煤古植物群的繁茂发育、长期稳定的大地构造背景和平缓的地形、广阔的滨岸平原及周期性的海平面升降以及沉积盆地内微弱的碎屑沉积活动，正是这些有利于成煤条件的耦合，并同时存在于漫长的地质历史时期，才有今日富饶的煤炭资源赋存。

华北板块的晚古生代煤系除上石盒子组上部的平顶山砂岩段外均有煤层（线）发育，晚石炭世—二叠纪煤系沉积于晚奥陶世—早石炭世（仅黄河北有晚奥陶世沉积）整体抬升成陆的低平准平原化地貌之上，随着晚石炭世达拉期（C_2^3）缓慢沉降接受来自北东向的海侵，开始了本区漫长而稳定的晚古生代聚煤作用过程，聚煤期持续的地质时期长、聚煤程度高，聚煤环境大致可划分为陆表海碳酸盐台地-碎屑堡岛复合沉积体系（图 2-119）、堡岛沉积体系和三角洲沉积体系 3 种聚煤环境（表 2-152）。晚古生代是地质历史上高等植物第一次空前大发展阶段，热带-亚热带潮湿温暖的气候条件和丰富的古植物基础对聚煤作用十分有利。石炭纪—二叠纪聚煤期在阴山和秦岭-大别山两个隆起古陆剥蚀区所限的范围内是一个广阔而稳定的巨型波状坳陷，整个聚煤期内，聚煤盆地内部分异不甚明显，在幅度不大的持续缓慢沉降过程中连续沉积了本溪组、太原组、山西组、下石盒子组和上石盒子组等海陆交替型（即近海型）含煤地层，山西组大占砂岩之下为形成于受限陆表海环境的碳酸盐岩与碎屑岩交互沉积的陆表海型层序，大占砂岩底至平顶山砂岩底为由硅质碎屑岩构成的过渡型层序，上石盒子组平顶山砂岩段和孙家沟组为与湖平面升降有关的红色硅质碎屑岩建造（湖泊型层序）。泥炭坪、泥炭沼泽的形成和持续发育程度受稳定的大地构造背景、沉降与填充的平衡关系、海平面升降幅度与频率的制约，泥炭化事件是最突出特点之一，其发育期间可视为沉积间断，其持续发育的程度直接决定着煤层的分布范围与可采性，泥炭沼泽形成之后的大幅度快速沉降和顶板沉积物的快速堆积是泥炭层得以埋藏、保存进而经成煤作用转变为具有经济意义的煤层。

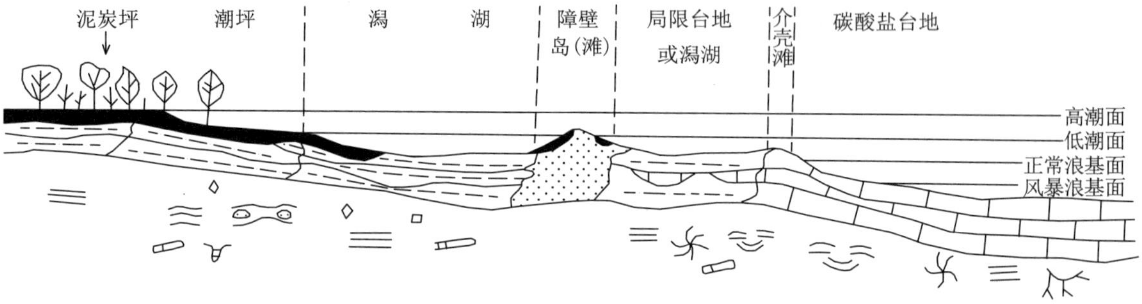

图 2-119　河南省晚石炭世—船山世陆表海碳酸盐台地-碎屑堡岛复合体系沉积模式

（据河南煤田地质公司，1991）

表 2-152　河南省晚古生代聚煤环境类型及分布

沉积体系	聚煤前环境	聚煤沼泽环境	煤层	地区分布
陆表海碳酸盐台地-碎屑堡岛复合沉积体系	1. 台地	泥炭坪（随着持续的海退逐渐演变为泥炭沼泽）	本溪组和太原组煤层（线）	全省
	2. 潟湖			
	3. 潮坪			
	4. 障壁岛后			
堡岛沉积体系	1. 潟湖	泥炭坪-泥炭沼泽	二$_1$煤	登封、禹州、新密、偃龙、荥巩等
	2. 潮坪			
	3. 坝后	泥炭坪	七煤	平顶山、周口等
三角洲沉积体系	1. 潮控三角洲	泥炭坪、泥炭沼泽	二$_1$煤	荥巩谷山、新郑
	2. 上三角洲平原	泥炭沼泽	二$_1$煤	安阳、鹤壁、焦作等
			二$_3$、二$_4$、二$_5$及三、四、五、六和八、九煤	平顶山以北地区
	3. 下三角洲平原	泥炭沼泽	七煤	宜阳、新安、渑池、济源等
	4. 三角洲前缘-海湾	泥炭沼泽	三、四、五、六煤	确山、永夏

（据河南煤田地质公司，1991）

海退与海侵的交替是海平面与陆地相对运动的结果。河南省晚古生代聚煤期在陆表海常有大面积海水进退的环境下沉积了一套稳定的海陆交替型煤系，聚煤古地理环境由晚石炭世达拉期（C_2^3）—二叠纪船山世隆林期（P_1^2）的浅海型过渡到阳新世（P_2）—乐平世吴家坪期（P_3^1）的滨海平原型，至二叠纪乐平世长兴期（P_3^2）演化为无煤的内陆盆地型。煤层是海退与海侵转折阶段的产物，以逍遥期（C_2^4）和隆林末期—罗甸早期（P_2^1/P_1^2）为河南省境内两次最为强烈、广泛的聚煤时期，成就了最为重要的可采煤层（$一_1$、$二_1$）。

晚石炭世达拉期（C_2^3）为华北板块南部缓慢沉降阶段，由于植物界还未达到繁盛时期，聚煤规模不大，还只是晚古生代聚煤高潮的序幕，河南省境内尚无可采煤层。逍遥期（C_2^4），本区由沉降反转隆升，本溪组形成之后海退、暴露风化，低平的滨海平原地貌对海平面和陆地的相对升降反应更为敏感，海平面微弱的波动就可引起较大面积的海侵与海退，当期古气候温湿，古植物大规模登陆，除三门峡东部发育有少量的曲流河相晋祠砂岩外，东部泛大洋海平面上升使得本区地下水浅水面抬高，在低水位体系域晚期阶段差异性地发育了受凸凹基底和覆水条件影响的喜盐类植物沼泽。泥炭层是在海平面上升过程中堆积的，成煤沼泽是在基准面之下（或相当）发育的。船山世紫松期（P_1^1）来自东南方向的特大快速海侵使$一_1$煤泥炭层进入深水状态而使聚煤作用终止，普遍发育的 L_1 石灰岩（局部具碳质泥岩或粉砂岩、砂质泥岩伪顶）对泥炭层进行了掩埋和保存，北部海侵晚、海退早，南部受海水影响较大且海相层占比大，海退期的泥炭坪聚煤环境较南方持续的时间长，北方煤层发育较南方好，造就了在基底暴露之后重新淹没过程中形成的由南至北煤层渐厚的、以薄煤层为主的$一_1$煤层，三门峡-孟津-洛阳-登封-新郑-开封以北普遍可采。随着二叠纪船山世（P_1）南秦岭造山带与北秦岭造山带拼合、扬子板块向华北板块的陆内俯冲，华北板块南部在挤压力作用下发生凹陷，华北板块北部隆升与东南部沉降作用同步加剧（可称为快速沉降阶段），古地理格局表现为北高、南西有边、西高东低、西陡东缓的受限陆表海盆地，两次来自东南方向的大规模海侵形成以浅海相为主的石灰岩，其间为以海退为主的滨海-浅海相沉积物，层序由海侵体系域和高位体系域组成，这种二元体系域结构是陆表海盆地的一个显著特征；其形成与陆表海盆地极缓的古坡度和海侵事件的突发性有关；在海平面升降高潮期，层序一般从海侵石灰岩开始，经过海退时期硅质碎屑岩沉积淤浅，到发育煤层（或煤线）结束；在海平面升降低潮期，层序一般从潮汐通道开始，以潮间砂泥坪或泥炭坪结束层序沉积；陆表海型层序内的各层序结构特征非常相似，常构成清晰的旋回性，当每个层序最后结束时，盆地范围内都发育大规模聚煤作用。紫松期海侵是石炭纪海侵的高潮，隆林晚期海侵由于沉积补偿速度较快而仅 L_8（嵩箕 L_7）石灰岩发育较好，由于海侵来自东南，豫西北太原组三分性变得不明显，豫东永城一带中部碎屑岩不发育；泥炭沼泽化发生在海退末期与新的海侵开始之前，聚煤作用发生在海岸线频繁变迁的海陆过渡地带，由于受高频率和不同级次海侵、海退交替的影响，垂向上多旋回结构清晰，形成的煤层或泥炭层层数较多，在短暂海退过程中于海平面稳定或海侵间歇期形成的滨海沼泽不时被海水快速覆盖，泥炭堆积的环境难以持续而聚煤期短，仅平顶山-许昌以北有层数不多的局部可采或偶尔可采煤层。太原组含煤地层形成于海进过程中，煤层层数多、结构复杂、厚度薄且变化大、含硫量高、灰分产率低；煤层顶板多为浅海相石灰岩，时有少量浅海相薄层泥岩；煤层底板通常有薄层泥质岩或煤层直接夹在石灰岩之中；煤层有时含浅海相石灰岩或泥岩夹石；海相层与煤层间没有海侵过程所对应的沉积序列，在陆表海环境的聚煤过程中既受到频繁的海水进退制约，又受到频繁的风暴作用影响（河南煤田地质公司，1991；廖玉枝等，1995；胡益成等，2000）。

二叠纪阳新世（P_2）和乐平世吴家坪期（P_3^1）的聚煤作用发生于海退过程中，聚煤作用是早期聚煤作用的继续和发展，沉积组合由早期的海进型过渡到海退型，聚煤古地理环境由早期的浅海型演变为滨海平原型，盆地总体显示海退的沉积背景，河流及广泛的三角洲前积作用是一个显著特征，沉积作用以加积-进积为特征，层序由海侵体系域和高位体系域构成，海侵体系域和高位体系域之间以海泛期形成的（含海绿石）砂岩或硅质海绵岩、硅质泥岩为界，该层序常从三角洲前缘相砂岩或前三角洲泥岩开始，以三角洲平原沉积或泛滥盆地沉积而结束，在近海三角洲平原内可发育煤层。$二_1$煤形成于隆林末期海退、罗甸期（P_2^1）海侵转折时期的太原组陆表海沉积充填序列之上，煤厚受聚煤前沉积环境的直接控制，并受聚煤期分流河道、潮沟、泥炭相中曲流水道、同沉积构造和聚煤后分流河道冲刷作用的影响，由于盆地充填机制不同，所形成的原始地貌各异。在二叠纪船山世隆林末期，随着海水向东南方向的逐步退缩，在废弃的海退过程中形成的$二_1$煤底碎屑体系之上发育了最广泛的泥炭化事件（局部可见石灰岩直接底），森林沼泽广布，聚煤作用达到高潮，造就了全省层位稳定、普遍可采、厚度较大的优质二$_1$煤，薄煤带分布于北西向秦岭古陆北缘陆源活动碎屑物质补给较强区域和海退较晚且聚煤期较短的豫东、豫南地区，其他地区因海退与海侵转折期间聚煤期长、活动碎屑物质补给微弱则发育较厚的煤层。二$_1$煤成煤沼泽形成之后的短暂海侵沉积了海相黑色泥岩顶板或伪顶。

罗甸期至吴家坪期，在华北板块南部持续挤压的背景下，沉积盆地逐渐由西向东抬升、陆表海盆地逐步向北淮阳地区收缩，北部隆升与东南部沉降作用同步加剧。在罗甸期的短暂海侵之后的海退过程中，沉积环境由陆表海盆地转换为拗陷盆地，华北板块的河南省境内进入了缓慢沉降阶段，沉积盆地性质表现为由海陆交互陆表海盆地向拗陷盆地的过渡，受海泛及物源供给影响，发育了多旋回进积型为主的近海三角洲沉积体系，且逐步由北向南迁移。罗甸期至孤峰期（P_2^3），三角洲前缘随陆表海向东南方向的收缩而前积，紧随三角洲进积，三角洲前缘相区之北依次、依层序演变为分流河道、决口扇、河漫沼泽共存的下三角洲平原相区和分流河道发育的上三角洲平原相区；煤层的发育程度与三角洲体系的发育、演化密切相关，聚煤作用受侵蚀与沉积、沉降与补偿、破坏与保存、海平面升降幅度和频率、沉积面与水位变化影响；上三角洲平原相区因分流河道水动力条件较强且侧向迁移较快而导致泛滥盆地或分流间湾的泥炭沼泽不发育，故该相区基本不含煤；聚煤最好的为下三角洲平原相区和三角洲前缘相区，泥炭化作用主要发生分流间湾充填淤平后形成的泥炭沼泽以及下三角洲平原的岸后泥炭沼泽环境，聚煤作用随着三角洲向南推进，表现在向南煤层层数增多、煤层的可采性和稳定性变好（表2-153），下石盒子组可采煤层主要呈北西—南东向带状分布于宜阳、平顶山、确山一线（图2-120）。至孤峰晚期的七煤沉积时，短暂的海平面上升造成最大海泛期的七煤分布面积较下石盒子组煤层略大且层位较稳定，但厚度小、煤质差，河南省大部分地区未达可采厚度。冷坞期（P_2^4）的再度海退，沉积环境逐渐转化为三角洲平原相分流河道和泛滥盆地相区，但沉降速度有所减缓，由于气候变得干旱炎热，植物的生长繁殖受到影响，且三角洲平原分流间湾发育的高位沼泽聚煤环境不稳定，聚煤作用大衰，以黄、绿、灰、红等杂色碎屑岩沉积为主，仅八煤在平顶山、禹州有煤质较差的薄煤层或煤线，九煤段基本不含煤。自乐平世吴家坪晚期平顶山砂岩沉积开始，河南省晚古生代聚煤作用停止，陆表海已基本转变为间歇性与东部海水沟通的大型陆源近海坳陷型湖泊盆地，抬升、沉降加剧，以砂质沉积物的加积-进积作用为主，干旱炎热气候的红色河湖碎屑沉积使湖盆充填淤浅，逐步萎缩，最终结束其沉积历史。二叠纪末大量植物的灭绝，也直接导致了三叠纪早期地层中缺失煤层。

河南省晚古生代聚煤作用是在陆表海环境向大陆环境演化的背景下形成的，由早到晚，陆表海沉积越来越少的同时，坳陷盆地沉积越来越多，煤系自下而上海相层开始增加，以后逐渐减少，最后消失，碎屑成分由简单而逐渐复杂。同时，泥炭层随沉积环境、岩相古地理格局的变迁硫分降低、灰分增高。聚煤作用从早至晚随陆表海向两淮的退缩、北部干燥气候带的扩大而南迁。自阳新世祥播期（P_2^2）下石盒子组沉积开始，海水已基本退出华北，仅豫西—淮南有过渡相沉积地区仍继续有聚煤作用发生，以北皆为陆相沉积，因古气候条件变化而聚煤作用变差，同时聚煤作用随着三角洲向东南进积而南迁。聚煤作用始于晚石炭世达拉期，至二叠纪阳新世罗甸期达到鼎盛，然后逐渐衰退，终止于二叠纪乐平世吴家坪晚期的平顶山砂岩沉积开始，乐平世长兴期概不含煤。河南省晚古生代聚煤区在时间上和空间上存在着成煤模式的多样性。本溪组、大部分太原组煤层（线）形成于陆表海滨岸成煤模式，太原组中部碎屑岩段煤层（线）、山西组二$_1$煤主要形成于废弃碎屑体系成煤模式，山西组二$_2$煤及其以上煤层（线）、石盒子组煤层（线）形成于浅水三角洲成煤模式（桑树勋等，2001）。

二、聚煤期后构造改造作用

在华北板块经历了晚古生代漫长而稳定的发展阶段之后，中生代进入了地球动力学大调整与构造体制转换时期，聚煤期后多期构造变形对河南省境内的煤田、煤系、煤层、煤岩的改造作用剧烈而普遍，当今煤田的分布格局、煤系的条块状分割、煤系和煤层的产状变化及变形特征、煤岩的表现特征

表 2-153　河南省晚石炭世—二叠纪可采煤层分布及可采性一览表

煤层 煤田	一$_1$	一$_2$	一$_3$	一$_4$	一$_5$	一$_6$	一$_7$	一$_8$	二$_1$	二$_2$	二$_3$	二$_4$	三$_2$	其他三煤	四$_1$	四$_2$	四$_3$	五$_1$	五$_2$	五$_3$	五$_4$	六$_1$	六$_2$	七$_2$	七$_3$	七$_4$	八煤
濮阳	大部	大部	台前-范县		滑县	范县			全区	台前																	
安鹤	全区	大部		局部		局部			全区		煤田深部																
焦作	大部		张村和陈召		局部	陈召			全区																		
济源	大部	下冶							大部		下冶	下冶												下冶			
新安			石寺-北冶				狂口		全区	局部	煤田东北部													石寺-正村			
陕渑	局部		局部			侯村段			全区		龙王庄																
宜洛			李沟-沈村		沙坡-康坪		局部	煤田北部	全区						李沟-沈村	局部	局部	煤田北部	李沟-沈村	高山深部				零星			
偃龙	局部		瑶岭						全区	局部																	
荥巩	大部		局部				米河		全区															丁店			
登封	局部		局部		煤田中南部		箕山西部北缘		全区	箕山北缘							大金店以西			大金店以西				局部			
新密	大部								全区		煤田东南部													超化	卢沟	裴沟-新郑	
汝州								大部	全区	庇山、寄料					梨园	局部	局部	寄料-蟒川	局部	庇山、朝川				梨园			
平顶山	零星	十一矿	军营沟、十一矿	局部	平顶山含煤区	韩梁含煤区			全区	平顶山含煤区	姚庄				十、十二矿	大部	大部	首山一井	大部	韩梁含煤区			近南北向区带状分布于禹州至平顶山一带	王集、十三矿			
禹州	煤田北端		磨街镇	磨街-梁北					全区	禹州市东南部	神垕镇				安良	大部	梁北-泉店		局部	神垕镇	安良、张得			局部		古城-褚河西	景家洼向斜转折端
确山									全区				大部	安里	大部	安里	吴桂桥			吴桂桥							
通柘									全区																		
永夏									全区		洛集		大部	局部									马桥北马庄				

注：表内“全区”“大部”“局部”“零星”等是指煤田尺度的可采性，分别代表全区可采、大部分可采、局部可采和零星可采；其他内容表示可采煤层分布地。

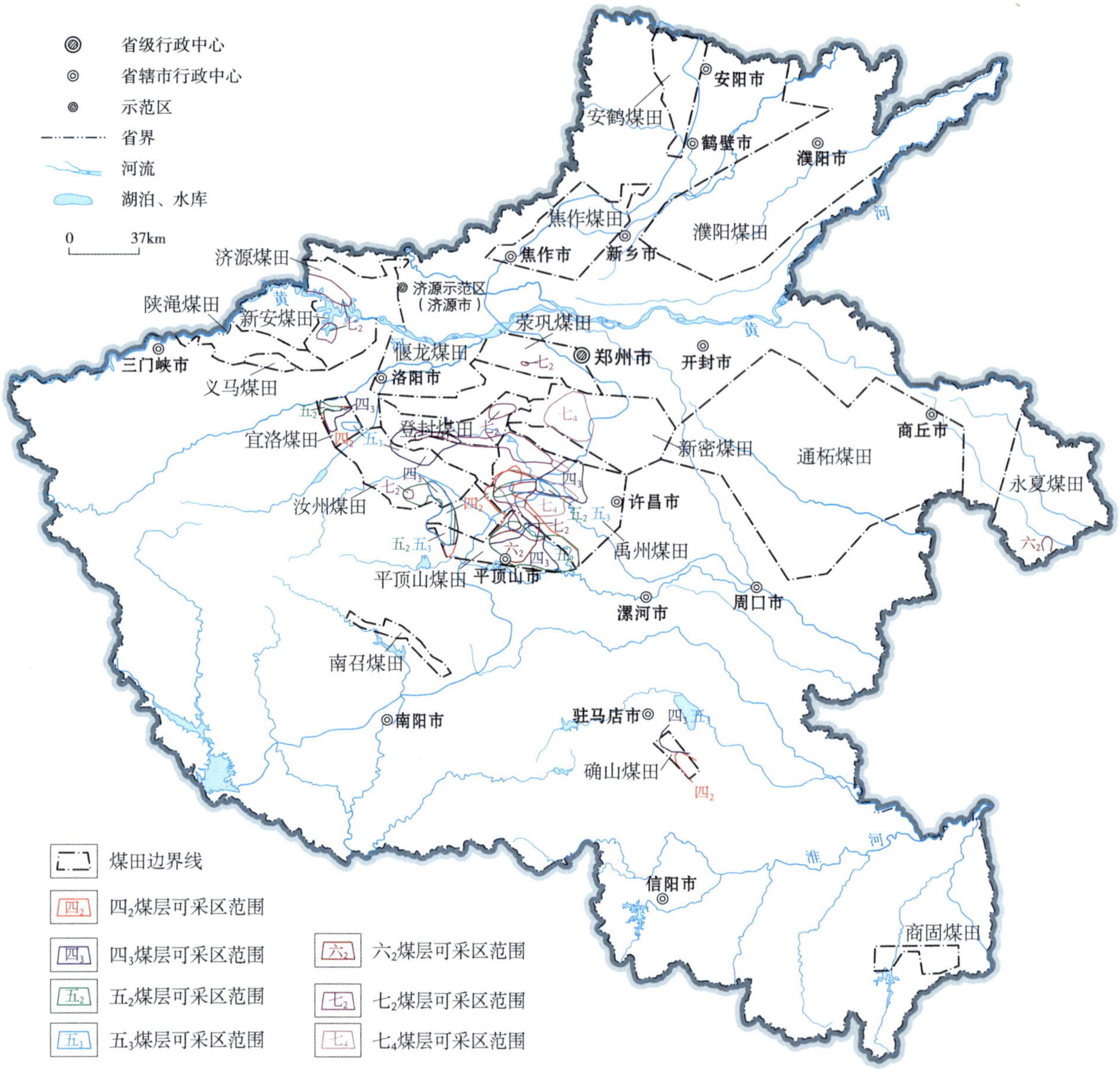

图 2-120 河南省下、上石盒子组四至七煤主要可采煤层分布示意图

以及由此引起的煤层瓦斯赋存的极不均衡性和煤（岩）与瓦斯突出型煤层等，皆归结于聚煤期后多旋回构造变形的改造及叠加。伴随构造运动的岩浆活动对煤厚及煤质亦有明显的影响。

（一）晚三叠世—早侏罗世

晚三叠世—早侏罗世，华北陆块南缘发育后碰撞岩浆岩，北部分异为西部盆地和东部隆起，在陆内坳陷盆地内沉积了上三叠统椿树腰组和谭庄组内陆河流-湖沼相含不可采薄煤和油页岩的碎屑沉积建造，并在豫西的义马凹陷内沉积了下-中侏罗统义马组内陆河湖-沼泽盆地相含煤碎屑岩建造。秦岭-大别山造山带产生陆内碰撞后伸展阶段的早期岩浆活动，南召盆地沉积了上三叠统湖泊-沼泽相的太山庙组湖相含煤碎屑岩组合和太子山组湖泊砂岩-粉砂岩组合。该阶段，华北陆块演化进入一个新的发展时期，由晚古生代以沉降为主的相对稳定的大地构造环境转换为碰撞后伸展环境下的中、新生代断块活动。侏罗纪义马煤田的义马组（$J_{1-2}y$）与下伏三叠系之间的平行或微角度不整合不仅是沉积间断的标志，同时也代表了华北陆块普遍隆升背景下的宽缓隆起和窄狭拗陷，侏罗纪以来的沉积局限在一定的拗陷或断陷盆地中。

（二）中侏罗世—白垩纪

中侏罗世—白垩纪，构造体制转换为强烈的盆岭构造演化阶段。中侏罗世太行山、嵩箕地区开始隆升，与太行山近于垂直的秦岭-大别山造山带成为伸展隆升区。早白垩世，华北陆块转入大规模破坏期，形成隆起区夹持断陷盆地的条、块状构造格局。晚白垩世，郯庐断裂以西整体处于隆升剥蚀状态，形成小型北东走向箕状拆离盆地和北西走向的断陷盆地。晚侏罗世—早白垩世，东秦岭—大别原陆内俯冲碰撞形成的山根在伸展环境壳幔作用下被大量消耗，产生巨量的花岗岩浆，形成斜跨华北陆块南缘和秦岭-大别山造山带的岩浆岩带。

中侏罗世—白垩纪在河南省境内是构造变形型式和岩浆活动强度发生变化的转折期，是一次涉及范围广、引起地壳变形规模很大的剧烈陆内盆岭构造演化阶段，第一次大面积改变了本区含煤地层的分布格局，破坏了含煤地层的完整性，隆起区的含煤地层因遭受风化剥蚀而形成为剥蚀无煤区并缺失了侏罗纪—白垩纪地层，含煤地层环绕隆起剥蚀区分布且随隆起倾伏方向埋深增大。普遍发育的顺煤层的层间滑动使得豫西和嵩箕地区二$_1$煤层“三软”构造煤发育，由于顺煤层的层间滑动的不均衡性和滑面起伏对煤层的构造侵蚀以及伴生滑褶构造的穿刺等，煤层被切割错移、铲刮、推挤肿缩、揉皱变形等，致使煤层的形态和厚度出现极其复杂的变化，有时甚至可以把煤挤作一堆，形成数十米厚的大煤包间夹着薄或无煤带，造成区域尺度上二$_1$煤厚的大幅度、高频率变化。伴随着嵩箕地区褶皱隆起，豫西普遍发育滑脱面分布在盖层不同层位内的重力滑动构造（图 2-121），不仅加剧了该地区煤层、煤岩和煤厚的改造，并使周边煤田构造复杂化，部分区段滑动面上部地层因严重缺失而使局部煤层的埋深变浅，甚至出现下三叠统红层下压山西组二$_1$煤（即红层压煤现象）。

（三）新生代

新生代继承了中生代盆岭构造伸展裂陷，伴随着区域构造格局的重大变化，河南省境内构造演化进入了一个新阶段，全区普遍抬升，发育河湖相沉积，形成平原盆地及山间盆地。随着太平洋板块对欧亚板块的侧向俯冲和深部壳幔结构的调整，河南省境内转入以地壳拉张、断裂凹陷、地幔热柱活动为重要特征的新构造发展阶段，这一阶段构造活动具有明显的继承性，早期先成断裂复活，断块差异运动更加剧烈，形成不对称的翘倾的箕状或半地堑式盆岭构造及拱曲和槽地（马杏垣等，1981）。晚古生代煤系被阶梯式或地堑、地垒式断块及断陷盆地强烈破坏和分割，煤层在先期改造的基础上再改造，岭区煤层遭受剥蚀甚至成为剥蚀无煤区，盆区煤层埋藏深度增大而增加煤矿勘查和资源利用的难度。在地壳强烈伸展裂陷、地幔上隆这一总的区域背景下，盆岭构造分野更为明晰，在急剧沉陷和扩大的断（坳）陷盆地中，沉积了巨厚的古近系、新近系暗色和红色泥岩、砂岩、粉砂岩夹少量砂砾岩、泥质灰岩组成的次稳定型内陆河流、湖泊相沉积建造，第四系松散堆积物广泛发育于山间盆地、山前丘陵、河谷和东部平原地带。

（四）小结

自晚石炭世达拉期聚煤期泥炭堆积开始至三叠纪，华北陆块总体处于稳定接受沉积状态，沉积了巨厚的晚古生代煤系，随着泥炭层的深埋，其受热温度依次增高，在成岩过程中首先转化为生物化学沉积型褐煤，继而在区域深成变质作用下逐渐转化为烟煤。

晚三叠世以后的多期构造演化历程影响着河南省晚古生代聚煤区含煤地层所经受改造的程度，差异性的隆升和坳（断）陷控制着当今河南省境内的赋煤区的分布，造就了煤田构造的基本特征就是聚煤期后多期次、多种变形体制下形成的不同尺度、不同方向、不同规模的褶皱构造，和不同尺度、不同方向、不同性质、不同类型的断裂构造交织形成的密集断裂网络系统所构成的多边形断块组合；同时隆起剥蚀和坳（断）陷深埋也影响着煤化作用的进行和煤的变质演化，煤的变质演化就是温度、压力和时间三个因素转变的历史反映。在多期构造演化过程中，必然会产生动力变质作用，构造活动对煤层、煤岩、煤厚和煤层瓦斯的影响与控制显而易见，但对煤类的影响较为微弱，仅在嵩箕地区的

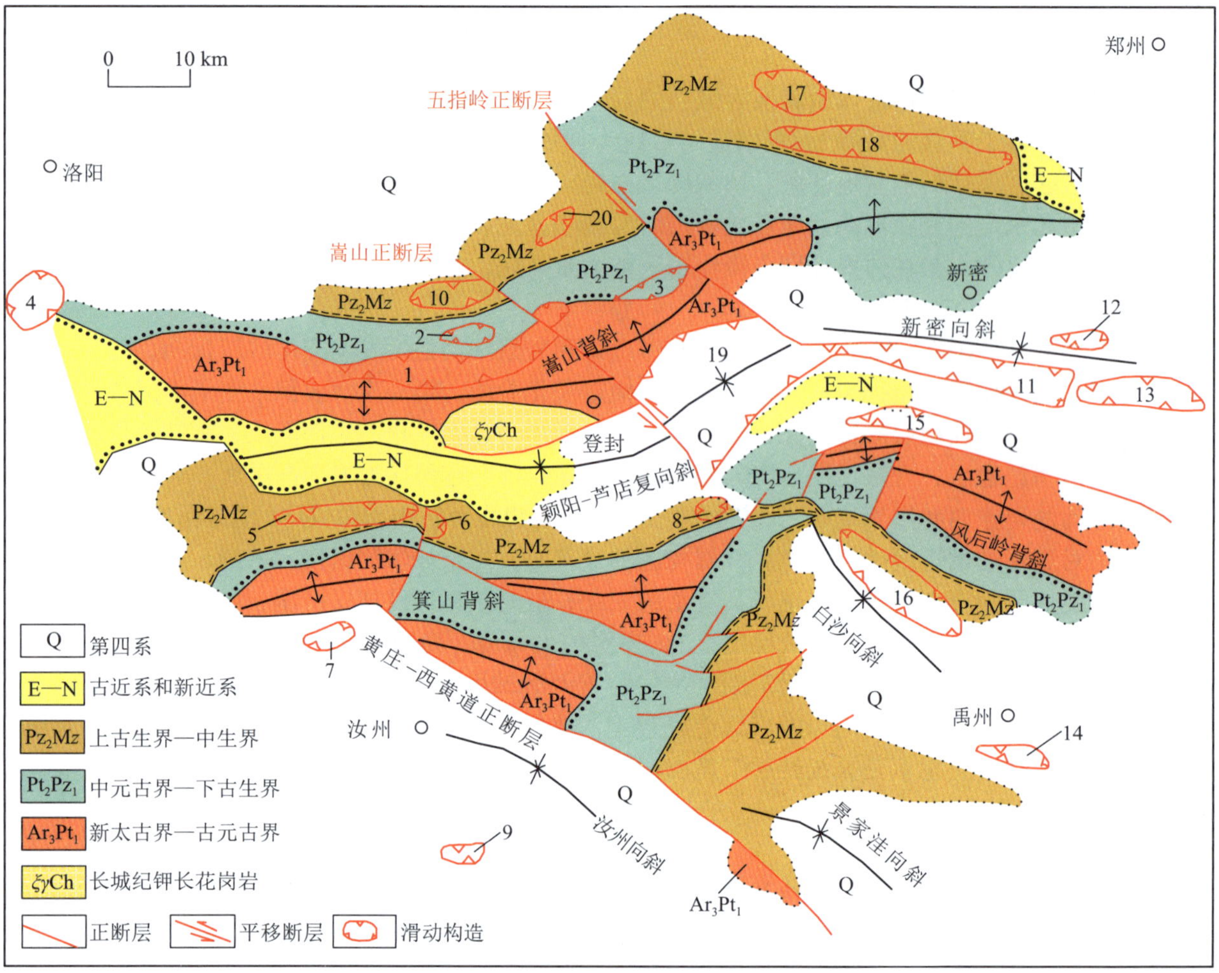

图 2-121　嵩箕地区重力滑动构造分布示意

（据马杏垣，1981；河南煤田地质公司，1991，有修改）

1—五佛山滑动构造；2—麦桔棚滑动构造；3—林台山-大岭滑动构造；4—龙门滑动构造；5—暴马滑动构造；6—龙泉寺滑动构造；7—庇山滑动构造；8—白坪滑动构造；9—朝川滑动构造；10—偃师龙头滑动构造；11—平陌-超化滑动构造；12—杨家洼滑动构造；13—曲梁滑动构造；14—梁北滑动构造；15—任岗滑动构造；16—蔡寺-白沙滑动构造；17—大峪沟滑动构造；18—米河-贾峪滑动构造；19—卢店-大隗滑动构造；20—小牛山滑动构造

登封、新密煤田滑动构造发育地带可见到煤的动力变质现象，受滑动构造影响地段的二$_1$煤的挥发分普遍低于一$_1$煤，挥发分降低1%~3%，但离滑动面稍远的煤层几乎不受影响。

三叠世末—白垩世，随着华北陆块由局部到区域性的隆升，隆起区煤层抬升遭受风化、剥蚀，深成变质作用减弱乃至终止，结束了第一次变质作用的历史；保存在埋藏区煤层连续的深成变质作用促使煤向更高级别煤类转化。新生代强烈的构造分异，不同构造单元沉降速度不同，煤层埋深可相差数千米，使得深成变质作用强弱有别，二次埋深产生了第二次深成变质作用。

中侏罗世及其后的构造-岩浆-热液流体作用对煤层、煤厚和煤质的改造尤为强烈。岩浆沿煤层、煤中、顶底板或煤层上、下的侵位，对煤层的破坏和煤的变质作用影响较大，常使煤层变薄、分岔或吞蚀，具有以岩浆岩为中心向外煤的变质程度逐次降低的趋势，甚至接触带附近煤变质为天然焦。以商丘东部地区最为发育，其次是太行山东麓的安阳-新乡一带，在台前吴坝、陕渑、宜阳、汝州、韩梁、确山等地也有存在，如陕渑和宜阳焦煤带内的无烟煤、平顶山韩梁含煤区白垩系大营组火山岩煤岩接触带的天然焦和西部 1/3 焦煤带中的无烟煤，尤其是安鹤煤田二$_1$煤随远离岩浆岩自西向东依次呈环带状分布着天然焦、无烟煤、贫煤、贫瘦煤、瘦煤和焦煤。伴随软流圈上涌、岩浆上侵，深大断裂为以岩浆岩为主的干热岩的热传导和热水循环提供了良好的通道，二$_1$煤沿济源-开封坳陷呈北西西—南东东向高变质无烟煤带的展布或与早白垩世断陷形成的济源-开封坳陷系深部热源岩有关。

变与不变是一个矛盾的统一体，变是永恒的，不变只是相对的、暂时的，变形的强弱是变的一种表现特征，是受多种地质因素综合制约的。在华北陆块经历了晚古生代漫长而稳定发展阶段形成煤系之后，中生代进入了伸展体制下的陆内造山时期，聚煤期后多旋回、多期次、多类型构造变形对本区聚煤盆地的改造作用明显，现今保存于互相分隔的煤田、煤产地内的含煤地层分布格局及煤田内展示的构造面貌是多旋回构造变形叠加并遭受风化剥蚀后的结果。河南省晚古生代煤层的最低煤类除确山煤田有少量弱粘煤外，最低变质程度为气煤，可能代表了深成变质作用的程度，现今二$_1$煤复杂、多样而具分带性的煤类分布格局以及不同煤层由下至上煤类逐渐降低的趋势，是在深成变质作用基础上叠加了大地构造隆升变化影响以及区域岩浆热变质的结果。

第五节　石炭纪煤田——商固煤田

商固煤田位于大别山北麓的信阳市商城、固始两县境内的低山-丘陵地带，东起固始县祖师庙，西至商城县双柳村、东大台和观音台一线，北自江（家）集、上石桥一线，南至苏仙石、皇姑山。煤田总体呈近东西向展布，东西长约 44 km，南北宽 3～22 km，面积约 460 km^2。地理坐标为东经 115°16′00″～115°44′00″，北纬 31°46′05″～31°53′40″。

商固煤田内煤炭资源开发历史悠久，迄今已百余年，1910 年已有开采记录。系统的煤炭资源勘查工作始于 1956 年，至今已进行过五期煤炭资源勘查，发现了商城县马鞍山、青山和固始县杨山、皮冲煤矿区（表 2-154），查明煤资源储量分别为 365. 0×10^4 t、62. 0×10^4 t、458. 4×10^4 t、42. 0×10^4 t，累计查明煤资源储量 927. 4×10^4 t，煤类均为无烟煤。仅杨山煤矿勘查程度达勘探，其余皆为普查。煤系含煤层数多，煤层薄且复杂，侧向变化大，稳定性差，且多被断层切割成小块段。区内老窑、生产矿井和小窑星罗棋布，马鞍山、青山和皮冲煤矿区已停采，仅杨山煤矿区时采时停，残留煤资源量 391. 2×10^4 t。

表 2-154　商固煤田矿产地一览表

矿产地	地理坐标	矿床地质
商城县马鞍山	115°19′50″，31°50′00″	位于商城县城西北，面积 8. 75 km^2，因受东侧商城岩体侵位的影响，地层倾角普遍大于 60°，轴向近南北的小型褶曲和逆冲断层发育。开采上石炭统杨小庄组马鞍山含煤亚段煤层，含 24 层极不稳定煤层，煤层呈串珠状、透镜状，常见分岔合并，其中 6、7-8、9、11-13、16-17、23 等煤层局部可采，其余煤层偶可采或不可采，煤厚 0～3. 80 m，以块状煤为主，次为片状、粉末状煤。原煤水分 1. 69%～4. 75%，灰分 43. 12%～46. 13%，挥发分 3. 35%～7. 66%，全硫 0. 07%～1. 20%
商城县青山	115°30′30″，31°53′20″	位于商城县东北部的李集乡，面积 0. 65 km^2，为杨山复式背斜南西翼地层倾向 200°～220°、倾角 40°～70°的单斜构造。开采上石炭统杨小庄组青山含煤亚段煤层，含极不稳定劣质煤 16 层，其中 A_5、A_8、A_{10-11}、A_{13} 等煤层局部可采，其余煤层皆不可采。各煤层灰分产率 50%以上，多呈鸡窝状或串珠状，结构复杂，尖灭分岔合并常见，以糜棱煤为主，镜质体最大反射率 5. 85%～8. 38%。原煤水分 1. 70%～4. 30%，灰分 54. 14%，挥发分 5. 17%～9. 26%，全硫 0. 43%～1. 50%
固始县杨山	115°37′40″，31°50′50″	位于固始县方集乡，西起新楼，东至杨山，东西长约 2. 45 km，南北宽约 1. 85 km，面积 3. 12 km^2，地理坐标为东经 115°36′42″～115°38′18″，北纬 31°49′58″～31°51′07″，区内海拔 107. 90～567. 50 m。处于杨山复式背斜倾伏端，地层倾向南西，倾角 15°～60°；密集分布的北西西向、北东向和北西向高角度正或逆断层将煤层分割为多边形的断块状，小型褶曲、倒转及层间滑动等使煤厚突变，呈串珠状、藕节状甚至“煤包”。下石炭统杨山组厚度 297. 59～575. 74 m，平均 438. 63 m，含 7 个煤段计 22 层煤，其中，五、九、十六、二十一等煤层为局部可采煤层，三、四、八、十三、十八、十九等煤层为偶尔可采煤层。主要可采煤层平均厚度 0. 40～2. 00 m，最厚 5. 66 m，可采煤层平均总厚度 11. 97 m。煤层极不稳定，常见分岔、尖灭。煤层的可采范围一般沿走向和倾向为 100 m 左右，个别沿走向长达 200 m，两相邻煤层间距 5～65 m。煤层结构简单，含 0～2 层薄层碳质泥岩夹矸。早白垩世岩浆岩呈小岩体或岩株，吞蚀煤层并形成局部的天然焦。原煤水分 1. 50%～4. 30%，灰分 18. 55%～45. 36%，挥发分 4. 52%～14. 14%，全硫 0. 28～2. 90%，磷 0. 004%～0. 075%

续表

矿产地	地理坐标	矿床地质
固始县皮冲	115°42′20″，31°49′18″	位于固始县南部的武庙及乡皮冲一带，面积 1.20 km^2，为杨山复式背斜南翼地层倾向南西、倾角 50°~60°的单斜构造。主要开采下石炭统杨山组的五、九、十六、二十一等煤层，煤层薄而不稳定，厚度变化较大，多呈透镜状、串珠状、藕节状甚至“煤包”。镜质体最大反射率 5.20%~8.01%。原煤水分 2.86%，灰分 38.12%，挥发分 8.47%，全硫微量

一、煤田地质特征

商固煤田位于大别山造山带北缘的信阳断陷盆地中，属秦岭地层区、北秦岭分区的信阳-商城小区，由于处于华北板块和扬子板块这种特殊的大地构造位置之间，加上聚煤期后多期次强烈的构造运动、岩浆侵入，含煤地层强烈褶皱并产生轻变质，给煤田资源勘查带来很大的困难。由于所处的构造地质环境特殊，多期的构造运动形成了区内不同规模、不同序次、不同方向的构造行迹复杂交错、改造和叠加，造成煤田十分复杂的构造面貌，褶皱、断裂、推覆构造及走滑断层等地质现象在区内均有体现。北西西向的龟山-梅山断裂构成了煤田的南部自然边界。北西倾伏的杨山复式背斜（东段）和向北仰起的商城向斜（西段）及后期叠加的北西向与北西西向断裂构造构成了煤田的基本构造格架，控制了煤层的断块状分布，与北西西向深大断裂一起控制了煤田呈近东西向的狭窄带状展布。龟山-梅山断裂之南出露下古生界龟山岩组的一套经强烈变形改造而形成的以斜长角闪岩和云母石英片岩为主的构造岩片。在煤田西部的铜山-河凤桥一带有逆冲岩席，以大小不等的、呈近东西向排列的飞来峰群落出现，新元古界石门冲组碎屑岩-碳酸盐岩从异地逆冲推覆在侏罗纪类前陆盆地的石炭纪和侏罗纪地层之上，构成尖峰、槽沟状地貌。

花园墙组分布于固始县段集乡花园墙、柳林及武庙集乡皮冲一带，为潮控三角洲前缘环境沉积的一套成熟度很低的具复理石特征的碎屑岩建造，构成杨山倾伏复式背斜的核部。杨山倾伏复式背斜的两翼由杨山组、道人冲组、胡油坊组、杨小庄组等连续沉积的陆相夹海陆交互相灰色含煤磨拉石建造构成（表 2-155；图 2-122），北翼为中-上侏罗统陆相碎屑岩、下白垩统陈棚组火山碎屑岩，南翼被断层和岩浆活动所破坏。下白垩统金刚台组火山碎屑岩角度不整合覆盖于东部石炭系之上。

商城-麻城断裂近南北向延伸长近 400 km，西倾，倾角 30°~60°；其与龟山-梅山断裂复合部位出露近圆形早白垩世商城黑云母花岗闪长岩、二长花岗岩侵入体。早白垩世商城岩体面积约 131 km^2，不仅导致了煤田已有构造造格局畸变并将煤田分为东西两段，造成上石炭统强烈挤压变形片理化和轻微变质，并环绕岩体呈向北凸出的半环形分布，同时破坏或吞蚀部分含煤地层并使煤级达到超无烟煤。

商固煤田无论从构造背景、聚煤特征、含煤地层岩性、所含动植物化石或沉积环境上，既不同于华北型地层，又异于华南型地层，而是一个比较孤立的大别山隆起北缘狭长坳陷带，具有构造活动强烈，岩浆活动频繁，煤系厚度大，粗碎屑岩占比较大，含煤层数多，煤层薄且结构复杂、侧向变化大，煤层稳定性较差，仅有局部可采煤层且连续性差，煤层多呈豆荚状、串珠状、鸡窝状等。

二、含煤地层

商固煤田内的石炭纪含煤地层根据其沉积旋回特征、煤岩层特征、含煤情况及生物组合特征分为 9 个煤段 62 层煤，即杨山组 7 个煤段 22 层煤、杨小庄组杨小庄段中部青山含煤亚段 16 层煤和双石头煤段中部马鞍山含煤亚段 24 层煤，其中可采、局部可采煤层 23 层，有 5 层主要可采煤层，均为无烟煤，煤层薄而复杂，多被断层切割成小断块。

1. 下石炭统杨山组

下石炭统杨山组为商固煤田的主要含煤地层，分布于杨山煤矿、五尖山、皮冲一带，为一套多旋

表 2-155　商固煤田地层简表

界	系	统	组	符号	地层厚度/m	岩性描述
新生界	第四系			Q	0~50	为黄土、亚粘土、亚砂土和砂砾卵石层组成的残积、坡积、冲积物
	古近系	始新统	毛家坡组	E_2mj	不详	下部以棕红色、棕褐色砾岩、砂砾岩为主；上部以棕红色、棕褐色含砾砂岩、砂岩和砂质泥岩为主
中生界	白垩系	下统	陈棚组	K_1c	>600	下部为凝灰岩；中部为土黄色、灰白色、浅灰绿色安山质集块岩、晶屑玻屑凝灰岩、凝灰质页岩及沉凝灰岩；上部为青灰色膨润土化珍珠岩、桃红色膨润土及深灰色珍珠岩，夹灰白色含沸石角砾熔岩及流纹岩
			金刚台组	K_1jg	>600	为深灰色、绿色、灰黑色、灰绿色厚层状辉石安山岩、安山玢岩、粗面安山岩，夹火山角砾岩及凝灰岩
		上统	段集组	J_3d	400~1448	为灰黄色、紫红色厚-巨厚层砾岩夹中-粗粒长石砂岩及少量砂质粘土岩
		中统	朱集组	J_2z	1390~2200	底部紫红色厚层状砾岩，下部为灰色、灰黄色、紫红色岩屑长石砂岩、长石石英砂岩；上部为灰色、黄色、黄褐色、紫红色中厚层状岩屑长石砂岩、岩屑石英砂岩夹砾岩、砂砾岩和粉砂岩
古生界	侏罗系 石炭系	上统	杨小庄组 双石头段	C_2y	310~820	灰白色含砾绢云石英片岩，夹含砾砂岩、碳质泥岩，下、上部含海相碳酸盐岩，中部含极不稳定薄煤 24 层
			杨小庄组 杨小庄段		288~902	主要为碳质细-粉砂岩、含粉砂质粘土岩、粉砂质泥岩夹煤线或凸镜状煤层，含极不稳定煤层 16 层
			胡油房组	C_2h	344~2100	主要为砾岩、含砾岩屑长石砂岩、长石砂岩、长石石英砂岩与粉砂岩、粉砂质泥岩互层，夹石灰岩凸镜体
			道人冲组	C_2d	800~1500	滨海-浅海陆棚环境沉积；为泥岩、砂质泥岩、中粒石英砂岩，夹有薄层石英砾岩及凸镜体状薄层泥质灰岩，底部为复成分砾岩
		下统	杨山组	C_1y	481.59~800.86	主要为石英砂砾岩、石英砂岩夹黑色泥岩、粉砂岩，铝质泥岩、煤层（线）等多旋回碎屑岩，底部为巨厚层石英（硅质）砾岩；含煤 22 层，多为极不稳定煤层
	泥盆系	上统	花园墙组	D_3C_1h	>800	下部为中-细粒钙质长石石英砂岩夹钙质粉砂岩及钙质页岩；上部为厚层细粒石英砂岩，偶夹石英砾岩凸镜体

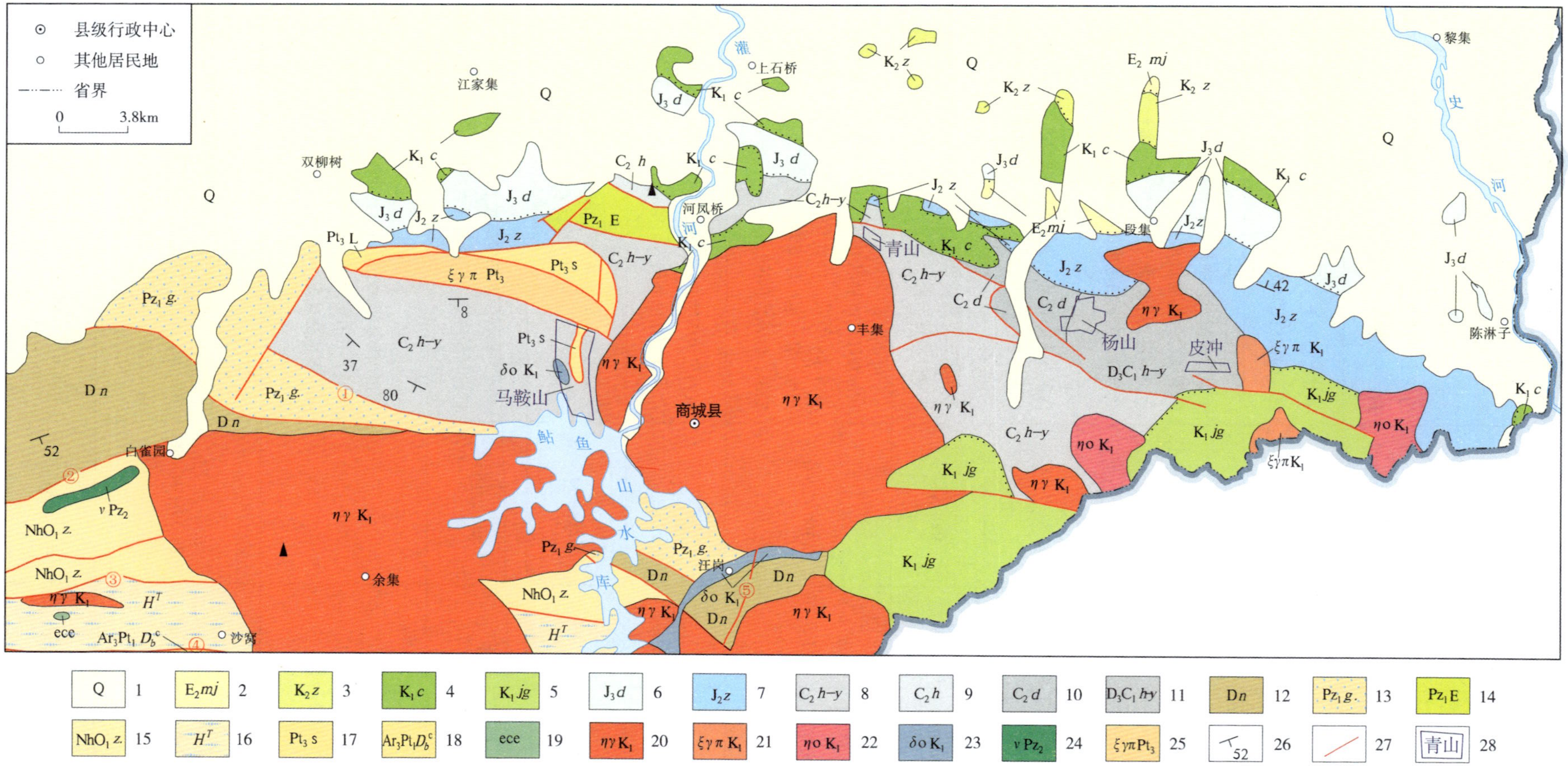

图2-122 商固煤田地质略图

1—第四系；2—始新统毛家坡组；3—上白垩统周家湾组；4—下白垩统陈棚组；5—下白垩统金刚台组；6—上侏罗统段集组；7—中侏罗统朱集组；8—上石炭统胡油坊组、杨小庄组；9—上石炭统胡油坊组；10—上石炭统道人冲组；11—上泥盆统—下石炭统花园墙组、下石炭统杨山组；12—泥盆系南湾组；13—下古生界龟山岩组；14—下古生界二郎坪群；15—南华系—下奥陶统周进沟岩组；16—浒湾构造混杂岩；17—新元古界石门冲组；18—新太古代—古元古代大别杂岩；19—榴闪岩、榴辉岩未分；20—早白垩世二长花岗岩；21—早白垩世钾长花岗斑岩；22—早白垩世石英二长岩；23—早白垩世石英闪长岩；24—晚古生代变辉长岩；25—新元古代钾长花岗斑岩；26—地层产状；27—断层；28—煤矿区及范围。①龟山-梅山断层；②(丁河-鸿仪河)-白雀断裂；③(桐柏)-八里畈断裂；④白洼-戴咀断裂；⑤商城-麻城断裂

回的冲积扇–泥炭沼泽环境下的含煤碎屑岩系，岩性差异较大，底界起于上泥盆统—下石炭统花园墙组厚层石英砾岩顶，顶界止于道人冲组底部厚层状复成分砾岩或黄褐色砂岩底。厚度 481.59~800.86 m，平均653.59 m。本组由 7 个沉积旋回构成，各旋回正粒序沉积特征明显：即底部为石英砾岩、砂砾岩，向上逐渐变细为石英砂岩、粉砂岩、泥岩夹煤层和碳质泥岩。按沉积旋回划分为 7 个含煤段，含煤 22 层，均属不稳定煤层，单层平均厚度小，侧向变化大，稳定性差，有分层、合并、尖灭现象。

杨山组一煤段下部以石英砾岩为主，夹石英砂岩；中部以石英砂岩为主，夹透镜状铝质粘土岩；上部以砂质泥岩为主，偶夹煤线和薄层碳质泥岩。该段厚度 192.78~284.99 m，平均243.42 m，无可采煤层。

杨山组二煤段主要为灰白色石英砾岩、中粒石英砂岩、粉砂岩、泥岩，局部夹灰白色铝质粘土岩，厚度 59.49~95.97 m，平均 81.41 m。该段含一、二煤 2 层，均为极不稳定煤层，仅在杨山煤矿东部偶尔可采，煤层厚度 0~1.15 m。

杨山组三煤段底部为灰白色石英砾岩或含砾石英砂岩，厚度一般在 2.30~19.60 m 之间；中、上部为石英砂岩、粉砂岩、砂质泥岩，夹薄层石英砾岩，顶界止于厚层状石英砾岩（五煤、六煤分界）底。本段厚度 57.09~97.20 m，平均 78.97 m，发育三煤、四煤、五煤 3 层煤，其中五煤局部可采，煤厚度 0~5.08 m，平均 0.66 m。

杨山组四煤段底部为浅灰色–灰白色石英岩、含砾石英砂岩，中、上部为石英砂岩、粉砂岩、砂质泥岩，夹薄层石英砾岩，含有丰富的黄铁矿结核，顶界止于九煤上部石英砾岩底界面。本段厚度 49.32~96.31 m，平均 72.53 m，发育六煤、七煤、八煤、九煤 4 层煤，均为局部可采煤层，其中，九煤层为区内主要可采煤层，煤层厚度 0~3.38 m，平均 0.75 m，煤层结构较复杂。

杨山组五煤段顶界止于十三煤顶的石英砾岩底，主要为浅灰色、灰白色石英砾岩、石英砂岩、灰色粉砂岩、泥岩及薄煤层等，厚度 34.25~73.22 m，平均 59.07 m。含十煤、十一煤、十二煤、十三煤 4 层，其中位于上部的十三煤层局部可采，煤厚 0~1.82 m，其余均不可采。本段岩石粒度较粗，石英砾岩的层数、厚度较下部各段明显增高，小旋回也较多。

杨山组六煤段底部为灰色–浅灰色石英砾岩或灰色石英砂岩，中、上部为灰色石英砂岩、砂质泥岩、铝质泥岩及薄煤层，厚度 34.17~66.52 m，平均 49.94 m。含十四煤、十五煤、十六煤、十七煤 4 层，极不稳定，多为不可采煤层，唯十六煤层局部可采，煤厚 0~1.50 m，平均 0.47 m。

杨山组七煤段顶界止于道人冲组复成分砾岩之底，仅分布于杨山煤矿西部，主要由浅灰色中厚层状石英砾岩、灰色石英砂岩、深灰色粉砂岩、泥岩及煤层组成，厚度 54.49~86.65 m，平均 68.25 m。含十八煤、十九煤、二十煤、二十一煤、二十二煤 5 层，二十一煤层局部可采，煤厚 0~3.11 m，平均 0.45 m，其余均不可采。

杨山组为陆相碎屑岩占比较大的海陆交替型沉积，以石英砾岩、砂砾岩等粗碎屑岩为主体，并表现有比较明显的韵律性，划分为 7 个较大的旋回。完整的旋回一般从石英砾岩或含砾中、粗粒石英砂岩开始，其上为粗粒石英砂岩、粉砂岩或砂质泥岩，上部以煤层、碳质泥岩或泥岩而告终。无论是砾岩的砾石，还是砂岩的碎屑物，皆表现出颗粒成分较为单一，磨圆度较好，但分选性较差。且多具斜层理、波状层理或平行层理，从而显示出沉积物的搬运距离较远，沉积环境也是在不断变迁。

2. 上石炭统杨小庄组

杨小庄组自下而上划分为杨小庄段（原杨小庄组）和双石头段（原双石头组）。

杨小庄组杨小庄段分布于商城岩体的东侧的马鞍山煤矿、北侧的青山煤矿和东侧的杨小庄一带，位于杨山倾伏背斜的南翼（商城向斜的东、西两翼），为河流–湖泊沼泽相沉积，该组富含碳质和普遍含有黄铁矿，属于相对稳定的还原环境，与下伏胡油房组为整合接触，厚度 288~902 m。本组完好化石较少，仅有较多的化石碎片，能鉴定者罕见。依据岩性组合和含煤情况，划分为三个亚段。下部无煤亚段主要由红色杂砾岩、砂砾岩和碳质泥岩组成，夹薄层石英砂岩及石英砾岩凸镜体。在青山煤矿附近含较多的真蕨类化石。中部青山含煤亚段厚度 193.5 m，岩性主要为浅灰色中砂岩、深灰色泥岩、粉砂质泥岩和碳质板岩夹薄层石灰岩、煤层（线）；在青山一带含极不稳定劣质煤十六层（A_1—A_{16}），其中 A_5、A_8、A_{10-11}、A_{13} 共 4 层为局部可采煤层，其余均不可采；各煤层灰分产率 50%以上，结构复杂，单层厚度 0.05~2.50 m，多呈鸡窝状、囊状、透镜状、串珠状，并有分层、合并、尖灭现象。上部无煤亚段主要为厚层长石石英砂岩夹碳质泥岩。

杨小庄组双石头段分布于商城县王坳、彭冲、双石头和马鞍山一带，位于商城向斜的核部，不整合覆盖于侏罗系中统朱集组山麓-河湖相红色磨拉石建造之下，为河流-湖泊相含煤地层，厚度 310~820 m。依据岩性组合和含煤情况，划分为 3 个亚段。下部无煤亚段岩性为板岩、片岩、石英砂砾岩、石英砂岩、铝质泥岩，局部偶夹大理岩、石灰岩和碳质泥岩。中部马鞍山含煤亚段底起含砾石英岩或石英砂砾岩之底，顶界止于中厚层状大理岩之底，厚度 216~363 m；主要由黑色红柱石角岩、角岩、砂质板岩、板岩、碳质板岩、薄层石英岩及含砾石英岩组成；含煤 24 层，即 1、2……24 煤层，均为极不稳定煤层，其中，6、7-8、9、11-13、16-17、23 等 6 层为局部可采煤层，其余为偶可采或不可采煤层，可采煤层单层厚度 0~3.80 m，可采段平均煤厚 0.40~0.70 m，属高灰分高变质无烟煤，局部石墨化；煤层呈囊状、鸡窝状产出，合并、分岔、尖灭现象常见。上部无煤亚段主要为白云质大理岩、厚层长石石英砂岩、砂砾岩、泥岩、泥板岩、夹薄层石灰岩与泥质灰岩；底部灰白色中厚层状白云质大理岩，层位稳定，为重要的对比标志层。

三、煤层与煤质

1. 煤层

（1）含煤性

商固煤田含煤地层有下石炭统杨山组、上石炭统杨小庄组。自下而上共划分为 9 个煤段，即杨山组的一、二、三、四、五、六、七煤段，杨小庄组之青山煤段和马鞍山煤段。共含煤（劣质煤）63 层。杨山组煤层总厚度 7.02 m，青山煤段煤层总厚度 3.68 m，马鞍山煤段煤层总厚度 5.01 m，煤层平均总厚度 15.71 m。主要可采煤层有杨山组中的五、九、十三、十六、二十一煤 5 层煤，杨小庄组青山含煤亚段的 A_5、A_8、A_{10-11}、A_{13} 等煤层和马鞍山含煤亚段的 6、7-8、9、11-13、16-17、23 等煤层计 10 层。各煤段煤层发育情况见表 2-156、表 2-157。商固煤田虽含煤层数较多，但各煤层发育均不稳定，煤层的厚度及结构在走向上和倾向上变化很大，煤层分布零星且面积很小，大多发育在浅部露头附近。从矿井及小窑对各煤层的揭露情况看，各煤层的形态变化也十分复杂，从可采至不可采甚至于尖灭，在走向上和倾向上仅十几米，有些甚至几米，煤层呈似层状、透镜状、串珠状和鸡窝状出现，分岔、变薄、尖灭现象十分常见。

（2）可采煤层

商固煤田含煤层数较多，但多不可采。发育比较好的局部可采煤层仅有杨山组中的五、九、十三、十六、二十一 5 层（图 2-123，图 2-124）。

五煤层：位于下石炭统杨山组三煤段上部，主要分布于杨山矿区东部及皮冲东北部，局部可采。煤层底板为粉砂岩及石英砂岩，顶板为中粒石英砂岩及石英细砾岩。煤厚 0~5.08 m，平均 0.66 m，煤层结构较简单，时见 1~2 层碳质泥岩夹矸。浅部煤层发育较好，深部则变差，厚度变化极大，变异系数达 170%，煤层呈鸡窝状、似层状、串珠状产出，其分岔、合并及尖灭现象多见，可采系数为 34.8%。

九煤层：位于杨山组四煤段上部，主要分布于杨山矿区中部，局部可采。底板为碳质泥岩或砂岩，顶板为砂质泥岩或中砂岩。煤厚 0~3.38 m，平均 0.75 m。煤层结构简单，一般有 1 层碳质泥岩夹矸。在浅部及矿区西部煤层发育较好，西北部发育较差，煤厚变化较大，变异系数达 118%，煤层常呈似层状、串珠状产出，煤层层位相对较稳定，可采系数为 43.3%。

十三煤层：位于杨山组五煤段上部，主要分布于杨山矿区中部，局部可采。煤层底板为石英砂岩、砾岩，局部为碳质泥岩，顶板为砂质泥岩。煤厚 0~1.82 m，平均 0.20 m。煤层结构简单。在浅部发育较好，向深部则变差，甚至尖灭。煤厚变化极大，变异系数高达 232%，常呈串珠状产出。煤

表 2-156　商固煤田杨山组煤层发育情况一览表

地层单位	煤段名称	煤层编号	穿见点数	煤厚/m		可采性	稳定程度	煤层间距/m
				两极值	平均值			
杨山组	七煤段	二十二	18	0~0.83	0.08	不可采	极不稳定	
		二十一	18	0~3.11	0.45	局部可采	较稳定	17.00
		二十	18	0~1.48	0.22	不可采	极不稳定	6.00
		十九	19	0~4.75	0.48	偶尔可采	极不稳定	4.00
		十八	19	0~3.36	0.41	偶尔可采	极不稳定	12.00
	六煤段	十七	23	0~1.20	0.29	不可采	极不稳定	25.00
		十六	23	0~1.50	0.47	局部可采	不稳定	8.00
		十五	23	0~0.48	0.24	不可采	极不稳定	5.50
		十四	23	0~0.38	0.19	不可采	极不稳定	4.00
	五煤段	十三	24	0~1.82	0.20	局部可采	不稳定	33.00
		十二	24	0~0.77	0.17	不可采	极不稳定	5.80
		十一	24	0~0.26	0.13	不可采	极不稳定	6.50
		十	24	0~0.08	0.04	不可采	极不稳定	9.00
	四煤段	九	30	0~3.38	0.75	大部可采	较稳定	40.5
		八	24	0~2.68	0.40	偶尔可采	极不稳定	4.80
		七	28	0~0.77	0.08	偶尔可采	极不稳定	10.50
		六	23	0~0.55	0.12	不可采	极不稳定	11.00
	三煤段	五	23	0~5.08	0.66	局部可采	不稳定	42.50
		四	23	0~2.47	0.23	偶尔可采	极不稳定	15.50
		三	24	0~6.25	0.46	偶尔可采	极不稳定	19.5
	二煤段	二	13	0~0.80	0.40	偶尔可采	极不稳定	41.00
		一	13	0~1.51	0.30	偶尔可采	极不稳定	20.0
	一煤段	0	13	0~1.30	0.25	偶尔可采	极不稳定	7.50

（据河南省煤炭地质勘察研究院，2010a）

层发育很不稳定，可采系数 8.3%。

十六煤层：位于杨山组六煤段中上部，主要分布在杨山矿区中部，局部可采。底板为碳质泥岩或石英砂岩，顶板为砂质泥岩或碳质泥岩。煤厚 0~1.50 m，平均 0.47 m。煤层结构简单。煤厚变化大，变异系数 101%，煤层常呈似层状产出，为不稳定煤层，可采系数为 30.40%。

二十一煤层：位于杨山组七煤段上部，分布于杨山矿区西南部，局部可采。底板为泥岩或砾岩，顶板为石英砂岩或砾岩。煤厚 0~3.11 m，平均 0.45 m。煤层结构简单，一般含有 1~2 层碳质泥岩夹矸。煤层在矿区浅部发育较好。厚度变化较大，煤层变异系数为 167%，常呈似层状产出，为较稳定煤层，可采系数 22.2%。

2. 煤质

（1）煤的物理性质及煤岩特征

商固煤田的煤呈黑色-钢灰色，块煤具半金属光泽，断口阶梯状，裂隙发育，结构复杂，煤层普遍遭受后期构造破坏，滑动镜面发育。据杨山煤矿 3 件煤层煤样筛分的各粒级组成分别为：大于 13 mm 级占 53.5%；13~6 mm 级占 16.6%；6~3 mm 级占 7.8%；小于 3 mm 级占 22.1%，以块煤为

表 2-157　商固煤田杨小庄组煤层发育情况一览表

地层	煤段	煤层编号	煤厚/m		可采性	稳定程度	煤层间距/m
			两极值	平均值			
杨小庄组双石头段	马鞍山煤段	24	0~0.50	0.35	不可采	极不稳定	9.00
		23	0~1.00	0.53	局部可采	极不稳定	1.50
		22	0~0.90	0.34	不可采	极不稳定	16.20
		21-20	0~0.85	0.40	不可采	极不稳定	26.50
		19-18	0~1.50	0.69	不可采	极不稳定	19.00
		17-16	0~1.00	0.68	局部可采	极不稳定	7.50~10.00
		15-14	0~0.90	0.55	不可采	极不稳定	22.00~35.00
		13-11	0~3.80	1.18	局部可采	极不稳定	16.00
		10	0~1.20	0.73	不可采	极不稳定	12.50
		9	0~1.60	1.10	局部可采	极不稳定	30.00
		7-8	0~1.80	1.06	局部可采	极不稳定	10.30
		6	0~1.10	0.87	局部可采	极不稳定	3.00
		5	0~1.00	0.61	不可采	极不稳定	5.00~9.50
		4	0~1.00	0.64	不可采	极不稳定	21.00
		3	0~0.40	0.33	不可采	极不稳定	11.50
		2	0~0.50	0.37	不可采	极不稳定	8.0~20.00
		1	0~0.55	0.35	不可采	极不稳定	
杨小庄组杨小庄段	青山煤段	A_{16}	0~0.35	0.24	不可采	极不稳定	14.00
		A_{15}	—	0.05	不可采	极不稳定	2.50
		A_{14}	—	0.14	不可采	极不稳定	11.00
		A_{13}	0~0.90	0.49	局部可采	极不稳定	0.70
		A_{12}	—	0.18	不可采	极不稳定	2.50
		A_{11}	0~0.77	0.35	局部可采	极不稳定	1.00
		A_{10}	0~0.98	0.40	局部可采	极不稳定	5.20
		A_9	—	0.32	不可采	极不稳定	2.70
		A_8	0~1.44	1.00	局部可采	极不稳定	8.00
		A_7	—	0.18	不可采	极不稳定	2.00
		A_6	—	0.33	不可采	极不稳定	10.50
		A_5	0~1.50	0.77	局部可采	极不稳定	1.00
		A_4	0~0.13	0.13	不可采	极不稳定	14.00
		A_3	0~0.24	0.24	不可采	极不稳定	13.50
		A_2	0~0.50	0.05	不可采	极不稳定	
		A_1		0.19	不可采	极不稳定	

（据河南省煤炭地质勘察研究院，2010a）

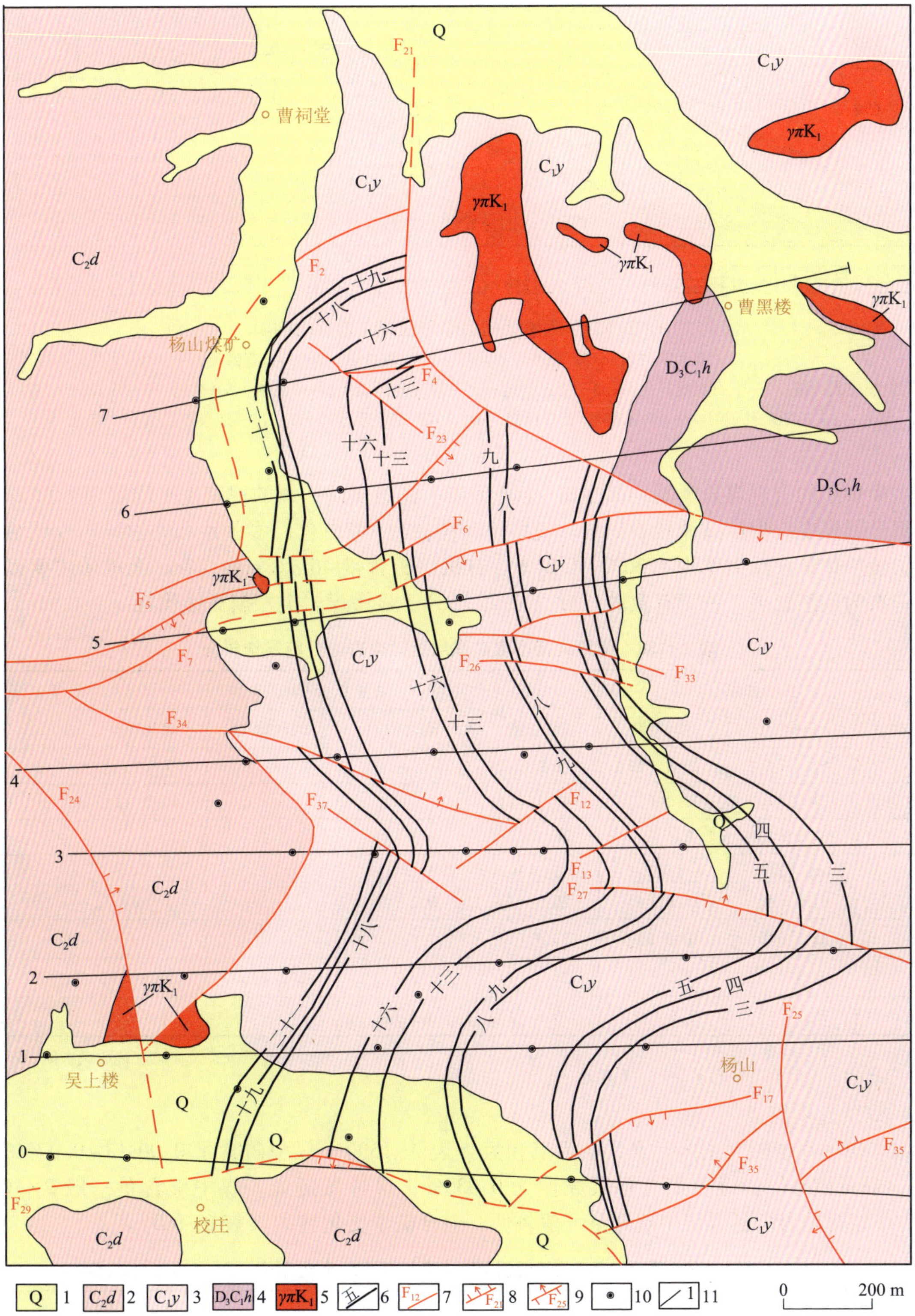

图 2-123　固始县杨山煤矿区地质略图

（据河南省地质矿产勘查开发局第三地质调查队，2010b，有修改）

1—第四系；2—上石炭统道人冲组；3—下石炭统杨山组；4—上泥盆统—下石炭统花园墙组；5—早白垩世花岗斑岩；6—煤层露头线及编号；7—断层及编号；8—正断层及编号；9—逆断层及编号；10—钻孔；11—勘探线及编号

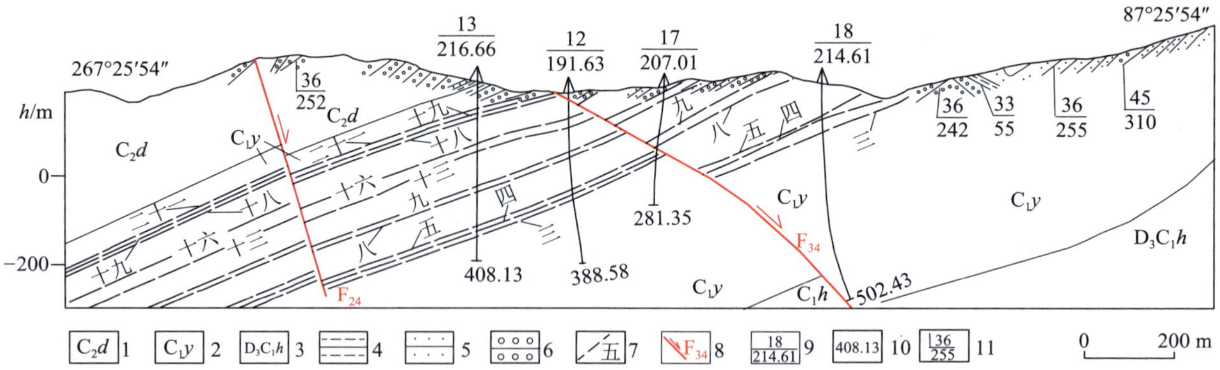

图 2-124　固始县杨山煤矿区第 4 勘探线剖面

（据河南省地质矿产勘查开发局第三地质调查队，2010b，有修改）

1—上石炭统道人冲组；2—下石炭统杨山组；3—上泥盆统—下石炭统花园墙组；4—泥岩；5—砂岩；6—砾岩；7—煤层及编号；8—正断层及编号；9—钻孔编号/孔口标高（m）；10—钻孔孔深（m）；11—地层产状（°）：倾角/倾向

主。各主要煤层的宏观煤岩类型均属半暗-半亮型煤。杨山煤矿区煤的视密度平均值为 1.65 t/m^3。显微煤岩组分因煤变质程度高而较难划分。镜质组呈亮白色-黄白色，多色性和光学异向性明显，见镶嵌结构，镜质体最大反射率为 4.36%~4.54%。有机组分含量 46.7%~94.2%。无机质主要以粘土矿物为主，次为碳酸盐类，并见有黄铁矿脉（表 2-158）。显微煤岩类型属微镜惰煤。

表 2-158　固始县杨山煤矿煤层显微煤岩组分鉴定结果表

煤层	有机组分/%		无机组分/%				R^o_{max} /%
	镜质组	惰质组	粘土类	硫化物类	碳酸盐类	氧化物类	
二十一	67.4（1）	26.8（1）	3.8（1）	—	—	0.3（1）	—
十九	24.7（1）	22.0（1）	43.1（1）	—	—	10.2（1）	—
十六	61.1（1）	7.6（1）	28.7（1）	8.3（1）	0.3（1）	—	—
九	44.4~78.4 61.1（4）	8.1~17.1 11.6（4）	13.1~38.4 26.9（4）	0.1~0.4 0.2（4）	—	—	4.36
八	55.5（1）	10.6（10	33.9（10	—	—	—	—
五	54.5（1）	18.9（1）	24.2（1）	0.2（1）	2.2（1）	—	—
其他	70.2（1）	8.5（1）	20.5（1）	0.3（1）	—	—	4.54

（据河南省地质矿产勘查开发局第三地质调查队，2010b）

（2）煤的化学组成

商固煤田的煤中碳为主体元素，次为氢和氮（表 2-159）。煤中磷含量 0.004%~0.075%，平均 0.010%，属低磷分煤。煤中氯含量最大值为 0.033%，属特低氯煤。煤中砷含量一般 2×10^{-6}~3×10^{-6}，为一级含砷煤。各煤层中硫含量一般较低，但含硫量变化甚大（表 2-160）。

表 2-159　固始县杨山煤矿各煤层元素含量表

煤层编号	元素含量/%			
	C_{daf}	H_{daf}	N_{daf}	$O_{daf}+S_{t,daf}$
十六	88.88~94.54 92.31（3）	2.22~3.10 2.66（3）	0.79~0.96 0.87（3）	2.45~7.06 4.16（3）
十三	94.03（1）	2.13（1）	0.75（1）	3.09（1）
九	94.22~95.60 94.69（3）	2.17~3.14 2.53（3）	0.72~1.08 0.85（3）	1.22~2.85 1.87（3）

续表

煤层编号	元素含量/%			
	C_{daf}	H_{daf}	N_{daf}	$O_{daf}+S_{t,daf}$
八	94.86（1）	2.49（1）	0.76（1）	1.89（1）
五	92.93（1）	2.55（1）	0.83（1）	3.69（1）
三	93.27~94.74 94.01（2）	2.07~2.53 2.30（2）	0.71~0.75 0.73（2）	2.48~3.45 2.97（2）

（据河南省地质矿产勘查开发局第三地质调查队，2010b）

表 2-160　固始县杨山煤矿各煤层主要煤化指标分析结果表

煤层编号	原煤					精煤	
	M_{ad}/%	A_d/%	V_{daf}/%	$S_{t,d}$/%	$Q_{gr,v,d}$/（$MJ\cdot kg^{-1}$）	A_d/%	V_{daf}/%
二十一	3.99~6.71 5.39（4）	20.66~37.17 28.31（4）	4.26~5.76 4.87（4）	0.13~0.90 0.53（3）	19.78~26.52 23.47（4）	—	—
十九	2.63~7.47 4.54（3）	13.48~43.94 30.28（3）	4.29~5.55 4.90（3）	0.56~1.09 0.84（2）	18.80~29.11 23.10（3）	—	—
十八	4.07~6.59 5.33（2）	11.69~43.33 27.51（2）	4.72~5.20 4.96（2）	1.26（1）	17.77~29.42 23.60（2）	4.88（1）	2.99（1）
十六	1.10~5.47 2.65（6）	9.88~49.25 35.24（6）	5.07~12.95 8.13（6）	0.36~1.96 1.19（6）	16.31~31.13 21.59（6）	4.84~11.11 7.98（3）	4.33~11.28 6.79（3）
十三	1.75~7.78 4.52（4）	10.67~23.38 15.83（4）	2.25~7.45 5.24（4）	0.52~2.73 1.19（4）	26.43~30.44 28.53（4）	4.88（1）	4.69（1）
九	1.20~6.25 3.04（9）	9.79~53.30 27.53（9）	3.12~13.23 6.85（9）	0.51~1.65 0.97（8）	14.92~31.83 24.09（9）	2.93~8.52 6.01（4）	3.39~6.12 4.83（4）
八	2.53~3.42 2.98（2）	18.55~24.23 21.39（2）	5.08~5.55 5.32（2）	0.76~0.95 0.86（2）	24.96~28.10 26.53（2）	4.97（1）	3.68（1）
五	3.08~4.66 4.01（3）	17.01~36.53 24.36（3）	4.68~6.29 5.72（3）	0.60~2.17 1.64（3）	20.64~28.60 25.19（3）	—	—
三	1.51~3.53 2.72（3）	30.80~43.46 36.32（3）	3.90~10.18 6.36（2）	1.08~2.01 1.55（2）	18.41~22.61 20.71（3）	3.94~6.74 5.34（2）	4.15~6.80 5.48（2）

（据河南省地质矿产勘查开发局第三地质调查队，2010b）

（3）煤的工艺性质

a. 煤的工业分析

由表 2-160 可知，商固煤田的各煤层原、浮煤水分（M_{ad}）一般在 2.00%~4.50%之间，空气干燥基水分一般为 8.76%~14.04%，应用基水分大都在 8%~12%之间。各煤层浮煤挥发分产率（V_{daf}）均较低，皆在 10%以下。煤层原煤灰分（A_d）普遍较高，均属中高-高灰煤，但据杨山煤矿井下工作面上采取的煤层煤样分析（未混入夹矸及外来矿物质），煤的原煤灰分一般在 15%左右，少部分在 10%以下。

b. 煤的工艺性能

由表 2-160 可知，除十三煤为高热值、八煤和五煤为中高热值外，其他煤层的发热量均较低，为中低-中热值煤；但原煤经洗选后的浮煤发热量（$Q_{gr,v,ad}$）可达 30 MJ/kg 以上。

煤灰主要成分 SiO_2 和 Al_2O_3 分别占 50.09%~58.72%和 24.24%~32.28%，Fe_2O_3 约占 5%~8%，CaO、MgO、SO_3 等占 1%~3%。煤灰熔融性 ST 大于 1500℃，属高软化温度灰。

据杨山煤矿煤层煤样测定结果，筛上指标 TS_{+6} 为 81.0%~88.9%，TS_{+3} 为 10.0%~17.3%，TS_{+1} 为 0.4%~0.7%。属高热稳定性煤层。

商固煤田的煤用 1.4 比重液洗选，浮煤回收率很低，仅为 0.05%~8.72%，属难选煤。

（4）煤类及工业用途

商固煤田的各可采煤层的煤类为中高-高灰、低-中硫、低磷分、高热稳定性的块状难选无烟煤。在商城花岗岩体接触带附近出现了天然焦及石墨化。大别山区属缺煤地区，块煤可作为化工用煤和气化用煤，粉煤可用作民用或动力用煤。

四、开采技术条件

商固煤田的煤系含水性弱，矿井涌水量一般为 1.8~2.52 m^3/d，地下水承压较弱，老窑有少量积水，水文地质条件复杂程度为简单-中等。煤层顶、底板多为砂岩、砂砾岩，无不良工程地质现象。

商固煤田未做过瓦斯采集工作，但由于煤层埋藏浅，瓦斯保存条件较差，总体处于瓦斯风化带范围，为低瓦斯区。根据矿山开采资料，生产矿井瓦斯浓度甚低，但局部工作面仍有瓦斯聚积现象，最高瓦斯浓度可达 10%，属低瓦斯煤层。根据《关于印发<煤矿瓦斯等级鉴定暂行办法>的通知》（安监总煤装〔2011〕162 号），本区虽是低瓦斯煤层，但开采时仍要按瓦斯矿井管理。本区未发生过煤层及煤矸石自燃和煤尘爆炸。

五、含煤地层沉积环境及聚煤规律

1. 含煤地层沉积环境

商固煤田形成于石炭纪残留古秦岭洋环境，是温热潮湿气候条件下，在近东西向狭长的沉降幅度较大、构造活动强烈的聚煤盆地内形成的陆相粗碎屑岩占比较大、海相层较少的沉积，属海陆交互型滨海山麓平原亚型沉积。

晚泥盆世至早石炭世早期，在大别山隆起北缘沉积了以中-粗粒石英砂岩为主的上泥盆统—下石炭统花园墙组一套近陆的剥蚀逐渐增强的碎屑岩沉积。此后，随着大别地块的持续隆升，造成商固煤田南缘较高，且沉积区与南侧山地高差较大，因构造活动性强，堆积速度较快，冲积扇扇顶相发育，沉积了杨山组底部（旧称大杨山组）分选性很差的厚层石英砾岩夹石英砂岩。其后，因洋盆坳陷下沉与沉积补偿作用的互为消长，导致近扇顶相粗粒沉积物-近扇底相细粒沉积物-泥炭层的交替出现，形成了下石炭统杨山组具旋回结构的 7 个含煤段。

晚石炭世，沉积物主要来自南方剥蚀区。初期沉积了道人冲组滨海-浅海陆棚环境下的碎屑岩夹碳酸盐岩建造和胡油房组河流-湖泊相碎屑岩建造。晚期，沉积环境频繁呈现出潮控三角洲、河流、湖泊、沼泽的交替演化过程，沉积物呈现粗-细-粗的变化趋势，形成了杨小庄组杨小庄段中部青山含煤亚段和双石头段中部马鞍山含煤亚段的薄而不稳定煤层（线）或碳质泥岩。由于地壳活动强烈，造成商固煤田煤层多、薄、不易对比，不多的可采煤层赋存面积较小。石炭纪末期，盆地结束沉积。

2. 聚煤规律

聚煤作用的发生受控于古植物、古地理、古气候、古构造等多重因素的耦合。石炭纪，商固煤田气候温热潮湿，植物繁盛，在近东西向狭长的残留古秦岭洋盆发育了被动陆缘盆地沉积的花园墙组—杨小庄组海陆交互相含煤碎屑岩建造，聚煤带沿南部古海岸线展布。因处于大别山造山带，沉积盆地狭小，构造活动强烈，造成聚煤盆地陆相粗碎屑岩占比较大的多旋回沉积，岩性、岩相在横向上变化较大，煤层稳定性差、可采煤层少、结构复杂。由于聚煤期古地理环境限制，聚煤作用在水平方向上分布不连续，加之聚煤过程中古河道的频繁摆动，频繁的相变使煤层分布局限，煤层的分岔、合并、变薄、尖灭等现象常见。

商固煤田处于扬子和华北两大板块之间的大别山活动地带，多期活动的北西向深大断裂宏观控制含煤地层的分布范围。杨山复式背斜和商城向斜控制了煤层空间展布，背斜的仰起端为剥蚀无煤区，背斜北翼仅存杨山组底部层位，东部倾伏端杨山组和杨小庄组杨小庄段含煤地层保存完好，中西部的商城向斜仅在轴部较小范围内保存了杨小庄组杨小庄段和双石头段含煤地层。聚煤期后强烈的构造-岩浆活动使含煤地层发生显著的变形-变质作用，多期次、多种变形体制下形成的不同尺度、不同方向、不同性质、不同类型的断裂构造控制了煤层的断块状分布格局。因煤层的韧性、含水和生、储气性能，层间滑动是煤田内常见的一种构造样式，引起煤厚的剧烈变化和煤层结构的破坏，造成有些地段煤层汇聚成鸡窝状、囊状、透镜状、串珠状的煤包。

早白垩世商城岩体侵位不仅吞噬煤田中段部分含煤地层，同时，所产生的附加应力造成商固煤田已有构造格局的畸变，在岩体周缘形成了一定宽度的应力集中带，区域构造线发生偏转，使岩体东西两侧地层走向近南北，倾角较陡。商城岩体及煤田内发育的早白垩世岩浆岩脉、岩株侵位所伴随的热力促进了煤的进一步变质，在深埋变质作用的同时又叠加岩浆接触热变质作用，并于岩体接触带附近出现了天然焦及石墨化。

第六节　三叠纪煤田——南召煤田

三叠纪含煤区主要分布于秦祁昆造山系之北秦岭造山带的五里川和南召两个盆地内，均为晚三叠世早期拉张环境下新生成的断陷盆地。五里川盆地位于卢氏县朱阳关-西峡县米坪一带，受朱阳关-夏馆断裂带和瓦穴子-小罗沟断裂带控制；含煤地层为上三叠统五里川组，不整合覆盖于下古生界二郎坪群、中-新元古界峡河岩群和古元古界秦岭岩群之上。五里川盆地的上三叠统五里川组局部含煤，煤层呈凸镜状、鸡窝状不规则分布于断层破碎带内，含煤层数少，煤层最厚达 0. 6~1. 0 m，一般为 0. 1~0. 3 m，储量小，煤质低劣，因地质工作程度较低而资源状况不清。河南省三叠纪煤主要赋存于受南召盆地（有称留山盆地）控制的南召煤田中，含煤地层为上三叠统太山庙组，煤层薄而不稳定，呈似层状或鸡窝状。

南召煤田位于伏牛山东南麓，西起南召县马柿坪，向东经八里桥、留山镇南、太山庙、九里山至方城县西的柳河、袁店、丰山一带，呈北西—南东向带状分布，出露长约 55 km，南北宽 2~8 km，面积约 325 km^2，为海拔 200~600 m 的构造剥蚀低山-丘陵区。地理坐标为东经 112°18′40″~112°53′20″，北纬 33°12′10″~33°31′00″。

南召煤田地质勘查程度较低。1938 年，张人鉴、曹世禄对南召煤田进行了调查，著有《南召县煤田地质》，认为属侏罗纪煤田，煤质多为烟煤，炼焦性不佳，并估算煤储量 1430×10^4 t。系统的煤炭资源勘查始于 1956 年中南地质局四八六队提交的《河南省南召县南召煤田地质普查报告》，之后，河南省建委地质勘探公司地质五队、河南省地质局地质十二队、河南省地质矿产勘查开发局第一地质勘查院等单位先后在该煤田不同区段进行过不同程度勘查，分别提交了《河南省南召煤田地质勘探总结报告》（1971）、《南召煤田翟家庄井田地质勘探报告》（1977）和《河南省南召煤田普查评价报告》（1977）、《河南省南召县石房院煤矿普查报告》（2005）。2005~2009 年，河南省有色金属地质矿产局第二地质大队于龙潭沟煤矿区东部开展的南召县白土岗乡和城关镇境内的西庄煤预查及其东邻的留山煤预查等 2 个煤勘查项目（2005 年度河南省探矿权采矿权使用费及价款地质勘查项目）各施工 1 孔，均未见煤。由于煤层变化大、厚度小、资源储量少，未正式建井，但民采甚盛，特别是 1958 年以后，浅部老窑星罗棋布，老窑达 800 余处，垂深 50 m（局部达百米）以浅皆为采空区，主要分布于龙潭沟、瞿家庄、留山、太山庙、九里山等地。目前，南召煤田内尚无生产或在建矿井。区内仅南召县龙潭沟煤矿区有查明煤资源储量 279.9×10^4 t，未动用。

一、南召煤田地质特征

南召煤田位于晚三叠世早期拉张环境下形成的南召断陷盆地中。南召断陷盆地为北部受断层控制的单断型箕状盆地，受区域构造控制，总体形态表现为北西—南东向狭长、南北较窄的长条形展布，盆地内沉积的上三叠统陆相碎屑岩角度不整合覆盖于下古生界二郎坪群、柿树园组、四岔口岩组和青白口系广东坪岩组之上，北西向瓦穴子-乔端-小罗沟断裂呈北西—南东向穿盆地而过（图 2-125）。

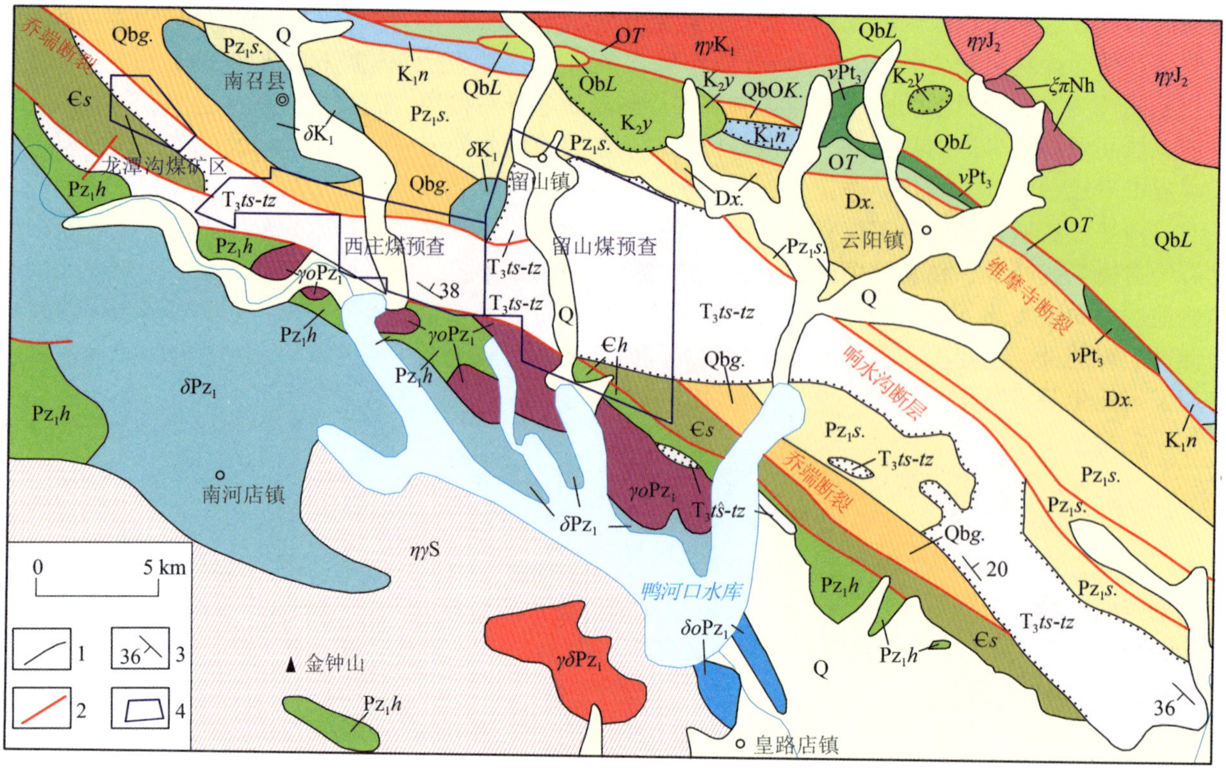

图 2-125 南召煤田地质略图

Q—第四系；K_2y—上白垩统鹰嘴山组；K_1n—下白垩统南召组；$T_3ts\text{-}tz$—上三叠统太山庙和太子庙组；Dx.—泥盆系谢湾岩组；OT—奥陶系陶湾群；Pz_1h—下古生界火神庙组；Pz_1s.—下古生界四岔口岩组；∈s—寒武系柿树园组；QbL—青白口系栾川群；Qbg.—青白口系广东坪岩组；$\eta\gamma K_1$—早白垩世二长花岗岩；δK_1—早白垩世闪长岩；$\eta\gamma J_3$—晚侏罗世二长花岗岩；νPz_2—晚古生代辉长岩；$\eta\gamma S$—志留纪五垛山二长花岗岩；$\gamma o Pz_1$—早古生代斜长花岗岩；$\gamma\delta Pz_1$—早古生代花岗闪长岩；$\delta o Pz_1$—早古生代石英闪长岩；δPz_1—早古生代闪长岩；$\xi\pi Nh$—南华纪正长斑岩。1—地质界线；2—断层；3—地层产状；4—煤矿区或勘查区边界线

（一）含煤地层

南召煤田隶属秦岭地层区之北秦岭地层分区的南召小区，沉积了温湿气候环境下的上三叠统湖泊-沼泽相碎屑岩沉积组合，自下而上划分为太山庙组湖相含煤碎屑岩组合和太子山组湖泊砂岩-粉砂岩组合，沉积中心在盆地中部偏东的留山乡庙坡一带，厚度大于 1961 m。

1. 地层

太山庙组分布于方城、南召一带，东起方城县袁店，西至南召县石门沟，北西向延伸约 55 km，宽 2~8 km，厚度 408~1281 m，为一套山间断陷盆地内堆积的温湿气候条件下的淡水湖泊-沼泽相含煤复陆屑建造，岩性在横向上变化较大。底部为湖盆发育早期的坡积-洪积紫红色砾岩（L_1），砾石随地段而异，磨圆度差，无分选。下部为深灰色、灰黑色泥岩、碳质泥岩与灰色、灰褐色石英砂岩互层，夹煤线或煤层，厚度变化较大，砂岩结构成熟度、磨圆度、分选性均较低，西部龙潭沟、留山一带地层厚度 270~300 m，东部九里山到陶村一带地层厚度 50~100 m，有西厚东薄的特点；岩石粒度由西往东逐渐变细，西部的龙潭沟含砾岩 6 层，粗砂岩比例甚大，而东部留山、九里山则以细砂岩为主，大连山以东则以泥岩为主；含似层状或鸡窝状的不稳定薄煤 0~7 层，自下而上编为一煤至七煤，常见二煤、四煤、七煤 3 层，以中部页理发育的黑色含碳质泥岩（L_2）为界将其分为上、下两个含煤组，下煤组为粉砂质泥岩、粉砂岩、细砂岩、粗砂岩互层，上煤组主要由各种粒级的长石石英砂岩组成。中部为灰色、深灰色、灰绿色泥岩与灰褐色细砂岩、粉砂岩互层，夹少量泥质灰岩；大连山以东岩性变化较大，可分成上、下两层，下层为钙质砂岩，上层为泥岩夹少量砂岩。上部为灰色、浅黄褐色细-中粒（长石）石英砂岩夹薄层黄褐色砂质泥岩，产昆虫、双壳类及植物化石；云阳镇双庙以东，底部为紫红色、灰色砾岩与砂砾岩、含砾岩屑长石石英砂岩、石英砂岩互层，厚度达 93 m；双庙以西，砾岩减少至消失，以含砾岩屑长石石英砂岩为主夹石英砂岩，厚度十余米。

太子山组湖泊砂岩-粉砂岩组合厚度 166~680 m，与太山庙组整合接触，仅出露于煤田中部的留山坡至九里山一带，三贤山以东有零星出露，产少量的植物化石及其碎片。下部为灰褐色细粒石英砂岩、（岩屑）长石石英砂岩与灰色砂质粘土岩互层；中部为褐色细粒（岩屑）石英砂岩夹砂质粘土岩；上部为灰褐色、黄褐色厚层状细粒（岩屑）石英砂岩与薄层状粉砂岩、细粒石英砂岩互层，局部夹砾岩、碳质泥岩、硅质泥岩。砂岩中普遍含较多岩屑，常见重荷模、槽模构造，属淡水湖相浅湖亚相-沼泽相，沉积中心大体在盆地中部留山-太山庙地区。

2. 含煤性

南召煤田的含煤地层为上三叠统太山庙组，煤层主要赋存于太山庙组下部，含煤 0~7 层，一般为二煤、四煤、六煤及七煤 4 层，其中二煤、四煤为主要局部可采煤层（表 2-161）。留山以西发育下煤组煤层（主要是二煤），留山以东发育上煤组煤层（四、六、七煤），留山过渡带同时发育上、下两个煤组煤层。煤层薄而不稳定，呈似层状、小透镜状、鸡窝状，在短距离内煤厚由可采变为不可采甚至尖灭。煤层不稳定情况有两种：一是煤层顶、底板合并煤层尖灭，二是煤层灰分增高而相变为碳质泥岩。南召煤田西部煤层赋存较好，东部较差；浅部煤层赋存较好，往深部有变薄尖灭之势。因煤田开采历史悠久，煤田不同地段出露层数不同，同一煤层各地命名不一，出现了同层异名或异层同名现象（表 2-162）。

表 2-161　南召煤田煤层赋存特征及煤厚

赋煤段	煤厚/m						
	一煤	二煤	三煤	四煤	五煤	六煤	七煤
龙潭沟	0~0.17	0~4.57	0~3.00	—	—	—	—
留山	0~0.30	0~1.00	—	0~3.00	0~0.30	0~0.42	0~0.60
褚湾	—	—	—	0~0.60	—	—	—
太山庙	—	0~0.64	0~0.27	0~1.00	—	0~0.37	露头
九里山	—	—	—	0~0.60	—	0~0.50	0~0.60
陶庄	—	—	—	0~0.95	—	露头	露头
袁店	—	—	—	0~0.70	—	—	—

（据河南省地质局地质十二队，1977）

南召煤田的不同区段煤层赋存特征各异。龙潭沟区煤层特征见龙潭沟煤矿区。留山区含煤 6 层（一、二、四、五、六、七），一煤位于红色底砾岩之上 1~3 m，瓦房庄煤窑见煤厚 0.30 m，顶板为砂质泥岩；二煤位于底砾岩之上 20 m，四煤之下 80 m，下凹北 26 号煤窑见煤厚 0.30 m，局部煤厚达 1.00 m，钻孔揭露多为碳质泥岩；四煤在郭柏店、小李坡一带厚度 1~3 m，留山镇以南至沟口一带普遍变薄，浅部煤层分岔，煤层顶、底板均为砂质泥岩；五煤位于四煤之上 3~5 m，极不稳定，浅部小窑见煤厚 0.20~0.30 m，煤层顶、底板均为砂岩；六煤位于四煤之上 10 m，见煤厚 0.20~0.42 m，煤层顶、底板均为砂岩；七煤极不稳定，见煤厚 0.08~0.60 m，含矸 2~3 层。褚湾区仅发育上煤组煤层（四、六）；四煤位于中部泥岩之上约 48 m，含矸 2 层，纯煤厚度 0.42 m，顶板为泥质粉砂岩，底板为泥岩，沿走向分岔，上分层煤厚 0.20 m，下分层煤厚 0.60 m，中夹厚度 3 m 的粉砂岩；六煤见于局部地段，位于四煤之上约 20 m，煤层结构复杂，具明显挤压破碎现象。太山庙区含煤 5 层（二、三、四、六、七），二、三煤仅见于 16-1 孔，见煤厚分别为 0.64 m 和 0.27 m；四煤主要发育于鸭河之东，见煤厚 0.37~1.00 m，无矸，可采见煤点孤立分布而不能连片，煤层顶、底板为砂岩，底板时有砂质泥岩；六煤主要发育于鸭河之东，位于四煤之上约 30 m，见煤厚 0.24~0.37 m，局部含矸 1

层。九里山区含煤3层（四、六、七），四煤极不稳定，见煤厚0.20~0.60 m，由浅至深煤层有变薄甚至尖灭趋势；六煤位于四煤之上30 m，煤厚0~0.50 m，含矸1层，顶、底板为砂岩；七煤位于四煤之上60 m，煤厚0~0.60 m，含矸1层，顶、底板为砂岩。陶庄区仅在大连山有四煤赋存，浅部煤厚0.95 m，含矸3层，纯煤厚度0.45 m，沿走向和倾向则迅速尖灭；陶庄附近地表有四、六、七煤露头，仅35-2孔见四煤厚0.20 m。袁店区为第四系覆盖，仅1孔见四煤，煤厚0.70 m。

表2-162　南召煤田太山庙组下部煤层对比表

煤组	煤层及标志层	龙潭沟区	留山区		褚湾	太山庙、九里山区	陶庄区	袁店区
			郭柏店、小李坡	韩庄、下凹				
上煤组	L_3	顶部泥岩						
	七		花煤	花煤		顶槽	三槽	
	六		外槽	兰锭	外槽	二槽	二槽	
	五		二槽	火焦石				
	四		大槽	烟煤、麸子煤	大槽	大槽、母猪窝	大槽	大槽
下煤组	L_2	中部含碳质泥岩						
	三	二煤						
	二	大煤	底大槽					
	一	红相	红相					底槽
	L_1	底砾岩						

（据河南省地质局地质十二队，1977）

（二）煤田构造与岩浆活动

南召煤田主体为北西—南东向太山庙复式向斜，西端封闭于卧石沟、水磨垛，东端封闭于丰山以东。构成向斜之主体地层为上三叠统，核部为太子山组，翼部有下古生界和元古宇分布。地层总体走向北西—南东向，南翼构造简单，倾角较缓，一般为25°~40°；北翼构造复杂，逆断层发育，地层倾角较大，多在60°以上，局部直立甚至倒转。构成太山庙复式向斜的次级褶皱均为北西—南东向，呈斜列式分布，自西向东主要有白土岗东北大麦沟至太山庙西毛庄一带的大麦沟-毛庄向斜、留山镇南沟口至太山庙西王庄一带的沟口-王庄背斜、留山至丰山一带的留山坡-宝山寺向斜及其东侧的袁店向斜等。这些次级褶皱多形成各自独立的井田或勘查区。

南召煤田断裂构造十分发育，主要有北西向和北东向两组。北西向断裂规模大，多属逆断层，将太山庙向斜分割为若干个次级构造单元，并常成井田或勘查区的边界断层。北东向断裂一般规模较小。走向北西、倾向北东的响水沟断层将四岔口岩组变质岩推覆至含煤地层之上，构成煤田北部的自然边界。走向北西的瓦穴子-乔端-罗圈岩-鸭河口断裂在煤田内切过上三叠统含煤地层，表现为逆断层特征，并发育有宽达50~100 m的断层挤压破碎带。

南召煤田在龙潭沟、杜窑一带有正长斑岩、长石石英斑岩小侵入体或岩墙分布，对煤层影响不大。

（三）煤质特征

南召煤田的煤质普遍较差，主要可采煤层（二、四煤）以高灰高硫煤为主。二煤可采区主要分布于黄鸭河以西地区，煤类以中-高灰、中高-高硫、低-中热值贫瘦煤为主（表2-163）。二煤为黑色，粉末状及片状结构，多呈粉状及碎块状产出，含黄铁矿结核，夹矸多呈菱角状及薄层状。宏观煤岩组分以亮煤为主，暗煤较少。显微结构为均一状，局部为条带状，显微有机组分以镜煤化基质体为主，占92%，多呈均匀的块状及不均匀棉絮状；半镜煤基质体占5%，呈碎片、条带状；丝炭含量极少，具有木质结构，为木煤及半木煤，有受挤压现象，显微裂隙明显；显微煤岩类型属微镜煤。无机组分以粘土矿物为主。煤的视密度一般为 1.33~1.52 t/m^3，平均视密度为 1.40 t/m^3。在二煤的元素组成中，碳含量 90.10%~92.26%，氢含量 4.00%~4.66%，氮为 1.48%~1.72%，氧+硫 $(O+S)_{daf}$ 为 2.28%~4.00%；磷含量为 0.115%，属高磷分煤。

表 2-163 南召煤田主要煤层煤质特征一览表

煤层		M_{ad}/%	A_d/%	V_{daf}/%	$S_{t,d}$/%	$Q_{gr.v.ad}$/(MJ·kg^{-1})	Y/mm	$G_{R.I}$
二煤	原煤	0.41~2.99 1.03	24.26~47.77 31.40	8.35~23.59 12.93	2.75~5.19 3.56	15.70~23.56 20.45	—	—
	浮煤	—	—	13.12~16.39 14.77	1.67~1.93 1.80	—	0~6	6~14
四煤	原煤	0.87~2.24 1.33	28.66~47.95 39.26	5.46~31.94 18.59	0.60~6.03 3.40	19.83	—	—
	浮煤	—	—	24.15~43.60 33.89	—	—	6~31	—

四煤可采区主要在黄鸭河以东发育，煤类有肥煤、焦煤、瘦煤、贫煤和少量无烟煤，以中高灰、高硫、中低热值煤为主；磷含量 0.048%~0.059%，平均 0.054%，以中磷分煤为主，含少量低磷分煤。二煤、四煤原煤灰分从北到南、自西向东灰分逐渐增高。各煤层自下而上，挥发分呈逐渐增高之趋势。留山区五煤、六煤为肥煤，七煤为焦煤。本区煤可用作民用或动力用煤。

（四）煤矿产地——南召县龙潭沟煤矿区

根据 2010 年河南省地质矿产勘查开发局第一地质勘查院编制的《河南省南召县龙潭沟煤矿核查区资源储量核查报告》，龙潭沟煤矿区位于南召煤田中部的南召县城南白土岗之北，由原石房院煤矿普查区及其东部的龙潭沟煤矿区构成，呈北西—南东向展布，面积约 6.56 km^2，海拔 235~423 m，地理坐标为东经 112°20′58″~112°23′14″，北纬 33°28′19″~33°30′00″。勘查程度达勘探，累计查明/保有煤资源量 279.9×10^4 t，仅有采煤老窑，目前尚未建井开采。

1. 矿区地质

龙潭沟煤矿区的构造格架为大麦沟-毛庄向斜（有称龙阳向斜），断层发育，杜窑附近有宽约 10 m 的花岗斑岩脉。含煤地层太山庙组呈北西向展布，与下伏柿树园组和广东坪岩组呈角度不整合或断层接触（图 2-126）。可采煤层位于上三叠统太山庙组下部。二煤为本区主要可采煤层，呈似层状，全区可采，下距底部砾岩 19~49 m，煤厚 0.30~3.00 m，平均 0.80 m，多呈粉状和鳞片状；煤层顶板一般为细砂岩、粉沙质泥岩，底板一般为粉沙质泥岩。一煤和三煤呈不稳定的透镜状薄煤产出，煤岩多为块状、粒状和鳞片状；一煤层厚度 0~0.30 m，顶、底板一般为碳质泥岩、粉砂岩或砂质泥岩；三煤位于二煤之上 20 m，顶板一般为细粒长石砂岩和粉砂岩，底板一般为细粒长石砂岩，煤厚 0~0.30 m，时有时无，断续出现。

2. 煤层与煤质

龙潭沟煤矿区的二煤原煤水分 0.97%~2.99%，平均 1.66%；灰分 35.70%~39.80%，平均 38.30%，属中高灰分煤；挥发分 15.86%~21.14%，平均 18.14%；胶质层最大厚度 0~6 mm，黏结指数为 6~14；硫分 1.50%~2.99%，平均 2.43%，以中高硫煤为主，局部有中硫煤，煤中硫铁矿硫占全硫的 77%，有机硫占全硫的 22%，硫酸盐硫甚微，易于脱硫；原煤干燥基恒容高位发热量 15.70~23.34 MJ/kg，平均 19.41 MJ/kg，原煤干燥基恒容低位发热量 15.00~18.12 MJ/kg，平均 17.04 MJ/kg，以中低热值煤为主。二煤的煤类为中高灰、中高硫贫瘦煤，主要用于动力及民用燃料，无须降灰处理。

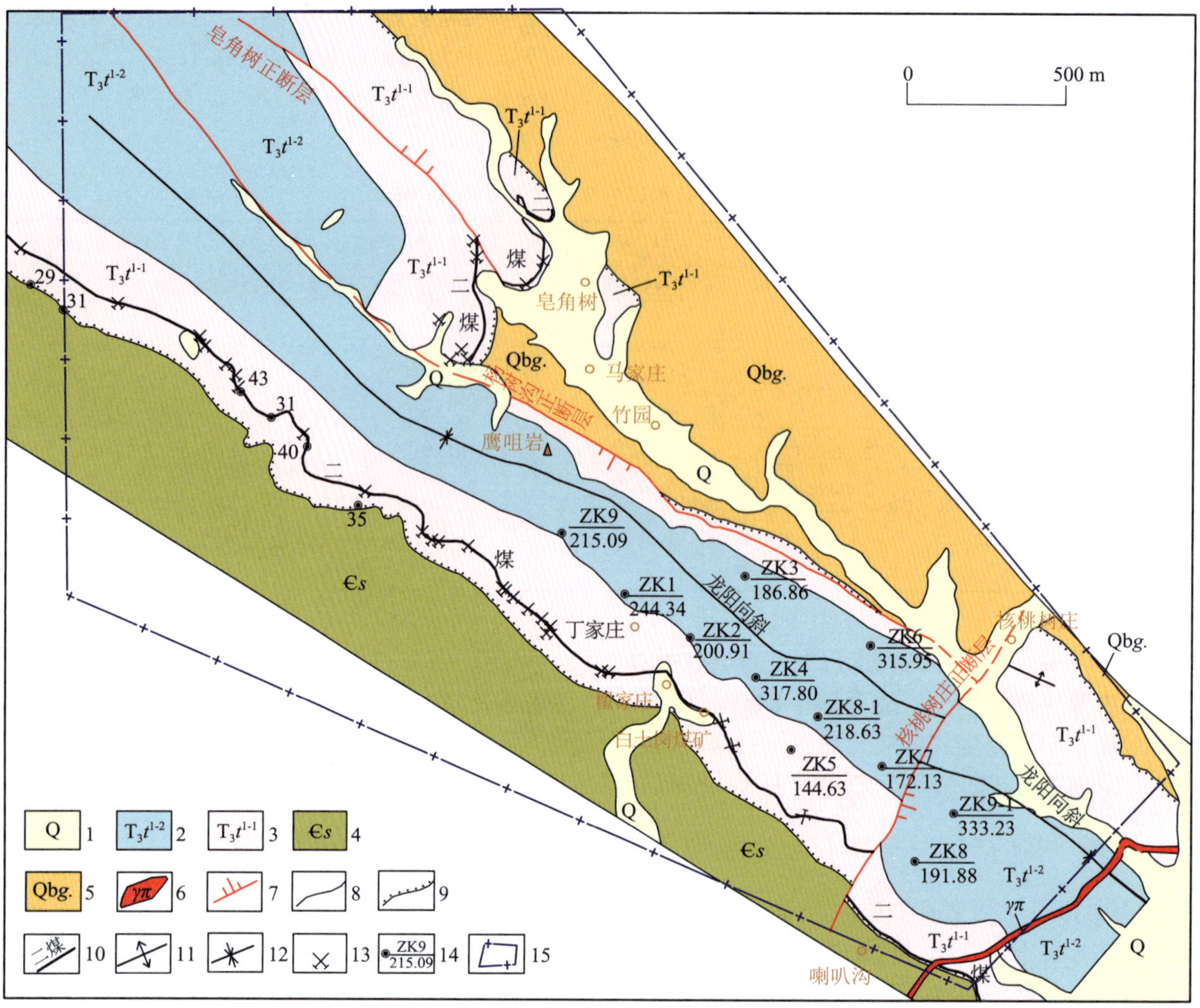

图 2-126 南召县龙潭沟煤矿区地质略图

（据河南省地质矿产勘查开发局第一地质勘查院，2010）

1—第四系；2—上三叠统太山庙组下部上煤组；3—上三叠统太山庙组下部下煤组；4—寒武系柿树园组；5—青白口系广东坪岩组；6—花岗斑岩脉；7—正断层；8—地质界线；9—角度不整合地质界线；10—煤层及编号；11—背斜轴；12—向斜轴；13—废矿井；14—钻孔、编号/孔深（m）；15—煤矿区边界线

（五）煤层瓦斯、煤尘爆炸性和煤层自燃倾向

南召煤田未做过瓦斯采集工作，但由于煤层埋藏浅，瓦斯保存条件较差，总体处于瓦斯风化带范围，为低瓦斯区。根据老窑开采资料，瓦斯浓度甚低。根据对二煤燃点测定结果，二煤还原样燃点为380℃，氧化样372℃，原煤样377℃，还原样与氧化样温差（ΔT）为8℃，小于25℃，属不易自燃煤层。南召煤田未发生过煤层及煤矸石自燃和煤尘爆炸。

二、聚煤规律

伴随着南秦岭向北秦岭的陆内俯冲，晚三叠世形成了瓦穴子-南召断陷盆地，其内堆积了巨厚的晚三叠世河流—湖泊相含煤碎屑沉积物。本期，陆相盆地沉积占主导地位，造煤植物由晚古生代的蕨类植物占优势发展为裸子植物占优势，经历了晚三叠世规模较小的聚煤作用。

在东西狭长状的南召盆地形成之初，断陷作用强，地形高差大，河流释放能量突然，冲积扇相发育，太山庙组底部砾石多为变质岩角砾。随盆地充填作用的继续，沉积基底趋平，以河流相与湖泊沉积为主，并于二者转换阶段，在温湿甚至炎热的气候、繁盛的植物遗体堆积条件下，发育了断续分布的沼泽、泥炭沼泽相，奠定了南召煤田成煤的基础。由于秦岭造山带强烈的构造活动，造成狭小的聚煤盆地沉积环境动荡，岩性、岩相横向上急剧变化，煤层极不稳定且不易对比。

晚三叠世晚期，受陆内叠加造山影响，南召盆地抬升遭受剥蚀，进入了聚煤期后构造-岩浆活动阶段，岩浆-热液作用促使本区高变质烟煤（少量无烟煤）的形成，太山庙复式向斜控制着含煤地层的展布，断层将含煤地层分割为条块状，不多的可采煤层分布局限。

第七节　侏罗纪煤田——义马煤田

义马煤田呈北西向分布于河南省西部的渑池县和义马市境内，与陕渑煤田处于同一盆地内，南至渑池县果园一带，西起渑池县城西南的段村，东邻新安煤田。煤田北部和西部为2-3煤层露头，东部至侏罗系边界，南部至硖石-义马隐伏逆断层，东西走向长约24 km，南北倾向宽2.5~11 km，面积约162 km^2。地理坐标为东经111°42′00″~112°00′00″，北纬34°39′30″~34°44′30″。煤田北部和南部为低山-丘陵区，中部呈东西向谷地，涧河由西向东自煤田中部穿过，G310国道和陇海铁路途经本区。

义马煤田是河南省唯一可供开采的侏罗纪煤田，具有埋藏浅、煤层厚和储量大的优点。《明一统志》记载在明代已有开采。1948年的《河南省煤矿志》记载，当时开采义马煤矿的是1919年开办的渑池县豫庆煤矿公司，日产煤约100 t。1951年6月，豫庆煤矿公司被渑池县人民政府接收，改称为公私合营建新煤矿股份有限公司，1952年12月，建新煤矿公司改称为地方国营义马煤矿，1958年3月成立义马矿务局。1935年曹世禄前往调查，认为属石炭系—二叠系，煤类为烟煤，含硫成分高，俗称“臭煤”。自1955年起由中南煤田地质局对本区开展煤炭资源普查以来，多家地勘单位已进行了多轮煤矿勘查，总体勘查程度较高。据2010年河南省煤炭地质勘察研究院编制的各煤矿区资源储量核查报告和2015年更名后的河南省煤炭地质勘察研究总院提交的《河南省义马矿区深部煤详查报告》，7个煤矿区总面积126.89 km^2，累计查明煤资源储量101537.6×10^4 t，浅部煤炭资源均已被占用，保有煤资源储量60251.6×10^4 t，另有（334）？类煤资源量324.0×10^4 t。本区煤的变质程度较低，属低煤级烟煤的长焰煤，以低-中灰（局部高灰）、低-中硫（局部高硫）煤为主，宜作动力用煤及民用煤。

一、煤田地质特征

（一）地层

义马煤田位于陕渑断陷区内的义马凹陷中，隶属于华北地层区、华北南部地层分区之渑池-确山地层小区。煤系基底为中-上三叠统延长群，含煤地层为下-中侏罗统义马组，煤系盖层为上白垩统东孟村组和新生代沉积层。

1. 煤系基底

延长群自下而上包括中三叠统油房庄组和上三叠统椿树腰组、谭庄组，分布于义马盆地北缘的渑池县仁村、义马市许沟、义昌、徐窑一带。油房庄组主要为棕黄色厚层长石石英砂岩，夹灰绿色、紫红色粉砂岩和粉砂质泥岩，含有较丰富的植物化石，属于湿热气候条件下的河流-滨湖相沉积，与下伏二马营组呈整合接触，厚度约350 m。椿树腰组主要为灰绿色、黄绿色长石石英砂岩、粉砂岩、粉砂质泥岩互层，为湿热气候条件下内陆河流-沼泽-湖泊相沉积，厚度约817 m。谭庄组主要为棕黄色、黄绿色、淡红色长石石英砂岩、灰绿色粉砂岩和粉砂质泥岩，含较丰富的植物化石和数层不可采煤线，是湿热气候条件下的沼泽-湖泊相沉积，与上覆侏罗系呈平行或小角度不整合接触，厚度约435 m。

2. 含煤地层

义马煤田的含煤地层为分布于渑池、义马地区的下-中侏罗统义马组内陆河湖-沼泽盆地相含煤碎屑岩建造。本组岩性主要为灰色、土黄色、灰黑色泥岩、粉砂岩、长石石英砂岩，夹多层煤，厚度

20.10~130.20 m，平均厚度94.08 m，底部为灰绿色砂砾岩，上与东孟村组红色岩系呈平行不整合接触。依据岩性组合和含煤情况划分为底部砂砾岩段、下部含煤砂岩段、中部泥岩段和上部含煤泥岩段（图2-127），自上而下划分为1-1、1-2、2-1、2-2、2-3煤5层。

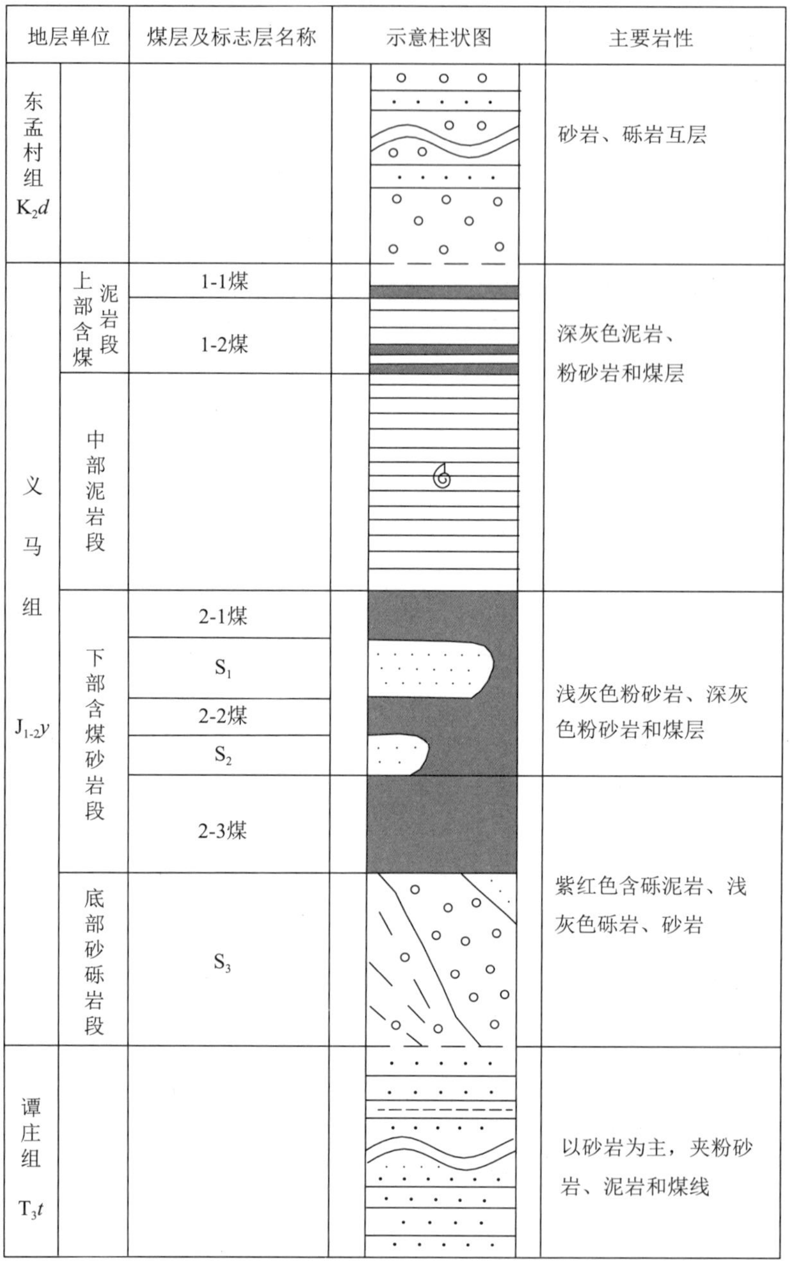

图2-127　义马煤田义马组含煤地层柱状示意

（据河南省煤炭地质勘察研究院，2010a，有修改）

（1）底部砂砾岩段

义马组底部砂砾岩段厚度0.30~68.30 m，平均18.19 m，有东厚西薄的特点。岩性变化大，主要为浅灰色、灰绿色、棕灰色及杂色砾岩、含砾砂岩、含砾泥岩、砂岩及各种过渡类型。砾石成分主要为石英岩、石英砂岩，次棱角状-次圆状，砾径0.5~1 cm，分选差砂泥质杂基含量高，常见基底式胶结。为河床相沉积，具有不明显的正粒序层理。

（2）下部含煤砂岩段

义马组下部含煤砂岩段为义马组主要含煤段，由灰色砂岩、粉砂岩，含砾泥岩、黑色碳质泥岩及煤层组成，自下而上又可细分为煤矸互层亚段、底层煤（2-3 煤）亚段、砂岩层亚段和中层煤（2-1、2-2 煤）亚段。本段厚度 5.31~97.52 m，平均 43.59 m。

义马煤田的 2-2、2-1 煤之间常为浅灰色薄层细粒石英砂岩、石英粉砂岩，中部夹 1 层中粒长石岩屑石英砂岩，泥质胶结，层面富含白云母碎片和炭化植物化石残屑，具楔形、缓波状层理，厚度 0~52 m，产极其丰富的植物化石，是对比 2-1、2-2 煤层的重要标志层，随 2-1 煤与 2-3 煤合并而尖灭。

义马煤田的 2-3 与 2-2 煤层之间常为厚度 0~41 m 的浅灰色细砂岩、深灰色粉砂岩，富含白云母及煤屑，中夹厚度 0.5~1.0 m 的菱铁质砂岩或菱铁矿，反粒序，具波状层理。该砂岩在浅-中部煤层分岔区较稳定，平面上呈带状分布，为 2-3 煤层顶板，并随 2-2 煤与 2-3 煤合并而尖灭。

（3）中部泥岩段

义马组中部泥岩段主要为深灰色-灰黑色厚层状泥岩，局部为粉砂岩，偶夹薄层泥质灰岩，具水平层理，含瘤状、透镜状黄铁矿和菱铁矿结核，含鱼类鳞片、瓣鳃类等动物化石，并有少量植物炭化碎屑。本段泥岩厚度 0~45.59 m，平均 19.86 m。

（4）上部含煤泥岩段

义马组上部含煤泥岩段主要为黄褐色、灰黑色泥岩、1-1 煤和 1-2 煤层所组成，有时泥岩中夹有粉砂岩薄层，泥岩和粉砂岩具水平和缓波状层理。本段多被剥蚀，残留厚度 0~27.11 m，一般为 12.44 m。

3. 煤系盖层

义马煤田的上白垩统东孟村组分布于渑池县以南的东孟村、赵沟、董沟、姚礼等地，下与义马组呈平行不整合接触，上与新近系洛阳组河流-湖泊相碎屑岩夹碳酸盐岩建造角度不整合接触。岩性为暗红色带灰绿斑块的厚层状泥质粉砂岩夹砂岩、砾岩凸镜体，局部夹泥质灰岩；底部为黄灰色厚层状石英砂岩、砾岩，砾石成分复杂，砾径 2~6 cm，为湖盆边缘河流冲积产物。中上部产肉食龙类、蜥脚龙类，厚度 30~198 m。为干热气候条件下的河流-湖泊相沉积。

（二）构造和岩浆岩

义马煤田位于崤熊构造区北端、黛嵋寨隆起南缘之陕渑向斜内，不整合其上的近东西向的义马向斜控制了义马煤田含煤地层的分布，构成了煤田的基本构造格架，受硖石-义马逆断层（F_{16}）的破坏，义马向斜南翼地层残缺不全，且南翼产状多陡倾、直立或倒转。煤田的主体位于向斜的北翼，为一南倾的单斜构造（图 2-128，图 2-129），地层产状平缓，西部、中部倾角 10°~16°，东部为 6°~26°，局部达 35°。煤田内以北北东—北东向小断层为主，多为高角度正断层，表现为阶梯状或垒堑式组合。走向近东西、南倾、逆差 50~940 m 的硖石-义马逆断层构成了煤田的南部边界或可采边界，造成煤田南部三叠系与义马组呈断层接触，可采煤层主要分布于向斜的北翼。硖石-义马逆断层具多

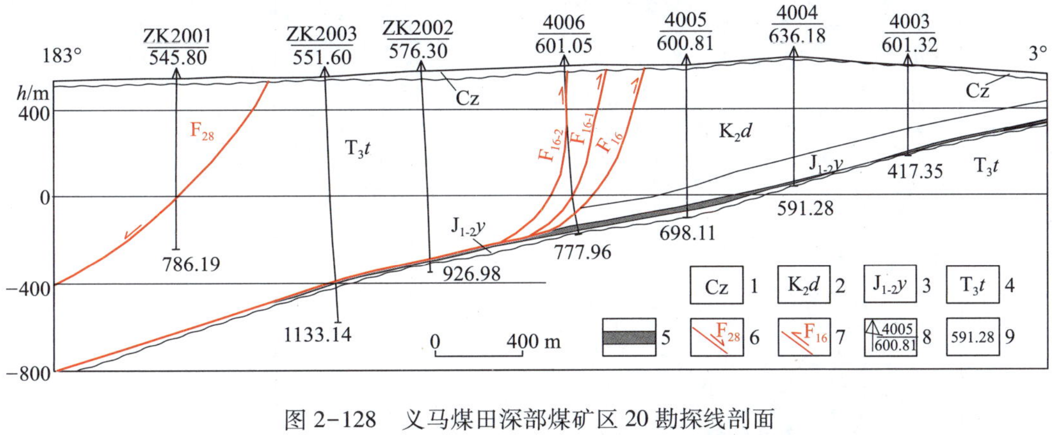

图 2-128 义马煤田深部煤矿区 20 勘探线剖面

（据河南省煤炭地质勘察研究总院，2015c，有修改）

1—新生界；2—上白垩统东孟村组；3—下-中侏罗统义马组；4—上三叠统谭庄组；5—2-3 煤层；6—正断层及编号；7—逆断层及编号；8—钻孔编号及孔口标高（m）；9—钻孔深度（m）

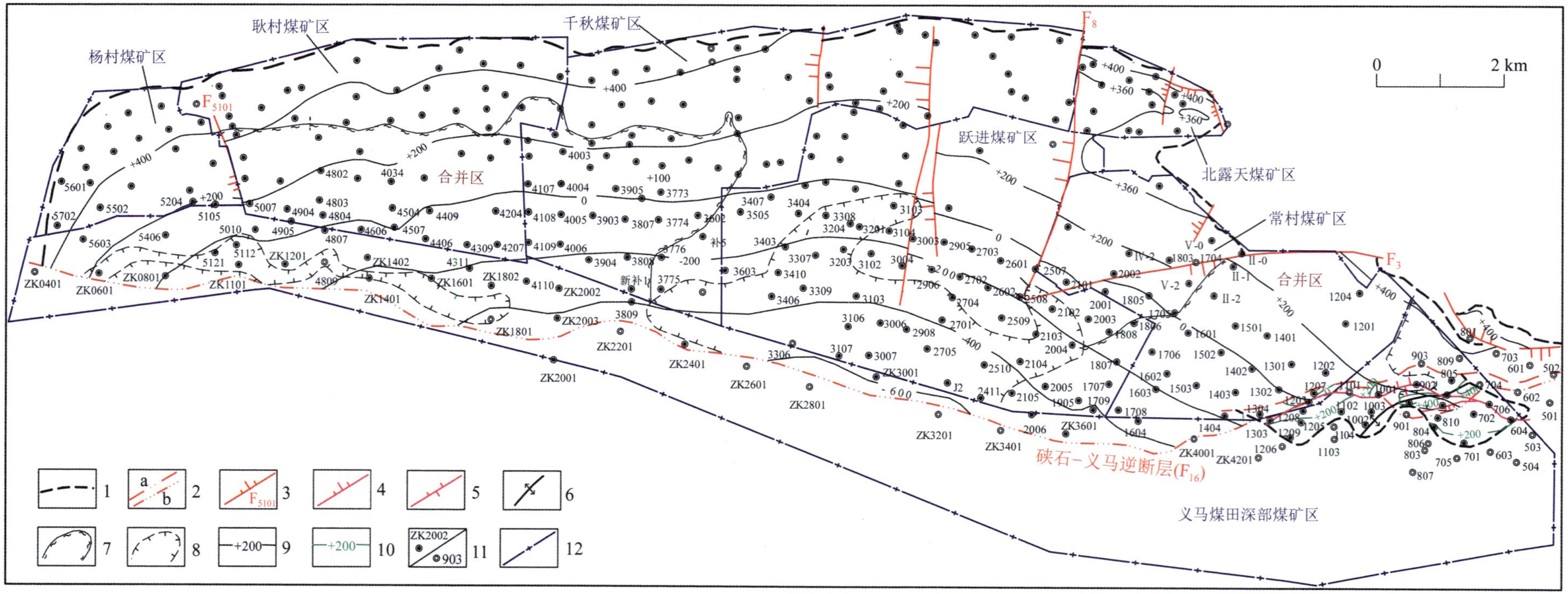

图2-129 义马煤田2-3煤层底板等高线

1—2-3煤层隐伏露头线；2—F_{16}逆断层上盘（a）和下盘（b）断煤交线；3—F_{16}逆断层下盘正断层及编号；4—F_{16}逆断层上盘正断层；5—F_{16}逆断层上盘逆断层；6—F_{16}逆断层上盘徐窑背斜轴部；7—2-1煤层与2-3煤层合并区边界线；8—薄(无)煤带边界线；9—F_{16}逆断层下盘2-3煤层底板等高线及标高(m)；10—F_{16}逆断层上盘2-3煤层底板等高线及标高(m)；11—见煤/未见煤钻孔位置及编号；12—煤矿区边界线

条分支逆断层，且落差大小不等；逆断层西部落差大，上盘煤层被剥蚀；东部煤层露头附近落差较小，保留有部分煤层。义马盆地是在早侏罗世晚期叠加造山作用下新生成的坳陷盆地，煤田范围内尚未发现岩浆活动。

二、煤层与煤质

1. 煤层

义马煤田的含煤地层义马组零星出露，共含煤5层，2-3煤层为全区可采煤层，2-1煤层为大部分可采煤层，1-1、1-2、2-2等煤层局部可采。煤层具有厚度大，含矸率高，分岔、尖灭、合并频现。各矿区煤层可采情况见表2-164。

表2-164　义马煤田可采煤层一览表

煤矿区	勘查程度	项目	煤层编号				
			1-1煤	1-2煤	2-1煤	2-2煤	2-3煤
杨村	勘探	煤厚两极值 平均值/m	0~7.43 2.47	1.19~7.92 3.43	0.84~6.35 4.70	—	0.24~15.01 8.22
		夹矸层数	0~9	1~3	0~3	—	结构复杂
		可采性	大部分可采	全区可采	全区可采	偶见	全区可采
耿村	勘探	煤厚两极值 平均值/m	0.14~2.53 1.37	0.09~2.62 1.57	0.10~6.34 4.70	0.40~6.18 4.36	0.24~21.73 8.69
		夹矸层数	0~9	0~4	0~5	0~5	0~11
		可采性	局部可采	大部分可采	全区可采	全区可采	全区可采
千秋	勘探	煤厚两极值 平均值/m	剥蚀	—	0.14~9.45 4.24	—	0.20~37.48 8.66
		夹矸层数	—	—	1~6	—	0~12
		可采性	—	零星可采	全区可采	零星可采	全区可采
北露天	勘探	煤厚两极值 平均值/m	剥蚀	剥蚀	0~7.44 3.75	—	0~31.69 10.40
		夹矸层数	—	—	1~5	—	0~13
		可采性	—	—	局部可采	—	全区可采
跃进	勘探	煤厚两极值 平均值/m	零星	零星	0.88~10.02 6.45	—	0.85~21.91 3.76
		夹矸层数	—	—	1	—	结构复杂
		可采性	不可采	不可采	大部分可采	—	大部分可采
常村	勘探	煤厚两极值 平均值/m	薄煤	薄煤	0~5.54 3.05	—	0~21.50 5.63
		夹矸层数	—	—	0~5	—	0~12
		可采性	不可采	不可采	大部分可采	—	全区可采
义马煤田深部	详查	煤厚两极值 平均值/m	0.17~0.88 0.50	0.10~0.57 0.35	—	—	0~16.48 3.77
		夹矸层数	1~2	—	—	—	0~3
		可采性	不可采	不可采	—	—	大部分可采

义马煤田的1-1煤层可采区主要分布于杨村煤矿区东部及耿村煤矿区西部，煤厚0~7.43 m，为薄-厚煤层，可采区内一般煤厚1.5~3.5 m，含泥岩或碳质泥岩夹矸0~9层，一般为3~4层。煤层直接顶板为黄褐色、灰绿色、黑色泥岩，有时为粉砂岩或薄层细砂岩，间接顶板为砾岩，有时砾岩成为煤层的直接顶板。煤层底板为黑色泥岩或砂岩、砂砾岩。煤厚变异系数30.01%~75.53%，煤田内局部可采，为不稳定型煤层。

义马煤田的1-2煤层可采区主要分布于煤田北部，中部有零星分布，煤厚0~7.92 m，为薄-厚煤层，可采区内平均厚度1~3 m，煤厚在可采区比较稳定。含夹矸0~4层，一般为1~3层，夹矸多为泥岩或碳质泥岩，西部含矸率比东部低。煤层底板多为泥岩，顶板为泥岩或砂岩。煤厚变异系数57.42%~119.04%，煤田内局部可采，为不稳定型煤层。

义马煤田的2-1煤层可采区主要分布于煤田的中部和北部，煤田东部有一北西西向薄煤带。煤层厚度0~10.02 m，以厚煤层为主，含夹矸0~6层，一般为1~2层，夹矸多为泥岩、碳质泥岩或细砂岩，在千秋煤矿深部相变为含砾砂岩。直接底多为砂岩，局部为泥岩。顶板多为泥岩。煤厚变异系数为47.07%，可采性指数多大于90%，属较稳定型煤层。

义马煤田的2-2煤层可采区仅分布于煤田西北部的耿村井田浅部，煤厚0.40~6.18 m，平均4.36 m，厚度由浅到深、由北向南变薄。含夹矸0~5层，一般2层，多为泥岩。煤层顶、底板主要为砂岩，局部有泥岩顶。

义马煤田的2-3煤层（包括2-3煤层、2-1煤或2-2煤与2-3煤并层）全区发育，为区内主要可采煤层，厚度0~37.48 m，平均8.50 m，含夹矸0~19层，一般为3~5层，夹矸岩性多为泥岩或碳质泥岩，局部为含砾砂岩、细砂岩或粉砂岩，煤层底部多为煤矸互层，属较简单至复杂结构，煤田两端的煤层结构相对比较简单，中部比较复杂。顶板为灰色含菱铁质细砂岩，中深部与2-1煤合并后顶板为黑色泥岩。直接底板为碳质泥岩或煤矸互层，局部为底砾岩；间接底板为底砾岩、含砾泥岩，局部相变为泥岩。煤厚变异系数88.38%，可采系数为94.42%，为不稳定型煤层。

义马煤田的义马组下部含煤砂岩段所含2-1、2-2煤层实为2-3煤层的分岔煤层，在分岔区分为2-1、2-2和2-3煤层，在煤层分岔的中间分别夹两层砂岩，厚度由浅向深、自西向东、由北向南逐渐变薄，在合并区消失，2-1、2-2煤层和2-3煤层逐渐合并为2-3特厚煤层（图2-130）。

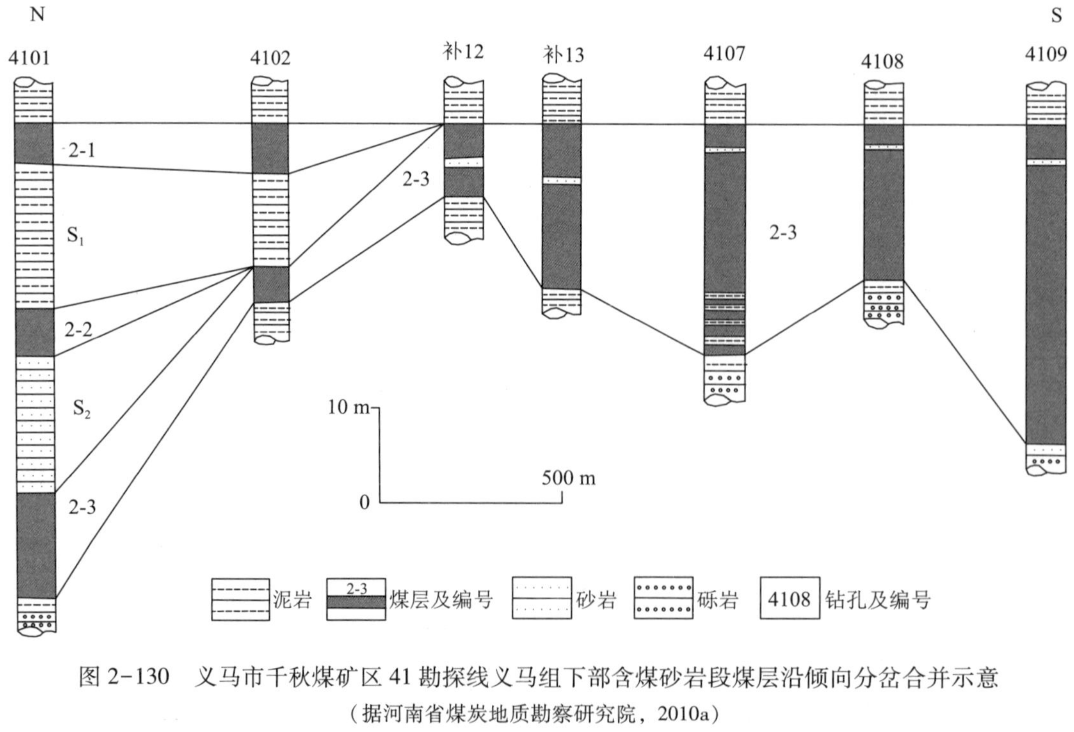

图2-130　义马市千秋煤矿区41勘探线义马组下部含煤砂岩段煤层沿倾向分岔合并示意

（据河南省煤炭地质勘察研究院，2010a）

2. 煤质

(1) 煤的物理性质和宏观煤岩特征

义马煤田的煤为黑色，条痕褐黑色，具沥青光泽，多为立方节理，呈块状产出。硬度低，易于风化，风化后颜色变浅且碎裂为小块或粒状和粉末状。块煤加热时破碎性严重。燃点低，堆放时易于自燃。煤岩组分以亮煤为主，次为暗煤及薄层丝炭，呈条带状及薄层状，镜煤呈线理或凸镜体夹于亮煤、暗煤及丝炭中。宏观煤岩类型以半亮型煤为主，半暗型煤次之，暗淡型煤较少。煤的平均视密度 1.35~1.40 t/m^3（表 2-165），真密度 1.50~1.55 t/m^3。

表 2-165 义马煤田各煤层视密度统计表

煤层编号		1-2 煤	2-1 煤	2-2 煤	2-3 煤
视密度/($t \cdot m^{-3}$)	两极值 平均值（点数）	1.33~1.42 1.40（7）	1.31~1.37 1.35（4）	1.30~1.41 1.35（12）	1.35~1.41 1.40（11）

义马煤田的煤中有机组分占 85%以上（表 2-166），以镜质组为主，惰质组次之，半镜质组和壳质组分较少。镜质组中以无结构镜质体为主，结构镜质体较少；镜质体最大反射率 2-1 煤为 0.51%，2-3 煤为 0.53%。惰质组中主要是丝炭碎片，少量丝炭腔孔结构保存较好。壳质组分主要是孢子体。无机组分以粘土矿物为主，呈团块状、条带状或浸染状；黄铁矿呈粒状或星散状；碳酸盐类主要为方解石和鲕状菱铁矿。显微煤岩类型属微镜惰煤。

表 2-166 义马煤田各煤层显微煤岩组分定量分析结果表

煤层名称	有机组分/%				无机组分/%				镜质体最大反射率
	镜质组	半镜质组	惰质组	壳质组	粘土类	硫化物	碳酸盐	氧化物	R^o_{max}/%
2-1 煤	63.4~68.5 66.0（2）	0.5~1.6 1.1（2）	21.9~23.0 22.5（2）	0.5~0.9 0.7（2）	6.4~9.8 8.1（2）	1.1~1.7 1.4（2）	0~0.7 0.3（2）	—	0.48~0.56 0.51（9）
2-3 煤	47.1~61.8 55.2（11）	0.4~4.5 1.9（11）	20.1~36.7 29.4（11）	0.4~1.8 0.9（11）	7.1~16.7 10.5（11）	0.1~2.7 0.7（11）	0.2~3.0 1.3（9）	微量	0.51~0.58 0.53（9）

(2) 煤的化学特征

义马煤田各层煤以碳元素为主，次为氢元素，碳、氢、氧含量总和占有机质的 95%以上（表 2-167）。

表 2-167 义马煤田各煤层煤的元素分析结果统计表

煤层		元素分析/%			
		C_{daf}	H_{daf}	N_{daf}	$O_{daf}+S_{t,daf}$
1-1 煤	原煤	75.64~76.46 76.05（2）	5.15~5.44 5.30（2）	0.90~1.03 0.97（2）	17.49~17.89 17.69（2）
1-2 煤	原煤	74.15~77.74 75.84（5）	4.62~5.43 4.89（5）	0.97~1.51 1.16（5）	15.74~20.15 18.11（5）
	浮煤	73.03~78.33 75.68（2）	4.94~5.14 5.04（2）	0.90~1.22 1.06（2）	15.31~16.38 15.85（2）
2-1 煤	原煤	69.00~78.00 74.08（8）	2.66~5.29 4.70（8）	0.90~1.60 1.14（8）	16.24~26.22 18.67（8）
	浮煤	74.58~77.12 76.11（5）	4.64~5.29 5.00（5）	0.73~1.07 0.89（5）	15.52~17.19 16.25（5）

煤层		元素分析/%			
		C_{daf}	H_{daf}	N_{daf}	$O_{daf}+S_{t,daf}$
2-2 煤	原煤	76.90~77.58 77.17（3）	4.88~5.23 5.03（3）	1.06~1.14 1.10（3）	16.48~17.04 16.70（3）
2-3 煤	原煤	74.78~79.00 77.24（14）	4.58~15.11 5.72（14）	0.82~1.19 1.02（14）	14.81~19.31 16.73（14）
	浮煤	75.73~78.66 77.39（14）	4.96~5.73 5.26（14）	0.97~1.17 1.09（14）	14.86~18.16 16.26（14）

根据义马煤田的硫分分析（表 2-168），1-1 煤以高硫煤为主，局部有中高硫煤。1-2 煤以中高硫煤为主，局部有中硫煤和高硫煤。2-1 煤以中硫煤为主，常村煤矿以中高硫煤为主，耿村煤矿区有高硫煤。2-2 煤以中硫煤为主，低硫煤局限分布。2-3 煤以低硫煤为主，耿村煤矿区以特低硫煤为主，跃进煤矿区主要为高硫煤。各煤层原煤全硫含量变化较大，垂向上具自下而上硫分增高的趋势；2-1 和 2-3 煤层合并后，上部硫含量也高于下部。同层煤，硫含量也变化较大，在走向上，跃进煤矿高于两侧；倾向上浅部高于深部（尤以 2-1 煤层最为明显）。形态硫以硫铁矿硫为主，占 60%~65%，易于脱除，有机硫次之，硫酸盐硫甚少，煤经洗选后硫分含量均有所下降。

表 2-168　义马煤田各煤层煤中形态硫测试结果统计表

煤层	原煤		原煤各种形态硫/%			浮煤
	全硫（$S_{t,d}$）/%	质量分级	硫铁矿硫（$S_{p,d}$）	硫酸盐硫（$S_{s,d}$）	有机硫（$S_{o,d}$）	全硫（$S_{t,d}$）/%
1-1 煤	2.04~9.21 4.96（4）	高硫煤	1.66~7.63 3.83（3）	0.02~0.08 0.04（3）	0.35~1.31 0.82（3）	0.53~1.63 1.09（4）
1-2 煤	1.42~3.80 2.54（21）	中高硫煤	0.51~3.02 1.51（8）	0.02~0.73 0.18（8）	0.23~0.75 0.44（8）	0.48~0.95 0.67（8）
2-1 煤	0.34~6.79 2.04（27）	中硫煤	0.06~3.14 1.69（12）	0.01~0.06 0.04（12）	0.07~1.65 0.65（12）	0.30~2.18 0.74（23）
2-2 煤	0.15~4.37 1.22（22）	中硫煤	0.77~1.91 1.34（2）	0.01~0.03 0.02（2）	0.30~0.30 0.30（2）	0.27~0.91 0.50（15）
2-3 煤	0.17~3.87 0.64（113）	低硫煤	0.02~1.80 0.36（9）	0.00~0.04 0.01（9）	0.01~0.65 0.25（9）	0.18~2.38 0.59（53）

磷是煤中的有害元素，义马煤田的各煤层磷含量多在 0.020% 以下，其变化范围为 0.003%~0.082%，以低磷和特低磷为主，仅北露天煤矿区 2-3 煤有中磷煤。

（3）煤的工艺性质

a. 煤的工业分析

义马煤田的各煤层挥发分产率均大于 37%（表 2-169），煤类属长焰煤，自上而下挥发分产率呈逐渐降低之趋势。1-1 煤以中灰煤为主，局部有低灰煤。1-2 煤以低灰煤为主，耿村煤矿区以中灰煤为主，高灰煤局限。2-1 煤以低灰煤为主，跃进煤矿区以中灰煤为主。2-2 煤以低灰煤为主，局部有中灰煤分布。2-3 煤以低灰煤为主，煤田西北部的跃进、北露天煤矿区和煤田深部以中灰煤为主。各煤层经洗选后，浮煤灰分产率均有较大降低。

b. 煤的工艺性能

根据煤炭发热量分级（GB/T15224.3—2010），义马煤田以中高热值煤为主，西部杨村煤矿的 1-2 煤以中热值煤为主，煤田东部跃进煤矿的 2-1 煤和 2-3 煤分别以中热值煤和中低热值煤为主，东部的北露天、常村煤矿和煤田深部的 2-3 煤以中热值煤为主。经洗选后，煤的发热量均有所提高

（表2-170）。依据耿村煤矿2-1煤和2-3煤层煤样分析，均属于难选或极难选煤，且泥化现象明显。煤灰成分较为复杂，且变动范围较大，但各煤层煤灰成分差别不大（表2-171），均以 SiO_2 和 Al_2O_3 为主，占煤灰成分的50%以上，CaO、SO_3、TiO_2、MgO 含量均较低。根据煤灰熔融性软化温度分级（MT/T853.1—2000）和煤灰熔融性流动温度分级（MT/T853.2—2000），本区可采煤层煤灰均属较低软化温度灰、较低流动温度灰。

表2-169 义马煤田各煤层煤的工业分析化验结果统计表

煤层	原煤/%			浮煤/%		
	M_{ad}	A_d	V_{daf}	M_{ad}	A_d	V_{daf}
1-1煤	6.05~7.27 6.67（4）	16.56~25.04 20.09（4）	40.40~46.51 42.58（4）	7.02~8.41 7.70（4）	5.07~6.54 5.76（4）	37.98~45.35 41.45（4）
1-2煤	2.61~12.73 8.10（22）	10.80~36.83 18.87（22）	36.36~43.55 40.22（22）	6.78~9.94 8.14（8）	4.12~6.32 5.49（8）	38.28~42.72 40.62（8）
2-1煤	1.91~10.31 7.40（28）	9.35~21.62 14.64（28）	37.45~42.96 39.74（28）	2.55~9.54 6.81（10）	4.91~6.81 6.22（10）	38.39~42.00 39.97（10）
2-2煤	2.34~21.85 8.52（22）	9.73~31.20 16.09（22）	35.34~44.84 39.39（22）	4.24~10.93 8.39（17）	4.78~7.65 6.20（17）	37.65~41.08 39.45（17）
2-3煤	2.98~12.45 6.82（55）	11.39~33.08 18.62（55）	28.72~60.68 40.06（27）	2.77~10.21 7.40（55）	5.09~9.52 7.02（54）	37.39~44.18 40.05（37）

表2-170 义马煤田各煤层发热量（$Q_{gr,v,d}$）测试结果统计表 单位：MJ·kg^{-1}

煤类	1-2煤	2-1煤	2-2煤	2-3煤
原煤	20.78~28.69 24.55（11）	22.92~29.42 25.29（20）	20.80~30.69 26.60（21）	19.51~28.76 24.69（41）
浮煤	—	29.03~29.44 29.24（4）	32.31~32.37 32.34（3）	30.88~32.69 31.77（4）

表2-171 义马煤田各煤层煤灰成分分析及灰熔点测定结果表

煤层		1-2煤	2-1煤	2-2煤	2-3煤
原煤煤灰成分/%	SiO_2	43.83	41.08~49.05 43.08	43.44~44.66 43.76	53.36~54.02 53.63
	Al_2O_3	17.95~18.78 18.36	14.09~18.24 16.04	16.29~17.96 17.10	17.39~18.58 17.96
	TiO_2	—	0.73~0.99 0.86	—	0.91~1.01 0.98
	Fe_2O_3	13.00~16.70 14.85	12.14~16.74 15.44	14.14~15.32 14.90	12.28~13.10 12.57
	CaO	1.04~1.11 1.08	0.99~1.14 1.09	0.95~1.19 1.06	1.03~1.13 1.06
	MgO	5.58~8.49 7.04	5.12~11.95 8.92	7.77~11.02 8.80	5.54~7.22 6.24
	SO_3	3.04~3.57 3.30	2.17~5.10 3.96	4.26~5.50 4.71	3.62~4.51 3.85

续表

煤层		1-2 煤	2-1 煤	2-2 煤	2-3 煤
灰熔点/℃	DT	1140	1020~1160 1160	1090~1170 1132	1210~1230 1220
	ST	1160	1040~1190 1126	1120~1202 1191	1160~1420 1242
	FT	1190	1100~1200 1170	1200~1242 1210	1260~1270 1262

三、煤层瓦斯、煤尘爆炸性和煤层自燃倾向

1. 瓦斯

瓦斯是煤层的伴生产物，在煤矿生产过程中，由煤层及其围岩释放出来的甲烷及其同系物、非烃类气体 N_2、CO_2、H_2、SO_3、H_2S、CO 及稀有气体氦气、氩气等组成的可燃混合气体。义马煤田的甲烷成分 2.55%~83.62%，甲烷含量 0.09~3.38 mL/g，含量较低，属低瓦斯煤层，且随深度增加瓦斯含量逐渐递增。瓦斯风化带垂深 316.35~931.33 m。

义马煤田的各煤层挥发分产率高，随着开采范围的增大，开采深度的增加，瓦斯绝对和相对涌出量均有所增加，生产矿井耿村矿、常村矿和千秋矿均为高瓦斯矿井，根据《关于印发<煤矿瓦斯等级鉴定暂行办法>的通知》（安监总煤装〔2011〕162 号），本区属高瓦斯矿井。

2. 煤尘爆炸性及煤层自燃倾向

义马煤田各煤层虽然 ΔT 均小于 25℃（表 2-172），但本区煤类为低变质长焰煤，挥发分产率高，燃点低，易氧化升温，引起自燃，自燃发火期一般为 1~3 个月，最短 15 天，且生产矿井中经常发生着火事故。因此，本区煤层的自燃倾向性等级均属 Ⅰ 级，为容易自燃发火煤层。由表 2-173 可以看出，义马煤田煤尘爆炸性试验火焰长度均超过 3 mm，煤尘具有爆炸性。

表 2-172　义马煤田各煤层煤层自燃倾向等级测定结果

取样位置	煤层	着火温度法/℃			
		氧化样（T_3）	原煤样（T_2）	还原样（T_1）	$\Delta T=T_1-T_3$
耿村煤矿	1-2	260~263 262	271~275 273	278~283 280	18
	2-1	258~272 267	270~277 276	276~289 287	20
	2-2	269~342 294	275~358 304	287~373 319	25
	2-3	263~269 266	274~281 277	282~288 284	18
常村煤矿	2-3	281~314 302	303~322 314	322~332 327	25

四、煤矿产地

义马煤田处于地温正常区，自西向东分布着渑池县杨村、耿村和义马市千秋、跃进、常村、北露天及义马煤田深部 7 个煤矿区（见图 2-40）。

表 2-173　义马煤田各煤矿煤尘爆炸性鉴定结果

矿区名称	煤层	采样地点（工作面）	工业分析/%			爆炸性试验		煤尘爆炸性
			水分 M_{ad}	灰分 A_d	挥发分 V_{daf}	火焰长度/mm	抑制煤尘爆炸最低岩粉量/%	
跃进矿	2-1	—	12.87	11.75	41.48	700	62	有
千秋矿	2-1	—	12.83	13.20	40.80	550	60	有
	2-3	己 12101	9.54	11.7	45	>400	60	有
杨村矿	2-1	中 12102	10.4	9.6	37	>400	60	有
	2-3	D11032	8.83	11.7	40	>400	60	有
	2-1	11081 孔	9.29	13.2	40	>400	50	有
耿村矿	2-2	12071 孔	9.15	14.2	40	>400	50	有
	2-3	12031 孔	10.9	11.7	36	>400	50	有

（一）渑池县杨村煤矿区

杨村煤矿区位于义马煤田西端渑池县境内，面积约 5.64 km²，为南高北低的低山区，地面标高为 540~645 m。矿区地理坐标为东经 111°42′39″~111°44′52″，北纬 34°42′26″~34°43′46″。勘查程度达勘探，累计查明煤资源储量 8711.0×10⁴ t，自 1975 年 10 月投产开采，保有煤资源储量 2339.4×10⁴ t。本区处于瓦斯风化带。矿区位于义马向斜西部仰起端，基岩零星出露，义马组厚度 25.12~127.10 m，平均为 91.34 m，其上为东孟村组。总体为地层倾向南东，倾角为 6°~13°的单斜构造（图 2-130）。可采煤层有 1-1、1-2、2-1 和 2-3 煤等 4 层（表 2-174），1-1 煤层大部分可采，1-2、2-1 和 2-3 煤层全区可采，煤层结构复杂，2-3 煤层底板标高为+500~200 m。煤类均为长焰煤，磷含量为特低-低磷分；除 1-1 煤以中灰煤为主外，其余均以低灰煤为主；1-1、1-2、2-1 和 2-3 煤的硫分分别为高硫、中高硫、中硫和低硫；1-2 煤为中热值，2-1 和 2-3 煤为中高热值。

表 2-174　渑池县杨村煤矿区煤层、煤质特征一览表

煤层		1-1	1-2	2-1	2-3
厚度/m		0~7.43 / 2.47	1.19~7.92 / 3.43	0.84~6.35 / 4.70	0.24~15.01 / 8.22
夹矸层数		0~9	1~3	0~3	底部煤矸互层
灰分/%	原煤	16.56~25.04 / 20.09（4）	0.80~20.67 / 14.83（9）	9.35~16.70 / 13.38（10）	11.59~19.60 / 16.27（15）
	浮煤	5.07~6.54 / 5.76（4）	4.12~6.32 / 5.49（8）	4.91~6.81 / 6.22（10）	5.58~8.40 / 6.62（14）
挥发分/%	原煤	40.40~46.51 / 42.58（4）	38.53~41.80 / 40.33（9）	37.83~40.42 / 39.36（10）	36.87~44.88 / 39.58（15）
	浮煤	37.98~45.35 / 41.45（4）	38.28~42.72 / 40.62（8）	38.39~42.00 / 39.97（10）	37.39~43.43 / 39.81（15）
全硫/%	原煤	2.04~9.21 / 4.96（4）	1.42~3.80 / 2.79（9）	0.34~2.19 / 1.18（10）	0.22~1.08 / 0.54（15）
	浮煤	0.53~1.63 / 1.09（4）	0.48~0.95 / 0.68（8）	0.30~1.61 / 0.58（10）	0.18~1.08 / 0.43（13）

煤层		1-1	1-2	2-1	2-3
高位发热量/（MJ·kg^{-1}）	原煤	—	20.78~28.69 24.30（4）	22.92~27.27 24.83（4）	24.46~28.76 26.56（4）
磷/%	原煤	0.003~0.004 0.004（2）	0.004~0.020 0.010（3）	0.004（1）	0.020（1）

注：资料来源于《河南省渑池县杨村煤核查区资源储量核查报告》，河南省煤炭地质勘察研究院，2010n。

（二）渑池县耿村煤矿区

耿村煤矿区位于渑池县城南，面积为15.09 km^2。地表多被第四系棕红色亚粘土覆盖，近南北向沟谷发育，总体南高北低，西部地势较平缓，东部沟谷发育，地面标高532.2~667.7 m。矿区地理坐标为东经111°44′11″~111°48′12″，北纬34°42′14″~34°44′10″。勘查程度达勘探，累计查明煤资源储量26802.8×10^4 t，自1982年投产开采，保有煤资源储量13117.1×10^4 t。本区处于瓦斯风化带，目前，1-2、2-1、2-2煤层已近采完，主要开采2-3煤层。

耿村煤矿区基岩零星出露，义马组厚26.81~125.70 m，平均为74.60 m，与下伏谭庄组和上覆东孟村组均为不整合接触。矿区处于义马向斜西段北翼，为南倾的单斜构造，倾角为11°~16°。可采煤层有1-1、1-2、2-1、2-2、2-3煤等5层。1-1煤层大面积缺失，仅于西南部48线以西赋存，含煤面积为0.82 km^2，为局部可采的极不稳定煤层，厚度为0.14~2.53 m，平均为1.37 m，煤层结构复杂，含夹矸0~9层，一般3~4层，且煤矸互层，泥岩或碳质泥岩夹矸厚度0.10~0.23 m，灰分大于40%。1-2煤层大部分可采，煤层较稳定，下距2-1煤11.70~42.20 m，平均为27.42 m；煤厚0.09~2.62 m，平均为1.57 m，含泥岩或碳质泥岩夹矸0~4层，一般1~2层，夹矸厚度0.02~0.57 m；该煤层主要分布于45线以西，45线以东部分地段因剥蚀而成为不规则的无煤区。2-1煤层大部分可采，下距2-2煤4.59~47.26 m，平均为33.78 m；煤厚0.10~6.34 m，平均为4.70 m，含细砂岩或泥岩夹矸0~5层，一般1~3层，夹矸厚度0.03~0.82 m。2-2煤层局部可采，下距2-3煤0~26.57 m，平均为9.36 m；煤厚0.40~6.18 m，平均为4.36 m，含泥岩夹矸0~5层，一般1~3层，夹矸厚度0.05~1.65 m，一般为0.31 m。2-1煤和2-2煤分别在+200 m、+300 m水平以深与2-3煤合并，合并后统称2-3煤。2-3煤层全区可采，位于义马组底部砾岩段之上，煤底标高+540~-200 m，煤厚0.24~21.73 m，平均8.69 m，含泥岩或碳质泥岩夹矸0~11层，一般1~4层，夹矸厚度0.02~1.30 m，煤层底部多为煤矸互层，顶板为灰色含菱铁质细砂岩，中深部与2-1煤合并后顶板为黑色泥岩；直接底板为碳质泥岩或煤矸互层。煤类均为长焰煤（表2-175），以低磷、中高热值煤为主；1-2煤以中灰煤为主，其余均以低灰煤为主；1-2、2-1、2-2和2-3煤的硫分分别为中高硫、中高硫、中硫和特低硫。

表2-175　渑池县耿村煤矿区煤质特征一览表

煤层		1-2	2-1	2-2	2-3
灰分/%	原煤	11.95~36.83 21.67（13）	12.98~17.29 14.79（14）	9.73~31.20 16.09（22）	11.39~33.08 19.41（22）
	浮煤	4.88~8.12 6.12（8）	4.88~7.09 6.22（14）	4.78~7.65 6.20（17）	5.09~9.52 7.23（22）
挥发分/%	原煤	36.36~43.55 40.14（13）	37.45~42.96 40.02（14）	35.34~44.84 39.39（22）	28.72~60.68 40.39（22）
	浮煤	37.95~43.16 40.98（8）	39.28~42.12 40.60（14）	37.65~41.08 39.45（17）	38.48~44.18 40.22（22）

续表

煤层		1-2	2-1	2-2	2-3
全硫/%	原煤	0.16~4.96 2.36（12）	0.63~6.79 2.97（14）	0.15~4.37 1.22（22）	0.17~1.31 0.37（22）
	浮煤	0.57~0.79 0.65（7）	0.41~2.18 0.87（13）	0.27~0.91 0.50（15）	0.21~0.57 0.36（19）
高位发热量/（$MJ \cdot kg^{-1}$）	原煤	20.78~28.69 24.55（11）	23.70~29.42 25.67（12）	20.80~30.69 26.60（21）	22.72~28.76 25.24（19）
	浮煤	30.71（1）	28.30（1）	32.31~32.37 32.34（3）	30.88~32.69 31.77（5）
磷/%	原煤	0.003~0.036 0.012（5）	0.003~0.005 0.004（2）	0.002~0.082 0.024（8）	0.023~0.023 0.023（1）

注：资料来源于《河南省渑池县耿村煤核查区资源储量核查报告》，河南省煤炭地质勘察研究院，2010p。

（三）义马市千秋煤矿区

千秋煤矿区位于义马煤田中部的渑池县与义马市接壤部位，面积为 20.79 km^2，地面海拔为 437.20~670.73 m。矿区地理坐标为东经 111°47′43″~111°53′31″，北纬 34°41′42″~34°44′20″。勘查程度达勘探，累计查明煤资源储量 22367.2×10^4 t，1958 年投产，保有煤资源储量 15886.0×10^4 t。本区处于瓦斯风化带。地表多被第四系棕红色亚粘土所覆盖，基岩仅在一些沟谷中有零星出露，义马组厚 20.10~99.86 m，平均厚 67.00 m，其上为东孟村组平行不整合覆盖。构造形态为义马向斜北翼、地层南倾，倾角为 12°~13°的单斜构造。本区 1-1 煤层被剥蚀殆尽，1-2、2-2 煤层零星可采，大部分可采 2-1 煤层、全区可采 2-3 煤层于矿区西南部合并为 2-3 特厚煤层。2-1 煤层厚 0.14~9.45 m，平均为 4.24 m，含细砂岩夹矸 1~6 层，含矸率为 16%。2-3 煤层底板标高为+595~-350 m，煤层顶板为砂岩，底板为底砾岩或含砾泥岩，上距 2-1 煤层 0~27.02 m；煤厚 0.20~18.99 m，平均为 4.72 m，煤厚度变化大，自北向南、自东向西逐渐增厚；含泥岩或碳质泥岩夹矸 0~12 层，含矸率为 11%。2-3 特厚煤层厚 5.59~37.48 m，平均为 16.29 m，含泥岩、碳质泥岩或含砾砂岩夹矸 2~13 层。2-1 煤原煤灰分为 12.67%~24.96%，平均为 17.34%；全硫为 1.45%~2.07%，平均为 1.88%；浮煤灰分 5.60%~8.07%，平均 6.33%；全硫为 0.86%~1.73%，平均为 1.32%；挥发分平均为 42.56%。2-3 煤原煤灰分为 11.01%~26.00%，平均为 16.81%；全硫为 0.22%~2.17%，平均为 0.69%；浮煤灰分为 6.07%~9.15%，平均为 6.88%；全硫为 0.27%~1.40%，平均为 0.61%；挥发分平均为 41.47%。2-3 特厚煤原煤灰分为 13.43%~29.41%，平均为 18.52%；全硫为 0.68%~2.60%，平均为 0.82%；浮煤灰分为 4.96%~8.86%，平均为 6.59%；全硫为 0.13%~0.21%，平均为 0.17%。煤类为低灰长焰煤，2-1 煤以中硫煤为主，2-3 煤以低硫煤为主。

（四）义马市北露天煤矿区

义马市北露天煤矿区位于义马市东部，地面标高为 348.6~463.8 m。矿区地理坐标为东经 111°53′21″~111°54′59″，北纬 34°43′17″~34°44′04″。勘查程度达勘探，累计查明煤资源储量 3136.0×10^4 t，保有煤资源储量 781.0×10^4 t。中华人民共和国成立前有豫庆煤矿公司建井生产，已于 2010 年闭坑。义马组缺失上部含煤段，残留厚度 1.69~130.20 m，平均为 117.87 m，上被新近系洛阳组覆盖。总体构造格架为义马向斜北翼之近东西向的次级向斜构造，地层倾角 1°~3°，局部达 11°~22°。2-1 煤层局部可采，煤厚 0~7.44 m，平均为 3.75 m，含泥岩或碳质泥岩夹矸 1~5 层。2-3 煤层全区可采，煤底标高为+335~+430 m，埋深约 0~104 m，煤厚 0~31.69 m，平均为 10.40 m，由浅到深煤厚增大，含矸 0~13 层，一般 3~6 层，夹矸岩性以泥岩或碳质泥岩为主，局部为细砂岩、粉砂岩。

2-3 煤原煤水分平均 13.50%；磷 0.057%；灰分 14.00%~40.66%，平均 21.00%；高位发热量为 20.58~24.46 MJ/kg，平均为 22.46 MJ/kg；煤样硫分 0.27%~2.29%，平均为 0.80%；煤层煤样硫分 0.46%~1.01%，平均为 0.66%；以中灰、低硫、中热值煤为主。2-3 煤浮煤灰分为 6.92%~10.06%，平均为 8.00%；高位发热量为 28.05~28.23 MJ/kg，平均为 28.14 MJ/kg。2-3 煤形态硫以有机硫为主，含量 0.32%~0.65%，平均为 0.47%；硫铁矿硫为 0.09%~0.31%，平均为 0.16%；硫酸盐硫为 0%~0.04%，平均为 0.02%。煤类均为长焰煤。

（五）义马市跃进煤矿区

跃进煤矿区位于义马煤田中部的渑池县与义马市接壤部位，面积为 22.44 km^2。矿区地理坐标为东经 111°49′45″~111°54′13″，北纬 34°40′55″~34°43′35″。勘查程度达勘探，查明煤资源储量 14455.6×10^4 t，自 1959 年 10 月投产开采，保有煤资源储量 11335.4×10^4 t。基岩零星出露，义马组厚 24.30~117.50 m，平均为 76.10 m，与下伏谭庄组和上覆东孟村组均为不整合接触。构造形态为义马向斜北翼、地层南倾、倾角为 4°~25°的单斜构造，北北东—北东向高角度正断层发育。1-1 煤仅有东部少数钻孔见到，其余均被剥蚀，钻孔揭露煤厚 0.15~2.22 m，平均为 1.15 m，可采点零星分布。1-2 煤仅在矿区深部和东部揭露煤层厚 0.30~4.53 m，平均为 2.28 m，可采点零星分布。1-1 煤层与 1-2 煤层间距为 9.74~14.2 m，平均为 11.83 m。2-1 煤层大面积可采，估算面积为 16.81 km^2，下距 2-3 煤层 0.80~26.54 m，平均为 6.70 m；煤底标高+290~-530 m，煤厚 0.88~10.02 m，平均为 6.45 m，大体呈北薄南厚、西薄东厚的变化趋势，含 1 层含砾砂岩夹矸；原煤灰分平均为 21.45%，全硫平均为 1.98%，高位发热量为 19.50~25.20 MJ/kg，平均为 21.90 MJ/kg；浮煤灰分平均为 6.55%，挥发分平均为 42.56%；以中灰、中硫、中热值煤为主。2-3 煤层大面积可采，可采区主要分布在一水平及二水平的浅部，在二水平深部因夹矸层数多、夹矸较厚而出现大面积不可采区，估算面积为 10.77 km^2，煤底标高为+280~-330 m，煤厚 0.85~21.91 m，平均为 3.76 m，煤层结构复杂，夹矸层数多，夹矸厚度较大，出现分层现象；原煤灰分平均 28.00%，全硫平均 3.21%，高位发热量为 18.10~22.20 MJ/kg，平均为 19.60 MJ/kg；浮煤灰分平均为 6.87%，挥发分平均为 41.47%；以中灰、高硫、中低热值煤为主。煤类均为长焰煤。

（六）义马市常村煤矿区

常村煤矿区位于义马市南与渑池县接壤地带的义马煤田东部，面积 15.81 km^2。为低山-丘陵区，地面标高 415~580 m。矿区地理坐标为东经 111°53′00″~111°57′37″，北纬 34°40′40″~34°43′00″。勘查程度达勘探，累计查明煤资源储量 20167.0×10^4 t，保有煤资源储量 10894.7×10^4 t。基岩零星出露，义马组厚 0~112.40 m，平均为 96.88 m，与下伏谭庄组微角度不整合接触，与上覆东孟村组平行不整合接触，并被新近系洛阳组覆盖。位于渑池向斜北东翼，硖石-义马逆断层（F_{16}）之北（下盘）为地层向南西缓倾的单斜构造，断层上盘为地层倾向北北西的单斜（图 2-129），地层倾角为 9°~23°；受逆断层影响，上盘地层产状变化较大，煤层沿倾向或走向都有较明显的波状起伏，在 14 线两侧近直立，向东渐趋平缓。区内北东—北北东向高角度正断层发育，落差皆小于 200 m。可采煤层有 2-1、2-3 煤，在 16 线以东的东南部合并至 2-3 煤。2-3 煤层全区可采，估算标高为+450~-350 m，煤厚 0~21.50 m，平均为 5.63 m，煤层结构较复杂，含夹矸 0~12 层，一般 3~5 层。2-1 煤层可采区位于 16 线以西，估算标高+470~-75 m，下至 2-3 煤间距自东南向西北渐增（0~35.66 m），煤厚 0~5.54 m，平均为 3.05 m，含泥岩或碳质泥岩夹矸 0~5 层，一般 1~2 层，夹矸厚 0.15 m 左右，多以凸镜体产出。1-2 煤层分岔为 1~3 个煤分层，12 线以西上分层极少数点可达 0.8 m 左右，常见一薄层的硅质泥岩压煤。1-1 煤层分岔为 1~3 个煤分层，16 勘探线西大多剥蚀，仅在 16 至 8 线间见少数可采点，但分布孤立。煤类均为低灰长焰煤（表 2-176），2-1 煤以中高硫、中高热值煤为主，2-3 煤以低硫、中热值煤为主。

表 2-176　义马市常村煤矿区煤质特征一览表

煤层		元素分析/%				高位发热量 $Q_{gr,d}$/(MJ·kg^{-1})
		水分 M_{ad}	灰分 A_d	挥发分 V_{daf}	全硫 $S_{t,d}$	
2-1	原煤	5.63~9.25 7.71（4）	10.96~21.62 17.25（4）	39.41~40.12 39.73（4）	0.49~2.69 2.13（19）	22.96~26.15 24.63（4）
	浮煤	3.04~10.41 7.93（4）	6.20~9.49 7.34（4）	38.57~42.08 40.32（4）	0.70（17）	—
2-3	原煤	4.56~12.45 7.16（18）	11.76~31.03 19.61（18）	38.48~43.80 40.81（18）	0.19~2.87 0.61（52）	19.51~26.21 23.69（18）
	浮煤	3.13~10.17 7.63（18）	6.07~8.08 7.11（18）	40.03~43.15 41.29（18）	0.51（16）	—

注：资料来源于《河南省义马市常村煤核查区资源储量核查报告》，河南省煤炭地质勘察研究院，2010q。

（七）三门峡市义马煤田深部煤矿区

义马煤田深部煤矿区位于三门峡市的渑池县、义马市境内，东西长约 24 km，南北宽 1.3~3.5 km，面积为 44.47 km^2，海拔为 424.1~632.1 m，总体地势为北高南低，地理坐标为东经 111°42′28″~111°58′16″，北纬 34°39′30″~34°42′44″。2012~2015 年河南省煤炭地质勘察研究总院开展区内普查、详查，提交的《河南省义马矿区深部煤详查报告》累计查明/保有煤资源量 5898.0×10^4 t，另估算（334）？类煤资源量 324.0×10^4 t。该区位于瓦斯风化带，甲烷成分最大值为 49.36%，甲烷含量为 0~2.759 m^3/t，平均为 0.957 m^3/t。

1. 矿区地质

义马煤田深部煤矿区多被第四系棕红色亚粘土所覆盖。含煤地层义马组厚 25.12~112.40 m，平均厚 97.16 m。硖石-义马逆断层（F_{16}）与煤层的断煤交线位于矿区北部（图 2-129，图 2-131），区内仅残留有下盘铲蚀后的煤层。逆断层下盘为义马向斜北翼之地层倾向南、倾角为 13°~18°的单斜构造；上盘 42 线以西为地层倾向北、倾角为 35°~80°的单斜构造，侏罗系含煤地层被剥蚀，42 线以东

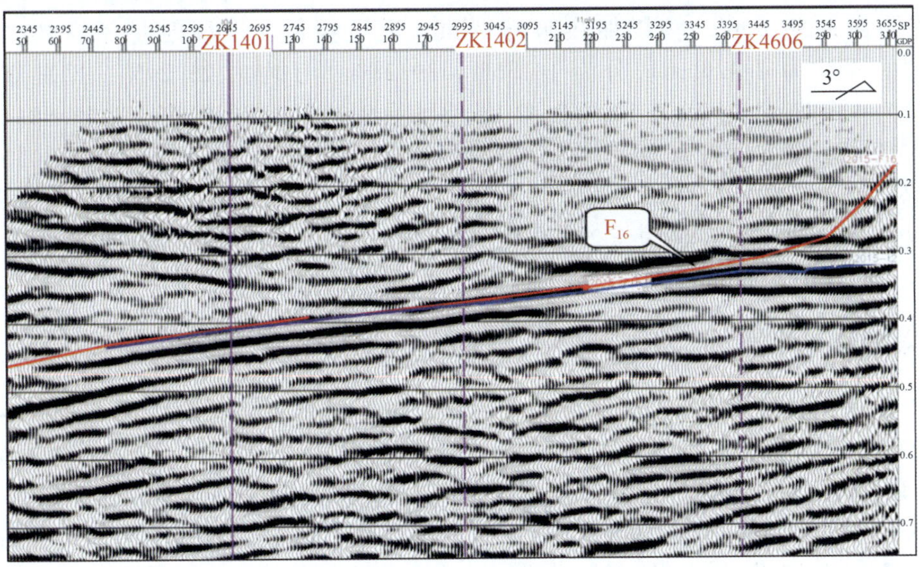

图 2-131　三门峡市义马煤田深部 F_{16} 断层在 D14 线（原耿村 46 线）时间剖面上的显示

（据河南省煤炭地质勘察研究总院，2015c）

ZK1401 等为钻孔编号；F_{16} 为逆断层编号；SP 为桩号；横向 1 个 CDP 为 5 m；纵向单位为 s

因逆冲推覆形成了向西南倾伏的徐瑶牵引背斜，并发育有多条逆断层及正断层，残留有部分上盘煤层。

2. 煤层与煤质

义马煤田深部煤矿区施工的24个钻孔中见煤3层。1-1煤层厚0.17~0.88 m，平均为0.50 m。1-2煤层厚0.10~0.57 m，平均为0.35 m。2-3煤层大部分可采，估算范围于42线以西，东西走向长约19 km，南北倾向宽0.5~1.5 km，估算面积为9.24 km^2，煤层估算标高+440~-650 m，埋深为100~1150 m。42线以东为老窑破坏区。2-3煤层厚0~16.48 m，平均为3.77 m；42线以东2-3煤层结构复杂，一般含夹矸2~3层，夹矸岩性为碳质泥岩、泥岩；以西，2-3煤层结构简单，偶含1层碳质泥岩夹矸。2-3煤层以特高人工伽马、低自然伽马、中高阻为特征（图2-132）。因F_{16}逆断层面顺2-3煤层向北逆推，使2-3煤层局部增厚、变薄、铲失常见，出现了2个铲失薄（无）煤区（图2-129）。

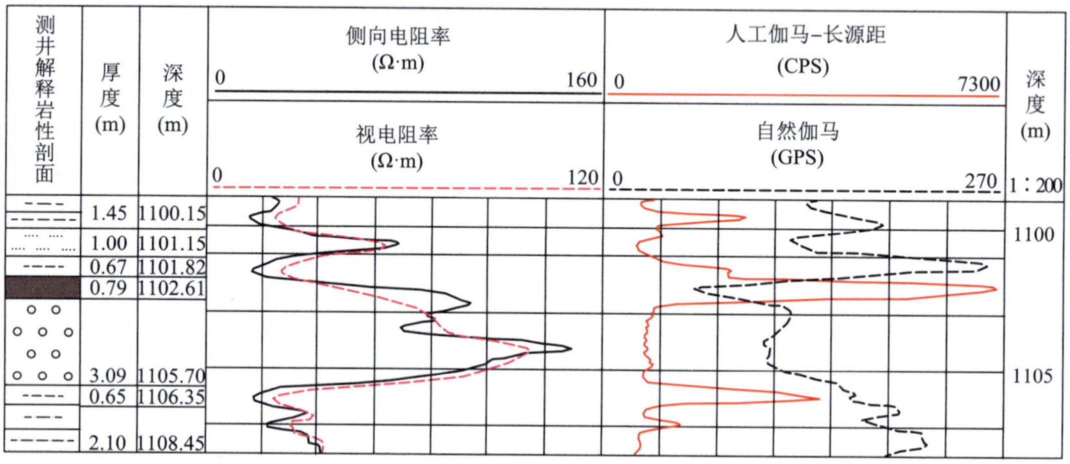

图2-132　三门峡市义马煤田深部ZK2401孔煤、砾组合面解释示意
（据河南省煤炭地质勘察研究总院，2015c）

义马煤田深部煤矿区的2-3煤为黑色，条痕为黑褐色，具沥青光泽，硬度低，视密度为1.42~1.73 t/m^3，平均为1.59 t/m^3。块煤加热破碎严重，燃点极低，堆积时易于自燃。原煤水分为3.46%~5.62%，平均为4.42%；灰分为14.36%~39.28%，平均为26.29%；挥发分为37.71%~41.92%，平均为40.33%；全硫为0.12%~0.42%，平均为0.24%；高位发热量为18.88~27.20 MJ/kg，平均为22.80 MJ/kg。浮煤水分为1.48%~7.96%，平均为5.23%；灰分为5.34%~7.33%，平均为6.60%；挥发分为38.79%~41.14%，平均为40.18%；全硫为0.22%~0.40%，平均为0.30%；高位发热量为29.49~31.35 MJ/kg，平均为29.87 MJ/kg；黏结指数为0。2-3煤的煤类为中灰、特低硫、中热值长焰煤，形态硫以有机硫为主，次为硫铁矿硫，硫酸盐硫甚微。

五、聚煤规律

义马煤田与晚石炭世—二叠纪的渑池煤田处于一地，邻华北陆块南缘隆起带。本区经历过石炭纪—二叠纪重大聚煤期后，华北陆块坳陷盆地内连续沉积了三叠系，随后发生短暂的隆升，洛阳-济源盆地受中部凸起的阻隔，济源凹陷沉积了不含煤的侏罗系和上白垩统碎屑岩，西部的义马凹陷沉积了下-中侏罗统义马组陆内河湖-沼泽盆地相含煤碎屑岩建造和上白垩统东孟村组河湖相碎屑岩盖层。早-中侏罗世，本区处于相对稳定的构造环境，裸子植物繁茂，腐殖质堆积速度与聚煤小盆地的沉降程度基本一致，成为河南境内位次第二的重要聚煤期，形成了侏罗纪义马煤田，煤层稳定，煤质优良，资源丰富。中侏罗世，太行山、嵩箕地区开始隆升。晚侏罗世，盆地结束沉积，聚煤作用终止。

第八节　新生代含煤区

河南省新生代煤层主要分布于豫西三门峡市的灵宝盆地（有称三门峡盆地）的古近系古新统—下始新统和洛阳市栾川县-嵩县的潭头盆地的古近系始新统内。东濮断陷和周口坳陷的古近系渐新统东营组和新近系中新统馆陶组均含有多层可采褐煤，濮阳煤田已有阐述，本节不再赘述。

一、灵宝盆地含煤区

灵宝盆地为晚白垩世新生成的盆地，分布于灵宝市境内，自下而上有古近系始新统项城组、上始新统川口组。项城组与下伏上白垩统南朝组不整合接触，以棕红色、灰色、灰色等杂色泥砂质及碳酸盐岩沉积为主，并以含煤为特征，属河湖相夹沼泽相沉积，总厚度 796~1146 m；下部为棕红色泥岩、粉砂质泥岩与砂砾岩、细砂岩互层，夹灰白色泥质灰岩，局部夹灰黑色碳质泥岩；中部为灰绿色、灰黄色、灰黑色泥岩与粉细砂岩，泥质灰岩不等厚互层，夹砂砾岩和薄煤层；上部为浅灰色、棕红色含泥质、粉砂质隐晶石灰岩，以及含白云质隐晶石灰岩与灰黄色、灰绿色、灰黑色泥岩不等厚互层，夹灰色砂砾岩。川口组与下伏项城组整合接触，其上多被第四系覆盖，岩性主要为褐红色砂质泥岩、砂砾岩和砂岩，厚度为 40~100 m，属山间河流-湖泊相沉积。

五亩乡项城村一带于 20 世纪 60~70 年代由当地政府曾组织过小窑开采，后停采，原有矿井已不复存在。20 世纪 90 年代，当地群众投资在五亩开口，朝项城方向打平硐 845 m，仅穿见几条煤线，后被关停。2005~2009 年原河南省地质矿产勘查开发局地球物理勘查队在灵宝市五亩乡、川口乡、苏村乡、尹庄镇境内开展煤预查，提交了《河南省灵宝市五亩煤预查工作总结报告》。工作区范围为东经 110°51′00″~110°58′18″，北纬 34°25′40″~34°31′15″，海拔为 440~931 m，面积为 58. 34 km^2，钻探施工 1231. 45 m/2 孔，仅项城附近的 ZK201 孔于孔深 103. 05~396. 05 m 间穿见劣质煤层或煤线有 21 层，含煤地层为项城组中部，其中厚度小于 0. 3 m 的煤线有 13 层，厚度为 0. 3~0. 5 m 之间的极薄煤层有 5 层，厚度大于 0. 5 m 的薄煤有 M_1、M_3、M_4 等有 3 层，煤类为高灰、中-中高硫、低发热量褐煤（表 2-177）。煤层为黑-灰黑色块煤，裂隙发育。煤岩成分以暗煤为主，少量镜煤多呈条带夹于暗煤之间。镜煤呈黑色，条痕褐色，玻璃光泽，性脆、内生裂隙发育，贝壳状断口，硬度大于小刀；暗煤呈黑褐色，条痕褐色，光泽暗淡，硬度较大，裂隙不发育。煤心煤样分析：有机组分含量为 51. 9%~57. 9%，其中镜质组含量为 35. 4%~43. 5%，惰质组含量为 9. 5%~12. 1%，壳质组含量为 4. 4%~4. 9%；镜质组以基质镜质体为主，均质镜质体次之，含少量结构镜质体和碎屑镜质体；惰质组以碎屑惰质体为主，丝质体次之，含少量粗粒体、微粒体及菌类体；壳质组有机组分以小孢子为主，角质体次之，含少量树脂体。

表 2-177　灵宝市五亩煤预查区厚度大于 0. 5 m 的煤层特征一览表

煤层编号	埋深/m	倾角/°	煤厚/m	原煤					浮煤			
				视密度/($t \cdot m^{-3}$)	A_d/%	$S_{t,d}$/%	V_{daf}/%	$Q_{gr,v,d}$/($MJ \cdot kg^{-1}$)	A_d/%	V_{daf}/%	$C_{R.I}$	Y/mm
M_1	316. 77	20	0. 70	1. 90	44. 81	2. 31	34. 05	11. 54	6. 45	39. 36	12	6. 5
M_3	274. 34	21	0. 57	1. 91	54. 73	3. 00	28. 50	10. 55	9. 28	40. 97	13	5. 5
M_4	288. 32	21	0. 81	1. 72	38. 30	1. 23	35. 34	15. 55	7. 49	41. 33	31	—

注：资料来源于《河南省灵宝市五亩煤预查工作总结报告》，河南省地质矿产勘查开发局地球物理勘查队，2009。

二、潭头盆地含煤区

潭头盆地为晚白垩世早期新生成的盆地，位于栾川县潭头、秋扒及嵩县德亭、蛮峪一带，中心点地理坐标大致为东经 111°47′20″，北纬 34°01′45″，盆地南部边界为马超营断裂带，东部边界为北东向的外方山山前断裂带，沉积中心位于盆地东南部两条断裂带的交汇附近。自下而上由秋扒组河流相砂砾岩-粉砂质泥岩组合、高峪沟组湖泊三角洲相砾岩-泥岩组合、潭头组湖泊相泥质灰岩、泥岩和煤、油页岩组合等内陆盆地河湖相沉积建造构成（表 2-178；图 2-133）。

表 2-178　潭头盆地地层简表

地层时代				地层厚度/m	岩性描述
界	系	统	组		
新生界	第四系			0~20	为黄土、亚粘土、亚砂土和砂砾卵石层组成的残积、坡积、冲积物
	新近系	中新统	洛阳组（N_1l）	0~50	主要为灰色、灰红色复成分砾岩、砂砾岩、泥质砂岩、粉砂岩，与棕红、灰白、灰绿色砂质粘土岩、砂质钙质粘土岩，或灰白色砾砂质泥晶石灰岩、泥质灰岩呈不等厚互层
	古近系	始新统	潭头组（E_2t）	100~680	（含原大章组上部）下部为灰红色泥岩夹灰绿色泥岩；中、上部为灰绿色夹紫红色泥岩与灰白色、米黄色泥晶石灰岩、少量生物屑泥晶石灰岩互层，局部夹褐灰色砾岩、灰绿色含砾砂岩；中、上部夹多层油页岩，局部夹薄层石膏和褐煤；与下伏高峪沟组整合接触，与上覆新近系或第四系不整合接触
		古新统	高峪沟组（E_1g）	400~500	（含原大章组下部）岩性为灰红色、浅灰红色、褐灰色复成分砾岩、厚层砾岩与含砾粗砂岩、含砾长石砂岩、细粒长石砂岩、中厚层钙质长石粉砂岩互层，夹棕红色粉砂质泥岩、含砾钙质粉砂质泥岩；与下伏上白垩统秋扒组整合接触
中生界	白垩系	上统	秋扒组（K_2q）	113~439	底部紫红色砾岩、砂砾岩、含砾粉砂质泥岩，夹含砂砾泥质灰岩；下部为紫红色砾岩与粉砂质泥岩互层；中部为紫红色巨厚层状粉砂质泥岩夹钙质结核、夹棕褐-灰绿色细粒岩屑砂岩；上部为灰绿色细粒岩屑砂岩、含砾粉砂质泥岩互层，夹钙质结核层；与下伏熊耳群马家河组角度不整合接触
中元古界	长城系	熊耳群（Ch_1X）			为一套中性夹酸性火山岩系，主要岩性为安山岩类，次为英安岩及流纹岩类，底部有不稳定的砾岩层，上部夹正常沉积岩层

（据杜凤军等，2015）

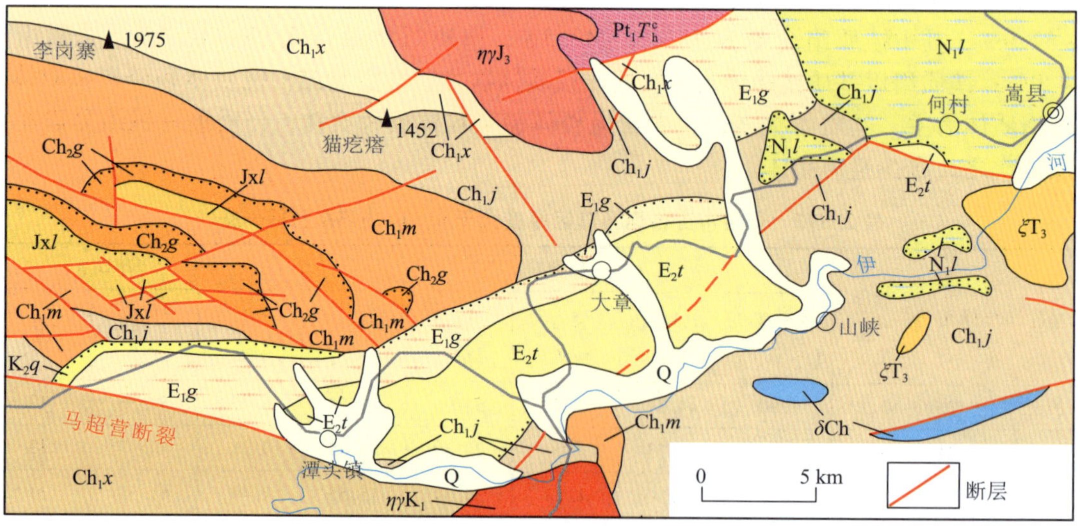

图 2-133　潭头盆地地质略图

Q—第四系；N_1l—洛阳组；E_2t—潭头组；E_1g—高峪沟组；K_2q—秋扒组；Jxl—蓟县系官道口群龙家园组；Ch_2g—长城系高山河组；Ch_1m—长城系熊耳群马家河组；Ch_1j—熊耳群鸡蛋坪组；Ch_1x—熊耳群许山组；$Pt_1T_h^c$—古元古代太华杂岩；$\eta\gamma K_1$—早白垩世合峪二长花岗岩；$\eta\gamma J_3$—晚侏罗世五丈山二长花岗岩；ξT_3—晚三叠世正长岩

潭头盆地煤层赋存于栾川潭头、嵩县大章一带的古近系始新统潭头组中、上部，含煤4层，自下而上分别称为底1煤、底2煤、中层煤和上层煤。中下部为深灰色泥岩和灰白色泥岩互层，夹薄层油页岩和底1煤、底2煤，中上部为灰白色泥质灰岩和灰绿色泥岩、黑色油页岩互层，夹砾岩和中层煤，上部为砂质泥岩和黑色油页岩互层、夹细砂岩和上层煤。其中，底1煤、底2煤和上层煤地表出露厚0.1~0.8 m，深部情况不明，均未曾开采。中层煤探井揭露厚度3.60 m，含厚度0.30 m左右夹矸2层，煤质下部较好，煤类为褐煤。

第九节　聚煤规律与成矿谱系

一、聚煤规律

聚煤作用的发生取决于温暖湿润的气候条件、繁茂的高等植物群落、长期稳定的大地构造背景下适于发生大面积沼泽化的低缓而广阔的场所（滨海、浅海、内陆盆地和大陆冲积平原等）、沼泽地的沉降速度与植物遗体堆积速度总体均衡及微弱的活动碎屑物质补给、泥炭形成之后的快速掩埋和保存等诸多成煤控制要素的耦合。志留纪之前，植物的演化还处于低级阶段，仅有海相石煤形成。志留纪，扬子和华北两板块碰撞，秦岭-大别山褶皱造山，华北板块隆起为陆，同时造煤的蕨类植物出现。石炭纪，古植物大规模登陆进而蓬勃发展，地史上第一次出现重要的聚煤期。晚古生代，处于北半球中低纬度区的河南省气候温暖湿润，首次聚煤。

中泥盆世大别山造山带的南秦岭古陆北侧裂解出南湾-杨山碰撞后裂谷，被动陆缘盆地沉积了泥盆系南湾组陆棚复理石建造及花园墙组—杨小庄组海陆交互相碎屑岩建造，形成石炭纪商固海湾生物沉积型煤田。煤层位于下石炭统杨山组和上石炭统杨小庄组内，由于强烈的构造活动，聚煤环境动荡，极不稳定的煤层多、薄、不易对比，不多的可采煤层结构复杂。石炭纪末，盆地结束沉积。

华北陆块的主要聚煤期始于晚石炭世，与二叠纪聚煤期是一个连续的聚煤过程，该期是河南省境内聚煤作用最强且最重要的聚煤期。经历过志留纪—早石炭世漫长的风化剥蚀和夷平作用形成的趋于准平原化的寒武系—奥陶系古风化面，迎来了北东方向的海侵，由于聚煤规模不大，沉积于陆表海环境的上石炭统本溪组未能形成工业煤层，只是晚古生代聚煤的序曲。本溪组沉积之后海退、暴露风化、再次接受二叠纪船山世紫松期（P_1^1）来自东南方向的特大快速海侵，在陆表海盆地常有大面积海水进退的巨型波状聚煤坳陷内，沉积了一套稳定的海陆交替型晚古生代煤系。晚石炭世—二叠纪，华北陆块总体处于稳定沉降的构造环境下，温暖湿润的古气候和繁盛的高等植物群落成就了河南省丰富的煤炭资源和非常规天然气的烃源岩，含煤性好且层位稳定，可采煤层多，煤资源丰富，煤质优。二叠纪乐平世，华北陆块南缘挤压隆升，陆表海盆地逐渐向北淮阳地区收缩，陆地面积显著增大，构造和地貌都有较显著的分异，干旱带的面积逐渐扩大，三角洲平原发育的不稳定高位沼泽聚煤范围小、聚煤期短、含煤性变差。自乐平统上石盒子组平顶山段海陆过渡泛河流相砂岩沉积开始，本期聚煤作用终止，开始了陆内盆地相红色碎屑岩沉积演化。现今的石炭纪—二叠纪煤系呈西部收敛、东部撒开的喇叭状展布于崤山-伏牛山一线以北、太行山以东及以南的广大地区。

中生代进入地球动力学大调整与构造体制转换时期，晚古生代以沉降为主的相对稳定的大地构造环境逐渐转换为碰撞后伸展环境下的断块活动。随着二叠纪末海水退出河南，开始了陆地占优势的时期，干燥气候带明显扩大，聚煤面积则显著缩小，仅局部有聚煤作用发生，造煤植物以裸子植物为主。早三叠世，秦岭造山带的南秦岭继续向北秦岭俯冲，华北陆块南缘持续隆升，北侧的陆内盆地内连续沉积了下、中三叠统不含能源矿产的红层。晚三叠世以来，河南省境内以伸展变形为主，进入盆岭构造演化阶段。北秦岭造山带内的五里川、南召断陷盆地内沉积了陆相上三叠统含煤地层，形成了煤层极不稳定、煤质差的三叠纪南召煤田，晚三叠世末进入了聚煤期后构造-岩浆活动阶段。华北陆块的陆内盆地向北退缩，河南北部连续沉积了上三叠统椿树腰组、谭庄组含煤线和油页岩的碎屑岩及侏罗系、上白垩统碎屑岩。邻近华北陆块南缘的义马聚煤小盆地内形成了以义马组（$J_{1-2}y$）含煤、上白垩统东孟村组为盖层、煤层稳定、煤质优的侏罗纪义马煤田。早-中侏罗世为河南境内位次第二的重要聚煤期，晚侏罗世，义马聚煤小盆地结束沉积，本期聚煤作用终止。白垩纪，河南境内转入大规模破坏期，隆起夹断（坳）陷、垒堑间列，岩浆活动强烈，交织的断裂网络将含煤区分割为一系列不连续的多边形断块。

新生代，断块差异运动更加剧烈，盆山分野更加显著，河南省圈定了48个中新生代沉积盆地，但新生代聚煤作用微弱，灵宝盆地和潭头盆地有古近纪劣质褐煤，东濮断陷盆地和周口坳陷盆地有不稳定的古近纪、新近纪劣质褐煤。现今煤田所展示的构造面貌是多旋回构造变形叠加并遭受风化剥蚀后的结果。

二、成矿谱系

河南境内聚煤期有石炭纪、二叠纪、三叠纪、侏罗纪和古近纪—新近纪（图2-134；表2-179），其中广泛分布于崤山-伏牛山以东的晚石炭世—二叠纪含煤区及其西部早-中侏罗世义马煤田是河南省主要的煤产区，古近系—新近系仅有薄而不稳定的劣质褐煤。矿床成因类型均属生物化学沉积型矿床。

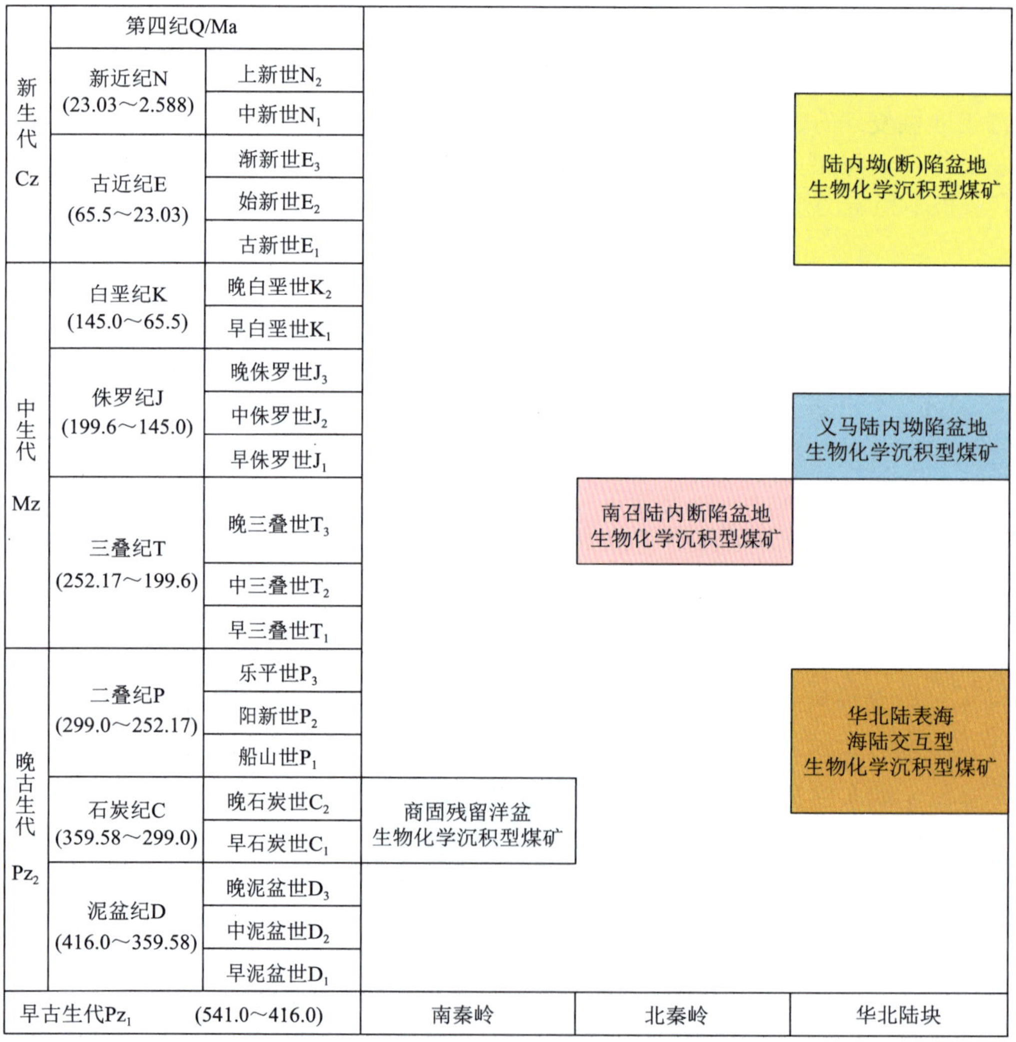

图2-134　河南省煤矿成矿谱系图

表 2-179 河南省各聚煤期煤矿产地及资源分布

聚煤期	大地构造位置	盆地类型	煤类	煤田个数	矿产地个数	总面积/km^2	煤资源储量/10^4 t	
							查明	保有
古近纪至新近纪	华北陆块	陆内坳（断）陷盆地	褐煤	0	0	—	0	0
侏罗纪	华北陆块	陆内坳陷盆地	长焰煤	1	7	126.89	101537.6	60251.6
三叠纪	北秦岭造山带	陆内断陷盆地	烟煤	1	1	6.56	279.9	279.9
晚石炭世至二叠纪	华北陆块	陆表海盆地	烟煤、无烟煤	17	242	15796.60	4190847.7	3807751.0
石炭纪	南秦岭造山带	残留洋盆	无烟煤	1	4	13.72	927.4	391.2
合计				20	254	15943.77	4293592.6	3868673.7

第三章　煤层气

第一节　概　述

一、性质

煤层气又称甲烷气体，在煤矿开采中俗称“瓦斯”，是一种优质、高效、安全、洁净的气体能源矿产。甲烷气体的易燃易爆性严重危及煤矿的安全生产，被称为煤矿安全生产的“第一杀手”，应在采煤前对其预抽并加以利用。

近年来，我国经济快速发展，煤炭需求强劲，随着煤炭资源的过度开发，矿井煤层瓦斯爆炸和瓦斯突出威胁也随之增加，在煤矿重大灾害事故中，70%以上是瓦斯事故。加强瓦斯灾害的防治是确保煤炭稳定生产、可靠供应，促进国民经济全面健康发展的重要保证。应当将煤矿安全生产和开发利用煤层气资源两者紧密结合起来，既能化害为利，又能保护环境。

煤是有机质高度富集的烃源岩。含煤地层中的有机物在成煤过程中形成大量的天然气，称为煤成气，是一种重要的可燃气体；煤成气大部分逸散到空气或围岩中，约有3%~24%残存在煤层内，称为煤层气；另有大约1%~15%储集在围岩的砂岩和石灰岩中，称为聚煤气（杨孟达等，2000）。煤岩生烃产生大量的天然气，一部分被煤岩颗粒和微裂隙通过范德华力吸附呈吸附态，仍有大量不能被煤层吸附的煤层气进入到煤层、围岩或者裂隙中，以游离态赋存其中，但是也有一部分逸散掉（称为逸散气）或被地下水溶解（称为溶解气）。不同赋存状态的气体的量不是静止不变的，在一定温度、压力下，处于动态平衡中；当外界压力降低或温度升高时，吸附气可变为游离气，这种现象称为解吸；反之，当压力增加或温度降低时，部分游离气体会转为吸附状态，这种现象称为吸附；当煤体受构造破坏形成构造煤，放散初速度将增大，一旦煤层被揭开，围压降低，一部分吸附态气体就会解吸为游离态，可能会产生突然爆发力而突出，引发煤矿安全事故。

煤层气和瓦斯是由地质和采矿两个学科分别提出的术语，但其所指基本上是一个意思：是含煤地层中的有机物在成煤过程中形成的，并储存于煤层之中的非常规天然气，以甲烷为主要成分，以吸附在煤基质颗粒表面为主并部分游离于煤孔隙中或溶解于水中的烃类气体；其成分以易燃和可爆的甲烷气体（又称沼气或坑气）为主，其次为氮气、二氧化碳和不等量的重烃，有的还含有微量的氢气、一氧化碳、硫化氢、二氧化硫、乙烷、丁烷、丙烷、戊烷，和一些惰性气体氦气、氩气等。二者之间稍微有点不同的是煤层气是专指储存在固相煤物质中的、甲烷成分占80%以上、包括多种重烃的气藏。瓦斯又分为煤层瓦斯和矿井瓦斯，是指煤矿勘查或生产过程中，由煤层及其围岩释放出来的一种多成分的混合气体；瓦斯具有分带现象，自浅部向深部按瓦斯成分不同划分为氮气-二氧化碳带、氮气带、氮气-甲烷带和甲烷带，前三个带统称为瓦斯风化带，甲烷带又称沼气带（甲烷成分大于80%）；煤层瓦斯通常是指煤矿地质勘查过程中通过揭煤工程所获得的由未采动煤层释放出来的一种多成分的混合气体；矿井瓦斯泛指涌入井巷工程中的各种有害气体，包括来自煤层和煤层顶、底板及采空区的气体，成分较为复杂。

煤层气是一种天然的洁净气体燃料，且热效率高。与燃煤相比，煤层气燃烧后排放出的灰分仅为煤燃烧后排放的灰分的1/148（以1000 m^3 甲烷相当于1.26 t标准煤计），是二氧化硫排放量的1/700，是二氧化碳排放量的3/5。煤层气具有良好的压缩性（液化性），液化甲烷的体积是甲烷气的

1/600，可采用运输专用车长途运输，不需要专门的运输管道，运输投资少、见效快。

二、用途

煤层气是煤层的共伴生产物，是一种优质的有机燃料，在煤矿开采时有害于安全生产，因采煤向大气中排放出来污染环境的同时，也造成巨大的资源浪费。煤层气是影响煤矿安全生产的主要因素之一，在煤层开采过程中需要释放出来，如果浓度过高且不能及时排除，会严重威胁煤矿生产者的生命安全，影响煤矿正常生产。因此，煤层气是煤矿安全生产的大敌。

煤层气作为一种储藏量巨大且宝贵的非常规天然气资源，目前已成为国家重点开发的一种新型洁净能源，既产自煤矿开采的瓦斯抽放，也产自地面直井或水平井的排采。积极开发利用煤层气，对于充分利用洁净能源，优化我国能源结构，改善煤矿安全生产条件以及减少大气污染，都具有重大的经济和社会效益。

煤层气是民用和工业的优质燃料，其用途广泛。煤层气可以进入天然气系统而作为洁净的燃料取代煤炭供人们使用，代替煤作发电动力燃料，也可直接作为日常生活的燃料和冬季取暖；可代替汽油作汽车燃料，还可作为化工生产的原料以及煤层气液化等。煤层气燃烧所排放的二氧化碳甚微，可减少二氧化碳排放量的80%，有利于环境保护。发电方面，由于煤层气热值高，可适应不同类型的燃气发电机要求，与煤相比，具有启动快、自动化程度高、污染小、热效率高于燃煤和燃油发电机近10%等特点。煤层气还可作金属加工工业炉、硅酸盐窑炉、工业锅炉的燃料。化学工业方面，以煤层气做原料，可以生产甲醛、甲醇、炭黑和化肥等产品。煤层气与天然气性质相似，也适用于生产合成氨，且煤层气具有低能耗、工艺简单、投资少、经济效益好的特点。在做汽车燃料方面，地面垂直井产出的煤层气甲烷浓度高于90%，可满足天然气汽车的要求。煤层气代替石油或天然气作汽车燃料的前景宽广。煤层气液化后不仅可代替汽油、柴油用于机动车燃料，还可用于化学工业生产。

三、煤层气成因类型

煤层气作为自生自储、源内成藏型非常规天然气，是煤层中的有机质在漫长的成煤演化过程中，经过地质及热解作用形成的以甲烷为主的烃类气体，主要赋存形式以吸附状态吸附在煤的微孔隙表面，具有生储同源特性，受压力封闭（或圈闭）成藏，其成藏过程受到由煤层及其上、下岩层所构成的含煤层气系统及该系统所经受的多种地质作用等因素的控制，而甲烷的生成量则主要随煤化程度的增高而递增。

煤层气成藏是一个宏观的动态地质演化过程，其实质是在含煤盆地构造演化史、沉积埋藏史、煤化作用、有机质生气史、地下流体活动史等宏观地质要素时空演化控制下，煤层气在含煤盆地中形成、运移、储存、富集和保存的高效配置过程。其来源于泥炭化作用的生物化学作用、煤变质作用的热解以及来自油气田气藏侵入的油型气，河南省煤层气绝大部分属热解成因型，生物成因的煤层气所占比例很少，濮阳煤田可能存在着油型气来源。泥炭和褐煤具有较高的孔隙度和含水量，在低温条件下可以形成生物成因甲烷；随着煤变质作用进入高变质烟煤甚至无烟煤阶段，热解成因甲烷逐渐占主导地位，生气量大，煤层气吸附力强，含气量较高，是主要的煤层气勘探目标。

煤层气的生气母质是煤层中的镜质组、壳质组，与煤资源共存一地，受区域地质构造控制，储层时代多，资源量大，分布广。煤层气的成分和含量以及储层物性皆受多种地质因素控制，复杂的成藏过程使其分布不均一。煤层气的组分因产地和储气层而异，而影响煤层气成分的主要因素是煤岩成分、煤的变质程度和气体运移、保存等条件。煤层气田（藏）储层具有不均匀性，其含气性和产能也是有差别的。

第二节　河南省煤层气资源分布与矿产地

河南省地处中原，是产煤大省，煤资源量、煤层气资源量丰富。随着煤矿开采规模的扩大以及开采深度的不断增加，煤矿瓦斯防治是煤矿安全工作的重中之重。

河南省境内的可采煤层分布区共划分为 20 个煤田，总面积约 41476 km^2，占全省总面积的 24.8%；其中煤矿产地总面积为 15943.77 km^2，占含煤面积的 38.4%，累计查明煤资源储量 4293592.6×10^4 t，保有煤资源储量 3868673.7×10^4 t。目前主要开采石炭系—二叠系煤层，其次是下-中侏罗统义马组煤层，三叠纪南召煤田曾有民采，石炭纪商固煤田的杨山煤矿区有小规模开采。晚石炭世—二叠纪含煤区总面积约 40529 km^2，煤矿产地总面积为 15796.60 km^2，占煤矿产地总面积的 99.1%。河南省煤炭行业经过五十余年的建设和 21 世纪的资源整合，已经形成了较为合理的煤炭工业体系和建设布局，形成了以平煤、焦煤、鹤煤、义煤、郑煤、永煤、神火等 7 个大型国有煤炭集团为主体的豫西、豫北、豫中、豫东等四大煤炭生产基地，目前河南省煤炭开发主要集中在安阳、鹤壁、焦作、陕渑-义马-新安、宜洛、偃龙、荥巩、登封、新密、汝州、平顶山、禹州、永夏等地区。通柘煤田和濮阳煤田为 21 世纪新勘查发现的深埋赋煤区，确山煤田水文地质、工程地质条件复杂，皆未开发利用。除义马煤田为低变质长焰煤外，其他煤田为煤化程度较高的高变质烟煤或无烟煤。

一、河南省煤层气资源分布

煤层气资源是指以地下煤层为储集层且具有经济意义的煤层气富集体，其数量表述为资源量和储量。虽然不同时期因不同目的进行的煤层气资源估算量存在较大差异，但均显示出河南省具有丰富的煤层气资源。煤层气资源分布受煤厚、煤类、埋藏深度、保存条件等因素制约，煤层气丰度较高的地区主要分布于豫北和嵩箕地区，呈北东东向展布且与厚煤带的分布大体一致。

2007 年 9 月 ~2011 年 3 月，河南省煤炭地质勘察研究总院开展了“河南省煤层气资源潜力评价”，2011 年编制的《河南省煤层气资源潜力评价报告》仅对 13 个煤田和通许含煤区（即通柘煤田）埋深 2000 m 以内的二$_1$ 煤层（局部含二$_2$ 煤层）进行了煤层气资源量估算，估算煤层气总面积 11379.75 km^2，共预测煤层气推测资源量 10501.19×10^8 m^3（表 3-1），计算范围：①浅部起于煤田煤层甲烷含量≥4 m^3/t（气煤-瘦煤）或甲烷含量≥8 m^3/t（贫煤-无烟煤）等值线或煤层采空区边界；②深部止于山西组二$_1$ 煤层垂深 2000 m 线；③各煤田两侧边界以区域性断裂或人为边界作为估算边界。根据《煤层气资源储量规范》（DZ/T0216—2002）对煤层气田地质储量丰度的分类（高>3.0×10^8 m^3/km^2；中 1.0×10^8 ~3.0×10^8 m^3/km^2；低 0.5×10^8 ~1.0×10^8 m^3/km^2；特低<0.5×10^8 m^3/km^2），河南省仅有太行构造区的安鹤和焦作煤田、嵩箕构造区的荥巩、登封和新密等煤田为中丰度区，陕渑、汝州、永夏、确山等煤田为特低丰度区，其他煤田均为低丰度区。

在本次矿产地质志的编研过程中，河南省共划分了 254 处煤矿产地，仅晚石炭世—二叠纪的 242 处煤矿产地中的 53 处煤矿产地估算有共生煤层气资源量，累计估算煤层气资源量 3835.98×10^8 m^3，其中二$_1$ 煤的煤层气资源量 3789.54×10^8 m^3，占总资源量的 98.8%（表 3-2）。

表 3-1 河南省煤层气资源分布及推测资源量

煤田	面积/km^2	资源量/10^8 m^3	资源丰度/(10^8 m^3 · km^{-2})
安鹤煤田	504.35	947.38	1.88
焦作煤田	1447.01	2338.9	1.62
偃龙煤田	516.17	512.31	0.99
荥巩煤田	613.99	770.11	1.25
登封煤田	452.27	728.27	1.61
新密煤田	336.48	674.83	2.01
禹州煤田	994.25	967.00	0.97

续表

煤田	面积/km^2	资源量/$10^8\ m^3$	资源丰度/($10^8\ m^3 \cdot km^{-2}$)
平顶山煤田	542.83	381.85	0.70
汝州煤田	314.84	102.92	0.33
陕渑煤田	203.39	86.85	0.43
新安煤田	762.49	745.82	0.98
宜洛煤田	100.89	77.57	0.77
通柘煤田	3616.93	1953.14	0.54
永夏煤田	973.86	214.24	0.22
合计	11379.75	10501.19	0.92

（据河南省煤炭地质勘察研究总院，2011）

二、河南省煤层气矿产地

（一）河南省煤层气勘查与利用简介

河南省是我国最早开展煤层气勘查、开发试验的地区之一，以山西组二$_1$煤层为主要勘查目标层。二$_1$煤层具有吸附性能好、煤层含气量高、含气饱和度高等优点，煤层气资源丰富，但矿井抽放瓦斯利用率较低，煤层气地面排采单井或井组产能低而不具有经济开发产能，目前河南省煤层气勘查与开发仍处于探索与试验研究阶段。

河南省专门的煤层气勘查试验开始于20世纪90年代，主要集中在安鹤、焦作、平顶山、荥巩、义马等煤田及濮阳、周口、孟津等含煤区，先后有华北石油地质局（现更名为华北石油局）、煤炭部煤科院抚顺分院、中国煤田地质总局和美国安然公司、郑州市天然气公司和美国“国际甲烷有限公司（IMC）”、煤炭部煤科院西安分院、中原石油勘探局（中原油田）、郑州煤炭工业（集团）公司、安阳贞元燃气有限公司、河南省煤层气开发利用有限公司、河南省中裕煤层气有限公司等单位在河南省境内完成了近百口煤层气井，大多基本沿用常规油气勘探的水力压裂工艺，单井产能普遍较低。目前，河南省煤层气地面开发仅做了一些局部的可行性研究选区地质评价、开发选区评价及煤层气地面排采试验工程，主要集中在安鹤、焦作、平顶山、荥巩等煤田，尚无以煤层气资源开发为目的的煤层气地面排采系统，商业性开发工作正在试验中。

1983年和1992年焦作煤田、安鹤煤田先后实施了地面钻井瓦斯抽放利用。安鹤、焦作、荥巩、平顶山等煤田也已实施地面钻井排采试验，且安鹤、焦作等煤田已有少数地面直井或水平井的日产量达到或超过《煤层气资源储量规范》（DZ/T 0216—2002）要求的探明储量起算单井产量下限标准，并曾试获具有商业价值的煤层气流，但效果欠佳。截至2014年8月底，河南省已有14口直井的产气量突破500 m^3/d。根据《煤层气资源储量规范》（DZ/T 0216—2002），煤层气储量计算以单井产量下限为起算标准，即只有在煤层气井产气量达到产量下限的地区才可以计算探明储量，而且，要求单井产量必须连续产出时间不少于3个月。然而，虽然有若干地面排采井的产量达到工业标准，但大多数地面排采直井和水平井的单井产能偏低，还未能达到单井产量下限标准，致使无法认定这些煤层气藏的范围和规模。目前尚无区域按《煤层气资源储量规范》要求进行规范的煤层气勘查，也未按煤层气藏储量计算单元估算控制的或探明的，储量。现有的勘查成果只能视为存在着可能富集成藏的“矿苗”，据此，河南省仅有安鹤煤田、焦作煤田、荥巩煤田、平顶山煤田东段4处煤层气藏（见图2-2），图2-2中编号分别为255、256、257、258，矿产地规模为矿点。

表 3-2　煤矿编研过程中估算的共生煤层气资源量统计表

煤田	总资源量/10^8 m^3	煤矿区	煤层	资源量/10^8 m^3	煤田	总资源量/10^8 m^3	煤矿区	煤层	资源量/10^8 m^3
安鹤煤田	553.53	安阳市安鹤煤田北段深部煤矿区	二$_1$	246.53	荥巩煤田		新郑市侯庄煤矿区	二$_1$	24.61
		鹤壁市石林煤矿区	二$_1$	105.53	登封煤田	9.60	登封市庞窑煤矿区	二$_1$	8.32
		安阳县主焦煤矿区	二$_1$	7.42			登封市芦店煤矿区	二$_1$	1.28
		安阳县红岭煤矿区	二$_1$	7.42	新密煤田	56.38	新密市大隗煤矿区	二$_1$	53.82
		安阳县伦掌煤矿区	二$_1$	48.00			新郑市李梁店煤矿区	二$_1$	2.56
		安阳县铜冶煤矿区	二$_1$	26.52	平顶山煤田	178.04	宝丰县贾寨-郏县唐街煤矿区	二$_1$	44.8
		安阳县龙山煤矿区	二$_1$	15.15			郏县王集煤矿区	二$_1$	27.12
		鹤壁市九矿煤矿区	二$_1$	23.61				四$_2$	4.13
		鹤壁市四矿煤矿区	二$_1$	25.98			郏县姚庄煤矿区	二$_1$	4.19
		鹤壁市三矿煤矿区	二$_1$	11.31				四$_2$	1.41
		鹤壁市五矿煤矿区	二$_1$	1.68			平顶山市一、二矿煤矿区	二$_1$	4.89
		鹤壁市六矿煤矿区	二$_1$	23.00				四$_2$	3.04
		鹤壁市八矿煤矿区	二$_1$	5.57			平顶山市十三矿煤矿区	二$_1$	18.41
		鹤壁市十矿煤矿区	二$_1$	5.81				四$_2$	3.72
焦作煤田	1146.02	焦作市五里源煤矿区	二$_1$	1.08			平顶山市十、十二矿煤矿区	二$_1$	9.48
		焦作市恩村-墙南煤矿区	二$_1$	317.76				二$_2$	2.02
		焦作市中马村煤矿区	二$_1$	11.7				四$_2$	9.18
		焦作市冯营煤矿区	二$_1$	8.00			襄城县首山一井煤矿区	二$_1$	16.95
		焦作市九里山煤矿区	二$_1$	20.33				四$_2$	6.18
		焦作市演马庄煤矿区	二$_1$	11.48				四$_3$	1.46
		获嘉县马厂煤矿区	二$_1$	775.67			平顶山市八矿煤矿区	二$_1$	5.76
新安煤田	126.90	新安县新义二井深部煤矿区	二$_1$	48.98				二$_2$	8.54
		新安县新安煤矿区	二$_1$	10.1				四$_2$	6.76
		新安县新义煤矿深部煤矿区	二$_1$	45.37	禹州煤田	389.43	禹州市方山-白沙深部煤矿区	二$_1$	71.94
		洛阳市孟津区王良煤矿区	二$_1$	22.45			禹州市葡萄寺煤矿区	二$_1$	44.37
偃龙煤田	103.28	洛阳市李村煤矿区	二$_1$	4.19			禹州市梁北二井煤矿区	二$_1$	3.90
		洛阳市偃师区府店煤矿区	二$_1$	16.33			禹州市张得煤矿区	二$_1$	269.22
		洛阳市偃师区焦村煤矿区	二$_1$	82.76	通柘煤田	1082.46	开封—周口市睢县西部煤矿区	二$_1$	643.98
荥巩煤田	190.34	郑州市上街-竹川煤矿区	二$_1$	13.31			周口—商丘市胡襄煤矿区	二$_1$	438.48
		郑州市小里河煤矿区	二$_1$	33.98	累计	3835.98		二$_1$	3789.54
		巩义市米河煤矿区	二$_1$	46.85				二$_2$	10.56
		荥阳市丁店煤矿区	二$_1$	29.26				四$_2$	34.42
		荥阳市崔庙煤矿区	二$_1$	28.99				四$_3$	1.46
		郑州市三李东煤矿区	二$_1$	13.34					

河南省煤层气资源利用还停留在部分高瓦斯和瓦斯突出矿井的瓦斯抽放，但抽放甲烷浓度较低，大部分抽放瓦斯直接排放至大气中，仅有少量的抽放瓦斯被利用，开发利用率较低，主要作民用燃气，少部分用于发电。据《河南省煤层气可采性评价与勘查开发技术研究》（河南省煤炭地质勘察研究院，2008b），2006 年全省煤矿井下瓦斯抽采量为 2.02×10^8 m^3，利用量为 0.32×10^8 m^3；全省在运行的瓦斯发电机组共 9 台×500 kW，其中平煤集团 4 台、鹤煤集团 2 台、磴槽集团金岭煤矿 3 台；此外，义煤集团在侏罗纪煤层开采过程中通过矿井通风系统和井下移动抽采系统将约 10%的低浓度抽放瓦斯供义马市居民作燃气用，2006 年已建成 1 座煤制气气化厂。目前，在焦作、安鹤、平顶山等煤田建成了 3 个矿井煤层瓦斯抽放及综合利用基地，形成了抽采促利用、利用促抽采的良性循环，合计每年可提供超过 1×10^8 m^3 的抽采瓦斯。截至 2015 年底，全省共建成瓦斯发电站 10 座，装机容量达到 30 兆瓦（《河南煤炭工业志》编纂委员会，2017）。

（二）安鹤煤田煤层气藏

安鹤煤田位于豫北太行山东麓的安阳市、鹤壁市境内，$二_1$ 煤层全区可采，$一_1$、$一_2$ 煤层大部分可采，$一_4$、$一_6$ 煤层局部可采；累计查明煤资源储量 367246.6×10^4 t，保有煤资源储量 310367.6×10^4 t；查明$二_1$ 煤层天然焦资源量 8409.6×10^4 t，保有天然焦资源量 8324.7×10^4 t。主采$二_1$ 煤层最厚 30.68 m，平均为 6.51 m，平均煤厚为全省之最，煤层的含气量普遍较高。一煤段煤层除$一_1$ 煤层以中厚煤层为主外，其他可采煤层均以薄煤层为主。区内煤类以瘦煤、贫瘦煤、贫煤为主，其次为无烟煤，有少量焦煤。$二_1$ 煤层以粉、粒状煤为主，块状煤少许，煤的坚固性系数普遍较小，大部分小于 1，渗透性较差，放散指数 ΔP 大部分在 15 以下。一煤多呈块状及碎粒状。区内瓦斯含量偏高，除少数浅部生产矿井为瓦斯矿井外，其他均为高瓦斯或突出型矿井。煤层是煤层气生成和保存的重要基础，作为河南省富煤区的安鹤煤田，一直以来都是河南省乃至全国重要的煤炭生产基地，开发历史悠久，煤炭及煤层气资源丰富，煤层压力高，煤的吸附能力强，煤层含气量和煤层气资源丰度高，为煤层气开发较有利区。本区聚煤期后多期构造运动造成断层发育，$二_1$ 煤层构造煤发育，煤层气赋存条件复杂，煤层含气饱和度分布不均，局部含气饱和度较高的地区是煤层气开发的有利选区。据 2016 年河南省煤炭地质勘察研究总院提交的《河南省安鹤矿区煤层气资源开发潜力评价及试验研究》，估算瓦斯风化带以下至$二_1$ 煤层埋深 2000 m 范围内的煤层气资源量为 882.25×10^8 m^3，估算总面积 546.77 km^2，煤层气资源丰度为 $0.61\times10^8\sim3.51\times10^8$ m^3/km^2，平均资源丰度 1.58×10^8 m^3/km^2。

由于鹤壁市六矿地下瓦斯抽采系统完善，且地面煤层气排采取得了重大进展，为此，将六矿作为安鹤煤田煤层气矿产地的中心区域，地理坐标为东经 114°12′46″，北纬 35°55′18″。

1. 煤层气勘查与地面排采试验

安鹤煤田煤层气勘查与地面排采尚处于试验研究阶段，已有龙山、彰武-伦掌南部和鹤壁市六矿进行了试验开采。要取得煤层气排采技术上的突破，需要针对煤层储层条件复杂的特点进行更加经济有效的煤层气储层改造。

1983~1984 年，地矿部华北石油地质局开展了包括焦作、荥巩和安鹤壁煤田在内的“华北地区石炭、二叠系煤成气赋存的地质条件及资源评价”，1990 年开始实施的“华北煤层气勘探开发试验”项目的基本思路是煤层气田的形成主要取决于煤层的含气性和煤层气的可采性，随后于 1991~1992 年间在煤田北部的红岭煤矿区施钻煤安 1、煤安 2、煤安 3、煤安 4、煤安 5 等 5 口煤层气参数井和评价井进行水力压裂及排采试验，仅煤安 3、煤安 5 井压裂前产微量气体，煤安 1、煤安 2、煤安 3 等 3 口井压裂后仅煤安 1 井产气 35.4 m^3/d，试验效果不理想。

根据 2016 年河南省煤炭地质勘察研究总院提交的《河南省安鹤矿区煤层气资源开发潜力评价及试验研究》，2007 年 1 月鑫龙煤业公司与安阳贞元燃气有限公司合作在龙山矿进行地面瓦斯抽采试验，试 1 井在 2007 年 3 月 31 日完井，2007 年 4 月 23 日进行了煤层段水力压裂改造后，4 月 26 日进行了排水采气试验，至 2008 年 1 月 31 日结束了排水采气的试验，排采效果不太理想，未能达到预期目标。2011 年以来，河南省煤层气开发利用有限公司在鹤壁市山城区石林镇的鹤壁市六矿施工了 HB01、HB02 等由 2 口垂直井和 1 口水平井组成的 U 型井组，取得了构造煤的煤层气开发的重大突破。2011 年 12 月 20 日至2012 年 1 月 26 日施工的 HB01 井组经过 5 点压裂，产气时间从 2013 年 3 月 17 日持续至 2014 年 7 月 20 日，日产气量（加水平井）在初始开采时高达 964.9 m^3/d，随后产量逐渐降低，终采产气量为 588.2 m^3/d。2012 年 12 月 3 日至2013 年 5 月 2 日施工的 HB02 井组于 2013 年 11 月 19 日开始排采，经过 7 个煤层和 3 个顶底板等 10 点压裂，产气时间从 2014 年 7 月 1 日持续至 2014 年 11 月 14 日，垂直井日产气量在 2014 年 10 月 28 日达到最高值 3288 m^3/d，总产气量在 2014 年 11 月 14 日达到最高值 5733 m^3/d。随着压裂点的增多，产气量有明显提升的趋势。

2. 煤层气抽放与利用现状

鹤壁煤业集团煤层气抽采工作始于 20 世纪 70 年代，是我国煤层气利用（民用）的领头羊。目前本区的煤层气开采主要是煤层开采过程中的井下抽采，主要有煤巷掘进工作面抽采和回采工作面抽采等，并施以水力压裂、深孔松动爆破等措施提高煤层气地下抽采效果，但煤层气地面抽采可行性研究一直在进行中。本区瓦斯抽放的矿井多、抽放时间长，一般采用掘进巷道正前及偏邦密集钻孔负压抽放，边抽边掘，经过抽放，较为明显地降低了矿井瓦斯威胁。早期瓦斯抽放率较低，后来随着瓦斯抽放技术的进步，抽出率有所提高，但抽出甲烷浓度仍较低（表 3-3），大部分井下抽出瓦斯因浓度较低而直接排放至大气中。

2000 年 6 月鹤壁市六矿实现瓦斯发电，为瓦斯利用开辟了新途径。2004 年 9 月，鹤煤集团四矿率先在全省安装投运 2×500kW 煤层气发电机组，每天每台机组需 25%~33%纯煤层气 4000 m^3，发电量为 0.96×10^4 kWh；截至 2007 年底，鹤煤集团已经安装了 10×500 kW 电机组，年发电量 3500×10^4 kWh，有效利用煤层气 1150×10^4 m^3 以上；2015 年，鹤煤集团的三矿、五矿、六矿、八矿、九矿、十矿和鹤壁中泰矿业有限公司共有 9 套地面瓦斯抽采系统（其中八矿、中泰公司各 2 套），甲烷抽放浓度为 3%~20%，瓦斯抽采量达 8893.35×10^4 m^3，利用量 3024.96×10^4 m^3，共 36 台机组，其中 500 kW 机组 14 台，600 kW 机组 16 台，年发电量 4439×10^4 kWh（《河南煤炭工业志》编纂委员会，2017）。鑫龙集团已在安阳市龙山煤矿区的龙山井和九龙山井、红岭矿、主焦矿、铜冶煤矿区的大众井等 5 座矿井均建有永久瓦斯抽放系统，并计划在龙山井、红岭矿、大众井等 3 个矿井建立地面瓦斯发电站。

（三）焦作煤田煤层气藏

焦作煤田位于太行山隆起带的东南缘斜坡地带，$二_1$ 煤层为全区可采厚煤层，$一_1$ 煤层为大部分可采中厚煤层，$一_5$ 煤层为局部可采薄煤层，其他一煤段煤层仅辉县市北部局部可采，以块煤为主，煤类为无烟煤。$二_1$ 煤层厚度 0~16.66 m，平均煤厚 4.88 m。区内累计查明煤资源储量 522126.8×10^4 t，保有煤资源储量 493700.0×10^4 $t\times10^4$ t。本区煤层气含量具不均匀性，瓦斯赋存以凤凰岭和峪河正断层为界大致可划分为南、中、北 3 个分区；凤凰岭正断层之南，煤层瓦斯含量高，瓦斯含量普遍在 30 m^3/t 以上，最高 42 m^3/t；凤凰岭与峪河断层之间所围限的区域，构造复杂，全为高瓦斯突出矿井；峪河断层以北，因处于断层的上升盘，主要为低瓦斯区。在南区和中区，瓦斯涌出量随深度的增加而增加，垂深 130 m 以浅瓦斯相对涌出量一般小于 5 m^3/t，130 m 以深瓦斯相对涌出量大于 10 m^3/t；矿井瓦斯主要来源于$二_1$ 煤层采掘工作面及采空区，邻近层及围岩涌出量甚小；在采掘煤层顶、中、底分层时，瓦斯涌出量不同，开采顶分层时瓦斯涌出量大，占总涌出量 50%，中、底分层依次减少，分别占总涌出量的 30%和 20%。本区$二_1$ 煤层为较稳定的厚煤层，构造煤不发育，构造煤厚度大的地方仅占煤厚的 1/10，主要位于煤层的底部或顶部，煤储层临界解吸压力为 1.073~1.339 MPa（孙越英等，2007），煤层含气量高，为河南省最有利的地面煤层气开发区。南区和中区煤层气资源丰富，为煤层气开发的最有利地区。煤层气矿产地中心点地理坐标为东经 113°20′11″，北纬 35°19′13″。

表 3-3　鹤壁地区二$_1$煤瓦斯抽放简况汇总表

矿区名称	截至1992年底							2007~2009年累计数据										
	瓦斯等级	甲烷含量/($m^3 \cdot t^{-1}$)	累计抽出量/10^4 m^3	抽放能力/($m^3 \cdot min^{-1}$)	抽放甲烷浓度/%	抽出率/%	利用率/%	含气量/($m^3 \cdot t^{-1}$)	抽采方式	抽放站个数/抽放泵台数	抽放能力/($m^3 \cdot min^{-1}$)	年抽放量/10^4 m^3	累计抽出量/10^4 m^3	抽放甲烷浓度/%	抽出率/%	累计利用量/10^4 m^3	利用率/%
二矿	高	13.22	1652	2.17	37	11.04	86.06	7.2	采空区	2/5	180	10	213	1~3	—	—	—
三矿	高	12.58	2346	5.53	35	23.38	100	20.0	井下综合	4/9	640	970	2833	3~20	41.2	504	17.8
四矿	突出	11.82	3868	3.83	30	11.44	90	19.58		5/10	540	1030	3255	3~14	42.2	368	11.3
五矿	高	—	—	—	—	—	—	13.91		2/4	180	240	779	5~20	44.7	—	—
六矿	突出	18.95	4672	3.00	32	13.55	97.66	16.48		5/12	620	1000	3085	3~16	40.0	1302	42.2
八矿	高	—	622	0.73	32	8.76	5.75	18.6		5/10	400	730	2012	3~18	41.6	275	13.7
九矿	高	—	—	—	—	—	—	20.6		3/8	420	670	1802	3~18	43.7	183	10.2
十矿	突出	—	—	—	—	—	—	15.17		3/6	340	360	1196	3~16	36.7	226	18.9
合计		—	13160	—	33.2	14.23	—	—		29/64		5010	15175	—	—	2858	18.8
资料来源	《河南省煤层气资源潜力评价》，河南省煤炭地质勘察研究总院，2011							《河南省安鹤矿区煤层气资源开发潜力评价及试验研究》，河南省煤炭地质勘察研究总院，2016b									

焦作煤田二$_1$煤的孔隙率一般为7%~12%，煤中以微孔和小孔为主，煤层的纳米级孔隙发育，等温吸附实验表明，30℃条件下二$_1$煤的原煤对甲烷的最大吸附能力为25.99~52.71 m^3/t，平均为44.54 m^3/t，煤的吸附能力很强，虽具有一定的扩散能力，但煤层中割理不大发育，煤层整体渗透率较低；二$_1$煤层含气饱和度介于17.6%~97.8%，多处于欠饱和状态，局部可达到近饱和或饱和状态（高灶其等，2008；张小东等，2009）；这些又制约了煤层气的开发利用。

1. 煤层气资源调查与评价工作

（1）生产矿井瓦斯抽放

焦作煤田开发历史悠久，生产矿井多为高瓦斯或煤与瓦斯突出矿井，在开采过程中瓦斯集中涌出，煤与瓦斯突出现象十分严重，瓦斯突出均发生在二$_1$煤层。自1955年6月李封矿（焦作市朱村煤矿区）发生煤与瓦斯突出以来，矿井瓦斯灾害已严重制约了煤矿安全生产，多年来为了消除瓦斯突出隐患，自1964年李封矿井开始瓦斯抽放，区内主要生产矿井相继开展了井下二$_1$煤的煤层气抽放工作。本区瓦斯抽放的矿井多、抽放时间长，抽放瓦斯大部分直排至大气中，部分抽放的低浓度瓦斯就近供应矿区居民生活使用。

1988年始，焦作煤田的朱村、演马庄、九里山等3矿相继开展了瓦斯抽放工作，效果较好。井下抽放采用大密度钻孔（间距3~4 m）、高负压、长时间的二$_1$煤层抽放，抽出率为13%；抽放过程中通过压气冲渣、膨胀水泥和聚氨酯封孔，抽出率提高到20%±。1988~1990年，焦作煤业集团在九里山煤矿开展"焦作矿区矿井瓦斯综合治理研究"时，选择5个试验点共打抽放钻孔72个，实施二$_1$煤层瓦斯抽放，孔深20.00~58.00 m，累计孔深3112.26 m，抽放时间为13~90天不等，抽放瓦斯总量达132363 m^3，单孔平均抽放量为0.0393 m^3/min，百米钻平均抽放量为0.090 m^3/min，平均抽放率为37.44%（表3-4）。试验结果表明，钻孔井下抽放时间越长，抽放的影响半径就越大，抽放效率也越高，但其影响半径一般小于0.80 m。较小的抽放钻孔影响半径说明煤层的渗透性较差，造成煤层气开发成本增大。

表3-4　焦作煤田九里山煤矿区各试验点预抽煤层瓦斯参数表

地点	孔数/个	孔径/mm	抽放时间/d	抽放瓦斯量/m^3	平均抽放量/(m^3·min^{-1})		抽放率/%
					单孔	百米钻	
11091联络巷西，正前孔	8	75	13	7617	0.0508	0.120	26.63
巷邦边掘进抽放孔	3	75	29	3042	0.0729	0.205	14.72
11091运输巷102 m正前孔	8	89	77	32448	0.0386	0.073	47.90
巷邦边掘进抽放孔	6	89	90	16826	0.0433	0.090	58.03
1091运输巷58.9 m正前方	9	89	18	9319	0.0400	0.119	22.48
巷邦边掘进抽放孔	9	89	38	12609	0.0256	0.051	21.63
1091运输巷43.6 m正前孔	8	89	15	5236	0.0307	0.067	9.92
巷邦边掘进抽放孔	6	89	37	9901	0.0310	0.077	22.92
11081开口正前孔	5	89	30	7346	0.0344	0.089	22.25
巷邦边掘进抽放孔	10	89	41	28019	0.0442	0.081	47.49

（据河南省地质矿产勘查开发局第二地质队，2007）

古汉山煤矿于2000年、2005年分别在11011、11031工作面采用平行钻孔进行开采前预抽与回采中边采边抽相结合的抽放工艺进行了瓦斯抽放。即在开采前，对工作面煤层进行预抽；开采中，对临近工作面的、受采动矿压作用影响次生裂隙增多、透气性增加的卸压区煤层继续进行边采边抽。两个工作面的1147个瓦斯抽放钻孔孔径均为75 mm，孔深14.60~74.40 m，水力冲渣，聚氨酯化学材料封孔，累计抽放瓦斯总量达3352134 m^3，单孔平均抽放量为0.0080 m^3/min，百米钻平均抽放量为

0.017 m^3/min，平均抽放率为 26.20%（表 3-5）。

表 3-5　焦作煤田古汉山煤矿区各试验点预抽煤层瓦斯参数表

地点		孔数/个	抽放瓦斯量/m^3	抽放时间/d		平均抽放量/($m^3\cdot min^{-1}$)		抽放率/%
				预抽	边采边抽	单孔	百米钻	
11031工作面	切眼附近	190	672993.0	120	224	0.0106	0.018	27.98
	切眼远处	273	832063.0	232	288	0.0056	0.013	26.85
11011工作面	开口 150 m 范围内	186	443731.5	150	48	0.0095	0.021	25.70
	开口 150~200 m 范围内	198	528827.4	198	64	0.0081	0.018	25.30
	开口 200~330 m 范围内	300	874519.3	262	106	0.0064	0.014	25.40

（据河南省地质矿产勘查开发局第二地质队，2007）

（2）煤层气地面排采试验

1983~1985 年，原煤炭部煤科院抚顺分院与焦作矿务局合作，在中马村煤矿施工地面瓦斯抽放钻孔 10 口，套管裸眼完井，套管径为 127 mm，进行了二$_1$ 煤的煤层气地面抽放的预排试验，抽放钻孔均进行了空穴强化措施，即用单或双喷嘴水射流冲刷煤体，冲出煤量，形成大小不等空穴。10 个孔的平均产气量为 8.1~573.4 m^3/d，最高单孔产气量为 2652.0 m^3/d（表 3-6）。13 孔和 15 孔采取空穴法以后，又进行了泡沫清水加砂压裂，压裂后采用气举提水，排除压裂液，产气量较空穴法有所增加。钻孔抽排影响半径为 47.4 m。试验发现，由于二$_1$ 煤层质地较硬，水力冲割后，瓦斯抽排量不大，在较短时间内即达衰减阶段，之后又采用水力压裂技术处理后，煤层渗透率提高数倍，虽抽排量有明显增高，但煤层气抽排效果不甚理想。

表 3-6　焦作煤田中马村煤矿区二$_1$ 煤的煤层气试验钻孔测试成果表

孔号	起止日期（年.月）	煤层埋深/m	煤厚/m	强化措施	单孔日抽采瓦斯量/($m^3\cdot d^{-1}$)		总产气量/10^4 m^3
					最高	平均	
1	1980.4~1984.9	—	—	空穴法	2600.6	57.1	5.97
3	1980.3~1981.11	—	—	空穴法	86.4	23.0	0.19
4	1980.4~1981.11	—	—	空穴法	168.7	8.1	0.19
5	1980.4~1984.3	351	6.29	空穴法	1307.4	573.4	57.93
7	1981.2~1984.2	233	5.15	空穴法	2652.0	210.4	15.03
11	1984.2~1985.7	—	—	空穴法	659.3	32.9	0.56
12	1982.12~1985.7	321	6.80	空穴法	1020.0	315.1	14.75
13	1983.10~1985.7	320	7.27	空穴法	1278.1	495.0	16.96
14	1983.7~1985.7	304	5.00	空穴法	518.9	146.8	6.39
15	1982.10~1985.7	307	4.91	空穴法	625.6	158.3	6.10
13	1984.1~1984.9	—	—	水力冲割及注气后	740.5	435.0	3.08
	1984.10~1985.7	—	—	清水配气携沙压裂后	1278.1	631.8	13.82
15	1983.8~1984.9	—	—	水力冲割及注气后	426.9	130.0	0.17
	1984.11~1985.7	—	—	泡沫液携沙压裂后	625.6	203.9	4.30

（据河南省地质矿产勘查开发局第二地质队，2007）

1995 年原煤炭部煤科院西安分院承担的联合国资助项目，在恩村井田施工 1 口煤层气参数井（CQ6），二$_1$ 煤层埋深 670.08 m，含气量为 31.15 m^3/t，临界解吸压力为 6.22 MPa，储层压力为

7.29 MPa，临储比为85%，理论采收率为69%，提交的《焦作煤田煤层气资源评价》认为：焦南井田深部（韩王煤矿区西南部）和恩村井田及中马村井田煤层气资源条件好，具有较好的开发前景。

1995~1996年，中原石油勘探局与焦作矿务局联合投资，在古汉山煤矿中深部进行二$_1$煤的煤层气初步勘探和开采试验，古1井在矿区东部，古2、古3、古4井在矿区西部构成边距310~430 m的三角形井组，采用裸眼造穴和水力压裂等完井方式，对煤储层进行强化和改造，并进行了排水采气试验。二$_1$煤层厚2.60~6.27 m，煤级为无烟煤，煤层埋深494.70~661.90 m，煤层气含量为9.6~20.0 m^3/t，煤层渗透率为1.56~82.62 mD，原始储层压力为2.52~4.03 MPa。通过排采试气，古1井不产气，其他3口井单井日产气量为40~190 m^3，含气饱和度为66%~85%；采用水力压裂后日抽出量为203.9~631.8 m^3，最高达1278.1 m^3。在排采过程中，由于压裂砂的反吐和煤粉的沉淀，给排水采气造成了诸多困难，不得不定期进行冲砂作业。1996年中原石油勘探局编写的《焦作地区古汉山井田煤层气试验区评价》认为：由于煤储层非均质性的影响，煤层气扩散速度较慢，煤层气井产量上升缓慢，应进一步探索适合该区具体地质特征的增产工艺和措施。

2007~2013年，河南省中裕煤层气有限公司在焦作煤田施工36口井，34口井进行了压裂和排采试验。2010年，河南省煤层气有限公司在九里山矿施工2口井，并投入排采；中国石油煤层气公司在新河和九里山各施工1口井，产气量较小。试验表明，大多数煤层气地面排采井的排采效果欠佳，主要在于二$_1$煤层的含气饱和度和解吸压力偏低，也与压裂工艺不当有关。为了进一步摸索适用的压裂改造工艺技术，提高地面排采井的效果，河南省煤田地质局三队于2016年12月在马厂实施了MC-01井，完钻井深为1273 m；二$_1$煤层储层压力为11.02 MPa，压力梯度为0.972 MPa/hm，渗透率为0.078 mD；2017年4月开始，邀请国内多家科研院校及压裂作业公司多次论证和制定压裂及排采方案，6月30日实施压裂，进行煤层气排采试验，由于产水量较大，排采效果不理想。

2. 煤层气抽放与利用

焦作煤田内煤层气抽放始于1964年，各生产矿井逐步建立了配套的瓦斯抽放系统及专业的瓦斯抽放队伍；生产中逐步形成了地面钻孔瓦斯抽放技术、顶板岩巷预抽煤层瓦斯技术、本煤层网格抽放技术、低透气性煤层增透技术等采前预抽技术和卸压带钻孔边采边抽技术、高位钻孔抽放技术、采空区瓦斯抽放技术等边采边抽技术（阎纯忠等，2012）。抽放煤层均为二$_1$煤层，采用本煤层预抽、边采边抽和穿层钻孔抽放，抽出的煤层气直排至大气中。1965~1989年间瓦斯抽放量为400×10^4~780×10^4 m^3/a，1990~1998年间瓦斯抽放量为1000×10^4~1300×10^4 m^3/a，2000年瓦斯排放量达6016×10^4 m^3。自2001年开始，焦煤集团通过可行性研究，确定了实现抽放“四大”，即大抽放泵、大抽放管、大钻机、大钻孔；对5对矿井的7个地面抽放泵站的8套抽放系统进行了全面的更新技术改造，建立了6套井下抽放系统，使年抽放能力由1500×10^4 m^{3}增加到1×10^8 m^3（阎纯忠等，2012）。

焦作市从1983年开始矿井煤层气的开发利用工作，截至2002年底，已建成九里山矿、朱村矿、演马庄东风井、古汉山（位村井）等气源地贮罐站总容量达8.7×10^4 m^3，焦作市区建成的一座水煤气化站年制水煤气为400×10^4~500×10^4 m^3，供气量达2821.26×10^4 m^3（含部分煤制气）（孙越英等，2007）。2004年全年煤层气抽放量达2105.6×10^4 m^3，平均抽放率20%±，最高可超过30%，抽出的煤层气中甲烷浓度为5%~40%，一般稳定在20%~35%。2006年井下煤层气抽采工艺主要为本煤层和穿层钻孔抽采，抽出的煤层气主要用作民用燃料，已建成一定规模的煤层气民用系统，抽放量约3500×10^4 m^3/a，综合利用混量为1600×10^4 m^3/a。2007年2月，累计有9个矿井进行了或进行着井下瓦斯抽放，建有8个煤层气地面抽放站，8个移动泵站，有各种型号抽放泵28台，各种型号抽放钻机34台。据《河南省煤层气富集区和重点开采区调查研究报告》（河南省国土资源科学研究院，2012b），截至2011年底，有10个抽放矿井，主要采用本煤层预抽和边采边抽，已建11个煤层气抽放站，30台抽放泵，抽放管路总长31319 m，年抽放煤层气纯量为1344×10^4 m^3，抽放率为20%，抽出的煤层气中甲烷浓度为20%~99%，一般稳定在30%~50%，抽出的煤层气主要向焦作市燃气热力公司供气。根据2013年6月河南省煤矿安全监察局编写的《河南省省属煤炭企业煤矿瓦斯治理调研报告》，截至2012年底，焦作煤业集团共建成了19座地面瓦斯抽采泵站，拥有45台抽采泵，单台泵采瓦斯量达到 120~1300 m^3/h，总抽放能力由 1×10^8 m^3/a 提升至 2.5×10^8 m^3/a；拥有 42 台瓦斯发电机组，总功率达 23200 kW；提供 7 万用户家庭生活用气。由于煤层气抽放成本较高，而售出价格受当地政府规定的煤层气（混合气）售价偏低，严重地制约着焦作煤业集团投资兴建新的煤层气利用管网及储配气设施的积极性，致使全区仅有部分矿井建立了煤层气利用系统，导致全区矿井抽放煤层气利用率较低。

（四）荥巩煤田煤层气藏

荥巩煤田煤层气矿产地中心点地理坐标为东经 113°18′52″，北纬 34°42′37″。$二_1$ 煤层为全区可采粉-粒状煤或糜棱煤，$一_1$ 和 $一_3$ 煤层分别为大部分可采和局部可采块煤，其余煤层不可采或偶见可采点，煤类均为无烟煤，累计查明煤资源储量 180646.3×10^4 t，浅部煤炭资源已被占用，保有煤资源储量 171766.5×10^4 t。$一_1$ 和 $一_3$ 煤层平均厚分别为 0.99 m 和 1.06 m，以薄煤层为主；$二_1$ 煤层厚度 0~24.10 m，一般为 1.30~6.00 m，平均为 4.04 m。因顺 $二_1$ 煤层的层间滑动构造对煤层的改造，“三软”构造煤全区发育，且煤厚短距离内急剧变化，造成煤层基本不具裂缝网络而渗透性差、煤的坚固性系数值极低（0.11~0.25）、吸附能力较强、放散初速度值较高（8.6~37 mmHg），瓦斯气体不易运移、散发，导致煤层中的高瓦斯含量（一般大于 10 mL/g）和高瓦斯压力（0.79~1.92 MPa），奠定了煤（岩）与瓦斯突出的基础，使得煤田瓦斯突出区域具有低瓦斯压力、高瓦斯含量的特点和低瓦斯压力、低临界指标突出的危险性。该区位于豫西强变形“三软”煤层高突瓦斯区，$二_1$ 煤层为煤（岩）与瓦斯突出煤层，几乎有掘必突，具有始突深度浅、突出频率高，突出强度以中、小型为主。嵩山背斜隆升剥蚀形成的煤层露头成为瓦斯逸散的最大边界，造成煤层露头至 100 m 以浅的狭长地带成为瓦斯风化带，并随开放性断裂向深部延伸。瓦斯风化带以下，煤层瓦斯含量、压力和涌出量随煤层的埋深和上覆岩层厚度的增加总体呈逐渐增大的趋势，但断层的发育打破了瓦斯圈闭和储盖环境，使煤层瓦斯渗流场的边界条件发生了根本性的变化，对煤层瓦斯储、运、移及瓦斯成分、含量的控制作用明显，煤田内各类型的断裂构造交织组成的断裂网络系统导致本区 $二_1$ 煤层瓦斯赋存极不均衡；瓦斯含量等值线并非沿煤层底板等高线走向延展，而是呈现较大的弯转幅度，并出现高低值的封闭圈。煤层气的丰度分布由于受煤层厚度、含气量、埋藏深部、地质构造和上覆地层厚度等因素的影响，具有明显的分带性，西部煤层气丰度较低，中部具有较高的丰度值，东部次之。

煤（岩）与瓦斯突出已成为制约本区煤炭工业高产、高效、安全生产和可持续发展的关键因素，因此，开采前抽放 $二_1$ 煤层瓦斯，变害为利，是开发该煤层的必要措施。荥巩煤田 $二_1$ 煤的煤层气资源量丰富，煤层气含量和资源丰度均较高，存在着煤层气开发的有利资源优势。但由于煤层原生结构构造遭受严重的破坏，储层渗透率一般为 0.006~0.009 mD，煤层气地质条件较为复杂。20 世纪 60 年代曾在崔庙煤矿区的徐庄煤矿进行抽放试验，80 年代在米河煤矿区的谷山煤矿基建井进行可抽性评价试验，煤层气从粉煤中分离困难，抽采瓦斯难度大，抽放效果较差。根据 1990 年河南煤田地质公司三队编制的《河南省荥巩煤田计河井田勘探（精查）地质报告》，-40 m 水平抽放试验，瓦斯压力（P）为 0.54 MPa，瓦斯含量为 19 mL/g，百米钻孔煤层气涌出量 0.16 m^3/min，煤层气抽放透气性系数（λ）为 1.92 mD，属勉强抽放煤层。

1994~1997 年，郑州市天然气公司与美国“国际甲烷有限公司（IMC）”合作，在崔庙煤矿区的计河井田施工 4 口煤层气参数井进行煤层气勘探开发试验。施工的荥 1、荥 2 井试采仅间断产少量煤层气，后期无气产出；荥 3、荥 4 井采用加砂压裂，也是少量间断产气，开发试验效果欠佳。研究表明，荥巩煤田 $二_1$ 煤的煤层气地质条件具有“低渗透性、低饱和度（21.13%~98.28%，平均为 56.37%）、低储层压力（1.34~5.72 MPa）”的特征，给煤层气地面开采带来新的挑战（李元建等，2009）。由此说明常规的煤层气地面钻井开采困难较大，难以使煤层气大量产出而形成工业性气井或井网。$二_1$ 煤属“三软”构造煤，煤岩破坏程度较高，破坏类型为Ⅲ-Ⅴ类，煤储层原生结构发育不完整，且强度极低，易垮孔等不利于瓦斯抽放的因素，采用压裂直井将不利于压裂裂缝的延伸，且排采后期煤粉易于占据裂缝通道，阻碍煤层气的产出；而定向井要求施工煤层不仅要具有一定的厚度，且要求煤层原生结构发育完整，强度较高，以防止井壁坍塌，维持施工及排采过程中的井眼稳定性。因此，尽管本区煤层气气量较大，但不具备煤层气地面钻井成井与压裂工艺施工效果的条件，煤层渗透性较低，煤层强度较弱与煤粉的存在对地面定向井与垂直压裂井的工程效果均具有显著负面作用，而采用井下瓦斯抽放方法更具潜力（刘鑫明等，2012）。

郑州煤炭工业（集团）公司2006年与加拿大合作，在荥巩煤田崔庙煤矿、大峪沟煤矿区深部的金龙矿分别在一$_1$、一$_9$煤层位置对二$_1$煤层进行了煤层气抽放工业试验。理论分析和实测结果表明，覆岩远距离煤层破断能充分卸压，其卸压煤层气可通过“O”型圈场大面积抽放出来，取得了较好的抽放效果（管恩太，2006）。

荥巩煤田作为煤层气开发的潜力地区，煤层气抽采利用起步较晚，多种抽采方法的联合应用，可以提高煤层气的抽采率。充分发挥本区煤层气资源优势，加强国际合作，引进资金和技术是煤层气开发的方向。

（五）平顶山煤田东段煤层气藏

平顶山煤田由西段的韩梁含煤区和东段的平顶山含煤区两块构成，韩梁含煤区主要处于瓦斯风化带，总体为低瓦斯区，煤层气资源赋存于平顶山含煤区。区内可采煤层达17层，其中二$_1$、四$_2$、四$_3$、五$_2$煤层为主要可采煤层，煤类复杂多样，以肥煤、焦煤为主，次为瘦煤和贫瘦煤，局部有气煤，仅韩梁含煤区有少量无烟煤。二$_1$煤层全区可采，四$_2$、四$_3$、五$_2$煤层大部分可采，煤层结构复杂。二$_1$煤层厚度0~21.14 m，平均为4.44 m。四$_2$煤层厚度0~11.39 m，平均为2.44 m。四$_3$煤层厚度0~6.56 m，平均为1.44 m。五$_2$煤层厚度0~13.44 m，平均为1.89 m。二$_1$煤为低灰粉-粒状构造煤；四、五煤为中-中高灰煤，呈粉-块状，部分为鳞片状或片状。煤层气矿产地中心点放置于李口向斜轴部附近，地理坐标为东经113°21′46″，北纬33°49′23″。

1. 煤层气地质特征

平顶山含煤区二$_1$煤层瓦斯含量多在10 m^3/t以上，属于高瓦斯、煤与瓦斯突出型矿井，煤层含气量高，煤层气资源丰富，虽资源丰度平均值低，但局部地区出现高丰度区，局部的富集区为煤层气开发的有利区。由于褶曲、断裂、煤厚、埋深及地下水活动等因素的综合作用，区内各块段形成不同的煤层气赋存地质单元，呈现出富集区和逸散区。锅底山断层以西区块为煤层气含量最小区，煤层气含量为0.20~10.79 m^3/t，稳定值为2.21~4.20 m^3/t，逸散带下限达900 m。锅底山断层以东，主体构造为李口向斜，轴部断裂不甚发育，煤层埋深及上覆有效地层厚度较大，有利于煤层气保存，煤层气含量为0.43~16.79 m^3/t，稳定值为3.26~12.70 m^3/t，平均值为10.41 m^3/t，随着煤层由两翼向核部的埋深增加，浅部的甲烷逸散带逐渐向深部的甲烷带过渡，煤层气含量由李口向斜两翼向核部总体呈递增趋势，并与煤厚、煤变质程度呈正相关关系，断层及翼部的次级褶皱导致煤层气含量产生局部的波动，逆断层地带含气量较高，次级背斜轴部和正断层发育区含气量较低。锅底山断层以东，煤层气资源丰度为$0.3\times10^8\sim4.9\times10^8$ m^3/km^2，平均为1.05×10^8 m^3/km^2，煤层气富集区主要位于平顶山含煤区中部的李口向斜轴部附近。

2. 煤层气资源勘查

1993年，由中国煤田地质总局和美国安然公司合作，委托中煤一局一二九队在平顶山市十一矿深部施工1口煤层气评价参数井（1511孔），采用注水下降法测得孔深1106 m的二$_1$煤层渗透率为1.0 mD，认为地层压力和煤级适当，煤层气具有商业开发潜力。1996~1999年，华北石油地质局与平顶山煤业集团合作勘探开发平顶山地区煤层气，1998年10月31日~1999年1月15日分别在李口向斜和白石山背斜施钻了平煤1井、平煤2井，钻井深度分别为902 m和1026 m，煤类为焦煤，煤层含气量测定低值为3.14~5.11 m^3/t，高值为8.35~12.40 m^3/t；平煤1井甲烷含量高值为95.2%~99.6%，低值为40%~80%；平煤2井45%样品甲烷含量为60%~90%，50%样品为20%~60%；煤岩等温吸附测定，兰氏体积为18.44~26.88 m^3/t，兰氏压力为1.63~3.70 MPa，临界压力为0.75~1.87 MPa。2007年河南省中裕煤层气有限公司施工了1口参数井。2014年，河南省煤层气开发利用有限公司施工了SS-009井，经直井压裂获得日产气量900 m^3，井筒水柱高度每降低1 m，产气量可增加至10~15 m^3/d。

3. 煤层气抽放与利用

平顶山煤业集团公司于1991年开始进行矿井瓦斯抽放利用。2000年有9对生产矿井建有煤层气井下抽放系统，煤层开采过程中所释放出的煤层气由矿井抽出并排放的总量达2588×10^4 m^3，而抽放的煤层气当年利用量不到20×10^4 m^3，不足抽放量的1%。随着煤炭产量的不断增加，煤层气的抽放量呈现逐年递增的趋势。2004年抽放瓦斯总量为1.1×10^8 m^3；2005年已拥有4座地面抽放泵站和27座井下采区抽放泵站，抽放瓦斯总量达1.3×10^8 m^3；但这些煤层气大多是被直接排放到大气中而没有利用。2006年已建立瓦斯抽采泵站33座，安装水环式瓦斯泵66套，其中地面抽采泵4座，井下采区抽采泵27个，临时移动抽采泵站2个，抽采量6400×10^4 m^3，年利用瓦斯280×10^4 m^3，其他直接排入到大气中。2006年9月在十矿和十二矿建成2座4×500 kW的低浓度瓦斯发电站，继而，又在四矿、八矿建成2座4×500 kW的低浓度瓦斯发电站，全部并入矿区电网自用。目前抽放的煤层气大部分直排至大气中，被利用的煤层气中主要被作为民用和锅炉用燃料使用，仅少量用于发电。

第三节　河南省煤层气富集规律

煤层是有机质高度富集的烃源岩，也是煤层气生、储合一的场所，有机质干酪根以Ⅲ型为主，在成煤过程中形成大量的以烃类气体为主的混合气体，以吸附气、游离气和少量溶解气等形式呈动态平衡状态赋存。煤层气是成煤物质在煤化阶段，在微生物、温度、压力等作用下，成分与结构发生变化的过程中生成或经过运移，保留在煤层及其附近储集层中，以甲烷为主要成分、以吸附在煤基质颗粒表面为主的非常规天然气（苏现波等，2007），随着赋存环境的变动可以发生解吸和吸附转化。煤层气开采即是利用煤层气的吸附-解吸原理（龙胜祥等，1998），通过钻井排水，降低煤层压力，使吸附气解吸为游离气，通过工程和技术手段汇集在裂缝中并流向井筒。虽然煤层含气量是煤层气资源评价的重要参数，但影响煤层气井产能的关键因素是煤储层高含气量基础上的煤层气开发工程和技术的突破。

煤层是煤层气富集成藏的物质基础。煤储层生气量主要受煤层厚度及埋深、煤岩、煤阶等综合控制，生气机理极为复杂。河南省晚古生代煤系的主要生烃期为煤层沉积后的深埋变质期，三叠纪末，煤层埋深达到最大值，生烃达到高峰，三叠纪晚期华北陆块的整体隆升致使印支期之后的热演化基本处于停滞状态，中侏罗世及其后的岩浆-热液流体作用会促使局部煤向更高级别煤类转化，可以“二次生烃”而提高煤的含气量，新生代的强烈断陷可使盆内煤层再次深埋增温进入“二次生烃”阶段。虽然构造变形改变了原生煤层气的储盖环境以及煤储层的形态、厚度和煤体结构及裂缝系统，从而引起煤层中煤层气的生、储、盖等环境及渗流场变化（沈建海和张四清，2014a），但动力变质作用即使生烃，生烃量也很微弱（林晓英，2008）。北秦岭造山带内的三叠纪南召煤田和华北陆块的侏罗纪义马煤田因聚煤期晚，煤层埋藏较浅，含气量较低。

河南省现已勘查和开采煤层的煤类从长焰煤到无烟煤均有分布，但各煤层具有不同的煤质特征，且不同地区也存在一定差异，以山西组二$_1$煤层的煤类最多，太原组煤层的煤类与二$_1$煤类似，石盒子组煤层的煤类以气煤-焦煤为主，石炭纪商固煤田的煤类为无烟煤，三叠纪南召煤田的煤类以贫瘦煤为主，侏罗系煤层的煤类为长焰煤。以二$_1$煤层的含气量普遍较高，太原组和石盒子组煤层相对较低，侏罗纪煤层的含气量一般低于4 m^3/t，商固煤田、南召煤田最低，含气量有随煤层埋深增加总体呈增高的趋势，开放性断层附近的含气量普遍减小。安鹤煤田以瘦煤、贫瘦煤、贫煤为主，焦作煤田和荥巩煤田为无烟煤，为河南省境内二$_1$煤层含气量较高的煤田，且与二$_1$煤层厚煤带的分布大体一致。

煤层气成藏的影响因素虽然较多，但主要受煤层厚度、煤阶、埋藏深度及保存条件等综合控制。煤层气藏的形成与保存经历了复杂的地质过程，富集区的形成需要适宜的地质背景。构造作用是煤层气成藏最为明显和重要的地质要素，不仅控制了煤层气聚集区带的形成及分布，而且，不同的构造样式控制了煤层气的赋存与富集。因聚煤期后多期构造运动的影响和叠加效应，造就了河南省境内煤田、煤系、煤层、煤岩的复杂构造面貌和煤层气赋存的极不均衡性和复杂性，煤层气资源丰度变化大，使得不同区域、不同煤层甚至同一煤层不同部位的含气量存在着较大差异。现今的煤层气藏更多的可能是聚煤期后构造改造或调整的反映。河南境内的上古生界受三叠纪以来的多期、多旋回、多类型构造变动的严重改造，赋存状态较为复杂，呈现“断裂围限、规模不等、形态各异、覆盖多样”的残留块体组合，致使河南省上古生界煤系烃源岩差异悬殊的生烃演化，煤层气成藏环境和保存条件较为复杂，资源分布不均。秦岭造山带内的石炭纪商固煤田和三叠纪南召煤田的可采煤层薄且极不稳定，煤质差，受聚煤期后强烈的构造改造，构造形迹复杂，煤层处于瓦斯风化带范围，煤层气保存条件较差。华北陆块的侏罗纪义马煤田为低煤级长焰煤，煤化程度低，含气量低。因此，河南省境内的煤层气资源主要分布在晚石炭世—二叠纪含煤区。

山西组的$二_1$煤层为河南省境内的主采煤层，稳定性好，厚度大，吸附性能好，煤层含气量与含气饱和度高，煤层气资源丰富，煤层气封盖条件好，为省内煤层气的主要勘查目标层。煤层气资源中丰度区的安鹤煤田和焦作煤田的$二_1$煤层厚度大，构造煤不太发育，煤变质程度高，构造形迹相对简单，煤层气富集区的煤层埋藏深度适中，煤层气保存条件相对较好，为煤层气高含量区，其中安鹤煤田为煤层气开发的较有利地区，焦作煤田为河南省最有利的煤层气开发区，适合地面煤层气开发与井下抽采相结合的开发模式（河南省煤炭工业管理局等，2010）；尤以焦作煤田南部的墙南向斜含气量最高，煤层气保存最好，恩村-墙南和马厂煤矿区是最佳的煤层气开发区。煤层气资源低丰度区的平顶山煤田西段的韩梁含煤区因受秦岭造山带的影响，构造形迹复杂，煤层气保存条件较差；平顶山煤田东段的平顶山含煤区属于煤层群发育的地区，李口向斜轴部附近因断层不发育、煤层埋深及上覆有效地层厚度较大，煤层气丰度及含量均较高，为煤层气的局部富集区，具备煤层气开采的条件，为煤层气开发的有利区。煤层气资源中丰度区的荥巩、登封和新密等煤田及低丰度区的新安、宜洛、偃龙、禹州等煤田为煤层气开发的潜力区，但这些煤田为$二_1$煤层“三软”构造煤发育区；构造煤作为特殊的煤储层，虽然增加了煤层的孔隙空间和内表面积，为煤层气的储集创造了条件（方爱民等，2005）；但构造煤在地层压力下呈压实状态，基本不具裂缝网络，其渗透性极差（盛建海等，1997），造成抽采困难，不利于煤层气开发。

鉴于煤层气的自然产能很低，通常必须采用大型压裂改造增产措施，因此，煤层气能否产出，不仅与成藏地质因素密切相关，主要取决于配套的工程因素是否切实、得当。相关的勘查实践表明，适应河南省内煤层气储层的大型压裂改造技术难度较大，仍处于探索和完善阶段，这可能是造成目前河南省煤层气矿产勘查进展不够显著的重要原因。因此，需加大投入，加强煤层气成藏规律的研究，重点突破，推动河南省煤层气产业化发展，促进煤矿瓦斯治理，保障煤矿安全生产。

第四章　石　煤

第一节　概　述

石煤，又有石炭、砂炭、石板煤等俗名，主要赋存于早古生代及以前的古老岩层中的固体可燃有机岩，外观与碳质泥岩相似，不含腐殖酸，未见木质结构，是在一种宁静的浅海环境中，由菌藻类等低等生物的有机残骸和硅质、粘土等共同组成的混合物经腐泥化作用和煤化作用转变而成的。石煤是属于富含硅质或粘土的高变质腐泥质煤。由于早古生代，植物的演化还处于低级阶段，成煤的原始质料只有水生的菌藻类植物，缺乏大规模聚煤作用所需的原始质料，海生菌藻类、腕足类、笔石、三叶虫等低等生物在浅海、半深海或强烈积水的泥炭沼泽中与大量矿物质迅速堆积在静水还原环境下，因此，泥盆纪以前一般仅形成高灰、高硫、低发热量的腐泥质煤。因其发生的时间早，经受过长期的地壳多旋回构造运动的影响，曾沉降到地壳较深的部位，在一定的地温长期作用下，或受岩浆活动的影响，石煤一般变质程度较高，相当于无烟煤的变质阶段，或相当于无烟煤至石墨的过渡阶段。因此，可把石煤称为劣质腐泥无烟煤和腐泥质泥岩。

石煤一般为灰黑-黑色，条痕呈灰至黑色，稍污手，光泽暗淡，致密坚硬，密度为2.0~2.6 t/m^3。石煤的宏观煤岩结构以均一块状为多，尚有鳞片状、粒状、粉状以及角砾状。显微结构为泥质结构，次为粉砂泥质结构。显微构造为线理状或微层状，部分为块状。石煤的物质成分中以有机碳和粘土矿物的混合物——炭泥质为主。石煤的固定碳一般为10%~40%，灰分高达50%~80%，发热量低，是一种低热值燃料。石煤燃点高，燃时无烟，有较浓的硫味，烧后渣多。石煤中普遍含多种有用元素，如钒、铀、钼、镍、铜、硫、银等，有的富含磷质，有的元素可达工业品位。

石煤可作燃料，缺煤地区常常作为民用以及一部分工业上的燃料，石煤燃烧后的炉渣可压制炭化砖、水泥等建筑材料，有的地区还把质量好的石煤用来生产煤气，部分石煤可用作农业肥料，有些石煤中伴生的有益元素可综合回收利用。根据《矿产资源工业要求手册》（《矿产资源工业要求手册》编委会，2014），目前石煤没有统一的工业要求，依据矿山开采资料，提出参考性的工业指标主要是以发热量大小划分，其经验数据见表4-1、表4-2。

表4-1　石煤的一般工业指标

工业指标	分类			备注
发热量/(MJ·kg^{-1})	Ⅰ类	Ⅱ类	Ⅲ类	矿区或井田具体工业指标应经可行性或预可行性经济评价后制定，剥采比指近似的深部境界
最小可采厚度/m	>12.5	12.5~5.0	≥3.3	
露采剥采比/(m^3/m^3)	1.0/0.5	2.0/1.0	4.0/2.0	
	大型<10	中型<8	小型<5	

表4-2　石煤按用途划分的一般指标

用途	烧石灰和砖瓦、炒茶用	食品加工染料用	搁管式锅炉及生活用	工业锅炉和发电等用
发热量/(MJ·kg^{-1})	2.1~3.3	3.3	3.3~4.2	≥4.2
备注		As、S不能超标		

河南省石煤有赋存于栾川-卢氏一带的新元古界栾川群煤窑沟组石煤、内乡-淅川一带的寒武系纽芬兰统水沟口组和上石炭统三关垭组—周营组石煤，曾历经民采。目前仅有淅川县缸窑和淅川县关防滩两处小型石煤矿产地（见图2-2），图2-2中编号分别为259和260，累计查明/保有石煤资源量 544.15×10^4 t。

第二节　栾川-卢氏石煤矿带

栾川-卢氏石煤矿带位于华北陆块南缘之新元古代陆缘坳陷盆地内，含石煤地层为华北地层区、华北南部地层分区之华熊小区的新元古代青白口纪豫陕陆缘裂谷盆地沉积的栾川群碎屑岩-碳酸盐岩-碱性火山岩建造组合，石煤赋存于栾川群上部的煤窑沟组上段。

煤窑沟组主要分布于栾川县城郊、七里坪、黄背岭、石宝沟、包犊寨等地和卢氏县八宝山一带，向东在南召县薄地川及方城县四里店也有少量出露，为浅海陆架-局限台地潮上-潮下环境沉积的一套碎屑岩-碳酸盐岩建造。煤窑沟组厚度855~1194 m，黑色岩系普遍具钒矿化，钒、铀、磷、石煤不严格同层；下以石英岩出现为标志与南泥湖组整合接触，上部被新元古代碱性火山岩覆盖或与下古生界陶湾群呈断层接触。下段为变质细砂岩与云母片岩、大理岩互层，形成多个沉积韵律；底部石英岩中具交错层理。上段为白云石大理岩、含叠层石大理岩夹石英云母片岩、碳质板岩及石煤；栾川县黄土岭钒矿即位于该层中，断续分布的两条钒矿体呈似层状赋存于碳质板岩中。

栾川-卢氏石煤矿带的含石煤段位于煤窑沟组上段中部，总厚度约47.0 m，自下而上岩性依次为：黑色薄层碳质大理岩、黑色碳质绢云千枚岩、石煤、黑色碳质绢云千枚岩、黑色薄层碳质大理岩。从栾川县七里坪至卢氏县窄底河，北西向带状断续分布长约70 km。一般含石煤1~2层，局部可见4层，其中三、四层仅局部可采，一、二层发育完好，尤其是下部的一层。栾川县境内，石煤单层厚度2~24 m，平均厚度7~11 m；卢氏县境内石煤单层厚度0.5~63.1 m，一般厚度10~25 m。石煤层呈层状、似层状及大透镜状产出，据开采资料，单层石煤层一般长100~300 m，最长700 m尚未尖灭。

栾川-卢氏石煤矿带的石煤颜色为铅灰色、褐黄色、黑灰色等，具金刚光泽，片状或块状构造。其水分为0.41%~1.18%，灰分为45.79%~69.96%，挥发分为5.17%~15.81%，全硫为0.5%~0.88%，栾川县石煤发热量为9.05 MJ/kg，卢氏县石煤发热量为3.42~9.63 MJ/kg。

栾川-卢氏石煤矿带的石煤出露好，标志清楚，寻找容易，开采条件方便，历经民采，以栾川县七里坪一带开采较盛，作民用燃料及烧石灰用。因灰分高，已固结成岩，燃烧后体积不变，炉渣为褐红色。

元古宇石煤的地质调查比较简略。1978年，河南省地质局三队开展过栾川县南部1∶5万区域地质调查时，对栾川县石煤作了初步调查。1981年，河南省地质局第一地质调查队编写有《卢氏县石煤资源综合考察报告》。1984年河南省地质矿产局编写的《河南省能源矿产资源现状及远景预测》，估算栾川县和卢氏县煤窑沟组石煤蕴藏量为 9622×10^4 t。

第三节　内乡-淅川石煤矿带

内乡-淅川石煤矿带分布于淅川县和内乡县东南部，处于南秦岭造山带的淅川构造岩片内，为卷入秦岭造山带的扬子陆块北缘，具有扬子陆块周缘双层地壳结构的特点。以走向北西西、北倾的淅川逆冲断裂带为界，北部古元古界陡岭基底杂岩逆冲在南部盖层之上。石煤层位于秦祁昆造山系、南秦岭被动陆缘之淅川碳酸盐岩台地的荆紫关-淅川陆表海盆地中，为秦岭地层区、淅川地块（南秦岭南部）地层分区的早古生代陆缘碎屑-碳酸盐岩建造组合和晚古生代碳酸盐岩建造组合，石煤层位于寒武系纽芬兰统水沟口组下段以及上石炭统三关垭组底部和周营组内，其中分布广泛、层位稳定的水沟口组石煤层为本区主要石煤矿。区内总体构造格架为以石炭系为核部、泥盆系—寒武系为两翼的荆紫关-师岗复向斜，轴向约110°~290°，轴面倾向北东；南西翼倾角为20°~60°，北东翼倾角为50°~80°；为大部分地段地层倒转的斜歪复式向斜；向斜西北端收敛于荆紫关并被上白垩统覆盖；东南部开阔，没入南阳上白垩统—新生代盆地；出露轴长约80 km。

淅川县和内乡县都有许多开采石煤的老窑，开采历史悠久。据民间讲述，明末清初已有开采，抗日战争期间关防滩一带采石煤很盛。1958~1961年县办小煤窑20余处，所采石煤主要供应当地居民家庭燃料和烧石灰用。20世纪70年代末期还用于土法炼矾，试烧水泥和砖瓦等。

最早对寒武纪石煤进行地质调查的是，河南省地质调查所的王珮璜，于1944年调查了关防滩石煤，并写有调查报告。1960年，邓县工业局、镇平县地质科先后对邓县与内乡县寒武纪石煤进行调查，写有简报和普查报告。1968~1971年，河南省革委建委地质勘探公司于淅川县上集镇南部缸窑开展了石煤矿普查，石煤层位于荆紫关-师岗复向斜轴部上石炭统三关垭组底部，编有《淅川县缸窑煤矿区地质普查评价报告》。1978~1980年，河南省地质局地质六队对淅川、内乡两县石煤作了较系统的调查，提交了《河南省内乡、淅川两县石煤调查报告》，估算寒武系石煤资源量10112×10^4 t，上石炭统石煤资源量177×10^4 t（表4-3）。1984~1985年，河南省地质矿产局第四地质调查队在三尖山一带开展石煤普查，编有《淅川县三尖山石煤普查地质报告》，1985~1986年为满足，淅川县汤山水泥厂扩建后对水泥用石煤的需求，在三尖山石煤普查的基础上补充勘查，编有《河南省淅川县关防滩矿区石煤普查地质报告》。

表4-3　内乡-淅川一带石煤资源量估算一览表

层位	位置	长度/m	斜深/m	平均厚/m	容重/（$t\cdot m^{-3}$）	资源量/10^4 t
寒武系纽芬兰统水沟口组	老君台	2500	100	8.50	2.2	468
	于家庄	5500	100	9.50		1150
	锁河口	2500	100	7.00		385
	花园	15000	100	7.30		2409
	关防滩	4000	70	8.60		530
	范坪	8000	100	10.00		1760
	狮子沟	15000	100	10.00		3300
	煤铁垭	500	100	10.00		110
上石炭统三关垭组	寺湾	4000	100	1.50	2.0	120
	张湾	500	100	1.50		15
	杨礼沟	400	100	1.50		12
	缸窑	350	（南北宽）258	1.53	1.7	30

注：资料来源于《河南省内乡、淅川两县石煤调查报告》，河南省地质局地质六队，1980。

一、寒武纪纽芬兰世石煤

（一）石煤资源分布

寒武纪石煤在淅川县、内乡县一带分布较为广泛，石煤层位于寒武系纽芬兰统水沟口组台盆硅质岩-红泥微晶碳酸盐岩组合下段。水沟口组分布在荆紫关-师岗复向斜南、北两翼及丹江南盛湾镇秀子沟等地，呈北西-南东向带状展布，与下伏震旦系灯影组台地潮坪-局限台地碳酸盐岩组合平行不整合接触，与上覆寒武系第二统岳家坪组（丹江以北）台地潮坪-局限台地碳酸盐岩组合或习家店组

（丹江以南）台盆碳质硅质岩-碳酸盐岩组合均为整合接触，厚度59.0~116.6 m。水沟口组为浅海陆架边缘相沉积，根据岩性特点可分为上、下两段。下段厚度29~60 m，底部为1层厚度0~1.5 m的紫红色硅质岩；下部为薄层灰黑色硅质岩夹泥岩，为内乡-淅川钒矿带的赋矿层位，钒矿体呈层状、似层状或透镜状赋存于黑色硅质岩-杂色泥岩中，且硅质岩中富集有磷、钴、镍、银等元素，硅质层内揉皱形成的小型背、向斜轴部虚脱部位或裂隙发育部位有绿松石赋存，灰黑色硅质岩单层厚度1~10 cm，灰黄色、灰绿色泥岩单层厚度0.5~2 cm，局部泥岩层厚度达0.5~2.0 m；中部为含碳质泥岩（或泥岩）和石煤层，呈灰白色、紫红色、褐黄色、黄绿色、黄白色等，含有直径2~10 cm的硅质结核，夹1~2层厚度0~0.5 m的硅质岩；上部以紫红色泥岩为主，局部夹少量泥质灰岩，底部有1层厚度0~3 m的石灰岩；顶部以紫红色泥岩为主，荆紫关-师岗复向斜北翼有不稳定的鲕状灰质磷块岩。上段为灰、深灰色泥灰岩夹泥岩，厚度17~34 m。

寒武系纽芬兰统水沟口组石煤层层位稳定，大体可分为3个亚带：北亚带位于荆紫关-师岗复向斜北翼，东起内乡县大桥、柏树山一带向西经淅川县范沟、东川、毛堂至紫荆关，长约80 km，石煤层呈厚度7.0~9.5 m的层状或透镜状分布，平均发热量为4.95 MJ/kg，最高为7.22 MJ/kg；中亚带位于丹江北岸的荆紫关-师岗复向斜南翼的关防滩褶皱带内，东起淅川县黑鱼沟，向西经金竹河、关防滩至余沟，长22 km，石煤层呈厚度3.10~13.45 m的层状或透镜状分布，平均发热量为8.73 MJ/kg，一般为6.28~9.63 MJ/kg，最高为15.80 MJ/kg；南亚带位于丹江库区西南的大龙山-四峰山复背斜中，东起淅川县狐狸扒，向西经四峰山、范坪至蔡沟，长20 km左右，石煤层总厚度为5~10 m，发热量为5.39~10.77 MJ/kg，平均发热量为8.73 MJ/kg。此外，丹江库区南的淅川县煤铁垭和邓州市西南的彭桥一带也有含石煤地层出露，规模较小，分别长约8 km和7.5 km。区别在于丹江沿岸的中亚带、南亚带和煤铁垭等地硅质岩和碳质泥岩较多，而在北亚带和邓州市彭桥一带碳酸盐岩较多（图4-1）。

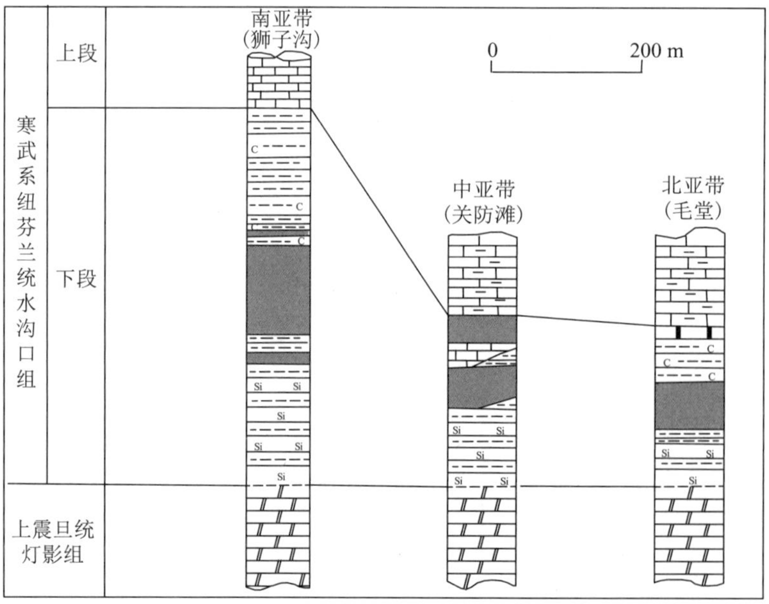

图4-1　内乡-淅川一带寒武系纽芬兰统水沟口组含石煤地层对比

（据河南省煤炭地质勘察研究院，2010a，有修改）

内乡-淅川石煤矿带与内乡-淅川钒矿带可统称为内乡-淅川石煤、钒矿带，石煤与钒矿、磷矿均赋存于水沟口组炭-硅-泥建造中，三者同组不同层，钒矿层于水沟口组下部呈稳定的区域性分布，石煤层于水沟口组下段中部呈稳定的区域性分布，磷矿化层位于北亚带水沟口组下段顶部。该矿带赋存着河南省境内的6处单独钒矿床中的5处，以北亚带为主，V_2O_5品位与含碳量不相关，杂色泥岩同样是钒的赋矿岩石，钒矿床的成因类型为海相化学沉积型。

水沟口组含石煤1~3层，一般2层，煤层不稳定，沿走向和倾向均具膨大、收缩、尖灭等现象，一般为层状、似层状，也有呈透镜状、串珠状和藕节状等，延长0.5~15.0 km。石煤层厚度0.5~5 m，最厚达12 m，煤厚在走向和倾向上变化都很大，自北带向南带有逐渐增大的趋势。煤层结构较简单，仅南部煤层内多见铁质、灰质结核及石灰岩凸镜体等。煤层间夹矸多为杂色泥岩（或泥岩）、石灰岩等，平均厚度2~5 m。石煤层底板为泥岩、硅质岩，石煤层顶板为泥岩、石灰岩。

内乡-淅川石煤矿带的北亚带除庙岗、王庄有石煤3层外，其余地方均见1层石煤，石煤层厚度7.3（范沟）~9.5 m（石槽沟），石煤层直接顶板为碳质泥岩，直接底板为厚度3~5 m的黄色泥岩，间接底板为硅质岩。中亚带在黄庄乡关防滩一带见石煤2层。南亚带石煤层厚度5~10 m。

内乡-淅川石煤矿带的风氧化带深度一般为20~40 m，局部小于20 m。石煤有页片状、块状和土状（粉末状）3种类型。叶片状石煤呈铅灰、深灰色，光泽较强，泥质结构，片状构造，较易燃，当地居民称之为“明煤”。块状石煤呈灰、灰黑色，光泽暗淡，均一结构，块状或板状构造，致密坚硬，节理面上具有黄色或白色薄膜，当地居民称之为“百花煤”或“黄花煤”，不易燃，但耐火性较叶片状煤强。土状石煤呈黑色，光泽暗淡，疏松土状，易碎，易污手，多呈条带状及不规则状夹在块状石煤中，与块状石煤性质相近。

内乡-淅川石煤矿带的石煤是一种高灰、高硫、低碳、低热值、中等-劣质腐泥无烟煤，原煤水分平均为1.71%，灰分平均为71.88%，固定碳平均为24.93%，挥发平均分为5.23%，全硫平均为2.26%，磷含量为0.05%~0.1%，发热量为5.04~10.08 MJ/kg，煤灰熔点为1200~1350℃。水沟口组下段含石煤层是一个有综合利用价值的含矿层位，钒含量普遍较高，V_2O_5含量一般在0.36%~1.78%，最高达5.34%，0.5%以上者占47%，层位稳定，分布广泛，是河南省境内的重要含钒层位，宋家湾一带的石煤层中发现有绿松石。

（二）淅川县关防滩石煤矿区

关防滩石煤矿区位于丹江水库北岸的黄庄乡云岭、杜岭、青龙一带，矿区范围为东经111°32′04″~111°35′27″，北纬32°52′30″~32°54′37″，为低山地貌。本地石煤在清朝就有开采，1958~1961年间开采极盛，多作民用燃料用，1970年后当地水泥厂利用该处石煤试烧水泥成功并收到了良好的经济效益，至20世纪末，当地民采不断。《河南省淅川县关防滩矿区石煤普查地质报告》中按发热量3.35 MJ/kg、最低可采厚度0.50 m、最低标高+175 m等指标估算石煤资源量为520.7×10^4 t。

关防滩石煤矿区构造格架为分布于田家垭、阎家沟一带的向305°方向倾伏的阎家沟背斜及之南的位于金家营、青龙嘴一带的120°方向扬起的关防滩向斜构成的背、向斜构造，发育有北西向逆断层和北东向张扭性断层。因褶皱形成了高台子-麦子山沟（背斜北翼）、青龙沟-葛家沟（背斜南翼）和王庄-余沟-李家垭等3个出露的含煤带，控制长度7.1 km。石煤层位于水沟口组下段，见2层倾角为20°~60°的呈层状、似层状及透镜状产出的石煤，其间被3~5 m的页岩或石灰岩分隔，下层煤厚度0.55~8.00 m，上层煤厚度2.10~8.20 m，下层煤直接位于硅质岩或泥岩之上，上层煤层顶板为石灰岩或碳质泥岩。石煤的地表风化带为黄褐色、灰白色的杂色粘土页岩，风化带深7~15 m，深部则渐变为石煤或碳质页岩。

关防滩石煤矿区的石煤大致有叶片状石煤和块状石煤两类，容重为2.12~2.69 t/m^3，平均为2.30 t/m^3（18个样）。石煤的矿物成分中粘土类矿物占90%以上，有少量的鳞片状绢云母和呈粉砂质碎屑和隐晶质粒状集合体状的石英，碳质呈粉末状与粘土矿物混杂在一起，铁质及钙质（方解石）沿裂隙或页理分布。原煤水分为1.75%~3.03%，平均为1.50%（24点）；灰分为49.53%~89.70%，平均为69.66%（24点）；挥发分为1.98%~9.57%，平均为4.55%（24点）；固定碳为7.88%~45.61%，平均为24.93%（19点）；全硫为0.75%~6.53%，平均为2.60%（24点）；磷为0.038%~0.232%，平均为0.089%（24点）；发热量为3.20~15.80 MJ/kg，平均发热量为9.06 MJ/kg（24点），一般叶片状石煤发热量较高。煤灰成分中的SiO_2、Al_2O_3、Fe_2O_3、CaO、

MgO、TiO_2 等含量的平均值分别为 64.12%、12.48%、5.99%、3.20%、1.33%、0.72%，灰熔点为 1250~1340℃，平均为 1302℃（5 点）。本区石煤属高灰、高硫、低碳、中等-低热值腐泥无烟煤。石煤层中伴生的 V_2O_5 含量为 0.40%~2.57%；少数样品镓含量为 0.001%~0.002%，部分样品钼含量为 0.01%~0.023%。

二、晚石炭世石煤

晚石炭世石煤赋存于荆紫关-师岗复向斜槽部的内乡县杏树垭至淅川县荆紫关一带的上石炭统三关垭组底部和上部的周营组内。以三关垭组底部含煤性最好，石煤呈带状断续分布约 70 km。

上石炭统三关垭组分布于内乡县西沟和西庙岗、淅川县麻子寨、王庄、魏庄、高家营、代河、黄庙沟、张家岭一带（向斜北翼）及淅川县杨庄、胡家凹、黄九垭、蛮子营、韩台、马家沟一带（向斜南翼），与下伏下石炭统梁沟组砂屑生物屑石灰岩整合接触，组厚 90~628 m。底部为砂质泥岩夹碳质泥岩、石煤层和赤铁矿层等，下部为灰、浅灰色、黑灰色中厚层生物屑石灰岩、含硅质团块生物屑石灰岩，中部为灰色中厚层生物屑石灰岩、石灰岩夹钙质泥岩、泥质灰岩，上部为灰黑色生物屑石灰岩、浅紫灰色泥质灰岩。

上石炭统周营组沿向斜核部分布于淅川县周营-缸窑-李家庄及梁垭-穆沟-荆紫关袁家店-夏家营一带，与下伏三关垭组整合接触，上部剥蚀并被第四系覆盖，组厚 10~132 m。下部为灰白色-土黄色粉砂岩、土黄色-青灰色泥岩、含碳泥岩夹薄层生物碎屑石灰岩；上部以粉砂岩、泥岩为主，发育碳质泥岩及石煤，岩石中富含黄铁矿结核，东部以石英细砂岩为主。

三关垭组底部赋煤 1~3 层，单层厚度 0.25~4.00 m。上集镇缸窑一带赋煤 2~3 层，单层厚度 0.25~4.00 m。寺湾乡石家沟含煤 1 层，厚度 1.50~4.00 m。张湾、杨礼沟含煤 1 层，厚度 1.50 m。控制工程和开采坑道显示，石煤层沿走向和倾向均有明显的膨胀、收缩、尖灭、再现等现象，其形状多为似层状、透镜状、串珠状等，石煤层长 350~4000 m，煤层倾角多在 45°左右。石煤按自然类型可分为叶片状和粒状 2 种，以叶片状石煤为主，粒状石煤虽少但煤质较好。粒状石煤呈黑色，粒状结构，块状构造，疏松，多呈条带状、薄层状、透镜状等夹于叶片状石煤之中，长一般为 0~10 m，厚度 0.10~1.00 m，平均厚度 0.10~0.40 m，燃之无烟。叶片状石煤呈黑色、灰色，叶片状，吸水性强，遇水后黏性较大，与两侧碳质泥（页）岩或泥岩界线不清。

对晚石炭世石煤开展过普查的仅有淅川县缸窑石煤矿区，地理坐标为东经 111°33′20″，北纬 33°02′10″。缸窑石煤矿区位于淅川县城南约 12 km 处的上集镇南部缸窑一带，石煤层位于荆紫关-师岗复向斜轴部的上石炭统三关垭组底部（图 4-2）。区内构造格架为复向斜基础上的次级背向斜构造，地层走向 310°左右，矿区走向长 2900 m。北翼自温家沟东延至山官岈一带，含煤层厚度 1~5 m，以下湾和朱家庄一带出露较厚。南翼自黄沟东延至肖家眼一带，含煤层厚度 1~4 m，以下苏家山、将台山、新寨一带出露较厚。三关垭组底部赋煤 2~3 层，单层厚度 0.25~4.00 m，上层煤较厚并夹有薄层粒状好煤，煤层间为厚度 1~2 m 的含碳泥岩。仅将台山一带东西长 350 m、南北宽 250 m 的范围内的石煤可采，其他皆因煤质低劣或尖灭而不具工业价值。矿区内仅上层煤可采，石煤平均厚度 1.53 m，粒状无烟煤夹于叶片状劣质石煤间，《淅川县缸窑煤矿区地质普查评价报告》中按边界发热量 4.186 MJ/kg、最低可采厚度 0.70 m 估算石煤资源量为 23.45×10^4 t，平均灰分为 71.75%，平均发热量为 8.050 MJ/kg。粒状石煤层厚度 0.16~0.40 m，一般厚度 0.10~0.20 m，沿走向、倾向均有膨缩、尖灭再现现象，原煤灰分为 40.27%~42.08%，挥发分为 4.75%~8.11%，全硫为 1.74%，发热量为 18.03~18.84 MJ/kg，焦渣特征为 1。叶片状石煤（即叶片状碳质页岩）原煤灰分为 71.80%~87.99%，发热量为 3.78~12.14 MJ/kg，全硫为 0.41%~4.50%，最高达 13.57%。石煤层在地表风化后为白色或灰白色粘土泥岩，向深部 7~10 m 以下则渐次由白变灰、再由灰变黑而成为煤，因规模小，煤层顶、底板泥岩易坍塌，遇水尤甚，开采技术条件复杂。

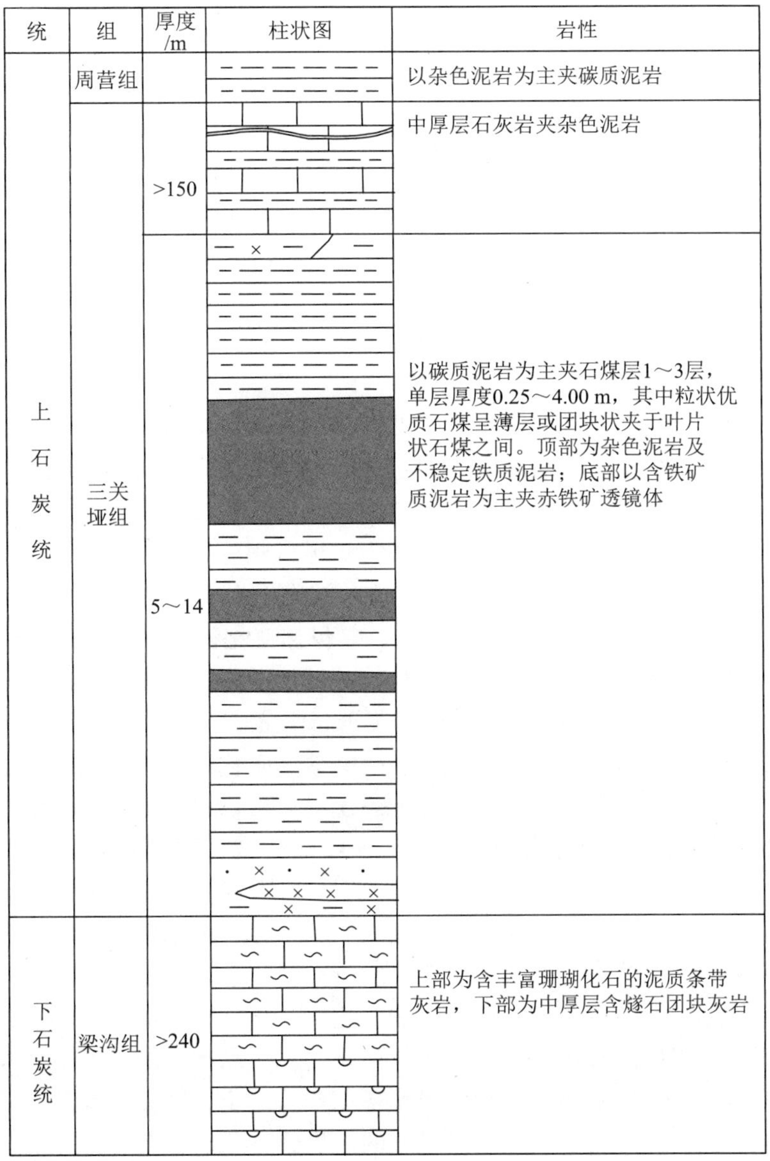

图 4-2　淅川县缸窑石煤矿区 ZK302 孔上石炭统含煤地层柱状图

（据河南省地质局地质六队，1980，有修改）

第五章　泥　炭

第一节　概　述

泥炭又称草炭、泥煤，是植物遗体在饱含水的沼泽中与厌氧微生物不完全分解条件下，经过生物化学变化和物理化学变化而形成的具有不同分解程度、松软而富含水的化学组成复杂的堆积物，它仍保留着一部分植物残体，原始植物的化学组分主要是糖类和纤维素。在自然状态下，泥炭是由不同比例的水、矿物质和有机质三部分组成，其颜色一般为棕褐色到棕黑色；水一般为20%～80%，经自然干燥后一般为35%～45%；泥炭中矿物质含量的多少与泥炭的形成环境有关，一般在50%以下；泥炭中的有机质称为腐殖物质，含量一般为40%～70%，它包括变化程度不等的植物残体和很细的无定形物质，这些植物残体仍不同程度地保存了植物的结构。有机质决定了泥炭的理化性质和利用途经，其中腐殖酸含量40%～50%以上。一般把有机质含量大于30%者称为泥炭，小于30%者称为腐殖土或有机土壤。泥炭中的矿物质主要有硅酸盐、碳酸盐、硫酸盐、碳化物、氧化物和氢氧化物。泥炭的有机质元素组成主要是碳、氢、氮、氧和硫。泥炭通过系统分离可以得到沥青、腐殖酸、易水解的化合物（如糖类、半纤维素以及果胶）、纤维素和木质素等，泥炭中含有的腐殖酸和大量糖类是很重要的特征之一。

泥炭具有疏松、多孔、很大的内表面积、能吸收大量水分，具有极强的吸附性和交换性能、良好的可塑性，具有热容量大、热导率小、生理活性强的特点。

泥炭有极其广泛的用途，主要用于农业、能源、建材、化工、环保及医药方面。它含有较多的营养元素，在农业上泥炭是很好的有机肥料，用于改良土壤，提高土壤的通气疏水能力和土壤肥力，作泥炭堆肥、厩肥、草木灰堆肥以及腐殖酸类肥料，还用作苗床土、营养土和营养体。大部分泥炭用于农业。能源方面可作低热值民用燃料，经高温成型的泥炭砖汽化后可获得中等热值的煤气，作炼钢平炉、玻璃窑等的燃料，以及热电发电燃料。建材工业上用作轻体保温材料、纤维板、沥青油毡等。在化学工业上用作提取泥炭蜡、泥炭沥青、甲醇、丙酮和酚等化工原料和腐殖酸燃料；用菌法处理的泥炭分解糖类和蛋白质，蒸馏处理提取酒精和水解物。环保方面利用泥炭的吸附性和离子交换性能作废水净化的过滤剂、含油污水的吸附剂，用泥炭粉末作捕捉重金属的捕获剂、放射性污水处理等，还可用泥炭经热加工成活性炭和分子筛，用作吸附和脱色。此外，泥炭还可以制造钻探泥浆的稳定剂。有的伴生元素含量高的泥炭可用来提取稀有、分散元素。

第二节　河南省泥炭矿产地

河南省泥炭最早为1946年辉县卓水农民掘土时发现，1947年河南地质调查所进行调查，编制的《辉县市卓水一带煤田调查简报》认为是泥炭。《河南辉县一带煤田调查报告》（张永旭，1956）中提到朱桥至郭雷一带有泥煤。1958年，新乡专署勘测队与郑州地校实习队对河南辉县泥炭矿点进行了检查，编有《河南辉县矿点检查报告》。1960年，林县工业局地质队编有《河南省林县大柳滩泥煤矿普查地质简报》，估算泥炭资源量 262.50×10^4 t。1962年，河南省新乡专署地质处综合地质队编有《河南省辉县市卓水泥炭普查简报》，估算泥炭资源量 437.94×10^4 t。1978年，煤炭地质勘探研究所、吉林师范大学和南京师范学院地理系联合考察组对“黄淮五省”泥炭资源进行了初步调查，编制的

《黄淮五省泥炭资源考察研究报告》涉及本省安阳、新乡、洛阳、许昌、驻马店、信阳、南阳等七市共十六个县。1985~1986年河南省地质矿产局地质二队对河南省境内的泥炭资源远景展开调查，提交了《河南省泥炭资源远景调查报告》；泥炭形成于稳定的沼泽环境，与古地貌、古气候、古水文、古植物等自然因素关系密切，河南省泥炭及含有机质黑土主要形成于全新世，理化性质差异较大，层薄且质量较差，绝大部分为含有机质黑土。

河南省泥炭资源贫乏，总的分布呈现北部较少，南部贫乏，山地较少，平原和盆地贫乏。泥炭主要产于太行山山前平原地带的修武县五里源、辉县市的薄壁、上八里、百泉和安阳市西及林州山间盆地内的临淇、陵阳镇柳滩、合涧镇道棚庵等地的第四纪沉积物中，泥炭多在地形低凹的沼泽地带堆积，山间盆地或山前低凹地区的沼泽均属泥炭沉积的有利场所。河南省境内仅有林州市大柳滩和辉县市卓水两处泥炭矿产地（见图2-2），图2-2中编号分别为261和262，并曾经有开采，累计估算泥炭资源量700.44×10^4 t。

一、林州市大柳滩泥炭矿点

大柳滩泥炭矿点位于近南北向的林州山间盆地内，处于林州市（原林县）城区北约6 km的陵阳镇境内，西起东牛良村西，东至小柳滩村东，南起南凹村，北至大柳滩北，面积约2.75 km^2，林州市至任村镇公路途经该区，地理坐标为东经113°48′30″，北纬36°07′20″。1954年为当地农民发现并开采，用作辅助肥料。1955年建县化肥厂，制造化肥，不久停工。1960年林县工业局地质队进行调查，检查旧采坑27个，编有《河南省林县大柳滩泥煤矿普查地质简报》，估算泥炭资源量262.50×10^4 t。

大柳滩泥炭矿点为第四系冲积物覆盖区。上全新统主要以现代河床冲积层为主，分布于低漫滩，下部为黑色腐泥，上部为黄色亚砂土或亚粘土及黄土状粘土；中全新统主要出露于山前洼地一带，广泛分布于沟谷及河漫滩，与下全新统冲积层整合接触，下部为亚粘土、砂质粘土及砂砾石层，上部为黑色、黑褐色含有机质黑土或亚粘土、局部夹砂土和黄色、灰绿色含半腐殖物残体的淤泥质亚粘土及褐色植物夹层。泥炭主要发育于中全新统，泥炭层走向与河流走向相近，由大流滩村东向南西延伸到南凹村北，长约1.5 km，宽约0.7 km，呈近水平产出，泥炭层盖层为厚度0.55~1.12 m的黄土或黑色粉末状土壤，底板为亚粘土或砂砾石层。矿体分为2层。下层稳定，厚度3 m左右，局部夹1层厚度0.3 m的深灰色砂质粘土，泥炭为深灰色至黑色，手摸光滑，含大量以苔草、芦苇为主的植物残体；矿物质含量高，有机质含量为0.89%~12.81%，平均为3.98%；全氮含量为2.65%~10.11%，平均为4.88%；总腐殖酸含量为0.44%~5.68%，平均为2.10%；全磷含量为0.032%~0.050%，平均为0.045%；全钾含量为1.16%~2.11%。上层不稳定，厚度0.5 m左右，颜色呈浅黄色，有动植物遗体，氮平均含量为0.71%，P_2O_5平均含量为0.24%，K_2O平均含量为0.04%。泥炭发热量最大值为1.72 kJ/kg。

林州市大柳滩一带曾是一片经常过湿的洼地，属于内涝地区，为泥炭堆积创造了适宜条件。由于河流的影响，灰分含量高，有机质、腐殖酸、发热量低。

二、辉县市卓水泥炭矿点

卓水泥炭矿点位于辉县市赵固乡，辉县市至薄壁镇公路途经该区，中心点地理坐标为东经113°44′30″，北纬35°28′00″。区内为第四系全新统冲积物，地势低平，土地肥沃，农作物常获丰收。该区泥炭是1946年为当地农民掘土时发现，燃时发生烟臭，把原生泥炭简单加工后可作肥田用。1947年河南地质调查所进行调查并编有《辉县市卓水一带煤田调查简报》，认为是泥炭。1957年辉县市工业局用洛阳铲对此区泥炭进行过调查，1958年曾建化肥厂，以泥炭为原料生产化肥，1961年停办。1962年河南省新乡专署地质处综合地质队编写的《河南省辉县市卓水泥炭普查简报》认为，泥炭属太行山前凹陷地区在低凹沼泽环境里植物残体处在还原条件下生成，并估算泥炭资源量437.94×10^4 t。《河南省泥炭资源远景调查报告》对该矿点也进行了评述。

卓水泥炭矿点的地表全新统冲积黄土层厚度0.4~4.0 m，此层为农作物的生长层，下面为泥炭层，泥炭层底板为厚度 2.0~4.0 m 的灰白色、淡黑色含植物根茎和贝壳细片的砂质粘土，砾石层位于砂质粘土之下或为黄土层直接覆盖，砾石成分多为滚圆度差的石灰岩。泥炭分布范围南起朱桥村，北至韩小庄，西起柳林，东经卓水村至刘店，呈北西-南东方向延伸长约 2.4 km，宽约 1.5 km，资源量估算面积为 2.31 km^2。泥炭 1 层，底板最高点位于北部，最低点则位于区内偏南部，泥炭层厚度 0.1~4.0 m，中间部分较厚，向四周逐渐变薄或尖灭。泥炭呈褐色、黄褐色或黑灰色，质轻，干的可浮于水面，密度为 0.70~1.06 t/m^3，松软粗糙，有弹性，吸水性很强，内有残存芦苇、水草等植物遗体，有机质含量多在 30%~50%，个别可达 70%，氮平均含量为 0.33%，P_2O_5 平均含量为 0.16%，K_2O 平均含量为 3.89%。泥炭的质量与厚度呈正相关，因沼泽环境中间低凹，植物遗体堆积较多的缘故。

辉县市卓水一带属太行山南麓山前冲积扇前缘低洼区，附近万泉、白沙等泉水流经其间，曾经致使卓水一带常年积水，成为近代沼泽地区，在常年积水的低洼区生长的大量低等植物和芦苇、水草等，在黄土覆盖下的饱水还原环境中不完全分解，形成了现在的泥炭。成矿期为全新世中、晚期，属低位草本泥炭。矿体边缘区高分解度的泥炭多呈黑褐色、黑色，仅见到少量的碎纤维块状结构；矿体中部泥炭分解度较低，一般为褐色、黄褐色，纤维状结构，植物残体保存较好。

第六章 石油与天然气

第一节 概 述

石油与天然气（简称油气）是两种十分重要的能源矿产，赋存于富含有机质的沉积盆地之中，是不同地质时期的烃源岩（习称生油岩）在深埋地下的高温及高压条件下，经历生烃、排烃、运移、聚集和封存于不同的储集岩层和圈闭之中，形成具有商业价值的油藏、气藏或油气藏，具有独特的多相态性、流动性和隐蔽性。干酪根是生油母质，温度在生油中起重要作用，油气的成熟需要一定的门限温度和门限深度。干酪根又称油母质，可分为腐泥型（Ⅰ型）、腐泥-腐殖型（Ⅱ型，又称过渡型或混合型）和腐殖型（Ⅲ型）3类；腐泥型干酪根生油潜力大，是生油的主要母质；腐殖型干酪根生油能力低，生气能力强，是天然气的主要母质。石油是指气态、液态和固态的烃类混合物，具有天然的产状。通常将从井中采出地面未加工的石油称为原油，是多种烷烃、环烷烃、芳香烃混合的黑褐色（也有绿色）黏稠液体。常规天然气是指天然存在的烃类和非烃类气体以及各种元素的混合物，其在地层条件下呈气态或者溶解于油、水中，在地面条件下呈气态。根据天然气中丙烷以上成分的含量多少，分为干气与湿气两类；干气又称贫气或瘦气，主要由甲烷构成，仅含少量乙烷，不含或含很少量乙烷以上的重烃；湿气又称富气或肥气，主要成分为甲烷和乙烷，但含相当数量的液态重烃。

常规油气藏是油气赋存于单一的圈闭内，具有统一的压力系统和油（气）水边界，业已获得不同埋藏深度要求的工业性油（气）流产能发现井和探明地质储量，并且，能够应用常规的开发技术投入开采利用，可划分为油田、油气田、气田。油田是以原油为主，气田则以天然气为主，油气田一般是指具有较多游离天然气和原油共存而言，油田和油气田之间并无严格的界线，习惯上常常把油田和油气田都统称为油田。为了利于油气勘探开发的统一部署、实施和生产管理，我国又通常将同存于某个或相邻含油气盆地单元内的诸多油（气）田统称为一个油田、油田区或油气区。对于有些构造圈闭或井区，虽曾通过初步测试获得不同产量的油气流，限于多种原因，迄今尚未获得探明地质储量的油藏、气藏或油气藏，矿产地规模视为矿点。至于在地质录井、测井资料解释或初步测试中仅发现不同级别油气显示的井区，则视为油气显示点。

据邹才能等（2019），非常规油气是指传统技术无法获得自然工业产量，用新技术改善储层渗透率或流体粘度等才能经济开采的连续型油气资源。两个关键标志为：油气大面积连续分布，圈闭界线不明显；无自然工业稳定产量，达西流不明显。两个关键参数为：孔隙度小于10%；孔喉直径小于1 μm或空气渗透率小于1 mD。主要特征表现为源储共生或源内赋存，在盆地斜坡或中心大面积分布，圈闭界线与水动力效应不明显，储量丰度较低，发育富集“甜点区（段）”，主要采用水平井规模压裂或原位转化技术、平台式“工业化”生产、纳米技术提高采收率等方式开采。主要类型有致密气、致密油、页岩气、页岩油、煤层气、重油沥青和天然气水合物等。

鉴于目前国内对能源矿产的矿种界定并非十分严谨，也与石油行业的通用划分不尽相同，结合河南境内油气矿产的实际状况，将页岩油、致密油、致密砂岩气等矿产纳入本章阐述，油页岩、煤层气和页岩气分别独立成章论述。东濮和泌阳凹陷的古近系页岩油勘探虽有明显进展，限于当年的种种原因和现今勘探成本依然较高，迄今均未能获得探明地质储量。

一、河南省油气主要物理化学特性及用途

（一）河南原油特性

原油分类方法较多，国内外市场通用的是按比重指数和含硫量划分。1987 年第十二届世界石油大会规定，20℃条件下相对密度小于 0.8661 t/m^3 的为轻质原油，0.8661～0.9162 t/m^3 的为中质原油，0.9162～0.9968 t/m^3 的为重质原油，大于 0.9968 t/m^3 的为特重原油。含硫量小于 0.5%的为低硫原油，0.5%～2.0%的为含硫原油，大于 2.0%的为高硫原油。同时，普遍按其组分差异可分为石蜡基原油、环烷基原油和中间基原油；并且，国内大多结合含硫量来划分，如多数油田的原油属低硫石蜡基原油。

河南省原油主要产于南阳、泌阳和东濮凹陷，原油性质各异。相对而言，南阳凹陷的原油性质比较简单，属典型的陆相轻、中质低硫石蜡基原油。泌阳凹陷的原油性质以产出稠油和高含蜡为特点，东濮凹陷的原油性质则以产出凝析油（又称天然气液、天然汽油，在地下以气相（凝析气）存在，采出到地面后则呈液态）和饱含溶解气为特点。稠油是指粘度和相对密度较大、胶质和沥青质含量较高的原油，我国通常以粘度为主要指标将稠油划分为普通稠油、特稠油和超稠油 3 类。普通稠油、特稠油和超稠油在 50℃条件下的地下原油粘度分别为 500～1000 mPa・s、1000～5000 mPa・s 和大于 5000 mPa・s，在 20℃条件下的地面原油密度分别为 0.92～0.94 t/m^3、0.95～0.97 t/m^3 和大于 0.98 t/m^3。

1. 南阳凹陷原油特性

南阳凹陷原油为低密度、低粘度、低含硫和高凝固点的正常原油，高蜡-特高蜡也是南阳凹陷原油的主要特征（李永福等，2006）。已发现的魏岗、张店、东庄和北马庄 4 个油田主要产油地质层位是核三段和核二段，地面原油密度为 0.8421～0.8957 t/m^3，大多属轻质原油，少数属中质原油；70℃粘度大多数在 30 mPa・s 以下，主要为 3.99～13.67 mPa・s，应属正常原油；含硫量小于 0.26%，含蜡量主要集中在 30%～50%，应属低硫、高蜡原油（原油含蜡量高于 8%）。地层（或地下）原油密度为 0.764～0.802 t/m^3，粘度为 2.2～9.9 mPa・s，气油比为 9.1～81.1 m^3/t，体积系数为 1.070～1.278。南阳凹陷断层发育，油层较泌阳凹陷渗透性差，原始油层温度为 59～128℃，凝固点为 36～58℃，为断块高凝油油藏。

2. 泌阳凹陷原油特性

泌阳凹陷内不同油田的原油特征具有较大差异，其主要原因在于作为主力生油岩的核桃园组有机质含量差异较大，*TOC* 含量为 0.24%～5.4%（Dong et al. 2015）。

泌阳凹陷南部的双河、下二门、赵凹等油田和北部斜坡带的王集油田产油地质层位为核三段和核二段，地面原油密度大多为 0.8443～0.8759 t/m^3，属中质原油；下二门油田的核二段和王集油田的核三段少数原油属重质原油；而赵凹油田的深层原油又属轻质原油或凝析油。大多数原油的 70℃粘度在 30 mPa・s 以下，含硫量小于 0.25%，含蜡量主要集中在 20%～30%，应属低硫、高蜡原油。地层原油密度大多为 0.7240～0.8715 t/m^3，赵凹油田（深层）为 0.6583～0.6690 t/m^3；核三段的粘度大多为 0.77～9.22 mPa・s，核二段的粘度高达 24.75～58.30 mPa・s；气油比的差异较大，大多为 10～30 m^3/t 左右，赵凹油田高达 100 m^3/t 以上；体积系数差异相对较小，多为 1.080～1.183。

泌阳凹陷北部斜坡带的井楼、古城、杨楼、新庄和杜坡等油田产层主要是核三段，为疏松砂岩稠油油藏。地面原油密度大多为 0.9346～0.9817 t/m^3，基本是重质稠油；井楼和杨楼油田的少数样品密度高达 0.9905～0.9928 t/m^3，属特超稠油。70℃脱气粘度大多数高达 16000 mPa・s 以上；含硫量比中、轻质原油稍有增加，主要范围为 0.2%～0.4%，杨楼和新庄油田的少量样品含硫量高达 0.72%～0.87%；含蜡量普遍有所降低，主要集中在 10%～20%。地层原油的密度和粘度也比凹陷南部明显增高，气油比的变化较大，如古城油田的溶解气相对较多，井楼油田的个别井可见少量气层气。

3. 东濮凹陷原油特性

东濮凹陷是省内最大的原油产地，主要产出层位为古近系始新统—渐新统沙河街组，基本是正常的陆相轻-中质原油，有些属凝析油。因溶解气含量普遍较高，原始气油比也较大。凹陷北部是原油主要产区，濮城、文中、文南、文东等油气田具有“低密度、低粘度、低含硫、高凝固点”的特点，地面和地层原油密度分别为0.81~0.87 t/m^3 和0.68~0.79 t/m^3，粘度分别为1.63~18.7 mPa·s和0.50~3.85 mPa·s，含硫量为0.22%~0.25%，凝固点为20~39℃，含蜡量平均值为18.5%，而卫城油气田的沙一段地面原油密度、粘度和含硫量都有所增高。濮城油气田的凝析油密度为0.76~0.82 t/m^3，地面粘度为0.70~1.49 mPa·s。凹陷南部的桥口、马厂、三春集油田的地面原油密度为0.8032~0.8635 t/m^3，粘度为2.92~26.17 mPa·s，凝固点为27~36℃，含蜡量（16.05%~36.58%）明显高于凹陷北部，地层原油的气油比为90~143 m^3/t。凹陷西部斜坡带的胡状集、庆祖集油田的地面原油密度平均值分别为0.87 t/m^3 和0.86 t/m^3，粘度平均值分别为47.21 mPa·s和20.5 mPa·s，凝固点33℃。

（二）河南天然气特性

1. 东濮凹陷天然气特性

东濮凹陷是中国少有的几个既富含油又富含气的盆地（凹陷）之一（焦大庆等，2006），其天然气主要包括油田气和非伴生气。根据东濮凹陷部分油气田的伴生气或溶解气分析参数统计，濮城油气田的伴生气相对密度0.69~0.72 t/m^3，气测组分甲烷含量为77%~83%，乙烷含量为8.5%~12.5%，丙烷以上含量为4.0%~8.0%，氮气含量为0.7%~1.7%，二氧化碳含量为1.3%~3.5%。卫城油气田溶解气甲烷含量为70%~82%，乙烷含量为7%~13%，二氧化碳和硫化氢含量为1%~2%。桥口、马厂等油田伴生气或溶解气相对密度为0.5641~0.6850 t/m^3，气测组分甲烷含量为77.3%~99.3%，乙烷含量为0.52%~1.25%，二氧化碳含量为0.05%~0.24%。马厂油田伴生有混源气藏。

东濮凹陷的非伴生气主要来自古生界和新生界两套烃源岩，天然气具有多源、多期和复合成藏的特征（何显莉等，2002；罗小平等，2004），气田主要包括自文23、户部寨、南湖、白庙和桥口等，其天然气性质有较大差异。天然气从化学特性上可分为干气、湿气、凝析气（一种能够发生逆凝结现象，产出有工业价值的、密度小的凝析油（天然汽油）的气藏），按成因有油型气或油成气、煤型气或煤成气，及两者相互掺和的混合气或混源气。其中文23气田、南湖气田为干气藏，户部寨气田为湿气藏，白庙和桥口气田属深层凝析气藏。户部寨和文23气田的天然气主要来自上古生界煤系，属煤成气，甲烷含量为88.89%~97.13%，但户部寨气田混有少量油型气。桥口-白庙地区天然气较为复杂；白庙气田主要是油型气，有部分煤成气，甲烷含量为84.15%~94.5%，乙烷含量为2.32%~8.87%；桥口气田主要是油型气，甲烷含量为83.0%~91.3%，乙烷含量为0.50%~15.14%。

2. 南阳、泌阳凹陷天然气特性

河南油气区的天然气主要产于泌阳凹陷，以伴生气或溶解气为主，多为湿气，并有少量干气。下二门油田核一段天然气相对密度为0.5944 t/m^3，甲烷含量为95%，乙烷微量，丙烷和丁烷含量为0.997%，氮气含量为2.157%，二氧化碳含量为0.08%~0.23%。下二门、双河和赵凹油田的核三段天然气的分析参数变化范围较大，相对密度为0.5565~0.9445 t/m^3，甲烷含量为49.87%~99.44%，乙烷含量为4.45%~21.90%，丙烷含量最大值为20.82%，丁烷含量最大值为6.61%，戊烷含量最大值为1.90%，氮气含量为0%~16.90%，二氧化碳含量为0%~4.25%。

（三）石油和天然气的主要用途

石油的用途十分广泛，经过炼制可获得汽油、柴油、煤油等燃料油，机油、黄油等润滑油（剂），以及沥青、石蜡和石油焦等产品。以石油为原料的化工产品有用于合成树脂塑料制品的聚乙烯、聚丙烯、聚甲醛，合成纤维制品中的锦纶、涤纶、脂纶、丙纶、维纶、氯纶，以及合成橡胶、化肥等。根据我国石油产品用途比例的有关统计，燃料油使用约占总产量的90%，其中，车用燃油可占燃料油总消耗量的55%左右，汽油是消耗量最大的产品。汽油的密度为0.70~0.78 t/m^3，沸点范围（又称馏程）为30~205℃。商品汽油按辛烷值70、80、90或更高标记，具有不同的抗爆震及燃烧性能。为了改善储存和使用，通常添加有抗爆作用的四乙基铝等，考虑环保要求，国内外均控制其含量。其次是柴油，其沸点范围有180~370℃和350~410℃两类，前者称为轻柴油，后者称为重柴油。商品柴油按凝固点分级，如10、-20等。润滑油（剂）使用约占总产量的5%左右，其中，内燃机油占40%。以聚乙烯、聚丙烯、聚甲醛为基本原料的合成树脂塑料制品，广泛用于百姓日常生活和工农业、国防工业。石蜡按每隔2℃分为不同牌号，粗石蜡主要用于制造火柴、塑料板和蓬帆布等，半精炼和全精炼石蜡可用于食品、口服药品、电器元件绝缘、水果保鲜等。河南省的炼油工业始于1977年兴建的洛阳炼油厂。随着河南油田（总部在南阳市）和中原油田（总部在濮阳市）投入开发，相继建成了炼油厂和石油化工制品企业。随着改革开放，河南省还有数十家地方及民营的炼油厂和石油化工制品企业。

天然气是高效的洁净能源，尤其是在全球兴起低碳经济和改善生态环境的背景下，加大天然气开发及利用，更具重要作用和现实意义。工业燃料用气主要是以气代煤或油，广泛用于发电、玻璃、陶瓷、钢铁、有色金属等工业。天然气在化工行业主要用于合成氨化肥、甲醇和制氢等。20世纪70年代开始，河南省使用的天然气主要是河南油气区及中原油气区的油气藏伴生气或溶解气。2016年6月统计，中国石油天然气股份有限公司西气东输管道分公司、中国石化销售有限公司华北分公司、中国石油化工股份有限公司华北油气分公司、中原油田、山西通豫煤层气输配有限公司和河南省煤气（集团）有限责任公司义马气化厂等6家供气企业的累计供气量分别为$23.3352\times10^8\ m^3$、$7.1592\times10^8\ m^3$、$0.6190\times10^8\ m^3$、$0.7190\times10^8\ m^3$、$1.6366\times10^8\ m^3$和$0.7296\times10^8\ m^3$。

二、河南省油气资源分布

河南省位于华北含油气盆地的中、南部，是中华人民共和国成立以来最早开展石油普查的地区之一，石油普查始于1954年国务院加强华北盆地石油普查的决策。没有沉积盆地就没有油气，历经60余年的油气普查勘探，河南境内相继发现和圈定了48个中、新生代沉积盆地（凹陷）（表6-1，图6-1），合计展布范围约60000 km^2；其中古近纪盆地是主要的油气勘探单元，合计面积大于18000 km^2；中生界烃源岩分布范围约7360 km^2；华北陆块的古生界海相和海陆交互相沉积呈西窄东宽的喇叭状展布于太行山与秦岭-大别山所夹持的广大区域，同样具有优越的油气成藏条件。现已发现的常规油气矿产地赋存于东濮、泌阳、南阳、济源、伊川、谭庄-沈丘等凹陷，储集层以新生界古近系为主，部分储集于中生界上三叠统及下白垩统，仅有两个致密砂岩气藏储集于上古生界。业已发现的油气田位于泌阳、南阳和东濮古近纪沉积盆地内，其中，东濮凹陷是省内最大的油气资源分布区。中牟、黄口、襄城、舞阳、桐柏等古近纪沉积盆地，烃源岩分布较广，有机质丰度较高，大多已见含油显示或获得少量原油，因受勘探及研究程度所限，相应的精度普遍较低。三门峡和板桥凹陷属河南油田的早期评价，现有少量钻井揭示古近系分别发育最大厚度为435 m和800 m的烃源岩。中生代含油气盆地主要是洛阳-济源晚三叠世沉积盆地和谭庄-沈丘早白垩世沉积盆地，其次是黄口、任店等早白垩世沉积盆地。

河南油气区和中原油气区共有35个油（气）田和7处油藏（图6-2，表6-2）。河南油气区主体是泌阳凹陷和南阳凹陷，共有13个油田和7处油藏，大部分集中在南阳市唐河县境内，其他分布在南阳市桐柏县、新野县和驻马店市泌阳县境内。中原油气区主体是东濮凹陷，地跨豫鲁两省，共有22个油（气）田，其中12个位于河南省濮阳、新乡、安阳等市境内，8个位于山东省境聊城市和菏泽市内，文明寨油田和卫城油气田位于两省接壤地带。另外，有3处常规油、气藏分别位于焦作市、伊川县、商水县境内，有2处致密砂岩气藏位于濮阳市境内。自1978年以来，在中牟、民权、襄城、舞阳、鹿邑等凹陷和通许隆起周缘发现了30多个油气显示点，显示层位主要是古近系和上古生界，少数是新近系和下白垩统；其中，在中牟、民权、襄城、舞阳等凹陷共计发现12个常规油气显示点。

表 6-1　河南省境内中、新生代凹陷要素简表

构造单元		凹陷名称（编号）		面积/km²	最大残留厚度/m				
					Q+N	E	K	J	T
渤海湾盆地	临清坳陷	汤阴凹陷（Ⅰ₁）	安阳次凹	1300	1200~1400	4500~5000	200~300	600~700	1200~1500
			淇县次凹		1100~1300	1500~1700			
			浚县次凹		800~900	2500~3000			
		元村集凹陷（Ⅰ₂）		370	300~800	5000~6000	0	0	500~700
		东濮凹陷（Ⅰ₃）	东部次凹	1500	1000~1200	4000~6000	0	0	1200~1500
			中央构造带	1300	1000~1200	1500~3500			
			西部次凹	1000	1000~1300	4000~4500			
			西部斜坡带	1500	900~1300	3500~4000			
		垣曲凹陷（Ⅰ₄）		170	—	1000~1200	0	0	?
	开封坳陷	济源凹陷（Ⅰ₅）		2800	300~800	5000~6000	700~1250	550~700	3000~3500
		中牟凹陷（Ⅰ₆）	原阳次凹	390	3000~3200	1000~1500	?	0~125	2000~3000
			太平镇次凸	230	250~2700	800~1200			
			延津次凹	430	2400~2800	2000~3000			
			荆隆宫次凹	280	2500~2800	2000~2600			
			东吴次凹	1500	2400~2800	4500~5000			
			杜营次凹	380	2000~2200	5000~6000			
			中牟斜坡	290	2000~2200	1000~1200			
		民权凹陷（Ⅰ₇）		760	1500~2000	2500~3500	0~200	700~800	1200~1500
		黄口凹陷（Ⅰ₈）	商丘次凹	700	1000~1200	3500~3800	800~1000	700~850	?
			虞城次凸	600	1000~1200	0~600			
			黄口次凹	2100	1000~1200	3500~4000			
通许隆起周缘	周口坳陷	尉氏凹陷（Ⅱ₁）		320	1000~1100	2000~2500	0	500~800	1500~2000
		逊姆口凹陷（Ⅱ₂）		1100	1500~1600	800~1000	0	0	500~600
		张桥凹陷（Ⅱ₃）		230	1200~1300	1700~2000	0	0	0
		巨陵凹陷（Ⅱ₄）		400	1000~1300	1700~2000	0	0	0
		新站社凹陷（Ⅱ₅）		3400	1800~2000	4000~5000	0	0	500~1000
		鹿邑凹陷（Ⅱ₆）		2100	1400~1500	5000~6000	0	0	1500~2000
		颜集凹陷（Ⅱ₇）		800	1200~1300	4000~5000	0	700~850	1000~1500
		襄城凹陷（Ⅱ₈）		650	1500~1650	4000~5000	0	0	0
		舞阳凹陷（Ⅱ₉）		1900	1000~1150	5000~6000	0	0	0
		谭庄凹陷（Ⅱ₁₀）		1100	1700~1900	4000~5000	3000~4000	?	0
		沈丘凹陷（Ⅱ₁₁）		2300	1700~1800	4000~5000	2000~3000	?	0

续表

构造单元		凹陷名称（编号）	面积/km^2	最大残留厚度/m				
				Q+N	E	K	J	T
通许隆起周缘	周口坳陷	倪丘集凹陷（Ⅱ$_{12}$）	1700	1300~1450	3500~4200	1500~1800	0	500~800
		临泉凹陷（Ⅱ$_{13}$）	1000	1100~1300	1800~2000	1400~2000	300~500	0
		板桥凹陷（Ⅱ$_{14}$）	500	2000~3000	2000~3000	0	0	400~500
		汝南凹陷（Ⅱ$_{15}$）	2000	800~1000	1000~1200	1500~1750	0	0
		石滚河凹陷（Ⅱ$_{16}$）	150	50~100	3000~3600	0	0	0
		任店凹陷（Ⅱ$_{17}$）	260	100~150	500~600	300~500	0	0
		东岳凹陷（Ⅱ$_{18}$）	630	800~900	2000~2400	0	400~500	0
豫西隆起区		三门峡凹陷（Ⅲ$_1$）	3100	2000~2200	4500~4800	500~600	0	0
		洛阳凹陷（Ⅲ$_2$）	2490	700~1000	4000~4500	200~250	120~130	3000~3500
		伊川凹陷（Ⅲ$_3$）	450	1000~1100	4000~4500	0	0	3000~3500
		大金店凹陷（Ⅲ$_4$）	170	300~500	—	0	0	1200~1500
		卢氏凹陷（Ⅲ$_5$）	300	100~300	2000~2200	0	0	?
		潭头凹陷（Ⅲ$_6$）	200	100~300	1000~1200	200~300	0	?
		嵩县凹陷（Ⅲ$_7$）	300	1000~1500	1500~1800	0	0	?
		临汝凹陷（Ⅲ$_8$）	1600	300~500	1700~1900	400~1806	0	2000~2500
秦岭—大别山造山带		五里川凹陷（Ⅳ$_1$）	70	50~100	0	0	0	500~1600
		瓦穴子凹陷（Ⅳ$_2$）	110	50~100	0	600~800	0	0
		马柿坪凹陷（Ⅳ$_3$）	60	50~100	0	500~1400	77~518	0
		南召凹陷（Ⅳ$_4$）	230	50~100	0	0	0	>1961
		夏馆凹陷（Ⅳ$_5$）	60	50~100	0	2000~2400	0	0
		西峡凹陷（Ⅳ$_6$）	630	50~150	0	2500~3000	0	0
		淅川凹陷（Ⅳ$_7$）	430	50~100	0	1300~1500	0	0
	南襄坳陷	李官桥凹陷（Ⅳ$_8$）	1500	400~500	2500~2800	800~1000	0	0
		南阳凹陷（Ⅳ$_9$）	3600	1000~1200	5000~5500	1200~1400	0	0
		泌阳凹陷（Ⅳ$_{10}$）	1000	1000~1200	5500~6000	1500~2000	0	0
		桐柏凹陷（Ⅳ$_{11}$）	265	300~330	2000~2360	0	0	0
	信阳坳陷	平昌关凹陷（Ⅳ$_{12}$）	430	200~300	1500~2000	0	0	0
		罗山凹陷（Ⅳ$_{13}$）	890	400~520	1500~2000	400~600	1000~1500	0
		固始凹陷（Ⅳ$_{14}$）	3200	200~300	500~700	1500~2000	4000~4500	0

（据河南省地质调查院，2013a）

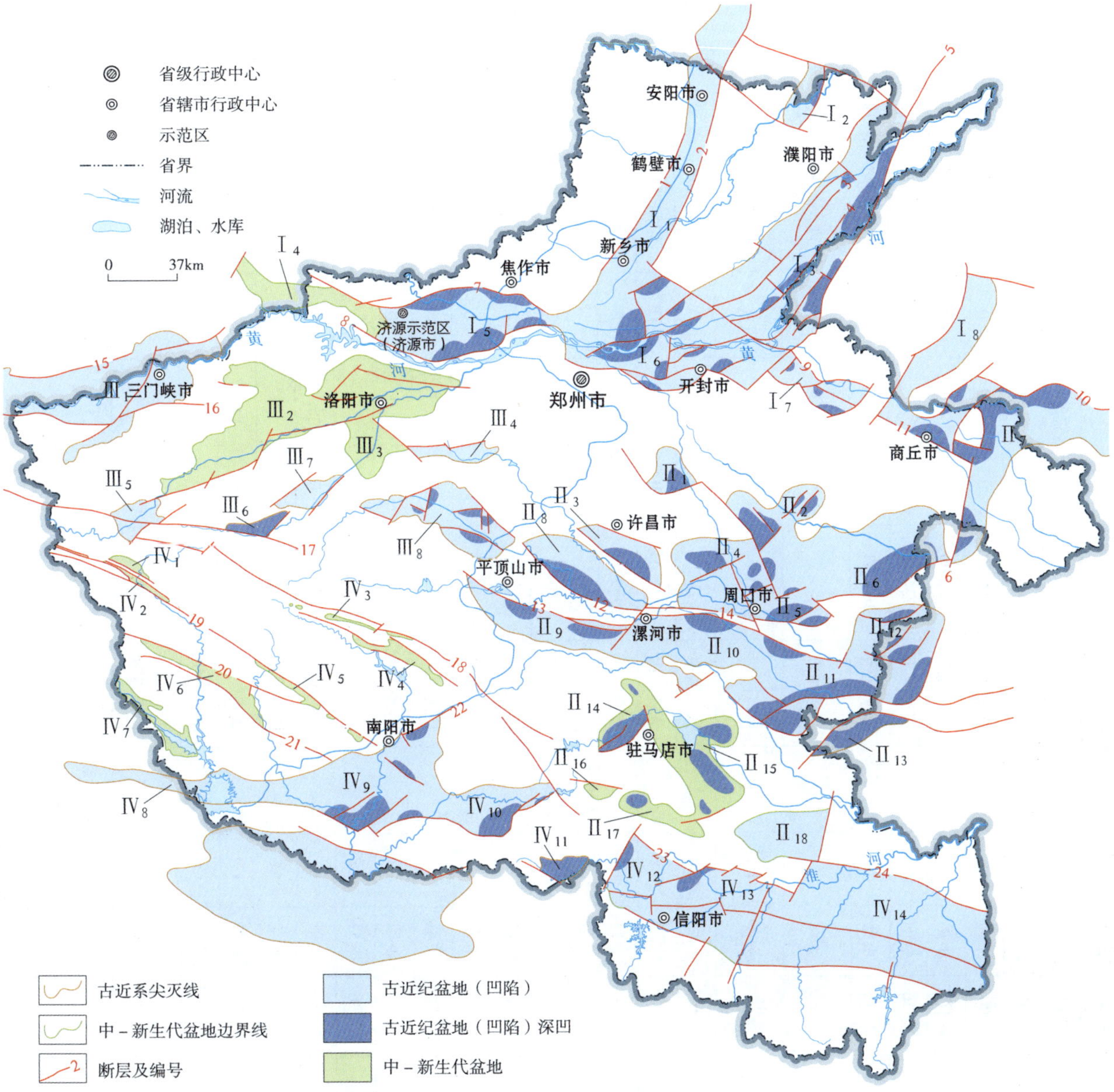

图 6-1　河南省中、新生代沉积盆地分布略图

（据河南省地质调查院，2013a，有修改）

图中凹陷编号同表 6-1。断层编号：1—青羊口正断层；2—汤东正断层；3—长垣正断层；4—黄河正断层；5—聊兰正断层；6—颜集正断层；7—太行南-武陟正断层；8—邙山北正断层；9—封丘-仪封正断层；10—丰沛正断层；11—商丘正断层；12—襄郏正断层；13—叶鲁断层；14—商水-项城正断层；15—中条南正断层；16—华山北正断层；17—马超营断层；18—黑沟-栾川-维摩寺断层；19—朱阳关-夏馆断层；20—商南-丹凤断层；21—西峡正断层；22—南阳正断层；23—明港-息县正断层；24—肥中正断层

截至 2017 年底，河南油气区和中原油气区累计探明含油气面积 721.14 km^2，查明石油地质储量 88387.96×10^4 t，凝析油地质储量 851.84×10^4 t，溶解气地质储量 743.38×10^8 m^3，气层气地质储量 863.92×10^8 m^3；累计产出石油 21691.29×10^4 t，凝析油 71.53×10^4 t，溶解气 211.43×10^8 m^3，气层气 329.96×10^8 m^3；保有石油地质储量 66696.67×10^4 t，凝析油地质储量 780.31×10^4 t，溶解气地质储量 531.95×10^8 m^3，气层气地质储量 533.96×10^8 m^3（表 6-3）。河南省境内累计探明含油气面积 582.03 km^2，查明石油地质储量 82535.85×10^4 t，凝析油地质储量 300.00×10^4 t，溶解气地质储量 672.55×10^8 m^3，气层气地质储量 643.63×10^8 m^3；累计产出石油 21008.01×10^4 t，凝析油 48.07×10^4 t，

表 6-2 河南油气区和中原油气区油气矿产地一览表

序号	矿产地名称	所在地	面积/km²	规模	成矿时代	储层	烃源岩	查明地质储量				所在构造单元	工作程度	利用情况
								石油	凝析油	溶解气	气层气			
1	新野县东庄油田	新野县	3.90	小型	Cz	古近系始新统核桃园组	核桃园组	198.00	0	0	0	南阳凹陷	详探	开发
2	南阳市魏岗油田	宛城区、唐河县、新野县	14.70	小型	Cz		核桃园组	922.00	0	0	0	南阳凹陷	详探	开发
3	唐河县张店油田	唐河县	23.76	中型	Cz		核桃园组	1736.79	0	0	0	南阳凹陷	详探	开发
4	唐河县北马庄油田	唐河县	2.10	小型	Cz		核桃园组	104.00	0	0	0	南阳凹陷	详探	开发
5	唐河县赵岗地区龙 6 井断鼻构造油藏	唐河县	—	矿点	Cz		核桃园组	0	0	0	0	南阳凹陷	普查	未开发
6	唐河县黑龙庙新南 63 井区构造-岩性油藏	唐河县	—	矿点	Cz		核桃园组	0	0	0	0	南阳凹陷	普查	未开发
7	唐河县马店断鼻油藏	唐河县	—	矿点	Cz		核桃园组	0	0	0	0	南阳凹陷	普查	未开发
8	唐河县杨楼油田	唐河县	10.13	中型	Cz		核桃园组	1121.41	0	0	0	泌阳凹陷	详探	开发
9	唐河县王集油田	唐河县	26.04	中型	Cz		核桃园组	1969.34	0	1.01	0	泌阳凹陷	详探	开发
10	唐河县王集南泌 111 井区岩性油藏	唐河县	—	矿点	Cz		核桃园组	0	0	0	0	泌阳凹陷	普查	未开发
11	唐河-泌阳县新庄油田	唐河县、泌阳县	7.34	中型	Cz		核桃园组	3016.06	0	0	0	泌阳凹陷	详探	开发
12	泌阳县下二门油田	泌阳县	11.08	中型	Cz		核桃园组	2839.65	0	5.26	0	泌阳凹陷	详探	开发
13	唐河县古城油田	唐河县	20.96	中型	Cz		核桃园组	2711.86	0	1.12	0	泌阳凹陷	详探	开发
14	唐河县杜坡油田	唐河县	2.14	小型	Cz		核桃园组	47.25	0	0	0	泌阳凹陷	详探	开发
15	唐河县井楼油田	唐河县	15.36	中型	Cz		核桃园组	1758.77	0	0	0	泌阳凹陷	详探	开发
16	南阳市双河油田	唐河县、桐柏县	34.36	大型	Cz		核桃园组	10321.98	0	20.17	0	泌阳凹陷	详探	开发
17	唐河县泌 139 井区岩性油藏	唐河县	—	矿点	Cz		核桃园组	0	0	0	0	泌阳凹陷	普查	未开发
18	桐柏县赵凹油田	桐柏县	28.20	中型	Cz		核桃园组	3751.12	0	14.07	6.74	泌阳凹陷	详探	开发
19	桐柏县安棚泌 101 井区岩性油藏	桐柏县	—	矿点	Cz		核桃园组	0	0	0	0	泌阳凹陷	普查	未开发
20	桐柏县安棚安深 1 井区核桃园组页岩油藏	桐柏县、泌阳县、唐河县	—	矿点	Cz		核桃园组	0	0	0	0	泌阳凹陷	普查	未开发
21	焦作市邓 2 井区油藏	焦作市	—	矿点	Cz	古近系余庄组	上三叠统	0	0	0	0	济源凹陷	普查	未开发
22	伊川县屯 1 井区气藏	伊川县	—	矿点		上三叠统	上三叠统	0	0	0	0	伊川凹陷	预查	未开发

续表

序号	矿产地名称	所在地	面积 /km^2	规模	成矿时代	储层	烃源岩	查明地质储量				所在构造单元	工作程度	利用情况
								石油	凝析油	溶解气	气层气			
23	周口市双楼田油藏	商水县	—	矿点		下白垩统	下白垩统	0	0	0	0	谭庄-沈丘凹陷	普查	未开发
24	清丰县文明寨油田	濮阳市、山东省聊城市莘县	12.45	中型	Cz		沙河街组	3071.85	0	14.53	0	东濮凹陷	详探	开发
25	山东省莘县古云集油田	山东省聊城市莘县	9.19	小型	Cz	沙河街组	沙河街组	523.02	0.80	4.10	0.95	东濮凹陷	详探	开发
26	濮阳市马寨油田	濮阳市	11.92	中型	Cz		沙河街组	1526.96	0	2.61	0	东濮凹陷	详探	开发
27	濮阳市卫城油气田	濮阳市、山东省莘县	36.63	中型	Cz	沙河街组	沙河街组	4417.74	17.85	34.69	31.23	东濮凹陷	详探	开发
28	濮阳市濮城油气田	濮阳县、范县	75.70	大型	Cz	沙河街组	沙河街组	15700.81	168.71	210.06	131.66	东濮凹陷	详探	开发
29	濮阳县户部寨气田*	濮阳县	10.30	小型	Cz	沙四段	上古生界	0	0	0	42.07	东濮凹陷	详探	开发
30	濮阳县文23气田*	濮阳县	12.20	中型	Cz	沙四段	上古生界	0	0	0	149.40	东濮凹陷	详探	开发
31	濮阳市文东油气田	濮阳市	31.68	中型	Cz		沙河街组	5377.91	37.43	126.10	48.89	东濮凹陷	详探	开发
32	濮阳县胡状集油田	濮阳县	35.87	中型	Cz		沙河街组	5928.53	0	22.32	0	东濮凹陷	详探	开发
33	濮阳县文中油气田	濮阳县	49.28	中型	Cz	古近系始新-渐新统沙河街组	沙河街组	5153.57	5.00	46.76	154.12	东濮凹陷	详探	开发
34	濮阳县庆祖集油田	濮阳县	12.18	小型	Cz		沙河街组	733.82	0	3.47	0	东濮凹陷	详探	开发
35	濮阳县文南油气田	濮阳县	71.94	中型	Cz		沙河街组	9231.37	42.39	160.63	37.86	东濮凹陷	详探	开发
36	山东省菏泽市前梨园油田	山东省鄄城县	3.00	小型	Cz		沙河街组	57.00	0	0.51	0	东濮凹陷	详探	未开发
37	滑县赵庄油田	滑县	1.43	小型	Cz		沙河街组	66.19	0	0.36	0	东濮凹陷	详探	开发
38	滑县-濮阳县南湖气田	滑县、濮阳县	2.70	小型	Cz	沙二段	上古生界	0	0	0	3.99	东濮凹陷	详探	未开发
39	濮阳县刘庄油气田	濮阳县	17.68	小型	Cz		沙河街组	828.87	28.62	9.39	37.67	东濮凹陷	详探	开发
40	山东省菏泽市桥口油田	山东省东明县	34.37	中型	Cz		沙河街组	2128.92	0	25.86	0	东濮凹陷	详探	开发
41	山东省菏泽市桥口气田	山东省东明县	25.54	中型	Cz		上古生界	0	86.94	0	74.27	东濮凹陷	详探	开发
42	山东省菏泽市白庙气田	山东省菏泽市	30.71	中型	Cz	沙河街组	沙河街组	800.00	452.50	15.80	126.23	东濮凹陷	详探	开发
43	山东省菏泽市徐集油田	山东省东明县	3.50	小型	Cz		沙河街组	247.06	11.60	2.77	8.37	东濮凹陷	详探	开发
44	山东省菏泽市马厂油田	山东省东明县	26.18	中型	Cz		沙河街组	1634.55	0	17.98	10.47	东濮凹陷	详探	开发
45	山东省菏泽市三春集油田	山东省东明县	6.62	小型	Cz		沙河街组	461.56	0	3.81	0	东濮凹陷	详探	开发
46	濮阳县文古2井区致密砂岩气藏	濮阳县	—	矿点		二叠系	上古生界	0	0	0	0	东濮凹陷	普查	未开发
47	濮阳县胡古2井区致密砂岩气藏	濮阳县	—	矿点		二叠系	上古生界	0	0	0	0	东濮凹陷	普查	未开发

注：石油储量单位为10^4 t，溶解气和天然气储量单位为10^8 m^3。由于大多数油气田具有多源、多期次成藏过程，成矿时代以主力产层的主要成藏期来表述；储层和烃源岩以主力油气产层和主要烃源岩来表示。＊为2014年数据，其他为2017年数据。

溶解气 206. 12×10^8 m^3，气层气 317. 67×10^8 m^3；保有石油地质储量 61527. 84×10^4 t，凝析油地质储量 251. 93×10^4 t，溶解气地质储量 466. 43×10^8 m^3，气层气地质储量 325. 96×10^8 m^3。

图 6-2　河南省油气矿产地分布略图

表 6-3　河南油气区和中原油气区油气地质储量统计一览表

油气区		中原油气区			河南油气区			总计
		河南境内	山东境内	合计	南阳凹陷	泌阳凹陷	合计	
油气矿产地	大型/处	1	0	1	0	1	1	2
	中型/处	8	4	12	1	7	8	20
	小型/处	5	4	9	3	1	4	13
	矿点/处	0	0	0	3	4	7	7
	合计/处	14	8	22	7	13	20	42
含油气面积/km^2		381. 96	139. 11	521. 07	44. 46	155. 61	200. 07	721. 14

续表

油气区		中原油气区			河南油气区			总计
		河南境内	山东境内	合计	南阳凹陷	泌阳凹陷	合计	
查明储量	石油/10^4 t	52037.62	5852.11	57889.73	2960.79	27537.44	30498.23	88387.96
	凝析油/10^4 t	300.00	551.84	851.84	0	0	0	851.84
	溶解气/10^8 m^3	630.92	70.83	701.75	0	41.63	41.63	743.38
	气层气/10^8 m^3	636.89	220.29	857.18	0	6.74	6.74	863.92
产出量	石油/10^4 t	13360.94	683.28	14044.22	510.68	7136.39	7647.07	21691.29
	凝析油/10^4 t	48.07	23.46	71.53	0	0	0	71.53
	溶解气/10^8 m^3	206.12	5.31	211.43	0	0	0	211.43
	气层气/10^8 m^3	317.67	12.29	329.96	0	0	0	329.96
保有量	石油/10^4 t	38676.68	5168.83	43845.51	2450.11	20401.05	22851.16	66696.67
	凝析油/10^4 t	251.93	528.38	780.31	0	0	0	780.31
	溶解气/10^8 m^3	424.80	65.52	490.32	0	41.63	41.63	531.95
	气层气/10^8 m^3	319.22	208.00	527.22	0	6.74	6.74	533.96

注：文明寨油田和卫城油气田位于河南省与山东省接壤地带，按河南省境内油气矿产地统计；三春集油田的南部少许延至河南省兰考县境内，按山东省境内油气矿产地统计。

三、河南省油气勘查与开发

油气矿产地的发现，通常是应用地球物理勘探技术方法实施大范围的概查和普查，结合参数井或普查井钻探，先行圈定富含有机质的沉积盆地；通过烃源系统及构造格架的综合评价，优选相对有利油气运移和聚集的构造单元和圈闭优先钻探，取得工业油气流的突破；再行实施地震勘探详查和探井及评价井钻探，探明含油气面积和地质储量，上报有关的主管部门严格审查，才能得以认定和命名。随着油（气）田勘探的扩展，探明含油气面积和地质储量往往会升级或变更。

（一）河南省石油普查的启动

中华人民共和国成立初期，在海相沉积生油地质理论的指导下，仅在河北唐山、山东嘉祥等地见到下古生界奥陶系石灰岩晶洞含油，而对隐伏于华北平原之下的华北盆地中的中、新生代陆相沉积的生油性并不明晰。1955 年初，地质部确定将华北平原（即华北盆地）列入全国优先开展石油普查的重点地区之一。随后，地质部系统按照“探边模底、物探普查、全面展开、整体解剖”的勘查思路，开展露头区的石油地质调查，应用地球物理勘探技术实施区域概查和普查，并与浅井钻探相结合，建立横贯盆地的区域剖面，了解平原覆盖区的区域构造及沉积特征，着重圈定含油气盆地和构造圈闭；同时，石油工业部系统主要择优选定有利的构造圈闭实施深井钻探，探索可能的含油气性。在此期间，圈定沉积盆地是石油普查的首要目标，并为此开展了包含河南全境的不同比例尺的区域性重力和磁法勘探，初步圈定了开封、周口、济源、南阳等沉积盆地；初步创建了桐柏吴城、栾川潭头、济源和淅川等地的古近系岩石地层单元。1956~1964 年，相继在安阳、汤阴、浚县、濮阳、滑县、原阳、沁阳、孟州、温县、武陟、获嘉、荥阳、郑州、中牟、开封、新郑、太康、商丘、沈丘、颍上、郸城等地完成 40 多口钻井，对平原覆盖区的新生界进行了揭露。1956 年地质部华北石油普查队承钻的中原地区第一口探井——汤 4 井钻至井深 1126 m 奥陶系完钻，1957~1958 年在濮阳县谷家楼村施工的濮 1 井为河南省第一口石油钻井，未见油气显示。1958 年下半年石油工业部华北石油勘探处在开封县神岗集东 48 m 施工的华 2 井成为河南境内的第一口探油深井，井深 2108.44 m。

按照“背斜找油”的勘探思路，1959 年华北石油勘探处在尉氏县邸阁镇东北施钻的华 5 井终孔于寒武系，完钻井深2494.82 m，其中1031.0~1941.5 m井段为上古生界。1960年河南省地质局石油队在南阳盆地边缘施工了24口浅钻，对盆地构造作了较全面研究，1961年2月在沁阳市后邓构造完钻的沁3井于古近系959.00~961.86 m井段首次见到一层含油细砂岩，成为河南乃至华北平原发现含油显示的第一口井。随着1961年胜利油田的发现及其后的华北石油大会战，华北盆地的石油勘探重点转至北部的渤海湾地区。1966年，地质部一普调至西北地区，致使河南石油普查一度停滞。河南省较系统的石油勘探工作始于1970年。

（二）河南油气区的建设历程

河南油气区的开发单位为河南油田（含前身），油田位于南襄盆地的南阳凹陷和泌阳凹陷内，行政区地处于南阳市和驻马店市。峥嵘岁月迎难上，经过一代又一代河南油田人的努力，共发现了13个油田（表6-4），一座现代化石油城矗立在豫西南大地上。

表6-4 河南油气区油田发现井参数统计表

油田名称	发现时间	发现井	地理位置	测试成果	
				地质层位	日产原油量
东庄油田	1971.08	南5	唐河县张店镇	核桃园组二段	2.94 t
魏岗油田	1971.12	南6	新野县施庵镇曾营村	核桃园组二段	72.2 t
张店油田	1973.12	龙1	唐河县张店镇讼店村	核桃园组二段	30.0 t
双河油田	1976.05	泌4	桐柏县平氏镇高家寨村	核桃园组三段	116.7 t
王集油田	1977.03	泌12	唐河县东王集乡	核桃园组三段	46.5 t
下二门油田	1977.12	泌7	泌阳县高店乡	核桃园组三、二段	353 t
赵凹油田	1980.04	泌79	桐柏县安棚乡付楼村	核桃园组三段	40 t
北马庄油田	1981.06	红7	唐河县郭滩镇后吴村	核桃园组二段	7.35 t
井楼油田	1985.09	泌110	唐河县古城乡王岗村	核桃园组三段.	17.4 t
古城油田	1986.06	泌124	唐河县毕店镇韩岗村	核桃园组三段	21.8 t
新庄油田	1986.06	泌浅2	泌阳县赊湾乡灵芝铺	核桃园组三段	?
杨楼油田	1986.12	泌浅7	唐河县大河屯镇赫楼村	核桃园组三段	?
杜坡油田	1992.07	泌206	唐河县毕店镇杜坡村	核桃园组三段	32.36 m^3

1. 立足南阳、持续发现（1972~1974年）

1970年4月，江汉石油会战（时称“五七油田”会战）指挥部部署了南襄盆地的地震普查和钻探工作，同年6月，油气勘探实施，在“选凹定带”的勘探思路指导下，先后施工了廖庄鼻状构造高部位的南1井和时称“牛三门隆起”的南2井，但均未见油气显示。1971年2月在南2井与南1井之间的王集断鼻构造顶部施钻了南3井，于2170.00~2943.23 m井段发现了6层、厚10 m的油迹砂岩，因钻井事故被迫提前完钻；继而，同一井场再钻了南4井，在相当于南3井油迹砂岩井段的砂岩取心却仅为荧光级别，未转入试油。

1971年5月，南阳凹陷的第一张地震反射层构造图编制完成，显示深凹区发育以东庄、魏岗构造为主体的“中央隆起带”，6月在东庄背斜构造施工的南5井于2290.5~2355.0 m井段发现了油浸砂岩9层10 m、油斑砂岩10层9.5 m，8月采用射孔后提捞求产，获日产原油2.94 t，终于突破了南阳凹陷的出油关。随着南5井的古近系首次获得油流，河南省首个油田——新野县东庄油田破茧，宣告了河南省为我国第16个出油省。南5井成为河南省境内第一口工业油流井和河南油田发现井（《中国油气田开发志》总编纂委员会，2011a）。1971年9月在南阳凹陷魏岗构造施钻的南6井于古近系始新统核桃园组二段（以下简称核二段）获得敞喷日产72.2 t的工业油流，成为河南油气区的第一口自喷井，魏岗油田破茧而出。

1972年初，江汉石油会战结束，5月1日，燃料化学工业部在南阳市新野县成立南阳石油勘探指挥部，1973年11月更名为河南石油勘探指挥部（1983年4月更名为河南石油勘探开发公司，1986年5月更名为石油工业部河南石油勘探局，1998年6月更名中国石油化工集团公司河南石油勘探局，2000年4月更名为中国石油化工股份有限公司河南油田分公司，以下简称河南油田），河南油田正式诞生，从此拉开了河南油田艰苦创业的序幕。指挥部制定了“立足南阳、着眼河南”的勘探方针，要求全面侦察周口、开封坳陷，开展区域油气勘探。1973年12月，在南阳凹陷东部施钻的龙1井于核二段获得日产30 t的工业油流，张店油田诞生。

2. 挥师泌阳、战略突破（1975~1977年）

1974年5月群众报矿，在泌阳凹陷南缘栗园发现油苗；随后于10月，河南石油勘探指挥部便安排地震队在南部深凹区进行地震勘察。1975年3月，在泌阳凹陷的深凹部位施钻了泌1井，8月完井，率先发现了巨厚的核桃园组烃源岩，完井试油获日产原油0.3 m^3。1975年4月至8月施钻的泌2井钻遇了核桃园组三段（以下简称核三段）1496.3~1500.0 m井段的固体天然碱层，发现了安棚天然碱矿。1975年11月至1976年3月，在泌阳凹陷南部断超带的双河鼻状构造完成了泌4井，1976年5月对核三段1442.6~1638.4 m井段三层合试，日产20.2 t的工业油流，5月20日再对1442.6~1500.0 m井段单试获得日产116.7 t的高产工业油流，发现了泌阳凹陷的首个油田——双河油田，实现了河南油气区的战略突破。1977年3月，泌12井于核三段的1400.4~1813.2 m井段获得日产46.5 t的工业油流，发现了王集油田。

3. 加速建产、初具规模（1977~1982年）

河南油田经历了20世纪70年代前半期的艰苦创业阶段后，1977年5月开始产能建设，万里油区展开了石油大会战。7月，泌42井在2366.2~2384.2 m井段获得日产31.4 t的工业油流，9月又于1951.0~2384.2 m段合试获得敞喷日产225 t的高产油流，发现了江河油田（后纳入双河油田），并于11月在泌28井获得油、套管敞喷日产902 t的高产油流；12月在泌7井的1061.8~1704.4 m井段获得敞喷日产353 t的高产油流，发现了泌阳县下二门油田。

稀油是河南油田的主要开发对象，开发初期主要是学习应用大庆油田的“六分四清”开发模式，油井经短期自喷后便采用有杆泵采油。为了实现百万产能目标，18个月的会战中，连续组织了抢建产能的魏岗、双河、江河和下二门等4个油田的注水开发会战，1978年油田全面投入开发，为缓解地层压力下降过快和保持原油稳产开始了注水开发，当年产油167.44×10^4 t，1979年原油年产达225.7×10^4 t，1980年原油年产231×10^4 t，建成了初具规模的原油生产基地。至此，油田进入了科学开发阶段，油气集输工艺达国内先进水平。在随后的双河油田开发中，打破了10 m以下油层不能动用的禁区，攻克了5 m薄层的开采难题，探索出了小区块薄油层开采经验。

4. 二次勘探、创新扩展（1983~1986年）

由于当年认为泌阳凹陷结构较为简单，构造圈闭不甚发育且规模普遍较小，在“背斜找油论”盛行的背景下，泌阳凹部的油气勘探进展缓慢。1983年3月，中国石油学会在江苏省扬州市召开了全国第一届隐蔽油藏学术讨论会，根据国内外开展隐蔽油藏勘探的宝贵启示，河南油田决定对泌阳、南阳凹陷开展“二次勘探”，明确了在泌阳凹陷以寻找岩性油气藏和与鼻状构造或断层匹配的复合油气藏为主的勘探思路。1983~1986年，通过泌阳凹陷的“二次勘探”，先后发现了安棚（纳入赵凹油田）、井楼、古城、新庄、杨楼等油田，取得了泌阳凹陷油气勘探类型以岩性-构造复合油气藏为主、兼探稠油油藏的创新性扩展。

20世纪70年代后期到80年代末，是河南油田快速上产多产油阶段，也是河南油田发展史上的辉煌时期，1981~1985年原油稳产在230×10^4 t左右，1986年原油年产250×10^4 t，随后，原油产量稳步上升，1989年原油年产量达到历史最高峰的257.74×10^4 t。1986~1990年的“七五”时期，稀油油田开发进入了中、高含水期，为放大生产压差，提高油井排液量，开始实施大泵提液开采，电潜泵采油开始引进推广应用；泌阳凹陷北部斜坡带的稠油油藏的油层埋藏浅、厚度薄、原油粘度稠、油层分布零散、胶结疏松，于1986年开展蒸汽吞吐试采，1987年开展普通稠油常规开发试验，1989~1991年在井楼、古城油田相继进行了规模化推广应用，生产过程中易出砂，吞吐周期短，对出砂严重的油层配套完善了不锈钢绕丝筛管砾石充填、不锈钢绕丝筛管砾石预充填、金属棉滤砂管防砂、常规稠油井化学防砂等工艺，针对高周期吞吐井先后配套应用了面积组合注汽、动态配汽、强排、降黏等工艺，配套完善薄层特-超稠油藏注蒸汽吞吐的“油层-井筒-地面”三位一体、“油藏-工艺-管理”有机结合的油藏管理技术对策。到20世纪90年代初期，油田勘探在低谷中徘徊，仅发现了王集油田柴庄区块和下二门油田孙岗含油区块（1990年）、杜坡油田（1992年），扩大了赵凹油田含油面积（1994年）；油田开发难度越来越大，产量开始下滑，1995年原油年产降至191.6×10^4 t。从“九五”（1996~2000年）开始，油田进入高含水、特高含水开发阶段，处于艰难稳产时期，油层非均质影响更加严重，水驱开发效益越来越差，对堵水、调剖技术提出了更高要求，为缓解产量递减，开展了三次采油技术（即聚合物驱油）的科学研究及工业应用，同时积极进行滚动勘探开发和油田探边扩边寻找新储量工作。进入“九五”后的15年，油田年产量一直保持在180×10^4 t左右，处于“硬稳定”状态。到2005年底，河南油田探明的13个油田均已投入开发，动用含油面积178.5 km^2，石油地质储量27714.8×10^4 t，建成采油井2221口，油井开井1924口，日产油5019 t，年产油187.1×10^4 t，累计产油6022.6×10^4 t，可采储量采出程度76.54%。

（三）中原油气区的建设历程

中原油气区的开发单位为中原油田，油气资源位于东濮凹陷范围内，地跨豫鲁两省。中原油田坚持勘探开发并重的方针，共发现了22个油（气）田（表6-5）。中原油田经过几十年的建设，已经发展成为一个具有油气勘探开发、工程技术服务、石油天然气化工等综合优势的国有特大型企业，成为中国东部地区重要的石油天然气生产基地。

表6-5　中原油气区油（气）田发现井参数统计表

油（气）田名称	发现时间	发现井	地理位置	测试成果	
				地质层位	日产量
文中油气田	1975.09.08	濮参1	河南省濮阳县	沙三^{中}亚段	油13 t
文南油气田	1976.07	文5	河南省濮阳县	沙河街组	油215 t
文东油气田	1977.10	文9	河南省濮阳县	沙三^{中}亚段	油8.4 t
卫城油气田	1977.07.10	卫1	河南省濮阳县	沙河街组	油3.07 t
文23气田	1977.11.28	文23	河南省濮阳县	沙河街组四段	气23.8×10^4 m^3
桥口油田	1978.01.05	开10	山东省菏泽市东明县	沙河街组一段	油45.67 t
濮城油气田	1979.03.05	文35	河南省濮阳县	沙二^{上}亚段	油23 t
文明寨油田	1979.11	卫7	河南省濮阳县	沙河街组	油26 t
古云集油田	1980.05.03	濮30	山东省聊城市莘县	沙三^{中}亚段	油22.4 t
白庙气田	1980.11.20	开25	山东省菏泽市牡丹区	沙三^{中}亚段	气1.83×10^4 m^3
马厂油田	1981.08	马11	山东省东明县	沙河街组三段	油76.5 t
桥口气田	1983.02	桥14	山东省东明县	沙三^{下}亚段	气4.6×10^4 m^3
胡状集油田	1983.08.12	开37	濮阳县	沙河街组三段	油38 m^3
庆祖集油田	1986.11.27	庆6	濮阳县	沙河街组三段	油19.1 t
刘庄油气田	1987.08	刘3	濮阳县	沙三^{上}亚段	气3.78×10^4 m^3
三春集油田	1987.10	春9	山东省东明县	沙河街组三段	油47.6 t
马寨油田	1988.09.10	卫95	濮阳县	沙河街组三段	油21.0 t

续表

油（气）田名称	发现时间	发现井	地理位置	测试成果	
				地质层位	日产量
徐集油田	1991.06.18	徐 12	山东省东明县	沙河街组	油 13.02 t
户部寨气田	1992.02.19	卫 79-9	河南省濮阳县	沙河街组四段	气 4×10^4 m^3
南湖气田	1993.10	孟 4	河南省濮阳县	沙河街组二段	10.1×10^4 m^3
赵庄油田	1995.01	桑 1	河南省濮阳县	沙二^{下}亚段	油 16 t
前梨园油田	1998.01	前 1	山东省菏泽市鄄城县	沙三^{下}亚段	油 35.95 m^3

中原油气区是渤海湾地区典型的复杂断块油气区之一，针对复杂的地质特点，开发难度大，遵照“整体部署，分批实施，跟踪研究，及时调整”的滚动勘探开发思路，将“滚动勘探开发一体化”模式贯穿于油田开发生产建设的始终。复杂断块油田的勘探、开发工作一般是并列或交叉进行的，“勘探中有开发”，“开发中有勘探”。1975 年 9 月东濮凹陷濮参 1 井突破出油关，1977 年第一口滚动开发井——文 10-2 井开钻，1979 年 7 月文中油气田正式投入开发。在东濮凹陷勘探开发过程中，随着油气地质储量探明程度的不断提高和开发工作的逐步深入，不同勘探开发阶段具有不同的滚动增储特点，滚动勘探开发历程分为 1979~1988 年的早期滚动勘探开发、1989~1993 年的中期滚动开发和后期滚动勘探开发一体化 3 个发展阶段，依靠滚动勘探在老油气田不断发现新的储量，对稳定中原油田油气产量起到了关键作用。

1. 中原油气区首个油田的发现

1969~1971 年，胜利石油管理局在开封坳陷中牟凹陷东南部和东濮凹陷南部完成光点地震勘探 2630 km，在中牟凹陷的杜营次凹姜庄断鼻施工的参 2 井于 2923.0~3072.8 m 井段的古近系始新统—渐新统沙河街组发现较好的含油显示，经测试获得 162 m^3 的原油；1970~1971 年在东明凹陷南部山东省境内完钻的东参 1 井和新 1 井见到了不同级别的含油显示，虽然沙河街组暗色泥岩比较发育，但因单层含油砂岩较薄，未投入试油而撤离。

1973~1974 年，河南石油勘探指挥部先后在周口坳陷施工了沈丘凹陷郭平楼构造的周参 1 井和鹿邑凹陷的周参 2、周参 3 井，1051~2092 m 厚的古近系基本是红色砂、泥岩，缺乏生油条件。随着 1973 年冬，由光点地震勘探向模拟地震勘探的技术革新，年初组建的燃料化学工业部物探局第二指挥部于 1975 年在 1324 km 的模拟地震普查的基础上，通过东明凹陷北部沙河街组一段（下简称沙一段）底面构造图的编制，发现了中央构造带和文留、卫城、梁庄等 18 个局部构造；其中，文留构造圈闭面积 80 km^2，闭合幅度 150~300 m；卫城和梁庄构造圈闭面积分别为 24 km^2 和 30 km^2。

1975 年，河南石油勘探指挥部根据着眼东濮凹陷北部整体评价、以中央构造带为重点、采用“稀井广探”的方针，在文留构造东高点施工了濮参 1 井，地质录井在沙河街组 2578~2602 m 井段发现了 3 层厚度约 7 m 的油斑砂岩和 3 层厚度约 9 m 的微含油-含油砂岩，9 月 8 日出现井喷，9 月 9 日因连续井喷造成坍塌卡钻而终孔。濮阳县文留乡境内的濮参 1 井工业油气流的喷出，是我国东部地区石油勘探的又一重大突破，标志着中原油田的发现。随后施钻的新濮参 1 井及其周缘的文 1、文 3、文 5、文 6 等井皆取得了较好的成果，由此发现了濮阳县文中油气田。

1975 年 10 月，东濮石油勘探会战指挥部（1978 年 10 月更名为东濮石油会战指挥部，1982 年 3 月更名为石油部中原石油勘探局，其后又更名为中国石油化工集团公司中原石油勘探局和中国石油化工股份有限公司中原油田分公司，下简称中原油田）成立，拉开了东濮凹陷石油勘探会战的序幕。

2. 突破北部、奠定基础（1976~1982 年）

随着 1975 年 9 月濮参 1 井喷油，至 1979 年 3 月，中原油田在东濮凹陷北部相继发现了文中、文南、文东、卫城、濮城 5 个油气田和文 23 气田。1977 年发现的濮阳县文 23 气田是中原油气区的第一个气田，也是河南省发现的首个气田。1977 年 7 月地质部第五普查勘探大队在东濮凹陷南部的桥口构造顶部施钻的开6井在沙河街组三段（下简称沙三段）试获日产原油6.01 t，11月开8井在沙一段试获日产原油31.6 t，1978年1月开10井在沙一段试获日产原油45.67 t，从而发现了桥口油田。1978年8月，中原油田根据文留地区勘探井试油、试采以及室内岩芯分析、开发试验等资料，优选文留油气田（文中、文东和文南3个油气田的总称）中部作为开发试验区，方案确定了“早期分层注水，保持油层能力，实现油田高产稳产”的开发方针。经过三年多的勘探，探明了数量可观的石油地质储量，为油田的大规模开发准备了条件。1979年，中原油田正式投入开发建设，7月1日，中原油气区的第一个油田——文中油气田投入生产。1979年，生产原油22.40×10^4 t，生产天然气0.3348×10^8 m^3。1979年始，为了尽快落实探明储量，加快产能建设，实施了早期滚动勘探开发，大面积三维地震覆盖，加速了早期滚动开发节奏。1979年11月至1981年8月，又相继发现和探明了文明寨、古云集、马厂等3个油田和白庙气田。截至1982年底，累计探明石油地质储量2.74001×10^8 t，天然气地质储量280.57×10^8 m^3。

3. 大幅增储、高效开发（1983~1988年）

中原油气区是以复杂的断块油气藏为主，构造破碎，埋藏较深，具有“高盐、低渗、高温、高压”等特点，油气“大幅增储、高效开发”存在着较多难题。特别是从1983年，中原油田针对油气资源丰富，但地质构造复杂、开发难度大等实际，开展了声势浩大的“三年生产建设技术攻关会战”（俗称“三年科技攻关会战”），攻克了一批重大技术难题，形成了一套具有中原油田特色的技术系列，提高了油田的勘探开发水平，深层天然气勘探取得新进展，首次在奥陶系潜山获得油流，为快速建设中原油田提供了坚强的技术保证。1984年4月在马厂油田蔡庄断块上完钻的开33井于二叠系下部试获原油2.15 t，并在沙四段试获工业气流，揭开了上古生界寻找油气的前景。

1983~1988年间，发现了一批油气田，生产规模逐年扩大，原油年产量由1982年的215.084×10^4 t跃升到了1988年的历史峰值722.052×10^4 t（表6-6），跻身于全国四大油田行列。

4. 探索“三新”、控制递减（1989~2000年）

中原油田开发建设以来，经历了“六五”“七五”高速发展阶段。进入“八五”（1991~1995年）后，面对储量不足、开发难度大的矛盾，通过老油田深入挖潜、滚动增储和新探区的突破，破局产量递减困境。

由于中原油田早期滚动勘探开发面对的是未勘探开发或勘探开发程度都较低的储量，滚动勘探成果显著，基本探明了主要含油气构造，发现的储量品质高，开发效果好，经济效益突出。随着勘探开发的不断深入，勘探程度逐步提高，勘探对象越来越复杂，新发现储量大幅度下降，而且储量品质明显变差，大部分是埋深大于3500 m的低渗油藏和零星小块，开发后备储量严重不足。1989~1993年，实施了以落实开发储量为主要目的的滚动开发。这一时期滚动勘探开发主要对象是老油田周边、结合部、复杂带以及早期滚动勘探开发阶段上报的未开发储量区块。滚动勘探开发工作主要是通过对已投入开发油藏地质特征和油气富集规律深化认识，进一步从中优选落实开发储量。中原油田重点开展了聊兰正断层、唐庄-马厂断裂带、河岸-刘庄地区和文卫潜山等“三新”（新地区、新层系、新类型）领域勘探，发现整装油田的难度越来越大，仅探明了徐集油田、户部寨气田和南湖气田。

“八五”期间，中原油气区储量增长处于低谷，已开发油田产量递减，后备储量严重不足。为缓解储采失衡的矛盾，1993年下半年开始，中原油田以深化油藏认识、滚动增储稳产为主要目的，实施了滚动勘探开发一体化模式，开展了新一轮科技攻关会战，并加强了深层天然气勘探。截至1998年底，连续5年原油年产量在400×10^4 t以上。

“九五”（1996~2000年）以来，东濮凹陷处于高成熟勘探阶段，勘探对象逐渐转移为埋藏深、构造和储层及油水关系更加复杂的低渗透复杂断块油气藏，勘探难度越来越大。引进了一套大型计算机地震资料解释系统，按照滚动勘探开发一体化的工作思路，加大地震资料连片处理、地震资料目标精细处理、人机交互构造精细解释、地震储层预测、低电阻油层识别、油气综合评价、双靶及多靶定向井钻探、油层大型压裂改造等滚动勘探开发新技术攻关，系统开展东濮凹陷石油地质特征再认识及油藏形成条件、油气在纵向上和平面上的分布规律研究，以区带评价为基础，优选有利目标进行油气评价，不断发现并落实新的含油区块，有效缓解了储采不平衡局面。

表 6-6　1979~2005 年中原油气区探明储量及产量统计表

年份	探明油气地质储量			油气产量	
	石油/10^4 t	气层气/10^8 m^3	溶解气/10^8 m^3	原油/10^4 t	天然气/10^8 m^3
1979	6366.37	32	—	22.40	0.3348
1980	21034.4	248.57	—	73.111	0.8091
1981			—	141.502	1.3969
1982			—	215.084	2.3554
1983	3074	77.83	—	303.371	2.8756
1984	7591	0	—	401.169	3.7077
1985	4141	46.36	—	550.029	5.7389
1986	3048	0	—	630.461	8.1969
1987	1094	0	—	680.022	9.8942
1988	1486	2.33	—	722.052	12.8810
1989	329	5.28	—	698.122	12.6481
1990	671	0	—	630.019	13.5113
1991	1281	0	—	610.061	12.7116
1992	293	10.95	—	580.107	11.7768
1993	818	25.92	—	550.066	11.4822
1994	108	4.33	—	483.132	12.0125
1995	0	0	—	410.336	11.0216
1996	152	0	—	400.280	11.0455
1997	973	10.97	—	402.067	11.5722
1998	679	15.26	—	400.169	11.9034
1999	976	0.36	—	375.400	12.4254
2000	813	83.67	—	377.177	13.2828
2001	2618	35.51	39.8	380.000	15.0249
2002	2116	71.8	14.53	380.307	16.2108
2003	1136	20.33	11.54	361.569	17.0066
2004	778	38.82	8.21	335.106	17.5128
2005	1110	3.09	11.1	320.000	16.6082
合计	62685.77	733.38	—	11433.12	275.9472

1989~2000 年间，中原油气区的原油产量呈下降态势，溶解气产量也大幅度减少。为了满足市场需求和油田内部用气，1990 年以来，文 23 气田投入开发，并对低渗低产气层采取压裂改造，对微产或不产层进行重新射孔和压裂改造等措施，保证了 2000 年的天然气产量增至 13.2828×10^8 m^3。

5. 精细挖潜、持续扩展（2001~2017 年）

2001~2005 年，针对中原油气区面临“储采比”开始失调和原油产量逐年递减，中原油田组织了第二次科技攻关会战，加强老区精细勘探，深化成藏规律认识，坚持勘探开发一体化，其间，油气勘探的重点是对文南、文濮结合部、胡状集-庆祖集断阶带、桥口和马厂等地区进行分带、分层系的精细解剖，加强浅层和隐蔽油气藏研究，从而，发现了一批新的富集区块，迎来了储量增长的第二个高峰期。截止到2005年底，累计探明石油地质储量62685.77×10^4 t、天然气地质储量733.38×10^8 m^3；控制石油地质储量2850×10^4 t、天然气地质储量170.17×10^8 m^3；动用含油面积347.8 km^2，动用石油地质储量48910.74×10^4 t，动用天然气地质储量1004.4×10^8 m^3（含气层气和溶解气），完钻各类井7804口，建成年原油生产能力302.6×10^4 t，天然气年生产能力16.02×10^8 m^3；其中，油井3364口，日产油8914 t，年产油320.00×10^4 t，累计产油11433.12×10^4 t；气层气井293口，年产天然气16.6082×10^8 m^3，据不完全统计累计生产天然气275.9472×10^8 m^3（《中国油气田开发志》总编纂委员会，2011b）。同期，集中调整治理了32个开发单元，增加水驱控制储量1326×10^4 t，增加水驱动用储量1709×10^4 t，自然递减由2000年的27.43%下降到2005年的19.7%，稳产基础得到加强。尤其是进一步加大天然气开发力度，主要是加强了难开发储量（白庙、桥口）的动用。同时，充分利用油藏低效井、报废井改采天然气，在不影响油藏开发情况下，挖掘气顶潜力，逐步加密采气井网，增加动用储量，使气层气的产量逐步攀升，弥补了油田溶解气产量的下降，天然气产量连续5年实现了15×10^8 m^3 以上的高产稳产。2005年以来，中原油田继续精细挖潜、持续扩展，取得了一定的成效；三次采油技术推广应用和新探区投入开发后，原油产量逐步回升。

中原油田实施滚动勘探开发模式，坚持“先浅层后深层，先高产后低产，先简单后复杂，先低气油比后高气油比”的产能建设原则，经历了1975~1988年的增储上产、1989~1995年的储量产量递减和1996~2005年的调整挖潜阶段。开发早期，油井以自喷生产为主，1979年3月以后开始转为人工举升方式采油。鉴于东濮凹陷油气藏突出表现为高温、高压、高气油比、高矿化度、低渗透的“四高一低”特点，为适应不同类型油藏，不同开发阶段的需求，通过科技攻关，形成了具有中原油田特色的机采配套、规模气举、高压注水、调剖堵水、油层改造和井况防治等一系列采油气工程技术。针对中、低渗油藏类型，应用酸化技术及分层压裂、整体压裂、复合压裂和重复压裂等系列压裂技术。中原油田注水开发后，油层出现水淹，油井含水上升，采用机械堵水、化学堵水工艺技术对油水井实施堵水，应用不同类型的调剖剂、多项优化决策技术对注水井近井地带及深部进行调剖，改善注水井吸水状况，扩大注入水波及体积。气藏开采初期，气井依靠地层能量生产；中后期，气藏压力降低，气井积液严重，应用泡沫排液、气举排液、柱塞气举、超声波旋流雾化等排液采气配套工艺技术。

近年来，中原油田坚持以油藏经营管理为主线，深化复杂断块群和构造岩性油气藏精细勘探，持续开展以井组为中心的精细注采调整，自然递减得到有效控制。自2011年，积极推进非常规油气资源评价开发，致密砂岩油气藏评价开发取得进展，展示了拓展勘探开发领域的良好前景。

1977年和1979年，河南油气区和中原油气区相继投入开发。1984年河南省原油产量为639.56×10^4 t，累产原油2711.19×10^4 t，原油年产量居全国第5位。1988年河南省原油产量为979.062×10^4 t，天然气产量为13.29×10^8 m^3，名列全国第3位（仅次于黑龙江省和山东省）。随着油田开发进入中、晚期，2000年的河南省产油量为562.2×10^4 t，产气量为14.95×10^8 m^3，整体降至全国第5位。2005年，中原和河南油气区的年产油量分别降至320.0×10^4 t和174.5×10^4 t。2014年河南省原油和天然气年产量再度降至全国的第10位和第14位。截至2017年底，中原和河南油气区累计生产原油（含凝析油）21762.82×10^4 t，天然气541.39×10^8 m^3。

第二节　河南油气区地质特征与成藏特征

河南油气区是南襄盆地内的泌阳和南阳凹陷油气田的统称，是河南省重要的油气矿产地，共有13个油田和7处油藏，大部分集中在南阳市唐河县境内，其他分布在南阳市桐柏县、新野县和驻马店市泌阳县境内（表6-7；图6-3）。根据《矿产资源储量规模划分标准》（国土资发〔2000〕133号），按照技术可采储量丰度的分类：大于80×10^4 t/km^2 的油田为高丰度油田，25×10^4~80×10^4 t/km^2 的油田为中丰度油田，8×10^4~25×10^4 t/km^2 的油田为低丰度油田，小于8×10^4 t/km^2 的油田为特低丰度油田。南阳凹陷以小型（原油储量小于1000×10^4 t）、低丰度油田为主，泌阳凹陷以中型、中丰度油田为主，仅有双河油田属大型油田（原油储量≥1×10^8 t）。截止到2017年底，13个油田累计探明含油面积200.07 km^2，石油地质储量30498.23×10^4 t，技术可采储量9030.87×10^4 t，累计产油7647.07×10^4 t。泌阳凹陷内油田面积占河南油气区内油田总面积的77.8%，石油地质储量占总储量的90.3%。南阳凹陷的石油资源量仅为泌阳凹陷的10.8%。

表6-7 河南油气区油气矿产地简表

构造单元	油（气）田名称	地理位置	含油面积/km^2	主要产层	规模等级	储量丰度/(10^4 t·km^{-2})	丰度分类
南阳凹陷	东庄油田	南阳市新野县	3.90	核二-核三段	小型	5.08	特低
	魏岗油田	南阳市唐河县、新野县	14.70	核二-核三段	小型	26.50	中
	张店油田	南阳市唐河县	23.76	核二-核三段	中型	12.10	低
	北马庄油田	唐河县	2.10	核二-核三段	小型	3.95	特低
	赵岗地区龙6井断鼻构造油藏	唐河县	—	核一段	矿点	—	—
	黑龙庙新南63井区构造-岩性油藏	唐河县	—	核二段	矿点	—	—
	马店断鼻油藏	唐河县	—	核二段	矿点	—	—
	小计		44.46	核二-核三段		15.86	低
泌阳凹陷	杨楼油田	唐河县	10.13	核三段	中型	17.22	低
	王集油田	唐河县	26.04	核二-核三段	中型	12.50	低
	王集南泌111井区岩性油藏	唐河县	—	核三段	矿点	—	—
	新庄油田	唐河县、泌阳县	7.34	核三段	中型	56.77	中
	下二门油田	驻马店市泌阳县	11.08	核二-核三段	中型	102.15	高
	古城油田	唐河县	20.96	核三段	中型	26.16	中
	杜坡油田	唐河县	2.14	核三段	小型	1.09	特低
	井楼油田	唐河县	15.36	核三段	中型	27.99	中
	双河油田	南阳市唐河县、桐柏县	34.36	核三段	大型	132.42	高
	泌139井区岩性油藏	唐河县	—	核三段	矿点	—	—
	赵凹油田	南阳市桐柏县	28.20	核三段	中型	26.43	中
	安棚泌101井区岩性油藏	桐柏县	—	核三段	矿点	—	—
	安棚安深1井区核桃园组页岩油藏	桐柏县、泌阳县、唐河县	—	核三段	矿点	—	—
	小计		155.61	核二-核三段	—	53.50	中
合计			200.07	核二-核三段	—	45.14	中

注：石油可采储量丰度大于80×10^4 t/km^2为高丰度油田，25×10^4～80×10^4 t/km^2为中丰度油田，8×10^4～25×10^4 t/km^2为低丰度油田，小于8×10^4 t/km^2的特低丰度油田。

南襄盆地是在秦岭造山带背景上形成的中、新生代陆相沉积盆地（图6-4），总面积约17000 km^2，横跨河南省南阳市、驻马店市及湖北省襄阳市，地貌上为四面环山的盆地，盆地内有湖北境内的襄枣、河南境内的南阳和泌阳等3个凹陷。盆地基底为前寒武系，其上沉积了上白垩统、古近系、新近系，古近纪是盆地主要的发育期，古近系最大沉积厚度可达6000 m左右。古近系自下而上划分为古新统—始新统玉皇顶组、始新统大仓房组、始新统核桃园组和渐新统廖庄组，均夹有膏盐沉积，其与下伏上白垩统整合接触，与上覆新近系不整合接触。玉皇顶组和大仓房组为河湖相红色夹灰、黄、绿等色碎屑岩沉积，厚度分别为55～600 m和600～1200 m。核桃园组是湖盆稳定沉积阶段的产物，属以湖相沉积为主的河湖相碎屑岩，厚度大（最厚达3700 m），为盆地内油气的主要生、储层位。廖庄组主要为棕红色河湖相碎屑岩沉积，厚度80～926 m。

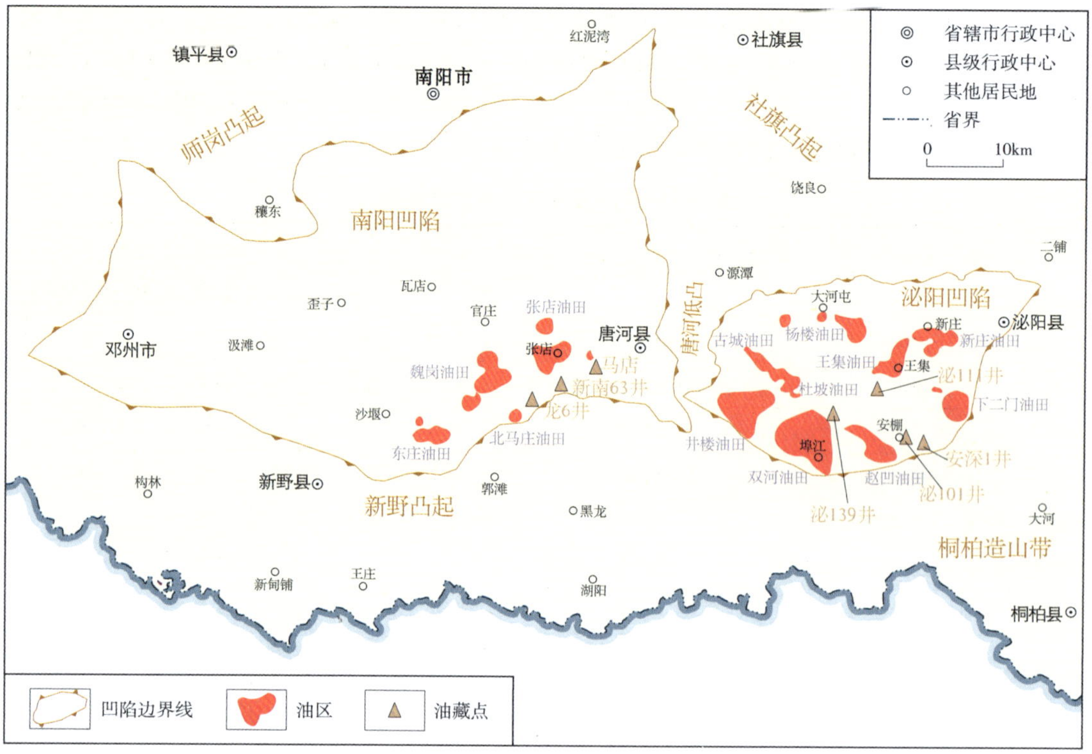

图 6-3　河南油气区油气矿产地分布示意图

南襄盆地 3 个凹陷的沉积厚度、分布面积、生油条件及油气富集程度差异较大；其中泌阳凹陷最佳，虽然面积小，仅有 1000 km^2，但古近系厚度大（最厚为 6000 m），生油层最厚大于 2000 m，各项生油指标可与全国生油层一类凹陷相比，属含油气最丰富的凹陷，以“小而肥”的凹陷著称；南阳凹陷次之，面积 3600 km^2，生油层最厚达 1800 m；襄枣凹陷虽然面积最大，约 4500 km^2，但生油岩较薄，最大厚度仅 800 m 左右，且不成熟，生油条件差（南阳油田石油地质志编写组，1992）。

泌阳和南阳凹陷位于南襄盆地北部，两凹陷以唐河低凸分隔，南以新野凸起邻襄枣凹陷，东部为桐柏造山带，北部为师岗凸起和社旗凸起。两个凹陷均以断裂控制的断陷式箕状凹陷为特征，其次级构造单元分划类似，均划分为南部断裂带、中部凹陷带和北部斜坡带等 3 个次级基本构造单元；深凹陷带与北部斜坡带的过渡区为油气藏的主要分布区，该区核桃园组生油岩埋藏较深，大部分在成熟门限深度以下，生油条件好，该区也是各种砂体的延伸范围，较发育的储集层与生油岩组成较理想的生、储、盖组合，较发育的各类构造成为油气运移通道和聚集单元。核桃园组为“自生自储型”油气成藏的烃源岩和油气储层，主要烃源岩为较深湖相-浅湖相富含有机质的泥质岩，各种砂体构成油气储集砂组；自上而下划分为核一段、核二段和核三段 3 个亚段。自上而下，核二段又细分为核二^1（$E_2h_2^1$）、核二^2（$E_2h_2^2$）、核二^3（$E_2h_2^3$）等亚段，南阳凹陷的核三段细分为核三^1（$E_2h_3^1$）、核三^2（$E_2h_3^2$）、核三^3（$E_2h_3^3$）等亚段，泌阳凹陷的核三段则细分为上、下两个亚段。两个凹陷的大多数油层层位为核二段—核三段上部，储集层类型绝大多数为砂岩、砾岩，仅泌阳凹陷深处（安棚一带）白云岩区发现小范围白云缝隙油层外，尚未发现其他类型储集层的油藏，也未发现古潜山式油藏，因此，油藏类型相对较简单。除少数油藏，如南阳凹陷的魏岗油田核二^{1}亚段油层、泌阳凹陷的下二门和双河油田的核二段油藏，由于后期断层活动，成为纵向油气运移通道，使下部层位的油气向上运移形成少量次生油藏外，其余的均为原生油藏，油藏分布受砂岩展布特征及构造发育情况控制。

多物源、多种类型砂岩体是多种类型油藏形成的主要条件，泌阳和南阳凹陷的有利生油区面积均不大，各构造带发育不同类型砂岩体；南部大断层附近形成了沿断层分布的一系列冲积扇，但泌阳凹陷南部大断层附近所形成的冲积扇储油物性好，而南阳凹陷的砂岩储集层物性差；两个凹陷北部斜坡

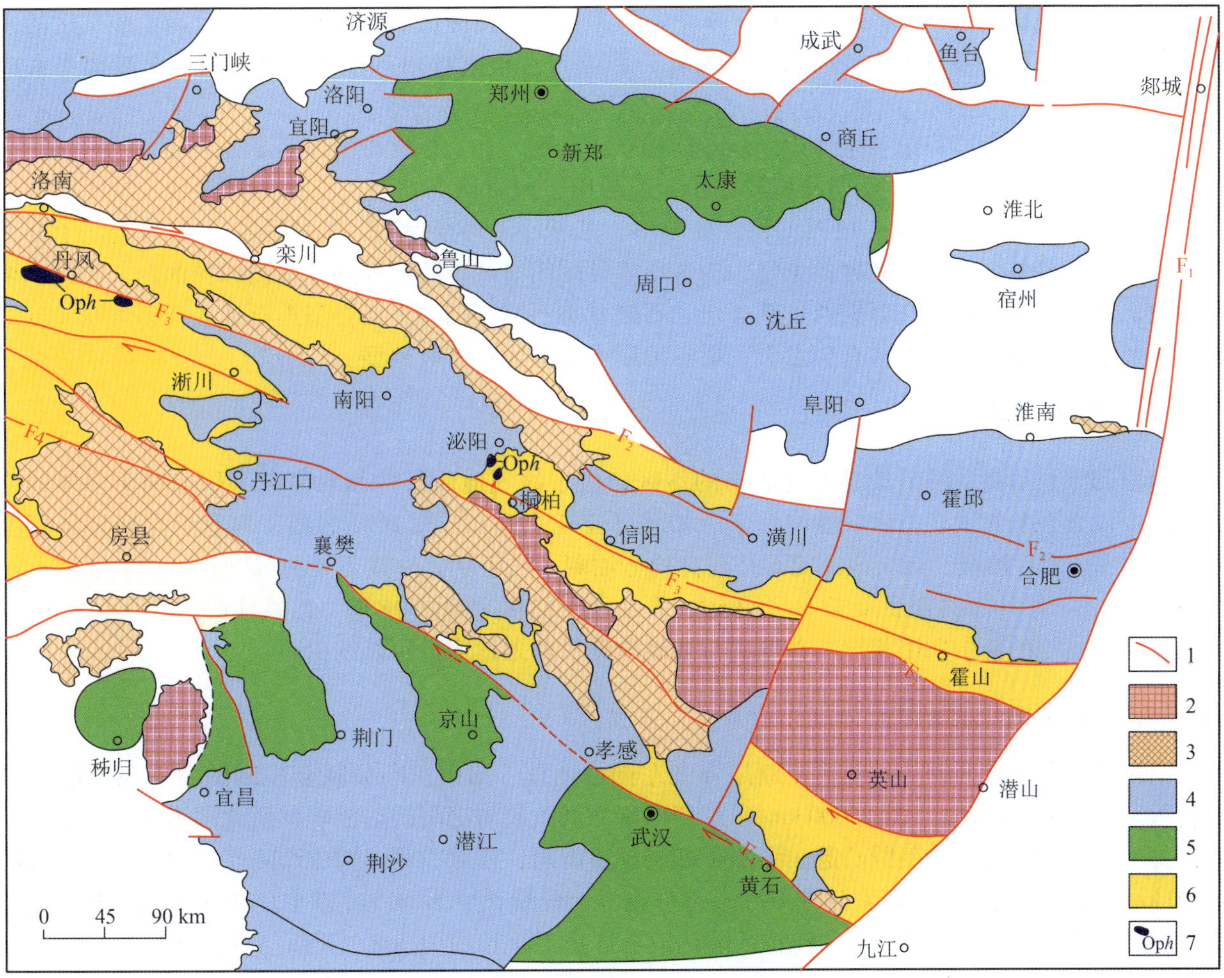

图 6-4　东秦岭-大别山造山带及两侧盆地分布

（据何治亮等，2009，有修改）

1—断层；2—太古宙、古元古代结晶基底；3—中-新元古代结晶基底；4—中-新生代盆地；5—古-中生代残余及影子盆地；6—造山带及隆起；7—蛇绿岩。F_1—郯庐断裂带；F_2—洛南-栾川-合肥断裂带；F_3—丹凤-信阳断裂带；F_4—襄樊-广济断裂带

带的三角洲砂岩体均较发育，延伸面积较大，是北部斜坡带断层油藏和地层油藏的主要储集层，边缘四周砂岩体向凹陷深部延伸的前缘部分，成为透镜状砂岩体主要分布区。控制凹陷发育的南部大断裂的长期相对运动是形成各种油藏圈闭的主要机理，北抬南掉的箕状凹陷使得先期下倾尖灭的南部大断层下降盘的扇三角洲砂岩体后期抬升，造成扇中-扇端上倾，并与油气运移期相匹配，形成岩性油藏；掀斜式的继承性构造运动是凹陷各类构造油藏的主要成因，构造圈闭的形成和发展与箕状凹陷的形态和沉积发育史密切相关；北部斜坡凹陷边缘为抬升最高的构造带，也是核桃园组地层受剥蚀带，是形成地层不整合浅油藏的主要构造带，距油源相对较远的斜坡带到新近纪时才进入凹陷排烃带的范围，是油气运移、聚集的主要时期，使部分油气运移至新近系底部的角度不整合面后成为沥青封堵式油藏。相对停滞的地下水有利于油气的保存，除泌阳凹陷北部斜坡的浅油藏埋深相对较浅外（一般为 200~800 m），两个凹陷的其他油田油层埋深大部分大于 1500 m，纵向上处于地下水交替阻滞带，平面上分布在核二段或核三段的矿化度高值区，油气处于较为封闭的水文地质带。

在泌阳凹陷和南阳凹陷独特的构造及沉积演化控制下，油气主要赋存于核桃园组，然而，两个凹陷的油气富集成藏地质要素有着显著差异。泌阳凹陷是南襄盆地生油岩及储集层条件最佳的凹陷，也是国内少见的“富烃盆地”，核二段和核三段的生油层基本满盆分布，生油岩厚度最大，岩相带分布明显，鼻状构造或背斜与多种三角洲相砂体匹配良好，使之构造-岩性复合圈闭成为主要的油气聚集单元，油气藏类型颇为丰富，目前发现了 9 个油田，探明地质储量丰度普遍较高，是河南油气区的主要产油基地。南阳凹陷虽然构造圈闭较为发育，但油气富集成藏相对复杂，仅探明 4 个规模不大的油田。

据《中国油气田开发志〔卷十七〕·河南油气区卷》（《中国油气田开发志》总编纂委员会，2011a），河南油气区的 13 个油田均属陆相小盆地油田，地质情况复杂，原油性质各异。油气储集层为核桃园组，沉积环境为扇三角洲沉积，砂体多、面积小、厚层发育、岩性复杂，非均质性十分严重，油水界面参差不齐。油藏类型主要为构造、岩性圈闭油藏。原油性质分稀油和稠油两大类，以稀油为主。稀油为高含蜡、高凝固点、低含硫、石蜡基类石油，稠油为沥青基类石油。油田气以伴生气或溶解气为主，多为湿气，并有少量干气层。地层水类型为碳酸氢钠型。

一、南阳凹陷

南阳凹陷是河南省境内最早发现油田的地区，由于油气地质条件相对复杂，历经四十多年的勘探，迄今仅发现和建成了东庄、魏岗、张店和北马庄 4 个油田，属高凝油藏，另有黑龙庙地区新南 63 井区构造-岩性油藏、赵岗地区龙 6 井断鼻构造油藏、马店断鼻油藏 3 处油藏（图 6-3；表 6-7）。至 2017 年底，累计探明含油面积 44.46 km^2，石油地质储量 2960.79×10^4 t，累计产油 510.68×10^4 t。与同属南襄盆地的泌阳凹陷相比，其探明石油地质储量和累计产量明显偏少。

（一）南阳凹陷地质特征

南阳凹陷是由北西西向的新野正断层和北东向的曲洼、南阳正断裂联合控制的“南断北超”型的古近纪沉积箕状断陷，面积 3600 km^2，东部以唐河低凸起与泌阳凹陷相隔，西北部为师岗凸起，东北部为社旗凸起，南部为新野凸起。南阳正断层位于南阳、方城一线，构成凹陷西部边界，延展长度约 90 km，断面倾向南东。新野正断层构成南部边界，延展长度为 50 km 以上，断面北倾，倾角一般小于 30°，最大落差约 5000 m。曲洼正断层构成东部边界，长约 30 km，其南与新野断层相交，断面倾向北西，断距大于 5000 m。

南阳凹陷的基底为东秦岭造山带的前寒武系，基底埋藏最深达 6000 m。古近纪沉积具有“多物源、多水系、多相带、多砂体”的特点，最大沉积厚度 3000 m，暗色泥岩最厚为 1800 m。玉皇顶组和大仓房组底面沉积期的古地貌起伏较大，沉积中心位于南侧大断裂的下降盘，自东向西有牛三门、东庄两个沉积中心。凹陷沉积经历了上白垩统—大仓房组的断坳充填阶段、核三段与核二段的稳定沉降阶段和核一段—廖庄组的回返上升阶段，构成了完整的沉积旋回。沉积中心部位沉积连续，外围及湖盆边缘有短暂的沉积间断。古近系之后，盆地遭受剥蚀，新近系以不整合形式覆盖于古近系之上。

1. 南阳凹陷核桃园组沉积特征

（1）核桃园组沉积特征

南阳凹陷内的核桃园组主要是辫状河三角洲和湖泊相沉积，砂体厚度大、分布广。核二段为主力含油层段，核三段次之。

南阳凹陷的核三段底面古地貌起伏变小，沟谷萎缩，次洼扩大，呈现“南高北低”的格架。核三段沉积期，湖盆范围约 600 km^2，由下而上属湖水逐渐扩大、水体不断变深的过程，沉积物以深色、细粒为特征，主要岩性是深灰、灰色泥岩、白云质泥岩夹油页岩和砂岩，中下部的灰紫色泥岩夹层增多。凹陷南部的主要物源来自新野凸起，在边界断裂下降盘形成如桑庄、黄庄、北马庄、黑龙庙等诸多近岸高位扇三角洲或冲积扇，扇体多呈短轴“裙边状”展布，表现为：近岸快速堆积，岩石成熟度低；规模小，向湖盆延伸距离短，砂体尖灭较快。凹陷北部的主要物源来自西北部的师岗凸起和东北部的社旗凸起，最大的沉积相带是河流-泛滥平原相，范围可达凹陷面积的 2/3，往南进入湖盆区，形成了沙堰-焦店、金华-张店两个高位复合三角洲相带（图 6-5），两个三角洲面积为 130～200 km^2。北部斜坡带的核三段厚度仅为 100～200 m，砂质岩占 60%～70%；较深湖区见于曲洼正断层前缘的牛三门半地堑型次凹和东庄箕状断陷型次凹，沉积范围约 150 km^2，地层厚度 500～700 m，泥岩厚度

400～500 m；浅湖-滨湖相见于凹陷东南部，灰色泥岩厚度 200～400 m，占地层厚度的 20%～50%，沉积范围约 430 km^2。西部的徐埠口次凹面积和沉降幅度均较小，并在核二段沉积以后已基本衰亡。

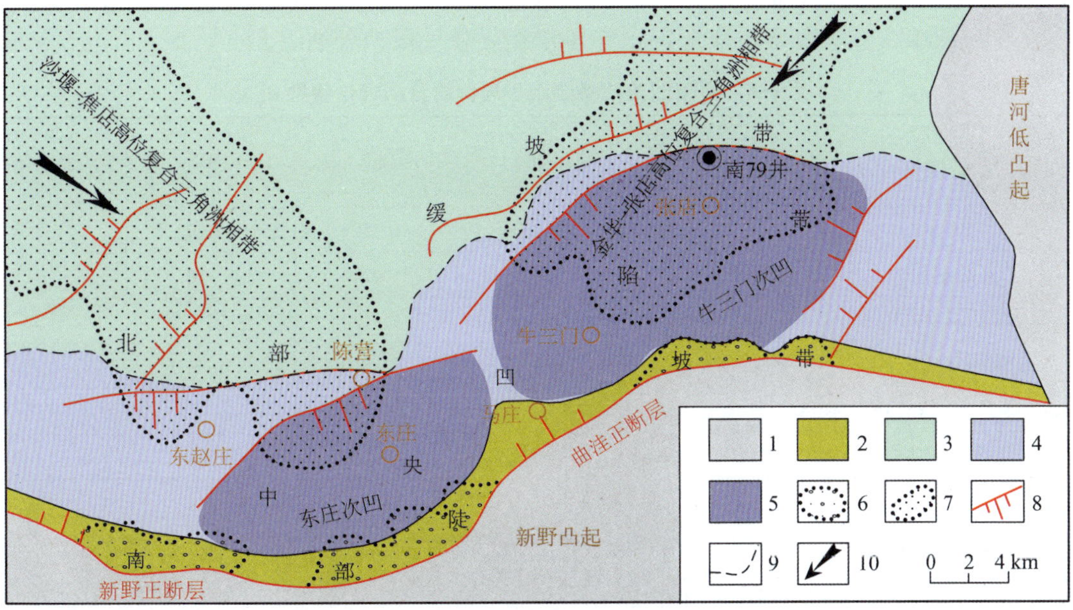

图 6-5　南阳凹陷核三段沉积期沉积相分布图

（据蔡佳等，2011，有修改）

1—剥蚀区；2—扇三角洲区；3—冲积-三角洲平原区（或滨浅湖区）；4—半深湖-深湖区；5—次凹区；6—高位扇三角洲；7—高位三角洲；8—正断层；9—弯折带；10—主要物源方向

南阳凹陷的核二段沉积时期，由原来“南北分带”的古地貌转变为“东西分块”的格局。牛三门次凹继承性较好，沉降中心部位及凹陷走向变化不大，仍呈窄而深的半地堑形态；东庄次凹较深湖相区范围较核三段时期略有减小；西部的徐埠口洼陷继承性也较好。核二段主要岩性是灰色、深灰色泥岩夹薄层泥质白云岩和油页岩。核二$^{2+3}$亚段沉积时期是主要沉降期，湖盆水体逐渐扩大、加深，沉积范围扩至 900～1000 km^2；北部斜坡带仍以河流-泛滥平原相为主，局部出现浅湖-滨湖相带；缓坡带和陡坡带分布着大小不等的三角洲砂体。

南阳凹陷的核二^{1}亚段—核一段沉积时期，湖盆逐渐缩小上返，沉积中心逐渐南移至新野和曲洼断层前缘的牛三门一带，分布范围缩至 130～530 km^2，沉积了灰色、灰绿色为主夹紫红色泥岩和浅灰色砂岩。核一段开始，湖盆整体上升，廖庄组全为陆上沉积。

（2）核桃园组三角洲相砂体储层特征

南阳凹陷的核桃园组储层沉积物主要为河流-三角洲砂，类型较为单一，继承性较好，具有“岩性细、分选好、单层薄”的特点，粒度中值为 0.016～0.500 mm，分选系数为 1.15～4.87，孔渗性相对较好，孔隙度一般为 10%～25%，渗透率一般大于 10 mD。南部以水下冲积扇相砂体居多，孔隙度平均为 10%左右，渗透率平均值小于 10 mD，明显变差。其中，核三段沉积时期，张店东北、白秋以南和杨 3 井附近及东 8 井以东等区域位于三角洲前缘，砂岩厚度多为 35～50 m，孔隙度平均为 14%左右；魏岗以北区域的砂岩厚度为 45～60 m，孔隙度一般大于 16%。核二$^{2+3}$亚段沉积时期，张店以北和东 10 井区的砂体孔隙度大于 14%，但范围较小；核二^{1}亚段沉积时期，魏岗地区的砂体孔渗性较好，孔隙度平均 27%，渗透率平均 10 mD。

参照表 6-8，南阳凹陷的核三段的Ⅰ类储层主要分布于魏岗油田三角洲相河口坝及水下河道微相带；Ⅱ类储层主要分布于张店油田张 4 井东北、白秋南和东庄油田东 8 井以东等地区，其次是魏岗油田南 25 井以北的三角洲相。核二$^{2+3}$亚段的Ⅰ类储层主要分布于张店以北地区和东 10 井区，Ⅱ类储层主要分布于杨 3 井西北和白秋以东地区。核二^{1}亚段的Ⅰ类储层主要分布于魏岗地区，Ⅱ类储层主要分布于杨1井和白秋附近。核三段和核二段是主要的烃源岩，也是油田或油藏的主要储层。4个油田的油层组主要分布于核二段和核三[1]亚段，探明的石油地质储量占总储量的90%以上；其次是核三[2]亚段和核一段。根据次级沉积旋回、砂岩发育程度及含油性，自上而下，核二段可划分为Ⅰ、Ⅱ、Ⅲ等3个油层组，核三段可划分为2~3个油层组。核一段未分油组。

表6-8　南阳凹陷核桃园组砂岩储层分类评价参数表

评价标准 \ 储层分类	Ⅰ	Ⅱ	Ⅲ	Ⅳ	Ⅴ
渗透率 ϕ/mD	>300	50~300	10~50	1~10	<1
孔隙度 K/%	>25	15~25	10~20	8~10	<8
排驱压力 P_d/MPa	<0.05	0.05~0.3	0.1~1.0	0.3~1.5	>1.5
中值压力 Pc_{50}/MPa	<1.5	1.5~3.5	2.5~5.0	3.0~9.0	>9.0
喉道半径 Xp/μm	>15	10~15	5~10	1~5	0.1~1
最小非饱和孔隙体积 S_{min}/%	<15	15~35	35~50	50~70	>70

2. 南阳凹陷构造特征

南阳凹陷自南往北可划分为南部断超带（又称南部陡坡带或南部超断带）、中部凹陷带（又称东庄-牛三门凹陷带）、北部斜坡带等次级构造单元（图6-6）。南部断超带主要范围在新野、曲洼正断层前沿约4 km以内，核桃园组中、上部出现“超覆”，面积约112 km^2，断层面相对较缓（30°~40°），古近纪早期断层活动明显，后期相对稳定，大型断层前缘常形成大致平行展布的次级断层，向凹陷内节节下掉，联合控制形成了溧河铺、曲洼、黑刘营、贺岗、白岗和吴堂等断鼻构造，圈闭面积一般为2~4 km^2。中部凹陷带分布于东庄-牛三门一带，其延伸方向大致与曲洼正断层平行（北东向），北界以东庄背斜北部断层（东一号断层）向东与魏34井连线，与北部斜坡带相接，面积约300 km^2，主要是呈北东向展布的徐埠口、东庄、牛三门等次凹，核桃园组沉积层序比较齐全，发育进积型的完整沉积旋回和体系域，由于徐埠口次凹在核二段以后已基本衰亡，主要生油区是牛三门和东庄两个宽而浅的“碟形”次凹；断层发育，主要形成东庄背斜和北马庄、周庄、涧河桥、黑龙庙等断鼻构造，东庄和北马庄构造面积为7~8 km^2，其他构造为2~4 km^2。北部斜坡带总体为较快抬升的南倾单斜，面积大于2000 km^2，北部和东部均为古近系剥蚀尖灭线，核桃园组厚度小于1000 m，普遍缺失核一段，核三段泥质岩较少；向北部，核桃园组相变较快，魏岗-张店以北以红粗为主的滨湖-河流相沉积组合，生油条件差。根据相带将北部斜坡带进一步划分为魏岗-张店近凹陷斜坡带和金华-袁营斜坡带，前者紧邻凹陷带主要油源区，本身生、储、盖组合较好；后者远离凹陷带，岩性明显变粗，地质条件较差。北部斜坡带鼻状构造带发育，均被北西向和北东向两组断层复杂化，主要形成小型断鼻或断块构造圈闭，大多与岩性圈闭复合。魏岗-张店近凹陷斜坡带有魏岗和张店两个断鼻构造，魏岗断鼻圈闭面积大于20 km^2，该带为南阳凹陷主要的含油区。

3. 南阳凹陷油藏类型

南阳凹陷业已建成了东庄、魏岗、张店和北马庄4个油田，为高凝油藏，除北马庄油田分布在南部陡坡带外，其他3个均分布在北部弯折带附近。油层埋深1580（魏岗油田）~2788 m（张店油田），层数多，单层厚度小，平面分布连续性差，油砂体个数多而面积小。油藏受构造和沉积环境的双重控制，油藏类型多样，北部弯折带以发育断层-岩性、断鼻、断块、断背、泥岩裂缝等油藏为主，深凹区主要发育透镜状岩性油气藏，南部陡坡带发育滚动背斜、砂体上倾尖灭油气藏（图6-7）。采用圈闭成因法将本区油藏划分为构造油藏、岩性油藏和复合油藏3类（蔡佳等，2011），主要有5个亚类：第一亚类为构造油藏，主要为背斜圈闭油藏，主要分布在魏岗油田；第二亚类为断鼻油藏，主要分布在魏岗和张店油田；第三亚类为断块油藏，魏岗、张店、东庄和北马庄等油田均有存在；第四亚类为岩性油藏，主要分布在魏岗、张店、东庄等油田；第五亚类为复合油藏，

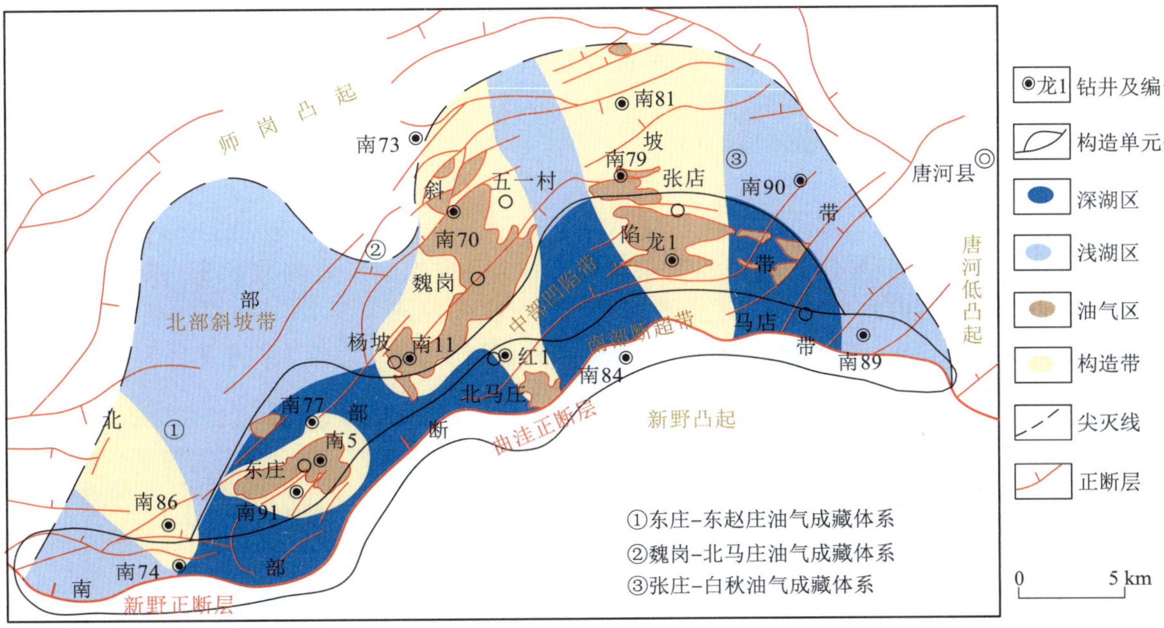

图 6-6　南阳凹陷构造分区略图

（据程学峰，2008）

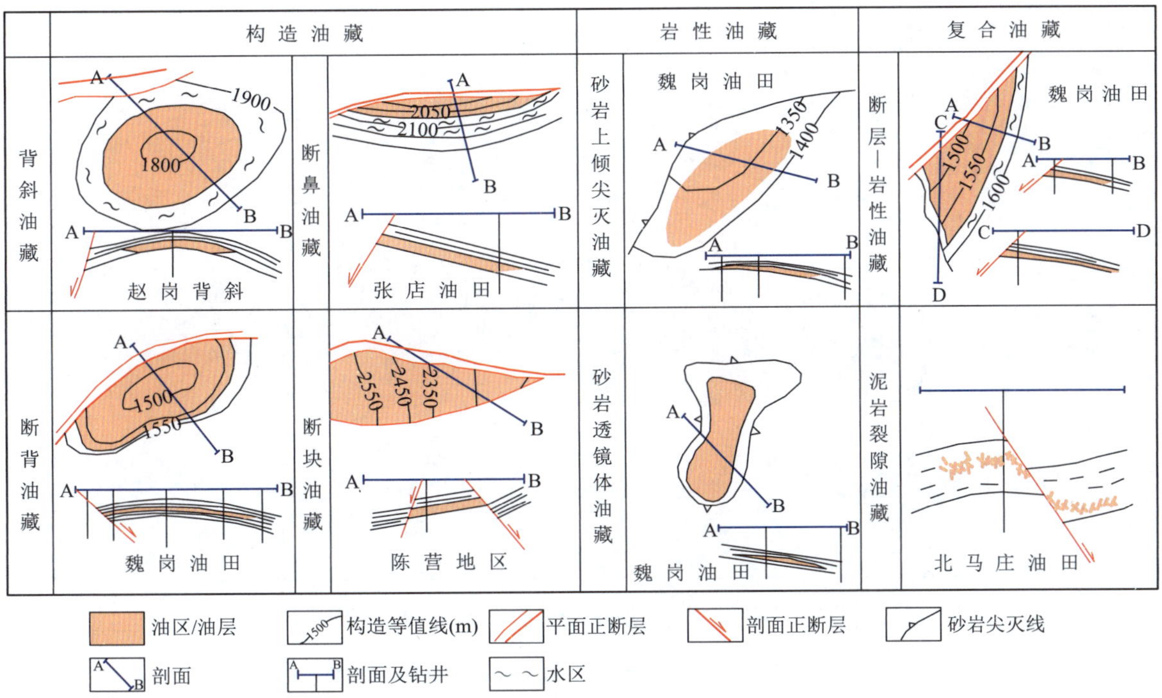

图 6-7　南阳凹陷典型油藏类型

（据蔡佳等，2011）

主要有断层-岩性油藏、构造-岩性油藏等，分布在魏岗、张店、北马庄等油田。

（二）新野县东庄油田

东庄油田是河南省发现的第一个油田，位于南阳市新野县沙堰镇境内，地理坐标为东经 112°30′52″，北纬 32°34′38″。发现井是 1971 年 8 月获得工业油流的南 5 井，南 5 井作为河南省境内第一口工业油流井和河南油田发现井而载入史册（《中国油气田开发志》总编纂委员会，2011c）。1976 年 10

月，估算含油面积 3.54 km^2，石油地质储量 330×10^4 t。1994 年曾进行零散井简易开发，2003 年油田主体区进行注水开发试验，2005 年底累计产油 0.4303×10^4 t。截至 2017 年底，累计探明含油面积 3.90 km^2，石油地质储量 198.00×10^4 t，技术可采储量 19.80×10^4 t；共有 27 口油井、15 口注水井，累计产油 9.42×10^4 t。属小型、特低丰度油田。

1. 石油富集成藏特征

东庄油田处于东庄次凹内，整体构造形态为一个被断层复杂化的背斜构造（图 6-8），核三段和核二段的圈闭面积 7.0 km^2。东庄背斜呈北东东向展布，5 条主控断层走向北东东，断距为 150~670 m，延伸 5~10 km。区内北东-北东东向正断层将背斜北翼切割成东 3、东 12、东 14、东 17 和东 13 共 5 个闭合高度 150~300 m 的断鼻或断块，将背斜南翼切割成东 2、东资 1 和东 9 等 3 个闭合高度 150~200 m 的断鼻或断块。

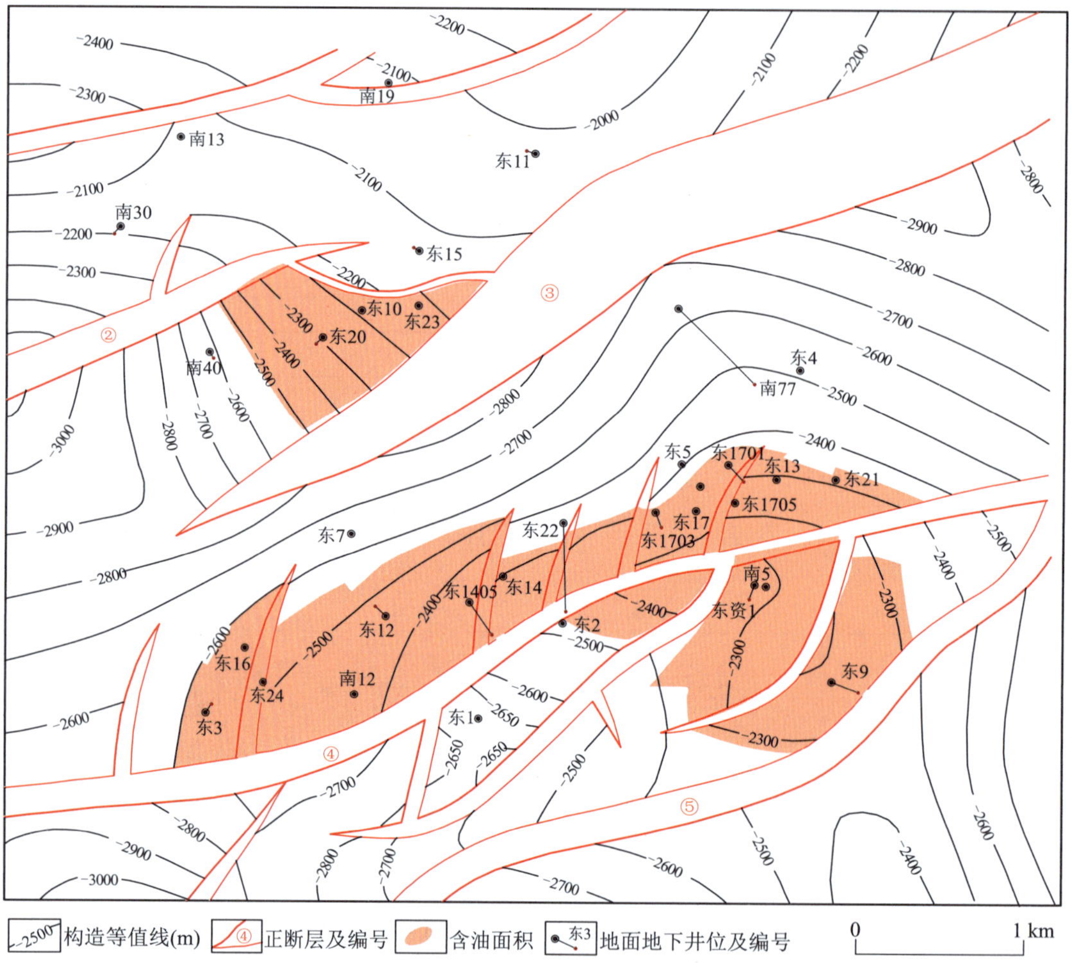

图 6-8 新野县东庄油田核三段Ⅰ油组顶面构造示意图

（据《中国油气田开发志》总编纂委员会，2011c）

东庄油田的油层组主要是核二段的Ⅱ、Ⅲ油组和核三段的Ⅰ油组。东庄背斜中北翼含油井段的埋藏深度 2210~2730 m，含油高度为 60~150 m，含油断块面积相对较大；背斜南翼则多为断块，单个断块含油面积为 0.1~0.8 km^2。砂岩储层为呈北西向展布的焦店-沙堰复合三角洲前缘砂体，以三角洲前缘相远砂坝、席状砂相为主，以石英长石细砂岩为主，分选中等，储层为中低孔、低渗透、特细喉、均匀型，但砂岩单层厚度相对较小，单井有效厚度为 1.7~19.2 m。油田北部的主要含油层有 3~5 层，单层厚度相对较大。核二段油组的平均孔隙度为 9.05%~15.38%，平均渗透率为 1.33~21.52 mD。核三段油组的平均孔隙度为 14.27%~15.31%，平均渗透率为 25.11~27.76 mD。

东庄油田的核二$^{2+3}$亚段暗色泥岩厚度100 m，有机碳平均含量为1.45%，氯仿沥青“A”平均含量2373×10^{-6}，总烃平均含量2195.4×10^{-6}。核三^{1}亚段暗色泥岩厚220 m，有机碳平均含量0.8%，氯仿沥青“A”平均含量1742×10^{-6}，总烃平均含量1554.5×10^{-6}。有机质均以Ⅱ型为主，地温梯度高(3.60℃/hm)，源岩成熟门限约1930 m，大量生烃阶段的顶界埋深约为2000 m。

东庄油田的油气富集成藏相对复杂。由于东庄背斜长期处于东庄次凹的相对隆起部位，油气运移主要由构造四周向顶部聚集，油气成藏期主要是廖庄组沉积中期，使之原油运移时间早、距离较短；核三、核二段油源发生明显混层充注，断层对成藏的垂向连通作用较大（图6-9）。

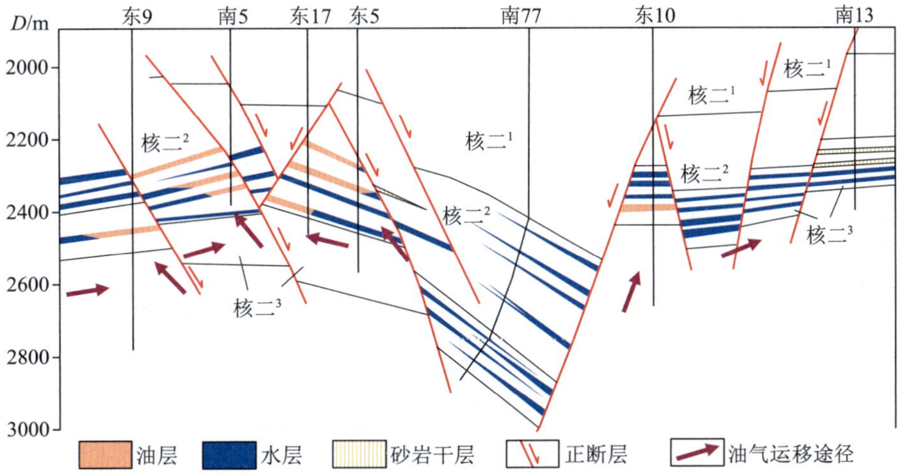

图6-9　新野县东庄背斜油气成藏模式剖面

（据曾庆才，2008）

2. 油藏特征

东庄油田的地面原油密度为0.8421～0.8957 t/m^3，70℃脱气原油粘度为7.21～270.91 mPa·s，含蜡量为41.27%～53.86%，含硫量为0.02%～0.19%，胶质和沥青质含量为8.2%～17.59%，凝固点为44～57℃。地层原油密度为0.767～0.790 t/m^3，粘度为3.7～6.0 mPa·s，饱和压力为2.3～3.5 MPa，原始气油比为11.3～21.6 m^3/t。地层水属碳酸氢钠型，总矿化度为6270～17430 mg/L，氯离子含量为390～9544 mg/L。原始地层压力为22.06～28.45 MPa，压力梯度为0.978 MPa/hm，油层温度为91～112℃。圈闭类型以断层-岩性油藏为主。原油具有“含蜡高、凝固点高、含硫低”的特点，属高凝油藏。

（三）南阳市魏岗油田

魏岗油田位于南阳市宛城区、唐河县、新野县境内，地理坐标为东经112°35′44″，北纬32°38′32″。发现井是1971年12月获得工业油流的南6井。1980年，估算含油面积为12.04 km^2，地质储量为803.20×10^4 t。1977年12月投入开发，是我国第一个投入开发的复杂断块高凝油油田。2006年5月，国土资源部批准含油面积14.7 km^2，地质储量922.00×10^4 t。截止到2017年，累计探明含油面积为14.7 km^2，石油地质储量为922.00×10^4 t，技术可采储量为389.56×10^4 t；共有油井128口，注水井64口，累计产油为407.59×10^4 t。属小型、中丰度油田。

1. 石油富集成藏特征

魏岗油田处于魏岗-北马庄断鼻构造带西北部的魏岗断鼻构造中，是一个以鼻状构造为背景的、非均质复杂断块高含蜡、高凝油田。魏岗-北马庄断鼻构造带位于东庄次凹与牛三门次凹之间的古隆起之上，北抬、南倾，被一组北东东向断裂分割为魏岗和北马庄两个主要断鼻。

魏岗油田为一向南东倾伏的鼻状构造，轴倾伏角为17°，东北翼倾角为10°，南西翼倾角为7°（图6-10）。共发现60余条断层，但规模较大、横跨鼻状背斜、对油气运移和聚集起着重要控制作用的主干断层仅有6条。所有断层可归纳为帚状正断层组合、反帚状正断层组合和马尾式正断层组合3种构造样式，主干断层及次一级断层将魏岗鼻状构造切割组合成大小不等的7个断块。核三段和核二段的最大闭合高度在400 m以上，圈闭面积大于25 km^2。

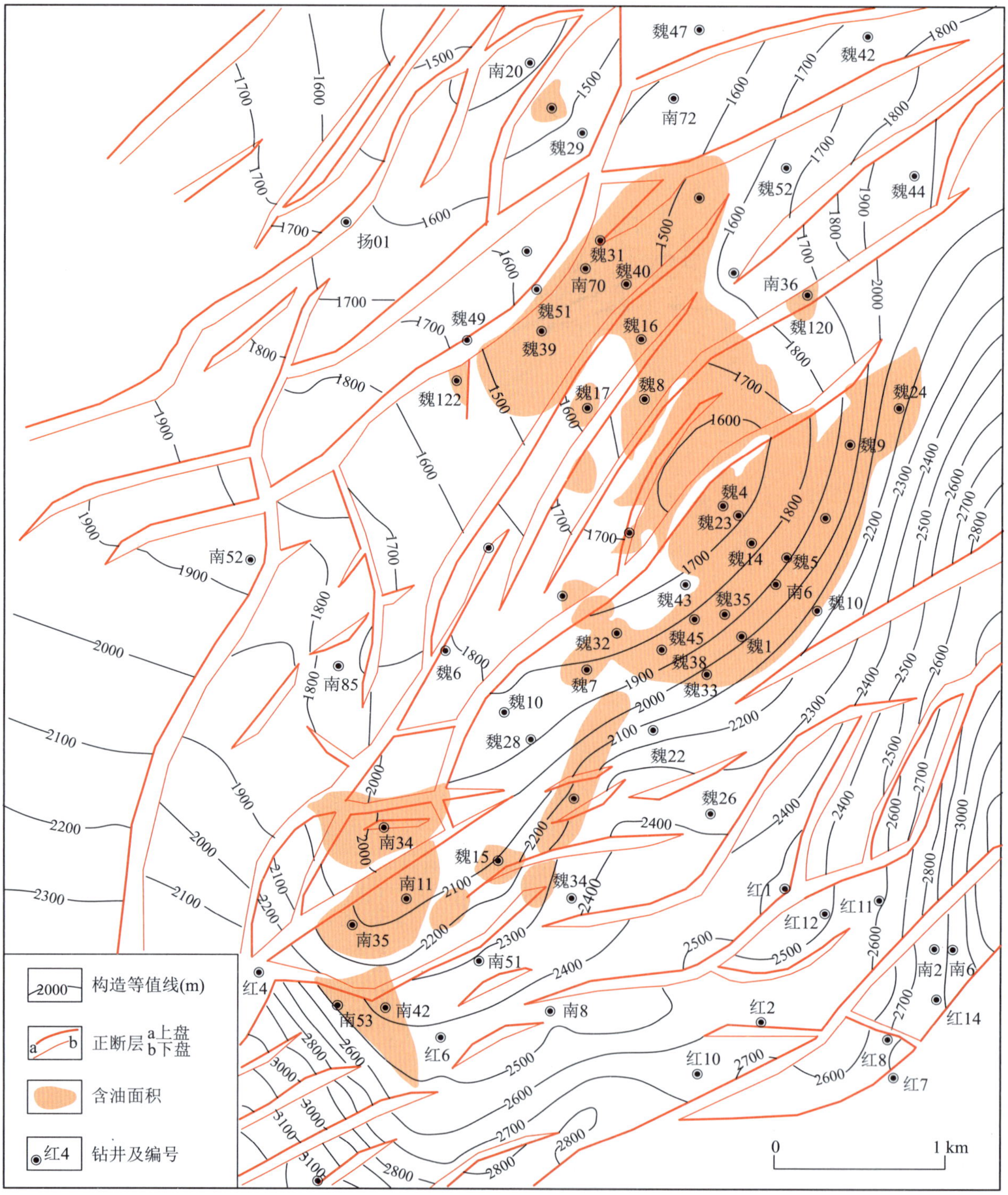

图6-10 南阳市魏岗油田核二段Ⅲ油组顶面构造示意图

（据《中国油气田开发志》总编纂委员会，2011c）

魏岗油田的含油层位集中分布于核二段和核三段，均划分为Ⅰ、Ⅱ、Ⅲ共3个油组，油层埋深1200~2200 m。油层岩性以粉、细砂岩为主，岩性较均一，主要是长石石英砂岩、长石为砂岩和岩屑长石为砂岩等，粒度中值为0.03~0.50 mm，平均为0.21 mm；分选系数为1.15~1.60，平均为1.30。储层物性较好，孔隙度为19%~27%，平均为24.93%；空气渗透率为0.017~1.036 mD，平均为0.479 mD；平均含油饱和度为67%。孔喉半径中等，最大流动孔喉半径为25.86 μm，平均孔喉中值半径为6.60 μm，均值为7.78 μm；有效孔隙体积占40%~70%，平均为58%；平均退汞效率为46%。

南阳凹陷核三段和核二段沉积时期，湖盆进入深陷扩展阶段，魏岗地区处于金华-张店三角洲前缘，水下分流河道、河口坝和前缘席状砂体厚度比较稳定，分布范围较广，构成主要储层。魏岗鼻状构造形成于长期继承性的古隆起上，核一段沉积末期，鼻状构造带已基本形成，定型于廖庄组沉积末期。核三段烃源岩在核一段末既达到生排烃高峰，核二^{3}亚段烃源岩在廖庄末期达到生排烃高峰，运聚关键期是廖庄组沉积中期。魏岗-北马庄断鼻构造带的油源由牛三门和东庄两个次凹双侧供应，油源丰富，油气运移活跃，形成了大规模的油气聚集。油气输导既有沿着断层面的垂向运聚，也有顺着核桃园组烃源岩及高渗带的侧向运聚（图6-11）。

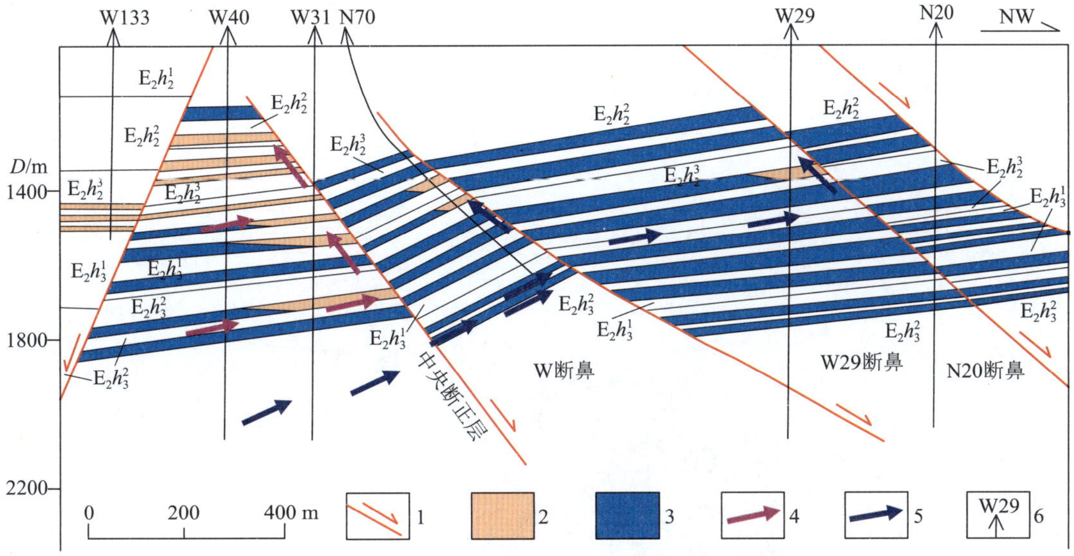

图6-11　南阳市魏岗构造油气成藏模式图

（据曾庆才，2008）

$E_2h_2^1$—核二^{1}亚段；$E_2h_2^2$—核二^{2}亚段；$E_2h_2^3$—核二^{3}亚段；$E_2h_3^1$—核三^{1}亚段；$E_2h_3^2$—核三^{2}亚段。

1—正断层；2—油层；3—水层；4—成熟油运移路径；5—低成熟油运移路径；6—钻井及编号

2. 油藏特征

魏岗油田的地面原油密度为0.8570~0.8592 t/m^3，70℃脱气原油粘度为11.36~13.67 mPa·s，含蜡量为45.1%~48.0%，含硫量为0.12%~0.13%，胶质和沥青质含量为11.05%~13.03%，凝固点为46~47℃。地层原油密度为0.788~0.802 t/m^3，粘度为5.0~9.9 mPa·s，饱和压力为1.68~5.70 MPa，原始气油比为9.1~32.5 m^3/t。天然气主要为溶解气，甲烷含量为57.0%~71.3%，乙烷含量为6.6%~16.3%，二氧化碳含量为0.3%~1.8%。地层水属碳酸氢钠型，总矿化度为7840~20710 mg/L，氯离子含量为2684~7774 mg/L。油层中部温度为69~76.7℃，地温梯度为4.4℃/hm，原始地层压力为14.1~16.7 MPa，压力系数为0.983~1.034。根据砂体与圈闭的配置关系，可划分为断鼻油藏、断块油藏、岩性油藏和复合油藏等4大类。各断块油水界面为海拔-1140~-1550 m。

（四）唐河县张店油田

张店油田位于南阳市唐河县张店镇境内，地理坐标为东经112°41′39″，北纬32°40′58″。发现井是1973年12月获得工业油流的龙1井。2000年油田主体区投入系统开发，属断鼻高凝油藏。2012年，在张店鼻状构造北部的白秋地区新增12个断块，探明含油面积6.18 km^2，地质储量513.18×10^4 t，白秋地区复杂的断块圈闭群与张店三角洲砂体叠置，形成断块、断鼻和断层-岩性等多类型油藏（张本书等，2012）。截至 2017 年底，累计探明含油面积为 23.76 km^2，石油地质储量为 1736.79×10^4 t，技术可采储量为 287.48×10^4 t；共有 118 口油井、28 口注水井，累计产油为 92.98×10^4 t。属中型、低丰度油田。

1. 石油富集成藏特征

张店油田处于张店-黑龙庙断鼻构造带北部的张店断鼻构造中。张店-黑龙庙断鼻构造带位于牛三门次凹内，呈现往南倾没、往北抬升的鼻状构造，长轴呈近南北向。近东西向正断层为主控断层，断距较大，延伸较长，将张店-黑龙庙断鼻切割形成 5 个断鼻断块圈闭，合计面积约 100 km^2。张店断鼻总体为南倾北抬的宽缓鼻状构造，轴面近南北向，两翼基本对称；被多条长 1.5～7.0 km、断距 50～150 m 的近东西向正断层切割，形成一系列由南向北呈阶梯状抬升的屋脊式断鼻构造，主体可划分为南 37、南 38、南 55 断块和龙 1 断块，闭合幅度为 100～240 m，圈闭面积分别为 1.0 km^2、1.5 km^2、2.4 km^2 和 3.4 km^2（图 6-12）。张店油田的圈闭多为“屋脊式”断块，各油组的含油高度仅为 50～100 m，平面上表现为顺断层走向呈狭窄条带状展布，含油层段多，剖面上呈与断层屋脊紧密匹配的“叠瓦状”，主要受控于断层的封闭性；泥岩涂抹系数多为 1.43～1.37。

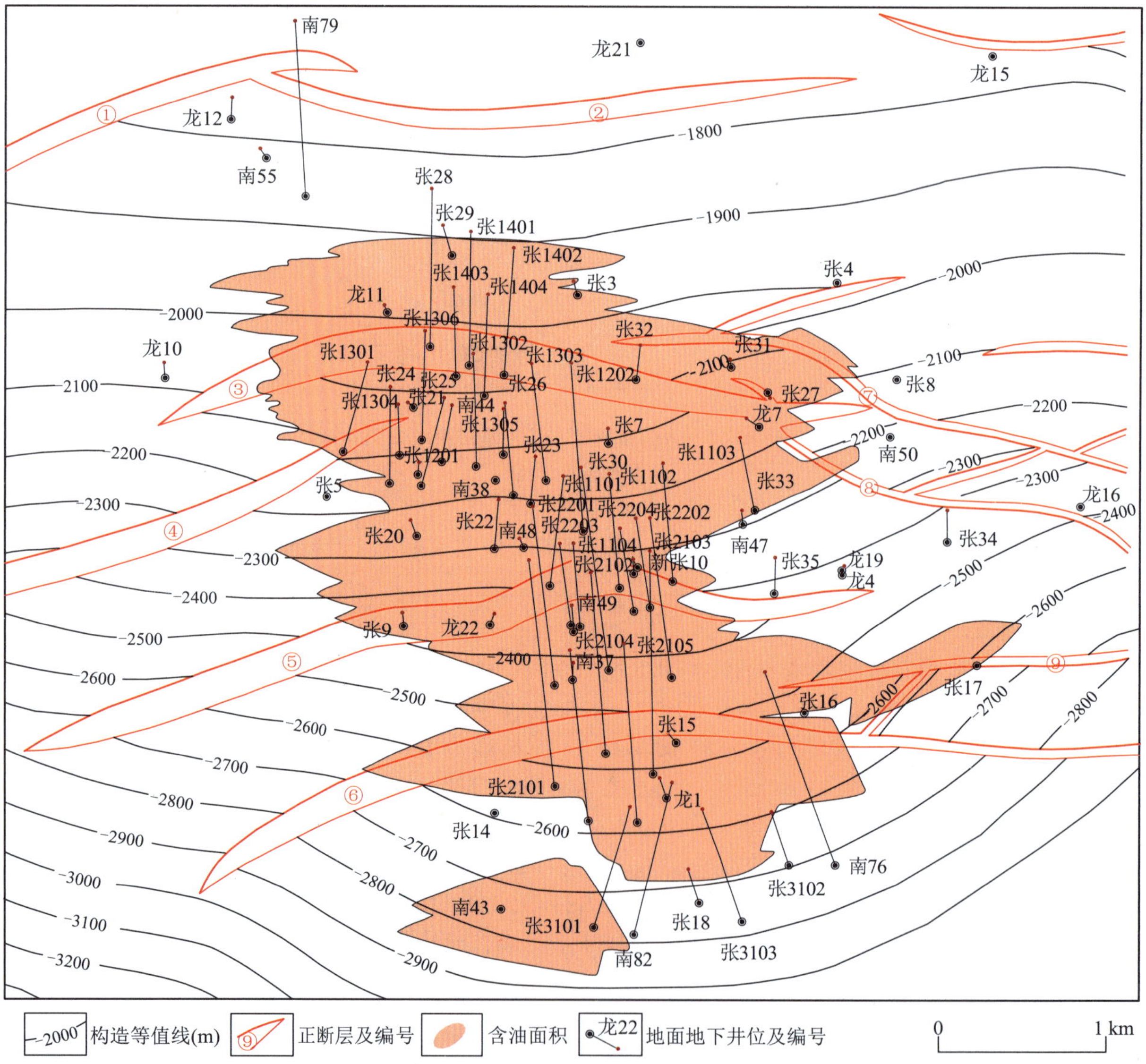

图 6-12　唐河县张店油田核三段 I 油组顶面构造示意图

（据《中国油气田开发志》总编纂委员会，2011c）

张店油田位于牛三门生油次凹的东北部，由牛三门次凹单向供源，储集层主要为金华-张店三角洲前缘分流河道和河口坝砂体。储集砂体一般厚度3~5 m，最厚达10 m，平面上呈舌状或鸟足状展布，纵向上显示出多期前积层序组合，泥岩隔层一般厚度0.4~2.0 m。砂体岩性主要为灰色细砂岩和粉砂岩，少量含砾砂岩，粒度中值为0.016~0.360 mm，平均为0.131 mm；分选系数为1.20~4.87，平均为1.82；孔隙度一般为12.0%~15.0%，渗透率一般为150~300 mD，属中孔中渗和低孔中渗储层。主要含油层分布于核二段Ⅱ、Ⅲ油组和核三段Ⅰ、Ⅱ油组，核二段Ⅱ、Ⅲ油组的33个油水界面的深度海拔-1700~-2320 m，核三段Ⅰ、Ⅱ油组的18个油水界面的深度海拔-2040~-2460 m。张店鼻状构造属差异压实形成，油气运移以侧向砂体沟通和断层输导为主，运移方向为北东方向；正断层可以构成侧向遮挡边界，断层和高孔渗带成为油气运移的优势通道（图6-13）。油气成藏期主要是核一段沉积中、晚期和廖庄组沉积早期。主要油藏可划分“叠瓦状”断层遮挡-岩性油藏。

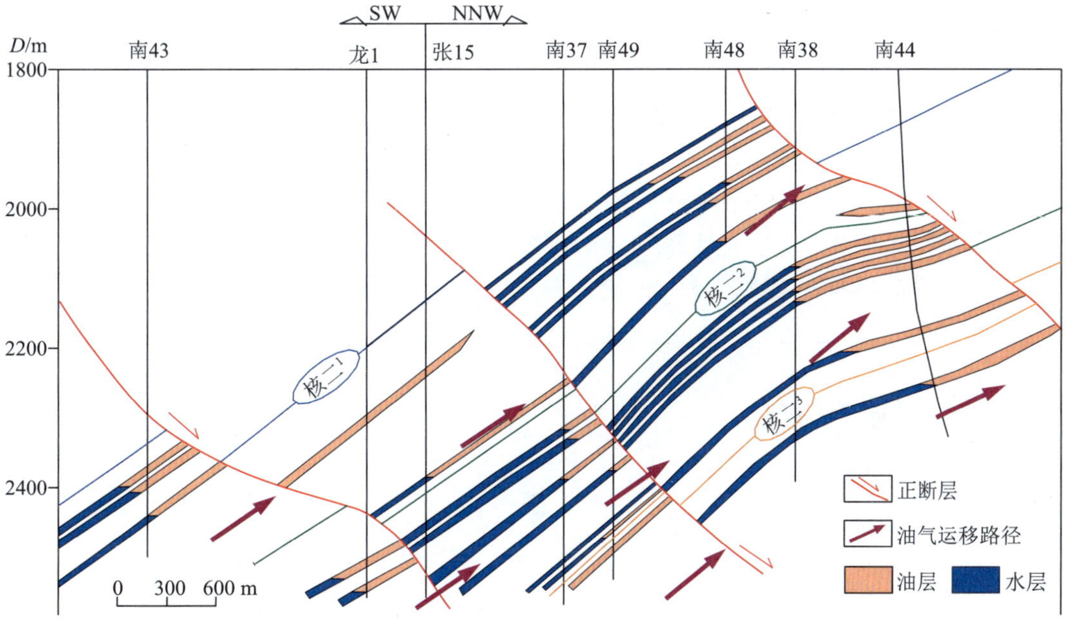

图6-13 唐河县张店油田成藏模式示意图
（据曾庆才，2008）

2. 油藏特征

张店油田的地面原油密度为0.8245~0.8613 t/m³，70℃脱气原油粘度为3.59~31.84 mPa·s，含蜡量为26.19%~56.42%，含硫量为0.06%~0.26%，胶质和沥青质含量为2.83%~17.74%，凝固点为39~58℃。地层原油密度为0.764~0.787 t/m³，粘度为2.2~3.7 mPa·s，饱和压力为5.40~9.00 MPa，原始气油比为31.7~81.1 m³/t。天然气主要为溶解气，南38井的天然气组分中，甲烷含量为49.5%，乙烷含量为13.8%，属湿气。地层水属碳酸氢钠型，总矿化度为10469~11957 mg/L，氯离子含量为793~4300 mg/L。地层稳定和压力属正常范畴，原始地层压力为17~29 MPa，油层温度为88~126℃。

张店油田属非均质复杂断块油田，具有断层发育、断块破碎、含油井段长、油层层数少、含油面积小、叠合性差、中低渗、物性差、高含蜡、高凝固点、强水敏性等特点，低天然能量，油气平面上沿鼻状构造高部位呈“叠瓦状”分布，开发难度大，稳产困难。为了适应张店油田油气“叠瓦状”分布的特点，采用打大斜度定向井的开发方式，为河南油气区复杂小断块和难采储量的开采提供了经验，对稳产起到了积极作用。

（五）唐河县北马庄油田

北马庄油田位于唐河县张店镇境内，地理坐标为东经112°38′08″，北纬32°36′03″。发现井是

1981 年 6 月获得工业油流的红 7 井。1998 年估算含油面积 2.2 km^2，地质储量 $104×10^4$ t。2004 年复查认定含油面积为 1.3 km^2，地质储量 $67×10^4$ t。鉴于储量丰度低、产能低，曾多次论证开发方案；2005 年经中国石油化工集团公司批准，列为难采储量，合作开发。截至 2017 年，累计探明含油面积 2.10 km^2，石油地质储量 $104.00×10^4$ t，可采储量 $8.30×10^4$ t；累计产油 $0.69×10^4$ t。属小型、特低丰度油田。

1. 石油富集成藏特征

北马庄油田位于南阳凹陷南部断超带中部，构造位于魏岗-北马庄断鼻构造带的东南端，呈北北西向展布，两翼倾角为 20°~29°，被多条北东向正断层切割，形成多个断鼻、断块圈闭，闭合高度为 100 m（图 6-14）。油田南部以（冲积）扇三角洲沉积为主，物源来自黑龙庙水下沉积扇砂体；中部凹陷带主要以湖相沉积为主，含少量扇端（扇三角洲）粉砂质泥岩和泥岩沉积；北部主要为在北部斜坡带分布的三角洲前缘砂体，物源来自金华-张店三角洲。含油层主要分布于核二^1—核三^1 亚段，油层主要集中于南部的核二段Ⅱ、Ⅲ油组，油层埋深 2088~2764 m，含油井段长达 676 m。储层属扇三角洲相的扇中及扇端亚相，储集砂组以细、粉砂岩为主，为低孔、特低渗储层，孔隙度一般为 10%~15%，最大为 20.49%；渗透率一般为 1~10 mD，最大为 126 mD。油藏主要受构造及岩性双重控制，为断块油藏、断层-岩性油藏。油层厚度较薄，3 个含油断块共 11 个含油小层，最大含油厚度为 9.2 m，其中只有 2 个含油小层厚度大于 5 m，2~5 m 的有 5 层，小于 2 m 的有 4 层。含油高度、面积小，单油砂体主要呈条带状分布，含油高度一般小于 100 m，含油面积一般为 0.1~0.3 km^2。单层钻遇油层厚 7.0~16.8 m 油层叠合程度较低（油层分布系数为 0.15~0.31）。

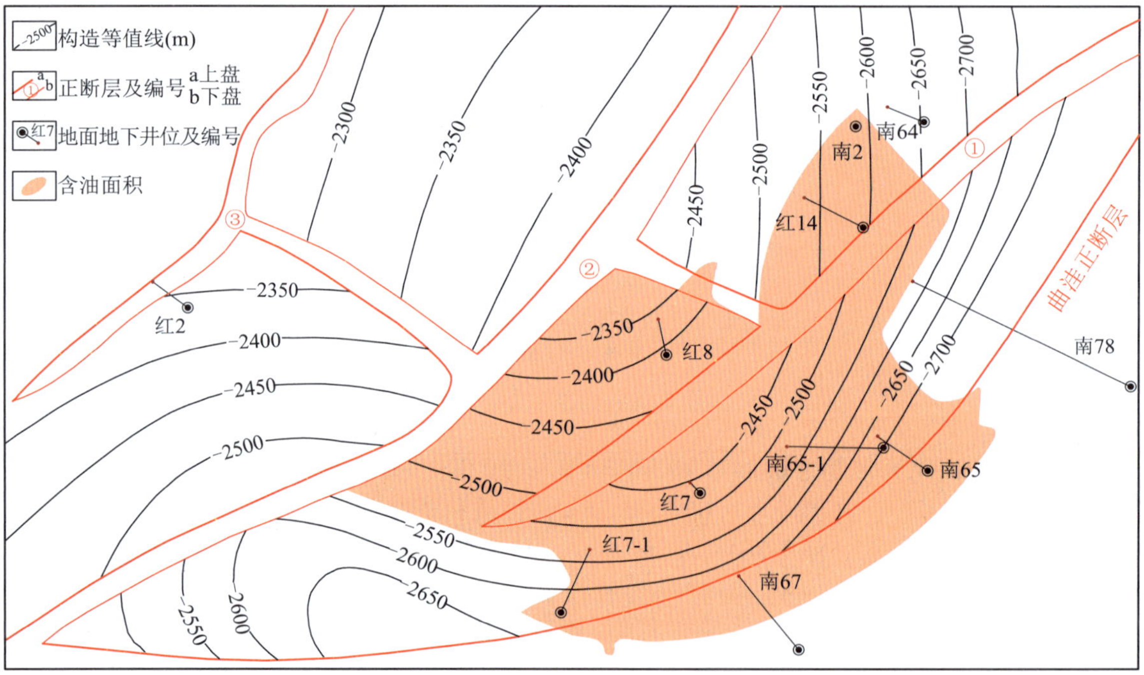

图 6-14　唐河县北马庄油田核三段Ⅰ油组顶面构造示意图

（据《中国油气田开发志》总编纂委员会，2011c）

2. 油藏特征

北马庄油田的地面原油密度为 0.8330~0.8610 t/m^3，70℃脱气原油粘度为 3.99~11.44 mPa·s，含蜡量为 35.03%~47.45%，胶质和沥青质含量为 4.25%~17.03%，凝固点为 36~51℃。红 41 井的地层原油密度为 0.774 t/m^3，粘度为 3.4 mPa·s，饱和压力为 5.0 MPa，原始气油比为 32.1 m^3/t。地层水属碳酸氢钠型，总矿化度为 5220 mg/L，氯离子含量为 1210 mg/L。油层温度为 106~115.6℃，地温梯度为 4.2℃/hm，原始地层压力为 24.13~29.89 MPa，压力梯度为 1.06 MPa/hm。

（六）唐河县赵岗地区龙6井断鼻构造油藏

赵岗地区龙6井位于唐河县赵岗地区，处于牛三门生油次凹中心内的魏岗-北马庄鼻状构造带东翼的单斜地带，地理坐标为东经112°39′27″，北纬32°37′18″。1973年施钻，地质录井于1570.4～2062.4 m井段发现油气显示厚14 m/8层；其中，油斑3 m/2层，油迹8 m/4层，荧光3 m/2层；测井解释油层4.2 m/3层，差油层6.8 m/5层，油水同层3.6 m/1层。核一段中部的1598.8～1599.8 m井段常规试油获得日产原油1.45 t。但于1974年和1980年分别施钻的龙8井和龙27井均未见到油气显示。龙6井核二段底部发育一套扇根特征的砂层，向深凹区明显减薄。该油藏属浅层次生油藏，是深凹区核二段生成的油气沿南部砂体侧向运移至南部边界，经边界大断裂纵向调整至浅层成藏。

（七）唐河县黑龙庙新南63井区构造-岩性油藏

黑龙庙新南63井位于唐河县，地理坐标为东经112°41′52″，北纬32°38′23″。新南63井于1997年完钻井深3243 m，地质录井在2600～3210 m井段共计发现油气显示厚115 m/34层，其中，油浸0.8 m/1层，油斑12.1 m/6层，油迹21.6 m/8层，荧光80.5 m/19层；曾选核二段的2945～2956 m井段实施常规地层测试，获得日产原油0.024 t，累产油0.049 t。2001年开展老井复查，对核二段Ⅱ10^1、Ⅱ10^2层的2945.3～2978.0 m井段进行合试，压裂后日产原油3.56 m^3；南32井于核二段2804～2807 m井段常规试油获得日产原油3.21 m^3；龙17井于核二段的2555.2～2569.8 m井段压裂抽汲获得日产原油1.8 m^3，为低产油层；南95井于核二段的2937.8～3011.2 m井段常规试油获得日产原油6.02 m^3。

新南63井区处于南阳凹陷南部陡坡带东段的黑龙庙鼻状构造中部，向南紧邻南阳凹陷的控凹断裂，储集体为继承性发育的扇三角洲砂体，扇三角洲前缘逐渐向北倾斜，形成砂岩上倾尖灭圈闭，主要储层分布于核三段和核二段（图6-15）。油藏的油源主要来自北部牛三门生油次凹，深凹区的核三段烃源岩自核一段沉积时期（距今30 Ma左右）开始进入生油门限（R_o为0.5%），核二段在距今26 Ma左右进入生油门限，廖庄组沉积末期，凹陷差异抬升剥蚀导致黑龙庙地区的圈闭与牛三门次凹的势能差急剧增大，核三段和核二段烃源岩生成的油气沿断裂垂向运移，并沿边界断裂边缘发育的扇三角洲砂体侧向运移至有效圈闭聚集成藏（蔡佳等，2012）。鉴于该油藏储层致密，且水敏严重，压裂效果较差，其控制储量难以升级为探明储量，迄今尚未转入开发。

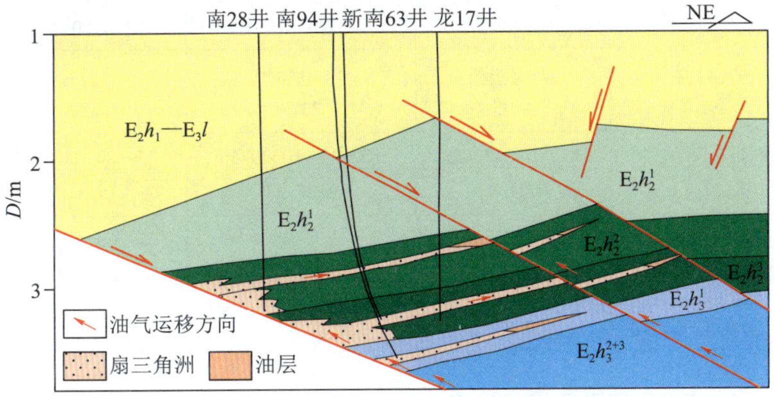

图6-15 南阳凹陷黑龙庙地区油藏成藏模式

（据蔡佳等，2012）

$E_2h_1—E_3l$—古近系始新统核桃园组一段—渐新统廖庄组；$E_2h_2^1$—核桃园组核二^{1}亚段；$E_2h_2^2$—核二^{2}亚段；$E_2h_2^3$—核二^{3}亚段；$E_2h_3^1$—核三^{1}亚段；$E_2h_3^{2+3}$—核三$^{2+3}$亚段

（八）唐河县马店断鼻油藏

马店断鼻油藏位于唐河县，地理坐标为东经112°44′46″，北纬32°39′38″。马店断鼻位于南阳凹陷南部，被多组断层切割成3个断块区。2012～2013年，针对马店地区的复杂断块油藏，通过三维地震勘探资料的精细解释，落实了一批新的圈闭，合计面积为8.21 km^2。2013年施钻的南137井于核二段2493.10～2525.00 m井段获得日产原油4.3 t；南134、南135、南139等井也获得了低产油流。

（九）南阳凹陷古近系石油成藏条件及富集规律

南阳凹陷的古近系诸多油藏主要分布于核二段和核三^{1}段烃源岩成熟演化区内或边缘，平面上明显受生油凹陷和砂体的控制，呈现“自生自储型”的成油组合。在不同的次级构造单元形成多种油藏聚集区，可划分为斜坡带内断鼻-断块油藏区、中部凹陷带复合油藏区和南部断裂带油藏区，又可细分为东赵庄断鼻断块油藏区，陈营断块、地层油藏区，东庄断鼻、断块及地层、岩性油藏区，魏岗断鼻、断块、断层、岩性及地层油藏区，张店断鼻、断层、岩性油藏区，牛三门凹陷岩性油藏区，南部断裂带上盘砂岩上倾尖灭油藏区和断裂带下盘基岩油藏区等。油藏主要分布在生油凹陷中心附近的构造圈闭（如东庄断背斜）和插入深凹区具有鼻状构造背景的构造-岩性圈闭，而远离深凹区成藏有限。

1. 南阳凹陷核桃园组成油系统的资源潜量比较充足

南阳凹陷主要烃源岩是核三段和核二段的较深湖-浅湖相泥质岩，各段有机质丰度参数统计见表6-9，属好-中等烃源岩。生油岩各类干酪根占比为：腐泥型（Ⅰ型）占13.6%、$Ⅱ_1$类占63.6%、$Ⅱ_2$类占18.2%、腐殖型（Ⅲ型）占4.6%，母质类型以腐泥-腐殖型（Ⅱ型）干酪根为主，即富氢腐泥基质和壳质组居多，生油潜量（即干酪根可以转化的油气总量）众位数值为0.438，属较好的生油岩。核三段及核二段成油系统的资源潜量比较充足，主要成烃及排烃运聚期与多种构造或岩性圈闭在时空上的匹配关系较好。运用盆地模拟系统计算生烃量和资源量，生油量为10.01×10^8 t，资源量为1.04×10^8 t，生气量为0.67×10^8 t（油当量），排烃量为4.44×10^8 t，核三段的资源量占总资源量的59.6%（吕明久，2012）；总体是“油多气少”。

表6-9 南阳凹陷核桃园组烃源岩有机质丰度参数及预估油气资源统计表

项目 \ 生烃层位	核二^{1}亚段	核二^{2}亚段	核二^{3}亚段	核三^{1}亚段	核三^{2}亚段
有机碳含量/%	0.10～3.47 0.96	0.10～3.62 1.03	0.12～3.27 1.18	0.10～2.60 1.07	0.11～2.86 1.03
氯仿沥青“A”含量/10^{-6}	77～2122 492	11～29878 1495	58～14536 2373	379～4305 1724	200～1363 596
总烃含量/(μg·g^{-1})	279.11～1743.20 812.37	30.00～8432.60 1504.83	102.34～10320.56 2195.38	259.04～3030.72 1554.53	143.75～1573.45 685.69
生油量/10^8 t	1.67	1.35	1.63	1.99	3.37
生气量/10^8 t	0.121	0.082	0.102	0.129	0.236
排烃量/10^8 t	0.47	0.54	0.78	0.97	1.68
资源量/10^8 t	0.11	0.13	0.18	0.23	0.39

（据吕明久，2012）

南阳凹陷的牛三门次凹和东庄次凹都是核桃园组具有继承性沉降的中心，也是南阳凹陷主要的成烃中心。在核二段沉积时期，牛三门次凹内的核三段烃源岩的热演化开始进入生油门限，随着进一步深埋和增温，在廖庄组沉积初期，进入生油高峰期，现今的最大埋藏深度达3600～4200 m，镜质体反射率值（R_o）增至1.0%～1.5%；核二段烃源岩是在廖庄组沉积早期，进入生油门限，现今的最大埋藏深度达2100～3600 m，R_o增至0.6%～1.0%。东庄次凹内的核三段和核二段烃源岩也经历了相似的热演化阶段，核三段现今的最大埋藏深度达2800～3600 m，R_o增至0.7%～1.0%；核二段现今的顶、底界最大埋藏深度分别为达 1800 m 和 2800 m，底界的 R_o 为 0.7%。由此可知，现今的大多数烃源岩热演化程度为成热-高成熟阶段，即进入生油高峰期，部分烃源岩为初熟或未成熟阶段，即进入生油门限。

根据《中国石油地质志·卷七·中原·南阳油田〔下册〕·南阳油田》（南阳油田石油地质志编写组，1992）资料，南阳凹陷生油门限深度为 1800 ~ 1850 m。镜质体反射率化验资料显示，井深 3045 m 处于中成熟阶段（R_o=0.99%），说明大体在 3100 m 以深都可形成未成熟油、低成熟油及中成熟油。22 个样品的孢粉颜色统计，1400 ~ 1800 m 以淡黄绿色、淡黄色为主，属未成熟带；1800 ~ 2350 m 以橙黄色为主，个别为黄棕色；2350 m 以深，逐渐以棕褐色为主。干酪根在其演化过程中，处于一种内部结构和分子组成的改变状态，生油岩未成熟之前，各种元素处于一个相对稳定的态势，一旦进入成熟门限，由于各种元素的热稳定性不同，将会随热能的不断增加而改变元素的原始组成。凹陷干酪根元素组成变化界限大体为井深 1970 m，界限以上 H/C（原子比）大于 1.3，O/C（原子比）大于 0.1；界限以下 H/C 小于 1.3，O/C 一般小于 0.1，初成熟段为 1800~2000 m，以下为成熟段。生油岩氯仿沥青及族组成的平均数大体以井深 2000 m 为界，界限以下的氯仿沥青含量较界限以上增加到原来的 4 倍，总烃含量增加到原来的 7.2 倍，饱和烃增加到原来的 2 倍，烃和沥青转化率分别提高了 6.1 倍和 2 倍，非烃含量相对下降了 13.9%。凹陷成熟门限深度为 2000 m（相应古地温大于 91℃），以成熟门限深度为界，各项地球化学指标变化明显，界限以上为低温、低压和生物化学作用为主要特征，干酪根的结构相对稳定；界限以下，干酪根成熟，向石油转化，烃转化率有了较大幅度提高，由 3%上升到 8%左右。根据凹陷泥岩矿物蒙脱石-伊利石混合层出现的顶部深度、泥岩压实混合带的井段及转化曲线，南阳凹陷主要排烃深度为 2000~2800 m。根据凹陷的生油恢复厚度（剥蚀厚度）埋深图，结合门限深度、成熟深度、主要排烃深度，南阳凹陷油气开始运移期为核二段沉积末期，大量运移时期为核一段沉积中期-廖庄期，其油气初次运移时期比泌阳凹陷晚。

2. 南阳凹陷石油输导脊的重要控制作用

油气运移是聚集成藏的重要环节。通常认为输导体系是油气运移的介质条件，主要由断层、不整合面和渗透性储集层等组成。油气的初次运移是在浮力作用下，以垂向运移为主，由烃源岩进入储集层。油气运移至储集层后，油气的二次运移也就开始了，在流体势场差异的助推下，由高压区向低压区运移。一般情况下，不同地区的流体压力是由古构造控制的，油气沿一定的途径由低部位向高部位运移，如在正向构造的轴部发生二次运移的通道（称为“输导脊”）往往起着相当重要的控制作用。第三阶段则是油气主要沿着优势输导系统向构造圈闭主体聚集。断裂系统控制了古近纪的沉积和构造的演化，也提供了油气运聚输导的重要通道。鼻状构造-岩性输导脊主要位于魏岗-北马庄和张店地区，背斜-岩性输导脊主要位于东庄地区，不同层位的位置变化不大，反映其继承性较好（程学峰，2008）。

张店地区的鼻状构造-岩性输导脊主要位于张店三角洲前缘相带，部分受控于北部的金华三角洲和南部的水下冲积扇，鼻状构造由差异压实作用形成，幅度较小，形态单一，对于来自牛三门次凹的油气运移起着良好的输导作用。魏岗-北马庄地区的鼻状构造-岩性输导脊位于金华-张店复合三角洲和沙堰-焦店三角洲的交叉地带，以三角洲前缘相为主，大多在鼻状构造轴部呈指状分布，其南部的北马庄地区因受水下冲积扇影响，砂岩分选性变差；该输导脊具有多方向、变化大的特点，呈现不尽相同的控制作用。东庄地区的背斜-岩性输导脊主要位于沙堰-焦店三角洲前缘，物性变化不大，而东庄背斜没有明显的脊状部位，埋藏呈现“南深北浅”，油气运移则由南往北。现今发现的油气藏几乎都在油气沿输导脊运移的路径上，表明各种输导脊明显控制了油气的运聚。南阳凹陷的油气运移方向主要指向凹陷北部，核一段沉积末期，牛三门深凹陷有油气生成，并向魏岗、金华、张店等鼻状构造的方向运移；廖庄组沉积末期，生油岩成熟的体积更大，运移的油气更多，东庄次凹也开始了油气运移；由于古构造继承性强，油气运移的主要指向与前者基本一致，因此，魏岗、张店断鼻构造及东庄背斜等有利构造部位都发现了油藏（南阳油田石油地质志编写组，1992）。

“背斜-岩性输导脊”和“鼻状构造-岩性输导脊”对油气运移、聚集起着重要的输导和控制作用，“继承性发育型”或“构造反转型”鼻状构造带控制了石油运移方向和富集程度，多组断裂系统相互交切形成的断鼻、断块圈闭与三角洲砂体的匹配颇佳，构成石油成藏的主体，南阳凹陷的凹陷带与斜坡带之间的坡折带或弯折带控制了岩性油藏的形成与分布。喜马拉雅期的多期次断裂变动造成的地区差异致使各含油区的油藏规模及富集程度变得相对复杂。

3. 南阳凹陷断鼻、断块圈闭的石油富集成藏匹配颇佳

南阳凹陷的局部构造圈闭比较发育，大致可分为5种成因类型：受古隆起控制而长期继承的背斜，如唐岗、高庄等背斜；受古隆起控制而长期继承的断鼻，如魏岗、北马庄等断鼻；与泥岩塑性流动有关的背斜，如东庄背斜；与古差异压实有关的断鼻，如张店、黑龙庙、马店等断鼻；受断裂交错切割不平衡控制的断块。局部构造圈闭的形成虽然有早有晚，但大多在核二段沉积时期已具雏形，定型于廖庄组沉积末期，与油气运聚的关键时期匹配较好。油藏类型以断鼻、断块与三角洲砂体的叠置匹配复合油藏为主，呈现不同的成藏模式。

4. 构造分带性对油藏的控制

受构造分带性的影响，南阳凹陷内油藏呈带状分布，大致可分为张店、魏岗-北马庄和东庄3个油气聚集带（见图6-6）。北部斜坡带虽然面积大，但生油岩有机质丰度低，且远距生油主凹，三角洲相砂体的油气输导条件较差，构造、岩性复合圈闭不甚发育，不及泌阳凹陷北部斜坡带还可形成诸多稠油油藏或次生油藏。中部凹陷带处于三角洲前缘近末端相带，生油岩有机质丰度较高，该带集中了南阳凹陷魏岗、张店和东庄3个油田。南部断超带由于鼻状构造与断层结合所形成的圈闭不甚发育，发育的小型水下冲积锥砂体埋藏深，油藏类型以岩性或岩性与断层结合的油藏为主，仅发现了张店油田和马店含油区块。

魏岗-北马庄和张店-黑龙庙等鼻状构造带和东庄背斜均被断层分割成多个断鼻或断块型圈闭，是石油成藏的主要圈闭类型，在油源供给不够丰满的条件下，由于多期断裂变动的开启与封存匹配条件可能比较复杂，使4个油田的探明石油地质储量偏少、丰度偏低。

二、泌阳凹陷

泌阳凹陷内有杨楼、王集、新庄、下二门、古城、杜坡、井楼、双河、赵凹9个油田和唐河县王集南泌111井区岩性油藏、唐河县泌139井区岩性油藏、桐柏县安棚泌101井区岩性油藏和桐柏县安棚安深1井区核桃园组页岩油藏4处油藏点（见图6-3；表6-7）。其中双河、下二门、赵凹和王集等油田为砂砾岩油藏，凹陷西、北缘地带的井楼、古城、新庄、杨楼和杜坡等油田属稠油油藏。累计探明含油面积为155.61 km^2，石油地质储量为27537.44×10^4 t，累计产油为7136.39×10^4 t。

（一）泌阳凹陷地质特征

泌阳凹陷是在北西向的唐河-栗园正断层和北东向的栗园-泌阳正断层联合控制下，形成的“南断北超型”的古近纪箕状断陷，北为社旗凸起，西为唐河低凸，面积1000 km^2。凹陷南部边界为唐河-栗园断裂，由多条北倾的正断层组成断层组。栗园-泌阳正断层构成凹陷与东部桐柏山北麓分界，延展长约35 km，倾向北西西，倾角为60°左右，覆盖区的最大落差达8000 m以上。泌阳凹陷沉积格架的主要特点是基底埋藏深（最深8000 m）、古近系沉积厚度大（最厚6000 m）、相带变迁少，呈现不同延展方向的张性正断层联合控制的箕状断陷结构。盆地基底为前寒武系，沉积中心始终位于唐河-栗园正断层和栗园-泌阳正断层的下降盘，是典型的山间内陆湖盆。两条边界断层交汇处即是凹陷的沉降中心，也是沉积中心，同时又是生油中心（邱荣华等，2007）。凹陷沉积经历了上白垩统—大仓房组的断陷快速充填阶段、核桃园组三段—二段的稳定沉降湖盆发展阶段和核一段—廖庄组的湖盆萎缩回返上升阶段。古近系在纵向地层剖面上，构成一个粗-细-粗、红-黑-红的完整的连续沉积旋回，仅在湖盆边缘有短暂的沉积间断，其后盆地遭受剥蚀，坳陷型的新近系不整合覆盖于古近系之上。始新统核桃园组是湖盆发育的主要时期，最大沉积厚度达3700 m，生油岩累计厚度2200 m，分布面积约640 km^2（《中国油气田开发志》总编纂委员会，2011a）。

两条边界正断层控制了泌阳凹陷古近纪的沉积演化，廖庄组末期的强烈抬升，致使核桃园组遭受不同程度的剥蚀。泌阳凹陷的核桃园组沉积演化与南阳凹陷近似，而沉积环境、沉积范围及岩性组合均有较大差异，造成泌阳凹陷的油气藏资源远远优于南阳凹陷。泌阳凹陷虽然是南襄盆地中三个凹陷（襄枣凹陷、南阳凹陷和泌阳凹陷）中面积最小的一个，但生油岩厚度最大，岩相带分布明显，拥有丰富各异的油气藏类型，属油源丰富、油层类型多的凹陷。

1. 泌阳凹陷核桃园组沉积特征

泌阳凹陷有良好的生、储油层组合条件，凹陷内具有近物源、多方向、多砂体的典型内陆湖相沉积，油藏类型多。南缘陡岸带为扇三角洲沉积，分布有7个大小不等的扇三角洲砂体，东面的侯庄三角洲砂体为盆地内分布面积最大的砂体（面积约170 km^2）；三角洲砂体在空间上相互穿插，呈犬牙交错分布于生油岩中，在纵向上组成良好的生储盖组合，形成良好的输导层和储油层。始新统核桃园组以较深湖相-浅湖相-滨湖相沉积为主，北部边界核桃园组以剥蚀线为界，暗色泥岩累计厚度达2200 m。核二段和核三段的生油层基本满盆分布，油气藏主要集中在核二段和核三段，以核三上亚段居多。

泌阳凹陷在核三段沉积期的沉降幅度最大，水体最深，较深湖相分布于南部大断层下降盘，较深湖区沉积范围约300~400 km^2，主要分布在南部大断层下降盘一侧，与岸边山区毗邻；往北渐变为斜坡区的浅湖相，沉积了灰色、灰绿色泥岩夹褐色油页岩和砂岩，分布面积大于400 km^2；目前盆地边缘还未见滨岸沉积，且沉积范围以剥蚀线为界，说明湖盆范围还要大，推断湖盆范围大于900 km^2，平面上呈半环状，具有箕状断陷湖盆相带分布的特点。核三段最大沉积厚度为1600 m，生油岩最大厚度为1300 m，是重要的生油层段，有机碳含量为1.31%~2.05%，氯仿沥青“A”平均为2170×10^{-6}，总烃平均为1220×10^{-6}，干酪根以混合型和腐泥型为主，产烃能力较好，有效生油面积为400 km^2，体积为227 km^3，为油气藏的形成提供了丰富的油气资源。核三下亚段厚度500~800 m，沉积中心为深灰-灰黑色泥岩、钙质页岩、白云质泥岩夹泥质白云岩及砂岩。核三上亚段厚度600~900 m，沉积中心为深灰色泥岩、钙质页岩、白云质泥岩、泥质白云岩互层，夹白云岩、油页岩、砂岩，不仅白云岩明显增多，还伴生多层天然碱，呈现淡化与咸化的交替和相对闭塞的沉积环境。核三段自下而上白云岩增多，并在深凹部位广泛发育多套天然碱层。核三段自上而下可划分8个砂组，上亚段为Ⅰ—Ⅳ砂组，下亚段为Ⅴ—Ⅷ砂组，由于各个砂组均呈现多个韵律层，结合含油程度又可划分为多个油组和油层（表6-10），不同油田或含油断块的砂岩储层物性差异较大，主要受控于不同的三角洲砂体展布及沉积微相。

表6-10　泌阳凹陷核桃园组油气层组储层特征数据表

序号	油田名称	主要油层组	平均孔隙度/%	平均渗透率/mD
1	下二门油田	核三段Ⅰ-Ⅸ油层组	4.03~23.91	3.8~1841
		核二段Ⅰ-Ⅴ油层组	21.05~22.38	921~3012
2	赵凹油田	核三段Ⅰ-Ⅸ油层组	5.36~16.03	0.62~1878
3	双河油田	核三段Ⅰ-Ⅸ油层组	16.3~21.9	192~2327
4	新庄油田	核三段Ⅰ-Ⅸ油层组	30.0	3957
5	王集油田	核三段Ⅰ-Ⅳ油层组	20.85	842
6	井楼油田	核三段Ⅰ-Ⅷ油层组	34.5	1.7
7	古城油田	核三段Ⅰ-Ⅷ油层组	26.9~33.1	731~1340
8	杨楼油田	核三段油层组	26.62~35.21	400~1600
9	杜坡油田	核三段Ⅱ—Ⅵ油层组	21.02	1972

由于泌阳凹陷的核三段正处于断陷盆地的稳定下陷阶段，湖盆与周围隆起区，地形高差较大，湖

岸坡度较大，水体深，此时泌阳凹陷的不同部位发育着不同类型的砂体，具有物源多、搬运近、岩性粗的特点。沿大断层一侧发育着大小不等的水下冲积扇砂体和水下泥石流锥体，沿斜坡地区及泌阳凹陷长轴方向发育着三角洲和扇三角洲，泌阳凹陷中心存在着重力流水道和洪积砂体（图6-16）。

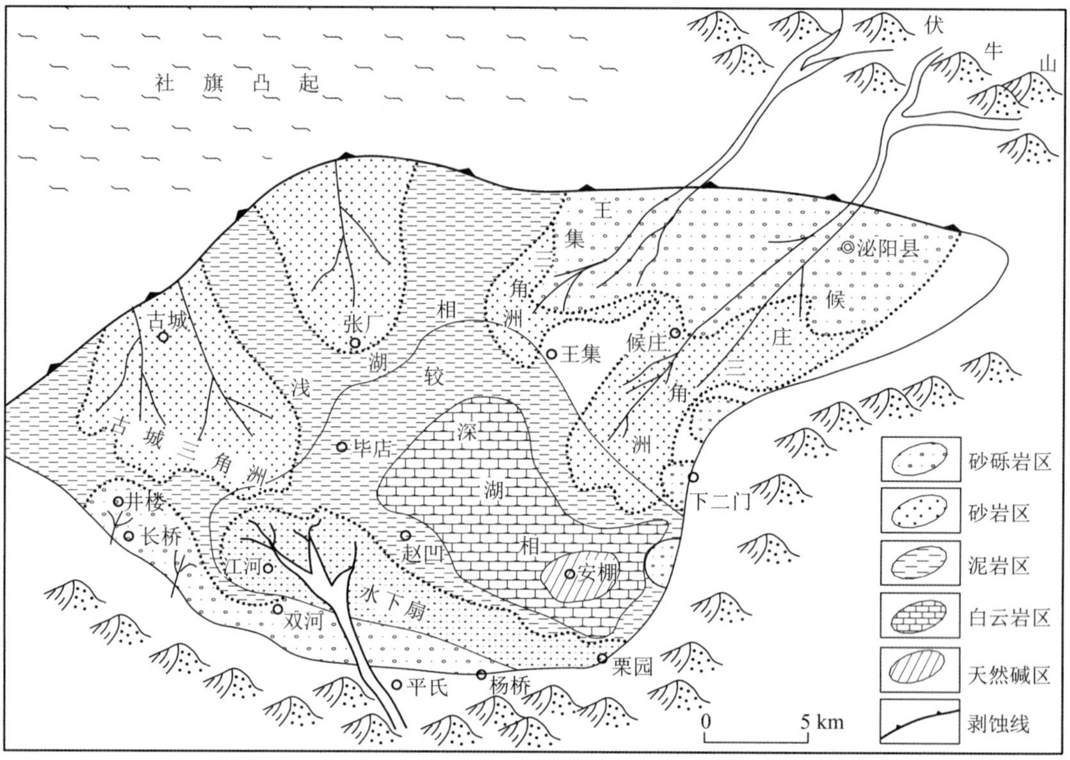

图6-16 泌阳凹陷古近系核三上亚段沉积模式图

（据南阳油田石油地质志编写组，1992）

泌阳凹陷的核二段是沉降幅度逐渐减小、水体逐渐变浅的断陷湖盆沉积，沉积厚度减薄，区域地层厚110~930 m。湖盆中心沉积了厚达700~800 m的灰、深灰色泥岩、钙质页岩、泥质白云岩、白云岩，夹薄层天然碱、含碱白云岩及砂岩；白云岩厚度占地层厚度的20%~67%，分布面积约40 km^2，比核三上亚段缩小，主要分布在安棚以东到皮充的深凹陷内。碱层自下而上均有零星分布，最大累积厚度达13 m，分布在白云岩发育中心的安棚一带（图6-17），面积约9.5 km^2，该区的云1、云2、云9、泌101等井的核二段都是白云岩和碱层发育的井段；其中云2井白云岩厚516.5 m，占地层厚度的67%，天然碱矿层3 m/1层。核二段是湖水咸化最为发育时期，属封闭型的碳酸盐湖沉积，深湖区的范围比核三段明显缩小，但最深部位仍位于北东向和北西向两组边界断层的交汇处，面积约200 km^2，向外围很快相变为浅湖-滨湖相的灰绿色泥岩、页岩和砂砾岩的互层沉积；由于外围的相带变快、变窄，也使之白云岩和天然碱矿层的纵、横向差异明显增大。浅湖相区面积约400 km^2，相带在平面上呈不对称的环状分布。深、浅水域与核三段相似，平面上也呈半环形分布。由于断裂活动减弱，剥蚀区的夷平作用使湖盆及外围古地形变缓，又加之水体浓缩变浅，原来在陡岸一侧以洪水浊流形式沉积的水下扇体，逐渐转化为牵引流搬运方式为主的扇三角洲沉积。斜坡上原发育的扇三角洲向湖盆内进积，分布范围也逐渐扩大。在湖盆中心存在着成组分布的席状砂体和个别浊积岩透镜体。

泌阳凹陷的核一段沉积期开始逐步回升，湖盆水体变浅，范围缩小，沉积厚度为400~500 m，湖盆中心转至以浅湖相为主，湖盆边部则为滨浅湖相，并过渡为河流-三角洲沉积环境。沉积中心岩性为灰、灰绿色泥岩夹油页岩、砂岩，向湖盆边部，滨浅湖相紫红色泥岩增多。核一段时期，湖盆四周的河流及三角洲相范围相对扩大，砂体的分布面积也明显扩大，整个湖盆处于河流-三角洲的沉积类型，但沉积中心仍位于凹陷东南部，相带展布呈半环状。

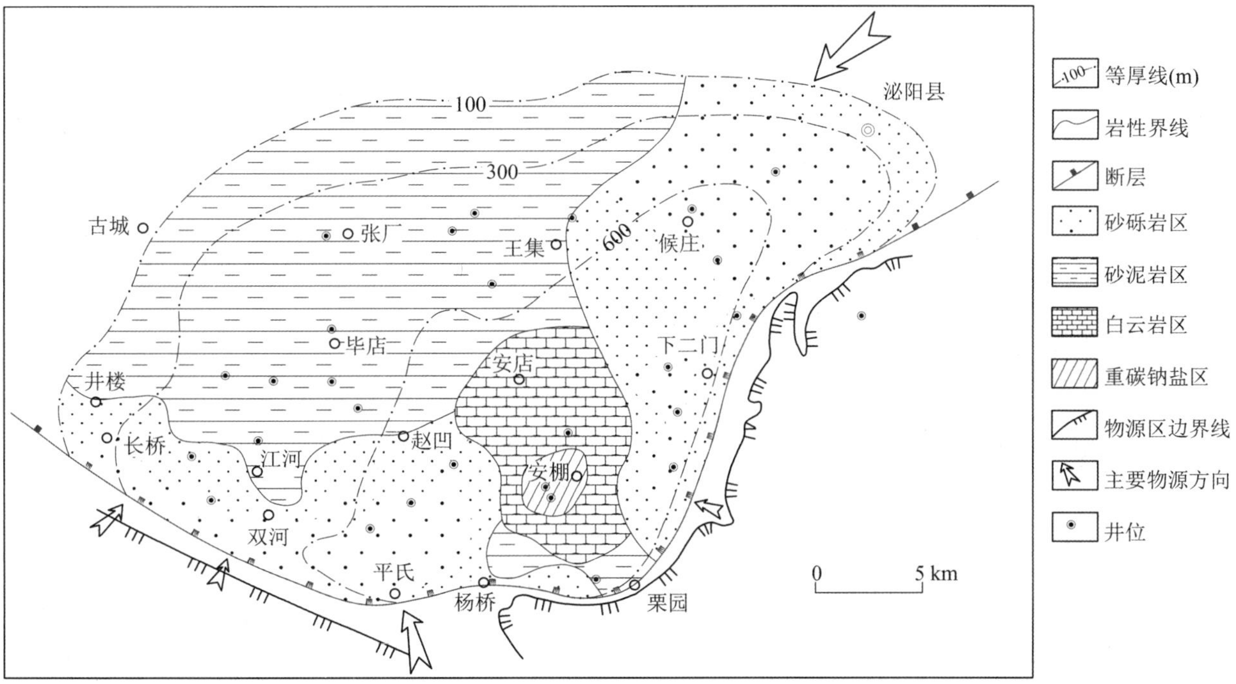

图 6-17 泌阳凹陷核二段沉积相略图

（据南阳油田石油地质志编写组，1992）

2. 泌阳凹陷构造特征

泌阳凹陷呈现往南突出的弧形分带展布，自南往北划分为南部断裂陡坡带、中部凹陷带（又称双河-安棚-皮冲凹陷带）和北部斜坡带（图 6-18）。南部物源来自新野凸起的山系，整体古地貌呈现“东高西低”；北部物源体系从东向西、源区到湖泊之间河流段距离增大，东部为辫状河三角洲，西部为曲流河三角洲；由于物源丰富，砂体发育，具典型陆相伸展断陷盆地的多物源、快速堆积的特征（图 6-19）。在两条边界断裂的交替控制下，南部断裂陡坡带和中部凹陷带的古近纪沉积呈现“南厚北薄、南深北浅”的楔状体。

泌阳凹陷的南部断裂陡坡带，属大型断裂前缘的古近纪沉降带，发育诸多牵引背斜和往南倾没的鼻状构造，由于坡度陡、流程短、水动力强且有季节性变化，沉积了多套岩性混杂、厚度不一、非均质性严重的储层，背斜和断鼻构造主要叠置在长桥、平氏、栗园、梨树凹、下二门等扇三角洲或冲积扇砂体之上。其中，平氏扇三角洲规模最大，复合型的扇三角洲砂体由南向北呈扇形展布，展布范围达 120 km^2，油气聚集量最大，是双河、赵凹油田的主要储集体。栗园砂体规模较小，砂体呈北西向扇形或舌状展布，单砂层厚度变化较大，是安棚含油区的主要储集体，孔隙度一般为 7%~2%，渗透率一般为 20~500 mD。由于扇三角洲砂体向凹陷内延展，与生油层呈互层状，扇端砂体形成朵状或花边状的尖灭线，形成多个小型岩性圈闭，并为岩性油藏形成提供了良好的封闭边界。

泌阳凹陷的南部断裂陡坡带分布范围沿南部和东部边界断层的内侧 1 km 范围内，呈弧形展布，面积约 60 km^2，属基岩大断层面倾斜带；西段受唐河-栗园正断层影响，发育诸多派生断层，主体为北西向展布的断阶带；东端受控于栗园-泌阳断层，其前缘是核桃园组沉积时期的继承性深凹部位，表现为不同的结构特征。由于断面陡（60°左右）、落差大（垂直断距大于 5000 m），南部断裂陡坡带核桃园组受到的牵引作用明显，沿走向分布着一系列牵引构造，从东到西有井楼背斜、王寨、栗园、梨树凹、老高庄等断鼻构造及下二门背斜，构造面积较小，一般为 1.2~5.0 km^2，最大的下二门背斜圈闭面积为 10 km^2。不同方向的断层发育，将构造分割为几个部分。基岩埋藏深度顺断层面向凹陷急剧增加，该带内边界线附近埋深 2500~2600 m。

泌阳凹陷的中部凹陷带紧邻南部断裂带，为凹陷的主体部分，西至前杜楼-高庄一带，东至下二

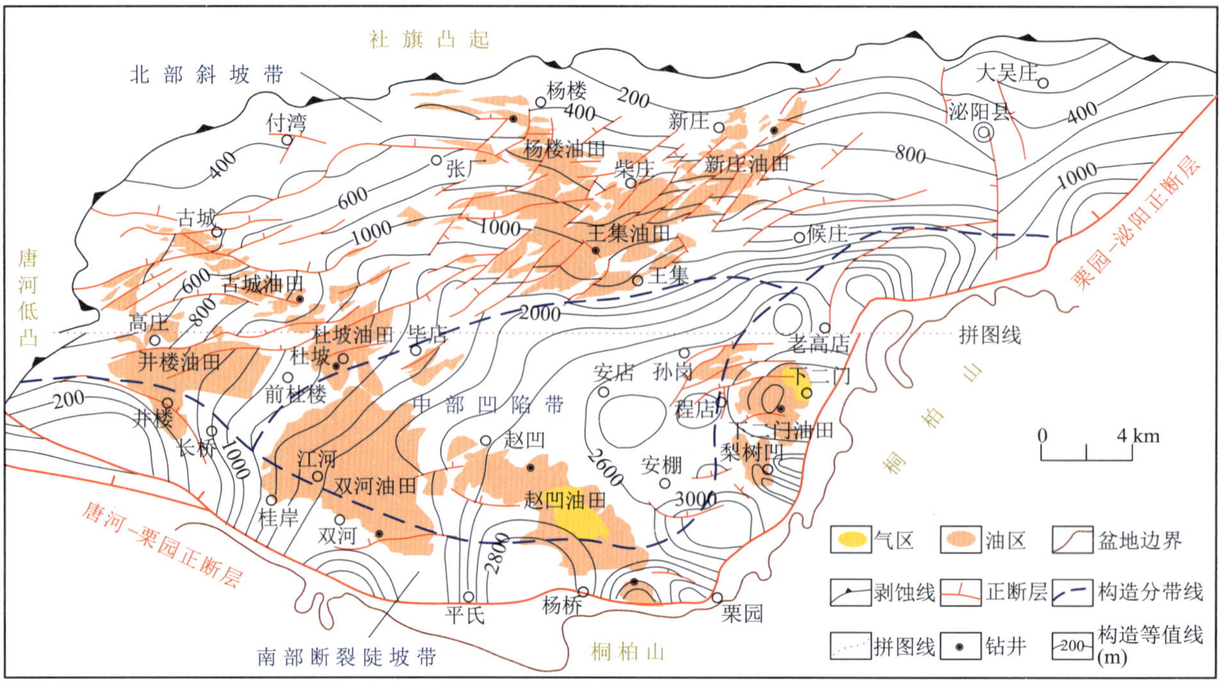

图 6-18　泌阳凹陷构造单元划分示意图

（据南阳油田石油地质志编写组，1992；邱荣华等，2007；李连生等，2009；有修改）

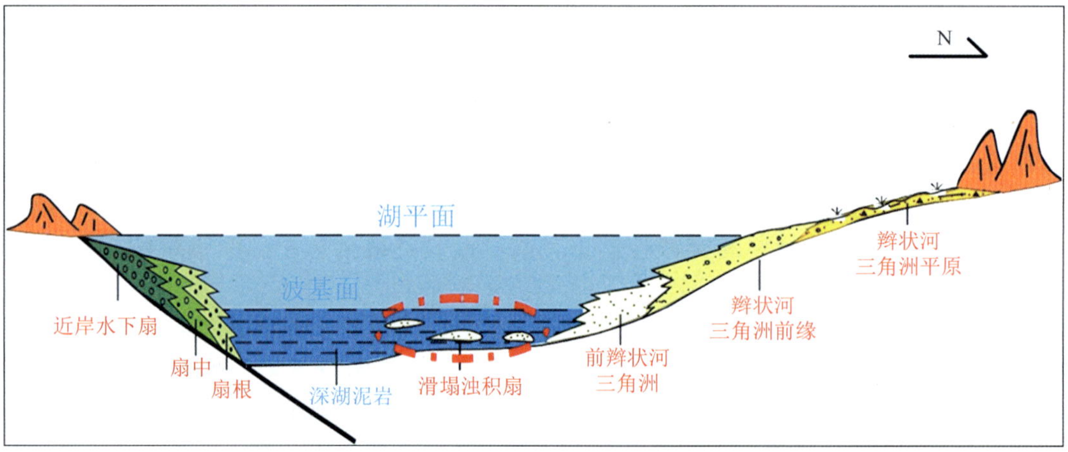

图 6-19　泌阳凹陷核三段三角洲沉积模式图

（据朱筱敏等，2011，有修改）

门背斜的西翼，北部大体以小马岗-王集断层为界与北部斜坡带相邻，面积约 500 km^2，凹陷内鼻状构造发育，如安棚-赵凹、江河-双河、前杜楼-高庄等鼻状构造，构造轴线为北西-南东向，延伸长 6~7 km，构造宽缓，面积较大（大于 8 km^2），最大的江河-双河鼻状构造大于 20 km^2（幅度 200 m 左右），构造完整，断层不发育，主要与砂岩上倾尖灭相配置形成圈闭，这种圈闭类型为该凹陷主要的含油圈闭类型。

泌阳凹陷的北部斜坡带位于凹陷北部，属古近系较缓慢、稳定抬升的沉积区，大致分布在小马岗-王集断层以北，北部以核桃园组剥蚀线为界，面积约 250 km^2。古近纪末，由于盆地北部边缘急剧抬升，湖盆边缘相（滨湖相）已剥蚀殆尽，剥蚀线以内核桃园组由凹陷内向斜坡带边缘逐渐减薄，具有一定的生油条件，鼻状构造发育，有古城、付湾、杨楼、新庄、大吴庄、泌阳等鼻状构造，呈不同方向往南部凹陷倾没，分别叠置在古城、张厂、王集、侯庄等物源来自社旗凸起的三角洲砂体之上，砂体呈朵状体深入湖盆。古城与侯庄三角洲面积为 40~170 km^2。古城三角洲砂体呈北西向伸长的舌状展布，走向与狭窄的古城鼻状构造一致，被北东东走向的断裂系统横切形成古城断鼻群，油气呈聚敛式向西北运移，同时被断层阻挡形成以断鼻油藏为主的古城油田。侯庄三角洲砂体向南插入深凹区至安棚一带，构成了下二门、王集、新庄油田的主要储集层。由于该斜坡带具有边沉积、边翘倾的继承性特点，部分砂岩岩性变化大，断层较发育，形成多种断鼻或断块与岩性复合圈闭；因后期构造变动使其进一步抬升，部分遭受剥蚀和改造，使之复合圈闭分割比较强烈；但断鼻构造为该带主要的圈闭，为本凹陷浅油层主要分布区。

3. 泌阳凹陷油气藏类型

根据圈闭成因分类法，泌阳凹陷的油气藏可划分为构造油气藏、岩性油气藏、地层油气藏和复合油气藏 4 大类 19 种油藏类型。构造油气藏类型有背斜型、断鼻型和断块型，岩性油气藏类型主要为砂岩上倾尖灭型和透镜体型，地层油气藏类型主要是地层不整合遮挡型。复合油气藏是指受双重或多重因素控制而形成的油气藏，主要有断层-岩性尖灭型、断层-地层超覆型、断层-地层不整合型等 3 类。受泌阳凹陷盆地结构及其构造沉积特征的影响，不同构造带发育的油气藏类型不同。由于泌阳凹陷的正向构造多为鼻状构造，其次是规模不大的滚动背斜或牵引背斜，均遭不同方向和规模的断层切割，构造、岩性和断层的复合是油气成藏的主要控制因素。

砂体上倾尖灭油藏是泌阳凹陷主要的油藏类型之一；有 9 个油田具有该种油藏类型的分布，其中，以双河油田最为典型，其构造背景为由西北向东南倾没的鼻状构造，叠置在自东南往西北向展布的平氏扇三角洲砂体之上，砂层也沿这一方向由厚变薄，由粗变细，逐层尖灭于不同部位，呈现为“上小、下大”的阶梯状楔形体（图 6-20）；赵凹油田的砂体主要受南部平氏砂体东支、杨桥、栗园 3 个物源区所控制，砂层均由西南向北展布，并尖灭于西北方向抬起的安棚鼻状构造西南翼或轴部。双河、下二门、赵凹等油田的砂岩上倾尖灭型储量分别占油田总储量的 68. 01%、35. 8%和 78. 1%（彭国力等，2011）。

砂岩透镜体油藏是指砂岩四周被非渗透地层包围构成圈闭而形成的油藏，该类油气藏分布于泌阳凹陷的深凹区及三角洲前缘相带；如泌 114 井与泌 70 井钻遇，岩性为含砾细砂岩，周围邻近各井均已相变为泥岩，平面形态呈单一的土豆状，剖面呈透镜状。

断层-岩性尖灭型油藏是砂岩储层上倾方向由断层遮挡与侧缘砂岩尖灭共同控制，主要发育在泌阳凹陷的下二门、王集、新庄一带；断层-地层超覆型油藏，先期形成的地层超覆型圈闭被后期构造运动所破坏，形成断层上升盘切割封堵的新圈闭类型，主要发育在北部斜坡带断裂发育区；断层-地层不整合型油藏，也发育在北部斜坡带断裂发育区。下二门和王集油田的构造-岩性-地层圈闭型储量分别占油田总储量的 35. 8%和 31. 0%；双河和王集油田的断层-砂岩上倾尖灭型储量分别占油田总储量的 25. 45%和 52. 00%；岩性-构造复合油气藏是主要类型（彭国力等，2011）。

鼻状构造带的形成及演化对于主要油气藏具有重要控制作用。泌阳凹陷的诸多鼻状构造在核三段沉积时已具雏形，随着构造沉降作用进一步增加，构造得到继承性发展，在核二段沉积末期基本定型。在廖庄组沉积末期，区域性构造抬升，砂体的反弹变形，鼻状构造幅度加大，并最终定型；同时由于鼻状构造轴部曲率大，构造裂缝相对发育，为油气的运移和聚集提供了有效通道。更为重要的是，泌阳凹陷发育的南北向正向构造单元与南北两大沉积体系砂体相耦合，正向构造主体部位均位于三角洲前缘亚相，含砂率为 20%~60%，是油气聚集的理想场所；而且，正向构造一直处于应力集中区。构造应力是油气运移的直接动力，也可使岩层发生变形和变位形成断层和裂缝，形成油气运移的通道，低鼻状构造的流体势场和压力系统，促使油气向鼻状构造汇聚。

泌阳凹陷的中央深凹带和南部陡坡带正是鼻状构造带与三角洲砂体的良好叠置区，油层深度为 1270~2420 m，单井钻遇 30~50 层，钻遇有效厚度为 142~420 m，油藏类型呈现多样性。中央深凹带主要形成砂岩透镜体和砂岩上倾尖灭油藏，安棚地区白云岩较发育，形成白云岩裂缝-孔洞油藏（又称缝洞油藏）。南部陡坡带泌 301、泌 304 区块有基岩油藏形成；梨树凹地区受边界断裂控制，油藏类型为岩性、断层-岩性油藏；孙岗、下二门地区断层和滚动背斜发育明显，油藏类型有断块、背

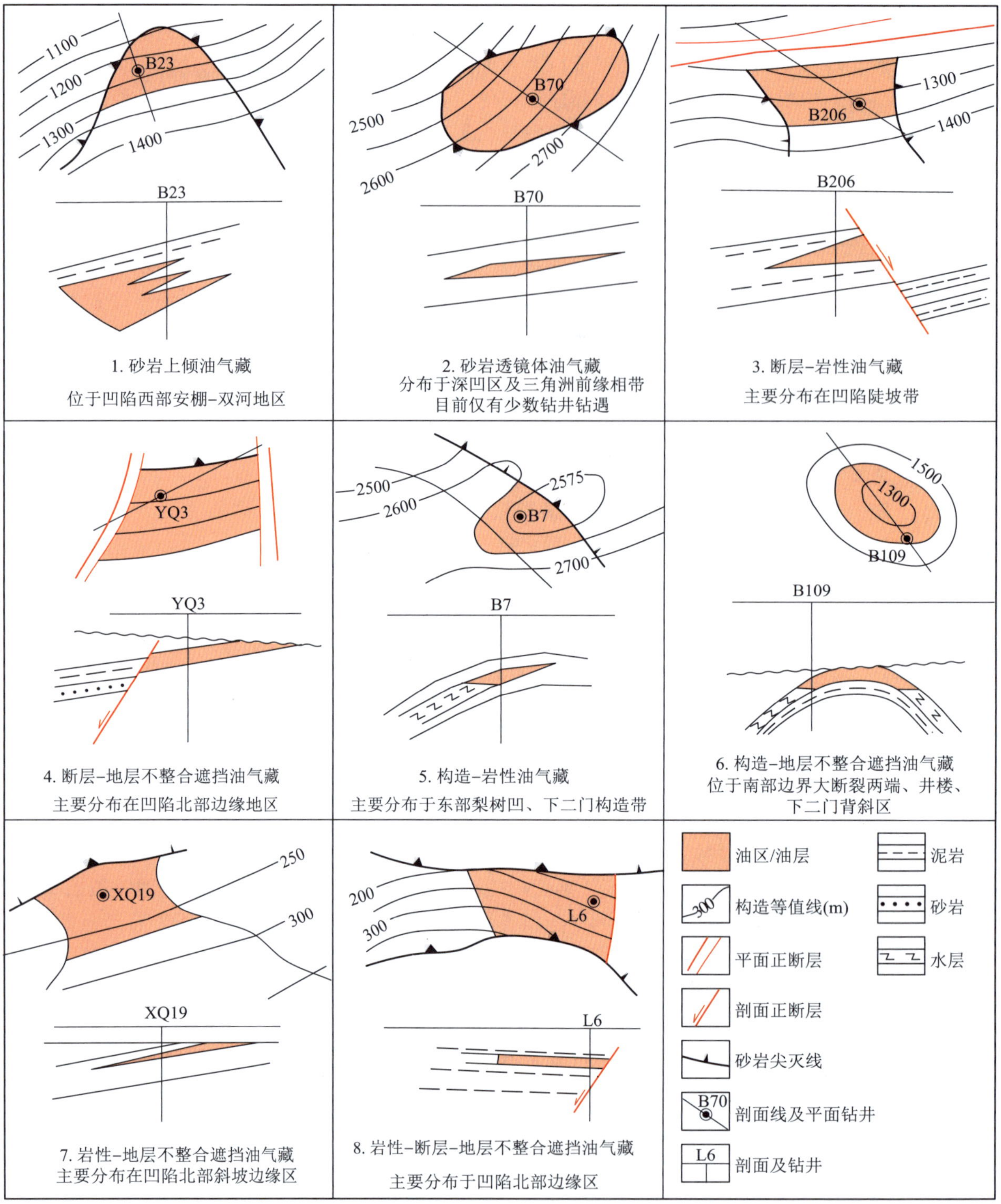

1. 砂岩上倾油气藏
位于凹陷西部安棚–双河地区

2. 砂岩透镜体油气藏
分布于深凹区及三角洲前缘相带
目前仅有少数钻井钻遇

3. 断层–岩性油气藏
主要分布在凹陷陡坡带

4. 断层–地层不整合遮挡油气藏
主要分布在凹陷北部边缘地区

5. 构造–岩性油气藏
主要分布于东部梨树凹、下二门构造带

6. 构造–地层不整合遮挡油气藏
位于南部边界大断裂两端、井楼、
下二门背斜区

7. 岩性–地层不整合遮挡油气藏
主要分布在凹陷北部斜坡边缘区

8. 岩性–断层–地层不整合遮挡油气藏
主要分布于凹陷北部边缘区

图 6–20　泌阳凹陷复合油气藏类型示意图
（据蔡佳等，2009）

斜、断背油藏。北部斜坡低台阶部位油藏类型以断块、断鼻油藏和断层–岩性油藏为主，高台阶部位地层剥蚀严重，多形成地层不整合–断层油藏和地层不整合–岩性油藏。

4. 泌阳凹陷油气相态类型与分布

按照油气流体相态分类，泌阳凹陷已发现的油气藏主要有常规油藏、稠油油藏、天然气藏和凝析气藏。重要特色在于部分常规原油发生裂解及生物降解作用，向轻质原油和重质原油两个方向演化。

一方面，随着油层埋藏的加深，地层的温度和压力升高，原油受热裂解，原油的轻馏分增加，油气比升高，原油的成熟度较高。如凹陷南部陡坡带原始油层温度为61~140℃，双河油田西部的核三段Ⅵ—Ⅸ油组油层埋深超过1900~2000 m，使之轻馏分含量上升，油气比也升高，含蜡量减少，凝固点降低。另一方面，北部缓坡带在核一段和廖庄组沉积时期抬升明显，致使原生油藏埋深变浅，甚至局部暴露地表，地层压实作用差，储层疏松，油层埋深97~1200 m，油层温度和压力降低，加之地下水交替活动的影响加强，有利于细菌的繁衍，加速原油降解氧化作用和水洗作用，原油轻质成分逐渐散失演化为重质原油，含硫量升高，胶质、沥青质含量也升高，轻质馏分减少，含蜡量降低，凝固点也下降，因而相对密度增大，粘度升高。

（1）常规原油油藏

泌阳凹陷的地面原油密度为0.82~0.90 t/m³，具有“二高二低”的特征：含蜡量较高，一般为22.97%~30.79%，凝固点高，一般为31~46℃，饱和压力低，油气比低。其初馏点为101~120℃，70℃下粘度为3.07~79.7 mPa·s，胶质和沥青质含量一般为4.02%~5.90%。该类型油藏主要分布于南部陡坡带的双河油田核三段、赵凹油田核三上亚段及下二门油田核三段。

（2）稠油油藏

泌阳凹陷的稠油油藏主要分布于北部缓坡带的井楼、古城、杨楼、新庄等油田及南部陡坡带的下二门浅层、深凹区白云岩储集层中。地面原油密度为0.9007~0.9928 t/m³，含蜡量一般为5.93%~19.27%，凝固点低，主要是随着含蜡量的降低而降低，变化范围在9~28℃，胶质和沥青质含量一般为23.14%~38.81%，粘度一般为65.49~71695 mPa·s，主要是随着胶质、沥青质含量的升高而升高。

需要指出的是，泌阳凹陷的深凹区白云岩储集层中的稠油与凹陷边缘浅层的稠油有所不同，主要差别是凝固点仍很高，可达到35~39℃，而含蜡量并不高8.39%~14.81%，胶质、沥青质的含量高达46.73%~54.10%，含硫量较高0.55%~1.2%。该区原油属于典型的由白云岩类烃源岩为主形成的未熟油。

（3）天然气藏

泌阳凹陷天然气藏储量不大，仅在下二门、双河、赵凹及古城油田探明有天然气地质储量。以伴生气或溶解气为主，多为湿气，并有少量干气。下二门油田的气体组分中，甲烷含量大都在95.0%以上，重烃含量小于4%；甲烷的碳同位素$\delta^{13}C$值在47.10‰~44.79‰之间，氢同位素δD值集中在208.10‰~200.70‰之间，具有典型的伴生气特征。赵凹油田的天然气有凝析气、溶解气，溶解气的甲烷含量49.7%~78.1%。双河油田的天然气为溶解气，甲烷为63.6%，乙烷为13.31%，丙烷为12.43%。泌阳凹陷北部缓坡带所处的地温一般小于75℃，水介质近中性，pH值在6.0~8.0之间，形成了甲烷菌大量繁殖的有利空间，为生物气生成区；古城油田的天然气为生物气，气体组分中甲烷平均含量90.4%，不含重烃，甲烷的碳同位素$\delta^{13}C$值为59‰，氢同位素δD值为207.70‰。

（4）凝析气藏

泌阳凹陷的安棚深层气藏为凝析气藏，是地层圈闭内的单一气相，开采时，由于地层压力降低，发生反凝析而成为气液两态。主要分布在赵凹油田的核三段Ⅶ油组以下，集中分布于鼻状构造轴部的泌185至泌252井一带（明海会等，2005）。根据泌185井3154.3~3167.8 m井段原油的高压物性PVT资料分析，流体具有较高的饱和压力（33.85 MPa），高体积系数（3.0572），较高的油气比（643.2 m³/t），低地层原油密度（0.4583 t/m³），地面脱气原油密度为0.8014 t/m³，具有挥发性原油的特征。泌185井的流体临界凝析压力（Pm）和临界点压力（Pc）分别为34.5 MPa和31.6 MPa，临界凝析温度（Tm）和临界点温度（Tc）分别为363℃和223.8℃，油藏温度为122℃，显然油藏温度低于临界点温度，流体性质属烃类泡点系统，在低于饱和压力下油藏很快脱气，出现两相流动。从高压物性样品井流物组成分析来看，泌185井C_{7+}摩尔量为7.89%，其值小于11%，C_2-C_6+CO_2为28.4%，C_1+N_2为63.63%，泌185井为凝析气藏。

（二）唐河县杨楼油田

杨楼油田位于唐河县大河屯镇境内，地理坐标为东经 113°04′19″，北纬 32°42′47″。发现井是 1986 年 12 月完钻的泌浅 7 井，于核三段发现 3 层、视厚 12.2 m 的稠油层。1989 年，探明含油面积 4.6 km^2，探明Ⅲ类地质储量 302×10^4 t。1996 年 6 月，对杨浅 3 井进行常规试采；2003 年 9 月开始，对杨浅 3 井、杨资 1 井进行蒸汽吞吐试采，日均产油 3.7～5.6 t。2005 年底，累计探明含油面积 8.6 km^2，石油地质储量 975×10^4 t。截至 2014 年底，动用含油面积 5.0 km^2，石油地质储量 624.98×10^4 t，可采储量 101.74×10^4 t，共有油井 141 口，累计产油 32.01×10^4 t。截至 2017 年底，累计探明含油面积 10.13 km^2，石油地质储量 1121.41×10^4 t，技术可采储量 174.42×10^4 t；累计产油 39.04×10^4 t。属中型、低丰度油田。

1. 石油富集成藏特征

杨楼油田位于泌阳凹陷北部斜坡的王集-新庄鼻状构造西北翼，构造形态总体呈由南向北逐渐抬高的单斜，地层倾角为 8°～12°。区内共发育 35 条正断层，以北东向和近东西向延展为主，一般断距为 10～40 m，最大为 150 m，倾角一般为 60°左右，将杨楼油田分割为 5 个断块（图 6-21）。油层组主要分布于核三段，油层埋深 390～975 m，储层主要属张厂三角洲砂体。由于凹陷北部斜坡后期抬升剥蚀，仅保留了大面积分布的三角洲前缘相及前三角洲相。储层大部分为张厂三角洲前缘席状砂体，东部因受王集-新庄扇三角洲水下分流河道控制，粒度变粗。中北部可划分 8 个砂组。储层岩性主要是褐灰色石英长石砂岩，孔隙度为 26.62%～35.21%，平均为 28.97%；渗透率为 400～1600 mD。

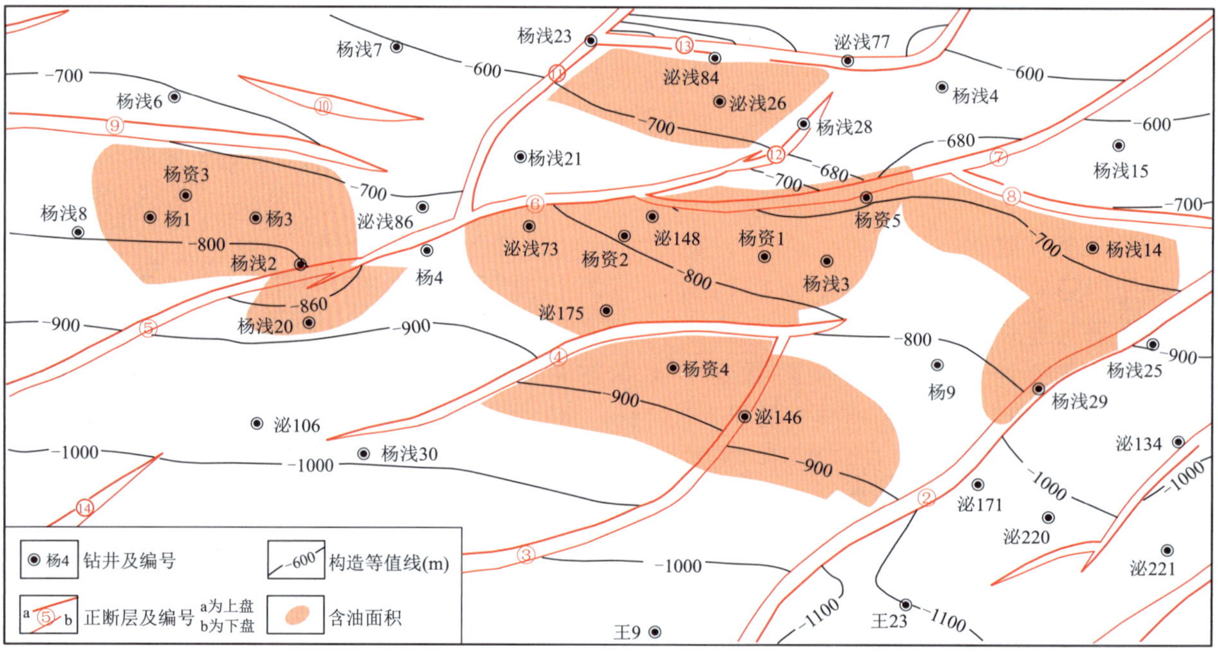

图 6-21　唐河县杨楼油田核三段Ⅴ砂组顶面构造示意图

（据《中国油气田开发志》总编纂委员会，2011a）

2. 油藏特征

杨楼油田的地面原油密度为 0.9087～0.9928 t/m^3，50℃脱气原油粘度为 708.42～54481.08 mPa·s，含蜡量为 1.64%～14.80%，含硫量为 0.07%～0.64%，胶质和沥青质含量为 15.70%～54.46%，凝固点为 14～24℃。

杨楼油田的地层水属碳酸氢钠型，总矿化度为 1110～8420 mg/L，氯离子含量为 244～2657 mg/L。地温梯度为 3.84℃/hm，原始地层压力为 6.22～8.94 MPa，压力梯度为 0.99 MPa/hm。根据圈闭类型，可划为构造-岩性油藏、断鼻油藏和断块稠油油藏。

（三）唐河县王集油田

王集油田位于唐河县东王集乡境内，地理坐标为东经 113°09′46″，北纬 32°40′02″。1976 年 11 月至 1977 年 1 月，在王集北的王大堰鼻状构造上施钻了泌 12 井，1977 年 3 月于核三段的 1400. 4~1407. 2 m 井段试获日产 46. 5 t 的工业油流。1978 年开始投入开发。2005 年底，累计探明含油面积 17. 2 km^2，石油地质储量 831×10^4 t，可采储量 142. 49×10^4 t；共有油井 80 口，注水井 31 口，累计产油 71. 77×10^4 t。截至 2014 年底，动用含油面积 23. 83 km^2，石油地质储量 1320. 95×10^4 t，可采储量 301. 61×10^4 t。截至 2017 年底，累计探明含油面积 26. 04 km^2，石油地质储量 1969. 34×10^4 t，标定可采储量 352. 43×10^4 t；溶解气地质储量 1. 01×10^8 m^3；累计产油 207. 59×10^4 t。属中型、低丰度油田。

1. 石油富集成藏特征

王集油田位于泌阳凹陷北部斜坡带东段，是一被北北东向断层复杂化的向南东倾没的宽缓鼻状构造。王集断鼻构造由诸多断块组成，近轴部呈“地堑”式陷落，把鼻状构造分割成东西两部分。区内发育北东向和北北东向正断层 9 条，剖面上呈放射状“Y”字形或单条状分布，上陡下缓。地堑两边断块内还发育一些走向北西或近东西向延伸短的次级断层，与主断层一起将断鼻构造切割形成多个断块、断鼻（图 6-22）。地层倾角为 5°~23°。

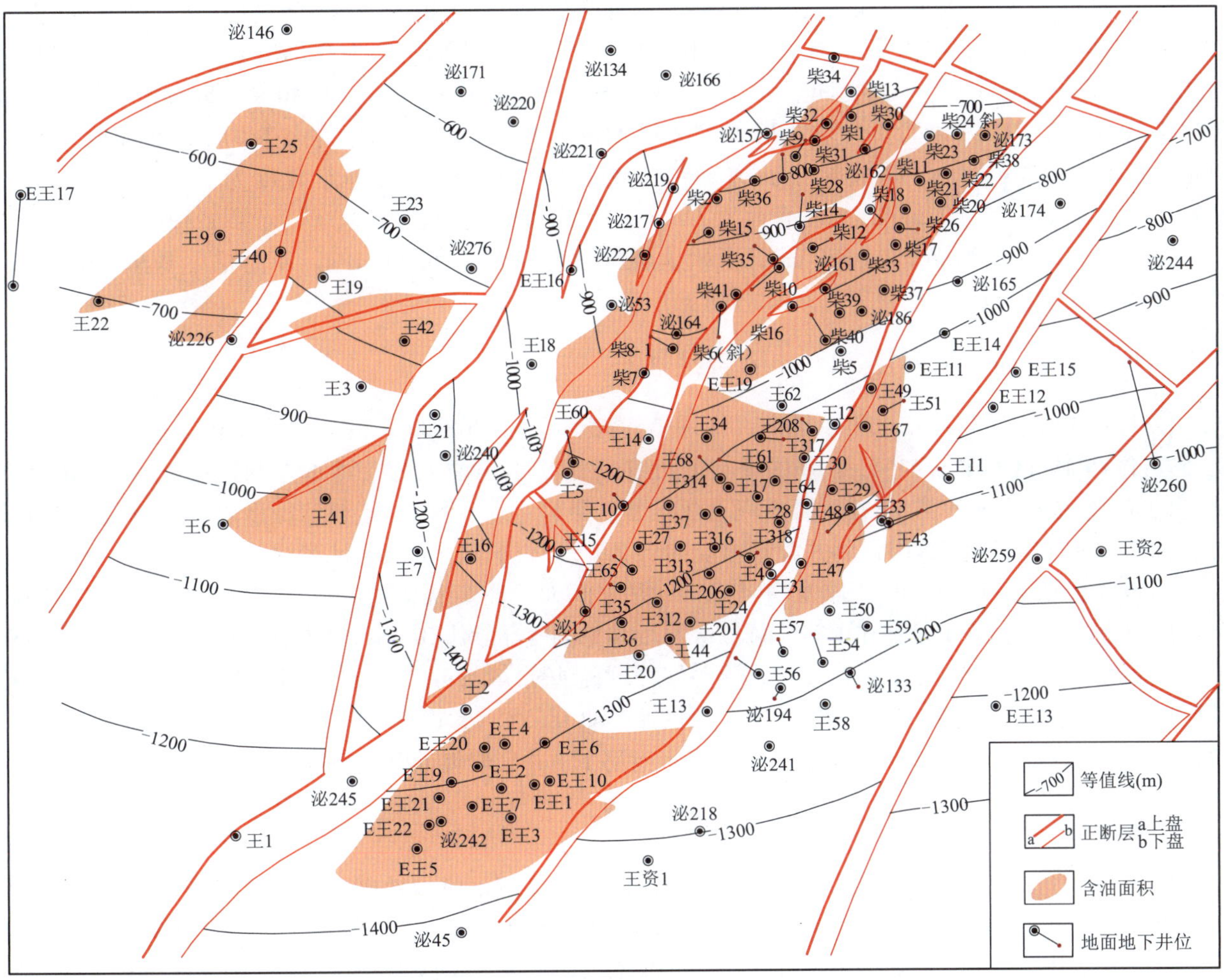

图 6-22　唐河县王集油田桃三段Ⅲ油组顶面构造示意图

（据《中国油气田开发志》总编纂委员会，2011c）

王集油田为湖相三角洲沉积，沉积物以东、北东部的侯庄物源为主，沉积砂体主要分布于东部地区，西北地区的王集是次要物源，不同时期表现强弱不同。具有近源、河道摆动频繁、横向及纵向上沉积类型变化快等特点，体现为三角洲-浅、半深湖沉积。

王集油田的核二段划分为2个砂层组计17个小层（含油小层2层）、38个单层（含油单层3层），核三段7个砂层组计51个小层（含油小层19层）、134个单层（含油单层24层），核二段和核三段合计9个油组、68个小层，其中6个油组的21个小层中有27个单层含油。在27个含油单层中，圈定油砂体35个，构造-岩性复合圈闭18个，断层圈闭11个，断鼻圈闭6个。

王集油田的含油层位于核二段Ⅱ、Ⅲ油组和核三段的Ⅱ—Ⅶ油组，以核三段Ⅲ、Ⅳ油组为主。核三段Ⅰ—Ⅳ油组的孔隙度为18.2%~24.5%，平均为20.85%；渗透率为272~1579 mD，平均为842 mD；各含油区块的差异较大；东区储层的平均孔隙度为18.5%，渗透率平均为799 mD；柴庄区的平均孔隙度为24.5%，渗透率平均为1022 mD；泌242块的平均孔隙度为17.6%，渗透率平均为156 mD。Ⅲ油组和Ⅴ油组的最大孔隙均值分别为114.34 μm和61.44 μm，孔喉比分别为7.12~37.16和22.07，1~10 μm的孔喉占孔隙体积的42.5%，属中等孔隙、差结构特征的储层。

2. 油藏特征

王集油田的核二段Ⅱ油组地面原油密度为0.933 t/m^3，70℃粘度为131.42 Pa·s，凝固点21℃。核二段Ⅲ油组的含蜡量为14.53%，含硫量为0.12%，胶质和沥青质含量为30.33%。核二段地层原油饱和压力为1.6835 MPa，原始气油比为7.6 m^3/t，体积系数为1.056。

王集油田的核三段Ⅱ、Ⅲ、Ⅵ、Ⅶ油组地面原油密度为0.8737~0.8890 t/m^3，70℃粘度为20.16~44.96 mPa·s，凝固点为31~44℃；Ⅳ、Ⅴ油组的地面原油密度为0.896~0.9230 t/m^3，70℃粘度为110.88~122.49 mPa·s，凝固点为32~38℃。核三段原油的含蜡量16.40%~37.40%，含硫量为0.14%~0.31%，胶质和沥青质含量为17.60%~42.90%；地层原油饱和压力为1.07~2.49 MPa，原始气油比为7.0~12.4 m^3/t，体积系数为1.051~1.083；核三段的地层水总矿化度为1482~8831 mg/L，氯离子含量为151~3629 mg/L，pH值为7.74~8.85，水型为碳酸氢钠型。

王集油田的油层埋深820~1500 m，原始地层压力为8.12~16.94 MPa，压力梯度0.98 MPa/hm，地温梯度为4.3℃/hm。

（四）唐河县王集南泌111井区岩性油藏

泌111井位于唐河县东王集乡境内，地理坐标为东经113°08′20″，北纬32°38′19″。

位于李岗地区的泌95井与泌45井一带正处在王集、李岗两大分支河道之间，而泌95井砂层较北部的泌45井和西部的泌94井发育核三上亚段Ⅱ、Ⅲ砂组。泌95井于核三上亚段见油斑显示3 m/2层，油迹显示118.4 m/16层，测井解释可能油层2.8 m/2层；经试油累计产油0.52 t。

1986年施钻泌111井，位于泌95井与泌45井之间大王庄鼻状构造翼部，完钻井深为2577.15 m，地质层位为核三段，地质录井在1907~2426 m井段共见油气显示厚34.5 m/7层；其中，荧光显示15 m/2层，油迹11.5 m/4层，油斑8 m/1层；测井解释可疑油层14.5 m；经核三段Ⅲ砂组的2114~2118.6 m井段抽汲求产，日产原油1.38 t、水0.82 m^3，累计产油18.5 t、水17.1 m^3。原油密度0.8723 t/m^3，70℃脱气原油粘度17.11 mPa·s，凝固点45℃。王集南泌111井区岩性油藏储量规模小。

（五）唐河—泌阳县新庄油田

新庄油田位于河南省驻马店市泌阳县和南阳市唐河县接壤地带，地理坐标为东经113°13′37″，北纬32°41′52″。属普通稠油-特稠油复杂断块油藏。1986年4~6月，河南油田在泌阳凹陷北部斜坡施钻了泌浅2井，完钻井深为501.21 m，于古近系的193.0~217.0 m井段取心见4层、视厚10.2 m的稠油层，发现了新庄油田。1990年5月，探明含油面积4.0 km^2，探明石油地质储量725×10^4 t，可采储量约145×10^4 t。1997年10月投入开发，2004~2005年进行产能建设，截至2005年底，相继开发泌浅45、57、67、94、167等区块，合计拥有热采吞吐井193口、常规采油井42口，累计产油17.22×10^4 t。截至2014年底，累计动用含油面积5.96 km^2，石油地质储量1647.10×10^4 t，可采储量221.11×10^4 t；合计拥有采油井437口，累计产油109.51×10^4 t。截至2017年底，累计探明含油面积7.34 km^2，石油地质储量

3016.06×10^4 t，技术可采储量 416.68×10^4 t；累计产油 131.98×10^4 t。属中型、中丰度油田。

1. 构造特征

新庄油田位于泌阳凹陷北部斜坡东部，以一个低幅度的鞍部与王集地区隔开，是个被断层复杂化的宽缓鼻状构造。新庄鼻状构造由北西向南东向倾没，两翼倾角为 4°~5°。构造隆起幅度为 50~120 m，面积为 40 km^2（图 6-23）。区内断裂构造发育，共有 40~50 条断层；其中近南北向断层 9 条，倾角大于 70°，平面上呈弧形延伸，具走滑性质；北东向断层 20 余条，倾角为 13°~70°，落差 50 m 左右，最大达 300 m，延伸长度一般为 300~3000 m；近东西向的 7 条和北西向的 5 条断层为延伸短的小断层。剖面上，断层呈平行、对掉、帚状、“Y” 字、截切、“人” 字等组合形态。断层相互切割，将构造切割为 30 多个区块，具明显圈闭特征的有 26 个，分为断鼻和断块两大类，其中断块又可分为单斜式、屋脊式、掀斜式、地垒式和地堑式。

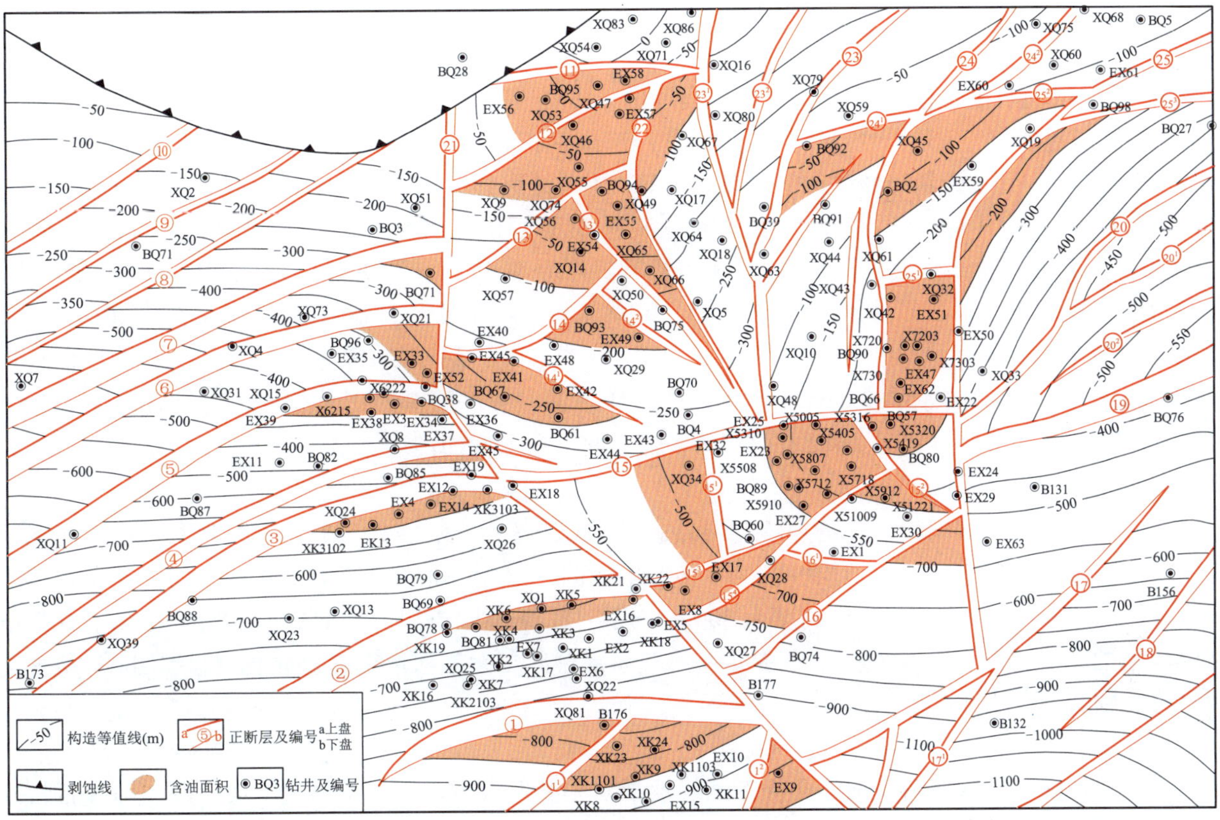

图 6-23　唐河-泌阳县新庄油田核三段Ⅲ油组顶面构造示意图
（据《中国油气田开发志》总编纂委员会，2011a）

2. 油层组特征

新庄油田位于侯庄扇三角洲和新庄扇三角洲前缘相交叠处。核三上亚段沉积时，东北部属于三角洲平原相及三角洲前缘相。东南部为浅湖相。西部属滨浅湖相，并向平原相过渡。

新庄油田的油层组主要分布于核三段。核三上亚段沉积期，以三角洲前缘相沉积为主，岩性特征是灰色泥岩、页岩、砂质泥岩，与灰白色砾状砂岩、含砾砂岩、细砂岩、泥质粉砂岩互层，可见斜层理、交错层理、波状层理和冲刷、充填现象，呈现“下粗上细”的正韵律；东北部的泌浅 6 至新浅 6 井一带属三角洲平原相，泥质砂岩或砂质泥岩相对增多；西部为滨、浅湖相，泥岩颜色由深灰、灰色渐变为灰绿色或杂色。储层以核三上亚段的岩屑砂岩为主，石英砂岩和长石砂岩次之；岩屑含量为 1.0%~80.0%，石英含量为 1.0%~85.0%，长石含量为 10.0%~40.0%。核三段Ⅰ—Ⅸ油组的平均孔隙度为 30.0%，平均渗透率为 3957 mD，属高渗储层；其中，Ⅰ和Ⅱ油组的平均孔隙度分别为 32.5% 和 32.0%，平均渗透率分别为 5401 mD 和 3667 mD，孔隙结构以大孔喉、分选中等为特征，最大连通孔喉半径为15~75 μm，平均为49.8 μm；中值半径为5.1~64.5 μm，平均为29.8 μm；平均排驱压力为0.0433 MPa，平均饱和度中值压力为0.14 MPa。

3. 油藏特征

新庄油田的地面原油密度为0.9472~0.9817 t/m³，50℃时粘度为2300~16486 mPa·s，凝固点15~22℃，含蜡量为7.47%~21.76%，含硫量为0.18%~0.87%，胶质和沥青质含量为15.6%~42.2%。主要含油层位是核二段的Ⅲ油组和核三段的Ⅰ-Ⅳ油组，埋深136~983 m，地温梯度为4.0℃/hm，原始地层压力为1.19~4.50 MPa，压力梯度为0.95 MPa/hm。地层水为碳酸氢钠型，总矿化度为377~1832.91 mg/L，氯离子含量为40~282.89 mg/L。根据不同的控制因素，可划分断鼻油藏、断块油藏和断层-不整合油藏。其中，断鼻油藏的油气丰度较高，油气储量可占油田储量的80%以上；断块油藏和断层-不整合油藏的油气丰度相对较低，主要分布在油田北部。

（六）泌阳县下二门油田

下二门油田位于河南省驻马店市泌阳县境内，业内俗称下二门油（气）田，地理坐标为东经113°15′00″，北纬32°37′13″。1977年10~12月，河南油田在下二门背斜上施钻泌7井，完钻井深为1920.00 m，于古近系始新统核桃园组发现油层30层、视厚190.4 m；12月18~20日，射开核三段的1695.6~1704.4 m井段，试获日产48.3 t的工业油流；12月26日，射开核桃园组二、三段的1061.8~1704.4 m井段，发生强烈井喷，敞喷折算日产原油353 t；发现了下二门油田。1978年4月，探明含油面积4.26 km²，石油地质储量1385.1×10⁴ t。1978年9月开始投入开发。截至2014年底，动用含油面积9.0 km²，共有油井340口，注水井112口。截至2017年底，累计探明含油面积11.08 km²，石油地质储量2839.65×10⁴ t，技术可采储量1131.78×10⁴ t，溶解气地质储量5.26×10⁸ m³；2017年底，累计产油1082.09×10⁴ t。属中型、高丰度油田。

1. 构造特征

下二门油田为一轴向近南北的短轴背斜，东翼④号断层以东，具体形态不详（图6-24）。西翼及南北端部较缓，形态较完整，地层倾角为3°~17°。在核三段Ⅰ油组顶面构造图上，以-1550 m等高线计，圈闭面积约8.8 km²，闭合高度为300 m。发育21条不同方向、不同规模的断层；其中有7条规模较大的断层，长0.7~4.6 km，落差为9~187 m，对油气运移和聚集起着重要控制作用。7条主控断层将短轴背斜分为4个断块。

2. 油层组特征

下二门地区处于侯庄辫状河三角洲的前缘地带，主要发育有水下分流河道、河口坝、前缘席状砂等3种沉积类型，具有多物源、多旋回和多方向减薄尖灭的特点。侯庄三角洲砂体是下二门油田储层的主要物源区。下二门油田的油层组主要分布于核三段和二段，埋藏深度880~2380 m。核一段划分为10个小层；核二段Ⅰ—Ⅴ油层组划分为23个小层；核三段上部的Ⅰ—Ⅳ油层组划分为29个小层；核三段下部的Ⅴ—Ⅸ油层组划分为45个小层，仅有7个小层含油。全油田共有216个油砂体，集中分布于短轴背斜的主体部位；核二段为105个，核三段为111个，其中核三段Ⅰ—Ⅳ油组99个。另有38个含气砂体或含气的油砂体，层位浅，分布于廖庄组、核一段和核二段Ⅰ—Ⅳ油组，主要分布于Ⅰ断块的核二段Ⅰ—Ⅲ油组。

下二门油田的油层组平均厚度为6 m左右，最大的累计厚度可达154 m。核二段Ⅰ—Ⅴ油组的平均孔隙度为21.05%~22.38%，平均渗透率为921~3012 mD。核三段Ⅰ—Ⅳ油组的平均孔隙度为15.89%~23.91%，平均渗透率为98~1841 mD；Ⅴ—Ⅸ油组的平均孔隙度为4.03%~8.86%，平均渗透率为3.8~53.6 mD。储层岩性主要是长石砂岩、岩屑长石砂岩。储层孔喉分选系数为1.07~4.09，孔喉均值为5.14~11.99 μm，偏度为-2.48~2.52；渗透率贡献主要由大、中喉道提供，主要流动孔隙半径均值为0.54~44.4 μm，孔喉分布大于16 μm占25.54%，大于10 μm占17.4%，小于1 μm和0.1 μm分别占13.32%和17.69%；反映非均质性比较严重（表6-11）。

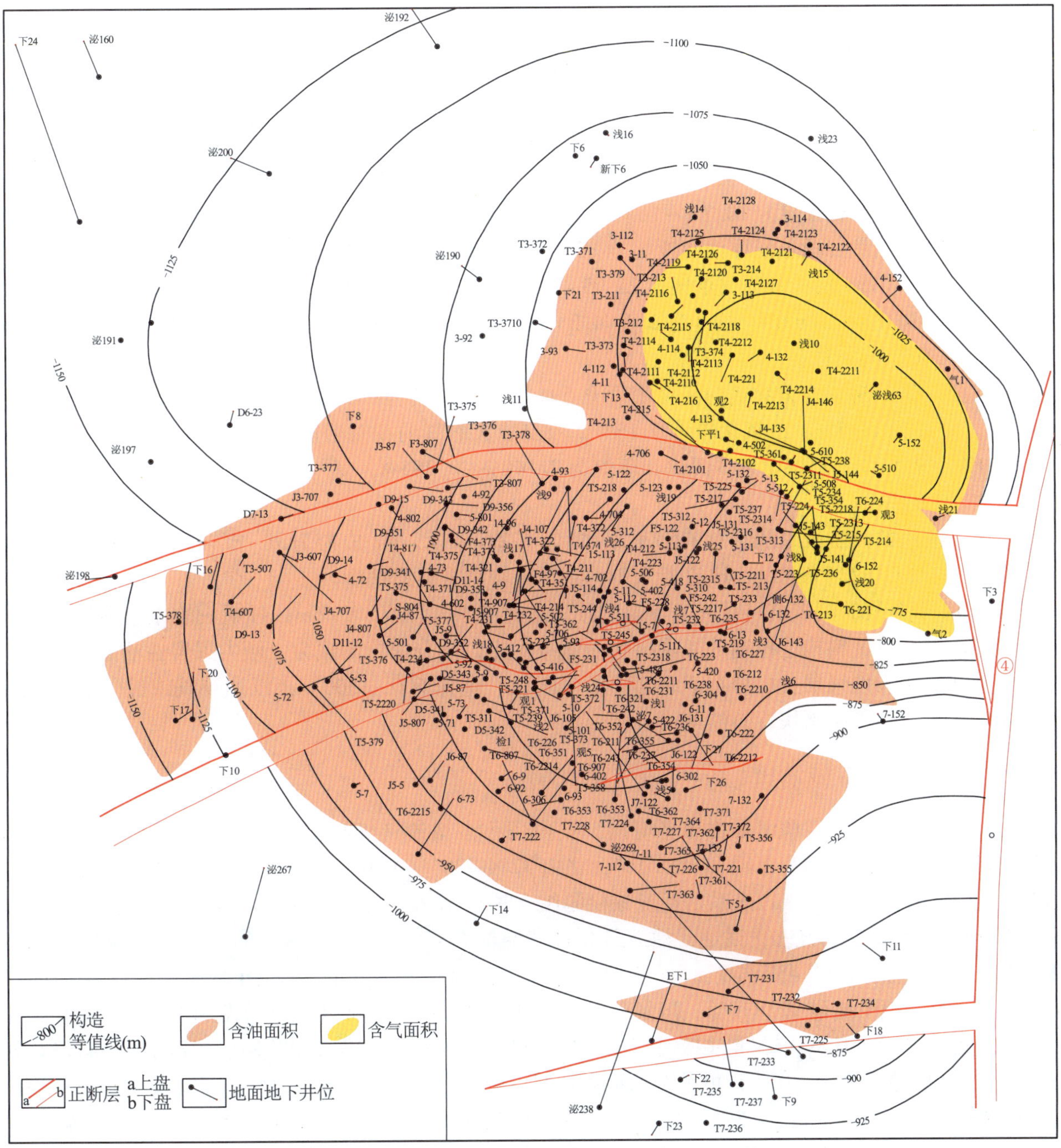

图 6-24　泌阳县下二门油田核二段Ⅱ油组顶面构造图

（据《中国油气田开发志》总编纂委员会，2011c）

表 6-11　泌阳县下二门油田不同类型砂体孔隙结构参数表

砂体类型	毛细管压力特征值			结构特征参数			
	排驱压力（*Pd*）/MPa	最大连通孔喉半径（*RD*）/μm	喉道中值半径（*R50*）/μm	平均喉道半径（*DM*）/φ	喉道分选系数（*SP*）/φ	相对分选系数 *D*	结构优度 *Gg*
水下分流河道	0.047	24.6	7.7	7.4	2.5	0.36	0.29
河口坝砂体	0.034	32.0	8.2	7.4	2.7	0.37	2.74
席状砂	0.038	30.3	7.7	7.7	2.9	0.39	2.65

（据《中国油气田开发志》总编纂委员会，2011c）

3. 油藏特征

下二门油田的地面原油具有“高含蜡、高凝固点、低含硫、低轻质馏分”的特点。核二段Ⅰ—Ⅳ油组地面原油属次生氧化型原油，密度为0.8931~0.9274 t/m^3，70℃时粘度为50~116 mPa·s，凝固点为27~34℃，含蜡量为16.2%~22.4%，含硫量为0.16%~0.23%，胶质和沥青质含量为23.7%~28.0%。核二段—核三段地面原油属原生未氧化型原油，密度为0.8538~0.8724 t/m^3，70℃时粘度为8.0~11.0 mPa·s，凝固点为36~40℃，含蜡量为31.0%~35.5%，含硫量为0.05%~0.12%，胶质和沥青质含量为10.7%~16.1%。

下二门油田的核二段地层原油密度为0.8255~0.8715 t/m^3，粘度为24.75~58.30 mPa·s，饱和压力为7.428~8.035 MPa，原始气油比为25.95~30.33 m^3/t，体积系数为1.080~1.103。核三段地层原油密度为0.7930~0.8000 t/m^3，粘度为2.4~4.3 mPa·s，饱和压力为0.920~1.140 MPa，原始气油比为8.88~12.60 m^3/t，体积系数1.088~1.091。

下二门油田的核一段天然气的相对密度0.5944 t/m^3，甲烷占95.0%，乙烷微量，丙烷和丁烷为0.997%，氮气为2.15%，二氧化碳为0.15%。核二段天然气的相对密度为0.5578~5734 t/m^3，甲烷占97.50%~99.54%，乙烷微量，丙烷和丁烷为0.140%~0.385%，氮气为0.18%~2.03%，二氧化碳为0.08%~0.23%。

下二门油田的核二段地层水总矿化度为1411~2223 mg/L，pH值为7.98~8.94；核三段的地层水总矿化度为1221~3227 mg/L，pH值为7.74~8.59；均属重碳酸钠型。

根据14个井层的测温资料计算，下二门油田的地温梯度3.75 ℃/hm，各断块的原始地层压力接近静水柱压力。以背斜构造控制的断块层状油气藏为主，部分深层油藏为上倾尖灭岩性油藏，也存在部分次生油藏。天然气层主要分布于北部的Ⅰ号断块，埋深600~1300 m，以油环气或纯气层两种形式赋存。下二门油田属断块背斜油气藏。

（七）唐河县古城油田

古城油田位于河南省唐河县古城乡境内，业内俗称古城油（气）田，构造位置是泌阳凹陷的北部斜坡带西部。地理坐标为东经112°58′10″，北纬32°40′28″。1986年4~6月，河南油田在韩岗鼻状构造上施钻泌124井，发现古近系始新统核桃园组含油显示22层、视厚63 m；继而，在同一井场施钻泌124^2井进行取芯，经多次试油，抽汲最高日产原油5.67 t，压裂改造后的日产原油增至21.8 t，并获最高日产天然气12.439×10^4 m^3，据此，发现了古城油田。1988年，南部区块探明含油面积6.05 km^2，石油地质储量922×10^4 t，溶解气储量1.12×10^8 m^3。1988年投入常规开发，泌浅10含油断块采用吞吐开发。1989年，北块探明石油地质储量412×10^4 t。截至2005年底，探明含油面积6.70 km^2，石油地质储量1436×10^4 t，可采石油地质储量330.85×10^4 t。截至2014年底，累计动用含油面积11.99 km^2，石油地质储量1682.90×10^4 t，可采储量415.20×10^4 t，共有油井434口、注水井66口，累计产油299.64×10^4 t。截至2017年底，累计探明含油面积20.96 km^2，石油地质储量2711.86×10^4 t，技术可采储量548.41×10^4 t；累计产油324.12×10^4 t。古城油田油藏具有油层埋藏浅、油层厚度薄、原油粘度稠、油层分布零散等4大特点，属中型、中丰度油田。

1. 构造特征

古城油田主体构造是一轴向约350°、被32条不同延展方向和不同规模的正断层复杂化的鼻状构造，枢纽倾伏角为15°，东翼倾角为8°~13°，西翼倾角为10°~45°；闭合高度为50~300 m；鼻状构造轴长约11 km，宽1.4~4.0 km，闭合幅度为100~800 m，构造面积约34 km^2。有30多条正断层，断面上陡下缓，断距上小下大，属北部斜坡抬升中形成的张性断裂。主断层分为两组，第一组9条，走向近东西向及北东东向正断层将鼻状构造切割为泌123、泌124、泌125、泌浅10等主要断鼻和泌浅11、泌浅29、泌浅33、泌浅46等次要的断块（图6-25）。第二组，2条北西向正断层切割了鼻状构造西翼。21条次要小断层，走向多变，规模较小，相互切割或平行展布。泌浅33、泌浅11断块内有3条小断层将其切割为4个含油小块。

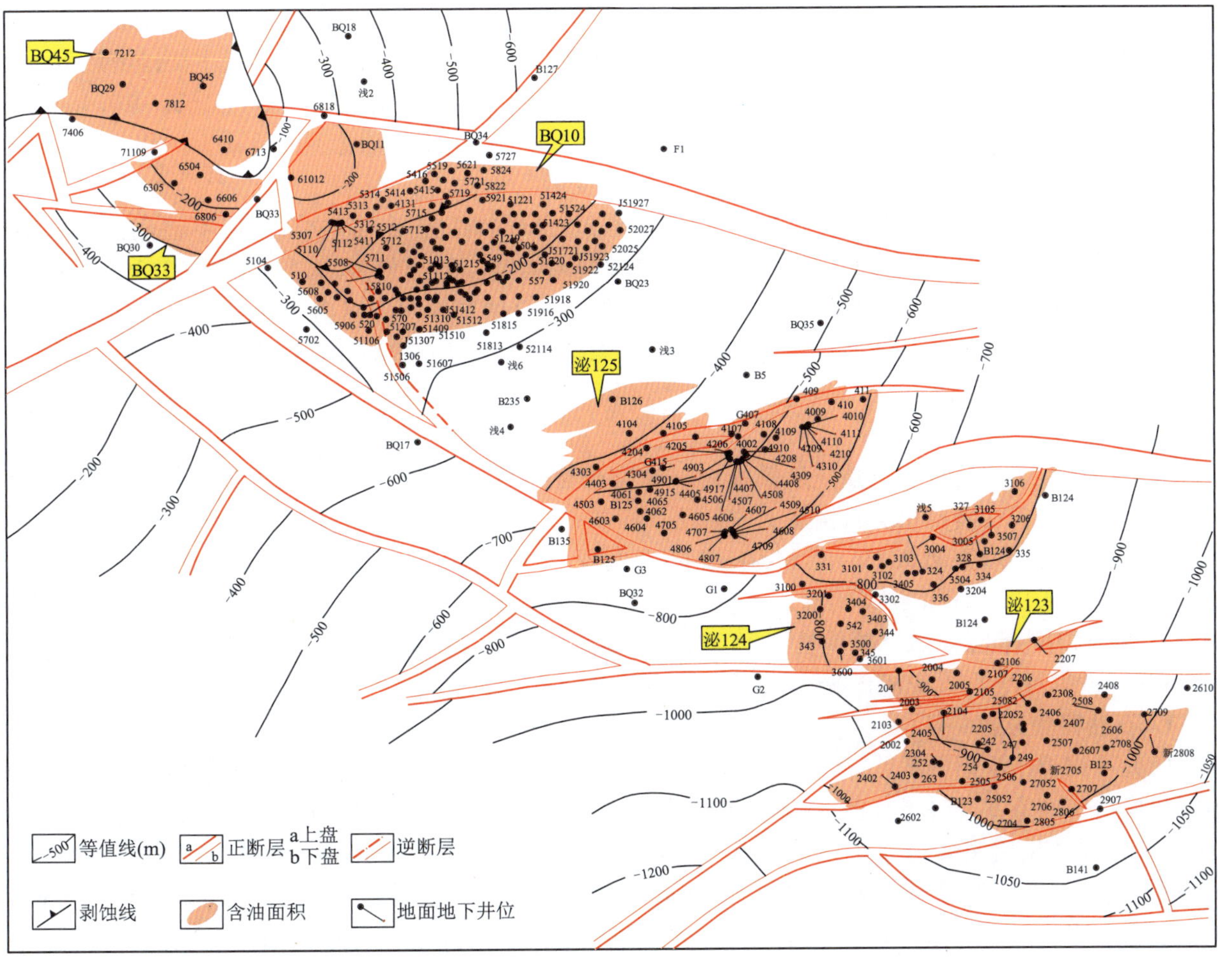

图 6-25　唐河县古城油田核三段Ⅳ油组底面构造示意图

（据《中国油气田开发志》总编纂委员会，2011c）

2. 油层组特征

古城油田是在斜坡背景下发展起来的三角洲沉积体系，有北部地区的水下分支河道、中-南部的分支河口沙坝、南部的三角洲前缘等 3 种沉积组合。水下分支河道砂体主要分布在泌浅 10 断块及以北，核三段Ⅲ、Ⅳ砂层组沉积时相对发育，主要为含砾砂岩和细砂岩，呈 2～3 个沉积旋回，多见块状层理和正粒序层理。分支河口坝砂体主要分布在南部的 2 个断块，核三段Ⅳ砂层组下部较为发育，以细、粉砂岩为主，平面上呈透镜状。三角洲前缘砂体主要分布在泌 123、泌 124 断块，以核三段Ⅳ、Ⅴ砂层组较为发育，以细、粉砂岩为主，呈席状分布。

古城油田的核三段为主要含油层系，自上而下划分为Ⅰ—Ⅷ油组，除Ⅰ油组不含油外，其余均含油，以Ⅲ、Ⅳ、Ⅴ油组为主。核三段不同断块的油组物性差异较大。泌 123、泌 124、泌 125 断块储层平均孔隙度为 26.9%，平均渗透率为 731 mD；泌浅 10、泌浅 33、泌浅 46 断块储层平均孔隙度为 33.1%，平均渗透率为 1340 mD。9 口井的 27 个样品压汞实验数据统计，储层最大孔隙半径为 20.14 μm，中值半径为 12.91 μm；孔隙均值为 5.84，分选系数为 1.91；中、细砂岩的平均退汞效率为 59.2%。

3. 油藏特征

古城油田纵、横向的原油性质变化较大。由南向北，原油变稠，南部的泌 123、泌 124 断块以普通稠油为主，北部泌浅 10 断块为超稠油。地面原油密度为 0.9007～0.9872 t/m^3，50℃脱气原油粘度为 75.53～111602.23 mPa·s，含蜡量为 2.68%～23.27%，含硫量为 0.14%～0.43%，胶质和沥青质含量为 12.01%～50.11%，凝固点为 0～34℃。原油密度、粘度、胶质和沥青质含量大致是“北高、南低”，含蜡量则是“北低、南高”。地层原油密度为 0.843~0.923 t/m^3，粘度为 59.1~1606.9 mPa·s，饱和压力 1.4~8.9 MPa，气油比 4.7~31.5 m^3/t，体积系数为 1.037~1.102。天然气主要是溶解气，甲烷占 76.59%~99.02%，平均为 90.4%。地温梯度为 4.5℃/hm，原始地层压力为 1.21~10.48 MPa，压力梯度为 0.84~1.06 MPa/hm。地层水属重碳酸钠型，总矿化度平均为 8100 mg/L，氯离子含量平均为 2547 mg/L。

古城油田的油气聚集主要受古城三角洲砂体及古城鼻状构造控制，其次为地层不整合、岩性尖灭等。根据圈闭类型划分，断层遮挡是主要的油气藏圈闭类型，地质储量占总储量的 75.3%，其次是地层不整合和断层-岩性油气藏。按照稠油分类标准，结合油层埋深、纵向组合等，可划分为薄互层超稠油油藏、中厚层特超稠油油藏、薄层状稠油油藏和薄互层普通稠油油藏。

（八）唐河县杜坡油田

杜坡油田位于河南省唐河县毕店镇境内，地理坐标为东经 113°01′05″，北纬 32°38′36″。1992 年 4~6 月，河南油田在前杜楼鼻状构造上施钻泌 206 井，7 月对核三段的 2 层视厚 8.9 m 油层实施抽汲测试，分别获得日产原油 32.36 m^3 和 30.74 m^3，发现了杜坡油田。1993 年，探明含油面积 2.4 km^2，地质储量 124×10^4 t。2001 年开始投入简易开发，截至 2005 年底，共有油井 5 口，累计产油 1.4259×10^4 t。截至 2017 年底，累计探明含油面积 2.14 km^2，石油地质储量 47.25×10^4 t，技术可采储量 2.34×10^4 t；累计产油 1.43×10^4 t。属小型、特低丰度油田。

1. 石油富集成藏特征

杜坡油田位于泌阳凹陷北部斜坡带西部的前杜楼鼻状构造东北翼，为一走向近东西向的宽缓、低幅鼻状构造，两翼基本对称，地层倾角约 12°，仅发育有断距 30~100 m 的近东西向小型正断层（图 6-26）。油层组主要分布于核三段Ⅱ—Ⅵ油组，油层埋深 1000~1785 m。油砂体面积为 0.26~1.10 km^2，除了 VI_3^2 油砂体面积大约 1.0 km^2 外，其余 7 个油砂体面积均小于 0.8 km^2，一般在 0.45 km^2 左右。储层砂体主要来自西北部古城河流三角洲的末端沉积，多为前三角洲河道砂及前缘席状砂，砂体呈舌状或席状由北向南延伸。储层以细砂岩、粉砂岩为主，分选中等-较好，孔隙度为 21.02%，平均渗透率为 1972 mD，属中孔中渗储层。油藏为断层-岩性和岩性两种圈闭类型，以断层-岩性油藏圈闭为主。

2. 油藏特征

杜坡油田的核三段各油组地面原油密度为 0.8502~0.9347 t/m^3，70℃脱气原油粘度为 5.04~169.84 mPa·s，含蜡量为 15.13%~45.71%，含硫量为 0.11%~0.31%，胶质和沥青质含量为 8.19%~26.95%，凝固点为 16~56℃，初馏点为 82~205℃。地温梯度为 3.93℃/hm，原始地层压力为 9.0~16.1 MPa，压力梯度 0.90 MPa/hm。泌 206 井高压物性分析，地层原油密度为 0.741~0.862 t/m^3，粘度为 2.9~37.6 mPa·s，饱和压力为 2.05~6.8 MPa，原始气油比为 4.8~50.01 m^3/t。地层水属碳酸氢钠型，总矿化度 6670~10390 mg/L，氯离子含量为 166~2332 mg/L。

（九）唐河县井楼油田

井楼油田位于河南省南阳市唐河县境内，地理坐标为东经 112°57′14″，北纬 32°36′42″。1985 年 8~9 月，河南油田在井楼构造上施钻泌 110 井，9 月 13~17 日于核三段的 418.4~797.4 m 井段试获日产原油 17.4 t，发现了井楼油田。1986 年，探明石油地质储量 3204×10^4 t，叠合含油面积 14.6 km^2。因原油均属稠油，1986 年 9 月开始单井吞吐试验，1990 年全面投入吞吐开发，少数为常规开发。2005 年底，经储量套改审核批准，探明含油面积 15.36 km^2，石油地质储量 1758.77×10^4 t；其中，普通稠油的含油面积 6.8 km^2，石油地质储量 182×10^4 t。截至 2014 年底，累计探明含油面积 15.36 km^2，石油地质储量 1758.77×10^4 t，技术可采储量 430.00×10^4 t；累计动用含油面积 13.50 km^2，石油地质储量 1484.40×10^4 t，可采储量 633.18×10^4 t；共有 1081 口采油井，32 口注水井，累计产油 470.11×10^4 t。2017 年底，累计产油 534.21×10^4 t。属中型、中丰度油田，为稠油油藏。

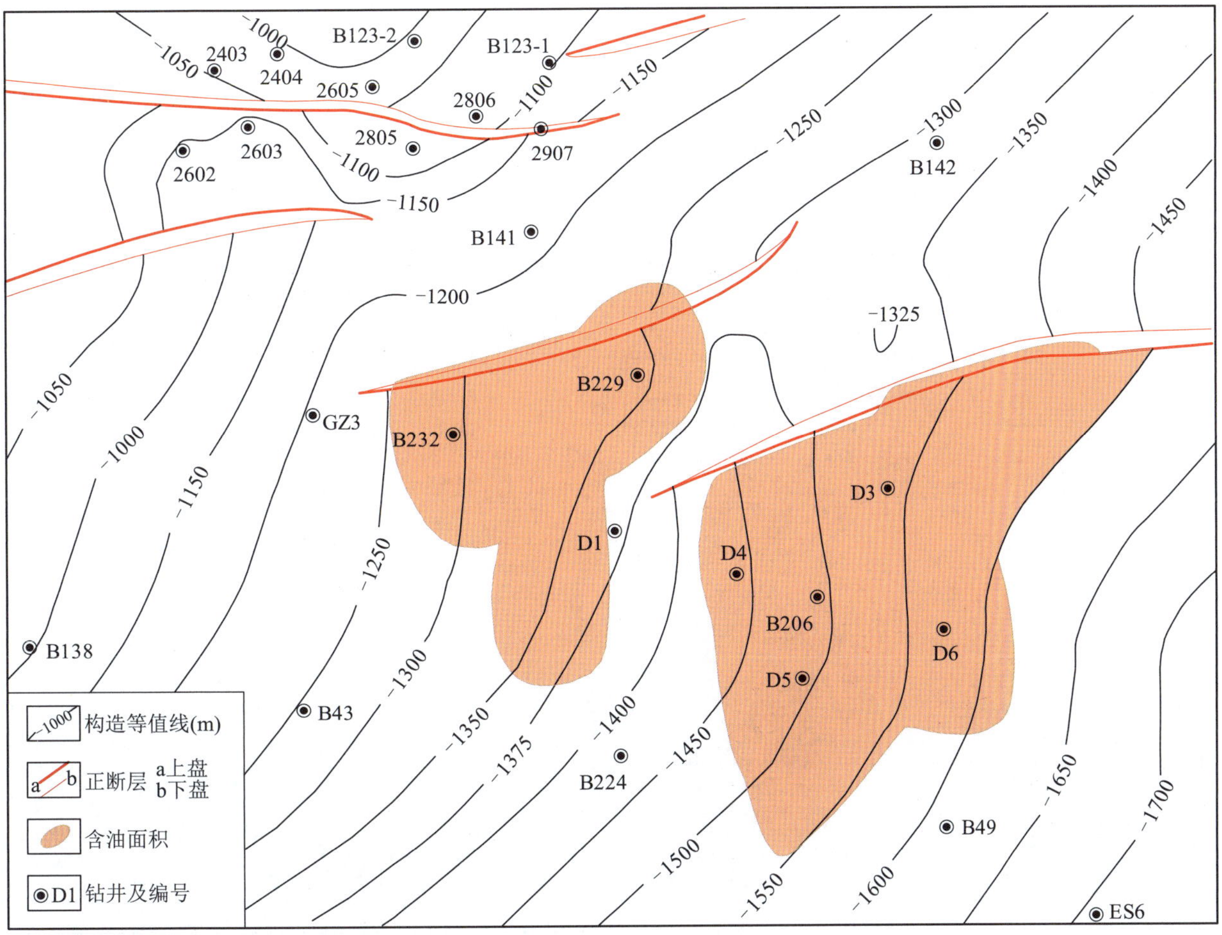

图 6-26　唐河县杜坡油田核三段Ⅵ油组顶面构造示意图

（据《中国油气田开发志》总编纂委员会，2011c）

1. 构造特征

井楼油田位于泌阳凹陷西南部。油田范围内有井楼背斜、高庄鼻状构造（亦称高庄区块）和隆起幅度较小的前杜楼鼻状构造，其间无明显界线，仅是地层要素渐变而已（图 6-27）。井楼背斜位于油田南部，呈北西—南东向展布，西南翼发育 1 条南西倾的正断层，背斜内部有几条小断层；西南翼倾角为 20°左右，东北翼倾角约 13°，闭合高度为 200 m，圈闭面积为 2.0 km^2。高庄鼻状构造位于油田北部，鼻状构造南部是一个相对比较完整的由北向南倾没的宽缓鼻子，倾没角约 8°，西翼倾角为 15.5°左右，东翼倾角 11.3°，圈闭面积为 5.04 km^2；西部有几条北东向和北西向的小断层；北部由多个断块组成；共有 26 条断距不等的断层，将鼻状构造切割为大小不等的 12 个断鼻、断块；面积为 0.23~1.50 km^2，隆起幅度为 50~225 m。前杜楼鼻状构造是双河油田北部单斜的西延，总体倾向东南，倾角为 12°左右，隆起幅度为 450 m，圈闭面积为 8.0 km^2；北界被 2 条北东向和 1 条近东西向的断层切割。

2. 油层组特征

井楼油田的油层组主要分布于核三段Ⅰ—Ⅷ油组，埋藏深度 126~973 m；可划分 8 个油组，以Ⅱ—Ⅳ油组的含油性相对较好。核三段沉积时期发育扇三角洲、小型河流三角洲、河流三角洲前缘、滩地、岸外坝、开阔湖、湖湾和蒸发岩等多种沉积相，可划分为南部井楼扇三角洲沉积体系、北部高庄小型河流三角洲与滩地交替沉积体系、东北部河流三角洲前缘沉积体系；砂岩粒级和砂体展布各具特点。如扇三角洲相的砂岩厚度较大，砂砾混杂，分选较差，横向变化大。

井楼油田的油层平均孔隙度为 34.5%，平均渗透率为 1.7 mD；储层孔隙喉道均值为 6.17~

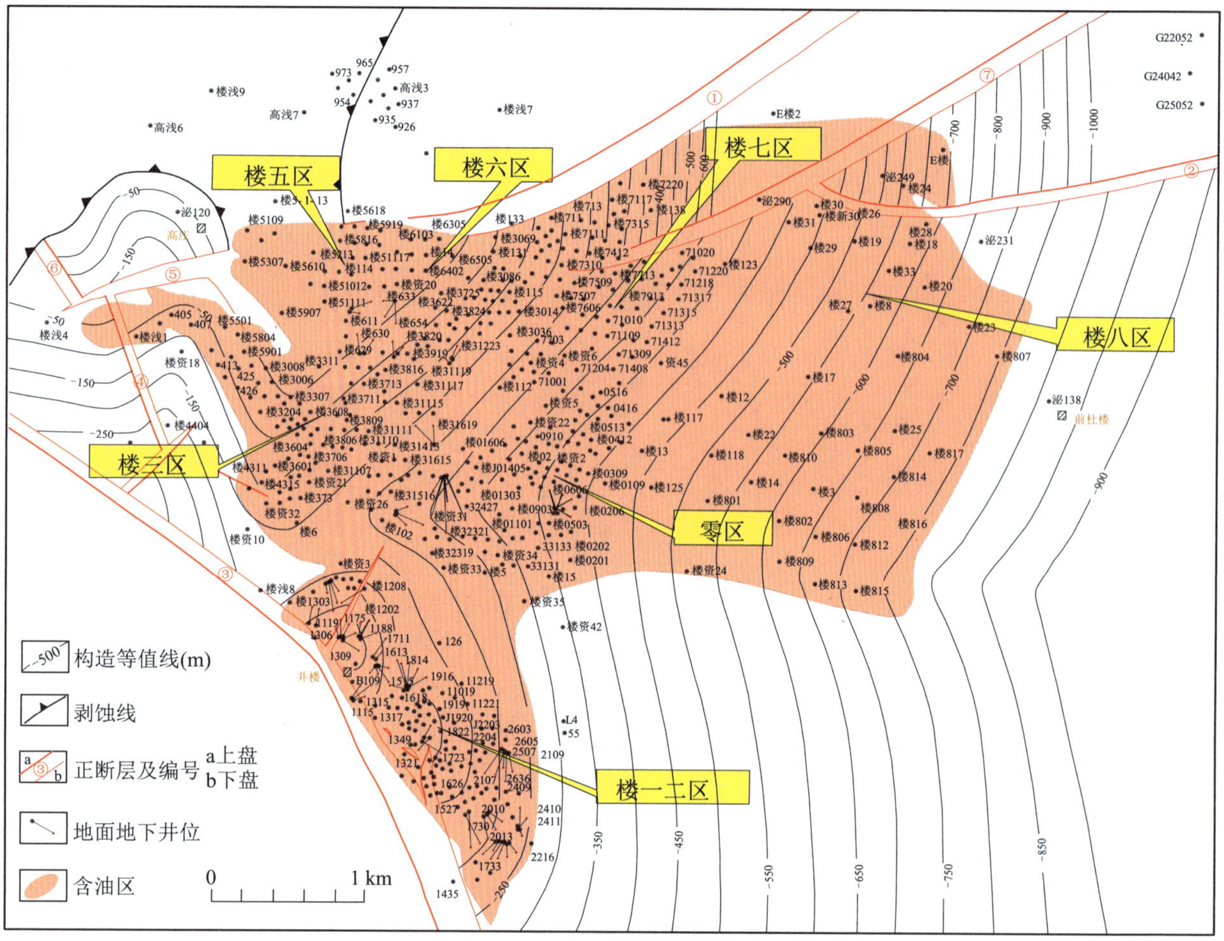

图 6-27　唐河县井楼油田核三段Ⅳ油组顶面构造图

（据《中国油气田开发志》总编纂委员会，2011c）

7.32 μm，分选系数为 2.78～3.47；主要流动孔隙半径均值为 12.3～27.1 μm，中值半径为 5.2～12.4 μm；渗透率贡献主要由大、中喉道提供，退汞效率为 5.3%～12.7%。

3. 油藏特征

井楼油田的地面原油多为普遍稠油，少量属特稠油和超稠油。Ⅱ、Ⅲ、Ⅳ油组的原油分析统计，地面原油密度平均值分别为 0.9905 t/m^3、0.9607 t/m^3 和 0.9321 t/m^3，50℃脱气原油粘度分别为 7515.3 mPa·s、2475 mPa·s 和 478.7 mPa·s，油层温度下脱气原油粘度分别为 52000 mPa·s、25140 mPa·s 和 15590 mPa·s，含蜡量分别为 4.62%、7.41% 和 10.81%，含硫量分别为 0.28%、0.26% 和 0.20%，胶质和沥青质含量分别为 37.02%、35.26% 和 28.17%，凝固点分别为 14.5℃、6.3℃ 和 10.4℃。普通稠油的饱和压力 3.331 MPa，脱气原油密度为 0.893 t/m^3；地层原油密度为 0.878 t/m^3，粘度为 44 mPa·s，气油比为 12.7 m^3/t。其他稠油的饱和压力为 1.42～1.81 MPa，脱气原油密度为 0.949～0.953 t/m^3；地层原油密度为 0.934 t/m^3，粘度为 6000～8000 mPa·s，气油比为 4.65～5.60 m^3/t。个别井存在气顶气或夹层气，相对密度平均为 0.5673 t/m^3，甲烷占 96.61%～99.93%。地层水属重碳酸钠型，总矿化度平均 5252 mg/L，氯离子含量平均 2323 mg/L。

井楼油田的油气聚集主要受北部三角洲及背斜控制，其次是地层不整合、岩性尖灭。油藏类型主要有：背斜油藏，以井楼背斜为主；岩性上倾尖灭及断层遮挡油藏分布在前杜楼及高庄南鼻状构造上；地层不整合油藏主要分布在高庄南鼻状构造上；构造-岩性油藏受构造和岩性双重控制，所占比例较小；其次还有少量砂岩透镜体油藏。井楼背斜各井的平均油层单层厚度为 7.3 m，其他各井平均为 2.3 m。油藏模式根据国内稠油分类标准并结合油层埋深、纵向组合、厚度大小、夹层多少和分布状况等，可划分为浅薄互层特稠油油藏和特浅厚层超稠油油藏，以特浅厚层超稠油油藏为主。浅薄互层特稠油油藏的埋深250~420 m，单层厚度小于3 m的油层层数占总层数的60%以上，原油粘度大于10000 mPa·s，高庄南和前杜楼地区油藏属于此类。特浅厚层超稠油油藏以井楼一区为代表，油层埋藏深度普遍较浅，埋深最浅为110 m，层系纯厚度大于10 m；单层厚度大于5 m的油层层数占总层数的60%以上；脱气原油粘度大于50000 mPa·s；最深的楼3井为973 m，而含油井段长达854 m。

（十）南阳市双河油田

双河油田位于河南省南阳市唐河县、桐柏县境内，地理坐标为东经113°02′32″，北纬32°34′47″。发现井是1975年11月至1976年3月在双河鼻状构造上施钻的泌4井，1976年5月16日射开古近系核桃园组的油水同层2层、视厚16 m，试获日产20.2 t的工业油流；5月29日射开核三段的油水同层2层、视厚度48.8 m，抽汲试获日产116.7 t的高产油流。1977年9月，又在泌42井的核三段试获日产225 t的高产油流，发现了江河油田（纳入双河油田的江河油区）。1977年12月投入开发。1978年，计算石油地质储量8068×10^4 t，含油面积30.02 km^2。截至2014年底，全面动用含油面积和可采储量，共有油井782口，注水井541口。截至2017年底，累计探明含油面积34.36 km^2，石油地质储量10321.98×10^4 t，技术可采储量4551.33×10^4 t；溶解气地质储量20.17×10^8 m^3；累计产油4472.14×10^4 t。属大型、高丰度油田。

1. 构造特征

双河油田位于泌阳凹陷西南部的双河鼻状构造带上，构造面积为50 km^2。构造形态为一隆起幅度不大的简单鼻状构造（图6-28），轴向南东—北西向。构造分为两部分，东南倾没端的双河地区，鼻状构造形态明显，轴倾角为3°~10°，地层倾角为4°~10°，最大闭合度为450 m。西北部江河地区，基本为一向西北抬起的单斜，核三段储层厚度向西和北西方向逐渐变薄以至尖灭，地层倾向为130°~140°，倾角为3°~12°。双河鼻状构造倾没端及江河地区南部有10余条正断层，以近东西正断层为主，延伸长度为0.2~3.35 km，倾角为20°~60°，落差为4~138 m。

2. 油层组特征

双河扇三角洲按相带划分为扇三角洲平原相、前缘相、前扇三角洲三部分，部分直接深入凹陷区良好的生油岩中，组成了较好的生、储、盖配套体系。主要含油范围是水下分流河道亚相和前缘相中的前缘亚相和边缘席状砂亚相，沉积速度快，油层厚，岩性粗，厚层发育，变化大，分选差，韵律复杂，非均质十分严重。扇体平面长2~12 km，宽3~9 km，扇体面积最小10 km^2，最大80 km^2，砂层厚度由东南物源向西北远源方向逐渐变薄，以至尖灭。

双河油田的油层组主要分布于核三段，自上而下可划分为Ⅰ—Ⅸ油组。油层埋藏深度为1326~2395 m，最大厚度大致在88.2 m/7层（泌11井）~103.4 m/14层（泌54井）。根据20口取芯井、189个砂层剖面的731.3 m的核三段岩芯统计，砾岩占3.57%，砾状砂岩占14.42%，含砾砂岩占25.80%，细砂岩占32.52%，粉砂岩占16.94%，泥岩占6.74%。砂质岩主要有长石砂岩、岩屑长石砂岩和长石岩屑砂岩；石英平均含量为41.19%，长石平均含量为22.87%，岩屑平均含量为10.39%；岩屑成分以变质岩、花岗岩为主；粘土矿物主要有高岭石、伊利石、蒙脱石、伊/蒙混层和绿泥石，各油组的含量差异较大。各油组储层的平均孔隙度为16.3%~21.9%，平均渗透率为192~2327 mD。储层成岩改造后具多孔隙类型，基本有9种，主要类型为由“石英次生”缩小的原生粒间孔、由“压实”缩小的原生粒间孔和缩小的溶解粒间孔。毛细管压力曲线具有偏粗歪度、分选差、孔喉类型多的特点，排驱压力一般为0.01~0.10 MPa，饱和度中值压力为0.04~0.70 MPa。主要流动孔隙体积一般为45%~65%，平均为52.6%；难流动孔隙体积一般为10%~20%，平均为17.5%；束缚水孔隙体积一般为20%~40%，平均为29.8%；反映了中-高渗透性砂砾岩储层的基本特征。

3. 油藏特征

双河油田的地面原油密度为0.8443~0.8793 t/m^3，70℃时动力粘度为4.29~15.57 mPa·s，凝固点为28~43℃，含蜡量为22.5%~39.35%，含硫量为0.07%~0.13%，胶质和沥青质含量为6.93%~

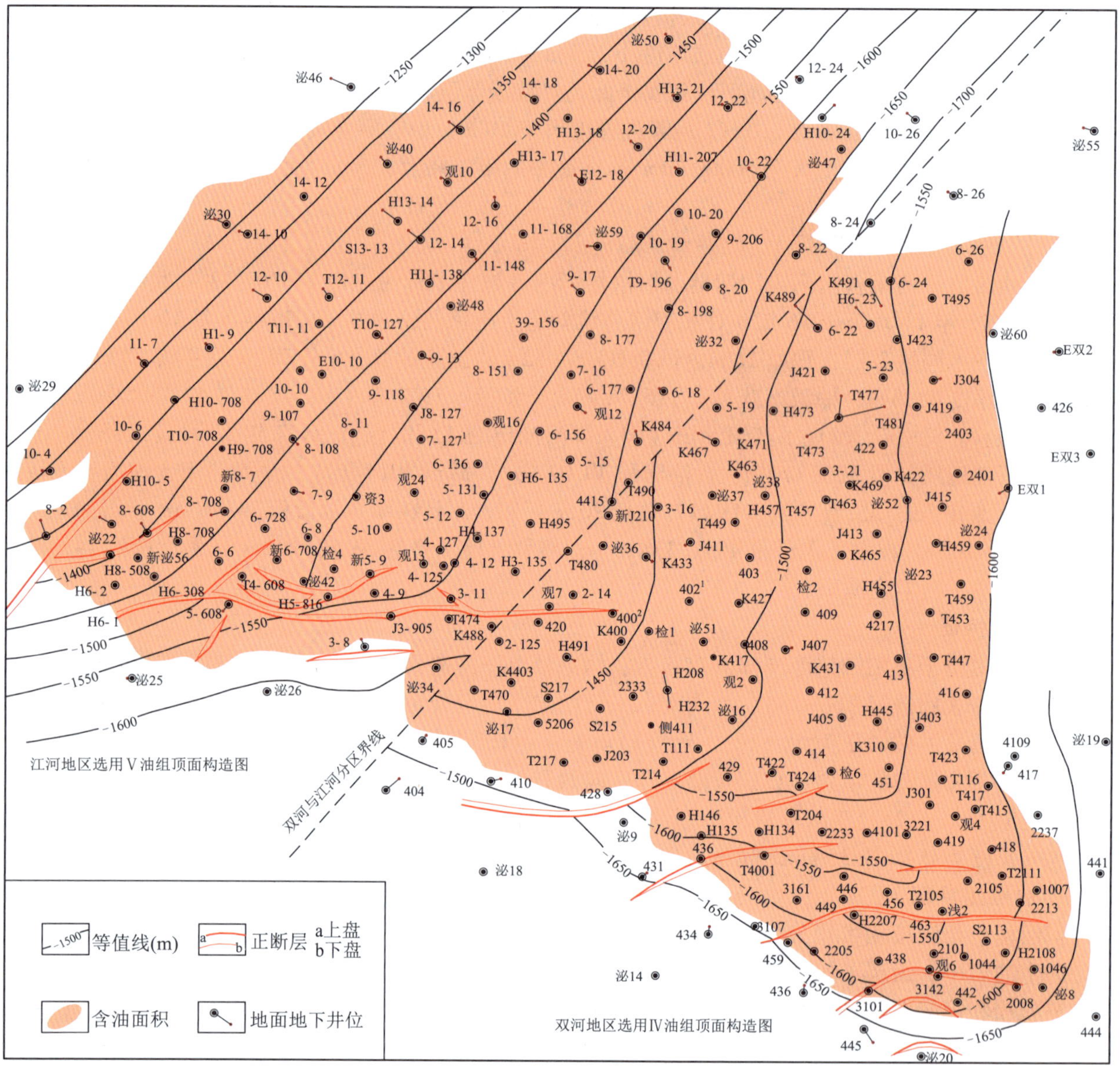

图 6-28 南阳市双河油田核三段构造图

（据《中国油气田开发志》总编纂委员会，2011a）

14.49%。地层原油析蜡温度为 31.4～52.0℃，初馏点为 106～113℃，200℃时轻烃馏分为 5.4%～16.38%。纵向上，随深度增加，相对密度、粘度、凝固点、含蜡量、胶质和沥青质含量和析蜡温度降低，轻质馏分增加。地层原油密度为 0.7440～0.8200 t/m^3，粘度为 1.85～9.22 mPa·s，饱和压力为 0.6～5.9 MPa，原始气油比为 2.8～36.1 m^3/t，压缩系数 76×10^{-5}～120×10^{-5} MPa^{-1}。溶解气的相对密度为 0.7652～0.9445 t/m^3，甲烷为 63.6%，乙烷为 13.31%，丙烷为 12.43%。

双河油田的地层水的水型为碳酸氢钠型，总矿化度为 6500～20000 mg/L，氯离子含量为 1000～8000 mg/L。油田整体属正常压力系统，地层压力系数为 0.0096～0.0101 MPa/m。双河油区的原始地层压力为 12.42～16.25 MPa，江河油区的Ⅴ—Ⅸ油组原始地层压力 16.73～23.27 MPa。油层的平均地温梯度为 4.4℃/hm。双河油区的各油组地层温度为 62.4～81.9℃，江河油区的Ⅴ—Ⅸ油组地层温度为 76.5～111.5℃。驱动能量以弹性驱动为主，也有一定的边水驱动；油田属低饱和油藏，饱和压力为 0.75～5.28 MPa，地饱压差为 12～14 MPa。

根据圈闭及储层的配置特点，双河油田主要形成砂岩上倾尖灭型、断层-砂岩上倾尖灭型、断鼻型和透镜体型等 4 种油藏圈闭类型，叠合连片的含油面积可达 31.5 km^2，构成 14 个开发单元。砂岩上倾尖灭型是砂岩沿上倾方向呈岩性或岩相尖灭，其尖灭线与构造等高线交切形成圈闭，圈闭及其含油面积大，储层较厚，石油地质储量占油田总储量的68.01%，主要分布于江河区及双河区北块，平面分布较为集中。断层-砂岩上倾尖灭型是在构造高部位，断层线和砂岩上倾尖灭线共同与构造等高线交切形成的圈闭，圈闭含油面积仅次于砂岩上倾尖灭型，储层厚度较大，地质储量占油田的25.45%，平面上呈现双河区北块与437断块连片分布，较为集中。断鼻型是在鼻状构造倾没部位被断层切割形成的构造圈闭，断层构成重要边界，圈闭及其含油面积相对较小，地质储量占油田的6.38%，主要分布在双河区东南部。透镜体型是由砂体自身呈透镜体展布或因渗透性差异等形成的岩性圈闭，储层厚度一般较小，物性比较致密，含油面积小。综合分析认定，双河油田以构造-岩性复合油藏为主。

（十一）唐河县泌139井区岩性油藏

泌139井区位于唐河县赵凹油田的西北部，地理坐标为东经113°04′39″，北纬32°36′31″。赵凹地区西北部发育多个交错叠合的砂体，南部杨桥砂体和西部的双河平氏砂体的舌尖前缘可形成砂岩上倾尖灭油气藏。完钻的泌55、泌60、泌77、泌90、泌91、泌92等井都不同程度见到了油气显示，并经试油产油。1986年在安棚鼻状构造西北部施工了泌139井，完钻地层为核三段，地质录井在1963~2503 m井段见含油显示厚36.5 m/15层，其中，荧光显示6 m/3层，油迹19.5 m/8层，油斑11 m/4层。1987年经泌139井核三段Ⅵ砂组的2500~2504 m井段气举求产，日产原油2.25 t，属低产油层。泌139井原油密度为0.8556 t/m^3，70℃脱气原油粘度为6.28 mPa·s，凝固点为32℃。泌139井区核三下亚段属平氏砂体前缘与鼻状构造配置形成的致密岩性油气藏，该类油气藏储量可能具有一定规模，但因其储层致密，物性较差，开采成本较高，有待进一步评价研究。

（十二）桐柏县赵凹油田

赵凹油田位于河南省南阳市桐柏县境内，业内俗称赵凹油（气）田，地理坐标为东经113°08′09″，北纬32°33′59″。发现井是泌79井，1980年4月在赵凹油区的核三段Ⅳ2小层试油获得自喷日产40 t的工业油流。1982年，计算核三段Ⅰ—Ⅳ油组石油地质储量122.1×10^4 t。1984年3~6月，完钻的泌70井、泌73井、泌98井钻遇油层厚10.6~18.4 m，试油日产15.7~57.1 t，发现安棚含油区块，其中泌73井于核三段试获日产44 t的工业油流；1985年5月泌114井试油获日产58.9 m^{3}的工业油流，发现了安棚油田；后经详探证实与赵凹油田连片，经原石油工业部勘探司批准，统称赵凹油田。1983年1月和1986年1月，赵凹和安棚油区先后投入开发。1986年，探明含油面积8.3 km^2，石油地质储量540×10^4 t，溶解气储量2.06×10^8 m^3。截至2014年底，动用含油面积24.34 km^2，石油地质储量2451.70×10^4 t，可采储量482.14×10^4 t；共有油井234口，注水井97口，累计产油322.69×10^4 t。截至2017年底，累计探明含油面积28.20 km^2，石油地质储量3751.12×104 t，可采储量745.34×10^4 t；溶解气地质储量14.07×10^8 m^3，气层气地质储量6.74×10^8 m^3；累计产油343.79×10^4 t。属中型、中丰度油田。

1. 构造特征

赵凹油田位于泌阳凹陷中心，是个由北西向南东倾没的继承性鼻状构造，西北方向与毕店鼻状构造连为一体，形成毕店-安棚鼻状隆起带，倾没于箕状凹陷深部。西南以一向斜与双河鼻状构造相隔，东北与安店洼子相邻。赵凹油田主体位于赵凹-安棚鼻状构造，构造简单，轴线倾伏向为130°，倾伏角为3°~6°，两翼倾角为5°~10°。轴长7 km，宽2.5 km，面积为17.5 km^2，闭合幅度为100~150 m；仅西北部有一条北东向正断层，长3.5 km，倾向为334°，倾角为53°，断距为20~93 m（图6-29）。

2. 油层组特征

赵凹油田为扇三角洲沉积，砂体表现为粗-细-粗的完整沉积旋回。骨架砂体主要来自平氏、栗园和杨桥3个物源区，前二者是主要的物源区。从下到上，平氏方向的砂体规模逐渐增大，平面上呈

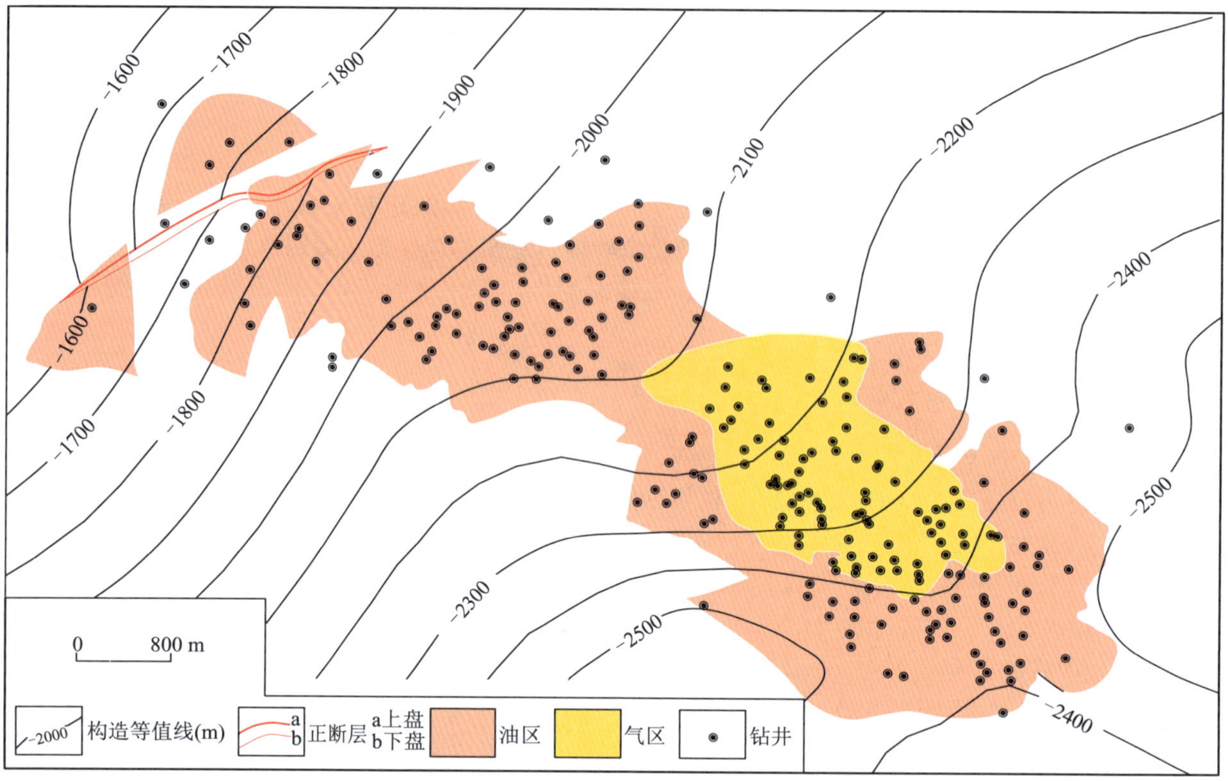

图 6-29　桐柏县赵凹油田核三段Ⅳ油组顶面构造图

（据《中国油气田开发志》总编纂委员会，2011a）

裙边状展布。栗园方向的砂体逐渐缩小，平面上，深层系呈扇形展布，中浅层系呈舌状展布。

赵凹油田从核二段至核三段下的大仓房组顶部均含油气，含油井段为 1532~3855 m。油层组主要分布于核三段。核三上亚段的Ⅰ—Ⅳ油组埋藏深度为 1756~3070 m，共有小层 39 个，单层 127 个，其中含油小层 24 个，含油单层 52 个，油层厚度为 6.9~7.8 m，以扇三角洲前缘及前扇三角洲亚相为主，砂体以扇三角洲前缘亚相的水下支流河道微相为主，由“下粗上细”的正旋回构成，平面展布多呈裙边状、舌状或扇形。核三段后期和核二段沉积时间，形成浅水湖湾环境的白云岩，发育固体碱层及液体碱层。

根据泌 86、安 45、安资 1 等井的取心资料统计，赵凹油田的储层岩性以含砾砂岩、砾状砂岩和砂砾岩为主，合计厚度占储层总厚度的 70%左右。中浅层段以长石岩屑石英砂岩为主，赵凹区的Ⅰ—Ⅳ油组的平均孔隙度为 14.73%~16.03%，平均渗透率为 13.9~168.6 mD；Ⅴ—Ⅵ油组的平均孔隙度为 9.16%~11.53%，平均渗透率为 6.56~187.8 mD；深层段以岩屑砂岩居多。安棚区的安 2020、泌 252、泌 246、安 84、泌 185、泌 213 等井的深层系储层物性统计，Ⅶ—Ⅸ油组的平均孔隙度为 5.36%~6.87%，平均渗透率为 0.62~5.57 mD，深层系为低孔、低渗、裂隙性储层；根据泌 246 井Ⅴ—Ⅶ油组的裂缝主要为高角度构造缝、水平缝和斜交缝，裂缝呈近东西向展布；安 84、安 2012、安 2020 等 3 口井的Ⅶ油组的定向取芯资料统计，125.9 m 的岩芯可见 152 条裂缝，走向为 90°~110°，倾角为 70°~90°；纵向上，Ⅵ、Ⅶ油组最为发育，平面上鼻状构造的轴部最为发育。储层孔喉分选系数平均 2.5，偏度均值为 0.6；主要流动孔隙半径均值为 0.44~26.11 μm，中值半径为 0.77~6.18 μm，渗透率贡献主要由大、中喉道提供，退汞效率平均为 41.48%（表 6-12）。

3. 油藏特征

赵凹油田的核三段Ⅳ油组地面原油密度为 0.8469~0.8759 t/m^3，粘度为 4.4~20.770 mPa·s，凝固点为 35~54℃，含蜡量为 25.95%~44.77%，胶质和沥青质含量为 6.78%~20.63%。中浅层系地层原油密度为0.761~0.813 t/m³，粘度为1.15~5.32 mPa·s，饱和压力为0.6~9.3 MPa，原始气油比为9.2~50.8 m³/t。深层凝析油的密度为0.658~0.688 t/m³，饱和压力为15.3~18.1 MPa，原始气油比为98.0~164.8 m³/t。核三段有溶解气，也存在天然气层，天然气主要产自安棚深层系；溶解气的甲烷含量为49.7%~78.1%。安棚深层系凝析气产量最高的井为泌213井，日产气 2.2×10^4 m³；凝析气的相对密度为0.60~0.77 t/m³。

表6-12　桐柏县赵凹油田压汞参数汇总表

层位	平均孔隙度/%	平均渗透率/mD	毛管压力曲线参数			主要流动孔隙		
			最大连通孔隙半径/μm	中值半径/μm	退汞效率/%	平均半径/μm	最小半径/μm	体积百分数/%
Ⅱ9-1	14.36	10.1319	4.9642	0.7791	25.65	2.615	0.900	53.37
Ⅲ2-3	17.86	7.8471	26.5806	6.0020	52.49	11.692	4.000	55.32
Ⅳ1-1	12.90	8.3217	22.1775	3.1601	19.87	8.597	3.438	48.14
Ⅳ1-2	13.75	8.9264	9.3608	2.0322	26.60	4.570	1.729	53.46
Ⅳ2	15.18	8.2819	23.5653	3.8428	42.78	9.094	3.378	53.52
Ⅳ2-4	14.61	7.9314	9.3029	4.8678	46.25	5.814	2.500	62.39
Ⅳ3-1	15.08	8.2035	24.3009	5.6794	48.12	10.659	4.196	58.07
Ⅳ4-1	15.65	9.3657	8.1322	1.8642	45.17	3.636	1.300	53.95
Ⅳ5-1	18.59	7.8209	26.4697	6.1868	54.51	11.766	4.200	53.02
平均值	15.06	8.3956	20.9787	3.8356	41.48	8.593	3.231	53.43

（据《中国油气田开发志》总编纂委员会，2011c）

赵凹油田的地层水属重碳酸钠型，中浅层系的总矿化度为3061~18429 mg/L，氯离子含量为591~9024 mg/L，pH值多数大于8；深层系的总矿化度为21000~54315 mg/L，氯离子含量为10995~31166 mg/L，pH值多数大于8。核三段Ⅰ—Ⅳ油组实测数据统计，地温梯度3.9℃/hm，原始地层压力为15.6~28.7 MPa，压力梯度为1.005 MPa/hm。主要属弹性水压驱动，有一定的天然能量。

赵凹油田含油气层多，分布范围广，分布井段长，叠合性差，致使油层变化大，分区明显，油水关系复杂。赵凹油田可分为4个油区，即赵凹油区的赵凹主体区和赵凹西北区，安棚油区的安棚主体区和安棚东南区，两个主体区是主要的开发对象。油田属层状油藏，油层平面上变化大，没有统一的油水界面，赵凹区油水界面从-1693 m到-2222 m均有分布，安棚区油水界面从-2032 m到-3270 m也均有分布。安棚地区深层系在2900 m以浅，以正常原油为主；在2900 m以深，有纯气藏、气顶气藏、挥发-凝析油。

根据储层与构造圈闭的匹配关系，赵凹油田以砂砾岩油藏为主，可划分为砂岩上倾尖灭、透镜体和断层-物性封堵等圈闭类型。其中，砂岩上倾尖灭型油藏的地质储量占总储量的78.1%。

（十三）桐柏县安棚泌101井区岩性油藏

泌101井位于桐柏县，地理坐标为东经113°10′48″，北纬32°34′50″。钻探目的是寻找侯庄三角洲砂体在安棚鼻状构造北翼形成的砂岩上倾尖灭岩性油气藏。1984~1985年完钻井深为3200 m，地质层位为核三段，地质录井共发现不同级别的油气显示总厚164.4 m/29层，其中，荧光141 m/20层，油迹21 m/8层，油斑2.4 m/1层，另有测井解释油层2.4 m/1层。1985年4~5月，经泌101井的核三段Ⅱ砂组的2589.38~2650 m井段裸眼抽汲试油，日产原油5.6 t、水0.48 m³，累计产油214 t、水5.22 m³。原油密度为0.8817 t/m³，50℃脱气原油粘度为66.8 mPa·s。1989年通过地震地质变速构造成图，发现该处的安棚鼻状构造不存在，认为泌101井区油藏可能属浊积岩透镜体岩性油藏，储量规模小。

（十四）桐柏县安棚安深1井区核桃园组页岩油藏

安深1井区位于唐河、桐柏和泌阳等3县接壤部位，地理坐标为东经113°12′17″，北纬32°34′27″。

页岩油气是指产自富含有机质页岩为主的非常规油气，储集层具有超低孔隙度和纳米级渗透率的特性，原地滞留于富含有机质的泥页岩中。虽然其往往与常规油气共生于同一沉积盆地或构造单元，但相关的区域构造要素明显不同，油气的渗流特征及产出机理也完全不同。常规油气主要分布于正向构造单元，如背斜型构造带、凹陷两侧陡、缓斜坡的断阶带或断块构造带；其渗流特征以“达西流”为主，产出机理为“递降式”，初始产量高，随之逐步下降。页岩油气大多分布于沉积盆地中心的富有机质泥、页岩发育区带，而与局部构造圈闭或断裂的关联不大；其渗流特征则是以“解吸、扩散的非达西流”为主，产出机理为“逐步平稳式”，初始产量由高很快降低，随之逐渐转入平稳产出期，而且时间长，不产水。

泌阳凹陷的古近系泥页岩主要发育于深凹区的核二段和核三段中，面积近400 km^2，初步预测页岩油气资源量为11.01×10^8 t。其中，核二^{2}至核三下亚段可划出1至5号页岩层，有机碳含量为2.0%~2.98%，平均值为2.52%，干酪根以Ⅰ型和$Ⅱ_1$型为主，镜质体最大反射率为0.5%~1.2%，平均值为0.7%，大多进入成熟阶段。页岩孔隙度平均值为6.67%，渗透率平均值为0.0099 mD。脆性矿物含量一般为65%~70%，实测的气体含量为0.86~2.71 m^3/t，平均值为2.07 m^3/t。

2010~2011年，河南油田在泌阳凹陷中部深凹带的安棚地区施工了安深1井，完钻井深3510 m，于核三段和核二段共计发现页岩累厚670 m/89层。2366~2600 m井段的页岩镜质体反射率为0.556%~0.718%，表明已进入成熟阶段，以生油为主，伴生少量气。核三段2450~2510 m井段的纯页岩厚度可达60~70 m，有机碳含量大多为2.66%~3.01%，平均值为2.93%，有机质类型以Ⅰ型和$Ⅱ_1$型为主，少量Ⅲ型，气测异常相对明显，全烃值为2.52%~36.21%，甲烷值为1.77%~17.50%，以油型气为主；其中，2488~2498 m井段的页岩最大孔隙度为6.35%，平均孔隙度为4.83%，最大渗透率为0.000536 mD，平均渗透率为0.00036 mD。2011年对2488~2498 m井段实施了三簇射孔，获得最高日产油量4.68 m^3、天然气90 m^3，累计产油55.46 m^3，率先在我国东部的古近系领域取得了页岩油气勘探重要突破。2012年5月，又对安深1井的3号页岩层实施大型压裂，至10月31日，累计产油73.30 m^3。

2011年12月在泌阳凹陷深凹区完成泌页HF1井，完钻井深为3722 m，其目的层水平段长1044 m，合计钻遇页岩累厚509 m/71层，泥岩累厚239 m/63层，发现油气显示层累厚46 m/13层。其中，油浸10 m/3层，油斑4 m/1层，油迹18 m/5层，荧光14 m/4层。通过15级的泵送桥塞-射孔联作和分段大型加砂压裂，日产原油22.5 m^3、天然气900 m^3；至2012年10月底，累计产油1204.90 m^3，天然气90700 m^3。2012年完钻的HF-2井压裂后最高日产原油4.88 m^3。

章新文等（2015）针对页岩油井高产期短和稳定产量偏低，进一步研究了泌阳凹陷的核桃园组泥页岩的储集特征，根据泌页HF1井和程2井的岩芯实验分析资料，依据不同的矿物含量组合特征，将湖相泥岩划分为块状泥岩和纹层状粉砂质页岩、粘土质页岩、灰质页岩、云质页岩。基质孔隙包括溶蚀孔隙、晶间孔隙、粒间孔隙及有机质孔隙；裂缝包括构造缝、层间缝及微裂缝；通过对比分析，纹层状灰质页岩的孔隙度、渗透率、平均孔隙半径和含油丰度相对最高，裂缝孔隙度中等，应是最为有利的储集岩；其次是粘土质页岩和粉砂质页岩。页岩中的孔喉直径大多在1 μm以下，属典型的纳米级孔喉系统，2~3 nm和71 nm左右的孔隙为主要储集空间。

（十五）泌阳凹陷古近系油气成藏条件及富集规律

泌阳凹陷是一个富油凹陷，油气藏类型丰富。从油气分布层位看，自廖庄组到核三段Ⅷ砂组都有油气分布，但油气主要集中在核二段和核三段，不同地区或油田含油层位有所差异。泌阳凹陷的古近系油气呈带状聚集。南部断裂陡坡带紧邻深凹生油区，边界断裂的多期次变动和扇三角洲或冲积扇砂体的匹配良好，提供了优质的油气运移输导系统，在滚动背斜和鼻状构造圈闭部位，形成以岩性-构造复合油气藏为主的富集成藏特点。中部凹陷带内的构造及沉积格架相对简单，断层较少，主要形成小型砂岩透镜体油藏。北部斜坡带发育较多鼻状构造，在雁行式断层与指状砂体的配置下，形成“近源聚集、联合控圈、叠合连片”的断层-岩性油气藏或稠油油藏，含油层位多，但含油面积较小。

1. 泌阳富烃凹陷的烃源系统是油气成藏的重要保证

（1）优质核桃园组烃源系统是形成“富烃凹陷”的重要物质基础

优质烃源系统通常以有机碳、氯仿沥青“A”和总烃平均含量的量化标准来表述。泌阳凹陷的有效烃源岩主要发育在核三段，其次是核二段，整个凹陷均达到好或较好烃源岩标准（表6-13）。70个干酪根样品分析结果，Ⅰ类占27.1%，$Ⅱ_1$类占52.9%，$Ⅱ_2$类为占17.1%，Ⅲ类占2.1%，生油岩以Ⅰ型和$Ⅱ_1$型干酪根为主，有机显微组分以镜质体、富氢泥基质和壳质组居多，应属好的生油岩，热演化程度大多达到成熟-高成熟阶段。细菌作用可使部分腐殖型有机物改造成腐泥型有机物，因此，在相应的热解条件下，往往以生油为主，促使“富烃凹陷”转化为油多气少的“富油凹陷”。

表6-13　泌阳凹陷核桃园组烃源岩有机质丰度简表

生烃层位＼项目		剩余有机碳平均含量/%	氯仿沥青“A”平均含量/%	生烃潜量平均值/(mg·g^{-1})
核二段		1.85	0.2913	6.83
核三上亚段		2.23	0.2794	8.71
核三下亚段		1.60	0.2390	11.69
核二段核三段	南部断裂陡坡带	2.03	0.1164	9.55
	深凹部位	2.08	0.2810	9.54
	北部缓坡带	1.75	0.1093	9.87

（据董田等，2013）

（2）与天然碱共生的沉积环境是形成“富烃凹陷”的特殊条件，

泌阳凹陷的核桃园组烃源岩形成于半咸水-咸水和淡水交替的沉积环境之中，呈现与天然碱“同生共存”的特殊性。安棚碱矿区位于泌阳凹陷东南部的深凹区，以固体、液体两种碱矿形态赋存于核二段中、下部和核三段上部。2012年根据20多口石油钻井或天然碱探井资料的统计，天然碱矿层可划分为12层计17个小层。其中，核二段中-下部发育6层计10个小层，矿层分布井段相对较长，变化范围较大，最小为50 m，最大为750 m；核三段上部发育6层计7个小层，矿层分布井段较集中，含矿段长17 m，最大为208 m；估算安棚矿区的固体天然碱总资源量为12424.13×10^4 t。

天然碱的形成需要先有钠盐的聚集，提供充足的物质来源，其次必须经历进一步碱化过程，不仅需要提供大量二氧化碳或碳酸根的条件，而且，在钠盐溶液中必须要有其他可溶的碱性物质（如氨），方能加快钠盐形成碳酸钠或碳酸氢钠的速率。因此，天然碱成矿规律受控于大地构造背景、古地理、古沉积、物质来源、古气候、古盐度等多种条件。亚热带干旱-半干旱的古气候条件及沉积期湖水较高的含盐度有利于天然碱的形成。天然碱常与泥质白云岩呈互层分布，通常组成泥岩或油页岩→天然碱→白云岩的韵律，白云岩相带控制了碱层分布。泌阳凹陷周缘钠长石的风化淋滤，提供了形成天然碱的主要物质来源。有机质的降解提供了丰富的二氧化碳，使之水溶液中的碳酸钠和碳酸氢钠相互转化，继而可以形成天然碱。

安棚碱矿的形成与核桃园组有机质降解有关，而对核桃园组烃源系统产生影响的是发育泥质白云岩。镜下观察泥质白云岩呈隐晶状，层理明显，横向比较稳定，可以对有机质构成严密封盖，并利于有机质的保存，因此，泌阳凹陷的深凹部位可以形成更加丰富的烃源。

（3）地温异常有助核桃园组烃源岩有机质向油气的转化

油气的生成与聚集除需丰富的有机质和有利的地质条件外，地温条件也是重要的前提。地温是烃源岩中有机质干酪根向石油或天然气转化的重要条件。地温对油气成藏具有控制作用，高地温梯度有利于沉积岩中的有机质向油气转化，在有机质降解演化为石油及天然气的全过程中，温度始终都是极为活跃的控制因素。通常情况下干酪根在60~150℃时生成石油，温度太低不能成油，温度太高石油就会被裂解成天然气。符勇等（2008）根据泌阳凹陷的40口探井的核三段测温资料统计，测温深度为571~2548 m，地层温度为39.5~106.0℃，地温梯度呈现“西北高、东南低”的变化趋势（图6-30）。南部断裂陡坡带受断裂开启程度不同的影响，地温梯度最变化较大，最高达4.5℃/hm（泌36井），最低至3.0℃/hm。中部深凹带的基底埋深大，地温梯度多为3.4~3.8℃/hm，平均为3.6℃/hm，整体偏低。北部斜坡带受区域抬升影响，基底埋藏浅，地温梯度一般在4.0℃/hm以上，最高达5.6℃/hm（泌109井），平均为4.3℃/hm。古城油田的泌125井高达5.2℃/hm，王集油田的王19井为4.6℃/hm，双河油田的泌36井为4.5℃/hm，下二门油田的下5-122井为4.3℃/hm，赵凹油田最高为4.1℃/hm，地温场异常区与油气田分布相一致。地温变化是多种地质因素和水动力条件的综合反映。泌阳凹陷的地温梯度始终较高，尤其是“西北高、东南低”的态势可能有利于整个湖盆核桃园组烃源岩有机质向油气的转化。

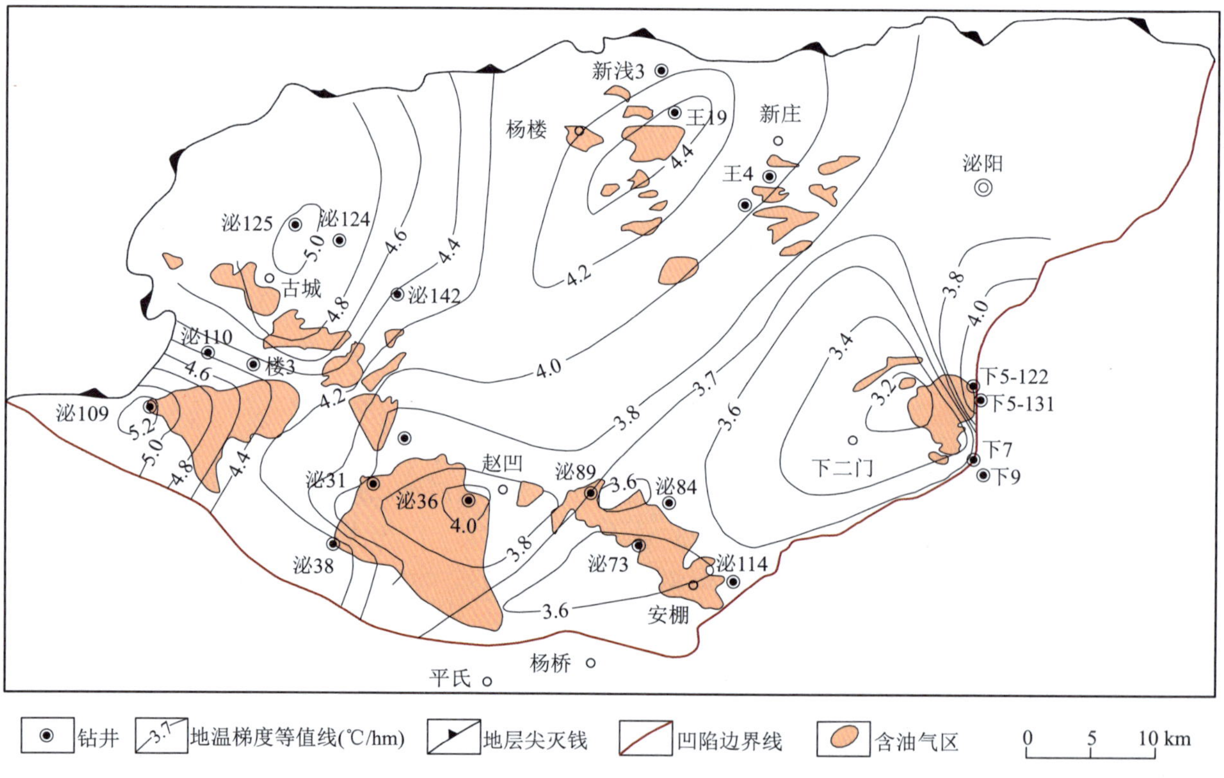

图6-30　泌阳凹陷地温场与油气分布示意图
（据符勇等，2008）

根据《中国石油地质志·卷七·中原·南阳油田〔下册〕·南阳油田》（南阳油田石油地质志编写组，1992），泌阳凹陷生油门限深度为1650~1700 m。镜质体反射率化验资料显示，井深3152 m处已达高成熟阶段（R_o=1.35%），说明大体在3100 m以深都可形成未成熟油、低成熟油及中成熟油，还可形成部分高成熟油。孢粉颜色统计，大致在1700 m以浅以淡黄色、绿黄色为主，1700 m以深变成橙黄色、褐黄色。凹陷干酪根元素组成大体为井深1873 m为界限，界限以上H/C（原子比）均大于1.3，O/C（原子比）均大于0.1；界限以下H/C（原子比）为1.05，O/C（原子比）则小于0.1，干酪根低成熟段为1650~1900 m，以深为成熟段。可溶有机质主要是指氯仿沥青及族组分，化验分析结果各项数据也随着生油岩热演化程度的增加而发生有规律的变化；生油岩氯仿沥青及族组成的平均数大体以井深 1900 m 为明显的界限，界限以下的氯仿沥青含量较界限以上增加到原来的 1. 7 倍，总烃含量增加到原来的 2. 2 倍，烃和沥青转化率都较门限界限以上分别增到原来的 2. 7 倍和 2. 1 倍，非烃成分相对下降了 19. 3%。凹陷成熟门限深度为 1950 m（相应古地温大于 93℃），以成熟门限深度为界，各项地球化学指标变化明显，界限以上为低温、低压和生物化学作用为主要特征，干酪根的结构相对稳定；界限以下，干酪根成熟，向石油转化，烃转化率有了较大幅度提高，由 5%上升至 15%左右。根据凹陷泥岩矿物蒙脱石-伊利石混合层出现的顶部深度、泥岩压实混合带的井段及转化曲线，泌阳凹陷主要排烃深度为 1900～2700 m。根据凹陷的生油恢复厚度（剥蚀厚度）埋深图，结合门限深度、成熟深度、主要排烃深度，泌阳凹陷油气开始运移期为核三段沉积末期，大量运移时期为核二段沉积中期—廖庄期。总的情况表明，泌阳凹陷生油岩比南阳凹陷生油岩的成熟度要高，前者埋深 3152 m 的镜质体反射率 R_o 为 1. 35%，热解色谱的热解最高温度（T_{max}）值上升到 440℃左右，干酪根的孢粉颜色以褐黄色为主，热变指数为 2. 9；后者埋深 3045 m 的镜质体反射率才为 0. 99%，T_{max} 值为 438℃左右，干酪根的孢粉颜色为橙黄-棕褐色。

2. 优良的砂体和断层组合油气输导体系对油气成藏的重要控制作用

油气运移子系统是指油气二次运移通道，亦称为油气输导体系或输导脊，通常可分为砂体型、断层型和断层-砂体复合型。油气的运移与聚集系统是油气成藏的重要控制因素，在不同构造单元及部位的控制作用往往具有较大差异。泌阳凹陷普遍发育多种扇三角洲砂体，且又与局部构造圈闭叠合，形成比较特殊的“构造脊”，因此，砂体型输导体系则是油气运聚的主控制因素，“构造脊”是优势通道。虽然，断裂变动强度及复杂程度明显不及东濮凹陷，但南部的边界断裂仍是切割深、断距大、时限长，沟通了生油主洼与油藏；凹陷内的诸多中、小型断层又沟通相关的砂组；表明断层型输导体系对油气运聚也有重要控制作用。总之，泌阳凹陷的油气运聚具有优良的砂体和断层组合油气输导体系。

泌阳凹陷的油气输导系统主要由砂体和断裂组成，凹陷南部以沿着砂体侧向运移为主，北部斜坡带和下二门地区由砂体和断层双因素控制。核桃园组油气运移成藏从核一段沉积末期至廖庄组沉积期开始，廖庄组沉积末期以后的抬升剥蚀期是主要的充注成藏时期。据此，可划分为早期成藏、晚期连续叠加成藏模式；早期成藏、晚期断层调整成藏模式；早期运移、断层调整、晚期充注成藏模式等。泌阳凹陷石油运移有 3 种类型：浅层原油以垂直向上运移为主，大部分产于核二段和核三上亚段顶部，这些原油在油源对比上，往往与其邻近的生油岩对比关系不好，而与较深的生油岩有很好的对比关系；中深层原油以短距离侧向运移为主，这种原油与其邻近的生油岩对比关系好，而与较远或较深的生油岩对比关系差；埋藏较深的石油以较长距离侧向运移为主，石油埋深 2100～2300 m 或更深，这种原油与其埋深相近或更深的生油岩对比关系较好（南阳油田石油地质志编写组，1992）。

邱荣华等（2005）认为，泌阳凹陷南部油气输导系统受构造（运移期）控制作用明显，油气多以砂体为介质，沿构造脊优势运移并形成聚集，早期充注较慢，晚期快速充注；在同一构造背景下，同一成因类型的砂体内部孔隙结构分布差异可形成优势运移通道，也可称之渗透率级差优势通道，输导层的孔渗性越好，油气输导量比例就越大，圈闭充满度就越高；晚期的断裂活动还可能导致油气的三次运移，并构成次生油气藏的圈闭边界。北部斜坡主要油气输导体系由断层和砂体组合形成，影响其输导性能的主要因素为砂体和断层的展布及其空间组合形式；如王集-新庄地区断层主要呈北东走向，往南伸至成熟烃源岩体边缘，与侯庄三角洲砂体走向及新庄鼻状构造轴向一致，而且，由于断面较缓，加速油气侧向运移，形成王集-新庄地区油气的异常富集；由于北东东向或北西向断层横切鼻状构造轴或侯庄、王集三角洲砂体，油气运移变得相对复杂。

泌阳凹陷南部陡坡带发育一系列扇三角洲砂体，这些砂体及砂体间的泥岩在纵向上交互重叠，在构造上整体表现为北高南低、西高东低且断层不发育。东部和北东部的油气经过初次运移进入平氏砂体东侧的各个扇体后，不断向西侧高部位的其他扇体运移，下部砂体内的油气不断向叠合在其上的局部连通的进积砂体内运移，在遇到合适的圈闭后成藏，而大多数砂体则作为输导层成为油气运移的通道。在赵凹-安棚地区和双河油田，由于断层不发育和特殊的构造形态特征，这些具有不同储集及渗流特性的扇三角洲砂体成为油气输导的重要保证，特别是双河油田主要发育南部扇三角洲砂体与双河鼻状构造配置形成大型岩性上倾尖灭油藏。

由于泌阳凹陷基本不存在异常压力，油气运移的动力主要取决于流体势场特征。朱景修（2016）根据核三段Ⅲ砂组的现今埋藏深度和古流体势等参数，结合古近系廖庄组末期剥蚀前和剥蚀后的埋藏史分析，计算了相应的古流体势能和现今流体势能（表6-14），结果表明古今流体势场表现出一定的继承性和一致性，总体上表现为由东南部凹陷中心向西北斜坡逐渐降低的扇形分布规律。泌阳凹陷流体运移的总方向为自凹陷生烃中心向斜坡带。斜坡带为主要的泄流场所，目前已发现了井楼、古城、杜坡、杨楼、王集、新庄等油田。高势区分布范围较小，主体位于凹陷的东南部，处于生油中心，只要存在有效的圈闭，就能够形成油气藏，是有利的油气聚集区，已经发现了双河、赵凹、下二门等油田。根据油气成藏组合体研究成果，参考古今流体势分布特征，按照继承性势能分隔槽（沿安棚-张厂一线方向），将凹陷划分为西南和东北两大油气运聚区，同时参考构造、流体势变化情况等，在两大油气运聚区的基础上又划分出7个运聚单元（图6-31），目前仅有大吴庄运聚单元还没有发现油气聚集，由于这些运聚单元的扇三角洲砂体与构造圈闭组合仍有一定差异，相关的输导体系类型不尽相同。

表6-14　泌阳凹陷核三段Ⅲ砂组流体势参数表

油田名称	井名	现今	古流体势（廖庄组末）		剥蚀前后势能差	现今-剥蚀前势能差	现今-剥蚀后势能差
			剥蚀后	剥蚀前			
井楼	楼1	266	105	1018	913	752	161
	楼浅20	183	81	898	817	715	102
古城	泌125	601	456	1198	742	597	145
	泌124	915	723	1458	735	543	192
付湾	付浅23	302	120	1073	953	771	182
王集	泌148	605	430	1501	1071	896	175
	王12	1762	1619	2354	735	592	143
新庄	泌浅79	959	854	1706	852	747	105
双河	泌27	1770	1610	2084	474	314	160
	泌35	2004	1846	2146	300	142	158
赵凹	泌86	2810	2686	3125	439	315	124
	泌88	2917	2817	3169	352	252	100
下二门	泌198	3154	3012	3270	258	116	142
	下13	2895	2792	3010	218	115	103
深凹区	泌1	3268	3138	3441	303	173	130
	泌78	3270	3101	3390	289	120	169
	泌94	2705	2494	3050	556	345	211
	安3	3821	3628	4070	451	258	193

（据朱景修，2016）

3. 岩性-构造复合型油气藏是泌阳凹陷南部主要的富集类型

泌阳凹陷不仅仅是一个富油凹陷，而且油气藏类型也丰富多彩，同时不同的构造区带由于地质条件的差异而各具特色，形成的油气藏类型也不尽相同，有其各自的控制因素及分布规律。油气藏圈闭类型的分布主要受构造单元的控制（即北部缓坡带、中部凹陷带和南部断裂陡坡带），同时也受到岩

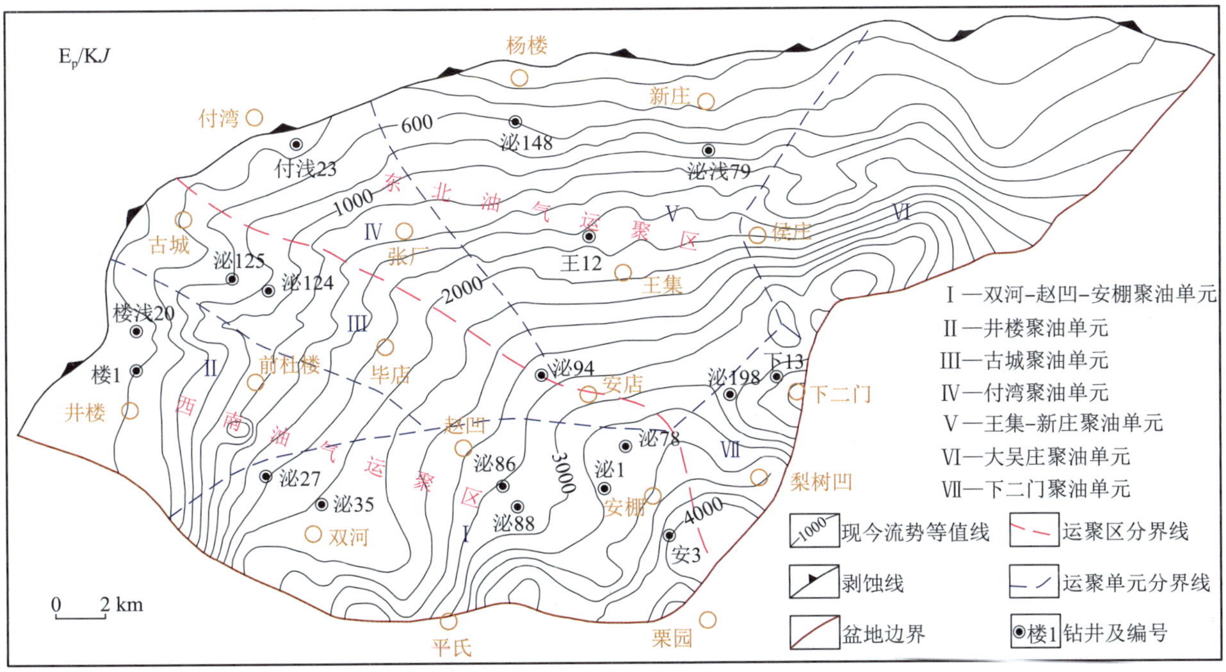

图 6-31 泌阳凹陷核三段Ⅲ砂组现今流体势及油气运聚单元划分图

（据朱景修，2016）

性组合、生储盖配置方式的控制。这 3 个构造带的不同部位分布着不同类型的油藏，主要目的层——核三段具有不同含油层位连片的复式油气田分布特征，北部斜坡外带主要分布有地层不整合、断层-地层不整合及岩性-地层不整合油藏；北部斜坡内带主要分布有断鼻、断块及断层-岩性油藏；中部凹陷带主要分布有岩性（砂岩上倾尖灭、砂岩透镜体及白云岩缝洞型）油藏；而南部断裂陡坡带则主要分布有背斜、断背斜和砂岩上倾尖灭油藏。总体来说这些油气藏的形成主要受控于构造、砂体、断层及其相互配置关系及与生油岩的接触关系。

继承性发育的鼻状构造不仅控制了油气聚集的方向，也控制着各区的油气富集程度。鼻状构造上发育的多组断裂系统相互交切形成的断鼻、断块圈闭或与三角洲砂体配置形成的断层-岩性圈闭，为油气聚集提供了有利的圈闭条件。由于泌阳凹陷的圈闭幅度和面积多属中、小型，因此，油气富集主要得益于多种三角洲砂体的匹配，从某种意义而言，以核三段和核二段“源内型”或“近源型”的多种岩性圈闭是油气富集成藏的主要因素。如双河油田主要有砂岩上倾尖灭型、断层-砂岩上倾尖灭型、断鼻型和透镜体型等油藏。其中，砂岩上倾尖灭型是由砂岩的岩性减薄或岩相转换相关的“尖灭线”与构造等高线交切，构成岩性-构造复合圈闭，含油面积较大，储层较厚，石油地质储量占油田总储量的 68.01%。断层-砂岩上倾尖灭型是由断层线、尖灭线与构造等高线交切形成又一种岩性-构造复合圈闭，储层较厚，石油地质储量占油田总储量的 25.45%。而断鼻型是在鼻状构造倾没部位被断层切割的构造圈闭，断层构成重要边界，使之油藏相对复杂和含油面积相对较小，石油地质储量占油田总储量的 6.38%。又如下二门、赵凹油田的砂岩上倾尖灭型储量分别占总储量的 35.8% 和 78.1%；王集油田的断层-砂岩上倾尖灭型储量占总储量的 52.00%。因此，岩性-构造复合型油气藏是主要的富集类型。

泌阳凹陷南部的平氏扇三角洲砂体是双河、赵凹油田的主要储集体，栗园扇三角洲砂体是安棚含油区的主要储集体。在核三段沉积时期，其总的态势为一由东南向西北倾没的下倾状态；核二段沉积期开始，凹陷南部沉降幅度变缓，湖盆水体变浅，且凹陷北部抬升幅度渐趋增强，使平氏、栗园等扇三角洲砂体前缘逐渐向北抬升上倾，形成了多层幅度、面积不等的砂岩上倾尖灭圈闭。同时，深凹部位的核三段烃源岩正好在核二段中后期至核一段沉积末期进入排烃高峰，油气开始初次及二次运移，早期圈闭的形成与早期油气运移的配置良好。廖庄期末大规模的不均衡构造抬升运动，使早期形成的砂岩上倾尖灭圈闭幅度急剧增加，最终形成了双河、赵凹-安棚等区的较大面积多层位上倾尖灭岩性油气藏（图 6-32）。

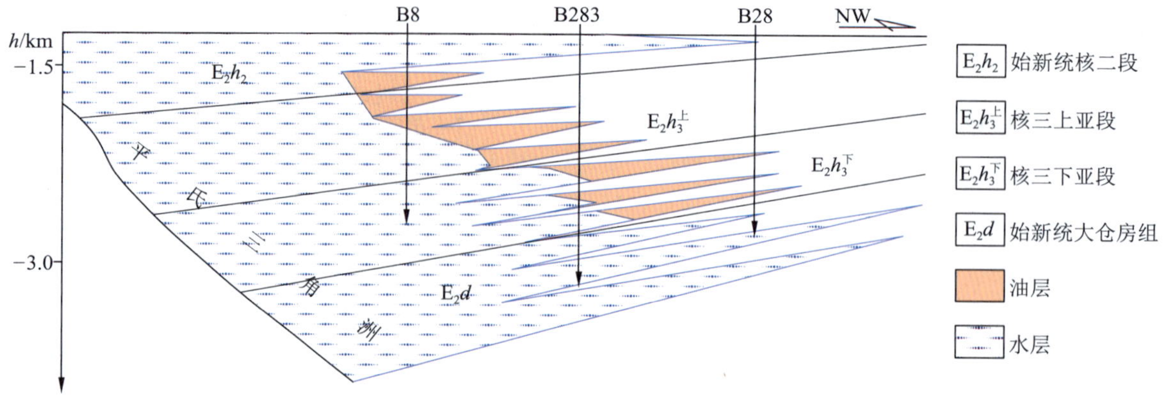

图 6-32　平氏砂体上倾尖灭形成岩性油藏示意图
（据河南油田勘探开发研究院，2005）

赵凹油田所在的安棚地区古地形坡度较大，河道顺坡而下，直伸深湖中心，携带的沉积物由于受到安棚水下古鼻状隆起的阻挡而大量急剧卸载，形成了突变的水下河道“舌状体”，致使远离河道的地方仅沉积了分布局限的细粒沉积物，导致储层物性的横向变化迅速，以中远水下分支流河道及河口坝微相的储层物性最好，其聚集油气的能力较其他沉积微相要强。该区纵向上 33 层 88 个计算单元的油层所处的微相统计结果为 94%的探明储量分布在中远水下分支流河道及河口坝微相上，远砂坝等其他微相仅为 6%，表明沉积相带控制了油气的分布。

泌阳凹陷的南部陡坡带紧邻深凹区，基准面上升和下降半旋回内都可以发育良好的烃源岩，尤其是洪泛面附近更是烃源岩发育的良好位置；盆地南部边缘发育的扇三角洲砂体和东部边缘北部的三角洲砂体，特别是基准面上升半旋回时期广布全区的扇三角洲砂体，是良好的储集层；基准面上升-下降转换期的泥岩及各个半旋回的泥质夹层可作为油气封堵的盖层；断陷盆地边部的碎屑岩、各组内部的渗透性砂岩等骨架砂体、边界断裂断剥面以及盆地内部的断层是油气运移的主要通道；它们共同构成多种有利的生储盖组合。据有机质演化史分析表明，由于廖庄末期的盆地整体抬升，早期 1600 m 以深的烃源岩即进入生烃门限，在 2150 m 达到了有机质成熟阶段，开始了油气大量生成和聚集。当烃源岩生成的油气直接进入浊积砂体时，形成砂岩透镜体油藏；当各期烃源岩生成的油气直接进入扇三角洲砂体的前缘或经过骨架砂体的运移后，在上倾岩性圈闭中形成上倾尖灭岩性油气藏；当深层烃源岩生成的油气直接进入或运移到扇三角洲砂体的远源水下分支河道时，形成砂岩物性封堵岩性油气藏；当烃源岩生成的油气进入被断层切割封闭的砂体时，形成断层-岩性油藏和断块油藏；当烃源岩生成的油气沿边界断裂的断剥面或骨架砂体运移进入超覆与边界断裂上的近源水下分支河道或扇三角洲平原砂体圈闭时，形成岩性-地层油藏（图 6-33）。

4. 泌阳凹陷北部受强烈剥蚀而形成稠油油藏

泌阳凹陷的北部斜坡带主力油层为核三段，以稠油油藏为主，稠油油藏主要分布于井楼、古城、杨楼、新庄等油田（表 6-15），其中多数为特稠油和超稠油，地下原油粘度多大于 1000 mPa · s，相对密度多大于 0.94 t/m^3。井楼、古城和杨楼等油田有少量普通稠油油藏。油源多属核三段低成熟-未熟原油，且经历了不同程度的氧化和生物降解，造成稠油油藏组合比较复杂。形成稠油的原因是由于古近纪末期，地层沉积后上升遭受强烈剥蚀，最大剥蚀厚度约 1500 m，地层压实作用差，储层疏松，原油轻质成分散失而形成稠油；油层埋藏深度 97~1200 m，总体为疏松砂岩稠油油藏。

泌阳凹陷的北部斜坡带的核三段的扇三角洲相砂岩储层可分为 8 个或 9 个油层组，平均孔隙度为

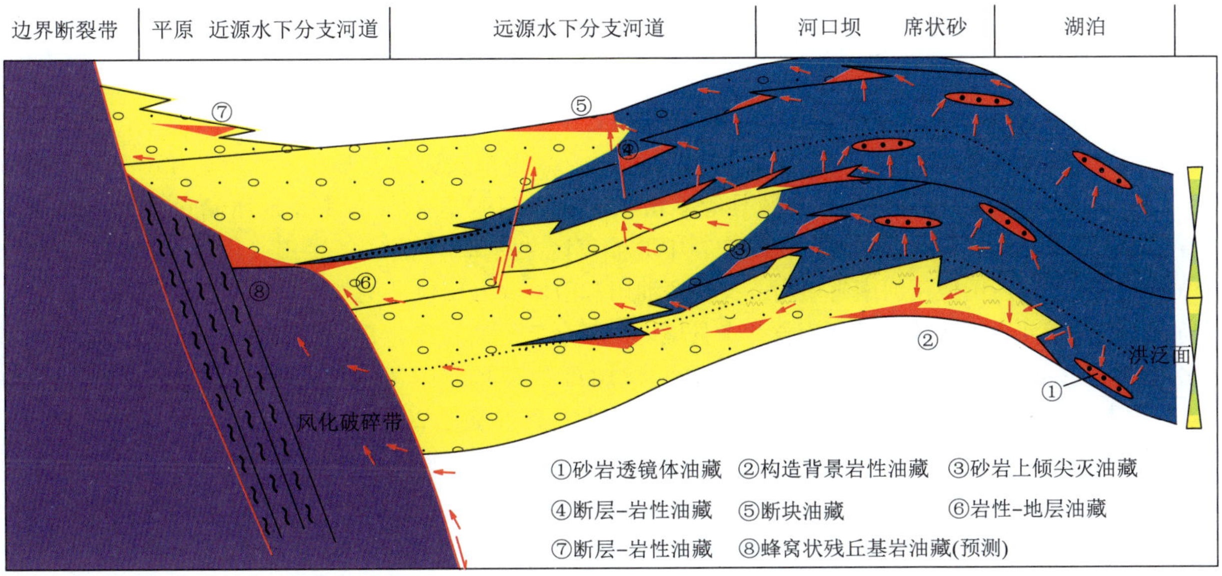

图 6-33　泌阳凹陷南部陡坡带油气分布及成藏模式图

（据温志新等，2006；昝新，2008）

26.5%~34.5%，平均渗透率为0.172~40.0 mD；其中，渗透性的贡献取决于以大、中孔喉为主的孔隙结构。局部圈闭有背斜、断鼻、断块、砂岩上倾尖灭及岩性、地层不整合等，重要的特征是发育多组断裂系统，以不同的组合方式切割各种圈闭。井楼油田的高庄鼻状构造被诸多小断层切割成12个断块或断鼻。新庄油田位于侯庄扇三角洲和新庄扇三角洲前缘相交叠处，鼻状构造被断层切割成30多个区块；原油属核三上亚段的成熟原油，砂岩体是基本的运聚通道和储集空间，断层主要起着对油气运移方向的制约作用，以断鼻与岩性复合型圈闭为主（杨道庆等，2005）。杨楼油田储层主要属张厂三角洲砂体，构造形态总体呈由南向北逐渐抬高的单斜，被断层分割为5个断块；原油属核三上亚段的低成熟-未熟原油，以断鼻与岩性复合型圈闭为主，只是一系列横切断鼻的正断层使油气运移变得复杂，呈现不同的成藏组合（杨道庆等，2005）。古城鼻状构造圈闭面积34 km^2，被30多条不同延展方向和不同规模的正断层切割成8个断鼻或断块；原油属核三下亚段的低成熟-未熟原油，由于砂体规模较小，往南迅速尖灭，使之油组较少而比较集中（杨道庆等，2005）。

表 6-15　泌阳凹陷北部斜坡带地面原油参数统计表

油田	油层	50℃粘度/(mPa·s)	相对密度/(t·m^{-3})	胶质和沥青质含量/%	含蜡量/%	含硫量/%
井楼	核三段	478.7~7515.3	0.9321~0.9905	28.17~37.02	4.62~10.81	0.20~0.28
古城	核三段	75.53~111602.23	0.9007~0.9872	12.01~50.11	2.68~23.27	0.14~0.43
新庄	核二段 核三段	2300~16486	0.9472~0.9817	15.6~42.2	7.47~21.76	0.18~0.87
杨楼	核三段	708.42~54481.08	0.9087~0.9928	15.7~54.46	1.64~14.80	0.07~0.64
杜坡	核三段	5.04~169.84 *	0.8502~0.9347	8.19~26.95	15.13~45.71	0.11~0.31
王集	核二段	131.42 *	0.933	30.33	14.53	0.12
	核三段	20.16~122.49 *	0.8737~0.9230	17.60~42.90	16.40~37.40	0.14~0.31
备注		普通稠油、特稠油和超稠油的50℃条件下的地下原油粘度分别为500~1000 mPa·s、1000~5000 mPa·s和大于5000 mPa·s，*为70℃粘度				

第三节　中原油气区地质特征与成藏特征

中原油气区的主体是东濮凹陷，位于豫鲁两省交界处的黄河两岸，海拔 44.5~61.8 m，地跨河南省濮阳市市区及濮阳县、范县、清丰县，安阳市滑县，新乡市长垣县，开封市兰考县和山东省聊城市莘县，菏泽市的牡丹区、东明县、鄄城县等 6 市 12 个县（区），油气面积及地质储量主要分布于河南省境内。自 1975 年文中油气田发现以来，中原油气区共有 22 个油（气）田（图 6-34；表 6-16），其中 12 个油（气）田位于河南省境内，文明寨油田和卫城油气田位于两省接壤地带，三春集油田仅南部尚未开发的兰 4 含油小块位于河南省兰考县境内，其余 7 个油（气）田位于山东省境内，规模以中型居多，仅濮城油气田为大型。黄河自南西向北东穿过油区，除前梨园、桥口、马厂、徐集、白庙、三春集等油（气）田位于黄河以南外，其余均位于黄河以北地区。截至 2017 年底，22 个油（气）田累计探明含油气面积 521.07 km^2，石油地质储量 57889.73×10^4 t，凝析油地质储量 851.84×10^4 t，溶解气地质储量 701.75×10^8 m^3，气层气地质储量 857.18×10^8 m^3；自 1979 年油田投入开发以来，累计产出石油 14044.22×10^4 t，凝析油 71.53×10^4 t，溶解气 211.43×10^8 m^3，气层气 329.96×10^8 m^3。

河南省境内的 14 个油（气）田（含文明寨油田和卫城油气田）主要分布在濮阳、新乡、安阳等

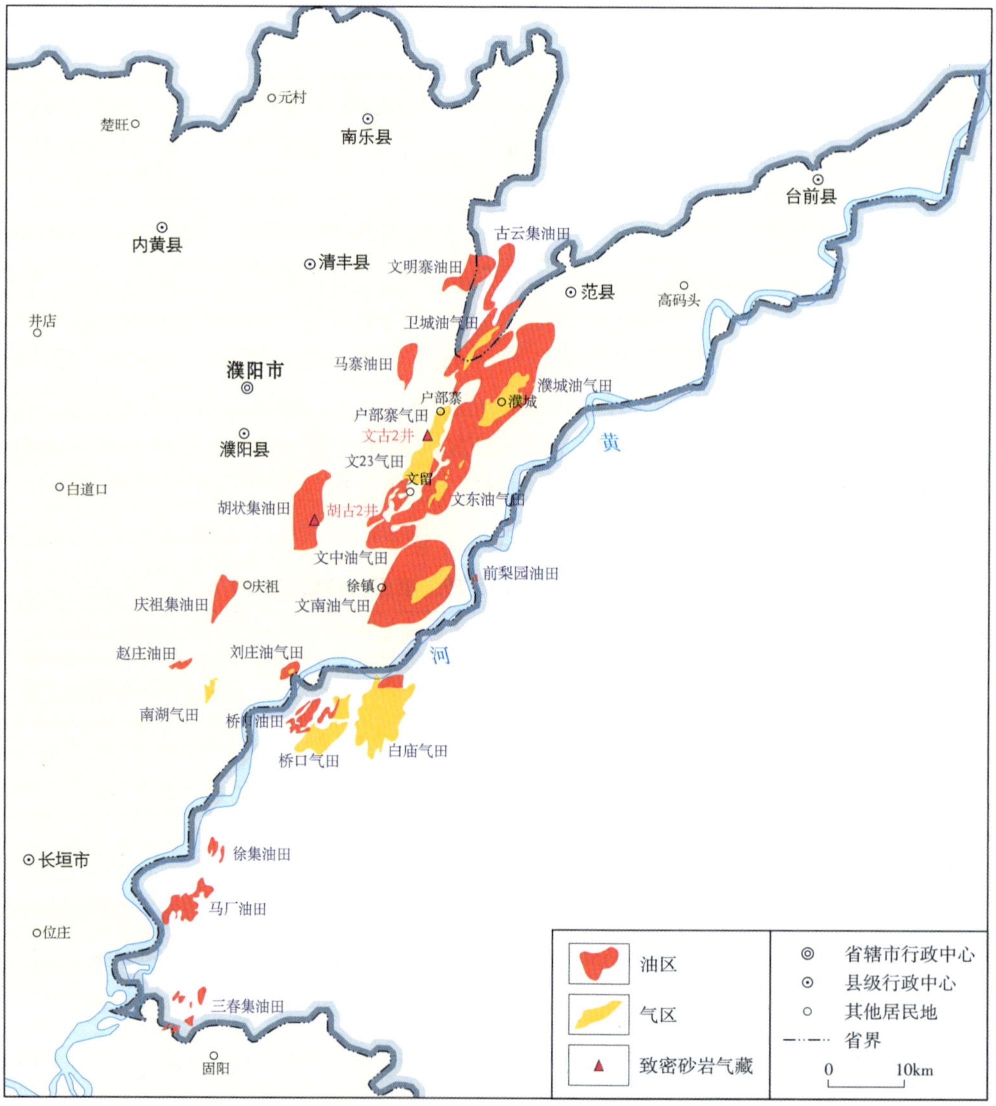

图 6-34　中原油气区油气矿产地分布图

市境内。我国油气勘探及地质评价历来是以含油气盆地或地质构造单元实施的；而且，一个油气田往往由诸多油气藏组成，呈现多层系、多相态、多类型和多边界的特点，因此，每个油气田的实际分布范围很难划定清楚；由于历年工作的多种因素制约，基本没有按照省界来统计相应的油气探明地质储量和产量，现今若要强硬区分则是一件费力又不实际的事情。根据矿产地质志编撰要求，外省矿产地将由所在省份编研，但为保证中原油气区的完整性，将中原油气区作为一个大系统进行编研，但省外油气矿产地将不再单列详述。河南省境内的14个油（气）田累计探明含油面积352.19 km^2，含气面积122.14 km^2，石油地质储量52560.64×10^4 t，凝析油地质储量300.80×10^4 t，溶解气地质储量635.02×10^8 m^3，气层气地质储量637.84×10^8 m^3；产出石油13440.31×10^4 t，凝析油48.07×10^4 t，溶解气206.13×10^8 m^3，气层气317.69×10^8 m^3。

表6-16　中原油气区油气矿产地简表

含油气区	油（气）田名称	地理位置	含油面积/km^2	烃源岩	主要产层	含气面积/km^2	规模等级	储量丰度	丰度分类
东濮凹陷北部	文明寨油田	濮阳市、莘县	12.45	沙河街组	沙一-沙三段	—	中型	96.38	高
	古云集油田	莘县	9.19	沙河街组	沙三段	0.80	小型	13.56	低
	卫城油气田	濮阳市、莘县	36.63	沙河街组	沙河街组	6.94	中型	39.04	中
	濮城油气田	濮阳县、范县	75.70	沙河街组	沙河街组	28.49	大型	70.19	中
	户部寨气田*	濮阳县	—	上古生界	沙四段	10.30	小型	2.08	低
	文23气田*	濮阳县	—	上古生界	沙四段	12.20	中型	8.86	高
	文东油气田	濮阳县	31.68	沙河街组	沙二-沙三段	12.84	中型	45.51	中
	文中油气田	濮阳县	49.28	沙河街组	沙二-沙三段	14.20	中型	37.29	中
	文南油气田	濮阳县	71.94	沙河街组	沙二-沙三段	16.79	中型	29.36	中
	刘庄油气田	濮阳县	13.11	沙河街组	沙一-沙二段	17.68	小型	10.20	低
	前梨园油田	鄄城县	3.00	沙河街组	沙三段	—	小型	2.67	特低
	小计		302.98	—	—	120.24	—	—	—
东濮凹陷西部	马寨油田	濮阳市	11.92	沙河街组	沙三-沙四段	—	中型	35.23	中
	胡状集油田	濮阳县	35.87	沙河街组	沙三段	—	中型	38.04	中
	庆祖集油田	濮阳县	12.18	沙河街组	沙三段	—	小型	13.97	低
	赵庄油田	滑县	1.43	沙河街组	沙二-沙三段	—	小型	4.49	特低
	南湖气田	滑县、濮阳县	—	上古生界	沙二段	2.70	小型	0.77	特低
	小计		61.40	—	—	2.70	—	—	—
东濮凹陷南部	桥口油田	东明县	34.37	沙河街组	沙一-沙三段		中型	10.34	低
	桥口气田	东明县	—	上古生界	沙三段	25.54	中型	0.72	特低
	白庙气田	菏泽市	24.40	沙河街组	沙二-沙三段	30.71	中型	1.26	低
	徐集油田	东明县	3.50	沙河街组	沙三段	2.44	小型	14.91	低
	马厂油田	东明县	26.18	沙河街组	沙三段	2.80	中型	15.95	低
	三春集油田	东明县	6.62	沙河街组	沙三-沙四段	—	小型	14.71	低
	小计		95.07	—	—	61.49	—	—	—
合计		河南省境内	352.19	—	—	122.14	—	—	—
		山东省境内	107.26	—	—	62.29	—	—	—
		全区	459.45	—	—	184.43	—	—	—

注：文明寨油田和卫城油气田位于河南省与山东省接壤地带，按河南省境内油气矿产地统计。三春集油田仅零星南延至河南省开封市兰考县境内，按山东省矿产地统计。石油储量丰度单位为10^4 t/km^2，天然气储量丰度单位为10^8 m^3/km^2。*为2014年数据，其他为2017年数据。

东濮凹陷内有效生油岩分布广、烃源岩层系多、厚度大、生油岩母质类型好（干酪根Ⅱ—Ⅰ型），有机质丰度高，生油岩埋藏深，是一个既富油又富气的凹陷，具有"多物源、满盆砂"和油气共存的特点。多数油气田或油田存在既含油又含气的特点，天然气以溶解气居多，有的伴生气层气，还出现混源现象。古近系始新统—渐新统沙河街组是本区的主要生储油岩系，油气藏具有一小（断块小）、一深（埋藏深）、三低（低渗透率、低粘度、低含硫）、四高（气油比高、地层温度高、原始地层压力高、地层水矿化度高）的特征。这些油气藏特点给油气开发造成困难，钻井工程及开采工艺技术难度大、开发成本高；细分开发难度大，井网完善程度及水驱动用程度低；高温高盐，常规三次采油技术难以适应，腐蚀性强，油气井使用寿命短；但是东濮凹陷流体性质好，地下油水粘度比1.1~11，压汞曲线呈座椅型，平台较长，储层孔隙结构较均匀，平均驱油效率54.0%，主力油藏达58%~62%，水驱油效率高，油田水驱开发可获得较高的采收率；"油轻气富"，含硫低，油气产品是良好的石油化工原料（《中国油气田开发志》总编纂委员会，2011b）。

一、东濮凹陷地质特征

东濮凹陷（又称东明凹陷）是渤海湾盆地南缘临清坳陷的一部分，是在古生界—中生界基底上发育起来的多沉积韵律的新生代断陷含盐湖盆，为中国东部油气最富集的中-新生代断陷型凹陷之一。油气富集成藏地质特征具有渤海湾盆地的共性，又呈现独具特色的个性。东濮凹陷北部以近东西向的马陵正断层与莘县凹陷分割，南部以封丘-兰考正断层与开封坳陷为界，西侧以古近系剥蚀尖灭线与内黄隆起相接，东侧以聊城-兰考（简称聊兰或兰聊）正断层为边界与鲁西隆起分野，南北长约140 km，南宽（约60 km）、北窄（14~18 km），面积约5300 km^2，平面上呈北东向展布的琵琶型，剖面上呈东陡西缓的箕状。

（一）古近系沉积及储集层特征

东濮凹陷是一个以古生界、中生界为基底，以古近纪沉积为主体的油气十分丰富的含盐盆地，盆地内部基本缺失侏罗系、白垩系，古近系直接不整合覆盖在三叠系及更老的地层之上（三叠系为红色砂泥岩建造，自南向北从无到有、由薄变厚）。古近系始新统—渐新统沙河街组的沙四段、沙三段、沙一段和石炭系—二叠系中的暗色泥岩和煤层是良好的油气源层，生油岩成熟度高、排烃条件好。古生界和古近系组成两大储集组合，油气矿产主要赋存于沙河街组各段，其次是渐新统东营组，少量在上古生界致密砂岩之中。沙河街组是东濮凹陷重要的生油层和储层，是油气藏的主力层，沉积了巨厚的砂泥岩互层，多沉积体系、多类型砂体的重叠分布成为本区良好的储集体，凹陷北部发育的4套质量好、厚度大的盐膏层是区域的良好盖层，有利于形成多套生、储、盖组合，有利于原生油气藏的保存。

1. 古近系沉积特征

东濮凹陷是一个陆相沉积盆地，具有沉积厚度大、岩性变化大、相带窄的特点，发育膏盐、碳酸盐岩和砂泥岩等岩性组合。古近系在"东西分带"的构造演化背景下，沉积厚度变化较大，最大厚度位于东部次凹，最厚达6000 m，自下而上划分为始新统孔店组（E_2k）、始新统—渐新统沙河街组（$E_{2-3}s$）和渐新统东营组（E_3d）（图6-35），上被新近系不整合覆盖。

（1）孔店组

孔店组为湖相沉积，厚度60~580 m，南部地区较薄，兰考地区仅220 m左右，与下伏二叠系石盒子组呈不整合接触，与上覆沙河街组呈平行不整合接触。主要岩性为紫红色泥岩与棕色石英粉砂岩呈交互层，并有少量的灰质泥岩、硅质粉砂岩，局部地区为棕黄色含砾砂岩，夹有黑色玄武岩。岩性特征是北细南粗，北部泥砂比值大于南部，且北部多为粉砂岩，而南部则出现砂、砾岩，并见玄武岩。

（2）沙河街组

沙河街组为古近纪沉积主体，也是东濮凹陷的主要生储油岩系，厚度约5000 m；根据岩性及古

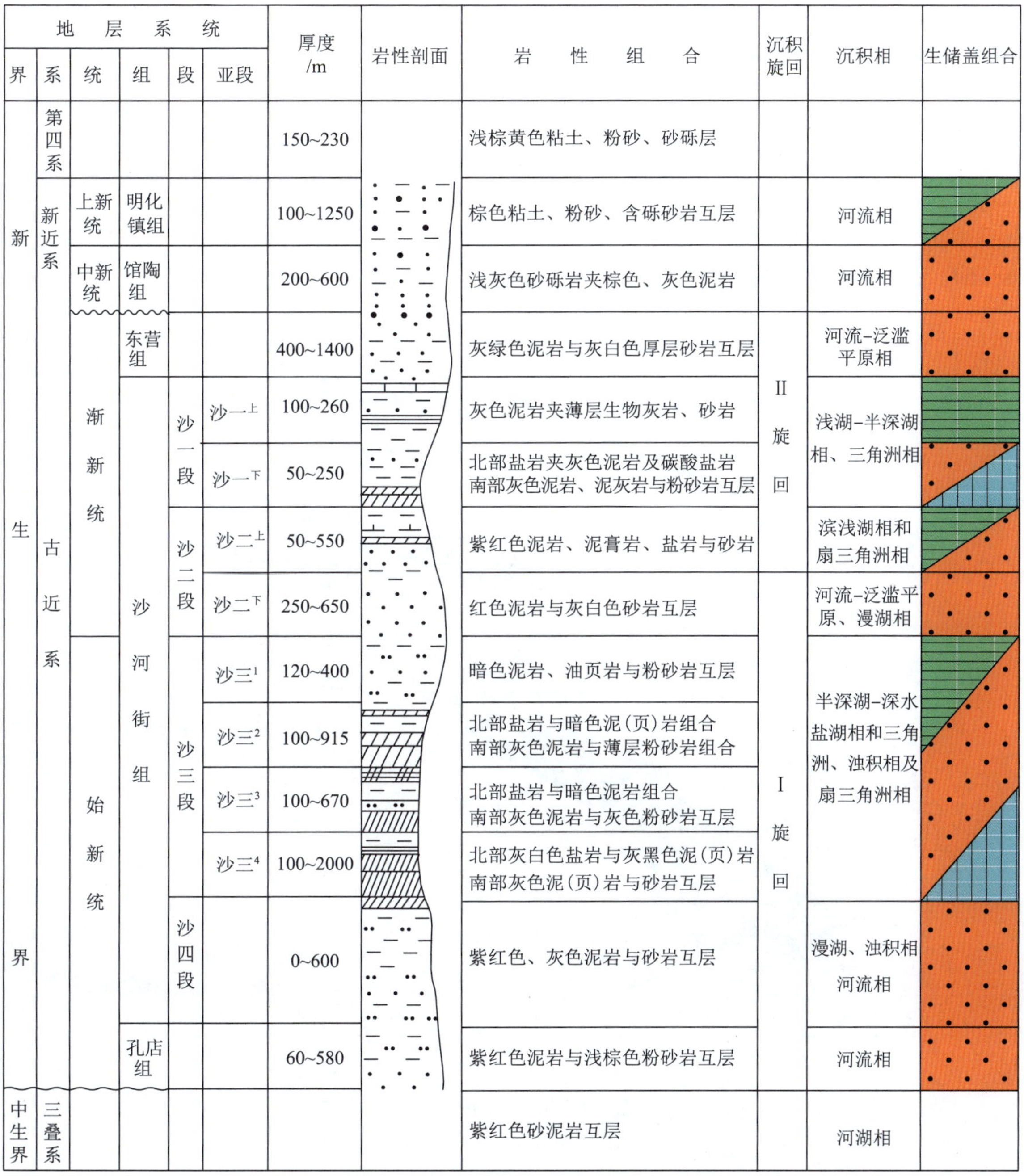

图 6-35 东濮凹陷综合地层柱状图

（据彭君，2006，有修改）

生物化石特征，自上而下划分为沙一段（Es_1）、沙二段（Es_2）、沙三段（Es_3）、沙四段（Es_4），各段又可分为若干亚段。沙河街组最突出的沉积层序特征是在北部地区沉积了多套巨厚的、分布广泛的盐膏层沉积，成为良好的区域盖层；其中，沙一段一套（即沙一盐或 Es_1 盐），主要发育在沙一段中下部；沙三段自下而上发育了 Es_3^4 盐（又称文 23 盐）、Es_3^3 盐（又称卫城下盐）、Es_3^2 盐（又称卫城上盐或文 6 盐或文 9 盐）等 3 套主要盐膏层段；另外沙三^1 亚段和沙二^{上}亚段局部地区也有发育。

东濮凹陷的沙河街组盐湖沉积体系横向上形成碎屑岩砂体与盐岩地层的横向相变，盐岩和砂岩都夹于稳定的深水泥（页）岩之间，是“同时异相”的沉积体，盐岩一般发育在湖盆沉积沉降中心，而砂岩围绕着盐岩四周分布，在横向上表现为“砂进盐退、盐进砂退”的消长关系，使得 Es_3^4、Es_3^3、Es_3^2 共 3 套地层中的无盐地层（碎屑岩地层）与盐岩层在空间内形成“指状交叉带”，各单层盐韵律与对应砂岩层也形成了错综复杂的“指状交叉带”；各套盐岩依次从各自的沉积中心向四周逐渐减薄，乃至尖灭，有些盐岩或膏岩过渡为薄层碳酸盐岩、暗色泥岩或碎屑岩；从沉积中心向盆地边缘岩性变化的总体顺序为岩盐→膏盐→含膏泥岩→砂泥岩的变化规律。纵向上，岩盐的韵律层十分发育，每个岩盐韵律层通常都由暗色泥岩与薄层碳酸盐岩互层段开始，其上渐变为薄层石膏或含有各种石膏晶体的暗色泥岩，再上则是厚度为 10~30 cm 的纯盐岩层段；自下而上，总体表现为由砂泥岩→含膏泥岩→膏盐→岩盐→膏盐→含膏泥岩→砂泥岩的变化规律。不同时期的盐岩分布在不断迁移变化，如 Es_3^4 盐、Es_3^3 盐两套盐岩沉积中心持续向凹陷北部迁移，而 Es_3^2 盐的沉积中心又明显向凹陷南部返回（图 6-36）。盐-砂分布的横向迁移性造就了东濮凹陷丰富的油气藏类型。

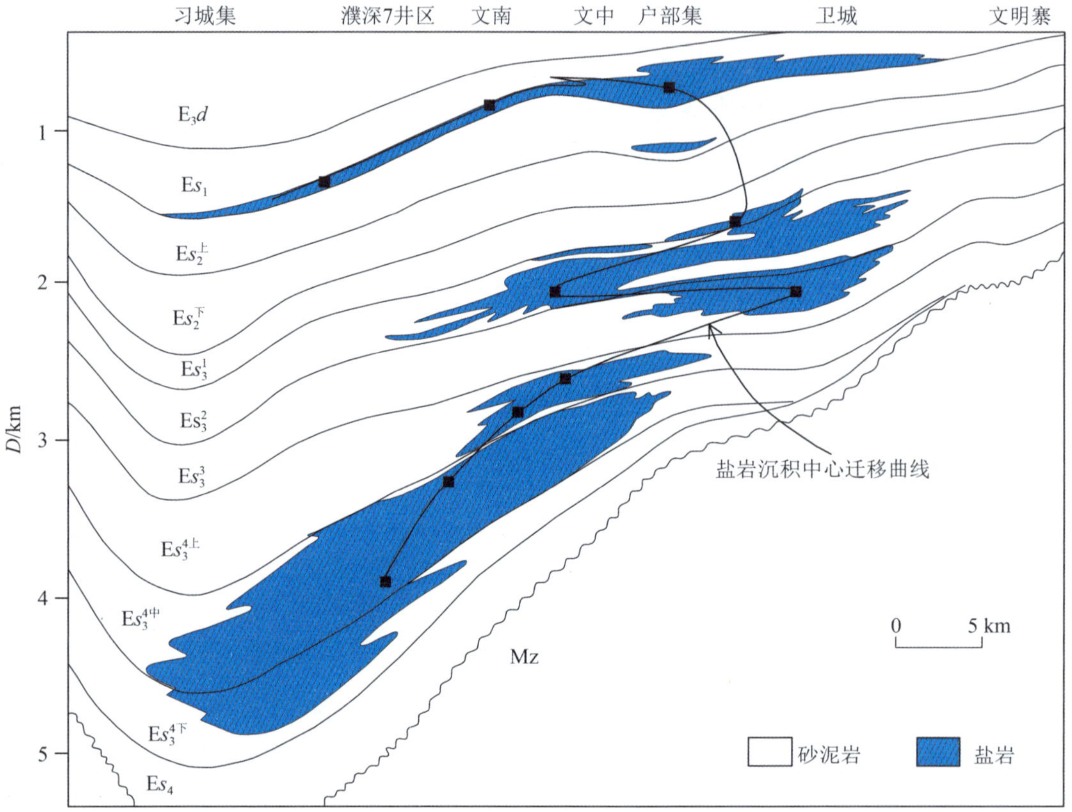

图 6-36 东濮凹陷盐岩沉积中心空间迁移示意图

（据中国石油化工股份有限公司中原油田分公司，2005）

E_3d—渐新统东营组；Es_1—沙一段；$Es_2^上$—沙二上亚段；$Es_2^下$—沙二下亚段；Es_3^1—沙三^1 亚段；Es_3^2—沙三^2 亚段；Es_3^3—沙三^3 亚段；$Es_3^{4上}$—沙三^4 亚段上部；$Es_3^{4中}$—沙三^4 亚段中部；$Es_3^{4下}$—沙三^4 亚段下部；Es_4—沙四段；Mz—中生界

A. 沙四段（Es_4）

东濮凹陷沙四段沉积时期的盆地原型是由多条基底正断层控制的复式地堑、半地堑断陷盆地，南区在徐集、三春集、方里集、长垣西南、南何家东北、东明北、固阳南等地有多个沉降-沉积中心，北区在马寨东、陈城西南、观城南、文留南、庆祖集南、庆祖集东、五星集西等地有多个沉降-沉积中心，沉积厚度差异较大，大部分区域厚度 600 m 左右。北北东向断层总体上控制了地层展布，多表现为较简单的东断西超半地堑断陷，北西向、北西西向断层活动导致断陷长轴不明显，盆地内存在多个横向凸起，南北的构造差异性已经显现，南区断层活动更强烈，向北减弱；聊兰断裂带基本奠定了控盆的主导地位。原始地层呈现“东厚西薄、南厚北薄”的展布特征，靠近聊兰正断层上盘附近的厚度较大，南部葛岗附近最大厚度可达 1200 m。主要发育紫红色、灰色泥岩与砂岩互层、紫红色泥岩与浅棕色砂岩互层，代表一种漫湖、浊积相和河流相沉积特征。下亚段（$Es_4^下$）主要岩性是浅棕、棕红、紫红色粉砂岩与紫红色泥岩、砂质泥岩、白云质泥岩、含膏泥岩互层，其视电阻率较低，俗称

“低阻红层”，属滨、浅湖-河流相沉积，最大厚度在文留—胡状集地区，可达 350 m，向南、北逐渐变薄直到缺失，至文明寨地区缺失，在黄河以南未见典型的“低阻红层”。沙四上亚段（$Es_4^{上}$）分布范围略大于沙四下亚段，地层厚度 130~200 m，北部的文留地区主要岩性是灰色、深灰色泥岩与灰白色、浅灰色粉砂岩互层，夹油页岩、泥膏岩和盐岩，而南部以深灰色泥岩为主，一般不含膏盐，属浅湖-半深湖相沉积，凹陷南部的爪营、马厂地区发育有杏仁状玄武岩。

B. 沙三段（Es_3）

东濮凹陷的沙三段沉积期，盆地结构为地堑、半地堑断陷盆地，具有较明显的稳定沉降带。除北北东向构造继续起作用外，文西-卫西断裂系和马寨-石家集断裂系的强烈活动，在马寨-胡状集地区形成了沉降中心。沙三段是一套暗色泥岩与砂岩频繁互层的湖相沉积，整体呈现出“下细上粗”的暗色反韵律，是东濮凹陷的主要烃源层段，也是主要的生、储油气层系，地层厚度 1500~3500 m。根据岩性组合和盐膏层发育程度，自下而上又细分为沙三^4（Es_3^4）、沙三^3（Es_3^3）、沙三^2（Es_3^2）、沙三^1（Es_3^1）4 个亚段；开发评价结合砂组发育特征划分为沙三下亚段（$Es_3^{下}$）、沙三中亚段（$Es_3^{中}$）和沙三上亚段（$Es_3^{上}$）。沙三段发育盐湖沉积体系，在同沉积断层、古地形和古水系的不同控制下，盐湖沉积中心不断迁移，形成了多套砂、泥、盐岩的交错叠合。区域上沙三段呈现 3 种岩层组合类型：凹陷北部的文留、卫城、马寨、胡状集地区为盐湖相的盐膏沉积；凹陷东、西两侧的濮卫-前梨园洼陷和柳屯-海通集洼陷为深湖相的暗色泥岩沉积，主要岩性是灰色、深灰色泥岩、灰质页岩与粉砂岩互层，夹少量黑色油页岩；凹陷边缘和黄河以南地区的构造较高部位为浅湖相的灰色、红色砂泥岩互层沉积。沙三段在凹陷内大部分地区与沙四段为连续沉积，但在盆地边缘地区，如文明寨、观城、范县、高平集部分地区、东明集Ⅱ台阶等地区，超覆不整合在孔店组之上。

东濮凹陷的沙三^{4}亚段（Es_3^4）由凹陷中心向四周发生相变，构成 3 种沉积类型（图 6-37）。文留-卫城地区为盐湖亚相膏盐沉积，南起徐镇附近的濮深 7 井，北至文明寨的卫 3 井附近，西到胡状集的胡 3 井附近，东可达前梨园洼陷中部，面积约 520 km^2，沉积中心在濮深 7 井—前参 2 井附近，岩性主要为大套盐岩、石膏段夹薄层灰质页岩、灰黄色薄层泥灰岩、深灰色泥岩，盐岩最大累积厚度为 400~600 m，该段的盐岩称为 Es_3^4 盐（又称文 23 盐）；濮深 7 井于井深 4361. 5~5458. 0 m 发现 Es_3^4 含盐段厚度 1096. 5 m，为大套盐岩、膏岩与深灰色泥岩互层，夹薄层灰质页岩、灰黄色薄层泥灰岩及灰色泥岩，块状盐岩计有 100 层、累积厚度 512 m，与灰色泥岩组成 67 个盐韵律，不含油页岩；前参 2 井于井深 4461~4473 m 可见单层厚度达 12 m 的盐岩。聊兰断裂下降盘和濮城、葛岗集、前梨园、海通集等洼陷为半深湖-深湖相的灰色砂泥岩沉积，岩性主要为灰色、深灰色泥岩、薄层高电阻灰质页岩与粉砂岩互层，夹少量油页岩，砂岩灰质含量高。凹陷边缘及马厂构造高部位为滨湖-浅湖、三角洲相红、灰色砂泥岩沉积，砂岩发育。该亚段地层以胡状集、文南地区最厚，厚度 1500~2000 m，向南北两侧逐渐减薄，北到文明寨地区平均厚度仅 150 m。

东濮凹陷的沙三^{4}亚段沉积末期，中央隆起带已初具雏形，在沙三^{3}亚段沉积时期，中央隆起带强烈隆升，造成沙三^{3}盐（即 Es_3^3 盐）分布范围向北部卫城方向退缩。沙三^{3}亚段（Es_3^3）分布范围小于沙三^{4}亚段，高平集斜坡、胡状集西部、爪营等地区因剥蚀而缺失，一般厚度 160~650 m，胡状集地区最厚可达 670 m，文明寨地区平均厚度 150 m。岩性为一套暗色泥岩、页岩与砂岩互层，北部卫城、柳屯地区出现盐岩。全凹陷可分为 3 种沉积类型：濮城、卫城、柳屯地区是盐湖亚相膏盐沉积（图 6-38），范围约 220 km^2，岩性主要为白色盐岩、膏盐层夹薄层灰色泥（页）岩、油页岩，盐岩最大累积厚度为 150~200 m；前梨园、濮城、葛岗集、海通集等洼陷广泛分布着半深湖-深湖相灰色泥岩沉积，岩性主要为稳定的灰、深灰色泥岩夹粉砂岩、页岩、油页岩，粉砂岩成组性较好；凹陷周缘和马厂、三春集构造高部位的滨湖-浅湖相、三角洲相、河流相的红色、灰色交互的砂泥岩沉积（中原油田石油地质志编辑委员会，1993）。

东濮凹陷的沙三^{2}亚段沉积时期，中央隆起带的强烈抬升，导致两侧大幅度下沉，东濮湖盆沉降中心逐渐向南移动，沙三^{2}盐（即 Es_3^2 盐）分布范围也渐次南移，主要分布于凹陷西侧的长垣正断层前缘与东部的前梨园洼陷之间，北起文明寨，南至八公桥，整体分布范围比沙三^{3}盐大，盐湖亚相面

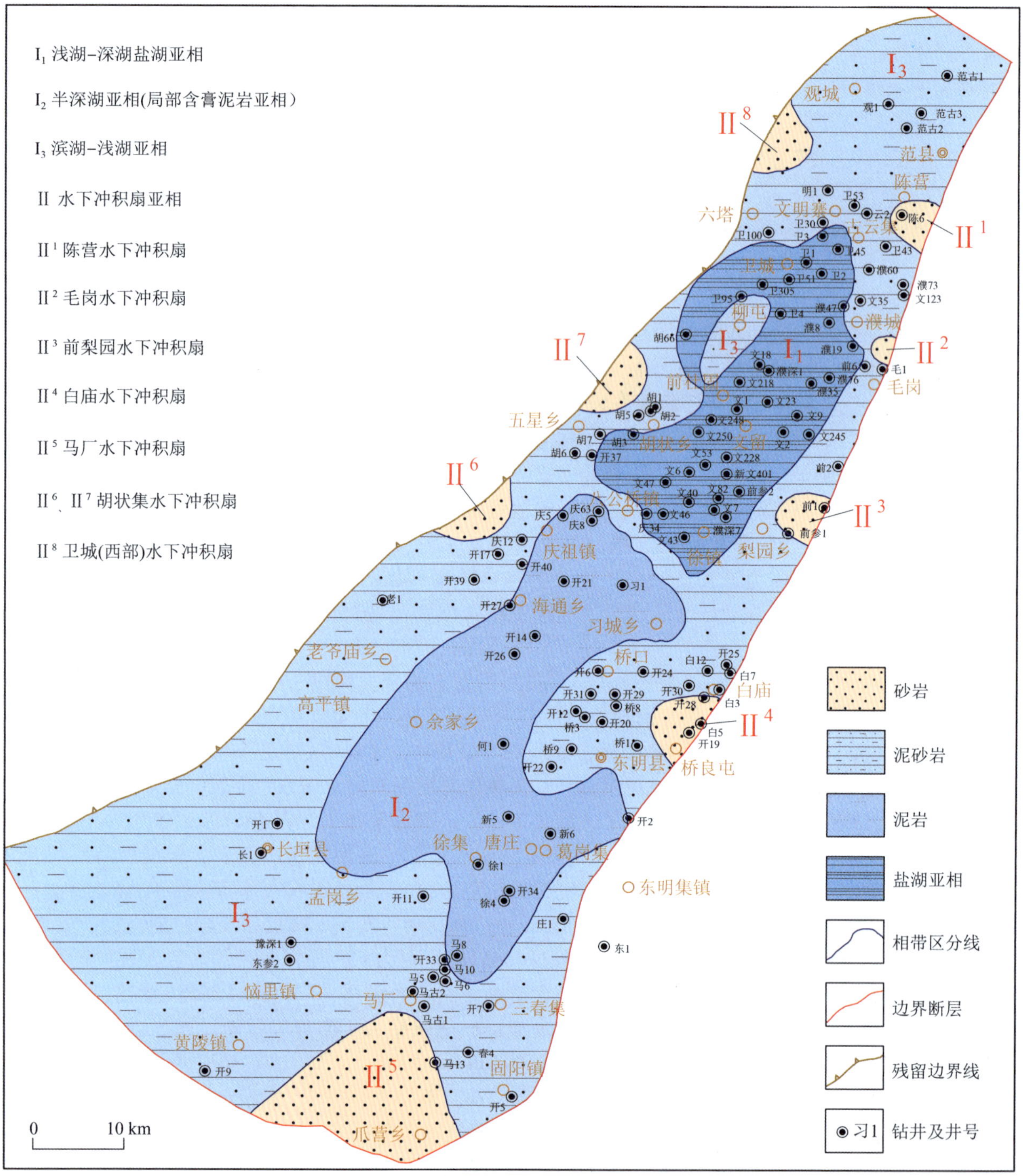

图 6-37 东濮凹陷沙三^4 亚段沉积环境图

（据河南省地质调查院，2013a）

积约 340 km^2（图 6-39）。沙三^2 亚段（Es_3^2）厚度一般为 300~500 m，受中央隆起带的分割，西洼沉积厚度大，在文西断层下降盘最厚可达 915 m（海通集洼陷北部濮深 14 井），东洼沉积中心最大厚度为 200~300 m，文明寨地区平均厚度 120 m，文留构造顶部厚度 100~150 m。西部洼陷带的梁庄向北到这河寨一带以及东部洼陷带的濮城南到前参 2 井附近主要为白色盐岩、膏盐岩、泥膏岩夹灰色泥岩、页岩，顶、底部为一套稳定的泥（页）岩夹粉砂岩韵律层。其他地区主要为灰色泥岩夹粉砂岩及少量页岩、油页岩。

东濮凹陷的沙三^1 亚段（Es_3^1）分布范围略小于沙三^2 亚段，沉积稳定，岩性变化大，主要为灰色

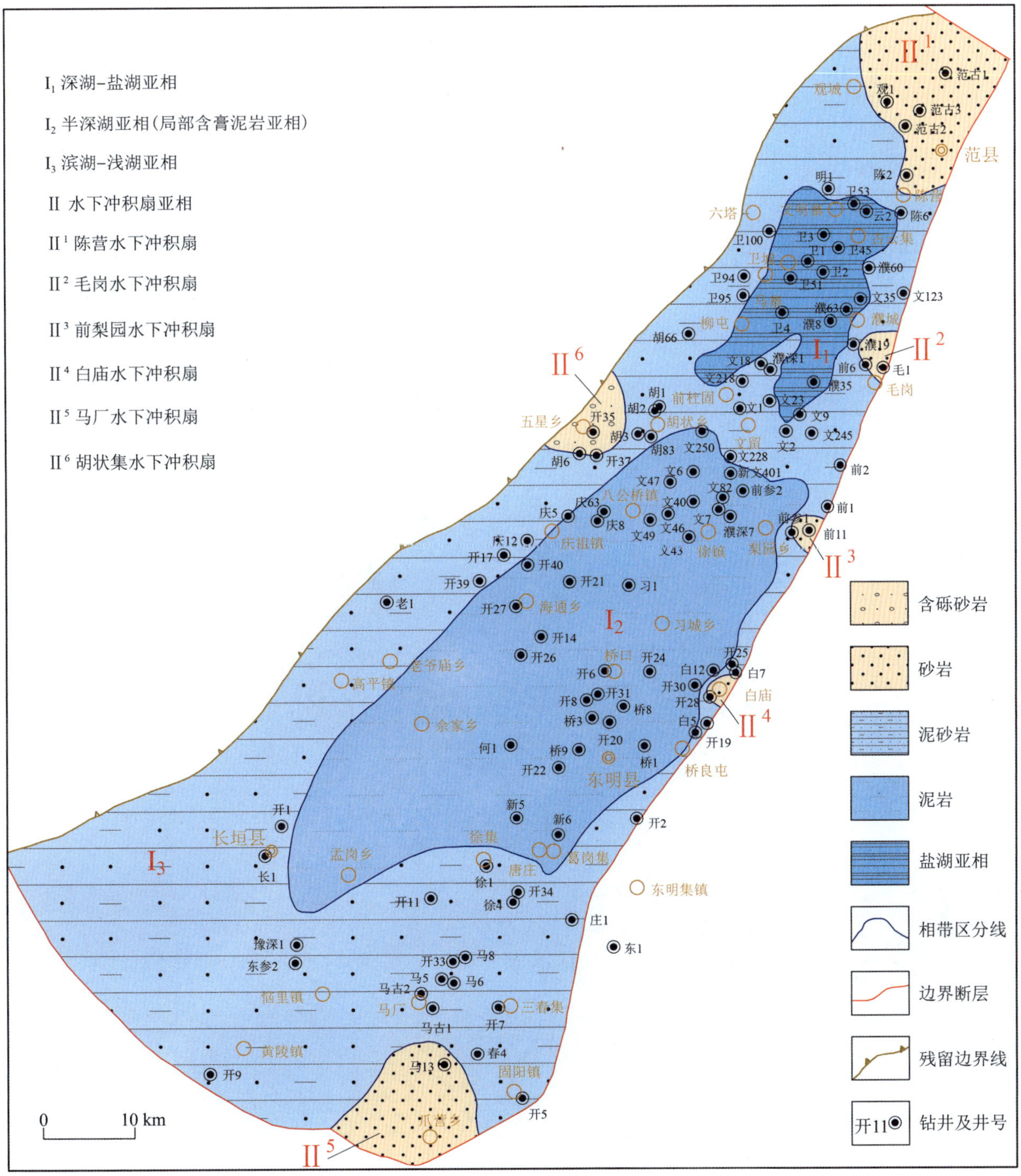

图 6-38 东濮凹陷沙三^{3}亚段沉积环境图

（据河南省地质调查院，2013a）

泥岩与成组的深灰色粉砂岩组成，下部发育有上、下两套褐色油页岩，地层厚度一般为 120~400 m，最大厚度 466 m（濮深 14 井）。柳屯、马寨、户部寨、文东一带下部具 1~3 个盐岩韵律。沙三^{1}盐岩分布面积小，仅包括 1#盐、2#盐、3#盐等 3 个盐韵律，盐岩沉积最厚的位置在柳屯-马寨次洼，前梨园洼陷也有小范围盐岩沉积。

C. 沙二段（Es_2）

东濮凹陷的沙二段和沙一段沉积时期，盆地是基底正断层与其上盘的反向盖层滑脱正断层共同控制的地堑、半地堑断陷盆地，具有较明显的沉降中心转移。沙二段为河流相和滨、浅湖及三角洲相沉

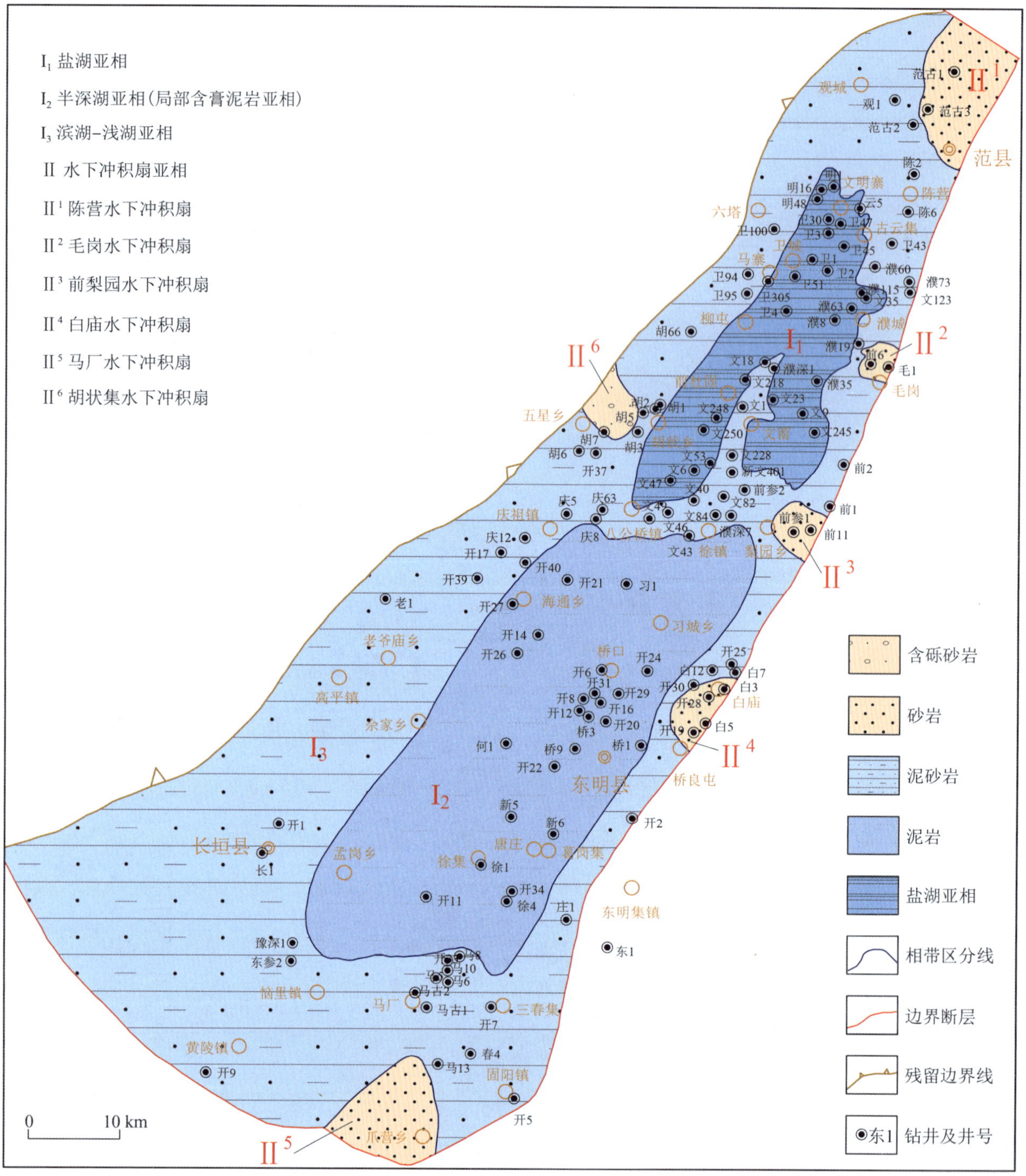

图 6-39　东濮凹陷沙三^{2}亚段沉积环境图

（据河南省地质调查院，2013a）

积，分布范围略有减小，为一套红色砂泥岩，区域厚度为 400～1100 m，文明寨地区平均厚度为 280 m，凹陷主体与沙三段连续沉积，在高平集斜坡南部和东明集断阶超覆在二叠系之上。沙二^{下}亚段（$Es_2^{下}$）厚度 250～650 m，是东濮凹陷重要的储集层，主要岩性是红色泥岩与灰白色砂岩互层，砂岩发育，单层厚度变化较大。沙二^{上}亚段（$Es_2^{上}$）厚度 50～550 m，主要为滨浅湖相和扇三角洲相，主要岩性是紫红色泥岩、泥膏岩、盐岩与砂岩组合，砂岩总体不发育，这也是东濮凹陷的一套非常好的区域性盖层，只是在北部濮城、文明寨地区有砂岩的发育并形成油气比较富集的油藏；泥膏、含膏泥岩主要分布在卫城、户部寨及文卫濮结合部，最大沉积厚度约 200 m，西到文 301 附近，北到卫 355，东到卫 86、卫 67、濮 72、文 51、濮 85、新文 16 一带，南到文 78 井附近，面积约 45 km^2，这是东濮凹陷唯一一套沉积在红色地层中的盐岩。

D. 沙一段（Es_1）

东濮凹陷的沙一段为湖相和三角洲相沉积（图 6-40），为暗色泥岩、砂岩、碳酸盐岩、盐膏岩沉积，其上被东营组覆盖，区域厚度为 250~450 m。该期有辉绿岩侵入，桥口地区玄武岩连片分布，白庙地区玄武岩沿聊兰正断层呈北东向分布。沙一^{下}亚段（$Es_1^{下}$）厚度 50~250 m，呈现 3 种岩相组合及沉积类型：凹陷北部为盐湖相沉积，主要岩性是灰白色盐岩、膏盐层夹灰色泥岩、泥灰岩、泥质白云岩、油页岩；卫城和庆祖集东、习城集东以半深湖-深湖相的灰色泥岩为主，岩性为灰色泥岩、含膏泥岩夹灰质粉砂岩、泥灰岩、白云岩、油页岩；文明寨和黄河以南则是滨浅湖相和三角洲相的灰色砂泥岩沉积，岩性主要为灰色泥岩与灰白色粉砂岩互层，夹碳酸盐岩及薄层生物灰岩、泥灰岩；北部地区油页岩和灰质岩较集中分布的岩段称“特殊岩性段”。沙一段盐岩（即 Es_1 盐）位于沙一^{下}亚段，呈北东向长条形分布，是东濮凹陷分布范围最广的一套盐膏地层，但整体沉积厚度小，北起古云集的云 9 井附近，南抵习城集、刘庄的刘 1、刘 16 井，东部边界大致在濮城洼陷的聊兰正断层附近的濮 11 井—前梨园洼陷的前参 1 井一线，西部在柳屯—海通集洼陷带，范围约 700 km^2；沙一段盐岩沉积厚度的横向变化较小，最大厚度在濮城以西的户部寨一带，盐韵律层累积厚度可达 190 m 以上，并在文 310 井、文 404 井、文 255 井附近呈现多个次级沉积中心。沙一^{上}亚段（$Es_1^{上}$）厚度 120~260 m，最厚在文南一带，可达 300 m，胡状集地区的长垣正断层上升盘、马厂及其以南地区缺失，沙一^{上}亚段沉积时期，盐湖基本消失，变为较大范围的半深湖相沉积，岩性主要为灰色泥岩夹薄层粉砂岩、泥灰岩、泥质白云岩、生物灰岩及油页岩，仅户部寨地区见有盐膏沉积。

（3）东营组（E_3d）

东濮凹陷的东营组沉积期开始，盆地演化逐渐进入萎缩阶段。东营组为河流-泛滥平原相，岩性为棕红色、紫红色、灰绿色泥岩与紫红色、灰绿色、灰白色粉砂岩、细砂岩、含砾砂岩互层。东营组沉积后，受后期构造运动影响，盆地发生整体抬升，顶部大面积遭受剥蚀，并形成古近系与新近系之间的区域不整合面。盆地结构和古地理面貌与沙一段沉积相似，为继承性发展，但北部中央构造带东翼东倾断裂发育，对沉积有一定的控制作用。东营组主要分布于东、西两洼陷带，残余厚度 400~1400 m，在西部斜坡带和马厂构造及其以南地区全部剥蚀，濮卫地区厚度 300~700 m，文留-桥口地区厚度约 700 m，孟岗集洼陷中心最大厚度达 2000 m。该期，玄武岩分布范围仅次于沙一段，分布在桥口、白庙一带。

新近纪—第四纪，东濮凹陷进入后裂陷阶段，由古近纪的裂陷盆地转为坳陷盆地发育阶段。新近纪以来，断裂活动明显减弱，差异性活动不明显，断层基本不控制沉积厚度和沉积相带的展布，东濮凹陷及周边地区发育广泛的河流、沼泽沉积。

2. 古近系储集层特征

东濮凹陷是夹于鲁西和内黄隆起之间的一个多旋回沉积的新生代断陷-坳陷盆地，经沙四段和沙三段的裂陷期、沙二段的萎缩期到沙一段属于稳定下沉的弱断陷期，以盆地缓慢沉积为特征，湖盆沉积体系十分典型。古近纪沉积总体可分为上、下两部分，下部是孔店组加沙四段红层、沙四段高阻灰色页岩段、沙三段巨厚的暗色沉积和沙二^{下}亚段以红色为主夹灰色的砂泥岩互层；上部由沙二^{上}亚段、沙一段和东营组组成，与下部相比，沉积厚度较薄，最大厚度为 2200 m，以红色沉积厚度较大为特征，灰色沉积厚度仅有 500 m。

（1）东濮凹陷的主要沉积体系

东濮凹陷是一个陆相沉积盆地，周缘被山地或高地所夹持，以河流沉积作用为主导，经历补偿或非补偿充填→水域或湖盆扩展→沉降减缓或湖盆萎缩转至凹地抬升回返→古地貌平原化乃至沉积终止。在“多水系、多物源、近物源”的碎屑物质供给条件下，古近纪沉积具有地层厚度和岩性变化大、相带窄、相变快、环境复杂等特点，并有膏盐、碳酸盐岩和砂泥岩等岩性组合。沉积相主要有河流相、浅水三角洲相和深水-半深水浊积相，三角洲相主要环绕盆地周缘分布；沙四段至沙一段以河

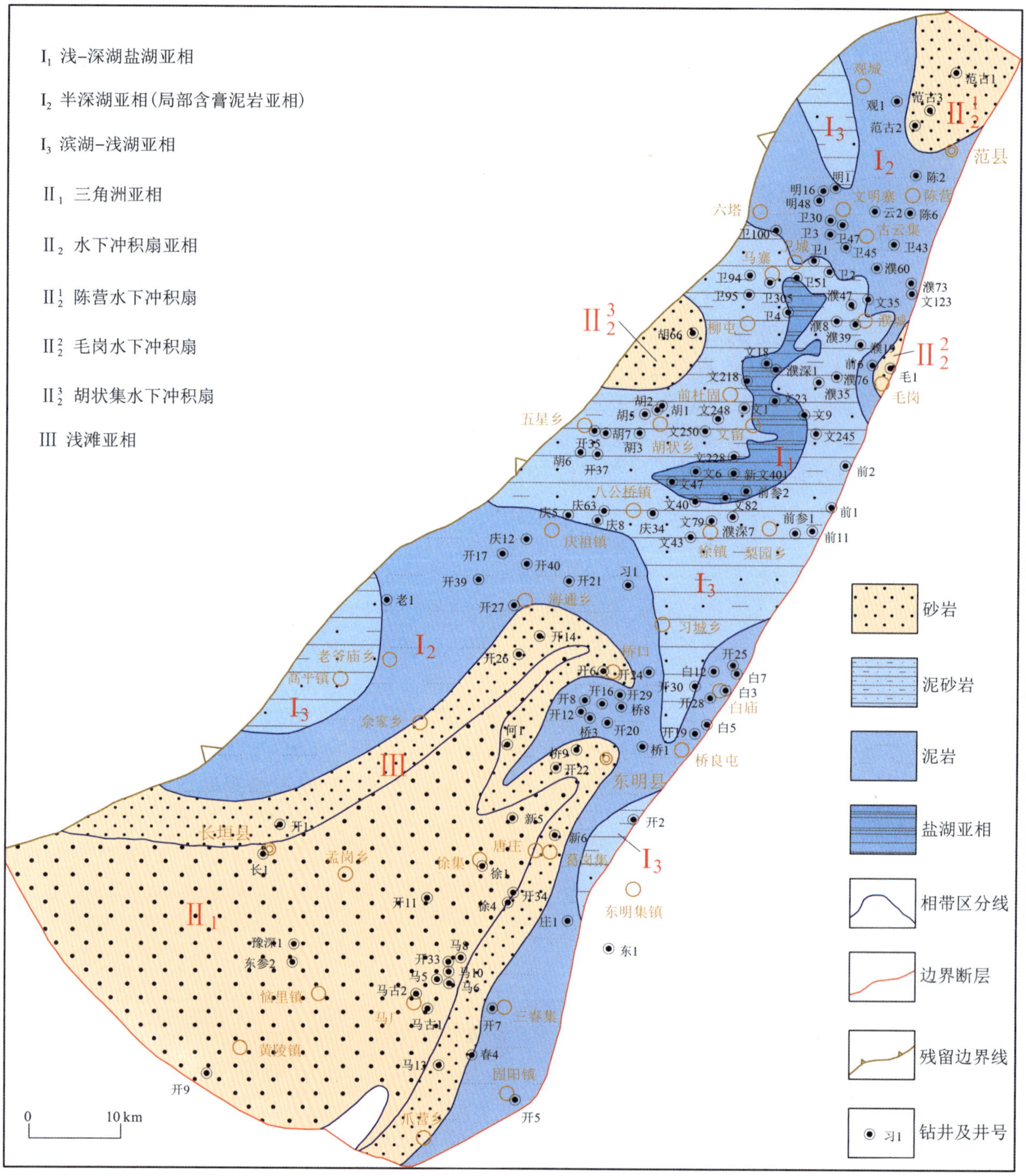

图 6-40 东濮凹陷沙一段沉积环境图

（据河南省地质调查院，2013a）

流相-湖相沉积为主，其中沙四^{上}亚段、沙三段、沙一段以湖相沉积为主；东营组的河流相沉积占主导地位。沉积体系具有纵向上的继承性和平面上叠置连片的分布特点，由西侧内黄隆起物源区控制的自北而南有文明寨-卫城、胡状集-文留、海通集-桥口 3 个主要沉积体系，来自西南物源区的是马厂-徐集沉积体系，4 个沉积体系之间为湖湾，自北而南为柳屯、庆祖集和桥口-徐集等湖湾区。由东侧鲁西断隆物源区控制的自北而南有濮城、前梨园、白庙 3 个主要沉积体系，沉积体系之间是陡岸深水区。

构造作用形成的古地貌对沉积建造起着明显的控制作用，在东濮凹陷形成的不同演化阶段发育不同的沉积体系和相带分布。古近纪阶段，东濮凹陷的沉积体系可分为东部陡坡带、东部洼陷带、中央构造带、西部凹陷带和西部斜坡带5个带（图6-41）。东部陡坡带沉积体系，聊兰正断层对凹陷形成发育的控制作用，造成上下盘高差较大，在聊兰正断层前缘发育诸多扇三角洲沉积体系。东部半深湖-深湖沉积体系，东部洼陷带是凹陷最主要的沉积和沉降中心，在沙三段、沙一段沉积时水体较深，广泛发育富含有机质的暗色泥岩、页岩、盐岩，膏盐和泥（页）岩为油气保存提供了优质封盖条件，由于湖盆中心与周缘主要物源区之间的距离较短，难以形成大规模的正常三角洲。中央构造带多类型沉积体系，陈营、濮城和马厂地区为长轴三角洲，中部文留、桥口地区沙三段沉积中、晚期和沙一段沉积时期形成的浅水滩坝沉积，文留中部沙一段为浅水碳酸盐浅滩沉积；沙三段沉积早期中央构造带尚未形成时，有来自西侧的洪水三角洲和扇三角洲前缘相沉积；沙四段和沙二^{下}亚段发育有漫湖沙坪沉积，沙二^{上}亚段为膏泥岩沉积。西部浅湖-深湖沉积体系，在长垣正断层和黄河、文西断层的控制作用下，西部凹陷带沉积有大套的泥岩、页岩和盐岩，在柳屯和海通集洼陷的近长垣正断层处分布有透镜状浊积砂体，在洼陷内部发育有阵发性洪水三角洲和扇三角洲前缘沉积，南部地区有长轴三角洲砂体发育。西部斜坡带冲积扇沉积体系，本带古地形较平坦，发育辫状河三角洲沉积体系，在高平集斜坡带有鲕粒灰岩。东濮凹陷的北、南两端分别为范县凸起和兰考凸起，网状河道并不发育，物源供给也欠充足，主要形成规模较小的正常三角洲或辫状河三角洲。沙河街组砂体大多发育在低位三角洲沉积体系之中，呈现交错叠合展布，类型较为复杂，储集性能多变。

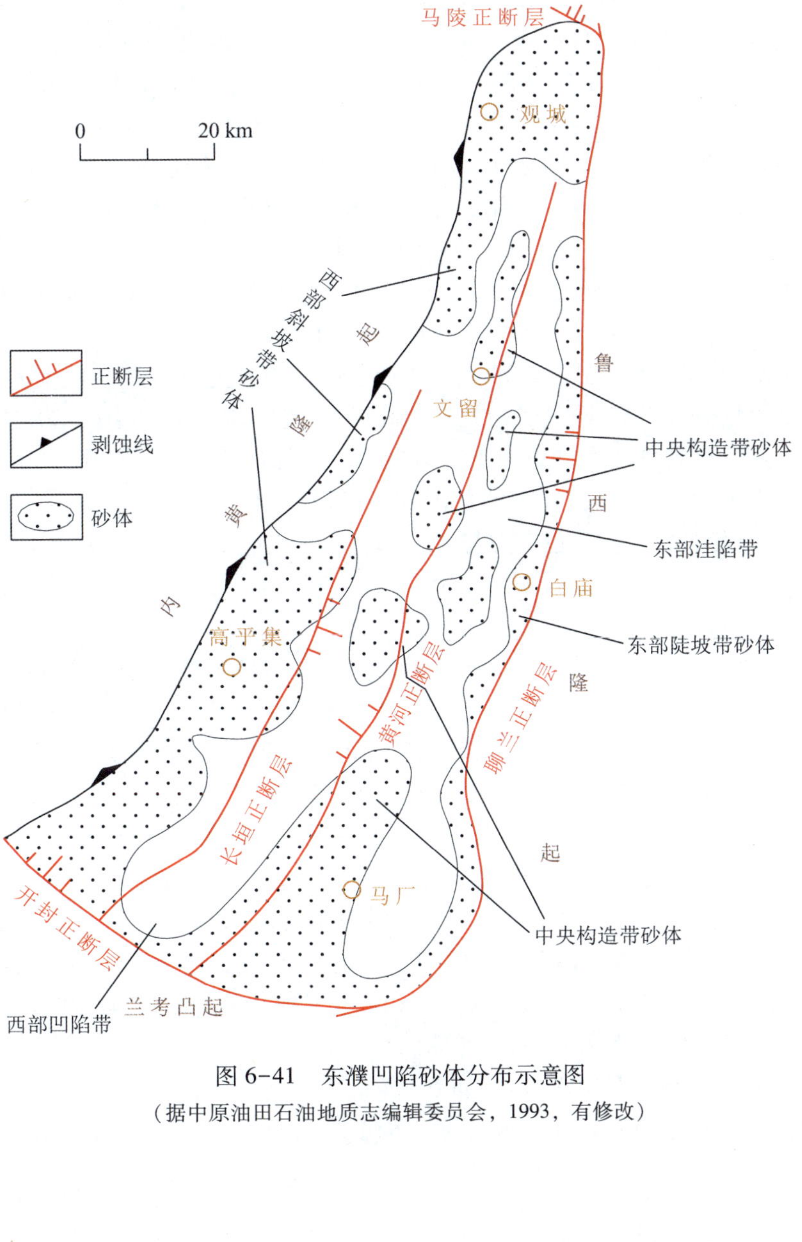

图6-41　东濮凹陷砂体分布示意图

（据中原油田石油地质志编辑委员会，1993，有修改）

（2）古近系油气层组储集层特征

主力油气层组是指厚度大、物性好、储量丰度高、单井产能高的油气层组，是油气地质评价和勘探开发的重要依据。显然，形成主力油气层组的地质因素较多，东营组和沙河街组各段的油气富集程度和主力油气层组展布，与古近系不同的沉积体系控制砂体或砂组的展布及储集特征关系十分密切。东濮凹陷的含油层系有沙河街组各段和东营组，主要储层是沙河街组各段，其中沙三段和沙二段是主力含油层系。油气储集岩几乎囊括了所有的沉积岩，只是储集孔隙结构和渗流机理不尽相同；东濮凹陷的油气储集层主要是受控于不同沉积相和储集性能的碎屑岩砂体，虽然盐膏地层中也可能发育一些碳酸盐岩并可充当油气储集层，但这一类储层较少，只在沙一段局部有少量存在，另外濮卫地区沙河街组含有页岩油藏。

据《中国油气田开发志〔卷十六〕·中原油气区卷》（《中国油气田开发志》总编纂委员会，2011b），东濮凹陷的沙河街组储集层的主要岩性为粉砂岩和细砂岩，部分为中砂岩和粗砂岩，埋藏深度：文明寨-卫城在1500~3200 m之间，文留和濮城在2000~4000 m之间，南区多在2500 m以上。粉砂岩和细砂岩的颗粒细（粒径0.07~0.09 mm），但分选性好（分选系数1.2~1.4），孔喉半径小（0.5~7 μm，平均3.04 μm），喉道较均匀，是较好的储层，也是东濮凹陷较深层极复杂断块油藏取得高采收率的重要条件之一；砂岩厚度较小，单砂层厚一般小于6 m，多在1~3 m，形成纵向上薄层状砂、泥岩频繁互层，平面上砂体互相叠合；储集层的分布明显受到构造活动、构造格局、碎屑物质输入量和物源方向的控制。岩石亲水性较强，水驱油效率高，平均驱油效率为54.0%。储层物性差，渗透率以中、低渗透为主，纵向上自上而下渗透率变差，平面上自北向南储层变少、变薄、渗透率变差，渗透率在50~500 mD的储量占48.8%，渗透率小于50 mD的低渗、特低渗储量占48.9%。层位上，沙一段、沙二段以中高渗储层为主，沙三^{上}亚段主要为中低渗储层和少量致密储层，沙三^{中}、沙三^{下}亚段以低渗-非常规储层为主，局部地区发育有中渗储层，沙四段则以非常规储层为主。储层沉积相主要是入湖三角洲，沉积环境复杂，储层分布不稳定，横向变化大，300 m左右井距连通率一般60%~70%；纵向上层间渗透率级差比较大，一般可达几十倍；平面非均质性强，平面渗透率变异系数一般大于0.7。由于储层的非均质性导致开发过程中层间干扰严重，水驱动用程度较低，且低渗油藏注水压力高，吸水能力差，从而导致提高水驱波及体积难度大。

东濮凹陷的沙四段可划分8个砂组；沙三段各亚段的砂体发育程度差异较大，相应的砂组划分也不相同，沙三^{下}亚段可划分3个砂组，沙三^{中}亚段和沙三^{上}亚段均可划分10个砂组；沙二^{下}亚段可划分8个砂组，沙二^{上}亚段可划分7个砂组；沙一段砂体可分为沙一^{下}亚段和沙一^{上}亚段，砂组划分及对比不够明晰；东营组砂体可分三段，砂组划分研究相对较少（表6-17）。目前，不同油（气）田的划分有差异，勘探和开发部门的划分也有差异。

（二）构造特征

东濮凹陷是渤海湾含油气盆地的一个负向单元，大地构造位置处于华北陆块的中部，是一个以包括下古生界海相碳酸盐岩、上古生界海陆交互相含煤碎屑岩和中生界下-中三叠统红色砂、泥岩为基底，在新生代地壳水平拉张应力作用下逐渐裂解断陷而形成的“不对称复式地堑型”箕状凹陷，主要受北北东和北东走向断裂系统控制。东濮凹陷经历了初期断陷（孔店组和沙四段）、强烈断陷（沙四^{上}亚段和沙三段）、萎缩（沙二段）、稳定沉降（沙一段）、收缩（东营组）、坳陷（新近系）6大发展阶段，沉积了古近系河湖相烃源岩和新近系河流相杂色碎屑岩。始新世早期，聊兰正断层由莘县凹陷向南延伸，东濮凹陷开始形成，在“多水系、多物源”的沉积背景下，沉积了古近系核桃园组深湖-半深湖相和多种三角洲沉积相体系，提供了优越的烃源岩基础和匹配的油气储集条件。受北北东向延展的聊兰、黄河-文西-观城、长垣-石家集-宋庙等断裂带对沉积湖盆的控制作用，盆地沉积结构呈现早期的“东断西超型”断陷和中、晚期的“双断型”断陷结构。由于古近系和新近系底部的两个不整合面存在，本区可划分为3个构造层，即：下构造层包括古生界和三叠系，由于埋深大，构造形成不很明确；中构造层为古近系，断层多，构造断块复杂，是主要的勘探目的层系；上构造层为新近系和第四系，以地层产状基本水平为特点，断层不发育，其底界埋深有几百米到两千米，不整合在不同层位上。

表 6-17　东濮凹陷主要沉积体系及沉积砂体

地质层位		主要砂体沉积体系	砂组编号	油气层组分布的主要油（气）田
东营组（E_3d）		河流、滨-浅湖	—	文留
沙一段	E$s_1^{上}$	扇三角洲、湖泊	—	濮城、卫城、刘庄、桥口
	E$s_1^{下}$	三角洲、盐湖	—	
沙二段	E$s_2^{上}$	冲积漫湖	沙二^{上}亚段 1—7	文东、文南、濮城、卫城、桥口、白庙
	E$s_2^{下}$	河流、滨-浅湖	沙二^{下}亚段 1—8	
沙三段	Es_3^1	辫状河三角洲、扇三角洲	沙三^{上}亚段 1—6	文东、濮城
	Es_3^2	（扇）三角洲、滨-浅湖滩坝	沙三^{上}亚段 7—10 沙三^{中}亚段 1—3 上	文东、文中、濮城、卫城、胡状集、庆祖集、马厂
	Es_3^3	三角洲、湖底扇、盐湖	沙三^{中}亚段 3 下—7	
	Es_3^4	（扇）三角洲、	沙三^{中}亚段 8—10 沙三^{下}亚段 1—3	
沙四段	E$s_4^{上}$	三角洲、水下扇	沙四^{上}亚段 1—4	文 23、户部寨、濮城、马厂
	E$s_4^{下}$	洪水、冲积漫湖	沙四^{下}亚段 5—8	

1. 主要断裂

（1）断层分级

东濮凹陷在其发展过程中，主要受北北东和北东走向断层控制。聊兰断裂、黄河-文西-卫西断裂、长垣断裂的差异活动控制了凹陷的形成与发展及次级构造带的展布，形成“两洼一隆一斜坡”的基本构造格局。按断层活动时间与切割关系可分为基底断层和盖层断层，均属于正断层，均为古近纪形成；但前者发育早，延伸长度可达 100 km 以上，后者仅切割古近系。根据断层规模大小、活动历史以及对沉积作用的影响程度等将其分为一级、二级、三级等 3 个级别。

一级断层是指控制东濮凹陷形成演化的主要边界断层，也是主干基底断层，断距大（可达 5000~9000 m），延伸长（可达百余千米），切割深（可达中下地壳并直接与拆离断层相连），即所谓的“控盆断层”；聊兰正断层是聊兰断裂带中控制东濮盆地形成与演化的主干基底断层，为东濮凹陷的主控边界断层，属于一级断层，呈北北东向展布于河南省兰考至山东省聊城一线。

二级断层是指控制东濮凹陷内部二级构造带或洼陷带的断层，即所谓的“控凹断层”，断距一般为 500~3000 m，延伸长度达 20~80 km，大多切割至结晶基底，为“上陡下缓”的“犁式”或“铲式”正断层。二级断层同属于主干基底断层，对盆地某些地段、某些时期的沉积作用有明显的控制；可以是一条断层，也可以是由多条断层组成的一组断层。如与聊兰正断层同时形成的马厂、杜寨、濮城等正断层以及宋庙-长垣断层系、观城-卫西断层系、黄河正断层等。

三级断层是东濮凹陷内部的主要盖层断层，一般发育在沉积盖层中，甚至只切割古近系盆地盖层，断距一般只有 100~500 m，延伸长度为 5~20 km。三级断层多属于一级或二级断层活动诱导的调节断层，对某一时期的沉积有一定的或多或少的控制作用，在盆地构造变形中起重要作用，对油气圈闭的形成和油气聚集有重要影响。凹陷中的梁庄、徐楼、徐东、新东、马东、文东、卫东等正断层属于三级断层。

另外，东濮凹陷中还发育有大量的断距小（小于 100 m）、延伸短（小于 10 km）的更次一级断层，多为一级、二级、三级断层位移诱导的调节断层，这些断层数量多、分布广，基本都不会切割到结晶基底，对盆地的沉积作用影响甚微，影响着盆地构造变形，对油气圈闭有重要影响。

（2）主要断裂带

A. 聊兰断裂带

聊兰正断层是聊兰断裂带中控制东濮凹陷形成与演化的主干基底断层，为东濮凹陷的主控边界断层。聊兰断裂带是一条区域性深断裂带，构成渤海湾盆地与鲁西隆起的分界线，呈北北东向延伸约300 km，被北西西向区域性马陵正断层和封丘-兰考正断层交切，自北而南可分为山东省莘县凹陷段（长130 km，最大落差5800 m）、河南省东濮凹陷段（长140 km，最大落差7200 m）和中牟凹陷段（长30 km，最大落差4000 m）。该断裂带在不同地段至少有一条主干断面对古近纪裂陷盆地的形成和演化起着重要控制作用。从聊兰正断层主断层面上分出多条分支断层，部分分支断层同样属于主干基底断层，对盆地的形成和演化有一定的控制作用。

聊兰正断层呈北北东向展布于河南省兰考至山东省聊城一线，断距大，剖面上总体表现为西倾的上陡下缓的犁式或铲式特征，具多期活动且至今仍有活动，在不同地段的形态和活动强度差异明显。凹陷北部的聊兰正断层在浅层的产状相对平缓，向深层的拆离滑脱深度为9~12 km；濮城正断层是其上盘的同向分支断层，在沙三段中、上部构造层中表现为4条北北东向斜列的断层，至深层逐渐合并，在沙四段底部构造图上只表现为切割盆地基底的2条断层，切割盆地基底的最大垂直断距可达2000 m以上；斜列的各条断层的活动略有差异，基本上都是在沙四段沉积时期就开始活动，而对沙三段、沙二段的沉积有明显的控制作用；是分隔古云集洼陷与濮城洼陷的边界断层。中部的聊兰正断层在浅层的产状相对陡倾，向深层的拆离滑脱深度为13~14 km；杜寨正断层是其上盘的同向分支断层，其形成时代大致与聊兰正断层相同，对盆地中的沙四段和沙三^{下}、沙三^{中}亚段的沉积有明显控制作用，在沙三段沉积之后基本不活动，并被中央隆起带东侧后期活动的反向断层（文东正断层等）切割。南区的聊兰正断层有2~3条分支断层，主断面向深层呈坡坪式延伸，对应于东部洼陷带的拆离滑脱深度为8~10 km，而对应于西部洼陷带的拆离滑脱深度为10~12 km；主要分支断层有位于聊兰正断层上盘的马厂、三春集等正断层及下盘的聊兰2号、聊兰3号等正断层，均为主断层的同向正断层，聊兰2号和聊兰3号正断层对东濮凹陷沙四段和沙三^{下}、沙三^{中}亚段的沉积有明显控制作用，马厂和三春集正断层对东部洼陷带南区的固阳洼陷的形成和演化有一定的控制作用。聊兰正断层产状的变化，特别是深层拆离滑脱面深度沿走向的变化可能是导致凹陷南北分区的主要原因。

B. 黄河-文西-观城断裂带

东濮凹陷西部洼陷带东部边缘不同区段分别以黄河正断层、文西正断层和观城正断层为界，这些断层基本上都是在盆地发育之初就出现雏形，在盆地演化过程中对西部洼陷带的形成和演化有重要控制作用，是盆地中的主要基底断层。

黄河正断层为北西西倾的正断层，与聊兰正断层同期形成，延伸长约80 km，倾角20°~50°，最大垂直断距可达4000 m以上，不同地段的断层活动强度不一致，其形态和倾角略有变化，南端被东濮凹陷南端的北西西向边界断层——封丘-兰考正断层截断，自北经桥口延伸到刁城集附近被文西正断层取代，是海通集洼陷、孟岗集洼陷和中央构造带形成演化的重要控制断层。

文西正断层为控制柳屯-海通集洼陷的东边界断层，倾向北西西，倾角30°~70°，最大断距2200 m（沙三段顶部），浅层（沙二段）构造图上有文西1号、2号、3号和4号4条雁列式或斜列式断层组成，向北收敛、向南撒开，剖面上向上分叉、向下合并，在深层（沙四段）构造图上表现为一条或两条；在发育时间上，由北向南依次变晚，活动强度逐渐减弱，是造成北部中央构造带由文留背斜向其南部构造幅度逐渐减小，以至于到河岸地区变为平缓鞍部的重要原因。

卫西正断层由两条雁列断层组成，向南延伸与文西断层连接，倾向北西西，倾角30°~40°，最大断距1800 m；卫西Ⅰ号正断层从盆地北端向南延伸至文明寨北；卫西Ⅱ号正断层从文明寨向南过卫城延伸到户部寨，并被东倾的文明寨、石家集等正断层切割为剖面上呈“X”状或阶梯状，控制了文明寨构造和卫城构造的形成。

观城正断层倾向北西西，延伸长约16 km，倾角35°~50°，控制了沙三^{下}亚段—东营组的沉积，与宋庙正断层共同控制了观城洼陷的形成，切割基底，为二级断层。

C. 长垣-石家集-宋庙断裂带

东濮凹陷西部斜坡带与西部洼陷带的分界受一条走向北北东、向盆地内部倾斜的基底断层带控制，主要的主干基底断层自南而北包括长垣、石家集、马寨、六塔和宋庙等左阶斜列的正断层。

长垣正断层控制了西部洼陷带南区的西部边界，倾向南东东，延伸长约 100 km，倾角 30°~70°，断距一般在 1000 m 以上，最大断距 3600 m，南端截于封丘-兰考正断层，向北在庆祖集附近与其西侧的石家集正断层连接，两者在古近系构造层中呈左阶斜列，在深层合为一体。

石家集正断层是胡状集-庆祖集断阶的一条东倾主控断层，延伸长约 38 km，倾向东—南东东，倾角 25°~65°，最大断距大于 1000 m，在古近系构造层中，断层北段与马寨正断层呈左阶斜列；石家集正断层形成于沙三^{中}亚段沉积之前，控制了胡状集-庆祖集断阶的地层沉积、构造演化和油气分布，在其下盘探明的石油地质储量占西部地区总量的 95%以上，而在其上升盘发现的油气很少。

马寨正断层是西部斜坡带的东部边界断层，向北在卫 305 块北与卫西断层相交，向南在胡 19 块与石家集正断层或五星集正断层相交，延伸长约 28 km，倾向南东东，倾角 35°~60°，最大断距 1600 m，向下消失于沙三段盐膏层中，是本区典型的重力滑脱断层之一，在断层下降盘形成断阶及滚动背斜。

六塔正断层是马寨断阶的一条控制性断层，南在卫 97 井处与马寨正断层相交，向北延伸与观城地区的边界断层——宋庙正断层相连，延伸长约 30 km，倾向南东东，倾角 40°~65°，最大断距 1000 m，主要活动时期为沙四段—沙三段沉积期。

宋庙正断层向北延伸至盆地北端边界附近，被北西西向的马陵断层截止，最大断距约 1800 m，对观城洼陷的沙三段—沙一段沉积有一定的影响。

D. 横向基底断层

除东濮凹陷西部斜坡带上的高平集正断层外，东濮凹陷内部基本不发育横向断层。高平集正断层走向北西西，倾向北北东，延伸长大于 30 km，基底最大落差 1000 km，为古近纪前形成的老断层。盆地南北两端被北西西向的区域性横向正断层所限，这些横向断层在古近纪的活动对东濮凹陷的形成和演化也做出了重要贡献。

封丘-兰考正断层位于东濮凹陷的南端，是一条区域性的北西西向断层，为东濮凹陷与中牟凹陷的分界断层，断层北盘的东濮凹陷南区沙四段直接覆盖在二叠系顶部，相对断层南盘缺失中生界，该断层在不同地段、不同时期的位移方式还有变化，侏罗纪—白垩纪沉积时期是北升南降，而西部洼陷带南端的沙河街组、东营组沉积时期是南升北降，东部洼陷带南端沙四段、沙三段时期也是南升北降，之后的东部洼陷带南端甚至发生北升南降。

马陵正断层是东濮凹陷与莘县凹陷的分界断层，北倾，上升盘的东濮凹陷内缺失侏罗系—白垩系，仅残留有最厚约 850 m 的中-下三叠统，古近系厚度明显大于断层北侧的莘县凹陷；断层的活动特征与封丘-兰考正断层类似，侏罗纪—白垩纪强烈活动，古近纪有继承性活动，不同时期的断层位移方式有变化。

2. 构造单元划分

濮阳地区盖层的主导变形体制为伸展裂陷变形，主导构造线方向呈北北东向，总体构造格架表现为由内黄隆起、东濮凹陷和鲁西隆起（即煤田部分的内黄断隆、东濮断陷、菏泽断隆）所构成的“两隆夹一坳”的断块格局，盆地内部表现为由中央隆起带及其两侧洼陷带所构成的“两洼夹一隆”的构造格局。东濮凹陷的“两洼夹一隆”的构造格局在长期的地质历史演变中，有着良好的继承性，构造复杂且类型较多，构造圈闭面积大，闭合度高。根据基岩结构及其埋藏历史、古近系分布及其厚度岩相变化、主要断层展布方向及其对构造的控制关系、盖层构造的形态特征及其平面分布关系等 4 方面的原则，将东濮凹陷划分为 6 个二级构造单元、15 个三级构造单元（表 6-18；图 6-42）。各构造单元内部又被不同期次、规模不等的次级断层切割，呈“东西分带、南北分区、上下分层、断层交错、断块繁多”的更为复杂构造格局。许多北东—南西向条带状构造发育，断层多，断块复杂，形成以构造背景控制下的断块油气藏为主的多种油气藏类型。

表 6-18 东濮凹陷次级构造单元划分简表

二级构造单元	面积 km²	次级构造单元		主要局部构造
		名称	面积/km²	
西部斜坡带（Ⅰ）	1600	马寨-胡状集断阶带（$Ⅰ_1$）	650	马寨、邢庄、胡状集、庆祖集
		高平集斜坡带（$Ⅰ_2$）	950	白塔、老庄、赵庄、栾丁集
西部洼陷带（Ⅱ）	1000	柳屯-海通集洼陷（$Ⅱ_1$）	300	庆祖集东、胡状集东、邢庄东
		南何家-孟岗集洼陷（$Ⅱ_2$）	700	孟居、南何家、梁占、林庄
中央构造带（Ⅲ）	900	卫城构造亚带（$Ⅲ_1$）	80	卫城、文明寨、古云集
		濮城构造亚带（$Ⅲ_2$）	80	濮城、陈营
		文留构造亚带（$Ⅲ_3$）	270	文东、文西、文中、文南、刘庄
		桥口-徐集构造亚带（$Ⅲ_4$）	200	桥口、新霍、徐集
		唐庄-马厂构造亚带（$Ⅲ_5$）	200	唐庄、马厂、脑里集、黄陵集
		三春集构造亚带（$Ⅲ_6$）	70	三春集、春 16 断鼻、春 21 断鼻、爪营、春 17 断鼻
东部洼陷带（Ⅳ）	900	濮城-前梨园洼陷（$Ⅳ_1$）	450	—
		葛岗集洼陷（$Ⅳ_2$）	450	—
兰聊断裂构造带（Ⅴ）	500	毛岗-白庙断鼻带（$Ⅴ_1$）	200	前 1 号、前 2 号、白庙
		东明集断阶带（$Ⅴ_2$）	300	永年集、王寨、东明集
范县-观城斜坡（Ⅵ）	400	观城洼陷（$Ⅵ_1$）	64	—

（据《中国油气田开发志》总编纂委员会，2011b）

（1）西部斜坡带

东濮凹陷西部斜坡带（又称西部断阶斜坡带）位于东濮凹陷西部，向西超覆于内黄隆起上，东以长垣-石家集-宋庙断裂带邻西部洼陷带，北窄南宽，可划分出两个次级单元。北部的马寨-胡状集断阶带（又称马寨-胡状集-庆祖集断阶带）北接文明寨构造，南至老庙附近，由于长垣、石家集、五星集及马寨等几条主要断层在平面上由北向南逐渐靠拢合一，形成由东南向西北逐渐抬升的几个断阶，各断阶被更次级断层切割而复杂化，构成许多断块断鼻，成为油气富集场所。南部高平集斜坡带是一个构造较简单的由南东向北西逐渐变高的大斜坡。

（2）西部洼陷带

东濮凹陷西部洼陷带（又称西部次凹）东以黄河-文西-卫西断裂带邻中央构造带，北起文明寨油田，南到封丘-兰考正断层，长约 100 km，北窄（8 km）南宽（12 km），面积约 1000 km²，是一个双断地堑型洼陷。北部为柳屯-海通集洼陷，南部为南何家-孟岗集洼陷。南北洼陷发育差别较大，古近系北部厚、南部薄，南部构造复杂、北部简单。

柳屯-海通集洼陷是东濮凹陷内仅次于濮城-前梨园洼陷的有利生油洼陷，胡状集东的高点以北为柳屯洼陷，以南为海通集洼陷。柳屯洼陷是沙三段沉积中心之一，古近系最大厚度 4450 m，主要活动期是沙三段沉积时期；沙三段全为盐岩、石膏和泥岩，砂层厚度薄。海通集洼陷古近系最大厚度 5700 m，主要活动期是沙三段—东营组沉积时期；沙三段上部出现红色沉积，越向南红层越厚；沙二段在东濮凹陷内沉积厚度最大，濮深 13 井厚度 1500 m。在洼陷的东西两侧断层下降盘发育有小型滚动背斜构造，断鼻及断块是油气聚集的有利场所。

南何家-孟岗集洼陷北起孟居，新生界最大厚度 6800 m，其中，古近系厚度 4500 m。受两侧长垣和黄河正断层不均衡发展的影响，东深西浅，最深处在黄河正断层下降盘。洼陷中部发育孟居-梁占构造带，其中包括了 8 个局部断鼻和断块构造，也有个别被断层复杂化的背斜构造，如南湖构造。洼陷内沙河街组以上沉积由北往南增厚。沙一^{下}亚段为较好生油层。

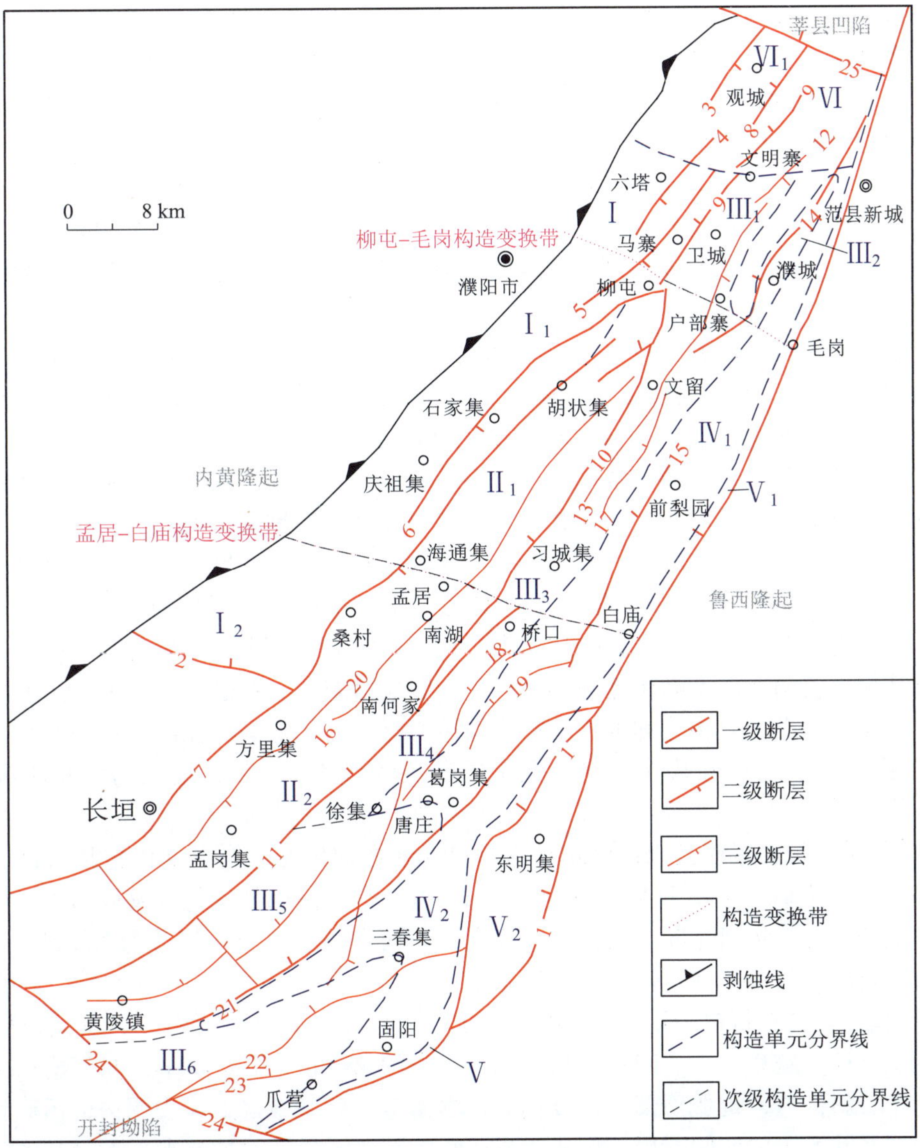

图 6-42 东濮凹陷次级构造单元分布略图

（据《中国油气田开发志》总编纂委员会，2011b；谭玉明等，2011；有修改）

1—聊兰正断层；2—高平集正断层；3—宋庙正断层；4—六塔正断层；5—马寨正断层；6—石家集正断层；7—长垣正断层；8—观城正断层；9—卫西正断层；10—文西正断层；11—黄河正断层；12—卫东正断层；13—文东正断层；14—濮城正断层；15—杜寨正断层；16—梁庄正断层；17—徐楼正断层；18—玉皇庙正断层；19—李屯正断层；20—方里集正断层；21—马厂正断层；22—三春集正断层；23—开封-固阳正断层；24—封丘-兰考正断层；25—马陵正断层。构造单元编号见表 6-18

（3）中央构造带

东濮凹陷中央构造带（又称中央隆起带）是东濮凹陷最重要的一个带，北北东向纵贯南北，长约 140 km，北窄（7 km）南宽（20 km），面积约 900 km^2。构造带形成较早，在沙三段沉积早期随着黄河正断层的形成而发育，以习城集一带为界，基岩分别向南、北方向上抬，并分别形成抬拱、抬折和抬斜式断块。中央构造带是地质结构、演化过程最复杂的断裂带，主要发育叠置堑垒、并置堑垒和复式堑垒，在剖面上和平面上呈复杂多变的镜像关系（谈玉明等，2011）。构造带内局部构造十分发育，可分为卫城、濮城、文留、桥口-徐集、唐庄-马厂和三春集 6 个左行斜列亚带。该带具有形成复合油气聚集带的地质条件，因而聚集了丰富的油气。

卫城构造亚带（或古云集-卫城构造亚带）由文明寨、卫城、古云集等局部构造组成。文明寨构造基岩埋藏较浅，断裂发育，为长期继承性隆起，沙河街组沉积较薄，是东濮凹陷复杂的断块油田。卫城构造是在卫西断层抬升单斜背景上，在卫东断层形成翘倾断块造成的局部西倾，沙一段出现雏形，至东营组发育完整的构造。古云集构造是卫东断层下降盘的滚动背斜，局部构造形成时期有差别，最晚在东营组沉积时期发育完整。

濮城构造亚带位于卫城构造亚带以东约 3 km，并与之平行排列，南北延伸约 16 km，东西宽 4~5 km。濮城断层在构造中部将其分为东西两部分，以西是在沙一段和东营组沉积时期，卫东断层和濮城断层间的断块体下落过程中形成的挤压背斜（也有人认为是滚动背斜），以东是长期发育形成的半背斜。

文留构造亚带与卫城、濮城构造亚带以鞍部相隔，南至刘庄以南与桥口构造隔黄河相望，长约 37 km，东西宽 8~10 km。文留构造亚带总体上显示为往西南方向倾没，其东北翼倾没部分的长度仅为西南翼的十分之一。文留构造中部被文西、文东和徐楼等 3 个主要断层划分为 4 大断块区，自西而东为文西、文中、文南和文东等断块区。其中文中断块区为由文西、文东正断层抬升的地垒，文西断块区在文西断层的下降盘，文南断块区为文东正断层与徐楼正断层间的地堑，文东断块区指在文东正断层下降盘为徐楼正断层抬升的部分。文东、文南断块区都在文东正断层下降盘，其划分依据按该区主力油层沙三^{中}亚段在徐楼正断层的位置，上升盘为文东断块区，下降盘为文南断块区（地堑）。此外，在北倾部分称为文北断块区。文留构造亚带是在基底隆起背斜上长期发育形成的，基底构造形态和埋深的差异造成由北向南四大断块逐渐不易区分。断层落差大，构造断块复杂，主要的文西、文东正断层落差均在千米以上，对构造和沉积的控制作用明显。百米左右落差的断层较发育，而落差在百米以下的断层更多，如文 25 断块区。在 3 条主要断层的作用下，4 大断块间和断块区内垒堑相间出现。

桥口-徐集构造亚带在东明县以西沿黄河东岸呈北北东向展布，自北而南包括桥口、新霍、徐集等构造，东邻葛岗集洼陷，长约 35 km，宽 4~9 km。构造带北高南低，是在基底断层隆起背景上发育形成的，其形成和发育受黄河正断层的控制，伴有近东西向断层，将构造分为若干块。桥口-徐集构造亚带随区域构造向南倾没，南端斜交于黄河主断层上。

唐庄-马厂构造亚带在桥口-徐集构造亚带以东偏南，并与其呈雁行斜列，其间以鞍部相隔。自北而南有唐庄、马厂、脑里集、黄陵集等局部构造，长约 45 km，宽 3~6 km。马厂构造是在基底断垒背景上形成的半背斜构造，构造顶部沙三段覆盖在本溪组—太原组之上，表明构造形成较早。马厂构造的东倾正断层及其派生的西倾断层，形成堑垒相间的复杂断块，对构造形成发育和油气分布有明显的控制作用。唐庄构造则属于滚动背斜，形成时期较晚。

三春集构造亚带（又称三春集-爪营构造亚带）是由兰考凸起向北东方向倾没于东部葛岗集洼陷中的鼻状构造带，其北西一侧隔葛岗集洼陷与唐庄-马厂构造亚带相邻。呈北东向展布，长约 20 km，宽约 5 km。该构造亚带是在基底隆起背景下，由东掉和西掉两组断层共同作用而成，中部是在基岩断垒背景上形成的。沙三段覆盖于二叠系船山统之上。三春集构造亚带由春东、春西断层分为 3 大断块区，都已发现油层并获得工业油流。但由于临近凹陷边缘，油源条件较差，故形成构造（断块）幅度大而含油高度较低的状况。

（4）东部洼陷带

东濮凹陷东部洼陷带（又称东部次凹）是东濮凹陷的主要生油次凹，由濮城、前梨园、葛岗集和固阳等凹陷组成。其中，前梨园洼陷为东深西浅的箕状洼陷，是东濮凹陷古近系沉降沉积中心，古近系厚度达 6000 m，主要发育期为沙三段沉积时期。葛岗集洼陷在前梨园洼陷以南，沙三段上部构造图反映出北、中、南 3 个深 4000 m 以下的向斜构造。葛岗集洼陷在沙四段、沙三段沉积厚度较大，其后因区域抬升，沉积厚度较薄。

（5）兰聊断裂构造带

兰聊断裂构造带亦称东明集断阶带或聊兰断裂陡坡带、或东部断阶带、或聊兰断裂构造带。指聊兰正断层两盘，主要是断层下降盘，北北东向展布长 140 km，宽 3~10 km，面积约 500 km^2。在白庙构造以北地区已发现几个局部构造，如白庙、前 1 号、前 2 号、白衣阁等构造。其中，白庙构造是依附于聊兰正断层下降盘下的大型鼻状隆起，东营组构造为明显的滚动背斜，在沙二段和沙三段已发现油气。而前 1 号、前 2 号构造都是由聊兰正断层面弯曲起伏与地层超覆形成的鼻状构造，或由冲积洪积砂体形成差异压实构造。白庙以南的聊兰正断层明显分成两条，其中夹持着宽 3~7 km、长约 40 km 的东明集断阶带。钻探资料表明，东明集断阶带有厚度约 100 m 的沙三段不整合覆盖在二叠系船山统之上，表明西侧断层比东侧断层形成更早。

（6）范县-观城斜坡

范县-观城斜坡位于东濮凹陷最北端，东西宽约 20 km，南北长约 25 km，面积约 400 km^2。本区是凹陷内“两洼一隆一斜坡”基本格局的向北抬升部分。聊兰断裂的影响，其东部成为向西节节西降的断阶。在高断阶上，馆陶组覆盖于石炭系—二叠系之上；在低断阶，馆陶组覆于沙三段之上；中部为断陷，即以往所称的观城洼陷。沙河街组一般厚度 600 m，最大厚度约 1200 m，洼陷东半部保留有厚度不大的东营组，反映出本区古近纪沉积时期的地形较高、水体较浅。

3. 构造基本特征

东濮凹陷基本特征可以概括为“东西分带、南北分区、上下分层”，呈现不同的断块结构和沉积差异。所谓“东西分带”是指盆地构造呈北北东向带状分布，由东到西可以分成 5 个不同特征的构造带。所谓“南北分区”是指盆地构造沿盆地走向有明显的差异，可以分为北、中、南 3 个各具特征的构造区段。所谓“上下分层”是指新生代盆地包含古近系和新近系—第四系两个不同特征的构造层，而且古近系还可以分为更次级的多个亚层构造层，构造特征有明显的差异。东濮凹陷盆地结构、构造演化十分复杂，断块群是东濮凹陷最重要的油气圈闭类型，根据几何学-运动学特点，将断块群划分为屋脊式、反屋脊式、阶梯式、地堑、地垒和断阶 6 种类型，这些基本的断块群类型可左右并置和上下叠置，相应形成复杂的断块群，表现出独特的纵横向多尺度、多类型的、上下及左右的复杂镜像关系和复杂多变的多尺度转换关系（陈书平等，2006，2007；程秀申，2009；谈玉明等，2011）。

（1）东西分带

东濮凹陷的构造总体走向为北北东向，发育大量北北东向断层，构成由 3 条北北东向断裂带控制的北北东向延伸的“东西分带”的“两洼一隆一斜坡”盆地结构。东濮凹陷的横剖面上，构造的不对称性十分清楚。聊兰断裂带是东濮凹陷古近纪断陷的控制性构造要素，不仅对东部洼陷带有直接控制作用，对中央隆起带、西部洼陷带和西部斜坡带等的形成和演化有间接的控制作用。中央隆起带东西两侧都发育有北北东向断层，隆起的形态、两侧断层的活动性都是不对称的。东、西两个洼陷带的结构不相同，东部洼陷带更接近半地堑结构，而西部洼陷带则属于不对称地堑结构。古近系各层序残留地层厚度在盆地中总体上呈现北北东向带状分布，并显示东厚西薄的趋势。

（2）南北构造分区

无论从古近系不同层序的沉积厚度分布、基底构造特征，还是古近系构造特征，东濮凹陷明显具有南北分区特征。大致沿柳屯-毛岗一线和孟居-白庙一线，可以将东濮凹陷由北向南分为北、中、南 3 个构造区，具有不同的变动特征。盆地南北向分区界线实际上是北北东向伸展构造系统中的两个近东西向区域构造变换带或调节带。除盆地西部斜坡的高平集断层外，并不发育明显的近东西向分隔断层。变换带内部仍然是以北北东向构造为主体，并没有影响到北北东向构造带的连续性。

东濮凹陷北区的北北东向基底正断层以北西西倾为主。聊兰正断层倾角平缓，与西侧平行的同向濮城、卫西、观城等正断层构成“多米诺式”构造带，两个洼陷表现为东深西浅的半地堑或不对称地堑结构，呈现反向断阶或顺向断阶构造样式及其组成的复式 Y 型地堑系统（图 6-43）。

东濮凹陷中区的两个洼陷为东深西浅的不对称地堑或半地堑特征，断陷相对较深，东部的前梨园洼陷受陡倾的、铲式特征明显的聊兰正断层控制，而西部的柳屯-海通集洼陷两侧的控制性断层都是斜列的基底断层组，两个洼陷间的中央隆起带形成由两条“X”形交叉的文西和文东正断层控制的低凸带或地垒，表现为“复式地堑型”的断陷结构（图 6-44）。

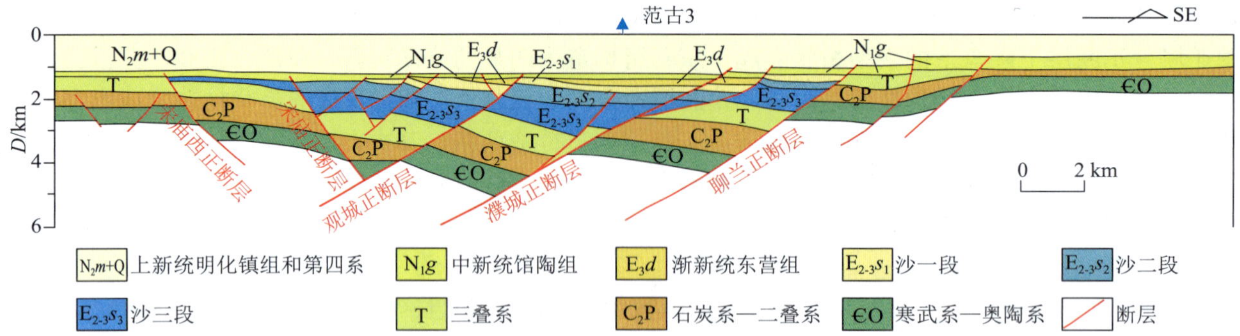

图 6-43　东濮凹陷北部过范古 3 井地震地质剖面

（据程秀申，2011，有修改）

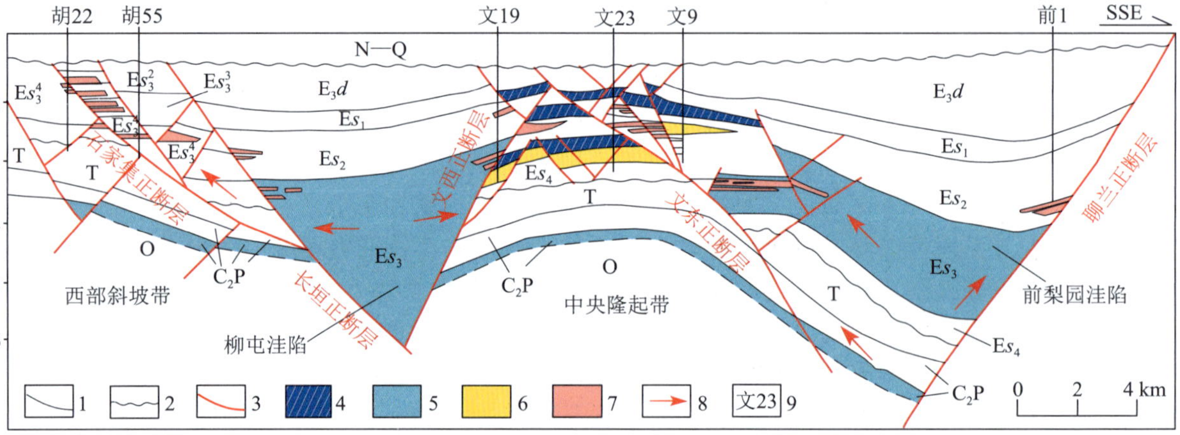

图 6-44　东濮凹陷中部东西向剖面构造示意图

（据李继东，2008，有修改）

N—Q—新近系—第四系；E_3d—渐新统东营组；Es_1—沙一段；Es_2—沙二段；Es_3—沙三段；Es_3^2—沙三^2 亚段；Es_3^3—沙三^3 亚段；Es_3^4—沙三^4 亚段；Es_4—沙四段；T—三叠系；C_2P—石炭系—二叠系。1—地质界线；2—角度不整合界线；3—断层；4—盐层；5—烃源层；6—气层；7—油层；8—油气运移方向；9—钻井编号

东濮凹陷南区控制洼陷带的主要有聊兰、黄河和长垣 3 条正断层。南区的聊兰正断层与深层拆离断裂的衔接呈“坡坪式”，控制了东明集断阶带和马厂潜山带的形成。中央隆起带在南区的中部表现为明显的凸起，西部的孟岗集洼陷为地堑结构，东部的葛岗集洼陷为半地堑结构，西部洼陷的断陷埋深大于东部洼陷，与中部相应构造带的差异十分明显。南区的构造格架也表现为“复式地堑型”的断陷结构（图 6-45）。

（3）上下构造叠置

东濮凹陷的东部洼陷带古近纪不同裂陷期断陷构造的叠加基本为继承性。沿聊兰正断层下降盘，在不同裂陷期，洼陷的沉降沉积中心比较稳定。沙二段、沙一段和东营组沉积时期的结构特征与沙三段沉积时期相近，上下构造层之间发生继承型叠加。东部洼陷带的南端和北段有同向相干型叠加现象。西部洼陷带部分区段在古近纪不同裂陷期，断陷构造之间多具有反向相干型叠加的特征。

在喜马拉雅早期多期次不均衡的构造演化过程中，东濮凹陷逐步形成了“两洼三带”的构造格架。东濮凹陷二级、亚二级构造单元主要受规模较大的北北东—北东向大型正断层控制，呈现北北东—北东向条带状展布，各条带基本近于平行。构造圈闭以多种断块组合为主，其中，中央构造带北部主要是断块背斜型和垒堑相间叠置型；中央构造带南部主要是由顺向断块或断阶、反向断阶或反向屋脊断块组合叠置的断块群；西部斜坡带则是以“三台阶”结构为主的多种断块组合圈闭。发育的

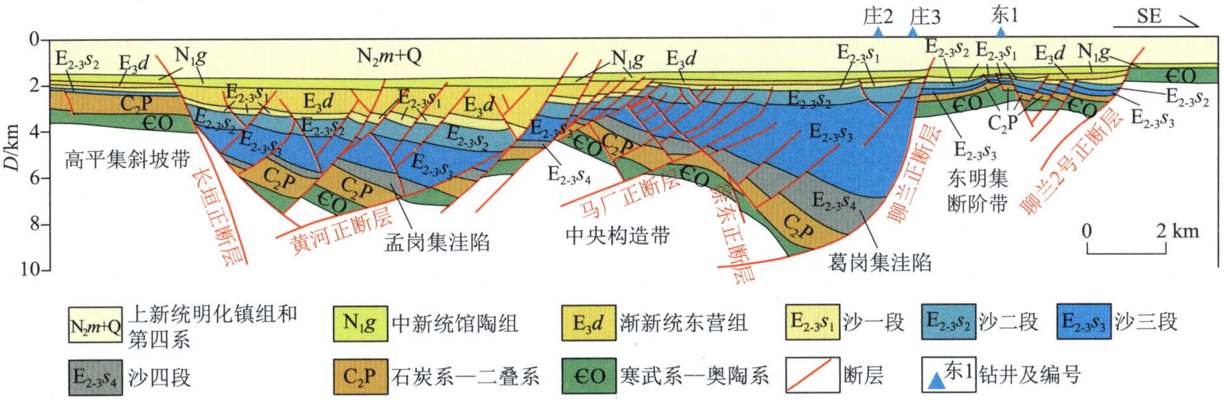

图 6-45　东濮凹陷南部过庄 2 井地震地质剖面

（据程秀申，2011，有修改）

众多构造圈闭为油气富集成藏提供了圈闭及封存条件。东濮凹陷的这种“东西分带、南北分区或分段”的构造特色，导致了东濮凹陷油气也呈条带状分布，形成了两条东西向油气富集带（马寨-卫城-濮城-毛岗、孟居-刘庄-桥口-白庙）、三条南北向油气富集带（柳屯-胡状集-庆祖集、文明寨-文留-刁城-徐集-马厂、白衣阁-毛岗-前梨园-白庙-新庄），且整体表现为北富南贫。

（三）油气成藏条件

东濮凹陷生油洼陷多、有效生油岩分布广、烃源岩层系多、厚度大，有机质丰度高。古近系泥、页岩和石炭纪—二叠纪煤系两套烃源岩的深埋（生烃中心埋深超过 3500 m）和高温热（地温梯度 3.5℃/hm）演化环境，形成渤海湾盆地中“既富油、又富气”的“独一无二”的油气富集区。在“两洼一隆一斜坡”的构造格局下，发育有濮城-前梨园、柳屯-海通集、葛岗集、南何家-孟岗集和观城 5 个生油洼陷；其中，北部的濮城-前梨园洼陷和柳屯-海通集洼陷长期大幅度继承性沉降，生油岩发育，沉积厚度大，是最有利的生油洼陷；葛岗集洼陷古近纪—新近纪中期大幅度沉降，晚期抬升；南何家-孟岗集洼陷早期沉降幅度小，晚期大幅度沉降，因此，烃源岩品质及油气的生产都不如北部有利，这是造成凹陷南北含油气性差异较大的主要原因。

东濮凹陷古近纪沉积沉降速度快、幅度大、物源补给充分，生油层厚度大、成熟度高。下部的沙四段—沙二^{下}亚段稳定沉积时间长，烃源岩厚度大，具有沙四^{上}亚段、沙三段等两亚套烃源岩，最大厚度 800~2400 m，平均 500~910 m；其次是上部的沙一段暗色泥岩，最大厚度 500 m，平均 200 m，葛岗集洼陷沙一段沉积时期受抬升作用影响，沉积较薄，有机质丰度低，埋藏浅，基本不具备生油能力。石炭纪—二叠纪煤系可作为第二套气源岩。东濮凹陷油气生成运移时间早，从沙二^{上}亚段沉积时期，凹陷内沙四段—沙三段下部生油岩已达成熟阶段，有大量油气生成，沙河街组沉积时期形成的古构造对形成油气藏最有利。

1. 油气成藏主控因素

（1）生油岩处于深埋、高温热演化环境，良好的生油母质为油气成藏奠定了坚实的物质基础

东濮凹陷的沙河街组是凹陷主要生储油层系，生油层为沙一段、沙三段和沙四段，都是以暗色泥岩为主的沉积，有效烃源岩面积广。其中沙三段是东濮凹陷最主要的生油层系，具有暗色泥岩厚度大、有机质丰度中等、成熟度高、转化程度高等特点。

东濮凹陷生油层的有机质丰度均达到了好生油岩标准，但各层段的有机质丰度指标的相对含量差别较大。凹陷北部为盐湖沉积环境，继承性洼陷和良好的水生生物生长及保存条件，沙三段和沙一段有机质丰度相对较高，残余有机碳平均含量在 1% 以上（表 6-19）；而凹陷南部为淡水-微咸水沉积环境，水体相对较浅，氧化程度高，有机质在沉积过程中大量被氧化，沙三段和沙一段有机碳丰度相

对较低，残余有机碳平均含量0.5%左右，埋深大，热演化程度高。按生油洼陷比较，濮城-前梨园洼陷和柳屯-海通集洼陷的生油岩指标最好。干酪根以腐殖-腐泥型（Ⅱ型）居多，少数为腐泥型（Ⅰ型）；沙二段普遍较差，干酪根多为腐殖型（Ⅲ型）。

表6-19 东濮凹陷各洼陷有机质丰度及类型对比表

洼陷名称	层位	TOC/%	氯仿沥青“A”/%	总烃/10^{-6}	生烃潜量 S_1+S_2/(mg·g^{-1})	干酪根类型
观城	ES_1	1.01~1.10	0.32~0.38	—	2.66~3.76	Ⅱ
	ES_2	0.62~0.94	—	—	1.40~2.57	Ⅲ
	ES_{3+4}	1.06~1.16	0.78~1.34	—	2.38~2.95	$Ⅱ_1$
濮城-前梨园	ES_1	1.16~1.25	0.70~0.95	275~300	2.21~3.85	$Ⅱ_1$
	ES_2	0.57~0.60	0.49~0.74	—	0.42~0.56	Ⅲ
	ES_{3+4}	0.96~1.07	1.00~1.74	727~1275	1.50~2.22	$Ⅱ_1$、$Ⅱ_2$、Ⅰ
柳屯-海通集	ES_1	1.47~1.65	0.79~1.19	391~409	7.88~9.40	$Ⅱ_1$
	ES_2	1.42~1.46	0.19~0.20	—	5.46~6.64	Ⅲ
	ES_{3+4}	0.81~0.90	0.70~0.98	350~491	1.05~1.85	$Ⅱ_1$
葛岗集	ES_1	0.71~0.82	0.63~0.84	251~295	1.44~2.20	$Ⅱ_2$
	ES_2	0.34~0.44	0.57~1.10	—	0.14~0.30	—
	ES_{3+4}	0.45~0.51	0.42~0.57	206~259	0.28~0.40	$Ⅱ_2$、Ⅲ
南何家-孟岗集	ES_1	0.57~0.60	0.54~0.63	367~440	0.83~1.18	$Ⅱ_1$
	ES_2	—	—	—	0.51~0.57	Ⅲ
	ES_{3+4}	0.44~0.48	0.37~0.40	229~246	0.42~0.47	$Ⅱ_2$、Ⅲ

（据《中国油气田开发志》总编纂委员会，2011b）

东濮凹陷北部的多套含盐层段具有烃源岩与盐岩“同生共存”的关系，盐岩层低电导率的屏蔽作用，使得盐间、盐下热流局部集中，地温梯度增高。如文留地区平均地温梯度4.6~4.8℃/hm，而中央隆起带其他地区一般在3.4~3.6℃/hm之间。这种局部的增温作用，利于有机质的成烃转化，因此盐岩发育区的干酪根类型相对较好。生油门限深度：北部为2500 m，南部为2600 m。古近系泥、页岩和石炭纪—二叠纪煤系两套烃源岩的深埋和高温热演化环境，使得东、西部洼陷带的烃源岩普遍进入大量生烃的热演化期（R_o>1.0%），有机质热演化程度普遍达到成熟-过成熟阶段，有相当数量的烃源岩处于生湿气-干气状态。因此，充足的油气源条件，在东濮凹陷各个构造带（尤其是中央隆起带北部）形成纵、横向叠加连片的油气富集区。

（2）平面上顺向、反向断层频繁转换，纵向上断块垒堑镜像分布，形成错综复杂的油气成藏空间（以复杂断块群油气藏为特征）

东濮凹陷断裂极其发育，不同期次断层相互切割，形成平面上一个地区或构造范围内顺向和反向断层频繁交替变化；剖面上为双重构造，呈“上垒下堑”的镜像关系，如文留构造、文明寨构造等深层为相反掉向断层控制形成的地垒，浅层则为相同掉向断层控制形成的地堑。因此，东濮凹陷发育多种类型的变换构造，以极其复杂的断块群为特征。平面上断块群多且小，如文明寨油田。

东濮凹陷复杂的断层系统对油气聚集的控制作用十分明显。构造起伏大，局部构造发育，闭合幅度最大超过1000 m，且油水密度差大，因而，油气运移力强，造成油气均向构造高部位聚集成藏。这也是东濮凹陷岩性油气藏不发育的一个原因。

（3）多物源、小物源、高频震荡的沉积特点，形成砂体平面广泛分布、纵向频繁交互的储集空间（以薄砂层层状油层为特征）

东濮凹陷位于渤海湾盆地西南端，处于干旱与潮湿气候的过渡带，长期受东、西两个较稳定的隆起所夹持，这种特殊的环境决定了其特殊的沉积特点。湖盆水体面积、深度、性质的频繁变化，以及断层的差异活动，形成多种不同的沉积体系。不同沉积体系在平面上相互交错，垂向上相互叠置，形成砂体的叠加连片。快速相变的沉积特点必然导致相带规模小，以小型岩性圈闭为主，因此，在陡坡带大断层下降盘形成的水下扇和缓坡带近洼带形成的滑塌扇砂体规模小，特征不典型，岩性细。

（4）多套盐膏层和泥岩的广泛分布，良好的盖层条件造成主力生烃层系亦是主力含油层系

东濮凹陷发育巨厚的盐岩，古近系含油气层段中发育4套巨厚的盐岩，累计厚度超过1000 m。厚层盐岩和沙二段、沙三段区域分布的泥岩均是品质极好的盖层，对油气起到很好的封堵作用，造成沙三段等层系即是主要的烃源岩层，也是主要的含油气层，仅有部分油气通过油源断层和砂岩输导系统运移至浅层沙二段形成油气藏。

（5）深部异常高压造成异常高孔隙发育和异常烃源岩演化带

由于多套盐膏层具有高致密性，会造成地层压力过高。东濮凹陷中浅部（3000~3500 m）为正常压力带，属开放环境，而深部为超压带，属封闭性环境，其中的流体运移规律以及产生的变化有明显的不同。纵向上，沙一段、沙二段、沙三^{上}亚段以石油聚集为主，保持正常压力。深层的异常高压导致异常孔隙带发育，并抑制烃源岩演化，使生气窗加长。沙三^{下}亚段和沙三^{中}亚段、沙四段以含气为主，即使含油，其溶解气含量也比较高，具有异常高的压力，并呈区域性、大范围分布，如沙三段的盐下油气藏几乎都是异常高压油气藏。天然气及富含溶解气的石油具有好的圈闭条件和高的压缩系数，有利于压力聚集和形成高压。一般超压环境中以致密低渗油气藏为主。

（6）东濮凹陷南、北成藏条件的不同造成油气富集的较大差异

东濮凹陷北部地区油藏类型较多，同一区域在纵向上可以有多套油藏叠加。南部地区油藏类型较单一，不同区域可以发育多套油气藏，而同一区域在纵向上只有一套油藏。尽管中央隆起带南、北断裂系统相近，生储盖配置组合条件相似，但北部地区油源充足，南部地区油源欠充足，不同的充注条件造成南、北油气富集规律的差异。

2. 油气分布特征

东濮凹陷主要形成两大套生储盖组合形态，沙三段自生、自储、自盖的成藏组合；沙三段生油、沙二^{下}亚段为储层、沙二^{上}亚段或沙一段为盖层的成藏组合。含油井段长，储量丰度高。探明储量分布在沙河街组的沙四段、沙三段、沙二段、沙一段和东营组5个层系，各个层系的成油条件差别很大，储量分布极不均匀。纵向上，油和气主要分布于沙二段和沙三段，沙二段的油、气探明量分别占凹陷总探明油、气总量的36.8%和29.1%，沙三段的油、气探明量分别占总探明油、气总量的56.3%和51.9%，这种分布状况与古近系的两大生储盖组合相匹配。其中，沙三段是东濮凹陷最主要的含油气层位，富集程度普遍较高，分布范围遍及中央隆起带和西部斜坡带的诸多油（气）田。沙四段的油、气探明量分别占凹陷总探明油、气总量的2.8%和17.9%，石油主要分布于卫城、马厂和三春集地区，天然气主要分布于文留及卫城地区。沙一段的油、气探明量分别占凹陷总探明油、气总量的3.9%和1.1%，主要分布于濮城地区。东营组在卫城、濮城、文留、刘庄、桥口、徐集、白庙、庆祖集等构造均发现油气显示，通过68口井的测试，少数探井获得工业油流，但探明的石油储量较少，占凹陷石油探明总量的0.1%，无天然气探明储量，探明的石油地质储量仅分布于文留地区（梁3井、文122块、文15块、文209块）；文15-8井于东营组一段初始日产原油3.2 t，2015年投入开发，稳产2 t，原油密度较高，对比分析认为，油源来自沙三^{上}亚段。

据《中国油气田开发志〔卷十六〕·中原油气区卷》（《中国油气田开发志》总编纂委员会，2011b），东濮凹陷含油井段一般长600~800 m，含油井段最长1400 m，平均含油丰度130.9×10^4 t/km^2，其中文明寨油田含油丰度可达300×10^4 t/km^2。油气藏埋得深、盖得严，具有油轻气富的特点。除文明寨油田和卫城油气田埋藏较浅外（油气藏埋深1360~1650 m），其他油（气）田的油气藏埋深大多在2500~3500 m。油气储量集中分布在2000~3500 m深度范围内，分别占总储量的84.7%和91.7%；1000~2000 m深度范围的油气储量分别占总储量的7.9%和1.4%；3500~4000 m深度范围的油气储量分别占总储量的6.7%和6.3%。由于油气藏埋藏深，发育多套盐层，盖层条件好，地层

压力和温度较高，生油岩转化条件好，成熟度高，大部分油藏属高饱和度油藏，原始气油比一般在100 m^3/t 以上，高的可达200 m^3/t 以上。

平面上，东濮凹陷探明的油气储量主要分布于中央隆起带北部、南部和西部斜坡带。中央隆起带及两侧构造格局是极为有利的地质构造，中央隆起带与多种砂体的组合，位于生油凹陷之中，形成了多种类型油气藏叠合分布的大型复式聚集带；油气藏围绕沙三段—沙四段生油洼陷呈环带分布，纵向上相互叠置，平面上叠合连片。石油主要分布于文留、濮城、卫城以及胡状集地区，占凹陷石油探明总量的84%。天然气主要分布于北部的文留、濮城、卫城以及南部的桥口、白庙地区，占凹陷内天然气探明总量的95%；其中，北部地区以溶解气为主，南部地区以气层气为主。西部斜坡带探明石油地质储量占凹陷总储量的13%，天然气探明储量较少，占凹陷内天然气探明总量的2%，纵向上主要分布于沙三^{下}亚段和沙三^{中}亚段，平面上主要分布于胡状集地区。中央隆起带北部探明油气地质储量分别占凹陷总量的78.8%和74.5%，为东濮凹陷油气储量最富集的地区，沙三段和沙二段的油气地质储量分别占中央隆起带北部探明总量的96%和82.3%，以沙三^{中}亚段和沙二^{下}亚段居多，其次是沙三^{上}亚段，东营组、沙一段和沙三^{下}亚段均较低；石油主要分布于文留、濮城、卫城地区，占中央隆起带北部探明石油总量的95%；天然气主要分布于文留、卫城地区，占中央隆起带北部探明天然气总量的89%；由于该区烃源丰富、圈闭多样、砂体发育、输导配套，并发育多套盐膏层，主要的油气地质特征是油气层组多、主控及次生断层多、油气断块多、油气藏类型多。中央隆起带南部探明油气地质储量分别占凹陷总量的6.2%和9.9%，沙三^{中}亚段至沙四段的油气地质储量分别占中央隆起带南部探明总量的74.2%和90.8%，石油主要分布于桥口和马厂地区，天然气主要分布于桥口地区。东部陡坡带探明油气地质储量分别占凹陷总量的1.6%和13.3%，主要分布于白庙地区，石油主要分布于沙三^{中}亚段，天然气主要分布于沙三段。

二、河南省境内的油（气）矿产地

东濮凹陷是一个“即富油、又富气”的盐湖盆地，具有“多物源、满盆砂”和油气共存的特点，凹陷内发育有5个生油洼陷，有效生油岩分布广、厚度大、生油岩母质类型好（干酪根Ⅱ—Ⅰ型），有机质丰度高，生油岩埋藏深。含油层系有沙河街组各段和东营组，沙三段和沙二段是主力含油层段，油气储层整体上属中、低渗透层。东濮凹陷因断层发育，断块复杂，形成以构造背景控制下的断块油气藏为主、多套含油层系、多种油气藏类型的叠加连片的复式油气田；油气藏大致可划分为简单断块油藏、复杂断块油藏、极复杂断块油藏等3种类型，此外，还有诸如深层高压低渗油藏、严重非均质油藏、干气气藏及深层低渗凝析气藏等特殊类型油气藏。

东濮凹陷内共有22个油（气）田，大致可划分为3个含油气区。东濮凹陷北部含油气区主要指中央构造带北段，是中原油气区主要的油气聚集带和生产基地，相继建成及投入开发的有文明寨、古云集油田和卫城、濮城、文东、文中、文南、刘庄等6个油气田，还有现已转入国家储气库建设的户部寨和文23气田；由于山东省境内的前梨园油田位于东部洼陷带的前梨园洼陷，属小型鼻状构造型油田，也纳入东濮凹陷北部。东濮凹陷西部含油气区主要位于东濮凹陷西部断阶斜坡带，受控于北北东向延展的长垣、石家集和五星集等正断层，形成自东往西由低升高的3个“台阶式”断块构造带；北段的马寨断阶带和中段的胡状集-庆祖集断阶带油气相对富集，相继建成马寨、胡状集、庆祖集和赵庄四个油田；在西部洼陷带的海通集洼陷和孟岗集洼陷的结合部位还发现小型的南湖气田。东濮凹陷南部含油气区主要指中央构造带南部，均位于山东省境内，仅三春集油田的南部少许含油区延至河南省兰考县境内，北段的桥口-新霍-徐集构造带业已发现和建成桥口油田、徐集油田和桥口气田，南段呈斜列展布的唐庄-马厂构造带和三春集-爪营构造带业已发现和建成马厂和三春集油田；考虑白庙气田位于前梨园生油洼陷南端，与桥口气田相邻，将其列入东濮凹陷南部范围；由于沙河街组膏盐发育程度不及东濮凹陷北部，油田规模及储量丰度相对稍低，鉴于次级断层交错切割，油藏类型以复杂断块群型为主，白庙和桥口气田具有多气源和多成藏组合。

中原油气区含油断块多而小，平面上左右相嵌，纵向上不规则重叠；油气藏埋藏深，含油气层数多，井段长，油藏高温、高盐，地层压力系统较复杂，原油、天然气性质好。据《中国油气田开发志〔卷十六〕·中原油气区卷》（《中国油气田开发志》总编纂委员会，2011b），已动用的石油地质储量中，含油面积大于 1.0 km^2 的断块储量仅占 27.8%，含油面积 0.5～1.0 km^2 的断块储量占 32.27%，小于 0.5 km^2 的断块储量占 39.9%。由北到南，油藏埋深呈逐渐加大的趋势，埋藏较浅的文明寨油田和卫城浅层油藏深约 1650 m，埋藏较深的文东盐间油藏和文南深层异常高压油藏的深度大于 3000 m；已动用石油地质储量中，埋深大于 2500 m 的储量占 63.6%，其中超过 3000 m 的占 33.4%。含油气小层一般为 60 层左右，最多达 150 层。含油井段一般长 600～800 m，最长 1400 m。油气藏地层温度 75～140℃，油藏温度高于 90℃的石油地质储量占 66.2%。常压系统（压力系数在 1.2 以下）储量占 68.2%，高压系统（压力系数 1.2～1.5）储量占 19.7%，超高压系统（压力系数大于 1.5）储量占 12.1%。已开发油藏基本为稀油，含硫低，平均地面原油密度 0.85 t/m^3，地层原油密度 0.66～0.76 t/m^3，地层原油粘度 0.5～5 mPa·s；凝固点 27.5～30.3℃，含蜡量 13.79%～16.83%，胶质、沥青质含量 2.2%～3.3%，含硫量 0.22%～0.59%。地层水矿化度一般为 25×10^4～32×10^4 mg/L。其中高压低渗油藏的文东盐间地层温度 120～150℃，油藏原始地层压力 55～68 MPa，压力系数 1.66～1.88，地层水矿化度 32×10^4～34×10^4 mg/L。

由于断层的控制，地下油气水系统和压力系统复杂，中原油气区内每个油田都有多套油气水系统，多数断块断层封隔性强，注水开发不存在窜扰，各断块内注采系统简单，便于注采分析与管理。

（一）清丰县文明寨油田

文明寨油田为中渗极复杂断块油藏的典型代表，具有断层多、断块小、油气水关系复杂等特点。位于河南省濮阳市清丰县与山东省聊城市莘县的交界处，油田主要面积在莘县境内，地理坐标为东经 115°21′21″，北纬 35°53′25″。构造位置是东濮凹陷中央构造带北段的地垒型断块。1979 年 11 月，卫 7 井于沙一段的 1762.4～1880.7 m 井段测试获得日产原油 9.6 t，沙二段的 1546.4～1574.8 m 井段测试获得日产原油 26 t，沙三段的 1480.8～1530.6 m 井段测试获得日产天然气 $5.66\times10^4 m^3$ 和凝析油 1.15 t，发现该区的地层、构造、油水系统与卫城油气田差异较大，是一个独立的油田，命名为文明寨油田。1980 年计算含油面积 5.1 km^2，石油地质储量 876.09×10^4 t，含气面积 1.38 km^2，天然气储量 3.22×10^8 m^3。1982 年 5 月正式投入开发。截至 2017 年底，累计探明含油面积 12.45 km^2，获得石油地质储量 3071.85×10^4 t，溶解气 14.53×10^8 m^3；共有 255 口采油井和 277 口注水井，动用含油面积 12.45 km^2，石油地质储量 3071.85×10^4 t，可采储量 1339.52×10^4 t；累计生产原油 1037.99×10^4 t，溶解气 2.79×10^8 m^3。属于中型、高丰度油田。

1. 构造特征

文明寨构造是东濮凹陷中央隆起带北部被断层复杂化的短轴背斜，断层纵横交错、多而复杂，断块小而多，形成垒堑相间、多块叠加的极复杂构造格局（图 6-46）。由走向北东、倾向南东的明 5 正断层和走向北东东、北倾的卫 7 正断层及明 14 正断层切割形成地垒型构造主体。构造顶板在明 1 井附近，垒型构造主体的沙二^{下}亚段 3 砂层组顶面高点埋深 1360 m，圈闭面积 8.7 km^2；浅层地层倾角 2°～5°，深层倾角 5°～10°。垒块中发育一组北北东或近南北向的断层，断层落差一般 40～130 m，将垒块切割成一些菱形断块，使垒块复杂化，在东西方向形成多个垒堑相间的格局。主断层控制油气水系统，将文明寨油田自西向东划分为明 15、明 237、明 16、卫 7、明 1 西、明 1 东、明 14 和明 6 共 8 个断块区，各断块再被 100 多条落差 10～50 m 的小断层交错切割成 218 个小断块，断块密度达 31 个/km^2，最破碎的明 6 断块区的断块密度高达 37 个/km^2。另外，在沙三^{中}亚段以下还发育一组活动较早的倾向北西的老断层，与多期活动的明 14、明 5 断层相交，将深部地层切割成塔式多垒块构造，控制了沙三^{下}亚段及沙四段的油气聚积。

文明寨油田是中原油气区最为破碎、复杂的断块构造区，是中国陆上迄今已发现构造最复杂的油田之一。断块发育时期的差别，造成各时期发育的断层走向、倾向、落差大小各异，使其各种形状、大小的断块上下重叠、左右相嵌，大部分井要穿越 4～6 个不同的断块，最多的 1 口井（明 61 井）钻

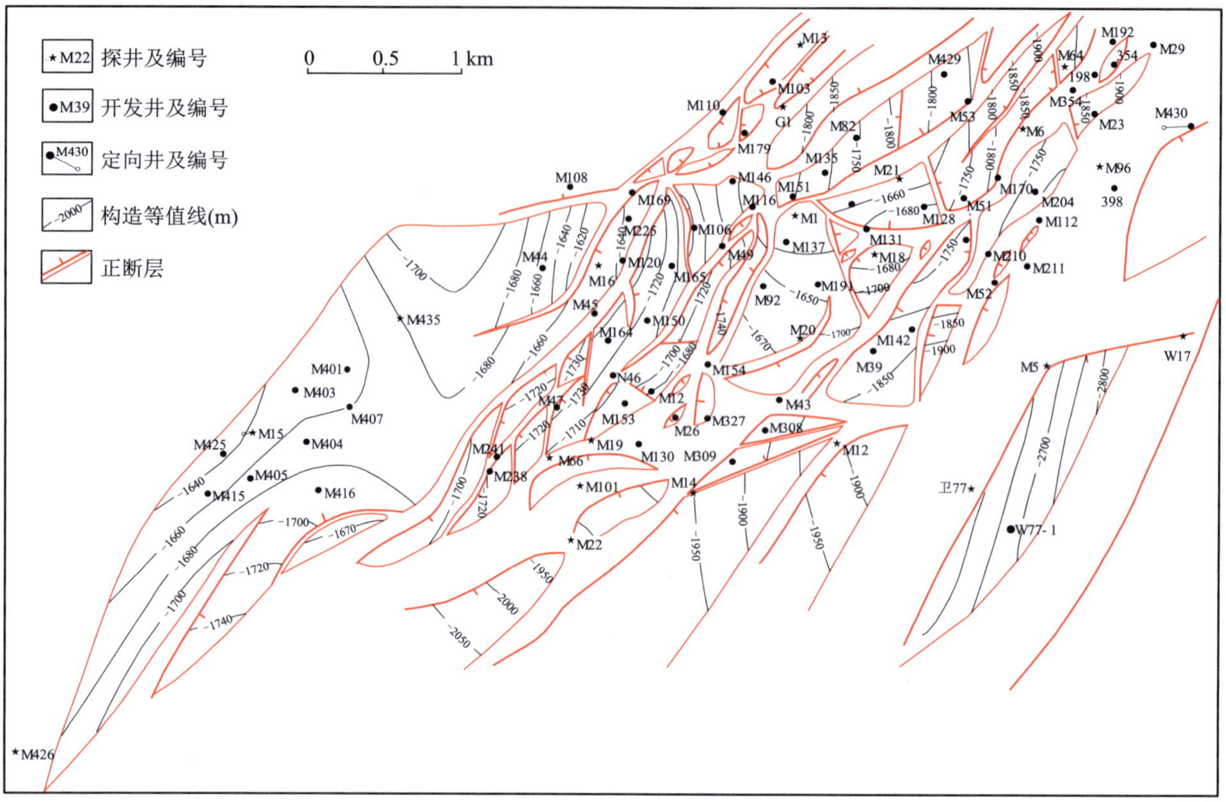

图 6-46　清丰县文明寨油田主要断块区构造示意图
（据《中国油气田开发志》总编纂委员会，2011d）

遇 11 个断点。文明寨油田的断块平均高度 161.1 m，断块高度小于 300 m 的占 71%，断块宽度小于 300 m 的占 70%。主力小层因断层切割，一般都有 20 个左右的含油小块，最大含油面积 0.418 km^2，最小含油面积仅 0.001 km^2，小于 0.1 km^2 的含油块数占总数的 77.4%，94.7%的地质储量集中在含油面积小于 0.3 km^2 的断块内。

2. 油层组特征

文明寨地区处于西部斜坡带和中央隆起带的结合部，大部分地区缺失东营组，东营组仅在明 5 正断层下降盘见有残余，地垒部分的中新统馆陶组直接覆盖于沙一段之上，西部观 5 井井区上新统明化镇组角度不整合覆盖于沙三^{上}亚段之上。主要含油层段为沙河街组，以沙三段、沙二段和沙一段为主，纵向上含油层系多、厚度大、井段长，每套含油层系之间都有较稳定的泥岩或油页岩隔层。该区位于东濮凹陷北部边缘，距物源供给区较近，沙河街组厚度 1400~1800 m，沉积体系复杂。沙四段沉积时期，该区为断裂隆起区，沉积于三叠系高阻红层的剥蚀面上，厚度小且变化大，最大厚度约 150 m，受基底构造控制呈条带状分布且局限于东南部。沙三段沉积时期以三角洲前缘亚相为主，岩性为深灰色泥岩、油页岩和成组砂岩。沙二^{下}亚段为河流相沉积，发育水下河道微相，以中-粗砂岩为主，夹泥质粉砂岩。沙二^{上}亚段沉积时期转为扇三角洲亚相，向湖盆延伸有限，形成大套砂岩夹泥质岩的混合组成。沙一段沉积时期为浅-半深湖相，以灰色泥岩为主，上、下分别发育一组砂岩，泥岩含灰质、白云质，下亚段发育一组油页岩。

沙三^{下}亚段—沙四段属中低渗透层。沙四段渗透率平均在 120 mD 左右。沙三^{下}亚段的孔隙度为 12%~22%，渗透率为 10~100 mD；沙三^{上}亚段的孔隙度为 20%~29%，渗透率为 100~1000 mD。沙二^{下}亚段的孔隙度多为 25%~32%，渗透率为 500~1500 mD。沙二^{上}亚段和沙一段的孔隙度多为 20%~30%，渗透率为 100~1000 mD。粗砂到粉砂级储层均较发育，无盐岩沉积。储层物性好，油层渗透率和孔隙度高、非均质性严重。砂层岩性以长石砂岩为主，平均粒度中值为 0.0857 mm，属细砂级，以沙二^{下}亚段的分选相对较好。

3. 油藏特征

文明寨油田的地面原油密度 0.88~0.92 t/m^3，粘度 36~200 mPa·s，含硫量一般在 1.0%以上，最大达 4.0%；地饱压差较大，地层原始油气比为 36.50~74.63 m^3/t，含油饱和度 60%~70%。天然气主要是溶解气，密度较大，一般在 0.9292~1.0889 t/m^3；甲烷含量仅为 50%~65%，重烃含量 30%~50%，并含少量氮气、二氧化碳和硫化氢。地层水型以 $CaCl_2$ 型为主，仅沙三^{上}亚段为 $MgCl_2$ 型和 Na_2SO_4 型；矿化度随埋深加大，沙一^{下}亚段及沙二^{上}亚段为 2.7×10^4 mg/L，沙四段为 16.2×10^4 mg/L。

文明寨油田的主要油层埋深 1360~2320 m，地层温度为 78℃，原始地层压力 14~20 MPa，压力系数 0.9~1.0，饱和压力 8.37~11.46 MPa。文明寨油田是一个典型的常温常压下中渗极复杂断块层状油藏。

（二）濮阳市马寨油田

马寨油田是东濮凹陷西部斜坡断阶带北部的一个埋藏较浅的多油藏类型的砂岩构造油藏，位于河南省濮阳市境内，地理坐标为东经 115°15′12″，北纬 35°47′02″。1988 年 9 月 10 日，卫 95 井于沙三段的 1709.0~1908.0 m 井段测试获得日产 21 t 的工业油流，发现了马寨油田。1989 年正式投入开发，先后有卫 95、卫 305、卫 94、卫 334、新 313、卫 90 等区块投产。截至 2005 年底，累计探明含油面积 8.2 km^2，石油地质储量 1152×10^4 t。截至 2017 年底，累计探明含油面积 11.92 km^2，获得石油地质储量 1526.96×10^4 t，溶解气 2.61×10^8 m^3；共有 120 口采油井和 130 口注水井，累计产油 267.48×10^4 t；动用含油面积 11.92 km^2，石油地质储量 1526.96×10^4 t，可采储量 419.98×10^4 t；累计生产原油 349.43×10^4 t，溶解气 0.37×10^8 m^3。属于中型、中丰度油田。

1. 构造特征

马寨构造是东濮凹陷西部斜坡带北部的鼻状构造，呈北北东向展布，由马寨、邢庄和六塔断层控制组成两个断阶带，又分别由卫 23 断层、卫 33 断层和卫 95-1 断层切割成卫 95、卫 305、卫 334 和卫 94 等 4 个沙三^{下}亚段断块区（图 6-47）。其中，卫 95 断块为断鼻型圈闭，长约 3.5 km，宽为 600~900 m，是马寨油田的主力含油断块。

2. 油层组特征

马寨地区沙河街组不整合覆盖于中生界高阻红层之上，沙三段被新近系馆陶组不整合覆盖，沙一段和沙二段遭受了不同程度的剥蚀，仅在马寨断层下降盘残存有东营组。主要含油层位为沙三^{中}亚段 6、7 砂层组和沙三^{下}亚段 1—10 砂层组，其次是沙四^{上}亚段 1—3 砂层组，主要为长石石英砂岩和岩屑长石砂岩。由于沉积物源主要来自西部，沙三^{中}亚段和沙三^{下}亚段沉积时期，古地貌差异较大，以发育重力流扇体沉积为特点，水下扇砂体呈树枝状插入半深-深湖相湖盆，多层砂体叠置成扇形，垂向及横向的变化较大。根据实测的储层物性数据统计，孔隙度为 15.7%~27.0%，平均 22.1%；渗透率为 4.0~200.0 mD，平均 78.8 mD；属中低渗砂岩储层。

3. 油藏特征

马寨油田的地面原油密度 0.8538~0.8850 t/m^3，粘度 9.8~29.0 mPa·s，体积系数 1.085~1.097，凝固点 31~33℃；地层原油密度 0.8249~0.8280 t/m^3，粘度 7.247 mPa·s，原始油气比为 13.01~34.00 m^3/t。地层水型为 Na_2SO_4 型，矿化度 18.8706×10^4 mg/L，氯离子含量 10.6676×10^4 mg/L。油田为常压低饱和油藏，油层埋深 1690~3475 m，压力系数一般为 1.0，饱和压力 1.19~3.08 MPa，地层温度为 71~103℃。属常温常压、低饱和、非均质严重的层状低渗透复杂断块油藏。

（三）濮阳市卫城油气田

卫城油气田是东濮凹陷中央隆起带北端的一个多油藏类型的砂岩构造油藏，位于河南省濮阳市和山东省聊城市莘县境内，地理坐标为东经 115°20′53″，北纬 35°47′17″。1977 年 7 月 10~23 日，在卫城构造顶部施钻的卫 1 井经测试于沙河街组获得日产 3.07 t 的工业油流，成为卫城油气田的发现井。

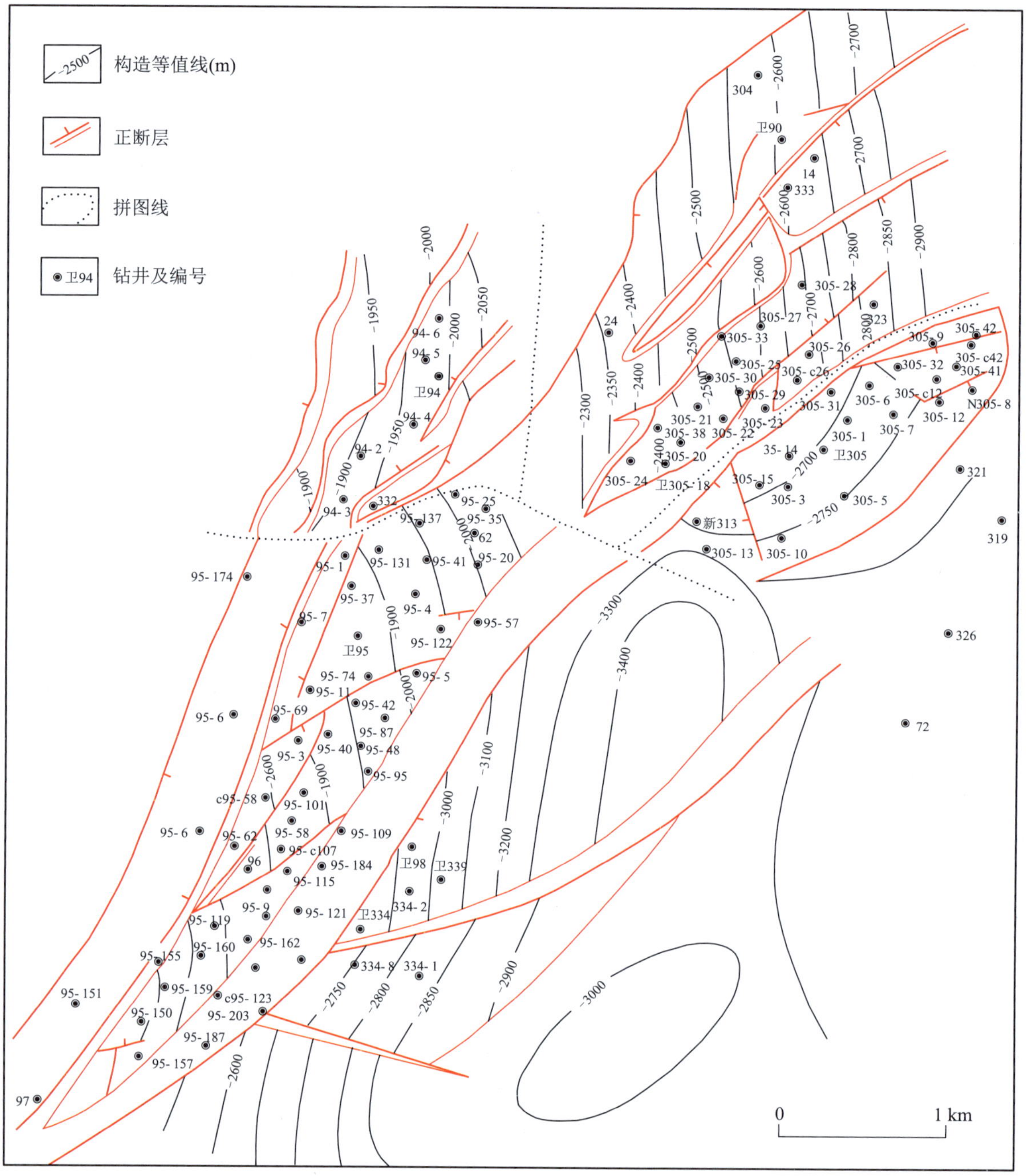

图 6-47 濮阳市马寨油田主要断块区构造示意图

（据《中国油气田开发志》总编纂委员会，2011d）

1982 年 1 月，初算含油面积 16.31 km^2，探明石油地质储量 2865.06×10^4 t。1982 年 8 月正式投入开发。截至 2017 年底，累计探明含油面积 36.63 km^2，获得石油地质储量 4417.74×10^4 t，溶解气 34.69×10^8 m^3；探明气层气面积 6.94 km^2，获得气层气地质储量 31.23×10^8 m^3，凝析油 17.85×10^4 t；共有 389 口采油气井和 316 口注水井，动用含油面积 33.00 km^2，石油地质储量 4224.99×10^4 t，可采储量 1574.90×10^4 t；累计生产原油和凝析油分别为 1148.39×10^4 t 和 6.08×10^4 t，生产气层气和溶解气分别为 16.29×10^8 m^3 和 10.38×10^8 m^3。属于中型、中丰度油气田。

卫城油气田构造复杂，油藏类型多，既有低渗又有中渗，既有稀油又有稠油，埋藏有浅有深，矿化度有低有高，并存在一定数量的难动用的特殊油藏。

1. 构造特征

卫城油气田位于东濮凹陷中央构造带东北部，东临濮卫次洼，西南邻柳屯洼陷，北接文明寨构造，南近文留构造，是由北东走向断层活动形成的断块隆起构造带。主体卫城构造呈北东向展布，由走向相近、倾向相反的卫西和卫东断层主控切割成“垒堑相间、上堑下垒、断阶相间”的复杂断块背斜（图6–48），南北长约15 km，东西宽2~3 km，圈闭面积约40 km²，高点埋深1580 m。区内划定了7条主要断层和36条派生的次级断层，造成含油断块构造复杂。沙一段、沙二段和沙三^{上}亚段有10个含油断块，沙三^{中}亚段和沙三^{下}亚段分别有2个含油断块和14个含油断块。

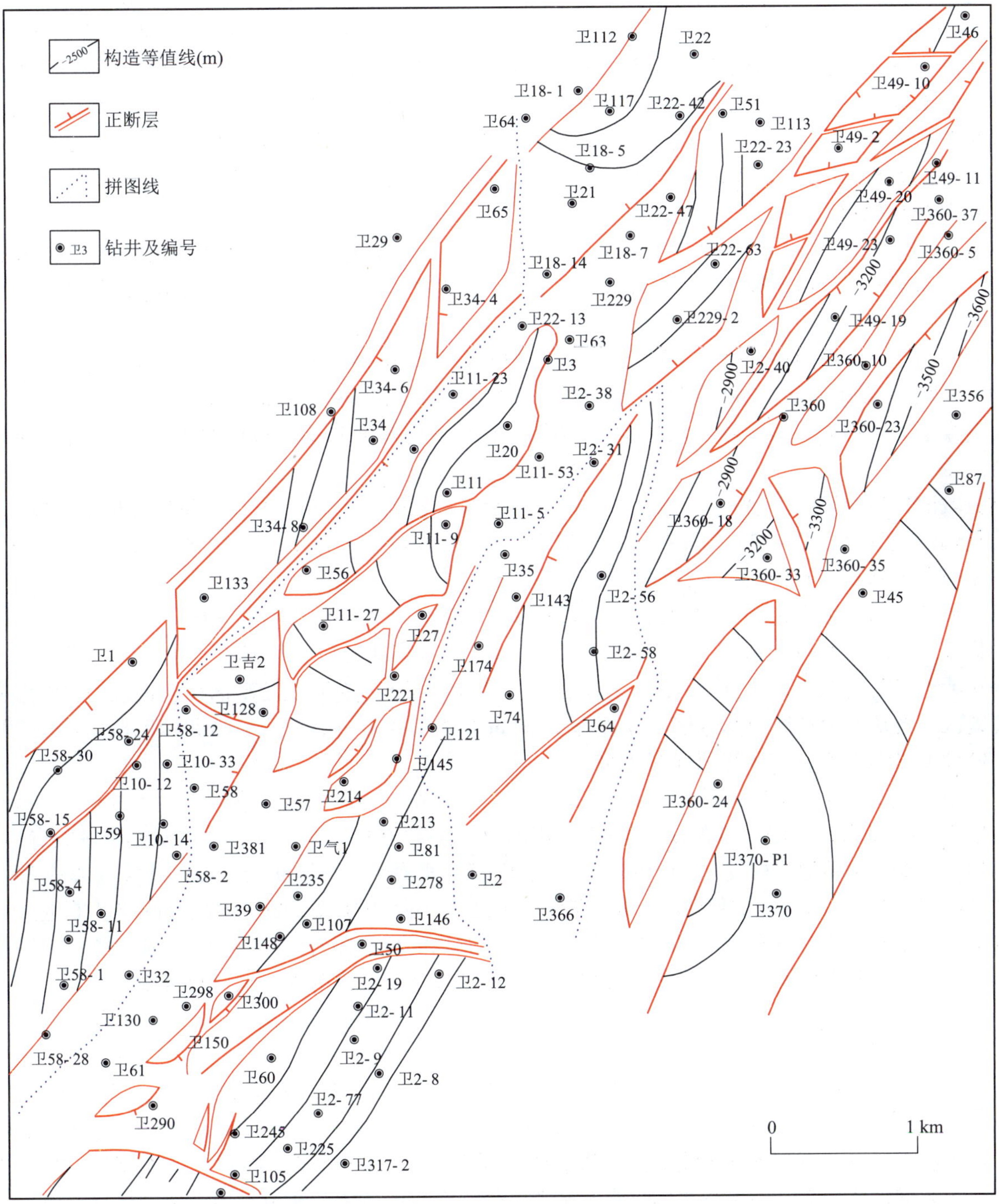

图6–48　濮阳市卫城油气田主要含油气断块构造示意图

（据《中国油气田开发志》总编纂委员会，2011d）

2. 油层组特征

卫城油气田的生储盖组合发育多套含油气层系，含油气井段长，沉积类型复杂，造成储层物性、流体性质、油气水关系复杂多样，形成多类型的复杂断块油藏。油层从沙一段到沙四段均有分布，但上下油层叠合性较差。主要油气层组是沙三段，其次是沙二段和沙一段。油气层储层以粉砂岩为主，有少量细砂岩储层。储层自下而上，石英含量增大，长石含量减少。孔隙类型和结构特征差异较大，沙一段、沙二段以孔隙-接触式胶结为主，沙三^{下}亚段以孔隙式胶结为主。物性特征变化较大，多为低-中渗透，表现为上好下差。沙一^{下}亚段的平均孔隙度为28.2%，平均渗透率为501.7 mD；沙二^{上}亚段的平均孔隙度为23.5%，平均渗透率为303.3 mD；沙三^{中}亚段的平均孔隙度为18.8%，平均渗透率为74.1 mD；沙三^{下}亚段1—3砂层组、4—6砂层组和7—10砂层组的平均孔隙度分别为17.0%、17.1%和14.9%，平均渗透率分别为52.9mD、54.6 mD和15.6 mD；沙四段的平均孔隙度为12.6%，平均渗透率为11.9 mD。沙三^{下}亚段及沙四段由于物性差，储层必须通过压裂方能获得高产。孔喉分布以小孔道居多，喉道半径中值为1.2~6.0 μm，平均2.5 μm；喉道半径大于1 μm的孔隙体积占54.0%~82.2%，平均61.8%；喉道半径大于2 μm的孔隙体积占32.6%~77.0%。

3. 油气藏特征

卫城油气田有沙一^{下}亚段-沙三^{中}亚段的浅层油藏、沙三^{下}亚段及沙四段的深层油藏和常压低凝析气藏。纵向上流体性质差异大，浅层原油性质较差，地层水矿化度相对较低；深层原油性质好，地层水矿化度较高。

卫城油气田的原油相对密度一般为0.88~0.93 t/m^3，含硫量0.6%~1.9%，初馏点温度高达70~120℃。原油轻质组分低，200℃的馏分为5%~15%，300℃的馏分为25%~30%。深层和浅层原油的性质差异不大，但沙二段、沙三段原油性质有由上到下变好的趋势，沙四段原油又有明显变稠的现象。

卫城油气田的溶解气中甲烷含量一般为70%~85%，乙烷含量7%~13%，氮气含量1%左右，二氧化碳和硫化氢含量1%~2%；天然气相对密度0.6139~0.8671 t/m^3，气层气的甲烷含量大于85%，气体相对密度0.65 t/m^{3}左右，凝析油含量94.4 t/m^3。

卫城油气田的地层水属$CaCl_2$型，沙一段地层水的矿化度5×10^4~8×10^4 mg/L，沙三^{中}亚段地层水的矿化度23×10^4~28×10^4 mg/L。由于断层切割关系，皆为断块油气藏，具有上油、下水或上气、中油分布特点；气为气顶，水为边水，无底水存在。油气主要分布在断块的高部位，也就是卫城构造的轴部地区。各块的油气界面基本统一在埋深2700 m左右，主要在沙三^{下}亚段和沙四段。沙三^{中}亚段（卫39块）为纯气藏，气水界面埋深2450 m。

卫城油气藏均属正常压力系统，压力系数一般为1.0左右，地层原始油气比为9.3 m^3/t，原油体积系数1.23，随着油层埋深的增加，气油比和原油体积系数有加大的趋势；主体油藏普遍具有边水，边水均不活跃。油藏地温梯度3.2℃/hm，地层温度随着油藏深度的增加而升高，从沙一段的78.2℃升高到沙四段的118℃。该油藏由断层相互切割形成各类型封闭断块，断块内油藏的驱动能量主要为弹性能量。油藏主要有由断块封闭的断块油藏、断层遮挡的反向屋脊式构造-断层油气藏和断层遮挡的岩性油气藏三类。气藏为低凝析常压气藏，有纯气藏和气顶气藏两类，以气顶气藏为主。

（四）濮阳市濮城油气田

濮城油气田是中原油田早期投入开发的相对整装的大型油气田，也是中国“六五”期间投入的亿吨级油气田之一，是中原油气区简单断块油藏的代表性油气田。濮城油气田位于河南省濮阳市境内，由范县王楼乡向西南延伸至濮阳县户部寨乡，地理坐标为东经115°24′11″，北纬35°44′48″。构造位置处于东濮凹陷中央隆起带东北部的濮城构造亚带，由濮城主体和文卫濮结合部两部分组成，东邻前梨园洼陷，西北隔濮卫次洼与文明寨、卫城油气田相望，南与文留油气田（文中、文东和文南3个油气田的总称）相连。

1979年3月5日，在濮城构造顶部施钻的文35井经测试于沙二段上部获得日产23 t的工业油流，同时，日产天然气2150 m^3，发现了濮城油气田，至年底，共完钻46口井，探明含油面积28.96 km^2，圈定含气面积10.61 km^2，石油地质储量6366.37×10^4 t，凝析油地质储量12.24×10^4 t，天然气地质储量 32×10^8 m^3。1980 年 7 月 1 日正式投入开发，先后有濮城主体东区、西区、南区、文 51 块和文卫濮结合部等 29 个开发单元投产，共有 800 口油井、23 口气井和 520 口注水井。截至 2017 年底，累计探明含油面积 75.70 km^2，石油地质储量 15700.81×10^4 t，溶解气地质储量 210.06×10^8 m^3；探明气层气面积 28.49 km^2，气层气地质储量 131.66×10^8 m^3，凝析油 168.71×10^4 t；动用主体区的石油地质储量 15141.01×10^4 t，可采储量 5212.19×10^4 t，累计生产原油和凝析油分别为 4860.75×10^4 t 和 21.13×10^4 t，生产气层气和溶解气分别为 49.49×10^8 m^3 和 82.19×10^8 m^3。属于大型、中丰度油气田。

1. 构造特征

濮城构造主要受控于聊兰正断层，夹于卫东和濮城正断层间，是呈北东—南西向展布、并被断层复杂化的滚动背斜（图 6-49），南北长约 15 km，东西宽 4~5 km，构造面积约 54 km^2。1983 年中原油田勘探开发研究院编制了沙一、沙二、沙三段构造图，相应层位的高点埋深、闭合高度和圈闭面积见表 6-20；6 条主控断层将主体划分为东区、西区、南区，相比而言，东区的构造圈闭类型相对简单，西区和南区则比较复杂（图 6-50）。1996 年通过东濮凹陷北部 800 km^2 的三维地震勘探资料连片处理及解释，认定区内发育 11 条主要断层和 77 条次级断层，切割成 13 个主要的含油气断块。

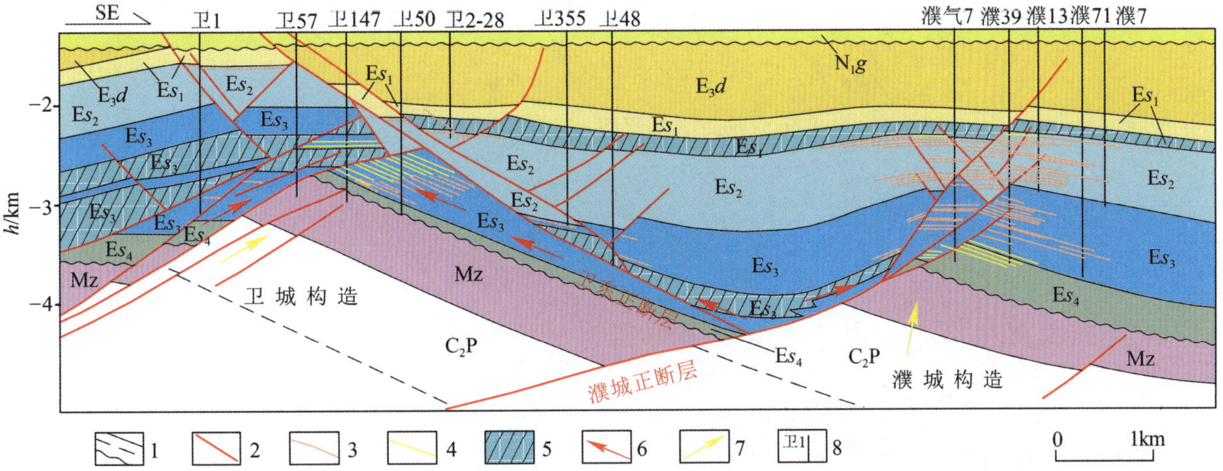

图 6-49　濮阳市濮城油气田濮气 7-濮 74 井油气藏剖面示意图

（据李继东，2008，有修改）

N_1g—新近系中新统馆陶组；E_3d—古近系渐新统东营组；Es_1—沙一段；Es_2—沙二段；Es_3—沙三段；Es_4—沙四段；Mz—中生界；C_2P—石炭系—二叠系。1—地质界线（上为整合、中为平行不整合、下为角度不整合）；2—断层；3—油层；4—气层；5—盐层；6—油气运移方向；7—煤成气运移方向；8—钻井及编号

表 6-20　濮城主体背斜构造圈闭要素统计表

地质层位	倾角/(°)			高点埋深 m	闭合高度 m	圈闭面积 km^2
	东翼	西翼	北端			
沙一^{上}亚段顶面	4.0	5.0	3.5	2100	40	—
沙一^{下}亚段顶面	5.0	6.0	4.0	2190	190	20.62
沙二^{上}亚段顶面	6.3	7.0	2.0	2215	240	35.57
沙二^{下}亚段顶面	9.0	11.0	3.0	2500	400	63.98
沙三^{上}亚段顶面	11.0	12.0	4.5	2790	260	18.98
沙三^{中}亚段顶面	14.7	—	—	3040	300	17.50
沙三^{下}亚段顶面	19.0	—	—	3330	—	—

（据中原油田勘探开发研究院，1983）

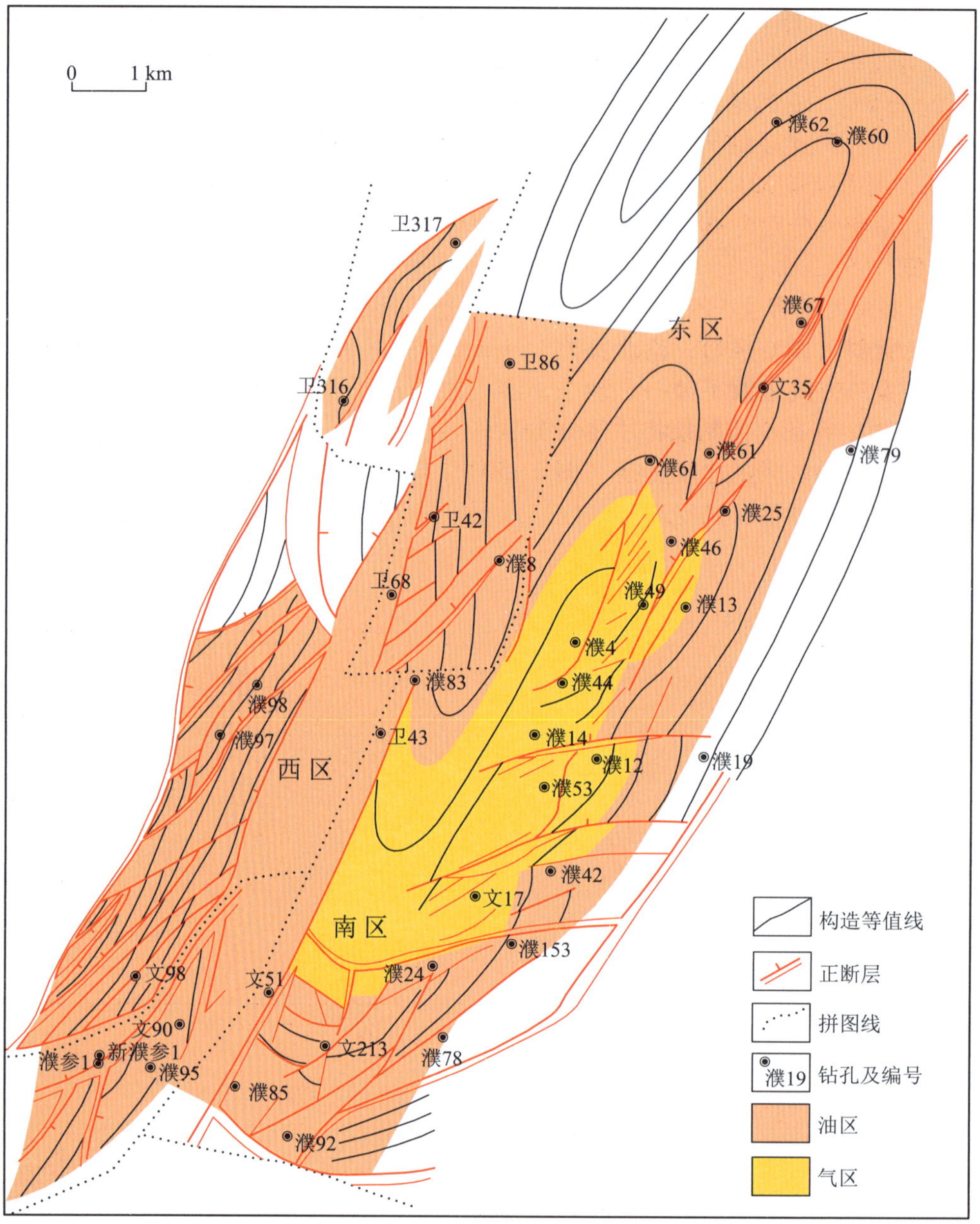

图 6-50　濮阳市濮城油气田含油气砂组顶面构造示意图

（据《中国油气田开发志》总编纂委员会，2011d）

2. 油气组特征

濮城油气田的沙河街组是主要含油气地层，主要油气层组分布于沙一段和沙二段，沙三段和沙四段也有含油气层位，埋深 2300~3800 m，单井钻遇油层平均可达 30 层，油层平均厚度 30 m。储层主要为粉砂岩、细砂岩，分布较稳定，颗粒分选中等，结构成熟度普遍偏低，纵向上的物性差异较大，非均质性比较严重，但不同部位的砂层组的油气富集程度存在着较大差异。

濮城油气田的沙四^{下}亚段厚度 0~400 m，主要岩性是浅棕色、棕红色、紫红色粉砂岩与紫红色泥岩、砂质泥岩、含膏泥岩互层；沙四^{上}亚段厚度 250~500 m，主要岩性是灰色、深灰色泥岩与灰白色、灰色粉砂岩互层。早期沉积相为河流相，中期为滨、浅湖相，晚期出现半咸化湖相和盐湖相。沙四段以粉砂、细砂及粗砂岩为主，分选中等；岩石矿物组分中的石英占 79.3%，长石占 11.4%，岩屑占 10.3%；孔隙度为 7.8%~11.8%，渗透率为 0.1~1.2 mD。

濮城油气田的沙三^{下}亚段厚度 300~550 m，主要岩性是灰色、深灰色泥岩、灰质泥岩夹粉砂岩；

沙三^{中}亚段厚度500~750 m，呈现多种岩性组合，东北部以深灰色泥岩夹浅灰、灰白色粉砂岩为主，东南部发育盐膏层；沙三^{上}亚段厚度350~450 m，主要岩性是为灰、深灰色泥岩夹薄层粉砂岩，下部见多层油页岩。该段属湖盆深陷沉积期，因水体动荡，砂体相对发育，可划为辫状河道及湖底扇前缘亚相，单层最大厚度为5~10 m。沙三^{上}亚段和沙三^{中}亚段各有10个砂层组。储层岩性以粉砂岩为主，少量细砂岩，粒度中值为0.06~0.12 mm，分选系数1.5左右；岩石矿物组分中的石英占71.0%~77.0%，长石占12.3%~17.1%，岩屑占7.9%~14.5%；孔隙度为12.9%~18.7%，渗透率为1.9~27.0 mD；孔喉中值半径为0.5~1.8 μm，大于4 μm的孔隙体积占总孔隙体积的15%，为低渗透细喉道型。

濮城油气田的沙二段厚度600~720 m。下亚段厚280~350 m，岩性为紫红色泥岩与灰白色砂岩互层，以辫状河三角洲亚相为主，可划分为8个砂层组。上亚段厚320~400 m，岩性是紫红色泥岩与浅灰、灰白色粉砂岩互层，南部见泥膏岩，发育冲积扇亚相，可划分为7个砂层组。沙二段的河流相沉积广泛发育，下部砂体由北向南呈带状展布；上部砂体平面呈舌状延伸，向南、北减薄至尖灭，砂体粒度较粗，分选较差。砂岩呈“下粗上细”的正韵律，矿物组分中的石英占64.0%，长石占26.0%~28.0%，岩屑占5.0%~11.0%，粒度中值为0.06~0.089 mm，分选系数1.21~1.69，平均孔隙度为23.0%，平均渗透率为100.3 mD，有中高渗透大喉道型、中低渗透中喉道型和低渗透细喉道型三类。

濮城油气田的沙一段厚度250~400 m，下部为灰色泥岩夹油页岩、盐岩，中部以灰色泥岩为主，上部为灰白色泥岩夹薄层白云岩、油页岩、粉砂岩。下部砂体以三角洲沉积相为主，砂层组层数多、厚度大、物性好，是油气田最好的储层，砂岩矿物组分中的石英占58.3%，长石占35.5%，岩屑占6.1%，粒度中值为0.084 mm，分选系数1.29；平均孔隙度为28.1%，平均渗透率高达689.9 mD；孔喉中值半径为5.0~10.0 μm，大于4 μm的孔隙体积占总孔隙体积的65%以上。

3. 油气藏特征

濮城油气田的原油密度0.84~0.87 t/m^3，地面粘度8~11 mPa·s，含硫量0.2%~0.655%，含蜡量9.0%~17.0%，凝固点27.5~30.3℃。凝析油的密度0.76~0.82 t/m^3，地面粘度0.70~1.49 mPa·s。

濮城油气田的气顶气中烃类占98%以上，甲烷为78%~86%，属低湿气；石油伴生气的烃类占95%以上，甲烷为77%~83%，乙烷为8.5%~12.5%，丙烷以上为4.0%~8.0%，氮气为0.7%~1.7%，二氧化碳为1.3%~3.5%；天然气的相对密度0.69~0.72 t/m^3。

濮城油气田的地层水属$CaCl_2$型，一般矿化度24.0×10^4~31.0×10^4 mg/L，最高可达33.0×10^4 mg/L；氯离子含量一般为14.0×10^4~18.0×10^4 mg/L；pH值为6~7。

濮城油气田油层压力23.3~31.7 MPa，主体的地层压力属正常压力系统，少数压力系数可达1.2~1.5，局部出现异常高压。地层温度随着埋藏深度加大而升高，濮城主体油气层段的温度为82.5~120℃，文卫濮结合部油藏的地层温度为88~130℃。原始油气比为84.5~164 m^3/t，原油体积系数为1.26~1.47。大部分断块油气藏无边水，主要是弹性能量驱动；边部断块油气藏既有弹性驱动能量，也有边水驱动能量。

自生自储、上生下储组合与各种圈闭结合构成了濮城油气藏序列。纵向上的沙四^{上}亚段和沙三段油藏为反向屋脊与断块型，沙二段油气藏为挤压背斜、半背斜主控的构造-岩性复合型，沙一段为砂岩上倾尖灭及透镜体型。平面上濮城主体南部以断块油气藏为主，中部为背斜和断块油气藏，北部和文卫濮结合部则多为岩性油气藏，在构造斜坡或洼陷中心有透镜状砂岩油气藏。

（五）濮阳县户部寨气田

户部寨气田为小型断块低渗层状裂缝边水砂岩湿气藏，位于河南省濮阳县户部寨乡境内，南部紧邻文23气田，北部通过一个较为平缓的鞍部过渡到卫城油气田，地理坐标为东经115°17′57″，北纬35°42′28″。1992年2月19日，卫79-9井于沙四段的3358.1~3431.1 m井段试获日产4.0×10^4 m^{3}的工业气流，发现了户部寨气田。1993年开始试采，1996年正式投入开发。截至2014年底，累计探明含气面积10.30 km^2，获得天然气地质储量42.07×10^8 m^3；合计拥有35口采气井，投产32口井，累计产气 12.94×10^8 m^3，标定可采储量 21.42×10^8 m^3，可采储量采出程度 60.39%。属于小型低丰度气田。气藏埋藏深，储层低孔低渗、局部裂隙发育、非均质性强，气水关系复杂。

1. 构造特征

户部寨气田位于东濮凹陷中央隆起带北部文留、濮城和卫城构造结合部。户部寨构造是受控于卫西和卫东、濮城断层形成的地垒带，整体表现为北北东向的条带状展布的复杂断块群（图 6-51），地层东倾，构造高点位于濮 97 断层一侧。1992~1998 年，中原油田勘探局勘探开发研究院根据户部寨地区三维地震气藏描述成果认为，文卫地垒带是以反向屋脊断块为主，顶部位于卫西断层上升盘，又

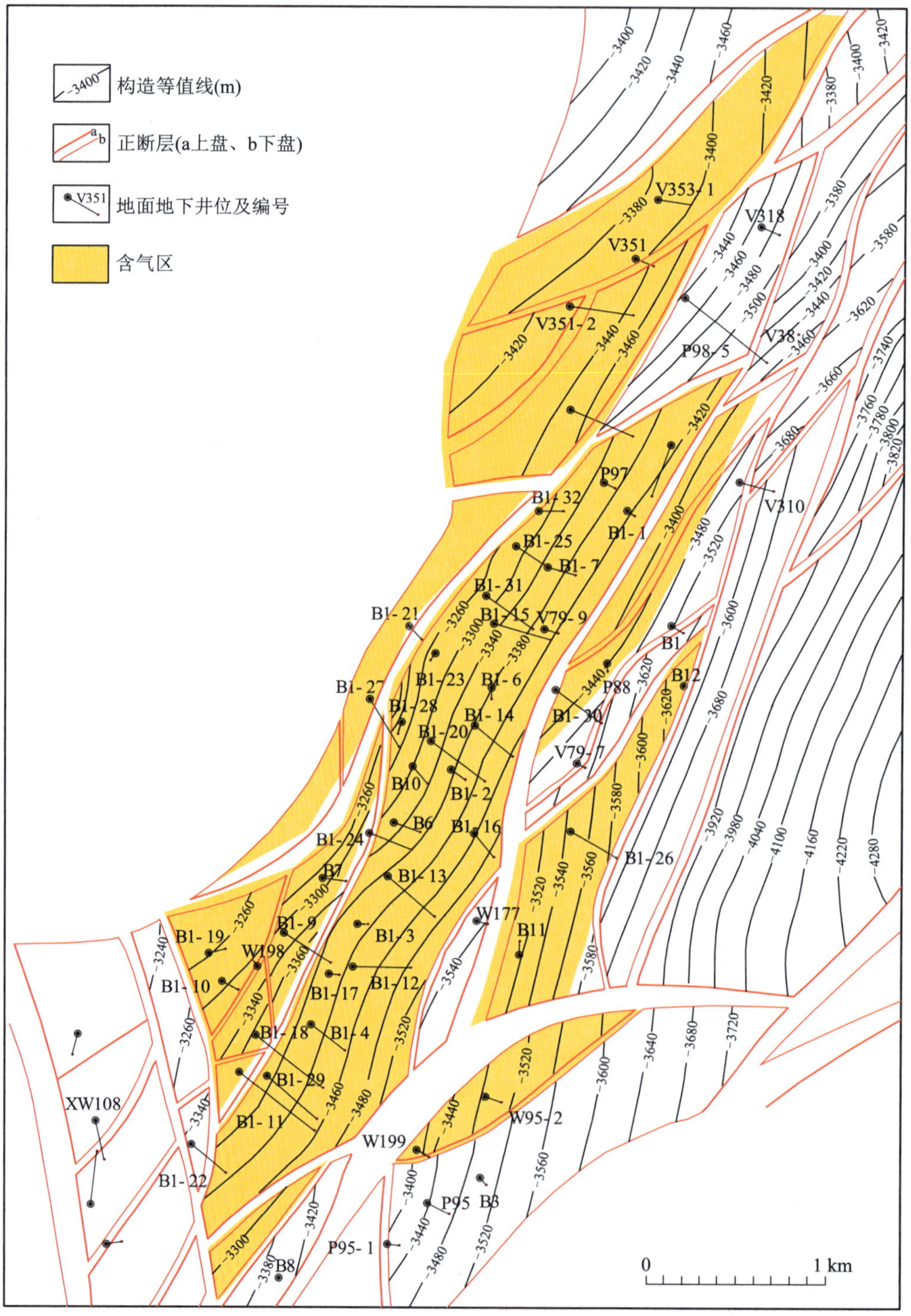

图 6-51 濮阳县户部寨气田沙四段 4 砂层组底构造图
（据《中国油气田开发志》总编纂委员会，2011d）

被多条次级断层切割，构成“逐级西降、组合复杂”的断块群。2002 年以来，中原油田天然气产销厂结合开发井地质资料，重新解释了卫东断层的派生断层，划分了卫 79-9、卫 351、文 198、文 199、部 11、部 1-1、部 1-2 等含气断块。

2. 气层组特征

户部寨气田的含气层系为沙四段，埋深 3200~3500 m。沙四^{下}亚段沉积时期，户部寨地区处于漫湖沉积环境，古地形呈现比较平缓的东倾单斜，物源主要来自北部，发育漫湖砂坪和混合砂坪；主要岩性是棕红色粉砂岩、细砂岩夹薄层泥岩，厚度约 250 m。沙四^{上}亚段沉积时期，户部寨地区的湖盆扩展，水体加深，处于浅湖-半深湖沉积环境，呈现多个物源，发育浅湖滩坝或浊积水道砂体，厚约 200 m；中、下部以灰、灰黄色粉砂岩为主，夹灰色泥岩；上部以灰色泥岩为主，夹白云质砂岩。根据细层对比，沙四段的上、下亚段均可划出 4 个砂层组，每个砂层组的厚度为 25~80 m。储层岩性以长石岩屑石英细砂岩、粉砂岩为主，粒度中值为 0.05~0.11 mm，分选中等-较好；孔隙度为 6.40%~11.32%，空气渗透率为 0.18~0.76 mD；孔喉半径较小，最大者仅为 0.2~2.5 μm，排驱压力 1~5 MPa。总体上为低渗储层，局部发育高角度或斜交的剪切性裂缝。

3. 气藏特征

户部寨气田沙三^{下}亚段—沙四段天然气主要为沙一期的石炭纪—二叠纪煤系生成的煤成气，运移以游离相为主，混有很少量东营中期濮卫洼陷沙三^{下}—沙四^{上}亚段生成的油型气（李宗亮等，2008）。天然气相对密度 0.58~0.63 t/m^3，甲烷含量 88.89%~93.56%，乙烷含量 1.97%~2.23%，属湿气。凝析油含量 35~50 t/m^3，相对密度 0.76 t/m^3，粘度 1.4 mPa·s，原始油气比为 1×10^4~5×10^4 m^3/t。地层水属 $CaCl_2$ 型，矿化度 12×10^4~27×10^4 mg/L，氯离子含量 7.47×10^4~15.91×10^4 mg/L。气田各断块气水界面不一致，主力区块卫 79-9 块南、北部发育有边水，中部满块含气；文 198 块全井段含气；卫 351 块气水关系复杂，气井无统一的气水界面。沙四段气藏属于常温常压系统，原始地层压力 36.67~41.29 MPa，压力系数 1.12~1.21，地层温度 124℃，平均地温梯度 3.7℃/hm。气藏类型为小型断块低渗层状裂缝边水砂岩湿气藏。

（六）濮阳县文 23 气田

文 23 气田为干气藏，是中国东部陆上最早发现并投入开发的砂岩气田，也是中国东部陆上迄今为止发现并投入开发的最大整装砂岩气藏，位于河南省濮阳县文留镇，地理坐标为东经 115°16′11″，北纬 35°39′22″。1977 年 1 月，文 4 井钻达沙四段时发生强烈井喷，喷出大量天然气，点火火焰高达 5 m。同年 10 月，在文 4 井东南施钻的文 23 井钻穿沙四段完井，11 月射开 2813.2~3026.8 m 井段的气层，采用 15 mm 油嘴和 25 mm 孔板测试，获得日产天然气 23.8×10^4m^3，成为文 23 气田的发现井。文 23 气田是中原油气区的第一个气田，也是河南省发现的首个气田和唯一探明的砂岩干气藏。1990 年正式投入开发。2014 年底，累计探明含气面积 12.20 km^2，天然气地质储量 149.4×10^8 m^3；开发动用储量 149.4×10^8 m^3，标定采收率为 72.3%，可采储量 108.08×10^8 m^3；合计拥有 68 口采气井，累计产气 105.11×10^8 m^3。属中型、高丰度气田，以断块型气藏为主。是中国东部地区探明规模最大的砂岩气田。

1. 构造特征

文 23 气田位于东濮凹陷中央隆起带文留构造北部，构造格架为被文西、文东和文 68 断层切割的呈北北东向展布的复杂背斜（图 6-52），具有两个“雁行状”排列的圈闭高点（文 103 井区、文 105 井区），西翼倾角 10°~14°，东翼倾角明显变陡为 20°~25°。分为主、西、东、南 4 个断块，各块内部又被一系列小断层复杂化，断块多，面积小，造成各块气水关系不统一。

2. 气层组特征

文 23 气田的含气层位为沙四段，气藏埋深 2672~3154 m。主要沉积相有湖坪相、滨湖相、湖底扇相和咸化深湖相。沙四段的上、下亚段均可划出 4 个砂层组，每个砂层组的岩性、厚度及含气性等均有差异（表 6-21）。沙四^{下}亚段的 8、7 砂层组以混合坪为主，6 砂层组为沙坪和混合坪，5 砂层组

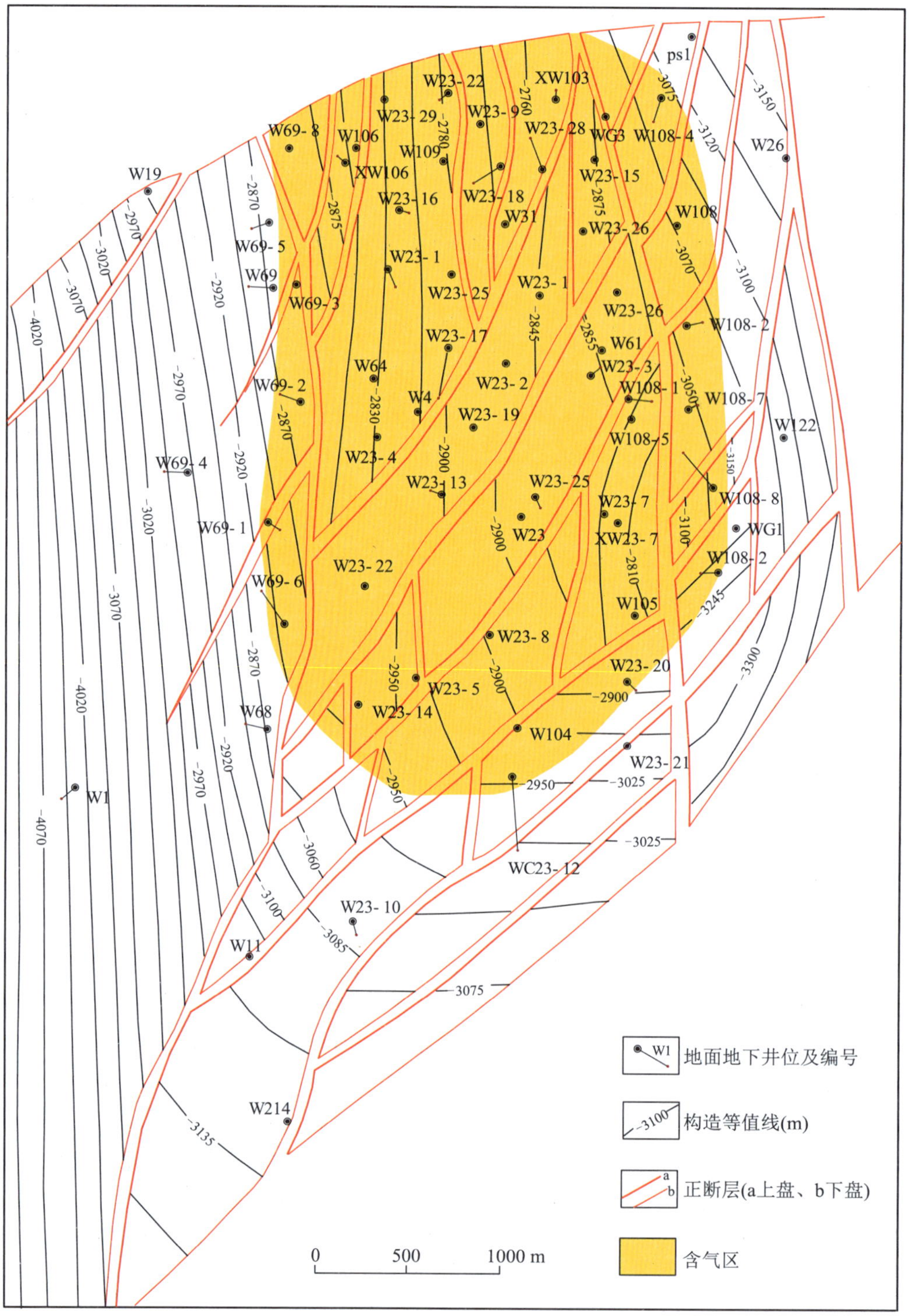

图 6-52　濮阳县文 23 气田沙四段 2 砂层组底面构造图

（据《中国油气田开发志》总编纂委员会，2011d）

发育辫状水道和沙坪、混合坪。沙四^{上}亚段的 4 砂层组下部出现滨湖砂质湖滩和辫状水道，上部出现中扇浊积和远端扇；3 砂层组也以中扇浅水浊积和远端扇为主，2 砂层组发育湖底扇，1 砂层组主要是远端扇和咸化深湖。相比而言，沙坪、辫状水道、滨湖砂质湖滩和中扇浊积等微相的储集性能较好。主要含气层位是 3—6 砂层组，储层岩性以细-粗粉砂岩为主，部分井段偶见细砂岩，岩石成分以石英为主（70%~90%），分选系数 1.5~2.2，孔隙类型主要是原生粒间孔、溶蚀粒间孔。根据文 22、文 61、文 103、文 106、文 109 等取心井的物性测定资料，1—2 砂层组因层内膏质及云灰质胶结物发育，储层致密，平均孔隙度为10.4%，平均渗透率为2 mD，物性较差；3—5砂层组储层发育，储集单元岩性粒度较粗，平均孔隙度为10.6%~13.6%，平均渗透率为3.0~5.9 mD，砂层几乎全部含气；6—8砂层组的平均孔隙度为9.4%~11.4%，平均渗透率为0.8~1.2 mD，物性较差。平面上受砂体展布控制，文23、文23-7井以北及文108-2井以西的中、北部储集物性相对较好，3—6砂层组的平均孔隙度大于12%，平均渗透率大于3 mD。

表6-21 濮阳县文23气田沙四段砂层组特征简表

亚段	砂层组	厚度/m	岩性	含气性
沙四^{上}亚段	1	35~53	浅灰色泥岩夹薄层粉砂岩	7、8号小层含气
	2	57~70	暗色泥岩夹白云质、泥质粉砂岩	含气
	3	32	灰黄、灰色粉砂岩夹泥岩	主力气层
	4	46~80	灰黄色粉、细砂岩夹薄层泥岩	主力气层
沙四^{下}亚段	5	56	灰黄色粉砂岩夹泥岩、粉砂质泥岩	主力气层
	6	79	杂色粉砂岩与泥岩不等厚互层	主力气层
	7	49	杂色粉砂岩与泥岩不等厚互层	构造高部位含气
	8	70	（未取心）	构造高部位含气

（据《中国油气田开发志》总编纂委员会，2011d）

根据文109井样品压汞资料统计，沙四段4砂层组的排驱压力最低，仅为0.23 MPa，饱和中值压力0.70 MPa，表明渗流性能较好；2、6砂层组的排驱压力0.36~0.73 MPa，饱和中值压力4.14~7.40 MPa，表明渗流性能次之；1、3、5砂层组的排驱压力0.73~1.22 MPa，饱和中值压力7.5~7.7 MPa，表明渗流性能较差。

3. 气藏特征

文23气田的天然气是来自上古生界煤系的煤成气，相对密度0.5715~0.6813 t/m^3，甲烷含量92.59%~97.13%，乙烷含量1.13%~7.26%，以干气为主。天然气中的凝析油含量10~20 t/m^3，相对密度0.7434~0.7802 t/m^3，动力粘度0.57~1.25 mPa·s，运动粘度0.67~2.24 mPa·s。地层水属高矿化度$CaCl_2$型盐水，矿化度26×10^4~30×10^4 mg/L，氯离子含量16×10^4~18×10^4 mg/L。受储层低渗的影响，水体能量较弱，无自喷能力。

文23气田的气水界面受断层控制。不同断块气水界面不统一，西块及南块存在边水，主块及东块为底水，气水界面西高东低。

文23气田的地层压力38.64~38.87 MPa，压力系数1.29~1.34，地层温度为113~130℃。根据气水边界和压力系统的综合分析认为，主体断块的1—2砂层组为岩性-层状气藏，3—6砂层组为带底水的块状气藏，7—8砂层组为边水层状气藏；东、西、南3个边块为边水层状气藏。

（七）濮阳市文东油气田

文东油气田是深层高压低渗透油藏的代表性油气田，为东濮凹陷的异常高温、高压、高饱和的特殊类型油藏，处于中央隆起带文留构造东部。位于河南省濮阳县境内，地理坐标为东经115°18′12″，北纬35°38′02″。1975年9月7日，濮参1井钻至2607 m发生强烈井喷，喷出大量原油，首次突破了东濮地区的出油关。1976年10月4日，文留构造东翼施钻的文2井钻达沙三^{中}亚段高压油气层（井深为3200.31 m）时发生强烈井喷，因事故完井，采用原钻具测试，获得折算日产天然气13.75×10^4 m^3。1977年10月，对文2井东北部的文9井沙三^{中}亚段油层（射孔井段为3248.20~3362.40 m）测试，获得日产原油8.4 t。鉴于文东油气田具有“高压、高温、高含盐”的复杂特点，油藏认识、开发难度大，经历了长达10年的准备，于1987年开始分区分批投入开发。截至2017年底，累计探明含油面积31.68 km^2，获得石油地质储量5377.91×10^4 t，溶解气126.10×10^8 m^3；探明气层气面积

12.84 km^2，获得气层气地质储量 48.89×10^8 m^3，凝析油 37.43×10^4 t；共有 256 口采油气井和 242 口注水井，动用含油面积 29.34 km^2，石油地质储量 5238.14×10^4 t，可采储量 1686.98×10^4 t；累计生产原油和凝析油分别为 1285.51×10^4 t 和 6.45×10^4 t，生产气层气和溶解气分别为 13.67×10^8 m^3 和 42.81×10^8 m^3。属中型、中丰度油气田，是中原油气区地质储量丰度最高的油气田。

1. 构造特征

文东油气田位于东濮凹陷中央构造带文留构造东部，东邻前梨园洼陷，西以文东、徐楼正断层与文中构造相接，南北分别与文南构造和濮城构造相连。文东油气田由文东盐上和文东盐间两个构造油气藏组成，构造差异大（图 6-53，图 6-54），内部断层发育。盐上油藏是由走向北北东、西掉的徐楼正断层和倾向北东—南东的地层形成的断鼻状反向屋脊式构造，构造形态有断鼻和单斜，划分为文 92 块、文 115 块和文 110 块。盐间油藏为一断层复杂化的复式背斜构造，两个局部构造高点为文 13 高点和文 16 高点；文 13 高点是一个完整的逆牵引短轴背斜，高点埋深大于 3100 m，闭合高度为 200 m，圈闭面积 13 km^2；文 16 构造高点是一个向东南方向倾没的鼻状构造，高点埋深大于 3300 m，闭合高度为 110 m，圈闭面积 4.5 km^2；构造形态有背斜、断鼻和单斜等；从北西向南东分为文 16 断块区、文 13 断块区、文 203 断块区，主力区块 13 东、文 13 西南、文 203 块构造相对复杂。各断块构造复杂，被内部断层切割成条带状，断块条带宽度一般小于 200 m，断层总数 162 条，断块总数 131 个，圈闭面积大于 1 km^2 的断块仅有 16 个，小于 0.5 km^2 的断块多达 73 个。

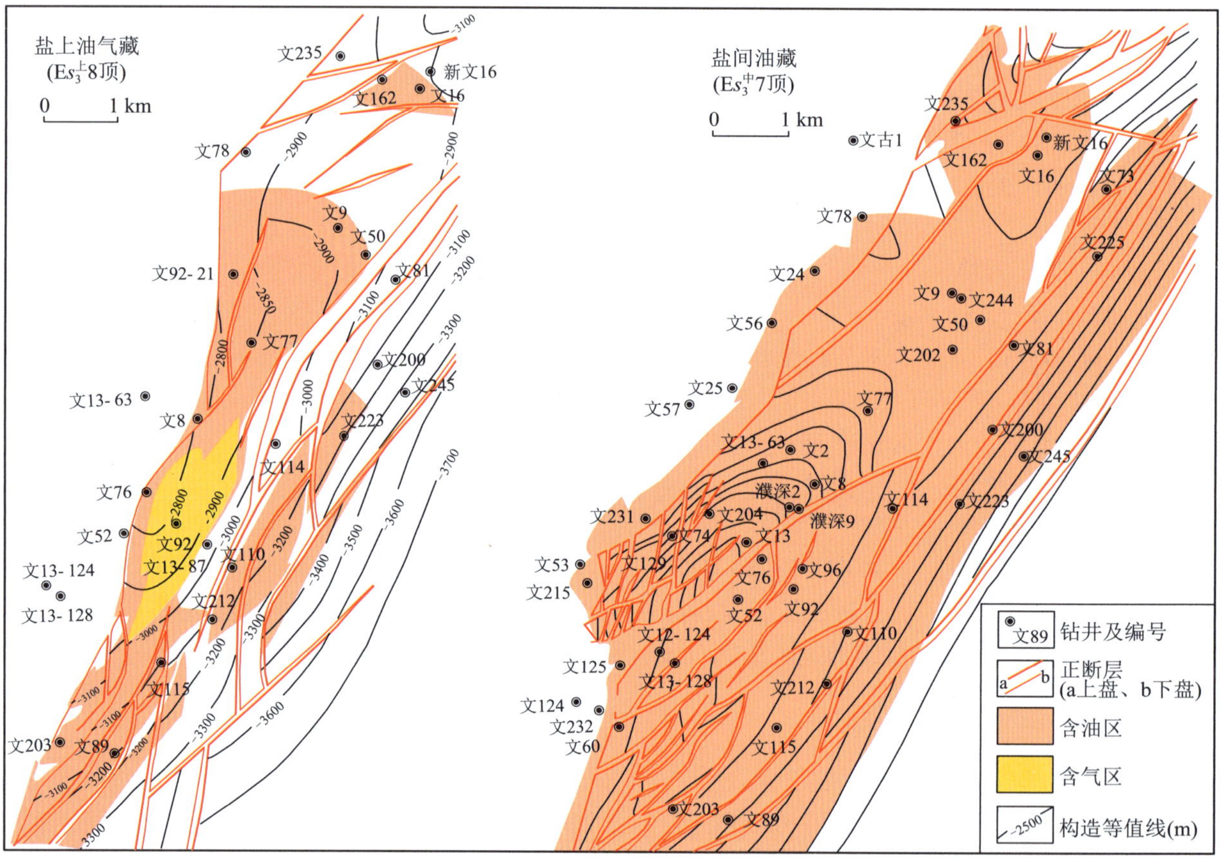

图 6-53 濮阳市文东油气田沙三^{中}亚段的盐间和盐上构造示意图

（据《中国油气田开发志》总编纂委员会，2011d）

2. 油层组特征

文东油气田纵向上含油气层系多、油层多、厚度大、井段长。油气集中分布于沙河街组，油气层从下而上为沙三^{下}亚段、沙三^{中}亚段、沙三^{上}亚段、沙二^{下}亚段。有两套油气层段，沙二^{下}亚段和沙

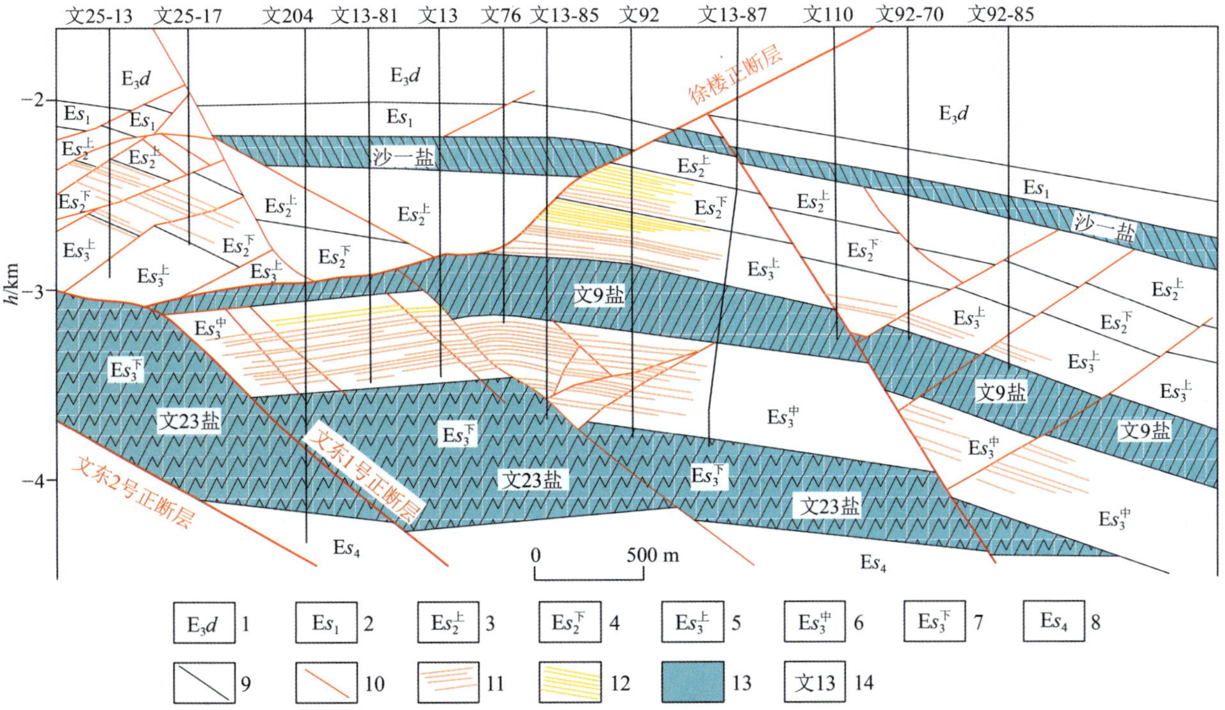

图 6-54 濮阳市文东油气田典型油藏剖面

（据《中国油气田开发志》总编纂委员会，2011d，有修改）

1—古近系渐新统东营组；2—沙一段；3—沙二^{上}亚段；4—沙二^{下}亚段；5—沙三^{上}亚段；6—沙三^{中}亚段；7—沙三^{下}亚段；8—沙四段；9—地质界线；10—断层；11—油层；12—气层；13—盐层；14—钻井编号

三^{上}亚段油藏（即盐上油藏）位于文 9 盐之上，埋深 2553~3338 m；沙三^{中}亚段油藏（即盐间油藏）处于文 9 盐和文 23 盐之间，埋深 3150~3338 m，为文东油气田的主力油藏。

文东油气田的沙三^{中}亚段为砂泥岩层、盐岩层、膏泥岩层沉积，厚度约 600 m，以湖泊-三角洲复合沉积体系为主，可划分为三角洲前缘、前三角洲、水下三角洲边缘和湖泊 4 种不同的沉积组合；共划分为 10 个砂层组，1—3 砂层组为一套盐、泥岩组成的韵律层（即文 9 盐下段），4—10 砂层组为一套深灰色泥岩夹稳定油页岩与砂岩-粉砂岩组成的互层段（即常说的盐间油气层段），储层发育，是文东油气田开发的主要目的层。沙三^{上}亚段—沙二^{下}亚段属深湖-半深湖沉积，具有多物源区的供给环境，主要发育水下分流河道、河口坝、前缘席状砂和前三角洲泥等微相。沙三^{上}亚段为一套暗色泥岩与灰色粉砂岩、棕褐色含油气粉砂岩互层沉积，泥岩中夹有稳定的油页岩，含膏泥岩，厚度 300~500 m，划分为 10 个砂层组。沙二^{下}亚段主要岩性为紫红色泥岩和灰色粉砂岩及灰褐色含油气粉砂岩互层，划分为 8 个砂层组。沙二^{上}亚段是紫红色夹少量灰色的泥岩与浅灰色粉砂岩互层，厚度 350~400 m，储层不发育。

文东油气田的盐间储层主要岩性是长石石英粉砂岩和长石细砂岩，粒度中值 0.072~0.098 mm，分选系数 1.34~1.51；盐上储层主要岩性是长石石英粉砂岩，粒度中值 0.06~0.07 mm，分选系数 1.2~1.5。盐间和盐上储层的孔隙度变化范围分别为 12%~22% 和 16%~24%，渗透率变化范围分别为 2.0~47.0 mD 和 20.0~110.0 mD。孔隙类型以次生孔隙及组合孔隙为主，孔喉结构有大孔较粗喉型、中孔中细喉型和中小孔细喉型。盐间油气藏物性差于盐上，具有“小孔隙、细喉道、低渗透”的特点，纵向上，层位越向下，储层物性越差。主要含油层系非均质性严重，层间及层内渗透率相差 2~60 倍，渗透率变异系数 0.72。

3. 油气藏特征

文东油气田的盐上和盐间属两类不同性质的油藏，其流体性质与渗流规律差别较大，盐间油藏油气性质好于盐上油藏，具典型低渗油藏渗流特性。文东油气田属稀油油品，原油性质好，但纵向上差异大。

文东油气田的盐上油藏的地面原油密度0.84~0.87 t/m³，粘度6.5~34.6 mPa·s，凝固点28~40℃，含硫量0.05%~0.80%；地层原油密度0.75 t/m³，粘度2.7 mPa·s；原始气油比47~75 m³/t，体积系数1.19~1.25。盐间油藏具有低密度、低粘度、低含硫量和凝固点高的"三低一高"特点，地面原油密度0.81~0.84 t/m³，粘度3.1~10.0 mPa·s，凝固点平均31.37℃，含硫0.10%~0.40%，平均含硫0.18%；地层原油密度0.75 t/m³，粘度2.07 mPa·s，含盐量为1084 mg/L，原始饱和压力25~40 MPa；原始气油比250~455 m³/t，体积系数1.9。不同构造部位的原油性质也略有不同；断块区内相同层位，构造高部位饱和压力大，随着构造部位的降低，饱和压力随之减小。文13西油气藏，接近气顶的油层属于高饱和压力，原始气油比很高，在远离气顶的构造腰部、边部，饱和压力逐渐降低，原始气油比也减小。

文东油气田的天然气碳氢化合物含量高，密度低。盐上气藏的天然气相对密度0.65~0.67 t/m³，凝析油密度0.67~0.74 t/m³，烃含量95.00%~99.88%，甲烷平均含量84.6%，非烃平均含量1.24%，凝析气油比7637 m³/t，天然气热膨胀系数3.561×10^{-3}；溶解气密度0.6~0.9 t/m³，甲烷含量54%~90%，非烃含量0.1%~2.11%。盐间气藏的天然气相对密度0.67~0.69 t/m³，烃平均含量96.06%，甲烷平均含量87.37%；溶解气的相对密度0.70~0.74 t/m³，烃平均含量96.72%，甲烷平均含量83.79%。

文东油气田的地层水矿化度高，水型均属$CaCl_2$型。盐上油气藏的地层水矿化度26.1×10^4~27.2×10^4 mg/L，氯离子含量15.8×10^4~17.0×10^4 mg/L。盐间油气藏的地层水矿化度30.29×10^4~34.70×10^4 mg/L，氯离子含量18.91×10^4~20.99×10^4 mg/L。

文东油气田的沙三^{中}亚段原始地层压力55.51~68.28 MPa，压力系数1.68~1.88，盐间温度为120~150℃，地温梯度4.6℃/hm。盐上的沙三^{上}亚段和沙二^{下}亚段的压力系数分别为1.14~1.31和1.04~1.10，温度为100~116℃，地温梯度3.7℃/hm。属异常高温的低渗复杂断块油气藏，盐上为常压，盐间为超高压。其中，盐间油藏包括文13西、文13东、文13北、文16和文203等块，以文13西油藏的埋藏较浅、厚度较大、物性较好。盐上油藏包括文92北、文92南、文115和文110等块，以文92南油藏的埋藏较浅、厚度较大、物性较好。

文东油气田的天然气藏包括文13西块的沙三^{中}亚段4、5砂层组和文96块的沙二^{下}亚段—沙三^{上}亚段4砂组两个小型气藏；其中，文23西气藏的储层埋藏深度3150~3350 m，气层温度为120~140℃，地温梯度4.96℃/hm，压力系数1.71~1.88。文96气藏的储层埋藏深度2455~2669 m，压力系数1.02~1.11，属低含凝析油的层状凝析气藏。

文东油气田的边水能量较小。由于断层的分割作用，大多数断块封闭，只有少量半开启断块。油藏无统一的油水界面，纵向上油水界面随储层深度的变化而变化，平面上受断层及砂体发育的影响，边水面积小。

文东油气田的油气藏类型主体属于异常高温、高压、低渗透复杂断块油藏，表现为构造复杂，纵向发育多套盐层，含油井段长，储层沉积韵律性强，同一沉积韵律包含多类物性储层，一类层与二、三类层间的隔层厚度小。储层油水关系复杂，纵向和平面非均质性强。

文东油气田的盐间油藏异常高温、高压、高含盐。注水驱油具有无水期采收率较高、含水初期采收率上升较快、注水驱油效果好、但含水上升快的特征。无水期驱油效率为13.3%~43.0%，平均30.9%；最终驱油效率为53.7%~74.6%，平均63.3%。在注水开发过程中，当注入倍数达到3倍时，含水率达98%以上，注入倍数达到20倍后，采收率几乎无变化，说明无水采油期和低含水采油期为文东沙三^{中}亚段油藏的主要采油期。

（八）濮阳县胡状集油田

胡状集油田是东濮凹陷西部斜坡带中部的一个砂岩构造油藏，是中原油田储层非均质性最严重的复杂小断块油田，在中国东部油田中独具特色。位于河南省濮阳县境内，地理坐标为东经115°06′

30″，北纬 35°36′57″。1976 年部署的第一口探井——胡 1 井试油获累计产量 0.7 m^3 的低产油流。1980 年，华北石油局根据胡状集-庆祖集断阶带的地震面积详查成果，基本查实张河沟构造由低、中、高 3 个断鼻或断块组成。1983 年 5~6 月，在濮阳县子岸乡施钻的开 37 井于沙三段发现了不同级别的油气显示 42 层，经测井资料解释的油层 9 层、视厚度为 14.8 m；同年 8 月对沙三段的 1713.0~2045.2 m 井段的油气层进行测试，通过气举放喷，获得初始日产原油 8.8 m^3；采用气举 9 mm 油嘴求产，获得日产 38 m^3 的工业油流，成为胡状集油田的发现井。1984~1985 年，中原油田在开 37 井的南北分批完成 7 口探井。其中，胡 5 井于 2280.2~2314.22 m 井段测试获得日产原油 24 m^3；胡 7 井于 1760.2~1768.0 m 井段测试获得日产原油 6 m^3；胡 10 井于 2070.0~2109.6 m 井段测试获得日产原油 3.24 m^3。1985 年 10 月投入开发。至 1992 年，累计上报探明含油面积 22.0 km^2，石油地质储量 5554×10^4 t，动用含油面积 19.6 km^2，石油地质储量 4777×10^4 t。截至 2017 年底，累计探明含油面积 35.87 km^2，获得石油地质储量 5928.53×10^4 t，溶解气 22.32×10^8 m^3；共有 531 口采油井和 419 口注水井，动用含油面积 29.93 km^2，石油地质储量 5547.66×10^4 t，可采储量 1299.38×10^4 t；累计生产原油 1077.44×10^4 t，溶解气 3.82×10^8 m^3。属于中型、中丰度油田。影响油田开发效果的主要矛盾是储层非均质性，对注水开发效果造成了极大影响，在注水开发过程中减渗和增渗作用明显，储层非均质性进一步加剧，开发治理难度较大。

1. 构造特征

胡状集油田位于东濮凹陷西部斜坡带中部，呈“断阶式”构造，东邻柳屯-海通集生油洼陷，西邻内黄隆起，构造复杂，储层非均质性十分严重。受五星集、石家集和长垣 3 条东倾正断层控制，形成从西到东由高变低的 3 个断阶带，平面上呈北东—南西向长条状展布。各个断阶带内受主控断层的影响，伴生、派生的次级断层发育，将构造复杂化，形成若干个独立含油小断块，但主力区块构造相对简单。自北而南划分为胡 19、胡 2、胡 5、胡 7 北、胡 7 南、胡 10 和胡 12 等主要含油断块（图 6-55），并被次级断层切割成诸多独立封闭的含油小断块。油田内二级断层 3 条，三级断层 8 条，四级断层 75 条，五级断层 130 条，最小断层只有 3~5 m，含油井段内平均单井钻遇 2.7 个断点；规模不一、纵横交错的断层把油田分割成 126 个独立断块，最小含油断块的含油面积只有 0.02 km^2，含油面积小于 0.6 km^2 的断块储量占总储量的 63%。已投入开发的油藏主要集中在断层发育的第二断阶带，是长垣与石家集两条主控断层夹持形成的单斜构造，内部发育一系列鼻状构造和由同生次级正断层与主断层相交形成的复杂“墙角形”断块。由于断层封闭性强，造成边水不活跃，弹性采收率极低。

2. 油层组特征

胡状集油田的油藏集中在沙河街组，平面上主要分布在第二断阶带。含油层系多，含油井段长，油水关系复杂。已探明储量大部分集中在沙三^{中}亚段，其次为沙三^{下}亚段，沙三^{上}亚段储量较少，而沙一段和沙二段仅在局部分布。主要含油井段深度 1700~2900 m，平均含油砂体 75 个，每个小层有独立的油水界面。

胡状集油田位于沉积盆地的边缘，沉积环境复杂多变，由于近物源快速沉积，发育多种沉积砂体，储层变化快、规模小、非均质性严重。沙三^{中}亚段是最主要的含油层系，厚度 600 m 左右，具有重力流和牵引流两种沉积体系，其中的三角洲环境的河道、河口坝和远砂坝微相是最有利的含油气相带；储层岩性主要为长石细砂岩、粉砂岩，粒度中值为 0.08~0.11 mm，分选系数 1.2~1.6，分选程度低，物性属中低渗，孔隙度一般在 16.4%~24.7%，平均 20.5%，渗透率 12~300.8 mD，平均 157.9 mD；储层物性变化剧烈，层内、层间、平面非均质性均严重；层内渗透率级差 20~150 倍，单井层间渗透率级差 50~500 倍，平面渗透率级差 10~40 倍，渗透率变异系数 0.88，突进系数 2~8。沙三^{下}亚段沉积厚度约 670 m，为一套深色砂、泥岩互层及油页岩，一般不含油，是有利的生油层段，根据胡 7-18 井的 689 块样品的砂岩孔隙度和渗透率测定，主峰区间的孔隙度为 15%~20%，渗透率为 1~100 mD，层内、层间不均质，也属不均质的中低渗。经对胡 12、胡 7 南、胡 5、胡 2 等主力含油区块砂岩储层的层内、层间非均质性进行精细分析，主要是渗透率的级差普遍较大，流动单元渗透

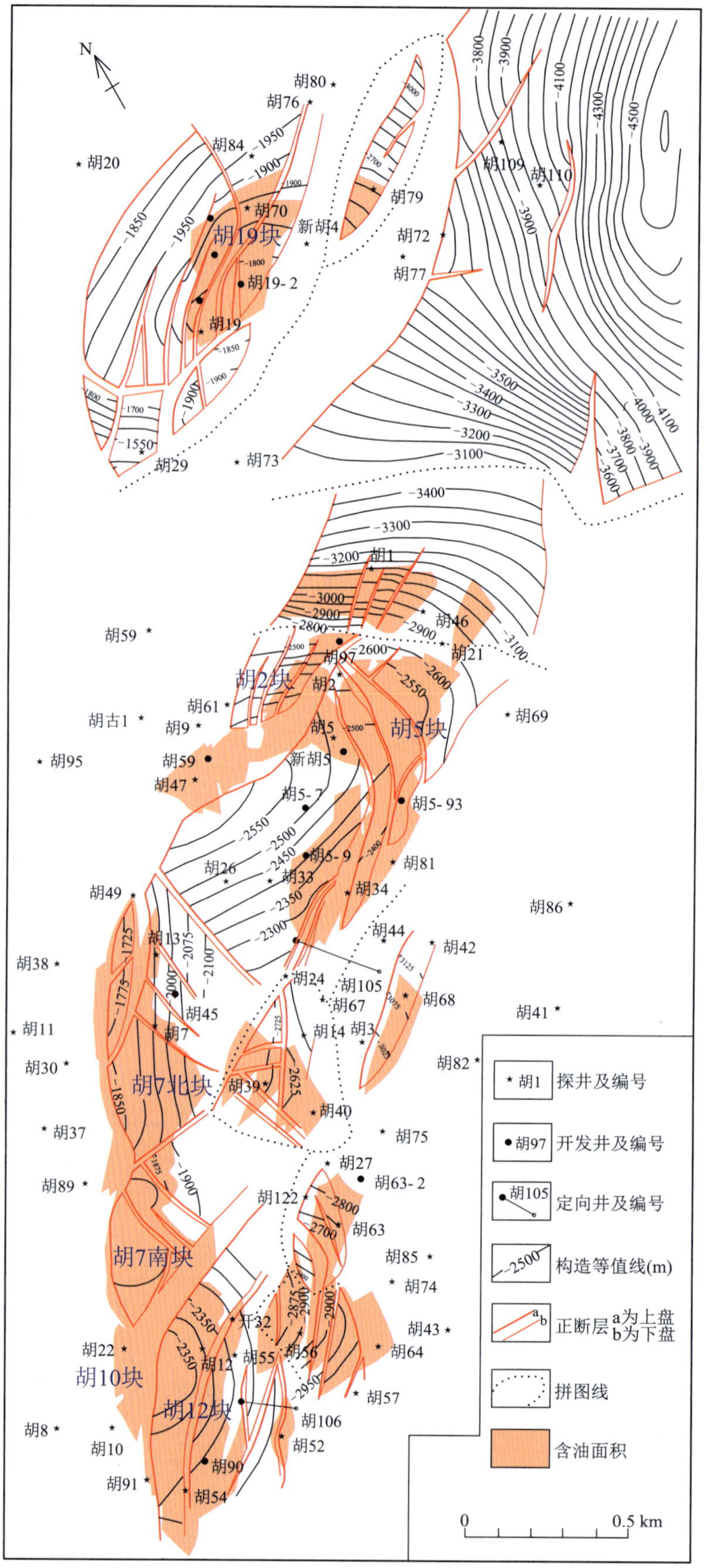

图 6-55　濮阳县胡状集油田主要断块区构造示意图

（据《中国油气田开发志》总编纂委员会，2011d）

率级差大于 100 倍的占 73.68%，单井层间渗透率变异系数大于 0.5 的占 57.38%；如胡 12 块单井砂岩渗透率为 10~2000 mD，胡 7-122 井的砂岩水平与垂直渗透率比值为 2.48。

3. 油藏特征

胡状集油田的地面原油密度平均 0.87 t/m^3，粘度 12.05~102.13 mPa·s，平均 47.21 mPa·s，而胡 12 块沙三^{上}亚段 4 中 1 油藏粘度达 1542 mPa·s。地层原油密度 0.82~0.85 t/m^3，粘度 1.20~9.78 mPa·s，平均 3.92 mPa·s。原油物性较好，但不同断块原油物性有所差异。

胡状集油田的地层水属 $CaCl_2$ 型，胡 5 块的地层水矿化度 17.4×10^4~28.3×10^4 mg/L，氯离子含量 10.6×10^4~14.3×10^4 mg/L；胡 7 块的地层水矿化度 16.0×10^4~24.9×10^4 mg/L，氯离子含量 9.8×10^4~12.4×10^4 mg/L。地饱压差大，地层压力 17~27 MPa，压力系数 1.0，地温梯度 3.4℃/hm，属常温、常压系统。

胡状集油田的油藏埋深 1700~2900 m，属中孔、中渗、低饱和、中黏的常温常压油藏，油藏类型主要为中渗复杂、中渗极复杂和常压低渗油藏三类。总体上，胡状集油田是一个构造复杂、含油断块小、储层非均质严重、油藏认识难度和开发难度均比较大的层状中低渗复杂小断块油藏。

（九）濮阳县文中油气田

文中油气田是中原油田最早投入开发的复杂断块油藏，位于河南省濮阳县境内，横跨文留、户部寨、鲁河、梁庄共 4 个乡镇，地理坐标为东经 115°13′′38″，北纬 35°36′04″。构造位置是东濮凹陷中央构造带文留构造中部，东邻文东油气田，西接柳屯-海通集生油洼陷，南、北分别与文南构造、濮城构造相连。1976 年 4 月 27 日，在文留构造中部施钻的文 1 井于沙三^{中}亚段的 2584.4~2605.8 m 井段测试获得日产原油 13 t，成为文中油气田的发现井。1977 年 5 月和 8 月，文 10 井和文 15 井于沙河街组三段、二段测试分别获得日产原油 209 t（15 mm 油嘴）和 180.5 t（8 mm 油嘴）。至 1978 年底，上报含油面积 11.16 km^2，石油地质储量 1287.71×10^4 t，通过试采，年产原油 30×10^4 t。1979 年 7 月，文 10、文 15 区块和文 25 东区块投入开发。1991 年，标定 4 个开发区块的溶解气储量 30.39×10^8 m^3。截至 2005 年底，共有 12 个断块区相继开发，合计拥有 543 口采油井和注水井。截至 2017 年底，累计探明含油面积 49.28 km^2，气层气面积 14.2 km^2，获得石油地质储量 5153.57×10^4 t，凝析油地质储量 5.00×10^4 t，气层气地质储量 154.12×10^8 m^3，溶解气地质储量 46.76×10^8 m^3；动用含油面积 48.50 km^2，石油地质储量 4943.74×10^4 t，可采储量 1805.37×10^4 t；累计生产原油和凝析油分别为 1625.08×10^4 t 和 2.93×10^4 t，生产气层气和溶解气分别为 109.29×10^8 m^3 和 14.60×10^8 m^3。属于中型、中丰度油气田。

1. 构造特征

文中油气田的构造格架是由文西和文东正断层夹持的地垒型断块，呈北东—南西向展布，南北长为 16 km，东西宽约 6.5 km。构造复杂，断层纵横交错，油气聚集受断块控制。2000~2005 年，通过油藏精细描述，文中构造自北往南可划分为文 101、文 10、文 25 西—文 25 东、文 38、文 15、文 209 和文 234—文 276 等多个主要断块区（图 6-56；表 6-22）。剖面上倾向相反的文西和文东正断层呈向上分叉、向下合并的倒帚状（图 6-57），控制了文留构造的发生、发展和沉积。

2. 油气层组特征

文中油气田为深湖-半深湖沉积体系背景下的三角洲沉积，储层以粉砂岩和细砂岩为主，多呈正韵律，部分呈反韵律。油气集中分布于沙三段和沙二^{下}亚段中，主力油层物性好，以中渗为主，随油藏埋深不同，储层物性差异明显。沙三段为灰-深灰色泥岩与灰色粉砂岩互层，间夹多组灰色页岩，砂岩成组性好，每个砂层组均由几个下粗上细的正韵律砂层组成，文 10 块和文 15 块主力含油层位沙三段埋深 2300 m 左右，文 209 块沙三段埋深 2900 m 左右；砂体发育于沙三^{下}亚段盐层（文 23 盐层）与沙三^{中}亚段盐层（文 9 盐层）之间，以沙三^{中}亚段 7、5 砂层组厚度较大，如文 10 断块南部沙三^{中}亚段 7 砂层组最大厚度在 30 m 以上，文 10、文 16、文 25 等断块的沙三^{中}亚段 5 砂层组最大厚度在 20 m 以上。沙三^{中}亚段可分为分流河道、河口坝、席状砂、远砂坝、浊积砂等微相。沙三^{上}亚段可分为分

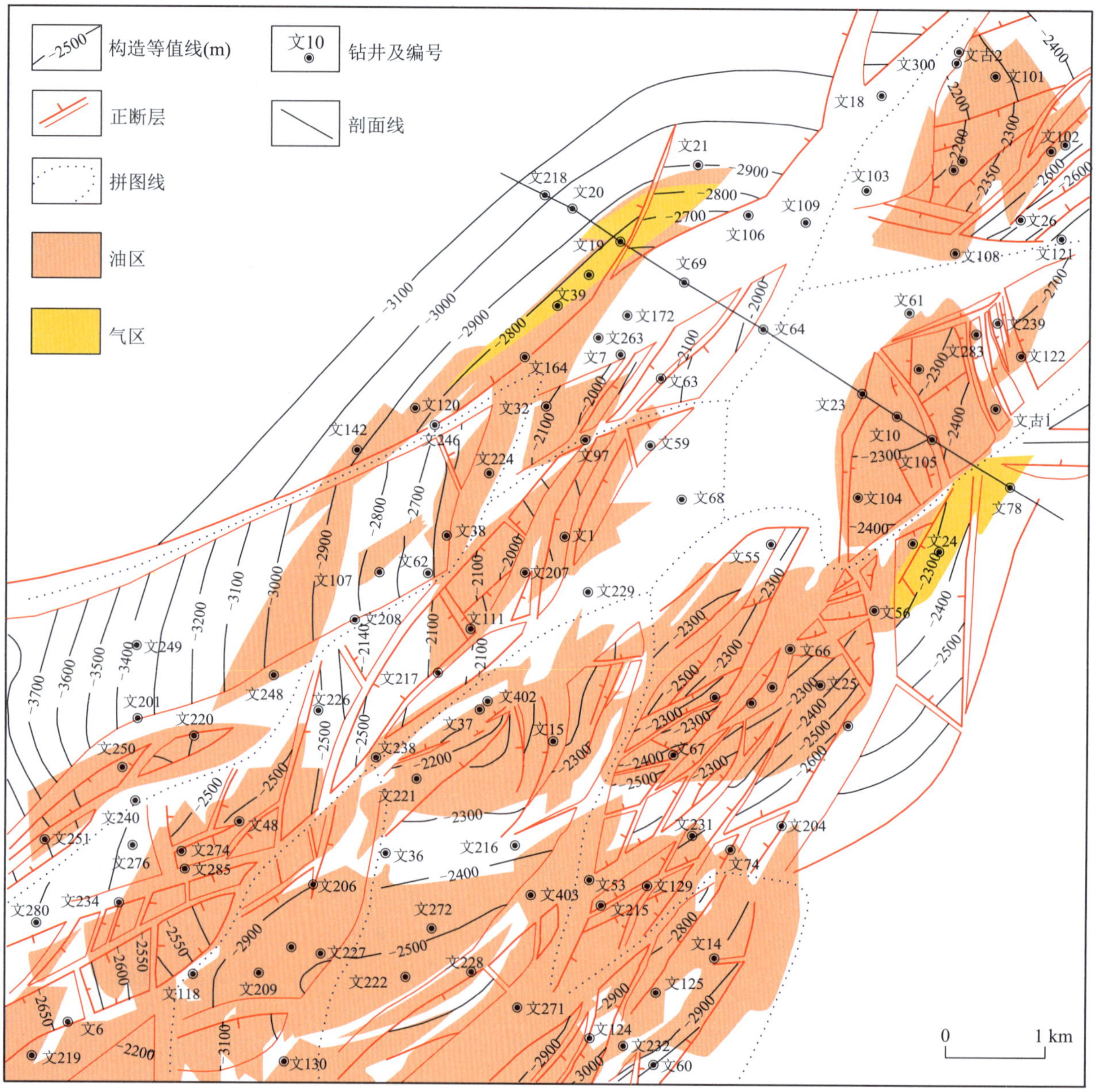

图 6-56　濮阳县文中油气田主要含油气区块构造示意图

（据《中国油气田开发志》总编纂委员会，2011d）

文 101、文 38、文 24、文 25、文 276、文 234 块为沙二^{下}亚段顶构造图；文 19、文 38、文 15、文 14 块为沙三^{上}亚段 5 砂层组顶构造图；文 10、文 38、文 220、文 209 块为沙三^{中}亚段 7 砂层组顶构造图；含油区为沙二^{下}亚段、沙三^{上}亚段、沙三^{中}亚段含油气面积叠加

流河道、分流间湾、河口坝、席状砂、远砂坝等微相，7 砂层组在文 15 断块的最大厚度为 18 m 左右。沙二^{下}亚段为紫红色泥岩、灰色砂岩的不等厚互层沉积，可分为分流河道、河道侧翼、决口扇、分流间湾、前三角洲砂泥等微相。

根据文 10、文 23、文 209 等断块的岩芯物性测定数据统计，沙三^{中}亚段的平均孔隙度为 17.8%~24.5%，平均渗透率为 46.0~128.1 mD，变异系数 0.64~0.82；沙二^{下}亚段的平均孔隙度为 20.7%~27.2%，平均渗透率为 147.9~371.5 mD，变异系数 0.8~0.9。中原油田（2001）有关文 10 断块油藏精细描述的研究认为，储层孔隙类型以原生粒间孔为主，孔隙平均半径为 33~474 μm，属中细喉道型，饱和度中值压力一般小于 1 MPa，表明孔隙结构较好。

表 6-22　濮阳县文中油气田主要含油气区块要素简表

区块名称		地质层位	高点埋深/m	闭合高度/m	圈闭面积/km^2	含油面积/km^2
文 10		沙二^{下}亚段	1850	80	2.8	2.7
		沙三^{中}亚段	2050	300	2.8	2.7
文 25 东		沙二^{下}亚段	2100	350	2.8	2.6
文 15		沙二^{下}亚段	1900	100	1.6	1.4
		沙三^{上}亚段	2050	300	2.8	2.7
文 101		沙二^{下}亚段	2100	300	3.1	2.3
文 209		沙三^{中}亚段	2700	300	2.4	2.2
文 38		沙二^{下}亚段	1800	100	1.6	1.4
		沙三^{上}亚段	1900	100	1.0	0.6
		沙三^{中}亚段	2520	200	0.9	0.8
文 25 西	文 25 西	沙二^{下}亚段	2180	150	2.6	2.4
	文 14	沙二^{下}-沙三^{上}亚段	2400	200	4.5	4.1
文 19		沙二^{上}亚段	2700	100	1.8	1.4
文 220		沙三^{中}亚段	3300	120	1.4	1.3
文 234		沙二^{下}亚段	2300	100	2.5	2.4
		沙三^{中}亚段	2800	50	1.6	1.4
文 276		沙二^{下}亚段	2330	100	0.9	0.7

（据《中国油气田开发志》总编纂委员会，2011d）

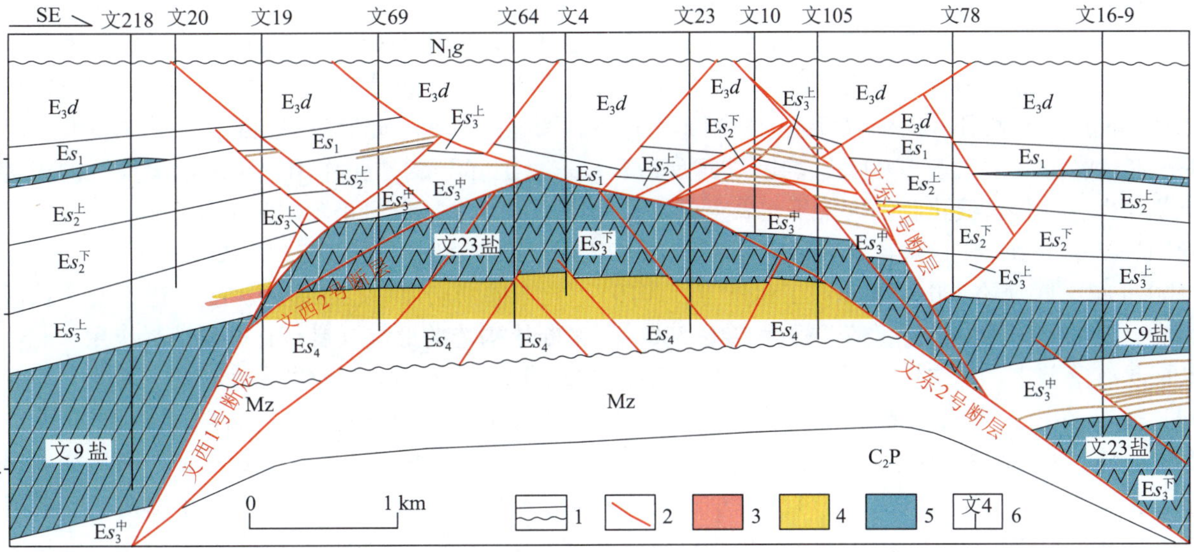

图 6-57　濮阳县文中油气田地质剖面

（据《中国油气田开发志》总编纂委员会，2011d，有修改）

N_1g—新近系中新统馆陶组；E_3d—古近系渐新统东营组；Es_1—沙一段；$Es_2^{上}$—沙二^{上}亚段；$Es_2^{下}$—沙二^{下}亚段；$Es_3^{上}$—沙三^{上}亚段；$Es_3^{中}$—沙三^{中}亚段；$Es_3^{下}$—沙三^{下}亚段；Es_4—沙四段；Mz—中生界；C_2P—石炭系—二叠系。1—地质界线（上为整合、下为角度不整合）；2—断层；3—油层；4—气层；5—盐层；6—钻井及编号

3. 油气藏特征

文中油气田的地面原油密度 0.82～0.88 t/m^3，粘度 4.2～13.0 mPa·s，含硫量 0.24%～0.55%，

凝固点 25~34℃。地层原油密度 0.66~0.77 t/m^3，粘度 0.5~2.2 mPa·s，体积系数 1.2~1.5，气油比 45~167 m^3/t，饱和压力 8.7~27.0 MPa，饱和压差 15~26 MPa。原油性质在各油藏平面上和纵向上有所变化，如文 38 断块区，沙二^{下}亚段油藏中位于构造高部位的文 38-5 井、文 38-15 井地面原油粘度分别为 18.17 mPa·s 和 9.9 mPa·s，地面原油密度为 0.87 t/m^3，能正常生产；位于构造低部位的文 38-14、文 38-16 井地面原油粘度为 325 mPa·s 左右，地面原油密度为 0.92 t/m^3，因原油过稠不能正常生产；而沙三^{中}亚段 7—9 层系地面原油密度为 0.88 t/m^3，粘度达 56.8 mPa·s。

文中油气田的溶解气中甲烷含量为 70%~90%，乙烷含量 10.1%；属湿气。

文中油气田的地层水属 $CaCl_2$ 型，矿化度一般为 23.0×10^4~33.0×10^4 mg/L，氯离子含量在 19×10^4 mg/L 左右。

文中油气田的油藏类型以层状断块为主，不同断块区的压力系统不尽相同，原始地层压力为 23~39.3 MPa，压力系数 1.05~1.36，油气层段的温度为 83~119℃。文中油气田为复杂断块油气藏，地质特点主要表现为断层多、断块破碎、构造复杂、储层非均质性强，纵向上含油层系多、小层多、井段长、油水关系复杂，各断块具有不同的压力系统和油水边界。

（十）濮阳县庆祖集油田

庆祖集油田是东濮凹陷西部斜坡带中部的一个构造砂岩油藏，位于河南省濮阳县境内，地理坐标为东经 114°58′53″，北纬 35°30′39″。1986 年 9 月，庆 4 井射开沙三段 3373.0~3409.0 m 井段获得日产原油 0.68 t；11 月 27 日，射开庆 6 井沙三段的 2589.4~2660.8 m 井段试获日产原油 19.1 t 和天然气 860 m^3，发现了庆祖集油田。1987 年投入开发。截至 2017 年底，累计探明含油面积 12.18 km^2，获得石油地质储量 733.82×10^4 t，溶解气 3.47×10^8 m^3；共有 82 口采油井和 69 口注水井，动用含油面积 9.15 km^2，石油地质储量 595.19×10^4 t，可采储量 152.03×10^4 t；累计生产原油 119.27×10^4 t，溶解气 0.47×10^8 m^3。属于小型、低丰度油田。

1. 构造特征

庆祖集断阶带位于东濮凹陷西部斜坡带中段的胡状集断阶带西南，处于胡状集-庆祖集断阶斜坡带向高平集斜坡带的构造转换部位。庆祖集地区发育北北东向、北东向和北西向 3 组张性断裂系统，呈现不同的变动特征，对油气成藏的控制作用存在着明显的差异。北北东向正断层形成时间早，活动时间长，落差一般大于 1000 m，均以“西盘抬升、东盘沉降”的拉张作用，对庆祖集地区的古近系沉积与保存、构造演化和油气聚集起着重要的控制作用；其中，长垣正断层活动始于沙三^{下}亚段沉积晚期，结束于新近纪馆陶期，以沙三^{中}亚段沉积期活动最为强烈，致使沙三^{中}亚段厚度由东盘的 800~1500 m 减至西盘的 300~700 m（王运所等，2010）。北东向断层属主控断裂的派生断层，与主控断裂斜交，活动时间相对较短，落差多为 100~500 m，对断块构造的形成及展布有重要控制作用。北西向断层具有落差小、延伸短、切割少的特点，致使构造格局更显复杂。自西向东发育的五星集、石家集和长垣 3 条北北东向正断层将庆祖集地区分割成 3 个自东向西递降的“台阶式”断阶构造带（图 6-58）。长垣正断层下降盘为第Ⅰ台阶，由长垣正断层及次级断层形成“墙角式”断块或断鼻组成，主要有庆 88 含油断块和庆 14 含油小断块；长垣正断层与石家集正断层间为第Ⅱ台阶，主要有庆 85、庆 62、庆 98、庆 25、庆 6、庆 19、庆 23、庆 28、庆 11 等含油断块；石家集正断层与五星集正断层间为第Ⅲ台阶，主要有庆 91、庆 21 等含油断块；3 个台阶的划分在平面上向北延伸的过程中可以相互发生转化，每一个台阶均具有不同的断裂发育特征和构造样式。区内发育 40 多条次级断层，切割组成 21 个含油小断块，平均单井钻遇断层 4 条。从沙三^{上}亚段到沙四段均钻遇了油层，油层沿石家集正断层高部位展布，含油面积较小，其中庆 85 块、庆 25 块及庆 6 块较为富集。

2. 油层组特征

庆祖集油田的含油层位为沙三段和沙四段，埋深 2300~2850 m。沙四段厚 250~450 m，为浅灰色细砂岩、粉砂岩与紫红色泥岩、砂质泥岩、灰色泥岩不等厚互层沉积，偶夹深灰色泥岩、灰质泥岩。沙三段主要为灰色、深灰色泥岩、页岩与砂岩互层，厚度约 2000 m，属重力流-牵引流沉积体系，环

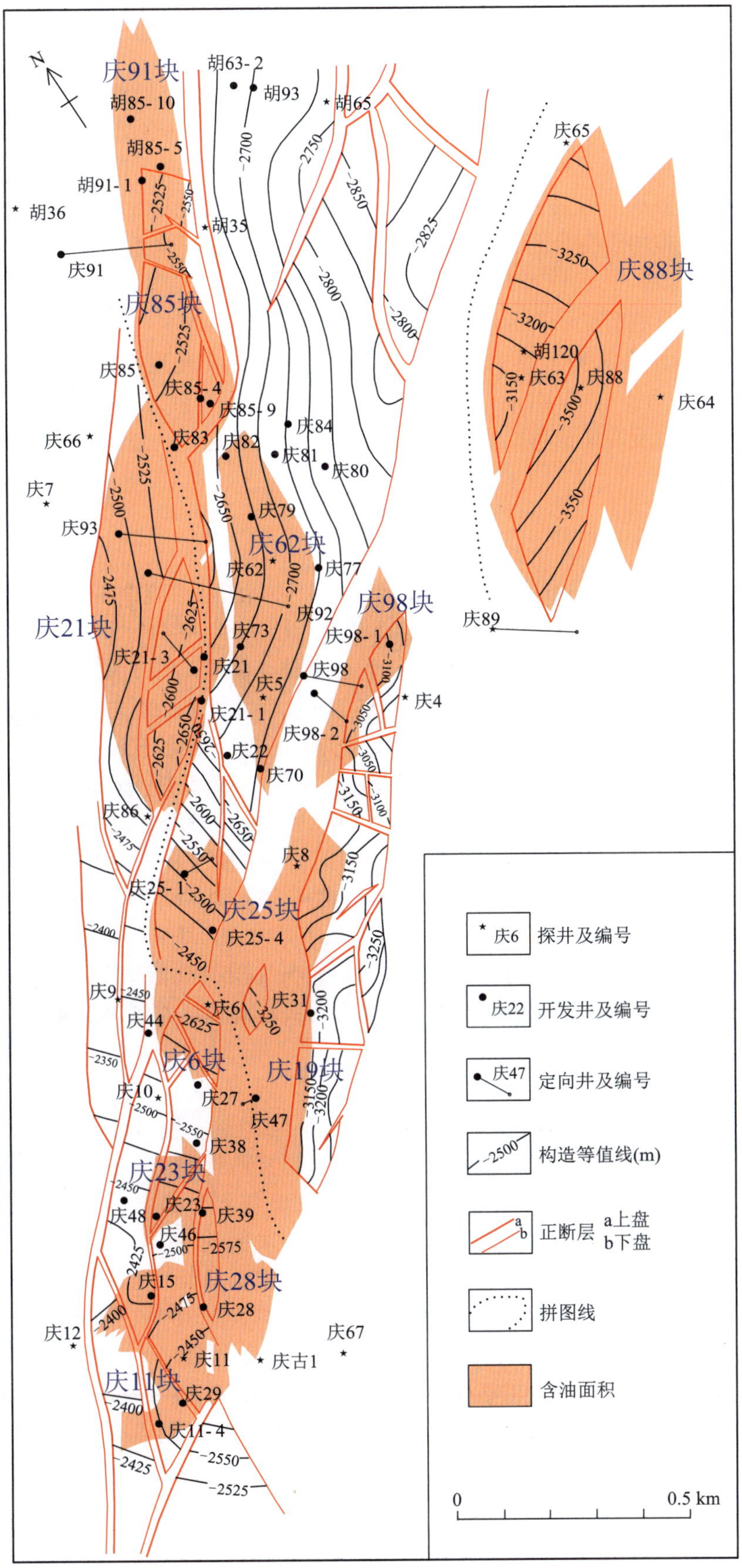

图 6-58 濮阳县庆祖集油田主要断块区构造示意图

（据《中国油气田开发志》总编纂委员会，2011d）

境及微相都比较复杂。沙二段局部被剥蚀，主要为一套红色砂泥岩互层沉积。沙一段大部分缺失，残余部分为细砂岩与泥岩不等厚互层。

庆祖集油田的油层主要分布于沙三^{中}亚段、沙三^{下}亚段，油层分布范围小，在纵横向上变化较大，很多小层呈凸镜状。储层为一套砂、泥岩间互的湖盆边缘的重力流—牵引流沉积体，砂岩储层多是长石粉砂岩、细砂岩，粒度中值为 0.14～0.20 mm，分选系数 1.6～1.7，孔喉类型以中孔、细喉为主。平均孔隙度为16.4%，平均空气渗透率为 66 mD，渗透率变异系数 0.6～1.7。储层物性较差，渗透率、孔隙度较低，油层非均质性严重。

3. 油藏特征

庆祖集油田的地面原油密度平均为0.86 t/m^3，粘度为20.5 mPa·s，凝固点在33℃左右。地层原油密度为0.73 t/m^3，粘度为1.88 mPa·s。地层水属 $CaCl_2$ 型，矿化度 14.74×10^4 mg/L，氯离子含量8.79×10^4 mg/L。地层压力平均26 MPa，饱和压力6.72 MPa，压力系数1.0，地温梯度3.4℃/hm。油水系统主要表现为层状油藏特征，各小层有各自的油水系统，每个小层含油高度不大。油藏类型主要为中低渗复杂断块油藏。

（十一）濮阳县文南油气田

文南油气田是东濮凹陷中央构造带文留构造南部的深层高压低渗复杂断块油气藏，位于河南省濮阳县梁庄乡和徐镇镇境内，地理坐标为东经115°15′23″，北纬35°30′41″。1976年6月10日，文留构造南部的第一口井——文5井钻达井深3460.40 m发生卡钻，解卡后于7月14日完钻，7月21日至8月5日裸眼试油时累计喷出215 t原油和大量天然气。1978年12月，经文70井试油，获得日产原油16.6 t，成为文82含油断块的发现井。1980年1月，相继在文33井沙三段和文84井沙二段试获日产原油48 t和12 t，发现文33和文79含油断块。1981年6月，文95井于沙河街组三段试获日产原油84 t，发现文95含油断块。1983年4月，文33和文95含油断块投入开发。截至2017年底，累计探明含油面积71.94 km^2，获得石油地质储量9231.37×10^4 t，溶解气160.63×10^8 m^3；探明气层气面积16.79 km^2，获得气层气地质储量37.86×10^8 m^3，凝析油42.39×10^4 t；共有883口采油气井和626口注水井，动用含油面积66.19 km^2，石油地质储量8822.70×10^4 t，可采储量2028.38×10^4 t；累计生产原油和凝析油分别为1828.66×10^4 t和10.91×10^4 t，生产气层气和溶解气分别为10.20×10^8 m^{3}和48.25×10^8 m^3。属于中型中丰度油气田，其高温、高压、高矿化度、高气油比的特点增加了油藏开发的难度。

1. 构造特征

文留构造南部受西倾的文西、徐楼和东倾的文东正断层控制，呈现北东—南西向展布的“东西分带、南北分块、堑垒相间”断块格局，由西向东依次为文西地垒带、文南地堑带和文东斜坡带。油区内的次级断层纵横交错，形成众多封闭的小断块。1982年划分为文33、文82、文72、文79和文95共5个断块区，随后的研究更加精细地刻画了各个断块区的构造面貌和含油范围（图6-59）；如文33断块夹于文东正断层和文70断层之间，沙二^{下}亚段顶面埋深2520～3158 m，含油面积12.2 km^2，是文南油气田的主力开发区块；文188块是文197、文194、文305等断层围限的菱形断块，剖面呈反向屋脊断块圈闭，沙二^{下}亚段的气层被沙二^{上}亚段粉砂质泥岩及含膏泥岩遮挡封闭，成为油环带窄的凝析气藏，含气井段达130 m，连续含油井段为47 m。区内构造复杂，断层多，断块小。统计开发区的1377口井，其钻遇断点4121个，平均单井钻遇断点2.99个，组合断层291条，这些断层将全区分成209个断块，断块平均面积0.30 km^2，其中含油面积小于0.1 km^{2}的断块109个，占断块总数的52.1%。

2. 油层组特征

文南油气田的含油层为沙河街组，是一套以河湖相砂泥岩为主的沉积，含油层系多，自上而下划分为沙一段、沙二段和沙三段3段，各段又细分为不同的亚段。沙三段和沙二^{下}亚段以砂泥岩互层为主，下部夹有盐膏层、页岩层的沉积，是本区主要的含油层系。沙三^{下}亚段的每段泥岩中夹一组集中

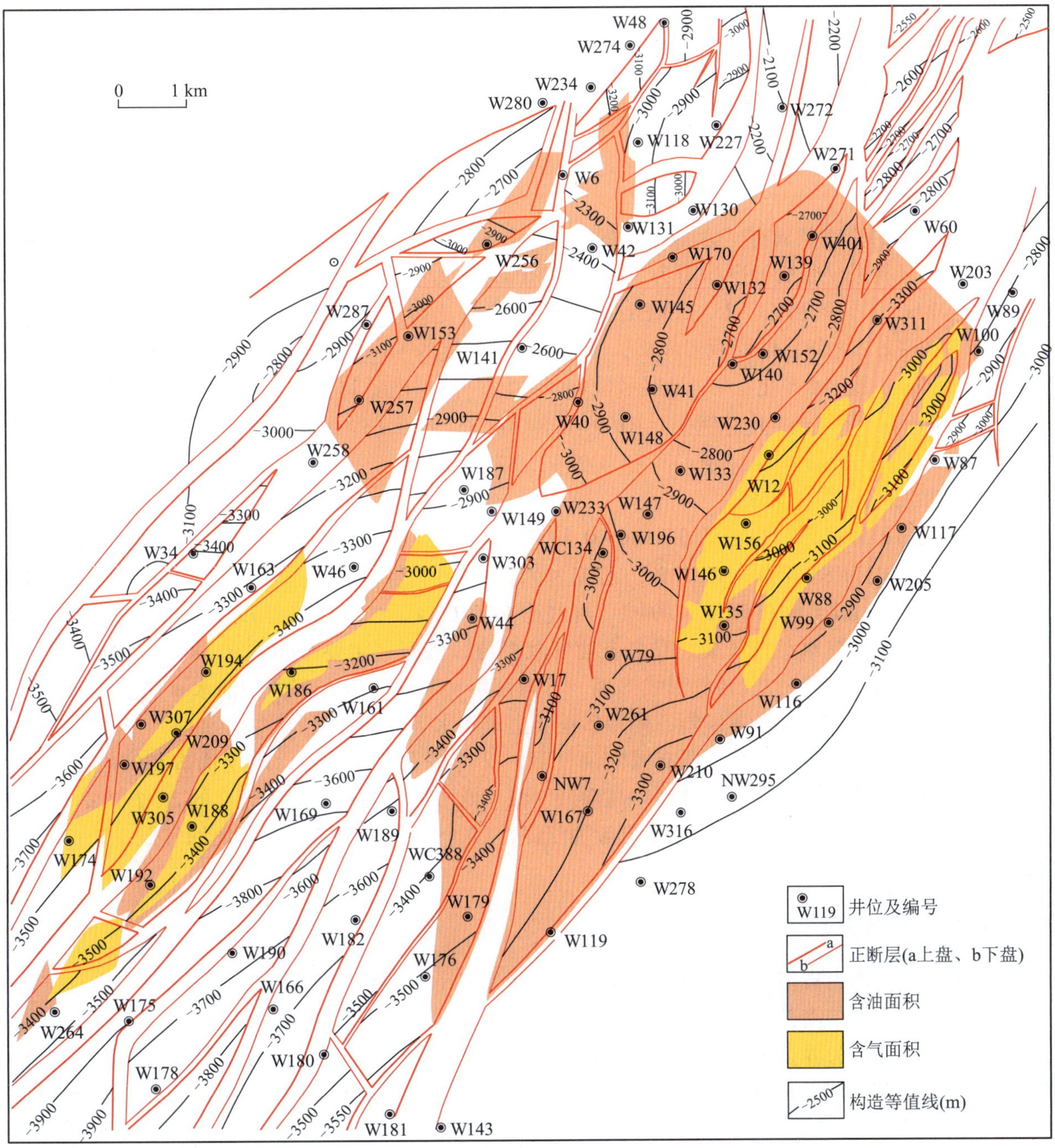

图 6-59 濮阳县文南油气田沙二^{下}亚段 4 砂层组顶面构造图

（据《中国油气田开发志》总编纂委员会，2011d）

的薄层状褐色油页岩组，砂层物性和含油性差。沙三^{中}亚段为深湖-半深湖沉积体系的三角洲相，主要发育三角洲前缘和前三角洲亚相，主要砂体属水下分流支水道、席状砂及水下分流间湾等微相，划分为 10 个砂层组。沙三^{上}亚段为浅湖-半深湖沉积体系的三角洲前缘和前三角洲亚相，主要砂体属水下分流河道、河口砂坝及远砂坝等微相，划分为 10 个砂层组。文南油气区北部的沙三^{上}亚段底部至沙三^{中}亚段顶部出现盐岩层（即文 9 盐）。沙二^{下}亚段为间歇性涨缩浅湖环境下发育的浅水三角洲和滨浅湖沉积体系，可划分为三角洲前缘水下分流河道、水下沿岸砂、水下天然坝、水下分流间湾、前三角洲砂泥、滨浅湖等微相，以水下分流河道砂体的储集物性相对最好，划分为 8 个砂层组。沙二^{上}亚段和沙一段是一套泥岩、盐岩、含膏泥岩为主的沉积，是本区良好的盖层。

文南油气田的油层埋深 2210～3800 m。储层发育不稳定，井间连通性差，以油田西北部比较发育。主要油气层组是沙二^{下}亚段，物性差且非均质性较强，层间和层内的物性差异较大；如文 79-8 井的沙二^{下}亚段 4 砂组储层孔隙度为 8.8%~22.1%，渗透率为 0.9~224.0 mD；文 152 井的沙二^{下}亚段 4 砂组 7 号层孔隙度为 10.7%~20.3%，渗透率为 0.4~89.0 mD。沙二^{下}亚段储层主要岩性是长石粉砂岩，其次是粗砂岩及长石砂岩；储层孔隙度为 11.4%~21.6%，渗透率为 4.3~129.0 mD；孔隙类型以粒间孔为主，孔喉半径一般为 2.4 μm，大于 2 μm 的体积占总体积的 55%~70%。

3. 油气藏特征

文南油气田的油气藏具有“六高、两低、一小”的特点。六高：原始地层压力高，不同断块区的压力系统不尽相同，原始地层压力为 30~65.4 MPa，压力系数 1.20~1.85；饱和压力高，饱和压力 20.0~43.9 MPa，平均饱和压力 25.78 MPa；原始溶解气油比高，气油比 61~452 t/m^3；原油体积系数高，介于 1.35~2.2 之间；油气藏温度高，油气层段的温度为 84~141℃，平均油气藏温度 101℃，地温梯度 3.8℃/hm；地层水矿化度高，地层水属 $CaCl_2$ 型，一般矿化度 18.0×10^4~34.0×10^4 mg/L。两低：原油密度低，地面和地下原油密度分别为 0.8100~0.8470 t/m^3 和 0.65~0.72 t/m^3；原油粘度低，地面和地下原油粘度分别为 2.8~14.1 mPa·s 和 0.26~2.67 mPa·s。一小：地饱压差小，介于 4~17 MPa 之间。地面原油凝固点 27~36℃。

文南油气田的溶解气相对密度 0.6116~0.8717 t/m^3。气层气地面分析结果：相对密度 0.6664~0.6942 t/m^3，甲烷为 83.62%~86.13%，乙烷为 7.20%~10.34%，丙烷为 2.34%~3.51%，丁烷为 1.10%~2.14%，C_5 以上为 0.56%~1.04%，氮气为 0~0.68%，二氧化碳为 1.52%~1.99%，属湿气。

文南油气田的油气水关系复杂。有多个油气水系统，气层气主要分布在文 184、文 188、文 299 块和文 72 断块区，大部分以气顶气形式出现。不同区块、不同砂组有不同的油水、油气界面。有些区块流体分布受构造、岩性双重控制，同一砂组会出现上水下油的现象。

文南油气田的油气藏类型多，既有黑油油气藏，又有挥发性油气藏；既受构造和储层因素的影响，又有流体性质的差异。油气藏分为中高渗油气藏、低渗油气藏两大类。现有的 28 个开发单元中，5 个为中渗复杂断块油气藏，3 个为常压低渗油气藏，17 个属高压低渗复杂断块油气藏，3 个为低渗特殊油气藏。

（十二）滑县赵庄油田

赵庄油田位于河南省滑县桑村乡境内，地理坐标为东经 114°55′03″，北纬 35°25′27″。构造位置处于东濮凹陷西部斜坡带南部长垣正断层下降盘的赵庄构造。北与庆祖集油田相连，南与桑村集构造相接，西以长垣正断层为界，东以低鞍与南湖构造相望。1994 年 9 月在赵庄构造上部署了第一口预探井——桑 1 井。该井完钻后在沙二^{下}亚段钻遇油层 5.8 m/1 层。1995 年 1 月对沙二^{下}亚段 3030.6~3091.1 m 井段 10.2 m/3 层完井测试，5 mm 油嘴获日产原油 16 t、气 464 m^3，发现了赵庄油田。1996 年 4 月，在构造高部位施钻的赵 1 井又于沙二^{下}亚段测试获得日产原油 17.03 t。1999 年在赵 1 块东侧低断块上部署实施了评价井——赵 3 井，完钻后在沙二^{下}亚段钻遇油层 1.3 m/1 层，证实了赵庄油田沙二^{下}亚段为多砂组含油、小断块、小油藏。2008 年 8 月，赵 4 井于沙二^{下}亚段的 3945.3~3957.9 m 井段测试获得日产原油 10.5 m^3。2009 年，在赵 4 断阶西断阶的两个断块上分别实施了滚动评价井——赵 4-1 井和赵 4-2 井，兼探沙三^{上}亚段含油气情况。其中，对赵 4-1 井沙三^{上}亚段 1 砂组 3264.8~3291.9 m 井段油层压裂后抽汲，日产原油 8.15 m^3、气 1943 m^3，无水，首次在该区沙三^{上}亚段获工业油流；赵 4-2 井沙三^{上}亚段 4 砂组 4126.8~4131 m 井段测试，抽汲后日产原油 6.1 m^3、水 4.4 m^3。2012 年完成的胡庆高精度三维地震勘探认为赵 1 井及赵 4-2 井构造高部位油气富集。受油区复杂性及认识的影响一直未投入开发。2014 年在赵 1 块构造高部位施钻了赵 1-3 井，同年 2 月 4 日投产，初期日产原油 11.3 t。2015 年 11 月，赵 4-3 井初期日产原油 19.6 t。截至 2017 年底，累计探明含油面积 1.43 km^2，获得石油地质储量 66.19×10^4 t，溶解气储量 0.36×10^8 m^3；累计产油 3.73×10^4 t，溶解气储量 0.04×10^8 m^3。属小型、特低丰度油田。

1. 构造特征

赵庄构造为依附于长垣正断层、并被一系列东掉的伴生正断层切割而成的复杂化的继承性鼻状构造（图6-60）。2007~2008年，在对原赵庄—南湖三维地震资料重新处理与构造精细解释的基础上，落实了构造格局与断块圈闭，夹持于海通集和孟岗集洼陷之间，总体呈东西分带、南北分区、隆洼相间的构造格局，发育4个断鼻构造，构造走向北东东，地层倾向南西—南东。总趋势为北高南低、西高东低的剖面上阶阶东掉的断阶。应用2012年胡庆高精度地震、井震结合进行构造精细解释，结合动态资料进一步落实构造。落实了赵庄4个断鼻构造圈闭高度为50~170 m，圈闭面积为0.10~0.23 km^2。

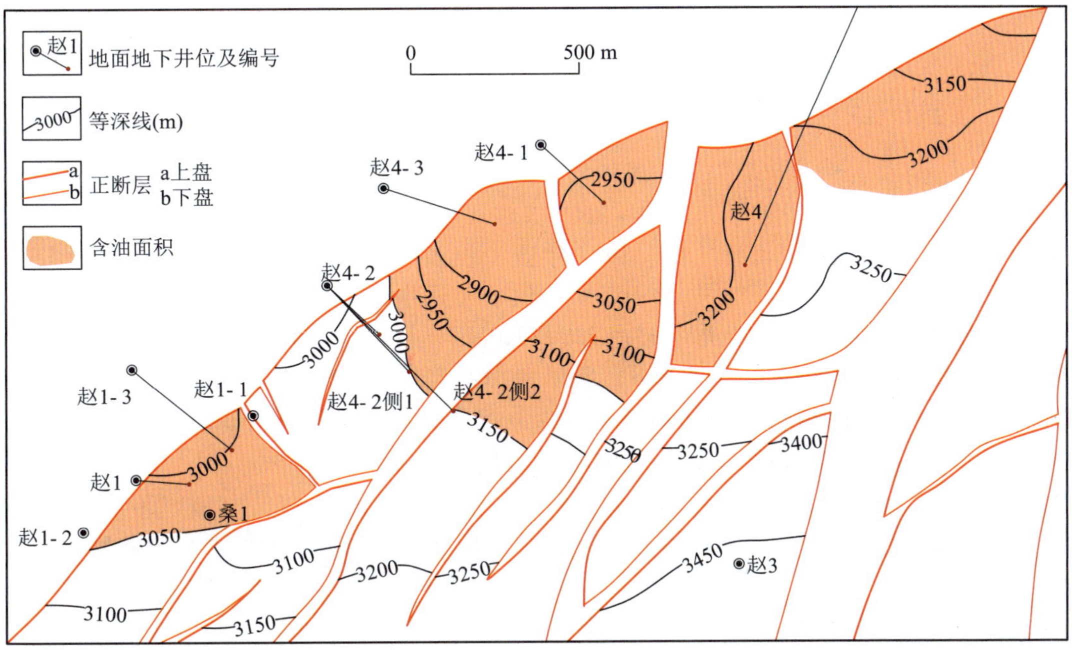

图6-60 滑县赵庄油田沙二^{下}亚段5砂组顶面构造图

（据中国石油化工中原油田分公司勘探开发科学研究院，2017）

2. 油层组特征

赵庄油田的主要油层组是沙二^{下}亚段和沙三^{上}亚段。沙三^{上}亚段地层厚度约700 m，纵向上分为4个砂组，各砂组地层厚度45~200 m；下部为灰色泥岩与浅灰色粉砂岩呈不等厚互层，夹灰色粉砂质泥岩、深灰色页岩，砂岩成组发育；中部为浅灰色粉砂岩、泥质粉砂岩与灰色泥岩呈略等厚互层，夹浅灰色细砂岩、浅灰色粉砂质泥岩、紫色泥岩；顶部为灰色泥岩与浅灰色粉砂岩呈略等厚互层，夹灰色粉砂质泥岩，见紫红色、紫色泥岩，砂岩成组发育。

赵庄油田的沙二^{下}亚段厚度约350 m，岩性为紫红色泥岩与棕色粉砂岩、浅灰色粉砂质泥岩的不等厚互层，属漫湖相洪水水道沉积；该段是沙二段储盖系统的储层发育段，自上而下分为8个砂组，各砂组地层厚度30~65 m，各砂组的顶、底均发育有全区稳定、对比关系可靠的泥岩段；储层为浅灰色粉砂岩及泥质粉砂岩，矿物平均含量为：石英65.5%、钾长石22.5%、斜长石3.4%、岩屑1.4%~4.1%，岩石致密程度中等，风化程度中等，颗粒为次圆状，孔隙类型主要为原生粒间孔隙、粒内孔隙，属孔隙式胶结。沙二^{下}亚段1—6砂组的砂岩厚度和储层物性在纵横向上均有所变化，但分布相对稳定，平面上连通性较好；纵向上，1—2砂组单砂层一般厚度1~2 m，最厚可达5~6 m；3—6砂组的储层较为发育，单砂层一般厚度2~3 m，最厚可达6~8 m；平面上，从高部位的赵1井区向低部位的赵3井区，砂岩储层有变薄、变差的趋势。根据桑1井的取心资料及赵4-3等井的测井解释结果，沙二^{下}亚段油层平均孔隙度为15.1%，平均渗透率28.5 mD，属于中孔、低渗油藏。

赵庄油田的沙二^{上}亚段地层厚度约500 m，以紫红色、浅灰色泥岩和浅灰色含膏泥岩为主，偶夹薄层粉砂岩，为咸化湖相沉积，是沙二^{下}亚段的区域性盖层。

3. 油藏特征

由于赵庄油田为长垣正断层下降盘的鼻状构造背景，区内次级断层发育，使得该区构造支离破碎，油藏分块特征明显。油藏主要在各断块高部位富集，含油井段长，储层发育程度好，向低部位储层变薄、变差，其含油性相对也变差。通过已知油藏剖析，认为构造背景影响油气富集，砂体发育的鼻状构造更有利聚集油气；受断层控制，油气沿断层富集于断块高部位。

根据试油资料分析结果：赵庄油田的地面原油密度 0.826 t/m^3，粘度 5.41 mPa·s，含硫量 0.13%，凝固点 30℃左右。地层水总矿化度 13.04×10^4 mg/L，氯离子含量 10.2×10^4 mg/L，水型 $CaCl_2$ 型。油层温度 102～116℃，地层压力 30.4～34.4 MPa，压力系数 1.10，属正常温度压力系统油藏。

（十三）滑县-濮阳县南湖气田

南湖气田位于河南省滑县和濮阳县交界地带，地理坐标为东经 114°57′34″，北纬 35°23′43″。1993 年 10 月，孟 4 井于沙二^{下}亚段的 3525.0～3607.5 m 井段进行压裂试气，6 mm 油嘴求产获日产 101199 m^3 的工业气流，发现了南湖气田。1994 年曾上报孟 4 断块区的预测天然气储量 15×10^8 m^3，截至 2019 年底，孟 4 井已累计产气 37.5×10^4 m^3（仅冬天开井）。截至 2017 年底，申报孟 4 断块区沙二段气藏含气面积 2.7 km^2，天然气地质储量 3.99×10^8 m^3，技术可采储量 2.09×10^8 m^3，储量丰度为 0.77×10^8 m^3/km^2。属小型、特低丰度气田，千米井深日产量为 28379 m^3/(km·d)，属低产气藏。2000 年 9 月份在孟 4 断块区南边部署了孟 6 井，孟 6 井完钻井深 3700 m，完钻层位在沙二段下，在 3419.0～3627.5 m 井段电测解释干气层 3.8 m/5 层、气水同层 1.0 m/1 层，2019 年该井正试气。

1. 构造特征

南湖气田的主体构造是呈北东向展布的鼻状构造，南邻李家构造，向西通过一低鞍与桑村集构造相连，东为南何家构造。1994 年曾在孟 4 井东部署了孟 5 井，该井完钻后试油未获工业油气流，后通过对南湖构造进行了重新精细解释，认为南湖构造位于东濮凹陷西部洼陷带的孟岗集洼陷与海通集洼陷结合部高部位，该构造自沙三^{1}时期起就为一隆起构造，十分有利于油气运移聚集。从该区断层发育特点分析，主要呈北东—南西走向，隆起中部断层断距大，向两边断距逐渐变小，北西向掉的断层与南东向掉的断层互相切割，形成多个断鼻、断块构造，其中孟 4 断块区就是南湖构造上形成的一个断鼻构造。从 T_4 层图上分析，该断鼻构造被 3 条北倾的断层进一步复杂化（图 6-61），南端高，北端低，高点埋深 3400 m，闭合幅度 300 m，闭合面积 6.0 km^2。

2. 气层组及储集特征

南湖气田的古近系沉积完整，厚度约 5000 m，新近系厚度约 2000 m。孟 4 断块区主要含气层位为沙二段。沙二^{下}亚段属河流相沉积，厚度 500～550 m，主要岩性为红色、紫红色泥岩夹灰白色粉、细砂岩及粗砂岩；砂岩较发育，存在着多个物源，平面上交错叠置；砂岩岩性属岩屑长石石英砂岩，矿物成分以石英为主，成熟度偏低，粒度一般 0.03～0.18 mm，分选较好，磨圆度次棱角-次圆状，颗粒间以点接触为主，胶结类型以孔隙式为主。沙二^{下}亚段的中部及上部为砂岩主要发育段，气主要聚集在上部砂岩段，上部相对较好砂岩（水层）的孔隙度平均 12.9%，渗透率平均 5.94 mD，属低孔低渗储层，一般需要压裂改造才能获工业产能。沙二^{上}亚段厚约 500 m，以紫红色泥岩沉积为主。

3. 气藏特征

孟 4 断块区气藏埋深 3400～3680 m，气层集中分布在沙二^{下}亚段上部，属断块层状气藏。据孟 4 断块区试气成果，沙二^{下}亚段天然气密度 0.5901 t/m^3，甲烷含量 93.67%，乙烷含量 3.48%，丙烷含量 0.56%，属干气；气藏压力系数 1.08，属常压气藏。气层实测温度 126℃。地层水总矿化度 17×10^4～18×10^4 mg/L，氯根 10×10^4～11×10^4 mg/L，水型 $CaCl_2$。

（十四）濮阳县刘庄油气田

刘庄油气田位于河南省濮阳县境内，地理坐标为东经 115°04′44″，北纬 35°25′03″。构造位置是中

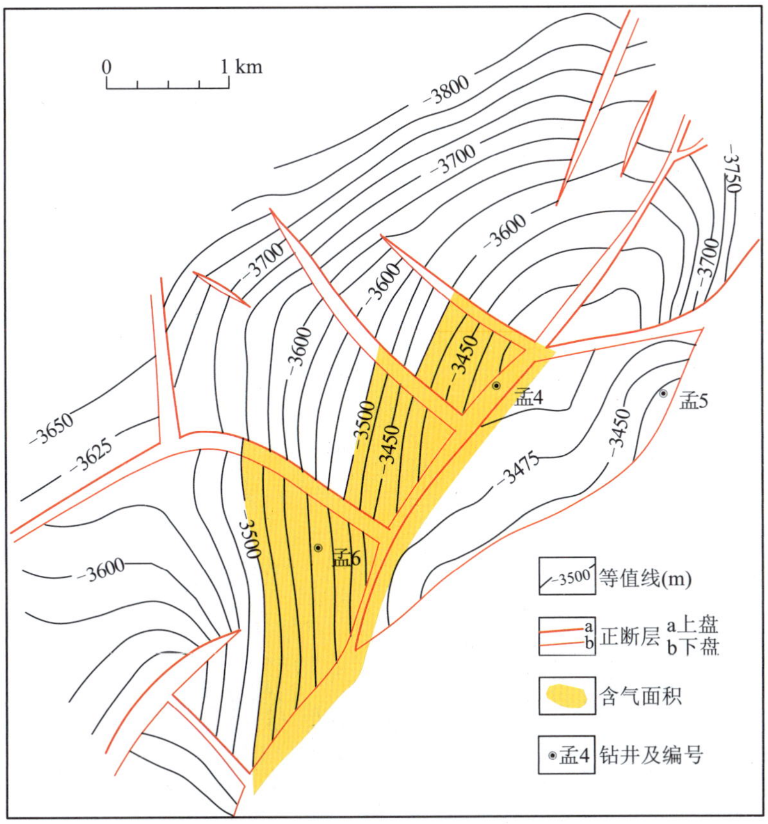

图 6-61　滑县-濮阳县南湖气田构造示意图

（据中国石油化工股份有限公司中原油田分公司，2006）

央隆起带中部的刘庄断块区。1977 年在海通集洼陷东翼施钻的习 1 井于沙一段见到 4 层 7.0 m 的油迹显示。1981 年发现刘庄构造。1983 年 5 月，在刘庄以北构造高点施钻的刘 1 井于沙三^{上}亚段试获低产油流。1987 年 8 月，刘 3 井于沙三^{上}亚段的 4522.3~4587.0 m 井段试获日产 $3.7837\times10^4 m^3$ 的工业气流；1990 年，又在沙一段的 2978.2~2988.0 m 井段试获日产原油 23.6 t，发现了刘庄油气田。1991 年进行开发准备，2003 年进行产能建设，2005 年开始注水开发。至 2005 年底，探明含油面积 9.1 km^2，探明石油地质储量 484.0×10^4 t，可采储量 66.36×10^4 t；动用地质储量 224.0×10^4 t，可采储量 20.76×10^4 t；共有油水井 23 口，其中油井总数 22 口，开采 13 口，累计产油 8.99×10^4 t；探明含气面积 14.1 km^2，探明气层气地质储量 $31.60\times10^8 m^3$，动用气层气地质储量 $11.44\times10^8 m^3$，可采储量 $4.24\times10^8 m^3$，7 口采气井，累计产气 $0.3050\times10^8 m^3$。截至 2017 年底，累计探明含油面积 13.11 km^2，获得石油地质储量 828.87×10^4 t，溶解气 $9.39\times10^8 m^3$；探明气层气面积 17.68 km^2，获得气层气地质储量 $37.67\times10^8 m^3$，凝析油 28.62×10^4 t；动用含油面积 8.30 km^2，石油地质储量 415.65×10^4 t，可采储量 75.67×10^4 t；累计生产原油和凝析油分别为 24.69×10^4 t 和 0.47×10^4 t，生产气层气和溶解气分别为 $0.68\times10^8 m^3$ 和 $0.40\times10^8 m^3$。属于小型特低丰度油气田。

1. 构造特征

刘庄油气田北部是中央隆起带向南的倾没端，属于文留构造的南延部分，南部以孟居-白庙构造变换带与中央隆起带南部相隔，东、西两侧为前梨园、海通集洼陷。刘庄油气田夹于北北东向延展的黄河和梁庄正断层之间，北东—南西向正断层交织发育，整体表现为复式地堑的断块群（图 6-62），呈现“凹中有隆、隆中有凹”的构造特征。依据其局部断层特征及组合形式，自北往南可划分为郎中集构造和刘海断块构造。区内已发现的油气藏均为断块层状油气藏，单个规模小。主要含油断块有刘 8、刘 20、刘 16 和刘 9 等断块。

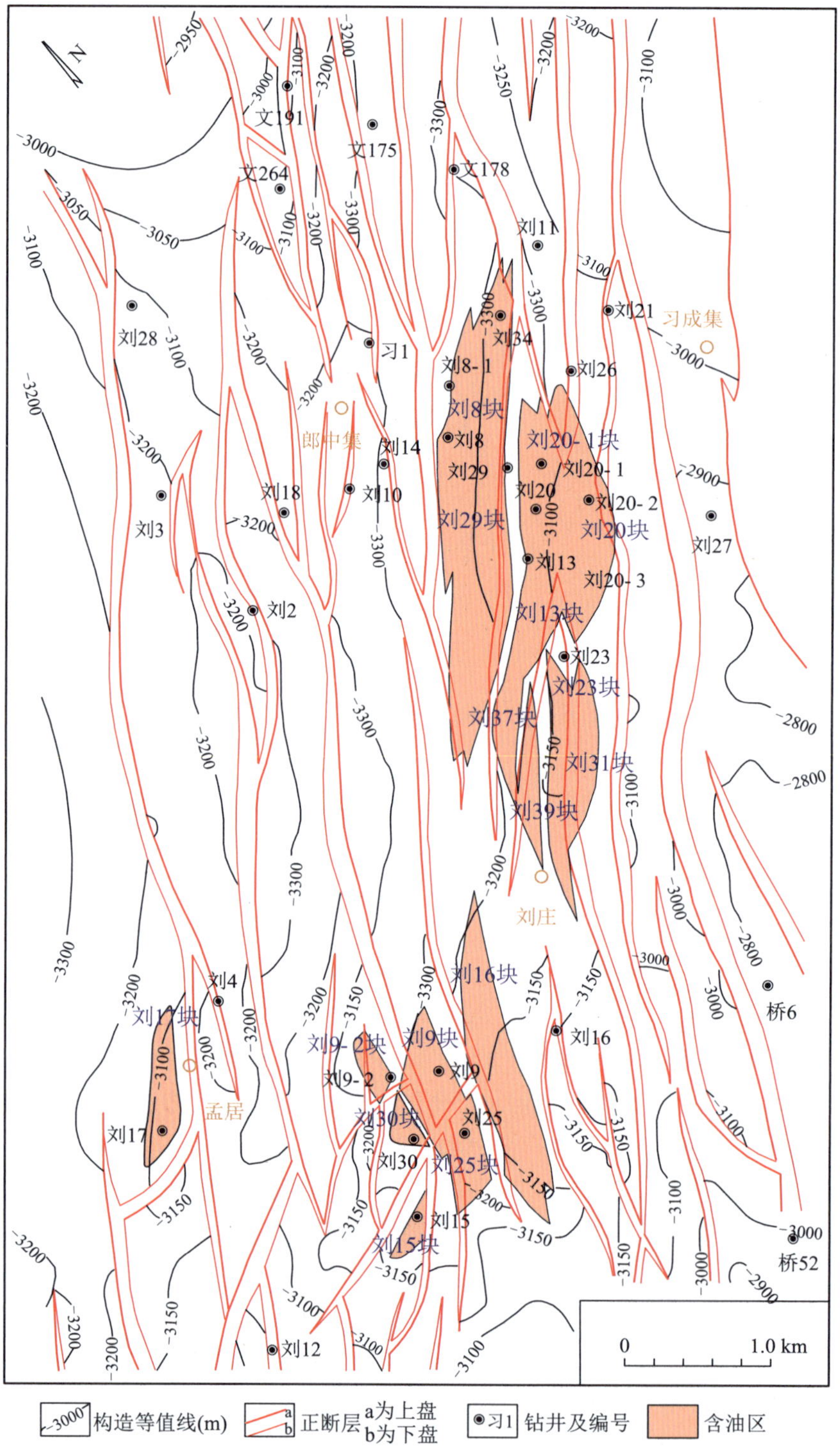

图 6-62 濮阳县刘庄油气田主要含油气断块构造示意图

（据《中国油气田开发志》总编纂委员会，2011d，有修改）

2. 油层组特征

刘庄油气田的主要含油层段为沙一段和沙二段，埋藏深度分别为 2970～3250 m 和 3350～4000 m。其次是沙三^{中}亚段和沙三^{上}亚段。沙三^{上}亚段为灰色砂岩与泥岩不等厚互层，夹页岩，埋深在 3800 m 以深，厚度大于 400 m；砂岩孔隙度为 0.4%～14.0%，平均 6.7%；渗透率平均值为 0.41 mD。

刘庄油气田的沙二段主要表现为漫湖相沉积环境。沙二^{下}亚段为紫色泥岩夹灰色粉砂岩互层，顶部厚层泥岩发育，中、下部砂岩发育，地层厚度大于 500 m。沙二^{上}亚段为大套红色泥岩夹浅灰色粉砂岩及灰白色膏泥层，顶、底部砂岩相对发育，埋深3400~3750 m，层厚约500 m；顶部以含油为主，与沙一段形成同一含油系统；底部砂岩则以含气为主，与沙二^{下}亚段形成同一含气系统，主要分布于刘庄油气田南部。沙二段储层的孔隙度为1.3%~14.5%，平均8.6%；渗透率为0.04~40.2 mD，平均17.1 mD。

刘庄油气田的沙一段为湖相三角洲沉积，岩性为泥质粉砂岩、细砂岩与灰色泥岩不等厚互层，下段夹油页岩、页岩、白云质泥岩、泥质白云岩，底界埋深2900~3300 m，层厚约400 m；其中，沙一^{下}亚段是主力油层，分布广泛，油层段比较集中，物性较好，单井产量较高；沙一^{上}亚段油层被构造严格控制，而且砂体的物性差异较大；沙一段砂岩储层发育，储层孔隙度为8.4%~22.8%，平均15.6%；渗透率为1.01~184 mD，平均33.5 mD。

3. 油气藏特征

刘庄油气田的沙一段和沙二段地面原油密度分别为0.8946 t/m^{3}和0.8087~0.8300 t/m^3，粘度分别为117.08 mPa·s和2.62~23.4 mPa·s，凝固点分别为30℃和39~48℃。沙一段地面原油的含硫量0.64%。

刘庄油气田的天然气主要分布在沙二^{下}亚段，既有气层气，也有溶解气，二者性质相近。气体相对密度0.573~0.646 t/m^3，甲烷含量91.4%~97.15%，乙烷含量0.16%~4.87%，丙烷含量0.12%~2.11%，二氧化碳含量0.40%~1.54%，属干气。

刘庄油气田的沙一段为正常压力系统，压力系数为1.03~1.06；沙二段为异常高-超异常高压系统，压力系数为1.26~1.67。地温梯度3.83℃/hm。

刘庄油气田属复杂断块油气藏，以构造油气藏为主（沙一段、沙二^{下}亚段），深部存在低渗-致密高压岩性油气藏（沙三^{中}亚段）。

三、东濮凹陷古近系油气成藏条件及富集规律

东濮凹陷是既富含油又富含气的古近系含膏盐沉积盆地，构造演化复杂，断裂系统发育，纵向上多期生成油气，横向上多个洼陷供给油气，具有“多源、多储、多期次、多组合”的油气成藏特点，油气富集成藏需要“生、储、盖、运、聚、圈、保”7大地质要素及地质作用的良好匹配，并受构造圈闭或构造带的控制。

东濮凹陷的古近系和上古生界烃源系统提供了多源供给、富油又富气的优越基础。垂向上，形成3大套生储盖组合：石炭纪—二叠纪煤系生气、沙四段储气、沙三^{4}盐为盖层；沙三段下部烃源岩生油气、中部储集油气、上部为盖层；沙三段上部为生油气层、沙二^{下}亚段为储集层、沙二^{上}亚段或沙一段为盖层；盐韵律与下伏层系中油气分布面积存在着较高程度的叠合关系。油气储层及产层以古近系始新统—渐新统沙河街组三段和二段居多，其次是沙一段、沙四段，少数为渐新统东营组和中生界、上古生界致密砂岩。

东濮凹陷的油气藏特点为：以复杂断块油气藏为主，规模较小，油气藏数量多；垂向上含油气层系多，平面上油气层叠合连片；断块群内各断块自成独立的油水系统，高部位富集（谈玉明等，2011）。“东西分带、南北分区”的“复式地堑型”断陷结构及调节带的演化，控制了“东西分带、南北分区”的油气富集，表现为“西富东贫、北富南贫”的特点。油气富集程度以中央隆起带北部的文留、濮城、卫城构造亚带居先，次为中央隆起带南部的桥口-徐集、马厂、三春集等构造亚带和西部斜坡断阶带，反映了盐岩发育程度与油气成藏的密切联系。深度上，石油主要分布在3500 m以浅，天然气则主要分布在3500 m以深，4000 m以深以含气为主。

东濮凹陷油气藏类型丰富多彩，以沙三段和沙二段的多种断块圈闭交叉叠置组合为主，并有少量岩性油气藏或潜山型油气藏。凹陷独特的油气富集成藏规律，首先得益于具有盐岩发育区的富烃供给，其次是具有以断层型输导体系为主导的优势运聚通道，尤其是在“控盆”“控洼”“控带”和“控块”等不同级别断层的多期次变动控制下，形成了多种断块圈闭交叉叠置组合为主的油气藏类型，并有盐岩的严密封盖与多种断层封闭配置，而且得到了较完整的保存。从某种意义而言，盐岩、

断层、断块的良好匹配，应是本区油气富集成藏的主控因素。

（一）盐岩对油气成藏的影响与控制

东濮凹陷长期大幅度持续下沉和盐湖沉积中心的横向迁移导致烃源岩沉积厚度大，盐膏层和泥岩分布面积广、厚度大、层数多，盐岩及其与砂岩的齿状交错和相互叠置关系形成诸多圈闭。受古地形、古水系及同沉积断层的影响与控制，东濮凹陷在濮卫、文留和胡状集地区纵向上自下而上发育了沙三段的 Es_3^4 盐、Es_3^3 盐、Es_3^2 盐和沙一段的 Es_1 盐 4 套主要盐膏韵律层段。纵向上盐膏层大都夹于灰黑色泥（页）岩中构成盐岩和泥岩的盐韵律层，而红色地层中较为少见，仅在卫城地区沙二^{上}亚段发现有盐岩沉积。随着盐湖沉积中心的不断迁移，横向上，盐岩与碎屑岩砂体存在着此消彼长的“你进我退、你退我进”关系；纵向上，盐岩与碎屑岩砂体存在着指状交错关系。盐-砂相变使得含盐地层中的无盐地层（碎屑岩地层）与盐岩层在空间内形成“指状交叉带”，这种“指状交叉带”对形成油气圈闭有着重要的作用，同时盐岩的强封盖能力和良好的封盖作用、盐-断组合及盐-砂组合关系为油气聚集提供了良好的封堵条件，对岩性油气藏的形成非常有利，盐岩发育区的外围最容易形成砂岩上倾尖灭油气藏，如中央隆起带两侧。由于盐岩在地下高温、高压条件下的可塑性特点，盐岩沉积之后的构造改造使其形成诸如盐背斜、盐刺穿、盐丘、盐枕、盐岩楔等复杂的构造形态。随着盐-砂分布的横向迁移，盐岩与生油层、储集层、构造等配置在一起，形成了多种多样的能够捕集油气的圈闭组合和丰富的油气藏类型。

东濮凹陷充填沉积时，湖泊水体的含盐程度不尽相同，达饱和程度的湖盆深部形成的底部闭塞还原环境利于有机质的埋藏和保存，中层水的含盐度变化较大（称之“盐跃层”），浅表层因含盐度低、氧含量高而适于嗜盐性生物的繁衍。随着湖泊中心的变迁和水体深度的变化，在不同部位会形成盐膏层与生烃岩的交叉叠置，使烃源岩的含盐程度与其有机碳含量及生烃潜量高低呈现密切的对应关系。盐岩主要分布在凹陷北部，南部基本为无盐区。北部含盐区以深水盐湖沉积为主，盐膏泥岩十分发育，烃源岩的机质丰度和干酪根浓度明显高于凹陷北部及南部无盐区；其中，凹陷北部含盐区的沙三段烃源岩有机碳平均含量是凹陷南部无盐区的 3.3 倍，氯仿沥青“A”和总烃平均含量均是 4.9 倍（表 6-23）。盐岩发育区的干酪根类型相对较好，凹陷北部的濮城-前梨园洼陷的沙三段Ⅰ型干酪根占该地区总数的 19.5%，$Ⅱ_1$ 型干酪根占该地区总数的 37.8%；而南区葛岗集等无盐区的沙三段未见Ⅰ型干酪根，Ⅲ型干酪根却占总量的 66.7%。由此可以看出，东濮凹陷从北部含盐区（咸水）到北部过渡区（半咸水），再到南部无盐区（淡水-微咸水），有机碳含量逐渐减少，反映了盐度对有机质聚集的控制（徐田武等，2019）。慕小水（2011）认为，高盐度水体导致生物属种单调，但喜盐性生物（如华北介、渤海藻等，疑源类、沟鞭藻和绿藻等浮游生物）丰度高，其干酪根是颇佳的生油母质，为有机质富集提供了丰富的物质基础；陆源高等植物碎屑和孢子花粉等可以被盐湖还原环境中的细菌、微生物改造为“无定形”母质，导致生烃能力增强。

表 6-23　东濮凹陷沙三段及沙一段烃源岩有机质丰度参数统计表

地区	沙三段烃源岩有机质丰度			沙一段烃源岩有机质丰度		
	TOC/%	氯仿沥青“A”/%	总烃/10^{-6}	TOC/%	氯仿沥青“A”/%	总烃/10^{-6}
凹陷北部含盐区	1.67	0.3253	1483	0.84	0.161	203
凹陷北部无盐区	0.59	0.0614	281	0.77	0.0713	377
凹陷南部无盐区	0.50	0.0666	303	0.53	0.0468	231

（据中国石油化工股份有限公司中原油田分公司，2005）

富含有机质的烃源岩，包括不同干酪根或有机显微组合类型的暗色泥岩、页岩、碳酸盐岩和煤岩，在不同深埋、高压、高温的综合作用下，可以生成液态或气态的碳氢化合物。烃源岩主要发育在沉积密集段。沉积密集段是由薄层的深湖或半深湖沉积物所组成的地层，这类沉积物是在准层序逐步向岸推进，而湖盆又缺少陆源沉积物的时期沉积的，沉积缓慢，其沉积物组合中含有大量的有机质，包括种类繁多、数量丰富的微体浮游生物，具有可观的生油潜力，是层序中最有利的生油区带。东濮凹陷近洼沙三段140余口井的录井统计分析，发现在一些页岩与油页岩发育的层系，油气显示作用比较活跃，而在一些页岩与油页岩发育零星层位，油气显示比较微弱，绝大部分油气层位于页岩集中发育段内部或者离页岩20 m的距离范围内（徐田武等，2019）。膏盐沉积与沉积密集段可在同时、同条件下形成。密集段的平面分布很大程度上反映了凹陷内有利生油区带的分布。古近系始新统—渐新统沙河街组是东濮凹陷的主力烃源岩，盐岩与烃源岩存在着良好的共生关系，其中沙一段、沙三段是主要的沉积密集段发育段，也是主要的烃源岩发育段。由于烃源岩厚度、有机质丰度和热演化程度等的较大差异，沙河街组各段及其亚段生成的油气资源量存在很大差别，纵向上可分为沙三段和沙一段两套油气贡献明显不同的烃源系统，沙三段明显好于沙一段，尤其是沙三段泥页岩是东濮凹陷的主力烃源岩，相应的盐岩发育区明显优于无盐沉积区。高生产力及盐水分层造成的强还原环境是造成东濮凹陷咸化湖盆优质烃源岩形成与发育的主要原因（张洪安等，2017）。

温度在烃源岩热演化过程中起着至关重要的作用（邹艳荣等，2004；刘景东等，2013）。东濮凹陷北部发育巨厚膏盐层，广泛分布的盐膏层与其间的泥岩夹层以多层叠加形成巨厚的热流屏蔽，盐的存在增加了封盖能力、热导率和聚热性能及产生的异常高压，利于有机质的成烃转化。沙河街组的油气生、储、盖组合在东濮凹陷的构造演化过程中，呈现不同的埋藏演化，通常是埋藏深度增大引起古地温场增高。东濮凹陷的油气成藏有多个成藏期，但以渐新统东营组沉积时期为主，生烃时窗长，深埋、高温、高压、高矿化度环境下的生油岩转化条件好，成熟度高。由于凹陷北部沙河街组发育了多套巨厚膏盐层，导致北部地区生烃底限对应的 R_o 值和深度 H 值明显低高于南部地区（唐令等，2017）。北部含盐区的油气层位、深度普遍浅于南部无盐区的油气分布层位，北部含盐区油藏的最浅深度为1360~2150 m，而南部无盐区油藏的最浅深度为2575~2950 m，北部比南部普遍要浅800~1000 m（徐田武等，2019）。还需提及的是，由于盐岩可能来自地下深层热卤水，深层热卤水也会增加古地温梯度。深层卤水进入湖盆时温度可达到300℃以上，会导致干酪根异常热变。

总体来讲，盐湖环境不仅利于有机质的富集和保存，沉积厚度巨大的盐膏地层对烃源岩的演化也有着重要影响。东濮凹陷多套盐岩层的存在导致其烃源岩热演化表现出了极大的复杂性和多样性。多套盐岩发育是该区油气富集的必要条件，对油气生成、运移、聚集和保存发挥着积极作用（陈发亮等，2003），同时，使盐湖相的油气聚集呈现出常规与非常规油气藏共同发育的特征（徐田武等，2019）。纵向上，沙一盐和沙三^{4}盐之间油气最为富集，沙三^{4}盐之下次之，沙一盐之上的油气储量很少。平面上，北部含盐区多为超压-强超压，含油层系多、油气资源丰富且探明储量叠加连片，由浅至深的油气性质差异大，油气勘探成功率和发现率均高于南部无盐区，单位面积储量丰度是南部的近20倍；而南部无盐区为常压-弱超压低丰度含油区，含油层系少且油气相对分散。石油主要分布于盐湖亚相发育的濮卫、文留和胡状集地区，天然气主要分布于濮卫、文留以及南部的桥口、白庙地区。

（二）东濮凹陷古近系油气运移子系统与成藏期次

整个东濮凹陷的新生代沉积地层是一个完整的含油气系统，它随着东濮凹陷的构造运动-沉积充填过程的发育、发展，也经历了一个完整油气的生成、运移、聚集、保存及圈闭的形成、捕集油气等动态的、系统的演化过程。油气生成子系统实际上就是东濮凹陷中所有的有效烃源岩，纵向上可分为沙三段和沙一段两套主要的子系统，相应的盐岩发育区明显优于无盐沉积区。运移-捕集子系统包括油气运移通道以及能够捕集油气、储存油气的圈闭集合，其中，沟通各个生油洼陷的断层是油气运移的主要通道。

油气在相应的势场驱动和封盖条件配置下，沿生烃洼陷周边运移，往往在岩性圈闭、构造圈闭的高部位聚集成藏，多种三角洲相砂体是油气侧向运移的重要通道。由于多数构造具有继承性发育特点，可形成有利油气运移的“构造脊”。断裂系统格外发育，数百条规模不等的断层交错相切叠置，成为油气二次运移的优势通道。对于以多种断块组合圈闭为主的油气富集成藏而言，断层型和砂-断复合型输导体系往往起着主导作用。油气运聚单元是指具有共同的油气生成、运移和聚集历史特征的有机集合体，通常以油气主要聚集期及相应运移格局为基础进行划分，其边界多是相关断层或岩性变化带。因此，油气运移子系统（是指油气二次运移通道，亦称油气输导体系或输导脊，通常可分为砂体型、断层型和断层-砂体复合型）是油气运移方式的体现，运聚单元是油气运移结果的体现。

1. 文留地区油气输导体系

文留地区的油气富集成藏具有“多烃源、多相态、多产层、多类型”的特点。文东油气田的沙三段中、下层原油主要来自前梨园洼陷的沙三段中、下部烃源岩。文西深层原油主要来自柳屯-海通集洼陷的沙三段中、下部烃源岩，文西浅层原油主要来自沙三段上、中、下亚段混合的烃源岩。文中油气田的原油则来自东部前梨园洼陷和西部柳屯-海通集洼陷的沙三段烃源岩。油气运移的整体路径是由洼陷向中央构造带运聚，不同层段的运移距离不等，相比而言，沙三^{上}亚段和沙二段的运移距离大于沙三^{中}、沙三^{下}亚段。

砂体型输导体系主要发育在文留地区两侧的洼陷斜坡部位，其中，沙三^{中}亚段的7砂组、5砂组和沙三^{上}亚段的7砂组是主要的油气储层。沙三^{中}亚段的7砂组分布较广，呈现“北厚南薄”，5砂组呈扇状分布，北部文13块、文10块的7砂组和5砂组最大厚度多在30 m和20 m以上，南部文210井至文135井一线的7砂组最大厚度一般小于20 m，濮深7块的5砂组最大厚度为22.5 m，西部文209块和文153井至文294井一线的7砂组和5砂组最大厚度约25 m。沙三^{上}亚段的7砂组分布较广，但厚度普遍较小，最大厚度在西部的文153井和文42井附近，分别为27 m和23 m，其次是文15块为18 m。根据相应的砂组顶面构造形态与厚度的叠合可划分多个构造脊，成为油气运移的优势通道。

断层是否成为油气运移的重要通道，首先取决于断裂开启时期及强度，也取决于断面产状及地层压力等因素。文留地区的古近系断裂系统十分发育，而活动期次及规模的差异也较大；油气运移方式随断面产状而异，陡断面利于垂向运移，缓断面则利于侧向运移。梁庄、文西、文东、徐楼、黄河等正断层均是油气运移的重要通道，其中文东1号、文东2号和文西1号断层是沙三^{中}亚段油气的优势运移通道，文东1号、文东2号、文东3号和文西1号、文西2号及梁庄正断层是沙二段油气的优势运移通道（图6-63）。

2. 濮城地区古近系油气运聚系数

一个含油气系统（或油气运聚单元）的油气运聚系数是指其油气聚集量（或资源量）与生烃量之比（王桂成等，2001），它是油气资源评价的关键参数之一。

濮城地区古近系含油气系统是一个典型的多含油层系、多含油断块的复式油气聚集带，有沙四^{上}、沙三段和沙一段三套生油岩，发现沙一段、沙二^{上}亚段、沙二^{下}亚段、沙三^{上}亚段、沙三^{中}亚段、沙三^{下}亚段和沙四段共7套油气层系，生油层累厚近千米，有机质干酪根以Ⅱ$_1$型、Ⅰ型为主，且沙三段发育有厚度达100 m的盐岩，盖层封盖能力为Ⅰ级（好），探明含油气面积75.70 km^2。濮城构造是东濮凹陷中央隆起带北部向东北方向延伸的被断层复杂化的一个长轴背斜，具有上缓下陡，北翼缓、东西两翼较陡的特征，南北长15 km，东西宽4.5 km，沙一段底构造面积54 km^2，闭合高度250 m；发育有一系列大小不等、断距不大的断层，对构造和油气系统有切割作用，但未破坏构造的完整性，油气水关系相对简单。濮城构造西部为古云集次洼，东部与北部为濮城次洼，南部以一低鞍部（柳屯-毛岗构造转换带）与文留构造相连，是一个典型的洼中隆构造，其供烃边界分布清楚，可视为一个由油气运移分割槽所围限的、具有相似油气运移特征的独立和完整的油气运聚单元，面积约104 km^2（任来义等，2005）。濮城背斜是古近纪沙三早期开始产生并发育的一个同沉积构造，成因上属于断层控制的褶皱，经历了倾斜、翘倾、坳陷等几个演化阶段。濮城地区生油岩埋深达2550 m，地温93.5℃时R_o为0.5%，沙三段生油岩开始进入生油门限（沙一后期）；生油高峰期深度大约在3400 m（东营组中期）；当埋深达3900 m时，生油岩进入湿气-凝析油演化阶段（东营组中后期）。

濮城油气田含油气层系主要为下生上储和自生自储两种组合类型。纵向上的沙四^{上}亚段和沙三段油藏为反向屋脊与断块式，沙二段油气藏为挤压背斜、半背斜主控的构造-岩性复合型，沙一段为砂

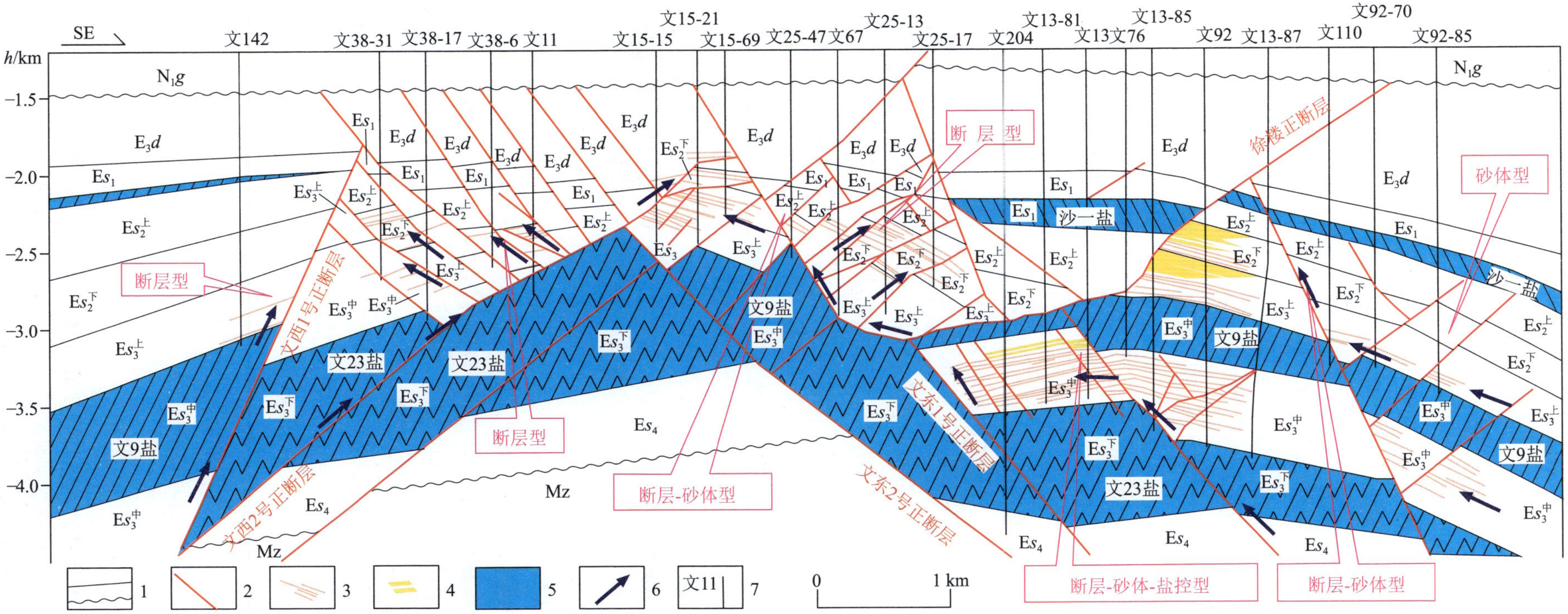

图6-63 东濮凹陷文留地区油气输导体系类型分布示意图

（据慕小水，2011）

N_1g—新近系中新统馆陶组；E_3d—古近系渐新统东营组；Es_1—沙一段；$Es_2^{上}$—沙二^{上}亚段；$Es_2^{下}$—沙二^{下}亚段；$Es_3^{上}$—沙三^{上}亚段；$Es_3^{中}$—沙三^{中}亚段；$Es_3^{下}$—沙三^{下}亚段；Es_4—沙四段；Mz—中生界。1—地质界线（上为整合、下为角度不整合）；2—断层；3—油层；4—气层；5—盐层；6—油气运移方向；7—钻井及编号

岩上倾尖灭及透镜体型。平面上濮城主体南部以断块油气藏为主，中部为背斜和断块油气藏，北部和文卫濮结合部则多为岩性油气藏，在构造斜坡或洼陷中心有透镜状砂岩油气藏。

任来义等（2005）首先应用盆地模拟法计算了濮城地区沙一段、沙三段和沙四段等烃源岩的油、气生成量，然后以现今已经聚集的探明油气地质储量为基础，利用油藏规模序列法及翁氏旋回法预测出该含油气系统的最终可探明储量，再与生烃量相比，进而反算出其油气运聚系数，求得石油的运聚系数为12.9%~15.6%，天然气运聚系数为0.905%。

3. 沙河街组异常压力分布特征

地层压力系统是油气生成、运移和聚集的动力学基础，对油气储层的储集类型及性能具有重要控制作用。东濮凹陷古近系的大部分深部地层都存在异常压力，最大压力系数可达1.8以上；相应的压力转换深度在不同地区也有差异，出现异常压力的转换深度为2910~3100 m，出现超高压力的转换深度在3200 m以上。目前，有关异常高压的成因解释有多种，普遍认为与盐岩的封盖、重力载荷作用和膏盐层的脱水作用等密切相关。

东濮凹陷的沙河街组压力系统具有明显的分段性、分带性和旋回性。分段性的主要表现为沙一盐以上地层基本为正常压力；其下至沙二段开始出现异常压力，压力系数1.2~1.4；沙二^{下}亚段的压力系数一般为1.2~1.3，区域变化不大，局部地区可达1.5，如徐楼正断层下降盘的文72和刘20、刘9等区块，但范围较小；沙三^{上}亚段仅局部出现异常高压；沙三^{中}亚段整体呈现异常高压和超高压，东、西两个洼陷的压力系数在1.8以上，中央构造带也在1.4左右；沙三^{下}亚段和沙四段在局部地区有压力回还现象，压力系数1.1~1.5。分带性主要表现为中央隆起带的压力相对较低，局部地区的压力系数在1.4左右，两侧洼陷部位的压力普遍较高，西部洼陷的最大压力系数可达1.8。旋回性主要表现为地层压力随着埋深而变化，但压力梯度呈现多种旋回类型，如濮深4井在井深4000 m以下的地层压力逐渐增大，而其梯度基本不变；文80井则表现为两个压力梯度大致相同的次级压力旋回。

纵向上，东濮凹陷的沙一段、沙二段、沙三^{上}亚段以石油聚集为主，保持正常压力。深层的异常高压导致异常孔隙带发育，并抑制烃源岩演化，使生气窗加长。沙三^{下}亚段和沙三^{中}亚段、沙四段以含气为主，即使含油，其溶解气含量也比较高，具有异常高的压力，并呈区域性、大范围分布，如沙三段的盐下油气藏几乎都是异常高压油气藏。天然气及富含溶解气的石油具有好的圈闭条件和高的压缩系数，有利于压力聚集和形成高压。一般超压环境中以致密低渗油气藏为主。

4. 文留地区的油气成藏期

文留地区的沙河街组油气运聚具有多套烃源和多向供给的特点，因此，不同构造部位和层段的油气富集程度各异，油气成藏期也不尽相同。沙四段油气主要见于文23、户部寨气田和马寨油田，根据文22等井样品的流体包包裹体分析成果，均一温度为110~160℃，计算的主要成藏期在35~25 Ma，即沙一段和东营组沉积时期。沙三段的油气成藏期相对复杂，根括文东、文西和文中等油气田部分钻井的沙三^{中}亚段样品流体包裹体分析成果，均一温度为90~140℃，计算的主要成藏期分别在35~25 Ma和8~0 Ma，有古近系东营组沉积时期和新近系明化镇组沉积时期—至今等两期。沙二^{下}亚段的油气来源于沙三段烃源系统，文留地区北部和南部的油气成藏期有明显差异；根据北部的文25-5井2283.5 m和文25-23井2318.2 m样品流体包裹体分析成果，均一温度为800~1100℃，计算的主要成藏期在30~17 Ma，即东营组抬升时期；南部的文186井3111.3 m样品流体包裹体分析成果，均一温度为120~140℃，计算的主要成藏期分别在27.8~25.4 Ma和5~0 Ma，既有古近系东营组沉积末期—抬升期和新近系明化镇组沉积积时期—至今两期。

（三）中央构造带北部油气成藏规律

1. 中央隆起带北部沙河街组油气藏类型与交叉叠置组合特征

常规油气藏是指“油气赋存于单一的圈闭内，并具有统一的压力系统和油（气）水边界”，通常采用以圈闭为主导的油气藏划分方案。东濮凹陷的每个油（气）田均可划分为若干个含油气区块，相应的主力油气层组、圈闭类型、流体性质、油水边界等都有明显差异，因此，一个含油气区块也并不是单一的油气藏，大多呈现多种油气藏类型的交叉叠置组合展布，可划分为反向屋脊断块-滚动背斜、“垒堑相间”“下垒、上堑”或“下堑、上垒”和复杂断块等多种叠置型组合，各具不同的构造圈闭和油气藏组合特征。东濮凹陷的构造圈闭有背斜、鼻状构造、断块和潜山等构造，并有少量非构造圈闭。中原油田根据构造成因，将背斜型圈闭划分为与基底活动有关的继承性背斜、与同生断层有关的滚动背斜、与盐岩拱升有关的背斜和在基底隆起部位形成的披覆背斜等；断块型圈闭可分为反向屋脊断块、顺向断块和交叉式断块等；地层岩性圈闭包括地层超覆、地层不整合、古潜山、砂岩上倾尖灭、透镜体岩性、成岩圈闭、裂缝性、断层-岩性、构造-岩性等。构成了东濮凹陷油气藏的基本类型（图 6-64）。

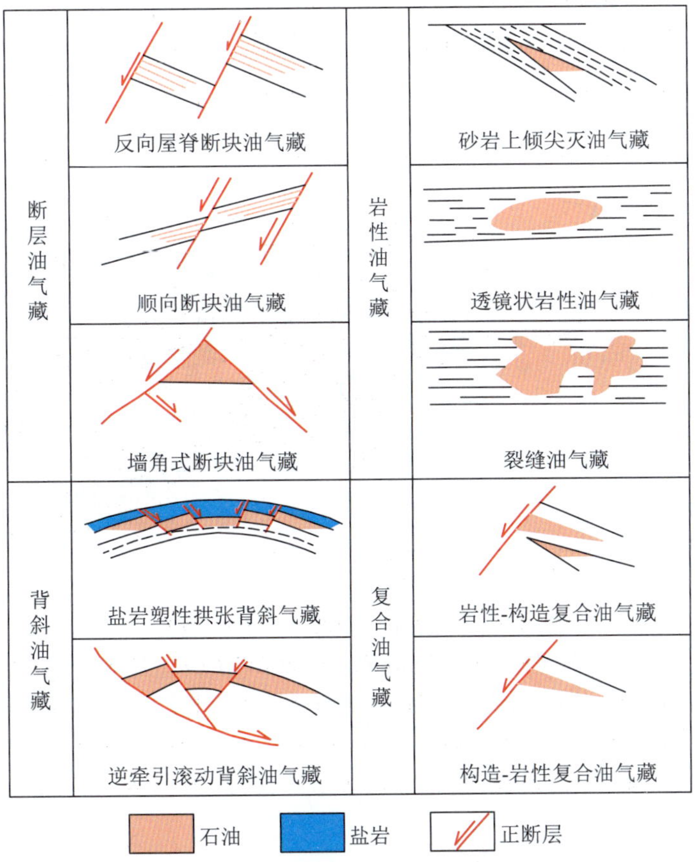

图 6-64　东濮凹陷油气藏基本类型示意图
（据慕小水，2011）

东濮凹陷的中央隆起带北部可划为古云集-卫城、濮城和文留等构造亚带，呈现不同的发育、展布和形态特征及构造圈闭、组合特征，濮城和文留构造亚带的形成应早于古云集-卫城构造带。古云集-卫城构造带由文明寨、古云集和卫城等局部构造组成，整体面积约 80 km^2，其中，文明寨构造呈现“垒堑相间、多块叠加”的格局，是中原油气田（区）最为破碎、复杂的断块构造区；古云集构造由卫城垒块带向北延伸部分和卫东断层下盘的滚动式半背斜组成，整体呈北东向展布，并被同向的次级断层切割成诸多断块；卫城构造由卫东和卫西断层主控切割成“上堑下垒、断阶相间”的呈北东向展布的复杂断块背斜。濮城构造亚带位于卫城构造亚带东侧，二者隔濮卫次洼相望，大致呈平行排列，南北延伸约 16 km，东西宽 4～5 km，构造面积约 80 km^2，被切割成 13 个主要的含油气断块。文留构造亚带与卫城、濮城构造亚带在户部寨地区以一低鞍部过渡相接，整体由北东往西南向倾没，长约 37 km，宽 8～10 km，面积 270 km^2，被文西、文东和徐楼 3 条北东向主要正断层切割成文西、文中、文东和文南 4 个断块构造区。

（1）文东反向屋脊断块-滚动背斜叠置型

聊兰断裂是“上陡下缓”的犁式或铲式正断层，也是控制东濮凹陷古近系沉积的生长断层，自沙三段沉积早期开始，由于沉积的差异压实作用，在东濮凹陷西侧的坡折带逐渐形成滚动背斜。文留地区发育多套膏盐层，盐岩地层通过断层与砂岩储集层对接，形成以盐岩作为侧向封堵的断层圈闭，在中央隆起带及其两侧文东反向屋脊带和文西顺向屋脊带上形成断层侧向盐岩封堵断块油气藏。文东反向屋脊断块-滚动背斜叠置型圈闭位于文留构造亚带东翼的文东正断层下降盘，圈闭层位是沙三段至沙一段；在沙三段文 9 盐和文 23 盐两盐层间以滚动背斜圈闭为主，沙三段各亚段的闭合高度为 200 m 左右，圈闭面积大于 20 km^2；在沙一盐与文 9 盐层之间则以反向屋脊断块圈闭为主，合计圈闭面积也在 20 km^2；两者主要受控于文东断层，呈现交叉叠置（图 6-65）。在文东与濮城油气田结合部位的文 213 含油气区块，沙一盐被一系列同向正断层错断、分割，形成更为典型的反向屋脊断块组合圈闭，沙二段形成了富集程度较高的断层侧向盐岩封堵断块油气藏。

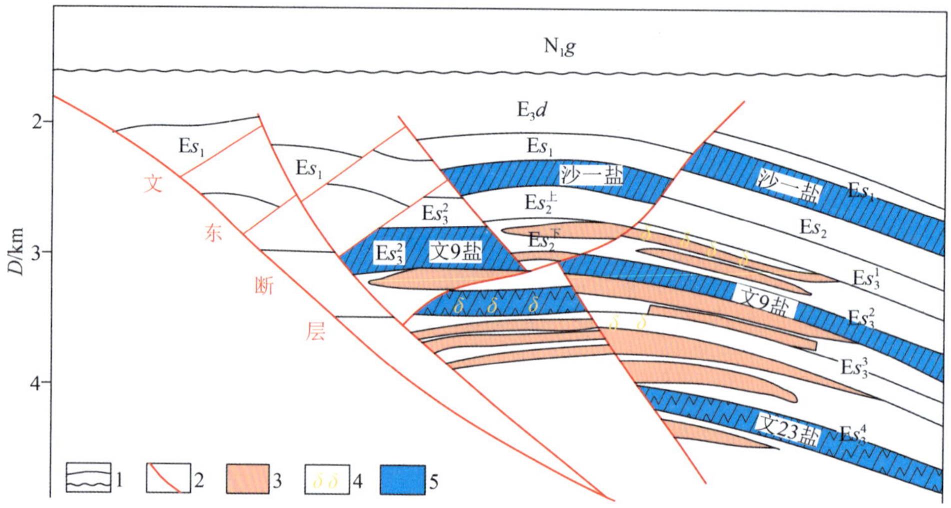

图 6-65　文东滚动背斜油气成藏示意图

（据中国石油化工股份有限公司中原油田分公司，2005）

N_1g—新近系中新统馆陶组；E_3d—古近系渐新统东营组；Es_1—沙一段；Es_2—沙二段；$Es_2^{上}$—沙二^{上}亚段；$Es_2^{下}$—沙二^{下}亚段；Es_3^1—沙三^1 亚段；Es_3^2—沙三^2 亚段；Es_3^3—沙三^3 亚段；Es_3^4—沙三^4 亚段。1—地质界线（上为整合、下为角度不整合）；2—断层；3—油层；4—天然气；5—盐层

（2）濮城复杂断块-滚动背斜叠置型

濮城构造夹于卫东和濮城正断层间，主体为呈北东—南西向展布的滚动背斜，80 余条正断层将其切割成 13 个主要的含油气断块，形成复杂断块与滚动背斜的交叉叠置，沙一盐作为直接盖层对盐背斜下的储集层形成有效封堵，进而形成了盐岩上盖背斜油气藏（图 6-66）。

（3）文中“垒堑相间”叠置型

东濮凹陷的中央隆起带北部普遍可见“垒堑相间”的构造样式，而且呈现复杂的“下垒、上堑”或“下堑、上垒”叠置组合，配合盐岩地层，形成了与盐岩间接相关或直接相关的盐拱、盐刺穿、盐丘、盐枕、盐楔、盐侧向遮挡的断块等多种构造类型，组合成了东濮凹陷最为富集的以复杂层状断块油气藏为主的油气聚集区。文中构造是由文西和文东两条正断层夹持的呈北东—南西向展布的地垒型断块（图 6-57），可划分出多个断块区，圈闭层位主要是沙三段各亚段和沙二^{下}亚段，闭合幅度 80～300 m，各个断块区内的单层圈闭面积 0.9～4.5 km^2，油气聚集受断块控制。

（4）文明寨“复式垒状”叠置型

东濮凹陷的文明寨构造主体是受控于倾向南东的明 5 正断层和北倾的卫 7 正断层及明 14 正断层的短轴背斜，呈现垒堑相间、多块叠加的“复式垒状”构造格局，垒式构造主体的沙二^{下}亚段圈闭面

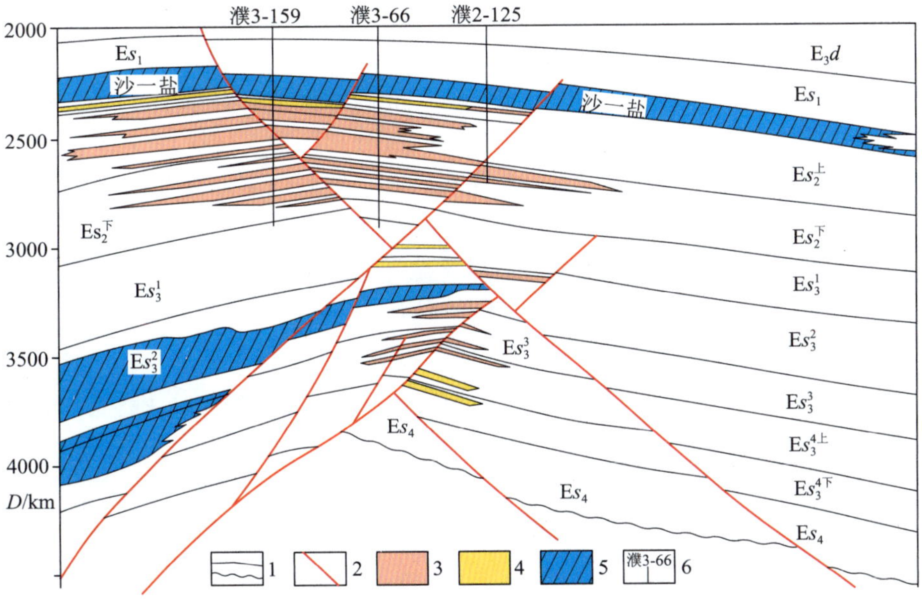

图 6-66 濮城地区油气成藏模式图

（据中国石油化工股份有限公司中原油田分公司，2005）

E_3d—古近系渐新统东营组；Es_1—沙一段；$Es_2^{上}$—沙二^{上}亚段；$Es_2^{下}$—沙二^{下}亚段；Es_3^1—沙三^{1}亚段；Es_3^2—沙三^{2}亚段；Es_3^3—沙三^{3}亚段；$Es_3^{4上}$—沙三^{4}亚段上部；$Es_3^{4下}$—沙三^{4}亚段下部；Es_4—沙四段。1—地质界线（上为整合、下为角度不整合）；2—断层；3—油藏；4—气藏；5—盐岩；6—钻井及编号

积 8.7 km^2，垒块被一系列产状不同、规模不等的断层分割成菱形小断块。文明寨油田是中国陆上迄今已发现构造最复杂的油田之一，有 218 个小断块，最大含油面积 0.418 km^2，最小含油面积仅 0.001 km^2，小于 0.1 km^2 的含油块数占总数的 77.4%，94.7%的地质储量集中在面积小于 0.3 km^2 的断块内。

2. 盐岩层封盖与断层封闭

由于油气运移和聚集既有多期次的特点，又会经历后期构造变动的调整或改造，油气藏的封存至关重要。在东濮凹陷中发育了各种类型的圈闭，有构造圈闭，也有非构造圈闭，并且有相当一部分圈闭的形成与盐岩地层直接有关或者间接相关。东濮凹陷中的圈闭集合是捕集油气的场所，它们如果与油气大规模运移的时期匹配恰当，再配合一定的油气输导通道，则可以捕集到一定规模的油气，形成油气聚集。如果在后期的改造过程中仍然能够得以保存，则形成当前地层中的油气藏。

（1）盐岩层封盖

盖层可分为膏盐类、泥质岩类及碳酸盐类 3 种岩性类别的盖层。泥质岩类盖层是最为常见的盖层，其中的含盐泥质岩类与无盐泥质岩类作为盖层时，其封盖能力和有效封盖厚度是不同的；由于盐岩的致密性，增强了泥质岩类盖层的排替压力（又称排驱压力），进而显著增强了泥质岩类盖层的封盖能力。盐岩作为蒸发岩，具有高致密性，几乎不发育孔喉，作为盖层，其排替压力是最大的，成为优秀的盖层；由于盐岩的韧性，在后期剧烈的构造变形过程中不易产生断裂和裂缝，保证了盖层的有效性。盐岩层可以作为直接盖层，对下伏油气直接形成封堵；也可以作为间接盖层，配合泥岩、页岩等岩层形成盖层；也可以做区域性盖层，对数个油气区形成封盖；也可以作为局部盖层，对一个或者几个油气藏形成封盖。

东濮凹陷发育多套盐膏层，不同级别盐岩盖层的油气封盖能力不同，如凹陷北部沙一段的含膏泥岩埋藏较浅，突破压力 20~45 MPa，明显高于深层泥岩。综合考虑东濮凹陷中盐岩的分布面积及对下伏储层中油气汇聚的封盖作用，可以将东濮凹陷盐岩盖层划分为 3 个等级。一级、二级盐岩盖层为区域性的盖层，对油气的聚集起到大面积的封盖；其中，Es_1 盐为一级盖层，可以形成大面积的油气聚集，可以对从二级、三级盐盖下逃逸的油气形成封盖；Es_3^2 盐、Es_3^3 盐和 Es_3^4 盐为二级盖层，可以形成一定面积的油气聚集，可以对从三级盐盖下逃逸的油气形成封盖。一级、二级盐岩盖层下局部分布的盐岩可以划分为三级盖层，三级盖层可以形成小面积的油气聚集，对单个油气藏或者油气富集区块起到局部的封盖作用。盐岩封盖层控制了东濮凹陷的油气分布格局，使得油气的绝大部分被限制在盐岩层的下部地层中，在盐岩地层的上部仅有少量油气分布。东濮凹陷的油气主要被沙一盐和沙二^{上}盐控制在沙二段和沙三段中，在沙三段中，油气又被进一步控制在 3 套二级盐岩盖层的下部地层中。虽然东濮凹陷东营组及新近系中储层也相对发育，但在盐岩发育层之上的地层中很少有油气汇聚，说明盐岩对东濮凹陷中油气分布格局起到了决定性的控制作用。

东濮凹陷的沙三^4 盐（即 Es_3^4 盐，又称文 23 盐）属二级盐岩盖层，是一个统一的沉积旋回，从早到晚是一期比较完整的盐湖发育期，纵向上跨度较大，在东濮凹陷北部的沙三^4 亚段整套地层中几乎均有发育，自下而上可进一步分为沙三^{4下}、沙三^{4中}和沙三^{4上}等 3 套三级盐岩盖层。其中，沙三^{4下}盐是由于埋藏深度大，很多井未钻达该层；$Es_3^{4中}$ 盐展布面积相对较大，对沙三^{4下}亚段的油气聚集形成直接盖层，对沙四段的油气聚集形成间接盖层，在 $Es_3^{4中}$ 盐盖层的封盖作用下聚集形成的油气藏面积较小，仅在户部寨—文留之间对沙四段和沙三^{4下}亚段的油气聚集成藏分别起到了间接和直接的封盖作用，$Es_3^{4中}$ 盐盖层配合 Es_3^4 盐在文留地区形成著名的“文留 Es_3^4 盐下气藏——文 23 气田”（图 6-67）。

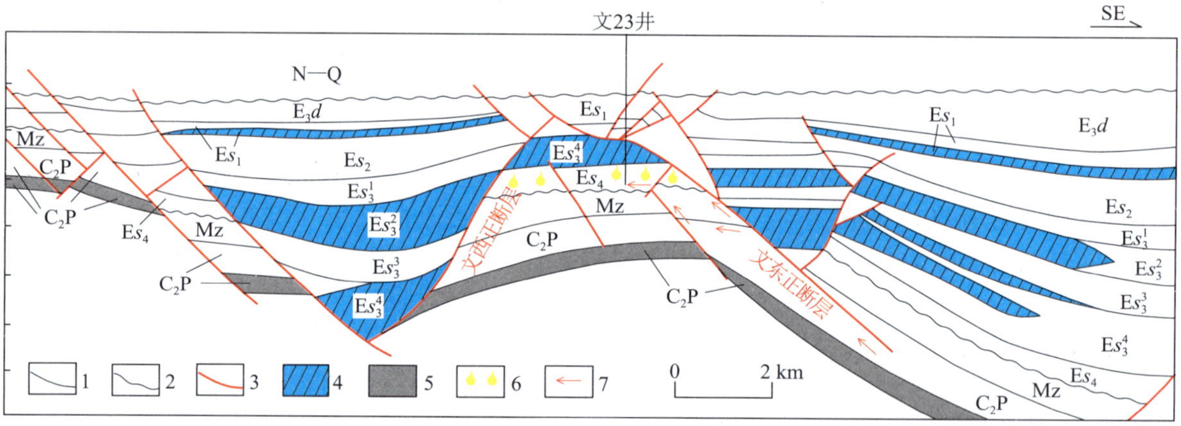

图 6-67 东濮凹陷文 23 气田天然气聚集示意图

（据蒋有录等，2008）

N—Q—新近系—第四系；E_3d—渐新统东营组；Es_1—沙一段；Es_2—沙二段；Es_3^1—沙三^1 亚段；Es_3^2—沙三^2 亚段；Es_3^3—沙三^3 亚段；Es_3^4—沙三^4 亚段；Es_4—沙四段；Mz—中生界；C_2P—石炭系—二叠系。1—地质界线；2—角度不整合界线；3—断层；4—盐层；5—煤层；6—天然气；7—煤成气运移方向

东濮凹陷的 Es_3^3 盐（即 Es_3^3 盐，又称卫城下盐）盖层对 Es_3^3 盐和 Es_3^4 盐之间地层中的油气聚集起到了直接的封盖作用；在其封盖作用下，在 $Es_3^{4上}$ 亚段的储层中形成了丰富的油气汇聚，特别是在濮城地区，形成了连续的油气汇聚面积。同样是在濮城地区，Es_3^3 盐盖层并没有完全对 $Es_3^{4上}$ 亚段的油气藏形成整体的封盖，可见 $Es_3^{4上}$ 亚段储层中的油气聚集成藏，除了 Es_3^3 盐二级盖层起到直接盖层的封盖作用外，还需要上覆层系中的盐岩盖层作为间接盖层对其进行封盖。

东濮凹陷的 Es_3^2 盐（即 Es_3^2 盐，又称文 6 盐、文 9 盐或卫城上盐）展布面积明显扩大，垂向上可以分为 12 个盐韵律，每套盐韵律在横向上的分布也在不断变化。该二级盐岩盖层对 Es_3^2 盐和 Es_3^3 盐之间地层中的油气汇聚起到直接封盖的作用，在其封盖作用下于中央隆起带东侧的濮城-徐镇一线形成了大面积的油气富集。Es_3^3 亚段是东濮凹陷的主要生油层，也是主要的储油层，Es_3^2 盐对 Es_3^3 储层中油气的富集起到了决定性的作用。但是从油气藏上部盐岩盖层厚度及 Es_3^2 盐并没有完全将 Es_3^3 盐覆盖等情况来看，还要靠上覆层系中的盐岩盖层作为间接盖层来进行封盖。

沙一盐（即 Es_1 盐）是东濮凹陷中展布面积最大的盐岩盖层，几乎覆盖了凹陷北部，它与 $Es_2^{上}$ 泥膏岩地层作为区域性的一级盐岩盖层，控制了 Es_1 以下所有层系的油气汇聚成藏，其对 $Es_2^{下}$ 和 $Es_2^{上}$ 储层油气聚集形成了直接的封盖，在 $Es_2^{下}$ 亚段的储层中油藏汇聚面积最大，在濮城、文留、徐镇地区较为集中，在 $Es_2^{下}$ 亚段中有少量的气藏汇聚。$Es_2^{上}$ 亚段的油和气主要聚集在濮城地区。沙一盐也可作为间接盖层，特别是对 Es_3^3 亚段和 $Es_3^{4上}$ 亚段储层中的油气汇聚起到很重要的间接封盖作用。

（2）断层封闭配置模式

由于断层始终具有开启与封堵的两重性，对于以多种断块组合圈闭为主的油气藏而言，断层能否具有封存性是一个十分复杂的问题。目前，国内外较为普遍的是，通过断层两盘的岩性对接关系和断层带中的泥岩涂抹或沾染带等来大致判别断层的封闭性。断层的封闭性是指断层带阻止流体继续流动的能力，主要表现为两方面，即断层的垂向封闭性和侧向封闭性。断层的开启与封闭可在不同的地质历史时期相互转换，即使是同一时期，断层不同部位的开启与封闭状态也可以是不同的。对于以断块或断块群型油气藏为主的中原油气区而言，断层的封闭性始终是重要的研究课题。近年来，中原油田的相关研究提出了一些断层封闭配置模式，主要有以下几类：

A. 岩性对接配置模式

当张性正断层上升盘的地层上倾方向岩性属特低渗透层时，断层的侧向就具有相应的封闭性，对于砂泥岩互层交替沉积的含油气盆地，其封闭性能与泥质岩厚度及排替压力密切相关。东濮凹陷北部的诸多断块或断鼻型油气藏中，断层封闭以泥岩或膏盐层与砂岩层对接配置模式为主。

当断层两盘出现砂岩与膏盐层对接时，若砂岩属同一地质层段，断层往往成封闭；若砂岩属不同的地质层段，因孔渗性差异可能使断层具有一定的封闭性。由于断层的走滑变动，会使断层附近的砂岩变形，改变原有的渗透性能，从而使断层也具有一定的封闭性。

B. 泥岩涂抹配置模式

在断裂强烈变动下，会在断层带中形成多种“构造岩”。其中，断层泥会涂抹在断层面上，起到较好的封闭作用。由于断层变动规模不等，泥岩涂抹层的厚度往往相差悬殊，薄者仅数厘米或数毫米。通常采用涂抹系数来表示。泥岩涂抹层封闭性还与泥岩的粘土矿物及塑性有关。文留地区的二级断层变动规模较大，断层封闭性大多较好。

由于东濮凹陷中央隆起带北部发育盐岩，当断层两侧形成砂岩与盐岩对接时，更能提供良好的封存条件。较完整的构造形态和良好的断层封闭性可以保证超压带的形成和保存，如文东构造为比较完整的滚动背斜，侧向上徐楼正断层和文东正断层两盘岩性对接组合关系好，核三段的油气层恰好遇上 ES_3^4、ES_3^2 的盐膏岩段，加上徐楼正断层与上升盘地层成反向屋脊关系（图 6-68），良好的封闭性使文东构造带核三段形成异常高压带。

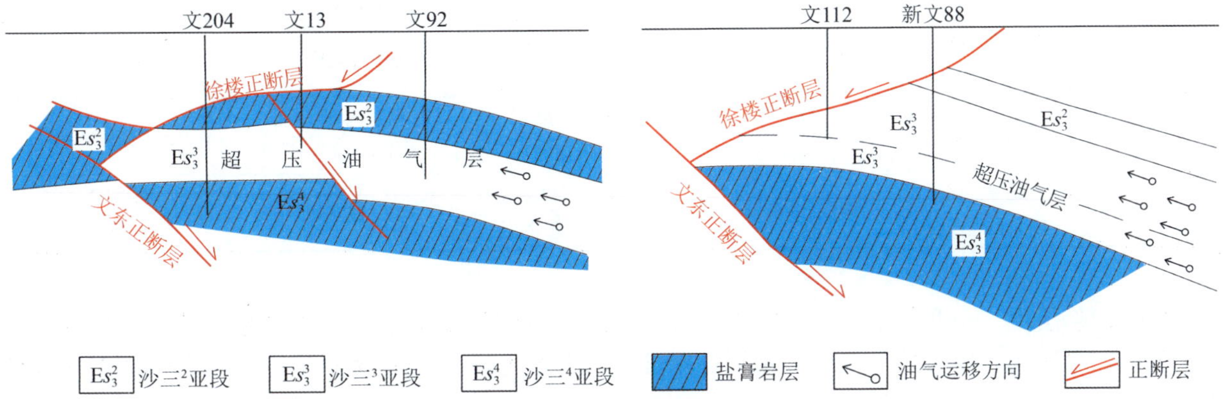

图 6-68 文东构造异常高压图解

（据中国石油化工股份有限公司中原油田分公司，2005）

C. 泥岩沾污带配置模式

在断层发生位移或滑动过程中，常会形成以变形泥岩为主、渗透性更差的泥岩沾污带，其发育程度可用断层的侧向断距与被断泥岩的厚度之比来表示，称为泥岩沾污因子。当泥岩沾污因子为 1~4 时，封闭性较好，过小或过大都会变得较差。东濮凹陷的沙河街组泥岩占层段的比例多为 55%左右，因此，泥岩沾污带配置模式成为东濮凹陷最常见的断层封闭类型。

D. 产状变换配置模式

在阶梯状断层发育的东濮凹陷西部斜坡带和中央构造带南部，常见断面产状与两盘地层产状形成顺向或反向的配置关系。由反向配置组成的屋脊式断块往往是油气富集部位，而顺向断块的含油气程度普遍较差，反映断层侧向封闭起着重要的控制。

E. 时间配置模式

众所周知，张性正断层的活动期具有开启作用，只有停止活动才能形成垂向封闭。然而，断层活动及停止期与油气运聚期的关系相对复杂。

东濮凹陷的断裂变动和油气运聚都具有多期次的特点，显然，只有在油气大量运聚期之前已经停止活动的断层才有封闭作用。东濮凹陷的新生代构造及油气演化史研究认为，渐新世中、晚期（相当沙一段和东营组沉积期），是油气大量运聚期，因此，大多数断层具有较好的时间配置关系，这是中原油气区“既富油又富气”的重要保证。

3. 文留地区油气成藏模式

文留地区是东濮凹陷最早发现和建成油气田的地区，也是迄今探明含油气面积最大和地质储量最多的地区。根据古近系始新统—渐新统沙河街组油气运聚的主要烃源供给、输导体系、边界条件、压力类型和圈闭类型等因素综合分析，可划分为文东、文中、文西、文南 4 个运聚单元（表 6-24），相继建成文东、文中、文南和刘庄等油气田，各个油气田又可划分为若干个含油气断块区，相应的主力油气层组和油气藏类型存在明显差异，呈现不同的油气成藏动态过程与成藏模式。油气成藏模式应理解为油气成藏条件、成藏机理和成藏过程的综合体现，通常是以一个地区的一组或一类油气藏的形成过程及油气运聚机理为基础。文留地区的成藏模式可划为文东混源、多期、断层-砂体-盐控型；文中它源、单期、断层-砂体型；文西混源、多期、断层型；文南—刘庄混源、多期、断层-砂体型等（慕小水，2011）。文南-刘庄地区又可细分为正向地垒构造样式双向运移、负向地堑构造样式单向运移型、断节构造样式双向运移型和单斜构造样式单向运移型等成藏模式（常振恒等，2008）。

表 6-24　文留地区油气运聚单元划分要素表

油气运聚单元名称	主要烃源供给区域	油气输导体系类型	主要边界条件	油气藏压力类型	油气藏圈闭类型
文东	前梨园洼陷	砂体型 断层-砂体复合型	文东正断层	浅层常压 深层超高压	滚动背斜 屋脊断块
文中	海通集洼陷 前梨园洼陷	断层-砂体复合型	文西正断层 文东正断层	常压-高压	地垒断块
文西	海通集洼陷	砂体型 断层型	梁庄正断层 文西正断层	浅层常压 深层超高压	地堑断块
文南	海通集洼陷 前梨园洼陷	断层-砂体复合型	文西、文东、 黄河等正断层	高压-超高压	断鼻 复杂断块

东濮凹陷呈现“东西分带、南北分区”的“复式地堑型”断陷结构，中央隆起带北部具有“多源、多储、多期次、多类型”的油气成藏特殊性，而文留地区又是东濮凹陷不同级别断裂多期次变动控制油气成藏过程最为典型的地区。

东濮凹陷沙四段—沙三^{下}亚段沉积时期，东濮凹陷北部主要受控于聊兰和长垣等“控盆断裂”，开始形成以前梨园和海通集洼陷为主体的“不对称地堑型”断陷，文留地区则是处于前梨园洼陷的西斜坡和海通集洼陷的东斜坡汇合部位，只是沙四段和沙三^{下}亚段沉积相对较薄，沉积体系略有差异，并无文留构造亚带。因此，该期的沙四^{上}亚段和沙三^{下}亚段烃源岩只是开始进入热演化阶段。

东濮凹陷沙三^{中}亚段—沙三^{上}亚段沉积时期，在聊兰和长垣等"控盆断裂"继续活动的同时，文东和文西、黄河等"控洼断裂"开始发生变动，进而控制了文留构造亚带的雏形，但其隆升规模和圈闭范围较小；该期的沙四^{上}亚段和沙三段烃源岩埋藏深度大多在2250 m以内，还未进入生烃门限深度，而前梨园和海通集洼陷之中的烃源岩也只有部分进入低成熟阶段，不足以形成排烃和运移。值得强调的是，下伏的石炭纪—二叠纪煤系烃源岩则因埋深增大而发生"二次生烃"，镜质体反射率（R_o）达0.8%以上，最大生烃潜量在200 mg/g以上，从而，提供了文23气田的主要气源。"二次生烃"通常是指烃源岩在受热温度降低导致一次生烃过程暂时终止，而随着热动力条件的变动，当达到烃源岩有机质再次活化的临界温度时，再度生烃演化。

随着东濮凹陷沙二段、沙一段和东营组的持续沉积，沙四^{上}亚段和沙三段烃源岩相继进入成熟阶段，文留地区成为两侧洼陷油气运聚的主要指向地区，在断层型、砂体型和断层-砂体复合型等多种输导体系的控制下，形成了"自生自储型"和"下生上储型"的含油气组合。东营组沉积末期，大部分烃源岩进入高成熟演化阶段，油气生成和运聚也进入高峰期，应是文留地区主要的油气成熟期。

东营组抬升剥蚀期是区域性的构造变动期，虽然烃源岩的生烃受到抑制，但由于地层压力降低，使原处高压环境的烃源系统得以增大排烃机率；同时，由于断裂变动强度的加剧，尤其是诸多的三、四级断层的形成，其开启阶段提供了油气调整运移的优势通道，利于形成众多的含油气断块油气藏。

新近纪以来，东濮凹陷进入坳陷型沉积时期，未发生大规模的构造变动，当沉积厚度超过东营组抬升期的剥蚀厚度时，就会促使古近系烃源岩逐渐进入再次生烃和排烃阶段，主要的运聚通道是砂体型输导体系，在断块或斜坡的高部位形成了新的油气藏。

根据不同级别断层的多期次变动对油气成藏的控制作用，将文留地区划分为反向屋脊断块-滚动背斜叠置型、"垒堑相间"叠置型和复杂断块组合型等成藏模式。

（1）反向屋脊断块-滚动背斜叠置型成藏模式

反向屋脊断块-滚动背斜叠置型成藏模式以文东油气田最为典型，构造格架的主体是受控于文东正断层的滚动背斜（见图6-54），162条不同规模的断层将其切割、分划为131个含油断块，圈闭面积大于1 km^{2}的断块仅有16个，小于0.5 km^{2}的断块多达73个。油气来源主要由前梨园洼陷内的沙三段和沙一段烃源系统供给，部分由原地的沙四段和沙三段烃源系统提供；油气运聚通道主要是断层型和断层-砂体复合型输导体系；由于烃源充足和油气充注时间较长，整体的油气富集程度普遍较高。文东正断层形成于沙三^{中}亚段早期，主要活动期为沙三^{中}亚段晚期—沙一段，持续至东营组沉积末期，其与派生断层的组合变动是油气富集成藏的主控因素。文东地区的沙三段和沙一段发育多套盐岩韵律层，其特殊的增泥和增压效应使之生烃门限深度明显小于无盐区，并形成深层异常压力和超高压力系统，对油气生成和运聚都有显著的促进作用；同时，沙一段盐层和沙二^{上}亚段泥岩的封盖性能较好，有利于多种油气藏的封闭及保存。文13断块是文东油气田中油气最为富集的断块，主体是位于文东正断层下降盘的滚动背斜，地层产状为"北缓南陡"；其北以文50断层及文16-9断层为界，与文16断块相接；其南是文401、文72、文269等断块；中间被文13断层切成东、西两块，东块即是滚动背斜东翼，西块又被文13-65断层组切割成文13北断块。主要油气层组是沙三^{中}亚段的5—10砂组，埋藏深度大于3100 m；东、西、北块的油水边界分别位于10砂组、9砂组和8砂组，属深层、高压、高含盐、低渗透的断块油气藏。

（2）"垒堑相间"叠置型成藏模式

"垒堑相间"叠置型成藏模式以文中油气田最为典型，其构造格架是由文西和文东正断层夹持的地垒型断块，可划分为十几个断块区，圈闭层位为沙三段各亚段和沙二^{下}亚段，断块的含油面积为0.7~4.1 km^2。文中油气田主体是地垒型构造油气藏，不仅在文西断层下降盘形成诸多地堑型断块油气藏，还在主体上形成了较多较复杂的地堑型断块油气藏，整体呈现"垒堑相间"叠置型油气藏组合（见图6-57）。油气成藏具有多源、多向油气供给的优质基础，主要由东侧的前梨园洼陷和西侧的海通集洼陷长期持续供给，包括沙三段、沙一段和石炭系—二叠系烃源系统，部分由原地的沙四段和沙三段烃源系统提供，油气运聚通道主要是断层型输导体系，不同级别断层的多期次开启构成了十分有利的三维网络，是形成众多含油断块的重要保证。文西断层形成于沙三^{中}亚段早期，主要活动期为沙三^{中}亚段晚期—沙一段，持续至东营组沉积末期，其派生断层呈现“Y 型”“反 Y 型”和“V 型”等多种复杂的组合，开启与封存的匹配转换是众多断块油气富集成藏的主控因素。文 23 气田的形成与石炭纪—二叠纪煤系古隆起背景关系密切，具有“二次生烃”的多向气源，得益于沙三段盐岩的严密封盖。诸多含油断块油藏多是“下生上储型”组合，主要得益于沙一段盐层和沙二^{上}亚段泥岩的封盖。

（3）复杂断块组合型成藏模式

文南—刘庄地区位于东濮凹陷中央隆起带文留油气田南部，东、西分邻前梨园和海通集两个生油洼陷，由于梁庄、文西、文东、徐楼、黄河等二、三级断层长期的继承性活动，尤其是次级断层纵横交错，形成诸多不同规模的断块，呈现“垒堑相间”的构造格局。该区在继承了中央隆起带构造格局的大背景下，又表现出复杂多变的构造面貌，具有复式油气藏的典型特征。常振恒等（2008）根据圈闭成因类型，并结合储油气层产状特点，将该区油气藏类型归纳为构造型与复合型油气藏两大类，依据构造样式及岩性变化作用程度将该区油气藏细分为地垒式断块型、地堑式断块型和反向断块型三亚类构造油气藏及构造-岩性型、岩性-构造型两亚类复合油气藏，以构造油气藏为主；各亚类油气藏的圈闭构成条件、油气源及运移条件、储盖层及油气分布各不相同，各具特色；认为文南—刘庄地区存在着正向地垒构造样式双向运移、负向地堑构造样式单向运移、断节构造样式双向运移和单斜构造样式单向运移 4 种油气成藏模式。

地垒式断块型油气藏由两组反向断层构成正向构造单元，是文留构造亚带中常见的油气藏类型；其中，文南油气田的文 184、文 188 断块区是文西地垒带中部比较大的两个含油气断块区，沙二^{下}亚段 1—3 砂组为气藏，4—8 砂组为油藏，沙三^{上}亚段 1—3 砂组为断块层状油藏。地堑式断块型油气藏主要分布在文东正断层下降盘与徐楼、黄河正断层及由文西 2 号断层下降盘与梁庄正断层夹持的地堑式复杂断块区内；由于该类型主要为负向构造带背景下的断块组合，因此其成藏条件较正向构造带成藏条件差；如文南油气田的文 79 块主要目的层为沙二^{下}亚段，文南地堑带南部的文 138 块目的层还包含沙三^{上}亚段，油气显示普遍；该类型各个断块自成独立的油水系统，含油气高度、油气富集程度因构造幅度、构造背景及储层发育不同而差别较大，表现为油气层沿断层呈“刷子状”分布，平面上叠加连片（图 6-69）。反向断块型油气藏主要包括断节构造样式和单斜构造样式反向断块油气藏两种类型，其特点是断层倾向与地层倾向相反，主要分布在刘庄地区与文东反向屋脊区域。断节式构造是由若干条产状基本一致的正断层组成，各条断层的下降盘依次向同一方向断落，构成阶梯式断块，其下降的最低点即是构造转换的中心，油藏类型主要为受构造控制的断块层状油藏，储层发育程度和沿断层两盘的对接情况决定了油气富集程度，油气主要集中在断块高部位的各砂组，各砂组油水界面不统一，呈“刷子状”分布；如郎中集构造东翼的刘 20 断块区和文南地堑带南部的文 138 断块区主要发育此类油气藏。单斜构造样式反向断块油气藏主要分布在洼陷带向中央隆起带过渡的“围斜”部位，该区处于洼陷内油气向中央隆起运移的第一个成藏带上，具有“近水楼台”优势，同时，分割洼陷与隆起的边界断层断距较大，导致断层两盘不同岩性的地层对接，侧向封堵条件较好；来自东西方向的物源在斜坡地带易形成砂岩尖灭，这些地区也是深层岩性油气藏的有利地区，主要发育构造油气藏和构造-岩性油藏（图 6-69），如徐楼、黄河正断层上升盘的文 99、文 179 东块构造油藏和梁庄正断层上升盘的刘 28 构造-岩性气藏。

文南—刘庄地区处于东濮凹陷中央隆起带北部的南部倾没端，不同构造样式背景下的断块油气藏具有不同的成藏模式。正向地垒构造样式双向运移成藏模式（图 6-70a）主要受控于两组走向基本一致、倾向相反的正断层组成的正向构造，组成地垒的边界正断层可以是一条，也可以是产状相近的数条组成依次断落的阶梯状断节带，上升盘的含油气层组抬升幅度较大，而产状相对平缓，呈现类似“花式”结构；这种成藏模式的特点是油气沿着断层从两个方向向圈闭运移，并且圈闭的边界断层均

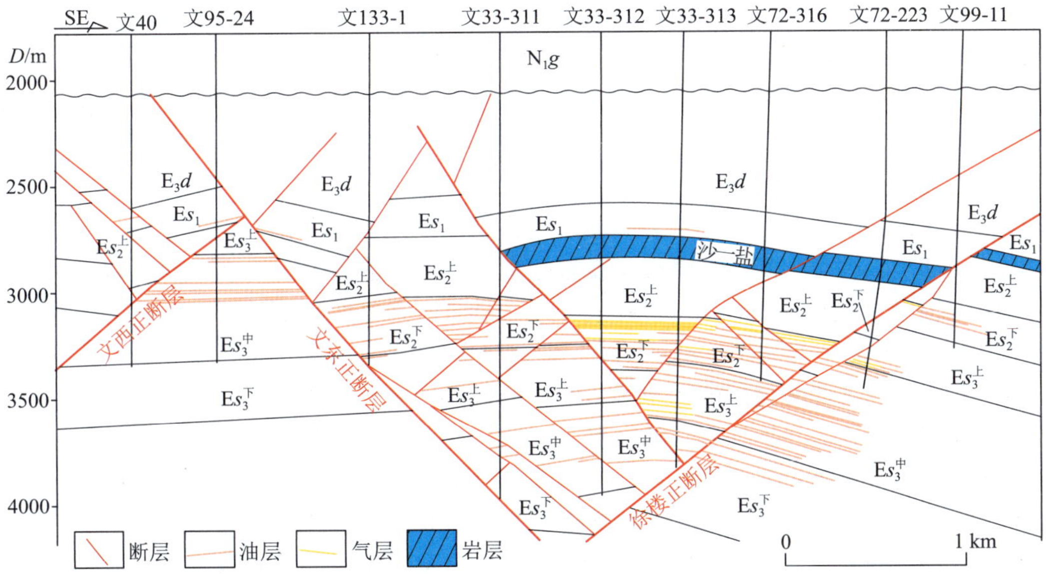

图 6-69　文南—刘庄地区地堑式断块油气藏

（据常振恒等，2008）

N_1g—新近系中新统馆陶组；E_3d—古近系渐新统东营组；Es_1—沙一段；$Es_2^{上}$—沙二^{上}亚段；$Es_2^{下}$—沙二^{下}亚段；$Es_3^{上}$—沙三^{上}亚段；$Es_3^{中}$—沙三^{中}亚段；$Es_3^{下}$—沙三^{下}亚段

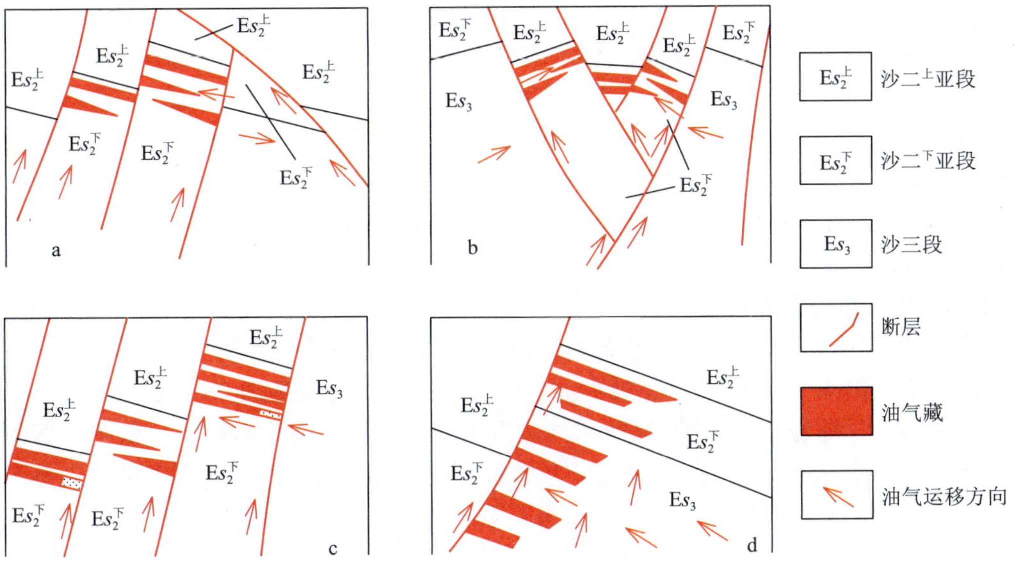

图 6-70　文南—刘庄地区断块油气成藏模式

（据常振恒等，2008）

为封闭型，由于具有多向烃源的充足供给，油气富集程度较高，油气水界面比较单一。负向地堑构造样式单向运移成藏模式（图 6-70b）也是由两条走向基本一致、倾向相反的正断层组成的负向构造，两侧正断层发育时间基本一致或一侧比较发育，下降盘的含油气层组产状相对平缓，呈现类似“包心菜式”的结构；其以洼陷中心往斜坡部位的烃源供给为主，油气通过断层、砂体向圈闭内运移聚集，其中砂体型输导体系起着油气运聚的主导作用，富集程度相对较低，油气水界面也比较单一。断节构造样式双向运移成藏模式（图 6-70c）为倾向相同、走向一致的一系列正断层组成的顺向断块组合油气藏，通常由多个断块成群展布，其外部边界常为二、三级断层，主体的含油气层组油气藏规模取决于次级断层做平行或斜交组合，富集程度取决于断层开启与封闭的匹配；因此，在多期次断裂变动和成藏的控制下，这种顺向断块组合油气藏十分复杂。单斜构造样式单向运移成藏模式（图6-70d）为反向屋脊断块油气藏，主要形成在洼陷向隆起带过渡的斜坡部位，含油气层组呈现“单斜式”结构；反向正断层往往具有较好的封闭性，以砂体型输导体系为主，油气集中于断块的较高部位，油水界面往往多变。

4. 濮卫地区油气成藏组合特征

濮卫地区是指濮城、卫城构造亚带和濮城洼陷，是中央隆起带北部沙河街组的又一油气富集区，呈现多层段、多期次、多类型的油气藏交叉叠置。含油气层组以沙三段居多，油气藏基本类型是被断层复杂化的背斜构造油气藏，成藏组合存在着差异，成藏模式与文留地区相似。含油气层组的横向变化相对较大，沙三^{上}亚段在濮城和卫城油气田分别划分为10个砂组和4个砂组，沙三^{中}亚段砂组的砂泥比和厚度变化较大，这些变化与濮卫地区紧邻物源区并造成沉积体系多变密切相关，可形成较多的砂岩上倾尖灭型和透镜状砂岩型等岩性油气藏。反向屋脊断块-滚动背斜叠置型油气藏是濮城油气田的主要油气藏，而其规模大于文东地区，沙三段滚动背斜圈闭面积大于17 km^2，上覆的反向屋脊断块范围可达603 km^2 左右，还可有一些半背斜型和断鼻型圈闭，呈现多种断块组合。整体而言，油气水界面十分复杂，油气界面有沙二^{上}亚段1—3砂组和6—7砂组、沙二^{下}亚段1—4砂组和7砂组、沙三^{中}亚段8砂组等，沙一段、沙二段有4个油水界面，沙三段有2个油水界面。

濮卫地区的沙河街组含有页岩油藏。根据三次资源评价成果，沙四段和沙三段的富有机质泥、页岩广布全区，有机碳平均含量1.67%~2.65%，干酪根类型以Ⅱ型为主，少量Ⅰ型或Ⅲ型；生油总量为132.80×10^8 t，排油总量为48.82×10^8 t；生气总量为17.1955×10^{12} m^3，排气总量为12.4429×10^{12} m^3。2000年11月开始，中原石油勘探局在文留构造探索泥岩裂隙油气藏，文古2井于3110.49~3115.35 m井段取心证实，沙三段泥岩岩芯表面和裂缝可见明显的原油及沥青，并在钻遇该井段时返出以原油为主的液体60 m^3。继而又在文300、文403等井均见较好的含油显示。东濮凹陷北部沙一段和沙三段暗色泥页岩分布广、纵向厚度大，有机质丰度高、类型好、达到成熟-高成熟阶段，是原地页岩油资源富集区（高平等，2014；王文广等，2015）。据吕艳南等（2014）的有关统计，在东濮凹陷北部的老井复查中，共发现74口井见到沙三段泥岩含油显示，主要分布在濮卫、柳屯次洼及斜坡带。在前梨园洼陷南部的杜寨地区已有2口探井分别于井深4820.0 m获得工业气流和4700~4900 m井段获得低产气流。

5. 文明寨中生界潜山型油藏

东濮凹陷的中生界仅残存中、下三叠统，构成古近系沉积的基底层和潜山带。自1976年东一井钻探至今，已完钻潜山探井近50口，钻探的30个潜山中有18个见到油气显示；东濮凹陷潜山主要为后成潜山，主要有早期侵蚀、构造-侵蚀和构造潜山3类，储层物性不好，以低孔、低渗为主，主要发育中生界、上古生界和下古生界3套储集层；马厂潜山带的开33井于石炭系—二叠系获得低产工业油流，濮深1井、文古2井、毛4井等于寒武系—奥陶系获得工业油流，且文古2井首次在上古生界石千峰组（相当于煤田部分的孙家沟组及其下的平顶山砂岩段组合）试油获得天然气产量11000 m^3/d、油产量6.3 t/d（张文亮等，2010）。受区域断层的控制，形成了胡状集-长垣潜山带、中央潜山带、龙王庄-高庄集潜山带及凹陷南北两端的三春集和范县潜山群（中原油田石油地质志编辑委员会，1993）。

2007年初，中原油田在东濮凹陷北部的文明寨地区施钻卫75-10、卫77-3井，相继在卫75-10井的中、下三叠统2709.8~2759.3 m井段试获日产原油28.62 m^3，在卫77-3井的中、下三叠统2945.5~3019.1 m井段试获日产原油64 t，首次发现了中、下三叠统砂岩裂缝油藏。随后，又在文明寨、卫城和户部寨等地区取得了此类致密砂岩油藏勘探的明显进展。致密油是指储集在覆压基质渗透率小于或等于0.1 mD（空气渗透率小于0.1 mD）的致密砂岩、致密碳酸盐岩等储集层中的石油，单井一般无自然产能或自然产能低于工业油流下限，但在一定经济条件和技术措施下可获得工业石油产量（邹才能等，2019）。据2009年王峭梅（2009）的有关统计，文明寨地区已有225口钻达中、下三叠统，其中，53口井见到不同级别的含油气显示，29口井进行试油，有13口井获得工业油气流，

6 口井获得低产油气流。

据《东濮凹陷北部中生界砂岩裂缝型油气藏分布规律研究》（苏惠，2009），文明寨地区的卫 77 和明 471 两个含油区块和卫城地区的油藏受中生界砂岩裂缝和构造双重因素控制，属砂岩裂缝型构造层状油藏。文明寨地区地面原油密度 0.8710～0.9189 t/m^3，粘度 33.9～119.7 mPa·s，凝固点 23～31℃；地层原油密度 0.7976 t/m^3，粘度 3.27 mPa·s，原始气油比为 61.21 m^3/t；地层水属 $CaCl_2$ 型，一般矿化度 8.6753×10^4～11.7563×10^4 mg/L，氯离子含量 5.1748×10^4～6.9179×10^4 mg/L；原始地层压力 19.5～29.0 MPa，压力系数接近 1.0，地层温度为 77.5～105℃。文明寨地区的主要的控藏要素是：紧邻沙三段生烃中心，中、下三叠统砂岩通过断层与沙三段烃源层直接接触；由砂体、断层、裂缝和不整合面构成比较畅通的油气输导体系；地垒型断块构造形成于燕山期，控油的反向断层定型于沙三期，与油气运移、聚集与保存较佳匹配；原油流体包裹体测温表明有两个充注期，提供了持续供烃的优越条件，利于油气富集。卫城地区地面原油密度 0.890 t/m^3，粘度 47.15 mPa·s，凝固点 26℃；地层水属 $CaCl_2$ 型，矿化度 12.8052×10^4 mg/L，氯离子含量 7.3614×10^4 mg/L，压力系数 1.0，地层温度为 108.4℃；相比而言，卫城地区仅中三叠统二马营组顶部与沙三段烃源层接触，致使油气富集程度不及文明寨地区。户部寨地区为气藏，源自上古生界烃源岩，据户 6 井实测数据，天然气相对密度 0.5734 t/m^3，甲烷含量 96.84%，乙烷含量 0.68%；地层水属 $CaCl_2$ 型，矿化度 17.85×10^4 mg/L，氯离子含量 10.69×10^4 mg/L，原始地层压力 36.20 MPa，压力系数 1.0。

供烃条件决定了油气藏规模，构造控制油气的聚集，砂岩裂缝控制油气富集，裂缝形成时期与生排烃时期的匹配关系决定了成藏的有效性。东濮凹陷北部中、下三叠统砂岩的裂缝比较发育，均发育一组倾向在 260°～360°之间的裂缝，部分井还发育一组倾向在 110°～220°之间的裂缝。卫 77 和明 471 区块的裂缝密度分别为 0.13～0.43 条/m 和 0.23～0.72 条/m，裂缝水动力宽度分别为 0.0324～0.0366 mm/m 和 0.0108～0.0168 mm/m，裂缝平均开度分别为 0.0210～0.0229 mm 和 0.0183～0.0922 mm。结合区域构造演化特征及断块结构的分析，中、下三叠统主要发育两期断裂，即燕山期和东营期，前者以北西—北北西—北西西向展布为主，后者以北东—北北东—北东东向展布为主；随之伴生的裂缝也有两期，也呈不同方向展布。因此，可以认为裂缝形成时期与生排烃时期的匹配关系相对较佳。

（四）西部斜坡带胡状集-庆祖集断阶带石油成藏规律

1. 胡状集-庆祖集断阶带的构造圈闭与油藏类型

胡状集-庆祖集断阶带位于东濮凹陷西部断阶斜坡带，东以长垣正断层接柳屯-海通集生油洼陷，西邻内黄隆起，受五星集、石家集和长垣 3 条东倾的二级正断层控制，形成从西到东由高变低的 3 个断阶带（即“三台阶”），平面上呈北东—南西向长条状斜列展布，在向北延伸的过程中可以相互发生转化，每一个台阶均具有不同的断裂发育特征和构造样式。其中，长垣和石家集正断层均具有走滑性质，其规模和主要活动期不尽相同，派生的多条斜列展布的次级断层变动具有多期次和多组合的特点。各个断阶带内受主控断层的影响，伴生、派生的次级断层发育，将构造复杂化，形成若干个独立含油小断块。该区业已发现胡状集、庆祖集和赵庄 3 个油田，探明的石油地质储量主要分布在石家集正断层下降盘的Ⅱ台阶（图 6-71，图 6-72）。

Ⅰ台阶位于长垣正断层下降盘，主体为海通集生油洼陷，油气富集层位主要为沙二^{下}—沙三^{上}亚段，不发育滚动背斜或反向屋脊断块，长垣正断层为往Ⅱ台阶部位运聚油气的优势通道；胡状集地区整体呈现向斜或单斜构造，胡 96 区块的含油较好，胡 41 和胡 52 区块埋藏较深且油层较薄；庆祖集地区以长垣正断层与小断层形成的墙角式断块或断鼻为主，主要有庆 88 含油断块和庆 14 含油小断块；赵庄油田位于长垣正断层下降盘的赵庄构造，为断鼻构造。Ⅱ台阶为长垣正断层与石家集正断层所夹持的断阶带，由北向南逐渐变窄并消失于庆祖集地区的庆 14 井附近，为油藏的主要分布区，油气富集层位主要为沙三^{中}—沙三^{下}亚段；胡状集油田内部发育一系列鼻状构造和由同生次级正断层与主断层相交形成的复杂“墙角形”断块，胡 56、胡 121 等井证实深部有反向屋脊断块；庆祖集地区为石家集正断层和长垣正断层合并形成的一个大的墙角断块构造背景，具备自生自储和长垣正断层沟

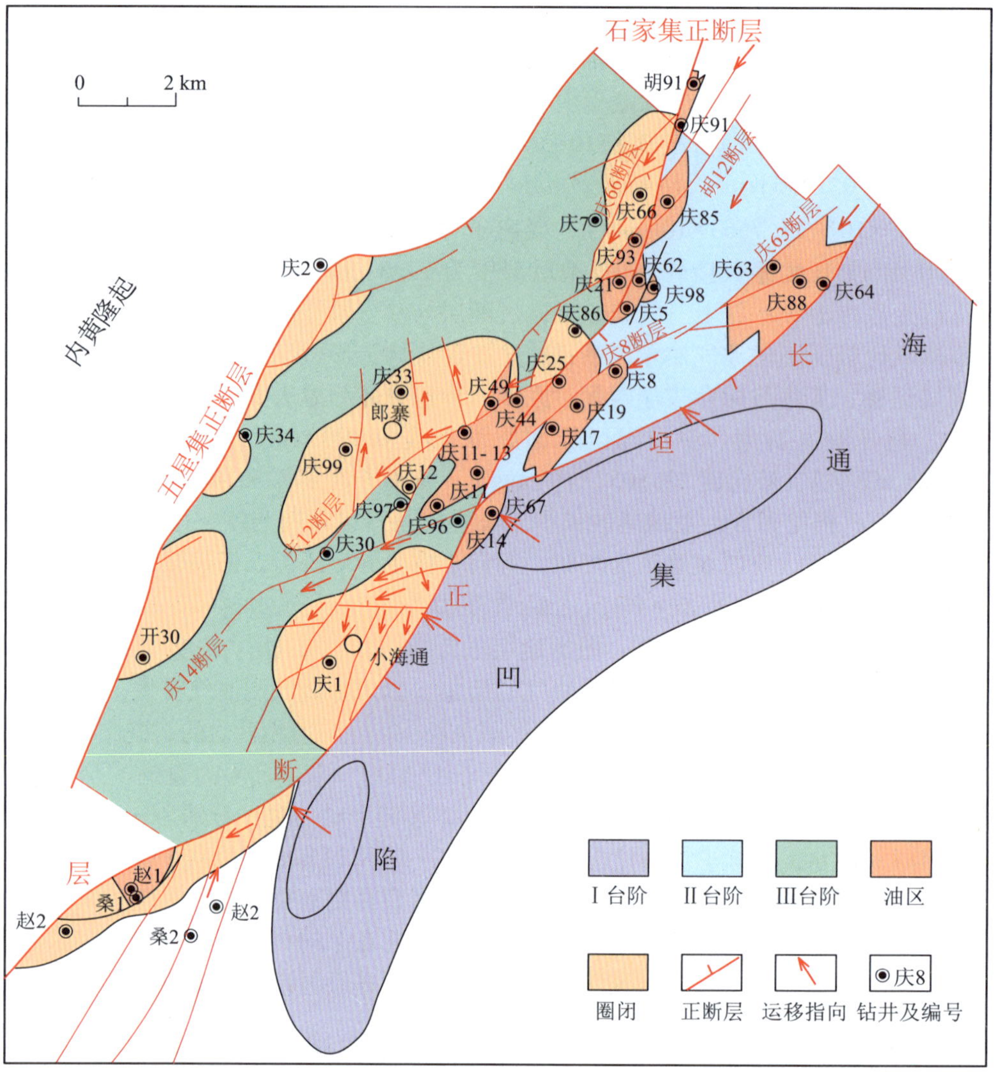

图 6-71　东濮凹陷庆祖集断阶带油藏分布略图
（据王运所等，2010）

通运移两种油气运移聚集方式，局部具鼻状构造形态。Ⅲ台阶为石家集正断层与五星集正断层所夹持的断阶带，北窄南宽，庆 14 井以南地区Ⅲ台阶和Ⅰ台阶直接相接，油气富集层位主要为沙三^{下}亚段—沙四段上部；胡状集油田主要保存沙三^{下}亚段和沙四段构造圈闭，多为小型断层与石家集正断层相交封存的断块，如胡 10 东、胡 7-81 等断块；庆祖集地区以断块圈闭为主，局部发育断背斜圈闭（郎寨构造），自身生油能力有限，受石家集正断层较强封堵性的控制，油气主要在靠近石家集正断层上升盘一侧的顺向或反向断块中富集成藏；Ⅲ台阶油气主要来自东侧的海通集生油洼陷，向西远离石家集正断层的圈闭，油气富集程度逐渐降低，仅发现零星油气显示；庆祖集南部地区因Ⅱ台阶变窄或消失而紧邻海通集生油洼陷，三级断层也能沟通油源，油源条件变好。

胡状集-庆祖集断阶带发育北北东向、北东向和北西向 3 组张性断裂系统，对油气成藏具有重要控制作用，断裂发育程度和规模影响着油藏的富集丰度。构造圈闭主要受控于长垣和石家集等二级断层，以多种断块圈闭为主，众多的派生断层和微型断块使含油断块呈现更加复杂的结构。二级断层控制了不同台阶之间的油气富集规模，三级断层（北东向断层为主）控制了各台阶内局部构造的油气富集程度，四级断层及更次级小断层控制了局部构造内油藏的分块性（王运所等，2010）。由于斜坡地带在侧向挤压作用下，往往容易形成不同规模的鼻状隆起或圈闭，在Ⅱ台阶部位可见较多的断鼻构造圈闭。本区的断块构造圈闭及相应的油藏类型并不特殊，纵向叠置关系也十分复杂。主要特色是呈

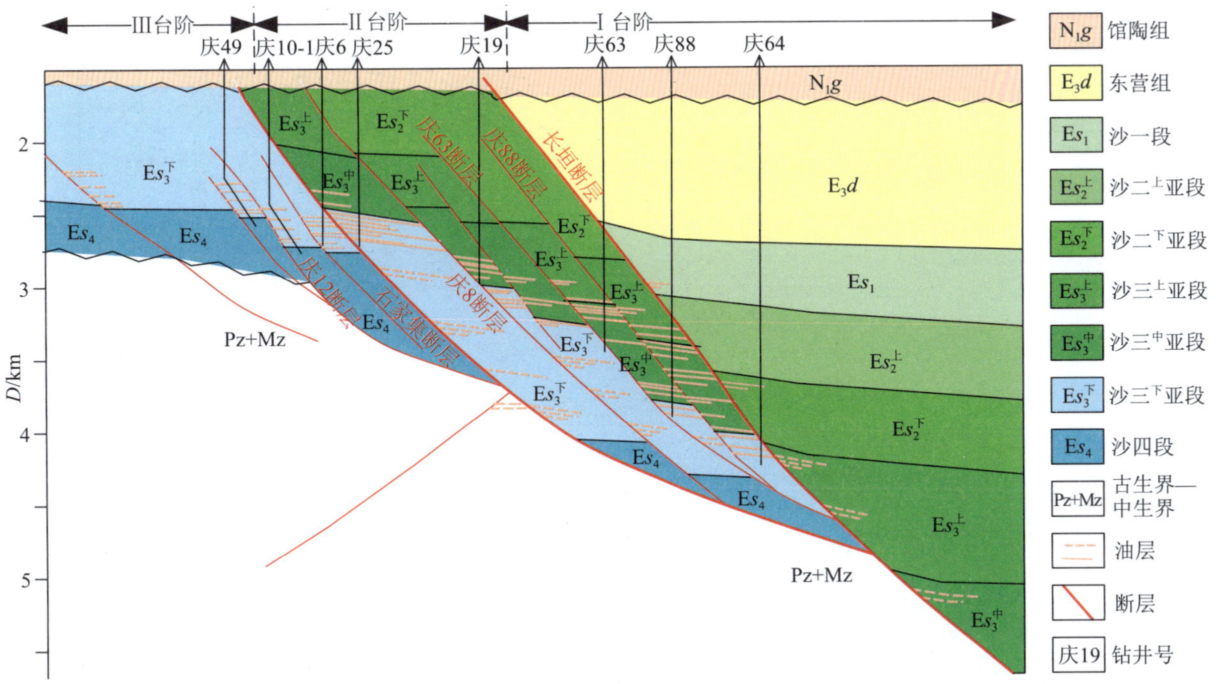

图 6-72　东濮凹陷庆祖集地区油藏剖面示意图

（据王运所等，2010）

现台阶式的带状斜列展布，据此，划为台阶式斜列组合型比较合适。

2. 胡状集地区油气输导体系

胡状集油田主体位于西部斜坡带中部的Ⅱ台阶，东侧洼陷带沙三段烃源岩生成的油气自东向西运移至斜坡带聚集成藏，主要发育以砂体和断层为油气运移通道的断层-砂体复合型输导体系，砂体厚度和断距共同控制断层两侧的岩性对置关系，造成断层封堵与输导作用的差异（饶蕾等，2014）。沙三段各砂组的辫状河三角洲前缘水下分流河道具有较好的继承性，在胡 2 断块区和胡 7 断块区形成 3 个砂体发育区；其中，沙三^{中}亚段 2 砂组呈东西向展布，提供了油气自东往西沿着高渗透砂岩运移的优势通道（图 6-73）。Ⅱ台阶西界的长垣正断层是持续运聚的优势通道，东界的石家集正断层也有较好的垂向运聚作用；Ⅱ台阶内部断层非常发育，而侧向封堵性变化较大，当两侧的砂体对应关系较好时，油气侧向运移距离相对较大。

地层压力系统的形成与变化是油气运聚的动力条件，根据胡状集-庆祖集断阶带的地层压力展布及演化特征综合分析，Ⅰ台阶和Ⅱ台阶部位曾产生两期超压系统，Ⅲ台阶部位仅在早期产生超压，后期则转为常压（唐文旭，2008）；压力系统对油气运聚的影响，突出表现为形成不同的流体势能场特征。流体势能场主要受控于岩层压实作用和盐岩层的封闭性能，海通集洼陷及Ⅰ台阶部位长期呈现古高势能场；以沙三^{下}亚段顶面为例，Ⅰ台阶的胡 8 井附近的古势场（距今 23 Ma）为 24J 左右，是Ⅱ台阶的 2~6 倍，是Ⅲ台阶的 10~12 倍。油气运聚路径总是由高势能场流向低势能场，其决定了各种输导体系的控制作用。

3. 胡状集-庆祖集地区不同台阶带的油气成藏期

胡状集-庆祖集地区的原油既可来自斜坡带内部低成熟-成熟的近源烃源岩，也可来自柳屯-海通集洼陷成熟-高成熟烃源岩，具有多源、多成熟度特点（吴小红等，2005）。主要烃源岩为沙三^{下}亚段和沙三^{中}亚段（吴小红等，2005；刘振旺等，2006），有机碳平均含量分别为 0.57% 和 0.89%，沙一段次之。沙三段烃源岩进入生烃门限的深度为 2400 m（R_o = 0.5%），进入生油窗的深度为 3050 m，埋深超过 4010 m 时烃源岩进入高成熟阶段（郝建光等，2013）。本区Ⅱ台阶和Ⅲ台阶上均为一期成藏，即东营组沉积晚期—东营组抬升早期，对应地质年代为 29.1~24.3 Ma（表 6-25），该期，柳屯-

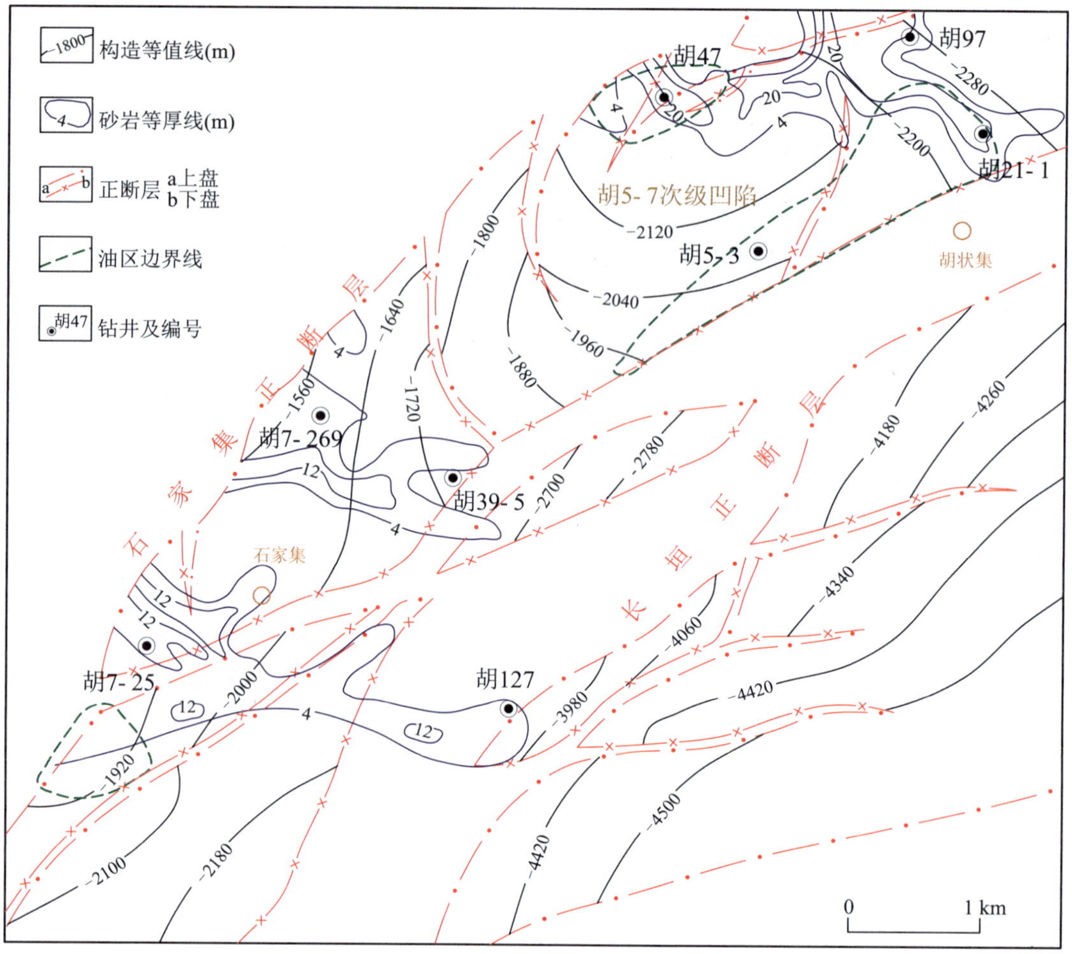

图 6-73 胡状集油田沙三^{中}亚段 2 砂组厚度与油气分布叠合图

（据饶蕾等，2014）

海通集洼陷沙三段烃源岩大规模成熟，油气开始大量生成，油气主要通过连通砂体和断层由Ⅰ台阶向Ⅲ台阶运移，并最终在Ⅱ台阶、Ⅲ台阶上的沙三^{中}和沙三^{下}亚段地层中聚集成藏；随着东营末期地层抬升，研究区烃源岩生烃过程受到抑制，第一期成藏事件结束；自新近系上新统明化镇组沉积晚期开始，由于海通集洼陷的沉积厚度继续增大，会使Ⅰ台阶的沙三段烃源岩发生二次生烃和排烃，相应多了一个明化镇组沉积晚期—现今的成藏期，生成的油气主要在Ⅰ台阶沙三^{中}、沙三^{下}亚段地层中的三角洲砂体和浊积砂体中聚集成藏（郝建光等，2013）。

表 6-25 胡状集-庆祖集地区不同台阶带的油气成藏期分析数据表

构造位置	Ⅰ台阶		Ⅱ台阶			Ⅲ台阶
井名	胡 41	庆 63	胡 7	庆 11	庆 61	胡 10
地质层位	沙三^{上}亚段	沙三^{中}亚段	沙三^{中}亚段	沙三^{下}亚段	沙三^{下}亚段	沙三^{下}亚段
样品井深/m	3888.4	3144.0	1893.1	2382.1	2880.8	2233.9
岩石类型	粗粉砂岩	中砂岩	中砂岩	粗砂岩	中砂岩	细砂岩
均一温度/℃	150~170	120~140	80~110	110~120	110~130	90~110
成藏时间/Ma	30.2~22.1 5.9~0	28.9~23.6 5.8~0	29.1~24.3	27.9~25.7	28.8~24.1	30.1~23.7

（据郝建光等，2013）

胡状集-庆祖集断阶带的不同台阶原油性质不同，Ⅰ台阶为低密度、低粘度、轻质原油，Ⅱ台阶为中密度、中粘度、中质原油，Ⅲ台阶为高密度、高粘度、中质稠油。不同地质层位或不同台阶具有不同的流体动力场响应，对油气运移、储集、保存都起着不同的控制作用。自上而下可划分顶部它源、常压、开放成藏动力学系统，压力系数为0.8~1.1；上部洼源、常压、开放成藏动力学系统；中部混源、超压、半封闭成藏动力学系统，压力系数为1.2~1.5；下部自源、超压、半封闭成藏动力学系统，压力系数为1.2~1.7；底部自源、超压、封闭成藏动力学系统。相比而言，以下部自源、超压、半封闭成藏动力学系统最为有利，可占总储量的67.54%。

（五）中央构造带南部古近系油气成藏规律

东濮凹陷中央隆起带南部的油气田均位于山东省境内，仅三春集油田的南部少许延至河南省兰考县境内。中央隆起带南、北成藏和富集规律存在较大差异。北部地区油藏类型较多，同一区域在纵向上可以有多套油藏叠加；南部地区油藏类型较单一，不同区域可以发育多套油气藏，而同一区域在纵向上只有一套油藏。尽管中央隆起带南、北断裂系统相近，生储盖配置组合条件相似，但北部地区油源充足，发育多套盐膏层，南部地区油源欠充足且膏盐不发育，油田规模及储量丰度远不及北部地区。中央隆起带南部以发育与堑垒相间和断阶带有关的复杂断块群为特色，多种成因和形状的断块圈闭成带、成片组合展布。油藏类型以复杂断块群型为主，另外，白庙和桥口气田具有多气源和多成藏组合。

1. 中央构造带南部构造特征

东濮凹陷中央隆起带南部由于黄河、马厂和三春集断层对构造发育的控制作用，构造表现出明显的斜列特征，又可划分出3个亚二级构造单元，即桥口-徐集构造亚带、唐庄-马厂构造亚带、三春集-爪营构造亚带，表现为“复式地堑型”的断陷结构。中部表现为明显的凸起，西部的孟岗集洼陷为地堑结构，东部的葛岗集洼陷为半地堑结构，西部洼陷带埋深大于东部洼陷带，与中部相应构造带的差异十分明显。

桥口-徐集构造亚带位于东濮凹陷南部北段，其中的桥口构造是被断层复杂化的背斜，由6条走向北北东、西倾的断层组成黄河断裂带，由北往南收敛，致使构造高点自上而下往西逐渐转移，68条不同规模的断层将背斜切割成14个断块区和51个相对独立的含油小断块，油藏类型为复杂断块低渗油藏。徐集构造是受西界黄河正断层控制的断背斜构造，南与马厂构造相连，北为新霍构造及桥口构造，东临葛岗集生油洼陷，由于西掉的徐集正断层和东掉的徐东正断层的共同作用，形成现今的北北东向地垒块，并被次级断层切割成15个断鼻或断块；油藏类型为断块层状油藏，以反向屋脊式油藏为主。

唐庄-马厂构造亚带及其东侧的三春集-爪营构造亚带位于东濮凹陷南段，呈斜列展布。聊兰主断层的多次活动形成了多个分支断层，还形成了由马厂、马东和三春集等多条正断层组成的北东—北北东向延展的断裂带，其中马厂正断层规模相对较大。马厂构造是在基底断隆背景上发育的披覆构造，整体呈背斜形态，主控断层为走向北东、倾向北西的马厂正断层，贯穿构造南北，将其构造分为东西两部分；西翼构造部位较低，宽约1.2 km，地层西倾，倾角5°~15°；构造东翼为马厂构造的主体部分，宽约1.5 km，地层东倾，倾角2°~20°。马厂断层在长期继承性活动过程中向上分叉为3条断层，使背斜高部位成为一个复杂的断裂带，受马厂断层活动和南部基底抬升影响，在构造主体上形成了一组近南北向、断距100~200 m、与马厂主断层斜交的4条平行排列的东倾正断层，将马厂构造切割成5个自北向南逐渐抬升的阶梯状断块区，断块区内部派生出的更次级的北东—北北东向正断层将各断块又切割成若干个小断块，区内含油断块70余个，断块面积0.01~0.98 km^2，平均断块面积0.22 km^2。唐庄构造则属于滚动背斜，形成时期较晚。

三春集-爪营构造亚带向北逐渐倾没于葛岗集洼陷之中，整体表现为被断层复杂化的背斜构造，构造圈闭极发育，可划分为背斜带、北断块、西断块、爪营构造、兰11西断块5个局部构造，局部构造内部又被断层切割为许多断块，形成多个复杂小断块常温、常压层状砂岩油藏，油藏埋深从南到北由浅变深。其中，三春集构造主体受控于三春集和春东断层，是呈北东向倾没、“上堑下垒、东堑西垒”的复合断鼻型构造，油藏以构造圈闭为主，构造-岩性圈闭次之，油藏埋深 1867~3902 m。

2. 山东省境内的马厂油田“一把刷子”油气藏成藏模式

马厂油田位于山东省东明县境内，处于中央隆起带南部唐庄-马厂构造带南段，东临葛岗集生油洼陷，西以南西倾的马厂正断层为界，南以三春集断层和姚寨断层邻三春集-爪营构造带，北与唐庄构造相接。马厂构造为基底隆起背景上走向北东的断鼻半背斜构造，现今表现为顶部地垒带、中部马东断阶带及翼部反向屋脊断块群的构造格局。因马厂正断层的长期活动和南部基底的抬升，马东断阶带上的 4 条平行排列的东倾正断层将其切割为马 9 块、马 19 块、马 11 块、马 10 块、马 1 块和马 12 块 5 个阶梯状断块区（图 6-74）。各断块区内部派生的正断层进一步切割，形成了复杂的断块群组合圈闭，使油田内含油断块多达 70 余个。由于断块圈闭组合具有显著的多样性和交叉叠置性，构造油气藏类型齐全，但在不同构造部位的油气藏类型有较大差异。

马厂油田以油藏为主，并见多层段含油显示和“潜山型”气藏。马厂构造带基本定型于沙一段沉积时期，油气成藏期以沙三^{上}亚段—东营组沉积早期为主，相继发现了沙河街组各段和上古生界等 6 套含油气层组，以沙三段居多，其中沙三^{中}亚段 3 砂组—沙三^{下}亚段 3 砂组最为富集。沙三段平均孔隙度 18.7%，渗透率平均 107.4 mD，储层主要为孔隙性砂岩，产层段为砂泥岩互层。原油性质以相对密度小、粘度低、含蜡量高为特点，是一种轻质、稀油未饱和油藏，一般地面原油密度 0.83 t/m^3，粘度约 6.6 mPa·s，含蜡量 28.8%，胶质含量 6.2%，含硫 0.08%，凝固点 36.6℃，初馏点 107℃；地下原油密度 0.68 t/m^3，粘度 0.75 mPa·s；原始地层压力 28.5 MPa，饱和压力一般为 15.5~18.9 MPa，原始气油比 90.7~143.2 m^3/t，原油体积系数 1.25~1.42。含油气井段长，含油高度低，宽度窄，油气沿西掉马厂系列断层上盘呈“牙刷”状分布，即习称的“一把刷子”油气藏（图 6-75）；剖面上呈“羽”状结构，多个油气层组交叉叠置；平面上油气层沿构造长轴方向呈形状各异的带状展布，单层含油气面积一般较小，可叠加连片；大多具有独立的油水系统。

马厂地区的油气藏在马东断层系及其反向配套断层组成的马东断阶带最为富集，整体上，原油成熟度自构造顶部到构造翼部呈逐渐增大的趋势（国殿斌等，2012），从南往北、马东断阶带到翼部主要含油气层逐渐变老（张光斌等，2012）。顶部地垒带是古生界潜山煤成气藏的有利聚集区，而在马东断阶带和反向屋脊带中，石油以沙三段巨厚暗色泥岩排烃运聚为主（梁富康等，2010）。

（六）东濮凹陷古近系天然气成藏规律

东濮凹陷是富油又富气的聚集区，也是河南境内主要的天然气生产基地。东濮凹陷具有古近系始新-渐新统沙河街组湖相暗色泥岩和上古生界煤系两套烃源岩，生油层与储油层互层式组合形成极好的生、运、聚系统，由于石炭系—二叠系和沙四段的烃源岩埋藏深、热演化程度高，均以生气为主，沙三段、沙一段烃源岩埋深较小，以生油为主，烃源岩热演化程度决定了纵向上“上油下气”的分布格局，使深层富集天然气；上古生界—沙四段成气系统以石炭系—二叠系煤成气为主，沙三段—沙二段成气系统以古近系油成气为主，有部分煤成气（谈玉明等，2005；苏惠等，2006）。迄今，已发现的气藏主要环绕濮城-前梨园、葛岗集、柳屯-海通集 3 个最有利的生烃洼陷分布，相继建成了文 23、户部寨、白庙、桥口和南湖 5 个气田，又发现了文古 2、胡古 2 井区等上古生界致密砂岩气藏和马厂混源气藏。东濮凹陷天然气从化学特性上可分为干气、湿气、凝析气，按成因有油型气（或油成气）、煤型气（或煤成气）及两者相互掺和的混合气（或混源气）；油型气主要为凝析气藏，以气顶气或深层气层气形式存在（孙青等，2005）。不同区带形成的气藏类型及其展布规律各具特色，深层高异常压力和次生孔隙发育带是天然气富集高产的重要条件。

1. 东濮凹陷天然气成藏的多源性和多期性

东濮凹陷具有古近系始新统—渐新统沙河街组湖相暗色泥岩和上古生界煤系等两套气源岩的优越

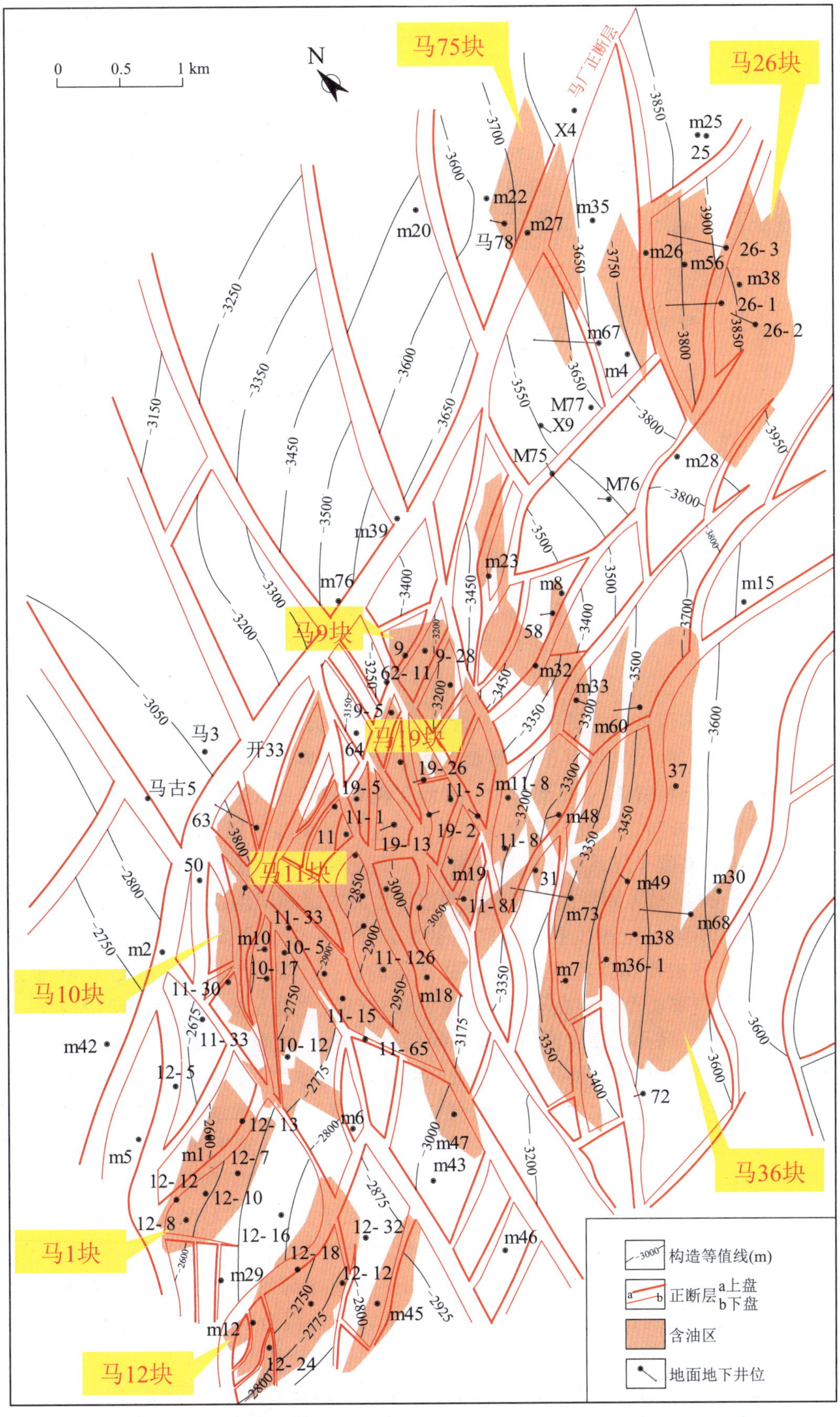

图 6-74　菏泽市马厂油田主要断块区构造示意图

（据《中国油气田开发志》总编纂委员会，2011d）

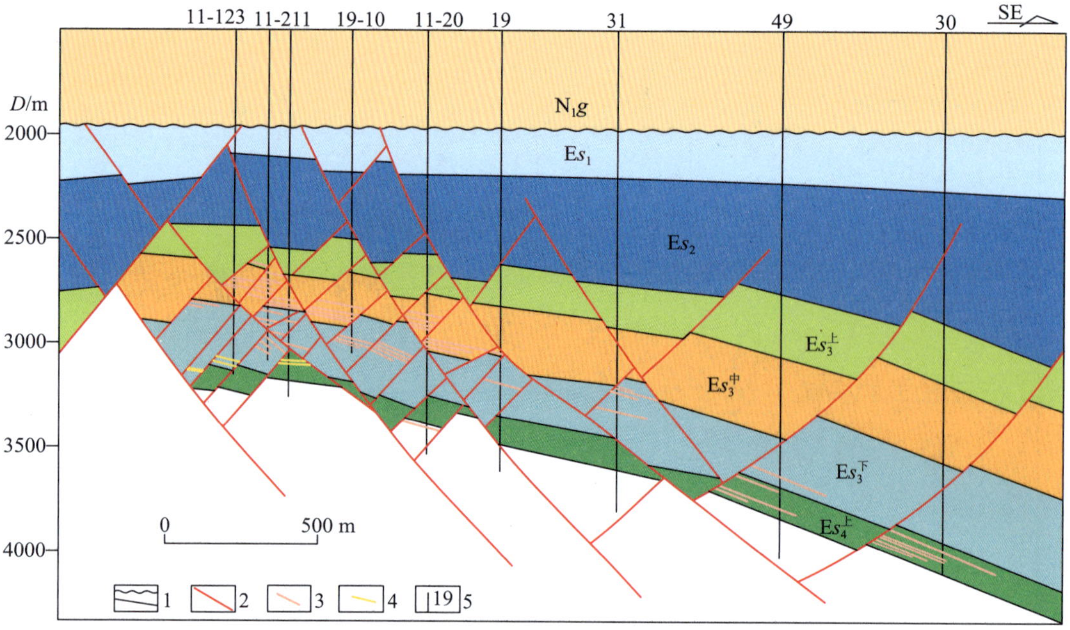

图 6-75　菏泽市马厂地区“一把刷子”油气藏剖面

（据刘剑平，2009）

N_1g—新近系中新统馆陶组；Es_1—沙一段；Es_2—沙二段；$Es_3^{上}$—沙三^{上}亚段；$Es_3^{中}$—沙三^{中}亚段；$Es_3^{下}$—沙三^{下}亚段；$Es_4^{上}$—沙四^{上}亚段。1—地质界线（上为不整合、下为整合）；2—断层；3—油层；4—气层；5—钻井及编号

基础，天然气具多源和多成藏模式特征。北部含盐区沙河街组烃源岩的干酪根以Ⅰ—$Ⅱ_1$型为主，南部无盐区沙河街组烃源岩的干酪根以$Ⅱ_2$—Ⅲ型为主；上古生界煤系烃源岩包括煤系暗色泥岩、煤层和碳质泥岩，有机质干酪根以$Ⅱ_2$—Ⅲ型为主，形成了两种成因的天然气——油型气和煤成气（苏惠等，2006；谈玉明等，2017）。在高热演化条件下，油型气可来源于原油裂解气和湖相泥岩干酪根晚期裂解气，煤成气主要来源于煤系裂解气，气藏具有“近源聚集、接力成藏、W 型分布”的成藏特征，煤成气主要分布在 W 型大断裂的下部及其周边伴生的次级圈闭内，油型气主要分布在 W 型断裂的上部（谈玉明等，2017）。上古生界煤成气的主要成分为甲烷，含少量的重烃与 CO_2（蒋晓蓉等，2005），属干气。天然气成藏具有晚期成藏和幕式成藏的特点，煤成气藏的形成略早于油成气藏（苏惠等，2006）。不同的气藏类型分布在不同的区域，煤成气藏主要聚集在中央隆起带顶部，圈闭类型以断背斜为主，由断层—高孔渗砂岩输导成藏，断层的输导至关重要；凝析气藏主要富集在环洼地区，圈闭类型主要是断块群和岩性圈闭，以断层-砂体组合输导为主；混合气藏分布于煤成气藏和凝析气藏之间，由古近系凝析气与上古生界煤成气“二次生气”混合聚集，主要勘探方向为中央隆起带翼部，圈闭类型主要是断块群（焦大庆等，2006）。东濮凹陷天然气藏大体可划分 3 个不同的分区。其中，Ⅰ区的碳同位素值较轻（-40.09‰～-46.39‰），氢同位素值也较轻（-22.50‰～-24.00‰），反映了湖相有机质生成气态烃的特征，主要见于文留、濮城和文明寨地区的沙二段浅层气藏。Ⅲ区的碳同位素值普遍较重，大于-32‰，氢同位素值大于-179‰，反映了煤成气的特征，主要见于文留、户部寨和马厂地区的沙四段气藏，在白庙构造浅部的沙二段也发现煤成气藏（何显莉等，2002）。Ⅱ区的碳、氢同位素值介于上述两区之间，应是混合气的反映，主要见于白庙和马厂地区。

根据东濮凹陷烃源岩的埋藏史和热演化史的综合研究，在古近系沉积之前，由于下、中三叠统最大厚度可达 2000～2500 m，部分上古生界煤系烃源岩可进入初熟演化阶段；整体受控于古近系沉积的逐渐深埋增温作用。上古生界煤成气有三期热演化过程（彭君，2006）：第一期的均一温度普遍较低，一般小于 110℃，推断上古生界烃源岩埋藏深度 3100～3200 m，古地温梯度 2.6～3.1℃/hm，该期应发生在中生代三叠纪沉积晚期；第二期的均一温度为123~148℃，古地温梯度3.3~4.1℃/hm，该期应发生在古近系东营组沉积晚期；第三期的均一温度大多超过145℃，最高可达160℃，古地温梯度3.1~3.4℃/hm，该期应发生在新近纪沉积时期。古近系油型气的生成既与烃源岩的高成熟演化程度有关，也与部分干酪根类型属Ⅱ$_2$型有关。对白庙、桥口、文西—刘庄、濮城等凝析气藏的研究表明，凝析气藏是分期完成的，至少有两期，一期发生在古近纪东营末期，另一期发生在新近纪明化镇期；混合气藏的特点是：气源断层首先沟通了上古生界煤系烃源岩和古近系圈闭，使沙一期至东营期生成的煤成气沿气源断层向上运移，进入古近系圈闭聚集；在东营剥蚀期及以后，与该圈闭有砂体连同的深层古近系烃源岩进入生气门限开始生凝析气，气体向上运移，到达已聚集了一定程度的煤成气的古近系圈闭中（焦大庆等，2006）。

2. 文23气田的天然气成藏规律

文23气田处于东濮凹陷中央隆起带北部文留构造高部位，其东、西两侧分别为前梨园洼陷和海通集洼陷，其构造形态为在基岩隆起背景上继承性发育并被断层复杂化的背斜，断块多、面积小，其中文西、文东等边界断层对背斜构造的形成及天然气的运移、聚集具有重要作用（见图6-67）。主要含气层位为沙四段的3—6砂层组，属煤成气块状砂岩气藏（李如汉等，2000），储层以细-粗粉砂岩为主，其上覆的沙三^{4}亚段巨厚的盐层及盐膏层是封闭性良好的盖层。沙四段4砂层组的排驱压力最低，渗流性能较好，2、6砂层组渗流性能次之，1、3、5砂层组渗流性能较差。

文23地区天然气主要来源于东侧前梨园洼陷及斜坡区的石炭纪—二叠纪煤系烃源岩，是“古生新储型”的成藏组合，属砂岩干气藏，气体组分中甲烷含量高（92.59%~97.13%），凝析油含量低（10~20 t/m^3）。石炭纪—二叠纪煤系烃源岩受印支期、燕山期、喜马拉雅期等多期构造运动的影响，经历了复杂的埋藏演化历史和多期生烃演化，烃源岩的生烃高峰期、生烃过程具有明显的分段性和时空差异性。在沙一段沉积期至东营组沉积末期，以洼陷带煤系烃源岩生气为主，洼陷带生成的高-过成熟干气沿文东断层向上运移进入沙四段砂体，并沿着砂体高孔隙高渗透带向西北方向运聚，在沙四段储集层的有利部位聚集成藏；新近纪以来，随着埋深的增大，热演化程度增高，气源断层的活动渐停，以斜坡带和地垒带煤系烃源岩成烃为主，在流体异常高压的驱动下，排出的高成熟干气沿古近系内部发育的裂缝及不整合面侧向运移，在古近系储层中就近成藏；文23气田沙四段气藏煤成气充注成藏时间主要在沙一段沉积时期至东营组沉积末期，为一期连续充注成藏（蒋有录等，2008）。文23、户部寨地区沙四段气藏属自生上储“源外”成藏模式，具有早期充注的特点，一般分布在盐下构造圈闭内，成藏期大致在沙一段—东营组时期；源外煤成气藏均依靠大断裂输导，气藏一般分布在依附大断裂周边的伴生断层内或者大断裂上升盘内的圈闭中（谈玉明等，2017）。

文23气田的主要气藏类型为断块背斜型，运聚通道以断层-砂体复合型输导体系为主，活动性断层对本区天然气的运移输导起着决定性作用，由异常压力和自然浮力驱动。文23气田成藏的关键因素在于沙三段盐岩层的严密封存，而储层渗透性控制了天然气的富集程度。

3. 山东省境内的桥口—白庙地区深层气成藏规律

桥口—白庙地区位于白庙-孟居构造转换带南部附近，北与前梨园洼陷相邻，南与葛岗集洼陷相接，区域盖层主要是沙三^{3}亚段厚层泥岩和沙二^{上}亚段泥岩，天然气储层主要为沙三段和沙二^{下}亚段。该区发育了东濮凹陷最大的深层凝析气含气区，中原油气区探明的深层凝析气藏主要包括白庙气田、桥口气田和濮67气藏，其中，白庙气田规模最大。虽然该区也具有石炭纪—二叠纪煤系和古近系湖相碎屑岩两套不同沉积类型的烃源岩，但缺少北部地区的盐膏封堵层，不大可能形成单一的煤成气聚集，天然气成因具有多样性。桥口—白庙地区天然气成因十分复杂，具有多源、多阶、多次充注复合成藏的特点；多源是指来源于两个沉积特征有差别的洼陷，存在两套不同沉积类型的气源岩；多阶是指既有古近系湖相源岩不同成烃阶段生成的天然气，也有石纪—二叠纪煤系的二次生烃；多次充注是指既有早期煤成气的充注，也有晚期油型气的充注，进而形成多个复合油气藏（王淑玉等，2011）。由于桥口气田和白庙气田处于不同的构造亚带，具有不同的油气成藏特点。中央隆起带桥口构造东翼沙三^中、沙三^{下}亚段天然气富集，为东濮凹陷典型的油型气藏，兰聊断层下降盘Ⅱ台阶白庙构造则为多层系含气、多源气体共生，二者成藏各具代表性（孙青等，2005）。

（1）白庙气田天然气成藏规律

A. 构造特征

白庙气田位于山东省菏泽市东明县与牡丹区交界处，夹持于东部洼陷带的前梨园和葛岗集两个生油洼陷之间，属复杂断块深层低渗凝析气藏，具有构造复杂、断层多、断块小、含气层系多、埋藏深、低孔低渗、地露压差小、凝析油含量高等特点。1980 年发现，1987 年白 20 井投入试采，随后转入滚动勘探开发。白庙气田构造为聊兰正断层下降盘陡坡带上的半背斜构造，是一个在基岩隆起背景上继承性发育并受聊兰正断层控制的逆牵引滚动半背斜，几条平行于聊兰正断层的次级断层将该构造切割成几个向西节节下掉的台阶，高点埋深 3150 m。聊兰断裂的持续变动，不仅切割深，幅度大，而且，在基底拆离的影响下，始终兼有伸展和走滑的两重性，受此影响，在沙四段和沙三段沉积时期产生的侧向挤压，可能形成同沉积的滚动背斜，甚至波及西侧的桥口地区。沙二段沉积时期，派生的西倾、倾角 45°~60°、最大断距 300 m 的杜寨正断层开始活动，呈北北东向延展，向北插入前梨园洼陷，往南在白 51 井附近与聊兰正断层合并，加剧了白庙地区的整体抬升，逐渐形成“三鼻一垒”的构造格架。在杜寨断层两盘均发育较多的次级断层，将上升盘切割成 56 个断块，在下降盘也切割成 6 个断鼻或断块（图 6-76）。

白庙地区的古近纪沉积和演化主要受控于聊兰断裂。沙四^{上}亚段主要是红色砂泥岩组合。沙三段厚 700~1300 m，主要为深-半深湖浊积扇（或水下扇）沉积，主要岩性是深灰色、灰色泥岩与灰白色粉砂岩、细砂岩呈不等厚互层，基本没有膏盐沉积；沙三^{上}亚段划分为 5 个砂层组，3、4 砂层组沟道砂体物性较好，平均孔隙度为 15%~17%，平均渗透率为 15 mD；其余砂组物性均较差，平均孔隙度 5.5%~11.4%，平均渗透率为 0.11~0.92 mD；沙三^{中}亚段划分为 5 个砂层组，孔隙度仅 4.8%~9.9%，渗透率也仅为 0.16~0.40 mD；沙三^{下}亚段划分为 6 个砂层组，孔隙度为 5.7%~12.0%，渗透率为 0.07~0.72 mD。沙二^{下}亚段厚度 290~330 m，为漫湖和冲积扇沉积，主要岩性是浅棕、灰白色粉砂岩与紫红色泥岩不等厚互层，划分为 6 个砂层组，储层孔隙度和渗透率平均值分别为 12%~14% 和 1.0~1.5 mD，其中主力含气砂层组为 1-2 砂层组；沙二^{上}亚段厚度 250~293 m，以暗紫红色泥岩为主，夹少量浅色薄层粉砂岩和灰白色石膏层，成为区域性的盖层。沙一段厚度 220~330 m，岩性以灰色泥岩为主，夹灰白色粉砂岩、生物灰岩，下部有火山岩分布，不含气。

B. 天然气成藏规律

白庙地区夹持于前梨园和葛岗集两个生烃洼陷间的特殊构造位置，决定了白庙构造具有充足的烃源供给基础，多源、多期形成的油气藏共生。业已发现沙二^{下}、沙三^{上}、沙三^{中}和沙三^{下}亚段 4 套含气层系，气层埋深 2576~4090 m，含气井段达 1515 m，油气分布受沉积背景、构造、成岩演化等多种因素控制，构造高部位富集程度优于低部位，北部富集优于南部。油气的分布和富集受沉积微相的控制，扇三角洲前缘砂体是主要的储集层，上倾方向砂岩尖灭和储层物性变差形成了两种侧向封堵条件（黄国平等，2003）。储层以细砂岩和粉砂岩为主，粒径多在 0.01~0.20 mm。储层复杂、物性差、砂体薄、相变快、连通率低，普遍具有低孔、低渗特点，垂向上随深度的增加而物性逐渐变差。沙二^{下}亚段天然气主要分布在中南部构造高部位，有两套气层，即分布于 1—2 砂层组内构造高部位和 5 砂层组水层间的构造-岩性气藏，前者分布范围大。沙三段的含气范围大于沙二^{下}亚段天然气，气水界面由构造高部位往低部位逐渐推进；沙三^{上}亚段气层连片富集在构造高部位的沟道砂体中；沙三^{中}亚段气层含气面积大、断块多、气层薄、相变快、连通性差、气层物性差；沙三^{下}亚段气层分布在构造北部的白 25 断层以南，受北部中扇沟道、前缘砂体控制，油层仅分布在白 25 断层以北的白 12—白 25 井区。天然气组分中的甲烷含量 84.15%~94.5%、乙烷含量 2.32%~8.87%，甲烷含量随深度增加而减少，凝析油组分较低（约 1.48%）。凝析油含量随埋深逐渐增加，而性质逐渐变差，沙二^{下}—沙三^{中}亚段的凝析油含量 138.5~253.8 g/m^3，沙三^{下}亚段凝析油含量 400~1000 g/m^3，具有构造高部位凝析油的含量低、低部位凝析油的含量高的特点。沙二^{下}—沙三^{上}亚段 1 砂层组为正常压力系统，沙三^{上}亚段 2—5 砂层组为异常高压力系统，沙三^{中}—沙三^{下}亚段为超异常高压力系统。气藏属正常温

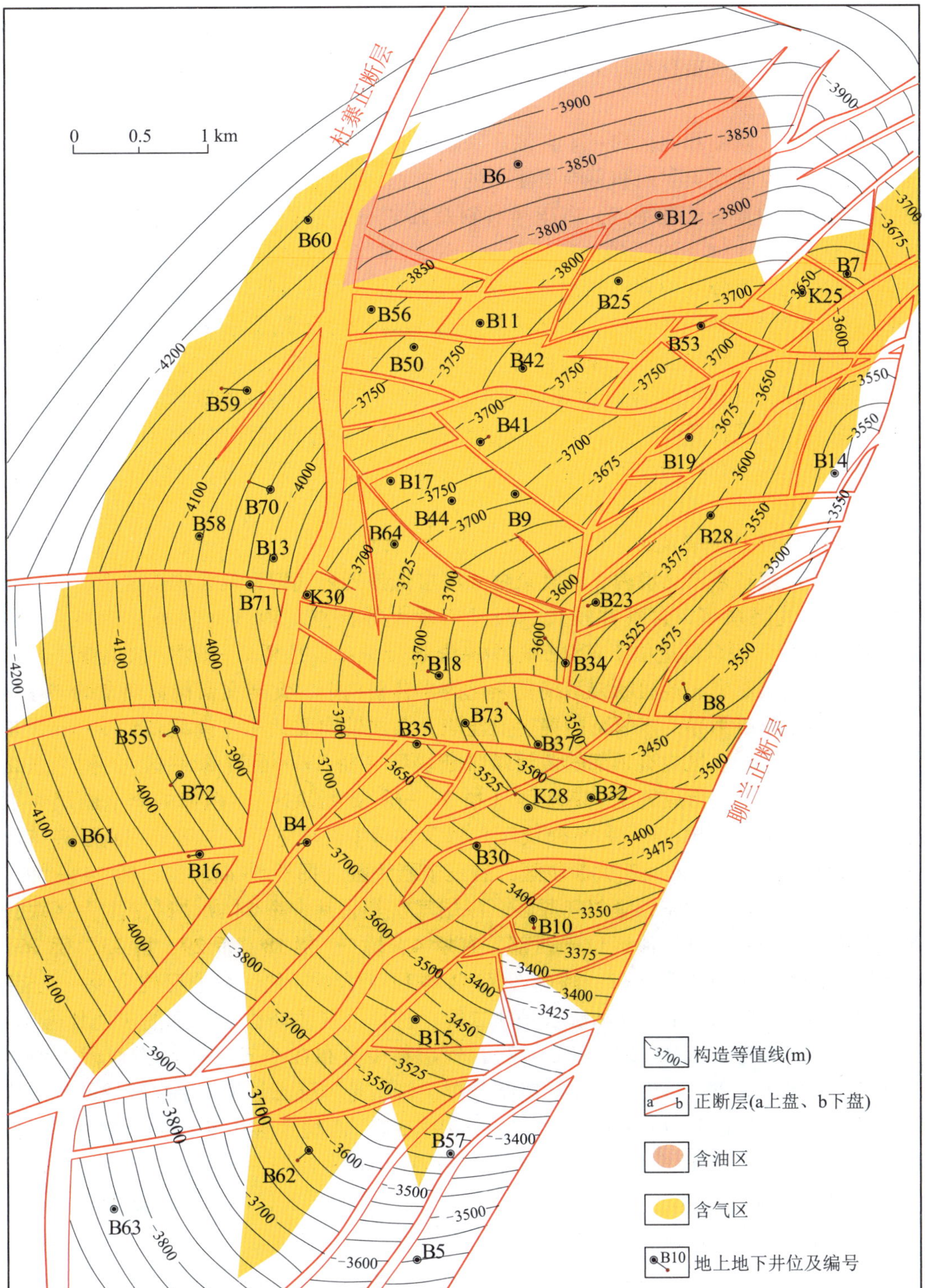

图 6-76　菏泽市白庙气田沙二^{下}亚段顶构造图

（据《中国油气田开发志》总编纂委员会，2011d）

度系统 89.84~143.04℃。水型为 CaCl 型。天然气运聚以断层型和断层-砂体复合型输导体系为主，气藏受构造、岩性、源岩控制，为含凝析油的断块-岩性或岩性凝析气藏，以断鼻或断块型为主，并在深层可见浊积扇或湖底扇的岩性气藏。《东濮凹陷深层凝析气藏有效开发技术研究》（中国石油化工股份有限公司中原油田分公司勘探开发科学研究院，2005）按地层流体相图特征、饱和程度和凝析油含量的高低，总结东濮凹陷深层低渗凝析气藏存在着未饱和低含凝析油气藏、未饱和中含凝析油气藏、未饱和高含凝析油气藏、近饱和-饱和中含凝析油气藏、近饱和-饱和高含凝析油气藏和轻质弱挥发油藏，其中，白庙气田存在着未饱和中含凝析油气藏、未饱和高含凝析油气藏、近饱和-饱和高含凝析油气藏3种类型。

白庙构造是东濮凹陷南部地区的一个含油环和凝析油的富气构造。天然气既有早期石炭系—二叠系煤成气的充注，也有晚期前梨园和葛岗集洼陷的古近系沙河街组油型气的充注，具有多源、多阶、多期充注、一次为主的复合成藏特点。白庙半背斜及其“三鼻一垒”的次级构造形态控制了油气的平面分布，油气呈现“上气下油”的分布特征。构造高部位为纯气藏，构造中部为油气同产，构造翼部深层、杜寨断层的下降盘为含气的油环，从浅层到深层含气面积上小下大，呈“宝塔”状分布（黄国平等，2003；冯建辉等，2003）。本区天然气成因具有混合来源的特征，既有单一的煤成气与油型气，也有油型气与煤成气混合形成的混合气，只是油型气与煤成气的混合比例略有不同（王淑玉等，2011）。构造高部位沙二^{下}亚段以煤成气为主，沙三段为带油环的凝析气藏，以油型气为主，局部有煤成气混入，构造腰部沙三^{上}、沙三^{中}亚段为混合气，构造翼部深层沙三^{中}、沙三^{下}亚段为油型气，底部石炭系—二叠系和沙四段为煤成气（冯建辉等，2003；张洪安等，2003；孙青等，2005；王淑玉等，2011）。

（2）桥口地区天然气成藏规律

桥口气田位于山东省东明县境内，属复杂断块深层低渗凝析气田，具有构造复杂、断块小、埋藏深、低孔低渗、含气层系多、含气井段长、开发难度大等特点。1983年发现，1994年投入试采，2003年正式投入开发。桥口构造位于东濮凹陷中央隆起带南部，是桥口-新霍-徐集亚二级构造带上的一个继承性发育的被李屯、黄河断裂系统复杂化的半背斜构造，北与文留构造南东的刘庄地区隔黄河相望，西以黄河正断层为界，东邻葛岗集生油洼陷，背斜轴向北北东，南北长约10 km，东西宽约6 km，勘探面积约60 km^2。区内有顶部的黄河断阶断块区（桥29—桥33断块区）、构造东北翼黄河Ⅳ号断层与玉皇庙断层夹持形成的地垒断块区（桥38—桥58断块区）、西掉的李屯断层切割东倾地层形成的反向屋脊断块区（桥14—桥69断块区）以及构造中部李屯Ⅰ号与玉皇庙断层夹持形成的地垒断块区（桥55—桥81断块区）四大断块区，后三个断块区（即桥58断块区、桥14断块区、桥81断块区）位于黄河Ⅳ号断层以东，紧邻气源区，深层气富集，其中桥14断块区是主力区块，是桥口气田投入开发最早的区块。桥口油区位于西部，有桥4、桥7、桥18、桥29、桥33、桥36、桥38、桥46、桥50、桥53、桥55、桥58-2、桥66、桥82等14个含油断块，含油层位为沙一段至沙三^{中}亚段，油层埋深2210~3750 m，主力储油层系是沙二段。桥口气区主体位于东部的黄河Ⅳ号断层以东，沙三^{下}亚段2砂组高点埋深-3600 m（图6-77），气层集中分布在沙三^{中}—沙三^{下}亚段，埋深3600~4360 m，薄气层呈层状分布，厚气层多呈透镜状分布，气层是单层或是几个单层组成的气层段，气藏无统一气水界面，天然气组分中的甲烷含量83.0%~91.3%、乙烷含量0.50%~15.14%，天然气相对密度0.6243~0.6689 t/m^3，凝析油密度0.7657~0.8197 t/m^3；沙三^{中}—沙三^{下}亚段气藏的压力系数1.2~1.5，气藏温度126~159℃，地温梯度3.47℃/hm，气藏地层流体的相态特征为未饱和凝析气和轻质弱挥发油体系，气藏属高温、高压和异常高压凝析气藏。

桥口构造为洼中低隆起，聚集了来自周围多个洼陷的油气资源，断层-岩性输导脊对油气由洼陷向桥口构造高部位运移提供了良好的通道；受断层多、断块小、含油气层系多等因素影响，桥口构造形成复杂断块群油气藏，表现为沿断层上升盘呈“刷子型”分布的成藏模式，油气差异聚集明显，构造高部位油藏聚集最好，腰部为油气藏，低部位为气藏（王军等，2018）。呈现“上油下气、顶油边气”的分布规律（雷利安，1996），复杂的断裂系统控制了含油气层系由东到西、由老到新、由深到浅的阶梯状分布与富集（雷利安，1995）。桥口构造东翼深层天然气主要与葛岗集洼陷古近系烃源岩有关，与含煤地层关系不大（王淑玉等，2011）。沙三^{中}、沙三^{下}亚段气层以泥岩为盖层，具有油气多次运移与聚集、多期成藏、剖面上多层状与多气水系统、受构造和岩性双重控制的主要特征，为东濮凹陷典型的油型气藏（孙青等，2005）。

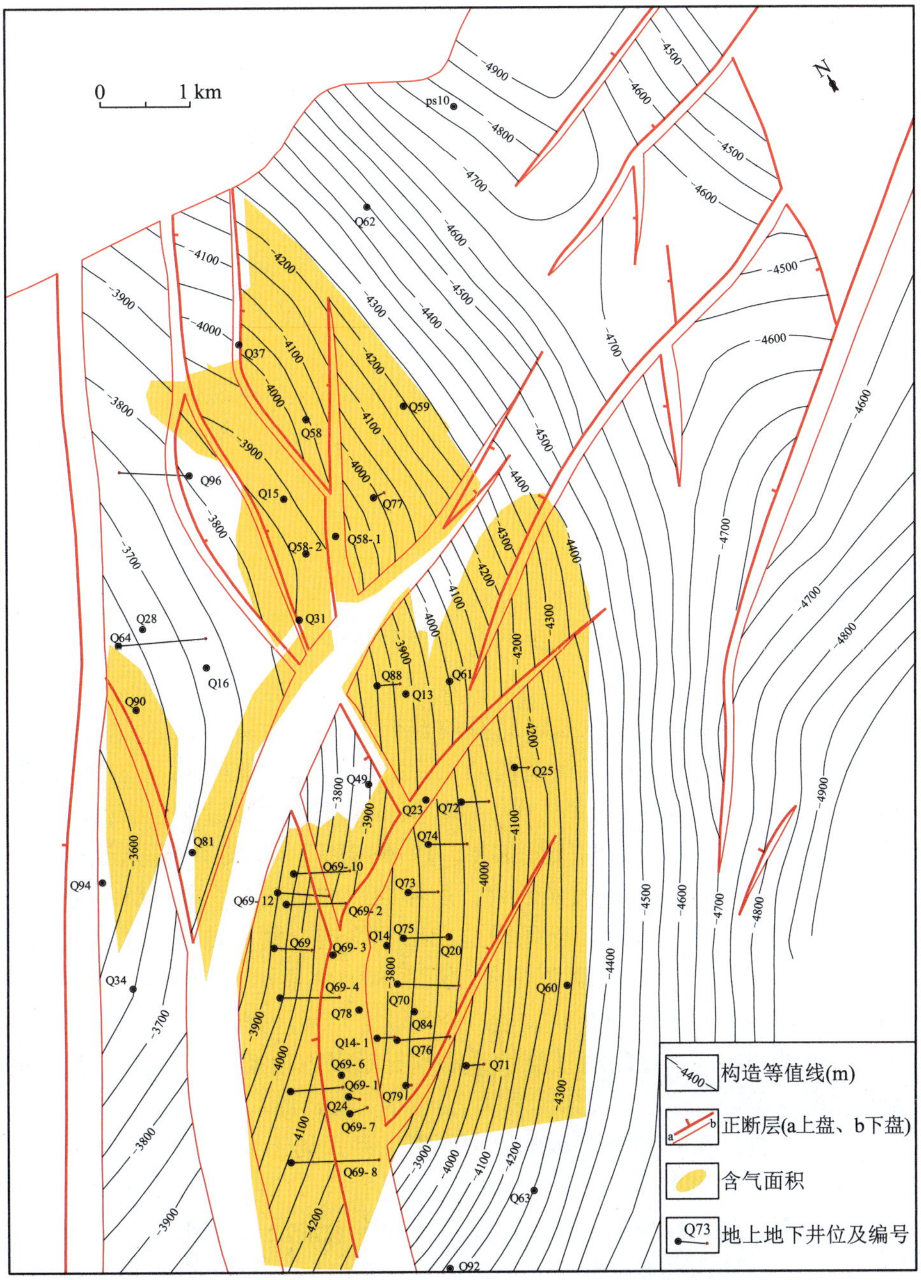

图 6-77 菏泽市桥口气田沙三^{下}亚段 2 砂组底板构造图

（据《中国油气田开发志》总编纂委员会，2011d）

4. 山东省境内的马厂油田天然气成藏规律

马厂油田具有古隆起构造背景，以油藏为主，也具有天然气成藏的良好条件，相继在沙三^{下}亚段、沙三^{中}亚段、沙四^{下}亚段和上古生界试获工业气流，并在沙四^{上}亚段和下古生界发现较好的含气显示。天然气主要分布在马厂构造带中部的马 11 井区断块和马 19 井区断块，以断块层状气藏为主，并有反向屋脊断块型、顺向断块型和潜山型等。油田主力含油层系为沙三^{下}亚段、沙三^{中}亚段，溶解气相对密度 0.614 t/m^3，其组分构成：CH_4 为 92.25%、C_2H_6 为 2.53%、C_3H_8 及以上为 3.29%、N_2 为 1.19%、CO_2 为 0.74%，为干气，仅马 10 块、马 12 块有湿气。夏长淮等（2002）和彭君（2006）根据沙三^{下}亚段天然气中甲烷的 $\delta^{13}C$ 为 −33.54‰、δD 为 −168‰、$^{40}Ar/^{36}Ar$ 为 1160.3 等判别马厂构造顶部的开 33 井所产天然气为煤成气，其翼部的马 11 井天然气属于煤成气与油型气的混源气。

马厂构造现今表现为一顶部地垒、中部马东断阶及翼部反向屋脊断块群的构造格局，形成了 3 种油气供给方式：中央高垒带沙四段—二叠系是煤成气最佳运移聚集方向，古近系生成的油气要进入该构造，需翻越两个台阶，顶部煤成气成藏期早；中部马东断层系及其反向配套断层组成的马东断阶带则可接受两套气源岩供给的气，早期的煤成气与晚期的油型气形成混合气藏，如马 11 块沙三^{下}—沙四段；翼部反向断块群构造简单，很少有与石炭系—二叠系沟通的渠道，只能聚集来自葛岗集洼陷的深层油型气（孙青等，2005）。贾存善等（2007）认为，马厂深部气藏沙三段—沙四段天然气以石炭纪—二叠纪煤系烃源岩生成的煤成气为主，混入有少量的沙三段—沙四段油型气，具有混源特征。

第四节　其他常规油气藏与油气显示点

除河南油气区和中原油气区的常规油气藏外，尚有焦作市邓 2 井区油藏、伊川县屯 1 井区气藏和周口市双楼田油藏 3 个常规油气矿点（见图 6-2）。油气矿点是指通过初步测试获得不同产量的油气流，迄今尚未获得探明地质储量的油藏或气藏。

一、济源凹陷

济源凹陷位于黄河以北的济源市、焦作市境内，为夹于南太行隆起与嵩箕隆起之间的中、新生代叠置型沉积盆地，西为黛眉寨隆起，东以武陟凸起与中牟凹陷相隔，呈东西向展布长约 80 km，面积约 2800 km^2。

1958~1961 年，河南省地质局石油队和华北石油普查大队在济源凹陷共完成了 25 口浅井（井深 460~1200 m），有温县次凹的孟 1 和后邓构造的孟 5、孟 7、沁 3、沁 7 等 5 口井见到油气显示；其中，1961 年 2 月完钻的沁 3 井于古近系 959. 00~961. 86 m 井段首次见到 1 层含油细砂岩，成为河南乃至华北平原陆相沉积中发现的第一口油气显示井。1976~1977 年，地矿部系统在该凹陷施工了济基 1、济 2 和济 3 等 3 口井，在古近系发现荧光砂岩，后邓构造的济基 1 井电测解释有可疑油层。1981~1983 年，南阳油田和地质部华北石油局在徐堡构造和后邓构造分别完钻济参 1 井（井深 5613. 63 m）和豫深 2 井（井深 4439. 97 m）；其中豫深 2 井在古近系有油气显示，三叠系、二叠系见良好的天然气显示，测井解释为多层气层，未进行试油。至 1985 年底，累计完成钻井 30 口，有 9 口井在古近系、侏罗系和三叠系中见到不同程度的油气显示，油气显示以古近系揭示较多，有 8 口井，而中生界只见气测异常和荧光油斑砂岩。

为追踪豫深 2 浅层（古近系）油气显示，原中原石油勘探局于 1988 年和 1989 年先后在济源凹陷的后邓构造完钻了邓 1 井（井深 1200. 12 m）和邓 2 井（井深 1127. 47 m），邓 1 井未见良好含油显示；邓 2 井于古近系始新统余庄组 683. 05~719. 49 m 井段发现油浸、油斑显示，经对 694. 3~697. 5 m 井段的油浸细砂岩试油，提捞产水多（32. 7 m^3）、油少（7. 015 m^3），上返至 685. 6~687. 5 m 油水层，产水 4 m^3，为油水同出，纵向上油水间互，累计产油 8. 36 m^3，折算日产原油 0. 7 m^3/d，由此，发现了邓 2 井区油藏。后为查明北部新块古近系油层分布情况，又钻探邓 3 和邓 4 井，均未发现油气显示；此后于 1989~1990 年，在邓 2 井地区开展三维地震勘探 84. 7 km^2；但因施工条件较差，资料不佳，而选择在后邓构造以南的城伯构造施钻邓 5 井，以勘探中生界原生油藏为主要目的，兼探新生界次生油藏，该井钻至上三叠统，未见任何油气显示，但发现了下-中侏罗统—上三叠统 1400 m 厚尚未见底的烃源岩（齐兴宇等，2009，2010）。

1996 年为寻找古生界原生油气藏，对济源凹陷孟州西潜山部署钻探邓 6 井，钻入奥陶系顶部后，因工程事故完钻而未果。2000 年以中生界为勘探目标，选择黄庄构造部署钻探了郭 1 井，仅在侏罗系见气测异常（齐兴宇等，2010）。

（一）油气地质特征

济源凹陷曾是晚三叠世内陆盆地，并接受了层序较全、厚度较大的中生界沉积。三叠系由下而上划分为下统的刘家沟组与和尚沟组干热气候条件下的河流-浅湖相沉积、中统二马营组河流三角洲-

滨湖环境沉积和中-上统延长群。延长群自下而上划分为中三叠统油房庄组河流-滨湖相沉积、上三叠统椿树腰组和谭庄组河流-沼泽-湖泊相沉积，油房庄组厚度332~975 m，椿树腰组厚度105~1093 m，谭庄组厚度173~773.2 m，上三叠统以暗色、杂色含煤层（线）、油页岩为其特征，烃源岩厚度相对较大，以南部的温县次凹较为发育，北部的沁阳次凹明显变薄，其暗色泥岩也呈现“南厚北薄”的展布特征。侏罗系不整合于谭庄组之上，为湖泊沼泽相沉积，自下而上划分为下统鞍腰组和中统马凹组，济参1井厚度439 m，西承留一带厚度537 m，其中，鞍腰组含有少量劣质煤屑。始新统韩庄组与下伏马凹组和上覆聂庄组均为不整合接触，济参1井厚度721 m，西承留一带厚度32 m，为干热气候条件下坳陷盆地河流-湖泊相红色碎屑岩沉积。中生界的椿树腰组、谭庄组和鞍腰组的暗色泥质岩、碳质泥岩和煤层富含有机质，暗色泥岩累计厚度480~720 m，是凹陷主要生油层；其中谭庄组属较好烃源岩（表6-26），总烃平均含量104.93×10^{-6}~354.62×10^{-6}，有机质类型以Ⅱ型为主，镜质体反射率为0.68%~1.92%。古近系自下而上划分为始新统韩庄组和聂庄组、余庄组和渐新统泽峪组、南姚组、丁庄组和冢头组，呈近东西向展布，长约80 km，宽约35 km，面积约3200 km^2，北部的沁阳次凹总厚度可达6600 m，南部的温县次凹厚度约4000 m，沉积以多水系、近物源的河流相为主，仅丁庄组可见少量的滨、浅湖相沉积，基本属非烃源岩。新近系自下而上划分为中新统保德组和上新统静乐组，厚57~341 m，新近系和第四系最大厚度约800 m。

表6-26 济源凹陷上三叠统暗色泥岩统计表

地质层位	TOC/%	氯仿沥青“A”/%	井号	井深/m	厚度/m	暗色泥岩厚度/m	碳质泥岩厚度/m
谭庄组	0.30~1.41	0.011~0.160	济参1	4110~4488	378	79.5	39.5
			豫深2	2687~2957	173	61	—
			源1	2400~2845	445	117	32
			邓5	2685~3073	388	185.8	39
			邓6	232~617	385	142	21
椿树腰组	0.578~1.413	0.0024~0.0040	济参1	4488~4985	497	152.5	—
			源1	2845~2950	105	48	—
			邓5	3073~3431.82	358.82	193	9.36
			邓6	617~1390	773	302.9	39

济源凹陷为受控于南倾的太行南-武陟正断层和北倾的邙山北正断层的“双断型”古近纪地堑式断陷，东倾的祥云镇正断层分割凹陷东西。沁阳-金城次凹和温县次凹及中央构造带构成了呈近东西向展布的“两凹夹一凸”的构造格局（图6-78），次凹基底埋深约10 km。其中，中央构造带总体上为西高东低的大型鼻状构造，无完整背斜构造背景，又被北东东向断层切割而形成长条形的复杂断块圈闭群，基底构造图上显示为3个大型潜山，古生界埋深4165（豫深2井）~6000 m（济参1井），中生界埋深3000~4900 m，井下地温为100~140℃，生油岩均处于生烃门限深度以下。济源凹陷主要发育后邓、徐堡、黄庄、唐廓和城伯5个断块背斜型构造圈闭（表6-27），后邓、徐堡、黄庄3个构造位于中央构造带，唐廓构造位于温县次凹东部的邙山北正断层的下降盘，城伯构造位于后邓构造之南。

（二）焦作市邓2井区油藏

焦作市邓2井区油藏位于焦作市境内，地理坐标为东经112°45′32″，北纬35°00′05″，处于济源凹陷中央构造带西部的后邓构造。后邓构造是河南省内最早发现含油砂岩的地区，古近系泽峪组底面构造为被断层复杂化的背斜，可分为10个断块，闭合高度为50~250 m，最大圈闭面积19 km^2，见油气显示区块较多，但集中分布在邓2（邓2、豫深2、孟5、孟7等4口井）和济基1（沁3、沁7、济基1等3口井）两个断块，纵向上沿断层分布于古近系、三叠系、侏罗系和石炭系—二叠系4个层系，不同块间同层显示深度差别大，显示有油有气；油显示6口井，分布层位为三叠系和古近系；天然气显示仅有2口井，豫深2井为三叠系和侏罗系，孟7井为古近系（齐兴宇等，2009，2010）。邓2井为济源凹陷仅有的低产油流发现井，古近系油层上倾方向为断层遮挡，油气呈屋脊式分布于断块的高部位，为油水复杂分布的断层油藏；含油砂岩的油抽提物分析，原油相对密度为0.8328 t/m^3，凝固点为28℃，含高饱和烃。

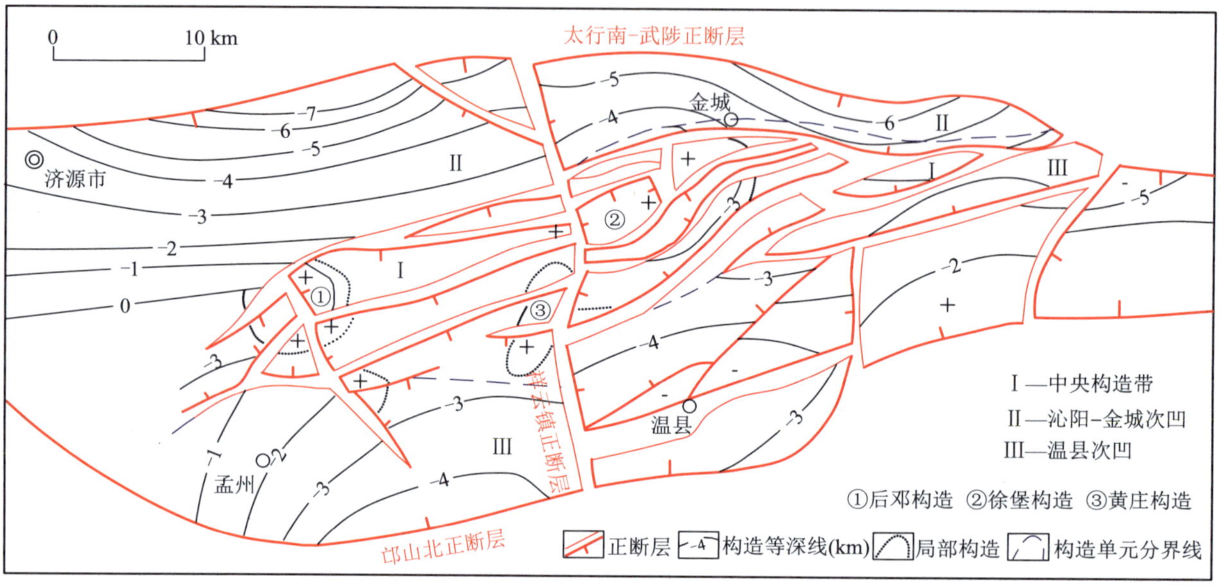

图6-78　济源凹陷构造刚要略图

（据中原油田石油地质志编辑委员会，1993）

表6-27　济源凹陷局部构造要素表

圈闭名称	地震层位	圈闭面积/km^2	闭合幅度/m	高点深度/m	构造类型
徐堡构造	古近系底	43.5	250	2100~3400	断背斜
	侏罗系底	15.5	100~300	3700~4300	断背斜
后邓构造	古近系底	7	50~250	1500~2400	断背斜
	侏罗系底	7	100~700	2200~2700	断块
黄庄构造	古近系底	18.9	150~250	2100~2700	半背斜
	侏罗系底	13.5	100~200	3900~4500	半背斜
城伯构造	侏罗系底	5	50~100	3600~3900	断鼻
唐郭构造	侏罗系底	12	100~250	2500	半背斜

（据中原油田石油地质志编辑委员会，1993）

济源凹陷的邓2井断块是反向屋脊断块圈闭，南、北两侧断层切割较深，在古近系渐新统沉积之前具有生长断层的开启性和活动性，可以直接沟通下伏的上三叠统烃源系统，成为油气运聚的良好通道，形成“中生新储型”油藏（图6-79）。值得强调的是，此类“跨越式”成藏组合比较复杂。刘春晓等（2002）、赵伟卫等（2003）认为，根据邓2井砂岩储层的气液包裹体均一温度和包裹体内外生物标志物组成分析，油源来自水生生物和陆源高等植物发育的上三叠统谭庄组和椿树腰组烃源岩，原油成熟度较高，是“中生新储型”并遭受比较严重的生物降解和水洗作用的次生油藏。结合济源地区的中、新生代构造演化和地热史恢复推测，上三叠统和部分下-中侏罗统烃源岩的主要成烃期应

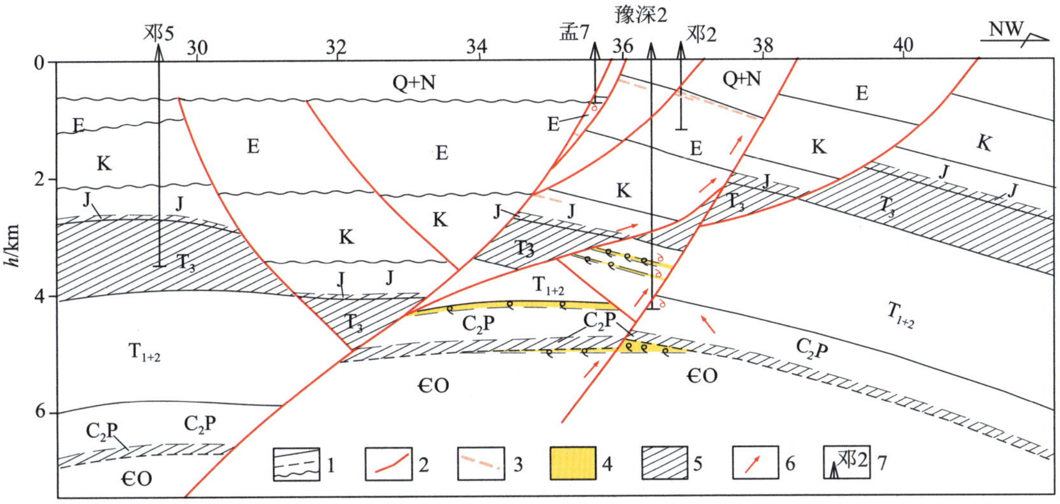

图 6-79 济源凹陷邓 2 区块油气成藏综合剖面示意图

（据齐兴宇等，2009，2010，有修改）

Q+N—新近系和第四系；E—古近系；K—白垩系；J—侏罗系；T_3—上三叠统；T_{1+2}—下-中三叠统；C_2P—石炭系—二叠系；€O—寒武系—奥陶系。1—整合、平行和角度不整合界线；2—断层；3—油显示层；4—气层；5—烃源层；6—油气运移方向；7—钻井及编号

在古近纪中、晚期。

二、伊川凹陷

伊川凹陷呈北东向展布于熊耳山隆起与嵩箕隆起间，向北接洛阳凹陷，面积约 4500 km^2，伊河由南西向北东流过。

洛阳地区自 1977 年开始找油气以来，至 1992 年，先后施工了洛宁东侧的洛参 1 井（1977 年，井深 3200 m）和洛阳东侧的洛参 2 井（1978 年，井深 3371.23 m）及洛阳西偏北的洛 1 井，洛参 1 井和洛 1 井钻达古近系石台阶组和蟒川组，仅洛 1 井于上三叠统见 36 m/30 层荧光砂岩。

1991~1992 年，河南省煤炭系统在宜洛煤田施钻的 3001 孔于上三叠统谭庄组 740.0~920.0 m 井段见 50.87 m/22 层油斑、油迹砂岩，并见原油渗出岩芯。1997 年，中国石油天然气总公司完钻的伊 1 井进尺 1500 m，于谭庄组见 63 m/14 层油斑、油迹及荧光砂岩，于椿树腰组见荧光砂岩累厚 44 m/12 层。2011 年在伊川西北施钻的屯 1 井完钻于中三叠统油坊庄组，上部谭庄组于埋深 600~1200 m 油显示活跃，下部椿树腰组于埋深 1200~2000 m 井段普遍见气测异常；对椿树腰组的 1874.0~1884.0 m 井段采用射孔-测试联作和抽汲作业，日产气量为 53 m^3；随后又实施大型压裂，初期日产气量达 10298 m^3，平均日产 6600~7200 m^3。2012 年初，对屯 1 井的 1364~1776 m 井段采用大型压裂，初期放喷最高日产气量为 11066 m^3（何斌等，2012）。由此发现了屯 1 井区气藏。随后在伊川北施工的屯 2、屯 3、屯 4 等井也见到了丰富的油气显示和气测异常。

（一）油气地质特征

伊川凹陷为中生代残留盆地，自上而下钻遇新近系、古近系、三叠系、石炭系—二叠系、寒武系等，发育石炭纪—二叠纪煤系和三叠纪内陆河流-湖沼相碎屑岩两套烃源岩。三叠系为砂泥岩互层沉积，残留最大厚度达 3800 m，下统刘家沟组与和尚沟组、中统二马营组与油房庄组的泥岩为紫红、棕红色，上统椿树腰组和谭庄组以灰色、深灰色泥岩为主，因此，上统为区内三叠系烃源岩的发育层段。上三叠统的烃源岩和砂岩储层均较发育，沉积相以三角洲前缘亚相为主，其次是前三角洲、滨浅湖和半深湖亚相；含油气层段以细砂岩、粉砂岩为主，总体上为低孔低渗，砂体类型有水下分流河道、河口坝和席状砂等微相。根据3001、屯1、屯2、屯3等井统计，椿树腰组暗色泥岩累厚300~420 m，暗色泥岩有机碳含量0.09%~24.05%，平均1.94%；谭庄组暗色泥岩累厚250~470 m，暗色泥岩有机碳含量0.12%~36.29%，平均2.50%；氯仿沥青“A”含量普遍较低（小于0.1%），烃源岩平均生烃潜量7.21 mg/g（邓晓梅等，2015）。上三叠统烃源岩有机质类型为Ⅱ—Ⅲ型，以Ⅲ型为主，处于低成熟-成熟的演化阶段，是一套油气兼生且以生气为主的勘探层系，为中等-好的烃源岩（严永新，2013；杜建波等，2013；邓晓梅等，2015），其优质的烃源岩为区内致密砂岩油气成藏提供了一定的物质基础以及良好的封盖条件。

（二）伊川县屯1井区气藏

伊川县屯1井区气藏位于伊川县西北部，地理坐标为东经112°23′11″，北纬34°25′18″。处于伊川鼻状构造带中部的低部位，揭示上三叠统暗色地层厚度约1400 m，有效烃源岩厚约612 m；砂岩累计厚度约622 m，单层厚度一般为1~3 m，砂岩孔隙度一般为2%~4%，平均3.28%；渗透率为0.02~1.38 mD，平均0.06 mD。屯1井具有大跨度长井段连续性含油气的特征（严永新，2013），上三叠统储集层存在砂岩孔隙型和砂泥岩裂缝型两种储集空间类型（方锡贤等，2012；严永新，2013）。

伊川凹陷屯1井区属构造-岩性圈闭，纵横向上均呈现出贫富不均的油气分布特征，具有“上油下气”的成藏组合（严永新，2013；杜建波等，2013），含气饱和度为60%。虽然含油气层均为低孔低渗储层，但因发育数十条天然裂缝，通过压裂改造，获得了较好的效果。屯1井气样分析，相对密度0.68 t/m^3，甲烷含量80.48%，乙烷含量9.12%，丙烷含量1.71%，正丁烷含量0.27%，异丁烷含量0.36%，呈湿气特征。压裂测试资料表明，产层中部的地层压力为7.25 MPa/1879.0 m，压力系数为0.62，属异常低压；温度为74.7℃/1853.0 m，地温梯度3.1℃/hm。综合分析认为，屯1井区气藏应属“低孔、低渗、低压、低丰度”的致密砂岩岩性气藏，而且含气基本不受构造圈闭控制，不具有边底水驱动。

三、谭庄—沈丘凹陷

谭庄—沈丘凹陷自1955年油气勘探以来，施工了22口探井，其中16口探井见不同级别的油气显示，巴1、周参12、周参10、周19等4口探井试获少量原油和天然气（杜建波等，2008）。1985年1月在娄堤构造完钻的周参10井（井深3568.3 m）发现油迹-油斑砂岩累厚34 m/19层；2217.92~2190.0 m井段测试获得日产原油0.032 m^3。1988年在谭庄凹陷南坡双楼田背斜完钻的周参12井（井深4100.0 m）揭示下白垩统暗色泥岩厚度1097 m，并于下白垩统发现厚度达1152.5 m井段的油气显示，经3566.32~3666.0 m井段中途测试获得折算日产原油3.86 t。沈丘凹陷北部郭平楼断鼻构造完钻的周19井分别在古近系2824~2832 m井段、下白垩统3001~3008 m井段试获少量天然气，天然气成分有甲烷（71.21%~89.45%）、乙烷（1.97%~2.2%）、丙烷（0.51%~0.53%）、丁烷（0.17%~0.24%），含微量戊烷，油气源对比证明油源均来自下白垩统（杜建波等，2008）。2007年，河南油田在谭庄凹陷双楼田断鼻贺庄断块施钻巴1井，完钻井深为4530.0 m，完钻地层为下白垩统永丰组，地质录井于永丰组见油气显示25.5 m/10层，4399.0~4407.8 m段压裂测试获得日产原油0.48 m^3；4232.1~4239.8 m段压裂测试获得日产原油0.036 m^3。

（一）油气地质特征

谭庄—沈丘凹陷位于周口坳陷的中部凹陷带，是在华北古生界台地基础之上发育起来的中、新生代叠置型沉积盆地，东邻倪丘集凹陷，西与舞阳、襄城凹陷相连，北以商水断裂与郸城凸起分界，南以叶鲁断裂为界，呈北西西向展布，面积约3735 km^2。谢其锋等（2009）将早白垩世沉积盆地划分为北部斜坡带、双楼田鼻状构造带和东部断阶带。发育石炭系—二叠系、下白垩统和古近系等烃源岩层系，其中，下白垩统是主力烃源岩层系。古近纪凹陷呈现多个次凹的构造格架，可划分为谭庄、项城、老城和新桥等次凹，最大残留厚度均在4000 m以上。

谭庄-沈丘凹陷的下白垩统自下而上划分为巴村组、永丰组、商水组，沉积物以细粒陆源碎屑泥岩、粉砂岩和砂岩为主，并富含火山碎屑，成分成熟度和结构成熟度中等，属河流三角洲-滨浅湖沉积体系，最大累计残留厚度达3000 m以上（图6-80），半深湖相的暗色泥岩厚度较大，有机质丰度较高，构成较好的烃源系统。根据南2、周19、周参10、周参11、周参12等井的地化分析资料统计，下白垩统暗色泥岩的有机碳含量为0.73%~1.15%，平均为0.97%；氯仿沥青“A”含量为0.0054%~0.088%，平均为0.0294%；总烃含量为111×10^6~487×10^6，平均为137×10^6；有机质类型以Ⅲ型为主，镜质体反射率为0.70%~1.40%，应属中等-好烃源岩。相比而言，以永丰组下段相对较好，其次是巴村组和永丰组上段。下白垩统砂岩主要发育来自南部物源的扇三角洲沉积体系（旷红伟等，2009；陈祥等，2010），具有近物源、多物源的特点，储层以粉砂岩和砂岩为主，物性普遍较差，孔隙度平均值最大不超过8.42%，渗透率不超过1.079 mD，大部分层段渗透率小于1 mD，以低孔低渗储层为主。含油层位主要是下白垩统永丰组和巴村组。

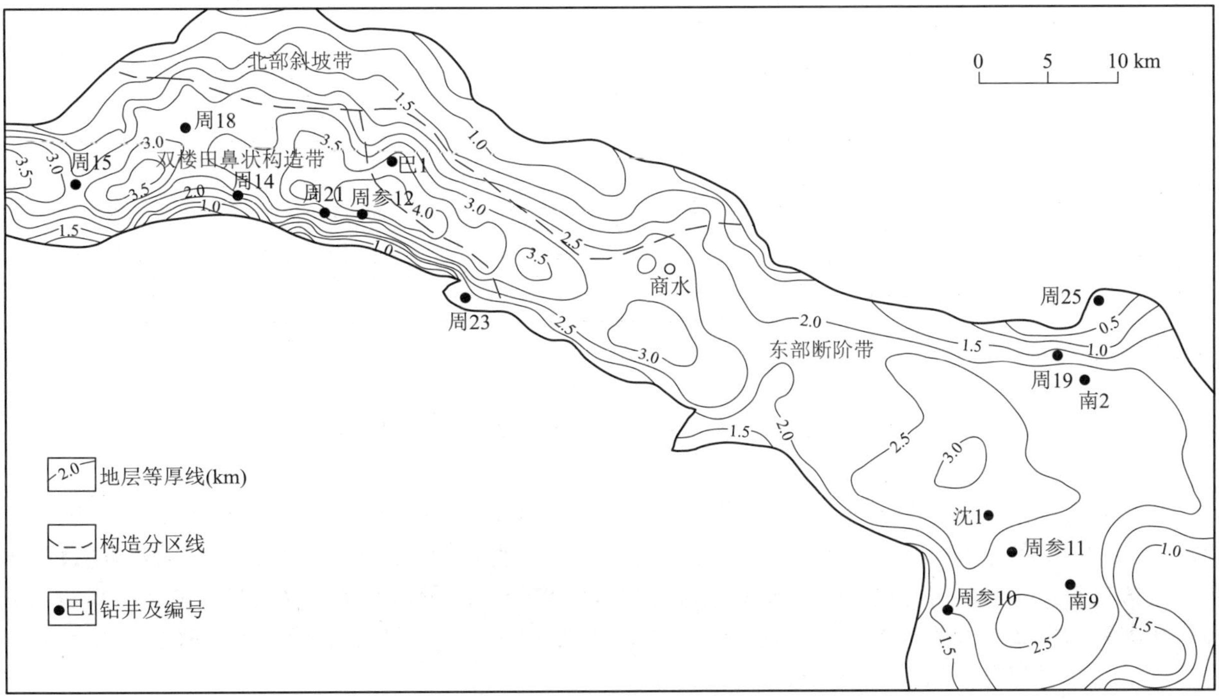

图6-80　谭庄-沈丘地区下白垩统残留地层厚度图

（据旷红伟等，2009，有修改）

（二）周口市双楼田油藏

周口市双楼田油藏主体位于周口市商水县境内，中心点地理坐标为东经114°23′08″，北纬33°33′53″，处于谭庄凹陷的双楼田断鼻构造中。谭庄凹陷东以鼻状构造带与沈丘凹陷分界。双楼田断鼻构造是下白垩统和古近系的复合圈闭，闭合高度为900~1300 m，圈闭面积为12.5 km^2。本区仅周参12井和巴1井获得少量油气，含油层位主要是下白垩统永丰组和巴村组。根据巴1井的地面原油性质分析成果，密度0.8290~0.8488 t/m^3，动力粘度2.69~3.74 mPa·s，含蜡16.27%~21.37%，胶质+沥青质含量4.70%~6.33%，凝固点28℃，具有“高蜡、低硫、轻质”的特点。根据生物标志化合物特征，表明原油曾经历生物降解。综合分析认为，双楼田油藏属“自生自储”断鼻油藏。

四、其他常规油气显示点

自1978年以来，在中牟、民权、襄城、舞阳、鹿邑等凹陷和通许隆起发现了30多个油气显示点，显示层位主要是古近系和上古生界，少数是新近系和下白垩统。其中，在中牟、民权、襄城、舞阳、沈丘等凹陷共计发现12个常规油气显示点，限于当年的钻井地质技术条件及测试能力，显示程度大多偏低（表6-28）。常规油气显示点是指在地质录井、测井资料解释或初步测试中仅发现不同级别油气显示的井区。

表6-28　河南常规油气显示井区数据简表

井区	构造位置		完井时间	完钻井深/m	油气显示层位及程度
开参2	中牟凹陷	姜庄断鼻	1982年	?	古近系沙三段试获少量原油
开参3		铁塔断鼻	1982年	?	古近系沙二、三段荧光砂岩
民1	民权凹陷南		1981年	3508.70	古近系始新统—渐新统沙河街组见气测异常
襄参1	襄城凹陷	任店鼻状构造	1982年5月	3800.15	古近系始新统核桃园组泥岩裂隙含油
襄参2		丁营鼻状构造	1983年2月	3552.88	古近系核桃三段见油迹粉砂岩
襄5		邢庄背斜	1983年6月	3605.00	上古生界见原油和气测异常
襄7		庄店构造	1984年4月	3600.24	古近系始新统核桃园组见含油砂岩
襄9		城高断鼻	1985年6月	3210.50	古近系始新统核桃园组见含油砂岩
舞7	舞阳凹陷	叶西鼻状构造	1983年9月28日	2717.94	古近系始新统核桃园组见含油砂岩
舞8		王桥构造	1984年2月4日	3300.05	古近系始新统核桃园组见含油砂岩
舞9		马村鼻状构造	1984年9月14日	2901.30	古近系始新统核桃园组试获少量原油
周19	沈丘凹陷	郭平楼断鼻	1987年	?	下白垩统试获少量天然气

第五节　致密砂岩气藏地质特征

致密砂岩气是指储集在低孔渗-特低孔渗的致密砂岩之中的天然气，砂岩的孔隙度一般小于10%，地面绝对渗透率一般低于1 mD，具有不同于常规天然气的渗流及产出机理，自然产能普遍偏低，通常只有经过不同规模的压裂改造等措施才可以获得经济产量。河南省境内仅有濮阳县境内的文古2井区和胡古2井区两处上古生界致密砂岩气藏（见图6-2），通许隆起及周缘钻达上古生界煤系的石油钻井几乎都有不同程度的致密砂岩气显示。

华北陆块南部的上古生界分布于崤山-熊耳山-伏牛山-桐柏山-大别山以北和太行山以南、以东地区，呈西部收敛、东部撒开的箕状展布。厚度达700～800 m的海陆交互相含煤地层，具有致密砂岩气、煤层气和页岩气“同生共存”的优越勘探开发潜力。该区经历印支、燕山和喜马拉雅期多旋回构造变动的改造，上古生界呈现由北西—北西西向与北东—北北东向断裂交互切割的“断裂围限、规模不等、形态各异、覆盖多样”的残留块体组合格架。因此，致密砂岩气、煤层气和页岩气评价选区和勘探单元不是古近纪的沉积盆地及相应的构造单元，而是这些上古生界残留块体。相比而言，通许隆起及周缘是省内上古生界残留连片范围最大的地区。

一、东濮凹陷上古生界致密砂岩气

自1977年发现文23气田以来，上古生界始终是东濮凹陷油气勘探的重要领域。70多口探井钻达上古生界，证实层序比较齐全，残留范围几乎遍及整个凹陷，向西与内黄隆起及汤阴凹陷的上古生界残留区相连，构成大型的残留块体。其中，凹陷西部的最大残留厚度为800～1000 m，东部和南部则为600～800 m，聊兰正断层以东则减薄至200～400 m，至鲁西隆起更薄、甚至剥蚀殆尽（图6-81）。

（一）濮阳县文古2井区致密砂岩气藏

濮阳县文古2井位于濮阳市的濮阳县境内，地理坐标为东经115°16′59″，北纬35°41′47″。

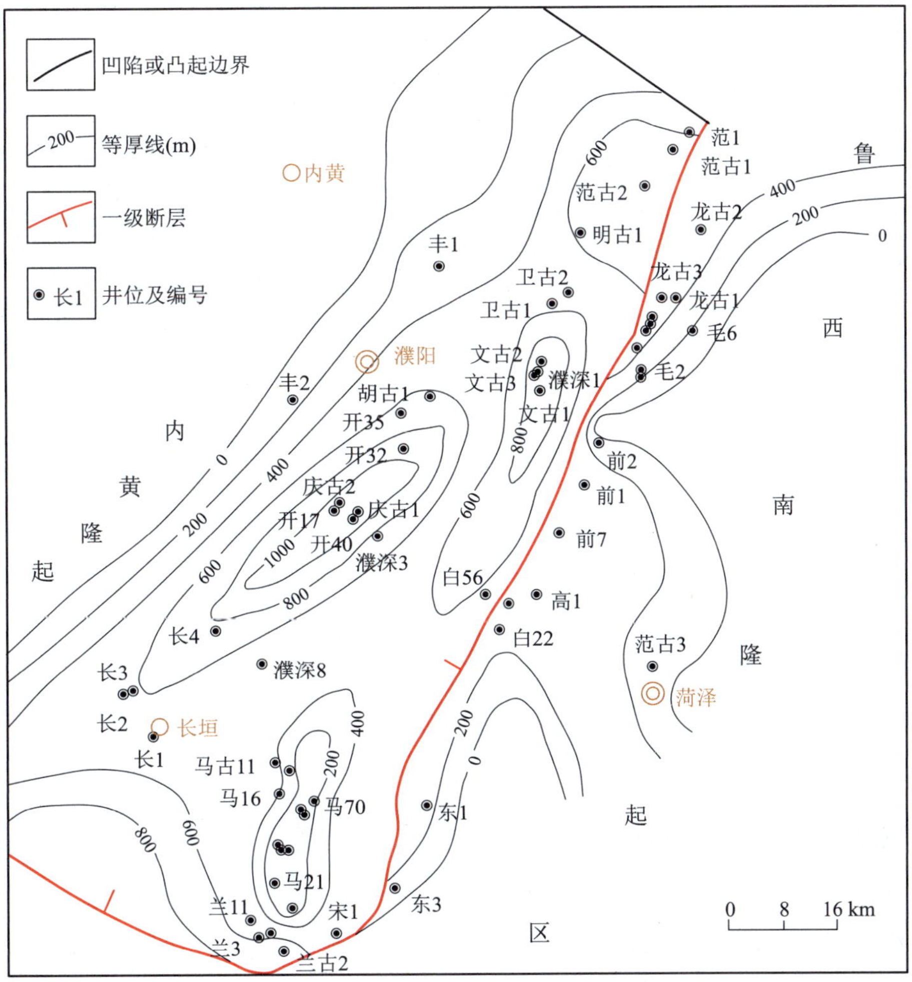

图 6-81 东濮凹陷上古生界残留厚度

（据杨建亭，2011）

2003 年，中原油田基于文留潜山完成的文古 1 井曾获低产油流，在该井西北施钻文古 2 井。2003 年 5 月 19 日，对文古 2 井上古生界石千峰组的 3813.5~3834.3 m 井段进行压裂试油，用 10 mm 油嘴求产，5 月 25 日放喷，初期日产天然气 $1.1\times10^4\ m^3$，日产原油 $6.3\ m^3$，成为东濮古生界的第一口工业气流井，也是河南境内第一个上古生界“自生自储型”致密砂岩气藏。

文留潜山构造夹于文西和文东正断层之间，内部又被多条中、小型断层切割，呈现被多组断裂复杂化的断块背斜，两翼地层倾角 4°~9°，上古生界高点埋深 3500 m。文留潜山构造主要形成于沙三段沉积时期，与油气生成及运聚具有较好的匹配关系（王瑞，2011）。文古 2 井位于东濮凹陷中央构造带北部文留潜山构造，被不同期次、不同级别的断层切割而呈现出比较复杂的断块构造圈闭。文古 2 井产层为二叠系石千峰组河流相砂岩储层，以三叠系为盖层，上倾方向以沙三段—沙四段盐膏层为文卫西断层面遮挡，下倾方向过渡到上古生界生烃中心前梨园洼陷；其所产油、气为不同源，油藏属“新生古储”型（常俊合等，2005；齐兴宇等，2009），油源以古近系高成熟泥岩为主；天然气是石炭纪—二叠纪煤系烃源岩二次生烃的产物（图 6-82）。主要储集层岩性为含砾砂岩、细-粗砂岩，单层一般厚度为 7~13 m，最大为 20~23 m，孔隙度为 6%~11%，渗透率为 0.1~0.7 mD，孔渗性能普遍较差。文古 2 井天然气组分中的甲烷含量最高为 93.36%，C_1/C_{2+} 值为 16.1；组分中富含重碳同位素，其中甲烷碳同位素值为-29.6‰，乙烷碳同位素值为-24.3‰，丙烷碳同位素值为-21.4‰。丁烷碳同位素值为-25.7‰，反映出原始母质以腐殖型为主（常俊合等，2005）。

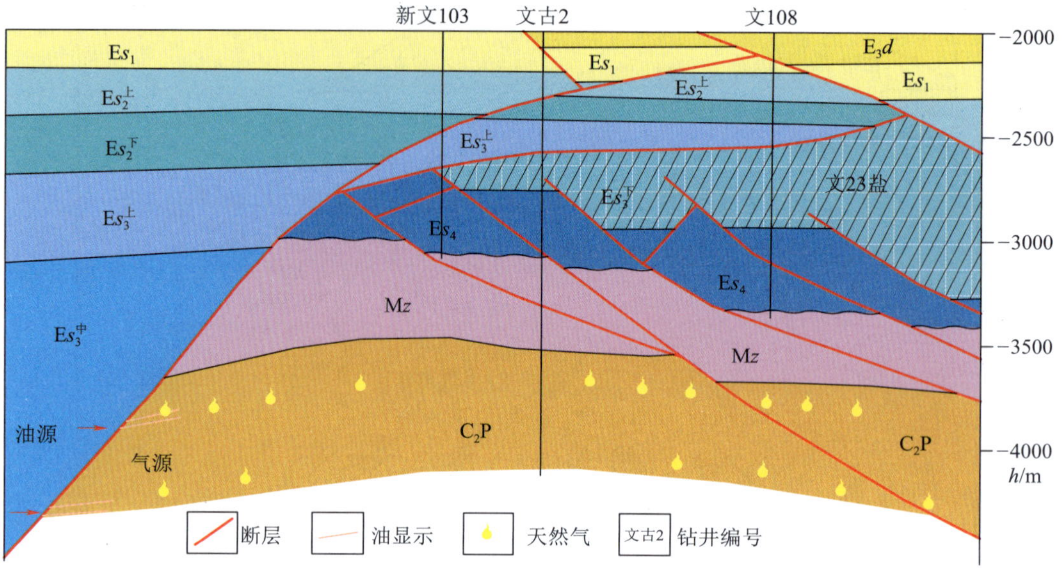

图 6-82　濮阳县文古 2 井气藏剖面

（据齐兴宇等，2009，有修改）

E_3d—古近系渐新统东营组；Es_1—沙一段；$Es_2^上$—沙二^{上}亚段；$Es_2^下$—沙二^{下}亚段；$Es_3^上$—沙三^{上}亚段；$Es_3^中$—沙三^{中}亚段；$Es_3^下$—沙三^{下}亚段；Es_4—沙四段；Mz—中生界；C_2P—石炭系—二叠系

（二）濮阳县胡古 2 井区致密砂岩气藏

濮阳县胡古 2 井位于濮阳县境内，地理坐标为东经 115°06′59″，北纬 35°35′48″。

为探索东濮凹陷西部斜坡带胡状集低位潜山古生界油气成藏条件，研究其成藏规律，兼探古近系含油气情况，2012 年 4 月至 2013 年 1 月施钻的胡古 2 井井深 5245. 0 m，完钻层位奥陶系；2013 年 5 月 31 日对胡古 2 井的上石盒子组 4854. 6~4858. 1 m 井段 3. 5 m/2 层压裂试气，日产天然气 1712 m^3；7 月 1 日对上石盒子组的 4748. 4~4767. 1 m 井段 10. 2 m/2 层压裂试气，日产天然气 9585 m^3；2014 年 1 月 8 日对石千峰组的 4572. 6~4605. 6 m 井段 15. 1 m/2 层压裂试气，日产天然气 23170 m^3，日产原油 0. 2 m^3。从而，发现了河南省第二个上古生界“自生自储型”致密砂岩气藏。

胡古 2 井石千峰组上部岩性以棕红色、棕色泥岩为主夹绿灰色、浅灰色粉砂岩，下部为由下往上粒度加粗的反旋回，主要岩性是为浅灰色细砂岩、灰白色粉砂岩等与棕红色泥岩互层。该组砂岩类型主要为长石砂岩和岩屑砂岩，测井解释储层孔隙度为 7. 8%~10. 3%，平均值为 9. 0%；渗透率为 0. 10~1. 66 mD，平均值为 0. 38 mD。上石盒子组上部以棕红色泥岩为主夹深灰色细砂岩，中部为细砂岩、粉砂岩与泥岩不等厚互层，下部为灰白色砂砾岩、浅灰色细砂岩与深灰色、浅灰色泥岩不等厚互层。砂岩类型主要为石英砂岩，个别为长石岩屑砂岩和岩屑砂岩，测井解释储层孔隙度为 7. 8%~10. 6%，平均值为 8. 8%；渗透率为 0. 01~4. 74 mD，平均值为 1. 12 mD。由此可知，两组砂岩储层均属特低孔低渗储层。

胡古 2 井位于东濮凹陷西部斜坡带由长垣正断层和石家集正断层所夹持的胡状集Ⅱ台阶低位潜山带深层，被不同期次、不同级别的断层切割而呈现出比较复杂的断块构造圈闭，地层倾向南东（图 6-83）。长约 5 km、断距 300~400 m、南东倾、倾角 40°~65°的胡 7-7 断层将胡古 2 断块区分割成南北两大断块，南块为构造简单的顺向断块，北块被胡古 2 等西倾反向断层复杂化的一系列反向断块。

胡古 2 井的原油密度 0. 7629 t/m^3，粘度 1. 18 mPa · s，胶质+沥青质体积分数为 2. 46%，蜡质体积分数为 19. 90%，化学组成具有高饱和烃、低芳烃及非烃的特征，饱和烃体积分数为 90%以上（李

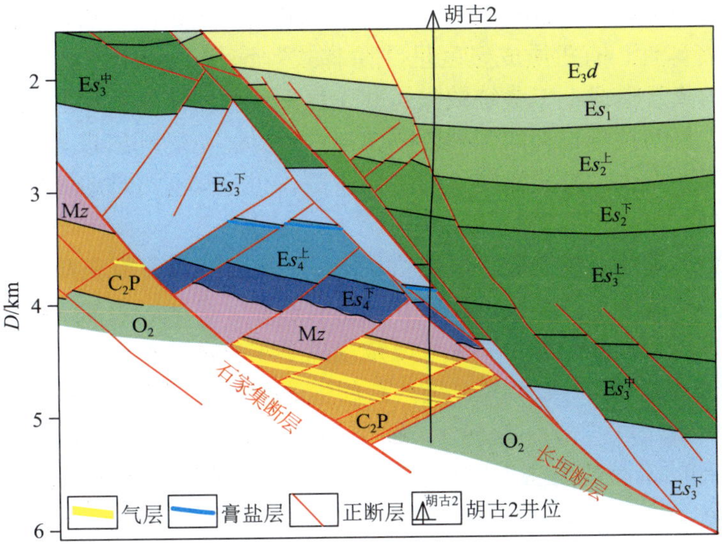

图 6-83　胡古 2 井气藏剖面

（据李继东等，2015，有修改）

E_3d—古近系渐新统东营组；Es_1—沙一段；$Es_2^上$—沙二^{上}亚段；$Es_2^下$—沙二^{下}亚段；$Es_3^上$—沙三^{上}亚段；$Es_3^中$—沙三^{中}亚段；$Es_3^下$—沙三^{下}亚段；$Es_4^上$—沙四^{上}亚段；$Es_4^下$—沙四^{下}亚段；Mz—中生界；C_2P—石炭系—二叠系；O_2—中奥陶统

继东等，2015）。胡古 2 井的天然气组成以甲烷为主，重烃气含量较低（表 6-29），具有煤成气特征，属干气，天然气来自干酪根类型为腐殖型的石炭系—二叠纪煤系烃源岩（李继东等，2015；倪春华等，2015），是煤系源岩在高成熟-过成熟阶段的产物（常俊合等，2005），具有自生自储源内近源成藏、同源多期混合的特点，天然气相对密度 0.7034 t/m^3。根据井深 4854.6~4858.1 m 的气藏流体分析，地层温度为 146.0℃，45.715 MPa 下地层体积系数 3.6617×10^{-3}，天然气密度 0.2314 t/m^3，天然气粘度 0.0281245 mPa·s，偏差系数 1.1567。试油显示，石千峰组和上石盒子组气层中部深度温度分别为 164.50℃和 173.04℃，压力分别为 42.726 MPa 和 45.152 MPa，地温梯度 3.3℃/hm。地层水分析，氯根和总矿化度较高，水型为 $CaCl_2$。

表 6-29　胡古 2 井天然气组分和碳、氢同位素组成

样号	层位	深度/m	组分/%							$\delta^{13}C$/‰			δD/‰
			CH_4	C_2H_6	C_3H_8	C_4H_{10}	C_5H_{12}	N_2	CO_2	C_1	C_2	C_3	
1	石千峰组	4572.6~4605.6	90.88	0.67	0.17	0.32	0.20	1.55	6.18	-28.50	-14.80	-19.00	-149
2			90.98	0.65	0.17	0.34	0.20	1.57	6.04	-28.40	-14.50	-18.40	-149
3	石盒子组	4748.4~4767.1	91.56	1.82	0.14	0.15	0.05	0.66	5.47	-28.70	-16.00	-16.20	-163
4			91.74	1.82	0.14	0.14	0.06	0.64	5.32	-28.60	-15.70	-15.90	-163

（据倪春华等，2015）

2014 年，中原油田估算胡古 2 断块区石千峰组和上石盒子组的天然气地质储量 163.50×10^8 m^3，技术可采储量 73.58×10^8 m^3，储量丰度为 2.25×10^8 m^3/km^2，综合评价认为，胡古 2 井区为中型、中丰度、特低孔低渗无硫化氢型气藏。

（三）东濮凹陷文古 2 及胡古 2 井区致密气藏控制因素

文古 2 井区和胡古 2 井区上古生界致密砂岩气藏的发现，是东濮凹陷煤成气勘探的重大进展，也是河南境内上古生界“自生自储型”致密气勘探的战略性突破，证实了东濮凹陷和南华北地区的上古生界海陆交互相煤系烃源系统完全具有致密气富集成藏的优越条件。东濮凹陷的上古生界烃源系统具有“二次成烃”的特殊性，有机质成熟度呈“阶梯式”演化，从而使油气生成演化、成藏具有多期性；印支晚期整体的隆升造成上三叠统缺失，并发育不完整的侏罗系和白垩系，致使印支期之后的热演化处于停滞阶段，喜马拉雅早期的强烈断陷使上古生界煤系烃源岩进入深埋增温的“二次生烃”阶段；喜马拉雅期是煤系发生二次成熟演化的主要阶段，也是煤成气藏形成的主要时期（庞尚明等，2005）。

东濮凹陷已发现了大量的煤成气藏。虽然石炭纪—二叠纪煤系富有机质泥岩和煤的总厚度统计差异较大，烃源岩在不同构造单元的热演化程度存在很大差异，各个区块油气生成也存在较大差异，但煤系中累厚百余米的煤岩及暗色泥岩为煤成气成藏提供了丰富的物质基础（彭君等，2018）。临界深度 3000~3500 m，R_o 值达 0.88%~1.30%，进入新的生油阶段，是煤成气藏形成的重要条件。东濮凹陷的上古生界的 R_o 值一般为 0.70%~2.34%，前梨园洼陷和海通集洼陷的最高值分别可达 4.4%和 3.8%，中央隆起带北部的最高值也达 3.2%左右，表明进入过成熟演化阶段，前梨园和海通集洼陷应是持续供气的主要部位。

东濮凹陷上古生界成烃贡献以太原组和山西组煤岩及暗色泥岩为主，山西组和太原组煤岩的热-高热生气中心在凹陷北部的明古 1 井和文古 2 井区，最大生气强度分别大于 $15\times10^8\ m^3/km^2$ 和 $10\times10^8\ m^3/km^2$，其次是凹陷西部的庆古 2 井一带，生气强度可达 $5\times10^8\ m^3/km^2$。文古 2 井和胡古 2 井的产层有二叠系的石千峰组和上石盒子组，气藏地质特征相对复杂，可能包含了先生油、再生气的调整，因此，实际的气源供给较为复杂。文古 2 井和胡古 2 井的天然气组分中相应的碳同位素测定数据与文 23 气田相近，均源自上古生界煤系烃源系统，为煤成气。谈玉明等（2017）认为，东濮凹陷上古生界煤成气有“源内”和“源外”两种成藏类，文 23 气田、户部寨以及马厂等沙四段气藏属自生上储“源外”成藏模式，生成的煤成气经断层垂向输导至古近系储层中而聚集成藏，成藏期大致在沙一段—东营组时期；文古 2 井和胡古 2 井为自生自储“源内”成藏模式，具有晚期充注的特点，上古生界煤成气侧向运移至本层系的储层中聚集成藏，其一般分布在热演化程度高的煤系源岩内，其成藏期较晚。文古 2 井和胡古 2 井油气输导体系以断层型为主，气源既可来源于自身下伏的烃源系统，也可来自断层下降盘的上古生界烃源系统，同时，油气富集成藏也受到砂岩储层渗流特性的较大影响。

二、通许隆起及周缘上古生界致密气显示

通许隆起（亦称太康隆起或太康断隆）及周缘的上古生界具有优质的烃源岩基础，现今的热演化程度普遍达到高成熟-过成熟阶段，上古生界烃源岩具有油气兼生的特殊性和含油的广泛性。砂岩储层大多属低孔渗-特低孔渗储层，孔隙结构分选差-中等，孔隙大小分布不均；储层孔隙以小孔为主，孔喉组合关系以小孔-小喉为主。太原组—下石盒子组的砂岩储层孔隙度和渗透率之间相关性很好，储层主要为孔隙型储层。上石盒子组砂岩储层孔隙度和渗透率之间相关性较很差，但由于部分地区存在大量的裂缝，渗透率较高，储层类型以孔隙型储层为主，并发育有裂缝-孔隙型储层。上古生界各组段均发育单层厚度较大的泥质岩，对原生气藏具有较好的遮挡封盖性能。

印支晚期，通许隆起及周缘巨厚的三叠系覆盖使上古生界煤系烃源岩的演化进入初熟阶段。燕山期的构造场热事件并不像豫西地区形成大型断裂和大面积岩浆侵入，而是加剧了该区上古生界烃源岩热演化程度。印支晚期—燕山期应是上古生界煤系烃源岩十分关键的初始生气期，燕山期的地壳上隆、岩浆侵位等引发的区域高热异常起着重要的增温助推作用。喜马拉雅期以掀斜块断为主的构造变动对于上古生界致密气成藏具有十分复杂而明显的两重性，既要看到其对上古生界致密砂岩气成藏的破坏性，也要看到其完全可以具备有利的建设性，其中，致密化的砂岩和相应的力学性质转换应是关键因素。

通许隆起及周缘斜坡部位处于构造活动相对稳定区，断裂多为中、小型正断层，以北东向延展为主，常常切割北西向延展的古构造线，断裂网络系统不同程度地破坏了原有的封存条件，完全可能造成致密气的部分逸散或调整。在诸多含气显示中，可见砂岩储层的天然裂缝比较发育，有的呈现为裂缝含气层，同时断裂变动派生的天然裂缝利于改善砂岩储层的孔渗性能。圈闭类型以岩性圈闭或构

造-岩性复合圈闭为主。

通许隆起及周缘的上古生界致密气普查勘探始于1977年，根据不同的地质评价和勘探目标，大致呈现为初探“古潜山”（1977年）、普查“煤成气”（1983~2004年）和联合勘探“三气”（2013~2017年）三个时段，诸多勘探部门在通许隆起及周缘相继实施四十多口石油钻井（参数井、普查井、探井及评价井）（表6-30），几乎井井都发现上古生界致密砂岩气显示，呈现“多而广、杂而乱、级别低、产出少”的状况，鉴于种种原因，迄今尚未获得工业气流，只能视为矿产显示点。

表6-30　通许隆起及周缘部分石油钻井工作一览表

井号	构造位置	完钻时间	完钻井深/m	施工单位
周参3	鹿邑凹陷代集构造	1974.12.01	2443.40	河南油田
周参7	鹿邑凹陷玄武构造	1983.08.11	3301.11	
周参8	鹿邑凹陷邵集构造	1984.11.05	4000.00	
周参9	鹿邑凹陷大连构造	1987.05.30	3472.07	
周参13	鹿邑凹陷李集构造	1985.07.31	3300.00	
南1	鹿邑凹陷代集构造	1983.11.17	3176.20	华北石油局
南4	鹿邑凹陷安留集断块	1984.07.10	3601.67	
鹿1	鹿邑凹陷任集断鼻	2004	4251.00	华北油田分公司
新太参1	通许隆起杨庄构造	1977.06.30	2535.47	河南油田
太参2	通许隆起丁庄构造	1977.10.04	2960.00	
太参3	通许隆起丁庄背斜	1993.11.19	2800.00	
太4	通许隆起柘城背斜	1997.12.01	1877.00	
南3	通许隆起郑岗构造	1984.04.22	2865.87	华北石油局
南7	通许隆起陈集圈闭	1984.08.31	2305.00	
南8	通许隆起郑岗构造	1985.03.10	2620.16	
南10	通许隆起吴村构造	1985.10.24	3164.54	
通许1	通许隆起郑岗构造	2014.11.24	3216.00	
通许2	通许隆起庄头斜坡	2016.08.27	2876.00	
舞参1	舞阳凹陷王桥构造	1981.04.16	3408.16	河南油田
襄5	襄城凹陷邢庄背斜	1983.06.09	3605.00	
新襄6	襄城凹陷商城西构造	1984.11.27	3390.00	
周16	沈丘凹陷东岸构造	1986.02.15	3069.87	
邓6	济源凹陷西虢构造	1995.05.31	1875.00	中原油田
柴1	通许隆起北部斜坡带	2013.04.07	2225.00	中原油田
牟页1	通许隆起辛庄断阶带	2014.09.23	3028.00	河南豫矿地质勘查投资有限公司
郑东页2	通许隆起辛庄断阶带	2017.03.07	2973.00	
郑西页1	济源凹陷穆寨构造	2016.02.22	3420.00	
尉参1	通许隆起庄头构造	2015.01.23	2821.23	中国地质调查局

注：2013年前资料来自《南华北地区登记区上古生界致密砂岩天然气形成条件与选区评价》，中国石油化工股份有限公司华北分公司，2013。

在20世纪70年代中期的“古潜山”勘探热潮下，通许隆起及周缘施工的新太参1井和太参2井在上古生界见到了较好的气测异常。1979年原地质部决定以太康隆起为重点，开展上古生界煤成气普查勘探。随后曾相继对襄5井、周参7井、周参13井、周16井的上古生界含气层段进行抽汲测试，仅获微量气；南3井及其之南26 m处的南8井在上、下古生界均发现多层气测异常，仅南3井在井深2446 m的奥陶系马家沟组岩芯见“自生自储型”晶洞含油；鹿1井于上古生界见到较好的含气显示，测试点火可燃。“七五”期间，华北石油局将煤成气普查重点转至倪丘集凹陷，河南油田则转向谭庄-沈丘凹陷的下白垩统油气勘探，由于油气勘探成果欠佳，南华北地区煤成气普查一度中断。2013年开始，在致密砂岩气、煤层气和页岩气的联合勘探过程中，开封朱仙镇附近施钻的柴1井见到了较好的含气显示，通许1井和通许2井致密砂岩气显示较差，尉参1井和郑西页1井均见到了较好的含气显示，牟页1井大型压裂及合层测试获得了致密砂岩气和页岩气的重大发现。

通许隆起及周缘相应的压力场和砂岩逐渐致密化比较匹配，完全可能形成源内型和近源型成藏组合，进而形成以液态烃为主的原生煤成油藏或多种小型原生致密气藏，且有多个成藏期。目前，虽然通许隆起及周缘的上古生界致密气勘探成效不够明显，但在印支期—燕山期形成的原生油藏或气藏仍会有部分得以保存，只是现有的勘探及研究程度明显不足，可能的岩性圈闭或致密砂岩孔渗性圈闭还未查实，诸多重要认识尚需要进一步研究。该区的上古生界致密砂岩气勘探应具有良好的前景。

第七章　页岩气

第一节　概　述

页岩气是2011年经国务院批准设立的独立矿种。2014年6月1日开始实施的我国《页岩气资源/储量计算与评价技术规范》（DZ/T 0254—2014）定义："页岩气是指赋存于富含有机质的页岩层段中，以吸附气、游离气和溶解气状态储藏的天然气，主体上是自生自储成藏的连续性气藏；属于非常规天然气，可通过体积压裂改造获得商业气流。"

页岩气层段是富含有机质的烃源岩系，以页岩、泥岩和粉砂质泥岩为主，含少量砂岩、碳酸盐岩或硅质岩等夹层。夹层中的致密砂岩气或常规天然气，按照天然气储量计算规范进行计算，若达不到单独开采价值的，作为页岩气的共伴生矿产进行综合勘查、开采。主要的地质评价因素是泥页岩的厚度、有机碳含量、演化程度、含气量、粘土矿物含量、脆性矿物含量、杨氏模量、泊松比等。在页岩气勘探和评价阶段，要求直井或水平井的压裂改造应达到页岩气井产量起算标准。在储量计算应具备的条件中，要求2000~3000 m井深的直井日产气量下限为0.5×10^4 m^3，水平井为4.0×10^4 m^3；大于3000 m井深的直井日产气量下限为1.0×10^4 m^3，水平井为6.0×10^4 m^3。未进行试采应通过类比求得气井产能，可作为预测地质储量依据；经6个月以上的试采，取得生产曲线，基本了解气井产能，可作为控制地质储量依据；经6个月以上的试采，取得生产曲线和气井压力、产量等动态资料，获得了气井产能认识，完成初步开发设计或正式开发方案，才可作为探明地质储量依据。

页岩气成因类型包括生物成因气、热裂解成因气和混合成因气，主要分布于原有的含油气盆地内，往往不受"圈闭"限制，比常规油气分布更广。我国的页岩气包括海相、海陆交互相和陆相泥页岩在不同热解过程中生成的天然气，以吸附状态为主，具有自生自储、低孔低渗的特点，其物理、化学性质及组分含量与常规天然气相似，但与常规天然气在储集、渗流及产出特征方面具有明显的差异。非常规油气的发展，使人们寻找油气的思路和目光从"圈闭"重新回到了"烃源"，从含油气系统的研究思路出发，发展与完善涵盖非常规油气的"全含油气系统"，研究细粒沉积体系和致密相带，识别微-纳米孔隙及流体相态，进而分析非常规油气的分布富集规律及其资源潜力（贾承造等，2014）。

页岩气聚集成藏机理的特殊性是多种成因的天然气在烃源岩内大规模原地滞留的"储源共同体"，首先取决于生烃量必须大于岩石和有机质体对烃类的吸附量；同时，需要储层的基质孔隙和天然裂缝能够提供页岩气解吸扩散及运移聚集的空间。页岩气具有独特的解吸、扩散、渗流和产出机理，在钻井、完井的降压作用下，赋存于裂缝系统中的页岩气流向井筒，基质系统中的页岩气由孔隙内壁表面进行解吸；继而在浓度差的作用下，页岩气由基质系统向裂缝系统进行扩散；再在流动势的作用下，页岩气通过裂缝系统流向井筒。天然裂缝的发育是页岩气富集高产的关键因素（郭彤楼，2016），游离气更加具有商业开采价值（杨堃等，2016）。富含有机质的泥岩、页岩，即暗色泥岩是主要的烃源岩，由于泥岩、页岩的原始孔喉结构和渗透率都以纳米级为主，构成更加特殊的孔隙-裂缝型双重介质，基质岩块的微孔隙是页岩气吸附和储集的主要空间，而天然裂缝是页岩气解吸扩散及运移聚集的重要空间；鉴于渗流和产出机理相对复杂，自然产能普遍极低，若要获得具有商业价值的页岩气流，必须采用适用又有效的压裂改造增产措施（邹才能等，2014）。具有商业价值的页岩气开采储量主要取决于源内天然微裂缝的数量、大小及连通性对游离气的储集和流通，后期进行的人工造缝目的在于将一系列的孔隙连通形成网状裂缝，助力游离气的产出和吸附气的解吸，并增大游离气储集和流动空间。从某种意义而言，页岩气藏属“人造气藏”，能否成藏的关键地质评价因素是页岩气储层的“岩性、物性、含气性、可压裂性”特征的绝佳匹配，构造背景、页岩气层段岩性组合和天然裂缝是页岩气成藏的关键地质要素，择优选定页岩气“甜点区”尤为重要，而压裂造缝的增产举措则成为页岩气井富集高产的关键工程技术。

第二节 河南省页岩气矿产地特征

自2009年开始，我国兴起了页岩气地质调查及勘探热潮，以四川盆地的成效最为显著。重庆市涪陵页岩气田焦石坝区块的主要页岩气勘探层系是上奥陶统五峰组—下志留统龙马溪组海相沉积，有关页岩气烃源层、储层和成藏特征等方面的研究相对较深。河南省境内的页岩气勘查尚处于起步阶段，不仅实际资料较少，研究也比较粗浅，迄今尚无整体规划，仅有若干重大发现。

2013年1月，河南豫矿地质勘查投资有限公司在全国第二轮页岩气探矿权招标中，取得了河南省中牟和温县页岩气勘查区块探矿权，由此开启了河南省境内的上古生界海陆交互相页岩气勘查的序幕。自2013年10月开始，在河南豫矿地质勘查投资有限公司（简称河南豫矿公司）的精心组织和有序安排下，在中牟和温县两个页岩气勘查区块分别完成高精度二维地震测线156.28 km/13条和130.27 km/12条，在中牟区块的西姜寨目标区完成高精度三维地震勘探195次满覆盖62.573 km^2；2014~2017年先后完成牟页1井、郑西页1井和郑东页2井（表7-1），在牟页1井区完成多井源距VSP测井3416个生产物理点和地面微地震压裂监测。2015年，中国地质调查局油气资源调查中心组织在尉氏县完成尉参1井。其中，中牟页岩气勘查区块的牟页1井于太原组—山西组页岩气层段经压裂合层测试获得1256 m^3/d的页岩气流，郑东页2井于太原组页岩气层段经压裂测试获得3614 m^3/d的页岩气流，但均未达商业价值标准，发现了2个上古生界海陆交互相页岩气藏；尉参1井仅在太原组获得48 m^3/d的页岩气流，温县页岩气勘查区块的郑西页1井尚未实施压裂作业，只能视为页岩气显示点（见图6-2）。

表7-1 河南省境内页岩气钻井主要参数一览表

井号	牟页1井	尉参1井	郑西页1井	郑东页2井
位置	开封市西姜寨乡 佛堂王村南西600 m	开封市尉氏县 庄头乡	荥阳市广武镇 苏寨村北450 m	尉氏县庄头乡 后曹村北西350 m
井位坐标	东经114°11′28″ 北纬34°35′29″	东经114°06′20″ 北纬34°28′40″	东经113°22′54″ 北纬34°50′23″	东经114°10′56″ 北纬34°35′06″
开钻、完井时间	2014.06.09~09.23	2014.10.16~2015.01.23	2015.07.25~2016.02.22	2017.01.01~03.07
完钻井深/m	3020.8	2821.23	3411.0	2964.0
完钻地层	奥陶系马家沟组	石炭系本溪组	奥陶系马家沟组	奥陶系马家沟组
储层埋深/m	<2995	<2817	<3385	<2976
孔隙度/%	2.6	4.1	2.1	2.2
渗透率/mD	0.2821	0.013	0.0028	0.0706
有机碳/%	>2.0	1.2	2.1	1.4
成熟度/%	3.2	3.5	4.2	3.2
含气量/($m^3 \cdot t^{-1}$)	太原组1.97	太原组14.00	太原组141.55	太原组1.32
	山西组1.45	山西组	山西组	山西组1.10
地层压力系数	1.03	0.98	1.02	1.03
石英含量/%	34~56	32~38	26~57	40~60

续表

井号	牟页 1 井	尉参 1 井	郑西页 1 井	郑东页 2 井
粘土含量/%	19~57	45~50	42~43	40
泊松比	0. 15~0. 24	0. 26	0. 18~0. 2	0. 22~0. 31
杨氏模量/GPa	21. 22	36. 3	29. 86~38. 32	22~43
地应力差异系数	0. 30	0. 35	0. 35	0. 29
天然裂缝	发育	发育	较为发育	较为发育

注：mD 为毫达西，1 mD = 1×10^{-3} μm^2。

一、中牟页岩气勘查区块

中牟页岩气勘查区位于中牟、开封市境内，西侧有小部分位于郑州市的郑东新区，面积为1395. 992 km^2。构造位置处于通许隆起与中牟凹陷的交接部位，主体位于通许隆起之尉北凸起北部斜坡地带（图 7-1）。

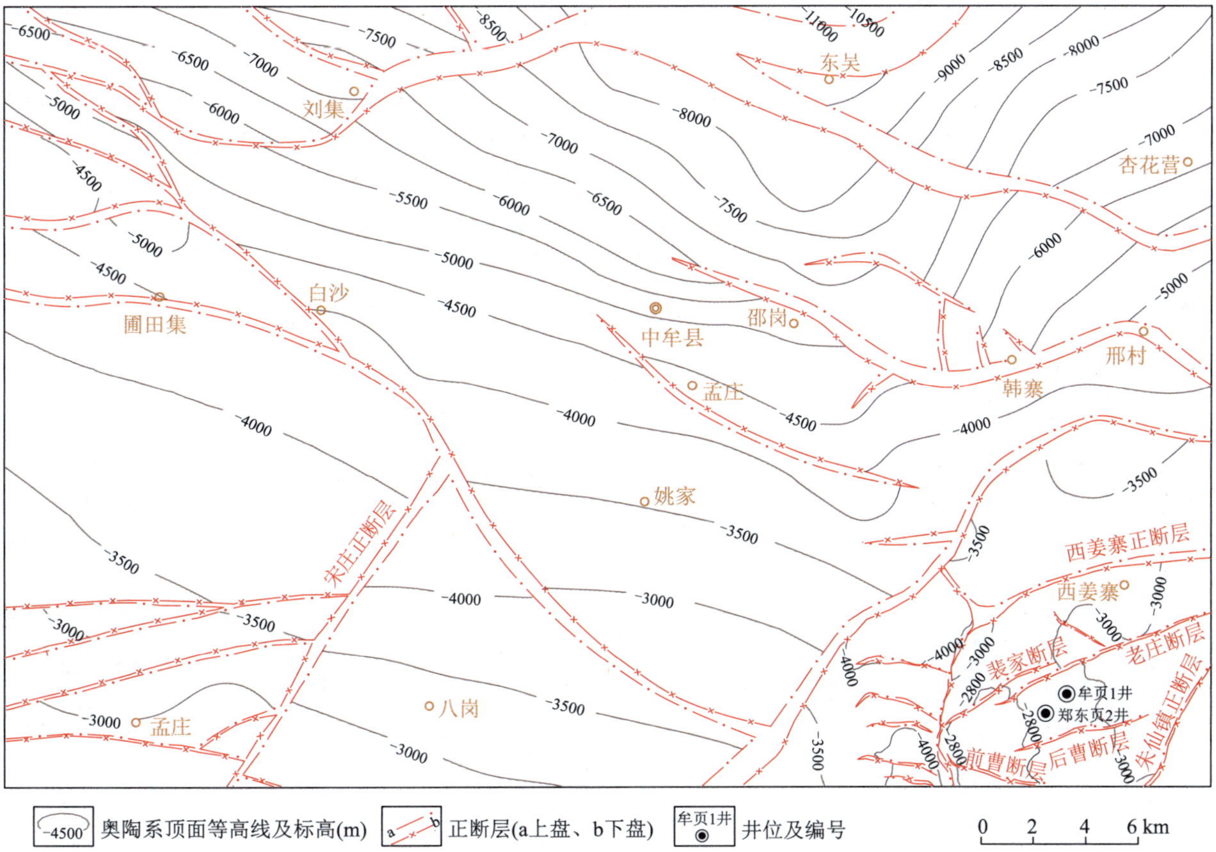

图 7-1　中牟页岩气勘查区奥陶系顶板等值线图

（一）牟页 1 井页岩气藏

牟页 1 井是中牟页岩气勘查区块的第一口页岩气勘查参数井，位于开封市西姜寨乡佛堂王村南西600 m，处于通许隆起尉北凸起辛庄断阶带，地理坐标为东经 114°11′28"、北纬 34°35′29"。主要钻井目的是勘查上古生界太原组—山西组的页岩气，兼探致密砂岩气和煤层气。根据不同采样方式取得的页岩气组分分析成果见表 7-2，海陆交互相页岩气以甲烷为主，重烃气体含量普遍很低，而非烃气体含量也较低。

表 7-2　牟页 1 井 2015 年实测页岩气组分分析统计表

采样时间	相对密度/($t \cdot m^{-3}$)	CH_4 含量/%	C_2H_6 含量/%	C_{6+} 含量/%	CO_2 含量/%	N_2 含量/%
4 月 22 日机抽排液采样	0.67	77.46	0.06	2.11	0.04	17.78
4 月 27 日首次压恢采样	0.55	91.34	0.12	0.66	0.03	2.03
5 月 24 日二次压恢采样	0.58	91.89	0.12	1.81	0.03	7.28
5 月 25 日再次机抽排液采样	0.58	91.89	0.12	1.81	0.03	1.76

牟页 1 井于山西组和下石盒子组发现致密砂岩气显示。下石盒子的 2640.0~2653.5 m 井段为灰白色中砂岩，气测全烃背景值为 0.052%，异常值为 0.24%，测井解释孔隙度为 4.8%，渗透率为 0.269 mD，含气饱和度为 46.8%，综合评价为微含气层。山西组的 2858.0~2885.0 m 井段（相当大占砂岩）为灰白色细砂岩，气测全烃背景值为 0.21%，异常值为 20.09%，测井解释的孔隙度为 1.8%，渗透率为 22.38 mD，含气饱和度为 49%，综合评价为微含气层。

牟页 1 井的山西组 2806.33~2897.10 m 井段合计发现 6 个页岩气含气层，太原组的 2898.30~2979.00 m 井段合计发现 5 个页岩气含气层和 4 个石灰岩含气层（表 7-3），11 层页岩气储层累厚 99.89 m。2014 年 12 月对 2883.36~2960.50 m、2794.50~2842.00 m 和 2859.00~2879.00 m 井段进行压裂（表 7-4）。2015 年 5 月 30 日至 6 月 3 日，动液面稳定在 2680.0 m 时采用稳定的工作制度，求得稳定产气量为 1256.0 m^3/d，稳定 96 h，牟页 1 井获得了首次重大发现。

表 7-3　牟页 1 井太原组、山西组含气层评价参数表

层位	层段深度/m	层厚/m	测井解释 *TOC*/%	岩芯 TOC/%	测井解释含气量/($m^3 \cdot t^{-1}$)	实测含气量/($m^3 \cdot t^{-1}$)
山 2 段	2806.33~2813.70	7.37	2.544	0.832	1.659	2.36
	2815.86~2823.48	7.62	2.531	0.569	1.481	0.967
	2826.19~2829.25	3.06	2.971	0.415	1.713	0.64
	2839.14~2850.62	11.48	2.234	1.275	1.538	1.552
	2853.65~2858.62	4.97	0.767	2.387	0.658	2.837
山 1 段	2883.36~2897.10	13.74	1.553	4.465	2.107	2.255
太 3 段	2898.34~2906.89	8.55	2.018	2.36	1.77	—
	2906.89~2913.51	6.62*	0.642	—	1.145	—
太 2 段	2913.51~2920.12	6.61	2.16	6.067	1.882	3.125
	2920.12~2928.25	8.13	1.809	2.072	1.64	1.707
	2928.25~2932.07	3.82*	0.568	6.383	1.383	1.03
	2932.07~2952.55	20.48	2.239	10.411	2.175	5.671
太 1 段	2952.55~2960.43	7.88	1.511	6.493	1.331	2.04
	2960.43~2969.20	8.77*	0.651	1.636	0.556	1.09
	2969.20~2979.00	9.80*	1.082	—	1.478	—

注：山 2 段为山西组大占砂岩底面以上部分，山 1 段相当于山西组二$_1$ 煤段，太 3 段、太 2 段和太 1 段分别相当于太原组的上部灰岩段、中部碎屑岩段和下部灰岩段；* 为石灰岩含气层。

（二）郑东页 2 井页岩气藏

郑东页 2 井位于开封市尉氏县庄头乡后曹村北西 350 m 处，地理坐标为东经 114°10′56″、北纬

34°35′06″，与牟页 1 井相距约 2 km 左右，目的是进一步验证页岩气有利目标区含气层位的区域连续性与稳定性，落实太原组、山西组产能情况，估算页岩气资源量，为下一步部署水平井提供地质依据。通过综合评价，确定太原组的 2859. 5～2902. 8 m 井段和山西组的 2806. 5～2833. 3 m 井段为压裂层段，两段的有机碳含量分别为 0. 87%～2. 84%和 0. 64%～0. 77%，含气量分别为 0. 86～2. 55 m^3/t 和 1. 30～1. 73 m^3/t。

表 7-4　牟页 1 井压裂层段综合评价参数一览表

地质层位	山 1 段—太 1 段	山 2 段	山 2 段（大占砂岩）
压裂层段井深/m	2883. 36～2960. 50	2794. 50～2842. 00	2859. 00～2879. 00
有效厚度/m	77. 14	47. 5	20. 0
TOC/%	1. 7～2. 4	2. 1～2. 5	0. 1
吸附气含气量/($m^3 \cdot t^{-1}$)	0. 53～0. 83	0. 53～0. 83	0. 09
游离气含气量/($m^3 \cdot t^{-1}$)	1. 07～1. 77	0. 61～0. 86	1. 21
总气量/($m^3 \cdot t^{-1}$)	1. 82～2. 43	1. 00～1. 73	1. 30
孔隙度/%	2. 2～2. 9	2. 2～2. 9	1. 8
渗透率/mD	16～18	15～17	16
含水饱和度/%	28. 0～48. 3	33. 9～55. 4	49
综合评价	含气层	含气层	干层

2017 年 6 月开始对郑东页 2 井的太原组 2859. 5～2902. 8 m 井段进行压裂，出口气点火，火焰高度 1. 5～2. 0 m，产气量稳定在 3614 m^3/d，持续 72 h，页岩气粘度 0. 01515 mPa · s。11 月对山西组的 2806. 5～2833. 3 m 井段进行油套环空压裂施工，产气量 169 m^3/d→661 m^3/d→75 m^3/d→38 m^3/d→0 m^3/d，累计产气量 1717 m^3；山西组进行压裂施工时出现桥塞滑移，暴露出太原组上部射孔段，部分压裂液倒吸入太原组，致使压裂改造效果不尽理想。而且，产气量达到 661 m^3/d 后迅速降至 0，说明压裂波及范围不大，没有达到储层充分改造的效果，未能查实山西组真实产能。

（三）尉参 1 井页岩气藏

尉参 1 井位于开封市尉氏县庄头乡，地理坐标为东经 114°06′20″、北纬 34°28′40″，构造位置处于通许隆起尉北凸起庄头构造。解释含气层 9 层，累计厚度为 45. 10m（表 7-5）。综合评价认为，下石盒子组的 2431. 00～2439. 20 m 井段（岩性为灰白色中砂岩，全烃净增值 14. 97%）和山西组的 2693. 80～2701. 80m 井段（岩性为灰白色中砂岩、粗砂岩，全烃净增值 0. 40%）的储层物性相对较好，含气饱和度相对较高，可划为含气层；其次是下石盒子组的 2601. 00～2608. 10 m 井段、上石盒子组的 2383. 90～2386. 90 m 井段和石千峰组的 2092. 10～2100. 20 m 井段。2016 年 3 月进行太原组 2758. 00～2800. 00 m 井段压裂，出气点火可燃，但不连续，火焰高度 0. 1～0. 3 m，平均产气量为 48 m^3/d；测试结束后，开井进行放喷测试，出口无气液显示。

（四）西姜寨页岩气“甜点区”成藏控制要素

国内外的大量页岩气勘探开发实践表明，由于页岩气储层的原始孔喉结构和渗透率都以纳米级为主，呈现大比例的天然气吸附赋存，页岩气藏具有极短距离运移或就近运移、原地聚集的特殊性，属天然气在烃源岩内大规模滞留的模式，对圈闭及保存条件的要求相对较低。其中，基质岩块微孔隙是页岩气吸附和储集的主要空间，而天然裂缝是页岩气解吸扩散及运移聚集的主要空间，能在原有观念认为不具备油气储集能力的致密层段内“封锁”和“束缚”了大量的页岩气，致使不仅充注成藏难度增大，同时，一旦聚集成藏后往往不易受外界因素的破坏，以吸附和游离状态赋存的页岩气相对容易保存下来。因此，页岩气成藏机理明显不同于常规天然气成藏机理，其地质要素相对复杂。

表 7-5　尉参 1 井测井解释含气层参数一览表

组段	层号	深度/m	厚度/m	自然伽马/API	声波时差/(μs·m^{-1})	补偿中子/%	密度/(t·m^{-3})	泥质含量/%	孔隙度/%	渗透率/mD	含气饱和度/%
石千峰组	1	2092.10~2100.20	8.1	58.1~86.9 73.4	202.6~224.5 214.2	3.6~7.9 5.7	2.53~2.57 2.55	4.2~23.8 14.0	4.8~8.9 6.8	0.10~0.26 0.17	0~45.6 22.6
上石盒子组	2	2208.60~2213.00	4.4	49.8~66.2 60.3	206.8~258.1 238.8	17.8~24.9 22.2	2.35~2.69 2.52	4.6~13.8 10.3	5.7~16.9 12.7	0.13~1.68 0.79	0~38.1 24.7
	3	2253.20~2256.40	3.2	28.0~37.9 32.9	219.9~232.0 227.8	10.8~14.7 12.8	2.39~2.54 2.46	1.2~5.6 3.3	8.7~11.6 10.6	0.25~0.49 0.40	13.6~40.7 28.7
	4	2383.90~2386.90	3.0	47.9~54.5 51.7	215.3~251.1 235.6	17.3~22.3 20.4	2.09~2.43 2.32	3.3~7.0 5.4	7.6~15.8 12.1	0.19~1.30 0.66	0~41.1 27.7
下石盒子组	5	2431.00~2439.20	8.2	37.1~61.0 44.1	197.0~229.6 215.6	8.5~22.6 15.5	2.09~2.49 2.33	3.0~15.1 6.3	4.1~9.9 7.5	0.14~0.43 0.23	0~47.1 28.2
	6	2601.00~2608.10	7.1	37.9~73.5 58.8	210.1~296.2 242.3	7.4~35.6 19.1	1.87~2.58 2.30	1.3~20.8 11.9	8.1~17.3 12.3	0.12~1.36 0.45	0~40.8 13.5
山西组	7	2693.80~2701.80	8.0	42.0~88.3 57.0	196.9~301.1 236.3	7.5~19.7 11.3	2.15~2.67 2.45	0.9~29.7 8.9	4.7~17.0 11.3	0.17~0.97 0.59	0~49.6 26.3
太原组	8	2788.10~2789.90	1.8	59.9~62.0 60.7	209.4~210.1 209.8	9.5~9.8 9.6	2.51~2.58 2.55	11.2~12.6 11.7	5.9~6.0 6.0	0.08~0.08 0.08	20.1~23.2 22.3
	9	2792.70~2794.00	1.3	59.2~61.4 60.1	206.5~226.4 214.7	19.1~20.4 19.6	2.31~2.46 2.41	10.8~12.2 11.4	9.8~11.0 10.2	0.15~0.18 0.16	20.3~26.8 23.0

在我国页岩气地质评价选区中，在认定优质页岩气层段的基础上，格外关注优选利于页岩气成藏且有相当规模的“勘探靶区”或“甜点区”。然而，对于“甜点区”的优选仍有不同的评价思路及标准。页岩气勘查的“甜点”应包括“地质甜点”“工程甜点”“经济甜点”；“地质甜点”的关键指标是页岩气烃源及含气丰度、储层的孔渗及微裂缝发育程度；“工程甜点”在于埋深、岩石可压性、地应力各向异性综合评价；“经济甜点”应关注资源规模、地面条件、环保条件、勘探开发成本等。现有的中牟区块页岩气勘查成果表明，以牟页 1 和郑东页 2 井为主的西姜寨目标区基本达到“甜点区”的优选标准。西姜寨“甜点区”的发现，主要得益于颇有成效地实施了中牟区块的高精度地震勘探、特殊测井识别、多井源距 VSP 测井和缝网压裂等工程工艺技术，攻克了地质评价的诸多难关。

通许隆起及周缘斜坡地带具有优质的烃源基础（表 7-6），上古生界残留块体呈现连片赋存、演化较高、变动较弱和封存较好等有利成藏条件，富含有机质的泥岩、页岩，即暗色泥岩的有机质丰度普遍较高。太原组和山西组海陆交互相煤系烃源岩包括煤岩、暗色泥岩和碳酸盐岩等，有机质的干酪根类型以腐殖型（即Ⅲ型）为主，虽然暗色泥岩是页岩气成藏的主要烃源岩，但在页岩气层段中，大多夹有薄层碳质泥岩和煤岩，碳质泥岩和煤岩的有机碳含量是暗色泥岩的 10 倍以上，而且，太原组发育多层石灰岩，石灰岩的有机碳含量较高，均可视为有效的供气源岩。因此，煤系烃源系统具有页岩气与煤层气、致密砂岩气“同生共存”’的优越基础。烃源系统的产烃潜力不仅取决于烃源岩的有机质丰度及类型，也取决于有效烃源岩厚度及演化程度，现今残留的煤系烃源岩普遍进入高成熟-过成熟阶段（表 7-7），暗色泥岩、煤岩和石灰岩对致密砂岩气、煤层气和页岩气资源存在着不同的产烃贡献。牟页 1 井区和郑东页 2 井区相继于太原组和山西组获得接近达标的页岩气流，压裂测试成果显示了太原组的页岩气层段优于山西组。

表 7-6 通许隆起及周缘上古生界烃源岩有机质丰度统计表

构造位置	井号	地层	烃源岩	烃源岩		氯仿沥青“A”均值/%	S_1+S_2 均值/(mg·g^{-1})	总烃均值/10^{-6}
				厚度/m	*TOC* 均值/%			
通许隆起	新太参 1	上石盒子组	暗色泥岩	87.0	022（4）	—	—	—
		山西组	暗色泥岩	56.0	0.76（7）	0.0547（1）	—	—
		太原组	暗色泥岩	34.5	2.41（9）	0.071（1）	3.1（6）	—
			石灰岩	20.0	0.18（3）	—	—	—
	太参 2	上石盒子组	暗色泥岩	170.5	0.43（40）	0.0323（4）	0.23（7）	
		山西组	暗色泥岩	64.0	1.07（6）	0.0345（1）	—	—
		太原组	暗色泥岩	47.0	0.88（6）	0.024（2）	—	—
			石灰岩	37.5	0.78（4）	0.024（2）	—	—
	太参 3	上石盒子组	暗色泥岩	137.0	1.12（18）	0.008（3）	0.27（12）	28（5）
		山西组	暗色泥岩	30.5	2.21（3）	0.005（2）	0.15（12）	25（3）
		太原组	暗色泥岩	44.5	2.88（31）	0.005（5）	0.19（32）	29（2）
			石灰岩	57.5	1.34（13）	0.005（2）	0.18（12）	29（2）
	南 3	上石盒子组	暗色泥岩	99.0	0.57（2）	—	—	—
		山西组	暗色泥岩	52.5	0.31（1）	—	—	—
		太原组	暗色泥岩	32.0	0.80（1）	—	—	—
			石灰岩	28.5	—	—	—	—
	南 7	上石盒子组	暗色泥岩	142.5	0.57（10）	—	—	—
		山西组	暗色泥岩	49.0	1.19（6）	—	—	—
		太原组	暗色泥岩	76.0	1.46（10）	—	—	—
			石灰岩	45.0	—	—	—	—
	南 4	上石盒子组	暗色泥岩	146.0	0.72（7）	—	—	—
		山西组	暗色泥岩	43.0	1.93（3）	—	—	—
		太原组	暗色泥岩	68.5	2.07（7）	—	—	—
			石灰岩	50.5	0.58（3）	—	—	—
鹿邑凹陷	周参 7	上石盒子组	暗色泥岩	100.5	2.89（7）	0.008（6）	1.64（17）	75（6）
		山西组	暗色泥岩	67.0	2.13（30）	0.028（7）	0.09（26）	324（5）
		太原组	暗色泥岩	51.0	2.99（5）	0.040（6）	0.24（2）	283（4）
			石灰岩	50.5	—	—	—	—
	周参 8	上石盒子组	暗色泥岩	104.5	2.51（7）	0.012（19）	0.06（2）	75（4）
		山西组	暗色泥岩	47.0	0.79（3）	0.008（3）	0.04（1）	61（24）
		太原组	暗色泥岩	23.5	4.59（4）	0.020（6）	0.09（6）	47（4）
			石灰岩	40.5	—	0.011（4）	0.23（2）	44（1）
	周参 13	上石盒子组	暗色泥岩	104.5	1.81（4）	—	0.60（7）	—
		山西组	暗色泥岩	74.5	3.05（3）	—	—	—
		太原组	暗色泥岩	18.0	3.61（2）	—	—	—

注：资源来自中国石油化工股份有限公司华北分公司，2013，括弧内为样品数。

表 7-7　南华北登记区及周缘上古生界镜质体反射率数值统计表

地区	井号	井深/m	R_o		演化阶段
			两极值/%	样品数	
通许隆起	南 3	1366~2067.5	2.18~3.48	4	干气
	南 7	1550~2219	1.31~1.83	6	湿气
	太参 3	石炭系、二叠系	2.60~3.54	15	干气
鹿邑凹陷	周参 7	1417~2253	0.89~1.98	9	生油-湿气
	周参 8	2962~4000	0.82~2.61	4	生油-干气
	周参 13	3151~3285	0.72~1.08	4	生油
	鹿 1	石炭系、二叠系	1.73~2.54	26	湿气-干气
倪丘集凹陷	南 6	1062~1638.5	0.62~0.85	12	生油
	南 11	2940~4047	0.69~0.88	36	生油
	南 14	2135~2505	0.97~2.00	11	生油-湿气
襄城凹陷	襄 5	3027.5~3212.0	1.06~1.24	3	生油-湿气

（据中国石油化工股份有限公司华北分公司，2013）

西姜寨页岩气“甜点”位于北北东向延展的西姜寨和朱仙镇正断层所夹持的辛庄断阶带（二维地震解释）中段，其南部由北西西向延展的前曹断层将其分成南北两块，呈现“南北分带、东西分块”的构造格局，太原组底界埋深 2550~3500 m。区内中、小型断层发育，将断块进一步切割成诸多中、小型块体；这些断层大多仅切割三叠系—奥陶系，而未错断新近系；被断层分割的中、小型上古生界残留块体不仅控制了页岩气的原地滞留，而且，其与相关页岩气储层岩性及物性的良好匹配可能成为原生页岩气藏的边界。北西—北西西向与北东—北北东向“交替式”断裂系统具有明显的控块作用，也是形成天然裂缝相对发育的主要控制因素；区内发育的诸多低幅度构造圈闭规模较小，对页岩气运聚影响不及岩性圈闭。然而，构造型天然裂缝比较发育，可能的天然气裂缝发育（区）带则起着重要的控藏作用。西姜寨断层以东、裴家和老庄断层以南、后曹断层以北范围可能是比较有利的天然裂缝发育区，可以视为西姜寨页岩气“甜点区”的主要范围。在西姜寨断层以东的太原组总体倾向北东，靠近西姜寨断层一侧可见数个小幅度的鼻状构造或断鼻，闭合高度多为 5~20 m，圈闭面积为 0.08~0.20 km^2；最大的 2 号断鼻的闭合高度为 85 m，圈闭面积为 2.67 km^2（表 7-8；图 7-2）。

表 7-8　西姜寨目标区太原组下段页岩储层圈闭要素表

编号	1	2	3	4	5	6	7
圈闭面积/km^2	0.08	2.67	0.19	0.18	0.20	0.08	0.09
圈闭高度/m	10	85	15	10	20	5	15
高点埋深/m	2505	2605	2675	2740	2780	2800	2845

辛庄断阶带整体应属太原组—山西组的页岩气“甜点区，尤以辛庄断阶带中段最好。辛庄断阶带中段的太原组岩性与裂缝叠合带或复合圈闭区既是吸附气成藏的有利部位，更是游离气与解吸气富集高产的最佳部位；富集主控因素是页岩气储层的厚度和含气量，天然裂缝与压裂造缝的网络匹配是能否获得具有商业价值产能的关键控制条件。太原组页岩气储层的岩性、物性、含气性、可压裂性等特征相对优于山西组，又以太 1 段、太 2 段最佳，尤其是太 1 段的页岩气富集程度最高。牟页 1 井和郑东页 2 井为中心的中段明显好于尉参 1 井所在的南段，牟页 1 井及周缘应属页岩气富集程度最高的“甜点区”。

通许隆起及周缘斜坡地带长期成为省内非常规天然气勘探的热点地区，牟页 1 井和郑东页 2 井相

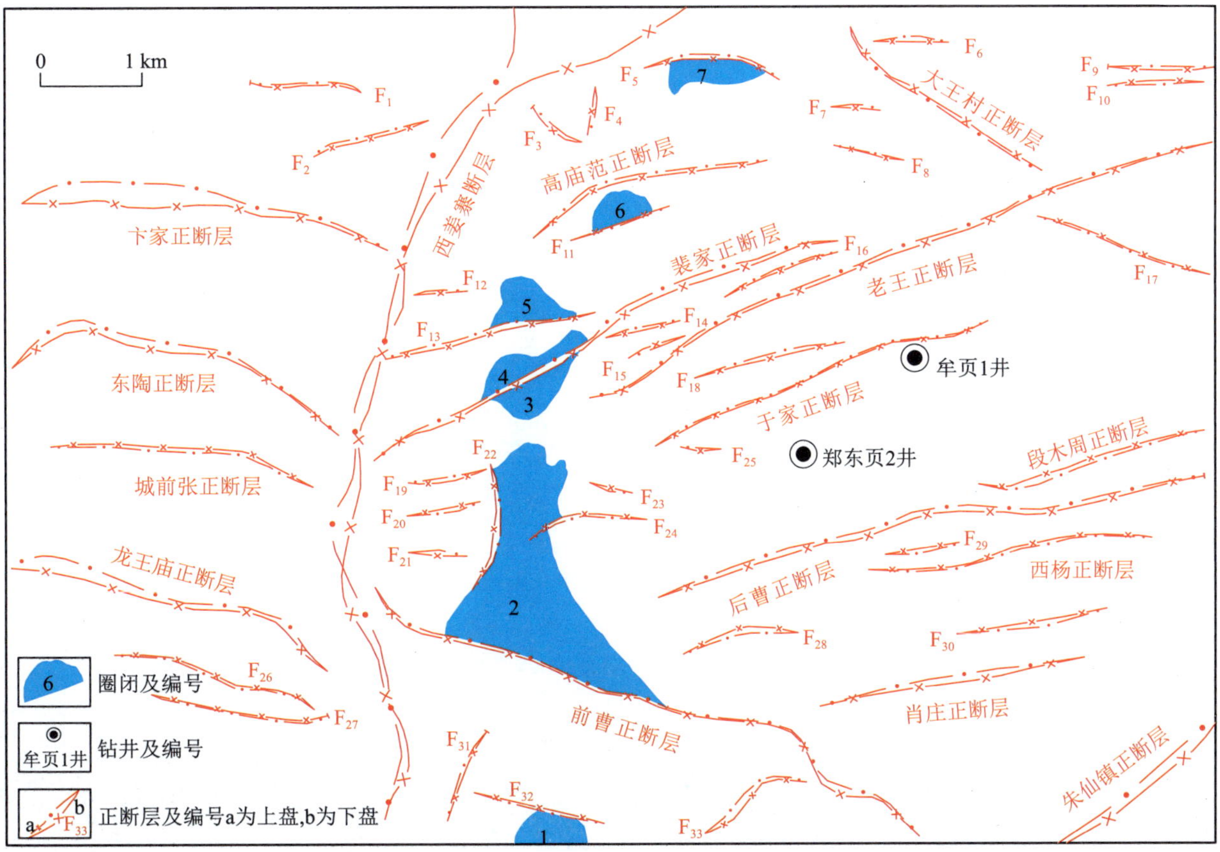

图 7-2 中牟页岩气勘查区块的太原组断裂系统图

继于太原组—山西组获得接近达标的页岩气流，展现了诱人的页岩气勘探前景。限于河南省目前的页岩气勘查及研究程度，虽然中牟页岩气勘查区块的西姜寨目标区具有“甜点区”初型，但仍有诸多难点尚待攻克，若干重要的页岩气地质评价因素尚在探索之中。

二、温县页岩气勘查区块

温县页岩气勘查区位于荥阳、温县、武陟县境内，面积为 1377.909 km^2。二维地震勘探主要部署在黄河以南，集中查实业已施钻南 10 井的穆寨构造，对于黄河以北的济源凹陷则实施概查及试验，完成高精度二维地震测线 12 条，总长度 130.27 km。完钻的郑西页 1 井尚未实施压裂作业。

（一）地质特征

温县页岩气勘查区位于嵩箕隆起与济源凹陷交接部位，邙山北正断层构成了嵩箕隆起荥北凸起与济源凹陷温县次凹的分界（图 7-3），穆寨构造是位于邙山南正断层下降盘的断鼻型构造圈闭。根据现有钻井地质和地震勘探资料的综合解释，新近系厚度 300~1800 m；荥北凸起的古近系呈小型断陷局部残存，最大厚度 500~800 m；温县次凹南部呈现“节节抬升”的断阶式斜坡，古近系最大厚度为 5000~6000 m；三叠系的反射比较齐全，厚度大、分布广，构成了上古生界残留块体的主要覆盖层。上古生界底面埋深普遍大于 3500 m，最大埋深达 6000 m 以上。

（二）郑西页 1 井页岩气显示

郑西页 1 井位于荥阳市广武镇苏寨村北 450 m，构造处于荥北凸起穆寨构造，地理坐标为东经 113°22′54″，北纬 34°50′23″，是温县区块的第一口页岩气勘查参数井。气测录井资料反映，本溪组—上石盒子组含气显示 37 层，有致密砂岩气、煤层气和页岩气。根据测井资料综合解释成果（表 7-

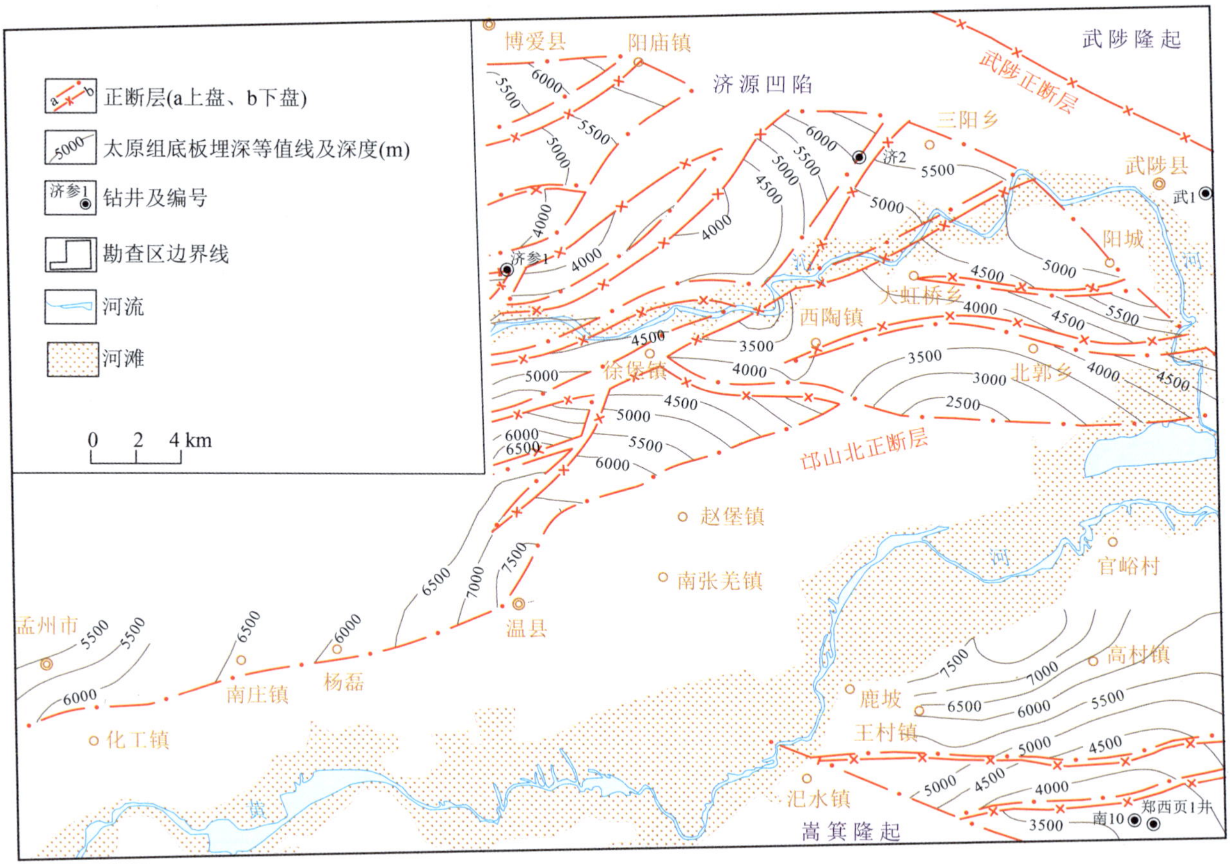

图 7-3 温县页岩气勘查区太原组底板埋深等值线图

9)，上石盒子组的 2906.00~2914.10 m 井段为粉砂岩含气层；下石盒子组解释虽有 8 层显示，稍好的 4 层，均解释为干层；山西组含气 5 层，其中泥岩含气层 3 层，3281.30~3286.60 m 和 3291.00~3297.80 m 井段为致密砂岩气显示，致密砂岩气井段均解释为干层。太原组的 3330.40~3337.60 m 井段为致密砂岩气层；3337.60~3342.00 m 井段为灰黑色泥岩、碳质泥岩夹薄煤层，含气量为 1.47 m^3/t；3343.50~3365.20 m 井段为深灰、灰黑色灰岩与泥岩互层，夹粉、细砂岩和碳质泥岩及薄煤层，各类岩性都有含气显示，以碳质泥岩及薄煤层的对比系数相对较高，其中 3343.50~3351.20 m 井段为致密砂岩气层。

表 7-9 郑西页 1 井测井解释成果表

地质层位	深度/m	厚度/m	孔隙度/%		渗透率/mD		含气饱和度/%	
			范围	均值	范围	均值	最大值	均值
上石盒子组	2906.00~2914.10	8.10	7.5~14.2	11.3	0.59~10.07	4.36	48.0	23.4
下石盒子组	3011.50~3015.20	3.70	2.0~6.4	5.2	0.07~0.08	0.07	11.6	9.9
	3023.30~3025.80	2.50	0.8~6.1	4.8	0.09~0.11	0.09	12.7	6.5
	3057.90~3058.90	1.00	0.6~6.2	3.0	0.01	0.01	10.2	7.4
	3252.30~3260.00	7.70	4.1~5.6	5.0	0.01~0.09	0.06	14.4	7.4
山西组	3260.00~3279.20	19.20	0.8~2.8	2.3	0.01~0.03	0.02	22.0	11.7
	3281.30~3286.60	5.30	1.8~6.0	4.4	0.01~0.10	0.06	20.0	7.7
	3286.60~3291.00	4.40	1.3~3.4	1.6	0.01~0.09	0.02	42.6	31.5
	3291.00~3297.80	6.80	3.5~4.6	4.2	0.01~0.07	0.09	14.8	8.1
	3297.80~3322.70	24.90	0.6~2.6	1.6	0.01~0.03	0.01	42.9	29.1

续表

地质层位	深度/m	厚度/m	孔隙度/%		渗透率/mD		含气饱和度/%	
			范围	均值	范围	均值	最大值	均值
太原组	3324.20~3330.40	6.20	1.5~3.0	2.5	0.01~0.04	0.02	28.3	20.0
	3330.40~3337.60	7.20	3.0~3.6	3.2	0.05~0.10	0.08	22.9	16.6
	3337.60~3342.00	4.40	1.9~2.6	2.1	0.02~0.03	0.02	45.2	39.5
	3343.50~3351.20	7.70	2.1~6.5	4.0	0.04~0.05	0.04	28.1	19.2
	3351.20~3359.50	8.30	1.0~4.0	2.3	0.01~0.11	0.03	45.0	32.5
	3361.60~3365.20	3.60	1.2~4.1	2.1	0.01~0.10	0.02	43.1	30.9
	3374.40~3376.60	2.20	0.9~3.6	2.4	0.03~0.05	0.04	35.8	33.3
本溪组	3376.60~3385.00	8.40	1.6~4.0	2.8	0.01~0.02	0.01	32.8	25.2

第八章　油页岩

第一节　概　述

一、油页岩的特性和用途

油页岩是为高灰分的腐泥煤，一般腐泥煤灰分含量50%~70%，含油率3.5%~15%，是一种高灰分的含可燃有机质的沉积岩，其质轻易燃，相对密度1.4~2.7 t/m^3，燃点小于150℃；但发热量较低，为4.18~16.74 MJ/kg。它以含油性与碳质页岩区别，又以高灰分区别于煤。油页岩中的有机质主要为固态干酪根，可溶性天然烃类极少或没有，可用熔剂抽提的沥青也很少，系未成熟的烃源岩，经低温干馏可以得到页岩油，亦称为油母页岩；而干酪根只是成熟烃源（原油）生成前的物质，因此油页岩与页岩油（致密油）之间又存在巨大的差异。但油页岩与生油岩中的干酪根类型没有明显差别。

未大量开采利用原油之前，油页岩曾是用作生产油品的主要原料；在高油价时代，对油页岩的开发利用又活跃起来。目前对油页岩的利用可以是直接用作燃料建设坑口电厂，或采取地上、地下干馏的方式获得页岩油和可燃气体，进而通过加氢制取轻质油品和多种化工原料。干馏后的灰渣可作水泥原料、烧制陶粒、陶瓷纤维等轻质骨料和保温材料。

二、矿石特征与矿床类型

油页岩呈褐色泥岩状或页岩状，成分除有机质外，混合有硅酸盐、碳酸盐、石膏、黄铁矿等矿物。油页岩常与海相碳酸盐岩、湖相泥岩或煤系共生。河南已发现的油页岩主要分布于古近系湖相地层，个别见于侏罗系，在奥陶系碳酸盐岩中仅发现具油矿化页岩。一般认为形成油页岩的腐泥物质主要来源于水藻等低等浮游生物，属于生物化学沉积型矿床。

三、矿产地分布和资源储量

除油气田中深埋藏含致密油的页岩之外，在河南省境内的12个盆地或凹陷中共发现2处小型油页岩矿床和12处油页岩矿点（表8-1；图8-1）。河南省矿产资源储量数据库（2017年）中累计查明油页岩矿石量为0.90×10^8 t。

表8-1　河南省油页岩矿产地一览表

序号	矿产地名称	所在地	中心经度	中心纬度	规模	成矿时代	含矿地层	所在构造单元	工作程度
1	西承留	济源市	112°30′02″	35°04′13″	矿点	晚三叠世	谭庄组	济源凹陷	调查
2	杨村沟	孟州市	112°43′31″	34°54′22″	矿点	早侏罗世	鞍腰组	济源凹陷	调查
3	义马	义马市	111°50′47″	34°42′36″	矿点	晚三叠世	谭庄组	义马盆地	调查
4	五亩	灵宝市	111°00′46″	34°31′05″	矿点	始新世	项城组	三门峡盆地	调查
5	罗村	伊川县	112°19′01″	34°29′59″	矿点	晚三叠世	谭庄组	伊川盆地	调查
6	董寺	洛宁县	111°32′21″	34°17′59″	矿点	始新世	蟒川组	洛宁盆地	调查

续表

序号	矿产地名称	所在地	中心经度	中心纬度	规模	成矿时代	含矿地层	所在构造单元	工作程度
7	田湖	嵩县	112°08′15″	34°13′36″	矿点	始新世	潭头组	嵩县盆地	调查
8	大峪	卢氏县	111°10′20″	34°03′09″	矿点	始新世	卢氏组	卢氏盆地	调查
9	潭头	栾川县	111°46′12″	34°01′27″	小型	始新世	潭头组	潭头盆地	勘探
10	舞阳	舞阳县	113°40′33″	33°30′07″	矿点	始新世	核桃园组	舞阳凹陷	调查
11	板桥	遂平县	113°51′59″	33°01′53″	矿点	始新世	核桃园组	板桥凹陷	调查
12	施庵	新野县	112°25′20″	32°44′14″	矿点	始新世	核桃园组	南阳凹陷	调查
13	唐河	唐河县	112°48′60″	32°42′23″	矿点	始新世	核桃园组	南阳凹陷	调查
14	吴城	桐柏县	113°33′13″	32°26′29″	小型	始新世	五里堆组	桐柏盆地	勘探

图 8-1　河南省油页岩矿产地分布图

四、勘查及开发程度

河南油页岩的矿产地质调查始于1955年，先后完成了栾川县潭头（1960年）和桐柏县吴城（1961年）两个矿床的勘探。至1963年，在义马、卢氏、灵宝、唐河等地开展了地质调查及少量浅钻，但未获有工业价值的矿床。1985~1986年，河南省地质矿产局第四地质调查队对河南省油页岩矿产的分布情况进行了总结。2005~2013年，河南省地质调查院按照荷兰皇家壳牌公司的ICP油页岩地下转化技术指标，进行了新一轮的河南省油页岩调查评价。目前总体了解了河南省油页岩分布的基本情况，但仍缺乏系统的资源勘查工作。河南油页岩尚未开发，有待于特别是地下干馏技术的研发，适时进行可行性研究。

第二节　河南省油页岩矿产地

一、桐柏县吴城油页岩

吴城油页岩矿区位于桐柏县城东北13 km，矿区面积约150 km^2。中心点坐标：东经113°33′13″，北纬32°26′29″。1955年9月，桐柏县居民王德宣采集标本向中南地质局报矿；同年9月22日至10月5日，中南地质局派宋钧安会同石油工业部西安地质调查处的陈勤等进行地质踏勘，发现了古近系的油页岩26层；遂于1956年10月，由中南地质局四八六队完成吴城油页岩矿普查。1960年3月至1961年1月，河南省地质局豫12队完成油页岩矿区勘探，估算C_1+C_2级储量为3.91646×10^8 t、地质储量为1.71275×10^8 t；1963年6月，根据1960年6月河南省化工石油局制定的储量计算工业指标重新进行了估算并提交了地质勘探补充报告，求得垂深300 m以内、纯厚0.7 m、含油率5%以上的油页岩$B+C_1+C_2$级矿石量0.50360×10^8 t、地质储量为0.27750×10^8 t，求得垂深300 m以内、纯厚0.5 m、含油率4%~5%、或垂深大于300 m的油页岩$B+C_1+C_2$级矿石量0.18990×10^8 t、地质储量为0.06879×10^8 t。2006~2013年，河南省地质调查院辅以少量钻探验证，对吴城油页岩矿进行了新的评价，按照荷兰皇家壳牌公司的ICP油页岩地下转化技术要求（平均含油率≥3.5%，油页岩层厚度×平均含油率≥274，埋深≤800 m）对油页岩资源量进行了估算，（333）类资源量为2.41×10^8 t，（334）？类资源量为11.64×10^8 t；在此期间，中国石油化工股份有限公司河南油田分公司勘探开发研究院于2009年12月完成了“桐柏盆地油页岩远景评价及勘探开采技术调研”项目，估算吴城油页岩矿区（亦称北部精查区）和天然碱矿区（亦称中部预测区）的油页岩预测资源量合计为49.64×10^8 t，其中，盆地北部为5.63×10^8 t，盆地中、南部埋深1000 m以浅的为44.01×10^8 t。

（一）矿区地质

赋存油页岩矿产的桐柏盆地呈北浅南深的古近纪始新世箕状盆地（图8-2）。始新统自下而上划分为毛家坡组、李士沟组、五里堆组、大张庄组。

毛家坡组：底部为底砾岩，砾石成分因地而异，大小悬殊，棱角分明，一般大小20~50 cm，个别为2 m以上的巨砾；下部为一套紫红色的粗碎屑岩；上部为一套棕褐色含砾砂岩、粉砂质泥岩、泥岩，夹含砾粉砂岩-细砂岩、含砾泥岩。在细碎屑岩中可见单向斜层理、粒序层、冲刷面等，含砾层中的砾石为一般约10 cm或少量20~30 cm的片麻状花岗岩、花岗岩、片岩、脉石英等成分较复杂的定向砾石。

李士沟组：以灰绿色、黄灰色砂岩与毛家坡组整合接触，最大地层厚度约105 m。下部岩性为绿色、棕褐色泥岩、粉砂质泥岩、粉-细砂岩夹含砾砂岩、砂砾岩，含大量灰质结核，偶见星散状、结核状黄铁矿，含劣质油页岩；由砂砾岩-含砾砂岩-砂岩-粉细砂岩-粉砂质泥岩-页岩（油页岩）组成完整的沉积韵律，每一韵律厚度在5~80 m之间。上部为灰绿色含砾砂岩、粉砂质泥岩夹砂砾岩、油页岩；由含砾砂岩-中细砂岩-粉砂质泥岩-泥灰岩-泥岩-油页岩组成完整或不完整沉积韵律，其中

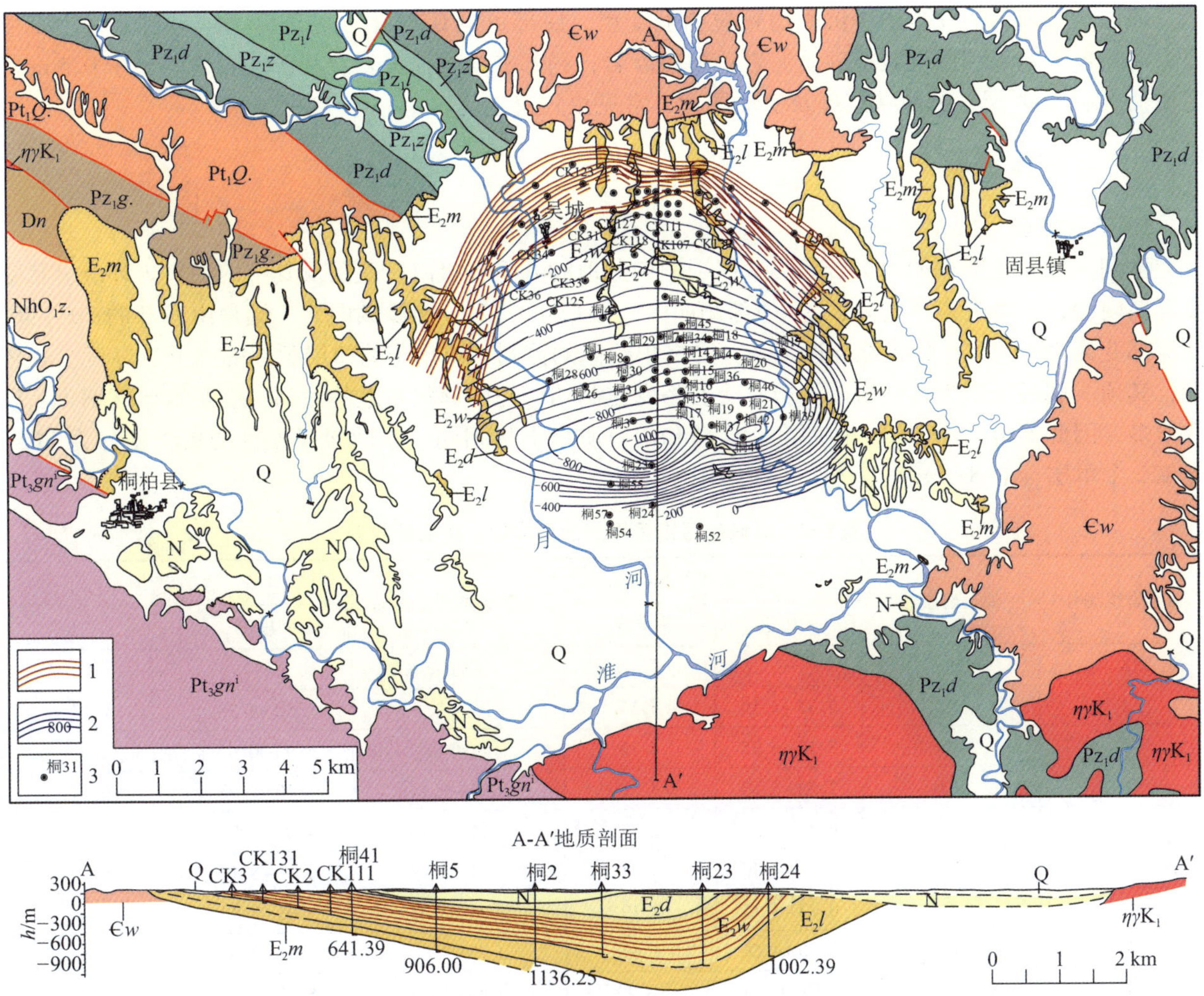

图 8-2 桐柏县吴城油页岩矿区地质图

（据河南省地质调查院，2013b，有修改）

Q—第四系；N—新近系；E_2d—始新统大张庄组；E_2w—始新统五里堆组；E_2l—始新统李士沟组；E_2m—始新统毛家坡组；Dn—泥盆系南湾组；$Pz_1g.$—下古生界龟山岩组；Pz_1l—下古生界刘山岩组；Pz_1z—下古生界张家大庄组；Pz_1d—下古生界大栗树组；$NhO_1z.$—南华系—下奥陶统周进沟岩组；ϵw—寒武系歪头山组；$Pt_1Q.$—古元古界秦岭岩群；$\eta\gamma K_1$—早白垩世二长花岗岩；Pt_3gn^i—新元古代正片麻岩。1—古近系油页岩层界线水平投影位置；2—五里堆组底板等深线（m）；3—钻孔及编号

夹厚度不小于 0.5 m 的油页岩 39 层，多为劣质油页岩。发育水平层理、波状层理，盛产植物、脊椎动物和介形类化石。

五里堆组：底部以厚 0.5 m 左右的砂砾岩与李士沟组整合接触，最大沉积厚度为 550 m。下部为灰色、灰绿及深灰色粉砂岩、粉砂质泥岩、泥岩、油页岩及盐碱矿，含大量星散状、结核状、粒状黄铁矿，富含古植物根、茎、叶化石和介形虫化石，油页岩层中有干质沥青团块、细脉；由粉砂岩-粉砂质泥岩-泥灰岩-白云岩-盐碱矿-泥岩-油页岩组成完整或不完整的沉积韵律，韵律层厚度一般 3～10 m，其中盐碱矿可达 36 层，厚度不小于 0.5 m 的油页岩 43 层，盐碱和油页岩层趋向盆地中心（深部）增厚或层数增多。上部为灰色、灰绿色粉砂岩-泥质粉砂岩-粉砂质泥岩-泥岩-油页岩构成完整或不完整韵律，每一韵律层厚度一般在 5～30 m 之间；含星点状、团块状、晶体状黄铁矿，共含厚度大于 0.5 m 的劣质油页岩或有机质粉砂岩 32 层，向盆地边缘沉积物颗粒变粗、砂质增多、泥质减少且油页岩质量变差；常见水平层理、波状层理、变形层理等，富含植物、脊椎动物和介形类化石。

大张庄组：整合于五里堆组之上，最大厚度为 105 m。下部为灰色、灰白色粉砂岩，粉砂质泥岩，薄层油页岩；向盆地边缘沉积物颗粒明显变粗，底部可见 0.3~1 m 的细砂岩或砂砾岩。上部主要为灰褐色、黄绿色厚层状粉砂质泥岩，夹粉砂岩；局部夹劣质油页岩及其矿线。含不小于 0.5 m 的劣质油页岩 1~4 层，具波状层理及变形层理，常见虫穴遗迹化石。

（二）矿床地质

1. 矿层特征

达到一般工业要求的油页岩矿层赋存于桐柏盆地的五里堆组内。地层及其中的油页岩环绕箕状盆地围斜内倾，总体近东西走向；北-中部倾向南，倾角 8°~12°；南缘倾向北，倾角由浅部的 20°~40°向深部变为 10°~25°；转折部位近水平。受沉积韵律的控制，出现于韵律层顶部的油页岩厚度变化较大，其顶、底板分别为粉砂岩或泥岩。受岩相变化制约，趋向箕状盆地的底部，油页岩厚度增大、层数增多，因此盆地不同部位矿体厚度、层数和矿石质量不尽相同。原勘探报告将油页岩划分为 11 组计 122 个单层（表 8-2）。

表 8-2　吴城矿区五里堆组油页岩组、矿层综合表

油页岩组编号	油页岩层数	油页岩累厚/m		可采厚度两极值/m	含油率/%	
		两极值	平均值		两极值	平均值
K	10	—	—	不可采	—	—
J	15	2.37~4.19	3.35	不可采	4.52~8.28	6.61
I	10	3.15~6.35	4.73	不可采	4.96~6.66	5.65
H	10	2.58~5.53	4.55	0.71~6.14	5.10~7.97	6.34
G	6	0.32~3.53	2.39	0.56~2.80	4.02~7.02	5.51
F	14	1.97~9.40	4.75	0.51~6.47	4.17~8.13	5.60
E	5	0.22~4.15	2.19	0.71~2.07	5.01~7.16	5.87
D	6	0.50~4.56	2.67	0.72~3.08	5.14~7.89	6.69
C	23	6.30~17.74	13.23	0.70~7.79	5.33~7.07	6.11
B	13	5.50~15.30	8.80	0.76~4.50	5.05~6.71	5.60
A	10	0.40~5.87	—	不可采	0.55~7.17	<4

A 组：位于五里堆组含矿层最底部，厚度 0.40~5.87 m，夹油页岩 10 层，不可采。

B 组：位于 A 组之上 4.13~11.13 m，厚度 20~32 m，以砂质页岩或细砂岩相隔，夹油页岩 B1-B13 层；单层最薄 0.17 m，最大厚度 2.86 m，是较重要的可采组。

C 组：在 B 组之上 0.50~5.48 m，厚度 33.00~61.47 m，夹油页岩 C1—C23 层；稳定可采矿层为 1~9 层，平均厚度为 3.65 m，含矿系数达 8.15%，为主要可采组。

D 组：处于 C 组之上 1.80~8.80 m，厚度 9.00~14.57 m，夹油页岩 D1—D6 层；可采 1~3 层，单层最薄 0.17 m，最厚 1.50 m，平均厚度 1.21 m，含矿系数为 1.01%。该组相对较薄，且矿层厚度变化相对较大，可见分岔、尖灭现象，以 D1、D4、D5 等 3 层较稳定。

E 组：在 D 组之上 4.20~12.00 m，厚度 10.00~16.00 m，夹油页岩 E1—E5 层；可采 1~5 层，单层最薄 0.10 m，最厚 1.49 m，平均厚度 0.94 m，含矿系数为 6.75%。该组以 E1 矿层较稳定，各钻孔均见，E3、E4 最不稳定，E2、E5 有时变薄、尖灭。

F 组：E 组之上 4.00~14.30 m，厚度 32.86~45.07 m，夹油页岩 F1—F14 层；可采 1~6 层，单层最薄 0.10 m，最厚 1.68 m，平均厚度 1.77 m，含矿系数 4.81%。该组厚度小、层数多、间距大致均匀，其与 C 组不同的是矿层、含油率变化较大，呈现“西厚东薄”的楔状展布，沿倾向变化则是由北往南增厚。

G 组：F 组之上 1.20~12.50 m，一般厚度 10.17~14.41 m，最厚可达 15.93 m，夹油页岩 G1—G6 层；可采 1~3 层，单层最薄 0.15 m，最厚 2.0 m，平均厚度 1.38 m，含矿系数 8.47%。该组矿层以

G1、G3 两层较稳定，G2、G6 两层最不稳定，有分岔、合并、尖灭现象。

H 组：G 组之上 1.50~18.00 m，厚度为 24.46~34.68 m，夹油页岩 H1—10 层；可采 1~5 层，单层最薄 0.10 m，最厚 1.65 m，平均厚度 1.72 m，含矿系数 3.95%。油页岩呈现东薄西厚、南部厚于北部。

I 组：H 组之上 2.40~8.00 m，厚度 30.5~41.5 m，夹油页岩 I1—I10 层；仅 CK107 钻孔中的 I4、I6、I7 等 3 层达到可采标准，单层最薄 0.10 m，最厚 1.22 m。

J 组：I 组之上 3.60~13.20 m，厚度 42.50~49.50 m，夹油页岩 J1—J15 层；可采矿层较少，单层最厚 1.26 m，最薄为 0.10 m。

K 组：因受剥蚀而保存不完整，仅见于较深的钻孔，且层位不稳定，油页岩厚度在 0.7 m 以下。

按埋深 400 m 以浅、400~800 m、大于 800 m 等 3 个层次划分，400 m 以浅的区域油页岩累厚一般为 30 m 左右，最大厚度为 56.39 m（图 8-3）；埋深 400~800 m 的区域油页岩累厚增至 100~120 m，有 24 个钻孔见可采矿层，单孔的累计厚度为 0.89~111.10 m，平均厚 57.92 m；可采矿层单层厚度大于 5 m 的有桐 1、16、19、20、27、28、40 共 7 口钻孔（图 8-4）；埋深大于 800 m 的区域主要分布于南部，有 16 个钻孔见可采矿层，单孔的累计厚度为 3.89~46.27 m，平均厚度 33.33 m（图 8-5）。

2013 年，河南省地质调查院按照荷兰皇家壳牌公司的油页岩 ICP 地下加温裂解技术评价指标，在桐柏盆地的五里堆组中自上而下划分出 K1、K2 两个矿层。K1 矿层仅 1 个钻孔达到 ICP 工业要求指标，见矿孔深 89.40~164.15 m，平均含油率 5.05%，综合系数（油页岩层厚度×平均含油率）为 377.49。K2 矿层水平投影面积 6.45 km^2，在地表及浅部未达到综合系数，向深部则未封闭，有综合系数增高的趋势；矿层厚度 65.88~139.03 m，平均厚 107.06 m；含油率 4.35%~5.19%，平均含油率 4.67%；综合系数为 341.92~659.43，平均综合系数为 479.67。

2. 矿石特征

桐柏盆地的油页岩矿石呈黄褐色、黄绿色、灰褐色或深褐色，其中黄褐色、黄绿色油页岩多分布于地表露头，与油页岩中所含黄铁矿氧化有关，该类油页岩含油率较低，一般不大于 3.5%；灰褐色和深褐色油页岩呈渐变过渡，含油率一般高于 3.5%。现有的 52 个钻孔分析成果表明，单矿层的含油率变化范围一般为 4.07%~5.83%，高者可达 8.08%（桐 2 孔）或 10.43%（桐 23 孔），向深部含油率增高，平均值为 5.71%。据少数化学样品分析结果，油页岩含碳 7.47%~57.66%，氮 0.74%~7.94%；灰分 31.34%~92.97%，平均 77.15%；挥发分 7.47%~75.34%，平均 28.98%；发热量一般为 9.00~18.69 MJ/kg，与含油率高低成正比关系。

二、栾川县潭头油页岩

潭头油页岩矿区位于栾川县城北东约 29 km，面积约 17 km^2。中心点坐标为东经 111°46′12″，北纬 34°01′27″。1958 年，栾川县曾兴办了“潭头石油厂”，因土法生产的油品不合格而停产。1959~1960 年，河南省地质局安排豫 01 队进行了潭头油页岩矿区普查-勘探，估算 $B+C_1+C_2$ 级油页岩矿石量 4.060×10^4 t。2006~2013 年，河南省地质调查院按照荷兰壳牌公司油页岩 ICP 工业指标，对潭头盆地进行了油页岩调查评价，估算（334）？类油页岩矿石资源量 2.19×10^8 t。河南省矿产资源储量数据库（2017）中相应套改的累计查明并保有的资源储量为 0.35859×10^8t，其中，（2S21）类为 0.10160×10^8t，（2S22）类为 0.25699×10^8t。

（一）矿区地质

潭头盆地位于栾川县潭头、秋扒及嵩县德亭、蛮峪一带，为受北西西向马超营断裂带和北东向外方山山前断裂带联合控制的中新生代盆地（见图 2-133），沉积中心位于盆地东南部，自下而上由上白垩统秋扒组河流相砂砾岩-粉砂质泥岩组合、古近系高峪沟组湖泊三角洲相砾岩-泥岩组合和潭头组湖泊相泥质灰岩、泥岩和煤、油页岩组合等内陆盆地河湖相沉积建造构成，地层倾向南—南东，倾角一般 10°~20°，基底为长城系熊耳群火山岩（图 8-6）。

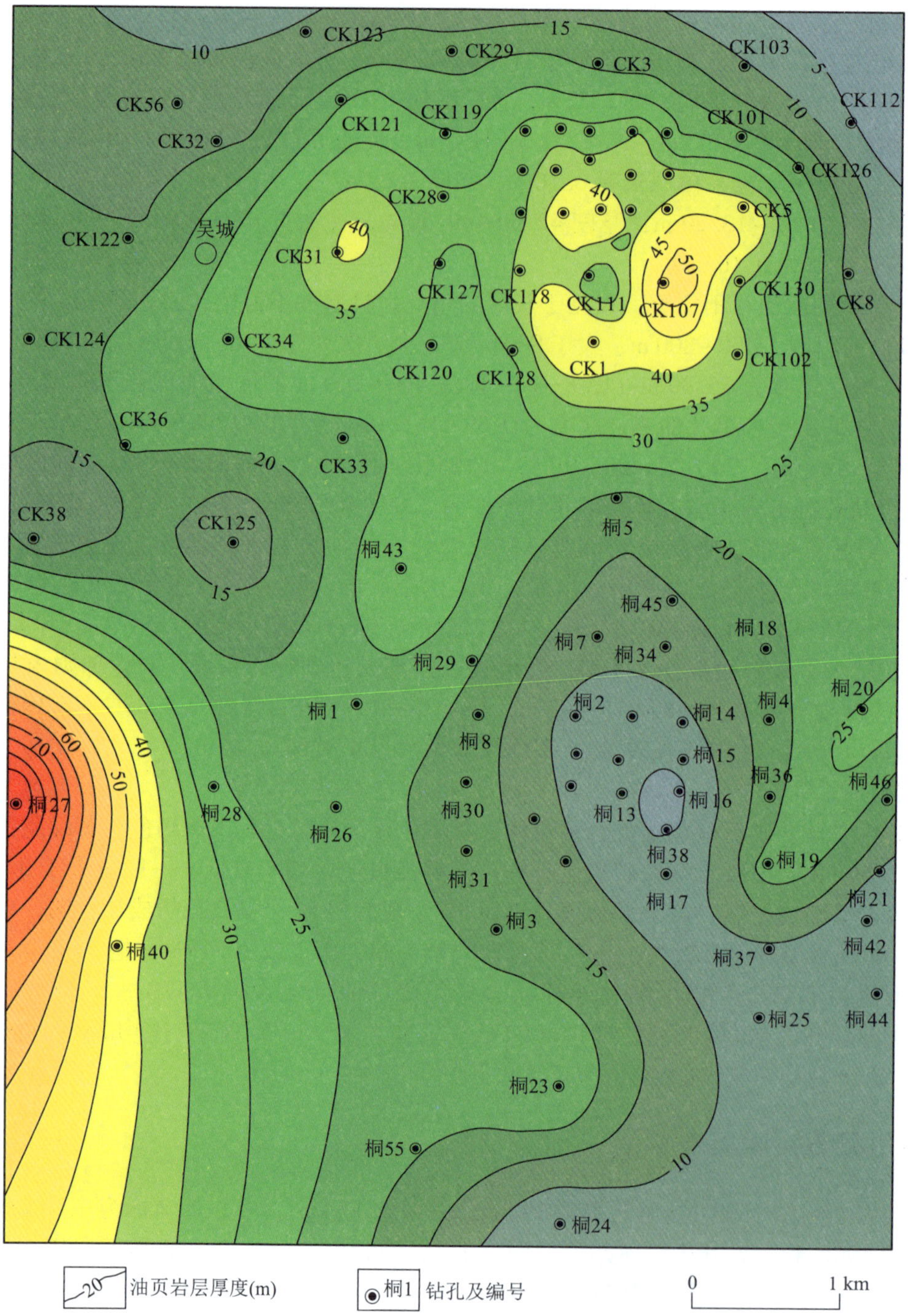

图 8-3　桐柏盆地埋深 0~400 m 油页岩层累厚分布图

（据中国石油化工股份有限公司河南油田分公司勘探开发研究院，2010）

秋扒组主要分布于潭头盆地北缘，岩性单调，下部为棕红色砂砾岩，中、上部为含砾砂岩及砂质粘土岩，地层厚度不稳定。

古新统高峪沟组以泥岩、砂质泥岩夹砂岩为主，下部夹砾岩、砂砾岩，自下而上砂、砾渐少、泥质增多，上部含钙质并出现薄层泥灰岩，砂岩或砂砾岩到泥岩的韵律沉积明显，地层厚度 295 ~ 366 m。

始新统潭头组上段为灰绿色、灰白色和灰黑色粘土岩、页岩、泥灰岩、油页岩、煤层夹砂岩，底部以一层厚度不等的砂砾岩与下段分界；下段为灰白和灰黑色粘土岩、页岩、泥灰岩、砂岩夹薄层页岩及油页岩；该组在潭玉沟厚度 458 m，高峪沟厚度 104. 5 m。

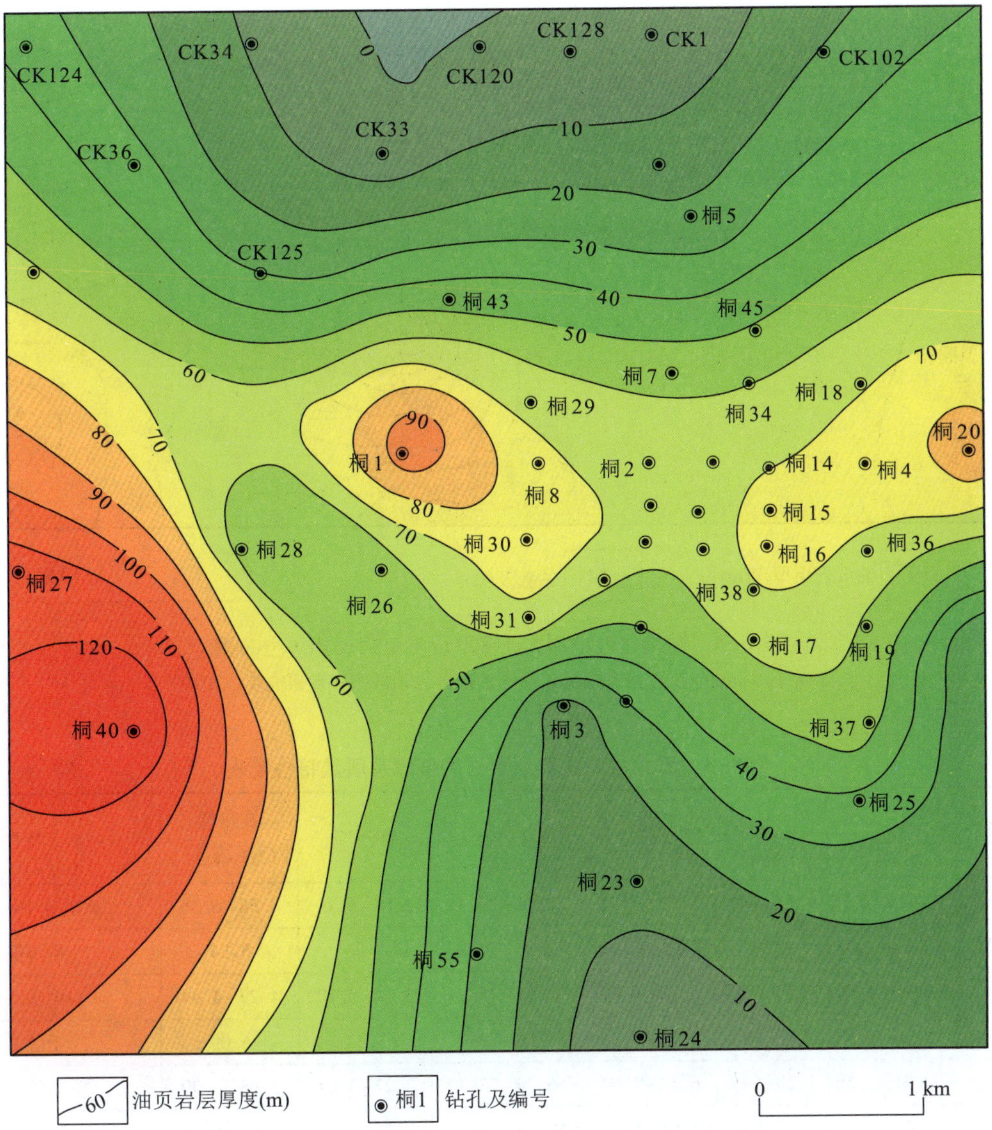

图 8-4　桐柏盆地埋深 400~800 m 油页岩层累厚分布图

（据中国石油化工股份有限公司河南油田分公司勘探开发研究院，2010）

（二）矿床地质

1960 年，河南省地质局豫 01 队在 7.1 km² 范围内于潭头组中圈定油页岩 42 层，根据油页岩的自然组合及延伸，自下而上划分为 A 组（A1—A7 层）、B 组（B1—B11 层）、C 组（C1—C9 层）和 D 组（含 D1—D15 层），页理发育，单层油页岩由地表黄褐色、黄绿色向下过渡为灰褐色、深褐色及灰色、灰黑色，含灰白色钙质薄层及黄铁矿，在层面上常见介形虫、植物根茎、叶的化石及干质沥青，含油率随颜色加深而升高；其中有 20 层油页岩达到工业要求；分布范围呈不规则的楔形，单层面积 0.44~1.08 km²，总厚度 13.52~48.14 m；油页岩灰分含量高，发热量一般较低，含碳 47.59%~60.47%，氮 1.04%~2.89%，氧 29.44%~60.47%，氢 3.15%~7.68%，硫 2.71%~6.19%，碳氢比为 7.17~11.60，平均含油率为 5.98%（表 8-3）。2013 年河南省地质调查院基于 ZK1/0 孔钻探验证和荷兰壳牌公司油页岩 ICP 工业指标，仅在潭头组顶部圈定了一个 K1 矿层，为油页岩相对密集分布层段，油页岩与灰色粉砂质泥岩、粉砂岩、泥岩呈互层状，矿层厚度 20.00~87.74 m，平均含油率 4.14%，综合系数 280.25。

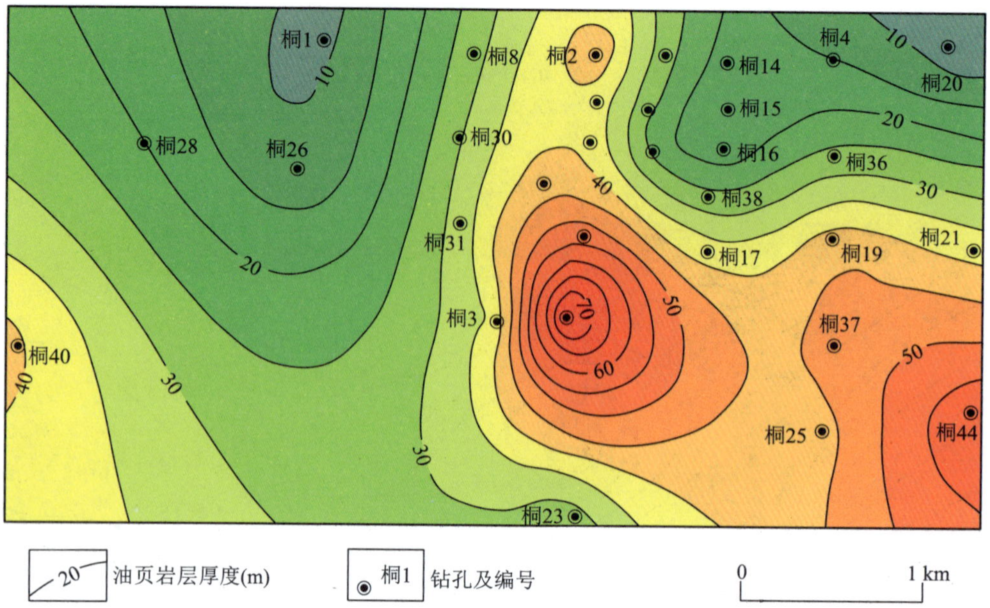

图 8-5　桐柏盆地埋深大于 800 m 油页岩层累厚分布图

（据中国石油化工股份有限公司河南油田分公司勘探开发研究院，2010）

表 8-3　潭头盆地主要油页岩的层厚及质量特性简表

组别	油页岩层编号	厚度/m		含油率/%	灰分/%	硫分/%	发热量/(MJ·kg^{-1})	备注
		两极值	平均值					
D	D4-6	1.07~16.17	9.78 (8)	5.13~7.03	71.92~77.11	2.58~6.19	4.58~6.36	高硫分中-低品位
	D2	0.75~1.37	(3)	5.20~-6.65	72.36~74.80	5.06	5.24	中等品位
C	C9	0.70~1.44	1.09 (6)	5.17~6.49	72.85~75.74	3.14~3.72	4.29~4.44	中等品位
	C7	0.73~0.98	0.80 (4)	6.15~9.83	68.60~73.04	3.42	6.09	中等品位
	C6	0.71~1.56	1.29 (9)	6.19~7.84	66.29~75.79	3.27~3.64	1.95~5.90	中等品位
	C5	0.70~2.27	1.28 (8)	5.05~8.94	68.93~75.55	2.73~3.70	4.69~6.69	中等品位
	C3	0.70~1.50	(4)	6.93~8.05	70.87~74.84	3.07~3.63	5.75~5.76	中等品位
	C2	0.70~2.62	1.43 (6)	5.17~7.45	72.67~77.39	3.34~4.01	4.38~5.60	低品位
	C1	0.74~6.83	1.94 (7)	5.44~8.32	70.47~75.33	2.71~4.07	4.09~6.36	低品位
B	B10-11	0.81~2.70	(5)	5.06~7.76	72.77~78.90	3.20~-3.89	3.88~5.22	—
	B9	0.70~1.42	(4)	6.23~7.17	72.39~73.40	3.14	5.18	范围小、中等品位
	B8	0.80~1.44	1.17 (7)	5.08~7.88	71.36~76.91	3.12~3.98	0.30~0.32	中等品位
	B6	1.50~2.79	(2)	5.21~5.93	77.07~77.12	—	—	范围小、条带状
	B5	0.71~1.39	0.97 (7)	5.89~9.30	70.49~76.77	4.64~5.94	4.58~7.05	高硫分、高品位
	B1	0.71~0.98	0.79 (7)	5.02~8.60	68.64~75.92	3.69~3.99	3.96~4.37	低品位
A	A7	0.72~1.63	(5)	5.71~7.18	72.45~76.19	3.60~3.51	4.36~4.64	中等品位
	A6	0.71~1.05	0.92 (7)	5.11~8.41	73.06~75.83	3.80~5.04	4.23~5.94	低品位

注：括弧内为钻孔数。

三、油页岩矿点

河南省除潭头盆地和桐柏盆地外，其他盆地基本上未开展过系统的油页岩勘查工作，缺少有关油

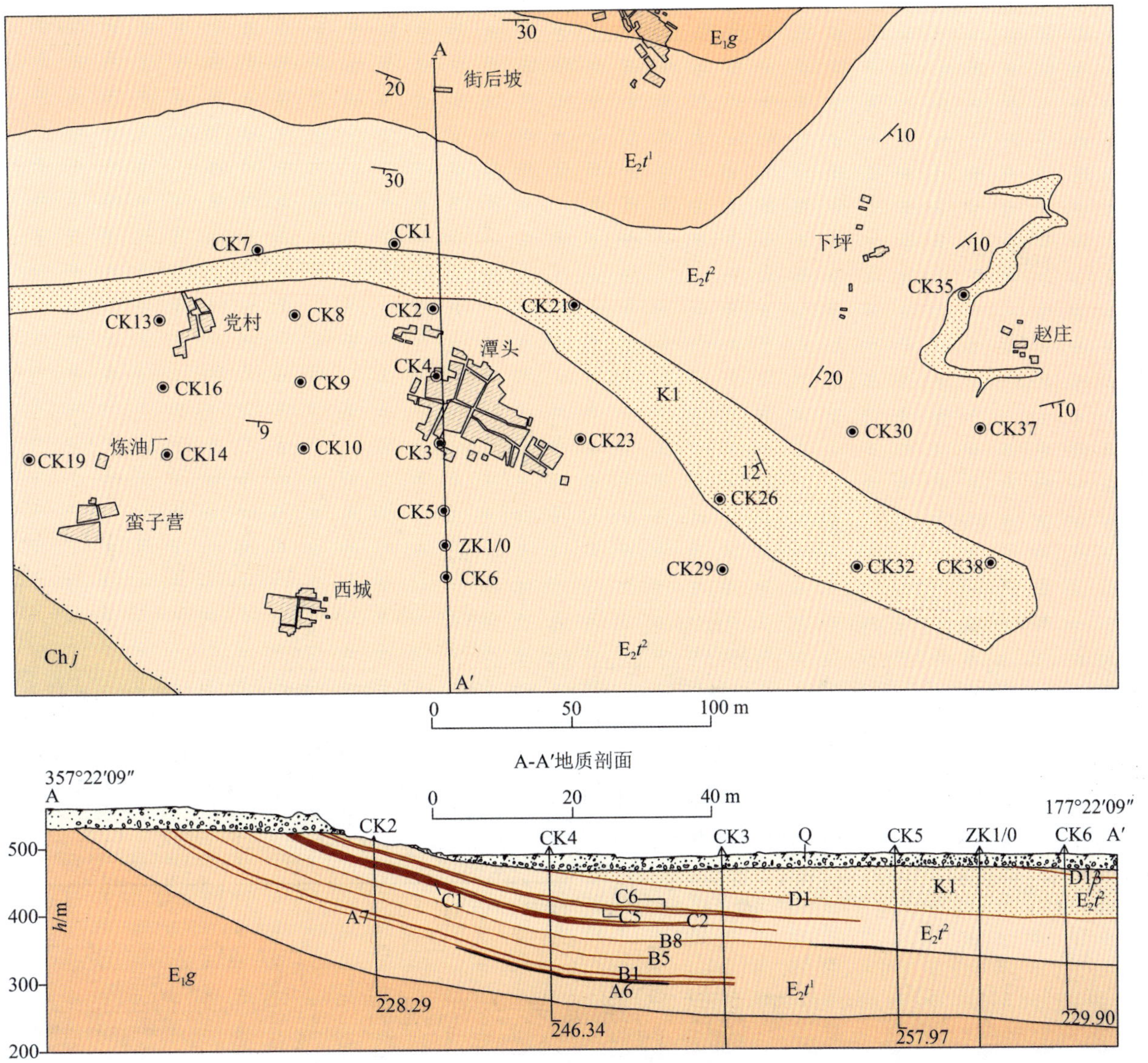

图 8-6　潭头油页岩矿区地质图

（据河南省地质调查院，2013b，有修改）

Q—第四系；E_2t^2—始新统潭头组上段；E_2t^1—始新统潭头组下段；E_1g—古新统高峪沟组；Chj—长城系鸡蛋坪组；A7—D1—按一般工业指标圈定油页岩层；K1—按 ICP 指标圈定油页岩层

页岩的详细资料。根据各种信息，在其他 10 个盆地或凹陷中分布有 12 处油页岩矿点（表 8-4）。有关油页岩的赋存层位个别为上三叠统、下侏罗统，主要为始新统。赋矿岩性主要为互层状泥砂岩，或含泥灰岩及褐煤。南襄盆地的南阳凹陷普遍含多层油页岩，始新统核桃园组含油页岩地层展布面积约 500 km^2，含油页岩层段厚度大，平均含油率 4.3%，具有较大找矿潜力。其他矿点一般油页岩层数少、厚度薄且含油率低。

表 8-4　河南省油页岩矿点特征一览表

序号	矿点名称	所处盆地或凹陷	油页岩赋存层位	地层代号	矿点地质概况
1	济源市西承留	济源凹陷	谭庄组	T_3t	谭庄组上部黄绿色、灰黑色页岩与泥岩互层，其中夹多层薄层状油页岩，质劣
2	孟州市杨村沟	济源凹陷	鞍腰组	J_1a	油页岩及薄煤层夹于砂岩与页岩中，共 7～10 层，厚度 0.50～3.40 m，含油率 1%～10.16%

续表

序号	矿点名称	所处盆地或凹陷	油页岩赋存层位	地层代号	矿点地质概况
3	义马市义马	义马盆地	谭庄组	T_3t	谭庄组上部黄绿色、灰黑色页岩与泥岩互层，其中多层薄层状油页岩，质劣
4	灵宝市五亩	三门峡盆地	项城组	E_2x	多层薄层状油页岩与泥灰岩、页岩及煤互层，含油率1%~3%
5	伊川县罗村	伊川盆地	谭庄组	T_3t	呈薄层状赋存于泥岩、页岩中，质劣
6	洛宁县董寺	洛宁盆地	蟒川组	E_2mc	蟒川组中、下部油页岩与灰绿色泥岩、页岩及灰白色泥灰岩互层，局部与碳质页岩共生，含油页岩层段厚度 40 m，共计 6 层，油页岩单层厚度 1~20 cm，质劣
7	嵩县田湖	嵩县盆地	潭头组	E_2t	处在潭头组中部泥灰岩中，与褐煤共生。油页岩呈小的透镜体，厚度 0.10~0.70 m，质量低劣
8	卢氏县大峪	卢氏盆地	卢氏组	E_2l	油页岩与灰绿色页岩、灰白色泥灰岩互层，并与煤共生，含油页岩层段厚度 140 m。含薄层状油页岩 9 层，单层厚度 3~5 cm，含油率一般 4%~5%，最高 6.1%
9	舞阳县舞阳	舞阳凹陷	核桃园组	E_2h	灰绿色泥岩中见薄层状油页岩 4~5 层，厚度 0.45~4.30 m
10	遂平县板桥	板桥凹陷	核桃园组	E_2h	油页岩产于灰绿色泥岩中，呈薄层状，含油率低
11	新野县施庵	南阳凹陷	核桃园组	E_2h	油页岩产于灰绿色泥岩中。核一段含数层，单层厚度 0.50~2.00 m；核二段含 80 余层，单层厚度 0.50~3.00 m，夹层厚度 1~2 m；核三段共 6 层，厚度 0.24~4.10 m，平均含油率 4.3%
12	唐河县唐河	南阳凹陷	核桃园组	E_2h	

注：资料来源于《河南省油页岩调查评价报告》，河南省地质调查院，2013b。

第三节　油页岩成矿规律

油页岩成矿的基本条件是必须具备丰富的有机质来源、良好的有机质演化及保存状况，即具备相应的古地理、古气候、古构造和新构造等要素的综合配置。

一、沉积环境

（一）晚三叠世

河南的上三叠统零星见于渤海湾盆地东濮凹陷、济源-黄口凹陷带、五里川盆地和南召盆地，发育一套陆相湖盆沉积。沉积盆地可能为一系列小型湖盆，而华北地区上三叠统的分布趋势显示其可能属剥蚀残留，原形盆地可能与西部鄂尔多斯开阔内陆坳陷湖盆连成一体。以济源凹陷的上三叠统保存较好，自下而上发育椿树腰组、谭庄组。椿树腰组为灰绿色、灰黄色泥岩、砂岩和粉砂岩互层，含油页岩、黑色页岩；谭庄组以灰白色砂岩与灰黑色泥岩互层为主，多夹钙质泥岩和煤线，含植物化石；显示自半深湖-深湖亚相到滨浅湖亚相的连续沉积（林玉祥等，2016）。

（二）早-中侏罗世

下-中侏罗统分布于义马盆地、济源-黄口凹陷带及信阳盆地中的固始凹陷。义马盆地和济源-黄口凹陷带属东西向延伸的同一原形盆地，垂向上经历了早期的冲积扇、河流、滨浅湖、半深湖和深湖沉积，中期湖泊三角洲、滨湖和浅湖沉积，中晚期河流沉积与晚期滨浅湖沉积；横向上半深湖-深湖泥岩相分布于济源市东南部，外侧分布滨浅湖砂泥岩相、湖沼碳质泥岩相（南侧）、河流含砾砂岩及冲积扇砂砾岩相（胡斌等，2014）。固始凹陷中的下-中侏罗统总体为冲积扇砂砾岩相和河流含砾砂岩，仅在固始以东出现滨、浅湖沉积。

（三）始新世

始新世早期总体呈南高、北低，东高、西低的台阶状地势，发育南部南阳-信阳、中部三门峡-周口及北部济源-黄口 3 个近东西走向的盆地带或凹陷带；晚期叠加一系列平行展布的北东向凹陷带，形成条块状隆起与盆地（凹陷）交织的格局。地层发育齐全的盆地有上下两个沉积层序，如桐柏盆地下部沉积层序（毛家坡组、李士沟组）呈现“下粗上细”和由砂砾岩-含砾砂岩-砂岩-粉细砂岩-粉砂质泥岩-页岩（劣质油页岩）的韵律，可见清晰水平层理、波状层理和少量斜层理；表明断陷湖盆的水体扩展，古气候逐渐转至温暖湿润。桐柏盆地上部沉积层序由 3 个准层序组成：下部（五里堆组下部）呈现粉砂岩-粉砂质泥岩-泥灰岩-白云岩-盐碱层-泥岩-油页岩的沉积韵律，形成 36 个盐碱层和 43 层厚度大于 0. 5 m 的油页岩层；中部（五里堆组上部）沉积韵律大致与下部相近，只是砂质相对增多，油页岩相对减少；上部（大张庄组）整体表现为色调变黄，颗粒变粗，油页岩减少至 1~4 层，多具波状层理和变形层理。桐柏盆地沉降幅度大于 2000 m，主体在温暖湿润气候下发育一套半深湖相沉积；各准层序的底部以厚度不大的砂砾层标志盆地短期回升和侵蚀，交替出现的炎热干燥气候致使湖水频繁咸化，造成油页岩与盐碱共生；在控盆断裂影响下，沉降中心由盆地西北往东南方向逐渐迁移，造成不同部位油页岩的发育程度有所差异。

二、矿床成因

河南省境内的油页岩基本为含有机质的湖相页岩，有机质可能来源于藻类；不排除某些矿点中的油页岩属于沼泽积淀物质，有机质来源于藻类和维管植物；可能个别与褐煤共生的油页岩属于烛煤（腐殖腐泥煤的一种，燃点低，挥发分、氢含量和含油率均较高）页岩，有机质完全来源于陆生植物。在低温、低压成岩环境，有机质转化为干酪根即形成油页岩。

三、成矿规律

较大面积和较大沉降幅度的深水湖盆使得大量有机质在低氧环境和厌氧细菌作用下得以保存，从而在成岩阶段形成油页岩。沉降幅度小的盆地无论是有机质层发育层数或有机质的保存条件均难以满足商业要求的油页岩的厚度和品质。当低成熟度的油页岩进一步埋深加热则产生页岩油气，因此深埋藏、高成熟度的“油页岩”已属于页岩油气矿产范畴。

在成矿时间上，时代老的含有机质地层已高度演化成熟，如华北石炭纪—二叠纪煤系中的煤变质为无烟煤，有关泥页岩中的有机质已转化为页岩气，不可能再有烛煤和油页岩。更为古老的有关岩层变质为碳质片岩，乃至为含石墨片岩。因此河南的油页岩出现在晚三叠世及其之后，且由于岩相古地理或含矿岩系被剥蚀的因素，较大厚度的含油页岩系只出现在始新世湖相盆地。

在成矿空间上，同为烃源岩成熟度的因素，河南东部深埋藏油页岩已转化为生油气母岩，因此低成熟度的油页岩仅分布于河南西部始新世山间盆地。考虑 ICP 工业指标，油页岩矿产的深度宜限定在埋深 800 m 以浅。含有较大厚度油页岩系的盆地受北西西走向、北东走向两组边界断层控制，为平面和剖面上均呈箕状形态的断陷型，因为盆地面积有限，难以形成大规模的油页岩矿床。已有钻孔揭露显示，除桐柏盆地和潭头盆地之外，在南襄盆地浅部寻找油页岩具有较大潜力。

第九章　铀

第一节　概　述

一、铀的特征和用途

铀（U）为重要的天然放射性元素，为银白色金属，具放射性和核裂变现象，密度 19.7 g/cm^3，熔点 1130±2℃，沸点 3818℃。铀的化学性质活泼，在自然界多以化合状态存在，呈四价和六价，并能在一定条件下相互转化（《矿产资源工业要求手册》编委会，2014）。2015 年 10 月 10 日，《科技日报》和《光明日报》报道，中核集团核工业北京地质研究院李子颖带领的研究团队，在粤北贵东岩体 330 铀矿床和诸广岩体 302 铀矿床中首次发现了零价金属铀。铀在地壳中丰度为 2.7×10^{-6}，分布极为分散，主要赋存在酸性火成岩中。铀的存在形式主要有铀矿物类质同象混入物和分散吸附形式，在强还原环境中亦可出现金属态。天然铀是由$^{238}_{92}U$（99.283%）、$^{235}_{92}U$（0.71%）、$^{234}_{92}U$（0.0054%）3 种同位素组成。^{235}U 能够为热中子所裂变，是现今原子能的能源。^{238}U 和^{234}U 只能为快中子所裂变，因此它们可应用于快中子反应堆。

铀主要用作核燃料，用于核电站、反应堆、同位素生产和核武器等方面。它是通过反应堆将铀的核能转变为热能，用来发电、开动舰船和火车、供热等。由于原子核的分裂所产生的原子核辐射和人工制取的放射性同位素在钢铁工业、机械制造、地质勘查、仪器制造、农业、医学、食品工业和高科技研究等方面都得到广泛的应用，核技术已成为现代科学、技术部门最新和最有效的研究方法。铀的氧化物在搪瓷工业、玻璃工业中可作颜料。

二、铀矿石特征

铀矿石具有放射性，除提取铀用于核工业外，还可从中提取镭和其他稀土元素。铀属亲石元素，具有较强的亲氧性，多形成氧化物及含氧盐。目前已发现的铀矿物有 170 种以上，铀的矿石矿物主要为晶质铀矿、沥青铀矿和铀黑 3 种。四价铀的氧化物统称原生铀矿，有土状、粉末状，也有块状、钟乳状、肾状等，有些土状铀矿被称为铀黑。常见的重要次生六价铀矿物有铜铀云母、钙铀云母及钒钾铀矿等（表 9-1）。依据《铀矿地质勘查规范》（DZ/T 0199—2002），铀矿一般工业要求为：边界品位 300×10^{-6}，最低工业品位 500×10^{-6}，最小可采厚度 0.7 m，夹石剔除厚度 0.7 m；按矿石铀品位高低分为三级：高品位（富）矿石 U≥3000×10^{-6}、中品位（普通）矿石 U 为 1000×10^{-6}～3000×10^{-6}、低品位（贫）矿石 U 小于 1000×10^{-6}。河南省已发现的铀矿主要为低品位（贫）矿石，少数矿产地达中品位（普通）铀矿石。

表 9-1　目前具有工业利用价值的主要铀矿物一览表

矿物名称	化学式	铀含量/%	矿物名称	化学式	铀含量/%
沥青铀矿	$m UO_2 \cdot n UO_3$	42～76	钒钙铀矿	$Ca(UO_2)_2V_2O_8 \cdot (5\sim8)H_2O$	41～48
晶质铀矿	UO_2	55～64	钛铀矿	$(U, Ca, Y, Ce)(Ti, Fe)_2O_6$	
钙铀云母	$Ca(UO_2)_2[PO_4]_2 \cdot (10\sim12)H_2O$	46～52	铀石	$U(SiO_4)_{1-x}(OH)_{4x}$	42～58
铜铀云母	$Cu(UO_2)_2[PO_4]_2 \cdot (10\sim12)H_2O$	42～52	硅钙铀矿	$Ca(UO_2)_2[SiO_4(OH)]_2 \cdot 5H_2O$	42～76
钒钾铀矿	$K_2(UO_2)_2V_2O_8 \cdot 3H_2O$	42～46			

（据《矿产资源工业要求手册》编委会，2014）

三、铀矿床类型

铀矿床划分为内生铀矿床和外生铀矿床两大类。国际原子能机构提出的铀矿床分类为：与不整合面有关型、砂岩型、脉岩型、塌陷角砾岩筒型、表生型、石英卵石砾岩型、角砾杂岩型、侵入岩型、热液型、磷块岩型、火山岩型、交代岩型、变质岩型、褐煤型和黑色页岩型 15 类。长期以来，我国核工业地质系统按含矿围岩（成矿环境）的不同，将我国铀矿床划分为花岗岩型、火山岩型、碳硅泥岩型和砂岩型 4 类。河南省已查明的铀矿类型有碳硅泥岩型和花岗岩型两类铀矿床，火山岩型和砂岩型铀矿仅为矿点。

四、铀矿产地分布

河南省铀矿资源稀缺，截至 2018 年底，河南省共发现铀矿产地 23 处，其中小型铀矿床 3 处（碳硅泥岩型 2 处、花岗岩型 1 处）、铀矿点 20 处（图 9-1；表 9-2）。沉积岩型铀矿的成矿时代跨度极大，成矿时代有中元古代、新元古代、寒武纪第二世、中侏罗世、新近纪中新世，以中元古代和寒武纪第二世为主，且与钒、磷、有机质、粘土密切相关，铀以吸附形式存在于泥质、铁质、碳质及胶磷

图 9-1 河南省铀矿产地分布图

表 9-2　河南省铀矿产地一览表

序号	金矿产地名称	位置	面积/km^2	所在构造单元	含矿地（岩）层	成矿岩体	成矿/改造时代	矿床类型	规模	工作程度	利用情况
1	三门峡市陕州区御花池铀矿	陕州区宫前乡		华北陆块	长城系熊耳群		早白垩世	花岗岩型	矿点	普查	未开采
2	洛宁县上陶峪铀矿	洛宁县陈吴乡		华北陆块	中新统洛阳组		中新世	砂岩型	矿点	普查	未开采
3	嵩县黄水庵铀矿	嵩县德亭西约 8.2 km		华北陆块	古元古代太华杂岩	花山花岗岩	早白垩世	花岗岩型	矿点	详查	未开采
4	卢氏县菠菜沟铀矿	卢氏县文峪乡		华北陆块南缘	中元古界白术沟组		中元古代	碳硅泥岩型	矿点	普查	未开采
5	卢氏县姑姑潭铀矿	卢氏县文峪乡		华北陆块南缘	白术沟组		中元古代	碳硅泥岩型	矿点	普查	未开采
6	栾川县石门沟铀矿	栾川县三川北东 4.2 km		华北陆块南缘	白术沟组		中元古代	碳硅泥岩型	矿点	普查	未开采
7	栾川县东高尖铀矿	栾川县三川北东 5.8 km		华北陆块南缘	新元古界栾川群		新元古代	碳硅泥岩型	矿点	普查	未开采
8	栾川县冷水铀矿	栾川县三川北东 8 km		华北陆块南缘	中元古界白术沟组		中元古代	碳硅泥岩型	矿点	普查	未开采
9	鲁山县岳村铀矿	鲁山县城西北 30 km	54	华北陆块	寒武系第二统辛集组		寒武纪第二世	碳硅泥岩型	小型	勘探	未开采
10	镇平县红椿树沟铀矿	镇平县城北 15 km		北秦岭造山带	古元古界秦岭岩群	五垛山花岗岩	志留纪	花岗岩型	矿点	详查	未开采
11	方城县红崖铀矿	方城县城北西 25 km		华北陆块南缘		交口花岗岩	晚侏罗世	花岗岩型	矿点	普查	未开采
12	舞钢市风摸顶铀矿	舞钢市杨庄乡		华北陆块	寒武系第二统辛集组		寒武纪第二世	碳硅泥岩型	矿点	普查	未开采
13	内乡县范沟铀矿	内乡县范沟		淅川地块	寒武系纽芬兰统水沟口组		寒武纪纽芬兰世	碳硅泥岩型	矿点	详查	未开采
14	遂平县 781 铀矿	遂平县嵖岈山乡	13	华北陆块	寒武系第二统辛集组		寒武纪第二世	碳硅泥岩型	小型	详查	闭坑
15	确山县张冲铀矿	确山县任店镇		华北陆块	寒武系第二统辛集组		寒武纪第二世	碳硅泥岩型	矿点	普查	未开采
16	罗山县冯楼铀矿	罗山县青山镇		北秦岭造山带	下白垩统陈棚组		早白垩世	火山岩型	矿点	详查	未开采
17	信阳市柳林铀矿	信阳市南 20 km	5.83	南秦岭造山带		灵山花岗岩	早白垩世	花岗岩型	小型	普查	未开采
18	罗山县老寨铀矿	罗山县灵山镇		南秦岭造山带		灵山花岗岩	早白垩世	花岗岩型	矿点	普查	未开采
19	罗山县龙潭沟铀矿	罗山县灵山镇		南秦岭造山带	下古生界龟山岩组	灵山花岗岩	早白垩世	花岗岩型	矿点	普查	未开采
20	罗山县余小湾铀矿	罗山县彭新镇		南秦岭造山带		灵山花岗岩	早白垩世	花岗岩型	矿点	普查	未开采
21	罗山县猫儿头寨铀矿	罗山县彭新镇		南秦岭造山带		灵山花岗岩	早白垩世	花岗岩型	矿点	普查	未开采
22	固始县王楼铀矿	固始县祖师庙镇		北秦岭造山带	中侏罗统朱集组		中侏罗世	砂岩型	矿点	普查	未开采
23	固始县陈集铀矿	固始县陈集镇		华北陆块	寒武系第二统辛集组		寒武纪第二世	碳硅泥岩型	矿点	普查	未开采

矿中。火山岩型铀矿的成矿时代为早白垩世，铀以类质同象混合物形式存在于凝灰岩中。花岗岩型铀矿的成矿时代集中于早白垩世，仅镇平县红椿树沟矽卡岩型铀矿点为志留纪。

河南省已查明的铀矿产地分布于三门峡市陕州区、卢氏县，洛阳市栾川县、嵩县、洛宁县，平顶山市鲁山县、舞钢市，南阳市方城县、内乡县、镇平县，驻马店市遂平县、确山县，信阳市平桥区、罗山县、固始县。

另外，河南省舞钢市赵案庄新太古界荡泽河岩组变质火山-沉积型铁矿伴生铀矿资源，铁矿石中铀品位 $3\times10^{-6}\sim19\times10^{-6}$。在二叠系中经放射性测井发现有放射性异常，陆相沉积岩型铀矿化主岩为上石盒子组和孙家沟组。卢氏县狮子坪-龙泉坪一带的早古生代灰池子岩体东侧的柳树湾地区发现了伟晶岩型铀矿，铀矿体赋存于黑云母花岗伟晶岩脉中，铀除以晶质铀矿赋存外，部分铀以铀钍石的形式赋存于钍石副矿物中。

五、铀矿勘查、开发程度

河南省总面积 16.7×10^4 km²，通过 50 多年来铀矿资源勘查工作，累计完成不同方法和精度的放射性工作区总数 337 个，总面积约 79670 km²。1979~1991 年相继完成了三门峡市、洛阳市、郑州市、鲁山县、舞阳县、南召县、方城县、桐柏县、嵩县、卢氏县、信阳市的 1：5 万~1：20 万铀矿地面伽马测量，相继完成了黄河以南、京广线以西、信阳地区、潢川-罗山盆地、南阳盆地、鲁山县背孜-瓦屋地区 1：2.5 万~1：20 万放射性水化学调查，在安阳、信阳、京广线以西的广大地区相继完成 1：2.5 万航空伽马总量测量面积 34565 km²，在陇海线以南、京广线以西及信阳地区，共完成 1：5 万航空伽马能谱测量面积 54405.32 km²。

河南省铀矿勘查工作历经时间虽长，但投入的铀矿勘查队伍不多，铀矿勘查工作量较少，尤其是中新生代盆地内砂岩型铀矿勘查极少，铀矿勘查主要集中在卢氏-栾川、鲁山-遂平、信阳市柳林-彭新等山区硬岩型铀矿的勘查，找矿效果欠佳。总体来说，河南省铀矿地质勘查程度不高，其研究程度也不深，勘查阶段以普查为主，仅遂平县 781 铀矿、鲁山县岳村铀矿进行了勘探，嵩县黄水庵铀矿、内乡县范沟铀矿、镇平县红椿树沟铀矿、罗山县红楼铀矿进行了详查。

1967 年，遂平县 781 铀矿建矿开采，至 1992 年闭坑。河南省其他铀矿产地规模偏小或不易选矿，多为低品位（贫）矿石，至今没有被开发利用。

第二节　河南省铀矿产地

一、代表性铀矿床

（一）鲁山县岳村铀矿床

岳村铀矿床位于鲁山县城西北约 30 km，隶属于鲁山县瓦屋乡。矿区西自钱家岭，东至姬平，南起岳村，北止石门沟，面积约 54 km²，属小型铀矿床。1956~1959 年，河南省地质局秦岭区域地质测量五分队在伏牛山东段进行 1：20 万区域地质测量时，在鲁山幅地质报告中指出："岳村下寒武统磷块岩中具有放射性异常，初步化验铀品位 0.05%~0.07%"。1958~1959 年，河南省地质局豫 06 队在辛集、岳村、白沟等地进行磷矿普查和放射性顺便检查，编有《河南鲁山辛集磷矿初步勘探地质报告》和《河南鲁山大木场磷矿普查报告》等，再次提出："岳村下寒武系磷块岩中有铀，值得进一步工作"。1959~1960 年，中国第二机械工业部中南三〇九队航测分队和地质部物探局九〇五航测队曾先后在该区开展 1：10 万航空放射性测量，在岳村-混春沟一带也发现了放射性异常带，接着开展了 1：1 万详测工作。1959 年 10 月至 1961 年 5 月，河南省地质局第五队根据九〇五航测队和秦岭队所发现的异常资料对鲁山一带进行了普查找矿，重点对鲁山岳村一带进行揭露评价，初步查清了矿化范围，圈出了矿体，提交了《河南省鲁山县岳村铀矿地质普查报告》。1970~1973 年，中国第二机械工业部中南三〇九队进行了补充勘探并于1976年提交了《河南省鲁山县岳村矿床储量估算补充报告》，虽扩大了矿区范围，增加了储量，但仍属小型铀矿床，规模次于遂平县781铀矿。矿床铀平均品位346×10^{-6}，属低品位（贫）矿石。加工样铀品位730×10^{-6}，采用酸法浸取之提取率为67%，碱法浸出率69%，溶液中铀磷不易分离且提取率不高。由于单矿体平均品位低，又含磷、钙等有害元素，矿石选冶加工困难，尚未开采。

1. 矿区地质特征

岳村铀矿区处于华北陆块之北西向鲁山-背孜街背斜的北翼。东起鲁山栋树庄经李大沟口直至汝州市拉台庄的走向北西、倾向南西、长约50 km的岳村逆断层是区内最大断裂，也是控制矿化的重要构造，早白垩世花岗岩脉沿断裂带断续出露，并在岳村、老虎窿等地沿断裂带常有小型工业矿体产出（图9-2）。岳村逆断层之南西的背孜街、岳村、三间房、庙沟一带分布着新太古界荡泽河岩组；中元古界熊耳群、汝阳群、洛峪群出露于矿区西北钱家岭、老婆寨及东北石板河、鹰嘴石等地，与新太古界片麻岩系常呈断层接触。寒武系碳酸盐岩-碎屑岩建造广泛出露于岳村逆断层以北的钱家岭、石门沟、老虎窿、混春沟等地，与下伏上震旦统东坡组细碎屑岩平行不整合接触。含铀地层为寒武系底部的第二统辛集组砾岩、砂质页岩、砂岩、钙质砂岩夹硅质泥质灰岩等组合，上被寒武系第二统朱砂洞组豹皮状白云岩整合覆盖。新近系中新统洛阳组红棕色砂砾岩以角度不整合覆盖于基岩之上。第四系由山麓堆积和河流冲积层构成。

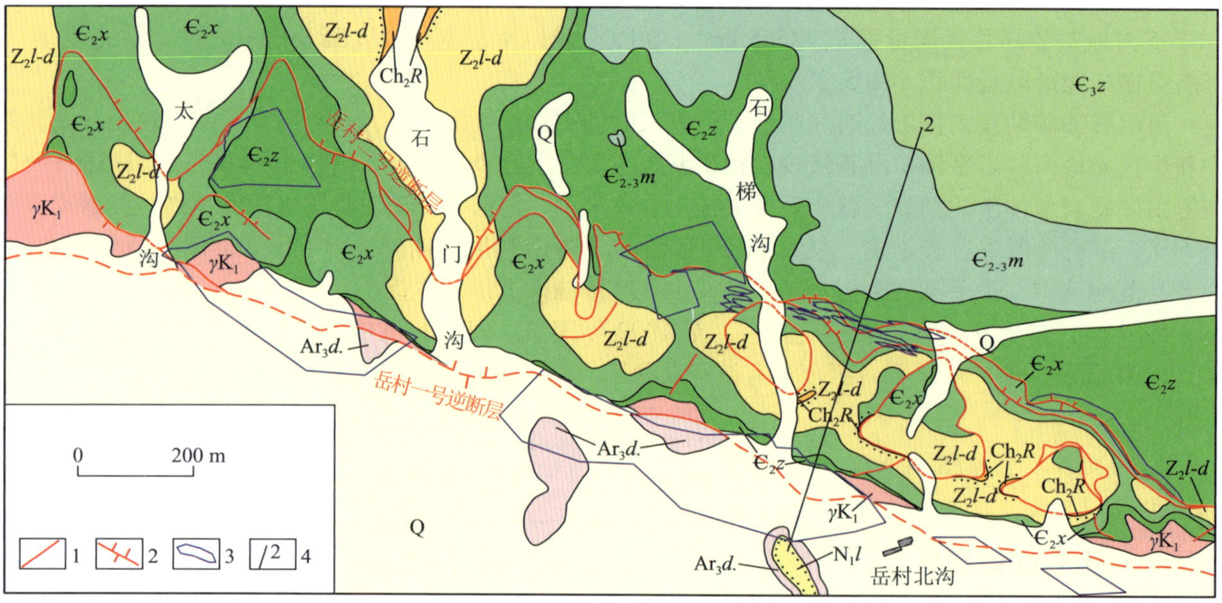

图9-2 鲁山县岳村铀矿区地质略图

（据河南省核工业地质局，2013，有修改）

Q—第四系；N_1l—中新统洛阳组；Є$_3z$—寒武系第三统张夏组；Є$_{2-3}m$—寒武系第二统—第三统馒头组；Є$_2z$—寒武系第二统朱砂洞组；Є$_2x$—寒武系第二统辛集组；Z_2l-d—上震旦统罗圈组、东坡组；Ch_2R—长城系汝阳群；Ar_3d.—新太古界荡泽河岩组；γK_1—早白垩世花岗岩。1—断层；2—逆断层；3—铀矿体投影范围；4—勘探线及编号

岳村铀矿区内发育北东向次级背向斜构造和近东西向、北东向、北西向不同性质的断裂构造。倾向195°~200°、倾角45°~65°的岳村一号逆断层切割了整个下古生界，并使荡泽河岩组掩盖于古生界之上，沿断裂有早白垩世花岗岩侵入。北东向断层为一组平移断层，部分切断了近东西向断层。北西向断层除岳村逆断层外，在矿区东北部发育有小型正、逆断层。

2. 矿床地质特征

（1）矿体特征

岳村铀矿区内根据矿体赋存条件及放射性强度分布情况，自北西向南东划分为4个矿段：①钱家岭矿段沿走向西起拉台庄，东至黄沟，北起闫家庄，南至大沟，东西长 4500 m，南北宽 2000 m，含矿岩层厚度 1.5~15 m；②岳村矿段西自老婆寨，东至李大沟，南起岳村断裂，向北倾伏，东西长 3000 m，南北宽 500 m，含矿岩层厚度 3~45 m；③老虎窿矿段西接岳村断层，东与混春沟毗连，东西长 600 m，南北宽 20 m，含矿岩层厚度 2~12 m；④混春沟矿段西起石头山断层，东延至老龙窝，含矿层为狭长条带状分布，东西长 400 m，南北宽 3~15 m，含矿岩层厚度 1.5~10 m。

岳村铀矿区的铀矿化产于辛集组含铀砂岩中，厚 10~60 m，含铀砂岩自下而上分为棕红色含铀石英砂岩、暗灰色含铀石英砂岩、浅肉红色含铀石英砂岩，自下而上砂岩中铀含量有变富趋势；其特征为石英砂岩普遍含铀；铀是亲磷元素，岩石含磷高，铀亦高。含矿层层位稳定，分布广泛且矿化范围大，普遍含放射性异常，但铀品位低，铀矿化不均匀，仅在构造复杂、岩石破碎、含磷较高的地段富集成矿。共圈出工业矿体 23 个，其中铀金属量大于 10 t 的单矿体有 3 个，表外矿体 29 个，矿体形态均呈透镜状，矿体厚度 0.48~10.57 m；3 个主矿体长 200~250 m，宽 24~100 m，铀品位 $490\times10^{-6}\sim570\times10^{-6}$，铀平均品位 520×10^{-6}；其他矿体一般长 50~100 m，宽数十米，最高铀品位 610×10^{-6}。矿体埋深 120~180 m，矿体垂幅为+420~+174 m 的标高。其中岳村段圈出 16 个铀矿体，分布于次级倒转背斜两翼。因各矿体产出部位、形态相同，产状基本一致，以岳村段Ⅰ号矿体为例说明，其余不再赘述。Ⅰ号矿体产于暗灰色含铀石英砂岩中，铀矿化主要受层位控制（图 9-3），矿体与含矿层产状一致，倾向 200°，倾角 52°，矿体长 200 m，沿倾向宽 41 m，厚度 2.41 m，垂深 67.67 m，铀平均品位 570×10^{-6}，矿体中间品位略有增高，边部较贫。

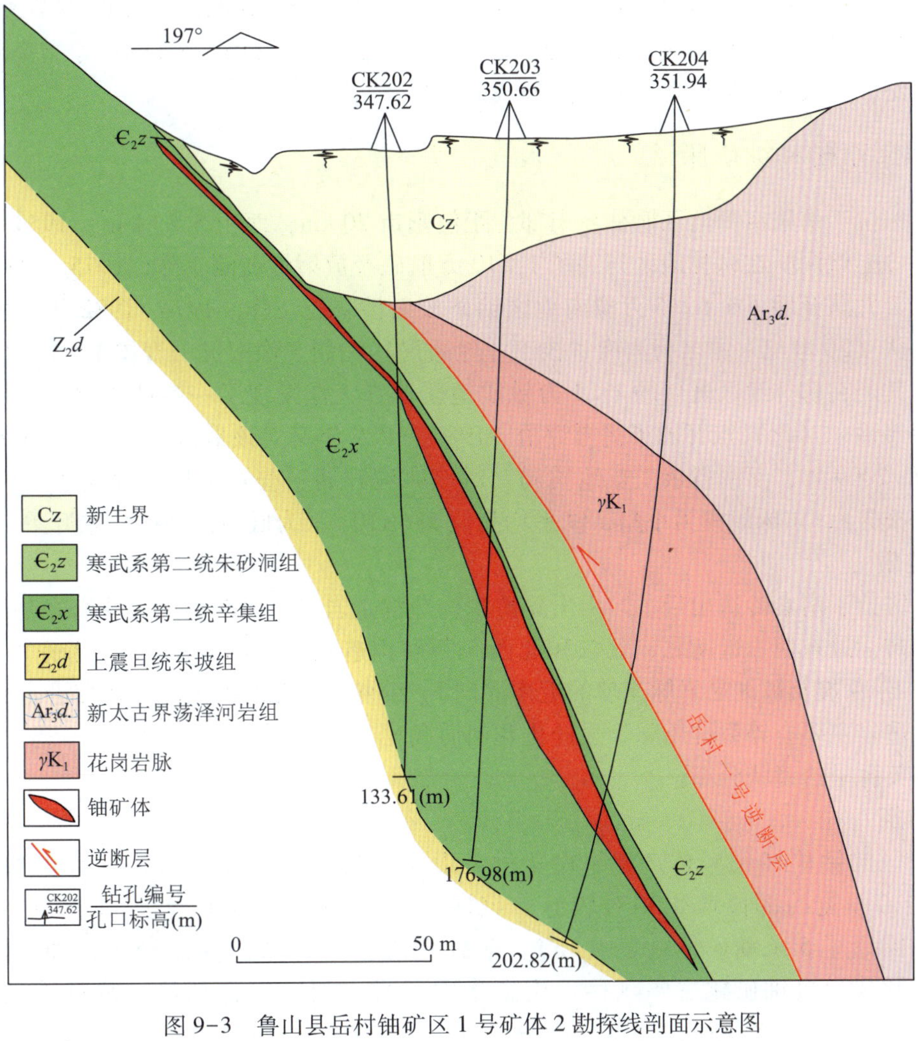

图 9-3　鲁山县岳村铀矿区 1 号矿体 2 勘探线剖面示意图

（据河南省核工业地质局，2013）

（2）矿石特征

岳村铀矿床的矿石矿物成分由碎屑和胶结物组成。碎屑成分以石英（70%±）为主，次为长石（1%~5%）、锆石、磷灰石、金红石以及少量黄铁矿（褐铁矿）、赤铁矿、方铅矿等金属矿物；长英质颗粒直径为0.01~0.10 mm，呈棱角状、半棱角状、半浑圆状及少量板状。胶结物呈隐晶质，主要为泥质、硅质、铁质，次为胶磷矿（10%~20%）、碳酸盐等；胶磷矿主要以胶结物存在，部分形成薄层状胶磷矿结核层，结核直径1~5 cm，结核层厚度10~20 cm，胶磷矿结核层分布在石英砂岩上部。地表经风化，偶见铜铀云母，在薄片中未发现铀的原生矿物和次生矿物，铀呈类质同象或吸附状态存在于胶磷矿和碳酸盐中。矿石化学成分平均值为：SiO_2 含量75.5%、Fe_2O_3 含量3.03%、Al_2O_3 含量2.54%、TiO_2 含量0.1%、CaO含量6.88%、MgO含量0.40%、H_2O 含量0.13%、P_2O_5 含量8%、U含量0.019%~0.052%、烧失量3.21%。

岳村铀矿床的矿石多为不等粒砂状结构、细砂状结构、粉砂状结构和碎裂结构，少量交代结构；矿石一般为块状构造，次为条带状、饼砾状构造。铀矿石自然类型有含磷石英粗砂岩、含磷石英细砂岩、含磷石英不等粒砂岩3种，由含铀有机物和含铀磷酸盐组成，矿石显微照相α轨迹密集呈放射状。矿石工业类型为磷酸盐和碳酸盐类型。

3. 矿床成因探讨

岳村铀矿床产于寒武系底部第二统辛集组中部，铀矿化与含磷地层的依存关系最为密切，含矿岩石主要为含磷石英砂岩，铀主要来源于寒武纪第二世的辛集组沉积物。其后的构造-岩浆活动使含铀地层中的铀元素有迁移活动，造成铀元素的局部富集，形成了沿岳村断裂分布的小型透镜状铀矿体。由此可以推断，铀矿床成因类型应属碳硅泥岩型，辛集组含磷石英砂岩是铀的原始富集矿源层，主成矿时代为寒武纪，并叠加了早白垩世岩浆热液成矿作用。

（二）信阳市柳林铀矿床

柳林铀矿床位于信阳市浉河区柳林乡南部，距信阳市20 km，面积5.83 km^2。1959~1960年，地质部物探局九〇七航测队在柳林地区开展了1∶10万航磁及放射性航测工作，1975~1977年，核工业中南地勘局三〇九队开展了1∶2.5万豫南地区铀矿放射性普查工作。1974~1982年，核工业中南地勘局三〇八大队（20世纪末更名为河南省核工业地质局）编制了豫南灵山岩体1∶5万放射性地质图及其说明书，其间在柳林地区开展的1∶1万铀矿地质普查工作发现了一些铀矿化点，并对柳林、老寨山、钟灵寺等铀矿（化）点开展了揭露评价，1987~1989年又对该地区进行了1∶5万放射性水化学普查；2007~2009年，河南省核工业地质局又对该矿区开展了普查工作并提交了《河南省信阳市柳林铀矿普查报告》，矿床规模为小型，铀平均品位 586×10^{-6}，为低品位铀矿，未开采。

1. 矿区地质

柳林铀矿区处于南秦岭造山带，区内出露浒湾构造混杂岩和早白垩世灵山花岗岩基，并有酸性岩脉和石英脉分布，近东西、近南北、北东和北西向断裂构造发育（图9-4）。仅近东西向的 F_1 断裂带、北东向的 F_4 断裂及被细晶岩脉充填的近南北向 F_6 断裂带发现铀矿化，断裂带沿走向、倾向膨大收缩明显，构造岩主要有碎裂硅质脉、强硅化花岗质角砾岩、含砾糜棱岩、花岗碎裂岩、构造泥等，充填其中的石英脉呈透镜状分布。

2. 矿床特征

柳林铀矿区的铀矿（化）体产于早白垩世灵山花岗岩基内的断裂带内，并严格受断裂构造带控制，构造带较宽的部位矿化相对较好。该区花岗岩中铀元素丰度为 11.23×10^{-6} ~ 11.67×10^{-6}。区内共圈定了5条铀矿体（表9-3），矿体形态复杂，品位变化较大，铀平均品位 586×10^{-6}。地表矿化较差且铀矿化主要赋存于构造带中节理、裂隙发育部位，可见铁锰质矿物与铀黑，向深部变好。在 F_1 断裂带内圈定了 L_1-1、L_1-2铀矿体，铀矿化产于构造带中的灰黑色破碎石英脉及强蚀变花岗质角砾岩、碎裂岩、糜棱岩中。在 F_6 断层中圈定了 L_6-1、L_6-2、L_6-3

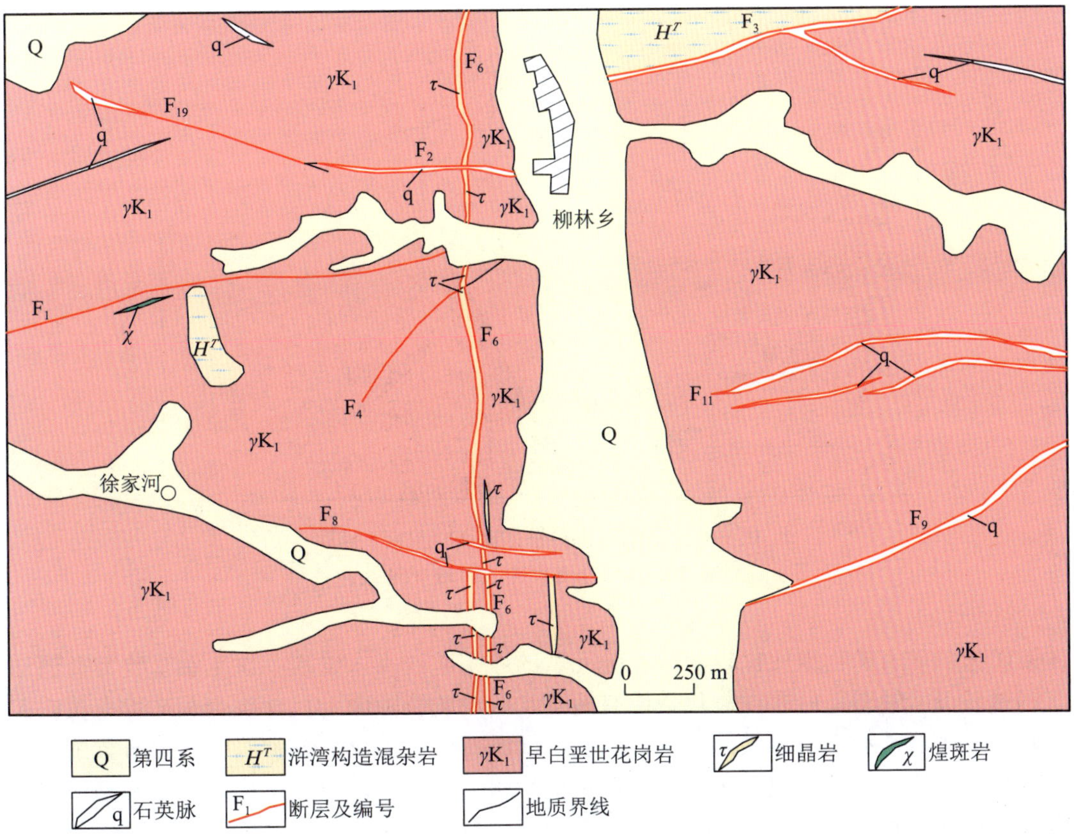

图 9-4 信阳市柳林铀矿区地质略图

（据殷建武等，2013，有修改）

铀矿体，工业矿体均呈盲矿体，L_6-1、L_6-2 矿体分布微裂隙发育的碎裂细晶岩脉及强硅化碎裂岩中，L_6-1 矿体产于细晶岩脉上盘（图 9-5），L_6-2 矿体位于细晶岩脉下盘，L_6-3 矿体产于裂隙发育的碎裂石英脉及强硅化碎裂岩中，碎裂岩节理、裂隙面铀矿化较好。F_4 断裂带仅局部见零星矿化，深部仅 1 孔见 3 层较好的铀矿化，2 层达工业品位，铀矿化产于裂隙发育的破碎石英脉及强硅化碎裂岩中。

表 9-3 信阳市柳林铀矿区铀矿体特征一览表

断裂带				矿体编号	矿体形态	控制矿体规模/m			铀品位/10^{-6}
编号	长度/m	产状/(°)				长度	最大斜深	$\frac{厚度两极值}{厚度平均值}$	$\frac{两极值}{平均值}$
		倾向	倾角						
F_1	2500	170	75~85	L_1-1	脉状	452	157	$\frac{1.08\sim3.82}{2.50}$	$\frac{393\sim521}{479}$
				L_1-2	脉状	252	93	$\frac{0.51\sim1.73}{1.12}$	$\frac{516\sim1012}{899}$
F_6	4000	270	55~65	L_6-1	脉状	359	66	$\frac{0.49\sim9.45}{2.62}$	$\frac{304\sim816}{652}$
				L_6-2	脉状	224	64	$\frac{1.03\sim4.72}{3.65}$	$\frac{359\sim401}{384}$
				L_6-3	透镜状	50	32	4.26	165
F_4	650	147	65~87	F_4^6Ⅰ	透镜状	50	66	0.90	441
				F_4^6Ⅱ	透镜状	50	66	3.91	1646

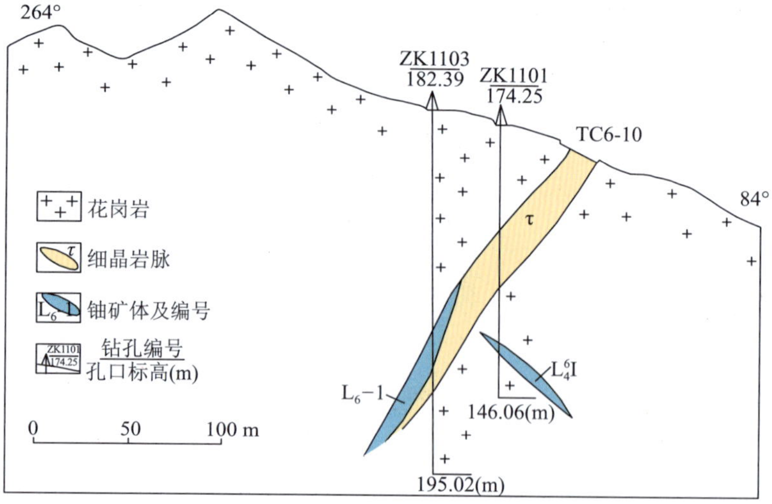

图 9-5　信阳市柳林铀矿区 11 勘探线剖面

（据河南省核工业地质局，2013，有修改）

柳林铀矿床的矿石矿物组成比较简单，铀元素的原生矿物尚未发现，次生铀矿物有硅钙铀矿、铜铀云母、钙铀云母、铀黑，分布在氧化带或有地下水活动的裂隙面上。伴生金属矿物有黄铁矿、方铅矿、辉钼矿等，脉石矿物主要有微晶石英、玉髓、绿泥石、绢云母、方解石等。矿石具细粒结构、胶状结构、隐晶质结构，铀及其他金属的次生矿物呈片状、土状、粉末状结构。矿石具细脉状构造、网脉状构造、细粒浸染状构造、角砾状构造。围岩蚀变有硅化、黄铁绢英岩化、绿泥石化、萤石矿化、方铅矿化、方解石化、高岭土化、辉钼矿化等，蚀变强烈部位多为铀矿化富集地段。矿石类型为铀-硅酸盐型。矿床成因类型应属岩浆热液型矿床，按铀矿分类属花岗岩型铀矿床，成矿时代为早白垩世。

（三）遂平县 781 铀矿床

遂平县 781 铀矿床为河南省规模最大的铀矿床，规模接近中型，位于遂平县嵖岈山乡境内，矿区面积约 13 km^2。1959～1960 年，地质部物探局九〇五航测队开展了 1：10 万航空放射性测量，发现放射性异常 6 处，同期河南省地质局豫 06 队、豫 13 队分别进行了综合普查找矿和铌钽找矿工作。1961 年，河南省地质局豫 03 队（后更名为豫 17 队）根据 1：10 万航空放射性测量资料在该地区开展放射性普查找矿，1962 年发现遂平铀矿，1964 年提交了铀矿地质详查报告，1965 年提交了铀矿地质勘探报告，1966 年提交开采设计，1967 年建厂投产，边采边探，储量近于中型矿床。矿床铀平均品位 939×10^{-6}，中品位（普通）矿石占比小，选矿试验表明矿石中铀易浸出。1992 年闭坑。

1. 矿区地质特征

遂平县 781 铀矿区处于华北陆块，区内自下而上出露中元古界熊耳群气孔状安山岩、汝阳群和洛峪群碎屑岩-碳酸盐岩建造、上震旦统罗圈组泥砂质砾岩和东坡组页岩夹海绿石砂岩、寒武系第二统辛集组含磷含铀碎屑岩和厚度 30 m 朱砂洞组白云质灰岩、寒武系第二统—第三统馒头组碎屑岩夹石灰岩组合（图 9-6）。区内总体构造形态为地层倾向南、倾角 15°～35°的单斜基础上的次级背向斜构造，铀矿床产于向北西倾伏、长度大于 1000 m、宽度大于 900 m 的次级向斜构造的南西翼及轴部，向斜南西翼倾向 20°，倾角 42°。区内断裂构造发育，大小断层十余条，铀矿床被控制在一个断块内。区内岩浆岩发育，出露有早白垩世嵖岈山花岗岩和石英斑岩脉、煌斑岩脉。

2. 矿床地质特征

（1）矿体特征

遂平县 781 铀矿区含铀地层辛集组自下而上划分为：①条带状石英砂岩，厚度 176 m，放射性强度一般为 32γ；②粘土质页岩，厚度 8 m，放射性强度 20γ，为含矿层底板，近含矿层处局部有矿化

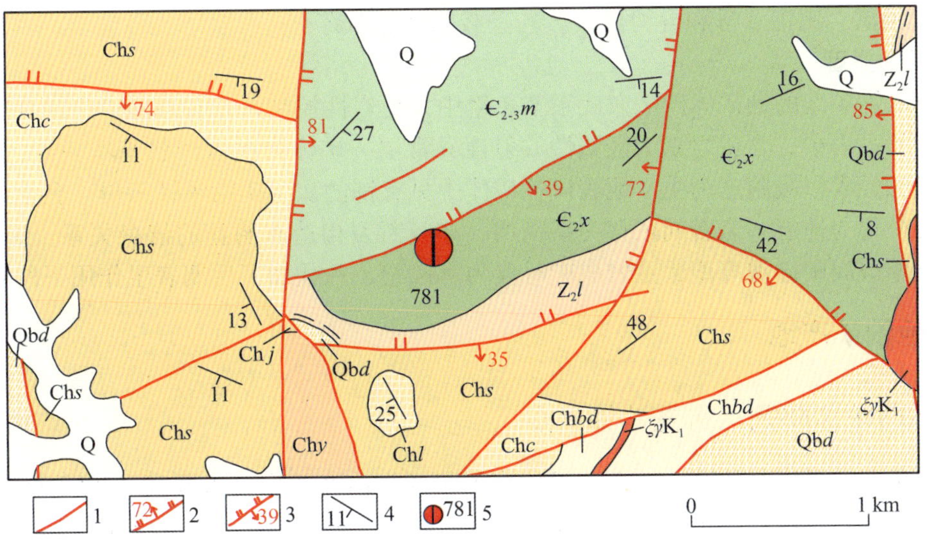

图 9-6 遂平县 781 铀矿地质略图

Q—第四系；Є$_{2-3}m$—寒武系第二—第三统馒头组；Є$_{2}x$—寒武系第二统辛集组；Z$_2l$—上震旦统罗圈组；Q*bd*—青白口系董家组；Ch*l*—长城系洛峪群洛峪口组；Ch*s*—长城系洛峪群三教堂组；Ch*c*—长城系洛峪群崔庄组；Ch*bd*—长城系汝阳群北大尖组；Ch*y*—长城系汝阳群云梦山组；Ch*j*—长城系熊耳群鸡蛋坪组；$\xi\gamma K_1$—早白垩世正长花岗岩。1—性质不明断层；2—正断层及倾角（°）；3—逆断层及倾角（°）；4—地层产状；5—781 铀矿床位置

现象；③碳质粉砂岩，厚度 80 m，放射性强度 150γ，为含矿层位，呈灰黑色，层状、条带状构造，岩石中碎屑成分占 60%～80%，以微粒石英为主，次为长石和白云母，胶结物占 20%～40%，以碳质为主，次为泥质、硅质，岩石中分布有少量星散状黄铁矿，呈脉状分布的褐铁矿、胶磷矿和方解石均较发育，褐铁矿中含胶磷矿；④石英砂岩夹钙质砂岩，厚度 30 m，放射性强度一般为 15γ，为含矿层顶板。地表矿体受断裂破碎带控制，矿化多沿裂隙分布，矿体多呈带状、囊状、巢状、厚脉状或不规则透镜状；而深部矿体受岩性控制，矿体产状与含矿地层产状基本一致，矿体呈似层状、透镜状或扁豆状。矿区内共圈出矿体 37 个，一般矿体长 40～80 m，沿倾向宽度 40～80 m，由于贫矿多，富矿少，矿体由地表向深部随深度的增加铀品位降低，同时贫矿增加。主矿体为Ⅰ、Ⅱ、Ⅲ、Ⅳ号矿体。其中Ⅰ、Ⅱ号矿体规模较大，倾向 20°，倾角 42°。Ⅰ号矿体赋存于+230 m 标高之上，呈带状、厚脉状分布，矿体长 230 m，厚度 0.5～15 m，埋深 0～43 m，斜深大于 200 m。Ⅱ号矿体呈似层状，矿体长 100～200 m，宽 80 m，厚度 1～16 m，斜深 160 m，铀平均品位 710×10^{-6}。Ⅱ、Ⅲ、Ⅳ号及其他小矿体呈倾斜状态埋藏于深部，埋藏最深距地表 131 m，一般为 100 m。

（2）矿石特征

遂平县 781 铀矿床的矿石中金属矿物有沥青铀矿、黄铁矿、方铅矿、磁铁矿；非金属矿物有石英、长石、白云母、方解石、碳质和泥质；次生矿物有钙铀云母、赤铁矿、褐铁矿。矿石化学成分平均值为：SiO_2 含量 61.14%、Fe_2O_3 含量 3.68%、FeO 含量 0.65%、Al_2O_3 含量 13.41%、TiO_2 含量 0.62%、CaO 含量 1.25%、MgO 含量 2.27%、H_2O 含量 0.65%、P_2O_5 含量 2.665%、Mo 含量 0.008%、Zn 含量 0.018%、U 含量 0.279%、SO_3 含量 2.62%、烧失量 3.55%。

遂平县 781 铀矿床的矿石具碎屑结构、胶状结构，具条带状、角砾状和块状构造。铀矿石自然类型有角砾状和碳质粉砂岩两种。角砾状矿石多分布在地表破碎带，矿石铀品位稍大于 800×10^{-6}，矿石呈杂色，块状，质地松散；角砾成分为碳质粉砂岩，胶结物成分为含铀的泥质、铁质及胶磷矿等，有时为沥青铀矿与氢氧化铁的混合物，钙铀云母常丛生在胶结物的缝隙中。碳质粉砂岩矿石分布在断层带的上、下盘和深部矿体中，呈灰黑色，碎屑结构，层状构造，质地坚硬，性脆；碎屑成分占 60%～80%，以石英为主；胶结物占 20%～40%，以碳质、泥质为主；铀元素主要呈吸附状态或微小的氧化物存在于胶结物中，矿石铀品位多在 500×10^{-6} 左右。矿石工业类型属铝硅酸盐类单铀型矿石，铀矿物（沥青铀矿、钙铀云母和含铀褐铁矿）呈吸附状态赋存。

3. 矿床成因类型

遂平县781铀矿区的铀矿体产于寒武系辛集组中并受岩性控制，凡有强烈矿化或具工业意义的矿体皆产于碳质粉砂岩中，含矿岩系为区域性放射性异常层。矿体与围岩产状基本一致，呈过渡关系，无明显界线。铀元素以吸附态为主。地表风化矿体中见有铀的次生矿物钙铀云母、含铀褐铁矿和胶凝沥青铀矿。铀矿化与地层、岩石间依存关系密切，亦与断裂构造有明显的依存关系。由此可以推断，铀矿床成因类型应属碳硅泥岩型，主岩成矿时代为寒武纪，并叠加了后期表生作用下的淋滤富集。

二、其他铀矿产地

（一）三门峡市陕州区御花池铀矿点

御花池铀矿点位于华北陆块，处于三门峡市陕州区宫前乡境内，未开采。1987年原核工业中南地勘局三〇八大队开始普查，先后提交了《河南省陕县宫前地区铀矿区调总结报告》（1988）、《陕县卸花池铀矿普查报告》（1993）。矿体产于长城系熊耳群火山岩分布区内走向近东西、北倾、倾角65°~84°的宫前正断层上盘的次级断裂破碎带中，南距宫前断层约600 m。铀矿体受断裂构造控制而赋存其中，铀矿化强度与构造带的破碎程度、蚀变强弱、裂隙密度程度呈正消长关系。区内圈出2个矿体，铀平均品位768×10^{-6}。Ⅰ号矿体出露标高+680 m，呈近东西向脉状展布，倾角68°，长160 m，平均厚0.63 m，铀平均品位690×10^{-6}。Ⅱ号矿体出露标高+660 m，呈北东向脉状展布，倾向320°，倾角72°，长80 m，平均厚0.60 m，铀平均品位490×10^{-6}。含矿岩石为构造蚀变角砾岩、碎裂安山岩，围岩蚀变有硅化、赤铁矿化、钠长石化、碳酸盐化、绿泥石化，铀的富集随矿化岩石中赤铁矿含量增高、红色方解石脉及红色硅化的发育而品位增高。铀矿化的形成可能与早白垩世岩浆热液活动有关，并叠加有后期表生林滤富集，铀矿成因类型归属花岗岩型。

（二）洛宁县上陶峪铀矿点

上陶峪铀矿点位于洛宁县陈吴乡，未开采。1973年，核工业中南地勘局三〇九队编写了《洛宁上陶峪地区地质报告》。矿石品位较富，且为单铀型铀矿，矿体埋藏浅，极易采选和冶炼。该区处于华北陆块之洛宁断陷盆地内，铀矿化产于早白垩世花山花岗岩体与新近系中新统洛阳组河流-湖泊相碎屑岩夹碳酸盐岩沉积建造的不整合接触面之上，受盆地基底古地形和构造因素双重因素控制，含矿岩石为含碳质和植物碎屑的铁、钙质胶结的灰色砂砾岩夹富含铁质的薄层红色泥灰岩。圈出2个呈透镜状、扁豆状产出的铀矿体，产状平缓，最大埋深6~8 m，铀平均品位550×10^{-6}。1号矿体长50 m，平均宽14.5 m，最大厚度6 m，铀平均品位660×10^{-6}。2号矿体长40 m，最宽12 m，最大厚度5 m，铀平均品位633×10^{-6}，最高铀品位3560×10^{-6}。铀与植物残骸、有机质、褐铁矿关系密切，铀呈吸附状态存在。盆地南侧的花岗岩的铀丰度较高，为该矿形成提供了铀源；通过地表水的搬运，在透水良好的砂砾岩层、含砾岩透镜体的泥灰岩中富集起来，而岩层中的有机质、粘土质为铀的富集起明显的吸附作用。由于洛阳组出露范围小，铀矿化局限于花山花岗岩的不整合面上，规模不大。成因类型为砂岩型。

（三）嵩县黄水庵铀矿点

黄水庵铀矿点位于嵩县德亭西约8.2 km，未开采。1960年，河南省地质局豫03队进行了详查并提交了《［河南省］嵩县黄水庵矿区铀矿地质勘探报告》，1973年，核工业中南地勘局三〇八大队进行补充勘探。该区位于华北陆块，铀矿化产于古元古代太华杂岩中的霓辉石化、钠长石化或碳酸盐化的长英质岩脉内，其北部分布有早白垩世花山花岗岩体和晚侏罗世万村花岗岩体。铀矿体长度20~100 m，宽度2~4 m，铀品位为610×10^{-6}~870×10^{-6}，铀平均品位700×10^{-6}，规模小，厚度变化大。铀矿化受构造控制，与中生代岩浆活动有关，属花岗岩型。

（四）卢氏县菠菜沟铀矿点

菠菜沟铀矿点位于卢氏县文峪乡，未开采。1970 年，中国第二机械工业部中南三〇九队编写了《冷大带菠菜沟-薛家沟地区地质工作小结》。该区处于华北陆块南缘，含矿层为中元古界白术沟组的黑色板状碳质千枚岩。区内圈出 2 个铀矿化带，共 5 个铀矿体，铀平均品位为 546×10^{-6}。401 矿化带圈出 2 个矿体；1 号矿体长 41 m，平均宽 0. 50 m，铀平均品位 690×10^{-6}；2 号矿体长 28. 5 m，平均宽 0. 57 m，铀平均品位 1170×10^{-6}。402 矿化带圈出 3 个矿体；Ⅰ号矿体长 64 m，平均宽 1. 28 m，铀平均品位 350×10^{-6}；Ⅰ′矿体长 64 m，宽 0. 49 m，铀平均品位 263×10^{-6}；Ⅱ号矿体长 37 m，宽 1. 25 m，铀平均品位 515×10^{-6}。成因类型为碳硅泥岩型。

（五）卢氏县姑姑潭铀矿点

姑姑潭铀矿点位于卢氏县文峪乡大石河村，未开采。1966 年，核工业中南地勘局三〇八大队编写了《大石河地区地质工作总结报告》。该区处于华北陆块南缘，含矿层为中元古界白术沟组的碳质板岩。区内圈出 3 个矿体，23 个矿化体，出露标高+950～+900 m。3 条矿体呈透镜状，铀平均品位为 340×10^{-6}。最大矿体长 104 m，倾向延深 10. 05 m，平均厚度 1. 20 m，铀最高品位 1200×10^{-6}。其他矿（化）体规模小，长度 5～15 m，厚度 0. 6～1. 2 m，铀品位 480×10^{-6}～660×10^{-6}。铀矿物有硅钙铀矿，其他矿物有菱铁矿、黄铁矿、褐铁矿、方解石、磷灰石及磷矿等，铀矿物以类质同象存在于磷灰石中，矿点属薄层碳硅泥岩型。

（六）栾川县石门沟铀矿点

石门沟铀矿点位于栾川县三川北东 32°方向 4. 2 km，未开采。1963 年核工业中南地勘局三〇八大队进行普查。该区处于华北陆块南缘，铀矿化产于中元古界白术沟组硅化泥质大理岩中，受断裂构造控制，矿体为透镜状或脉状，矿化体长 1700 m，宽 60 m，一般含铀 100×10^{-6}～200×10^{-6}，矿体铀平均品位为 500×10^{-6}，最高铀含量 730×10^{-6}。成因类型为碳硅泥岩型。规模小，铀矿化不均匀。

（七）栾川县东高尖铀矿点

东高尖铀矿点位于栾川县三川北东 62°方向 5. 8 km，未开采。1965 年核工业中南地勘局三〇八大队完成普查。该区处于华北陆块南缘，铀矿化产于新元古界栾川群中的断层破碎带中。矿化体长 20～80 m，厚度 0. 5～1. 0 m，一般含铀 50×10^{-6}～162×10^{-6}，矿体铀平均品位为 540×10^{-6}，最高达 954×10^{-6}。矿化岩石为硅质灰岩和石英砂岩。铀以分散吸附态赋存在于胶磷矿、黄铁矿、铁锰胶结物中，未见原生矿物。铀与磷呈正相关关系。

（八）栾川县冷水铀矿点

冷水铀矿点位于栾川县三川北东 8 km，未开采。1972 年，核工业中南地勘局三〇八大队完成普查。该区处于华北陆块南缘，本区为北西西向复式向斜构造，含铀地层为中元古界白术沟组，断层发育，局部见酸性及碱性岩脉。铀矿化受层位控制，含矿岩石为碳质、硅质板岩、硅质碎裂岩、硅质角砾岩、含磷变砂岩、硅质磷灰岩、石英片岩及石英细砂岩，铀矿化多数产在含碳质和磷的层位中。矿体在碳质板岩、硅质板岩中呈不规则的透镜体。构造对矿体形态和矿体分布具有明显的控制作用，单一的碳硅层并不形成铀矿体。矿体多产在断裂构造活动强烈地段，次级构造特别发育的断层上盘近地表的两组剪切裂隙发育处。推断铀的富集与构造有关，铀可能通过淋滤作用在裂隙处富集。围岩蚀变有硅化、黄铁矿化及绿帘石化。铀与磷含量呈正相关，磷含量 1%～3%、碳质含量 1%～2%的矿石铀品位较高。铀矿化体长 400 m，铀矿体长 60 m，呈透镜状，埋深 190 m，赋存标高+1750～+1560 m，矿体厚度 0. 5～1. 0 m，铀含量 500×10^{-6}～1000×10^{-6}，铀平均品位 750×10^{-6}。铀矿石具粒状结构、鳞片变晶结构、泥状结构；具板状构造、残余层理构造、片状构造、角砾状构造。尚未发现独立铀矿物，局部见有硅钙铀矿。矿点中的 Y_2O_3 为 0.083%，达综合利用品位。

（九）镇平县红椿树沟铀矿点

红椿树沟铀矿点位于镇平县城北 15 km，未开采。1963 年，河南省地质局豫 12 队进行了普查并提交了《河南省镇平县老庄区红椿树沟铀矿普查检查地质报告》，1972 年核工业中南地勘局三〇八大队进行详查。该区处于北秦岭造山带，铀矿化产于古元古界秦岭岩群与志留纪五垛山花岗岩的接触带之矽卡岩中。圈出矿体 9 个，矿体长 26~77 m，厚度 0.30~6.20 m，一般铀品位 300×10^{-6}~810×10^{-6}，最高达 1120×10^{-6}，铀平均品位 566×10^{-6}。含矿岩石为金云母透辉大理岩，局部为透辉石化矽卡岩，见晶质铀矿（?）。铀矿化形成于岩浆热液交代作用，属花岗岩型，成矿时代为志留纪。矿体厚度、品位变化大，规模小，低品位。

（十）方城县红崖铀矿点

红崖铀矿点位于方城县城北偏西 25 km，隶属方城县四里店乡，未开采。1971 年，中国第二机械工业部中南三〇九队发现并进行了普查，1980~1981 年河南省地质局地质七队对该区进行了检查评价并提交了《河南省方城县红崖矿点铀矿检查评价报告》（1981 年）。矿体连续性较差且铀矿化不均匀，局部工程中多为团块状。

红崖铀矿点处于华北陆块南缘，区内分布着新元古界栾川群碎屑岩-碳酸盐岩建造和呈北西向展布的铀平均丰度 7.6×10^{-6} 的晚侏罗世交口花岗岩体，铀矿化受过渡相含斑中-粗粒黑云母花岗岩中的由石英脉体、硅化角砾岩和硅化花岗岩等构成的倾向 266°、倾角 67°的断层控制，断层长 1200 m，宽 2~7 m，钻探控制斜深 400 m。铀矿体产于硅化带之角砾岩及其两侧蚀变花岗岩中。带内圈出工业铀矿体 7 个，表外矿体 8 个，矿体产状、形态受断裂构造控制，呈脉状、透镜状，矿体沿倾向延深大于走向延长。矿体长 50~60 m，倾向延深 80~120 m，最厚处 9 m，平均厚度 1.26 m；铀平均品位 670×10^{-6}，最高可达 10000×10^{-6}。矿化不均匀，矿体连续性差，局部工程中多为团块状，矿化界线明显。矿石中常见矿物为乳白色石英、灰黑色石英、黄铁矿、黄铜矿、方铅矿、闪锌矿和铀的次生矿物铜铀云母、钙铀云母；铜铀云母呈鲜艳的翠绿色，呈鳞片状簇生在铀矿石裂隙内。铀矿石自然类型有硅化角砾岩型和构造蚀变岩型两种，一般呈致密块状和角砾状构造。矿床氧化带发育，氧化带深度 100~150 m，带中多见鳞片状铜铀云母。铀矿化和断裂、热液活动有关，后期淋滤使矿化更加富集。矿床成因类型应属岩浆热液型矿床，按铀矿分类属花岗岩型铀矿床，成矿时代为晚侏罗世。

（十一）舞钢市风摸顶铀矿点

风摸顶铀矿点位于舞钢市杨庄乡，未开采。1985 年，河南省地质局地质七队进行了普查并提交了《河南省平顶山市舞钢区风模顶、小豹山铀矿点揭露评价报告》。该区处于华北陆块，出露地层为向南缓倾的寒武系第二统辛集组，主要岩性为石英粉砂岩、含碳石英粉砂岩及中-粗粒石英砂岩夹砂屑泥灰岩透镜体。铀矿化产于倾向 210°、倾角 55°、宽 40~85 m 的由构造角砾岩和碎裂岩构成的硅化断裂破碎带中，矿（化）体产于次级构造面两侧，其产状与主断裂一致，赋矿岩石为石英粉砂岩、硅化碎裂石英粉砂岩、含碳石英粉砂岩等，铀矿化体内具强烈硅化、粘土化、红化蚀变。见 3 层呈似雁行状排列的铀矿化层，由南而北（自上而下）分别称为南矿化层、中矿化层和北矿化层，共圈定 3 条呈透镜状分布的铀矿体，铀平均品位 528×10^{-6}。南矿化层地表控制长 102 m，一般宽 1~3 m，最宽 3.7 m，铀品位 100×10^{-6}~1670×10^{-6}，其中圈定了 2 个似层状矿体；I_1 矿体长 31 m，厚度 2.02 m，最高铀品位 1670×10^{-6}，铀平均品位 600×10^{-6}，向深部尖灭；II_1 矿体长 65 m，厚度 0.38~1.10 m，平均厚度 0.72 m，单样铀品位 356×10^{-6}~1175×10^{-6}，单工程铀品位 390×10^{-6}~510×10^{-6}，铀平均品位 439×10^{-6}，未圈边探底。中矿化层距南矿化层 2.5~10 m，地表控制长 148 m，厚度 0.76~2.42 m，一般厚度 1.50 m，铀品位 100×10^{-6}~410×10^{-6}，圈出 1 个似层状 II_2 矿体；II_2 矿体长 40 m，厚度 0.26~1.50 m，平均厚度 0.74 m，地表厚深部薄，铀品位 360×10^{-6}~548×10^{-6}，铀平均品位 416×10^{-6}。

北矿化层仅见 2 个呈透镜状不连续产出的矿化体，两矿化体的地表和深部均为单工程见矿化，矿化体厚度 0.50~2.90 m，铀品位 110×10^{-6}~270×10^{-6}。

风摸顶铀矿点的矿石物质组成主要为碎屑物、胶结物及硅质石英组成。碎屑物主要为石英（70%~80%）、长石（4%~8%）及少量岩屑，胶结物主要为硅质、铁质、泥质、褐铁矿及胶磷矿（5%~15%），硅化较强的矿石中硅化石英含量达 10%~15%。胶磷矿有的呈碎屑物产出，有的产于胶结物中。次生矿物有水云母、褐铁矿和少量黄钾铁矾。硅质石英除脉状产出外，尚有呈团块状或星散状分布于碎屑石英间的胶结物中。未见铀的原生矿物，工业品级矿石表面见一层土黄色、柠檬黄色土状铀的次生矿物（铀云母类矿物）。矿石具砂状结构、不等粒砂状结构、粉砂状结构、碎裂结构，呈致密块状或网脉状构造；矿石中裂纹纵横交错，较大的裂纹被铁质、水云母及有机质充填，细小的裂纹被硅质充填。围岩蚀变有硅化、黄铁矿化、碳酸盐化、褐铁矿化、高岭石化、绢云母化、绿泥石化等，其中硅化、碳酸盐化、浸染状黄铁矿化、褐铁矿化等蚀变与铀矿体和矿化体共生或伴生，而高岭石化、绢云母化、绿泥石化等与铀矿化无明显关系。属碳硅泥岩型。

（十二）内乡县范沟铀矿点

范沟铀矿点位于内乡县范沟，未开采。1960 年河南省煤田地质局物探测量队进行初勘并编写了《河南省内乡县岞岖公社大坡根-范沟一带初步勘探报告》。该区处于淅川地块，铀矿化产于寒武系组芬兰统水沟口组黄色页岩顶、底结核状结晶灰岩中。矿体长 10~20 m，宽 1~1.7 m，呈透镜状不规则分布，控深 50 m，铀平均品位 345×10^{-6}。属碳硅泥岩型。

（十三）确山县张冲铀矿点

张冲铀矿点位于确山县城西南 12.5 km，隶属于确山县任店镇，东起燕王山，西至叶沟，北起双山，南止马山，面积约 15 km^2。1962 年，河南省地质局豫 03 队勘查并编制了《河南省确山县张冲矿区铀矿普查地质报告》，1979 年核工业中南地勘局三〇九队编写《河南省确山县张冲、燕山、邢店等地区铀矿普查报告》。处于华北陆块，区内为一复式向斜构造。铀矿化产于寒武系第二统辛集组含磷碳质板岩中，矿化很普遍，一般铀品位在 100×10^{-6} 左右，局部富集。铀矿（化）体为很不规则的透镜状，有时呈小扁豆状，小扁豆体多是岩石中分布很不均匀的富含硅质和磷质的坚硬结核，结核密集处铀品位可达 300×10^{-6}~400×10^{-6}，结核稀少处铀品位在 200×10^{-6} 左右。铀矿化受小的构造破碎带控制，并多发生在地表，向深部矿化逐渐减弱或尖灭，矿体向深部延伸多在 15 m 以内，以次生淋滤富集的小矿体为主。矿化极不均匀，相邻工程间矿体变化很大，矿化断断续续，有时同一槽探工程的不同壁上矿化差别也很大。林沟段圈出了 1 个呈扁平状的铀矿化体，地表出露呈拉长的椭圆形，长 20 m，宽 12 m，透镜体中间厚度约 3 m，向外逐渐变薄至 1 m 左右，矿化体与岩层产状一致，倾向 140°，倾角 15°~20°；铀品位一般为 150×10^{-6}，局部富集地段可达 200×10^{-6}~300×10^{-6}，向深部多在 100×10^{-6} 左右。叶沟段圈出 2 个与岩层产状一致的透镜状矿（化）体，倾向 35°，倾角 40°~48°；南段矿体长 50 m，厚度 0.70~1.25 m，铀平均品位 320×10^{-6}，向深部降低到 190×10^{-6}；北段矿体长 36 m，厚度 1.00~3.00 m，地表铀品位 300×10^{-6}~500×10^{-6}，铀平均品位 350×10^{-6}，向深部逐渐降低。单山段矿化体长 40 m，厚度 1.00~3.00 m，倾向 205°，倾角 80°，地表铀平均品位 360×10^{-6}，向深部逐渐降低，深部仅 1 个样达 450×10^{-6}，其余均在 150×10^{-6} 左右。铀矿化与次生胶磷矿、褐铁矿关系密切，铀与磷的含量大致呈正比关系。胶磷矿分散在碳质层或铁矿化层中，呈贝壳状或胶结状，有时可见胶磷矿凝结而成的块状集合体，块状集合体往往含铀大于 300×10^{-6}。属碳硅泥岩型。铀矿化虽广泛，但规模小、品位低且变化大，加工困难。未开采。

（十四）罗山县冯楼铀矿点

冯楼铀矿点位于罗山县青山镇，处于大别山北坡的潢川山前凹陷南侧，未开采。1986 年，核工业中南地勘局三〇八大队编写了《河南省罗山县冯楼矿点详查报告》。该区处于北秦岭造山带，含矿地层为下白垩统陈棚组陆相火山碎屑沉积岩。陈棚组与下伏上侏罗统段集组和上覆上白垩统周家湾组陆相碎屑沉积岩均呈不整合接触。陈棚组下部岩性为含角砾晶屑凝灰岩、熔结凝灰岩、玻屑晶屑凝灰岩，中部为土黄色、灰白色、浅灰绿色安山质集块岩、晶屑玻屑凝灰岩、凝灰质页岩及暗灰绿色沉凝灰岩，上部为青灰色膨润土化珍珠岩、桃红色膨润土及深灰色珍珠岩，夹灰白色含沸石角砾熔岩及角砾流纹斑岩。区内总体构造格架为地层倾向 5°~20°、倾角 8°~15°的单斜构造，北东向断层最为发育，次为北西向断层，正、逆断层均有。

冯楼铀矿点的铀矿化主要产于透水性较好的岩石中，工业矿化均产在含矿层位厚度增大及产状变缓地段。有工业意义的铀矿化均产于陈棚组沸石化晶屑玻屑凝灰岩、含砾凝灰质砂岩、灰绿色含砾凝灰质砂砾岩、砂岩、粉砂岩和蒙脱石化含碳凝灰质砂岩、砂砾岩及页岩中。铀矿化与胶状黄铁矿、腐殖质及碳屑关系密切。显微放射性 α 径迹多呈星散状，说明铀主要被伊利石和沸石吸附，表生淋积起到了再生富集作用。铀矿化受层位控制（图 9-7），集中在标高+40~0 m 范围内，地表无工业矿体，圈出 13 个隐伏矿体，主要矿体集中于西洼附近 400 m×200 m 范围内，铀平均品位 723×10^{-6}，最高达 1690×10^{-6}。矿体呈似层状、透镜状，一般厚度 1~2 m，最厚达 6 m。规模最大的 I 号矿体长 206 m，延深 97.5 m，平均厚度 2.48 m，铀平均品位 790×10^{-6}。镜下可见钙铀云母。矿床成因类型应属陆相火山岩型矿床，按铀矿分类属火山岩型，成矿时代为早白垩世。

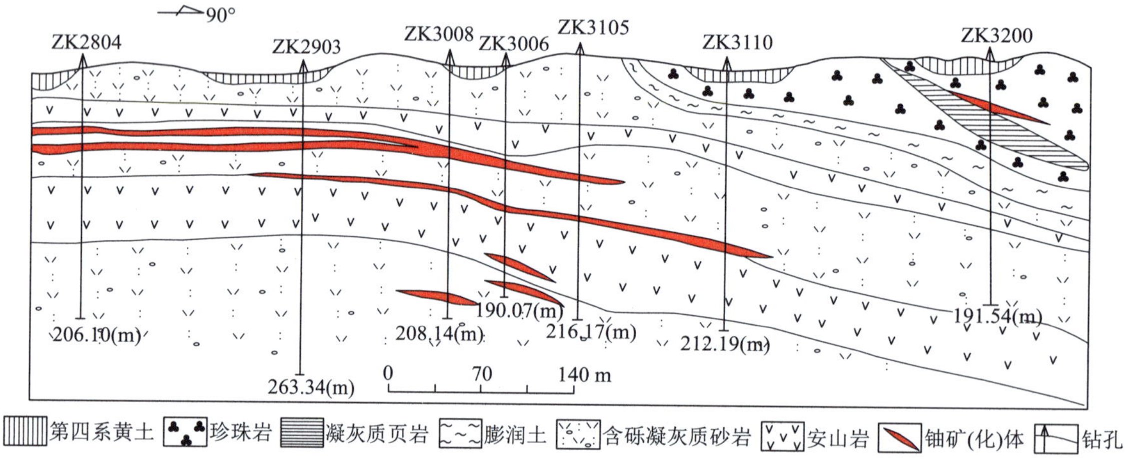

图 9-7　罗山县冯楼铀矿点矿化体纵投影剖面

（据黄宏业等，2004）

（十五）罗山县老寨铀矿点

老寨铀矿点位于南秦岭造山带，隶属于罗山县灵山镇，未开采。1979 年，核工业中南地勘局三〇九队编写了《四五四地区地质揭露总结报告》，区内出露早白垩世灵山花岗岩基，铀矿化赋存于早白垩世花岗斑岩体中，近东西向的压性或压扭性构造的次级裂隙与矿化关系密切，含矿岩石为碎裂花岗斑岩、构造角砾岩。区内圈出表内和表外矿体各 2 个。矿体埋深 130 m，矿体垂幅+578~+448 m，向深部逐渐尖灭，铀平均品位 673×10^{-6}。1 号表内矿体长 240 m，平均厚度 1.61 m，铀平均品位 700×10^{-6}。2 号表内矿体长 35~40 m，平均厚度 0.67 m，铀平均品位 820×10^{-6}。最大的表外矿体长 40 m，平均厚 0.80 m，铀平均品位 330×10^{-6}。围岩蚀变有硅化、黄铁矿化、萤石化等。矿石矿物有沥青铀矿、钛铀矿、钙铀云母、铜铀云母。脉石矿物有胶磷矿、萤石、方解石、长石、石英等。属花岗岩型。

（十六）罗山县龙潭沟铀矿点

龙潭沟铀矿点位于南秦岭造山带，隶属于罗山县灵山镇。1985 年，核工业中南地勘局三〇八大队编写了《河南省罗山县龙潭沟矿点揭露评价报告》。矿体埋藏浅，虽易于开采，但规模小，尚未开采。铀矿化赋存于早白垩世灵山花岗岩体与早古生代龟山岩组变质岩外接触带的蚀变断裂带内，矿化受两组构造夹持部位的变质岩舌状体控制，含矿围岩为变粒岩、绢云石英片岩、花岗岩，含矿岩石为硅化、萤石化碎裂岩、角砾岩及黄铁矿化绿泥绢云石英片岩。区内圈出 7 个矿体，最大埋深 180 m，矿体垂幅+100~+80 m，铀平均品位 782×10^{-6}。主矿体长 90 m，平均厚度 7.61 m，铀平均品位 1040×10^{-6}。其他矿体最大长度 110 m，厚度 0.70~13.49 m，平均厚度 2.70 m，铀品位 520×10^{-6}~1420×10^{-6}，铀平均品位 950×10^{-6}。脉石矿物主要为萤石、石英等，铀矿物为铀云母类（钙铀云母、铜铀云母）。围岩蚀变有硅化、绢云母化、绿泥石化、萤石化等。矿床类型为花岗岩型。

（十七）罗山县余小湾铀矿点

余小湾铀矿点位于南秦岭造山带，隶属于罗山县彭新镇，未开采。1980 年，核工业中南地勘局三〇八大队编写了《河南省罗山县余小湾矿点揭露评价报告》，铀矿化赋存于早白垩世灵山花岗岩体内的北东向蚀变断裂带中，含矿岩石为蚀变构造角砾岩、碎裂岩。区内圈出 15 个矿体，多为贫、薄、散，品位低，最大埋深 260 m，矿体垂幅+142~+72 m，铀平均品位 701×10^{-6}。Ⅰ号主矿体长 65 m，平均厚 2.72 m，铀平均品位 880×10^{-6}。其他矿体长 20~40 m，厚度 0.75~1.50 m。围岩蚀变有钠长石化、赤铁矿化、黄铁矿化、绢云母化、绿泥石化、硅化、高岭土化等。铀矿物有钙铀云母、铜铀云母。成因类型为花岗岩型。

（十八）罗山县猫儿头寨铀矿点

猫儿头寨铀矿点位于南秦岭造山带，隶属于罗山县彭新镇，未开采。1984 年，核工业中南地勘局三〇八大队编写了《河南省罗山县龙潭沟猫头寨地区地质总结报告》。铀矿化赋存于早白垩世灵山花岗岩体内之北东向硅化破碎带与斜长煌斑岩复合部位，含矿围岩为硅化花岗岩、斜长煌斑岩、碎裂岩、角砾岩。区内圈出 5 个矿体，矿体埋深 40 m 以上，矿体垂幅+450~+400 m，最高铀品位 9800×10^{-6}，铀平均品位 1480×10^{-6}。Ⅰ号主矿体长 45 m，平均厚度 2.00 m，铀平均品位 1560×10^{-6}。其他矿体长 7~20 m，平均厚度 0.40~1.40 m，铀品位 878×10^{-6}~6000×10^{-6}，铀平均品位 980×10^{-6}。围岩蚀变有硅化、赤铁矿化、绢云母化、绿泥石化、萤石化等。矿石矿物为钙铀云母、铜铀云母、硅钙铀矿。成因类型为花岗岩型。

（十九）固始县王楼铀矿点

王楼铀矿点位于固始县祖师庙镇，未开采。1983 年，核工业中南地勘局三〇八大队编写了《固始县祖师乡王楼矿点地质报告》和《固始王楼揭露点地质报告》。该区位于北秦岭造山带，潢川坳陷南缘东段，基底为石炭系沉积碎屑岩，含矿地层为不整合覆盖于上石炭统杨小庄组之上的中侏罗统朱集组干热气候条件下沉积的冲洪积-湖相碎屑岩。朱集组底部为紫红色厚层状砾岩，下部为灰色、灰黄色、紫红色岩屑长石砂岩、长石石英砂岩，上部为灰色、黄色、黄褐色、紫红色中厚层状岩屑长石砂岩、岩屑石英砂岩夹砾岩、砂砾岩和粉砂岩。铀矿化产于侏罗系朱集组内，并与早白垩世花岗斑岩脉侵入有关。在 3 个呈北西西向展布、北倾的铀矿化层中共圈出 3 个铀矿体，矿体埋深 10 m 以内，铀平均品位 775×10^{-6}。Ⅰ号矿体长 60 m，平均厚度 0.90 m，铀平均品位 760×10^{-6}，最高铀品位 1380×10^{-6}，赋矿岩石为褐黄色中粒长石砂岩、褐红色含砾长石砂岩、砾质砂岩。Ⅱ号矿体长 120 m，平均厚度 1.25 m，铀平均品位 1080×10^{-6}，赋矿岩石为灰白色金云母砂砾岩。Ⅲ号矿体长 7 m，厚度 0.75 m，铀品位 570×10^{-6}，赋矿岩石为青灰色金云母中-细粒长石砂岩。近矿围岩蚀变有红化、绿帘石化、黄铁矿化、绢云母化、硅化、绿泥石化及碳酸盐化。地表见有钙铀云母、硅钙铀矿等次生铀矿物。在断裂或岩脉切穿含矿砂岩层时铀矿化较富，并发育硅化和赤铁矿化蚀变。属砂岩型，并叠加了早白垩世岩浆热液成矿作用。

（二十）固始县陈集铀矿点

陈集铀矿点位于固始县城东北24 km，属陈集镇，未开采。1960年，河南省煤田地质局一〇六队初勘并编制了《河南省煤田地质局固始陈集铀矿初勘评价报告》，1984年，核工业中南地勘局三〇八大队补勘并编写了《河南省固始县陈集矿点揭露总结报告》。该区处于华北陆块，区内为第四系覆盖。铀矿化产于寒武系第二统辛集组下部碳质页岩、铝质页岩及磷块岩中，矿体受层位控制，呈似层状、透镜状。区内圈出5个铀矿体，矿体埋深136~220 m，矿体垂幅-90~-180 m，铀平均品位515×10^{-6}。规模稍大的Ⅱ号矿体长120 m，平均厚度0.75 m。其他矿体长40~100 m，宽20 m左右，平均厚度0.56~1.30 m。铀品位一般为100×10^{-6}~200×10^{-6}，少数达500×10^{-6}~740×10^{-6}。金属矿物有黄铁矿。属碳硅泥岩型。

第三节　铀矿成矿规律

河南省铀矿产地分布受限于区域成矿地质背景的差异而具有不均性，沿三门峡、信阳一线大致呈北西—南东向带状分布，呈现相对集中、不均衡分布特点。河南省境内铀矿化虽然广泛，但以矿点和矿化点居多，仅发现3处小型铀矿床，且规模近中型的遂平县781中型铀矿已闭坑。尚未开采的鲁山县岳村和信阳市柳林铀矿床，以低品位（贫）矿石为主，且采、选困难。余下的20处矿点，矿体连续性较差，多为薄、散的低品位（贫）矿，铀矿化不均匀且变化大，规模偏小或不易选矿，尚未被开发利用。

河南省铀矿产地以碳硅泥岩型为主，花岗岩型次之，火山岩型铀矿产地仅有罗山县冯楼铀矿点，砂岩型铀矿产地仅有固始县王楼和洛宁县上陶峪铀矿点。花岗岩型铀矿主要分布在花岗岩体内部及其与围岩接触带附近，矿体受断层控制，铀矿化与各类侵入体的成因联系密切，以脉状或透镜状产出。火山岩型、碳硅泥岩型和砂岩型铀矿受层位控制，虽然有的也有岩浆岩侵位，但与侵入体的成因联系并不明显，铀矿化与含矿地层层位关系密切，与构造控制型铀矿床具有不同的赋存特征，矿体主要呈似层状、透镜状产出。

碳硅泥岩型铀矿化分布广泛，河南省境内的各种地质体均有产出，其产出地质体的时代、大地构造位置跨度极大，空间上，均分布在陆块边缘盆地接受陆源碎屑物沉积的环境中，赋矿原岩为海相碳硅泥岩沉积建造。铀矿化受层位控制，含铀层本身是富铀岩石，主要含矿层为中、新元古界和寒武系底部；华北陆块内主要产于寒武系底部辛集组含磷、含碳质页岩及铝质页岩中；卢氏-栾川一带主要产在中元古界白术沟组中，含铀层为碳质板岩、硅质岩、结晶灰岩及变砂岩；西南部淅川-内乡一带，铀矿化产于寒武系底部水沟口组黄色页岩顶、底结核状结晶灰岩中。铀矿化受岩性和岩性组合控制明显，矿化岩石为含碳质、含磷粉砂岩、含磷长石石英细砂岩、碳质板岩、碳质千枚岩、含磷灰岩等。铀与钒、磷、有机质、粘土密切相关。铀矿体形态复杂，多呈似层状、透镜状或串珠状，规模小，长几米到几十米，厚几厘米到数米。近矿围岩蚀变一般不发育，主要见有硅化、褐铁矿化、黄铁矿化，局部见有岩脉穿插及方铅矿、石英脉等热液活动现象。碳硅泥岩型铀矿床的空间分布与碳硅泥岩建造分布相对应，矿床有沉积（成岩）成矿的迹象，但主要还是热液作用形成的（张万良，2017）。有利的断裂和褶皱构造是铀成矿的关键，成为铀元素迁移的通道或富集的场所，后期构造-岩浆热液的叠加是形成铀矿床的重要条件，近地表表生淋积作用是形成铀矿床不可忽视的因素，某种意义上讲，铀矿化成因多为同生沉积和后生富集的叠加型。

花岗岩型铀矿产地主要分布于华北陆块南缘和秦岭造山带之多期构造-岩浆活动带内，区内岩浆活动强烈，地质构造复杂，多数断裂具有长期活动的特点。铀矿化产于具有较高铀含量的岩浆岩体内部及近岩体外接触带，铀矿体多赋存在多条断层的交汇处，含矿岩石以遭受强烈破碎蚀变改造的花岗岩和脉岩为主，主要热液蚀变有红化（赤铁矿化）、硅化、黄铁矿化、萤石化、水云母化、绢云母化。赤铁矿化、胶状黄铁矿及微晶石英细脉或网脉与铀矿化关系密切。铀主要以吸附和次生铀矿物形

河南省地质矿产勘查开发局第四地质勘查院．2015．河南省焦作煤田块村营煤详查报告[R]．1～129.
河南省地质矿产勘查开发局第四地质矿产调查院．2013a．河南省商丘地区胡襄煤普查报告[R]．1～202.
河南省地质矿产勘查开发局第四地质矿产调查院．2013b．河南省永城市车集煤矿东煤详查报告[R]．1～161.
河南省地质矿产勘查开发局第四地质矿产调查院．2015．河南省永城市马桥北马庄煤详查报告[R]．1～122.
河南省地质矿产勘查开发局第五地质勘查院．2014a．河南省偃龙煤田西村煤详查报告[R]．1～166.
河南省地质矿产勘查开发局第五地质勘查院．2014b．河南省偃龙煤田巩义煤普查报告[R]．1～105.
河南省地质矿产勘查开发局第五地质勘查院．2018．河南省内黄煤普查报告[R]．1～128.
河南省地质矿产勘查开发局第一地质勘查院．2010．河南省南召县龙潭沟煤矿核查区资源储量核查报告[R]．1～31.
河南省地质矿产勘查开发局第一地质矿产调查院．2014a．河南省伊川县高山煤普查报告[R]．1～103.
河南省地质矿产勘查开发局第一地质矿产调查院．2014b．河南省偃师市偃龙煤田府店煤详查报告[R]．1～144.
河南省地质矿产勘查开发局第一地质矿产调查院．2014c．河南省伊川县柳庄煤详查报告[R]．1～140.
河南省地质矿产勘查开发局第一地质矿产调查院．2015a．河南省陕渑煤田深部煤普查报告[R]．1～106.
河南省地质矿产勘查开发局第一地质矿产调查院．2015b．河南省新安煤田新义二井深部煤详查报告[R]．1～184.
河南省地质矿产勘查开发局第一地质矿产调查院．2016．河南省禹州市张得区煤详查报告[R]．1～307.
河南省地质矿产勘查开发局第一水文地质工程地质队．2008．河南省济源市南吴区煤预查报告[R]．1～35.
河南省地质矿产厅地质矿产志编辑委员会．1992．河南省地质矿产志[M]．北京：中国展望出版社，639～763.
河南省地质调查院．2013a．河南省天然碱、岩盐、油页岩矿产资源潜力评价成果报告[R]．19～138.
河南省地质调查院．2013b．河南省油页岩调查评价报告[R]．1～140.
河南省地质调查院．2014．河南省滑县王三寨煤普查报告[R]．1～130.
河南省革委建委地质勘探公司．1971．淅川县缸窑煤矿区地质普查评价报告[R]．1～10.
河南省国土资源科学研究院．2009．河南省宝丰县闹店—凤凰山一带煤详查报告[R]．1～157.
河南省国土资源科学研究院．2011．河南省荥阳市丁店煤普查报告[R]．1～106.
河南省国土资源科学研究院．2012a．河南省矿产资源利用现状调查矿区资源储量核查成果数据库[DB]．
河南省国土资源科学研究院．2012b．河南省煤层气富集区和重点开采区调查研究报告[R]．22～172.
河南省国土资源科学研究院．2014．河南省宝丰县贾寨-郏县唐街煤详查报告[R]．1～161.
河南省国土资源科学研究院．2015．河南省辉县市薄壁煤详查报告[R]．1～139.
河南省国土资源科学研究院．2016．河南省孟津县王良煤普查报告[R]．1～101.
河南省国土资源厅．2014．河南省找矿突破战略行动三年成果汇总报告(2011—2013)[R]．1～621.
河南省航空物探遥感中心．2015．河南省商丘市睢阳区路河煤预查(续作)报告[R]．1～54.
河南省航空物探遥感中心．2016．河南省浚县新镇煤普查(结题)报告[R]．1～122.
河南省核工业地质局．2013．河南省铀矿资源潜力评价报告[R]．13～113.
河南省煤炭地质勘察研究院．2008a．河南省荥巩煤田小里河区勘探报告[R]．1～163.
河南省煤炭地质勘察研究院．2008b．河南省煤层气可采性评价与勘查开发技术研究[R]．16～170.
河南省煤炭地质勘察研究院．2010a．河南省煤炭资源潜力评价报告[R]．1～600.
河南省煤炭地质勘察研究院．2010b．河南省焦作市恩村-墙南煤核查区资源储量核查报告[R]．1～52.
河南省煤炭地质勘察研究院．2010c．河南省修武县新河煤核查区资源储量核查报告[R]．1～51.
河南省煤炭地质勘察研究院．2010d．河南省济源市姜疙瘩煤核查区资源储量核查报告[R]．1～37.
河南省煤炭地质勘察研究院．2010e．河南省济源市王屋山煤核查区资源储量核查报告[R]．1～30.
河南省煤炭地质勘察研究院．2010f．河南省济源市下冶煤核查区资源储量核查报告[R]．1～45.
河南省煤炭地质勘察研究院．2010g．河南省济源市克井煤核查区资源储量核查报告[R]．1～41.
河南省煤炭地质勘察研究院．2010h．河南省渑池县仁村煤核查区资源储量核查报告[R]．1～77.
河南省煤炭地质勘察研究院．2010i．河南省三门峡市石壕煤核查区资源储量核查报告[R]．1～64.
河南省煤炭地质勘察研究院．2010j．河南省新郑市赵家寨煤核查区资源储量核查报告[R]．1～88.
河南省煤炭地质勘察研究院．2010k．河南省许昌县泉店煤核查区资源储量核查报告[R]．1～77.
河南省煤炭地质勘察研究院．2010m．河南省永城市薛湖西煤普查报告[R]．1～57.
河南省煤炭地质勘察研究院．2010n．河南省渑池县杨村煤核查区资源储量核查报告[R]．1～57.
河南省煤炭地质勘察研究院．2010p．河南省渑池县耿村煤核查区资源储量核查报告[R]．1～76.
河南省煤炭地质勘察研究院．2010q．河南省义马市常村煤核查区资源储量核查报告[R]．1～55.
河南省煤炭地质勘察研究总院．2011．河南省煤层气资源潜力评价报告[R]．16～243.
河南省煤炭地质勘察研究总院．2013a．河南省滑县上官镇北煤预查报告[R]．1～52.
河南省煤炭地质勘察研究总院．2013b．河南省睢县西部煤普查报告[R]．1～133.
河南省煤炭地质勘察研究总院．2013c．河南省永城市茴村井田深部煤普查报告[R]．1～73.

河南省煤炭地质勘察研究总院. 2014. 河南省鹤壁市石林煤详查报告[R]. 1~189.
河南省煤炭地质勘察研究总院. 2015a. 河南省郏县王集勘查区煤炭勘探报告[R]. 1~170.
河南省煤炭地质勘察研究总院. 2015b. 河南省禹州煤田扒村井田详查报告[R]. 1~118.
河南省煤炭地质勘察研究总院. 2015c. 河南省义马矿区深部煤详查报告[R]. 1~116.
河南省煤炭地质勘察研究总院. 2016a. 河南省陕渑煤田杜家-张沟煤预查报告[R]. 1~42.
河南省煤炭地质勘察研究总院. 2016b. 河南省安鹤矿区煤层气资源开发潜力评价及试验研究[R]. 27~97.
河南省煤炭地质勘察研究总院. 2019. 河南省特殊和稀缺煤类现状调查报告[R]. 1~88.
河南省煤炭工业管理局，河南理工大学. 2010. 河南省瓦斯地质规律研究及煤矿瓦斯地质图编制[M]. 北京：地质出版社，21~119.
河南省煤田地质公司三队. 1990. 河南省荥巩煤田计河井田勘探[精查]地质报告[R]. 44~95.
河南省煤田地质局二队. 2009. 河南省宜洛煤田白杨-伊川县高山区煤普查报告[R]. 1~71.
河南省煤田地质局二队. 2010a. 河南省新安县郁巍山煤核查区资源储量核查报告[R]. 1~81.
河南省煤田地质局二队. 2010b. 河南省新安县石寺-北冶煤核查区资源储量核查报告[R]. 1~69.
河南省煤田地质局二队. 2010c. 河南省新安县新安煤核查区资源储量核查报告[R]. 1~63.
河南省煤田地质局二队. 2010d. 河南省新安县正村煤核查区资源储量核查报告[R]. 1~67.
河南省煤田地质局二队. 2010e. 河南省宜阳县沙坡-康坪煤核查区资源储量核查报告[R]. 1~61.
河南省煤田地质局二队. 2010f. 河南省宜阳县高岩煤核查区资源储量核查报告[R]. 1~49.
河南省煤田地质局二队. 2010g. 河南省宜阳县李沟-沈村煤核查区资源储量核查报告[R]. 1~89.
河南省煤田地质局二队. 2010h. 河南省宜阳县西马村煤核查区资源储量核查报告[R]. 1~55.
河南省煤田地质局二队. 2010i. 河南省偃师市焦村煤核查区资源储量核查报告[R]. 1~101.
河南省煤田地质局二队. 2010j. 河南省伊川县暴雨山煤核查区资源储量核查报告[R]. 1~99.
河南省煤田地质局二队. 2010k. 河南省汝州市长虹煤核查区资源储量核查报告[R]. 1~81.
河南省煤田地质局二队. 2010m. 河南省郏县狮王寺煤核查区资源储量核查报告[R]. 1~97.
河南省煤田地质局二队. 2013a. 河南省新安煤田新义井田深部煤详查报告[R]. 1~173.
河南省煤田地质局二队. 2013b. 河南省宜洛煤田深部煤详查(含河南省宜阳县李沟-樊村煤详查)报告[R]. 1~213.
河南省煤田地质局二队. 2014. 河南省偃龙煤田李村煤详查报告[R]. 1~174.
河南省煤田地质局三队. 2010. 河南省鹤壁市九矿煤核查区资源储量核查报告[R]. 1~80.
河南省煤田地质局三队. 2015. 河南省夏邑县骆集西煤普查报告[R]. 1~80.
河南省煤田地质局三队. 2017a. 河南省安鹤煤田北段深部煤详查报告[R]. 1~175.
河南省煤田地质局三队. 2017b. 河南省获嘉县马厂煤详查报告[R]. 1~197.
河南省煤田地质局四队. 2010a. 河南省汝州市庇山二号井田煤核查区资源储量核查报告[R]. 1~70.
河南省煤田地质局四队. 2010b. 河南省汝州市庇山一号井田煤核查区资源储量核查报告[R]. 1~67.
河南省煤田地质局四队. 2010c. 河南省汝州市任村煤核查区资源储量核查报告[R]. 1~36.
河南省煤田地质局四队. 2010d. 河南省汝州市张村煤核查区资源储量核查报告[R]. 1~73.
河南省煤田地质局四队. 2010e. 河南省汝州市三里寨煤核查区资源储量核查报告[R]. 1~74.
河南省煤田地质局四队. 2010f. 河南省平顶山市高庄煤核查区资源储量核查报告[R]. 1~85.
河南省煤田地质局四队. 2010g. 河南省平顶山市军营沟煤核查区资源储量核查报告[R]. 1~73.
河南省煤田地质局四队. 2010h. 河南省平顶山市许坊井田煤核查区资源储量核查报告[R]. 1~58.
河南省煤田地质局四队. 2010i. 河南省平顶山市十一矿煤核查区资源储量核查报告[R]. 1~67.
河南省煤田地质局四队. 2010j. 河南省平顶山市五矿煤核查区资源储量核查报告[R]. 1~46.
河南省煤田地质局四队. 2010k. 河南省平顶山市七矿煤核查区资源储量核查报告[R]. 1~62.
河南省煤田地质局四队. 2010m. 河南省平顶山市十三矿煤核查区资源储量核查报告[R]. 1~73.
河南省煤田地质局四队. 2010n. 河南省平顶山市十、十二矿井田煤核查区资源储量核查报告[R]. 1~89.
河南省煤田地质局四队. 2010p. 河南省襄城县首山一井煤核查区资源储量核查报告[R]. 1~50.
河南省煤田地质局四队. 2010q. 河南省平顶山市八矿煤核查区资源储量核查报告[R]. 1~59.
河南省煤田地质局四队. 2010r. 河南省郏县景家洼煤核查区资源储量核查报告[R]. 1~62.
河南省煤田地质局四队. 2010s. 河南省郏县王英沟井田煤核查区资源储量核查报告[R]. 1~52.
河南省煤田地质局四队. 2010t. 河南省禹州市梁北二井煤核查区资源储量核查报告[R]. 1~45.
河南省煤田地质局四队. 2014. 河南省平顶山煤田东段深部煤普查报告[R]. 1~120.
河南省煤田地质局四队. 2016. 河南省汝州市前户勘查区煤炭普查报告[R]. 1~68.
河南省煤田地质局物探测量队. 2018. 河南省济源市梁庄煤预查报告[R]. 1~78.
河南省煤田地质局一队. 2008. 河南省偃龙煤田邙岭煤矿预查报告[R]. 1~47.
河南省煤田地质局一队. 2010a. 河南省登封市马岭山煤核查区资源储量核查报告[R]. 1~92.

河南省煤田地质局一队. 2010b. 河南省登封市老庄沟煤矿勘探报告[R]. 1~79.
河南省煤田地质局一队. 2010c. 河南省登封市郭沟煤核查区资源储量核查报告[R]. 1~78.
河南省煤田地质局一队. 2010d. 河南省登封市白坪煤核查区资源储量核查报告[R]. 1~95.
河南省煤田地质局一队. 2010e. 河南省登封市部城煤核查区资源储量核查报告[R]. 1~71.
河南省煤田地质局一队. 2010f. 河南省登封市卢店煤核查区资源储量核查报告[R]. 1~77.
河南省煤田地质局一队. 2010g. 河南省新密市王庄煤核查区资源储量核查报告[R]. 1~63.
河南省煤田地质局一队. 2010h. 河南省新密市裴沟煤核查区资源储量核查报告[R]. 1~120.
河南省煤田地质局一队. 2010i. 河南省新密市平陌煤核查区资源储量核查报告[R]. 1~73.
河南省煤田地质局一队. 2010j. 河南省新密市关口煤核查区资源储量核查报告[R]. 1~72.
河南省煤田地质局一队. 2010k. 河南省新郑市王行庄煤核查区资源储量核查报告[R]. 1~81.
河南省煤田地质局一队. 2012. 河南省登封煤田颖阳庞窑煤详查报告[R]. 1~88.
河南省煤田地质局一队. 2015. 河南省新郑市侯庄煤普查报告[R]. 1~106.
河南省煤田地质勘探公司三队. 1982. 河南省巩县荥巩煤田大峪沟井田精查补充勘探地质报告[R]. 18~31.
河南省煤田地质勘探公司三队. 1984. 河南省荥巩煤田谷山井田精查补充地质勘探报告[R]. 44~57.
河南省新乡专署地质处综合地质队. 1962. 河南省辉县市卓水泥炭普查简报[R]. 1~11.
河南省有色金属地质矿产局第二地质大队. 2011. 河南省夏邑县火店南煤预查报告[R]. 1~51.
河南省有色金属地质矿产局第二地质大队. 2013. 河南省郏县安良煤炭勘查区详查报告[R]. 1~169.
河南省有色金属地质矿产局第六地质大队. 2013. 河南省夏邑县杨集煤预查报告[R]. 1~33.
河南省有色金属地质矿产局第三地质大队. 2011. 河南省孟津县-偃师大石桥矿区煤矿普查报告[R]. 1~69.
河南省有色金属地质矿产局第四地质大队. 2013. 河南省禹州市新峰一矿深部煤详查报告[R]. 1~72.
河南省有色金属地质矿产局第四地质大队. 2015. 河南省郏县姚庄煤普查报告[R]. 1~84.
江苏煤炭地质勘探二队. 2008. 河南省确山煤田安里井田勘探报告[R]. 1~158.
南阳油田石油地质志编写组. 1992. 中国石油地质志・卷七・中原・南阳油田〔下册〕・南阳油田[M]. 北京: 石油工业出版社, 1~304.
中国地层委员会. 2014. 中国地层表. 北京: 地质出版社.
中国地质科学院矿产资源研究所. 2016. 中国矿产地质志・省级矿产地质志研编技术要求[R]. 1~232.
中国煤炭地质总局第一勘探局地质勘查院. 2007. 河南省永城市李大庄勘查区煤炭普查报告[R]. 1~87.
中国煤炭地质总局一二九勘探队. 2007. 河南省汝州煤田夏店井田煤炭勘探报告[R]. 1~92.
中国煤炭地质总局一二九勘探队. 2012. 河南省汝州市黄庄勘查区煤炭详查报告[R]. 1~132.
中国石油化工股份有限公司河南油田分公司勘探开发研究院. 2010. 桐柏盆地油页岩远景资源评价及勘探开采技术调研报告[R]. 1~102.
中国石油化工股份有限公司华北分公司. 2013. 南华北地区登记区上古生界致密砂岩天然气形成条件与选区评价[R]. 19~138.
中国石油化工股份有限公司中原油田分公司. 2005. 东濮凹陷盐岩分布、油气成藏及预测技术研究[R]. 1~272.
中平能化建工集团有限公司. 2012. 河南省平顶山市叶县李村煤勘探报告[R]. 1~125.
中原油田石油地质志编辑委员会. 1993. 中国石油地质志・卷七・中原・南阳油田〔上册〕・中原油田[M]. 北京: 石油工业出版社, 1~347.
蔡佳, 甘华军, 印斌浩. 2012. 南阳凹陷南部陡坡带成藏规律及有利勘探目标预测[J]. 油气地质与采收率, 19(3): 22~24.
蔡佳, 罗家群, 甘华军, 等. 2009. 南襄盆地泌阳凹陷隐蔽油气藏模式与富集规律[J]. 石油实验地质, 31(3): 244~248, 252.
蔡佳, 王华, 罗家群. 2011. 基于层序地层格架的南阳凹陷油气成藏模式[J]. 西南石油大学学报(自然科学版), 33(3): 67~73.
曾庆才. 2008. 南阳凹陷油气成藏规律及勘探目标评价[D]. 北京: 中国地质大学(北京)博士学位论文, 1~115.
常俊合, 李新军, 何江, 等. 2005. 东濮凹陷文古 2 井天然气地球化学特征及成因研究[J]. 天然气地球科学, 16(5): 608~611.
常俊合, 李新军, 吕红玉, 等. 2004. 东濮凹陷文留潜山构造文古 2 井原油地球化学特征和油源研究[J]. 石油与天然气地质。25(1): 44~48.
常振恒, 蒋有录, 鲁雪松. 2008. 东濮凹陷文南—刘庄地区油气藏类型及成藏模式[J]. 断块油气田, 15(1): 12~15.
陈发亮, 陈业全, 魏生祥, 等. 2003. 东濮凹陷盐湖盆地油气富集规律研究[J]. 盐湖研究, 11(4): 33~38.
陈书平, 漆家福, 程秀申. 2006. 裂陷盆地断块群类型——以东淮凹陷为例[J]. 断块油气田, 13(3): 1~6.
陈书平, 漆家福, 王德仁, 等. 2007. 东濮凹陷断裂系统及变换构造[J]. 石油学报, 28(1): 43~49.
陈祥, 张琴, 朱筱敏, 等. 2010. 南华北盆地谭庄凹陷下白垩统储集体成因类型及特征[J]. 石油实验地质, 32(2): 124~1128.
程秀申. 2009. 河南东濮凹陷构造样式分析[J]. 现代地质, 23(3): 414~422.
程秀申. 2011. 东濮古近纪伸展断陷构造样式[D]. 北京: 中国地质大学(北京)博士学位论文, 1~89.
程学峰. 2008. 南阳凹陷核桃园组油气成藏规律研究与勘探潜力分析[D]. 北京: 中国地质大学(北京)博士学位论文, 1~114.
邓晋福, 刘翠, 狄永军, 等. 2016. 地壳对接消减带和叠接消减带与陆-陆碰撞造山和俯冲增生造山: 来自侵入岩构造组合的记录[J].

地学前缘，23(6)：34~41.
邓晓梅，胡俊卿，李秋博，等. 2015. 伊川凹陷三叠系烃源岩特征及勘探潜力[J]. 石油地质与工程，29(4)：20~26.
董田，何生，林社卿. 2013. 泌阳凹陷核桃园烃源岩有机地化特征及热演化成熟史[J]. 石油实验地质，35(2)：187~194.
杜凤军，裴放，王志宏，等. 2015. 河南省地层典[M]. 北京：地质出版社，1~142.
杜建波，黄晓，马荣芳，等. 2008. 谭庄—沈丘凹陷下白垩统油气勘探突破关键固素分析[J]. 江汉石油学院学报，30(5)：171~175.
杜建波，田景春，胡俊卿，等. 2013. 洛阳—伊川地区三叠系致密砂岩油气藏地质特征[J]. 石油与天然气地质，34(2)：174~178.
方爱民，侯泉林，琚宜文，等. 2005. 不同层次构造活动对煤层气成藏的控制作用[J]. 中国煤田地质，17(4)：15~20.
方锡贤，周长春，郭年会，等. 2012. 洛阳盆地屯 1 井钻后地质综合分析与油气解释评价[J]. 录井工程，23(3)：71~75.
冯建辉，谈玉明，罗小平，等. 2003. 东濮凹陷白庙构造油气源与成藏史[J]. 石油与天然气地质，24(2)：130~135.
符勇，张友安，王万新. 2008. 泌阳凹陷地温场控制因素古地温异常形成机制[J]. 河南理工大学学掀(自然科学版)，27(2)：177~181.
高平，张放东，尚雅珍. 2014. 濮卫次洼沙三段页岩油藏勘探潜力与实践[J]. 断块油气藏，21(1)：39~42.
高灶其，王公洲. 2008. 焦作煤田煤层气储气层特征及含气性[J]. 化工矿产地质，30(1)：1~8.
管恩太. 2006. 郑州矿区煤层气开发利用潜力[J]. 水力采煤与管道运输，4：4~5.
郭彤楼. 2016. 涪陵页岩气田发现的启示与思考[J]. 地学前缘，(5)：29~43.
国殿斌，房倩. 2012. 东濮凹陷马厂地区油气成藏机理分析[J]. 断块油气田，19(1)：1~5.
郝建光，蒋有录，刘景东，等. 2013. 东濮凹陷胡庆地区油气成藏期及成藏过程[J]. 断块油气田，20(1)：38~42.
何斌，杜建波，李群德，等. 2012. 伊川凹陷屯 1 井储层评价及压裂改造[J]. 石油地质与工程，26(2)：93~95.
何显莉，王秀林，武晓玲，等. 2002. 东濮凹陷天然气成因类型及勘探潜力[J]. 断块油气田，9(6)：25~28.
何治亮，程喆，徐旭辉，等. 2009. 秦岭—大别及两侧的大地构造旋回与油气勘探领域[J]. 石油实验地质，31(2)：109~118.
胡斌，等. 2014. 河南省中生代岩相古地理研究[M]. 北京：煤炭工业出版社，204~210.
胡益成，廖玉枝. 2000. 河南荥巩煤田早二叠世早期地层中异地煤的成因动力学研究[J]. 中国煤田地质，12(2)：3~7.
黄国平，张金报，肖斌. 2003. 白庙深层凝析油气藏地质特征分析[J]. 断块油气田，10(3)：16~18.
黄宏业，范少云，蒯勋平，等. 2004. 河南省潢川盆地冯楼砂岩型铀矿点成矿地质条件分析[J]. 铀矿地质，20(1)23~28.
贾承造，郑民，张永峰. 2014. 非常规油气地质学重要理论问题[J]. 石油学报，35(1)：1~10.
贾存善，饶丹. 2007. 东濮凹陷马厂构造深层混源气藏气源探讨[J]. 油气地质与采收率，14(1)：32~35.
蒋晓蓉，罗小平，郑尚乾. 2005. 东濮凹陷天然气生成模拟与煤成气的新证据[J]. 矿物岩石，25(2)：110~113.
蒋有录，李宗亮，谈玉明，等. 2008. 断陷盆地天然气运聚成藏史研究——以东濮凹陷文 23 气田为例[J]. 石油学报. 29(5)：633~638.
焦大庆，王德仁，武晓玲. 2006. 东濮凹陷天然气成藏及富集规律[J]. 石油与天然气地质，27(6)：794~803.
旷红伟，柳永清，彭晓波，等. 2009. 华北克拉通南部周口坳陷谭庄—沈丘凹陷早白垩世沉积、构造特征与原型盆地性质[J]. 地质论评，55(6)：804~813.
雷利安. 1995. 桥口构造的断裂特征与油气分布[J]. 河南石油，9(3)：11~16.
雷利安. 1996. 东濮凹陷桥口构造油气运移模式探讨[J]. 勘探与开发，16(1)：9~14.
李继东，许书堂，杨玉娥，等. 2015. 东濮凹陷胡古 2 气藏成藏条件分析[J]. 断块油气田，22(4)：450~453.
李继东. 2008. 东濮凹陷构造特征与断块群成藏条件分析[D]. 北京：中国地质大学(北京)博士学位论文，1~125.
李连生，吴冠生，李磊，等. 2009. 泌阳凹陷浅层油气成藏主控因素及模式[J]. 石油学院学报，33(3)：49~52.
李如汉，陈洪丽，李银花，等. 2000. 东濮凹陷文 23 气藏成藏条件分析[J]. 江汉石油学院学报，23(4)：23~25.
李水福，何生，张冬梅. 2006. 南阳凹陷高蜡原油的地球化学特征[J]. 新疆石油地质，27(4)，414~418.
李万程，孙锦屏. 1996. 河南板内变形特征概略[J]. 河南地质，14(2)：95~100.
李元建. 2009. 河南省煤层气勘查开发现状及前景分析[J]. 中国煤层气，6(6)：35~38.
李增学，余继峰，郭建斌. 2002. 华北陆表海盆地海侵事件聚煤作用研究[J]. 煤田地质与勘探，30(5)：1~5.
李宗亮，蒋有录，鲁雪松. 2008. 东濮凹陷户部寨气田天然气成藏地球化学特征[J]. 西南石油大学学报(自然科学版)，30(2)：57~60.
梁富康，钱荫，阎耀成，等. 2010. 东濮凹陷马厂地区构造演化与油气聚集规律[J]. 石油天然气学报(江汉石油学院学报)，32(6)：195~199.
廖玉枝，胡益成，徐世球. 1995. 河南荥巩煤田太原组中风暴异地煤的煤岩煤质特征[J]. 中国煤田地质，7(4)：41~45.
林县工业局地质队. 1960. 河南省林县大柳滩泥煤矿普查地质简报[R]. 1~4.
林晓英，苏现波，严少权，等. 2008. 荥巩煤田谷山井田构造演化与煤层含气量的关系[J]. 河南理工大学学报，27(2)：168~172.
林玉祥，朱传真，赵承锦，等. 2016. 华北地区晚三叠世岩相古地理特征[J]. 岩性油气藏，28(5)：82~90.
刘池洋，张复新，高飞. 2007. 沉积盆地成藏(矿)系统[J]. 中国地质，34(3)：365~374.
刘春晓，苗翠芝，王道义. 2002. 济源凹陷邓 2 井含油构造的成藏作用研究[J]. 断块油气田，9(4)：15~19.
刘剑平. 2009. 东濮凹陷马厂地区变换构造研究[D]. 北京：中国地质大学(北京)博士学位论文，1~113.

刘景东，蒋有录．2013．东濮凹陷北部地区古近系烃源岩热演化特征及其主控因素[J]．中国地质，40(2)：498~507．
刘鑫明，刘树才，陶文朋，等．2012．崔庙煤矿煤层气富集的地质控制与抽采模式[J]．煤矿开采，17(1)：26~29．
刘训，游国庆．2015．中国的板块构造区划[J]．中国地质，42(1)：1~28．
刘振旺，阎德飞，王渊，等．2006．东淮凹陷胡庆油田一台阶深层油气成藏条件[J]．兰州大学学报(自然科学版)，42(5)：7~10．
龙胜祥，樊生利，许化政，等．1998．豫西地区煤层含气性分析[J]．地质评论，44(2)：213~218．
卢欣祥，尉向东，董有，等．2004．小秦岭-熊耳山地区金矿特征与地幔流体[M]．北京：地质出版社，1~8．
罗小平，沈忠民，彭渤莹，等．2004．东濮凹陷白庙地区天然气及凝析油地球化学特征及成因[J]．沉积学报，22(S1)：50~55．
罗钟庚，李春辉，汪师逵，等．2020．新密煤田芦沟煤矿煤中稀土元素地球化学特征与开采前景[J]．矿业科学学报，5(2)：140~149．
吕明久．2012．南襄盆地南阳凹陷烃源岩再认识与资源潜力[J]．石油与天然气地质，33(3)：392~397．
吕艳南，张金川，张鹏，等．2014．东濮凹陷北部沙三段页岩油气形成及分布预测[J]．特种油气藏，21(4)：48~52．
马杏垣，索书田，刘如琦．1981．嵩山构造变形——重力构造、构造解析[M]．北京：地质出版社，3~86．
明海会，金振奎，金之钧，等．2005．泌阳凹陷安棚油田深层系油气分布规律及控制因素[J]．沉积学报，23(2)：329~336．
慕小水．2011．东濮凹陷文留地区含盐层系油气成藏机理与模式[D]．北京：中国地质大学(北京)博士学位论文，1~123．
倪春华，包建平，周小进，等．2015．渤海湾盆地东濮凹陷胡古2井天然气地球化学特征与成因[J]．石油实验地质，37(6)：764~769．
潘桂棠，陆松年，肖庆辉，等．2016．中国大地构造阶段划分和演化[J]．地学前缘，23(6)：1~23．
潘桂棠，肖庆辉，陆松年，等．2008．大地构造相的定义、划分、特征及其鉴别标志[J]．地质通报，27(10)：33~57．
潘桂棠，肖庆辉，陆松年，等．2009．中国大地构造单元划分[J]．中国地质，36(1)：1~28．
庞尚明，常俊合，王德仁，等．2005．东濮凹陷上古生界有机质演化特征研究[J]．国外油田工程，21(9)：41~42．
彭国力，尹安，张娟，等．2011．富油凹陷资源潜力与储量增长趋势探讨——以泌阳凹陷为例[J]．石油地质与工程，25(5)：20~26．
彭君，张云献，刘阳，等．2018．东濮凹陷及其周缘地区上古生界煤系沉积有机相及煤成烃潜力[J]．煤田地质与勘探，46(5)：107~116．
彭君．2006．东濮凹陷煤成气成藏机理[D]．北京：中国地质大学(北京)博士学位论文，1~89．
齐兴宇，李淑筠，黄桂雄，等．2010．南华北叠合盆地勘探回顾与思考——以济源、谭庄—沈丘凹陷为例[J]．石油地质，(4)：40~45．
齐兴宇，王劲松，卜翠萍，等．2009．济源凹陷油气成藏主控因素与含油气远景分析[J]．石油地质，(6)：13~19．
邱荣华，付代国，万力．2007．泌阳凹陷南部陡坡带油气勘探实例分析[J]．石油与天然气地质，28(5)：605~609．
邱荣华，林社卿，涂阳发．2005．泌阳凹陷油气成藏特征及勘探潜力分析[J]．石油天然气学报(江汉石油学院学报)，27(2)：158~161．
饶蕾，王学军，王鹏宇，等．2014．东濮凹陷胡状集油田油气输导体系及模式[J]．油气地质与采收率，21(6)：41~44．
任纪舜，朱俊宾，李崇，等．2019．秦岭造山带是印支碰撞造山带吗？[J]．地球科学，44(05)：1476~1486．
任来义，王运所，许化政，等．2005．东濮凹陷濮城下第三系含油气系统运聚系数研究[J]．石油实验地质，27(3)：245~249．
桑树勋，陈世悦，刘焕杰．2001．华北晚古生代成煤环境与成煤模式多样性研究[J]．地质科学，36(2)：212~221．
沈建海，张四清．2014a．河南荥巩煤田层间滑动断层对煤层的影响[J]．中州煤炭，(4)：99~103．
沈建海，张宗恒，赵晓斌，等．2014b．河南省荥巩煤田地质特征研究[M]．郑州：黄河水利出版社，10~171．
沈建海．2014．河南省荥巩煤田构造变形对二$_1$煤层的影响[J]．中国煤炭地质，26(4)：6~10．
盛建海，李西安．1997．河南省山西组煤层气储层渗透性的初步评价[J]．中国煤田地质，9(3)：32-35．
苏惠，曲丽萍，张金川，等．2006．渤海湾盆地东濮凹陷天然气成藏条件与富集规律[J]．石油实验地质，28(2)：123~128．
苏惠．2009．东濮凹陷北部中生界砂岩裂缝型油气藏分布规律研究[D]．北京：中国地质大学(北京)博士学位论文，1~138．
苏现波，林晓英．2007．煤层气地质学[M]．北京：煤炭工业出版社，1~100．
苏现波，盛建海，李元建．1993．河南山西组二1煤古泥炭沼泽的类型及演[J]．煤田地质与勘探，21(2)：11~17．
孙青，高平，刘亚洲，等．2005．东濮凹陷天然气藏类型及其成藏模式[J]．内蒙古石油化工，(3)：116~117．
孙越英，卢耀东，王佩钰，等．2007．焦作煤田煤层气资源特征及开发利用研究[J]．河南理工大学学报(自然科学版)，26(1)：46~51．
谈玉明，程秀申，陈书平，等．2011．东濮凹陷复杂断块群及勘探潜力分析[J]．石油与天然气地质，32(4)：584~592．
谈玉明，王德仁，武晓玲．2005．东濮凹陷天然气成藏规律研究[J]．国外油田工程，21(10)：43~44．
谈玉明，徐田武，张云献，等．2017．东濮凹陷天然气富集规律[J]．断块油气田，24(4)：442~447．
汤超、司马献章、朱强，等．2017．沉积盆地油气与砂岩型铀矿成矿关系研究[J]．地质找矿论丛，32(2)286~294．
唐令，庞雄奇，徐田武，等．2017．东濮凹陷古近系沙河街组烃源岩生烃底限及其差异探讨[J]．天然气工业，37(2)：26~37．
唐文旭．2008．东濮凹陷胡庆断阶带油气成藏动力学[D]．武汉：中国地质大学硕士学位论文，1~80．
万天丰，朱鸿．2007．古生代与三叠纪中国各陆块在全球古大陆再造中的位置与运动学特征[J]．现代地质，21(1)：1~13．
王桂成，范西彦，段昕婷，等．2001．东濮凹陷勘探开发中新技术的应用[J]．石油实验地质，23(3)：324~328．
王鸿祯，刘本培．1980．地史学教程[M]．北京：地质出版社，1~209．
王军，李中超，田洪维，等．2018．东濮凹陷桥口构造带油气富集规律研究[J]．石油天然气学报，40(6)：12~16．
王瑞．2011．临清坳陷上古生界典型油气藏解剖与分析[D]．青岛：中国石油大学(华东)硕士学位论文，1~52．

王淑玉，刘海燕，董虎，等．2011．东濮凹陷桥口-白庙地区天然气分布与成因探讨[J]．断块油气田，18(2)：207~211.
王文广，郑民，王民，等．2015．页岩油可动资源量评价方法探讨及在东濮凹陷北部古近系沙河街组应用[J]．天然气地球科学，26(4)：771~781.
王运所，刘亚洲，贾斌峰，等．2010．东濮凹陷庆祖集地区断裂对油气成藏控制作用浅析[J]．断块油气田，17(3)：304~308.
温志新，王红漫，陈春强，等．2006．南襄盆地泌阳凹陷南部陡坡带隐蔽油气藏形成与分布石油实验地质[J]，28(2)：117~122.
吴小红，吕新华．2005．东濮凹陷胡庆油田烃源岩地球化学特征分析[J]．海洋石油，25(3)：29~35.
席文祥，裴放，巴光进，等．1997．全国地层多重划分对比研究——河南省岩石地层[M]．武汉：中国地质大学出版社，1~269.
夏林圻，夏祖春，任有祥，等．1991．祁连、秦岭山系海相火山岩[M]．武汉：中国地质大学出版社，122~135.
夏长淮，周海彬，李力，等．2002．东濮凹陷马厂地区天然气成藏条件分析[J]．石油大学学报(自然科学版)，26(4)：19~22.
谢其锋，周立发，何明喜，等．2009．南华北盆地谭庄凹陷构造特征与下白垩统勘探前景[J]．石油与天然气地质，30(5)：643~647.
徐田武，张洪安，李继东，等．2019．渤海湾盆地东濮凹陷盐湖相成烃成藏特征[J]．石油与天然气地质，40(2)：248~261.
徐勇航，赵太平，陈伟．2010．华北克拉通南部古元古界熊耳群中海绿石的发现及其地质意义[J]．沉积学报，28(4)：671~675.
严永新．2013．伊川盆地屯1井区三叠系致密砂岩气藏特征及成藏条件[J]．石油地质与工程，27(3)：19~22.
阎纯忠，郭双庆，张文忠．2012．焦作煤田煤层气资源评价及市场前景分析[J]．洁净煤技术，18(3)：37~39.
杨道庆，林社卿，朱景修，等．2005．泌阳凹陷北部斜坡石油成藏组合特征[J]．石油天然气学报(江汉石油学院学报)，27(1)：14~16.
杨建亭．2011．莘县凹陷和东濮凹陷上古生界煤系烃源岩评价和二次生烃研究[D]．青岛：中国石油大学(华东)硕士学位论文，1~51.
杨堃，王茜，秦树蓬，等．2016．中国页岩气勘探新思路[J]．石油地质与工程，30(5)：1~5.
杨孟达，刘新华，王瑛，等．2000．煤矿地质学[M]．北京：煤炭工业出版社，91~210.
杨起，李思田，陈钟惠，等．1979．煤田地质学[M]．北京：地质出版社，1~241.
义马煤业(集团)有限责任公司．2005．河南省新安煤田孟津井田煤炭勘探报告[R]．1~60.
殷建武，范文欢．2013．河南信阳柳林地区铀矿成矿条件分析[J]．地质与资源，22(2)159~163.
昝新．2008．泌阳凹陷南部陡坡带油气分布规律研究及勘探目标评价[D]．北京：中国地质大学(北京)工程硕士学位论文，1~113.
张本书，张帆，卢靖，等．2012．南阳凹陷白秋地区油气成藏控制因素分析[J]．石油地质与工程，26(5)：9~12.
张光斌，李继东，蒋云静，等．2012．东濮凹陷马厂地区油藏特征与成藏模式[J]．内蒙古石油化工，(17)：54~55.
张国伟，程顺有，郭安林，等．2004．秦岭-大别中央造山系南缘勉略古缝合带的再认识——兼论中国大陆主体的拼合[J]．地质通报，23(9~10)：846~853.
张国伟，董云鹏，赖绍聪，等．2003．秦岭-大别造山带南缘勉略构造带与勉略缝合带[J]．中国科学(D)，33(12)：1121~1135.
张国伟、张本仁，等．2001．秦岭造山带与大陆动力学[M]．北京：科学出版社，451~493.
张泓，沈光隆，何宗莲．1999．华北陆块晚古生代古气候变化对聚煤作用的控制[J]．地质学报，73(2)：131~139.
张洪安，李继东．2003．白庙构造油气成藏特征[J]．石油与天然气地质，24(1)：45~49.
张洪安，徐田武，张云献．2017．东濮凹陷咸化湖盆优质烃源岩的发育特征及意义[J]．断块油气田，24(4)：437~441.
张克信，何卫红，徐亚东，等．2014．沉积大地构造相划分与鉴别[J]．地球科学(中国地质大学学报)，39(8)：915~928.
张盼盼、陈化凯、温国栋，等．2017．河南省卢氏县灰池子岩体外围花岗伟晶型铀矿地质特征研究[J]．矿床地质，36(6)1425~1438.
张万良．2017．中国主要铀矿类型、特点及其空间分布[J]．地质找矿论丛，32(4)526~534.
张文亮，李治，贺艳梅，等．2010．东濮凹陷潜山成藏条件研究[J]．断块油气田，17(3)：309~311.
张小东，刘炎昊，张子戌，等．2009．焦作煤田煤储层物性特征及控气因素[J]．天然气地球科学，20(3)：446~453.
章新文，王优先，王根林，等．2015．河南省南襄盆地泌阳凹陷古近系核桃园组湖相页岩油储集层特征[J]．古地理学报，17(1)：107~118.
赵伟卫，金强，王伟锋，等．2003．河南济源凹陷邓2井油藏成因分析[J]．高校地质学报，9(1)：113~121.
郑和荣，胡宗全，周小进，等．2010．中国前中生代构造-岩相古地理图集[M]．北京：地质出版社，1~115.
周洪瑞，王自强．1999．华北大陆南缘中、新元古代大陆边缘性质及构造古地理演化[J]．现代地质，13(3)：261~267.
朱炳泉，常向阳，邱华宁，等．1998．地球化学急变带的元古宙基底特征及其与超大型矿床产出的关系[J]．中国科学(D辑)，28(增刊)：63~70.
朱景修．2016．泌阳凹隔流体势特征及油气运聚单无划分[J]．成都理工大学学报(自然科学版)，43(4)：507~512.
朱筱敏，董艳蕾，胡廷惠，等．2011．精细层序地层格架与地震沉积学研究——以泌阳凹陷核桃园组为例[J]．石油与天然气地质，32(4)：615~624.
邹才能，等．2014．非常规油气地质学[M]．北京：地质出版社，1~463.
邹才能，杨智，张国生，等．2019．非常规油气地质学建立及实践[J]．地质学报，93(1)：12~23.
邹艳荣，帅燕华，孔枫，等．2004．油气生成过程实验研究的思考与展望[J]．石油实验地质，26(4)：375~382.
Dong T, He S, Liu G, et al. 2015. Geochemistry and correlation of crude oils fromreservoirs and source rocks in southern Biyang Sag, Nanxiang Basin, China[J]. Organic Geochemistry, 80: 18~34.

中国矿产地质志

“十三五”国家重点图书规划　国家出版基金项目

总　志

中国矿产地质志·矿产总志
中国矿产地质志·规律总志

矿种志

1　中国矿产地质志·矿产地名录卷(总 1)
6　中国矿产地质志·典型矿床总述卷(总 2)
中国矿产地质志·油气卷
65　中国矿产地质志·煤炭卷(矿 14)
63　中国矿产地质志·煤层气卷(矿 13)
中国矿产地质志·铀矿卷
中国矿产地质志·铁矿卷
中国矿产地质志·锰矿卷
中国矿产地质志·钒钛铬矿卷
中国矿产地质志·铜矿卷
中国矿产地质志·铝矿卷
中国矿产地质志·铅锌矿卷
21　中国矿产地质志·镍矿卷(矿 5)
8　中国矿产地质志·钨矿卷(矿 1)
中国矿产地质志·锡矿卷
中国矿产地质志·钼矿卷
54　中国矿产地质志·锑矿卷(矿 9)
中国矿产地质志·菱镁矿卷
中国矿产地质志·金矿卷
44　中国矿产地质志·银矿卷(矿 8)
中国矿产地质志·锂铍铌钽矿卷
中国矿产地质志·铷铯锆铪矿卷
中国矿产地质志·稀土金属矿卷
中国矿产地质志·稀散金属矿卷
中国矿产地质志·建材非金属矿卷
中国矿产地质志·蓝晶石族矿卷
9　中国矿产地质志·石灰岩矿卷(矿 2)
中国矿产地质志·石英砂岩矿卷
中国矿产地质志·花岗岩矿卷
中国矿产地质志·大理岩矿卷
中国矿产地质志·石棉矿卷
中国矿产地质志·高岭土矿卷
中国矿产地质志·膨润土矿卷
69　中国矿产地质志·硅藻土矿卷(矿 15)
中国矿产地质志·滑石矿卷
中国矿产地质志·硅灰石矿卷
中国矿产地质志·石墨矿卷
中国矿产地质志·化工矿产卷
22　中国矿产地质志·钾盐矿卷(矿 6)
57　中国矿产地质志·盐矿卷(矿 10)
18　中国矿产地质志·磷矿卷(矿 3)
61　中国矿产地质志·硫矿卷(矿 11)
19　中国矿产地质志·硼矿卷(矿 4)
70　中国矿产地质志·萤石矿卷(矿 16)
62　中国矿产地质志·芒硝矿卷(矿 12)
中国矿产地质志·石膏矿卷
23　中国矿产地质志·重晶石矿卷(矿 7)
中国矿产地质志·化工灰岩-明矾石-天青石-雄黄-硝石-天然碱矿卷
中国矿产地质志·宝玉石矿卷
中国矿产地质志·和田玉矿卷
中国矿产地质志·叶蜡石矿卷
……

省　志

中国矿产地质志·北京卷
56　中国矿产地质志·天津卷(省 3)
中国矿产地质志·河北卷
中国矿产地质志·山西卷
72　中国矿产地质志·内蒙古卷(省 6)
中国矿产地质志·辽宁卷
71　中国矿产地质志·吉林卷(省 5)
中国矿产地质志·黑龙江卷
中国矿产地质志·江苏上海卷
中国矿产地质志·浙江卷
中国矿产地质志·安徽卷

中国矿产地质志·福建卷
3 **中国矿产地质志·江西卷(省1)**
中国矿产地质志·山东卷
中国矿产地质志·河南卷
中国矿产地质志·湖北卷
中国矿产地质志·湖南卷
中国矿产地质志·广东卷
中国矿产地质志·广西卷
64 **中国矿产地质志·海南卷(省4)**
中国矿产地质志·重庆卷
中国矿产地质志·四川卷
中国矿产地质志·贵州卷
中国矿产地质志·云南卷
中国矿产地质志·西藏卷
中国矿产地质志·陕西卷
中国矿产地质志·甘肃卷
中国矿产地质志·青海卷
78 **中国矿产地质志·宁夏卷(省7)**
中国矿产地质志·新疆卷
38 **中国矿产地质志·台湾卷(省2)**

省级重要矿种(组)志

28 **中国矿产地质志·山东卷·铁钛矿产(鲁1)**
29 **中国矿产地质志·山东卷·煤油页岩矿产(鲁2)**
7 **中国矿产地质志·河南卷·黑色金属矿产(豫1)**
53 **中国矿产地质志·河南卷·有色金属矿产(豫2)**
68 **中国矿产地质志·河南卷·贵金属三稀矿产(豫3)**
79 **中国矿产地质志·河南卷·能源矿产(豫4)**
17 **中国矿产地质志·四川卷·黑色金属矿产(川1)**
25 **中国矿产地质志·贵州卷·铝土矿(黔1)**
26 **中国矿产地质志·贵州卷·金矿(黔2)**
76 **中国矿产地质志·贵州卷·锰矿(黔3)**
12 **中国矿产地质志·云南卷·贵金属矿产(滇1)**
13 **中国矿产地质志·云南卷·铅锌矿产(滇2)**
36 **中国矿产地质志·云南卷·化工矿产(滇3)**
43 **中国矿产地质志·云南卷·黑色金属矿产(滇5)**
51 **中国矿产地质志·云南卷·能源矿产(滇7)**
46 **中国矿产地质志·云南卷·铜钼镍钴矿产(滇6)**
40 **中国矿产地质志·云南卷·锡钨矿产(滇4)**
中国矿产地质志·陕西卷·煤矿
67 **中国矿产地质志·陕西卷·油气矿产(陕2)**
47 **中国矿产地质志·陕西卷·非金属矿产(陕1)**
中国矿产地质志·陕西卷·金属矿产
39 **中国矿产地质志·甘肃卷·金矿(甘1)**
……

区带志

58 **中国矿产地质志·渤海卷(带4)**
中国矿产地质志·黄海卷
52 **中国矿产地质志·东海卷(带2)**
中国矿产地质志·南海卷
中国矿产地质志·大兴安岭卷
24 **中国矿产地质志·长江中下游卷(带1)**
55 **中国矿产地质志·南岭卷(带3)**
中国矿产地质志·三江卷
中国矿产地质志·冈底斯卷
中国矿产地质志·阿拉善(隆起)卷
中国矿产地质志·华北陆块北缘东段卷
中国矿产地质志·山西(断隆)卷
中国矿产地质志·华北陆块南缘卷
中国矿产地质志·华北盆地卷
中国矿产地质志·辽东(隆起)-吉南卷
77 **中国矿产地质志·吉中-延边卷(带6)**
中国矿产地质志·小兴安岭-张广才岭卷
中国矿产地质志·松辽盆地卷
75 **中国矿产地质志·湘中-桂中北卷(带5)**
中国矿产地质志·江南隆起西段卷
中国矿产地质志·江汉-洞庭(断陷)卷
中国矿产地质志·东秦岭卷
中国矿产地质志·浙闽赣粤沿海、浙中-武夷山(隆起)和永安-梅州-惠阳(坳陷)联编卷
中国矿产地质志·江南隆起东段、武功山-杭州湾合编卷
中国矿产地质志·桐柏-大别-苏鲁卷
中国矿产地质志·喀喇昆仑-羌北卷
中国矿产地质志·班戈-腾冲卷

中国矿产地质志·龙门山-大巴山卷
中国矿产地质志·四川盆地卷
中国矿产地质志·康滇隆起卷
中国矿产地质志·上扬子东部卷
中国矿产地质志·桂西-黔西南-滇东南北部卷
中国矿产地质志·滇东南南部卷
中国矿产地质志·祁连卷
中国矿产地质志·东天山-北山卷
中国矿产地质志·鄂尔多斯卷
中国矿产地质志·东昆仑-巴颜喀拉卷
中国矿产地质志·西秦岭卷
……

专题志

中国矿产地质志·中国成矿单元划分及其主要成矿单元特征
中国矿产地质志·大型变形构造与重要矿集区(成矿区带)关系
32 中国矿产地质志·中国矿产地分省图集(2020)(专4)
30 中国矿产地质志·中国前寒武纪成矿体系(专3)
73 中国矿产地质志·中国古生代成矿体系(专9)
中国矿产地质志·中国中生代成矿体系
中国矿产地质志·中国新生代成矿体系
中国矿产地质志·中国地球物理场与成矿
50 中国矿产地质志·中国地球化学场与成矿关系研究(专7)
60 中国矿产地质志·区域成矿规律研究历史和发展趋势(专8)
33 中国矿产地质志·华南洋-滨太平洋构造演化与成矿(专5)
42 中国矿产地质志·小岩体成大矿(专6)
27 中国矿产地质志·山东卷·成岩成矿年代谱系(专2)
4 中国矿产地质志·新疆维吾尔自治区矿床成矿系列图(专1)
……

科学普及本

2 中国矿产地质志·建材非金属卷·普及本(普1)
10 中国矿产地质志·化工矿产卷·普及本(普3)
11 中国矿产地质志·铀矿卷·普及本(普4)
中国矿产地质志·渤海卷·普及本
中国矿产地质志·黑色金属矿产·普及本
41 中国矿产地质志·宝玉石卷·普及本(普13)
48 中国矿产地质志·北京矿产地质(普15)
31 中国矿产地质志·天津矿产地质(普9)
中国矿产地质志·河北矿产地质
中国矿产地质志·山西矿产地质
66 中国矿产地质志·内蒙古矿产地质(普18)
59 中国矿产地质志·吉林矿产地质(普17)
中国矿产地质志·辽宁矿产地质
中国矿产地质志·黑龙江矿产地质
中国矿产地质志·江苏上海矿产地质
34 中国矿产地质志·浙江矿产地质(普10)
中国矿产地质志·安徽矿产地质
中国矿产地质志·福建矿产地质
35 中国矿产地质志·江西矿产地质(普11)
中国矿产地质志·山东矿产地质
中国矿产地质志·河南矿产地质
74 中国矿产地质志·湖北矿产地质(普19)
49 中国矿产地质志·湖南矿产地质(普16)
中国矿产地质志·广东矿产地质
中国矿产地质志·广西矿产地质
中国矿产地质志·海南矿产地质
16 中国矿产地质志·重庆矿产地质(普7)
中国矿产地质志·四川矿产地质
中国矿产地质志·贵州矿产地质
14 中国矿产地质志·云南矿产地质(普5)
中国矿产地质志·西藏矿产地质
5 中国矿产地质志·陕西矿产地质(普2)
20 中国矿产地质志·甘肃矿产地质(普8)
45 中国矿产地质志·青海矿产地质(普14)
15 中国矿产地质志·宁夏矿产地质(普6)
37 中国矿产地质志·新疆矿产地质(普12)
中国矿产地质志·台湾矿产地质
……

注：括号内容代表志书类别及序号，1 2 3……为出版顺序，黑体为已出版。

中国矿产地质志

GEOLOGY OF MINERAL RESOURCES IN CHINA